Die Rechtskunde
des
Ingenieurs und Kaufmanns

Ein Handbuch für Technik
Industrie und Handel

von

Dr. jur. Richard Blum
Ingenieur

Dritte
verbesserte Auflage

Springer-Verlag Berlin Heidelberg GmbH 1929

ISBN 978-3-662-40840-7 ISBN 978-3-662-41324-1 (eBook)
DOI 10.1007/978-3-662-41324-1
Softcover reprint of the hardcover 3rd edition 1929

Vorwort.

Einem Wunsche des Vereins Deutscher Ingenieure und dem vieler Fachgenossen folgend, von denen ich im Laufe der Jahre eine übergroße Anzahl von Zuschriften mit der Anfrage erhalten habe, wann eine neue Auflage der „Rechtskunde des Ingenieurs" erscheine, habe ich mich entschlossen, diese dritte Auflage zu schreiben.

Wenn sie auch in erster Linie für den deutschen Ingenieur bestimmt ist, so hat sie doch Geltung für alle, die am Aufbau der deutschen Industrie und des deutschen Handels ein Interesse haben, gleichgültig ob Ingenieure, Techniker, Architekten, Chemiker, Kaufleute, namentlich technisch geschulte Kaufleute, ob sie der Großindustrie oder der Kleinindustrie angehören. Nicht minder gilt sie für Studierende, Praktiker, und zwar für Männer und Frauen.

Das Buch früher herauszugeben hatte keinen Zweck, weil alles seit Schaffung der Deutschen Republik in gesetzgeberischer Hinsicht im Fluß war und heute noch im Fluß ist. So harren das Strafrecht, das Aktienrecht, das Patentrecht, das Arbeitsschutzgesetz, das Arbeitsvertragsrecht und vieles andere noch ihrer Vollendung.

Im Kriege von allem abgeschlossen und auf sich selbst angewiesen haben der deutsche Ingenieur und der deutsche Kaufmann neue Industrien geschaffen, die im Frieden ausgebaut wurden. Im Frieden haben sie durch Studien in anderen Ländern gelernt, woran es fehlt, und verstanden es trotz großer Kapitalnot, die Fortschritte anderer Länder sich schnell zu eigen zu machen. Es sei nur an die Rationalisierung, die Fließarbeit, an die Stillegung nicht rentabler Betriebe sowie an den Zusammenschluß gleichartiger Industrien zum Zweck der Typisierung und Normung im Interesse billigster Herstellung erinnert.

Unerhörte Leistungen, wie die Verflüssigung der Kohle, die Schaffung und der Ausbau der Luftstickstoffindustrie, der beispiellose Wiederaufbau der Handelsflotte, die Schaffung der Kunstseidenindustrie u. a. m. haben der Welt gezeigt, welche Tüchtigkeit und Energie in der deutschen Industrie und dem deutschen Handel steckt.

Kommerziell — trotz aller Bedrängnis — hat Deutschland sich wieder internationale Geltung verschafft. Seine Spitzenleistungen wie der Zeppelin-Weltflug, der Ost-Westflug im Flugzeug, die Erringung des Blauen Bandes des Ozeans durch die „Bremen" usw. haben mehr als Verträge und Worte Deutschland Sympathien in der ganzen Welt erworben.

Wenn auch im Vergleich zur Vorkriegszeit Techniker und Kaufleute ein ganz anderes Ansehen im Staate genießen, so darf es hier keinen Stillstand geben. So hat beispielsweise der Berliner Bezirksverein Deutscher Ingenieure durch Bildung eines Rechtsausschusses, durch Einrichtung von Rechtskursen gezeigt, daß er Ingenieure und Techniker zu sich ihrer vollen Verantwortung bewußten Staatsbürgern heranziehen will, indem er ihnen die Grundlage zur Beurteilung und Beherrschung der Gesetze im allgemeinen und besonderen geben will.

Es kann nicht genug betont werden, daß Industrie und Handel im Reiche und in den Ländern ein um so gewichtigeres Wort mitzusprechen haben, je mehr sie sich neben den Juristen mit den einschlägigen gesetzlichen Bestimmungen vertraut machen.

Diese Grundlage wird ihnen in verstärktem Maße durch die vorliegende dritte Auflage der „Rechtskunde des Ingenieurs und Kaufmanns" gegeben. Diese Auflage ist fast vollständig umgearbeitet worden. Die Verfassung des Deutschen Reichs und Preußens sowie der anderen deutschen Länder sind seit Gründung der Deutschen Republik völlig geändert worden. Infolgedessen mußte das ganze Staats- und Verwaltungsrecht neu aufgeführt werden. Von internationalen Verträgen sind der Versailler Vertrag, das Dawes-Abkommen, das Young-Abkommen, die Beschlüsse der Haager Konferenz vom August 1929, der Locarno-Vertrag, der Völkerbund, das Luftverkehrsrecht Beispiele dafür, wie das Völkerrecht umgestaltet ist. Innerdeutsch seien das Arbeitsrecht, das Schlichtungswesen, der Tarifvertrag, das Arbeitsgerichtsgesetz, die Angestelltenversicherung, das Reichsbahngesetz, die Erwerbslosenfürsorge, die Arbeitslosenversicherung, die Kartellverordnung, das Wohnungswesen, die Berufsfürsorge, das Jugendgerichtsgesetz, das Steueraufkommen, das Vergleichsverfahren, das Finanzwesen, die Reichsabgabeordnung, der Finanzausgleich, die Wehrmacht usw. erwähnt, um zu zeigen, was alles neu bearbeitet werden mußte. In Fortfall hingegen konnten die Kriegsgesetze kommen.

Die alte Einteilung des Buches ist beibehalten worden, weil sie sich als praktisch und leicht übersichtlich erwiesen hat.

Das Buch gliedert sich in zwei Teile:

Allgemeine Rechtskunde,

die jeder deutsche Staatsbürger — ob Mann, ob Frau — beherrschen muß und

Besondere Rechtskunde,

welche alles zusammenfaßt, was der Ingenieur und der Kaufmann der Industrie und des Handels insbesondere wissen muß.

Die „Besondere Rechtskunde" gliedert sich wiederum so, wie in der Praxis die Fragen an den Ingenieur und den Kaufmann herantreten:

1. Rechtsverhältnisse der technischen und kaufmännischen Angestellten.
2. Errichtung einer Fabrik, eines Speichers, Warenhauses oder sonstiger technischen und kaufmännischen Unternehmungen dienender Anlagen und Gebäude.
3. Betrieb.
4. Vertrieb.
5. Verschiedenes.

Zu letzterem gehören: Schiedsgerichte, Sachverständige, Haupt-, Nebenintervention, Streitverkündung, Einstweilige Verfügung, Werkvertrag, Werklieferungsvertrag, Eigentumsvorbehalt, Sicherungsübereignung, Pflichten als Schöffe und Geschworener.

Wiederholungen waren, um einzelne Kapitel geschlossen darzustellen, nicht zu vermeiden.

Gesetze, Verordnungen, Literatur sind bis Herbst 1929 berücksichtigt.

Das Literaturverzeichnis ist im Gegensatz zu früheren Auflagen bei den Hauptabschnitten, dem Inhalt dieser entsprechend, jeweilig vorangesetzt. Hierdurch wird die Möglichkeit wesentlich erleichtert, die einschlägige Literatur bei den betreffenden Kapiteln in Anspruch zu nehmen. Das Verzeichnis an sich wurde gekürzt und auf die Hauptwerke beschränkt, weil in diesen die Sonderliteratur genauestens erwähnt und daher mühelos zu finden ist.

Auf gemeinverständliche Darstellung wurde der größte Wert gelegt. Fremdwörter wurden, wo irgend angängig, vermieden.

Bei der Bearbeitung des Staats- und Verwaltungsrechts habe ich mich vielfach eng an das „Handbuch der Verfassung und Verwaltung in Preußen und im Deutschen Reiche“ von Graf Hue de Grais (24. Auflage, 1927) gehalten.

Für diese dritte Auflage ist erstmalig der Titel erweitert, und zwar lautet er jetzt „Die Rechtskunde des Ingenieurs und Kaufmanns“. Mit Ausnahme des Patentgesetzes, das vielleicht besonders auf den Ingenieur zugeschnitten ist, dürfte alles für den Kaufmann, namentlich für den im industriellen Leben stehenden Kaufmann, ebenso belehrend und aufschlußreich sein wie für den Ingenieur. Jedoch soll ausdrücklich betont werden, daß diese Benennung einen Versuch darstellt, und daß Verfasser und Verlag es außerordentlich dankbar begrüßen würden, wenn gerade aus Kaufmannskreisen Anregungen erfolgten, welcher Stoff in späteren Auflagen neu aufgenommen und was ergänzt werden muß.

Wenn die vorliegende Auflage wieder die alte Verbreitung der ersten Auflagen in Industrie-, Handels- und Technikerkreisen, bei Studierenden, Beamten, bei werk- und berufstätigen Männern und Frauen findet, so ist ihr Zweck erfüllt. Sie wird ihnen dann als erwünschtes Rüstzeug in ihrer Eigenschaft als Staatsbürger, Techniker und Kaufmann dienen.

So möge die dritte Auflage hinausgehen mit dem Wunsche des Verfassers, daß sie Industrie und Handel, Arbeitgeber und Arbeitnehmer zum Segen gereiche, nicht minder wie der studierenden Jugend, auf deren Schultern einst Deutschlands Geschick zum großen Teile ruhen wird.

Berlin, September 1929.

Der Verfasser.

Inhaltsverzeichnis.

Besondere Rechtskunde.

Abkürzungen.

ABG. = Allgem. Berggesetz für die Preußischen Staaten.
AGG. = Arbeitsgerichtsgesetz.
ALR. = Allgem. Preuß. Landrecht.
AO. = Arbeitsordnung.
AG. = Aktiengesellschaft.
BGB. = Bürgerliches Gesetzbuch.
Bl. = Blatt für Patent-, Muster- und Zeichenwesen, herausgegeben vom Patentamt.
DRP. = Deutsches Reichs-Patent.
DJZ. = Deutsche Juristenzeitung.
Gew.Rschutz = Gewerblicher Rechtsschutz und Urheberrecht.
GO. = Gewerbeordnung.
GVG. = Gerichtsverfassungsgesetz.
HansOLG. = Hanseatisches Oberlandesgericht.
HGB. = Handelsgesetzbuch.
HGZ. = Hanseatische Gerichtszeitung.
JW. = Juristische Wochenschrift.
KG. = Kammergericht.
KO. = Konkursordnung.
LG. = Landgericht.
MuW. = Markenschutz und Wettbewerb, Monatsschrift für gewerbl. Rechtsschutz.
OLG. = Oberlandesgericht.
OLGRspr. = Oberlandesgericht-Rechtsprechung.
PA. = Patentamt.
PG. = Patentgesetz.
PBl. = Patentblatt.
RAO. = Reichsabgabenordnung.
RG. = Entscheidungen des Reichsgerichts in Zivilsachen.
RG. = Reichsgesetz.
RGBl. = Reichsgesetzblatt.
RGSt. = Entscheidungen des Reichsgerichts in Strafsachen.
RMBl. = Reichsministerialblatt.
ROHG. = Entscheidungen des Reichsoberhandelsgerichts.
RV. = Reichsverfassung.
RVO. = Reichsversicherungsordnung.
SchöffG. = Schöffengericht.
StGB. = Strafgesetzbuch.
StPO. = Strafprozeßordnung.
UV. = Unionsvertrag.
UWG. = Gesetz gegen den unlauteren Wettbewerb.
UW. = Unlauterer Wettbewerb.
WZG. = Gesetz zum Schutze der Warenbezeichnungen.
ZPO. = Zivilprozeßordnung.

Allgemeine Rechtskunde.

Völkerrecht.

Literaturverzeichnis für die Abschnitte Völkerrecht, Staatsrecht und Verwaltungsrecht.

Liszt, F. v.: Das Völkerrecht. 12. Auflage 1925, bearbeitet von M. Fleischmann.
Kelsen, H.: Allgemeine Staatslehre. 1925. (Enzyklopädie der Rechts- und Staatswissenschaft Bd. 23.)
ellinek, G.: Allgemeine Staatslehre. 3. Auflage, 5. Neudruck 1929, herausgegeben von W. Jellinek.
Meyer, G.: Lehrbuch des deutschen Staatsrechts. 7. Auflage 1914/1919, bearbeitet von G. Anschütz.
Stier-Somlo, Fr.: Deutsches Reichs- und Landesstaatsrecht I. 1924. (Grundrisse der Rechtswissenschaft Bd. XVIII.)
Anschütz, G.: Die Verfassung des Deutschen Reichs. 8. Auflage 1928.
Giese, Fr.: Grundriß des neuen Reichsstaatsrechts. 4. Auflage 1926.
Hatschek, J.: Deutsches und preußisches Staatsrecht. 1922/1923.
Fleiner, Fr.: Institutionen des deutschen Verwaltungsrechts. 8. Auflage 1928.
Jellinek, W.: Verwaltungsrecht. 2. Auflage 1929. (Enzyklopädie der Rechts- und Staatswissenschaft Bd. 25.)
Hatschek, J.: Lehrbuch des deutschen und preußischen Verwaltungsrechts. 5. und 6. Auflage 1927, herausgegeben von P. Kurtzig.
Mayer, O.: Deutsches Verwaltungsrecht. 3. Auflage 1924.
Meyer, G.: Lehrbuch des deutschen Verwaltungsrechts. 4. Auflage 1913/1915, bearbeitet von Fr. Dochow.
Schoen, P.: Verwaltungsrecht. 1913. (Holtzendorff-Kohlers Enzyklopädie.)
Landmann, R. v.: Kommentar zur Gewerbeordnung für das Deutsche Reich. 8. Auflage 1928/1929, herausgegeben von G. Rohmer.
Bitter, R. v.: Handwörterbuch der Preußischen Verwaltung. 3. Auflage 1928, herausgegeben von B. Drews und Fr. Hoffmann.
Graf Hue de Grais: Handbuch der Verfassung und Verwaltung in Preußen und dem Deutschen Reiche. 24. Auflage 1927, herausgegeben von H. Peters und W. Hoche.
Handwörterbuch der Kommunalwissenschaften. 1918/1927.

Durch den Weltkrieg ist der Begriff des Völkerrechts schwer erschüttert. Es ist daher begreiflich und begrüßenswert, wenn sich die beteiligten Staaten in jeder Hinsicht bemühen, blutige Auseinandersetzungen durch internationale Abmachungen zu vermeiden. Dies geschieht dadurch, daß die einzelnen Mächte versuchen, ihre Machtgebiete vertraglich gegeneinander abzugrenzen und etwaige Streitigkeiten internationalen Schiedsgerichtshöfen zu unterbreiten, deren Spruch dann für beide Teile verbindlich sein soll.

Im Gegensatz zur innerstaatlichen Rechtsordnung fehlt vorläufig jedoch den internationalen Schiedsinstanzen die Macht, ihre Schiedssprüche gegen widerspenstige Teile durchzusetzen. Daran krankt bis heute noch das Völkerrecht. Außer diesen Verträgen sind es noch bestimmte althergebrachte Gewohnheiten, die von den Kulturstaaten als verbindliches Recht angesehen werden. Völkerrecht ist demnach der Inbegriff derjenigen rechtlichen Normen, die die Rechte und Pflichten von Kulturstaaten zueinander regeln. Ursprünglich rechnete man nur die christlichen europäischen Völker zu Mitgliedern des völkerrechtlichen Verbandes. Frühzeitig wurden auch außereuropäische Staaten, z. B. diejenigen Amerikas, in die Gemeinschaft aufgenommen. Japan hat sich nach dem chinesisch-japanischen Kriege von 1895 seit den Verträgen von 1899 in die Reihe der völkerrechtlich in Betracht kommenden Staaten als gleichberechtigtes Glied eingestellt. Die Aufnahme der nichtchristlichen Staaten begann durch Anerkennung der Türkei auf dem Pariser Kongreß im Jahre 1856.

Durch den Westfälischen Frieden von 1648 wurde die Gleichberechtigung der christlichen Staaten anerkannt. Durch den Utrechter Frieden von 1713 tauchte der Gedanke des europäischen Gleichgewichts auf.

Preußen wurde 1763 im Frieden zu Hubertusburg Großmacht und trat damit in die Reihe der völkerrechtlich gleichberechtigten Glieder ein. Rußland hatte sich schon vorher im Nystädter Frieden 1721 Anerkennung verschafft. Die Selbständigkeit der nordamerikanischen Kolonien ist im Vertrage von Versailles 1763 anerkannt.

Auf Frankreichs Übermacht unter Napoleons Führung folgt der Wiener Kongreß 1814/15. Seine Hauptbeschlüsse sind in der deutschen Bundesakte vom 8. Juni 1815, in der Wiener Kongreßakte vom 9. Juni 1815 und in der Wiener Schlußakte vom 15. Mai 1820 niedergelegt. Durch sie entsteht das Königreich der Niederlande. Und durch sie wird die ewige Neutralität der Schweiz gesichert. Der Sklavenhandel wird verboten und die Freiheit der Schiffahrt auf den internationalen Strömen festgelegt.

Griechenland errang sich Ende der zwanziger Jahre seine Unabhängigkeit. Sie wurde ihm nach dem Frieden von Adrianopel 1826 zwischen Rußland und der Türkei in der Londoner Konferenz von 1830 zugestanden.

Das Königreich Belgien löst sich von den Niederlanden los und wird 1830 auf der Londoner Konferenz anerkannt. Durch den Vertrag der Großmächte wird es für dauernd neutral erklärt (1918 aufgehoben).

In Mittel- und Südamerika trennen sich verschiedene Kolonien von ihren Mutterlanden Spanien und Portugal.

Durch die berühmte Botschaft des Präsidenten Monroe der Vereinigten Staaten vom 2. Dezember 1823 verbaten sich dieselben jede Einmischung nichtamerikanischer Staaten in amerikanische Angelegenheiten.

Der Pariser Frieden vom 30. März 1856, der den Abschluß des Krimkrieges zwischen Rußland und der Türkei herbeiführte, war von tiefeinschneidender Bedeutung.

Den Abschluß der Balkanfragen bildet der Berliner Vertrag vom 13. Juli 1878. Er ist von den sieben Mächten des Pariser Vertrages unterzeichnet worden. Die wichtigsten Bestimmungen desselben sind:

1. Die Unabhängigkeit von Montenegro, Serbien und Rumänien wird anerkannt;

2. Bulgarien wird als halbsouverän unter der Oberherrlichkeit des Sultans geschaffen;

3. die Provinzen Bosnien und Herzegowina werden von Österreich-Ungarn besetzt;

4. die Türkei muß sich zu einer Reihe innerer Reformen entschließen, insbesondere Maßregeln zum Schutz der Armenier und zur Sicherung der Christen in der Türkei treffen;

5. die Donauschiffahrt wird eingehend geregelt.

Deutschland und Österreich vereinigten sich 1879 zu einem Schutzbündnis. Es wird durch den 1881 erfolgten Beitritt Italiens zum Dreibund erweitert. In den Jahren 1884 bis 1890 schließen sich Deutschland und Rußland zu einem Bunde zusammen. Nach seiner Auflösung bildet sich 1891 die russisch-französische Verbrüderung.

1878 schließen alle kultivierten Länder den Weltpostverein, 1890 den internationalen Vertrag über den Eisenbahn-Frachtverkehr.

1884 tritt Deutschland in die Reihe der Kolonialmächte ein. Zur Regelung der afrikanischen Kolonialverhältnisse tagt im Jahre 1885 die Berliner Kongokonferenz. Sie beschließt u. a. folgendes:

Die Unabhängigkeit des mit Belgien in Personalunion verbundenen Kongostaates wird anerkannt; es werden gegenseitige Interessensphären für den Erwerb von Kolonialmacht in Afrika aufgestellt.

An **kriegerischen Ereignissen** seien noch zum Verständnis erwähnt:

1. der chinesisch-japanische Krieg 1894;

2. der spanisch-amerikanische Krieg von 1898; Spanien verliert seine Kolonien, Kuba wird autonom, die Philippinen werden an Amerika angeschlossen;

3. der Burenkrieg zwischen den Republiken Transvaal und Oranjestaat einerseits und England andererseits 1899/1900. Die Folge ist die englische Oberhoheit über die Buren;

4. der Krieg zwischen Rußland und Japan, Friede zu Portsmouth 1905;

5. die Realunion zwischen Schweden und Norwegen wird 1907 aufgelöst, dadurch entstehen zwei selbständige Staaten;

6. Marokko wird 1912 der Souveränität Frankreichs unterstellt; Deutschland erkennt dies im Marokkoabkommen 1911 an (Algeciras-Konferenz);

7. Bulgarien macht sich 1909 zum selbständigen Zarentum;

8. Österreich annektiert 1909 Bosnien und die Herzegowina;

9. Italien erstreckt seine Souveränität auf Tripolitanien und die Zyrenaika im Frieden zu Lausanne 1912;

10. Griechenland, Bulgarien, Montenegro und Serbien vergrößern ihr Gebiet im Londoner Frieden 1913, ergänzt durch den Bulgarisch-türkischen Konstantinopeler Frieden 1913 und den Griechisch-türkischen Athener Frieden 1913;

11. Bulgarien büßt einen Teil des erworbenen Landes zugunsten von Rumänien, Griechenland, Montenegro und Serbien im Bukarester Frieden 1913 ein;

12. Albanien wird selbständiges Fürstentum; die Regelung wurde den Großmächten von der Türkei im Londoner Frieden überlassen;

13. 1914 Ausbruch des Krieges zwischen Deutschland, Österreich-Ungarn einerseits, England, Frankreich, Rußland, Serbien, Montenegro andererseits;

14. 1915. Die Türkei tritt auf die Seite Deutschlands und Österreich-Ungarns. Italien kündigt den Dreibund und tritt auf die Seite der Gegner;

15. 1916. Deutschland erklärt Portugal den Krieg;

16. 1916. Rumänien erklärt Deutschland den Krieg;

17. 1917. Die Vereinigten Staaten von Nordamerika erklären den Krieg gegen Deutschland; es folgt eine Reihe südamerikanischer Staaten, wie Brasilien;

18. in Rußland wird die Republik erklärt. Zar Nikolaus wird abgesetzt;

19. außer Polen bildeten sich die sogenannten Randstaaten (Livland, Estland, Litauen, Finnland).

Es folgen dann der Abfall der Türkei, Bulgariens, der Niederbruch Österreichs und die Anbahnung unmittelbarer Friedensverhandlungen, schließlich das Waffenstillstandsangebot Deutschlands an die Verbandsmächte und der Abschluß des Waffenstillstandes am 11. November 1918. Es folgte der Friedensvertrag von Versailles. Unter dem 23. Juni 1919 erklärte die Reichsregierung, nachdem die deutsche Nationalversammlung der Unterzeichnung des Friedens zugestimmt hatte, die vorbehaltlose Annahme — „der übermächtigen Gewalt weichend und ohne damit ihre Auffassung über die unerhörte Ungerechtigkeit der Friedensbedingungen aufzugeben" — ihre Bereitschaft zu unterzeichnen, — „ohne jedoch damit anzuerkennen, daß das deutsche Volk die Ursache des Krieges sei und ohne eine Verpflichtung zur Auslieferung zu übernehmen".

Am 28. Juni 1919 ist der Friedensvertrag unterzeichnet worden; in Kraft getreten ist er erst am 10. Januar 1920. Dieser Tag der Protokollfertigung ist bedeutsam, weil von diesem Tage an der Lauf der Vertragsfristen zu berechnen ist.

Deutschland hat mit China unter dem 20. Mai 1921 eine besondere Verständigung getroffen. Mit den Vereinigten Staaten von Amerika ist am 25. August 1921 ein Friedensvertrag geschlossen, worin sich dieselben alle Vorrechte des Versailler Vertrages mit Ausnahme weniger Punkte haben sichern lassen.

Zu erwähnen ist noch die Bildung der kleinen Entente, bestehend aus: Tschecho-Slowakei, Rumänien, Jugoslavien, Polen.

Diese Übersicht soll nicht abgeschlossen werden, ohne wörtlich die von unseren hervorragendsten Rechtslehrern Franz v. Liszt und Prof. Dr. Max Fleischmann in ihrem Werke über das Völkerrecht, Ausgabe 1925, gegebene kurze Darstellung über den Anlaß und Verlauf des Weltkrieges abzudrucken.

Anlaß und Verlauf des Weltkrieges.

„Nur den äußeren Anlaß zu dem Weltkrieg gab die Ermordung des österreichischen Thronfolgers am 23. Juni 1914 zu Serajewo. Da die österreichische Note („befristete Demarche") an Serbien vom 23. Juli, auf dessen Boden und durch dessen Staatsangehörige der Mord vorbereitet war, ohne befriedigende Antwort blieb, erklärte Österreich am 28. Juli den Krieg an Serbien. Die Bemühungen, den Krieg zu lokalisieren, waren vergeblich. Das englische Kabinett, in dessen Händen die Entscheidung über Krieg und Frieden ruhte, ließ dem Schicksal seinen Lauf. Nahezu die ganze Welt wurde dadurch zum Kriegsschauplatz. Die Mobilisierung der sämtlichen russischen Streitkräfte zwang das Deutsche Reich zur Kriegserklärung an Rußland (1. August); am 3. August erklärte der deutsche Botschafter in Paris, daß Frankreich durch Eröffnung der Feindseligkeiten das Deutsche Reich in Kriegszustand versetzt habe. Deutschland ließ, um einem französischen Überfall von Belgien aus zuvorzukommen, seine Truppen in Luxemburg und Belgien einrücken. Das führte zu einer Kriegserklärung Belgiens und Englands an das Deutsche Reich (4. August). Es folgte die Kriegserklärung Österreich-Ungarns an Rußland (6. August), Montenegros an Österreich-Ungarn (7. August), Serbiens an das Deutsche Reich (6. August), Englands und Frankreichs an Österreich-Ungarn (vom 12. August ab), Österreichs an Belgien (28. August). Italien erachtete den Bündnisfall nicht für gegeben, weil kein Angriff Rußlands und Frankreichs vorläge; es hatte aber am 2. August seine Neutralität zugesichert.

Bald griff der gewaltige Brand weiter. Japan trat unter Berufung auf die ihm nach dem Bündnis mit England (1911) obliegende Pflicht zur Aufrechterhaltung des Friedens in Ostasien (Ultimatum vom 15. August 1914, am 17. in Berlin überreicht) auf die Seite des Dreiverbandes, während die Türkei Ende Oktober 1914 sich offen den Mittelmächten anschloß (französische Kriegserklärung vom 5. November). Am 23. Mai 1915 erklärte Italien — nachdem Verhandlungen mit Österreich-Ungarn über Gebietsabtretungen nicht zu dem gewünschten Ziele geführt hatten, unter dem 26. April 1915 dagegen in London hierüber ein Abkommen mit der Entente getroffen war — den Krieg an Österreich-Ungarn; am 30. November 1915 trat Italien der zwischen England, Frankreich und Rußland am 4. September 1914 getroffenen Vereinbarung bei, den Frieden nur gemeinsam zu schließen. Am 14. Oktober schloß Bulgarien sich an die Mittelmächte an; am 9. März 1916 sah das Deutsche Reich sich durch Portugals Verhalten (Beschlagnahme der deutschen Schiffe am 23. Februar 1916) gezwungen, diesem den Krieg zu erklären. Am 26. und 27. August 1916 folgten die Kriegserklärungen Italiens an Deutschland und Rumäniens an Österreich-Ungarn. (Deutschland antwortete am 29. August, die Türkei am 30. mit der Kriegserklärung an Rumänien.) So standen Ausgang 1916 den vier mitteleuropäischen Mächten zehn Staaten, darunter fünf Großmächte, gegenüber.

Die kriegerischen Ereignisse des Weltkrieges sind an dieser Stelle nicht zu schildern. Die Zurückweisung des deutschen Friedensangebotes vom 12. Dezember und der Wilsonschen Friedensnote vom 18. Dezember 1916 durch die Verbandsmächte (30. Dezember 1916 und 12. Januar 1917) sei nur vermerkt; ebenso die ergebnislose Friedensnote des Papstes Benedikt XV. vom 1. August 1917. Der Wandel im Kriege ist durch die Vereinigten Staaten von Amerika herbeigeführt, in denen von vornherein schon eine Abstufung in der Neutralität zugunsten Englands sich hatte beobachten lassen (Munitionslieferung). Die Torpedierung des amerikanischen Dampfers „Lusitania“ (7. Mai 1915) beeinflußte die Stimmung zuungunsten der Mittelmächte. Auch persönliche Empfindlichkeit des Präsidenten Woodrow Wilson spielte eine Rolle. Die Erklärung der deutschen Regierung über den „uneingeschränkten“ Tauchbootkrieg vom 31. Januar 1917 gab den Vereinigten Staaten den Anlaß, zunächst die diplomatischen Beziehungen zum Deutschen Reich abzubrechen, dann aber (6. April 1917) als „assoziierter“ kriegführender Staat an dem Weltkrieg sich zu beteiligen. China, Siam, Brasilien, Kuba, Haiti, Liberia, Nikaragua, Costa Rica, Honduras folgten unter dem Druck der Vereinigten Staaten.

Griechenland schloß sich nach der Vertreibung des Königs Konstantin (11. Juni 1917), ohne den Krieg zu erklären, dem Verbande an.

In Rußland hatte die Revolution der Bolschewisten (November 1917) die Bahn für eine Verwirklichung der Friedensbestrebungen freigemacht, gegen welche sich die Westmächte sträubten.

Am 15. Dezember 1918, also nach Abschluß des Waffenstillstands, brachte sich Polen durch Abbruch der diplomatischen Beziehungen in die Obhut der Verbandsmächte.“

Deutschland schloß mit **Rußland** einen Vertrag am 16. April 1922 zu **Rapallo.**

Es ist noch zu erwähnen, daß die Verbandsmächte mit den anderen Mittelmächten folgende Friedensverträge abgeschlossen haben, und zwar:

mit **Österreich** zu St. Germain am 10. September 1919,
mit **Bulgarien** zu Neuilly am 27. November 1919,
mit **Ungarn** zu Trianon am 4. Juni 1920,
mit der **Türkei** zu Lausanne am 24. Juli 1923.

Zum Verständnis der politischen und völkerrechtlichen Lage werden im nachstehenden eingehender behandelt:

1. Die Haager Konventionen,

die die Bestimmungen über die erste und zweite Haager Friedenskonferenz enthalten, über den Land- und Seekrieg, die internationale Luftschiffahrt, über die Rechtsstellung der Neutralen, die Schaffung des ständigen internationalen Gerichtshofes und einige sonstige allgemeine Fragen des Völkerrechts (Gesandte, Konsuln).

2. Der Vertrag von Versailles vom 28. Juni 1919.
3. Das Dawes- (Londoner) Abkommen vom 1. September 1924.
4. Das Young- (Pariser) Abkommen vom 7. Juni 1929.
5. Der Völkerbund.
6. Das Abkommen von Locarno vom 16. Oktober 1925.
7. Der Kellogg-Pakt (Kriegsächtungspakt vom 6. Februar 1928).

Zum Verständnis der Beschlüsse der zwei Haager Friedenskonferenzen ist das Wesen des Landkrieges, des Seekrieges und die Rechtsstellung der Neutralen vorweg zu erörtern.

Der Landkrieg.

Beim Krieg unterscheidet man Angriffskrieg und Verteidigungskrieg. Die Eröffnung des Krieges hat zur Wirkung, daß sämtliche diplomatischen Beziehungen der einzelnen Staaten zueinander abgebrochen werden. Angehörige des Feindes zerfallen in die Angehörigen des Heeres und der Marine einerseits und die nichtmilitärische Bevölkerung andererseits. Auch die Milizen und freiwilligen Korps sind als Kriegsmacht anzusehen, wenn sie eine verantwortliche Spitze haben, erkennbare Abzeichen tragen, die Kriegsgebräuche achten und offene Waffen führen.

Spione dürfen nicht ohne Urteil bestraft werden. Parlamentäre, die als Abzeichen eine weiße Fahne tragen, sind unverletzlich, solange sie im Rahmen ihrer Aufgabe bleiben. Sie brauchen vom Gegner nicht empfangen zu werden.

Ein Bombardement ist nur gegenüber befestigten oder verteidigten Plätzen gestattet. Die Kriegsgefangenen behalten ihr Eigentum mit Ausnahme von Waffen und Pferden. Sie haben Anrecht auf Unterhalt, müssen aber mit Aus nahme von Offizieren auch arbeiten. Der gefangennehmende Staat muß eine Auskunftsstelle über die Kriegsgefangenen errichten. Sendungen an die Gefangenen genießen in allen Ländern Portofreiheit.

Verwundete und kranke Soldaten genießen einen besonderen Schutz. Dieselben sind ebenso wie die pflegenden Personen und die Lazarettanstalten und Krankenwagen unverletzlich, wenn sie das Abzeichen des roten Kreuzes im weißen Felde tragen. Die Verwundeten werden Kriegsgefangene, nicht aber das Sanitätspersonal. Es bleibt auch unter der Herrschaft des Feindes tätig.

Privateigentum darf nicht eingezogen werden. Es gibt kein Beuterecht. Plünderungen sind verboten. Das Eigentum der Gemeinde und der kirchlichen, wissenschaftlichen Anstalten u. dgl. gilt als Privateigentum.

a) Geldwerte und Mittel und ferner alle zu Kriegszwecken geeigneten Mobilien des Staates unterliegen der Einziehung. Transport- und Beförderungs- sowie Nachrichtenmittel und Waffenniederlagen Privater können für die Dauer des Krieges beschlagnahmt werden. Beim Friedensschluß sind Entschädigungen zu zahlen. An Immobilien des Staates ist der Besetzende nur Verwalter und Nutznießer.

b) Der Besetzende kann die staatlichen Abgaben erheben, hat sie dann aber auch für die Zwecke der Verwaltung des Landes zu verwenden. Andere Auflagen in Geld (sog. Kontributionen) dürfen nur zur Deckung der Bedürfnisse des Heeres oder der Verwaltung ausgeschrieben werden, desgleichen zu Strafzwecken. Doch haftet die schuldlose Bevölkerung nicht für die Handlungen einzelner.

c) Naturalleistungen und Dienstleistungen (sog. Requisitionen) können von den Gemeinden und Einwohnern nur für die Bedürfnisse des Besatzungsheeres gefordert werden. Sie sind entweder bar oder mit Hilfe von möglichst bald einzulösenden Empfangsbestätigungen zu bezahlen.

Die wichtigsten Kriegsverträge im engeren Sinne ergehen über:

a) Waffenruhe behufs kurzer Einstellung der Feindseligkeiten (z. B. zum Zwecke der Beerdigung Getöteter);

b) Waffenstillstand, der auf längere Zeit berechnet ist;

c) Kapitulation von Truppen, Schiffen oder verteidigten Orten; sie soll die militärische Ehre des Besiegten nicht verletzen und soll gewissenhaft befolgt werden;

d) Integrität für gewisse Transporte oder Personen, sog. Schutz- und Geleitbriefe.

Der Seekrieg.

Der Seekrieg folgt im allgemeinen den Regeln des Landkrieges, jedoch kommt eine Reihe von Sonderbestimmungen in Betracht:

1. Die selbsttätigen Kontaktminen. Sind sie nicht verankert, so müssen sie so eingerichtet sein, daß sie spätestens eine Stunde nach Auslegung unschädlich werden. Sind sie verankert, so müssen sie unschädlich werden, sobald sie sich von ihrer Verankerung losgerissen haben. Auch die Torpedos müssen, wenn sie ihr Ziel verfehlt haben, unschädlich gemacht werden.

2. Das feindliche Gut unter feindlicher Flagge. Es kann einschließlich des Schiffes fortgenommen werden. Nicht berührt werden darf das neutrale Gut.

Befindet sich ein feindliches Kauffahrteischiff bei Ausbruch der Feindseligkeiten im feindlichen Hafen, und wird der Wunsch ausgesprochen, so ist ihm das freie Auslaufen zu gestatten. Gleiches gilt für ein Schiff, das vor Kriegsbeginn auslief und gutgläubig in den feindlichen Hafen kam. Jedenfalls darf das Schiff mit seinen Waren nicht eingezogen, sondern nur für die Kriegsdauer beschlagnahmt oder gegen Entschädigung enteignet werden. Gleiches gilt für Schiffe, die vor Kriegsbeginn ausliefen und in Unkenntnis der Feindseligkeiten auf See betroffen werden.

Kauffahrteischiffe, deren Bauart ersehen läßt, daß sie zur Umwandlung in Kriegsschiffe bestimmt sind, genießen diesen Schutz nicht.

Briefpostsendungen sind selbst auf feindlichen Schiffen unverletzlich, ausgenommen den Fall des Blockadebruchs; trotzdem können auch neutrale Postdampfer untersucht werden, allerdings nur im Notfalle.

Das Recht zur Beschlagnahme hat dasjenige Kriegsschiff, welches das Schiff oder die Güter wegnimmt. Über die Rechtmäßigkeit der Beschlagnahme entscheidet das Prisengericht des wegnehmenden Staates. Bejaht dieses die Rechtmäßigkeit, so geht das Eigentum an dem beschlagnahmten Schiffsgut als „gute Prise" auf den wegnehmenden Staat über.

Die neutrale oder feindliche Eigenschaft bestimmt sich hinsichtlich des Schiffes nach seiner Flagge, hinsichtlich der Waren auf dem feindlichen Schiff durch die neutrale oder feindliche Eigenschaft ihres Eigentums. Zum Zwecke der Feststellung der Nationalität des Schiffes und der Ermittelung von Bannware kann das Schiff angehalten und durchsucht werden, es sei denn, daß es im Geleit eines Kriegsschiffes seines Staates fährt.

3. **Kaperschiffe** kann der kriegführende Staat aus seinen Handelsschiffen aussuchen und diese zur Wegnahme feindlichen Gutes durch Kaperbriefe ermächtigen. Die Kaperei ist heute nur noch von wenigen Staaten, u. a. den Vereinigten Staaten Amerikas, zugelassen. Von den Vertragsmächten der Pariser Seerechtsdeklaration ist sie „offiziell" abgeschafft.

Aus Anlaß des Österreichisch-französisch-italienischen Krieges von 1859 kam es zur Genfer Konvention vom 22. August 1864. Durch sie wurden die Grausamkeiten der Kriegführung für den Landkrieg eingeschränkt. Die Petersburger Konvention von 1868 verbot den Gebrauch explosiver Stoffe aus Handfeuerwaffen. Durch die erste Haager Friedenskonferenz von 1899 sind die Grundsätze der Genfer Konvention auf den Seekrieg ausgedehnt. Eine Neufassung erhielt sie unter dem 6. Juli 1906.

Der Gaskrieg.

Eine der gefährlichsten Waffen im Weltkriege war der sog. **Gaskrieg.** Er würde bei den Fortschritten der Chemie unübersehbare verheerende Wirkungen insbesondere für die Zivilbevölkerung herbeiführen. Es wäre daher erfreulich, wenn auch diese Frage im Völkerrecht einer endgültigen Klärung entgegenginge. Ein solcher Beschluß in Genf würde von Deutschland ratifiziert werden, nachdem dasselbe seine vorbehaltlose Zustimmung seinerzeit gegeben hat.

Der Luftkrieg.

In dem zum Kriegsschauplatz gehörenden Luftraum können kriegerische Operationen jeder Art vorgenommen werden. Feindliche Luftschiffe unterliegen daher der Beschießung und dürfen selbst den Gegner angreifen. Das Herabwerfen von Geschossen und Sprengstoffen aus Luftfahrzeugen ist infolge der Nichtratifizierung des betreffenden Abkommens nicht verboten.

Die Blockade.

Das Blockaderecht ist durch die Pariser und die Londoner Seerechtdeklaration geregelt. Vgl. unten. Durch sie sperrt der feindliche Staat die Küste oder Häfen des Gegners vom Seeverkehr ab. Damit eine Blockade wirksam ist, muß sie „effektiv“ und „publik“ sein. Effektiv ist eine Blockade, wenn das Ein- oder Auslaufen der Schiffe für sie die Gefahr des Aufgebrachtwerdens in sich schließt. Publik ist eine Blockade, wenn die Mitteilung derselben an die neutralen Mächte und die Behörden des zu blockierenden Bezirkes gemacht ist.

Die Blockade bindet sämtliche Staaten. Jedes Schiff, daß die Blockade zu durchbrechen versucht, wird als Prise beschlagnahmt, desgleichen die Ladung. Gelingt es einem Schiff, die Blockade glücklich zu durchbrechen, so kann es späterhin aus diesem Grunde nicht mehr in Anspruch genommen werden. Dies ist ferner ausgeschlossen, wenn das Schiff zwar die Durchbrechung der Blockade plante, aber zunächst nach einem neutralen Hafen fährt.

Im Anschluß an den Pariser Frieden zum Abschluß des Krimkrieges vom 30. März 1856 ist die berühmte Pariser Seerechtsdeklaration vom 16. April 1856 erlassen. Durch sie wurde bestimmt:

1. Die Kaperei ist und bleibt abgeschafft.
2. Die neutrale Flagge deckt das feindliche Gut mit Ausnahme der Kriegskonterbande (Bannware) nach dem Grundsatz „Frei Schiff, frei Gut“.
3. Neutrales Gut unter feindlicher Flagge mit Ausnahme der Kriegskonterbande darf nicht mit Beschlag belegt werden nach dem Grundsatz „Unfrei Schiff, frei Gut“.
4. Die Blockaden müssen, um rechtsverbindlich zu sein, wirksam sein, d. h. durch eine Streitmacht unterhalten werden, die hinreicht, um den Zuzug zur Küste des Feindes wirklich zu verhindern.

Von größter Bedeutung war die Londoner Seerechtsdeklaration vom 26. Februar 1909. Sie wurde auf Anregung von England in London geschaffen. Ihr Inhalt betrifft unter anderm:

1. Die Kriegsblockade, 2. die Kriegskonterbande, 3. die Feststellung der feindlichen Eigenschaften der Schiffe und Waren.

Sie ist nicht vollzogen, weil das englische Oberhaus seine Zustimmung verweigerte; infolgedessen trat auch das Abkommen über den Prisenhof nicht in Kraft. Im Kriege, und zwar am 29. Juni 1916, wurde die Londoner Seerechtsdeklaration endgültig aufgehoben. Früher galt es als Völkerrecht, daß der Handel der Neutralen in Kriegszeiten grundsätzlich frei wäre; dagegen hat England an der Ansicht festgehalten, daß es das Recht der Kriegführenden sei, den neutralen Mächten den Handel mit den Feinden zu verbieten. Es hat im Kriege die Zustimmung der Vereinigten Staaten und seiner Verbündeten hierzu gefunden. So hat der englische Wirtschaftskrieg gegen seine Kriegsgegner auch die neutralen Staaten in Mitleidenschaft gezogen und damit den Begriff der Neutralität durchlöchert. Während England und seine Verbündeten sogar eine Überwachung des neutralen Handels organisierten, haben die Vereinigten Staaten von Amerika den Neutralen jeden Handel mit dem Feinde bei Strafe des wirtschaftlichen Boykotts untersagt.

Mit Ausnahme dieser allerdings ebensowenig wie das Seebeuterecht völkerrechtlich nicht geordneten und früher nicht zulässigen Maßnahmen ist die Rechtsstellung der Neutralen die alte geblieben.

Rechtsstellung der Neutralen.

Neutralität bedeutet die Nichtbeteiligung an einem Kriege in doppelter Weise. Der neutrale Staat darf weder einer kriegführenden Partei helfen, noch von einer solchen in den Krieg hineingezogen werden. Die Neutralität entsteht mit dem Kriegsbeginn. Mit Ausnahme der als ewig neutral bleibenden Schweiz tritt die Neutralität kraft freier Entschließung ein.

Durch das 5. Haager Abkommen (1907) sind über die Neutralität infolge eines Landkrieges folgende Bestimmungen getroffen: Das Gebiet der neutralen Mächte ist unverletzlich. Den Kriegführenden ist verboten, Truppen-, Munitions- oder Verpflegungskolonnen durch das Gebiet einer neutralen Macht durchzuführen, andererseits kann die neutrale Macht den Durchzug von Verwundeten oder Kranken gestatten. Im Gebiet der neutralen Mächte dürfen zugunsten der Kriegführenden keine Werbestellen eröffnet werden. Die neutrale Macht muß derartige Handlungen auf ihren Gebieten untersagen und darf keinen der Kriegführenden durch Überlassung von Schiffen oder Truppen unterstützen. Sie ist nicht verpflichtet, Privatpersonen die Ausfuhr oder Durchfuhr von Waffen, Munition oder dgl. zu untersagen (Art. 7). Sie kann den Kriegführenden die Benutzung von Telegraph- und Fernsprechleitungen gestatten (Art. 8), jedoch sollen diese Beschränkungen oder Verbote gemäß Art. 8 gleichmäßig angewendet werden. Einer Verletzung ihrer Neutralität kann sich die neutrale Macht mit Gewalt erwehren, ohne daß dies als feindliche Handlung angesehen werden darf (Art. 10).

Treten Truppen der kriegführenden Heere über, so muß die neutrale Macht diese internieren, und zwar möglichst weit vom Kriegsschauplatze.

Angehörige eines neutralen Staates werden als neutrale Personen bezeichnet und behandelt. Jedoch können sie sich auf ihre Neutralität nicht berufen, wenn sie feindliche Handlungen gegenüber einem Kriegführenden begehen, insbesondere bei dem Gegner Kriegsdienste nehmen.

Durch das 13. Haager Abkommen wird die Neutralität im Falle eines Seekrieges geregelt. Danach sind alle Feindseligkeiten innerhalb der Küstengewässer der neutralen Macht verboten, jedoch ist die bloße Durchfahrt der Kriegsschiffe durch die Küstengewässer gestattet. Die Kriegführenden dürfen neutrale Häfen oder Gewässer nicht zu einem Stützpunkt für ihre Seekriegsunternehmungen gegen ihre Gegner machen. Die neutralen Mächte dürfen den Kriegführenden weder unmittelbar noch mittelbar Kriegsschiffe, Munition oder dgl. zuwenden. Jedoch ist es ihnen gestattet, die Ausfuhr von Munition zuzulassen. Dagegen müssen die neutralen Mächte die Ausrüstung oder Bewaffnung jedes Schiffes verhindern, das offenbar zum Kreuzen oder zur Teilnahme an feindlichen Unternehmungen gegen eine Macht bestimmt ist, mit der sie im Frieden leben (Art. 8).

Durch diese Bestimmungen sind die Washingtoner Regeln gebilligt, wie sie im Jahre 1871 zwischen England und den Vereinigten Staaten von Amerika aufgestellt wurden.

Die Pflicht, fremde Kriegsschiffe in ihren Häfen aufzunehmen, haben die neutralen Mächte nur im Falle der Seenot. Im übrigen können sie das Einlaufen ganz verbieten oder beschränken, indessen nur in gleichmäßiger Anwendung auf beide Kriegführenden. Im Zweifel dürfen die zugelassenen Kriegsschiffe sich in den neutralen Gewässern höchstens 24 Stunden aufhalten (abgelehnt von Deutschland), es sei denn, daß eine Beschädigung oder der Zustand der See das Auslaufen verhindert. Die Verproviantierung in den neutralen Häfen ist auf das notwendigste Maß beschränkt. Befinden sich in den Häfen Schiffe beider Parteien, so müssen zwischen dem Auslauf des ersten und dem des andern mindestens 24 Stunden verflossen sein. Bleibt ein Kriegsschiff über die zulässige Zeit hinaus, so ist es vom neutralen Staat zu entwaffnen.

Nur feindliche Schiffe und feindliche Güter unterliegen nach der Pariser Seerechtsdeklaration von 1856 dem Seebeuterecht, also nicht feindliches Gut auf neutralem Schiffe und neutrales Gut auf feindlichem Schiffe. Eine Ausnahme macht die Bannware oder das Banngut, über die die Londoner Seerechtsdeklaration von 1909 wichtige Bestimmungen enthält. Diese ist jedoch bisher nicht in Kraft getreten. (Vgl. S. 10.)

Bannware und Banngut sind Gegenstände, die für die Kriegführung des Gegners bestimmt sind. Man unterscheidet absolute Bannware, die ausschließlich für den Krieg verwendbar ist, wie Waffen, Munition, Geschosse, und relative Bannware, wie Lebensmittel, Geld, Schiffe u. dgl. Die Kriegführenden können die Liste der Bannware erweitern.

Bei relativer Bannware ist die Beschlagnahme ausgeschlossen, wenn der friedliche Gebrauch gewiß ist und die Fahrt nicht unmittelbar zum Feinde geht, sondern eine Ausladung in neutralen Zwischenhäfen erfolgt, es sei denn, daß der feindliche Staat ein reines Binnenland ist.

Beträgt die Bannware mehr als die Hälfte der Ladung, so kann auch das ganze Schiff beschlagnahmt werden.

Neutrale Schiffe können ferner beschlagnahmt werden, wenn sie die Reise eigens zur Beförderung einzelner Personen der feindlichen Streitmacht oder von Nachrichten im Feindesinteresse ausführen oder eine geschlossene feindliche Truppenabteilung oder Personen befördern, die während der Fahrt die Handlungen des Feindes unmittelbar unterstützen; oder falls sie sich unmittelbar an den Feindseligkeiten beteiligen, unter dem Befehl eines feindlichen Agenten stehen, vom Feinde gechartert sind oder ausschließlich in seinem Interesse Truppen oder Nachrichten befördern.

Bei Nichtbestätigung der Beschlagnahme durch das nationale Prisengericht haben die Beteiligten, wenn keine ausreichenden Gründe für die Beschlagnahme vorlagen, Anspruch auf Schadenersatz. Bei Bestätigung erfolgt die Einziehung der beschlagnahmten Gegenstände.

Unverteidigte Häfen, Städte, Dörfer, Wohnstätten oder Gebäude sollen weder von Land- noch von Seestreitkräften beschossen werden. In diesem Verbot sind jedoch nicht einbegriffen: militärische Werke, Militär- oder Marineanlagen, Niederlagen von Waffen oder von Kriegsmaterial, Werkstätten und

Einrichtungen, die für die Bedürfnisse der feindlichen Flotte oder des feindlichen Heeres nutzbar gemacht werden können, sowie im Hafen befindliche Kriegsschiffe.

Für militärische Lazarettschiffe gelten ähnliche Schutzbestimmungen wie für alle gleichbedeutenden Mittel und Vorrichtungen beim Landkrieg, sofern sie durch einen äußeren weißen Anstrich mit einem wagerecht laufenden, etwa anderthalb Meter breiten grünen Streifen kenntlich gemacht sind. Von Privatpersonen oder von amtlich anerkannten Hilfsgesellschaften gemäß den Vorschriften ausgerüstete private Lazarettschiffe genießen den gleichen Schutz, sie müssen mit einem äußeren weißen Anstrich mit einem wagerecht laufenden, etwa anderthalb Meter breiten roten Strich versehen sein. Auch die Boote der betreffenden Schiffe müssen entsprechend gekennzeichnet werden.

Die Haager Konferenzen.

Erste Haager Friedenskonferenz. Auf Veranlassung des Kaisers Nikolaus II. von Rußland erfolgte im Haag im Jahre 1899 der Zusammentritt von 26 Staaten zur Beratung über die Verminderung kriegerischer Verwickelungen durch Einsetzung eines internationalen Schiedsgerichts. Die Ergebnisse dieser „Ersten Haager Friedenskonferenz" sind in der Schlußakte vom 29. Juni 1899 aufgezählt. Es wurden angenommen:

1. die friedliche Regelung internationaler Konflikte durch Einsetzung eines ständigen Schiedsgerichts im Haag;
2. Übertragung der Genfer Konvention auf den Seekrieg;
3. Regelung der Normen und Gebräuche für den Landkrieg;

es wurden ferner drei Erklärungen angenommen betreffend das Verbot gewisser explosiver Geschosse, betreffend Geschosse mit Stickgas und betreffend das Verbot des Geschoßschleuderns aus Luftschiffen.

Zweite Haager Konferenz. Im Jahre 1907 folgte die zweite Haager Konferenz, die von 44 Staaten beschickt war. Auf dieser wurden 13 Abkommen getroffen:

1. Zur Aufklärung streitiger Tatbestände werden internationale Untersuchungskommissionen eingesetzt; der Ständige Schiedsgerichtshof im Haag bleibt bestehen;
2. die zwangsweise Beitreibung von Vertragsschulden ist nur zulässig, wenn der Schuldnerstaat sich einem Schiedsgerichtsspruch nicht unterwirft;
3. Feindseligkeiten dürfen nur nach vorausgegangener oder nach einem Ultimatum begonnen werden;
4. die Gesetze und Gebräuche des Landkrieges werden geregelt;
5. Rechte und Pflichten der neutralen Mächte und Personen im Falle des Landkrieges werden geregelt;

Es werden ferner Übereinkommen getroffen über:

6. Die Behandlung der feindlichen Kauffahrteischiffe beim Ausbruch der Feindseligkeiten;
7. über die Umwandlung der Kauffahrteischiffe in Kriegsschiffe;
8. über die Legung von unterseeischen selbsttätigen Kontaktminen;

9. betreffend die Beschießung durch Seestreitkräfte in Kriegszeiten;
10. betreffend die Anwendung der Grundsätze des Genfer Abkommens auf den Seekrieg infolge der neuen Genfer Konvention von 1906;
11. über gewisse Beschränkung in der Ausübung des Beuterechts im Seekriege;
12. über die Errichtung eines obligatorischen Internationalen Prisenhofs (wegen Widerspruchs Englands nicht vollzogen);
13. betreffend die Rechte und Pflichten der Neutralen im Seekriege.

Ferner wurde eine Erklärung abgegeben, die das Werfen von Geschossen und Sprengstoffen aus Luftschiffen bis zum Schlusse der dritten Friedenskonferenz verbietet; sie ist aber von Deutschland, England, Frankreich und Rußland nicht unterschrieben. Die anderen Erklärungen der ersten Haager Konferenz bezüglich explosibler Geschosse usw. sind nicht aufrechterhalten.

Ferner wurden noch vier Wünsche ausgesprochen hinsichtlich der Errichtung eines Schiedsgerichtshofs, der Sicherung des friedlichen Verkehrs zwischen der Bevölkerung der kriegführenden Staaten und den neutralen Ländern, ferner Regelung der Militärlasten der Ausländer in der Fremde und Anwendung der Grundsätze des Landkriegs auf den Seekrieg.

Das völkerrechtliche Schiedsgerichtswesen im besonderen.

Das Völkerrecht wäre — wie jedes andere Recht — von zweifelhafter Brauchbarkeit, wenn es keine Instanz gäbe, welche im Streitfall entscheiden könnte, auf wessen Seite das Recht ist. Es muß also eine Form vorhanden sein, in welcher das Recht verwirklicht werden kann. Diese Form ist die Schiedsgerichtsbarkeit.

Es war die erste Haager Konferenz, in welcher die Errichtung eines ständigen Schiedshofes beschlossen wurde. Jedoch ist dieser „Ständige Gerichtshof" in Wahrheit lediglich ein Verzeichnis von Personen, die von den einzelnen Staaten als Schiedsrichter bezeichnet sind, aus welchem dann im Einzelfall die Streitparteien die Richter entnehmen können.

Die geschäftlichen Angelegenheiten erledigt ein dortselbst bestehendes Büro, welches seinerseits unter der Kontrolle eines ständigen, international zusammengesetzten Verwaltungsrates steht.

Das Verfahren vor diesem Gerichtshof und dessen jeweilige Besetzung ist gleichfalls geregelt.

Die Anrufung des Gerichtshofes ist so lange fakultativ, als nicht die einzelnen Vertragsstaaten sich zur Anrufung desselben verpflichtet haben.

Es sind deshalb Bestrebungen im Gange, daß die Staaten sich verpflichten, ihre Streitigkeiten dem Schiedsgericht zur Entscheidung zu unterbreiten. Deutschland hat dies bereits getan, und es ist zu hoffen, daß bald alle Vertragsstaaten der Haager Konventionen diesem Beispiel folgen werden.

Dem Schiedsgerichtswesen ist aber auch gedient, wenn andere derartige Instanzen als gerade der „Ständige Schiedshof" vorhanden sind. So können in internationalen Verträgen (wie z. B. dem Vertrag von Rapallo zwischen Deutschland und Rußland vom 16. April 1922) Vereinbarungen getroffen werden, die

die Verpflichtung zur schiedsgerichtlichen Regelung von Streitigkeiten enthalten und gleichzeitig die Zusammensetzung des Schiedsgerichts und dessen Verfahren regeln.

Der Vertrag von Versailles von 1919.

(Nach Ehringhaus-Münscher.)

Die Frage nach der Schuld am Weltkriege ist zur Schicksalsfrage für die Mittelmächte geworden. Trotzdem seit dem Abschluß dieses Vertrages am 28. Juni 1919 durch die seither in den verschiedenen Ländern veröffentlichten Dokumente über die politischen Vorgänge vor und bei Kriegsausbruch kaum jemand in der Welt mehr ernstlich an die Alleinschuld Deutschlands glaubt, so ist nach wie vor der Artikel 231 des Versailler Vertrages im Brennpunkte der Politik geblieben. Vielen Deutschen ist die Schwere des Vertrages bis heute noch nicht zum vollen Bewußtsein gekommen. Die wichtigsten Bestimmungen seien hier dargelegt:

1. Deutsche Gebiets- und Hoheitsverluste in Europa und ihre Bedeutung. Es fielen:

An **Dänemark:** die erste Zone von Nordschleswig, 160000 Einwohner mit 40000 Deutschen (Viehzucht); an **Belgien:** die Kreise Eupen und Malmedy (Wald), Moresnet (Zink) und das Gebiet der Monschau-Bahn (63000 Einwohner, darunter nur 9000 Wallonen); an **Frankreich:** schuldenfrei Elsaß (Wald, Wein, Kali, Erdöl, Textilindustrie), Lothringen (¾ der deutschen Eisenerzerzeugung, Minette, Thomasschlacke), zusammen 2 Millionen Einwohner mit 1½ Millionen Deutschen.

Ferner fielen an Frankreich die Kohlengruben des Saarbeckens, wobei Deutschland auf die Regierung des Saargebiets verzichtet. Das Saargebiet steht unter der Verwaltung des Völkerbundes. Nach 15 Jahren — 1935 — findet Volksabstimmung statt; falls sie zugunsten Deutschlands ausfällt, muß es die Kohlengruben in Gold zurückkaufen.

Vorläufig an die Entente: Memel (inzwischen an Litauen gefallen).

Danzig: Freistaat unter dem Schutze des Völkerbundes, aber mit einschneidenden Vorrechten für Polen.

An **Polen:** Oberschlesien (¼ der deutschen Kohlen-, Eisen-, Zink- und Holzgewinnung), $^9/_{10}$ der Provinz Posen, ¾ der Provinz Westpreußen (3 Millionen Einw. mit 2 Millionen Deutschen, landwirtschaftlich wichtig: $^1/_5$ der Getreide- und Kartoffelerzeugung, ferner Zuckerrüben, Vieh, Holz, Siedlungsland). Teile Schlesiens der Kreise Guhrau und Wartenberg.

An die **Tschechoslowakei:** der südliche Teil des Kreises Leobschütz.

Die deutschen Gebiete links des Rheins sowie die Brückenköpfe von Köln, Koblenz und Mainz werden 5, 10, 15 Jahre besetzt.

Es werden eine Wiedergutmachungskommission (**Reparationskommission**) und militärische Ausschüsse eingesetzt.

Die deutschen Ströme außer Ems und Weser werden „internationalisiert“, d. h. hinsichtlich der Schiffahrt zwischenstaatlichen Kommissionen unterstellt und damit der Hoheit des Reichs entzogen.

2. Gebiets-, Besitz- und Rechtsverluste außerhalb Europas. Deutschland hat alle seine **Kolonien** (vgl. S. 16) (Siedlungsland, Absatzmarkt, Roh- und Nahrungsstoffe, 12 Millionen Einwohner) verloren.

Kiautschou und alle Rechte in Schantung (Eisenbahn, Bergwerk) werden an Japan abgetreten.

Auf deutsches Eigentum, deutsche Ansprüche und Rechte in China, Siam (Reis), Marokko (Eisenwerke), Liberia und Ägypten verzichtet Deutschland.

Die deutschen Missionen übernehmen die feindlichen Staaten — nur China und Japan gestatten die deutsche Mission.

3. Politische Bestimmungen über die neuen Staaten und die Staatsverträge. Deutschland erkennt Österreich in seinen jetzigen Grenzen an; es sei denn, daß der Rat des Völkerbundes mit Stimmeneinheit einer Änderung zustimmt.

Es erkennt die Tschechoslowakei an; — d. h. die Beherrschung von 3½ Millionen Deutscher durch die Tschechen und Slowaken.

Es erkennt Polen an; — d. h. die Beherrschung von 2 Millionen Deutscher durch die Polen.

Alle Staatsverträge Deutschlands aus der Vorkriegszeit mit anderen Staaten sind aufgehoben.

4. Militärische Bestimmungen. Deutschland ist völlig wehrlos gemacht unter dem Vorwand der Rüstungseinschränkungen, die bis jetzt kein anderer Staat entgegen der Verpflichtung eingeführt hat.

Heer: Die allgemeine Wehrpflicht ist aufgehoben. Das Heer darf nur aus Freiwilligen bestehen, die sich für 12 Jahre verpflichten. Es darf nur 100000 Mann haben und soll ausschließlich zur Aufrechterhaltung der Ordnung innerhalb des Staates und als Grenzschutz dienen. Die Zahl der Geschütze und Gewehre ist genau festgesetzt; schwere Geschütze und Flugzeuge sind verboten. Die Anfertigung von Waffen und Munition unterliegt der Genehmigung des Verbandes. Für die Ausfuhr — früher verkaufte Deutschland für viele Millionen ans Ausland — darf nichts hiervon erzeugt werden. Der Generalstab und die militärischen Anstalten sind aufgelöst; ja selbst allen Schulen und Vereinen ist es verboten, sich mit militärischen Dingen zu befassen. Alle Festungen bis 50 km östlich des Rheins müssen geschleift werden; auch die meisten Festungen im Osten. Die Deutschen dürfen nicht in fremden Heeren dienen — außer in der Fremdenlegion.

Flotte: Die deutsche Flotte darf nur 6 kleine (10000 t) Linienschiffe, 6 kleine Kreuzer, 12 Zerstörer und 12 Torpedoboote — keine U-Boote — haben mit 15000 Mann Besatzung. Alle anderen Schiffe müssen abgeliefert werden.

Ausschüsse der Siegerstaaten sorgen für genaue Durchführung dieser Bestimmungen.

5. Finanzielle Bestimmungen. Deutschland wird für alle Schäden haftbar gemacht, die durch den Krieg entstanden sind, auch solche privatrechtlicher Natur. Der Schaden wurde zunächst nicht begrenzt. Vorläufig mußte Deutschland jährlich einen festen Betrag von 2 Milliarden zahlen und 26% seiner Ausfuhr, außerdem die Kosten für die Besatzungstruppen.

Von den rheinisch-westfälischen Kohlen sind 10 Jahre lang an Frankreich, Belgien, Italien 24 Millionen Tonnen jährlich zu liefern.

Deutschland hat fast seine gesamte Handelsflotte ausliefern müssen.

Alle Kriegsmaßnahmen gegen den feindlichen Privatbesitz mußte Deutschland aufheben und die Ausländer entschädigen, 5000 Lokomotiven, 150000 Eisenbahnwagen und 5000 Lastkraftwagen waren abzuliefern; ferner große Viehbestände. Starke Beschränkungen wurden Deutschland auf dem Gebiete des Luftschiff- und Flugzeugbaus auferlegt.

5 Jahre nach Friedensschluß mußte Deutschland den Siegerstaaten einseitig die Meistbegünstigung einräumen.

6. Deutsche Kolonien. Während alle Mächte ein Ventil für die Übervölkerung des Mutterlandes durch Kolonien sich beschafften, wurde Deutschland auf Grund des Versailler Vertrages (Art. 118 und ff.) der gesamte Auslandsbesitz genommen. Deutschland mußte auf sämtliche Rechte, Ansprüche und Vorrechte bezüglich seiner Kolonien verzichten. Daß namentlich Frankreich hierdurch einen militärischen Machtzuwachs bezweckte, nachdem es im Weltkrieg Schwarze gegen Weiße mit seinen Verbündeten zusammen gegen Deutschland eingesetzt hatte, ist nur zu durchsichtig. Die Maßnahmen stehen im völligen Widerspruch zum Punkt 5 der Kongreßrede des Präsidenten Wilson vom 8. Januar 1918, in welcher eine freie, aufrichtige und unbedingt unparteiische Schlichtung aller kolonialen Ansprüche in Aussicht gestellt wurde. Die Begründung der Wegnahme deutscher Kolonien muß als unbedingt heuchlerisch bezeichnet werden und darf in Deutschland nicht vergessen werden. Diese Begründung lautet: „Bei dem Verlangen, daß Deutschland auf alle Rechte und Ansprüche auf seine überseeischen Besitzungen verzichte, haben die alliierten Mächte, wie ihre Hauptantwort ausführt, in allererster Linie die Interessen der eingeborenen Bevölkerung berücksichtigt, für die Präsident Wilson im 5. seiner 14 Punkte der Botschaft vom 18. Januar 1918 eingetreten ist. Es genügt, auf die deutschen amtlichen und privaten Zeugnisse vor dem Kriege und auf die im Reichstag besonders von den Herren Erzberger und Noske erhobenen Anklagen Bezug zu nehmen, um ein Bild von den kolonialen Verwaltungsmethoden Deutschlands, von den grausamen Unterdrückungen, den willkürlichen Requisitionen und von den verschiedenen Formen von Zwangsarbeit zu erhalten, die weite Strecken in Ostafrika und Kamerun entvölkert haben, ganz abgesehen von dem aller Welt bekannten tragischen Schicksal der Hereros in Südwestafrika". Ähnlich sind die weiteren Ausführungen, mit denen die Wegnahme der deutschen Besitzungen begründet wird. Deutschland mußte zugunsten der „alliierten und assoziierten Hauptmächte" auf alle seine Rechte und Ansprüche bezüglich seiner überseeischen Besitzungen verzichten. Auch die finanziellen Verpflichtungen sind außerordentlich schwer. Die Verbandsmächte sind sog. Mandatarsmächte unter der Aufsicht des Völkerbunds, d. h. sie sollen dem Wortlaut nach die deutschen Kolonien bis zur Regelung verwalten. Alle Bestrebungen, beim Völkerbund die Frage einer Rückgabe der deutschen Kolonien anzuschneiden oder gar aufzurollen, waren bisher vergeblich. Ob bei der Machtstellung der Verbandsmächte diese nicht dauernd im Besitz der deutschen Kolonien bleiben, ist mehr als fraglich. Deutschland hat durch die Wegnahme derselben auch an Rohstoffen gewaltig eingebüßt.

Da Deutschland infolge der schweren Währungszerrüttung die festgesetzte jährliche Schuld nicht zahlen konnte, so wurde in London im Jahre 1924 ein neues Abkommen getroffen:

Der Dawes-Plan oder das Londoner Abkommen von 1924.

Zum erstenmal wird hier die „Wiedergutmachung" nach wirtschaftlichen Grundsätzen geregelt. Auch hier ist nicht die Gesamthöhe der deutschen Leistung festgesetzt worden, sondern nur jährlich aufzubringende Leistungen, welche von einem ausländischen Treuhänder verwaltet werden (Reparationsagent). Außer einmaliger Zahlung sind drei Quellen vorgesehen: die Reichsbahn, die Industrie und der Staatshaushalt.

Die Reichsbahn. (Vergleiche Seite 79, Reichsbahngesetz.)

Die bisherige deutsche Reichseisenbahn ist in eine Gesellschaft unter ausländischer Kontrolle umgewandelt worden, deren Leitung in deutscher Hand bleibt. Diese Gesellschaft gibt für 11 Milliarden Obligationen zugunsten der Gläubigerstaaten aus, deren Verzinsung (5%) und Tilgung (1%) 1924/25 anfangen soll.

1924/25 330 bzw. 200 Mill., da 130 Mill. gestundet werden,
1925/26 465 und 130 Mill., zusammen 595 Millionen
1926/27 550 Millionen Mark
ab 1927/28 660 Millionen Mark (5% Verzinsung).

Die Verkehrssteuer wird dem Staatshaushalt entzogen und als Reparationsleistung eingestellt:

1925/26 250 Millionen Mark
ab 1926/27 290 Millionen Mark.

Durch das Reichsbahngesetz ist das Abkommen insofern gemildert worden, als darin festgesetzt wurde, daß die Gesellschaft ihren Betrieb unter Wahrung der Interessen der deutschen Volkswirtschaft nach kaufmännischen Grundsätzen zu führen hat, d. h. also, daß sie nicht die Erzielung möglichst hoher Gewinne, sondern die Rücksicht auf die Interessen der Wirtschaft im Auge haben soll, soweit die Erfüllung der Reparationsleistungen es zuläßt. Daher hat das Reich auch eine hinreichende Aufsicht, namentlich auf dem Gebiete der Tarife.

Die Industrie. Die Industrie wird mit 5 Milliarden Mark belastet, deren Verzinsung und Tilgung folgendermaßen erfolgt:

1925/26 125 Millionen, 1926/27 250 Millionen, ab 1927/28 (5% Verzinsung, 1% Tilgung) 300 Millionen. Belastet werden alle gewerblichen Unternehmungen mit mindestens 50000 Mk. Betriebskapital — die Schwerindustrie mit 20%, die Maschinen- und Elektrizitätsindustrie mit 17%, die chemische Industrie mit 8%, die Textilindustrie mit 7%.

Der Reichshaushalt hat folgende Zahlungen zu leisten: 1926/27 110 Millionen, 1927/28 500 Millionen, ab 1928/29 jährlich 1250 Millionen.

Die Steuer- und Zollkontrolle ist folgendermaßen geregelt: die Kontrolle erstreckt sich auf die Erträge der Zölle und die Abgaben auf Branntwein, Bier, Tabak und Zucker; sie wird von einem Kommissar und 5 Unterkommissaren (für jeden Zweig je einer) ausgeübt.

Es ergibt sich also folgender Gesamtzahlungsplan:

Jahr	Reichsbahn-Obligationen	Verkehrs-steuer	Industrie	Reichs-haushalt	Summe
1924/25	250	—	—	—	200 und 800 Anleihe
1925/26	595	250	125	—	970
1926/27	550	290	250	110	1200
1927/28	660	290	300	500	1750
ab 1928/29	660	290	300	1250	2500

Diese Ziffern verstehen sich alle in Millionen Reichsmark. Die Zeit bis Ende 1928 war eine Übergangszeit. Von 1929 ab hat Deutschland jährlich 2½ Milliarden Reichsmark aufzubringen. Falls sich die Wirtschaft Deutschlands hebt, soll es vom 6. Jahr an mehr zahlen; falls es aber seine Verpflichtungen nicht erfüllen kann, können die Zahlungen herabgesetzt werden.

Die Zahlungen erfolgen auf das Reichsbankkonto des Reparationsagenten in Reichsmark. Aus den geleisteten Beträgen werden die Kosten der fremden Besatzung, der ausländischen Kommissionen, der deutschen Sachlieferungen und der 26%igen Reparationsabgabe bestritten. Der Rest kann von dem Reparationsagenten durch Ankauf von Devisen (Wechseln und Schecks, auch ausländische Währungen) in ausländische Währungen umgewandelt werden (Transfer), doch darf dadurch die deutsche Währung nicht erschüttert werden. Besteht diese Gefahr, so kann er bis zu einer gewissen Höhe das Geld in Deutschland zinsbringend anlegen. Die früher gefürchteten Sanktionen (Strafmaßnahmen wie z. B. die Ruhrbesetzung) können nur bei einstimmigem Beschluß der Reparationskommission getroffen werden, wenn eine offensichtliche Nichterfüllung aus böswilligem Verhalten deutscher Regierungsstellen vorliegt.

Alle Streitfälle zwischen Deutschland und der Reparationskommission müssen einem Schiedsgericht unterbreitet werden.

Unerfüllt bis heute sind die Versprechungen auf vorzeitige Räumung des Rheinlandes, also vor dem Jahre 1935. Während die ehemals feindlichen Mächte diese vorzeitige Räumung als ein Entgegenkommen für Deutschland betrachten, geht die deutsche Rechtsauffassung dahin, daß für die Entfernung fremder Truppen aus dem Rheinland, welche auf Bevölkerung, Industrie und Wirtschaft schwer lasten und Deutschland laufend mit Besatzungskosten beschwert, rechtlich zu verlangen haben. Diese deutsche Auffassung findet ihre bedeutsamste Bestätigung in der Erklärung, die am 16. Juli 1919 Wilson, Clemenceau und Lloyd George unterzeichnet haben. Darin heißt es, daß, **wenn Deutschland vor 1935 Beweise seines guten Willens und ausreichende Garantie für die Erfüllung seiner Vertragsverpflichtung gegeben habe, die beteiligten alliierten und assoziierten Mächte bereit sein würden, eine Vereinbarung über die frühere Beendigung der Besetzungsperiode zu treffen.**

Es sei ausdrücklich festgestellt, daß keine der ehemaligen feindlichen Mächte bestreitet, daß Deutschland Beweise seines guten Willens und ausreichende Garantien im Sinne dieser Erklärung gegeben hat.

Das Young-Abkommen von 1929.

Nach vierjährigem Bestehen des Dawes-Plans zeigte sich, daß Deutschland auf die Dauer die Verpflichtungen desselben nicht einhalten konnte.

Eine neue Konferenz wurde nach Paris unter dem Vorsitz des Amerikaners Owen Young im Frühjahr 1929 einberufen. Sie wurde nach manchem hin und her nach fast viermonatlicher Dauer am 7. Juni 1919 abgeschlossen. Das Abkommen selbst bezeichnet man als das Young-Abkommen, den Plan, auf dem es beruht, den Young-Plan.

Diejenigen Summen, welche die Alliierten ehemals und noch bei Beginn der Konferenz aus Deutschland herauszuschlagen glaubten, sind nicht erzielt worden. Die Erkenntnis, daß der gesamte internationale Kapitalverkehr bei einer Nichteinigung mit Deutschland gestört wird, hat die Alliierten veranlaßt, nicht völlig Unmögliches von Deutschland zu verlangen.

Aber auch der Young-Plan stellt keine endgültige Lösung vor, wie es schon die in demselben vorgesehene Revisionsklausel erkennen läßt.

Irgendein Anlaß über das Ergebnis und den Ausfall der Pariser Konferenz, welche das Young-Abkommen tätigte, zufrieden zu sein, liegt nicht vor. Die Lasten sind unerhört schwer geblieben, und die Gefahr, die Unterzeichnung des Abkommens könnte als eine freiwillige Leistung Deutschlands von den Alliierten aufgefaßt werden, ist außerordentlich groß, trotzdem auch dieses Abkommen aus Not und unter dem Druck der Verhältnisse geschaffen ist. Den einen Vorteil wird man ihm nicht absprechen können, daß es auf eine Reihe von Jahren eine Beruhigung für die deutschen wirtschaftlichen Verhältnisse geschaffen und die Möglichkeit neuen geldlichen Zuflusses nach Deutschland gegeben hat.

Der Young-Plan.

Die Durchschnittsjahreszahlung beträgt annähernd Mk. 2050,— Millionen. Die neue Regelung tritt am 1. September 1929 in Kraft und läuft 36 Jahre 7 Monate. Die Gesamtverpflichtung Deutschlands ist also endlich begrenzt. Die erste Jahreszahlung läuft unter dem Young-Abkommen 7 Monate vom 1. September 1929 bis 31. März 1930 und beträgt 742,8 Millionen Mark.

Die folgenden Jahreszahlungen für die nächsten 10 Jahre stellen sich auf:

1. September	1929—31.	März	1930. . . .	Mk.	742,8	Millionen
1. April	1930—31.	„	1931. . . .	„	1707,9	„
1. „	1931—31.	„	1932. . . .	„	1685	„
1. „	1932—31.	„	1933. . . .	„	1738,2	„
1. „	1933—31.	„	1934. . . .	„	1804,3	„
1. „	1934—31.	„	1935. . . .	„	1866,9	„
1. „	1935—31.	„	1936. . . .	„	1892,9	„
1. „	1936—31.	„	1937. . . .	„	1939,7	„
1. „	1937—31.	„	1938. . . .	„	1977	„
1. „	1938—31.	„	1939. . . .	„	1995,3	„
1. „	1939—31.	„	1940. . . .	„	2042,8	„

Vom elften Jahre ab wird also die Zwei-Milliarden-Grenze erreicht. Diese Ziffern steigen dann noch weiter langsam an und bleiben auf der ungefähren Höhe von 2,2 bis 2,3 Milliarden, so daß sich ohne den Zinsendienst für die Dawes-Anleihe eine Durchschnittsjahreszahlung von 1988,8 Millionen ergibt.

Nach Ablauf der 36 Jahre und 7 Monate gehen nur die Zahlungen weiter, die von den Gläubigern ausschließlich zur Deckung der Interallierten Schulden verwendet werden. Sie laufen gemäß dem Interalliierten Schuldenabkommen 21 Jahre. Hinzu tritt der Dienst für die Dawes-Anleihe.

Bis zum 1. September 1929 zahlt Deutschland noch zunächst gemäß dem Dawes-Plan 1040 Millionen, dazu die zweite Rate für die Zinsen der Industrie-Obligationen in Höhe von 150 Millionen Mark.

Für das erste Jahr, d. h. vom 1. April 1929 bis zum 31. März 1930 hat Deutschland aus Dawes- und Young-Plan zusammen insgesamt also etwa 1950 Millionen Mark abzuführen. Auf Grund des neuen Planes ist die Rheinlandräumung zum 1. September 1929 in Aussicht genommen, jedoch von den Beschlüssen der inzwischen einzuberufenden Konferenz der Regierungen abhängig gemacht (vgl. Beschlüsse der Haager Konferenz vom August 1929 im Anhang).

Aus diesem Plane ist die anfängliche große Erleichterung gegenüber dem Dawes-Plan ersichtlich, denn die Erleichterung beträgt im ersten Jahre annähernd 570 Millionen Mark, im 2. Jahre etwas über 1 Milliarde Mark.

Die **Jahreszahlung** fließt nur noch aus zwei Quellen, dem Reichshaushalt und der Deutschen Reichsbahngesellschaft.

Für die Reparationsleistungen wird die Hauptsicherheit in der feierlichen Übernahme durch die deutsche Regierung gesehen, die durch keine andere Gewährleistung verstärkbar ist.

Die Gläubigerstaaten sollen das Erforderliche veranlassen, um alle noch bestehenden Kontrollen, besondere Sicherheiten, Pfänder oder Belastungen freizugeben und anzuerkennen, daß durch die Annahme der von der deutschen Regierung übernommenen Verpflichtung sämtliche z. Zt. vorhandenen Sicherheiten, Pfänder, Belastungen oder Kontrollen ersetzt werden.

Die Reichsbahnobligationen fallen fort und ebenso die bestehende Mitwirkung von Ausländern in der Verwaltung. Die Reichsbahn muß lediglich für die Dauer von 37 Jahren eine direkte Steuer von 660 Millionen Mark jährlich, deren Ertrag von der deutschen Regierung gewährleistet wird, auf Grund der deutschen Gesetzgebung zahlen, und entsprechende Zertifikate der **Bank für den internationalen Zahlungsausgleich, im nachstehenden Internationale Bank genannt,** übergeben. Die Steuer wird von den Bruttobeträgen der Reichsbahn erhoben und hat den Rang hinter den Personalausgaben, steht im gleichen Rang mit den Ausgaben für Material und laufende Erneuerung, und im Vorrang vor etwaigen andern Steuern sowie vor Hypotheken und sonstigen Reichsbahnverbindlichkeiten.

Zahlung erfolgt auf das Konto der internationalen Bank bei der Reichsbank.

Die bisher erhobene Beförderungssteuer unterliegt der freien Verfügung des Deutschen Reiches.

Die Industriebelastung fällt als internationale Belastung fort.

Der Wohlstandsindex des Dawes-Plans ist fortgefallen. Die vermutete Wohlstandssteigerung gilt durch Ansteigen der Jahreszahlungen als aufgehoben.

Die Jahreszahlungen sind in **nichtaufschiebbare** und **aufschiebbare** Jahreszahlungen eingeteilt.

Die nichtaufschiebbare Jahreszahlung ist auf 860 Millionen Mark festgesetzt.

Die aufschiebbare Jahreszahlung ist deshalb vorgesehen, falls in Deutschland infolge besonderer wirtschaftlicher Verhältnisse ein Notstand entstehen sollte.

Für diesen Notstand sind Schutzmaßnahmen getroffen:

Deutschland ist aus eigener freier Entschließung berechtigt, bis zur Höhe des aufschiebbaren Teils der Annuität nach drei Monate vorher erfolgter Anzeige einen **Transferaufschub** in folgender Weise zu verlangen:

Wenn während eines Zeitraumes von drei aufeinander folgenden Jahren von dem Transferaufschub für das erste Jahr Gebrauch gemacht wird, können Übertragungen, die im zweiten Jahr fällig werden, für höchstens ein Jahr nach ihrer Fälligkeit aufgeschoben werden, es sei denn, daß die während des ersten Jahres fällig gewordenen Übertragungen inzwischen voll vorgenommen worden sind. Ist das der Fall, so können während des zweiten Jahres fällig werdende Übertragungen für zwei Jahre, vom Fälligkeitstage an gerechnet, aufgeschoben werden. Während des dritten Jahres fällig werdende Übertragungen können nicht aufgeschoben werden, bis die im ersten Jahre fälligen Übertragungen voll vorgenommen worden sind.

Seine Verpflichtungen aus dem neuen Plan hat Deutschland erst erfüllt, wenn alle aufgeschobenen Übertragungen nachgeholt oder durch Sachlieferungen abgedeckt sind.

Ein Jahr nach Inkrafttreten eines Transferaufschubs kann Deutschland für die Hälfte des Betrages, dessen Übertragung aufgeschoben ist, die Zahlung selbst aufschieben **(Zahlungsaufschub).**

Auf Empfehlung des Sonderausschusses bei der Internationalen Bank kann der Betrag, für den die Zahlung aufgeschoben ist, erhöht werden.

Die Reichsmarkbeträge, welche infolge eines Transferaufschubs auflaufen, können von der Internationalen Bank im Einverständnis mit der Reichsbank angelegt werden. Sie können auch für Sachlieferungen Verwendung finden, und zwar auch nach Ablauf von 10 Jahren seit Inkrafttreten des neuen Plans, obwohl die gewöhnlichen Sachlieferungen nur für die ersten zehn Jahre vorgesehen sind. Deutschland hat für die Zahlungen, für welche der Transfer aufgeschoben ist, Zinsen von 1% über Reichsbankdiskont, mindestens jedoch von $5^1/_2$%, zu zahlen.

Deutschland ist nach freiem Ermessen berechtigt, zu erklären, daß seine Währung und Wirtschaft durch teilweise oder vollständige Zahlung des aufschiebbaren Teils ernsthaft gefährdet werden könnte. (Revisionsklausel.) Sowohl im Falle des Aufschubs, wie bei Inkrafttreten der Revisionsklausel tritt ein Sonderausschuß — Advisory Board — bei der Internationalen Bank zusammen.

Nach der Einberufung soll dieser Sonderausschuß die Umstände und Verhältnisse prüfen, welche zur Notwendigkeit des Aufschubs geführt oder eine Lage geschaffen haben, in welcher nach Ansicht Deutschlands seine Währung und sein Wirtschaftsleben durch weiteren Transfer des aufschiebbaren Teils der Jahreszahlung ernsthaft gefährdet werden können. Er soll ferner in eine gründliche Prüfung der Lage Deutschlands hinsichtlich der unter diesem Plane ihm obliegenden Verpflichtungen eintreten.

In seinem Bericht an die Regierungen und an die Bank soll der Sonderausschuß, nachdem er sich bei einem Transferaufschub davon überzeugt hat, daß die zuständigen Stellen alles in ihrer Macht Stehende zur Erfüllung der Verpflichtungen getan haben, den Gläubigerregierungen und der Bank zur Erwägung unterbreiten, welche Maßnahmen nach seiner Ansicht hinsichtlich der Deutschland unter dem Plane obliegenden Verpflichtungen ergriffen werden sollten.

Der Ausschuß wird aus sieben von den Leitern der beteiligten Zentralbanken ernannten Mitgliedern gebildet, die vier weitere Mitglieder zuwählen können.

Sachlieferungen. Die Sachlieferungen sind für die nächsten zehn Jahre aufrecht erhalten worden. Ihre plötzliche Aufhebung könnte für den Außenhandel Deutschlands Schwierigkeiten mit sich bringen.

Für Sachlieferungen sind vorgesehen:

Im	1.	Jahre	750	Millionen	Mk.
„	2.	„	700	„	„
„	3.	„	650	„	„
„	4.	„	600	„	„
„	5.	„	550	„	„
„	6.	„	500	„	„
„	7.	„	450	„	„
„	8.	„	400	„	„
„	9.	„	350	„	„
„	10.	„	300	„	„

Eingeschlossen sind in die Sachlieferungen Leistungen auf Grund der Reparation Recovery acts oder an ihre Stelle getretene Abmachung.

Dem Wunsche von Deutschland gemäß ist die Einstellung der Liquidation geschlossen worden. Was mit den bisher erzielten Liquidationserlösen geschehen soll und in welcher Weise die für diese Frage geschaffenen Einrichtungen, z. B. das Schiedsgericht abgebaut werden soll, bleibt Sache der Regierung.

Die Gesamthaftung Deutschlands für die Reparationsverpflichtungen Österreichs, Ungarns und Bulgariens hören auf. Deutschland verzichtet auf Forderungen gegen seine ehemaligen Bundesgenossen.

Bank für den Internationalen Zahlungsausgleich (Internationale Bank). Um die Zahlungen der Alliierten an Amerika (**Außenzahlungen**) für die letzten 21 Jahre sicherzustellen — die letzten 21 Jahre fallen wahrscheinlich zum größten Teil, vielleicht ganz fort, stellen aber zur Zeit eine von Deutschland übernommene Verpflichtung dar — ist die Gründung einer internationalen Bank mit einem Grundkapital von 100 Millionen Dollar beschlossen worden.

Aus den Gewinnen dieser Bank werden durch Kapitalisierung derselben die Schulden der Alliierten an Amerika bezahlt.

25% aus dem Reingewinn werden einem besonderen Reservefonds zugeführt, welcher zur Kapitalisierung der letzten 21 Jahreszahlungen dient. Dieser Reservefonds erhält außerdem die Hälfte der sonstigen Rückstellung der Internationalen Bank, die insgesamt 80% ihrer Gewinne betragen sollen. Die Internationale Bank bekommt von seiten der Gläubiger noch einen Betrag in Höhe einer ungeschützten Jahreszahlung, d. h. insgesamt 660 Millionen Mark zur Verfügung gestellt.

Ermäßigt Amerika seine Ansprüche an die Alliierten, so soll Deutschland mit $66^2/_3$% an der Ermäßigung teilnehmen. Sollte Deutschland wegen nicht genügenden Gewinnes der **Internationalen Bank,** um die Jahreszahlungen der Kriegsschulden abzudecken, in Anspruch genommen werden, so sind die Gläubigerstaaten gehalten, aus den ihnen überschriebenen Gewinnen $8^1/_2$% zur Verfügung zu stellen.

Über den Sitz, die Leitung, den Geschäftsumfang und sonstige Aufgaben der **Internationalen Bank** ebenfalls über die Aufgaben der Bank bei Kommerzialisierungen, über Reserven- und Gewinnverteilung sind besondere Bestimmungen getroffen.

Die **Bank für Internationalen Zahlungsausgleich (Internationale Bank)**[1]. Sie tritt am 1. Januar 1930 in Tätigkeit. Der Gedanke, eine Internationale Bank zu gründen, der sich den Sachverständigen von den verschiedensten Gesichtspunkten aus aufdrängte, gehört zu den interessantesten Ergebnissen der Pariser Konferenz. Man begegnet dieser Bank bei der Lektüre des Berichts auf Schritt und Tritt. Die Aufgaben, die man ihr, dem ersten internationalen Finanzinstitut, das die Wirtschaftsgeschichte kennt, zugewiesen hat, sind sehr mannigfacher Art. Der Bericht selbst unterscheidet die wesentlichen und obligatorischen von den zusätzlichen und fakultativen Aufgaben. Sie lassen sich ungefähr folgendermaßen gliedern:

1. Die Internationale Bank ersetzt den Reparationsagenten und die Kommissare. Sie nimmt die deutschen Zahlungen, die von der Reichsbank nach ihren Wünschen bereits in Valuta umgewandelt sind, in Empfang und verteilt sie an die Allierten. Sie ersetzt damit auch alle politischen Kontrollen.

2. Im Falle von Transferschwierigkeiten bemüht sich das Institut um eine Überbrückung. Sie stundet unter Umständen Deutschland, auch ohne daß es zu einem Transfer-Moratorium kommt, seine Zahlung und setzt auf der anderen Seite ihren Kredit dafür ein, daß die Gläubiger dennoch weiter in den Genuß der Devisenleistungen kommen. Sie soll auf diese Weise ausgleichend wirken und Spannungen Rechnung tragen, bis diese durch diskontpolitische oder andere Maßnahmen behoben sind.

3. Auch der Sachlieferungsverkehr, der auf zehn Jahre beschränkt ist und danach nur fortgesetzt wird für den Fall, daß sich Transferschwierigkeiten ergeben, wird von der Internationalen Bank an Stelle der bisher dafür zuständigen Instanzen gehandhabt und überwacht.

4. Im Falle des Aufschubs von Transferierungen wird die Bank im Einvernehmen mit der Reichsbank für die Anlage der Gelder in Deutschland Sorge tragen. Eine solche Anlage kommt selbstverständlich nur solange und insoweit in Frage, als nicht neben dem Transfer-Moratorium auch das Aufbringungs-Moratorium von Deutschland in Anspruch genommen wird.

5. Für den ungeschützten mobilisierbaren Teil der Annuität hat die Reparationsbank die Kommerzialisierung und auf Wunsch die Mobilisierung in die Wege zu leiten, gleichviel ob die Gläubiger und insonderheit Frankreich, das die Verfügung über 500 Mill. von den transferungeschützten 660 Millionen erhält, die Reparationsobligationen zum Barverkauf stellen oder

---

[1] Der Young-Plan, herausgegeben von der Frankfurter Societätsdruckerei 1929.

ob sie ihre eigenen Staatsanleihen in derartige Wertpapiere umwandeln wollen. Man hat es als besonderen Vorteil angesehen, daß die Bank als Dauereinrichtung verfügbar bleibt, damit sie die Mobilisierungsmaßnahmen ganz den sich ergebenden Gelegenheiten anpassen kann.

6. Eine weitere obligatorische Tätigkeit der Bank besteht in der Bildung der Revisionsinstanz. Bei ihr wird ein Sonderausschuß von internationalem Charakter gebildet, der die Lage untersuchen soll, die einen Aufschub notwendig gemacht hat oder die durch einen Aufschub selbst herbeigeführt worden ist. Schließlich kann diese Revisionsinstanz auch von Deutschland selbst angerufen und gebeten werden, Deutschlands Lage zu untersuchen, wenn die Regierung in gutem Glauben zu dem Schlusse gekommen ist, daß die Währung und das Wirtschaftsleben Deutschlands durch den Plan gefährdet werden.

7. Die mannigfachen bankmäßigen Aufgaben, die der Bank zufallen, werden — so hofft man — beträchtliche Gewinne abwerfen. Das Kapital der Bank soll einem Betrage von 100 Mill. Dollar entsprechen und außerdem sollen ihr aus verschiedenen Quellen Einlagen zufließen, die ihre Bilanzsumme auf schätzungsweise $1^1/_2$ bis 2 Millarden erhöhen können. Die Gewinne, die dieselbe macht, sollen zur Schaffung und Speisung eines Reservefonds und zur Ausschüttung von Dividenden verwendet werden; ein weiterer Teil soll nach einem fest bestimmten Schlüssel den Einlegern langfristiger Depositen als Gewinnbeteiligung zufließen und ein letzter Teil dazu eingesetzt werden, um Deutschland die Entrichtung der letzten 21 Annuitäten zu erleichtern, vorausgesetzt, daß die deutsche Regierung bei der Bank langfristige Einlagen unterhält.

8. Zur Lösung des besonderen deutschen Problems — hier beginnen die zusätzlichen Aufgaben — soll die Bank dadurch beitragen, daß sie Unternehmungen besonders in den unentwickelten Ländern finanziert, die mit gewöhnlichen Finanzierungsmöglichkeiten nicht in Angriff genommen werden könnten. Sie soll auf diese Weise zur Ausweitung der deutschen Ausfuhr und des Welthandels beitragen und dazu auch Kredit innerhalb vernünftiger Grenzen einsetzen.

9. Angesichts der umfangreichen Devisenoperationen, die bei der Bank vor sich gehen, glaubten die Sachversändigen, daß sie sich für die Wechselkurse als ein stabilisierender Faktor erweisen werden. Ein internationales Abrechnungsverfahren soll bei ihr eingeführt werden, ein Goldclearing, durch das Kosten und Risiken bei der Versendung von Gold gespart werden können.

10. Da die Notenbankpräsidenten die eigentlichen Träger des Institutes sein werden, wird eine solche Instanz wahrscheinlich dazu beitragen, die Zusammenarbeit der Nebenbanken zu fördern, schon dadurch, daß sie die Leiter der Notenbanken regelmäßig zusammenführt.

Die Aufgaben der Bank sind, wie man sieht, sehr weit gespannt. Außerhalb des Gebiets politischer Einflüsse liegend, soll sie dazu beitragen, in Freiheit und mit Schnelligkeit Probleme zu lösen, ohne die Tätigkeit bestehender Einrichtungen zu beeinträchtigen. Auch wer gegenüber den Hoffnungen, die an eine solche Überbank von jeher geknüpft worden sind, skeptisch gegenübersteht, wird von der Errichtung dieser Bank für internationale Zahlungen manche wohltätige Wirkung erwarten dürfen, auch außerhalb des engeren Gebietes der Reparation.

Haager Konferenz vom August 1929.

Die vorgesehene Konferenz der Regierungen, die sogenannte politische Konferenz, hat inzwischen im August 1929 im Haag stattgefunden. Der Young-Plan ist zu Lasten Deutschlands geändert worden, die Rheinlandräumung ist auf einen längeren Zeitraum verteilt. Auch sind Änderungen bei den Sachlieferungen ebenso wie bei den finanziellen Grundlagen zu ungunsten Deutschlands vorgenommen worden. Die Saarfrage ist aufgeschoben worden. Es sollen darüber in den nächsten Monaten Verhandlungen zwischen Frankreich und Deutschland stattfinden.

Genauere Angaben über die Ergebnisse dieser Haager Konferenz von 1929 befinden sich im Anhang S. 726. Sie konnten an dieser Stelle nicht aufgenommen werden, weil der Druck bereits fertiggestellt war.

Der Völkerbund.

Der Völkerbund besteht seit dem Erlaß des Versailler Vertrages; die Bestimmungen über ihn sind in Teil I, Art. 1—26 enthalten.

a) **Aufgaben des Völkerbundes.** Er soll die Zusammenarbeit unter den Völkern fördern und den Frieden und die Sicherheit unter den Völkern sichern. Insbesondere will er Kriege verhüten, Streitigkeiten unter den Völkern friedlich schlichten, für die nichtzivilisierten Völker sorgen, für freien Handel und Verkehr eintreten, ein Weltarbeitsrecht schaffen, den Frauen- und Kinderhandel überwachen usw.

b) **Mitglieder.** Die Signatar-Mächte des Friedensvertrages sollten ohne weiteres Mitglieder sein, aber die Vereinigten Staaten von Amerika, Ecuador und Hedschas haben den Vertrag nicht genehmigt. Außerdem sollten alle neutralen Staaten Mitglieder sein, wenn sie den Bundesvertrag anerkennen. Diese beiden Gruppen nennt man „ursprüngliche“ Mitglieder.

Die übrigen Staaten — vor allem die Mittelmächte Europas — sollten erst dann aufgenommen werden, „wenn ihr Eintritt von ⅔ der Bundesversammlung gutgeheißen wurde und sie eine wirksame Gewähr dafür leisteten, daß sie die nationalen Verpflichtungen beobachteten“. Auf Grund dieser Bestimmungen sind noch 14 Staaten beigetreten, Deutschland erst 1926.

c) **Die Verfassung.** Die Organe des Völkerbundes sind die Bundesversammlung und der Rat.

Die Bundesversammlung besteht aus den Vertretern sämtlicher Mitglieder. Sie tagt jährlich im September. Jedes Mitglied hat eine Stimme.

Der Rat besteht aus den Großmächten England, Frankreich, Japan, Italien und Deutschland, die je einen ständigen Ratssitz haben, und 6 nichtständigen Mitgliedern, die alljährlich von der Bundesversammlung gewählt werden. Nach dem Beschluß vom 8. September 1926 erhielt Deutschland zwar einen ständigen Ratssitz, aber die Zahl der nichtständigen Mitglieder wurde auf 9 erhöht.

Im allgemeinen werden die Beschlüsse beider Organe einstimmig gefaßt.

Die Bundesgeschäfte führt das Sekretariat in Genf. Es arbeitet unter der Leitung eines Generalsekretärs, der mit Zustimmung des Rates die übrigen Mitglieder des Sekretariats ernennt. Das Sekretariat ist in Fach-Abteilungen gegliedert. — Von den Ausschüssen des Volkerbundes sind besonders zu erwähnen: die technischen Organisationen, die beratenden Ausschüsse und der ständige internationale Gerichtshof.

Organe des Völkerbundes. Das Sekretariat mit einem Generalsekretär, einem stellvertretenden Generalsekretär und zwei Untergeneralsekretären.

Der Rat.

Die Völkerbundsversammlung.

Dem Sekretariat sind unterstellt: die politische Abteilung, die Rechts-, Mandatsabteilung, die Abteilungen für soziale Fragen, Durchfuhr und Verkehr, Wirtschaft und Finanz, ferner die internationalen Büros, die Verwaltung und Minderheiten, Nachrichtenabteilung, Hygiene, Abrüstungsfragen, Finanzverwaltung des Völkerbundes.

Hand in Hand mit dem Völkerbund arbeiten die internationale Arbeitsorganisation (internationale Konferenz, Verwaltungsrat, internationales Arbeitsamt) und der ständige internationale Gerichtshof im Haag, bestehend aus 11 Richtern und 4 Ersatzrichtern.

Die Frage, ob Deutschland in den Völkerbund eintreten sollte oder nicht, hat nach den schweren Enttäuschungen der Nachkriegsjahre zu großen innerpolitischen Kämpfen geführt. Da wir aber gezwungen sind, Realpolitik zu treiben und nicht schmollend beiseite zu stehen, so mußte es als selbstverständlich erscheinen, als Mitglied in einem Gerichtshof zu sitzen, der über deutsche Interessen zu entscheiden hat.

So manches ist auch seit dem Eintritt Deutschlands in den Völkerbund nicht zuletzt durch die geschickte Außenpolitik des Reichsaußenministers Stresemann und die persönliche Fühlungnahme mit den Außenministern Frankreichs und Englands — Briand und Chamberlain — erreicht worden.

Da die Zugehörigkeit Deutschlands zum Völkerbund von dem Vertrage von Locarno abhängig gemacht ist, so kann Deutschland im Gegensatz zu den anderen Länderen nicht aus dem Völkerbund austreten.

Das Abkommen von Locarno vom 16. Oktober 1925.

Am 16. Oktober 1925 ist zwischen Deutschland, Belgien, Frankreich, England und Italien der weltberühmte Vertrag von Locarno vereinbart und am 1. Dezember 1925 in London unterzeichnet worden. Bei der Bedeutung dieses Vertrages ist es angebracht, diesen hier wörtlich aufzuführen; ein weiterer Kommentar dazu ist im Rahmen dieses Buches überflüssig.

Art. 1. Die Hohen Vertragsschließenden Teile garantieren, jeder für sich und insgesamt, in der in den folgenden Artikeln bestimmten Weise die Aufrechterhaltung des sich aus den Grenzen zwischen Deutschland und Belgien und zwischen Deutschland und Frankreich sich ergebenden territorialen Status quo, die Unverletzlichkeit dieser Grenzen, wie sie durch den in Versailles am 28. Juni 1919 unterzeichneten Friedensvertrag oder in dessen Ausführung festgesetzt sind, sowie die Beobachtung der Bestimmungen der Artikel 42 und 43 des bezeichneten Vertrages über die demilitarisierte Zone.

Art. 2. Deutschland und Belgien und ebenso Deutschland und Frankreich verpflichten sich gegenseitig, in keinem Falle zu einem Angriff oder zu einem Einfall oder zu einem Krieg gegeneinander zu schreiten.

Diese Bestimmung findet jedoch keine Anwendung, wenn es sich handelt 1. um die Ausübung des Rechts der Selbstverteidigung, das heißt um den Widerstand gegen eine Verletzung der Verpflichtung des vorstehenden Absatzes oder gegen einen flagranten Verstoß gegen die Artikel 42 und 43 des Vertrages von Versailles, sofern ein solcher Verstoß eine nicht provozierte Angriffshandlung darstellt und wegen der Zusammenziehung von Streitkräften in der demilitarisierten Zone eine sofortige Aktion notwendig ist;

2. um eine Aktion auf Grund des Artikels 16 der Völkerbundsatzung,

3. um eine Aktion, die auf Grund einer Entscheidung der Versammlung oder des Rates des Völkerbundes oder auf Grund des Artikels 15 Abs. 7 der Völkerbundssatzung erfolgt, vorausgesetzt, daß sich die Aktion in diesem letzten Falle gegen einen Staat richtet, der zuerst zum Angriff geschritten ist.

Art. 3. Im Hinblick auf die von ihnen im Artikel 2 beiderseits übernommenen Verpflichtungen verpflichtet sich Deutschland und Belgien sowie Deutschland und Frankreich, auf friedlichem Wege, und zwar in folgender Weise, alle Fragen jeglicher Art zu regeln, die sie etwa entzweien und die nicht auf dem Wege des gewöhnlichen diplomatischen Verfahrens gelöst werden können.

Alle Fragen, bei denen die Parteien untereinander über ein Recht im Streite sind, sollen Richtern unterbreitet werden, deren Entscheidung zu befolgen die Parteien sich verpflichten.

Jede andere Frage ist einer Vergleichskommission zu unterbreiten. Wird der von dieser Kommission vorgeschlagenen Regelung nicht von beiden Parteien zugestimmt, so ist die Frage vor den Völkerbundsrat zu bringen, der gemäß Art. 15 der Völkerbundssatzung befindet. Die Einzelheiten dieser Methoden friedlicher Regelung bilden Gegenstand besonderer Abkommen, die am heutigen Tage unterzeichnet worden sind.

Art. 4. 1. Ist einer der Hohen Vertragsschließenden Teile der Ansicht, daß eine Verletzung des Art. 2 dieses Vertrages oder ein Verstoß gegen die Art. 42 oder 43 des Vertrages von Versailles begangen worden ist oder begangen wird, so wird er die Frage sofort vor den Völkerbundsrat bringen.

2. Sobald der Völkerbundsrat festgestellt hat, daß eine solche Verletzung oder ein solcher Verstoß begangen worden ist, zeigt er dies unverzüglich den Signatarmächten dieses Vertrages an, und jede von ihnen verpflichtet sich, in solchem Falle der Macht, gegen die sich die beanstandete Handlung richtet, sofort ihren Beistand zu gewähren.

3. Im Falle einer flagranten Verletzung des Art. 2 dieses Vertrages oder eines flagranten Verstoßes gegen die Art. 42 oder 43 des Vertrages von Versailles durch einen der Hohen Vertragschließenden Teile verpflichtet sich schon jetzt jede der anderen vertragsschließenden Mächte, sobald ihr erkennbar geworden ist, daß diese Verletzung oder dieser Verstoß eine nicht provozierte Angriffshandlung darstellt, und daß im Hinblick, sei es auf die Überschreitung der Grenze, sei es auf die Eröffnung der Feindseligkeiten oder die Zusammenziehung von Streitkräften in der demilitarisierten Zone, ein sofortiges Handeln geboten ist, demjenigen Teile, gegen den eine solche Verletzung oder ein solcher Verstoß gerichtet worden ist, sofort ihren Beistand zu gewähren. Dessenungeachtet wird der gemäß Abs. 1 dieses Artikels mit der Frage befaßte Völkerbundsrat das Ergebnis seiner Feststellungen bekannt geben. Die Hohen Vertragsschließenden Teile verpflichten sich, in solchem Falle nach Maßgabe der Empfehlungen des Rates zu handeln, die alle Stimmen mit Ausnahme derjenigen der Vertreter der in die Feindseligkeiten verstrickten Teile auf sich vereint haben.

Art. 5. Die Bestimmung des Art. 3 dieses Vertrages wird in nachstehender Weise unter die Garantie der Hohen Vertragsschließenden Teile gestellt:

Wenn sich eine der im Art. 3 genannten Mächte weigert, das Verfahren zur friedlichen Regelung zu befolgen oder eine schiedsgerichtliche oder richterliche Entscheidung auszuführen und eine Verletzung des Art. 2 dieses Vertrages oder einen Verstoß gegen die Art. 42 oder 43 des Vertrages von Versailles begeht, so finden die Bestimmungen des Art. 4 Anwendung. Falls eine der im Art. 3 genannten Mächte, ohne eine Verletzung des Art. 2 dieses Vertrages oder einen Verstoß gegen die Art. 42 oder 43 des Vertrages von Versailles zu begehen, sich weigern sollte, das Verfahren zur friedlichen Regelung zu befolgen oder eine schiedsgerichtliche oder richterliche Entscheidung auszuführen, so wird der andere Teil die Angelegenheit vor den Völkerbundsrat bringen, der die zu ergreifenden Maßnahmen vorschlagen wird; die Hohen Vertragsschließenden Teile werden diese Vorschläge befolgen.

Art. 6. Die Bestimmungen dieses Vertrages lassen die Rechte und Pflichten unberührt, die sich für die Hohen Vertragsschließenden Teile aus dem Vertrag von Versailles sowie aus den ergänzenden Vereinbarungen, einschließlich der in London am 30. August 1924 unterzeichneten, ergeben.

Art. 7. Dieser Vertrag, der die Aufrechterhaltung des Friedens sichern soll und der Völkerbundssatzung entspricht, kann nicht so ausgelegt werden, als beschränke er die Aufgabe des Völkerbundes, die zur wirksamen Wahrung des Weltfriedens geeigneten Maßnahmen zu ergreifen.

Art. 8. Dieser Vertrag soll gemäß der Völkerbundssatzung beim Völkerbund eingetragen werden. Er bleibt so lange in Kraft, bis der Rat, auf den drei Monate vorher den anderen Signatarmächten anzukündigenden Antrag eines der Hohen Vertragsschließenden Teile, mit einer Mehrheit von mindestens zwei Dritteln der Stimmen feststellt, daß der Völkerbund den Hohen Vertragsschließenden Teilen hinreichende Garantien bietet. Der Vertrag tritt alsdann nach Ablauf einer Frist von einem Jahr außer Kraft.

Art. 9. Dieser Vertrag soll keinem der britischen Dominions noch Indien irgendeine Verpflichtung auferlegen, es sei denn, daß die Regierung des Dominions oder Indiens anzeigt, daß sie diese Verpflichtung annimmt.

Art. 10. Dieser Vertrag soll ratifiziert werden, und die Ratifikationsurkunden sollen so bald als möglich in Genf im Archiv des Völkerbundes hinterlegt werden. Er soll in Kraft treten, sobald alle Ratifikationsurkunden hinterlegt sind und Deutschland Mitglied des Völkerbundes geworden ist. (Ist inzwischen geschehen.)

Dieser in einem einzigen Exemplar ausgefertigte Vertrag soll im Archiv des Völkerbundes hinterlegt werden, dessen Generalsekretär gebeten wird, jedem der Hohen Vertragsschließenden Teile beglaubigte Abschriften zuzustellen.

Zu Urkund dessen haben die eingangs genannten Bevollmächtigten diesen Vertrag unterzeichnet.

Geschehen zu Locarno am 16. Oktober 1925.

Der Kellogg-Pakt vom 6. Februar 1928.

Kriegsächtungspakt.

Als ein Teil des Völkerrechts ist heute der Kollegg-Pakt zu werten, welcher zum Zweck hat, für die Zukunft den Krieg zu ächten und damit praktisch unmöglich zu machen. Der Pakt, auch Briand-Kellogg-Pakt genannt, wurde zuerst zwischen Amerika und Frankreich getätigt, und nachdem zur Unterzeichnung desselben die Hauptstaaten des Völkerbundes eingeladen und ihre Zustimmung erteilt hatten, im September 1928 in Paris unterzeichnet. Der dem Pakt zugrunde liegende Gedanke ist eine Verurteilung des Krieges als Werkzeug nationaler Politik und beabsichtigt, an Stelle des Krieges schiedsgerichtliche Lösungen zu setzen.

Der Pakt besteht nur aus 2 Artikeln; dieselben lauten:

Art. 1. Alle in internationalen Angelegenheiten zwischen den Hohen Vertragsschließenden Parteien entstehenden Streitigkeiten, bei welchen die eine Partei gegenüber der anderen auf Grund eines Vertrages oder auf anderer Grundlage ein Recht in Anspruch nimmt, sollen, sofern sie nicht auf diplomatischem Wege geregelt werden konnten, sofern sie auch auf Anrufung einer dafür vorgesehenen Vergleichskommission nicht geregelt worden sind und sofern sie nach den Grundsätzen von Recht und Billigkeit entscheidbar und damit ihrer Natur nach für ein Rechtsverfahren geeignet sind, auf Grund einer in jedem Einzelfall durch eine besondere Vereinbarung zu treffenden Entscheidung dem durch das Abkommen vom 18. Okt. 1907 eingesetzten Ständigen Schiedshof im Haag oder einem anderen Gericht vorgelegt werden; die besondere Vereinbarung soll nötigenfalls die Bildung dieses Gerichts regeln, seine Befugnisse bestimmen, den Streitpunkt oder die Streitpunkte bezeichnen und die zu entscheidende Frage festsetzen.

Die besondere Vereinbarung soll in jedem Falle auf seiten Deutschlands gemäß den Vorschriften seiner Verfassung, auf seiten der Vereinigten Staaten von Amerika durch den Präsidenten der Vereinigten Staaten von Amerika nach Anhörung und mit Zustimmung des Senats geschlossen werden.

Art. 2. Eine Berufung auf die Bestimmungen dieses Vertrages ist ausgeschlossen bei allen Streitfragen, deren Gegenstand

a) unter die einheimische Gerichtsbarkeit einer der Hohen Vertragsschließenden Parteien fällt,

b) in die Interessen dritter Parteien eingreift,

c) auf der Aufrechterhaltung der gewöhnlich als Monroe-Doktrin bezeichneten herkömmlichen Haltung der Vereinigten Staaten in amerikanischen Fragen beruht oder in die Aufrechterhaltung dieser Doktrin eingreift,

d) auf der Beobachtung der Deutschland nach der Völkerbundssatzung obliegenden Verpflichtungen beruht oder in die Beobachtungen dieser Verpflichtungen eingreift.

Geschehen in Washington am 6. Februar 1928.

Das internationale Luftrecht.

Neu und von einschneidender Bedeutung ist das **internationale Luftrecht** infolge des in unserem Jahrhundert zur hervorragenden Entwicklung gelangten Luftschiff- und Flugzeugwesens.

Der **Luftraum** oberhalb der durch die Staatsgrenzen umschriebenen Land- und Wasseroberfläche gehört zum Staatsgebiet, steht also grundsätzlich unter der Staatsgewalt. Hingegen ist die Luft oberhalb des offenen Meeres frei wie das Meer selbst. Durch Abkommen vom 13. Oktober 1919 durch die in Paris an der Friedenskonferenz verbündeten Staaten — die Mittelmächte waren ausgeschlossen — ist eine internationale Regelung der Luftfahrt erfolgt. Die Ratifikation steht noch aus. Die Regelung beruht hier auch auf dem Grundgedanken der Herrschaft der Staates über seinen Luftraum, von dem nur die notwendigsten Abstriche für „nichtoffensive Durchfahrt" in Friedenszeit gemacht wurden. Aber auch diese Durchfahrt ist nur den Verbandsmächten zugesagt bei Einhalt bestimmter Fahrtlinien innerhalb der Verbandsstaaten und unter Vorbehalt teilweiser Sperre aus militärischen oder Sicherheitsgründen. Fremde ausländische Fahrzeuge bedürfen besonderer Durchzugserlaubnis, haben aber dann die Rechtsstellung von Kriegsschiffen.

Jeder Staat ist befugt, Personen und Güterbeförderung zwischen zwei Punkten seines Gebietes den eigenen Staatsangehörigen vorzubehalten. Über verbotene Beförderung (Waffen und Munition usw.), Ausweise der Fahrer, Kennzeichen der Fahrzeuge sind besondere Bestimmungen getroffen. Bei Meinungsverschiedenheiten soll der internationale Gerichtshof entscheiden.

Die internationale Kommission für Luftschiffahrt soll unter der Autorität des Völkerbundes nach Art. 34 des Luftrechtvertrages vom 13. Oktober 1919 eingerichtet werden; sie bestimmt ihren Sitz selbst. Zu ihren Aufgaben gehört es namentlich, Luftschiffahrtskarten zu veröffentlichen und Mitteilungen über Funkentelegraphie und Wetter zu geben.

Deutschland hat mit einer Reihe von Staaten ein Abkommen über den Luftverkehr geschlossen, so beispielsweise mit Frankreich am 22. Mai 1926, mit Belgien am 29. Mai 1926, mit der Tschecho-Slovakei am 27. Januar 1927, ferner bereits vorher mit der Schweiz, Dänemark usw. Für diese internationalen Regelungen des Luftverkehrs sei als Beispiel das Abkommen zwischen dem Deutschen Reich und Frankreich nachstehend zum Abdruck gebracht:

Art. 1. Jeder der beiden Hohen Vertragsschließenden Teile gewährt in Friedenszeiten Luftfahrzeugen des anderen Vertragsschließenden Teils, die in diesem ordnungsmäßig eingetragen sind, bei Beachtung der in diesem Abkommen enthaltenen Bestimmungen das Recht zum Luftverkehr über seinem Gebiete.

Es besteht indessen Einverständnis darüber, daß die Einrichtung und der Betrieb von regelmäßigen Luftlinien eines Luftfahrtunternehmens des einen der Hohen Vertragsschließenden Teile in das Gebiet des anderen Teiles oder über dieses hinweg (mit oder ohne Landung) einer Sondervereinbarung zwischen den beiden Staaten unterliegt.

Als Gebiet im Sinne dieses Abkommens gilt das Gebiet des Mutterstaates einschließlich der Territorialgewässer.

Als Luftfahrzeuge gelten die privaten Luftfahrzeuge und die ausschließlich für Handelszwecke bestimmten staatlichen Luftfahrzeuge.

Art. 2. Die Luftfahrzeuge des einen Vertragsteils, ihre Besatzung und ihre Fluggäste unterliegen, während sie sich im Gebiete des anderen Staates befinden, den Verpflichtungen, die sich aus den in diesem Staate jeweils geltenden Bestimmungen ergeben, insbesondere den Vorschriften über den Luftverkehr im allgemeinen, soweit diese auf alle fremden Luftfahrzeuge ohne Unterschied der Nationalität Anwendung finden, ferner über Zölle und andere Abgaben, über Aus- und Einfuhrverbote, über die Beförderung von Personen und Gütern sowie über die öffentliche Sicherheit und Ordnung. Sie unterliegen auch den sonstigen Verpflichtungen, die sich aus der jeweiligen allgemeinen Gesetzgebung ergeben, soweit dieses Abkommen nichts anderes vorsieht.

Art. 3. Die beiden Vertragsteile können den Luftverkehr über bestimmte Zonen ihres Gebietes verbieten, sofern in dieser Hinsicht zwischen ihren heimischen Luftfahrzeugen und denjenigen des anderen Staates kein Unterschied gemacht wird. Die Gebietsteile, über denen der Luftverkehr verboten wird, sind dem anderen Vertragsstaat mitzuteilen.

Außerdem behält sich jeder Vertragsteil das Recht vor, unter außergewöhnlichen Umständen den Luftverkehr über seinem Gebiete ganz oder teilweise mit sofortiger Wirkung vorläufig einzuschränken oder zu verbieten, unter der Bedingung, daß in dieser Hinsicht kein Unterschied zwischen den Luftfahrzeugen des anderen Vertragsteils und den Luftfahrzeugen jedes anderen fremden Landes gemacht wird.

Art. 4. Ein Luftfahrzeug, das über eine verbotene Zone gerät, hat, sobald es dies bemerkt, das durch die Luftverkehrsordnung des überflogenen Staates vorgeschriebene Notzeichen zu geben und so bald und so nahe wie möglich auf einem außerhalb der verbotenen Zone gelegenen Flughafen dieses Staates zu landen.

Art. 5. Die Luftfahrzeuge müssen deutliche und gut sichtbare Abzeichen haben, die ihre Feststellung während des Fluges ermöglichen (Hoheits- und Eintragungszeichen). Sie müssen außerdem den Namen und den Wohnsitz des Eigentümers erkennen lassen.

Die Luftfahrzeuge müssen mit Bescheinigungen über die Eintragung und Lufttüchtigkeit sowie mit allen übrigen in ihrem Heimatlande für den Luftverkehr vorgeschriebenen Urkunden versehen sein.

Die Mitglieder der Besatzung, die im Flugzeug eine in ihrem Heimatland einer besonderen Erlaubnis unterliegende Tätigkeit ausüben, müssen mit den in ihrem Heimatlande vorgeschriebenen Ausweisen für den Luftverkehr, insbesondere mit den vorschriftsmäßigen Befähigungszeugnissen und Zulassungsscheinen, versehen sein.

Die übrigen Mitglieder der Besatzung müssen mit Ausweisen versehen sein, die ihre Beschäftigung an Bord, ihren Beruf, ihre Identität und ihre Staatsangehörigkeit angeben.

Die Lufttüchtigkeitsscheine, Befähigungszeugnisse und Zulassungsscheine, die von einem der Hohen Vertragsschließenden Teile für das Luftfahrzeug oder die Besatzung ausgestellt oder anerkannt worden sind, haben im anderen Vertragsstaat dieselbe Gültigkeit wie die in diesem Staate anerkannten oder ausgestellten entsprechenden Urkunden.

Jeder der beiden Hohen Vertragsschließenden Teile behält sich das Recht vor, für den Luftverkehr innerhalb seines Gebiets den seinen Staatsangehörigen vom anderen Vertragsstaat erteilten Befähigungszeugnissen und Zulassungsscheinen die Anerkennung zu versagen.

Die Besatzung und die Fahrgäste müssen, soweit nicht etwas anderes vereinbart worden ist, mit den Ausweisen versehen sein, die für den zwischenstaatlichen Übergangsverkehr nach den jeweils geltenden Bestimmungen erforderlich sind.

Art. 6. Die Luftfahrzeuge des einen der Hohen Vertragsschließenden Teile dürfen im Gebiete des anderen Vertragsstaats nur insoweit mit Geräten zur drahtlosen Nachrichtenübermittlung versehen sein, wie dies in beiden Vertragsstaaten gestattet ist. Solches Gerät darf nur von Mitgliedern der Besatzung bedient werden, die eine besondere Erlaubnis des Heimatstaates mit sich führen.

Die beiden Vertragsstaaten behalten sich vor, aus Sicherheitsgründen Vorschriften über die Verpflichtung zur Ausstattung von Luftfahrzeugen mit Gerät zur drahtlosen Nachrichtenübermittlung zu erlassen.

Art. 7. Die Luftfahrzeuge, ihre Besatzung und die Fluggäste dürfen Waffen, Schießbedarf, giftige Gase, Sprengstoffe, Brieftauben und Lichtbildgerät nur mit Erlaubnis desjenigen Staates mit sich führen, in dessen Luftgebiet sich das Luftfahrzeug befindet.

Art. 8. Die Luftfahrzeuge, die Fluggäste und Güter mit sich führen, müssen mit einem namentlichen Verzeichnis der Fluggäste und mit einem Ladungsverzeichnis, das eine Beschreibung der Art und Menge der Güter enthält, sowie mit den erforderlichen Zollerklärungen versehen sein.

Ergibt sich bei der Ankunft des Luftfahrzeugs eine Unstimmigkeit zwischen den mitgeführten Gütern und den oben erwähnten Urkunden, so haben sich die Zollbehörden des Ankunfthafens mit den zuständigen Zollbehörden des anderen Vertragsstaates unmittelbar in Verbindung zu setzen.

Die Beförderung von Post wird durch besondere Abmachungen unmittelbar zwischen den Postverwaltungen der beiden Vertragsstaaten geregelt.

Art. 9. Jeder Vertragsstaat kann auf seinem Gebiete die Luftfahrzeuge des anderen Staates bei Abflug oder Landung durch die zuständigen Behörden untersuchen und die vorgeschriebenen Ausweise und sonstige Urkunden prüfen lassen.

Art. 10. Die dem öffentlichen Luftverkehre zur Verfügung stehenden Flughäfen sind den Luftfahrzeugen beider Staaten zugänglich. Die Luftfahrzeuge können auch den meteorologischen Nachrichtendienst, den Funkdienst und den Flugsicherungsdienst benutzen. Die etwaigen Gebühren (Landegebühr, Aufenthaltsgebühr usw.) sind für die heimischen Luftfahrzeuge und diejenigen des anderen Staates gleich.

Art. 11. Der Einflug nach und der Ausflug von einem der beiden Vertragsstaaten darf nur nach oder von einem dem öffentlichen Luftverkehre dienenden Flughafen, der ein Zollflughafen mit Paßabfertigung ist, vorgenommen werden, und zwar ohne Zwischenlandung zwischen Grenze und Flughafen. In besonderen Fällen können die zuständigen den Einflug nach und den Ausflug von anderen Flughäfen gestatten, in denen die Zoll- und Paßabfertigung vorzunehmen ist. Das Verbot der Zwischenlandung gilt auch in diesen besonderen Fällen.

Im Falle der Notlandung außerhalb der im Absatz 1 bezeichneten Flughäfen haben sich der Flugzeugführer, die Besatzung und die Fluggäste nach den Vorschriften zu richten, die auf dem Gebiet der Zoll- und Paßabfertigung in dem betreffenden Staate gelten.

Die beiden Hohen Vertragsschließenden Teile werden einander das Verzeichnis der dem öffentlichen Flugverkehr dienenden Flughäfen mitteilen. Dieses Verzeichnis wird diejenigen Flughäfen besonders aufführen, die Zollflughäfen sind. Jede Änderung in diesem Verzeichnis und jede auch nur vorübergehende Beschränkung des Rechtes zur Benutzung eines dieser Flughäfen ist dem anderen Vertragsteil unverzüglich mitzuteilen.

Art. 12. Die gemeinsamen Grenzen der beiden Hohen Vertragsschließenden Teile dürfen nur zwischen Punkten überflogen werden, die in gemeinsamer Vereinbarung festgelegt worden sind. Die nicht gemeinsamen Grenzen sind zwischen Punkten zu überfliegen, die durch den in Frage kommenden Vertragsteil bestimmt worden sind.

Eine Zone, die ein Vertragsteil seinen eigenen oder fremden Luftfahrzeugen für den Überflug seiner (gemeinsamen oder nicht gemeinsamen) Grenzen eingeräumt hat, steht ohne weiteres auch den Luftfahrzeugen des anderen Vertragsteils offen.

Art. 13. Als Ballast darf nur feiner Sand und Wasser abgeworfen werden.

Art. 14. Unterwegs dürfen Gegenstände oder Stoffe außer Ballast nur abgeworfen oder sonst entfernt werden, wenn der Staat, dessen Gebiet betroffen wird, die Erlaubnis hierfür besonders erteilt hat.

Art. 15. Soweit bei Ausführung dieses Abkommens Fragen der Nationalität zu berücksichtigen sind, besteht Einverständnis darüber, daß die Luftfahrzeuge die Nationalität des Staates besitzen, in dessen Register sie ordnungsmäßig eingetragen sind.

Ein Luftfahrzeug kann in einem der beiden Staaten nur dann eingetragen werden, wenn es ganz im Eigentume von Angehörigen dieses Staates steht. Wenn eine Gesellschaft irgendeiner Art Eigentümerin ist, muß sie den Anforderungen entsprechen, welche die deutsche oder französische Gesetzgebung jeweils vorschreibt, damit sie als deutsche oder französische Gesellschaft angesehen werden kann.

Art. 16. Die beiden Hohen Vertragsschließenden Teile werden monatlich Verzeichnisse über Eintragung und Löschungen, die während des vorhergehenden Monats im Register bewirkt worden sind, untereinander austauschen.

Art. 17. Ein Luftfahrzeug, das in einem der beiden Vertragsstaaten einfliegt oder sein Gebiet überfliegt und dort nur, so weit erforderlich, landet und Aufenthalt nimmt, kann sich einer Beschlagnahme, die wegen Verletzung eines Patents oder Musterschutzes bewirkt wird, durch Hinterlegung einer Sicherheit entziehen, deren Höhe mangels gütlicher Vereinbarung in möglichst kurzer Frist von der zuständigen Behörde des Orts der Beschlagnahme festzusetzen ist.

Art. 18. Die Luftfahrzeuge der beiden Vertragsstaaten haben bei Landungen, insbesondere bei Notlandungen, Anspruch auf die gleiche Hilfeleistung wie die heimischen Luftfahrzeuge.

Die Rettung der Luftfahrzeuge, die auf hoher See in Not geraten sind, richtet sich vorbehaltlich gegenteiliger Abmachung nach den Grundsätzen des Seerechts, wie sie sich aus den jeweiligen internationalen Vereinbarungen oder in deren Ermangelung aus den Gesetzen des Staates, dem die Retter angehören, ergeben.

Art. 19. Die beiden Hohen Vertragsschließenden Teile werden sich alle für den Luftverkehr in ihrem Gebiete geltenden Vorschriften mitteilen.

Art. 20. Die Einzelheiten der Ausführung dieses Abkommens (insbesondere die Zollformalitäten) werden, soweit möglich, durch unmittelbare Verständigung zwischen den einzelnen zuständigen Verwaltungen der beiden Vertragsteile geregelt.

Streitigkeiten, welche die Ausführung dieses Abkommens betreffen und nicht auf dem üblichen diplomatischen Wege beigelegt werden können, werden gemäß den Bestimmungen des deutsch-französischen Schiedsabkommens vom 16. Oktober 1925 geregelt.

Art. 21. Jeder der Hohen Vertragsschließenden Teile kann dieses Abkommen zu jedem Zeitpunkte mit einer Frist von 12 Monaten kündigen.

Art. 22. Dieses Abkommen soll ratifiziert werden; die Ratifikationsurkunden sollen baldmöglichst in Paris ausgetauscht werden. Es tritt mit dem Tage des Austausches der Ratifikationsurkunden in Kraft.

Schlußprotokoll. Die Vertragsschließenden Teile sind sich darüber einig, daß unter den in Art. 3 Absatz 2 des vorstehenden Abkommens erwähnten außergewöhnlichen Umständen gemäß Art. 1 Absatz 1 solche Umstände verstanden werden, die sich in Friedenszeiten ereignen.

Die Funkentelegraphie und Kabel.

Die Funkentelegraphie, auf die im allgemeinen die Vereinbarungen über Telegraphie sinngemäß anzuwenden sind, ist Gegenstand eines besonderen, am 3. November 1906 abgeschlossenen internationalen Staatenvertrages, an dessen Stelle der Vertrag vom 5. Juli 1912 zu London getreten ist. Er ist von fast allen Kulturstaaten ratifiziert worden. Die Vereinbarung geht dahin, daß die Vertragsstaaten zum Austausch der Mitteilungen — ohne Rücksicht auf das System — auch zwischen den Bordstationen untereinander verpflichtet sind. Dem Vertrag ist eine Ausführungsübereinkunft beigefügt. Die Geschäftsführung ist dem Berner Telegraphenbüro übertragen.

Unterseeische Kabel. Zum Staatsgebiet gehören auch die von dem Staatsgebiet ausgehenden unterseeischen Kabel. Landet das Kabel in dem Gebiet eines anderen Staates, so ist Mitherrschaft beider Staaten anzunehmen.

Verschiedene Bestimmungen des Völkerrechts.

Küstengewässer sind diejenigen Teile des Meeres, die vom Uferstaate aus beherrscht werden können. Die Grenze ist auf 3 Seemeilen (1 Seemeile = 1,852 km) vom Lande bei niedrigster Ebbe bemessen.

Die Fischerei auf hoher See ist Gegenstand völkerrechtlicher Verträge geworden, z. B. die Hochseefischerei in der Nordsee.

Die höchste völkerrechtliche Vertretungsmacht ruht bei dem Staatsoberhaupte. Im allgemeinen ist das Staatsoberhaupt in seiner Vertretungsbefugnis durch die Verfassung seines Landes gebunden. Das Staatsoberhaupt genießt den Vorzug der Exterritorialität, ebenfalls sein Gefolge und seine alleinreisenden Familienmitglieder. Auch die Vertreter des Oberhauptes im völkerrechtlichen Verkehr, die Gesandten, sind exterritorial. Durch die Exterritorialität sind die Betreffenden der fremden Straf- und Zivilgerichtsbarkeit entzogen.

An völkerrechtlichen Organen kennt man:

1. die internationale Stromkommission (Donau-, Kongo-, Suezkanalkommission), die Elbe-, Rhein-, Moselkommission;
2. die internationale Sanitätskommission;
3. die internationale Finanzkommission zur Kontrollierung der Finanzverwaltung einzelner Staaten;
4. die Unionen. So bestehen in Bern die Büros der internationalen Telegraphenverwaltung und des Weltpostvereins, das Büro zum Schutz des gewerblichen Eigentums, das Büro zum Schutz der Werke der Literatur und Kunst, das Zentralbüro des internationalen Transportwesens, das internationale Büro des Ständigen Schiedshofes im Haag, das internationale Büro für Maße und Gewichte in Paris;
5. die internationalen Gerichte.

Zeitweilig kommen auch noch als völkerrechtliche Organe Kongresse und Konferenzen vor.

Völkerrechtliches Delikt bedeutet die schuldhafte Verletzung völkerrechtlicher Verträge oder Grundrechte durch einen Staat. Als letztes Mittel hiergegen gibt es den Krieg.

Ein unkriegerischer Zwang ist auf vierfache Weise möglich:

1. die Retorsion. Diese besteht in der Wiedervergeltung einer nicht rechtswidrigen Handlung eines anderen Staates diesem gegenüber, z. B. die Erhöhung des Zolles auf bestimmte Artikel, Einführung des Paßzwanges usw.;
2. die Repressalie, d. i. die Erwiderung von Unrecht mit Unrecht nach vergeblicher Aufforderung zur Sühne;
3. die friedliche Blockade. Sie besteht in der Absperrung der Häfen oder Küsten anderer Staaten gegen Ein- und Ausfahren. Das die Blockade brechende Schiff des feindlichen Staates wird beschlagnahmt, aber nicht zur Prise gemacht;
4. die Intervention. Sie bedeutet die Einmischung eines Staates in fremde Angelegenheiten.

Auch kommt noch der Abbruch der diplomatischen Beziehungen vor, was jedoch in der Regel gleichbedeutend mit dem Krieg ist.

Das Gesandtschafts- und Konsulatswesen des Reiches.

Den internationalen Gepflogenheiten des Völkerrechts unterliegen auch die Bestimmungen für die Gesandten und die Konsuln.

Die Gesandten.

Der Reichspräsident hat das Reich völkerrechtlich zu vertreten sowie Gesandte zu schicken, zu beglaubigen und zu empfangen.

Man unterscheidet Botschafter, Gesandte, Ministerresidenten und Geschäftsträger. Botschafter werden gewöhnlich nur im Verkehr mit Großmächten ernannt. Der Gesandte ist Beamter des Reichs. Die völkerrechtliche Stellung des Gesandten wird begründet und beendet durch die Übergabe und Empfangnahme des Beglaubigungsschreibens beim Empfangsstaat. Die Völkerrechtsstellung des Gesandten endet:

a) durch seine Abberufung seitens seines Heimatsstaates, durch Zustellung der Pässe oder Ausweisung seitens des Empfangsstaates oder durch offiziellen Abbruch der beiden Staaten untereinander. Der Gesandte vertritt seinen Staat im Verkehr mit dem Empfangsstaat. Er genießt die sogenannte „Exterritorialität". Ebenso die mit ihm lebenden Mitglieder seiner Familie, die Mitglieder der Gesandtschaft, das Geschäftspersonal der Gesandtschaft, und die Dienerschaft, soweit diese Personen nicht etwa Angehörige des Empfangsstaates sind. Die Exterritorialität erstreckt sich auch auf die Unbetretbarkeit seiner Wohnung und damit die Unantastbarkeit aller im Haus und Hof befindlichen Gegenstände.

Die Konsuln.

Konsuln sind, soweit ihnen nicht weiterreichende Befugnisse übertragen sind, die ständigen Organe des Absendestaats für seine wirtschaftlichen, insbesondere handelspolitischen Beziehungen im Empfangsstaat (Handelskonsul). Sie sind nicht Vertreter des Absendestaats beim Empfangsstaat, entbehren mithin des „diplomatischen Charakters". Man unterscheidet Berufskonsuln und Wahlkonsuln. Die staatsrechtliche Stellung des Konsuls bestimmt sich für Deutschland im wesentlichen nach dem Gesetze über die Organisation der Bundeskonsulate vom 8. November 1867 und dem Reichsgesetze über die Konsulatgerichtsbarkeit am 7. April 1900. Die Konsuln sind Reichsbeamte. Zum Berufskonsul kann nur ein Reichsangehöriger ernannt werden, der entweder die erste juristische Prüfung bestanden hat, drei Jahre in der Praxis und zwei Jahre im Konsulatdienst beschäftigt gewesen ist, oder der die besondere Prüfung für Konsulatsbeamte bestanden hat. Zu Wahlkonsuln sollen vorzugsweise reichsangehörige Kaufleute ernannt werden. Ausländer erlangen mit der Ernennung die Reichsangehörigkeit nicht.

Die völkerrechtliche Stellung der Konsuln wird begründet durch die Ernennung von seiten des Absendestaates und durch deren Genehmigung von seiten des Empfangsstaates.

Die Aufgabe der Konsuln umfaßt:

1. die Wahrung der wirtschaftlichen Interessen des Absendestaates, auch die Erfüllung der Staatsverträge und die Beachtung des Völkerrechts überhaupt;

2. die Wahrnehmung der Interessen der Staastangehörigen und Schutzgenossen des Absendestaates;

3. die Ausübung obrigkeitlicher Befugnisse, soweit ihnen diese durch den Absendestaat mit Genehmigung des Empfangsstaates übertragen sind.

Hierzu gehört die freiwillige Gerichtsbarkeit, und zwar die notariellen Befugnisse (Aufnahme und Beglaubigung von Urkunden), standesamtliche Befugnisse (auch Eheschließung zwischen Staatsangehörigen), Einleitung, Beaufsichtigung, Führung von Vormundschaften und Pflegschaften, Sicherung, Verwaltung, Verteilung von Nachlaßbeständen, ferner Schutzförderung und polizeiliche Überwachung der Schiffahrt ihres Landes in den Häfen des Empfangsstaates.

Die Konsuln genießen ebenfalls Exterritorialität. Sie führen das Hoheitszeichen ihres Staates in Flagge oder Wappen.

Unter die völkerrechtliche Regelung fällt noch der Eisenbahnverkehr, der Eisenbahnfrachtverkehr, der Verkehr mit Kraftfahrzeugen. (Pariser Konvention von 11. November 1909.)

Zu erwähnen ist noch, daß am 13. Dezember 1920 ein Statut und Reglement des „Ständigen internationalen Gerichtshofes" geschaffen ist. Auch das internationale Protokoll über die Schiedsklausel im Handelsverkehr, Genf, 24. November 1923, ferner der Entwurf eines Protokolls über die friedliche Regelung internationaler Streitfälle — sog. internationales Protokoll vom 2. Oktober 1924 — müssen im Rahmen des Völkerrechtes erwähnt werden.

Deutsches Staatsrecht.

Staatsrechtliche Grundbegriffe.

Staat. Zum Begriff des Staates gehören: das Staatsgebiet, das Staatsvolk und die Staatsgewalt. Von besonderer Wesenheit für den Staat ist der Begriff der Staatsgewalt. Staatsgewalt ist eine ursprüngliche und nicht eine von einem höheren Gemeinwesen abgeleitete Gewalt.

Nicht erforderlich für den Staatsbegriff ist die Souveränität, d. h. Unabhängigkeit nach außen und oben (Anschütz). Der Staat ist eine Gebietskörperschaft mit Staatsgewalt.

Staatsformen. Unter Staatsform versteht man die Einteilung der Staaten nach der Zusammensetzung des obersten Staatsorganes. Nach der berühmten Dreigliederung von Aristoteles unterscheidet man Monarchie, Aristokratie und Demokratie.

In der Monarchie ist ein Einzelner Oberhaupt des Staates, in der Aristokratie einige Wenige, in der Demokratie das Volk selbst. Heute jedoch unterscheidet man nur noch Monarchie oder Republik.

Die Regierungsformen. Innerhalb der Staatsformen sind verschieden die Regierungsformen, z. B. die konstitutionelle und absolute Monarchie, das parlamentarische System einmal in Verbindung mit der Monarchie und zweitens in Verbindung mit der Republik.

a) Absolute Monarchie und Diktatur. Beiden gemeinsam ist, daß grundsätzlich ein Einzelner den Inhalt der Staatsfunktionen bestimmt. Der absolute Monarch steht über dem Volke (Gottesgnadentum!), der Diktator gilt hingegen als Beauftragter (kommissarische Diktatur).

b) Die Lehre von der Gewaltenteilung. Um eine rechtlich gesicherte Stellung des Einzelnen gegenüber dem Staat zu begründen, erfolgt die Teilung der Staatsgewalt in Gesetzgebung, Rechtsprechung und Vollziehung (Verwaltung). Zur Durchführung müssen selbständige, voneinander unabhängige Staatsbehörden geschaffen werden, für die die Gesetzgebung jedoch maßgebend ist. Damit wird der Schutz der Einzelperson erreicht.

Diese Grundsätze machen z. B. das Wesen der konstitutionellen Monarchie aus.

c) Die Demokratie. Das demokratische Prinzip geht von der Idee der Volkssouveränität aus, d. h. alle Staatsgewalt ist letzten Endes Volkswille. Die Folge hiervon ist das allgemeine und gleiche Wahlrecht. Jeder Bürger ist an der staatlichen Willensbildung beteiligt. Die Stimme eines jeden Bürgers hat gleiches Gewicht (im Gegensatz zum Klassen- und Pluralwahlrecht).

Bei der Demokratie unterscheidet man noch die unmittelbare und die mittelbare Demokratie. Bei der ersteren kommt die Willensbildung unmittelbar durch die Gesamtheit der wahlberechtigten Bürger zustande, bei der letzteren durch die durch den Volkswillen gewählten Vertreter.

Die Verfassung des Deutschen Reiches.

Reich und Länder.

Die Verfassung des Deutschen Reiches stammt vom 11. August 1919. Der Entwurf zur Verfassung wurde durch Dr. Hugo Preuß erstellt und von der Nationalversammlung in Weimar angenommen. Darin heißt es:

„Das deutsche Volk, einig in seinen Stämmen und von dem Willen beseelt, sein Reich in Freiheit und Gerechtigkeit zu erneuen und zu festigen, dem inneren und dem äußeren Frieden zu dienen und den gesellschaftlichen Fortschritt zu fördern, hat sich diese Verfassung gegeben.“

Das Deutsche Reich ist eine demokratische Republik mit parlamentarischer Regierungsform, unter den Farben Schwarz-Rot-Gold (Handelsflagge: Schwarz-Weiß-Rot mit schwarz-rot-goldener Gösch).

Das einheitliche Reichsgebiet besteht aus den Gebieten der Länder.

Andere Gebiete können durch Reichsgesetz in das Reich aufgenommen werden, wenn es ihre Bevölkerung kraft des Selbstbestimmungsrechtes begehrt. Dieser letzte Satz bezieht sich unter anderem auch auf den Anschluß Deutsch-Österreichs an das Deutsche Reich.

Gegenwärtig besteht das Reich aus 17 Ländern: Preußen, Bayern, Sachsen, Württemberg, Baden, Hessen, Thüringen, Hamburg, Mecklenburg-Schwerin, Mecklenburg-Strelitz, Oldenburg, Braunschweig, Anhalt, Bremen, Lübeck, Schaumburg-Lippe.

Das Deutsche Reich hat aber nicht nur ein eigenes Reichs**gebiet,** sondern auch ein eigenes Reichs**volk,** nämlich das deutsche Volk; und zwar besteht das deutsche Volk aus den Staatsangehörigen der Länder, wofern nicht ein Deutscher die unmittelbare Reichsangehörigkeit besitzt. (Vgl. hierüber das Kapitel „Staatsangehörigkeit“ S. 46.)

Ferner ist die Reichsgewalt eine eigene, was daraus hervorgeht, daß das wichtigste Reichsorgan, der Reichstag, aus den Abgeordneten des deutschen Volkes besteht (Art. 20 RV.).

Die Länder haben ebenfalls ein eigenes Gebiet, eigenes Volk (Preußen, Württemberger, Bayern) und eine ursprüngliche, d. h. nicht vom Deutschen Reich **abgeleitete** Staatsgewalt. Damit ist der Staatscharakter der Länder festgestellt. Das Deutsche Reich ist demnach ein Bundesstaat und nicht ein Einheitsstaat.

Die Zuständigkeiten des Reiches und der Länder.

1. Gesetzgebung.

Man unterscheidet Gesetz an sich und die Verordnung zur Ausführung der Gesetze. Gesetz ist der in einer Schrifturkunde ausgedrückte, verfassungsmäßig erklärte Wille der gesetzgebenden Organe eines Staates über Rechtsverhältnisse. Die Verordnung ist eine Verwaltungsvorschrift ohne Regelung von Rechtsverhältnissen. Außerdem gibt es noch Notstandsverordnungen, die der späteren Zustimmung der Volksvertretung bedürfen.

Das Reich ist zuständig zum Erlaß von Gesetzen nur auf den ihm von der RV. ausdrücklich zugewiesenen Gebieten; für alle anderen Gebiete besteht Zuständigkeit der Länder. Praktisch aber ist der Umfang der Reichszuständigkeit weit größer als der der Länder.

Innerhalb der Gesetzgebungszuständigkeit unterscheidet man:

a) die **ausschließliche Gesetzgebung,** d. h.: Die Länder sind auf keinen Fall mehr befugt, die Gebiete der ausschließlichen Reichsgesetzgebung zu regeln, auch wenn das Reich von seinem Gesetzgebungsrecht noch keinen Gebrauch gemacht hat;

b) die **konkurrierende Gesetzgebung,** d. h.: Auf den Gebieten der konkurrierenden Gesetzgebung sind sowohl Reich **und** Länder zum Erlaß von Gesetzen zuständig. Hat aber das Reich seine Zuständigkeit durch Erlaß von Gesetzen auf diesem Gebiet in Anspruch genommen, so sind entgegenstehende Landesgesetze beseitigt nach dem Grundsatz: „Reichsrecht bricht Landrecht“ (Art. 13 RV.);

c) die **Bedarfsgesetzgebung,** d. h.: Besteht ein Bedürfnis für den Erlaß einheitlicher Vorschriften, so hat das **Reich** die Gesetzgebung auf den in der Verfassung genannten Gebieten;

d) die **Grundsatzgesetzgebung,** d. h.: Auf gewissen in der Verfassung näher bezeichneten Gebieten muß sich die Reichsgesetzgebung darauf beschränken, lediglich Richtlinien aufzustellen, nach welchen die Ländergesetzgebung die Regelung der Materie näher auszugestalten hat.

Das **Reich** hat die **ausschließliche Gesetzgebung** (Art. 6) über:

1. die Beziehungen zum Ausland;
2. das Kolonialwesen;
3. die Staatsangehörigkeit, die Freizügigkeit, die Ein- und Auswanderung und die Auslieferung;
4. die Wehrverfassung;

5. das Münzwesen;

6. das Zollwesen sowie die Einheit des Zoll- und Handelsgebiets und die Freizügigkeit des Warenverkehrs;

7. das Post- und Telegraphenwesen einschließlich des Fernsprechwesens.

Die mit den Ländern **konkurrierende Gesetzgebung** des Reichs (Art. 7):

1. das bürgerliche Recht;

2. das Strafrecht;

3. das gerichtliche Verfahren einschließlich des Strafvollzugs sowie die Amtshilfe zwischen Behörden;

4. das Paßwesen und die Fremdenpolizei;

5. das Armenwesen und die Wandererfürsorge;

6. das Presse-, Vereins- und Versammlungswesen;

7. die Bevölkerungspolitik, die Mutterschafts-, Säuglings-, Kinder- und Jugendfürsorge;

8. das Gesundheitswesen, das Veterinärwesen und den Schutz der Pflanzen gegen Krankheiten und Schädlinge;

9. das Arbeitsrecht, die Versicherung und den Schutz der Arbeiter und Angestellten sowie den Arbeitsnachweis;

10. die Einrichtung beruflicher Vertretungen für das Reichsgebiet;

11. die Fürsorge für die Kriegsteilnehmer und ihre Hinterbliebenen;

12. das Enteignungsrecht;

13. die Vergesellschaftung von Naturschätzen und wirtschaftlichen Unternehmungen sowie die Erzeugung, Herstellung, Verteilung und Preisgestaltung wirtschaftlicher Güter für die Gemeinwirtschaft;

14. den Handel, das Maß- und Gewichtswesen, die Ausgabe von Papiergeld, das Bankwesen sowie das Börsenwesen;

15. den Verkehr mit Nahrungs- und Genußmitteln sowie mit Gegenständen des täglichen Bedarfs;

16. das Gewerbe und den Bergbau;

17. das Versicherungswesen;

18. die Seeschiffahrt, die Hochsee- und die Küstenfischerei;

19. die Eisenbahnen, die Binnenschiffahrt, den Verkehr mit Kraftfahrzeugen zu Lande, zu Wasser und in der Luft sowie den Bau von Landstraßen, soweit es sich um den allgemeinen Verkehr und die Landesverteidigung handelt;

20. das Theater- und Lichtspielwesen.

Art. 8. Das Reich hat ferner die Gesetzgebung über die Abgaben und sonstigen Einnahmen, soweit sie ganz oder teilweise für seine Zwecke in Anspruch genommen werden. Auf die Erhaltung der Lebensfähigkeit der Länder ist hierbei Rücksicht zu nehmen.

Die **Bedarfsgesetzgebung** des Reiches: Als Gebiete, die das Reich bei Bedarf nach einheitlicher Regelung regeln darf, bezeichnet die Reichsverfassung (Art. 9):

a) die Wohlfahrtspflege;

b) den Schutz der öffentlichen Ordnung und Sicherheit.

Tatsächlich ist der sachliche Umfang der Reichszuständigkeit durch diese „Generalklausel" ein alles umfassender geworden. Es läßt sich schlechthin nichts denken, was nicht unter die genannten Punkte a) und b) fallen kann.

Die Grundsatzgesetzgebung des Reichs beschränkt sich auf die in den Art. 10, 11 aufgezählten Gebiete, wonach Grundsätze erlassen werden können über: die Rechte und Pflichten der Religionsgesellschaften, das Schulwesen einschließlich des Hochschulwesens, das wissenschaftliche Büchereiwesen, ferner über das Recht der Beamten aller öffentlichen Körperschaften, das Bodenrecht, die Bodenverteilung, das Ansiedlungs- und Heimstättenwesen, die Bindung des Grundbesitzes, das Wohnungswesen, die Bevölkerungsverteilung und das Bestattungswesen, ferner über die Zulässigkeit und Erhebungsart von Landesabgaben, soweit sie erforderlich sind, um Schädigung der Einnahmen oder der Handelsbeziehungen des Reichs auszuschließen, ebenso Doppelbesteuerungen, übermäßige oder verkehrshindernde Belastung der Benutzung öffentlicher Verkehrswege und Einrichtungen mit Gebühren, steuerliche Benachteiligungen eingeführter Waren gegenüber den eigenen Erzeugnissen im Verkehr zwischen den einzelnen Ländern und Landesteilen oder Ausfuhrprämien, oder um wichtige Gesellschaftsinteressen zu wahren.

2. Die Verwaltung.

Art. 14 bestimmt, daß die Reichsgesetze (bezügl. der Landesgesetze selbstverständlich) durch die Landesbehörden ausgeführt werden, soweit nicht die Reichsgesetze etwas anderes bestimmen.

Hierdurch wird gesagt, daß eine **reichseigene Verwaltung nur dann** in Betracht kommt, wenn ein — einfaches — Reichsgesetz es verlangt. Der in Art. 14 ausgesprochene Grundsatz ist also nicht mehr — wie in der alten Reichsverfassung — **verfassungsmäßig gewährleistet.**

Die bedeutsamste Änderung durch die neue Reichsverfassung ist Schaffung von reichseigenen Finanzbehörden für die hauptsächlichen Steuern (vgl. S. 59ff.).

Dazu gehört aber auch die Übertragung der Verwaltung der Eisenbahnen und Reichspost (vgl. hierzu den Dawesplan S. 17), Wasserstraßen, Seezeichen.

Ferner erstreckt sich unter der neuen Verfassung die Reichsverwaltung auf das Militärwesen.

Nicht nur die Gesetzgebung über die Beziehungen zum Ausland steht dem **Reich** zu, sondern auch deren **Pflege.** Verträge mit dem Ausland schließt **nur** das Reich (Art. 88 III).

3. Verhältnis vom Reich zu den Ländern als Über- und Unterordnungsverhältnis.

Die Länder sind Glieder des Deutschen Reichs; Glieder aber haben sich dem Ganzen unterzuordnen. Aus diesem Gesichtspunkt heraus sind diejenigen Bestimmungen der Reichsverfassung zu verstehen, die die Pflichten der Länder dem Reich gegenüber regeln.

a) Damit die Einheitlichkeit der staatsrechtlichen Struktur des Deutschen Reiches gewahrt bleibt, schreibt Art. 17 RV. den Ländern die Staatsform vor: Auch sie müssen, gleich dem Reich, eine freistaatliche Verfassung haben; das Wahlrecht muß allgemein, gleich, unmittelbar und geheim sein; der parlamentarische Grundsatz, daß die Regierung bzw. die einzelnen Minister des Vertrauens der Volksvertretung bedürfen, gilt auch hier.

b) Die Reichsaufsicht. Über die Erfüllung der Pflichten der Länder wacht das Reich; als Mittel hierzu dient ihm die Reichsaufsicht. Hierdurch wird erreicht, daß die Länder innerhalb der ihnen von der Reichsverfassung gezogenen Grenzen bleiben (Gesetzgebung!), daß die Länder die Reichsgesetze pflichtgemäß und richtig ausführen (Art. 14). Dieserhalb kann die Reichsregierung, soweit Reichsgesetze von den Landesbehörden auszuführen sind, allgemeine Anweisungen erlassen. Sie ist ermächtigt, zur Überwachung der Ausführung der Reichsgesetze zu den Landeszentralbehörden und mit ihrer Zustimmung zu den unteren Behörden Beauftragte zu entsenden. Die Landesregierungen sind verpflichtet, auf Ersuchen der Reichsregierung Mängel, die bei der Ausführung der Reichsgesetze hervorgetreten sind, zu beseitigen. Bei Meinungsverschiedenheiten kann sowohl die Reichsregierung als die Landesregierung die Entscheidung des Staatsgerichtshofes anrufen, falls nicht durch Reichsgesetz ein anderes Gericht bestimmt wird.

Hierzu kommt noch die Möglichkeit der Reichsexekution, wenn ein Land die ihm nach der Reichsverfassung oder den Reichsgesetzen obliegenden Pflichten nicht erfüllt. Die Reichsexekution besteht darin, daß der Reichspräsident alle Zwangsmittel anwenden, ja sogar zur Pflichterfüllung die Reichswehr gegen das betreffende Land einsetzen kann (Art. 48 I RV.).

Noch in einer Hinsicht ist die verstärkte Reichsmacht den Ländern gegenüber zu erwähnen: Das Landesgebiet ist nicht mehr unverletzlich. Art. 18 bestimmt, nachdem er zunächst die Forderung nach einer Wirtschaft und Kultur berücksichtigenden und fördernden Gliederung des Reichsgebiets in Ländern ausgesprochen hat, folgendes:

Die Änderung des Gebiets von Ländern und die Neubildung von Ländern innerhalb des Reichs erfolgen durch ein Reichsgesetz, das in der Form der Verfassungsänderung ergehen muß (Zweidrittelmehrheit; einfache Mehrheit genügt nicht). **Auf die Zustimmung des betroffenen Landes kommt es also nicht an.** Stimmen aber die unmittelbar beteiligten Länder zu, so bedarf es nur eines einfachen Reichsgesetzes.

Ein **einfaches** Reichsgesetz genügt aber ferner, wenn nur eines der beteiligten Länder zustimmt. Die Zustimmung des anderen Landes wird ersetzt:

a) wenn die Gebietsänderung durch den Willen der in Betracht kommenden Bevölkerung gefordert wird **und** b) ein überwiegendes Reichsinteresse sie erheischt.

Der Staatsgerichtshof.

1. Bei Streitigkeiten, aber auch schon bei bloßen Meinungsverschiedenheiten, zwischen Reich und Ländern, die zum Gegenstande den Gehalt und Umfang von Rechten und Pflichten der Länder gegenüber dem Reiche haben — Streitigkeiten nicht privatrechtlicher Natur — entscheidet auf Antrag einer Partei der Staatsgerichtshof des Reiches.

Der Staatsgerichtshof ist ferner zuständig bei Streitigkeiten zwischen den Ländern, sofern es sich auch hier um Streitigkeiten nichtprivatrechtlicher Art handelt.

Als dritte Zuständigkeit kommen in Betracht: Verfassungsstreitigkeiten innerhalb eines Landes, wenn dort kein dafür in Betracht kommendes Gericht besteht.

2. Ausnahme. Bei Meinungsverschiedenheiten, ob ein Landesgesetz oder auch einzelne gesetzliche Bestimmungen gegen das Reichsrecht verstoßen, entscheidet, trotzdem es sich um eine Streitigkeit nichtprivatrechtlicher Natur handelt, das Reichsgericht.

3. Die Urteile des Staatsgerichtshofes vollstreckt der Reichspräsident.

Die Organe des Reichs.

Gemäß dem Charakter einer demokratischen Republik mit **parlamentarischer** Regierungsform liegt der Schwerpunkt der Reichswillensbildung beim Reichstag. Während unter der alten Reichsverfassung die Staffelung der Organe nach ihrem Einfluß Bundesrat — Kaiser — Reichstag war, ist sie heute: Reichstag — Reichspräsident, Reichsrat.

Der Reichstag.

Der Reichstag besteht aus den Abgeordneten des deutschen Volkes. Diese sind nur ihrem Gewissen unterworfen und an Aufträge nicht gebunden. Die Abgeordneten werden in allgemeiner, gleicher, unmittelbarer und geheimer Wahl von den über zwanzig Jahre alten **Männern und Frauen** gewählt. Der Wahltag muß ein Sonntag oder öffentlicher Ruhetag sein. Näheres bestimmt das Reichswahlgesetz. Der Reichstag wird auf 4 Jahre gewählt. Spätestens am 60. Tage nach Ablauf muß die Neuwahl stattfinden. Er tritt zum ersten Male wieder spätestens am 30. Tage nach der Wahl zusammen. Der Reichstag tritt in jedem Jahre am ersten Mittwoch des November am Sitze der Reichsregierung zusammen. Der Präsident des Reichstages muß ihn früher berufen, wenn es der Reichspräsident oder mindestens ein Drittel der Reichstagsmitglieder verlangt. Der Reichstag bestimmt den Schluß der Tagung und den Tag des Wiederzusammentritts. Der Reichspräsident kann den Reichstag auflösen, jedoch nur einmal aus dem gleichen Anlaß. Neuwahlen finden spätestens am 60. Tage nach der Auflösung statt. Der Reichstag wählt seinen Präsidenten, dessen Stellvertreter und seine Schriftführer. Er gibt sich seine Geschäftsordnung. Zwischen zwei Tagungen und Wahlperioden führen Präsident und Stellvertreter der letzten Tagung ihre Geschäfte fort. Der Präsident übt das Hausrecht und die Polizeigewalt im Reichstagsgebäude aus. Die Verhandlungen im Reichstag sind öffentlich, jedoch kann auf Antrag von 50 Mitgliedern mit Zweidrittelmehrheit die Öffentlichkeit ausgeschlossen werden. Wahrheitsgetreue Berichte über die Verhandlungen in den öffentlichen Sitzungen des Reichstags, des Landtags oder ihrer Ausschüsse bleiben von jeder Verantwortung frei. Bei dem Reichstag wird ein Wahlprüfungsgericht gebildet. Es entscheidet auch über die Frage, ob ein Abgeordneter die Mitgliedschaft verloren hat (Art. 31). Zu einem Beschlusse des Reichstags ist im allgemeinen einfache Stimmenmehrheit notwendig. Der Reichstag und seine Ausschüsse können die Anwesenheit des Reichskanzlers und jedes Reichsministers verlangen. Der Reichstag bestellt einen ständigen Ausschuß für auswärtige Angelegenheiten.

Kein Mitglied des Reichstags oder eines Landtags darf zu irgendeiner Zeit wegen seiner Abstimmung oder wegen der in Ausübung seines Berufes getanen Äußerungen gerichtlich oder dienstlich verfolgt oder sonst außerhalb der Versammlung zur Verantwortung gezogen werden. Er kann auch nicht während der Sitzungsperiode wegen einer mit Strafe bedrohten Handlung zur Untersuchung gezogen oder verhaftet werden, es sei denn, daß das Mitglied bei Ausübung der Tat oder spätestens im Laufe des folgenden Tages festgenommen worden ist. Jedes Strafverfahren gegen ein solches Mitglied und jede Haft oder sonstige Beschränkung seiner persönlichen Freiheit wird auf Verlangen des Hauses, dem der Abgeordnete angehört, für die Dauer der Sitzungsperiode aufgehoben (Immunität).

Die Mitglieder des Reichstags und der Landtage sind berechtigt, über Personen, die ihnen in ihrer Eigenschaft als Abgeordneten Tatsachen anvertrauen, oder denen sie in Ausübung ihres Abgeordnetenberufs solche anvertraut haben, sowie über diese Tatsachen selbst das Zeugnis zu verweigern. Auch in Beziehung auf Beschlagnahme von Schriftstücken stehen sie den Personen gleich, die ein gesetzliches Zeugnisverweigerungsrecht haben.

Eine Durchsuchung oder Beschlagnahme darf in den Räumen des Reichstags oder eines Landtags nur mit Zustimmung des Präsidenten vorgenommen werden.

Beamte und Angehörige der Wehrmacht bedürfen zur Ausübung ihres Amtes als Mitglieder des Reichstags oder eines Landtags keines Urlaubs. Bewerben sie sich um einen Sitz in diesen Körperschaften, so ist ihnen der zur Vorbereitung ihrer Wahl erforderliche Urlaub zu gewähren. Die Mitglieder des Reichstags erhalten das Recht zur freien Fahrt auf allen deutschen Eisenbahnen sowie Entschädigung.

Der Reichspräsident und die Reichsregierung.

Der Reichspräsident wird vom ganzen deutschen Volke gewählt (plebiszitäre Präsidentschaft).

Wählbar ist jeder Deutsche, der das 35. Lebensjahr vollendet hat.

Die Wahl des Reichstages wie des Reichspräsidenten durch das Volk sind geordnet durch das Gesetz über den Volksentscheid vom 27. Juni 1921 und durch die Verordnung zur Ausführung des Gesetzes über Volksentscheid (Reichsstimmordnung) vom 1. Dez. 1921.

Der Reichspräsident leistet bei der Übernahme seines Amtes vor dem Reichstag folgenden Eid: „Ich schwöre, daß ich meine Kraft dem Wohle des deutschen Volkes widmen, seinen Nutzen mehren, Schaden von ihm wenden, die Verfassung und die Gesetze des Reiches wahren, meine Pflichten gewissenhaft erfüllen und Gerechtigkeit gegen jedermann üben werde.“ Die Beifügung einer religiösen Beteuerung ist zulässig.

Das Amt des Reichspräsidenten dauert 7 Jahre. Wiederwahl ist zulässig. Vor Ablauf der Frist kann der Reichspräsident auf Antrag von einer Zweidrittelmehrheit durch Volksabstimmung abgesetzt werden.

Der Reichspräsident vertritt das Reich völkerrechtlich, er schließt im Namen des Reichs Bündnisse und andere Verträge mit anderen Mächten. Er beglaubigt und empfängt die Gesandten. Kriegserklärungen und Friedensschluß erfolgen durch Reichsgesetz. Bündnisse und Verträge mit fremden Staaten bedürfen der Zustimmung des Reichstags. Er ernennt und entläßt im allgemeinen die Reichsbeamten und Offiziere. Er hat den Oberbefehl über die gesamte Wehrmacht des Reiches. Er kann bei erheblicher Störung der öffentlichen Sicherheit und Ordnung alle erforderlichen Maßnahmen treffen, auch solche mit bewaffneter Macht. Er übt für das Reich das Begnadigungsrecht aus. Jedoch bedürfen Reichsamnestien eines Reichsgesetzes. Alle Anordnungen des Reichspräsidenten bedürfen zu ihrer Gültigkeit der Gegenzeichnung vom Reichskanzler oder dem zuständigen Reichsminister. Den Reichspräsidenten vertritt bei Behinderung der Reichskanzler. Der Reichspräsident ernennt den Reichskanzler und auf dessen Vorschlag die Reichsminister. Reichskanzler oder Reichsminister müssen zurücktreten, wenn ihnen der Reichstag durch ausdrücklichen Beschluß sein Vertrauen entzieht.

Der Reichskanzler führt den Vorsitz in der Reichsregierung und bestimmt die Richtlinien der Politik. Die Reichsminister haben der Reichsregierung alle Gesetzentwürfe zur Beratung und Beschlußfassung zu unterbreiten. Letztere faßt ihre Beschlüsse mit Stimmenmehrheit; bei Stimmengleichheit entscheidet der Vorsitzende.

Auf Antrag von wenigstens 100 Reichstagsmitgliedern kann der Reichstag den Reichspräsidenten, den Reichskanzler und die Reichsminister vor dem Staatsgerichtshof für das Deutsche Reich anklagen, wenn sie schuldhafterweise die Reichsverfassung oder ein Reichsgesetz verletzt haben.

Der Reichsrat.

Zur Vertretung der deutschen Länder bei der Gesetzgebung und Verwaltung des Reichs ist ein Reichsrat gebildet. Im Reichsrat hat jedes Land mindestens eine Stimme. Bei den größeren Ländern entfällt auf 700000 Einwohner eine Stimme, ein Überschuß von mindestens 350000 Einwohner wird 700000 gleichgerechnet. Kein Land darf durch mehr als zwei Fünftel aller Stimmen vertreten sein.

Deutsch-Österreich erhält nach seinem Anschluß an das Deutsche Reich das Recht der Teilnahme am Reichsrat mit der seiner Bevölkerung entsprechenden Stimmenzahl. Bis dahin haben die Vertreter Deutsch-Österreichs beratende Stimme.

In den Ausschüssen, die der Reichsrat aus seiner Mitte bildet, führt kein Land mehr als eine Stimme. Die Länder werden im Reichsrat durch Mitglieder ihrer Regierungen vertreten, jedoch wird die Hälfte der preußischen Stimmen von den preußischen Provinzialverwaltungen gestellt. Auf Verlangen eines Drittels seiner Mitglieder muß der Reichsrat von der Reichsregierung einberufen werden. Reichsregierung wie jedes Mitglied des Reichsrats sind befugt, im Reichsrat Anträge zu stellen. Die Vollsitzungen sind öffentlich. Bei der Abstimmung entscheidet die einfache Mehrheit der Abstimmenden. Die Reichsministerien haben den Reichsrat über die Reichsgeschäfte auf dem laufenden zu halten.

Der Reichswirtschaftsrat (vorläufiger).

Als ein weiteres Reichsorgan, dem eine Mitwirkung auf dem Gebiete der Gesetzgebung zusteht, hat die Weimarer Verfassung den Reichswirtschaftsrat vorgesehen. Dieser ist als berufsständische Interessenvertretung gedacht und soll die Spitze einer Wirtschaftsorganisation bilden, die sich paritätisch auf den Vereinigungen der Arbeitgeber und Arbeitnehmer aufbaut. Vorgesehen, jedoch noch nicht durchgeführt sind die nach Wirtschaftsgebieten gegliederten Bezirksarbeiterräte und der Reichsarbeiterrat; sie sollen zur Erfüllung der gesamten wirtschaftlichen Aufgaben mit den Vertretungen der Unternehmer und sonstbeteiligter Volkskreise zu Bezirkswirtschaftsräten und einem Reichswirtschaftsrat zusammentreten. Alle wichtigen Berufsgruppen müssen entsprechend ihrer wirtschaftlichen und sozialen Bedeutung darin vertreten sein. Auf dem Gebiete der Gesetzgebung ist dem Reichswirtschaftsrat von der Verfassung das Recht der Begutachtung sozialpolitischer und wirtschaftspolitischer Gesetzentwürfe von grundlegender Bedeutung zugewiesen, ferner das Recht, selbst solche Gesetzesvorlagen zu beantragen. Stimmt die Reichsregierung einer Initiativvorlage des Reichswirtschaftsrats nicht zu, so hat sie dieselbe trotzdem unter Darlegung ihres Standpunktes beim Reichstag einzubringen. Der Reichswirtschaftsrat kann die Vorlage durch eines seiner Mitglieder vor dem Reichstag vertreten.

Der Reichswirtschaftsrat besteht aus 326 Mitgliedern, die in Gruppen zusammengefaßt sind (68 Vertreter der Land- und Forstwirtschaft, 6 der Gärtnerei und Fischerei, 68 der Industrie, 44 des Handels, der Banken und des Versicherungswesens, 34 des Verkehrs und der öffentlichen Unternehmungen, 36 des Handwerks, 30 der Verbraucherschaft, 16 der Beamtenschaft und der freien Berufe, 12 mit dem Wirtschaftsleben der einzelnen Landesteile besonders vertrauten Persönlichkeiten, ernannt vom Reichsrat, 12 von der Reichsregierung nach freiem Ermessen ernannte Personen).

Die Mitglieder des Reichswirtschaftsrats sind Vertreter der wirtschaftlichen Interessen des ganzen Volkes. Sie sind nur ihrem Gewissen unterworfen und an Aufträge nicht gebunden, dürfen weder wegen ihrer Abstimmung noch wegen der in Ausübung ihrer Mitgliedschaft getanen Äußerungen gerichtlich oder dienstlich verfolgt oder sonst zur Verantwortung gezogen werden, sie haben das Zeugnisverweigerungsrecht. Ihnen steht freie Fahrt auf den deutschen Eisenbahnen in beschränktem Maße und Anspruch auf Aufwandsentschädigung zu. Die Vollsitzungen sind öffentlich, die Ausschußsitzungen nichtöffentlich. Die Länder sind berechtigt, durch Bevollmächtigte ihren Standpunkt zu dem Gegenstand der Verhandlungen darzulegen.

Die Reichsgesetzgebung.

Die Gesetzesvorlagen werden der Regel nach unter Zustimmung des Reichsrates von der Reichsregierung oder aus der Mitte des Reichstags eingebracht. Die Reichsgesetze werden vom Reichstag beschlossen. Der Reichspräsident hat diese anzufertigen und binnen Monatsfrist im Reichsgesetzblatt zu verkünden. 14 Tage nach der Verkündung treten sie in Kraft.

Ganz neu und dem Wesen der **unmittelbaren** Demokratie entsprechend ist die Einführung des Volksentscheids und des Volksbegehrens durch die Art. 78ff. RV.

Der Volksentscheid. a) Zulässigkeit: Hat der Reichstag ein Gesetz beschlossen, so steht dem Reichsrat das Recht des Einspruchs gegen dasselbe zu. Macht nun der Reichsrat von diesem Recht Gebrauch, so muß das Gesetz dem Reichstag zur nochmaligen Beschlußfassung vorgelegt werden. Können die Unstimmigkeiten zwischen Reichstag und Reichsrat nicht beseitigt werden, so hat der Reichspräsident zwei Möglichkeiten:

Er verhält sich passiv, dann gilt das Gesetz als gescheitert. Oder aber:

Er ordnet binnen 3 Monaten den Volksentscheid darüber an, ob die Gesetzesfassung des Reichstags oder die des Reichsrats Gesetz werden soll.

Hat aber der Reichstag bei der obenerwähnten nochmaligen Beschlußfassung eine Zweidrittelmehrheit erlangt, dann kann sich der Reichspräsident nicht mehr passiv verhalten: entweder er muß — trotz Einspruchs des Reichsrats — verkünden, oder er muß an das Volk in Gestalt des Volksentscheids herantreten.

Der Reichspräsident kann aber auch aus **eigener Initiative jedes** vom Reichstag beschlossene Gesetz, wenn er es nicht verkünden will, zum Volksentscheid bringen.

Aber auch die bei der Abstimmung im Reichstag in der Minderheit gebliebenen Abgeordneten — sofern es mindestens ein Drittel ist — können mittelbar einen Volksentscheid herbeiführen. Dieselben beantragen die Aussetzung der Verkündung. Hat nun ein Zwanzigstel der stimmberechtigten Bürger über den in Frage stehenden Gesetzesentwurf einen Volksentscheid verlangt, so ist letzterer durchzuführen.

b) Verfassungsänderungen: Zur Beschlußfähigkeit des Reichstags bei Verfassungsänderungen ist die Anwesenheit von mindestens zwei Drittel der gesetzlichen Mitgliederzahl erforderlich. Der Änderung selbst müssen wenigstens zwei Drittel der Anwesenden zustimmen.

Hat nun der Reichsrat — ebenfalls mit Zweidrittelmehrheit — die Verfassungsänderung abgelehnt, so darf in diesem Fall der Reichspräsident das Gesetz nicht verkünden, wenn der Reichsrat binnen zwei Wochen den Volksentscheid verlangt.

Bei jedem Volksentscheid kann ein Beschluß des Reichstags nur dann außer Kraft gesetzt werden, wenn sich die Mehrheit der Stimmberechtigten an der Abstimmung beteiligt (Art. 96 RV.).

Das Volksbegehren. (Referendum.) Die Bürger können aber auch selbst die Initiative zur Gesetzgebung ergreifen. Ein Zehntel der Stimmberechtigten kann das Begehren nach **Vorlegung** eines Gesetzesentwurfes stellen; diesem Volksbegehren muß aber ein ausgearbeiteter Gesetzesentwurf zugrunde liegen. Die Reichsregierung hat dann dem Reichstag unter Darlegung ihrer Stellungnahme den Entwurf zu unterbreiten. Ein Volksentscheid über den begehrten Gesetzesentwurf findet nicht statt, wenn der Reichstag denselben unverändert annimmt.

Wahlrecht.

Wähler ist jeder und jede über 20 Jahre alte Deutsche. **Ausgeschlossen** vom Wahlrecht ist, wer entmündigt ist, unter vorläufiger Vormundschaft oder wegen geistigen Gebrechens unter Pflegschaft steht, und wer rechtskräftig durch Richterspruch die bürgerlichen Ehrenrechte verloren hat. **Behindert** in der Ausübung des Wahlrechts sind Personen, die wegen Geisteskrankheit oder Geistesschwäche in einer Heil- oder Pflegeanstalt untergebracht sind, ferner Straf- und Untersuchungsgefangene sowie Personen, die infolge gerichtlicher oder polizeilicher Anordnung in Verwahrung gehalten werden, ausgenommen politische Schutzhäftlinge.

Wählen kann nur, wer in einer Wählerliste oder Wahlpartei eingetragen ist. **Das Reich ist in 35 Wahlkreise eingeteilt,** die in Wahlbezirke zerfallen. Die Wahlkreise sind zu Wahlkreisverbänden zusammengeschlossen. Bestimmte Zeit vor dem Wahltag müssen Wahlvorschläge eingereicht sein, und zwar Kreiswahlvorschläge bei dem Kreiswahlleiter, Wahlkreisverbandsvorschläge bei dem Verbandswahlleiter und Reichswahlvorschläge bei dem vom Reichsminister des Innern zu ernennenden Reichswahlleiter. Die Wähler, deren Berechtigung zuvor durch öffentliche Auslegung von Wählerlisten oder Wahlparteien festgestellt ist, wählen in öffentlicher Wahlhandlung mit amtlich hergestellten Stimmzetteln in amtlich gestempelten Umschlägen. Über die Gültigkeit der Stimme entscheidet der Wahlvorstand mit Stimmenmehrheit. Auf jeden Wahlvorschlag entfallen in jedem Wahlkreise so viele Abgeordnetensitze, daß je einer auf 60000 für ihn abgegebenen Stimmen kommt. Reststimmen werden dem Reichswahlausschuß zur Verwertung überwiesen. Das endgültige Gesamtergebnis wird von dem Reichswahlausschuß festgestellt und vom Reichswahlleiter im Reichsanzeiger veröffentlicht. Die Zahl der Abgeordneten ist also von der Wahlbeteiligung abhängig. Der gegenwärtige Reichstag besteht aus 493 Abgeordneten. Die Wahlprüfung ist Sache des beim Reichstag gebildeten Wahlprüfungsgerichts.

Erwerb und Verlust der Staatsangehörigkeit.

Erworben wird die Staatsangehörigkeit:

1. mittelbar durch Abstammung (nicht durch Annahme an Kindesstatt) von dem ehelichen Vater oder der unehelichen Mutter, durch Legitimation und für die Frau durch die Eheschließung;

2. unmittelbar durch Verleihung. Diese erfolgt durch eine von der höheren Verwaltungsbehörde (in Preußen durch die Regierungspräsidenten, in Berlin durch den Polizeipräsidenten) ausgefertigten Urkunde oder durch Anstellung im öffentlichen Dienste. Sie heißt **Aufnahme,** wenn es sich um einen Deutschen handelt, andernfalls **Einbürgerung.** Die Aufnahme muß einem Deutschen im allgemeinen von jedem Lande, in dessen Gebiet er sich niedergelassen hat, auf Antrag erteilt werden. Für die Einbürgerung wird vorausgesetzt, daß der Antragsteller unbeschränkt geschäftsfähig und unbescholten ist, am Niederlassungsort eigene Wohnung oder Unterkommen gefunden hat und an diesem Ort sich und seine Angehörigen zu ernähren imstande ist. Vor der Einbürgerung sind der Gemeindevorstand oder der Bezirksfürsorgeverband zu hören. Auch darf die Einbürgerung erst erfolgen, wenn der Reichsminister des Innern festgestellt hat, daß keins der übrigen Länder Bedenken dagegen erhoben hat.

Anspruch auf Einbürgerung besteht: für die Witwe oder geschiedene Ehefrau eines Ausländers, die zur Zeit der Eheschließung Deutsche war; für einen ehemaligen Deutschen, der als Minderjähriger die Reichsangehörigkeit durch Entlassung verloren hat, für einen Ausländer, der mindestens ein Jahr wie ein Deutscher im Heer oder Marine aktiv gedient hat.

Die Staatsangehörigkeit geht verloren:

1. auf Antrag durch Entlassung, die mit der Aushändigung einer von der höheren Verwaltungsbehörde des Heimatstaates ausgefertigten Urkunde wirksam wird. Sie gilt als nicht erfolgt, wenn der Entlassene beim Ablauf eines Jahres nach Aushändigung der Entlassungsurkunde seinen Wohnsitz oder dauernden Aufenthalt im Inlande hat;

2. durch Erwerb einer ausländischen Staatsangehörigkeit auf Antrag, wenn im Inland weder Wohnsitz noch dauernder Aufenthalt besteht. (Die Beibehaltung der deutschen Staatsangehörigkeit kann auf Antrag vor dem Erwerb der ausländischen Staatsangehörigkeit durch schriftliche Genehmigung der Heimatbehörde bewilligt werden;

3. durch Ausspruch der Behörde, wenn ein Deutscher im Falle eines Krieges oder einer Kriegsgefahr der Aufforderung zur Rückkehr, oder, falls er ohne Erlaubnis seiner Regierung in ausländische Staatsdienste getreten ist, der Aufforderung zum Austritt nicht Folge leistet;

4. für ein uneheliches Kind durch eine von den Angehörigen eines andern deutschen Landes oder von einem Ausländer bewirkte und nach den deutschen Gesetzen wirksame Legitimation;

5. für eine Deutsche durch Eheschließung mit dem Angehörigen eines anderen deutschen Landes oder mit einem Ausländer. Es sind nunmehr aber Bestrebungen im Gange, das Gesetz dahingehend abzuändern, daß eine Deutsche, welche einen Ausländer heiratet, die deutsche Staatsangehörigkeit **nur dann verliert, wenn sie gleichzeitig** die ihres ausländischen Ehemannes erwirbt. Damit soll vermieden werden, daß Staatenlosigkeit eintritt.

Die unmittelbare **Reichsangehörigkeit** kann einem ehemaligen Reichsangehörigen, der sich nicht im Inland niedergelassen hat, oder einer von ihm abstammenden oder an Kindesstatt angenommenen Person verliehen werden.

In großem Umfange hat der Versailler Vertrag in die Verhältnisse der Staatsangehörigkeit der Bewohner der von ihm betroffenen Gebiete eingegriffen. Ein Optionsrecht, teils nur zugunsten Deutschlands, teils zugunsten Deutschlands und einer fremden Macht, sind durch Abkommen mit den betreffenden Staaten geregelt worden.

Die Reichsbehörden.

Die Behördenorganisation des Reichs ist wie folgt gegliedert:

Den Verkehr des Reichskanzlers mit den Behörden vermittelt die Reichskanzlei. Sie unterrichtet den Reichskanzler über die schwebenden Fragen der Gesamtpolitik und bereitet die zu treffenden Entscheidungen vor. Zugleich besorgt sie die laufenden Geschäfte des Gesamtministeriums. An ihrer Spitze steht unter dem Reichskanzler der „Staatssekretär der Reichskanzlei“, der zugleich die Geschäfte eines Staatssekretärs der Reichsregierung wahrnimmt.

Der Reichskanzlei unmittelbar nachgeordnet sind die Vertretung der Reichsregierung in München, die Presseabteilung der Reichsregierung und die Reichszentrale für Heimatdienst.

Im übrigen gliedert sich die Reichsverwaltung in die Geschäftsbereiche der Reichsministerien.

1. Auswärtiges Amt. Es ist zuständig für alle die Beziehungen des Reichs zu den ausländischen Staaten berührenden Angelegenheiten. Geleitet wird es von dem Reichsaußenminister. Es gliedert sich in Länderabteilungen, eine Abteilung für das Deutschtum im Auslande, eine Personalabteilung und eine Rechtsabteilung. Als besondere Abteilung ist die Presseabteilung der Reichsregierung angegliedert. Ihm unterstehen ferner der Kommissar für die gemischten Schiedsgerichtshöfe, die Reichsstelle für Nachlässe und Nachforschungen im Ausland, das Archäologische Institut. Organe des Auswärtigen Amtes sind die Gesandtschaften und die Konsulate.

2. Reichsministerium des Innern, geleitet durch den Reichsinnenminister. Es bearbeitet alle Angelegenheiten der inneren Politik und Verwaltung, die nicht besonderen Ministerien zugewiesen sind. Es gliedert sich in ein politisches Büro und 3 Abteilungen (1. für Verfassung, Verwaltung und Beamtentum; 2. für Volksgesundheit und Wohlfahrtspflege, Deutschtum und Fremdenwesen; 3. für Bildung und Schule). Zu seinem Geschäftsbereich gehören unter anderem der Reichsdisziplinarhof, Reichsgesundheitsamt und Reichsgesundheitsrat, das Auswanderungswesen, Bundesamt für Heimatwesen, die Chemisch-technische und Physikalisch-technische Reichsanstalt, Reichsarchiv, Notgemeinschaft der deutschen Wissenschaft, Kaiser-Wilhelm-Gesellschaft zur Förderung der Wissenschaften, Filmprüfstelle und Filmoberprüfstelle, Prüfstellen und Oberprüfstelle für Schund- und Schmutzschriften, Zentralnachweisamt für Kriegerverluste und Kriegergräber, Reichskommissar für Überwachung der öffentlichen Ordnung.

3. Reichsfinanzministerium mit dem Reichsfinanzminister an der Spitze. Es verwaltet die Reichsfinanzen und das Reichsvermögen. Es besteht aus 5 Abteilungen: 1. Haushaltsabteilung; 2. für Zölle und Verbrauchssteuern, für die Steuer von Einkommen; 3. Vermögen und Umsatz und für die Verkehrssteuern; 4. für gemeinsame und Rechtsangelegenheiten; 5. Friedensvertragsabteilung. Zu seinem Geschäftsbereich gehören unter anderem Reichsfinanzhof, Finanzämter, Zollbehörden, Reichsmonopolamt für Branntwein, deutsche Kriegslastenkommission, Reichskommissar für Ablösung der Reichsanleihen alten Besitzes, Reichsentschädigungsamt, Reichsausgleichsamt und Reichskommissar für Reparationslieferungen.

4. Reichswirtschaftsministerium, geleitet vom Reichswirtschaftsminister. Es bearbeitet die wirtschaftspolitischen Angelegenheiten des Reichs. Zu seinem Geschäftsbereich gehören u. a.: Statistisches Reichsamt, Reichsaufsichtsamt für Privatversicherungen, Reichswirtschaftsgericht, Kartellgericht, Börsenausschuß, Abwicklungsstelle des Reichskommissars für Aus- und Einfuhrbewilligung, Reichskommissar für die Kohlenverteilung und Reichskommissar für das Handwerk und das Kleingewerbe.

Der Reichskommissar für die Kohlenverteilung bearbeitet kohlenwirtschaftliche Fragen einschließlich der Ein- und Ausfuhr und hat ferner die Befugnis zur Regelung der Erzeugung, Fortleitung und des Verbrauchs von Elektrizität, Gas sowie von Dampf, Heiß- und Leitungswasser. Dem Reichskommissar für das Handwerk usw. ist ein Ausschuß für das Handwerk beigegeben.

5. **Reichsarbeitsministerium,** geleitet vom Reichsarbeitsminister. Es bearbeitet die Angelegenheiten des Arbeitsrechts und Arbeitsschutzes, der Arbeitsvermittlung und Erwerbslosenfürsorge, des Pensions- und Versorgungswesens für die Angehörigen des alten Heeres, für Kriegsbeschädigte und Kriegshinterbliebene, für Sozialversicherung und Sozialfürsorge sowie des Wohnungs- und Siedlungswesens. Ihm angegliedert sind unter anderem der Arbeitsrechtsausschuß zur Ausarbeitung eines Entwurfes für das zu schaffende einheitliche Arbeitsrecht, der Ausschuß für Krankenkassen, für städtisches Wohnungswesen, für ländliches Siedlungswesen und Heimstättenwesen.

Zu seinem Geschäftsbereich gehören unter anderem: Reichsversicherungsamt, Reichsarbeitsverwaltung, Reichsversicherung für Angestellte sowie die ständigen Schlichter.

6. **Reichsjustizministerium,** geleitet von dem Reichsjustizminister. Es bearbeitet die das Rechtswesen betreffenden Angelegenheiten des Reichs einschließlich des gewerblichen Rechtsschutzes und wirkt bei Maßnahmen anderer Reichsministerien mit, soweit es sich um Rechtsfragen von grundsätzlicher Bedeutung handelt. Zu seinem Geschäftsbereich gehören das Reichsgericht und das Reichspatentamt.

7. **Reichswehrministerium,** geleitet vom Reichswehrminister. Es bearbeitet die militärischen Angelegenheiten des Reichs für Heer und Marine.

8. **Reichspostministerium,** geleitet vom Reichspostminister. Es verwaltet den Reichs-, Post- und Telegraphenbetrieb, der ein selbständiges Unternehmen unter der Bezeichnung „Deutsche Reichspost" bildet. Zu seinem Geschäftsbereich gehören unter anderem die Reichsdruckerei, die Oberpostdirektionen mit den ihnen unterstellten Ämtern.

9. **Reichsverkehrsministerium,** geleitet vom Reichsverkehrsminister. Ihm liegt die Aufsicht über die deutsche Reichsbahngesellschaft auf Grund des Reichsbahngesetzes ob, die Wahrnehmung der Eisenbahnhoheitsrechte und die Privatbahnaufsicht, die Angelegenheiten der Wasserstraßen, Binnen- und Seeschiffahrt, des Luftverkehr- und des Kraftfahrwesens. Zu seinem Geschäftsbereich gehören unter anderem die deutsche Seewarte in Hamburg, die Leitung des Reichswasserschutzes, das Reichsoberseeamt, technische Kommissionen für Seeschiffer und Fachausschüsse für das seemännische Fachschulwesen.

10. **Reichsministerium für Ernährung und Landwirtschaft,** geleitet von gleichbenanntem Minister. Es bearbeitet die Angelegenheiten der Ernährungswirtschaft, der Landwirtschaft, der Forstwirtschaft und Fischerei. Zu seinem Geschäftsbereich gehören unter anderem das Forschungsinstitut für Agrar- und Siedlungswesen und die Überwachungsstelle für Ammoniakdünger und phosphorsäurehaltige Düngemittel.

11. **Reichsministerium für die besetzten Gebiete,** geleitet vom gleichnamigen Minister. Es bearbeitet die besonderen Angelegenheiten der besetzten Gebiete und erledigt die mit der Zusammensetzung zusammenhängenden Verwaltungsarbeiten. Zu seinem Geschäftsbereich gehören der Reichskommissar und die Reichsvermögensverwaltung für die besetzten rheinischen Gebiete.

Außer der Reichskanzlei haben noch die Stellung oberster Reichsbehörden das **Büro des Reichspräsidenten** und der **Rechnungshof des Deutschen Reiches.** Zur Verwaltung der Reichsschulden stehen die Reichsschuldenverwaltung und der Reichsschuldenausschuß.

Der **Reichssparkommissar** hat gemäß Bekanntmachung vom 4. Mai 1927 (RMBl. 141) die Aufgabe, den Reichshaushalt und die Haushaltsführung zu prüfen und Vorschläge für Ersparnisse im Haushalt, für Verbilligung und Vereinfachung der Verwaltung sowie für wirtschaftlichere Gestaltung der Einnahmen zu machen.

Die Beamten.

Beamter ist, wer freiwillig durch öffentlich-rechtlichen Vertrag sich verpflichtet hat, ein Amt zu übernehmen. Es kommen jedoch auch Ämter vor, deren Inhaber nicht Beamte sind, z. B. Schöffen, Geschworene und in gewisser Hinsicht auch Rechtsanwälte.

Es gibt Reichsbeamte, Landesbeamte, städtische Beamte, Gemeindebeamte usw. Reichsbeamter ist ein Beamter, der vom Reichspräsidenten oder in seinem Auftrage oder mit seiner Ermächtigung von einer Reichsbehörde ernannt ist. Die Anstellung der Beamten erfolgt auf Lebenszeit, soweit nicht durch Gesetz ein anderes bestimmt ist. Die Beamten sind Diener der Gesamtheit und genießen volle politische Freiheit. Der Beamte ist verpflichtet, sein Amt ordnungsgemäß auszuführen, dem Staate die Treue zu halten, Amtsverschwiegenheit zu bewahren, das Amt nicht ohne Urlaub zu verlassen, seinen Vorgesetzten Gehorsam zu bezeigen, einen würdigen Lebenswandel zu führen, keine Geschenke oder Auszeichnungen sowie Nebenbeschäftigung ohne Erlaubnis seiner Behörde anzunehmen. Verletzt er seine Pflichten, so kann gegen ihn strafrechtliche, zivilrechtliche und disziplinarische Verfolgung stattfinden. Für rein privatrechtliche Tätigkeiten der Beamten haftet das Reich nach den §§ 31, 89, 278, 831 BGB. Für den von den Beamten in Ausübung der ihnen anvertrauten öffentlichen Gewalt zugefügten Schaden haftet das Reich ebenfalls (RG. vom 22. Mai 1910; in Preußen Gesetz vom 1. August 1909).

Die Beamten haben Ansprüche auf Titel, Rang, Gehalt und Pension.

Soweit in der Reichsverfassung oder durch Reichsgesetze eine Regelung nicht erfolgt ist, gelten die einzelnen Landesgesetze. Bei der Anstellung ist der Reichsbeamte auf die Reichsverfassung und auf die gewissenhafte Erfüllung aller Obliegenheiten des ihm übertragenen Amtes eidlich zu verpflichten. Der Entfernung aus dem Amte muß ein förmliches Disziplinarverfahren vorangehen. Ist ein gerichtliches Strafverfahren oder die Einleitung eines förmlichen Disziplinarverfahrens verfügt, so kann der Beamte vorläufig vom Dienste enthoben werden. In gewissen Fällen tritt die vorläufige Dienstenthebung kraft Gesetzes ein. Selbstverständlich kann auch gegen ihn ein Strafverfahren erfolgen. Jeder Beamte erhält ein Diensteinkommen. Dieses setzt sich aus Grundgehalt und Wohnungsgeldzuschuß zusammen; hierzu kommen die Sozialzulagen (Kinderzuschläge und Teuerungszuschläge). Bei Betriebsunfällen im Dienste steht den Beamten und seinen Hinterbliebenen ein Anspruch auf Unfallrente zu. In Krankheitsfällen kann eine Unterstützung gewährt werden.

Der wegen Dienstunfähigkeit oder wegen Erreichung der gesetzlichen Altersgrenze (65 Jahre) aus dem Amt geschiedene planmäßige Reichsbeamte hat nach einer Dienstzeit von mindestens 10 Jahren Anspruch auf Ruhegehalt. Dieses beträgt mindestens 35% und steigt mit jedem vollendeten Dienstjahr bis auf höchstens 80% des ruhegehaltsfähigen Diensteinkommens.

Die Wehrmacht.

Durch die Weimarer Verfassung wurde die staatsrechtliche Grundlage für die Neubildung einer einheitlichen Wehrmacht der deutschen Republik gegeben. Die Verteidigung des Reichs wurde zur Reichssache erklärt, dem Reich das Recht der ausschließlichen Gesetzgebung zugesprochen und dem Reichspräsidenten der Oberbefehl über die gesamte Wehrmacht des Reichs übertragen. Auf die Neuordnung des Heereswesens übten die Bestimmungen des Versailler Vertrages einen entscheidenden Einfluß aus. Er beseitigte die allgemeine Wehrpflicht und bestimmte, daß Heer und Marine nur im Wege freiwilliger Verpflichtung aufgestellt und ergänzt werden dürfen. Unteroffiziere und Gemeine haben sich zu einer ununterbrochenen Dienstzeit von 12 Jahren, Offiziere zu einer solchen von 25 Jahren zu verpflichten. Die Gesamtstärke des Heeres, als dessen Aufgabe die Erhaltung der Ordnung innerhalb des deutschen Gebiets und der Schutz der Grenze bezeichnet wird, darf nur 100000 Mann, die der Marine nur 15000 Mann betragen.

Alle Maßnahmen der Mobilmachung oder solche, die auf eine Mobilmachung hinzielen, sind untersagt; insbesondere dürfen bei Truppenteilen, Behörden oder Stäben keine Stämme für Ergänzungsformationen vorhanden sein. Vereine aller Art dürfen sich nicht mit militärischen Dingen befassen, ihre Mitglieder nicht militärisch ausbilden lassen und in keiner Verbindung mit militärischen Behörden stehen.

Auf diesen Grundlagen ist die Wehrverfassung durch das in der Reichsverfassung vorgesehene Wehrgesetz vom 23. März 1921 einheitlich geregelt.

Die Wehrmacht der deutschen Republik ist die Reichswehr. Sie wird aus dem Reichsheer und der Reichsmarine gebildet. Die Befehlsführung liegt in der Hand der gesetzmäßigen Vorgesetzten. Oberster Befehlshaber der gesamten Wehrmacht ist der Reichspräsident; unter ihm übt der Reichswehrminister die Befehlsgewalt aus. An der Spitze des Reichsheeres steht ein General, an der Spitze der Reichsmarine ein Admiral. Für alle Kommandobehörden und Truppeneinheiten sind Vertrauensleute zu wählen. Ihre Befugnisse regeln die Ausführungsbestimmungen vom 31. März 1919. An der Spitze der Wehrmachtsverwaltung steht das Reichswehrministerium. Wenn sich auch die Reichswehr als eine Reichseinrichtung darstellt, so ist mit Rücksicht auf die Bedürfnisse der Länder der landsmannschaftlichen Eigenart und den wirtschaftlichen Bedürfnissen der Länder Rechnung zu tragen.

Das Dienstverhältnis des Soldaten ist ebenso wie das des Beamten öffentlich-rechtlicher Natur. Die Genehmigung zur Verheiratung wird in der Regel nicht vor Vollendung des 27. Lebensjahres erteilt. Die Angehörigen der Wehrmacht haben über Dienstangelegenheiten, deren Geheimhaltung erforderlich oder von den Vorgesetzten angeordnet ist, Verschwiegenheit zu beobachten, auch nachdem das Dienstverhältnis aufgelöst ist. Die Soldaten dürfen sich politisch nicht betätigen, keinen politischen Vereinen angehören und nicht an politischen Versammlungen teilnehmen. Für sie ruht das Recht zum Wählen und zur Teilnahme an Abstimmungen im Reiche, Ländern und Gemeinden. Innerhalb der Wehrmacht dürfen sich die Soldaten eines Standorts, eines Truppenteils oder der Besatzung eines Schiffes oder Schiffsverbandes untereinander versammeln oder vereinigen; der Vorgesetzte kann die Versammlung oder Vereinigung unter gewissen Voraussetzungen verbieten.

Über die vorzeitige Beendigung des militärischen Dienstverhältnisses über Kündigung, fristlose Kündigung usw. geben die betreffenden Paragraphen Auskunft. Den Unteroffizieren und Mannschaften soll während der Dienstzeit eine vorbereitende Ausbildung für den Übergang in bürgerliche Berufe gewährt werden (Wehrgesetz § 23). Auch für den Offizier ist die Möglichkeit des vorzeitigen Austrittes geregelt.

Die Gebührnisse der Soldaten sind wie bei den Reichsbeamten geordnet. Für ihre Versorgung bildet die Grundlage das Wehrmachtsversorgungsgesetz in der Fassung vom 19. September 1925. Offiziere haben Anspruch auf lebenslängliches Ruhegehalt nach mindestens 10 Jahren Dienstzeit. Statt des Ruhegehalts kann auf Antrag eine Kapitalabfindung bis zu seiner Hälfte gewährt werden. Die Hinterbliebenen von Soldaten erhalten entweder Witwen- und Waisengeld nach dem für die Hinterbliebenen von Reichsbeamten geltenden Vorschriften oder Versorgung nach den Vorschriften des Reichsversorgungsgesetzes. Für die Angehörigen der Wehrmacht gelten, abgesehen von der Strafrechtspflege, grundsätzlich dieselben Vorschriften wie für Zivilpersonen. Die Militärgerichtsbarkeit ist aufgehoben. Das materielle Strafrecht regelt das Militärstrafgesetzbuch gemäß Bekanntmachung vom 16. Juni 1926.

Bei schuldhaftem Verhalten gegen die militärische Zucht und Ordnung können Disziplinarstrafen verhängt werden (Disziplinarstrafordnung für das Reichsheer vom 18. Mai 1926).

Die Rechtspflege.

Die Richter sind unabhängig und nur dem Gesetze unterworfen. Die ordentliche Gerichtsbarkeit wird durch das Reichsgericht und durch die Gerichte der Länder ausgeübt. Die Richter der ordentlichen Gerichtspartei werden auf Lebenszeit ernannt. Niemand darf seinem gesetzlichen Richter entzogen werden. Die Militärgerichtsbarkeit ist außer für Kriegszeiten und an Bord der Kriegsschiffe aufgehoben. Für das Deutsche Reich ist ein Staatsgerichtshof ernannt.

Grundrechte und Grundpflichten der Deutschen.

Die Einzelperson.

Alle Deutschen sind vor dem Gesetze gleich. Männer und Frauen haben grundsätzlich dieselben staatsbürgerlichen Rechte und Pflichten. Öffentlichrechtliche Vorrechte oder Nachteile der Geburt und des Standes sind aufzuheben. Adelsbezeichnungen gelten nur als Teil des Namens und dürfen nicht mehr verliehen werden. Titel dürfen nur verliehen werden, wenn sie ein Amt oder einen Beruf bezeichnen; akademische Grade sind hierdurch nicht betroffen. Orden- und Ehrenzeichen dürfen vom Staat nicht verliehen werden. Kein Deutscher darf von einer ausländischen Regierung Titel oder Orden annehmen (Art. 109).

Jeder Deutsche hat in jedem Lande des deutschen Reiches die gleichen Rechte und Pflichten wie die Angehörigen des Landes selbst. Alle Deutschen genießen Freizügigkeit im ganzen Reiche, sie können sich an beliebigen Orten des Reiches aufhalten, niederlassen, Grundstücke erwerben und jeden Nahrungszweig betreiben. Jeder Deutsche kann ins Ausland auswandern, er genießt auch dort den Anspruch auf den Schutz des Reiches.

Kein Deutscher darf einer ausländischen Regierung zur Verfolgung oder Bestrafung überliefert werden. Die fremdsprachlichen Volksteile des Reichs dürfen insbesondere nicht im Gebrauche ihrer Muttersprache beim Unterricht sowie bei der inneren Verwaltung und der Rechtspflege beeinträchtigt werden.

Die Freiheit der Person ist unverletzlich. Eine Beeinträchtigung oder Entziehung der persönlichen Freiheit durch die öffentliche Gewalt ist nur auf Grund von Gesetzen zulässig. Personen, denen die Freiheit entzogen wird, sind spätestens am darauffolgenden Tage in Kenntnis zu setzen, von welcher Behörde und aus welchen Gründen die Entziehung der Freiheit angeordnet worden ist; unverzüglich soll ihnen Gelegenheit gegeben werden, Einwendungen gegen ihre Freiheitsentziehung vorzubringen.

Die Wohnung jedes Deutschen ist für ihn eine Freistätte und unverletzlich. Ausnahmen sind nur auf Grund von Gesetzen zulässig.

Das Briefgeheimnis sowie das Post-, Telegraphen- und Fernsprechgeheimnis sind unverletzlich.

Jeder Deutsche hat das Recht, innerhalb der Schranken der allgemeinen Gesetze seine Meinung durch Wort, Schrift, Druck, Bild oder in sonstiger Weise frei zu äußern. An diesem Rechte darf ihn kein Arbeits- oder Anstellungsverhältnis hindern, und niemand darf ihn benachteiligen, wenn er von diesem Rechte Gebrauch macht. Eine Zensur findet nicht statt, doch können für Lichtspiele durch Gesetz abweichende Bestimmungen getroffen werden. Auch sind zur Bekämpfung der Schund- und Schmutzliteratur Gesetz v. 18. XII. 1926 (vgl. S. 333) sowie zum Schutze der Jugend bei öffentlichen Schaustellungen und Darbietungen gesetzliche Maßnahmen zulässig.

Das Gemeinschaftsleben.

Die Ehe beruht auf der Gleichberechtigung der beiden Geschlechter. Kinderreiche Familien haben den Anspruch auf den Schutz und die Fürsorge des Staates, desgleichen die Mutterschaft.

Für uneheliche Kinder sind durch Gesetzgebung die gleichen Bedingungen geschaffen wie für eheliche Kinder.

Alle Deutschen haben das Recht, sich ohne Anmeldung oder besondere Erlaubnis friedlich und unbewaffnet zu versammeln. Versammlungen unter freiem Himmel können durch Reichsgesetz anmeldepflichtig gemacht und bei unmittelbarer Gefahr für die öffentliche Sicherheit verboten werden. Hierzu gehören auch Umzüge auf öffentlichen Straßen und Plätzen. Besonderen Beschränkungen unterliegt die Versammlungsfreiheit innerhalb eines gewissen „befriedeten Bannkreises“ der Gebäude, in denen der Reichstag und die Landtage ihre Sitzungen abhalten. Versammlungen unter freiem Himmel dürfen dort nicht stattfinden. Alle Deutschen haben das Recht, zu Zwecken, die den Strafgesetzen nicht zuwiderlaufen, Vereine oder Gesellschaften zu bilden. Die Rechtsfähigkeit eines solchen Vereins regelt sich nach dem BGB.

Wahlfreiheit und Wahlgeheimnis sind gewährleistet. Jedem Deutschen steht das sogenannte Petitionsrecht (Bitt- und Beschwerderecht) zu. Gemeinden und Gemeindeverbände haben innerhalb der Schranken der Gesetze das Recht der Selbstverwaltung. Alle Staatsbürger männlichen und weiblichen Geschlechts ohne Unterschied sind entsprechend ihrer Befähigung für öffentliche Ämter zuzulassen.

Ehrenamtliche Tätigkeiten und persönliche Dienste für Staat und Gemeinde sind dem Deutschen zur Pflicht gemacht. Alle Bewohner des Reichs genießen volle Glaubens- und Gewissensfreiheit und können ihre Religion ungestört ausüben. Die Zulassung zu öffentlichen Ämtern ist von dem religiösen Bekenntnis unabhängig. Zur Benutzung einer religiösen Eidesform kann niemand gezwungen werden. Die Behörden dürfen nur in Ausnahmefällen nach der Zugehörigkeit einer Religionsgesellschaft fragen.

Die Kunst, die Wissenschaft und ihre Lehre sind frei. Das gesamte Schulwesen steht unter Aufsicht des Staates. Es besteht allgemeine Schulpflicht. Private Schulen bedürfen der Genehmigung des Staates. In allen Schulen ist sittliche Bildung, staatsbürgerliche Gesinnung, persönliche und berufliche Tüchtigkeit im Geiste des deutschen Volkstums und der Völkerversöhnung zu erstreben.

Das Eigentum wird von der Verfassung gewährleistet; seine Enteignung kann nur zum Wohle der Allgemeinheit und im allgemeinen gegen angemessene Entschädigung auf gesetzlicher Grundlage vorgenommen werden. Das Erbrecht wird nach Maßgabe des bürgerlichen Rechts gewährleistet. Der Staat hat die Überwachung über die Verteilung und Nutzung des Bodens. Für Siedlungszwecke für die Landwirtschaft usw. kann Grundbesitz enteignet werden. Alle Bodenschätze und alle wirtschaftlich nutzbaren Naturkräfte stehen unter Aufsicht des Staates. Die Arbeitskraft wie auch die geistige Arbeit, das Recht der Urheber der Erfinder und Künstler genießt den Schutz des Reiches.

Die Arbeiter und Angestellten sind gleichberechtigt, in Gemeinschaft mit den Unternehmern an der Regelung der Lohn- und Arbeitsbedingungen sowie an der gesamten wirtschaftlichen Entwicklung mitzuwirken. Die beiderseitigen Organisationen und ihre Vereinbarungen werden anerkannt.

Die Arbeiter und Angestellten erhalten zur Wahrnehmung ihrer sozialen und wirtschaftlichen Interessen gesetzliche Vertretungen in Betriebsarbeiterräten (vgl. Betriebsrätegesetz); ferner sind für später vorgesehen: nach Wirtschaftsgebieten gegliederte Bezirksarbeiterräte, welche in einem Reichsarbeiterrat gipfeln. (Vgl. S. 44.)

Verwaltungsrecht.

Allgemeiner Teil.

Verwaltungsrechtliche Grundbegriffe.

Die Staatstätigkeit, wie sie entfaltet wird zur Bewältigung der Staatsaufgaben, war ursprünglich eine einheitliche, ungeschiedene. Allmählich aber erfolgte — schon infolge der notwendig gewordenen Arbeitsteilung — eine Scheidung.

Im Interesse des Schutzes des Einzelnen wurde die Rechtssprechung mehr und mehr verselbständigt. (Vgl. Gewaltenteilung Seite 36.)

Als weiterer besonderer Aufgabenkreis sonderte sich die Gesetzgebung ab, so daß alle andere Tätigkeit als Gesetzgebung und Rechtssprechung das übriggebliebene Gebiet ausmacht, welches wir Verwaltung nennen. Hierunter fallen alle jene unzähligen Tätigkeiten, die der Staat auszuführen hat, um das Bestehen und Fördern desselben sicherzustellen; es sind dies beispielsweise die verschiedenen Gebiete der Polizei — Sicherheits-, Gesundheits-, Bau- usw. Polizei —, die Finanzverwaltung usw. Aber auch, wenn der Staat Veranstaltungen trifft, die nicht in den Bereich des Einzelnen eingreifen — wie die zuerst erwähnten Akte der Polizei und die Finanzverwaltung —, ist es Verwaltung, sofern diese Veranstaltungen das allgemeine Wohl zu erhalten und zu fördern bestimmt sind. So z. B. staatliche oder städtische meteorologische Institute, Statistische Ämter usw.

Das Verwaltungs**recht** indessen hat es nur mit derjenigen Tätigkeit des Staates oder einer anderen öffentlichen Körperschaft (Stadt, Gemeinde, Kommunalverband) zu tun, die mit Hilfe der hoheitlichen Gewalt dieser Körperschaften ausgeübt wird. Allerdings kann sich ein öffentliches Gemeinwesen auch auf den Boden des Privatrechts stellen, wobei also nicht eine übergeordnete Person einer untergeordneten gegenübersteht, wie es bei der — regelmäßigen — hoheitlichen Verwaltung der Fall ist (öffentliche Ausschreibungen!).

Auch hier verwaltet der Staat; aber das Sondermerkmal des Verwaltungsrechts fehlt: nämlich die Erledigung der Verwaltungsaufgaben mit Hilfe der hoheitlichen Verwaltungsakte.

Die Fülle der Verwaltungszuständigkeit liegt bei den Ländern und nicht beim Reich. (Vgl. hierzu S. 105ff.) Dieser Rechtszustand bringt es mit sich, daß die Gestaltung des Verwaltungsrechts in den einzelnen Ländern verschieden ist. Nichtsdestoweniger lassen sich gewisse gemeinsame Grundlinien feststellen.

Die Gesetzmäßigkeit der Verwaltung.

Hierunter versteht man, daß die Tätigkeit der Verwaltungsbehörden sich innerhalb der Schranken von Gesetzen zu bewegen hat. Diese Schranken sind im Interesse und zum Schutze des Einzelnen vor der allmächtigen Staatsgewalt gesetzt.

Ferner bedarf jeder Eingriff in die Freiheit und das Eigentum des Bürgers einer gesetzlichen Grundlage, und zwar eines Gesetzes im formellen Sinn (vgl. über diesen Begriff Seite 57): entweder das Gesetz selbst oder einer vom Gesetz ermächtigten Verordnung.

Das Verhältnis der Verwaltung zu ihren Gesetzen ist aber nicht dasselbe wie das der Rechtsprechung zu den ihrigen. Während die Anwendung des Gesetzes durch den Richter auf einen bestimmten Tatbestand Inhalt und Zweck der richterlichen Tätigkeit ist, sind für die Verwaltung das Gesetz lediglich die Schranken, innerhalb deren die Verwaltung ihre eigentlichen Aufgaben zu erfüllen hat.

Als hauptsächliches Mittel der Verwaltung wurde der — hoheitliche — Verwaltungsakt bezeichnet.

Dieser stellt sich, eingehender betrachtet, dar als „ein obrigkeitlicher Ausdruck der Verwaltung, der der Einzelperson im gegebenen Falle sein Recht zuweist".

Wie diese Erläuterung besagt, handelt es sich beim Verwaltungsakt stets um Anordnungen, die einen bestimmten Einzelfall betreffen.

Da auch die verwaltungsrechtlichen Entscheidungen — wie jede Entscheidung — einen bestimmten Einzelfall betreffen, so ergibt sich als erste Gruppe der Verwaltungsakte das Gebiet der Entscheidungen. Hier wird wie bei den Entscheidungen der Justiz geltendes Recht auf einen Tatbestand angewendet.

Weit wichtiger jedoch ist die zweite Gruppe: die sog. Verfügungen.

Durch die Verfügung — die sich nach dem Grundsatz der Gesetzmäßigkeit der Verwaltung innerhalb der vom Gesetz gezogenen Schranken halten muß — ordnet die Behörde an, wie sich in einem gegebenen Fall die Beziehungen zwischen dem übergeordneten Gemeinwesen und dem Bürger gestalten sollen.

Innerhalb der Verfügungen kann man unterscheiden:

a) Verfügungen, die den Einzelnen in seiner Freiheit oder seinem Eigentum beschränken, indem sie ihm eine Pflicht oder eine Last auferlegen.

b) Verfügungen, die eine Erlaubnis für den Einzelnen erteilen, d. h.: An und für sich wäre der Bürger in der Lage, nach seiner Absicht zu handeln; es besteht jedoch ein Verbot für ein diesbezügliches Handeln; die Erlaubnis beseitigt aber das im Verbot liegende Hindernis und gibt dem Erlaubnisempfänger seine natürliche Handlungsfähigkeit wieder. Hauptbeispiel: die Polizeierlaubnis, worunter auch die Gewerbekonzession gehört.

c) Verfügungen, die für den davon Betroffenen ein Recht begründen, ohne das er ein bestimmtes Handeln nicht vornehmen könnte. Hier handelt es sich daher nicht wie bei der Erlaubnis um die Durchbrechung eines Verbotes, sondern um eine zusätzliche Handlungsfähigkeit. Der technische Ausdruck hierfür heißt Verleihung. Beispiel: die Verleihung der Fähigkeit zum Richteramt.

d) Wenn eine öffentliche Körperschaft einen Beamten anstellt, so erscheint dies auf den ersten Blick hin als ein Vertrag, und zwar als eine Art öffentlichrechtlicher Dienstvertrag. In Wahrheit handelt es sich aber um einen sog. „Verwaltungsakt auf Unterwerfung". Derjenige, der Beamter zu werden gewillt ist, muß sich gewissen hoheitlichen Bestimmungen unterwerfen, worauf dann gegebenenfalls durch einen einseitigen Verwaltungsakt das Beamtenverhältnis geschaffen wird.

Ganz allgemein besteht für eine Verwaltungsbehörde die Möglichkeit, mit Einwilligung des Betroffenen Verwaltungsakte vorzunehmen, die nicht im

Rahmen der gesetzlichen Ermächtigung liegen. Unnötig ist es, hinzuzufügen, daß hier Schranken durch das Strafgesetz und die guten Sitten gesetzt sind.

Zu a—c: Alle hoheitlichen Verwaltungsakte, denen ein gesetzlicher Mangel anhaftet, sind doch so lange verbindlich, bis sie formell aufgehoben sind. Eine Ausnahme besteht nur dann, wenn der in Frage stehende Akt „absolut nichtig" ist; dies ist dann der Fall, wenn er

a) auf etwas Unmögliches gerichtet ist oder

b) wenn er von einer unzuständigen Behörde erlassen ist.

(Beispiel: das Finanzamt erläßt eine baupolizeiliche Verfügung.)

Jeder Eingriff in Freiheit und Eigentum des Bürgers bedarf einer gesetzlichen Grundlage (sog. „Vorbehalt des Gesetzes"), und zwar muß es ein Gesetz im formellen Sinn sein. Der Gegensatz zum Gesetz im formellen Sinn ist Gesetz im materiellen Sinn. Der Unterschied besteht im folgenden. Unter Gesetz im materiellen Sinn versteht man jeden Rechtssatz, d. h. eine Norm, welche allgemein an einen abstrakt formulierten Tatbestand eine Rechtsfolge knüpft („Wer kauft, muß zahlen!").

Gesetz im formellen Sinn dagegen ist jeder staatliche Akt, der in der Form der verfassungsmäßigen Gesetzgebung zustandekommt (Mehrheitsbeschluß des Reichstags, kein Einspruch des Reichsrats, Ausfertigung und Verkündung durch den Reichspräsidenten, vgl. Seite 44).

So ist beispielsweise die Aufstellung des Staatshaushalts nur ein Gesetz im formellen, nicht aber auch im materiellen Sinn, das BGB. aber Gesetz im f. und m. S.

Die wichtigste Gruppe der Gesetze nur im materiellen Sinn bilden die Rechtsverordnungen der Verwaltung (Beispiel: die verkehrspolizeilichen Vorschriften der Städte); die Zulässigkeit zur Erlassung derartiger Rechtsverordnungen muß aber durch ein Gesetz i. f. S. ausdrücklich ausgesprochen sein.

In einem bestimmten Gegensatz zur Rechtsverordnung steht die sog. Verwaltungsverordnung; letztere enthält keine Rechtssätze, sondern lediglich Dienstanweisungen der vorgesetzten Verwaltungsbehörden an die untergebenen; sie wirkt also nur innerhalb des Behördenapparates.

Rechtsbehelfe gegen Übergriffe der Verwaltung.

Dem Bürger, der von einem Akt der Verwaltung betroffen wird, von dessen Unrechtmäßigkeit er überzeugt ist, stehen mannigfache Schutzmittel zu Gebote.

1. Die Nachprüfung durch eine übergeordnete Behörde. Kommt der vorgesetzten Behörde eine Ungesetzlichkeit der ihr unterstehenden Dienststellen zu Ohren (Pressenachricht, u. a. m.) so hat sie das Recht und die Pflicht, dagegen einzuschreiten.

2. Die formlose Beschwerde. — Dienstaufsichtsbeschwerde. — Die Mehrzahl der ungesetzlichen Verwaltungsakte kommt aber nur durch ein Vorstelligwerden der dadurch irgendwie in Mitleidenschaft gezogenen Personen der vorgesetzten Behörde zur Kenntnis. Das Wesen der formlosen oder der Dienstaufsichtsbeschwerde besteht nun darin, daß sie nicht an eine Form oder eine Frist gebunden ist und sie nicht nur von einem unmittelbar Betroffenen auszugehen braucht, und die angegangene Behörde zu einer Bescheidung der formlosen Beschwerde nicht verpflichtet ist.

3. Die Gegenvorstellung. Sie ist ihrem Wesen nach dasselbe wie die Dienstaufsichtsbeschwerde. Nur wendet sie sich nicht an die vorgesetzte, sondern an die Behörde, die die Verfügung erlassen hat.

4. Die förmliche Beschwerde oder der Rekurs. Wie schon der Name sagt, besteht der Unterschied gegenüber der formlosen Beschwerde im Formerfordernis, das die Fristgebundenheit mit einschließt.

Des weiteren aber beschränkt die förmliche Beschwerde den Kreis der Beschwerdeberechtigten auf die rechtliche Beteiligten und verpflichtet die Beschwerdeinstanz zur Entscheidung über die Beschwerde.

5. Der Einspruch. Wie der Dienstaufsichtsbeschwerde die förmliche Beschwerde, so entspricht der Gegenvorstellung der **Einspruch**; er richtet sich also an die Behörde, die die Verfügung erlassen hat; der Einspruch ist aber an Form und Frist geknüpft und verpflichtet die angegangene Behörde zur Bescheidung des Einspruchs.

6. Der Rechtsschutz durch die Verwaltungsgerichte. Bei all den unter 1 bis 5 genannten Instanzen, die über die verschiedenen Rechtsmittel (Rekurs, formlose Beschwerde, Gegenvorstellung, Einspruch) zu entscheiden haben, ist gemeinsam, daß es sich um Behörden der eigentlichen Verwaltung handelt. Es sind demnach nicht unbeteiligte und unabhängige Personen, die über das Vorbringen der betroffenen Bürger zu befinden haben.

Auch in der Verwaltung suchte sich deshalb der Gedanke des Rechtsstaats Bahn zu brechen. Es wurden unbeteiligte, unabhängige Verwaltungsgerichte nach dem Vorbild der Zivilgerichte gefordert. Wenn auch dieses Ziel noch nicht ganz erreicht ist, so sind doch schon erhebliche Fortschritte erreicht worden. Die Reichsverfassung verlangt die Errichtung eines Reichsverwaltungsgerichts als oberste Instanz. Über die diesbezüglichen Vorschläge kann hier nicht eingegangen werden (so namentlich, ob das zukünftige Reichsverwaltungsgericht mit dem Reichsgericht zusammenfallen soll dergestalt, daß Verwaltungssenate gebildet werden sollen, oder ob das preußische Oberverwaltungsgericht zum Reichsverwaltungsgericht ausgebaut werden soll).

Alle deutschen Länder, mit Ausnahme von Schaumburg-Lippe, haben ein Verwaltungsgericht, das den rechtsstaatlichen Erfordernissen der Unabhängigkeit und Selbständigkeit genügt.

Lediglich bei den unteren Instanzen der Verwaltungsgerichtsbarkeit ist die Unabhängigkeit und organisatorische Trennung von den Verwaltungsbehörden nicht rein durchgeführt. So kommt es, daß ein und dieselbe Behörde das eine Mal als Verwaltungsbehörde und das andere Mal als Verwaltungsgericht tätig wird. Zu berücksichtigen ist lediglich, daß die Verwaltungsbehörde als Verwaltungsgericht mit unabhängigen, unbeteiligten Laien durchsetzt ist.

Staatsverwaltung und Selbstverwaltung.

In einem räumlich ausgedehnten Staatswesen ist es undenkbar, daß die gesamte Staatsleitung von einer einzigen Stelle aus geleitet wird. Deswegen ist es erforderlich, daß der Staat eine hinreichende Behörde unterhält, die an den räumlich verschiedenen Orten den verlängerten Arm der Zentralstelle darstellen. In diesem Sinn ist jedes derzeitige Staatswesen „dezentralisiert“.

Politische Selbstverwaltung.

Von oben ernannte Beamte sind in mannigfacher Hinsicht abhängig von der sie ernennenden Stelle, den obersten Staatsorganen. So wird der Verwaltungsbeamte begreiflicherweise bei der Handhabung der Verwaltung in größerem Maße das Interesse des Staates als das des Einzelnen wahrnehmen. Um diesen Auswirkungen des von oben ernannten Berufsbeamtentums zu begegnen, sollen die Verwaltungsbehörden mit Ehrenbeamten durchsetzt werden, die von „unten“ — der Bevölkerung — gewählt sind.

Die juristische Selbstverwaltung.

Die Erfüllung gewisser staatlicher Aufgaben ist so sehr von der verschiedenartigen räumlich-örtlichen Gestaltung abhängig, daß es sich für den Staat empfiehlt, einen derartigen Aufgabenkreis selbständigen Gebietskörperschaften — juristischen Personen — (Gemeinden, Kommunalverbänden) zu überlassen und sich lediglich auf deren Prüfung und Überwachung zu beschränken.

Der räumliche Umfang dieser Selbstverwaltungskörper hängt von den Zwecken und Aufgaben ab. (Über die Organisation der Selbstverwaltung vgl. Seite 108 folgende.) So sind Selbstverwaltungskörper unterster Ordnung: die Gemeinden; über ihnen erheben sich ebenfalls als selbständige Gebietskörperschaften die Kommunalverbände höherer Ordnung. (Dieselben sind für die einzelnen Länder dargestellt Seite 105—116.)

Die von der örtlich jeweils verschiedenen Gestaltung abhängigen Angelegenheiten bilden den sog. „eigenen Wirkungskreis“ — Selbstverwaltungsangelegenheiten — des Selbstverwaltungskörpers. Der Staat seinerseits kann diese Organisationen zur Erfüllung seiner besonderen Aufgaben heranziehen. Ist dies der Fall, so spricht man von einem „übertragenen Wirkungskreis“ — Auftragsangelegenheiten. (Ortspolizei bei den Gemeinden in Preußen; in Württemberg und Baden gehört die Ortspolizei zum eigenen Wirkungskreis.)

Eine solche Übertragung von Staatsangelegenheiten bedarf der gesetzlichen Grundlage. Hat aber einmal eine solche Übertragung stattgefunden, so besitzt der betreffende Selbstverwaltungskörper ein Recht auf die Verwaltung dieser Angelegenheiten.

Finanzen.

Literaturverzeichnis.

Bühler: Lehrbuch des Steuerrechts, Verlag F. Vahlen. 1927.
Bühler: Die gesamten Reichssteuergesetze, 3. Aufl., Verlag Bensheimer. 1928.
Hensel: Steuerrecht, 2. Auflage 1927 in der Enzyklopädie der Rechts- und Staatswissenschaften, Verlag J. Springer.
Ball, Kurt: Einführung in das Steuerrecht, 3. Auflage 1925.
Mirbt: Grundriß des Deutschen und Preußischen Steuerrechts 1926.
Becker-Kloss-Mirre-Ott: Handkommentar der Reichssteuergesetze. 1926ff.
Handbuch des Steuerrechts, 3. Auflage, herausgegeben von G. Strutz. 1927.

Das Finanzwesen (Staatswirtschaft) umfaßt neben der Verwaltung des Staatsvermögens und der Staatsschulden die Beschaffung, Verwaltung und Verwendung der zur Deckung des Staatsbedarfs erforderlichen Mittel. Durch die Weimarer Verfassung wurde ein erheblicher Teil der bisher den Ländern vorbehaltenen Zuständigkeiten auf das Reich übertragen und die öffentlichen Abgaben größtenteils dem Reich vorbehalten. An Länder und Gemeinden wurden nur im Finanzausgleich Anteile aus diesen Reichseinnahmen überwiesen. Bei den ungeheuren Reparationsverpflichtungen war diese Regelung notwendig. Erst nach 1923, der Festigung der Währung, wurden den Ländern und Selbstverwaltungskörperschaften wieder bestimmte Einnahmen zugewiesen.

Die Verwaltung erfolgt im Reich wie in Preußen durch Zentral-, Mittel- und Lokalbehörden. Sie umfaßt die staatlichen Einnahmen und Ausgaben. Das Verhältnis beider zueinander und ihre gehörige Verteilung wird durch den Voranschlag (Etat) festgestellt, während ihre Verwaltung im Kassen- und Rechnungswesen erfolgt. Die Einnahmen beruhen teils auf privatrechtlichem, teils auf öffentlich-rechtlichem Titel. Die Verteilung der letzteren zwischen Reich, Staat und Gemeinden wird im Finanzausgleich geregelt (siehe S. 63).

Die Finanzverwaltung des Reiches hat ihre Grundlage in der Reichsabgabenordnung (RAO.) vom 13. Dezember 1919 (RGBl. Seite 1993). Dem Reichsfinanzministerium liegt die Verwaltung der Reichseinnahmen, der Reichsausgaben und des Reichsvermögens ob. Das nach dem Kriege errichtete Reichsschatzministerium und das Reichsministerium für Wiederaufbau sind mit diesem vereinigt. Die Mittelinstanz bilden die Landesfinanzämter mit ihren Abteilungen für Besitz- und Verkehrssteuern sowie für Zölle und Verbrauchssteuern. Ihnen unterstellt sind die Finanzämter und die Zollämter. Bei den Finanzämtern werden Steuerausschüsse gebildet. Den Landesfinanzämtern sind Finanzgerichte angegliedert, die über die Berufungen zu entscheiden haben. Oberstes Reichsfinanzgericht ist der Reichsfinanzhof in München.

In **Preußen** sind die Domänen und Forsten dem Landwirtschaftsministerium, die Bergwerke dem Handelsministerium unterstellt. Neuerdings sind die Bergwerke aus der Hoheitsverwaltung herausgenommen und werden durch mehrere eigens dazu gegründete Aktiengesellschaften verwaltet. **Die Beteiligung des Staats an einer großen Zahl privatrechtlicher Unternehmungen (Elektrizitätswerke, Kleinbahnen, Wohnungs- und Siedlungsgesellschaften usw.) unterliegt den verschiedenen zuständigen Fachministerien.** Eine Reihe von Behörden unterstehen unmittelbar dem Finanzministerium, wie die preußische Staatsbank (Seehandlung), die preußische Zentralgenossenschaftskasse, die Generallotteriedirektion und die Münze.

Der Reichshaushaltsplan, der sog. Etat, Voranschlag des Staatshaushalts. Die Bezeichnung „Budget" entstammt dem Beutel (Bougette), in dem der Voranschlag dem englischen Parlament überreicht wurde.

In **staatswirtschaftlicher** Beziehung soll der Voranschlag eine Übersicht über die zu erwartenden Einnahmen und Ausgaben gewähren, damit im voraus das Gleichgewicht zwischen beiden hergestellt werden kann. Gelingt es nicht, dieses Gleichgewicht herzustellen, so entsteht ein Überschuß oder ein Fehlbetrag. Ein einmaliger Überschuß darf für außerordentliche Zwecke verwendet werden. Finden die Fehlbeträge nicht in vorhandenen oder bestehenden Überschüssen Deckung, so muß als außerordentliches Hilfsmittel Staatskredit oder Vermögensveräußerung in Anspruch genommen werden. Bei dauerndem Fehlbetrag muß durch Ausgabenverminderung oder Erhöhung der Steuern Deckung gesucht werden.

Staatsrechtlich ist die Regierung durch den Haushaltsplan gebunden. Leistet die Regierung Ausgaben, bevor der Haushaltsplan genehmigt ist, so bleibt sie dafür der Volksvertretung verantwortlich und hat deren nachträgliche Zustimmung einzuholen (Indemnität). Die Volksvertretung kann diese im allgemeinen nicht verweigern. Dem Recht der Ausgabegenehmigung der Volksvertretung entspricht eine Pflicht der Einnahmebewilligung, jedoch gilt der Grundsatz: „Keine Ausgabe ohne Deckung." Der genehmigte Voranschlag ist eine bindende Richtschnur für die gesamte Verwaltung. Die Aufstellung des Haushaltsplans erfolgt für das Rechnungsjahr (1. April bis 31. März).

Das Kassenwesen umfaßt die unmittelbare Vereinnahmung, Verwahrung und Verausgabung aller Staatsgelder und ist streng zentralisiert. Alle Einnahmen und Ausgaben gehen im allgemeinen durch die Regierungshauptkassen. Die Leiter derselben heißen Landrentmeister, die der Kreiskassen Oberrentmeister und Rentmeister.

Die staatlichen Kassen sind dem Reichsbankgiroverkehr, dem Postscheckverkehr und zum großen Teil auch dem kommunalen Gironetz (bei den provinziellen Girozentralen den diesen unterstehenden Kommunalbanken oder Kommunalsparkassen) angeschlossen. Die Zahlungen sollen möglichst **bargeldlos** geleistet werden.

Das Rechnungswesen. Das Voranschlagsjahr ist zugleich Rechnungsjahr.

Den Mittelpunkt für die Rechnungslegung bildet in Preußen die Oberrechnungskammer in Potsdam. Im Reiche liegt die Überwachung der gesamten Haushaltsführung dem Rechnungshof des deutschen Reiches ob, einer selbständigen, nur dem Gesetz unterworfenen obersten Reichsbehörde.

Zur Prüfung benutzt das Reich als Treuhandgesellschaft die deutsche Revisions- und Treuhands-A.-G.

Staatsvermögen. Der Staat in seinen auf privatrechtlichem Gebiet liegenden Vermögensverhältnissen heißt Fiskus und ist als solcher den Vorschriften des Privatrechts und dem Urteilsspruch der Gerichte wie jeder Privatmann unterworfen. Die früheren Vorrechte sind fast ausnahmslos beseitigt. Die einzelnen Gegenstände des Staatsvermögens dienen entweder allgemein-staatlichen Zwecken wie die öffentlichen Straßen, Flüsse, Häfen und Dienstgebäude (Verwaltungsvermögen), oder sie sind zur Gewinnung von Staatseinnahmen bestimmt (Finanzvermögen). Wertvolle Teile des preußischen Finanzvermögens sind im Laufe der Entwicklung auf das Reich übergegangen, so die Staatsdruckerei, die heutige Reichsdruckerei, die Preußische Bank, aus der die Reichsbank entstanden ist, und neuerdings die Staatseisenbahnen, die mit den Bahnen der anderen deutschen Länder zur Deutschen Reichsbahn zusammengefaßt wurden. Sowohl die Reichsbank wie die Reichsbahn sind freilich infolge der Dawesgesetze keine reinen Reichsbetriebe mehr; immerhin ist das Reich an ihren Überschüssen beteiligt[1]. Infolge der auf Grund des Versailler Diktates erfolgten Umstellung der Heeres- und Marinebetriebe wie der Kriegs- und Nachkriegswirtschaft ist das Reich an einer großen Zahl ertragswirtschaftlicher Unternehmungen beteiligt, die von den Vereinigten Industrieunternehmungen A.-G. (Viag) als Haltegesellschaft verwaltet werden.

Staatsschulden. Durch Aufnahme einer Staatsschuld **(Anleihe)** wird die Ausgabe eines einzelnen Jahres auf eine Reihe von Jahren verteilt. Die Anleihe stellt

[1] Durch das Young-Abkommen ist die Reichsbahn wieder reiner Reichsbetrieb geworden; die Ausländer verschwinden aus ihrer Verwaltung.

somit einen Wechsel auf die Zukunft dar. Sie soll entweder das gestörte Gleichgewicht zwischen Ausgabe und Einnahme wiederherstellen oder Verkehrs- und gewerbliche Unternehmungen und ähnliche Anlagen ermöglichen, die wieder erzeugend wirken.

Der Preis einer Anleihe findet seinen Ausdruck in der Höhe der Verzinsung oder, wenn der Zinssatz wegfällt, des Kurses. Kurs ist der Verkehrswert, zu dem eine Schuld bei der ersten Begebung (Emission) oder bei einer späteren Übertragung gehandelt wird. Sinkt der allgemeine Zinsfuß dauernd unter den Zinsfuß der Anleihe, so kommt für den Staat die Kündigung der Anleihe und die Wiederbegebung zu einem geringeren Zinssatz in Frage (Umwandlung, Konvertierung). Die Umwandlung mehrerer zu verschiedenen Zinsen oder sonstigen Bedingungen ausgegebenen Anleihen in eine einzige, einheitlich gestaltete, nennt man Konsolidation. Je größer die Sicherheit ist, um so niedriger wird der Zins sein. Die Sicherheit beruht auf dem Kredit, den der Staat genießt.

Neben der verzinslichen Schuld tritt die unverzinsliche, wenn der Staat zur Ausgabe von Papiergeld (Staatsnoten) schreitet.

Von der dauernden Schuld wird die schwebende Schuld unterschieden. Ihre Begebung erfolgt mittels laufender Kredite oder Schatzanweisungen und Schuldverschreibungen mit bestimmten kurzen Fälligkeitsterminen (Schatzscheine oder Schatzwechsel). Durch die Ausgabe von Schatzanweisungen werden die der Wirtschaft entbehrlichen Geldmittel zugeführt. Sie ist vor allem jetzt in Deutschland notwendig, nachdem der Reichsbank die Kreditgewährung an das Reich sehr beschränkt und an Länder und Gemeinden gar nicht gestattet ist.

Der Staat kann auch mit seinem Kredit andern Unternehmungen zu Hilfe kommen, und zwar in Form einer Garantie. Der Staatskredit erscheint hier als Bürge für den Privatkredit. Gegebenenfalls hat der Staat also einen Zuschuß zu leisten. Der bekannteste Fall aus neuerer Zeit ist die Staatsgarantie für den Bau türkischer Bahnen durch die deutschen vereinigten Firmen Union Baugesellschaft-Berger-Holzmann.

Die Verwaltung der Staatsschulden ist dem Reiche durch die Reichsschuldenordnung vom 13. Februar 1924 geregelt. Sie erfolgt durch die Reichsschuldenverwaltung. In Preußen ist die Verwaltung der Staatsschulden durch Staatsschuldenverordnung vom 12. März 1924 geregelt. Sie ist jedoch der Reichsschuldenverwaltung mit Wirkung vom 1. April 1924 übertragen.

Aufnahme, Verzinsung, Tilgung. Die Beschaffung von Geldmitteln im Wege des Kredits erfolgt, wie erwähnt, durch Ausgabe von Schuldverschreibungen, Schatzanweisungen, Eingehung von Wechselverbindlichkeiten, Aufnahme von Darlehn gegen Schuldscheine, insbesondere aber durch Anleihen, und zwar durch Schuldverschreibungen, welche auf den Inhaber lauten.

Die Anleihe wird entweder zu bestimmten Preisen an Bankhäuser überlassen oder zur öffentlichen Zeichnung ausgelegt. Dasselbe gilt auch von den zu vorübergehender Deckung der Ausgabe ausgegebenen Schatzanweisungen.

Die Schuldverschreibungen des Reichs und Preußens sind mündelsicher. Die Begebung von Prämienanleihen, bei denen der Zins ganz oder teilweise als Gewinn verlost wird, ist nur auf Grund eines Reichsgesetzes oder nur zum Zweck der Anleihen des Reichs und der Länder zulässig. Werden die Prämienlose in Gruppen zusammengefaßt, so nennt man sie Serienlose. Die Erhebung der

Zinsen erfolgt gegen Zinsscheine (Kupons), welche mit den Schuldscheinen für einige Jahre ausgegeben und nach deren Ablauf gegen Einlieferung des Erneuerungsscheins (Talon) erneuert werden.

Tilgung. Die Tilgung, die durch Kündigung zu barer Rückzahlung oder durch Ankauf der Schuldverschreibungen erfolgen kann, ist gesetzlich festgelegt. Die Überschüsse des Staatshaushalts sind zur Tilgung zu verwenden.

Regalien. Die Regalien bildeten die Gesamtheit der den Landesherren als solchen früher zustehenden Rechte. Sie sind im allgemeinen gänzlich verschwunden. In Preußen besteht zur Zeit nur das Anfallrecht (Anspruch des Staates auf herrenlose Sachen), das Bernsteinregal und das Lotterieregal.

Abgaben. Abgaben sind die Leistungen, die eine öffentliche Körperschaft kraft ihrer Finanzhoheit erhebt. Die Geldabgaben zerfallen in Steuern, Gebühren und Beiträge. Das frühere Unterscheidungsmerkmal, mämlich die Einteilung in direkte und indirekte Steuern, ist nicht mehr haltbar. Man unterscheidet Personalsteuern, welche die persönlichen Verhältnisse des Steuerpflichtigen nach seiner Leistungsfähigkeit betreffen, und die Realsteuern (Objekt-, Ertragssteuern) von dem Steuergegenstand; für die letztere ist der Ertrag des Steuergegenstandes oder sein Wert maßgebend.

Die Reichssteuern teilt man in Besitzsteuern (Steuern vom Einkommen und Vermögen einschließlich der Erbschaftssteuern), Verkehrssteuern, welche an einen Akt des rechtsgeschäftlichen Verkehrs anknüpfen, und Verbrauchssteuern. Diese beziehen sich auf die ihnen unterstellten Erzeugnisse beim Übergang aus der steuerlichen Überwachung in den freien Verkehr.

Man kann die Steuern auch einteilen in Reichs-, Landes- (Staats-) und Gemeinde- (Kommunal-) Steuern.

Das Reichsfinanzausgleichsgesetz. Dasselbe betrifft das Verhältnis der Reichssteuern zu den Landes- und Gemeindesteuern, die Beteiligung der Länder und Gemeinden am Ertrage von Reichssteuern und des Reichs an gewissen Aufwendungen der Länder und Gemeinden. Der Steuerbedarf des Reiches hat den Vorrang vor dem der Länder und Gemeinden. Die Erhebung von Zuschlägen zur Reichssteuer ist den Ländern und Gemeinden nur auf Grund besonderer reichsgesetzlicher Ermächtigung gestattet. Eine solche Ermächtigung besteht aber z. Z. nicht. Die Erhebung von Grund- und Gebäudesteuern sowie Gewerbesteuern bleibt den Ländern und Gemeinden überlassen. Zur Vermeidung der Doppelbesteuerung dürfen diese nur in den Ländern erhoben werden, in deren Gebiet der Grund- und Gebäudebesitz liegt oder eine Betriebsstätte zur Ausübung des stehenden Gewerbes unterhalten wird. Befinden sich Betriebsstätten ein und desselben gewerblichen Unternehmens in mehreren Ländern, so darf die Heranziehung in jedem Lande nur anteilig erfolgen. Diesbezügliche Anträge müssen vom Steuerpflichtigen gestellt werden.

Ein Zwang zur Erhebung besteht hinsichtlich der Steuer vom Wertzuwachs bei der Veräußerung solcher Grundstücke, deren Veräußerer das Eigentum an dem Grundstück in der Zeit vom 1. Januar 1919 bis zum 31. Dezember 1924 erworben haben, und hinsichtlich der Vergnügungssteuern.

Da die den Ländern und Gemeinden verbleibenden Steuerquellen nicht ausreichen, um ihren Steuerbedarf zu decken, werden ihnen teils Anteile, teils das gesamte Aufkommen an bestimmten Reichssteuern zugeführt. In der Verwendung ihres Anteiles an den Reichssteuern sind die Länder im allgemeinen unbeschränkt. Ihren Anteil an der Kraftfahrzeugsteuer müssen sie jedoch beispielsweise vollständig zu Zwecken der öffentlichen Wegeunterhaltung verwenden. Zur Grunderwerbsteuer dürfen sie Zuschläge bis 2% des steuerpflichtigen Wertes erheben. Das Reich darf den Ländern oder Gemeinden neue Aufgaben nur zuweisen, wenn es gleichzeitig für Bereitstellung der erforderlichen Mittel Sorge trägt. Die Länder sind gehalten, für einen Lastenausgleich zwischen ihren Gemeinden zu sorgen, insbesondere auf dem Gebiet der Armen-, Schul- und Polizeilasten.

Finanzausgleich in Preußen. Mit Gesetz vom 14. Mai 1927 hat Preußen den Finanzausgleich zwischen dem Staat einerseits und den Gemeinden sowie Gemeindeverbänden andererseits und den letzteren beiden unter sich geordnet.

Gemeinsame Bestimmungen für Reichs-, Landes- und Gemeindesteuern.

Gegenseitigkeitsbesteuerung. Das Gesetz über die gegenseitigen Besteuerungsrechte vom 10. August 1925 und über Steuermilderung vom 31. März 1926 betreffend die gegenseitigen Besteuerungsrechte des Reichs, der Länder und Gemeinden faßt die Grundsätze zusammen, nach denen das Reich die Länder und Gemeinden und umgekehrt die Länder und Gemeinden das Reich zu Abgaben heranziehen dürfen, und regelt zugleich die Frage der Zuschußleistungen der Reichsbetriebe an Gemeinden.

Für die einheitliche Bewertung (Feststellung der Einheitswerte) werden vier Vermögensarten unterschieden, und zwar: 1. landwirtschaftliches, forstwirtschaftliches und gärtnerisches Vermögen, 2. Betriebsvermögen, 3. Grundvermögen, 4. sonstiges Vermögen. Der Wert wird nach dem Stande eines bestimmten Zeitpunktes festgestellt, meist nach dem Stande des 1. Januar jedes Jahres. Die Feststellung behält Gültigkeit für den betreffenden Feststellungszeitraum, meist des Kalenderjahrs.

Die landwirtschaftlichen Betriebe werden nach Ertragswerten bewertet. Als Ertragswert gilt das 25fache des Reinertrages, den sie bei ordnungsmäßiger Bewirtschaftung unter gewöhnlichen Verhältnissen mit entlohnten fremden Arbeitskräften im Durchschnitt nachhaltig erzielen können.

Zum Betriebsvermögen gehören alle Teile einer wirtschaftlichen Einheit, die dem Betrieb eines Gewerbes oder der Ausübung eines nicht der reinen Kunst oder der reinen Wissenschaft gewidmeten freien Berufs als Hauptzweck dient, soweit die Gegenstände dem Betriebsinhaber oder demjenigen gehören, der den freien Beruf ausübt (gewerblicher Betrieb). Ist der Wert sämtlicher solcher Gegenstände nicht höher als 6000 RM., so ist er als Betriebsvermögen nicht anzusehen. Als Gewerbe gelten auch der Bergbau und die sonstige Ausbeutung von Grund und Boden (z. B. Steinbrüche, Kalkbrüche).

Die einer Erwerbsgesellschaft gehörenden Gegenstände bilden stets einen gewerblichen Betrieb, ohne Rücksicht darauf, ob sie einen gewerblichen Zweck verfolgt oder nicht. Auch bei den offenen Handelsgesellschaften und Kommanditgesellschaften wird das dem Betriebe gewidmete Vermögen als Einheit bewertet, wie auch zur Vermögenssteuer nicht mehr der einzelne Gesellschafter, sondern die Gesellschaft als solche herangezogen wird. Gegenstände, die einem anderen als dem Eigentümer zum Betriebe eines Gewerbes dienen, gelten dann als Betriebsvermögen des Eigentümers, wenn sich unter ihnen Gegenstände des Anlagekapitals befinden, die nach Art und Menge im wesentlichen zur Ausübung eines selbständigen Gewerbebetriebes genügen würden.

Die Gegenstände des Betriebsvermögens werden nach dem Gemeinwert bewertet.

Zur Ermittlung des Einheitswertes des gewerblichen Betriebes sind von dem Rohvermögen die Schulden abzuziehen, soweit sie mit der Gesamtheit oder mit einzelnen Teilen des gewerblichen Betriebes im wirtschaftlichen Zusammenhang stehen. Für Betriebe, bei denen regelmäßige jährliche Abschlüsse auf einen andern Zeitpunkt als dem Hauptfeststellungszeitpunkt stattfinden, ist auf Antrag zur Vermeidung von Zwischenbilanzen der Schluß des letzten Wirtschaftsjahres zugrunde zu legen, das dem Hauptfeststellungszeitpunkt unmittelbar voranging.

Zum Grundvermögen gehört der Grund und Boden einschließlich der Bestandteile (insbesondere Gebäude) und des Zubehörs, soweit er nicht zu einem landwirtschaftlichen, forstwirtschaftlichen, gärtnerischen Betrieb oder zu einem gewerblichen Betrieb gehört. Für Grundstücke, die in ortsüblicher Weise gebaut sind oder gewerblichen Zwecken dienen, ist der Ertragswert anzusetzen, mindestens aber der Wert, mit dem der Grund und Boden allein zu bewerten wäre. Für die Ermittlung des Ertragswerts ist der jährlich durch Vermietung und Verpachtung im Durchschnitt nachhaltig erzielbare Reinertrag zugrunde zu legen. Die gesamten Grundstückslasten sind abzugsfähig.

Solche bebaute Grundstücke, die nicht in ortsüblicher Weise bebaut sind, z. B. Luxusvillen, und welche nichtgewerblichen Zwecken dienen, sowie Grundstücke, die sich im Zustand der Bebauung befinden, sind nach dem gemeinen Wert zu bewerten.

Als sonstiges Vermögen kommen alle Vermögensgegenstände in Betracht, welche nicht zum landwirtschaftlichen, forstwirtschaftlichen oder gärtnerischen Vermögen, zum Betriebsvermögen oder zum Grundvermögen gehören. Sie werden im allgemeinen nach den Vorschriften der Reichsabgabeordnung bewertet.

Zur Ermittlung des Wertes des **Gesamtvermögens** ist der Wert der einzelnen Vermögenbestandteile zusammenzurechnen. Hierbei sind die wirtschaftlichen Einheiten des landwirtschaftlichen, Betriebs- und Grundvermögens mit ihren Einheitswerten anzusetzen. Das Vermögen der Ehegatten, die nach dem Vermögenssteuergesetz unbeschränkt steuerpflichtig sind, und nicht dauernd voneinander getrennt leben, wird für die Feststellung des Einheitswertes für das Gesamtvermögen zusammengerechnet.

Die einzelnen Steuern.

Die Reichsabgabenordnung.

Die Reichsabgabenordnung enthält die Vorschriften über die Organisation der Reichssteuerverwaltung, der Durchführung der Besteuerung in Gemäßheit der einzelnen Reichssteuern allgemein dienende materielle und formelle Vorschriften und schließlich das Steuerstrafrecht und -strafverfahren. Sie gilt nur für die Steuern, die ganz oder teilweise zugunsten des Reichs erhoben werden. Die Verwaltung dieser Steuern liegt den Reichsfinanzbehörden ob.

Steuerpflichtiger im Sinne der Reichsabgabenordnung ist, wer nach den Steuergesetzen eine Steuer als Steuerschuldner zu entrichten hat. Die Vorschriften gelten sinngemäß für die Personen, welche nach den Steuergesetzen neben den Steuerpflichtigen oder an deren Stelle persönlich haften.

Die Steuerschuld entsteht, sobald der Tatbestand verwirklicht ist, an den das Gesetz die Steuerpflicht knüpft. Die Steuerschuld erlischt durch Zahlung, Aufrechnung, Erlaß, Verjährung, Beitreibung sowie durch Verwertung von Sicherheiten, dagegen nicht durch Niederschlagung.

Wer Gegenstände gewinnen, herstellen oder umsetzen will, an deren Gewinnung, Herstellung oder Umsatz eine Steuerpflicht geknüpft ist, hat dies dem Finanzamt vor Eröffnung des Betriebes anzumelden. Das gleiche gilt für den, der ein Unternehmen betreiben will, das einer besonderen Verkehrssteuer unterliegt.

Das zuständige Finanzamt stellt nach Abschluß seiner Ermittlungen die Steuer fest (Veranlagung). Kann es die Grundlagen für die Besteuerung nicht feststellen, so darf es die Steuern schätzen. Über das Ergebnis der Steuerfestsetzung wird der Steuerpflichtige durch den **Steuerbescheid** unterrichtet. Gegen die Höhe der Steuerforderung kann man Rechtsbeschwerde einlegen; der Rechtsweg vor den ordentlichen Gerichten ist ausgeschlossen. Die Frist der Einlegung der Beschwerde beträgt einen Monat vom Tage der Zustellung des Bescheides. Die Rechtsmittel können schriftlich eingereicht oder zu Protokoll erklärt werden. Durch die Einlegung der Berufung oder durch die Beschwerde wird die Einziehung der Steuer nicht aufgehalten. Ist ein Einspruch eingelegt, so hat das Finanzamt die Sache erneut zu prüfen.

Die Vorschriften über das **Beitreibungsverfahren** sind dem Zwangsvollstreckungsverfahren der ZPO. und Verwaltungszwangsverfahren nachgebildet.

Das Steuerstrafrecht und -strafverfahren wird in der Reichsabgabenordnung für alle Reichssteuergesetze zusammengefaßt. Die strafbaren Tatbestände der Verletzung gegen die Steuergesetze werden als Steuerzuwiderhandlung bezeichnet.

Wegen Steuerhinterziehung wird mit Geldstrafe bestraft, wer zum eigenen oder zu eines andern Vorteil nicht gerechtfertigte Steuervorteile erschleicht oder vorsätzlich bewirkt, daß Steuereinnahmen verkürzt werden. Auch der Versuch der Steuerhinterziehung ist strafbar. Steuerpflichtige Erzeugnisse, die im Handel nicht vorschriftsmäßig verpackt oder bezeichnet angetroffen werden, oder nicht vorschriftsmäßig versteuert worden sind, unterliegen der Einziehung.

Die Reichssteuern im einzelnen.

Die Reichssteuern zerfallen in:

1. Besitzsteuern (Einkommensteuer, Körperschaftssteuer, Vermögenssteuer, Erbschaftssteuer, Industrie- und Rentenbankbelastung).
2. Verkehrssteuern (Umsatzsteuer, Grunderwerbsteuer, Kapitalverkehrsteuer, Obligationssteuer, Wechselsteuer, Versicherungssteuer, Rennwett- und Lotteriesteuer, Beförderungssteuer, Kraftfahrzeugsteuer).
3. Verbrauchssteuern (Tabaksteuer, Schaumweinsteuer, Biersteuer, Spielkartensteuer, Leuchtmittelsteuer, Zündwarensteuer, Zuckersteuer, Süßstoffmonopol, Branntweinmonopol).

1. Besitzsteuern.

a) Einkommensteuer vom 29. Juni 1929. Bei der Reichseinkommensteuer bestimmt sich die Steuerpflicht gleichzeitig nach der Person des zu Besteuernden und nach dem Gegenstande der Besteuerung. Nach der Person unterliegen ihr mit ihrem gesamten Einkommen ohne Rücksicht auf ihre Staatsangehörigkeit alle Personen, die im Deutschen Reiche einen Wohnsitz oder ihren gewöhnlichen Aufenthalt haben. Als gewöhnlich gilt ein Aufenthalt von mehr als 6 Monaten. Desgleichen unterliegen ihr Beamte des Reichs, der Länder und Angehörige der Wehrmacht, die ihren dienstlichen Wohnsitz im Auslande haben.

Gegenstand der Besteuerung ist das Einkommen gemäß § 115 des Finanzgesetzes. Unter Umständen kann auch die Besteuerung des Verbrauchs als Grundlage gelten; namentlich dann, wenn derselbe in einem offenbaren Mißverhältnis zu dem angegebenen Einkommen steht.

Eine Veranlagung unterbleibt, wenn das gesamte Einkommen eines Steuerpflichtigen den Betrag von 8000 RM. nicht übersteigt und entweder aus Einkünften besteht, die dem Steuerabzug vom Arbeitslohn oder vom Kapitalertrag unterlegen haben oder aus solchen Einkünften und aus sonstigem Einkommen bis zu 500 RM. Übersteigt das gesamte Einkommen nicht den Betrag von 8000 RM. und besteht es außer aus Einkünften, die dem Steuerabzug unterlegen haben, aus sonstigem Einkommen über 500 RM., so findet eine Veranlagung nur für das sonstige Einkommen statt. Wenn das Einkommen den Betrag von 8000 RM. übersteigt, so werden andererseits auch die Einkünfte veranlagt, die dem Steuerabzug unterlegen haben. Ferner wird eine Steuer nicht festgesetzt, wenn die Roheinnahmen des Steuerpflichtigen weniger als 1300 RM. im Jahre betragen. Dieses sog. Existenzminimum erhöht sich für die Ehefrau und die minderjährigen Kinder, und zwar für die Ehefrau um 100, für das erste Kind um 100, das zweite um 180, das dritte um 360, das vierte um 540, das fünfte und jedes folgende Kind um 720 RM.

Von dem Einkommen aus Arbeitslohn oder aus Kapitalerträgen wird die Steuer in Form des Steuerabzuges entrichtet (Erfassung an der Quelle). Den Steuerabzug vom Arbeitslohn tätigt der Arbeitgeber durch Einbehaltung eines Lohnteils (§ 69). Für den Arbeitgeber besteht die Pflicht, wenn er Personen gegen Gehalt, Lohn oder sonstigen Entgelt länger als zwei Monate beschäftigt hat, Namen, Stellung und Wohnung sowie die von ihm herrührenden Einnahmen dieser Personen dem Finanzamt mitzuteilen. Die gleiche Verpflichtung besteht für Vorstände juristischer Personen und von Vereinen aller Art sowie für die Vorstände aller Stellen, Behörden und Anstalten des öffentlichen Dienstes hinsichtlich der Berufspflicht, Pensionspflicht und sonstigen Bezüge ihrer Beamten.

Vom Steuerabzug frei bleiben Mk. 1200.— jährlich. Von dem danach verbleibenden Arbeitslohn sind steuerfrei je 10% für die Ehefrau und jedes minderjährige Kind, mindestens jedoch jährlich 120 RM. für die Ehefrau, 120 RM. für das erste, 240 RM. für das zweite, 480 RM. für das dritte, 720 RM. für das vierte, 960 RM. für das fünfte und jedes weitere Kind. Die Steuer ist mit je einem Viertel ihres Jahresbetrages am 10. April, 10. Juli, 10. Oktober und 10. Januar zu entrichten.

Der Steuerabzug vom Kapitalertrag findet bei bestimmten Arten von inländischen Kapitalerträgen wie Dividenden von Aktien, Einkünften aus der Beteiligung als stiller Gesellschafter statt, nicht dagegen bei Zinsen aus Kapitalforderungen, einschließlich der Zinsen aus Einlagen und Guthaben bei Sparkassen, Banken und anderen Kreditanstalten, auch nicht bei Hypotheken und Grundschulden. Er ist vom Schuldner der Kapitalerträge zu bewirken. Der Schuldner hat die Steuer bei Fälligkeit des Kapitalertrages für Rechnung des Gläubigers einzubehalten und innerhalb einer Woche nach Fälligkeit an das für den Schuldner zuständige Finanzamt abzuführen.

b) Körperschaftssteuer. (Gesetz vom 29. Juni 1929.) Das Gesetz über die Körperschaftssteuer unterscheidet hinsichtlich der subjektiven Steuerpflichten zwischen Erwerbsgesellschaften, allen übrigen Körperschaften und Vermögensmassen des bürgerlichen Rechts sowie Betrieben und Verwaltungen von Körperschaften des öffentlichen Rechts und öffentlichen Betrieben und Verwaltungen mit eigener Rechtspersönlichkeit. Dies gilt auch für Unternehmungen, deren Erträge ausschließlich Körperschaften des öffentlichen Rechts zufließen.

Erwerbsgesellschaften sind Aktiengesellschaften, Kommanditgesellschaften auf Aktien, Kolonialgesellschaften, Bergbautreibende rechtsfähige Vereinigungen und nichtrechtsfähige Berggewerkschaften, Gesellschaften mit beschränkter Haftung und Genossenschaften, ferner sonstige Personenvereinigungen mit wirtschaftlichem Geschäftsbetriebe mit dem Zweck der Erzielung wirtschaftlicher Vorteile für ihre Mitglieder; in solchem Falle gilt sie auch unter anderm für Stiftungen.

Zu den übrigen Körperschaften und Vermögensmassen des bürgerlichen Rechts rechnet das Gesetz juristische Personen, nicht rechtsfähige Personenvereinigungen, Anstalten, Stiftungen und andere Zweckvermögen, die nicht Erwerbsgesellschaften sind. Wenn Sitz oder Ort der Leitung im Inlande liegt, sind alle Körperschaften und Vermögensmassen mit ihrem gesamten Einkommen unbeschränkt körperschaftssteuerpflichtig. Nicht unbeschränkt steuerpflichtig sind u. a. öffentliche Versorgungsbetriebe und Verwaltungen, wie z. B. Gas-, Wasser- und Elektrizitätswerke.

Nach dem Verbrauch ist eine Körperschaftssteuer insofern vorgesehen, als das Einkommen mindestens für die Summe der Vergütungen jeder Art zu versteuern ist, die an Mitglieder des Aufsichtsrats für den Steuerabschnitt gewährt worden sind. Bei den Erwerbsgesellschaften, Betrieben und Verwaltungen usw. beträgt die Steuer 20% des Einkommens, bei kleinen Gesellschaften mit beschränkter Haftung und gewissen kleinen Erwerbs- und Wirtschaftsgenossenschaften zwischen 10 und 30%, nach einem Staffeltarif, im übrigen 10% (§ 21).

c) Vermögenssteuer (Reichsgesetz über Vermögens- und Erbschaftssteuer vom 10. August 1925). Im großen und ganzen gelten hier die Bestimmungen des Gesetzes über die Körperschaftssteuer. Das steuerpflichtige Vermögen ist mit dem Einheitswert anzusetzen, der bei unbeschränkt Steuerpflichtigen für das ganze Vermögen, bei beschränkt Steuerpflichtigen für das gesamte Inlandsvermögen festgestellt worden ist.

Die Steuer ist für natürliche und juristische Personen gleich hoch; sie beträgt jährlich fünf vom Tausend des auf volle Hunderte nach unten abgerundeten Vermögens. Sie ermäßigt sich und erhöht sich zwischen 1 vom Tausend bis auf 7,5 vom Tausend, je nachdem das Vermögen bestimmte Grenzen nicht übersteigt oder übersteigt; z. B. auf 1 vom Tausend bis zu 10000 RM., bis zu 7,5 vom Tausend bei einem Vermögen von über 5 Millionen RM. Genaue Bestimmungen sind im § 8 enthalten. Die Steuer wird mit je einem Viertel ihres Jahresbetrages am 15. Februar, 15. Mai, 15. August und 15. November fällig.

Eine Vermögenszuwachssteuer ist vorgesehen, jedoch bis zum 31. Dezember 1928 außer Hebung gesetzt.

d) Erbschaftssteuer. Gegenstand der Erbschaftssteuer (Reichserbschaftssteuergesetz vom 10. September 1919 in Fassung vom 22. August 1925) sind der Erwerb von Todes wegen, Schenkung unter Lebenden und Zweckzuwendungen. Die persönliche Steuerpflicht tritt für den gesamten Erbanfall ein, wenn der Erblasser zur Zeit seines Todes oder der Erwerber zur Zeit des Eintritts der Steuerpflicht ein Inländer ist, ferner in allen andern Fällen für den Erbanfall, soweit er in inländischen, landwirtschaftlichem, forstwirtschaftlichem oder gärtnerischem Vermögen, inländischen Betriebsvermögen oder Grundvermögen, in einem Nutzungsrecht an einem solchen Vermögen oder in solchen Rechten besteht, deren Übertragung an eine Eintragung in inländische Bücher geknüpft ist. Die Steuerschuld entsteht bei Erwerb von Todes wegen in der Regel mit dem Tode des Erblassers, bei Schenkungen unter Lebenden mit dem Zeitpunkt der Ausführung der Zuwendung, bei Zweckzuwendungen mit dem Zeitpunkt des Eintritts der Verpflichtung des Beschwerten (§ 14).

Steuerschuldner ist der Erwerber, bei einer Schenkung auch der Schenker und bei einer Zweckzuwendung der mit der Ausführung der Zuwendung Beschwerte (§ 15).

Die Steuersätze sind sowohl nach dem Grade der Verwandtschaft als nach der Höhe des Erwerbs abgestuft. Nach dem Grade der Verwandtschaft sind fünf Steuerklassen vorgesehen:

I. Klasse: 1. der Ehegatte; 2. die Kinder; 3. Personen, denen die rechtliche Stellung ehelicher Kinder zukommt; 4. die eingekindschafteten Personen, denen die rechtliche Stellung ehelicher Kinder zukommt; 5. die an Kindes Statt angenommenen Personen; 6. die Stiefkinder; 7. die vom Vater anerkannten unehelichen Kinder.

II. Klasse: Die Abkömmlinge der zur ersten Klasse unter 2—7 genannten Personen, der an Kindes Statt angenommenen Personen jedoch nur dann, wenn sich die Annahme an Kindes statt auf die Abkömmlinge erstreckt.

III. Klasse: Die Eltern und Stiefeltern, die voll- und halbbürtigen Geschwister.

IV. Klasse: Die Großeltern und entfernteren Voreltern, die Abkömmlinge ersten Grades von Geschwistern, die Schwiegereltern, die Schwiegerkinder.

V. Klasse: Alle übrigen Erwerber und die Zweckzuwendungen, soweit nichts anderes vorgeschrieben ist (§ 9).

Der Erwerber hat den der Erbschaftssteuer unterliegenden Erwerb binnen drei Monaten nach erlangter Kenntnis von dem Anfall oder von dem Eintritt der Verpflichtung dem Finanzamt anzumelden; diese Verpflichtung entfällt, wenn der Erwerb auf einer von einem deutschen Gericht oder Notar eröffneten Verfügung von Todes wegen beruht und sich aus der Verfügung das Verhältnis des Erwerbers zum Erblasser unzweifelhaft ergibt.

Die Steuersätze sind in den §§ 10—20 geregelt.

Das Gesetz vom 10. September 1919 gibt genaue Auskunft, wann eine Erbschaft steuerfrei ist, ferner wie sich die Erbschaft regelt, wenn keine Erben vorhanden sind, so z. B. wenn die Erbschaft an das Reich oder die Länder fällt. Es sei diesbezüglich auf die Bestimmungen des Gesetzes verwiesen.

e) Industrie- und Rentenbankbelastung. Das Industriebelastungsgesetz vom 30. August 1924 dient in Verbindung mit dem Aufbringungsgesetz (Reichsgesetz zur Aufbringung der Industriebelastung vom 30. August 1924) der Verzinsung und Tilgung eines Betrages von 5 Milliarden Goldmark, der nach dem Londoner Abkommen der deutschen Industrie und Wirtschaft auferlegt ist. (Gemäß Young-Abkommen ist diese Verpflichtung als **internationale** Verpflichtung gestrichen; der Sachverständigenausschuß der Young-Kommission empfiehlt, daß diese Belastung auch als **innerdeutsche** Belastung gestrichen wird.) Zu diesem Zwecke sind durch das Industriebelastungsgesetz die Unternehmer der industriellen und gewerblichen Betriebe mit einer persönlichen Schuld belastet, die durch eine Hypothek des öffentlichen Rechts gesichert ist (§ 1). Der Last sind nicht unterworfen die Landwirtschaft, das Verkehrsgewerbe (soweit es sich nicht um Schiffahrtsbetriebe, Privatbahnen, Kleinbahnen oder Straßenbahnen handelt), Bank-, Versicherungs-, Gast-, Schank- oder Beherbergungsgewerbe und der Handel (§ 2). Befreit sind Reich und Länder mit ihren eigenen Betrieben und solche Betriebe, deren Erträge ausschließlich dem Reich oder den Ländern zufließen. Bemessungsgrundlage für den Betrag, mit dem der einzelne Unternehmer belastet wird, ist sein zur Vermögenssteuer veranlagtes Betriebsvermögen. Den Hundertsatz des Betriebsvermögens, mit dessen Verzinsung und Tilgung der einzelne Unternehmer belastet ist, hat die Reichsregierung bestimmt. (Er betrug nach der 3. VO. zur Durchführung des Industriebelastungsgesetzes für die erste Umlegung 17,1%). Die Umlegung der Last erfolgte durch das für die Veranlagung zur Vermögenssteuer zuständige Finanzamt, das dem Unternehmer über die auf sein gesamtes belastetes Betriebsvermögen entfallende Belastung einen Belastungsbescheid erteilt hat. In entsprechender Höhe mußte der Unternehmer eine sog. Einzelobligation nach bestimmtem Muster unterzeichnen. Sie ist an sich vom 1. September 1925 mit jährlich 2½%, vom 1. September 1926 ab mit 5% zu verzinsen und vom 1. September 1927 ab mit 5% zu verzinsen und mit 1% Amortisation zu tilgen; diese Zinsen sind durch Vermittlung des Finanzamts an die Bank für deutsche Industrieobligationen zu zahlen. Diese Bank hat ihrerseits auf Grund der ihr ausgehändigten Einzelobligationen auf den Inhaber lautende, seitens des Gläubigers unkündbare und durch die Bank im Wege der Auslosung zu tilgende (§ 35) Industriebonds im Gesamtbetrage von 5 Milliarden Goldmark ausgestellt (§ 32).

Zur Sicherung für die Ansprüche auf die Jahresleistungen an Zinsen und Tilgungsbeiträgen sind inländische Grundstücke, Erbbaurechte, Kohlenabbaugerechtigkeiten, Bergwerkseigentum oder Bahneinheiten, die zu dem Betriebsvermögen eines belasteten Unternehmens gehören, mit einer Hypothek des öffentlichen Rechts belastet, die allen andern Rechten im Range vorgeht und zu ihrer Entstehung und Wirksamkeit gegenüber dem öffentlichen Glauben der Eintragung in das Grundbuch nicht bedarf.

Der belastete Unternehmer kann die von ihm ausgestellten Einzelobligationen, solange sie sich noch in der Hand des Treuhänders befinden, ganz oder teilweise zum Nennbetrage zurückkaufen. Mit dem Rückkaufe werden er sowie die haftenden Grundstücke von dem entsprechenden Teil der Last befreit und erhält die Bank für Industrieobligationen einen entsprechenden Betrag von Industriebonds zur Vernichtung zurück.

Das Aufbringungsgesetz, d. h. das Reichsgesetz zur Aufbringung der beschriebenen Industriebelastung, bildet die Rechtsgrundlage für die Aufbringung der zur Verzinsung und Tilgung der 5 Milliarden Goldmark erforderlichen Beträge im Verhältnis vom Reich zum Unternehmer. Außer den nach dem Industriebelastungsgesetz aufbringungspflichtigen Unternehmern sind auch noch die Unternehmer der andern Verkehrsbetriebe und des Bank-, Versicherungs-, Gast-, Schank- und Beherbergungsgewerbes sowie des Handels aufbringungspflichtig. Hierzu gehören auch die werbenden Betriebe des Reichs, der Länder und Gemeinden, sowie solche werbenden Betriebe, deren Erträge ausschließlich dem Reiche, den Ländern oder Gemeinden zufließen. Unternehmer mit einem Vermögen unter 20000 RM. sind frei. Über den Betrag der Jahresleistungen erteilt das Finanzamt dem einzelnen Unternehmer einen schriftlichen Aufbringungsbescheid.

Die dauernd land-, forstwirtschaftlichen oder gärtnerischen Zwecken dienenden Grundstücke sind zur Aufbringung des Kapitals der deutschen Rentenbank (VO. über die Errichtung der deutschen Rentenbank vom 15. Oktober 1923) zu deren Gunsten mit einer Grundschuld in Höhe von 5% des für die Vermögenssteuer 1924 zugrunde gelegten Wehrbeitragswertes belastet, die mit 5% jährlich zu verzinsen, für die Rentenbank und für den Eigentümer unkündbar ist und einer Eintragung nicht bedarf.

Ein Teil der Einnahmen, welche der deutschen Rentenbank von den Grundschuldverpflichteten zufließen, wird der deutschen Rentenbankkreditanstalt zur Verfügung gestellt, deren Aufgabe die Beschaffung und Gewährung von Krediten für Zwecke der deutschen Landwirtschaft in allen ihren Zweigen ist.

Die Grundschulden erlöschen mit dem Zeitpunkte der Beendigung der Liquidation der deutschen Rentenbank.

2. Verkehrssteuern.

a) Umsatzsteuer. Gegenstand der Umsatzsteuer sind Lieferungen und sonstige Leistungen, die jemand innerhalb der von ihm selbständig ausgeübten gewerblichen oder beruflichen Tätigkeit einschließlich der Urerzeugung und des Handels im Inland gegen Entgelt ausführt, ferner Entnahmen von Gegenständen aus dem eigenen Betrieb, Lieferungen auf Grund einer Versteigerung mit einigen Ausnahmen.

Der Steuer unterliegen nicht unter bestimmten Voraussetzungen Umsätze der Einfuhr und Durchfuhr, die ersten Umsätze aus Gegenständen der Einfuhr, Umsätze der Ausfuhr, Kreditgewährungen und Umsätze von Geldforderungen, Verpachtungen und Vermietungen von Grundstücken u. a. m. Bei mehreren von verschiedenen Unternehmern über dieselben oder gleichartigen Gegenstände abgeschlossenen Umsatzgeschäften sind nur diejenigen Unternehmer steuerpflichtig, die den unmittelbaren Besitz übertragen (Zwischenhandelsprivileg).

Steuerschuldner ist derjenige, der die gewerbliche oder berufliche Tätigkeit ausübt. Für Post-, Telegraphen- und Fernsprechverkehr sowie Beförderungsunternehmungen, Schlachthöfe, Gas-, Elektrizitäts- und Wasserwerke, gemeinnützige oder wohltätige Unternehmungen sind Reich und Länder von der Steuer befreit.

Der Steuersatz beträgt bei jedem steuerpflichtigen Umsatze 7½% des Entgelts. Die Steuerpflichtigen sind verpflichtet, zur Feststellung der Entgelte Aufzeichnungen zu machen. Wer eine gewerbliche oder berufliche Tätigkeit umsatzsteuerpflichtiger Art ausübt, unterliegt der Steueraufsicht. Der Steuerpflichtige hat binnen bestimmter Zeiträume nach Ablauf eines Steuerabschnitts eine Steuererklärung abzugeben. Binnen zehn Tagen nach Ablauf des Kalendervierteljahres hat er eine Voranmeldung über die in diesem vereinnahmten Entgelte abzugeben und entsprechende Vorauszahlung zu leisten, bei großen Betrieben hat beides binnen zehn Tagen nach Ablauf jedes Monats zu erfolgen.

b) Grunderwerbsteuer. Gegenstand der Grunderwerbsteuer ist der Eigentumsübergang von inländischen oder der Erwerb von herrenlosen Grundstücken. § 8 bestimmt eine Reihe von Ausnahmen, bei denen der Eigentumsübergang von der Steuer befreit ist, unter anderm bei Erwerb durch Erbschaft oder auf Grund einer Schenkung unter Lebenden, bei Begründung, Änderung, Fortsetzung und Aufhebung der ehelichen Gütergemeinschaft. Die Steuerschuld entsteht durch die Eintragung der Rechtsänderung in das Grundbuch oder durch den betreffenden Vorgang selbst. Steuerschuldner sind der Erwerber und der Veräußerer gesamtschuldnerisch. Die Steuer beträgt 3% des gemeinen Wertes des Grundstückes zur Zeit des steuerpflichtigen Rechtsvorganges. Ist der Veräußerungspreis höher, so tritt er an die Stelle des gemeinen Wertes. Die Steuer ist binnen einer Woche der Bekanntgabe des Steuerbescheides zu entrichten. Die Eintragung in das Grundbuch darf erst stattfinden, wenn dem Grundbuchamt eine Bescheinigung der Steuerstelle dafür beigebracht ist, daß die Steuer für den Eigentumsübergang entweder gestundet, ein der voraussichtlichen Höhe entsprechender Betrag geleistet oder eine Steuer nicht zu erheben ist. Wechselt der Grundbesitz nur selten seinen Eigentümer, so entsteht die Steuerschuld in diesem Falle, wenn seit dem Erwerbe oder dem letztmaligen Eintritt der Steuerpflicht 20 Jahre verflossen sind, jedoch erstmalig am 1. Januar 1929. Die Steuer wird zum erstenmal nur in Höhe von 1% erhoben, im übrigen ist der Steuersatz der gleiche wie bei der eigentlichen Grunderwerbssteuer. Mindestens 2 Monate vor Ablauf des zwanzigjährigen Zeitraums ist der Steuerbehörde Anzeige zu machen.

c) Kapitalverkehrsteuer. Die Kapitalverkehrsteuer (Gesetz vom 20. März 1923) wird erhoben als **Gesellschaftssteuer** für Rechtsvorgänge, die Gesellschaften betreffen, als **Wertpapiersteuer** für den ersten Erwerb von Wertpapieren und sonstigen Vermögensrechten des Kapitalverkehrs und als **Börsenumsatzsteuer** für Anschaffungsgeschäfte des Börsenverkehrs (§ 1). Die Aufsichtsratssteuer wird nicht mehr als ein Teil der Kapitalverkehr-, sondern der Körperschaftssteuer erhoben.

Der Gesellschaftssteuer unterliegen inländische Kapitalgesellschaften und inländische Niederlassungen ausländischer Kapitalgesellschaften, andere inländische Erwerbsgesellschaften und inländische Niederlassungen anderer ausländischer Erwerbsgesellschaften, die übrigen inländischen juristischen Personen und Personenvereinigungen; Gesellschaften gelten als inländische, wenn sie ihren Sitz im Inland haben oder der Ort der Leitung sich im Inland befindet.

Gegenstand der Gesellschaftssteuer sind bei Kapitalgesellschaften die zum Erwerb von Gesellschaftsrechten erforderlichen Leistungen und, soweit solche nicht erforderlich sind, der Erwerb der Gesellschaftsrechte. Die Steuerschuld entsteht, sobald die Leistungen fällig werden, spätestens indessen, sobald sie bewirkt werden usw. (§ 9). Steuerschuldner ist die Gesellschaft; solange die Gesellschaft noch nicht besteht, ist Steuerschuldner, wer Geschäfte für die Gesellschaft führt oder durch einen Beauftragten führen läßt, also regelmäßig die Gründer; daneben haftet, wer durch den die Steuerschuld begründenden Rechtsvorgang Rechte oder Pflichten erwirbt (§ 10). Die Gesellschaftssteuer beträgt 4% des Wertes des Gegenstandes (§ 11 Abs. 1).

Hinsichtlich der Erwerbsgesellschaften, die nicht Kapitalgesellschaften sind, ist Steuergegenstand die Errichtung einer inländischen Gesellschaft, der Beitritt neuer Gesellschafter zu ihr, die Erhöhung der Einlagen der Gesellschafter einer solchen, die Überlassung von Gesellschaftsrechten an sie, an andere Gesellschafter oder an dritte und schließlich die urkundliche Errichtung von inländischen Niederlassungen einer ausländischen Gesellschaft. Die Steuerschuld entsteht mit der Errichtung einer Urkunde im Inland oder mit dem Eintreffen einer solchen vom Ausland (Urkundensteuer). Steuerschuldner ist, wer die Aufnahme der Urkunde veranlaßt oder vollzogen hat; daneben haftet, wer durch diesen Rechtsvorgang Rechte oder Pflichten erworben hat. Die Steuer beträgt 5 vom Tausend des Wertes des Gegenstandes.

Bei den übrigen inländischen juristischen Personen und Personenvereinigungen unterliegen der Steuer urkundliche Rechtsvorgänge, durch die erstmalig die Satzungen oder der Gesellschaftsvertrag festgestellt oder anerkannt werden. Die Steuer beträgt 5 RM.

Der Wertpapiersteuer unterliegen verzinsliche Schuldverschreibungen und Rentenverschreibungen inländischer und ausländischer Schuldner, falls sie auf den Inhaber lauten, oder durch Indossament übertragbar oder in Teilabschnitten ausgefertigt oder mit Zins- oder Rentenscheinen oder solchen Scheinen versehen sind, die den Schuldner berechtigen, an den Inhaber der Scheine Zinsen oder Renten zu zahlen. Ihr unterliegen ferner Aktien ausländischer Gesellschaften, Zertifikate über Shares und Urkunden über sonstige Anteile an ausländischen Gesellschaften, die den Kapitalgesellschaften entsprechen, schließlich Genußscheine ausländischer Gesellschaften. Zwischenscheine über Einzahlungen auf die Wertpapiere stehen diesen Wertpapieren gleich. Steuerfrei sind die Schuld- und Rentenverschreibungen des Reichs, der Länder, der inländischen Gemeinden und Gemeindeverbände, der Kreditanstalten inländischer Gemeinden und Gemeindeverbänden, sowie von Anstalten und Gesellschaften, deren Erträge ausschließlich dem Reich, einem Lande oder einer Gemeinde zufließen gemäß Gesetz vom 6. Juni 1871.

Die Steuerschuld entsteht, sobald die Urkunden erstmalig ausgegeben, veräußert oder zum Gegenstand eines andern Geschäftes unter Lebenden gemacht oder Zahlungen auf sie geleistet werden, bei allen übrigen, sobald die Geschäfte erstmalig im Inlande vorgenommen werden. Steuerschuldner ist, wer das Geschäft vorgenommen hat; daneben haften alle Personen, die durch das Geschäft Rechte und Pflichten erworben haben, sowie bei Kenntnis der Nichterfüllung der Steuerschuld jeder spätere Erwerber. Die Steuer beträgt für je 10 RM. oder ein Bruchteil dieses Betrages zwischen 0,05 bis 0,40 RM. Die Steuer ist von jedem Stück nur einmal zu entrichten.

Gegenstand der Börsenumsatzsteuer sind Anschaffungsgeschäfte, die sich beziehen auf Reichsbankanteile, Anteile an inländischen Kolonialgesellschaften, Aktien inländischer Gesellschaften, Aktienanteile, Anteile an Gesellschaften mit beschränkter Haftung, Anteile an bergrechtlichen Gewerkschaften und anderen inländischen Kapitalgesellschaften, Aktien ausländischer Gesellschaften, Zertifikate über Shares und Anteile an ausländischen Gesellschaften, die den Kapitalgesellschaften entsprechen, Genußscheine sowie Bezugsrechte über Aktien und Anteile der genannten Art, auf Schuld- und Rentenverschreibungen im Sinne der Wertpapiersteuer, und schließlich, wenn sie unter Zugrundelegung der Geschäftsbedingungen einer Börse abgeschlossen sind, auf Mengen von Waren, die börsenmäßig gehandelt werden. Jede Vereinbarung, durch die die Erfüllung des Geschäfts unter veränderten Vertragsbestimmungen auf einen späteren Zeitpunkt verschoben wird, gilt als neues, steuerpflichtiges Geschäft. Die Steuerschuld besteht, sobald die Anschaffungsgeschäfte abgeschlossen sind, bei den zur Versicherung von Wertpapieren gegen Verlosung geschlossenen Geschäften erst, wenn der Versicherungsfall eingetreten ist. Steuerschuldner sind bei Händlergeschäften jeder Händler je zur Hälfte, bei Kundengeschäften der Händler, bei Privatgeschäften die Vertragsteile als Gesamtschuldner, bei den im Ausland abgeschlossenen Geschäften der inländische Vertragsteil. Neben dem Händler haftet jeder Vertragsteil für die Steuer. Händlergeschäfte sind Geschäfte, bei denen nur der eine Vertragsteil inländischer Händler ist, Privatgeschäfte sind alle übrigen Geschäfte.

Für die Höhe der Steuer befinden sich genaue Angaben in den §§ 50 bis 54. Alle Kapitalverkehrssteuern sind binnen einer Woche nach Entstehung der Steuerschuld zu entrichten.

d) Obligationensteuer. Gegenstand der Obligationensteuer sind a) verzinsliche Schuldverschreibungen und Rentenverschreibungen inländischer Schuldner, falls sie auf den Inhaber lauten oder durch Indossament übertragbar oder in Teilabschnitten ausgefertigt oder mit Zins- oder Rentenscheinen versehen sind, b) schuldverschreibungsähnliche Aktien (gemäß § 227 HGB.) inländischer Aktiengesellschaften und Kommanditgesellschaften auf Aktien, soweit sie bis zum 14. Februar 1924 getilgt sind, c) Zwischenscheine über Einzahlungen auf die Verschreibungen oder Aktien zu a) und b). Der Steuer unterliegen nicht Schuldverschreibungen in ausländischer Währung, ferner Schuldverschreibungen, soweit sie für bebaute Grundstücke haften, die ausschließlich für Wohnzwecke benutzt sind und steuerrechtlich gesetzlich besonders erfaßt werden. Von der Steuer befreit sind Grundkreditanstalten und Schiffsbeleihungsbanken. Die Steuer beträgt im allgemeinen 2% des um den Aufwertungsbetrag (15%) verminderten Goldmarkbetrages der Schuldverschreibungen, d. h. 1,7% ihres vollen Goldmarkbetrages.

e) Wechselsteuer. Gegenstand der Wechselsteuer sind gezogene und eigene Wechsel. Befreit sind die im Ausland auf das Ausland gezogenen und die im Ausland ausgestellten eigenen Wechsel, sofern sie nur im Inland zahlbar sind.

Ferner die vom Inland auf das Ausland gezogenen, nur im Ausland, und zwar auf Sicht oder spätestens innerhalb von zehn Tagen nach dem Ausstellungstage zahlbaren Wechsel, wenn sie vom Aussteller unmittelbar in das Ausland versandt werden, ferner Schecks, die gewissen Vorschriften des Scheckgesetzes entsprechen, und die auf Sicht zahlbaren, die Barzahlungen ersetzenden Platzanweisungen, die nicht Schecks sind. Steuerschuldner ist, wer den Wechsel im Zeitpunkt der Entstehung der Steuerschuld aus den Händen gibt. Die Steuer beträgt 0,10 RM. für je einhundert Reichsmark der Wechselsumme, 0,20 RM., wenn die Fälligkeit später als drei Monate nach dem Ausstellungsdatum eintritt. Bei späterer Fälligkeit erhöht sich die Steuer. Unter bestimmten Voraussetzungen ermäßigt sich die Steuer (§ 9).

Die Steuer wird durch Verwendung von Wechselsteuermarken entrichtet. Diese sind bei den Postanstalten zu kaufen. Zur Entwertung ist in jede einzelne Marke an der hierzu vorgesehenen Stelle Tag, Monat und Jahr der Entwertung einzutragen.

f) Versicherungssteuer. Gegenstand der Versicherungssteuer (Gesetz vom 8. April 1922) sind die Versicherungen, die im Inlande befindliche Gegenstände betreffen oder mit Versicherungsnehmern abgeschlossen sind, die bei Zahlung des Versicherungsentgelts im Inland ihren Wohnsitz (Sitz) oder dauernden Aufenthalt haben.

Von der Steuer sind befreit u. a. Lebensversicherungen, bei denen die Versicherungssumme 500 RM. oder die versicherte Jahresrente 60 RM. nicht übersteigt. Die Steuerschuld entsteht mit der Zahlung des Versicherungsentgelts. Steuerschuldner ist der Versicherungsnehmer, jedoch ist zu seinen Lasten die Steuer von dem Versicherer oder dem Bevollmächtigten zu entrichten.

g) Rennwett- und Lotteriesteuer. Interessenten finden Näheres im Rennwett- und Lotteriegesetz vom 8. April 1922.

h) Beförderungssteuer. Gegenstand der Beförderungssteuer, auch Verkehrssteuer genannt, ist die Beförderung von Personen und Gütern auf Schienenbahnen sowie auf Wasserstraßen, und zwar von Personen und Gütern innerhalb des Reichsgebiets und im Schiffsverkehr zwischen deutschen Ost- und Nordseehäfen, sowie von Personen bei Fahrten in die freie See und von Gütern im Schiffsgrenzverkehr. Einzelheiten über die Höhe der Steuern usw. sind im Reichsgesetz über die Besteuerung des Personen- und Güterverkehrs vom 8. April 1907 zu finden.

i) Kraftfahrzeugsteuer. Gegenstand der Kraftfahrzeugsteuer (Kraftfahrzeugsteuergesetz vom 1. April 1928) ist die Benutzung von Kraftfahrzeugen, die zur Beförderung von Personen oder Gütern zu Lande dienen, zum Befahren öffentlicher Wege oder Plätze. Befreit sind: 1. Kleinkrafträder; 2. Kraftfahrzeuge, die ausschließlich der Beförderung von Geräten von und zur Arbeitsstätte und dem Antrieb dieser Geräte dienen; ferner Kraftfahrzeuge, die diesen Zwecken in landwirtschaftlichen Betrieben dienen, auch dann, wenn gleichzeitig Personen oder Güter befördert werden; 3. im Besitze des Reichs, der Länder oder Gemeinden befindliche Kraftfahrzeuge, soweit sie ausschließlich im Feuerlöschdienste, zur Krankenbeförderung, zum Wegebau oder zur Straßenreinigung verwendet werden; 4. Kraftfahrzeuge, die ausschließlich zum Dienste der Wehrmacht oder der Polizei verwendet werden, jedoch nicht Personenkraftfahrzeuge mit weniger als 8 Sitzplätzen. Die Steuerschuld entsteht mit Benutzung des Kraftfahrzeuges zum Befahren öffentlicher Wege oder Plätze und ist vor der Benutzung gegen Lösung einer Steuerkarte zu entrichten; diese wird auf ein Jahr, auf sechs Monate oder auf zwei Monate ausgestellt. Steuerschuldner ist der Eigenbesitzer des Kraftfahrzeuges; hat er im Inland weder Wohnsitz noch dauernden Aufenthalt oder benutzt ein anderer als er widerrechtlich das Kraftfahrzeug, so ist Steuerschuldner, wer das Kraftfahrzeug im Inland benutzt. Die Steuer ist für die Dauer eines Jahres für Krafträder und für Personenkraftwagen mit Ausnahme der Kraftomnibusse einschließlich eines Zuschlags von 20% gemäß § 13 Abs. 2 des Finanzausgleichsgesetzes gültig ab 1. April 1928 nach der Größe des Hubraumes verschieden festgesetzt. Die Steuer kann für je 2 Monate, ¼, ½ oder ein ganzes Jahr entrichtet werden.

3. Verbrauchssteuern.

Da die Industrieen, deren Erzeugnisse den Verbrauchssteuern unterliegen, begrenzt sind, so brauchen die Einzelheiten der Bestimmungen über die Verbrauchssteuern im Rahmen dieses Buches nicht erwähnt zu werden. Es dürfte genügen, auf die einzelnen Gesetze zu verweisen.

a) **Tabaksteuer:** Reichstabaksteuergesetz vom 12. September 1919.

b) **Schaumweinsteuer:** Weinsteuergesetz vom 10. August 1925, und zwar mit den Steuermilderungen vom 31. März 1926, insbesondere. Art. IV c.

c) **Biersteuer:** Reichsbiersteuergesetz vom 9. Juli 1932 mit Steuermilderung vom 31. März 1926.

d) **Spielkartensteuer:** Reichsspielkartensteuergesetz vom 9. Juni 1923.

e) **Leuchtmittelsteuer:** Reichsleuchtmittelsteuergesetz vom 6. Juni 1923 mit Änderungen vom 11. August 1923 und 10. August 1925.

f) **Zündwarensteuer:** Reichszündwarensteuergesetz vom 9. Juni 1923.

g) **Zuckersteuer:** Reichszuckersteuergesetz vom 9. Juli 1923.

h) **Süßstoffgesetz:** Süßstoffgesetz vom 14. Juni 1926.

i) **Branntweinmonopol:** Monopoleinnahmen sind ein Ergebnis einer Erhebungsform für gewisse Steuern durch Reichsaufschlag; es rechtfertigt sich ihre Darstellung daher in diesem Zusammenhang. Maßgebend ist das Gesetz über das Branntweinmonopol vom 8. April 1922.

4. Zölle.

Gegenstand des Zollrechts sind die aus dem Zollausland eingehenden Gegenstände, für die der Zolltarif einen Eingangszoll festsetzt. Die ausschließliche Gesetzgebung über das Zollwesen liegt beim Reich.

In volkswirtschaftlicher Beziehung stehen sich der Freihandel und das Schutzzollsystem gegenüber.

Ausgangszölle und Durchfuhrzölle werden nicht erhoben. Befreit sind von den an sich zollpflichtigen Waren unter anderm insbesondere alle Mengen unter 50 Gramm, Postsendungen bis zu 250 Gramm, gebrauchte Gegenstände Anziehender zu eigener Benutzung, sogenanntes Anzugsgut, Gebrauchsgegenstände der Reisenden. Schuldner des Zolls ist derjenige, welcher zu der Zeit, zu welcher der Zoll zu entrichten ist, Inhaber des zollpflichtigen Gegenstandes ist. Die Zollschuld entsteht mit dem Übergang der zollpflichtigen Ware in den freien Verkehr (Verjährung ein Jahr, bei hinterzogenen Beträgen 10 Jahre). Im Verzollungsverfahren hat der Einführer die einzuführende Ware zu deklarieren und dem Grenzzollamt zuzustellen. Die einzelnen Zollsätze sind im **Zolltarif** enthalten, zu dessen richtiger Anwendung das amtliche Warenverzeichnis dient (amtlicher Neudruck mit Wirkung vom 1. Oktober 1925 auf Grund des § 8 Gesetz vom 17. August 1925 [RGBl. I, 261] ist in Berlin käuflich bei Decker zu erwerben). Durchfuhrware erhält einen amtlichen Verschluß. Besonders wichtig ist der Zollkredit, der den Zollpflichtigen den Vorschuß ersparen soll, den er bis zum Absatz der Ware zu leisten haben würde; er kann durch Stundung des Zollbetrages oder unter einstweiliger Sicherstellung der Ware durch Hinausschiebung der Verzollung gewährt werden. Die Sicherstellung erfolgt durch Warenverschluß oder Aufbewahrung in zollfreien Niederlagen. Rückzölle heißen hierbei die im Falle bereits stattgehabter Zahlung wiedererstatteten Zölle. Neben den erforderlichen Strafvorschriften bestehen besondere Überwachungsvorschriften zur Unterdrückung des Schleichhandels (Schmuggels), namentlich im Grenzbezirk. Die Verbindung zweier Staaten zu gegenseitiger Unterstützung bei Überwachung des Schleichhandels heißt Zollkartell.

Landesabgaben.

Zu den Landesabgaben gehören die preußische Stempelsteuer, die Grundvermögenssteuer und die Hauszinssteuer. Außerdem werden noch gemäß Gesetz über staatliche Verwaltungsgebühren vom 29. September 1923 Verwaltungsgebühren erhoben.

1. **Preußische Stempelsteuer.** Diese ist geregelt durch das Preußische Stempelsteuergesetz vom 31. Juli 1895, neu bekanntgemacht am 27. Oktober 1924. Gegenstand der Stempelsteuer sind bestimmte Urkunden (nicht Rechtsgeschäfte), und zwar in der Regel dann, wenn sie mit dem Namen oder der Firma des Ausstellers unterzeichnet sind. Die Steuerpflicht und die Höhe der Steuer bemessen sich jedoch nach dem Rechtsgeschäft (Verhandlungsstempel oder Wertstempel). Steuerschuldner sind bei den von Behörden und Beamten einschließlich Notare aufgenommenen Verhandlungen oder erteilten Ausfertigungen, Abschriften usw. diejenigen, auf deren Veranlassung die Schriftstücke aufgenommen oder erteilt sind, bei einseitigen Verpflichtungen und Erklärungen diejenigen, welche die Schriftstücke ausgeführt haben, bei Verträgen alle Teilnehmer, soweit der Tarif nicht abweichende Bestimmungen enthält. Von mehreren zur Zahlung verpflichteten Personen haftet jeder einzelne als Gesamtschuldner. Der Verhandlungsstempel beträgt meist 3 RM. Der Wertstempel wird in Hundertsätzen des ermittelten Wertes erhoben.

2. **Grundvermögenssteuer.** Gegenstand der Grundvermögenssteuer ist das gesamte in Preußen gelegene Grundvermögen. Als steuerbares Grundvermögen gelten die Grundstücke einschließlich aller Bestandteile, die dauernd land- oder forstwirtschaftlich oder gärtnerisch benutzten Grund-

stücke auch einschließlich des lebenden und toten Inventars. Hierzu gehören auch Gebäude und Werke. Schuldner der Steuer ist der Eigentümer des Grundstücks, im Falle der Errichtung von Gebäuden oder Werken auf fremden Grund und Boden für den auf sie entfallenden Steueranteil ihr Eigentümer, bei Ausnutzung eines Erbbaurechts der Erbbauberechtigte. Miteigentümer sind Gesamtschuldner. Die Steuer wird durch den Grundsteuerausschuß veranlagt. Als Rechtsmittel im Veranlagungsverfahren sind dem Steuerschuldner, auch dem Nutznießer, Nießbraucher, Pächter gegeben der Einspruch gegen den Veranlagungsbeschluß, die Berufung gegen die Einspruchsentscheidung des Steuerausschusses, die Rechtsbeschwerde gegen die Berufungsentscheidung; über sie entscheidet das Oberverwaltungsgericht.

3. Hauszinssteuer. Dem in der Reichssteuernotverordnung ausgesprochenen Zwange zur Erhebung einer Ausgleichssteuer für die Geldentwertung bei bebauten Grundstücken hat Preußen mit der sog. Hauszinssteuer entsprochen. (Preußische Verordnung zur Ausführung der 3. Reichssteuernotverordnung vom 1. April 1924 und einer Reihe von Änderungen bis zum 27. April 1927. Ohne diese letzte Änderung bekanntgemacht als Aushilfssteuerverordnung unter dem 2. Juni 1926.)

Gegenstand der Steuer sind die in Preußen gelegenen bebauten Grundstücke, mit Ausnahme der dauernd land-, forstwirtschaftlichen oder gärtnerischen Zwecken dienenden, sowie Neubauten und durch Um- oder Einbauten neu geschaffene Gebäudeteile, wenn der Bau nach dem 1. Juli 1918 bezugsfertig geworden ist, es sei denn, daß er mit Beihilfen aus öffentlichen Mitteln ausgeführt wurde. Die Verordnung gibt die Höhe der Grundvermögenssteuer an, je nachdem die Grundstücke belastet oder unbelastet sind, und staffelt diese je nach der Höhe der Belastung. Der Finanzminister und seine Organe haben die Steuer, deren Einziehung nach Lage der Sache unbillig wäre, ganz oder teilweise zu erlassen oder zu erstatten, sofern die Gründe für den Erlaß oder die Erstattung in dem Steuergegenstande selbst liegen; er hat die Steuer zu stunden oder niederzuschlagen, insoweit ihre Einziehung eine unbillige Härte bedeutet (§ 9 Abs. 1). Schuldner der Steuer ist der Eigentümer des bebauten Grundstücks, nicht der Mieter. Miteigentümer sind Gesamtschuldner. Das Aufkommen der Hauszinssteuer ist zur Hälfte zur Förderung des Wohnungsbaues vom Staat zu verwenden.

4. Verwaltungsgebühren. Nach dem Verwaltungsgebührengesetz vom 29. September 1923 werden für einzelne Amtshandlungen, welche auf Veranlassung der Beteiligten von staatlichen Organen erfolgen, Verwaltungsgebühren erhoben.

Gemeindeabgaben.

1. Allgemeines. Die Stadt und Landgemeinden dürfen zur Deckung ihrer Ausgaben Gebühren und Beiträge, indirekte und direkte Steuern erheben sowie Naturalien fordern. Die Gebühren sind im voraus nach festen Sätzen zu bestimmen. Es handelt sich um Benutzungs- und Verwaltungsgebühren. Die direkten Steuern sind nach festen und gleichmäßigen Grundsätzen auf alle Pflichtigen zu verteilen. Miete und Wohnungssteuern sind abgeschafft. Die

Gewerbesteuer kann nur in Zuschlägen zur staatlichen Gewerbesteuer, die Grundvermögenssteuer nur auf Grund besonderer Steuerverordnungen erhoben werden.

Auch die **Landkreise** dürfen zur Deckung ihrer Ausgaben Gebühren und Beiträge, direkte und indirekte Steuern erheben (§ 1 Kreis- und Provinzialabgabengesetz vom 23. April 1906 in Fassung vom 26. August 1921 und ff.).

Die Provinzialverbände dürfen Gebühren, Beiträge und direkte Steuern, letztere als sog. Provinzialeinlagen, aber keine indirekten Steuern erheben.

2. Gewerbesteuer. Gegenstand der Gewerbesteuer sind die stehenden Gewerbe einschließlich des Bergbaus, zu deren Ausübung in Preußen eine Betriebsstätte unterhalten wird. Sie wird bemessen nach dem Gewerbeertrag, dem Gewerbekapital und der Lohnsumme.

Verkehrswesen.

1. Eisenbahnen.

Die Weimarer Verfassung übertrug dem Reiche die Aufgabe, die dem allgemeinen Verkehr dienenden Eisenbahnen in sein Eigentum zu übernehmen und als einheitliche Verkehrsanstalt zu verwalten. Es gab ihm hierzu auch Enteignungsbefugnis. Der Staatsvertrag trat mit Wirkung vom 1. April 1920 in Kraft. Die Zentralbehörde des Reichs für das Eisenbahnwesen ist das Reichsverkehrsministerium. Die Eisenbahnen sind als selbständiges wirtschaftliches Unternehmen zu verwalten. Durch Verordnung vom 12. Februar 1924 wurde sie in ein selbständiges Unternehmen „Deutsche Reichsbahn" mit eigener juristischer Persönlichkeit umgewandelt. Das auf Grund des Dawesgutachtens geschlossene Londoner Abkommen führte alsdann zum Erlaß der gegenwärtigen Grundgesetze für die Reichsbahn, des Reichsbahngesetzes und des Reichsbahnpersonalgesetzes.

Die Deutsche Reichsbahngesellschaft ist eine vom Reiche zum Betriebe von Reichseisenbahnen errichtete Gesellschaft mit dem Sitz in Berlin. Sie hat ihren Betrieb unter Wahrung der Interessen der deutschen Volkswirtschaft nach kaufmännischen Grundsätzen zu führen. Ihr Grundkapital beträgt 15 Milliarden Goldmark, bestehend aus 2 Milliarden Vorzugsaktien und 13 Milliarden Stammaktien. Die Stammaktien gewähren das Recht auf eine Dividende. Bezüglich der Verpflichtungen der Reichsbahn aus dem Young-Abkommen sei auf S. 20 verwiesen. Das Reich hat der Gesellschaft das ausschließliche Recht zum Betriebe der Reichseisenbahnen übertragen. Das Betriebsrecht endet am 31. Dezember 1964, vorausgesetzt, daß dann sämtliche Reparationsverschreibungen und Vorzugsaktien getilgt, zurückgekauft oder eingezogen sind. Das Eigentum an den Reichseisenbahnen steht dem Reiche zu (Reichseisenbahnvermögen), die Gesellschaft hat jedoch ein beschränktes Verfügungsrecht. Sie darf neue Eisenbahnen des allgemeinen Verkehrs bauen und betreiben. Sie ist von jeder neuen Steuer befreit. Sie hat nach dem am 1. April 1924 geltenden Tarif die Beförderungssteuer zu erheben und diese teils an das Reich, teils für Reparationszahlungen abzuführen. Die Gesellschaft ist zur Rechnungsführung nach kaufmännischen Grundsätzen verpflichtet. Die Reichsregierung hat das Aufsichtsrecht hinsichtlich der Betriebsführung und kann jede Auskunft verlangen. Mit dem Ablaufe des Betriebsrechts hat die Gesellschaft der Reichsregierung unentgeltlich die Reichseisenbahnen samt Zubehör zu übergeben. Die Gesellschaft hat zu liquidieren. Das verbleibende Vermögen fällt dem Reiche zu.

Organe der Deutschen Reichsbahngesellschaft sind der Verwaltungsrat und der Vorstand. Der Verwaltungsrat besteht aus 18 Mitgliedern, die von der Reichsregierung ernannt werden. Der Präsident des Verwaltungsrats, der ein Deutscher sein muß, wird jährlich von dem Verwaltungsrat mit ¾ Stimmenmehrheit gewählt. Die Vorstandsmitglieder haben bei ihrer Geschäftsführung die Sorgfalt eines ordentlichen Geschäftsmannes wahrzunehmen und haften der Gesellschaft für Vollzug ihrer Obliegenheiten.

Die Hauptverwaltung in Berlin unter dem Generaldirektor ist die oberste Leitung. Nebenbei besteht die Gruppenverwaltung Bayern. Die Leitung der Geschäfte in den Bezirken unterliegt den Reichsbahndirektionen. Die zentrale Beschaffungsstelle ist das Eisenbahnzentralamt. Die Reichsbahnbeamten sind öffentliche Beamte, die grundsätzlich auf Lebenszeit angestellt sind.

Privatbahnen, Kleinbahnen sind solche, die nicht im Eigentum des Reiches stehen; sie haben jedoch den Anforderungen des Reichs auf Benutzung zum Zwecke der Landesverteitigung Folge zu leisten. Eröffnung und Betrieb unterliegt den landesgesetzlichen Vorschriften.

Eisenbahnverkehr. Der Eisenbahnverkehr umfaßt die Personen- und die Güterbeförderung. Seine Grundlage bilden das Handelsgesetzbuch, die Verkehrsordnung (vom 23. Dezember 1908 mit zahlreichen Abänderungen) und die Tarife. Das Eisenbahnfrachtgeschäft ist privatrechtlicher Natur. Bei den im Eisenbahnbetriebe vorkommenden Tötungen oder Körperverletzungen ist der Unternehmer zum Schadenersatz verpflichtet, sofern er nicht höhere Gewalt oder eigenes Verschulden des Betroffenen nachweist. Zur Sicherung des Eisenbahnbetriebes dient die Bahnpolizei.

2. Post- und Telegraphenwesen.

Die Weimarer Verfassung hat dem Reiche die ausschließliche Zuständigkeit zur gesetzlichen Regelung sowie zur Verwaltung des Post-, Telegraphen- und Fernsprechwesens übertragen, einschließlich Bayerns. (Staatsvertrag vom 1. Oktober 1920). Die Einheit des Postwesens hat ihren Ausdruck in der Vereinheitlichung des Postwertzeichens für das ganze Reich gefunden.

Durch das **Reichspostfinanzgesetz** vom 18. März 1924 wurde der Reichspost- und Telegraphenbetrieb zu einem selbständigen Unternehmen unter der Bezeichnung **„Deutsche Reichspost“** gestaltet. Diese hat ihre Ausgaben einschließlich Verzinsung und Tilgung der Schulden durch eigene Einnahmen zu decken. Unter dem Reichspostministerium, das eine selbständige Abteilung in München hat, stehen die Oberpostdirektionen, das telegraphentechnische Reichsamt, die Reichsdruckerei und die Versorgungsanstalt der Deutschen Reichspost. Den Oberpostdirektionen unterstellt sind die Post-, Telegraphen- und Fernsprechanstalten. Der Verwaltungsrat besteht aus höchstens 40 vom Reichspräsidenten zu ernennenden Mitgliedern, von denen je zehn vom Reichsrat und Reichstag, eins vom Reichsfinanzministerium vorgeschlagen wird; sieben Mitglieder sind aus dem Personal der Reichspost, bis zu 12 Mitglieder aus Kreisen zu entnehmen, denen auf dem Gebiete der Wirtschaft und des Verkehrs besondere Kenntnisse und Erfahrungen zur Seite stehen. Den Vorsitz führt der Reichspostminister. Die Beamten der Deutschen Reichspost sind Reichsbeamte.

Das Postrecht. Rechte und Pflichten der Post sind in dem Gesetz über das Postwesen des Deutschen Reichs geregelt (Reichspostgesetz vom 28. Oktober 1871, zuletzt ergänzt am 13. Dezember 1922). Die Eisenbahnen haben nach Möglichkeit ihren Betrieb in die notwendige Übereinstimmung mit den Bedürfnissen des Postdienstes zu bringen. Für die Post besteht eine Annahme- und Beförderungspflicht hinsichtlich aller Postsendungen, sofern die gesetzlichen und Betriebsvorschriften beobachtet sind. Das Briefgeheimnis sowie das Post-, Telegraphen- und Fernsprechgeheimnis sind unverletzlich. Ausnahmen können nur durch Reichsgesetz zugelassen werden; im Straf- und Konkursverfahren sind sie zulässig oder im Falle des Ausnahmezustandes. Die Post leistet dem Absender Gewähr für Verlust oder Beschädigung postordnungsmäßig eingelieferter Briefe oder Pakete mit Wertangabe bis zur Höhe der Wertangabe (beweist jedoch die Post, daß der angegebene Wert den gemeinen Wert übersteigt, so hat sie nur diesen zu ersetzen), bei Paketen ohne Wertangabe nach dem erlittenen Schaden, doch höchstens bis 3 RM. für jedes Pfund, für Verlust eingeschriebener Sendungen ohne Rücksicht auf den Wert in Höhe von 40 RM.; ferner haftet sie für die auf Postanweisungen eingezahlten Beträge. Verjährung mit Ablauf von 6 Monaten vom Tage der Einlieferung. Portohinterziehungen sind mit Strafe bedroht (§§ 27—33 Reichspostgesetz). Die Festsetzung der Postgebühren erfolgt durch den Reichspostminister.

Die Grundlagen des Postscheckverkehrs sind gesetzlich geregelt, die Einzelheiten im Verordnungswege festgesetzt (Postscheckgesetz vom 22. März 1921 mit Nachträgen).

Der internationale Postverkehr ist durch Verträge geregelt. Die an diesen angeschlossenen Länder bilden ein einziges Postgebiet, das den Namen Weltpostverein führt.

Telegraphen- und Fernsprechwesen, Rundfunk. Dem Reiche steht das ausschließliche Recht zu, Telegraphenanlagen für die Vermittlung von Nachrichten zu errichten und zu betreiben. Die Telegraphenanlagen stehen den Fernsprechanlagen gleich. Die Ausübung dieses Rechts kann für einzelne Strecken oder Bezirke an Privatunternehmer verliehen werden. Elektrische Anlagen, welche ohne metallische Verbindungsleitung Nachrichten vermitteln (Funkanlagen), ebenso Telegraphenanlagen auf deutschen Schiffahrzeugen dürfen nur mit Genehmigung des Reichs errichtet und betrieben werden. Die Telegraphenverwaltung ist befugt, die Verkehrswege für ihre Telegraphen- und Fernsprechlinien zu benutzen, soweit dadurch nicht der Gemeingebrauch der Verkehrswege dauernd beschränkt wird. Vorhandene besondere Anlagen wie Kanalisations-, Gas-, Wasserleitungen, Schienenbahnen dürfen durch die Telegraphenlinien nicht störend beeinflußt werden. Durch den Luftraum über private Grundstücke dürfen Telegraphenlinien geführt werden, soweit nicht dadurch die Benutzung des Grundstücks wesentlich beeinträchtigt wird.

Jedermann hat gegen Zahlung der Gebühren das Recht auf Beförderung von ordnungsmäßigen Telegrammen und auf Zulassung zu einer ordnungsmäßigen telephonischen Unterhaltung durch die für den öffentlichen Verkehr bestimmten Anlagen.

Fernsprechanschlüsse werden ab 1. Januar 1929 gegen monatliche Teilzahlung von ungefähr 7 RM. hergestellt.

Der internationale Telegraphenverkehr ist vertraglich geregelt. Die unterseeischen Telegraphenkabel sind durch internationale Vereinbarungen geschützt (vgl. S. 30).

Rundfunk. Die den Rundfunk betreffenden öffentlichen und privaten Rechtsverhältnisse sind bisher nur in wenigen Punkten gesetzlich geordnet. Die Regelung des Rundfunkwesens steht unter dem Zeichen der Funkhoheit des Reichs. Sendeeinrichtungen und Empfangseinrichtungen jeder Art, die geeignet sind, Nachrichten, Zeichen, Bilder oder Töne auf elektrischem Wege ohne Verbindungsleitung oder mit elektrischen, an einem Leiter geführten Schwingungen zu übermitteln oder zu empfangen (Funkanlagen), dürfen nur mit Genehmigung der Reichstelegraphenverwaltung errichtet oder betrieben werden (Verordnung zum Schutze des Funkverkehrs vom 8. März 1924, Bekanntmachung über den Rundfunk vom 24. August 1925. Die Gebühr für die Beteiligung beträgt monatlich 2 RM.). Träger der Verleihung des Senderechts sind örtliche Sendegesellschaften, die in einer Reichs-Rundfunkgesellschaft zusammengeschlossen sind. Geleitet wird diese von einem Rundfunkkommissar. Zur politischen und kulturellen Überwachung des Rundfunks sind Überwachungsausschüsse und Beiräte eingerichtet.

Ähnliche Bestimmungen gelten ab 1. Januar 1929 für den Bildrundfunk.

Gesetz über den Verkehr mit Kraftfahrzeugen.

Bei der Wichtigkeit, welche das Kraftfahrzeug im heutigen Verkehr nicht nur zur Personenbeförderung, sondern auch zur Lastenbeförderung angenommen hat, ist die Kenntnis der Bestimmungen über Personenkraftfahrzeuge und Lastkraftwagen von größter Bedeutung.

Für den Verkehr mit Kraftfahrzeugen ist grundlegend geblieben das Reichsgesetz vom 3. Mai 1909, jedoch hat das außerordentliche Anwachsen des Kraftwagenverkehrs neue Verordnungen notwendig gemacht. So ist insbesondere die Verkehrsordnung vom 28. Juli 1926, vom 31. Januar 1928 und 16. März 1928 zu erwähnen. Zu beachten ist ferner die preußische Verordnung über Verkehrszeichen vom 29. August 1927.

Für den Verkehr mit Kraftfahrzeugen sind die Haftpflichtvorschriften am 1. Juni 1909, das übrige Gesetz erst am 1. April 1910 in Kraft getreten. Die Ausführungsverordnungen sind am 3. Februar 1910 und bezüglich des internationalen Verkehrs am 21. April 1910 getroffen.

Seit Bestehen der Gesetze sind außerdem eine Reihe wichtiger Reichsgerichtsentscheidungen getroffen, deren hauptsächlichste mitbesprochen werden.

Verkehrsvorschriften.

§ 1. „Kraftfahrzeuge, die auf öffentlichen Wegen oder Plätzen in Betrieb gesetzt werden sollen, müssen von der zuständigen Behörde im Verkehre zugelassen sein. Ausnahmen bestimmt der Reichsverkehrsminister mit Zustimmung des Reichsrats.

Als Kraftfahrzeuge im Sinne dieses Gesetzes gelten Wagen oder Fahrräder, welche durch Maschinenkraft bewegt werden, ohne an Bahngleise gebunden zu sein.“

Öffentlich sind alle Wege und Plätze, welche tatsächlich dem Verkehr des Publikums freigegeben sind, gleichviel ob der Weg im Privateigentum steht und der Eigentümer das Recht hat, den Weg einzuziehen. Selbstverständlich unterliegt die Benutzung der öffentlichen Wege durch Kraftfahrzeuge auch den allgemeinen polizeilichen Vorschriften. Die Polizeibehörden können Höchstgeschwindigkeiten festsetzen und den Kraftwagenverkehr auf bestimmten Straßen, Plätzen und Brücken ausschließen oder beschränken, wenn dies der Zustand der Wege oder die Eigenart des Verkehrs erfordert.

In Betrieb gesetzt wird ein Kraftfahrzeug, indem es seiner Bestimmung gemäß in Gebrauch genommen, also zum Fahren mit eigener Kraft benutzt wird. Der Zweck der Ingebrauchnahme ist gleichgültig. Probefahrten, welche die Fabrik zur Prüfung oder Vorführung vornimmt, Fahrten zur Überführung des Fahrzeuges in den Verkaufs-, Ausstellungsraum oder zum Käufer fallen auch darunter, wenn dabei öffentliche Straßen mit eigener Kraft befahren werden. Für das schwebende Zulassungsverfahren sind erleichternde Bestimmungen getroffen.

Über den Antrag auf Zulassung eines Kraftfahrzeuges zum Verkehr entscheiden die höheren Verwaltungsbehörden, in Preußen die Regierungspräsidenten, in Berlin der Polizeipräsident, in Bayern die Distriktsverwaltungsbehörden, in München die Polizeidirektion, in Sachsen die Kreishauptmannschaften, in Dresden die Polizeidirektion, in Leipzig, Chemnitz, Zwickau und Plauen die Polizeiämter, in Baden die Bezirksämter und in Hessen die Kreisämter.

§ 2. „Wer auf öffentlichen Wegen oder Plätzen ein Kraftfahrzeug führen will, bedarf der Erlaubnis der zuständigen Behörden. Die Erlaubnis gilt für das ganze Reich. Sie ist zu erteilen, wenn der Nachsuchende seine Befähigung durch eine Prüfung dargetan hat und nicht Tatsachen vorliegen, die die Annahme rechtfertigen, daß er zum Führen von Kraftfahrzeugen ungeeignet ist.

Den Nachweis der Erlaubnis hat der Führer durch eine Bescheinigung — den Führerschein — zu erbringen.“

Die Befugnis der Ortpolizeibehörde, auf Grund des § 37 der Reichs-Gewerbeordnung weitergehende Anordnungen zu treffen, bleibt unberührt.

Das Führen eines Kraftfahrzeuges begreift die gesamte Bedienung der maschinellen Einrichtung des Fahrzeuges während des Betriebes in sich. Führer ist, wer diese Tätigkeiten unter eigener Verantwortung ausübt. Der Führer darf Warnungssignale mit der außerhalb der Ortschaften zugelassenen Fanfarontrompete unter eigener Verantwortung einem andern überlassen.

Der Führer darf keine körperlichen Mängel haben, die seine Fähigkeit, ein Kraftfahrzeug sicher zu führen, beeinträchtigen können, besonders keine Mängel des Seh- und Hörvermögens. Er muß ferner im vollen Besitz seiner Geisteskräfte sein. Insbesondere sind Kaltblütigkeit und Fähigkeit zu raschem Entschluß unerläßliche Forderungen, die man an einen Kraftwagenführer namentlich im großstädtischen Verkehr stellen muß (RG. 22. Januar 1912; JW. 385, 5). Minderjährige unter 18 Jahren sind grundsätzlich nicht zugelassen.

Übt jemand zum Zwecke der Ablegung der Prüfung sich in der Führung von Kraftfahrzeugen auf öffentlichen Wegen, so ist die Begleitung eines mit Führerschein versehenen Führers notwendig.

Das gleiche gilt für Fahrten, die bei Ablegung der Prüfung vorgenommen werden.

Der Begleiter dient bei diesen Prüfungsfahrten und Übungsfahrten als Führer des Kraftfahrzeugs.

Werden Tatsachen festgestellt, welche die Annahme rechtfertigen, daß eine Person zum Führen von Kraftfahrzeugen ungeeignet ist, so kann ihr die Fahrerlaubnis dauernd oder für bestimmte Zeit durch die zuständige Verwaltungsbehörde entzogen werden. Die Entziehung ist für das ganze Reich wirksam.

Gefährliche Stellen an Wegestrecken, die dem Durchgangsverkehr dienen, sind von den Landesbehörden durch Warnungstafeln zu kennzeichnen.

Haftpflicht.

§ 7. „Wird bei dem Betrieb eines Kraftfahrzeuges ein Mensch getötet, der Körper oder die Gesundheit eines Menschen verletzt oder eine Sache beschädigt, so ist der Halter des Fahrzeugs verpflichtet, dem Verletzten den daraus entstehenden Schaden zu ersetzen.

Die Ersatzpflicht ist ausgeschlossen, wenn der Unfall durch ein unabwendbares Ereignis verursacht wird, das weder auf einem Fehler in der Beschaffenheit des Fahrzeugs, noch auf einem Versagen seiner Verrichtungen beruht. Als unabwendbar gilt ein Ereignis insbesondere dann, wenn es auf das Verhalten des Verletzten oder eines nicht bei dem Betriebe beschäftigten Dritten oder eines Tieres zurückzuführen ist und sowohl der Halter als der Führer des Fahrzeugs jede nach den Umständen gebotene Sorgfalt beobachtet hat.

Benutzt jemand das Fahrzeug ohne Wissen und Willen des Fahrzeughalters, so ist er an Stelle des Halters zum Ersatze des Schadens verpflichtet. Daneben bleibt der Halter zum Ersatze eines Schadens verpflichtet, wenn die Benutzung des Fahrzeugs durch sein Verschulden ermöglicht worden ist.“

Der Unfall muß sich bei dem Betriebe ereignet haben, d. h. er muß im äußeren, örtlichen und zeitlichen Zusammenhang mit diesem stehen und einen inneren, ursächlichen Zusammenhang haben. Der ursächliche Zusammenhang kann ein unmittelbarer oder mittelbarer sein. Der Nachweis des ursächlichen Zusammenhanges liegt dem Geschädigten ob.

Das Reichsgericht hebt über den Begriff des Halters eines Kraftfahrzeuges zwei Merkmale hervor.

1. Halter ist, wer das Kraftfahrzeug für eigene Rechnung in Gebrauch hat.

2. Zum Halterbegriff gehört ferner die umfassende Verfügungsgewalt über das Fahrzeug, die ein solcher Gebrauch voraussetzt. Für die Haltereigenschaft kommt es lediglich auf tatsächliche Beziehung zum Fahrzeug an. Welche Rechte dem Halter daran zustehen, und ob ihm überhaupt Rechte daran zustehen, ist belanglos. Der Dieb ist ebenso Halter wie der rechtmäßige Besitzer, welcher das Fahrzeug zu eigener Benutzung erworben hat und zu seiner Verfügung hält. Beim Kauf geht die Haltereigenschaft regelmäßig mit der Übergabe des Fahrzeugs auf den Käufer über.

Bei Miete und Leihe des Kraftfahrzeugs kommt es auf die Umstände an, wer als Halter anzusehen ist. Mietet jemand einen Kraftwagen und stellt er das Fahrzeug in eine eigene oder gemietete Garage ein, sorgt er auch sonst für das Fahrzeug, bezahlt er den Führer oder dergleichen, so ist der Mieter als Halter anzusehen. Bei vorübergehender Überlassung zu einer oder mehreren im voraus bestimmten Fahrten behält der Überlasser trotz Unentgeltlichkeit die Eigenschaft des Halters. Sie geht nur dann auf den Entleiher über, wenn dieser das Fahrzeug zu freiem, selbständigem Gebrauch geliehen erhält (RG. 20. November 1905; JW. 1906, 62, 14). Bei Probefahrten sieht das Reichsgericht den Fabrikanten als Halter an. Bei Probefahrten des Fabrikanten, welchem das Fahrzeug zur Reparatur überlassen war, trägt nicht dieser, sondern sein Auftraggeber die Betriebsgefahr als Halter (RG. 1. Mai 1912, Bd. 79, S. 314; JW. 808, 31).

Beim Ersatz des Schadens umfaßt der zu ersetzende Schaden auch den entgangenen Gewinn. Bei gänzlicher Vernichtung der Sache ist Schadloshaltung dafür zu leisten, daß der Berechtigte die Sache in der Zwischenzeit hat entbehren müssen.

Die in § 7 angegebene notwendige Sorgfalt bezieht sich in erster Linie auch auf die Anstellung eines Kraftwagenführers. Es genügt nicht, daß er den Führerschein besitzt und daß die Erkundigungen seine Nüchternheit und Zuverlässigkeit in früheren Stellungen ergibt, sondern daß der Führer die notwendige Kaltblütigkeit und Fähigkeit zu raschem Entschluß besitzt. Nimmt der Halter Ängstlichkeit wahr, so muß er besondere Vorsicht walten lassen. Eine einmalige Probefahrt genügt nicht. Auf einen als zuverlässig erprobten Führer darf sich jedoch der Halter im allgemeinen verlassen; wenn er aber wahrnimmt, daß der Führer unvorsichtig, insbesondere zu schnell fährt, oder wenn er Veranlassung hat, sich um den Weg zu bekümmern, weil dessen besondere Gefährlichkeit dem Führer nicht bekannt ist, dann muß er auch einschreiten, wenn der Führer des Wagens den Verkehr gefährdet (RG. vom 2. Januar 1911, 7. November 1910, 1. November 1910, 26. November 1910, 4. Dezember 1913). Unter Umständen, z. B. wenn er die Neigung seines Führers zu schnellem und rücksichtslosem Fahren kennt, hat er darüber hinaus auch die Pflicht, den Führer an gefährlichen Stellen zu beaufsichtigen (RG. 22. Oktober 1914). Der Halter muß die für den Kraftwagenführer bestimmten Polizeiverordnungen kennen, um seiner Aufsichtspflicht zu genügen (15. März 1909).

§ 8. „Die Vorschriften des § 7 finden keine Anwendung:

1. Wenn zur Zeit des Unfalls der Verletzte oder die beschädigte Sache durch das Fahrzeug befördert wurde oder der Verletzte bei dem Betriebe des Fahrzeuges tätig war.
2. Wenn der Unfall durch ein Fahrzeug verursacht wurde, das auf ebener Bahn eine auf 20 Kilometer begrenzte Geschwindigkeit in der Stunde nicht übersteigen kann."

Hierdurch werden die besonderen Gefahren unterschieden, welche der Kraftwagen besonders durch große Schnelligkeit in sich birgt.

§ 9. „Hat bei der Entstehung des Schadens ein Verschulden des Verletzten mitgewirkt, so finden die Vorschriften des § 254 BGB. mit der Maßgabe Anwendung, daß im Falle der Beschädigung einer Sache das Verschulden desjenigen, welcher die tatsächliche Gewalt über die Sache ausübt, dem Verschulden des Verletzten gleichsteht."

Ein gewisser Schutz gegenüber dieser Bestimmung ist die Entscheidung des OLG. Dresden vom 9. Dezember 1886. Dieselbe lautet:

„Wer sich auf einem öffentlichen Platz oder einer öffentlichen Straße bewegt, hat die Pflicht, die aus dem dort stattfindenden Verkehr für ihn entstehenden Gefahren, soweit er das vermag, durch eigne Aufmerksamkeit von sich abzuwenden." An sich ist der Straßendamm auch für den Fußgängerverkehr da. Wer ihn zum Weiterschreiten benutzt, muß aber mit besonderer Sorgfalt Umschau halten (RG. 7. Dezember 1908). Unter Umständen wird schon darin, daß jemand in gefährlicher Lage sich der zu seiner Sicherheit bestimmten Vorrichtungen, z. B. des Bürgersteiges, nicht bedient, ein Verschulden gesehen (RG. 25. Juni 1906). Jeder Fußgänger hat namentlich in der Dunkelheit die Pflicht, auf Fuhrwerke sein Augenmerk zu richten, deren Nahen er vernimmt, damit er ihnen in geeigneter Weise ausweiche (RG. 11. April 1906). Auf Hörsignale darf er sich nicht unbedingt verlassen (RG. 7. Dezember 1908). Beim Überschreiten des Fahrdamms muß der Fußgänger auf nahende Fuhrwerke Rücksicht nehmen und Umschau halten (RG. 30. Januar 1905; 3. Juni 1907; usw.). Wer kurz vor einem Kraftfahrzeug noch vorbeizulaufen versucht, handelt in der Regel grobfahrlässig. Besondere Vorsicht ist geboten, wenn jemand hinter einem Hindernisse, z. B. einem Möbelwagen, einem haltenden Straßenbahnwagen, denjenigen Teil der Fahrbahn betritt, nach welchem ihm bis dahin der freie Ausblick versperrt war. Er muß vorsichtig Umschau halten, um so mehr, als auch die Führer der Fuhrwerke auf sein plötzliches Hervortreten nicht gefaßt sein können (RG. 22. Juni 1903; 14. April 1904; 3. Juni 1905).

Ein Verstoß gegen die polizeiliche Straßenordnung, insbesondere über den Verkehr mit Fuhrwerken und Fahrrädern auf öffentlichen Straßen bedeutet regelmäßig ein Verschulden. Es können aber besondere Umstände vorliegen, die ausnahmsweise die Nichtbeachtung der Polizeivorschriften entschuldigen oder sogar geboten erscheinen lassen.

Das Verschulden kann auch in einer Unterlassung bestehen, insbesondere bei Abwendung des Schadens nach dem Unfall. Der Verletzte hat also die Pflicht, alles zu tun, um den Schaden nicht größer werden zu lassen. Er muß sich in die Behandlung eines Arztes begeben und dessen Anordnungen befolgen.

Die Beweispflicht für die Behauptung, daß ein Mitwirken des Verschuldens seitens des Verletzten vorliegt, liegt dem Haftpflichtigen ob. Die schuldhafte Handlung oder Unterlassung des Verletzten muß mit dem Schaden in ursächlichem Zusammenhange stehen. Im übrigen vergleiche BGB. S. 149 und 176.

§ 10. „Im Falle der Tötung ist der Schadensersatz durch Ersatz der Kosten einer versuchten Heilung sowie des Vermögensnachteils zu leisten, den der Getötete dadurch erlitten hat, daß während der Krankheit seine Erwerbsfähigkeit aufgehoben oder gemindert oder eine Vermehrung seiner Bedürfnisse eingetreten war. Der Ersatzpflichtige hat außerdem die Kosten der Beerdigung demjenigen zu ersetzen, dem die Verpflichtung obliegt, diese Kosten zu tragen.

Stand der Getötete zur Zeit der Verletzung zu einem Dritten in einem Verhältnisse, vermöge dessen er diesem gegenüber kraft Gesetzes unterhaltungspflichtig war oder unterhaltungspflichtig werden konnte und ist dem Dritten infolge der Tötung das Recht auf Unterhalt entzogen, so hat der Ersatzpflichtige dem Dritten insoweit Schadenersatz zu leisten, als der Getötete während der mutmaßlichen Dauer seines Lebens zur Gewährung des Unterhalts verpflichtet gewesen sein würde. Die Ersatzpflicht tritt auch dann ein, wenn der Dritte zur Zeit der Verletzung erzeugt, aber noch nicht geboren war."

Unberührt ist durch diesen Paragraphen eine weitergehende Haftung des Fahrzeughalters oder des Führers beim Nachweis eines Verschuldens.

§ 11 des vorliegenden Gesetzes bestimmt, daß im Falle der Verletzung des Körpers oder der Gesundheit Schadenersatz durch Ersatz der Kosten der Heilung sowie des Vermögensnachteils zu leisten ist, welchen der Verletzte dadurch erleidet, daß seine Erwerbsfähigkeit zeitweise oder dauernd aufgehoben oder gemindert oder eine Vermehrung seiner Bedürfnisse eingetreten ist.

„Der Ersatzpflichtige haftet:

1. im Falle der Tötung oder Verletzung eines Menschen nur bis zu einem Kapitalbetrage von 25000 RM. oder bis zu einem Rentenbetrage von jährlich 1500 RM.;

2. im Falle der Tötung oder Verletzung mehrerer Menschen durch dasselbe Ereignis, unbeschadet der in Nr. 1 bestimmten Grenze nur bis zu einem Kapitalbetrage von insgesamt 75000 RM. oder bis zu einem Rentenbetrage von insgesamt 4500 RM.;

3. im Falle der Sachbeschädigung, auch wenn durch dasselbe Ereignis mehrere Sachen beschädigt werden, nur bis zum Betrage von 5000 RM.

Übersteigen die Entschädigungen, die mehreren auf Grund desselben Ereignisses nach Abs. 1 Nr. 1, 3 zu leisten sind, insgesamt die in Nr. 2, 3 bezeichneten Höchstbeträge, so verringern sich die einzelnen Entschädigungen in dem Verhältnis, in welchem ihr Gesamtbetrag zu dem Höchstbetrage steht."

Bei wesentlicher Änderung der wirtschaftlichen Verhältnisse kann die Reichsregierung mit Zustimmung des Reichsrats die Beträge (Abs. 1) anderweitig festsetzen.

Hiernach sind also die Entschädigungssummen begrenzt.

Nach § 13 ist der Schadenersatz wegen Aufhebung oder Minderung der Erwerbsfähigkeit und wegen Vermehrung der Bedürfnisse des Verletzten für die Zukunft durch Entrichtung einer Geldrente zu leisten.

Ist bei der Verurteilung des Verpflichteten zur Entrichtung einer Geldrente nicht auf Sicherheitsleistung erkannt worden, so kann der Berechtigte gleichwohl Sicherheitsleistung verlangen, wenn die Vermögensverhältnisse des Verpflichteten sich erheblich verschlechtert haben; unter der gleichen Voraussetzung kann er eine Erhöhung der in dem Urteile bestimmten Sicherheitsleistung verlangen.

§ 17. „Wird ein Schaden durch mehrere Kraftfahrzeuge verursacht und sind die beteiligten Fahrzeughalter einem Dritten kraft Gesetzes zum Ersatz des Schadens verpflichtet, so hängt im Verhältnis der Fahrzeughalter zueinander die Verpflichtung zum Ersatze sowie der Umfang des zu leistenden Ersatzes von den Umständen, insbesondere davon ab, inwieweit der Schaden vorwiegend von dem einen oder dem anderen Teile verursacht worden ist.

Die Vorschriften des Abs. 1 finden entsprechende Anwendung, wenn der Schaden durch ein Kraftfahrzeug und ein Tier oder durch ein Kraftfahrzeug und eine Eisenbahn verursacht wird."

Die Ansprüche auf Schadenersatz aus den §§ 7—13 verjähren in 2 Jahren von dem Zeitpunkt an gerechnet, in welchem der Ersatzberechtigte von dem Schaden und von der Person des Ersatzpflichtigen Kenntnis erlangt, ohne Rücksicht auf diese Kenntnis in 30 Jahren von dem Unfall an. Jedoch geht er seiner Rechte verlustig, wenn die Unfallanzeige nicht spätestens innerhalb zweier Monate an den Ersatzpflichtigen erfolgt.

Durch das vorliegende Gesetz bleiben die reichsgesetzlichen Vorschriften unberührt, nach denen der Fahrzeughalter für den durch das Fahrzeug verursachten Schaden in weiterem Umfang haftet oder verantwortlich ist.

Bei Tötung eines Menschen, Verletzung desselben oder Schädigung seiner Gesundheit oder bei Beschädigung einer Sache ist auch der Führer des Kraftfahrzeuges zum Ersatze des Schadens verpflichtet.

Als letzte Instanz bei bürgerlichen Rechtsstreitigkeiten entscheidet das Reichsgericht. Für Klagen aus dem vorliegenden Gesetz ist auch das Gericht zuständig, in dessen Bezirk das schädigende Ereignis stattgefunden hat.

Strafvorschriften.

§ 21. „Wer den zur Erhaltung der Ordnung und Sicherheit auf den öffentlichen Wegen oder Plätzen erlassenen polizeilichen Anordnungen über den Verkehr mit Kraftfahrzeugen zuwiderhandelt, wird mit Geldstrafe bis zu 150 RM. oder mit Haft bestraft.“

Nach § 22 wird der Führer eines Kraftfahrzeuges, der nach einem Unfalle es unternimmt, sich der Feststellung des Fahrzeuges und seiner Person durch die Flucht zu entziehen, mit Geldstrafe oder mit Gefängnis bis zu 2 Monaten bestraft. Er bleibt jedoch straflos, wenn er spätestens am nächstfolgenden Tage nach dem Unfall Anzeige bei einer inländischen Polizeibehörde erstattet und die Feststellung des Fahrzeuges und seiner Person bewirkt. — Verläßt der Führer des Kraftfahrzeuges eine bei dem Unfall verletzte Person vorsätzlich in hilfloser Lage, so wird er mit Gefängnis bis zu 6 Monaten bestraft. Sind mildernde Umstände vorhanden, so kann auf Geldstrafe erkannt werden.

Führt jemand auf öffentlichen Wegen oder Plätzen ein Kraftfahrzeug, das nicht von der zuständigen Behörde zum Verkehr zugelassen ist, so wird er mit Geldstrafe oder mit Gefängnis bis zu 2 Monaten bestraft. Die gleiche Strafe trifft den Halter eines solchen Fahrzeuges, wenn er vorsätzlich oder fahrlässig dessen Gebrauch auf öffentlichen Wegen gestattet.

Die §§ 24 und 25 seien zweckmäßig wörtlich wegen ihrer Bedeutung im Verkehr angeführt:

§ 24. „Mit Geldstrafe oder mit Gefängnis bis zu zwei Monaten wird bestraft:

1. wer ein Kraftfahrzeug führt, ohne einen Führerschein zu besitzen;
2. wer ein Kraftfahrzeug führt, obwohl ihm die Fahrerlaubnis entzogen ist;
3. wer nicht seinen Führerschein der Behörde, die ihm die Fahrerlaubnis entzogen hat, auf ihr Verlangen abliefert.

Die gleiche Strafe trifft den Halter des Kraftfahrzeuges, wenn er vorsätzlich oder fahrlässig eine Person zur Führung des Fahrzeugs bestellt oder ermächtigt, die sich nicht durch einen Führerschein ausweisen kann oder der die Fahrerlaubnis entzogen ist.“

§ 25. „Wer in rechtswidriger Absicht

1. ein Kraftfahrzeug, für welches von der Polizeibehörde ein Kennzeichen nicht ausgegeben oder zugelassen worden ist, mit einem Zeichen versieht, welches geeignet ist, den Anschein der polizeilich angeordneten oder zugelassenen Kennzeichnung hervorzurufen;
2. ein Kraftfahrzeug mit einer anderen als der polizeilich für das Fahrzeug ausgegebenen oder zugelassenen Kennzeichnung versieht;
3. das an einem Kraftfahrzeuge gemäß polizeilicher Anordnung angebrachte Kennzeichen verändert, beseitigt, verdeckt oder sonst in seiner Erkennbarkeit beeinträchtigt,

wird, sofern nicht nach den Vorschriften des Strafgesetzbuches eine höhere Strafe verwirkt ist, mit Geldstrafe oder mit Gefängnis bis zu 3 Monaten bestraft.

Die gleiche Strafe trifft Personen, welche auf öffentlichen Wegen oder Plätzen von einem Kraftfahrzeuge Gebrauch machen, von dem sie wissen, daß die Kennzeichnung in der im Abs. 1 unter Nr. 1—3 bezeichneten Art gefälscht, verfälscht oder unterdrückt ist.“

Verordnung über Kraftfahrzeugverkehr vom 16. März 1928.

Die bis hierher angeführten Vorschriften gelten nicht für Kleinkrafträder. Als Krafträder gelten Kraftfahrzeuge, die auf nicht mehr als drei Rädern laufen und nicht mehr als 350 kg wiegen. Als Wege gelten auch Plätze, Brücken und Durchgänge. Als Wegebenutzer gelten nicht Hunde. Als Begriff der Dunkelheit ist in den Monaten April bis September die Zeit von einer Stunde nach Sonnenuntergang bis eine Stunde vor Sonnenaufgang, in den übrigen Monaten die Zeit von einer halben Stunde nach Sonnenuntergang und vor Sonnenaufgang zu rechnen.

Die Kraftfahrzeuge müssen verkehrssicher und insbesondere so gebaut, eingerichtet und ausgerüstet sein, daß Feuer- und Explosionsgefahr sowie jede vermeidbare Belästigung von Personen und Gefährdung von Fuhrwerken durch Geräusch, Rauch, Dampf oder üblen Geruch ausgeschlossen ist.

Die Abführung der Verbrennungsgase bei Verbrennungsmaschinen und des Dampfes bei Dampfmaschinen hat unter Anwendung ausreichender schalldämpfender Mittel zu geschehen. Das Ende des Auspuffrohrs darf nicht nach abwärts gerichtet sein. Die Anbringung von Auspuffklappen und andere Maßnahmen, die es ermöglichen, die Schalldämpfe in ihrer Wirkung abzuschwächen oder auszuschalten, sind verboten.

Kraftfahrzeuge, deren betriebsfertiges Eigengewicht 3 Tonnen nicht übersteigt, und dreiachsige Kraftfahrzeuge, deren betriebsfertiges Gewicht im beladenen oder unbeladenen Zustand 9 Tonnen übersteigt, müssen mit Luftreifen versehen sein; alle übrigen Kraftfahrzeuge müssen mit Luftreifen oder hochelastischen Vollgummireifen versehen sein. Die Radkränze dürfen keine Unebenheiten besitzen, die geeignet sind, die Fahrbahn zu beschädigen.

Jedes Fahrzeug muß mit einer zuverlässigen Lenkvorrichtung versehen sein. Die zum Lenken benutzten Wagenräder sollen nach beiden Seiten möglichst weit einschlagen, um kurz wenden zu können. Jedes Kraftfahrzeug muß ferner zwei in ihrer Wirkung voneinander unabhängige Bremsvorrichtungen besitzen, welche jede das Fahrzeug auf kürzeste Entfernung zum Stehen bringen kann, ferner eine zuverlässige Vorrichtung, die namentlich bei Steigungen eine unbeabsichtigte Rückwärtsbewegung verhindert, sofern nicht eine der Bremsen diese Forderung erfüllt; ferner mindestens eine am Fahrzeug befestigte Hupe zum Abgeben von Warnungszeichen. Sie muß auch bei stillstehendem Motor Warnungszeichen abgeben können, außerdem zwei zeitgemäße hellbrennende Laternen. Übermäßig stark wirkende Scheinwerfer dürfen nicht verwendet werden. Bei Krafträdern genügt eine hellbrennende Laterne, es sei denn, daß das Kraftrad einen Beiwagen auf der linken Seite mitführt. Eine Vorrichtung, die verhindert, daß das Fahrzeug von Unbefugten in Betrieb gesetzt werden kann, muß vorhanden sein.

Jedes Kraftfahrzeug muß mit einem an einer sichtbaren Stelle des Fahrgestells angebrachten Schilde versehen sein, das die Firma, die das Fahrgestell hergestellt hat, die Fabriknummer des Fahrgestells, die Anzahl der Pferdestärken der Maschine oder des Motors und das Eigengewicht des betriebsfertigen Fahrzeuges ergibt. Bei Verbrennungsmaschinen muß die Fabriknummer der Antriebsmaschine auf den Zylindern eingeschlagen sein. Lastkraftwagen, deren Eigengewicht zuzüglich Belastung 3,5 Tonnen übersteigt, müssen an der linken Seite mit einem Spiegel versehen sein, der dem Führer die Beobachtung der Fahrbahn nach rückwärts ermöglicht.

Bei Verwendung eines Schlußlichtes oder einer Einrichtung zur Anzeige der Absicht des Anhaltens oder der beabsichtigten Änderung der Fahrtrichtung darf nur gelbrotes Licht benutzt werden.

Die weiteren Bestimmungen der Verordnung vom 16. März 1928 enthalten genaue Angaben, was bei einem Antrag auf Zulassung eines Fahrzeuges angegeben werden muß. Dem Antrag ist das Gutachten eines von der höheren Verwaltungsbehörde anerkannten Sachverständigen beizufügen, das die Richtigkeit der Angaben sowie ferner bestätigt, daß das Fahrzeug den Ansprüchen der Verordnung genügt. Das Gutachten hat der Antragsteller auf seine Kosten zu beschaffen. Für Fabriken, welche serienmäßig Kraftfahrzeuge herstellen, sind im § 5 der Verordnung genaue Angaben gegeben, bei denen eine solche Prüfung unterbleiben kann und die Firma sich selbst eine sog. Typenbescheinigung geben kann. Diese Erlaubnis gilt auch für zuverlässige Auslandsfirmen.

Die höhere Verwaltungsbehörde entscheidet über den Antrag auf Zulassung des Kraftfahrzeugs zum Verkehr auf öffentlichen Wegen. Bei Zulassung wird das Kraftfahrzeug in eine Liste eingetragen, demselben ein polizeiliches Kennzeichen gegeben und über beides dem Antragsteller eine Bescheinigung ausgeschrieben. Alle Änderungen hat der Eigentümer des Fahrzeugs binnen zwei Wochen der zuständigen Behörde mitzuteilen. Beim Verlegen seines Wohnsitzes hat der Eigentümer des Fahrzeugs unter Vorweisung seiner bisherigen Papiere eine neue Zulassungsbescheinigung zu beantragen. Dem Fahrzeug wird ein neues Kennzeichen dann zugeteilt. Wird das Kraftfahrzeug aus dem Verkehr gezogen, so hat der Eigentümer der zuständigen Behörde hiervon Mitteilung zu machen und ihr die Zulassungsbescheinigung sowie das Kennzeichen abzuliefern; sobald dies geschehen, gilt das Fahrzeug als abgemeldet. Andernfalls erfolgt die Einziehung des Kennzeichens oder die Unkenntlichmachung des Polizeistempels zwangsweise. Das gleiche gilt, wenn eine neue Kraftfahrzeug-Steuerkarte nicht rechtzeitig gelöst oder die Kraftfahrzeugsteuer nicht rechtzeitig entrichtet wird.

Bei Eigentumsübergang eines Kraftfahrzeuges auf einen andern muß der bisherige Eigentümer unter Angabe von Namen, Wohnort und Wohnung den neuen Eigentümer anzeigen und dem neuen Eigentümer die Zulassungsbescheinigung gegen Empfangsbestätigung aushändigen und diese seiner Anzeige beifügen. Der neue Eigentümer hat bei seiner Behörde unter Beifügung der Papiere eine neue Zulassungsbescheinigung zu beantragen.

Die Verteilung der Kennzeichen der Kraftfahrzeuge (ein oder mehrere Buchstaben und römische Ziffern) erfolgt nach einem bestimmten Plan. Größe und Art des vorderen und hinteren Kennzeichens sind vorgeschrieben, ebenso die Art der Befestigung. Alle Kennzeichen müssen mit dem Dienststempel der zuständigen Polizeibehörde versehen sein; dieser wird nach Vorführung und Prüfung des Kraftfahrzeuges erteilt. Ist der Dienststempel unkenntlich geworden, so muß er erneuert werden.

Pflichten des Führers. Wer auf öffentlichen Wegen ein Kraftfahrzeug führen will, bedarf der Erlaubnis der zuständigen Behörde, welche ihm eine Bescheinigung über seine Fähigkeit nach Prüfung ausstellt. Personen unter 18 Jahren ist das Führen von Kraftfahrzeugen und Krafträdern verboten. Den Nachweis zur Erlaubnis erhält der Führer in Form eines Führerscheins. Der Führer hat den Führerschein sowie die Bescheinigung über die Zulassung des Kraftfahrzeuges bei der Benutzung des Fahrzeugs auf öffentlichen Wegen und Plätzen stets bei sich zu führen und auf Verlangen dem zuständigen Beamten vorzuzeigen. Für Personen mit geringerer Sehstärke gelten gemäß § 15 Abs. 2 besondere Vorschriften. Der Führer ist dafür verantwortlich, daß das Fahrzeug mit den polizeilichen Kennzeichen versehen ist, daß sie in vorgeschriebener Weise erleuchtet sind, und daß das Fahrzeug sich in vorgeschriebenem Zustand befindet; er hat sich vor der Fahrt von dem Zustand des Fahrzeuges zu überzeugen. Der Halter eines Fahrzeugs darf die Inbetriebnahme nicht gestatten, wenn ihm ein Mangel bekannt ist. Stellen sich Mängel unterwegs ein, so hat der Führer für Abhilfe zu sorgen.

§ 17. 1. Der Führer ist zur gehörigen Vorsicht in Leitung und Bedienung seines Fahrzeugs verpflichtet.

2. Der Führer ist insbesondere dafür verantwortlich, daß eine Belästigung von Personen oder Gefährdung von Fuhrwerken durch Geräusch, Rauch, Dampf oder üblen Geruch in keinem Falle eintritt.

3. Stark wirkende Scheinwerfer müssen innerhalb beleuchteter Ortsteile, ausgenommen bei starkem Nebel, abgeblendet werden, ferner da, wo die Sicherheit des Verkehrs es erfordert, insbesondere beim Begegnen mit anderen Fahrzeugen.

Die Fahrgeschwindigkeit ist so einzurichten, daß der Führer in der Lage bleibt, seinen Verpflichtungen Genüge zu leisten und bei irgendwelchen Hindernissen das Fahrzeug auf kürzeste Entfernung zum Stehen bringen kann. Die höchstzulässige Fahrgeschwindigkeit beträgt bei Kraftfahrzeugen bis zu 5,5 Tonnen Gesamtgewicht innerhalb geschlossener Ortsteile 30 km in der Stunde. Die Behörde kann bis zu 40 km Geschwindigkeit gegebenenfalls zulassen. Bei schweren Kraftfahrzeugen beträgt die höchstzulässige Geschwindigkeit überhaupt 30 km in der Stunde. Der Führer hat überall dort, wo es die Sicherheit des Verkehrs erfordert, durch deutlich hörbare Warnungszeichen rechtzeitig auf das Nahen des Kraftfahrzeuges aufmerksam zu machen. Außerhalb geschlossener Ortsteile darf auch eine Pfeife benutzt werden. Das Abgeben von Warnungszeichen ist sofort einzustellen, wenn Pferde oder andere Tiere dadurch unruhig oder scheu werden. Grundsätzlich hat der Führer die rechte Seite des Weges einzuhalten und darf die linke Seite nur beim Überholen oder beim Anhalten an links liegenden Grundstücken, soweit dies örtlich nicht verboten ist, benutzen. Beim Einbiegen in einen anderen Weg hat der Führer nach rechts in kurzer Wendung, nach links in weitem Bogen zu fahren. Entgegenkommenden Schienenfahrzeugen (elektrischen Straßenbahnen u. dgl.) hat der Führer nach links auszuweichen, wenn der Abstand zwischen dem Schienenfahrzeug und dem rechten Wegerand ein Rechtsausweichen nicht zuläßt. Der Führer hat eingeholte andere Wegebenutzer auf der linken Seite zu überholen, im allgemeinen Schienenfahrzeuge jedoch rechts. An einer Haltestelle haltende Schienenfahrzeuge dürfen auf derjenigen Seite, auf der die Fahrgäste ein- und aussteigen nur in Schrittgeschwindigkeit und nur in einem solchen seitlichen Abstande überholt werden, daß die Fahrgäste nicht gefährdet werden. An unübersichtlichen Wegestellen ist das Überholen verboten. Für Fahrzeuge der Polizei und Feuerwehr, die sich durch besondere Zeichen kenntlich machen, ist schon bei ihrer Annäherung freie Bahn zu schaffen; ebenfalls Krankenrettungswagen und den in Betrieb befindlichen Spreng- und Kehrmaschinen.

Über die Zeichengebung, sei es von Hand oder durch mechanische Einrichtungen, beim Stillhalten, Verlassen der Fahrbahn, Wenden usw. sind bestimmte Vorschriften erlassen (§ 26). Den Weisungen und Zeichen der Polizeibeamten ist Folge zu leisten.

Werden Lichtzeichen verwendet, so bedeutet grünes Licht „freie Fahrt“, gelbes Licht „Achtung, halten“, rotes Licht „halt“, Blinklicht „langsam fahren“.

Ein haltendes Kraftfahrzeug darf den Verkehr nicht behindern. Der Führer darf von dem Fahrzeug nicht absteigen, solange es in Bewegung ist, und darf sich nicht von ihm entfernen, solange die Maschine oder der Motor läuft. Er darf das Fahrzeug nur verlassen, nachdem er alle Maßnahmen getroffen hat, um Unfälle und Verkehrsstörungen zu vermeiden und die Benutzung durch Unbefugte zu verhindern.

Namentlich in großen Städten gibt es eine Reihe für den Kraftverkehr verbotene Straßen, sog. Einbahnstraßen, Straßen, die nur in bestimmter Richtung befahren werden dürfen, solche, die für den Lastwagenverkehr ganz oder für bestimmte Zeiten geschlossen sind usw. Die Vorschriften über Probefahrten und Prüfungsfahrten sind in § 41 im Vergleich zu den früheren Bestimmungen verschärft.

Für Kleinkrafträder gibt der § 48 genaueste Anweisung. Die Übergangsbestimmungen enthalten Angaben über den Hubraum und die daraus zu berechnenden Steuerpferdestärken.

Die ergänzenden Vorschriften vom 29. August 1927 enthalten die Abbildungen von Sperrschildern für dauernde Sperrungen, für Sperrungen an Sonn- und Feiertagen, Geschwindigkeitsschilder für Höchstgeschwindigkeiten, für langsames Fahren, Richtungsschilder, Schilder für Parkplätze und Fahrverbote, für Fußgängerüberwege und Wegweiser[1].

Internationales Abkommen über den Verkehr mit Kraftfahrzeugen vom 11. Oktober 1909.

Hier gelten im allgemeinen die gleichen Vorschriften. An Besonderheiten ist folgendes zu erwähnen:

Für den internationalen Verkehr werden internationale Fahrtausweise nach bestimmten Mustern und Angaben ausgestellt. Diese Ausweise sind vom Zeitpunkt ihrer Ausstellung an ein Jahr gültig. Sie gewähren freie Zulassung zum Verkehr in allen andern Vertragsstaaten.

Zum Übertritt von einem Lande in das andere ist augenfällig an der Rückseite außer dem heimatlichen Kennzeichen mit einer Nummer ein Unterscheidungszeichen anzubringen, das seine Staatszugehörigkeit ergibt. Über Abmessungen des Zeichens usw. bestehen bestimmte Vorschriften.

Über Ausweichen bei Begegnung und Überholung müssen sich die Führer von Kraftfahrzeugen auf das strengste nach den Gebräuchen der Gegend richten, in der sie sich befinden.

Für den Antrag auf einen internationalen Fahrtausweis an die höhere Verwaltungsbehörde des Wohn- oder Aufenthaltsorts des Antragstellers sind folgende Angaben beizufügen:

1. die Zulassungsbescheinigung für das Kraftfahrzeug sowie die Angaben über die Anzahl der Zylinder des Motors, die Form und Farbe der Aufbauten (Karosserie) und die Gesamtzahl der Plätze des Fahrzeugs;

2. der Führerschein für jede Person, welche das Fahrzeug im internationalen Verkehre führen soll, und deren Photographie (unaufgezogen, Brustbild in Größe von etwa 4½ cm im Quadrat).

[1] Beim Amtsgericht Berlin-Mitte ist jetzt eine besondere Abteilung für Verkehrsangelegenheiten eingerichtet worden, andere Gerichte folgen.

Der internationale Kraftfahrzeugverkehr ist neu geregelt und darüber eine Verordnung am 5. Dezember 1925 im Abschluß an das obige Abkommen vom 11. Oktober 1909 erlassen worden. Diese Verordnung enthält allgemeine Vorschriften, ferner Bestimmungen für deutsche Kraftfahrzeuge im internationalen Verkehr, für außerdeutsche Kraftfahrzeuge mit einem internationalen Fahrtausweis, für außerdeutsche Kraftfahrzeuge ohne internationalen Fahrtausweis und noch besondere Vorschriften darüber, wenn Kraftfahrzeuge von Personen, die ihren Wohnsitz oder dauernden Aufenthalt in Deutschland haben, mit eigener Triebkraft aus dem Ausland zum dauernden Verbleib in das Inland eingeführt werden und umgekehrt, wenn ein im Inland erworbenes, zum Verkehr noch nicht zugelassenes Fahrzeug mit eigener Triebkraft in das Ausland zum dauernden Verbleib gebracht wird.

Nachstehend seien noch die unbedingt nötigen Papiere mitgeteilt, welche man braucht, um anstandslos bei Auslandsfahrten die Grenze zu überschreiten.

Zu den Ausweispapieren gehören:

1. ein gültiger Reisepaß;
2. ein internationaler Führerschein;
3. ein Grenzpassierschein (Triptyque), gültig für das betreffende Land, oder
4. ein Carnet de Passages en Douanes.

1. Reisepaß.

Jeder Wageninsasse muß einen Auslands- oder Reisepaß bei sich führen, gleichgültig, ob ein Visum zur Grenzüberschreitung notwendig ist oder nicht. In vielen Fällen wird nach dem Paß gar nicht mehr gefragt, und manche Kraftfahrer glauben daher, daß eine Mitnahme nicht mehr erforderlich ist. Der Zufall will es dann, daß bei der nächsten Grenzüberschreitung danach gefragt wird, und wer keinen besitzt, muß unweigerlich umkehren. Visumfrei ist die Einfahrt in folgende Staaten: Dänemark, England, Finnland, Holland, Italien, Luxemburg, Norwegen, Österreich, Schweden, Schweiz, Tschechoslowakei und Lettland. Wer z. B. nach Frankreich fährt, muß ein Grenzüberschreitungsvisum des französischen Konsulats besitzen, obgleich sehr oft die Grenzbeamten gar nicht nach dem Paß fragen. Die Gebühren für die Ausfertigung des Visums sind nicht allzu hoch.

2. Internationaler Fahrausweis.

Jeder Besitzer oder Fahrer eines Fahrzeuges im internationalen Verkehr muß im Besitze eines internationalen Fahrausweises sein. Die Ausfertigung dieses Scheines erfolgt bei der zuständigen Verwaltungsbehörde, wo der Antragsteller seinen Wohnsitz hat. Dem Antrag muß beigefügt sein: 1. die polizeiliche Zulassungsbescheinigung des Fahrzeuges mit Angabe der Zylinderanzahl, Form und Farbe der Karosserie und Gesamtzahl der Plätze; 2. Führerschein für diejenigen Personen, die das Fahrzeug im Ausland lenken wollen, mit einem Brustbild in der Größe von 4½ Zentimeter im Quadrat. Es genügt also nicht ein internationaler Führerschein für den Fahrzeugbesitzer, sondern jeder Fahrinsasse, der das Fahrzeug abwechslungsweise im Auslande fahren will, muß einen derartigen internationalen Fahrausweis besitzen. Sehr oft kann man bemerken, daß gerade an der Grenzkontrolle die Person den Wagen steuert, die gerade nicht im Besitze des internationalen Fahrtausweises ist. Ein Wagenbesitzer, der seinen Wagen niemals selbst steuert, braucht zum Beispiel keinen Fahrschein, nur diejenigen, die wirklich den Wagen fahren. Äußerlich gekennzeichnet sind die Wagen mit einem internationalen Führerschein durch das Nationalitätszeichen, das rückwärts sichtbar und gut beleuchtet angebracht sein muß. Das deutsche Nationalitätszeichen für Kraftfahrzeuge besteht aus einem Schilde, auf dem auf weißem Grunde in schwarzer Balkenschrift ein D aufgemalt ist. Für Kraftwagen und Krafträder sind besondere Größen vorgeschrieben. Für die Anfertigung und Anbringung dieses Schildes hat jeder Fahrzeugbesitzer selbst Sorge zu tragen. Die Ausstellungsgebühren für den internationalen Fahrausweis betragen ungefähr 20 Mark.

3. Grenzpassierschein oder Triptyque.

Grenzpassierscheine bzw. Triptyques werden durch die Klubs, denen die einzelnen Fahrzeugbesitzer angehören, ausgegeben. Für diese durch die Klubs ausgegebenen Grenzpassierscheine hat der Fahrzeugbesitzer keine Zollgebühr zu hinterlegen, da der betreffende Klub nach den internationalen Regeln die Verantwortung für die Rückkehr des Fahrzeuges in sein Ursprungsland übernimmt. Grenzpassierscheine können für folgende Länder ausgegeben werden: Ägypten, Belgien, Bulgarien, Dänemark, Danzig, England, Estland, Finnland, Frankreich, Holland, Italien, Jungoslawien, Lettland, Litauen, Luxemburg, Norwegen, Österreich, Polen, Portugal, Rumänien, Schweden, Schweiz, Spanien, Tschechoslowakei, Ungarn. Die auf dem Antragformular für die Ausstellung eines Grenzpassierscheines angegebenen Fragen müssen genau ausgefüllt werden. Die Anfragen betreffen nur den Wagen, in der Hauptsache Nummer des Motors und des Chassis (erstere wird an allen Zollstellen nachgeprüft), Zylinderanzahl, Polizeinummer, Karosserie, Reserveteile und Bereifung.

4. Carnet de Passages en Douanes.

Die Einführung der Carnet de Passages bedeutet für den viel im Auslande Reisenden eine sehr große Erleichterung und Vereinfachung aller bisherigen Formalitäten. Die Carnets gelten für beliebig viele Reisen im Auslande bis zu 30 Grenzüberschreitungen innerhalb eines Jahres. Die Länder müssen der Association International angeschlossen sein. Es sind dies zunächst folgende Länder: Belgien, Bulgarien, Dänemark, Deutschland, Frankreich, England, Holland, Irland, Italien, Jugoslawien, Lettland, Litauen, Luxemburg, Norwegen, Österreich, Polen, Portugal, Rumänien, Schweden, Schweiz, Serbien, Spanien, Tschechoslowakei und Ungarn. Wie bereits erwähnt, beträgt die Gültigkeitsdauer 12 Monate vom Tage der Ausstellung ab, mit Ausnahme von Ägypten, wo der ununterbrochene Aufenthalt nur sechs Monate, und von Polen, wo der gleiche Aufenthalt nur drei Monate gestattet ist. Ein Carnet darf niemals zu gleicher Zeit mit einem Triptyque für ein und dasselbe Land benutzt werden. Bei Grenzüberschreitungen müssen die vorgeschriebenen Formalitäten sowohl beim Austritt wie beim Eintritt genauestens erfüllt werden. Das Eintrittsblatt darf zum Beispiel nicht früher abgetrennt werden, bevor nicht das auf der gleichen Seite befindliche Austrittsblatt von der Zollbehörde des Landes, aus welchem der Übertritt erfolgte, abgetrennt und das dazugehörige Stammblatt ausgefüllt ist. Davon muß sich jeder Fahrzeugbesitzer genau überzeugen, da das Carnet sonst seine Gültigkeit verliert und der Zollbetrag in barem Gelde hinterlegt werden muß. Manche Zollbeamten sind in dieser Beziehung sehr nachlässig, den Schaden hat aber nur der Kraftfahrzeughalter. Darum achte jeder genau auf Einhaltung dieser Bestimmungen. Das Austrittsblatt 1 dient zur Feststellung des Austritts aus dem Heimatlande und gilt gleichzeitig als Stammblatt. Nach beendeter Reise oder Ablauf der Gültigkeitsdauer ist das Carnet an den betreffenden Klub zurückzusenden.

Luftverkehr.

Das materielle Recht des Luftverkehrs unterliegt nach der Weimarer Verfassung der Gesetzgebung des Reichs. Während durch die Bestimmungen des Versailler Vertrages die deutsche Luftfahrt nahezu lahmgelegt war, wurden durch Entscheidung der Botschafterkonferenz vom 5. Mai 1922 und durch Verhandlungen in Paris in den Jahren 1925 und 26 die dem deutschen Luftfahrzeugbau und dem deutschen Luftverkehr auferlegten Beschränkungen aufgehoben, einige Einschränkungen ausgenommen. Nach diesen ist es untersagt, Luftfahrzeuge zu bauen, zu halten, einzuführen oder in Verkehr zu setzen, die in irgendeiner Weise gepanzert oder geschützt oder mit Einrichtungen zur Aufnahme von Kriegsmaschinen versehen sind. Fabriken, die Luftfahrzeuggerät herstellen, haben dies dem Reichsverkehrsministerium anzuzeigen. Listenführung ist vorgeschrieben über die im Bau befindlichen oder fertiggestellten Luftfahrzeuge und Luftfahrzeugmotore, für die Ausbildung von Flugschülern und für die Unternehmung eines Flughafens. Personen oder Vereinigungen, die Eigentümer von Luftfahrzeugen sind, Luftfahrt treiben oder Luftfahrzeuge verwenden, haben dies dem Reichsverkehrsministerium anzuzeigen.

Das Luftverkehrsgesetz vom 1. August 1922 mit Änderungen bis 1927 regelt den Luftverkehr, die Haftpflicht und enthält Strafbestimmungen. Luftfahrzeuge dürfen in Deutschland nur verkehren, wenn sie in die Luftfahrzeugrolle eingetragen sind, den Anforderungen der Verkehrssicherheit entsprechen und Eigentum von Reichsdeutschen sind. Die für das ganze Reichsgebiet geltende Zulassung wird durch einen Zulassungsschein nachgewiesen. Eingetragene Luftfahrzeuge haben ein deutsches Hoheitszeichen zu führen. Luftfahrer bedürfen der Erlaubnis durch Erteilung eines Luftfahrscheins. Dieser ist zu entziehen, wenn sich Tatsachen dafür ergeben, daß der Inhaber zur Führung oder Bedienung eines Luftfahrzeuges ungeeignet ist. Gewerbsmäßige Ausbildung von Luftfahrern ist genehmigungspflichtig. Genehmigungspflichtig ist ferner die Anlage von Flughäfen und der Betrieb von Luftfahrunternehmungen und -veranstaltungen. Luftfahrzeuge dürfen, außer in Notfällen, nur in Flughäfen und außerhalb geschlossener Ortschaften nur auf nichteingefriedigten Grundstücken oder auf Wasserflächen landen. Für einzelne Gebiete, Grundstücke oder Wasserflächen kann ein Landungsverbot erlassen werden. Die Bildung von Luftsperrgebieten ist zulässig. Die Polizei ist befugt, durch Abgabe bestimmter Zeichen Luftfahrzeuge zum sofortigen Landen zu veranlassen und bei Weigerung den Weiterflug zwangsweise zu verhindern.

Grundsatz der die Haftpflicht regelnden Vorschriften des Luftverkehrsgesetzes ist, daß die Haftung ohne Rücksicht auf Verschulden eintritt. Haftpflichtig ist grundsätzlich der Halter des Fahrzeuges, ausnahmsweise der Benutzer. Die Schadenersatzpflicht tritt ein bei Tötung, Verletzung des Körpers oder der Gesundheit oder bei Sachbeschädigung. Für die Haftung sind Höchstgrenzen festgesetzt. Die Schadenersatzansprüche verjähren in zwei Jahren. Zur Sicherung der Schadenersatzforderungen besteht für Halter von Luftfahrzeugen sowie für Unternehmer von Flughäfen, Luftfahrunternehmungen und öffentlichen Flugveranstaltungen eine Zwangsversicherungspflicht, die durch Leistung einer Sicherheit ersetzt werden kann.

Die wichtigsten Bestimmungen für Luftreisende.

1. Jeder Fluggast muß im Besitz eines gültigen Flugscheins und, sofern es sich um einen Flug ins Ausland handelt, eines ordnungsmäßigen Passes mit dem etwa erforderlichen Sichtvermerk sein, ohne daß die Luftverkehrsgesellschaft verpflichtet ist, auf das Vorhandensein des Passes zu achten. Rückflugscheine sind nur innerhalb der auf ihnen vermerkten Frist gültig. Die Platzbelegung hat bei Rückflugscheinen in derselben Weise zu geschehen wie bei einfachen Flugscheinen.

Flugscheine sind bei allen Vertretungen des Norddeutschen Lloyd, der Hamburg-Amerika-Linie, des Mitteleuropäischen Reisebureaus und allen namhaften Reisebureaus sowie bei den Dienststellen der Deutschen Lufthansa erhältlich.

2. Die Fluggäste haben sich so rechtzeitig vor der festgesetzten Startzeit auf dem Flugplatz einzufinden, daß die nötigen Paß-, Zoll- und Gepäckvorschriften erledigt werden können.

3. Von der Beförderung ausgeschlossen sind:

a) Geisteskranke und mit ansteckenden Krankheiten behaftete oder unter dem Einfluß von Alkohol, Drogen oder sonstigen Betäubungsmitteln stehende Personen;

b) einfuhrverbotene Gegenstände sowie solche, deren Beförderung über einem der zu überfliegenden Länder verboten ist;

c) Waffen, Munition, explosive, feuergefährliche, ätzende oder sonst dem Flugzeug, den Fluggästen oder Gütern gefahrbringende Gegenstände;

d) Gegenstände, durch die eine Belästigung der Mitreisenden verursacht werden kann, oder die wegen ihres Umfanges, ihres Gewichts oder ihrer sonstigen Beschaffenheit sich zur Beförderung mit einem Flugzeuge eines der an der Beförderung beteiligten Unternehmens nicht eignen. Die Mitnahme lebender Tiere kann auf Grund besonderer Vereinbarung gestattet werden.

4. Die Beförderung von Kindern in Begleitung erfolgt bis zu einem Alter von drei Jahren unentgeltlich, bei einem Alter von drei bis sieben Jahren zum halben Preise. Minderjährige haben nur dann Anspruch auf Beförderung, wenn sie im Besitze einer schriftlichen Einwilligung des gesetzlichen Vertreters für den Flug nach Maßgabe der Beförderungsbedingungen sind. Eine Verpflichtung für die Flugleitung, die Einwilligungserklärung sich vorlegen zu lassen oder einzusehen, besteht nicht.

5. Die Luftverkehrsgesellschaften behalten sich das Recht vor, Beförderung von Passagieren oder Gepäck bei irgendeinem Fluge zu verweigern, ohne damit

Verpflichtungen gegenüber dem Passagier einzugehen, mit Ausnahme der Rückzahlung des Flugpreises. Wird auf einen Flugschein einer Luftverkehrsgesellschaft die Beförderung durch ein Flugzeug einer anderen oder mehrerer anderer Luftverkehrsgesellschaften ausgeführt, so sind die Ausführenden für ihre Ausführung allein Vertragsgegner.

Ein Anspruch auf Rückerstattung des gezahlten Flugpreises besteht nicht, wenn ein angemeldeter Fluggast zu dem betreffenden Fluge nicht oder zu spät erscheint. Will der Fluggast von einem Fluge zurücktreten, so erhält er den gezahlten Flugpreis unter Abzug von 10 Prozent für Abbestellungsgebühren usw. zurückerstattet, sofern der Flugschein und die Anzeige des Rücktritts der zuständigen Stelle spätestens 24 Stunden vor der vorgesetzten Startzeit zugeht. Eine Rückzahlung für einen Platz, der später als 24 Stunden und, wenn der Flugpreis 100 Goldfranken übersteigt, später als 48 Stunden vor der vorgesehenen Startzeit abbestellt wird, kann nur erfolgen, wenn der Flugschein anderweitig verkauft wird. Fällt der Flug wegen schlechten Wetters, aus Verkehrs- oder anderen Gründen aus, oder kehrt das Flugzeug nach Antritt des Fluges ohne Unterbrechung desselben zum Ausgangspunkt zurück, ist der Fluggast berechtigt, die Rückzahlung des Flugpreises zu beanspruchen. Bei Unterbrechung des Fluges hat der Fluggast Anspruch auf Rückerstattung des Flugpreises für die nicht geflogenen Kilometer. Rückerstattungsanträge müssen innerhalb vier Wochen — von der Ausstellung des Flugscheins an gerechnet — geltend gemacht werden.

6. Die Teilnahme am Fluge sowie die Mitnahme von Gepäck erfolgt der Luftverkehrsgesellschaft, ihren Angestellten, den Unternehmungen und Personen, deren sie sich zur Erfüllung ihrer Verbindlichkeiten bedient, sowie den verausgabenden Agenturen gegenüber auf alleinige Gefahr des Fluggastes.

Mit der Teilnahme am Fluge oder der Annahme des Flugscheines verzichtet der Fluggast, insbesondere für sich und etwa in Betracht kommende andere Personen auf den Ersatz des Schadens, der ihm mittelbar oder unmittelbar bei der Benutzung des Flugzeuges oder sonst im Zusammenhang mit der Luftreise, insbesondere auch im Zubringerdienst, an seiner Person, seinen Sachen oder seinem Gepäck erwächst. Er hat auch keinen Anspruch auf Schadenersatz wegen Ausschlusses vom Fluge, Ausfall des Fluges, Verspätung oder Unterbrechung eines Fluges.

Hierzu ist zu bemerken, daß alle Fluggäste, die den tarifmäßigen Flugpreis entrichtet haben, auf Kosten der Luftverkehrsgesellschaft zur Ausgleichung des Haftungsausschlusses für den Flug, den sie auf Grund ihres Flugscheines mit einem Flugzeug der Deutschen Lufthansa A.-G., der Deutsch-Russischen Luftverkehrsgesellschaft m. b. H., der Österreichischen Luftverkehrs-A.-G. oder der Nordbayrischen Verkehrsflug G. m. b. H. ausführen, für Unfälle mit je 25000 RM. für den Todesfall und den Fall dauernder Erwerbsunfähigkeit und mit 25 RM. für den Tag bei vorübergehender völliger Arbeitsbehinderung versichert sind. Für Personen unter 16 Jahren kann die Tagegeldentschädigung auf Ersatz der Kurkosten beschränkt werden.

7. Allen auf den Flugdienst bezüglichen Anordnungen des Personals ist unbedingt zu folgen.

Das eigenmächtige Betreten des Flugplatzes sowie der Aufenthalt in der

Nähe des Flugzeuges ist ohne besondere Erlaubnis untersagt. Das Besteigen oder Verlassen des Flugzeuges darf erst nach Aufforderung der Flugleitung erfolgen.

Weitere allgemein interessierende Bestimmungen über den Luftverkehr sind u. a. im Reichs-Luftkursbuch, herausgegeben vom Reichsverkehrsministerium, enthalten.

Luftpostverkehr. Im Anschluß an das Luftrecht ist der Luftpostverkehr zu erwähnen. Bestimmungen hierüber sind am 1. April 1925 erlassen und sind in der Anlage zum Amtsblatt des Reichspostministeriums Nr. 29 enthalten. Das Luftpostnetz und die Flugpläne des regelmäßigen Verkehrs werden durch das Amtsblatt des Reichspostministeriums (RPM.) bekannt gegeben. Auf allen Postämtern befindet sich ein Aushang: „Luftpost" über die Luftpostlinien. Mit den Luftposten werden Sendungen (Luftpostsendungen) befördert, für die eine Zuschlaggebühr (Luftpostzuschlag) entrichtet wird. Um die Luftpostsendungen von anderen Sendungen besser kenntlich zu machen, empfiehlt es sich, Luftpostmarken zu verwenden, welche bei allen Postämtern zu haben sind. Alle Luftpostsendungen müssen die deutliche Angabe — „mit Luftpost" oder „mit Flugpost" — tragen. Luftpostsendungen werden bei allen Postanstalten angenommen. Gewöhnliche Briefsendungen können auch durch die Briefkasten abgeliefert werden. Die Luftpostzeitungen sind vom Verleger zu verpacken, und zwar mit einer stark in die Augen fallenden Aufschrift nach bestimmtem Muster.

Für die Behandlung der mit Flugzeugen vom Ausland eingehenden Frachtgüter und für Luftpostsendungen nach dem Ausland sind bestimmte Bedingungen festgelegt.

Das Schiffahrtswesen.

Gemäß Weimarer Verfassung sind die dem allgemeinen Verkehr dienenden Wasserstraßen in Eigentum und Verwaltung dem Reiche übertragen. Den Ländern ist für die Übertragung eine Abfindung gewährt. Solche Wasserstraßen können künftig nur vom Reiche oder mit seiner Zustimmung angelegt oder ausgebaut werden. In die Rechtsstellung der Strombauverbände in bezug auf den Ausbau natürlicher Wasserstraßen im Rhein-, Weser- und Elbegebiet ist das Reich eingetreten. Strombauverbände waren Zwangsgenossenschaften der beteiligten Staaten zur Beschaffung von Mitteln für die Verbesserung und Unterhaltung bestimmter Wasserstraßen im Interesse der Binnenschiffahrt. Die allgemeine sicherheitspolizeiliche Tätigkeit wird auf den Wasserstraßen von dem Reichswasserschutz ausgeübt. Die Schiffahrtsabgaben sind von der Reichsverfassung geregelt worden.

Zur Sicherung der Freiheit der Schiffahrt auf den auch außerdeutsches Gebiet durchfließenden Strömen waren vertraglich zwischen den beteiligten Staaten Vereinbarungen geschlossen, die sog. Schiffahrtsakte. Diese Vereinbarungen sind bezüglich der freien Entschließung Deutschlands durch den Versailler Vertrag schwer beeinträchtigt worden. Dieser erklärt die Elbe, Oder und Donau (von Ulm ab) nebst ihren schiffbaren Zuflüssen sowie den in Aussicht genommenen Schiffahrtsweg Rhein-Donau für international. Die genannten Flüsse sind der Verwaltung internationaler Ausschüsse unterstellt.

Auf ihnen sind die Staatsangehörigen, das Gut und die Flagge aller Mächte auf dem Fluß mit vollkommener Gleichheit zu behandeln. Die Regelung aller einschlägigen Fragen ist in den Elbschiffahrtsakten vom 22. Februar 1922, durch die Donauakte vom 23. Juli 1921 geordnet, für Rhein und Mosel sind die bis dahin geltenden Vorschriften des Mannheimer Abkommens vom 17. Oktober 1868 durch den Versailler Vertrag wieder in Kraft gesetzt. Die Zentralkommission hat ihren Sitz in Straßburg; Frankreich sind besondere Vorrechte eingeräumt. Die Verwaltung der zwischen Polen und Deutschland als Grenze bildende Strecke der Oder ist durch Abkommen vom 19. August 1926 mit Polen geregelt. Der Kaiser-Wilhelm-Kanal (Kiel) hat den Kriegs- und Handelsschiffen aller Nationen gleichberechtigt offenzustehen. Die endgültige Entscheidung bei Meinungsverschiedenheiten oder Verletzungen liegt bei einem vom Völkerbund besonders eingesetzten Gerichtshof.

Seeschiffahrt. Die Gesetzgebung über die Seeschiffahrt, die Hochsee- und die Küstenfischerei steht dem Reiche zu. Alle Angelegenheiten werden im Reichsverkehrsministerium bearbeitet, ihm zur Seite steht die technische Kommission der Seeschiffahrt.

Alle deutschen Kauffahrteischiffe bilden eine einheitliche Handelsflotte. Kauffahrteischiffe sind die zum Erwerbe durch die Seefahrt bestimmten Schiffe. Sie haben als Nationalflagge ausschließlich die Reichsflagge zu führen (Gesetz betreffend das Flaggenrecht der Kauffahrteischiffe vom 22. Juni 1890). Die Handelsflagge ist schwarz weiß rot mit den Reichsfarben in der inneren Ecke. (Verordnung vom 11. April 1921.) Die Handelsflagge wird am Heck oder am hinteren Mast geführt. Sie muß gezeigt werden beim Begegnen mit einem Schiffe der Reichsmarine, das die Reichskriegsflagge gesetzt hat, beim Vorbeifahren innerhalb drei Seemeilen an einer deutschen Küstenbefestigung, auf der die Reichskriegsflagge weht, sowie beim Einlaufen in einen deutschen Hafen. Zur Führung der Reichsflagge sind die Kauffahrteischiffe nur berechtigt, wenn sie im ausschließlichen Eigentume von Reichsangehörigen stehen. Für diese Schiffe werden von den Amtsgerichten der Heimathäfen Schiffsregister geführt. Die Einsicht in das Schiffsregister ist jedem gestattet. Über die Eintragung wird eine Urkunde (Schiffszertifikat) ausgestellt, durch die das Recht des Schiffes zur Führung der Reichsflagge nachgewiesen wird. Erlangt ein im Auslande befindliches Schiff das Recht zur Führung der Reichsflagge, so kann das Schiffszertifikat durch ein vom Konsul auszufertigendes Flaggenzeugnis ersetzt werden. Im allgemeinen ist den deutschen Schiffen die Küstenschiffahrt vorbehalten.

Zur Ermittlung der Ladungsfähigkeit wird der Raumgehalt nach den Vorschriften der Schiffsvermessungsordnung (Bekanntmachung vom 1. März 1895 und ff.) durch Vermessung festgestellt. Über die Vermessung wird ein Meßbrief ausgefertigt.

Aufgabe der deutschen Seewarte in Hamburg ist es, die Kenntnis der die Schiffahrt interessierenden Naturverhältnisse des Meeres, die Kenntnis der Witterungserscheinungen an den deutschen Küsten zu fördern und zur Sicherung und Erleichterung des Schiffahrtverkehrs zu verwerten.

Vorschriften zur Verhütung des Zusammenstoßes von Schiffen auf See enthält die Seestraßenordnung. Sie ordnet insbesondere die Lichterführung,

Abgabe von Schall- und Notsignalen und das Ausweichen. Besondere Bestimmungen sind für das Verhalten der Schiffer nach einem Zusammenstoße von Schiffen auf See erlassen. Zur Untersuchung der Seeunfälle sind Seeämter errichtet. Über die Ersatzpflicht beim Zusammenstoß von Schiffen ist am 23. September 1910 ein internationales Übereinkommen geschlossen.

Die Verwaltung der Strandungsangelegenheiten wird von Strandämtern geführt, unter denen Strandvögte stehen.

Seeschiffer, Seesteuerleute, Schiffsingenieure, Seemaschinisten und Lotsen bedürfen zur Ausübung ihres Gewerbes eines Befähigungszeugnisses. Ihre Vorbildung erwerben sie auf den Seefahrtschulen.

Die Rechtsverhältnisse der Schiffsbesatzung aller Kauffahrteischiffe, die das Recht zur Führung der Reichsflagge ausüben dürfen, sind einheitlich durch die Seemannsordnung geregelt. Der Kapitän ist der Dienstvorgesetzte der Schiffsoffiziere und Schiffsleute. Jeder Schiffsmann muß sich vor Eintritt in den Dienst ein Seefahrtsbuch durch das Seemannsamt anfertigen lassen. Die Anmusterung geschieht durch einen mit dem Schiffsmanne vor dem Seemannsamte geschlossenen Heuervertrag. Über die Stellenvermittlung für Seeleute sind in dem Genueser Übereinkommen vom 25. Mai 1925 internationale Vorschriften getroffen. Die Abmusterung der Schiffsleute geschieht gleichfalls vor dem Seemannsamt. Erwerbslose Seeleute erhalten Fürsorge. (Verordnung vom 30. Oktober 1924.) Der Heuervertrag ist ein Dienstvertrag. Der Schiffsmann ist der Disziplinarsgewalt des Kapitäns unterworfen.

Das Privatseerecht ist im 4. Buche des Handelsgesetzbuches unter der Bezeichnung Seehandel geregelt. Insbesondere bezüglich der Veräußerung eines Schiffes oder eines Anteils an einem Schiff (Schiffspart). Es regelt die Privatrechtsverhältnisse der Eigentümer (Reeder, Reederei) und der Führer (Schiffskapitän, Schiffer des Schiffes). Das Hauptgeschäft ist das Frachtgeschäft. Weiter werden geregelt u. a. das Frachtgeschäft zur Beförderung von Reisenden, die Haverei, die Bergung und Hilfsleistung in Seenot, die Seeversicherung sowie die Verjährung gewisser seerechtlicher Forderungen.

Binnenschiffahrt. Die Gesetzgebung über diese steht dem Reiche zu. Ihre Angelegenheiten werden vom Reichsverkehrsministerium bearbeitet. Die bei der Ausübung zu beobachtenden polizeilichen Vorschriften sind in den Strom- und Schiffahrtspolizeiverordnungen vorgeschrieben. Die privatrechtlichen Verhältnisse der Binnenschiffahrt sind reichsgesetzlich in der Fassung vom 20. Mai 1898 sowie Verordnung vom 13. Dezember 1923 geordnet, ebenfalls die privatrechtlichen Verhältnisse der Flößerei (Gesetz vom 15. Juni 1898, Verordnung vom 13. Dezember 1923).

Das Maß- und Gewichtswesen.

Das Maß- und Gewichtswesen ist durch die Maß- und Gewichtsordnung vom 30. Mai 1908 und die Eichordnung für das Deutsche Reich vom 8. November 1911 geregelt. Die Grundlage des Längenmaßes ist das Meter (m), geteilt in Dezimeter, Zentimeter, Millimeter; tausend Meter sind ein km; des Flächenmaßes das Quadratmeter (qm), des Raummaßes das Kubikmeter (cbm), die Einheit für das Gewicht das Kilogramm (kg).

Hundert qm bilden ein Ar (a), hundert a ein Hektar (ha) und hundert ha ein Quadratkilometer (qkm). Der tausendste Teil des cbm heißt Kubikdezimeter cdm); für Hohlmaße Liter (l), hundert l bilden das Hektoliter (hl).

Der tausendste Teil des kg heißt Gramm (g), der tausendste Teil des g heißt Milligramm (mg), 100 g heißen Hektogramm, 100 kg Doppelzentner (dz), 1000 kg Tonne (t).

Aus den Grundmaßen wird das technische Maßsystem gebildet, z. B. eine Pferdekraft (PS) gleich 75 Meterkilogramm (mkg) in der Sekunde. Ein Kilowatt gleich 0,36 PS, gleich 860 WE (Wärmeeinheiten). WE gleich Wärmemenge, die nötig ist, um 1 Liter Wasser um ein Grad zu erwärmen. Eine WE gleich 427 mkg.

Nach den Grundsätzen der Maß- und Gewichtspolizei dürfen zum Messen und Wägen im öffentlichen Verkehr nur geeichte und richtige Maße, Gewichte und Wagen angewendet und bereitgehalten werden. Auch der Faßverkauf von Wein und Bier darf nur in geeichten Fässern erfolgen. Gasmesser müssen gestempelt sein.

Die Eichung (Prüfung und Stempelung) der Maße, Gewichte und Wagen ist Neueichung oder Nacheichung. Die Eichämter sind staatliche, den Landesregierungen, in Preußen dem Handelsminister unterstellte Behörden.

Die gesetzlichen Einheiten bei elektrischen Messungen, wie sie insbesondere bei Lieferungen elektrischer Ströme und Geräte vorkommen, sind das Ohm für den elektrischen Widerstand, das Ampère für die Stromstärke und das Volt für die elektromotorische Kraft (Spannung, Niederspannung bis zu 250 Volt, Hochspannung über 250 Volt). Die elektrische Leistung ist das Produkt von Stärke und Spannung (Kilowatt, Watt oder Kilowattstunde). Prüfung und Beglaubigung der elektrischen Meßgeräte untersteht der physikalisch-technischen Reichsanstalt.

Schankgefäße für Wein und Bier müssen in Gast- und Schankwirtschaften mit einem dem Raumgehalt in Litermaß bezeichnenden Füllstrich versehen sein.

Der Feingehalt der Gold- und Silberwaren kann, um das Vertrauen zu diesen Waren zu erhöhen und das Publikum vor Täuschungen zu bewahren, mit einem Stempel über den Feingehalt versehen werden. Die Verkäufer haften für die Richtigkeit des angegebenen Feingehaltes.

Die Zeitmessung.

Für die Zeitmessung ist maßgebend der 15. Längengrad östlich von Greenwich, die sog. Mitteleuropäische Zeit. Auf diese haben sich die Mitteleuropäischen Staaten geeinigt (RG. vom 12. März 1893). Beträgt der Unterschied zwischen dieser gesetzlichen und der Ortszeit mehr als eine Viertelstunde, so kann die höhere Verwaltungsbehörde Abweichungen hinsichtlich der Zeitbestimmung bis zu einer halben Stunde zulassen.

Das Münzwesen.

Durch die Inflation wurde der Wert des deutschen Geldes immer mehr vernichtet. Das Schicksal der Mark wurde besiegelt, als im Laufe dieser weiteste Kreise von der Rechnung mit der immer wertloser werdenden Papiermark zur Rechnung mit „Festmark“ oder „Goldmark“, angelehnt an den Kurs des nordamerikanischen Dollars, übergingen. Völlig vernichtet wurde die Währung, als das Ruhrgebiet von den Franzosen besetzt wurde. Im Herbst 1923 war die Not am höchsten gestiegen, eine völlige Auflösung der deutschen Wirtschaft schien unausbleiblich. Die Katastrophe wurde verhindert durch die Errichtung der Deutschen Rentenbank. Der ursprüngliche Plan geht auf den verstorbenen Staatsminister Karl Helfferich durch Schaffung der Roggenmark zurück. Die Stabilisierung der Mark erfolgte Ende 1923 durch den Reichsbankpräsidenten Schacht durch Schaffung der Rentenbank und Rentenmarkscheine und Münzen.

Nach dieser Übergangszeit wurde im Anschluß an die Dawes-Gesetzgebung die neue Währung im Reiche eingeführt. Nach dem Münzgesetz gilt im Deutschen Reiche die **Goldwährung**. Ihre Rechnungseinheit bildet die Reichsmark, welche in 100 Reichspfennige eingeteilt wird. Als Reichsmünzen sollen Stücke über 10 und 20 RM. als Goldmünzen, Stücke über Beträge von 1—5 RM. als Silbermünzen und außerdem Stücke über 1, 2, 5, 10, und 50 Reichspfennige ausgeprägt werden. Bei der Ausprägung der Goldmünzen werden aus einem Kilogramm feinem Golde $139^1/_2$ Stücke über 20 RM. oder 279 Stücke über 10 RM. ausgeprägt. Das Mischungsverhältnis beträgt 900 Teile Gold und 100 Teile Kupfer. Die Gestalt der Münzen wird vom Reichsfinanzminister bestimmt. Alleinige gesetzliche Zahlungsmittel sind fortan die vorgenannten Reichsmünzen und die von der Reichsbank ausgestellten, auf Reichsmark lautenden Noten.

Der Gesamtbetrag der Münzen zu 5 RM. und darunter darf 20 RM. für den Kopf der Bevölkerung nicht überschreiten. Niemand ist verpflichtet, Silbermünzen im Betrage von mehr als 20 RM., auf Reichspfennige, Rentenpfennige oder Pfennige lautende Münzen, soweit sie nicht Silbermünzen sind, im Betrage von mehr als 5 RM. in Zahlung zu nehmen. Für Reichs- und Landeskassen besteht jedoch unbeschränkte Pflicht zur Zahlungsannahme.

Die Anfertigung und Inverkehrsetzung falschen Metall- oder Papiergeldes sowie die zu diesem Zweck erfolgende Anschaffung und Anfertigung dazu dienender Stempel und Platten wird als Münzverbrechen oder -vergehen bestraft. Daneben ist jede anderweitige eigenmächtige Anfertigung und Überlassung solcher Stempel, Platten und Abdrücke mit Strafen bedroht.

Die Kapitalpflege.

Der Staat hat die Bildung des Kapitals zu fördern und die Kapitalnutzung zu erleichtern und zu regeln (Sparkassen, Versicherungen, Kreditwesen).

Sparkassen. Durch Ausleihung der Bestände sind die Sparkassen gleichzeitig zu bankähnlichen Kreditanstalten geworden. Die Sicherheit und die Fähigkeit zur rechtzeitigen Zurückzahlung der angesammelten und verwahrten Beträge darf durch den Betrieb der Bankgeschäfte nicht beeinträchtigt werden. Zum Teil in Anlehnung an die Sparkassen sind Kommunalbanken gegründet worden. Man erwartet, nachdem die Währung gefestigt ist, gerade von den Sparkassen, daß sie ein gut Teil zur Lösung der allgemeinen Wiederaufbaufragen beitragen werden. Eine wesentliche Unterstützung hierbei ist die Bildung von Girozentralen in den preußischen Provinzen, denen die Sparkassen und Kommunalbanken angeschlossen sind. Guthaben bei Sparkassen aus früheren

Zeiten, die der Aufwertung unterliegen, sollen mindestens 12½% des Goldmarkbetrages erreichen. Dem Sparer wird ein auf seinen Namen lautendes Sparbuch ausgehändigt; jedoch kann, falls dieses nicht gesperrt wird, der Betrag an jeden Inhaber ohne weiteren Ausweis gezahlt werden. Eine angemessene Verzinsung wird gewährt.

Versicherungswesen. Versicherung ist der Zusammenschluß einer größeren Zahl von Personen behufs Aufbringung eines außerordentlichen Vermögensbedarfs, der durch ein bestimmtes Ereignis für eine dieser Personen hervorgerufen wird. Die beteiligten Personen heißen Versicherte oder Versicherungsnehmer. Unternehmer sind in der Regel öffentlich-rechtliche Körperschaften (Anstalten) oder Erwerbsgesellschaften (meist Aktiengesellschaften). Die Versicherungsurkunde heißt Versicherungsschein (Police), der Beitrag Prämie. Man hat die Versicherungen in drei Gruppen zusammengefaßt: die Kranken- und Lebensversicherung, ferner die See-, Feuer-, Hagel- und Viehversicherung und schließlich die Haftpflicht und die Rückversicherung.

Mit der Rückversicherung übertragen die einzelnen Versicherer einen Teil der Gefahr (das Risiko) auf einen anderen Versicherer (Rückversicherungsgesellschaften). Die Versicherten sind bei der Aufwertungsfrage ebenfalls berücksichtigt.

Das Versicherungsrecht.

Das Versicherungsrecht ist als zum Handelsrecht gehörig in diesem Kapitel auf den Seiten 234 bis 239 gesondert behandelt.

Kredit- und Bankwesen.

Kredit ist die Fähigkeit einer Person, das Kapital einer anderen zur Benutzung heranzuziehen. Er beruht auf dem Vertrauen in die Möglichkeit und den Willen des Schuldners, den übernommenen Verpflichtungen nachzukommen. Derartige Geschäfte heißen Kreditgeschäfte.

Der durch Grundstücke gesicherte Kredit heißt Grund-(Real-) Kredit, der sonstige Personalkredit. In Deutschland ist durch Reichsgesetzgebung der Grundkredit durch die Grundbuchordnung und Zwangvollstreckung, der Personalkredit durch die Bestimmungen über Inhaberpapiere, die Wechselordnung, die Regelung des Scheckverkehrs, des Postschecks und die Vertretung des Besitzes von Schuldverschreibungen geregelt. Ferner sind zur Förderung des Kredites die Verhältnisse der Kreditanstalten, insbesondere der Banken, geordnet, deren Mittelpunkt die Reichsbank bildet. Einschränkungen der Kreditgewährung schließen die gegen den Wucher gerichteten Bestimmungen in sich.

Die Kreditanstalten dienen entweder einem bestimmten Erwerbszweige oder als allgemeine Anstalten dem Kredit überhaupt. Insbesondere für den Personalkredit. Hierzu gehören in erster Linie die **Banken.** Neben ihnen bestehen als allgemeine Anstalten die Preußische Zentralgenossenschaftskasse (Preußenkasse), die Pfandleihanstalten und für langfristige Kredite die Provinzialhilfskassen. Die privaten Pfandleihanstalten sind wegen ihrer damit verbundenen Gefahren einer besonderen polizeilichen Überwachung unterworfen.

Banken. Den wichtigsten Mittelpunkt für den Kredit bilden die Banken. Bei ihnen laufen alle Fäden zusammen. Der gesamte Geld- und Kreditverkehr findet durch sie die erforderliche Vermittlung. Sie sind meistens Aktiengesellschaften oder Genossenschaften. Gesetzlich geregelt sind neben den Hypothekenbanken und Depotgeschäften die Verhältnisse der Notenbanken und der Reichsbank.

Durch Beschluß des Preußischen Staatsministeriums wurde der Staatsbank, der Seehandlung, am 1. März 1926 eine neue Verfassung gegeben. Sie steht unter Aufsicht des Staates und gehört zum Geschäftsbereich des Finanzministers. Aufgabe der Seehandlung ist es, die Interessen des Preußischen Staats auf dem Kapital- und Geldmarkt wahrzunehmen.

Notenbanken. Notenbanken oder Zettelbanken sind Bankinstitute, die mit dem „Notenprivileg" ausgestattet, d. h. zur Ausgabe von Banknoten befugt sind. In Deutschland sind sie als sog. Papiergeld zum gesetzlichen Zahlungsmittel bestimmt. Die Banknotenausgabe wird vom Staat geregelt und überwacht, die Höhe der Notenausgabe ist gesetzlich beschränkt.

Rentenbank und Reichsbank. Zur Überwindung der Inflation wurde die Rentenbank geschaffen. Nach Schaffung der neuen deutschen Goldwährung und der neuen Reichsbank wurden die von ihr herausgegebenen Rentenmarkscheine eingezogen. Die Bank selbst wurde in die Rentenbankkreditanstalt umgewandelt.

An der Spitze der Dawes-Gesetze steht das Bankgesetz vom 30. August 1924, das die Rechtsverhältnisse der Reichsbank regelt. Sie ist eine von der Reichsregierung unabhängige Bank mit dem Sitz in Berlin, hat die Aufgabe, den Geldumlauf im Reichsgebiet zu regeln, die Zahlungsausgleichungen zu erleichtern und für die Nutzbarmachung des verfügbaren Kapitals zu sorgen. Das Kapital dieser einer Aktiengesellschaft ähnlichen juristischen Person beträgt 300 Millionen Reichsmark, eingeteilt in Anteilscheine von 100 Reichsmark. Sie wird durch das Reichsbankdirektorium, mit einem Präsidenten an der Spitze, verwaltet. Das Reichsbankdirektorium bestimmt die Währungs-, Diskont- und Kreditpolitik der Bank. Die Bank besitzt einen Generalrat. Derselbe ist Kontrollorgan mit internationaler Beteiligung zur Sicherung der Reparationszahlungen und Aufrechterhaltung der deutschen Währung. Er besteht aus 14 Mitgliedern (7 Deutsche, 7 Ausländer). Vorsitzender ist der Reichsbankpräsident. Zur Kontrolle der Notenausgabe und der Golddeckung ist ein ausländischer Kommissar bestellt, dessen Ausfertigungsstempel jede Banknote tragen muß.

Auf die Dauer von 50 Jahren hat die Reichsbank das ausschließliche Recht, Banknoten in Deutschland auszugeben; diese sind gesetzliches Zahlungsmittel. Eine Deckung von mindestens 40% in Gold oder Devisen (mindestens jedoch ¾ in Gold) und höchstens 60% in diskontierten guten Wechseln und Schecks ist Vorschrift. Über den Stand der Aktiva und Passiva ist ein wöchentlicher Ausweis zu veröffentlichen. Der Geschäftskreis der Bank umfaßt einerseits die Tätigkeit als allgemeine Zahlstelle des Reichs, das seine Bankgeschäfte auch durch die Reichsbank besorgen läßt, andererseits den An- und Verkauf von Gold, Silber und Devisen, die Diskontierung von reichsbankfähigen Wechseln und Schecks (mit drei sicheren Unterschriften), Hingabe von zinsbaren

Darlehen im Lombardverkehr, Annahme von Geldern im Depositengeschäft und Giroverkehr. Der Giroverkehr hat großen Umfang angenommen. Wer ein Konto bei der Reichsbank hat, kann über sein Guthaben durch Überweisung oder Scheck verfügen. Alle größeren Kreditanstalten besitzen solche Konten. Durch die in den größeren Städten eingerichteten Abrechnungsstellen der Reichsbank findet die Aufrechnung der gegenseitigen Forderungen statt. Die Reichsbank ist die oberste Spitze für den gesamten Abrechnungsverkehr.

Von dem Reingewinn der Bank erhalten die Anteilseigner eine jährliche Dividende von 8%.

Verfassung und Verwaltung in einzelnen deutschen Ländern.

Preußisches Staatsrecht und Verwaltungsrecht.

Das preußische Volk hat sich durch die verfassungsgebende Landesversammlung am 30. November 1920 die heute gültige Verfassung gegeben. **Preußen** ist eine Republik und Glied des Deutschen Reiches. Die Landesfarben sind Schwarz-Weiß. Die Geschäfts- und Verhandlungssprache im öffentlichen Dienste ist die deutsche Sprache. Träger der Staatsgewalt ist die Gesamtheit des Volkes. Das preußische Volk äußert seinen Willen in Anlehnung an die Reichsverfassung unmittelbar durch die Volksabstimmung (Volksbegehren, Volksentscheid und Volkswahl).

Stimmberechtigt sind auch hier alle über 20 Jahre alten reichsdeutschen Männer und Frauen, die in Preußen ihren Wohnsitz haben. Das Stimmrecht ist allgemein und gleich und wird geheim und unmittelbar ausgeübt.

Volksbegehren können darauf gerichtet werden, 1. die Verfassung zu ändern, 2. Gesetze zu erlassen, zu ändern oder aufzuheben, 3. den Landtag aufzulösen. Sie sind an das Staatsministerium zu richten. Volksentscheide finden auf Volksbegehren und in den sonst in der Verfassung vorgesehenen Fällen statt.

Der Landtag besteht aus den Abgeordneten des deutschen Volkes. Wählbar sind die Stimmberechtigten, die das 25. Lebensjahr vollendet haben. Der Landtag wird auf 4 Jahre gewählt. Die Neuwahl muß vor dem Ablaufe dieser Zeit erfolgen. Die Auflösung erfolgt durch eigenen Beschluß, durch den Beschluß eines Ausschusses oder durch Volksentscheid. Nach Auflösung des Landtags muß die Neuwahl binnen 60 Tagen stattfinden. Der Landtag versammelt sich am Sitze des Staatsministeriums. Er bestimmt selbst den Schluß und den Tag des Wiederzusammentritts für die Tagung. Er wählt seinen Präsidenten, dessen Stellvertreter und die übrigen Mitglieder seines Vorstandes. Der Präsident verwaltet die gesamten wirtschaftlichen Angelegenheiten des Landtages nach Maßgabe des Staatshaushaltsgesetzes mit den Befugnissen eines Staatsministers. Der Landtag ist beschlußfähig, wenn mehr als die Hälfte der gesetzlichen Mitgliederzahl anwesend ist. Er faßt seine Beschlüsse mit einfacher Mehrheit. Die Vollsitzungen sind öffentlich. Auf Antrag von 50 Abgeordneten kann der Landtag mit zweidrittel Mehrheit die Öffentlichkeit für einzelne Gegenstände der Tagesordnung ausschließen. Über den Antrag wird in geheimer Sitzung verhandelt. Der Landtag und jeder seiner Ausschüsse können die Anwesenheit jedes Ministers verlangen. Er bestellt einen ständigen Ausschuß zur Wahrung der Rechte der Volksvertretung gegenüber dem Staatsministerium für die Zeit außerhalb der Tagung. Die Mitglieder des Landtags erhalten das Recht zur freien Fahrt auf allen im Bereiche der ehemals preußisch-hessischen Eisenbahngemeinschaft belegenen deutschen Eisenbahnen und eine Entschädigung. Der Landtag beschließt über die Gesetze nach Maßgabe der Verfassung. Er genehmigt den Haushaltsplan in Einnahmen und Ausgaben.

Zur Vertretung der Provinzen bei der Gesetzgebung und Verwaltung des Staats wird ein **Staatsrat** gebildet. Er besteht aus Vertretern der Provinzen. Als Provinzen gelten hierbei:

Ostpreußen, Brandenburg, Stadt Berlin, Pommern, Grenzmark Posen-Westpreußen, Niederschlesien, Oberschlesien, Sachsen, Schleswig-Holstein, Hannover, Westfalen, Rheinprovinz und Hessen-Nassau.

Auf je 500000 Einwohner einer Provinz entfällt ein Vertreter, jedoch entsendet jede Provinz mindestens drei Vertreter in den Staatsrat. Ein Rest von mehr als 250000 Einwohnern wird vollen 500000 gleichgerechnet. Außerdem entsenden die Hohenzollernschen Lande einen Vertreter.

Die Mitglieder des Staatsrats und ihre Stellvertreter werden von den Provinziallandtagen (in Berlin von der Stadtverordnetenversammlung, in den Hohenzollernschen Landen und in der Grenzmark Posen-Westpreußen von den Kommunallandtagen gewählt). Niemand darf gleichzeitig Mitglied des Landtags und des Staatsrats sein. Die Mitglieder des Staatsrats werden unmittelbar nach der Neuwahl der einzelnen Provinziallandtage, Stadtverordnetenversammlung und Kommunallandtage neu gewählt. Wegen der Immunität, Gewissensfreiheit usw. gelten ähnliche Bestimmungen wie bei der Reichsverfassung. Der Staatsrat ist vom Staatsministerium über die Führung der Staatsgeschäfte auf dem Laufenden zu halten. Gegen die vom Landtage beschlossenen Gesetze steht dem Staatsrate der Einspruch zu. Die Zustimmung des Staatsrats ist erforderlich, wenn der Landtag Ausgaben beschließen will, die über den vom Staatsministerium vorgeschlagenen oder bewilligten Betrag hinausgehen.

Das Staatsministerium. Es besteht aus dem Ministerpräsidenten und den Staatsministern. Der Ministerpräsident wird vom Landtag gewählt, er selbst ernennt die übrigen Staatsminister. Er bestimmt ferner die Richtlinien der Regierungspolitik und ist dafür dem Landtage verantwortlich. Innerhalb dieser Richtlinien leitet jeder Staatsminister den ihm anvertrauten Geschäftszweig selbständig und unter eigener Verantwortung gegenüber dem Landtage. Der Ministerpräsident führt den Vorsitz im Staatsministerium und leitet dessen Geschäfte. Die Minister haben Anspruch auf Besoldung. Das Staatsministerum vertritt den Staat nach außen; es beschließt über Gesetzesvorlagen, die an den Landtag zu bringen sind und erläßt im allgemeinen die Verordnungen zur Ausführung der Gesetze. Es ernennt die unmittelbaren Staatsbeamten und die ihm vorbehaltenen Mitglieder des Reichsrats. Es übt namens des Volkes das Recht der Begnadigung aus. Die Staatsminister leisten beim Amtsantritt den Eid, daß sie ihre Geschäfte unparteiisch zum Wohle des Volkes und getreu der Verfassung und den Gesetzen führen wollen. Staatsministerium wie die einzelnen Staatsminister bedürfen zu ihrer Amtsführung des Vertrauens des Volkes.

Wird ihnen das Vertrauen entzogen, so treten ähnliche Bestimmungen in Kraft wie beim Reichsministerium. Auch im übrigen ähneln die Bestimmungen denen der Reichsverfassung, insbesondere hinsichtlich des Finanzwesens.

Die preußische Verwaltung zerfällt in Zentral-, Mittel- und Unterbehörden. Die nachfolgenden Tabellen geben eine gute Übersicht zugleich mit den bestehenden Regierungsbezirken.

Provinzen	Größe in qkm. (abgerundet)	Einwohner (abgerundet)	Regierungsbezirke
1. Ostpreußen	34500	2 Mill.	Königsberg, Gumbinnen, Allenstein, Marienwerder
2. Grenzmark	7700	1 „	Schneidemühl
3. Pommern.	30100	1,8 „	Stettin, Stralsund, Köslin
4. Brandenburg . . .	30850	2,4 „	Potsdam, Frankfurt a. d. O.
5. Niederschlesien . .	25000	3 „	Breslau, Liegnitz
6. Oberschlesien . . .	10000	1,3 „	Oppeln
7. Sachsen	25260	3,1 „	Magdeburg, Merseburg, Erfurt
8. Hannover	38500	3,1 „	Hannover, Hildesheim, Lüneburg, Stade, Aurich, Osnabrück
9. Schleswig-Holstein.	15200	1,4 „	Schleswig
10. Westfalen	20200	4,5 „	Münster, Minden, Arnsberg
11. Rheinprovinz . . .	26350	7,5 „	Köln, Aachen, Düsseldorf, Koblenz, Trier
12. Hessen-Nassau . .	15700	2,3 „	Kassel, Wiesbaden

I. Die Zentralbehörden (die Staatsministerien).

Das Ministerium	Arbeitsgebiet
1. des Inneren.	Verfassung, Verwaltung, Polizei, Statistik, Kommunalaufsicht
2. der Finanzen, Finanz- und Hochbau, Abteilung	Finanz, Steuer, Haushalt, Kataster, Hochbau
3. der Justiz	Aufsicht über die Rechtspflege, Abteilung der Richter
4. für Wissenschaft, Kunst und Volksbildung (Kultusmin.) . .	Niedere und höhere, Kunst- und Volkshochschulen, Kirchenwesen, Universitäten
5. für Handel und Gewerbe . .	Handel, Gewerbe, Handwerk, Bergbau, Industrie (Schiffahrt- und Eisenbahnwesen)
6. für Landwirtschaft, Domänen und Forsten	Land- und Forstwirtschaft, Wege und Wasserläufe, Landeskultur und Pacht
7. für Volkswohlfahrt	Gesundheits-, Wohnungs- und Siedlungswesen, Jugendwohlfahrt und soziale Fürsorge

Bei den Zentralbehörden gibt es keine Selbstverwaltung. Unter jedem Minister steht ein Staatssekretär; an der Spitze der Abteilungen ein Ministerialdirektor. Die Ministerialräte sind teils juristische, teils technische Beamte.

II. Die Mittelbehörden.

Sie bestehen aus den Provinzial- und Mittelbehörden. Den vom Staat ernannten Leitern der Verwaltung stehen Kollegialbehörden zur Seite (Prov.-

Rat und Bezirksausschuß). Neben der Staatsverwaltung sind die Selbstverwaltungskörperschaften.

Den politischen Gemeinden und Gemeindeverbänden ist das Recht der Selbstverwaltung ihrer Angelegenheiten unter der gesetzlichen geregelten Aufsicht des Staats gewährleistet.

Der Staat gliedert sich in Provinzen, die Provinzen in Kreise, Städte, Landgemeinden.

Die Provinzen verwalten nach Maßgabe des Gesetzes durch ihre eigenen Organe:

a) selbständig die ihnen gesetzlich obliegenden oder freiwillig von ihnen übernommenen eigenen Angelegenheiten — Selbstverwaltungsangelegenheiten;

b) als ausführende Organe des Staats die ihnen übertragenen staatlichen Angelegenheiten — Auftragsangelegenheiten.

III. Die unteren Behörden.

Die Verwaltung der Gemeinde wird vom Gemeindevorsteher (in Hessen-Nassau Bürgermeister) geführt. Ihn unterstützen 2 von der Gemeindevertretung

Übersicht über die preußische Verwaltung.

Verwaltungsbezirk		Staatsverwaltung		Selbstverwaltung	
		rein staatlich	mit Berufs- u. Ehrenbeamten besetzt	vorbereitend und ausführend	beratend und beschließend
Staat	Oberste Behörde	Staatsministerium	—	—	—
Provinz	Mittelbehörden	Oberpräsident	Provinzialrat	1. Provinzialausschuß 2. Landeshauptmann	Provinziallandtag
Regierungsbezirk	Mittelbehörden	Regierung, Reg.-Präsident	Bezirksausschuß	— nur in Hessen-Nassau: Landesausschuß	— Kommunallandtag
Kreis Land / Stadt	Unterbehörden	(Landrat)	Kreisausschuß Stadtausschuß	Kreisausschuß mit Landrat	Kreistag
Amtsbezirk Stadtgemeinde	Unterbehörden	Amtsvorsteher —	Amtsausschuß —	Magistrat mit Bürgermeister	Stadtverordnetenversammlung
Landgemeinde		—	—	Gemeindevorsteher	Gemeindeversammlung oder -vertretung

gewählte Schöffen. Die Aufsicht über die Landgemeinden führt der Landrat oder Regierungspräsident. Die bisherigen Gutsbezirke sind aufgelöst worden.

Die vorstehende Tabelle, die auch dem Werk „Staatsbürgerkunde und Volkswirtschaftslehre" von Ehringhaus-Münscher entnommen ist, gibt eine vorzügliche Übersicht über die preußische Verwaltung.

Die Provinzialbehörden.

(Nach Ehringhaus-Münscher.)

Staatsverwaltung. An der Spitze der Provinz steht der Oberpräsident. Sein Vertreter hat den Titel „Vizepräsident beim Oberpräsidium".

Ihm steht der **Provinzialrat** zur Seite, der aus 7 Mitgliedern besteht (dem Oberpräsidenten, einem höheren Verwaltungsbeamten und 5 vom Provinzialausschuß gewählten Mitgliedern).

Das Provinzialschulkollegium untersteht der Leitung des Oberpräsidenten; es verwaltet und beaufsichtigt die höheren Schulen, Blinden- und Taubstummenanstalten.

Der Provinziallandtag wird auf 4 Jahre nach den Grundsätzen der Verhältniswahl in Land- und Stadtkreisen vom Volk gewählt. In Hessen-Nassau besteht er aus den Mitgliedern der Kommunallandtage.

Der Provinzialausschuß besteht aus einem Vorsitzenden und 7—13 Mitgliedern des Provinziallandtages; er verwaltet die Angelegenheiten des Provinzialverbandes. Er bestellt auch einen Vertreter als Mitglied des Reichsrats und wählt die Vertreter zum Staatsrat.

Der Landeshauptmann (oder der Landesdirektor) wird vom Provinziallandtag auf 6—12 Jahre gewählt. Er führt die laufenden Geschäfte der Kommunalverwaltung und vertritt den Landtag. Die übrigen oberen Beamten heißen Landesräte.

Die Bezirksbehörden.

Die Staatsverwaltung im Regierungsbezirk führt die Regierung, als wichtigstes Staatsverwaltungsorgan. An ihrer Spitze steht der Regierungspräsident. Sie zerfällt in drei Abteilungen: die Präsidialabteilung, die Abteilung für Kirchen- und Schulsachen und die Abteilung für Domänen und Forsten. Die Abteilungen werden von einem Regierungsdirektor (Oberforstmeister) geleitet, ihm stehen Regierungsräte, Bau-, Forst- und Gewerbeschulräte zur Seite.

Der Bezirksausschuß besteht aus 7 Mitgliedern (dem Regierungspräsidenten, zwei höheren Staatsbeamten, von denen der Verwaltungsgerichtsdirektor den Regierungspräsidenten im Verwaltungsgericht vertritt, und vier vom Provinzialausschuß gewählten Mitgliedern).

Die Kreisbehörden.

An der Spitze des Landkreises steht der Landrat, als technische Beamte stehen ihm der Kreisarzt, der Kreistierarzt und der Kreisschulrat zur Seite.

Der Kreisausschuß besteht aus sieben Mitgliedern. (In Stadtkreisen der Stadtausschuß aus dem Bürgermeister und 4 Magistratsmitgliedern.)

Der Kreistag, welcher über alle kommunalen Kreisangelegenheiten berät und beschließt, wird von der Bevölkerung nach der Verhältniswahl gewählt.

Der Kreisausschuß führt unter Leitung des Landrats die Geschäfte.

Die Stadt- und Landgemeinden.

I. Die Stadtgemeinden.

Sie werden nach verschiedenen Städteordnungen verwaltet. Die Verwaltungsorgane sind die Stadtverordnetenversammlung und der Magistrat.

Die Stadtverordnetenversammlung wird von den Bürgern nach den Grundsätzen der Verhältniswahl auf 4 Jahre gewählt. Ihre Anzahl richtet sich nach der Größe der Stadt. Es sind mindestens 11.

bis 15000	für jede angefangenen	1000	erhöht sich die Zahl um je einen Stadtverordneten
15000 „ 30000	„ „ „	2000	
30000 „ 60000	„ „ „	3000	
60000 „ 300000	„ „ „	10000	
über 300000	„ „ „	15000	

Die Stadtverordneten beraten und beschließen über alle Gemeindeangelegenheiten und überwachen die Verwaltung. Sie wählen aus ihrer Mitte einen Stadtverordnetenvorsteher, der die Sitzungen leitet, die nach Bedarf stattfinden und öffentlich sind.

Der Magistrat besteht aus dem Bürgermeister — in größeren Städten heißt er Oberbürgermeister —, auch den Beigeordneten (daraus den zweiten Bürgermeister) und einer Anzahl besoldeter und unbesoldeter Schöffen.

Die unbesoldeten Schöffen werden auf 6, die besoldeten Berufsbeamten (Syndikus, Kämmerer, Bau-, Schulrat usw.) auf 12 Jahre gewählt.

Der Magistrat bereitet die Geschäfte vor, gibt seine Zustimmung zu den Beschlüssen der Stadtverordnetenversammlung und läßt sie durch seine Beamten ausführen. Zur Vorbereitung der Geschäfte werden Kommissionen und Ausschüsse gebildet.

Der Bürgermeister wird von den Stadtverordneten auf 12 Jahre gewählt. Er leitet die Stadtverwaltung und die Polizei. In größeren Städten besteht jedoch ein besonderes staatliches Polizeipräsidium.

Der Staat hat nur das Recht der obersten Aufsicht durch die Person des Regierungs- oder Oberpräsidenten.

Berlin bildet einen Verwaltungsbezirk für sich (bis 1920 Zweckverband Groß-Berlin, dann einheitliche Stadt). Die Stadt ist zu Verwaltungszwecken in 20 Bezirke mit besonderen Bezirksversammlungen und Bezirksämtern eingeteilt.

Aufgaben der städtischen Verwaltung sind:

a) Kommunale Selbstverwaltungsangelegenheiten, die gesetzlich der Gemeinde obliegen oder freiwillig von ihr übernommen sind.

Armen-, Schul-, Wege-, Fürsorgewesen: gesetzlich.

Höh. Schul-, Gesundheitswesen, Wohlfahrtspflege, Bau- und Siedlungswesen, Gas-, Wasser- und Elektrizitätswerke, Straßenbahn, Kanalisation, Schlachthaus, Badewesen usw. } freiwillig

b) Auftragsgemäße Selbstverwaltungsangelegenheiten. Die Gemeinden sind auch staatliche Verwaltungsbezirke und besorgen Geschäfte des

Staates (Jugendfürsorge, Standesamt, Wahlen, Volks- und Viehzählungen, Steuer- und Polizeibezirke).

Die Einnahmen bestehen aus:

1. Überschüssen eigener Betriebe, Gebühren und Beiträgen.

2. Direkten Steuern: a) Grund-, Vermögenssteuer; b) Überweisungen: Anteile von der Reichs-Einkommen- und Umsatzsteuer.

3. Indirekte Steuern (Vergnügungs-, Beherbergungs-, Hundesteuer usw.).

4. Anleihen (für „werbende Zwecke").

II. Die Landgemeinden.

Sie werden nach verschiedenen Landgemeindeordnungen verwaltet. Ihre Organe sind die Gemeindevertretung oder Gemeindeversammlung und der Gemeindevorsteher. Die Gemeindemitglieder bilden die Gemeindeversammlung. Sind mehr als 40 Mitglieder vorhanden, wählen sie nach den Grundsätzen der Verhältniswahl die Gemeindevertretung.

Verfassung und Verwaltungsorganisation in Baden.

Baden ist eine demokratische Republik. Wie im Reich erschöpft sich auch hier die Mitwirkung des Volkes nicht in der Wahl der Volksvertretung. Hinzu kommt das Volksvorschlagsrecht — Volksbegehr — und die Volksabstimmung — Volksentscheid. 80000 Stimmberechtigte können unmittelbar — ohne vorhergehendes Zulassungsverfahren wie im Reich — den Entwurf eines Gesetzes oder Verfassungsgesetzes bzw. dessen Abänderung oder Aufhebung vorlegen; in diesem Fall muß eine Volksabstimmung hierüber stattfinden.

Jede Verfassungsänderung hat durch Volksabstimmung zu erfolgen. Ferner ist jedes Gesetz zur Volksabstimmung zu bringen, sofern dieselbe vom Staatsministerium angeordnet wird oder 80000 Stimmberechtigte es verlangen.

Der nach dem demokratisch-parlamentarischen Grundsatz zusammengesetzte Landtag hat außer dem Gesetzgebungsrecht das Recht und die Pflicht, die Mitglieder des Staatsministeriums zu wählen und gegebenenfalls Untersuchungsausschüsse einzusetzen.

Das Staatsministerium besteht aus vier Ministern (Inneres, Kultus und Unterricht, Justiz und Finanzen), dessen Vorsitzender den Titel Staatspräsident führt; letzterer wird jedes Jahr vom Landtag neu gewählt.

Den vier Landeskommissären steht hauptsächlich die Aufsicht über die kommunalen Selbstverwaltungskörper zu.

b) Verwaltung: Unmittelbar dem Ministerium des Inneren sind unterstellt die Bezirksämter; Vorstand des Bezirksamts ist der Landrat. Dem letzteren steht zur Unterstützung zur Seite ein Bezirksrat; dieser setzt sich aus 8—12 Personen zusammen, die von der Bevölkerung des Bezirks unmittelbar auf 4 Jahre gewählt werden.

Selbstverwaltungskörper sind die 11 Kreise. Organe des Kreises sind die Kreisversammlung, der Kreisrat und der Kreisvorsitzende.

Bayern.

Die Staatsform ist infolge Art. 17 RV. dieselbe wie die des Reiches und der anderen Länder. Während aber in Baden der Volksentscheid wenigstens bei

Verfassungsänderungen zwingend ist, ist dies in Bayern nie der Fall. Der Landtag ist also hier in noch ausgesprochenem Maß das Hauptorgan des Staates. Die Stelle eines Staatspräsidenten fehlt ganz.

Der bayerische Landtag ist Gesetzgebungsorgan; ferner ist er zuständig zum Abschluß von Staatsverträgen und Konkordaten; der Landtag wählt den Ministerpräsidenten, den Vorsitzenden des Ministeriums und genehmigt die von demselben in Vorschlag gebrachten Minister. An Kontrollrechte stehen dem Landtag zu die Einsetzung von Untersuchungsausschüssen, die Ministeranklage vor dem Staatsgerichtshof.

Hierher gehört auch die reichsrechtlich vorgeschriebene Abhängigkeit der Minister von dem Vertrauen der Volksvertretungen.

Bezüglich des Volksentscheids und des Volksbegehrens ist zu erwähnen:

Anders als in Baden beispielsweise ist die Durchführung des Volksbegehrens von einem Vorverfahren abhängig. Auf Vorschlag von 1000 Stimmberechtigten müssen in allen Gemeinden Einzeichnungslisten aufgelegt werden; ein Zehntel der Stimmberechtigten muß sich im Vorverfahren in den Einzeichnungslisten für einen ausgearbeiteten Gesetzesentwurf — mit Begründung — eingetragen haben, damit über dieses Begehren der Volksentscheid angeordnet wird. Ferner kennt die bayerische Verfassung ein Volksbegehren, das sich auf Einberufung und Auflösung des Landtags richtet; hierzu bedarf es aber im Vorverfahren der Erreichung von ein Fünftel aller Stimmberechtigten.

Das Volksbegehren muß zunächst Gegenstand der Beschlußfassung des Landtages geworden sein; nimmt dieses Staatsorgan den Entwurf unverändert an, so entfällt wie nach der Reichsverfassung der Volksentscheid; lehnt der Landtag ab, dann erst wird das Volksbegehren der Entscheidung des Volkes unterbreitet. (Ausnahme beim Volksbegehren bezüglich der Einberufung des Landtags; hierüber hat der Landtag nicht zu befinden.)

Die Gültigkeit des Volksentscheids erfordert: bei der Landtagsauflösung eine Beteiligung von 50% der Stimmberechtigten und Zweidrittelmehrheit;

bei allen Verfassungsänderungen eine Beteiligung von $^2/_5$ der Stimmberechtigten und Zweidrittelmehrheit;

bei allen einfachen Gesetzen eine Beteiligung von $^1/_5$ der Stimmberechtigten und einfache Mehrheit.

Verwaltung.

Bayern ist eingeteilt in 8 Kreise. An der Spitze eines jeden Kreises steht ein Präsident; die Kreisregierung ist geschieden in eine Kammer des Inneren und eine Kammer der Forsten.

Jeder Kreis wiederum ist aufgeteilt in Bezirke; die Verwaltung der Bezirke liegt den Bezirksämtern ob, an deren Spitze der Bezirksamtsvorstand steht. Ihm zur Seite steht der vom Bezirkstag — ein von der Bevölkerung des Bezirkes gewähltes Kollegium — gewählte Bezirksausschuß. Entsprechend dem Bezirkstag und Bezirksausschuß gibt es einen Kreistag und Kreisausschuß.

Die Städte, die mehr als 10000 Einwohner haben, sind sog. kreisunmittelbare Städte; d. h. dieselben sind nicht in einen Bezirk, sondern nur in einen Kreis eingegliedert.

Die Bezirke und Kreise sind nicht nur Organisationen der reinen Staatsverwaltung, sondern zugleich Kommunalverbände höherer Ordnung, also Gebiete der Selbstverwaltung. Organe des Kreises als Selbstverwaltungskörper sind der Kreistag und der Kreisausschuß (vgl. oben); der Kreisausschußvorsitzende wird vom Kreisausschuß aus seiner Mitte heraus gewählt. Entsprechend den Organen des Kreises sind die des Bezirkes: Bezirkstag und Bezirksausschuß; Vorsitzender des letzteren ist der Bezirksamtsvorstand (ohne Stimmrecht).

Württemberg.

Die Besonderheiten der staatsrechtlichen Struktur Württembergs sind folgende:

Die Landtagsperiode beträgt 4 Jahre; der Landtag stellt das Recht der Mitgliedschaft — der Abgeordneteneigenschaft — fest.

Das Staatsministerium und der Landtagspräsident können den Landtag einberufen. Auf Verlangen eines Drittels der Abgeordneten **muß** es der Landtagspräsident tun.

Der Landtag kann nun durch Volksentscheid aufgelöst werden, d. h. sein vorzeitiges Ende finden.

Der Volksentscheid ist anzuordnen,

a) wenn das Staatsministerium es beschließt,

b) wenn $^1/_5$ der Stimmberechtigten ein diesbezügliches Volksbegehren stellen.

Die Staatsleitung wird durch den Landtag dem Staatsministerium übertragen. An seiner Spitze steht ein Ministerpräsident, der die Amtsbezeichnung „Staatspräsident" führt. Der Staatspräsident wird vom Landtag gewählt; er seinerseits beruft und entläßt die übrigen Minister (die Minister bedürfen aber auch hier des Vertrauens des Landtags!).

Verwaltung.

Dem Ministerium des Inneren oder der bei diesem Ministerium gebildeten Ministerialabteilung für Bezirks- und Körperschaftsverwaltung sind seit 1924 direkt die Oberämter untergeordnet. (Die früher zwischen das Ministerium und die Oberämter eingeschobenen Kreisregierungen wurden durch Verordnung vom 10. März 1924 beseitigt.)

An der Spitze des Oberamts steht der staatlich bestellte Oberamtsvorstand, welchem hinsichtlich bestimmter Angelegenheiten ein Bezirksrat zur Seite steht. Der Bezirksrat setzt sich aus 6 Mitgliedern (die von der Amtsversammlung zu wählen sind) und dem Oberamtsvorstand als Vorsitzenden zusammen.

Selbstverwaltungskörper sind die Gemeinden — Schultheiß bzw. Stadtschultheiß — und die Amtskörperschaften. Organ der Amtskörperschaft ist die Amtsversammlung, welche von den Gemeinderäten des betreffenden Amtskörperschaftsbezirks — dieser deckt sich räumlich mit dem Oberamtsgebiet — gewählt wird. Die Amtsversammlung wählt den Bezirksrat (vgl. oben).

Hessen.

Verfassung.

Bezüglich der Staatsform gilt das bei den anderen Ländern Gesagte, da Art. 17 RV. den Kern jeder Landesverfassung festlegt.

Der Landtag wird alle 3 Jahre neu gewählt. Seine Zuständigkeit bezieht sich auf die Gesetzgebung, die Verwaltung (Finanzverwaltung; Aufstellung des Staatshaushalts).

Ferner wählt die Volksvertretung den Staatspräsidenten, der die gleiche Stellung seines badischen Kollegen hat. (Der Staatspräsident bringt dann seinerseits seine Minister in Vorschlag — vgl. Bayern —, die der Landtag zu bestätigen hat.) Wie in den andern Ländern besteht für die Volksvertretung das Recht, Untersuchungsausschüsse einzusetzen und Minister anzuklagen. Soll die Verfassung abgeändert werden, so ist grundsätzlich ein Volksentscheid erforderlich, wenn nicht der Landtag eine solche mit Vierfünftelmehrheit beschließt.

Das Volksbegehren bedarf der Erreichung — kein Zulassungsverfahren — eines Zwanzigstels der Stimmberechtigten; wird demselben nicht vom Landtag entsprochen, so muß ein Volksentscheid darüber stattfinden.

Verwaltung.

Das Land Hessen ist eingeteilt in 3 Provinzen und 18 Kreise.

An der Spitze der Kreise stehen die Kreisdirektoren; die Kreisdirektoren der drei Provinzialhauptstädte sind gleichzeitig die Spitzen der Verwaltung der Provinzen — Provinzialdirektoren. Die Bevölkerung nimmt an der Verwaltung durch die von ihr mittelbar (Provinzialtag — Kreistag, vgl. Bayern) gewählten Kreis- und Provinzialausschüsse teil.

In den Stadt- und Landgemeinden führt der Bürgermeister die Verwaltungsgeschäfte; ihm zur Seite steht die Stadtverordnetenversammlung oder der Gemeinderat.

Die Kreise und Provinzen sind nicht nur Bezirke der Staatsverwaltung, sondern auch Bezirke der Selbstverwaltung (Kommunalverbände). Organe sind Provinzial- und Kreistage (die unmittelbar von der Bevölkerung gewählt werden). Provinzialausschuß mit dem Provinzialdirektor, Kreisausschuß mit dem Kreisdirektor an der Spitze.

Sachsen.

Das Gesamtbild des Staatswesens Sachsen ist nicht wesentlich verschieden von dem der anderen Länder.

Besonderheiten:

a) Der Landtag wird auf 6 Jahre gewählt.

b) Auflösung des Landtags. Der Landtag kann auf Volksbegehren hin bzw. durch Beschluß des Ministeriums im Wege des Volksentscheides aufgelöst werden.

c) Sachsen hat keinen Staatspräsidenten, sondern nur einen Ministerpräsidenten, der vom Landtag gewählt wird, und seinerseits seine Minister ernennt (die Minister bedürfen aber selbstverständlich auch hier des Vertrauens der Parlamente).

d) Gesetzgebung: Ein Gesetz kann vom Gesamtministerium oder aus der Mitte des Landtags eingebracht werden. Beschließt der Landtag einen aus seiner Mitte eingebrachten Gesetzesentwurf, der dem Gesamtministerium nicht genehm ist, so ist er dem Parlament zur nochmaligen Beschlußfassung zurückzugeben; ergibt sich wiederum die erforderliche Mehrheit für das Gesetz, so kann das Gesamtministerium innerhalb eines Monats einen Volksentscheid herbeiführen.

Verwaltung.

Die Spitze der Verwaltung ist auch hier das Ministerium des Innern. Unter ihm stehen die Kreishauptmannschaften und unter diesen wieder die Amtshauptmannschaften. Der Kreishauptmannschaft steht als einköpfige Behörde der Kreishauptmann vor; in Beschwerdesachen und als Verwaltungsgericht ist die Behörde kollegial — 3 Personen — ausgestaltet. Neben dem Kreishauptmann besteht der sog. Kreisausschuß (Abgeordnete der Bezirksverbände und der bezirksfreien Städte), der in manchen Fällen unter dem Vorsitz des Kreishauptmanns zur Beschlußfassung und Beratung beigezogen wird.

Neben dem Amtshauptmann steht der vom Bezirkstag gewählte Bezirksausschuß; sein Verhältnis zum Amtshauptmann ist ähnlich dem des Kreisausschusses und des Kreishauptmanns.

Kommunalverbände höherer Ordnung sind in Sachsen nur die Bezirksverbände. Organe sind der von den Gemeindevertretungen gewählte Bezirkstag und der daraus hervorgehende Bezirksausschuß; Vorsitzender des letzteren ist der staatl. Amtshauptmann.

Thüringen.

Das heutige Land Thüringen ging hervor aus der verfassungsmäßig zustandegekommenen Vereinigung (Art. 18 Abs. II; Reichsgesetz v. 23. April 1920) der früher selbständigen Staaten

Sachsen-Weimar-Eisenach,
Sachsen-Meiningen,
Reuß,
Sachsen-Altenburg,
Sachsen-Gotha (Koburg schloß sich durch Volksabstimmung v. 30. Oktober 1919 und Staatsvertrag v. 14. Februar 1920 Bayern an),
Schwarzburg-Rudolstadt,
Schwarzburg-Sondershausen.

Besonderheiten gegenüber andern Ländern.

Die Auflösung des Landtages kann erfolgen:

a) durch Mehrheitsbeschluß des Landtages — Mehrheit der gesetzl. Zahl der Abgeordneten erforderlich.

b) durch die Regierung, wenn sich ein Volksentscheid für die Auflösung ausgesprochen hat.

c) Jedes vom Landtag beschlossene Gesetz kann die Regierung dem Volksentscheid unterbreiten.

d) Ein Volksentscheid muß ferner herbeigeführt werden, wenn ein Volksbegehren ein Zehntel der Stimmberechtigten auf sich vereinigt.

e) Die Mitglieder der Landesregierung werden vom Landtag gewählt.

Verwaltung.

Die Landesverwaltungsordnung vom 10. Juni 1926 hat das Land Thüringen in Landkreise und in kreisfreie Städte eingeteilt, die ihrerseits dann Stadtkreise bilden.

Die Behörde der Landkreise ist das Kreisamt mit dem Landrat an der Spitze.

Organ der Selbstverwaltung ist der Kreisrat mit einem von demselben gewählten Vorsitzenden.

Hamburg und Danzig (s. Anhang).

Besonderer Teil.

Die Polizei.

Allgemeines.

Die nötigen Anstalten zur Erhaltung der öffentlichen Ruhe, Sicherheit und Ordnung und zur Abwendung der dem Publikum oder einzelnen Mitgliedern desselben bevorstehenden Gefahr zu treffen, ist das Amt der Polizei.

So lautet der den Begriff der Polizei trefflich wiedergebende heute noch gültige § 10, Teil II Titel 17 des Allgemeinen Preußischen Landrechts v. 1794.

Damit ist ausgesprochen, daß die Wohlfahrtspflege nicht in das Gebiet der Polizei gehört. Ferner hat sich die Polizei bei ihren Maßnahmen streng an die notwendigen — also keine darüber hinausgehende — Mittel zu halten.

Erhaltung der öffentlichen Ruhe, Sicherheit und Ordnung einerseits und Gefahrabwendung andererseits bilden den Aufgabenkreis der Polizei.

Hierzu muß sich die Polizei meistens Mittel bedienen, die in Freiheit und Eigentum der Bürger eingreifen (Beschränkungen des Eigentums im Interesse des Verkehrs, des Stadtbildes — Fluchtlinien —; Beschränkungen der persönl. Freiheit aus Vereins- — Versammlungsverbote — und preßpolizeilichen Gründen usw.). Wie bereits oben Seite 55 dargelegt, bedürfen solche Eingriffe der gesetzlichen Grundlage. „Die natürliche Freiheit und das Eigentum des Einzelnen finden eine Grenze an der Polizeigewalt.“

Bei der Angabe der Mittel — wozu die verfügende Polizeibehörde verpflichtet ist — zur Beseitigung der polizeilichen Mißstände, darf nicht über das notwendige Maß hinausgegangen werden.

Im übrigen bleibt dem von einer Polizeiverfügung betroffenen Bürger es unbenommen, andere als die angegebenen Mittel zu wählen, sofern nur die Polizeiwidrigkeit — erfolgreich — behoben wird.

Die formellen Mittel, deren sich die Polizei zur Handhabung der Polizeigewalt bedient, sind die Polizeiverordnung, die Polizeiverfügung und die Polizeierlaubnis (vgl. über die Begriffe „Verordnung“ und „Verfügung“ Seite 54).

Die Polizeiverordnung wendet sich an eine unbestimmte Zahl von Bürgern, indem sie rechtssatzmäßig Handlungen bestimmter Art gebietet oder verbietet. (Beispiel: eine städt. Polizeiverordnung ordnet das Streuen der Gehwege bei Glatteis an.)

Die Polizeiverfügung dagegen wendet sich unmittelbar entweder an denjenigen, der einen polizeilichen Mißstand veranlaßt hat, an den sog. „Störer“ oder den Gewalthaber (Eigentümer), indem sie ihm unter Angabe der Mittel die Abstellung der genau angegebenen Polizeiwidrigkeit befiehlt. (Beispiele: Die Polizeibehörde befiehlt dem Bürger X — oder den Bürgern X, Y und Z — die Beseitigung des vor seinem Hause auf der Straße befindlichen Schutthaufens).

Die erforderliche gesetzliche Grundlage für das Polizei-, Verordnungs- und Verfügungsrecht bildet in Preußen der eingangs dieses Abschnittes erwähnte § 10 II 17 des allg. preuß. Landrechts von 1794.

Dieser Rechtssatz ist aber nicht nur preußisches Gesetzesrecht, sondern deutsches Gewohnheitsrecht, so daß auch in Ländern, in denen eine ausdrückliche Ermächtigung fehlt, die gesetzliche Grundlage gegeben ist.

In den drei süddeutschen Ländern Bayern, Württemberg und Baden besteht nun hinsichtlich der Verordnungsgewalt der Polizei nicht jener allgemeine Grundsatz (Generaldelegation) des § 10 II 17 ALR., sondern der der Spezialermächtigung (Spezialdelegation).

Diese drei Länder haben sog. Polizeistrafgesetzbücher (Gesetze im materiellen und formellen Sinn), in denen unter Strafe gestellt sind die Zuwiderhandlungen gegen Polizeiverordnungen, deren Gegenstände das Polizeistrafgestzbuch aufzählt.

Das Polizeistrafgesetzbuch nennt also die Gebiete, die der Regelung durch Polizeiverordnungen unterliegen und stellt gleichzeitig die Zuwiderhandlungen gegen diese von den Polizeibehörden zu erlassenden Verordnungen unter Strafe.

Gesundheitspolizei.

Reichsrechtlich geregelte Gebiete.

1874 bereits ist das Impfgesetz ergangen, nach welchem jede Person zweimal gegen Pocken geimpft werden muß. Das erstemal hat die Impfung innerhalb des Kalenderjahrs zu erfolgen, das auf das Geburtsjahr folgt; das zweitemal innerhalb des Kalenderjahres, in dem das Kind das 12. Lebensjahr vollendet.

Der Kreis der impfberechtigten Personen ist beschränkt auf approbierte Ärzte und die besonderen behördlich dazu angestellten Ärzte.

Die Eltern, Vormünder und Pflegeeltern sind bei Strafdrohung verpflichtet, ihre Pflegebefohlenen der Impfung zuzuführen. Außer Strafe kann Zwangsimpfung erfolgen.

1900 wurde das Gesetz zur Bekämpfung gemeingefährlicher Krankheiten erlassen.

Die unter dieses Gesetz fallenden Krankheiten sind erschöpfend aufgezählt, und zwar handelt es sich um Lepra, Cholera, Fleckfieber, Gelbfieber, Pest und Pocken.

Bestimmte Personen (der zugezogene Arzt, der Haushaltungsvorstand usw.) sind zur Anzeige verpflichtet.

Als Bekämpfungsmittel läßt das Gesetz zu:

1. Beobachtung kranker und verdächtiger Personen;
2. Aufenthaltsbeschränkung gegenüber solchen Personen, die ohne festen Wohnsitz oder überhaupt ohne Obdach sind;
3. Absonderung kranker und verdächtiger Personen;
4. Verbot von Massenversammlungen;
5. Ausfall des Schulunterrichts;
6. Desinfizierung verseuchter Räume;

Räumung von Häusern;

Trink- und Badeverbote.

Weiterhin ist die Versorgung mit Trink- und Nutzwasser sowie die Beseitigung der Abfälle staatlich zu überwachen.

Eine Weiterbildung hat das Gesundheitswesen durch das Gesetz zur Bekämpfung der Geschlechtskrankheiten von 1927 erfahren.

Unter Geschlechtskrankheiten versteht das Gesetz Syphilis, Tripper und Schanker.

Die grundsätzlich geltende „Kurierfreiheit" ist hier insofern durchbrochen, als der Geschlechtskranke sich von einem approbierten Arzt untersuchen lassen muß (gegebenenfalls Zwangsbehandlung!).

Unter Strafe ist gestellt die Ausübung des Beischlafs durch Geschlechtskranke und die Eingehung einer Ehe, wofern der kranke Teil dem gesunden keine Mitteilung über seinen Zustand gemacht hat.

Ferner wurden die Bestimmungen über die Kasernierung der Prostituierten aufgehoben.

Landesrechtlich sind geregelt oder können geregelt werden.

1. alle anderen übertragbaren Krankheiten. So Preußen; Gesetz v. 28. August 1925 und 25. Februar 1927 (Diphtherie, Scharlach, Ruhr, Typhus, Kindbettfieber usw.);

2. die Bekämpfung des Ungeziefers.

Ferner kann hier die Leichenpolizei kurz erwähnt werden; hierunter sind diejenigen Vorschriften zu verstehen, die die Fristen festsetzen, innerhalb welcher die Leichen zu bestatten sind.

Anderen Zwecken dient die sog. Leichenschau (Verhinderung des Bestattens Scheintoter; kriminalpolizeilich: Ermöglichung der Feststellung von Todesursachen). Die polizeiliche Regelung des Bau- und Wohnungswesens liegt den Ländern ob.

Einheitliche Regelung hat dieses Gebiet nur in Bayern und Baden gefunden (Landesbauordnungen).

Trotz der Verschiedenheiten, die im einzelnen die baupolizeilichen Vorschriften der Länder haben, lassen sich gewisse allgemeine Grundsätze verfolgen.

Die Errichtung von Bauten ist abhängig von der Baugenehmigung, auf deren Erlaß der Bürger ein Recht hat, wenn der Bauplan den gesetzlichen Vorschriften entspricht.

Auf die Einhaltung gewisser baupolizeilicher Bestimmungen kann die Verwaltungsbehörde verzichten — sog. Baudispens. Eine derartige Befreiung ist aber in das freie Ermessen der Behörde gestellt.

Die Ausführung des Baues wird polizeilich überwacht (Schutzmaßnahmen).

Ist der Rohbau fertiggestellt, so wird von der Verwaltungsbehörde ein Rohbauabnahmeschein erteilt; entsprechend wird verfahren bei der Gebrauchsabnahme, bei der ein Gebrauchsabnahmeschein erteilt wird.

Ist der vollendete Bau ein Wohnhaus, so untersteht nunmehr derselbe der Wohnungsaufsicht.

Durch diese können Vorschriften erlassen werden über die Größe der Wohnräume, über die Mindestzahl von Aborten usw.

Die Gewerbepolizei.

Wie der Name schon ausdrückt, ist Gegenstand dieses Zweiges der Polizei das „Gewerbe“. Unter Gewerbe hat man jede Tätigkeit zu verstehen, die die Merkmale:

Selbständigkeit,
Planmäßigkeit,
Erwerbsdienlichkeit

aufweisen.

Ausgenommen hiervon ist die Urerzeugung, die Kunst und Wissenschaft.

Der Gewerbeordnung für das Deutsche Reich liegt der Gedanke der Gewerbefreiheit zugrunde.

§ 1 GewO. heißt:

„Der Betrieb eines Gewerbes ist jedermann gestattet, soweit nicht durch dieses Gesetz Ausnahmen oder Beschränkungen vorgeschrieben oder zugelassen sind.

Die Gewerbeordnung kennt drei Arten des Gewerbebetriebes:

1. Der stehende Gewerbebetrieb. Wer den selbständigen Betrieb eines stehenden, d. h. nicht im Umherziehen ausgeübten Gewerbes anfängt, muß derjenigen Behörde gleichzeitig Anzeige davon machen, die für den betreffenden Ort nach den Landesgesetzen zuständig ist.

2. Der Gewerbebetrieb im Umherziehen. Zu einer solchen Tätigkeit ist ein für das ganze Kalenderjahr und für das ganze Reich geltender Wandergewerbeschein von der Verwaltungsbehörde, in Preußen von dem Bezirksausschuß nachzusuchen. Bei Versagen ist Antrag auf Entscheidung im Verwaltungsstreitverfahren zulässig.

3. Der Marktverkehr. Der Besuch der Messen, Jahr- und Wochenmärkte sowie der Kauf und Verkauf auf denselben steht einem jeden frei. Die Zahl, Zeit und Dauer der Messen, Jahr- und Wochenmärkte wird von der zuständigen Verwaltungsbehörde bestimmt.

Der Grundsatz der Gewerbefreiheit bezieht sich nur auf die Möglichkeit der Ausübung, nicht auf die Art derselben. Gemäß § 17 II 10 ALR. bleibt es z. B. der Polizei überlassen, die zur Erhaltung der öffentlichen Ruhe, Sicherheit und Ordnung und zur Abwendung von Gefahren erforderlichen Maßregeln zu treffen.

Ausnahmen von der Gewerbefreiheit.

Hierunter fallen die in besonderen Reichsgesetzen enthaltenen Beschränkungen, z. B. das Verbot für Beamte und Militärpersonen, ohne behördliche Erlaubnis ein Gewerbe zu betreiben, ferner das Reichsgesetz über die Kinderarbeit im gewerblichen Betriebe, nach dem noch nicht 13jährige sowie ältere, aber noch volksschulpflichtige Kinder in einigen Betrieben überhaupt nicht, in andern nur beschränkt beschäftigt werden dürfen (vgl. Kinderschutzgesetz S. 464).

Die Gewerbeordnung selbst legt der Gewerbefreiheit eine Reihe von Schranken auf:

1. Zur Errichtung gewisser Anlagen, die durch die örtliche Lage oder die Beschaffenheit der Betriebsstätte für andere erhebliche Nachteile, Gefahren oder Belästigungen herbeiführen können, ist eine Genehmigung bei der nach den Landesgesetzten zuständigen Behörde nachzusuchen.

2. Apotheker, Ärzte müssen sich eine für das ganze Reich geltende Approbation auf Grund eines Befähigungsnachweises verschaffen. Einen Befähigungsnachweis brauchen auch die Seeschiffer, Steuerleute, Maschinisten der Seedampfschiffe und Lotsen. Den Seeschiffern, den Seesteuerleuten und Seemachinisten kann die Befugnis zur Ausübung ihres Gewerbes durch den Spruch eines Seeamtes und gegebenenfalls des Oberseeamtes entzogen werden (RG. vom 27. Juli 1877 und 11. Juni 1878).

3. Einige Gewerbetreibende brauchen eine Konzession der höheren Verwaltungsbehörde; z. B. die Unternehmer von Privat-, Kranken-, Entbindungs- und Irrenanstalten, die Schauspielunternehmer; ferner wer eine Gastwirtschaft, Schankwirtschaft oder Kleinhandel mit Branntwein oder Spiritus betreiben will, Pfandleiher und Stellenvermittler.

4. Einigen Gewerbetreibenden kann ihre Tätigkeit untersagt werden, sobald sie sich als unzuverlässig erweisen, z. B. den Tanz-, Turn- und Schwimmlehrern, den Loshändlern, den Rechtskonsulenten, den Auskunftsbüros, Versteigerern, Vermittlern von Darlehn, Vermittlern von Heiraten, den Viehhändlern. Die genannten Personen haben bei Eröffnung ihres Gewerbes der zuständigen Behörde davon Mitteilung zu machen.

5. Der öffentliche Transportmittelverkehr durch Wagen, Gondeln usw. sowie das Gewerbe der Dienstmänner unterliegen der Regelung durch die Ortspolizeibehörde.

Das Innungswesen.

Innung ist die freiwillig zusammengetretene Gesamtheit derjenigen, die in einem bestimmten Bezirk ein Gewerbe gemeinschaftlich betreiben, zur Förderung der gemeinsamen gewerblichen Interessen, insbesondere zur Pflege des Gemeingeistes, zur Förderung eines gedeihlichen Verhältnisses zwischen Meistern und Gesellen und zur Regelung des Lehrlingswesens. Die Innung ist eine juristische Person, das Statut der Innung ist von der Aufsichtsbehörde zu genehmigen. An Organen hat die Innung die Innungsversammlung und den Vorstand. Gewerbetreibenden, die den gesetzlichen und statutarischen Anforderungen entsprechen, darf die Aufnahme in die Innung nicht versagt werden.

Für Handwerke der gleichen oder verwandten Art können von der höheren Verwaltungsbehörde auf Antrag der Mehrheit der Beteiligten Zwangsinnungen gebildet werden. Nicht einbezogen werden hierbei diejenigen, die das Gewerbe fabrikmäßig betreiben.

Zur Vertretung der Interessen des Handwerkes sind Handwerkskammern zu errichten. Die Errichtung erfolgt durch eine Verfügung der Landeszentralbehörde, in der der Bezirk der Handwerkskammer zu bestimmen ist. Über die Obliegenheiten der Handwerkskammern gibt § 103e der Gewerbeordnung genaue Auskunft. Die Handwerkskammer wählt aus ihrer Mitte einen Vorstand und einen Gesellenausschuß.

Vereins- und Versammlungspolizei.

Rechtsquelle ist das Reichsvereinsgesetz vom 19. April 1908, welches durch die Art. 123, 124 RV. abgeändert wurde. Die Abänderung betrifft die Aufhebung der Sonderbestimmungen gegen politische und religiöse Vereine.

Art. 123: Alle Deutschen haben das Recht, sich ohne Anmeldung oder besondere Erlaubnis friedlich und bewaffnet zu versammeln. Versammlungen unter freiem Himmel können durch Reichsgesetz anmeldepflichtig gemacht und bei unmittelbarer Gefahr für die öffentliche Sicherheit verboten werden.

Art. 124: Alle Deutschen haben das Recht, zu Zwecken, die den Strafgesetzen nicht zuwiderlaufen, Vereine oder Gesellschaften zu bilden. Das Recht kann nicht durch Vorbeugungsmaßregeln beschränkt werden.

Unter der durch das Gesetz gegebenen Vereinsfreiheit versteht man das Recht der Deutschen, Veranstaltungen in Form von Vereinen und Versammlungen zu treffen, die ihre Grenzen indessen an den Strafgesetzen finden.

Über den Begriff des Vereins vgl. Seite 131.

„Versammlung" ist dahingehend näher zu umschreiben, daß es sich um eine Mehrheit von Personen handeln muß, die äußerlich — räumlich — und durch einen bestimmten Zweck, dessen sich die Versammlungsteilnehmer bewußt sein müssen, zusammengehalten sind.

Dem Vereinsgesetz unterliegen jedoch nur öffentliche Versammlungen (vgl. Art. 123 RV.). Den Gegensatz hierzu bildet die geschlossene Versammlung.

Eine öffentliche Versammlung liegt dann vor, wenn entweder am Versammlungsort eine unbestimmte Vielzahl von Personen zusammenkommen soll oder aber die Einberufung zur Versammlung öffentlich erfolgte.

Unter Vereins- und Versammlungsfreiheit darf aber des weiteren nur die Freiheit von sonstigen, sich nicht aus dem Vereinsgesetz ergebenden Beschränkungen verstanden werden.

§ 1 Abs. II des Gesetzes sagt, daß „die allgemeinen sicherheitspolizeilichen Bestimmungen des Landesrechts Anwendung finden, soweit es sich um die Verhütung unmittelbarer Gefahr für Leben und Gesundheit der Teilnehmer an einer Versammlung handelt.

Art. 123 RV. bestimmt, daß Versammlungen unter freiem Himmel durch — einfaches — Reichsgesetz anmeldungspflichtig gemacht werden können. Da aber bislang ein derartiges Gesetz noch nicht ergangen ist, bewendet es bei der Genehmigungsfreiheit für solche Versammlungen.

Bei unmittelbarer Gefahr für die öffentliche Sicherheit kann die Polizei eine geplante Versammlung unter freiem Himmel verbieten.

Jede öffentliche Versammlung politischen Charakters muß einen Leiter haben, welchem vom Gesetz die Pflicht auferlegt ist, für Ruhe und Ordnung zu sorgen. Nach Maßgabe des Gesetzes kann eine Versammlung aufgelöst werden, wenn:

Polizeibeamte, die über einen ordnungsgemäßen Verlauf der Versammlung zu wachen haben, nicht zugelassen werden oder Anträge oder Vorschläge erörtert werden, die eine Aufforderung oder Anreizung zu Verbrechen oder Vergehen enthalten, welche nicht nur auf Antrag verfolgt werden.

Die Preßpolizei.

Quelle des Preßrechts ist das Reichsgesetz über die Presse vom 7. Mai 1874.

„Die Freiheit der Presse unterliegt nur denjenigen Beschränkungen, welche durch das gegenwärtige Gesetz vorgeschrieben oder zugelassen sind" (§ 1).

Die durch diese Bestimmung gewährleistete Preßfreiheit — mit den im Gesetz genannten Beschränkungen — bezieht sich nur auf die Erzeugnisse der Presse.

Hierunter sind alle Druckschriften zu verstehen, denen folgende Wesensmerkmale eigen sein müssen:

a) eine Gedankenäußerung; daß Worte gebraucht werden, ist nicht erforderlich; eine Druckschrift im Sinne des § 2 ist daher auch ein Bild, das einen Gedanken des Herstellers ausdrückt — z. B. eine Karikatur.

Lediglich bei der musikalischen Gedankenäußerung muß ein Text oder doch wenigstens eine Erläuterung beigegeben sein.

b) Die Druckschrift muß ein Erzeugnis der Buchdruckerpresse sein. Die Vervielfältigung muß auf mechanischem oder chemischem Wege erfolgen.

c) Die Druckschrift muß zur Verbreitung bestimmt sein. Das Publikum muß die Möglichkeit besitzen, Kenntnis von der Druckschrift zu nehmen. Ausgenommen von jeglicher preßpolizeilicher Beschränkung sind die — im § 6 Abs. II genannten — Schriften, die nur zu Zwecken des Gewerbes, des Verkehrs, des häuslichen und geselligen Lebens dienen (Formulare, Preislisten, Visitenkarten usw.), ferner die amtlichen Mitteilungen der deutschen Reichs-, Staats- und Gemeindebehörden, des Reichstages oder eines Landtags (§ 12).

Bei den übrigen, also den Beschränkungen des Preßgesetzes unterliegenden Druckschriften ist zu unterscheiden, ob sie periodische oder nichtperiodische sind.

1. Für die periodischen Druckschriften gilt:

a) Auf jeder im Geltungsbereich des Preßgesetzes erscheinenden Druckschrift muß der Name und Wohnort des Druckers und, wenn sie für den Buchhandel oder sonst zur Verbreitung bestimmt ist, der Name und Wohnort des Verlegers oder — beim Selbstvertriebe der Druckschrift — des Verfassers oder Herausgebers genannt sein.

An Stelle des Namens des Druckers oder Verlegers genügt die Angabe der in das Handelsregister eingetragenen Firma (§ 6 Abs. 1).

b) Auf jeder Nummer, jedem Stück oder Heft muß Name und Wohnort des verantwortlichen Redakteurs vermerkt sein.

Bei einer Mehrzahl von verantwortlichen Redakteuren muß der Geschäftskreis jedes einzelnen genau abgegrenzt sein (§ 7).

Persönliche Voraussetzungen eines verantwortlichen Redakteurs sind:

Besitz der bürgerlichen Ehrenrechte und Aufenthalt oder Wohnsitz im deutschen Reich (§ 8).

c) Jeder Verleger einer periodischen Druckschrift hat an die zuständige Polizeibehörde das sog. Pflichtexemplar abzuliefern. Ausgenommen hiervon sind ausschließlich solche Druckschriften, die den Zwecken der Wissenschaft, der Kunst, des Gewerbe oder der Industrie dienen.

d) Der verantwortliche Redakteur einer periodischen Druckschrift, welche Anzeigen aufnimmt, ist verpflichtet, die ihm von amtlichen Behörden mitgeteilten amtlichen Bekanntmachungen auf deren Verlangen gegen Zahlung des Blattes aufzunehmen.

e) Der verantwortliche Redakteur einer periodischen Druckschrift ist verpflichtet, eine Berichtigung der in letzterer mitgeteilten Tatsachen auf Verlangen einer beteiligten öffentlichen Behörde oder Privatperson ohne Einschaltungen oder Weglassungen aufzunehmen, sofern die Berichtigung von dem Einsender unterzeichnet ist, keinen strafbaren Inhalt hat und sich auf **tatsächliche** Angaben beschränkt.

Wird gegen die unter d) und e) genannten Pflichten verstoßen, so kann der verantwortliche Redakteur mit Geldstrafe oder Haft bestraft werden.

2. Für die **nichtperiodischen** Druckschriften kommt lediglich die in § 6 Abs. I — oben unter 1a) — genannte Pflicht in Betracht.

3. a) Verboten und strafbar ist die öffentliche Aufforderung mittels der Presse zur Aufbringung der wegen einer strafbaren Handlung erkannten Geldstrafen und Kosten, sowie öffentliche Bescheinigungen mittels der Presse über den Empfang der zu solchen Zwecken gezahlten Beiträge (Geldstrafe, Haft oder Gefängnis bis zu 6 Monaten).

b) Verboten und strafbar ist ferner die Veröffentlichung der Anklageschrift oder anderer amtlicher Schriftstücke eines Strafprozesses durch die Presse, bevor dieselben in öffentlicher Verhandlung kundgegeben worden sind oder das Verfahren sein Ende erreicht hat (Strafen wie zu a).

4. a) Wird durch den Inhalt einer periodischen Druckschrift das Vergehen der Teilnahme an einer Vereinigung oder Verabredung gesetzt, um Mitglieder einer republikanischen Regierung des Reichs oder eines Landes zu töten, oder werden in gleicher Weise solche Mitglieder mit Gewalttätigkeit bedroht oder öffentlich beschimpft oder verleumdet, so kann, wenn es sich um Tageszeitungen handelt, die periodische Druckschrift bis zu 4 Wochen, in anderen Fällen bis zu 6 Monaten verboten werden (Republ. Schutzgesetz §§ 1, 21).

b) Die Preßfreiheit ist weiterhin durchbrochen durch das Reichsgesetz zur Bewahrung der Jugend vor Schund und Schmutzschriften vom 16. XII. 1926 (vgl. S. 333).

Schriften, die unter diese Kategorie fallen — dies wird autoritativ festgestellt durch besondere Prüfstellen mit einer Oberprüfstelle als Beschwerdeinstanz (Leipzig) —, dürfen weder im Umherziehen noch im stehenden Gewerbe feilgehalten, angeboten oder angekündigt werden.

Der Verkauf, der nicht in diesen verbotenen Formen vor sich geht, bleibt aber erlaubt; jedoch dürfen solche Schmutzschriften nicht an Jugendliche unter 18 Jahren abgegeben werden — auch nicht unentgeltlich.

Strafrechtliche Verantwortlichkeit für die durch die Presse begangenen strafbaren Handlungen.

Während bezüglich des Presse**inhalts** keine besonderen Vorschriften gelten — § 20: Die Verantwortlichkeit für Handlungen, deren Strafbarkeit durch den Inhalt einer Druckschrift begründet wird, bestimmt sich nach den bestehenden allgemeinen Strafgesetzen —, hat das Preßgesetz hinsichtlich der Verantwortlichkeit der in Frage kommenden Personen Sonderbestimmungen getroffen.

Die Einrichtung der Presse bringt es mit sich, daß bei Veröffentlichungen die Autoren derselben nicht angegeben sind.

Infolgedessen sah sich der Gesetzgeber in die Notwendigkeit versetzt, bei strafbaren Inhalten der Veröffentlichungen Vermutungen über die Schuld und damit der Verantwortlichkeit aufzustellen.

Nacheinander sind in solchen Fällen verantwortlich:

der verantwortliche Redakteur,

der Verleger,

der Drucker,

derjenige, welcher die Druckschrift gewerbsmäßig vertrieben oder sonst öffentlich verbreitet hat (§ 21).

Die Strafbarkeit wegen Mittäterschaft oder Teilnahme bleibt unberührt; vgl. Seite 324.

Die Schuldvermutung und damit auch die Strafbarkeit — angedrohte Strafen: Geldstrafe, Haft, Festungshaft oder Gefängnis bis zu einem Jahr — entfällt:

a) wenn die aufgezählten Personen nachweisen, daß sie pflichtgemäße Sorgfalt angewendet haben oder Umstände darlegen, welche diese Anwendung unmöglich gemacht haben;

b) wenn die Druckschrift den **Verfasser** oder den **Einsender,** mit dessen Einwilligung die Veröffentlichung geschehen ist, angibt;

c) wenn eine nichtperiodische Druckschrift den **Herausgeber** derselben bezeichnet;

d) wenn der Nachweis eines im Bereich der deutschen Gerichtshoheit befindlichen Täters — Verfasser, Einsender, Herausgeber — erbracht ist; und zwar entfällt die Strafbarkeit

für den **Verleger, Drucker** und **Verbreiter** auch durch die Benennung einer vor ihnen in § 21 für verantwortlich erklärten Person (vgl. Seite 122).

Anders als im Vereins- und Versammlungsrecht finden polizeirechtliche Bestimmungen außerhalb des Gesetzes auf die Presse keine Anwendung.

Bezüglich der Beschlagnahme von **Preß**erzeugnissen gelten zugunsten der Preßfreiheit einige abgeänderte Normen des Strafprozeßrechts.

(Die **nicht**richterliche Beschlagnahme ist beschränkt auf besonders staatsgefährliche Delikte.)

Das Privatrecht.

Literatur.

Enneccerus, L., Th. Kipp und M. Wolff: Lehrbuch des bürgerlichen Rechts. 1925/28.

Endemann, F.: Lehrbuch des bürgerlichen Rechts. 8. u. 9. Aufl. 1903/1920.

Dernburg, H.: Das bürgerliche Recht des Deutschen Reichs und Preußens. 3. und 4. Aufl. 1906/1915.

Cosack, K. und H. Mitteis: Lehrbuch des deutschen bürgerlichen Rechts. 7. u. 8. Aufl. 1924/1927.

Lehmann, H., J. W. Hedemann und Fr. Endemann: BGB. 1923/1928. (Grundrisse der Rechtswissenschaft Bd. I—V.)

Staudinger, J. v.: Kommentar zum BGB. 9. Aufl. 1925/1929.

Plancks Kommentar zum BGB. 4. Aufl. 1913/1928.

Das BGB., mit besonderer Berücksichtigung der Rechtsprechung des Reichsgerichts, erläutert von Mitgliedern des Reichsgerichtshofes. 6. Aufl. 1928.

Handwörterbuch der Rechtswissenschaft, herausgegeben von Fr. Stier-Somlo und A. Elster. 1925/1929. (Auch für die folgenden Literaturangaben.)

Allgemeines.

Öffentliches und Privatrecht. Das öffentliche Recht regelt die Beziehungen der Staaten zueinander und ihre Behördenorganisation, ferner die Beziehungen vom Staat zum Einzelnen, wobei der Grundsatz der Über- und Unterordnung gilt. Das Privatrecht hingegen regelt die Beziehungen der Einzelnen zueinander nach dem Grundsatz der Gleichordnung.

Objektives und subjektives Recht. Unter objektivem Recht versteht man die Gesamtheit der Normen, nach denen die Bürger zu leben haben, denn das Recht ist die Voraussetzung für ein geordnetes Zusammenleben. Subjektives Recht ist die vom objektiven Recht gewährte Willensmacht zur Durchsetzung der vom objektiven Recht anerkannten Interessen.

Gesetzes- und Gewohnheitsrecht. Gesetzesrecht ist das in verfassungsmäßiger Form zustande gekommene (geschriebene) Recht. Vgl. S. 127. Das Gewohnheitsrecht hingegen entsteht durch lange dauernden Brauch, wobei die Bürger die Überzeugung haben, daß dies für sie verbindlich sei.

Zwingendes und nachgiebiges Recht. Zwingendes Recht kann im Gegensatz zum nachgiebigen Recht durch Parteivereinbarung nicht geändert werden. (So z. B. die verschiedenen Schutzvorschriften, die das Gesetz für den wirtschaftlich Schwächeren aufgestellt hat.)

Absolutes und relatives Recht. Absolutes Recht wirkt gegen jedermann; so hat beispielsweise der Eigentümer einen Anspruch auf Wiederherstellung seines Eigentums gegen jeden, der ihn gestört hat. Das relative Recht hingegen wirkt nur gegen bestimmte Personen. So z. B. das Forderungsrecht gegen **seinen** Schuldner.

Gebiete des Privatrechts.

Zum Privatrecht gehören:

1. **Das Recht des Bürgerlichen Gesetzbuches,**
2. **Das Handelsrecht (mit Konkursrecht und dem Recht der Vergleichsordnung),**
3. **Das literarische Urheberrecht,**
4. **Das Kunstschutzurheberrecht und das Musterurheberrecht.**

Die drei zuletzt aufgeführten Gebiete bezeichnet man als das **Recht des geistigen Eigentums.** Die kurze Abhandlung, der Schutz des geistigen Eigentums, mag vorweggenommen werden.

Der Schutz des geistigen Eigentums.

1. **Das literarische Urheberrecht** an Werken der Literatur und der Tonkunst war ursprünglich geregelt durch Urheberrechtgesetz vom 19. Juni 1901[1]. Es gilt für Schriftwerke, Reden, Tonkunstwerke, Abbildungen, sofern sie nicht Kunstwerke sind. Geschützt ist gewöhnlich der Verfasser; bei Sammelwerken der Herausgeber, bei Opern der Textdichter und der Komponist. Verboten ist der Nachdruck und die öffentliche Aufführung sowie die Verarbeitung. Trotz der Übertragung seines Rechts an einen Verleger verbleibt dem Urheber das Recht der Übersetzung, der dramatisierenden Form und der Bearbeitung in andere Stimmlage. Der Schutz dauert 30 Jahre nach dem Tode des Verfassers

[1] Vgl. S. 263. Regelung durch RV. vom 11. August 1919.

und außerdem 10 Jahre nach der ersten Veröffentlichung fort, bei anonymen Werken 30 Jahre nach der ersten Veröffentlichung; jedoch kann man den wahren Namen in die Eintragungsrolle des Stadtrats zu Leipzig eintragen lassen. Dadurch erlangt man den vollen Schutz.

2. **Das Kunstschutzurheberrecht** an Werken der bildenden Künste und der Photographie gemäß dem Kunstschutzgesetz vom 9. Januar 1907[1]. Geschützt sind die Urheber von Werken der bildenden Künste einschließlich des Kunstgewerbes und der künstlerischen Bauwerke und der Photographie. Der Urheber hat die ausschließliche Befugnis, das Werk zu vervielfältigen, gewerbsmäßig zu verbreiten, vorzuführen, insbesondere auch das Recht der Nachbildung und des Nachbauens von Bauwerken. Nicht unter Schutz gestellt ist die Vervielfältigung von öffentlichen Werken, die sich auf bleibenden öffentlichen Wegen oder Plätzen befinden, durch malende, zeichnende Kunst oder durch Photographie.

Bei Bildnissen ist die Verbreitung und Veröffentlichung auch dem Urheber nur mit Einwilligung des Abgebildeten gestattet. Hat sich der Abgebildete für die Abbildung entlohnen lassen, so gilt die Erlaubnis im Zweifel als erteilt. Der Schutz dauert bei Werken der bildenden Künste 30 Jahre nach dem Tode und an den Werken der Photographie 10 Jahre nach dem Erscheinen und auch ohne ein solches 10 Jahre nach dem Tode des Urhebers.

3. **Das Musterurheberrecht** an Geschmacksmustern (Gesetz vom 11. Januar 1876) und an Gebrauchsmustern (Gesetz vom 7. Dezember 1923).

Ein besonderes Kapitel bildet der Schutz des Erfinderrechts. Beides, das Musterurheberrecht und das Erfinderrecht, ist in besonderen Abschnitten behandelt (vgl. S. 375 u. 588).

Gegen die Verletzung des Urheberrechtes und Erfinderrechtes sind Strafklagen und Zivilklagen gegeben.

Im internationalen Verkehr schützt auch noch die Berner Konvention von 1886 mit Abänderung von 1896 und 1908 das literarische und das Kunstschutzurheberrecht und der Pariser Unionsvertrag von 1883 mit Änderung von 1900 und 6. November 1925 das gewerbliche Eigentum, nämlich Patente, Modelle und Warenzeichen (vgl. die betr. Kapitel).

Das Bürgerliche Gesetzbuch.

Einleitung.

Ein einheitliches bürgerliches Recht hat Deutschland erst nach Erlangung der politischen Einigung erhalten. Nach Artikel 7 der Verfassung des Deutschen Reichs unterliegen der Zuständigkeit des Reiches: die gemeinsame Gesetzgebung über das gesamte bürgerliche Recht, das Strafrecht und das gerichtliche Verfahren.

Erst am 20. Dezember 1873 kam ein Reichsgesetz zustande — nach den Einbringern lex Miquel-Lasker genannt. Durch dieses wurde die Zuständigkeit der Gesetzgebung des Reiches auf das gesamte bürgerliche Recht ausgedehnt. Durch eine Vorkommission wurde das bürgerliche Recht in den Jahren 1874 bis 1887 neu beraten. Der Entwurf wurde jedoch als nicht volkstümlich verworfen. Die zweite Kommission tagte von 1891 bis 1895, ihr

[1] Vgl. S. 266.

Entwurf wurde angenommen. Am 18. August 1896 hat der damalige Kaiser das Bürgerliche Gesetzbuch (BGB.) „ausgefertigt". Am 24. August 1896 wurde es im Reichsgesetzblatt zugleich mit seinem Einführungsgesetz (EG.) veröffentlicht.

Das BGB. ist gemeines Recht. Es bricht Landrecht im Gegensatz zum früheren gemeinen Recht. Das BGB. ist am 1. Januar 1900 gleichzeitig mit den Gesetzen betreffend Änderung des Gerichtsverfassungsgesetzes, der Zivilprozeßordnung und der Konkursordnung, einem Gesetze über die Zwangsversteigerung und die Zwangsverwaltung, einer Grundbuchordnung und einem Gesetz über die Angelegenheiten der freiwilligen Gerichtsbarkeit in Kraft getreten.

Das BGB. hat 5 Bücher und 2385 Paragraphen. Die einzelnen Bücher behandeln folgende Abschnitte:

Erstes Buch: Allgemeiner Teil.

Zweites Buch: Recht der Schuldverhältnisse.

Drittes Buch: Sachenrecht.

Viertes Buch: Familienrecht.

Fünftes Buch: Erbrecht.

Das BGB. ist bereits abgeändert durch die Novelle vom 30. Mai 1908, die das **Haftpflichtgesetz** schuf, und durch das **Reichsvereinsgesetz** vom 19. April 1908. Außerdem sind folgende für das bürgerliche Recht bedeutsame Reichsgesetze erlassen:

Gesetz über den **Versicherungsvertrag** vom 30. Mai 1908,

Gesetz über den **Verkehr mit Kraftfahrzeugen** vom 3. Mai 1909, nebst Nachträgen.

Gesetz über die **Sicherung der Bauforderung** vom 1. Juli 1909.

Der allgemeine Teil des BGB. ist dazu bestimmt, den Begriff „Recht" klarzustellen und festzulegen, und zwar *objektives Recht*, d. h. dasjenige Recht, das zur Regelung der gegenseitigen Beziehungen der Menschen geschaffen worden ist, und *subjektives Recht*, d. h. das jedermann zustehende Recht im Sinne der Berechtigung. Des ferneren wird klargestellt, wer Träger solcher subjektiven Rechte sein kann, wer also Rechtsfähigkeit besitzt und daher als Rechtssubjekt in Betracht kommt. Man unterscheidet hier *physische* und *juristische Personen*. Dann folgen die Gegenstände, die Objekte des Rechtsverkehrs sind, vor allem die Sachen. Weiterhin sind Bestimmungen getroffen über Rechtsgeschäfte und über eine Reihe von Vorkommnissen oder Tatsachen, die für das rechtsgeschäftliche Handeln der Menschen von Wichtigkeit sind, wie z. B. Form der Geschäfte, Fehlerhaftigkeit derselben, Verjährung usw.

Objektives Recht ist die durch den allgemeinen Willen ausgesprochene, Befolgung heischende Ordnung der Lebensverhältnisse.

Betrifft es den Menschen als Einzelperson, und zwar in einer *Gleichordnung* zu anderen, so spricht man von *Privatrecht*. Betrifft es ihn als Mitglied einer Gesamtheit, und zwar als *untergeordnetes*, z. B. als Mitglied eines Staates, dann spricht man von *öffentlichem Recht*.

Allgemeiner Teil.

Personen.

Natürliche Personen. §§ 1—20.

Die Rechtsfähigkeit des Menschen beginnt mit der Vollendung der Geburt. Rechtsfähigkeit ist die Fähigkeit, Träger von Rechten und Pflichten zu sein. Rechtsfähig sind die einzelnen Menschen und die juristischen Personen. Im Strafrecht ist der Mensch bereits **vor** der Geburt geschützt, und zwar das keimende Leben. Verbrechen wider das keimende Leben werden gemäß § 218 StGB. bestraft. Im Erbrecht ist der Mensch auch bereits **vor** der Geburt geschützt. § 1923 BGB. bestimmt: „Erbe kann nur werden, wer zur Zeit des Erbfalls lebt. Wer jedoch zu dieser Zeit noch nicht lebte, aber bereits erzeugt war, gilt als vor dem Erbfalle geboren.“ Bewirkt ist die Vollendung der Geburt mit der Trennung vom Mutterleibe. Das Kind muß noch nach der Trennung gelebt haben, um rechtsfähig zu sein. Infolgedessen erhält bei einer Totgeburt die Witwe nur einen geringen Erbteil, während des Vaters Erbe mit dem Kindesteile an das Kind und dann an dessen Mutter fällt, wenn es lebend zur Welt gebracht ist.

Die Volljährigkeit tritt mit der Vollendung des 21. Lebensjahres ein. Ein Minderjähriger, der das 18. Lebensjahr vollendet hat, kann durch Beschluß des Vormundschaftsgerichts für volljährig erklärt werden. Durch Volljährigkeitserklärung erlangt der Minderjährige die rechtliche Stellung eines Volljährigen, nur bedarf er zur Heirat bis zum 21. Lebensjahre der elterlichen Einwilligung. Die Volljährigkeitserklärung zwischen dem 18. und 21. Lebensjahre kann nur mit Einwilligung des Minderjährigen erfolgen. Steht er unter elterlicher Gewalt, so ist auch die Einwilligung seines Gewalthabers erforderlich, es sei denn, daß diesem weder die Sorge für die Person, noch die Sorge für das Vermögen des Kindes zusteht. Für eine minderjährige Witwe ist die Einwilligung des Gewalthabers nicht erforderlich. Frauen sind bereits zur Ehe mit 16 Jahren mündig.

Die Entmündigung. Entmündigt kann werden:

a) Wer infolge von Geisteskrankheit oder von Geistesschwäche seine Angelegenheiten nicht zu besorgen vermag;

b) wer durch Verschwendung sich und seine Familie der Gefahr des Notstandes aussetzt;

c) wer infolge von Trunksucht seine Angelegenheiten nicht zu besorgen vermag oder sich oder seine Familie der Gefahr des Notstandes aussetzt oder die Sicherheit anderer gefährdet.

Die Entmündigung ist wieder aufzuheben, wenn der Grund der Entmündigung fortfällt.

Die Entmündigung erfolgt durch Beschluß des zuständigen Amtsgerichts, wogegen es die Anfechtungsklage an das Landgericht gibt (vgl. Zivilprozeß S. 276).

Der Wohnsitz. Wohnsitz ist der gewählte dauernde Mittelpunkt des Lebens irgend jemandes. Begründet wird er dadurch, daß man sich an einem Orte ständig niederläßt, aufgehoben wird er, wenn die Niederlassung mit dem

Willen aufgehoben wird, sie aufzugeben. Der Wohnsitz kann gleichzeitig an mehreren Orten bestehen. Wer geschäftsunfähig oder in der Geschäftsfähigkeit beschränkt ist, kann ohne den Willen seines gesetzlichen Vertreters einen Wohnsitz weder begründen noch aufheben. Einen gesetzlichen Wohnsitz haben Militärpersonen am Garnisonorte. Diese Vorschrift findet jedoch keine Anwendung auf Militärpersonen, die nur zur Erfüllung der Wehrpflicht dienen, oder die nicht selbständig einen Wohnsitz begründen können.

Die Ehefrau teilt den Wohnsitz des Ehemannes. Sie teilt ihn nicht, wenn der Mann seinen Wohnsitz im Ausland an einem Orte begründet, an den die Frau ihm nicht folgt und zu folgen nicht verpflichtet ist. Ein eheliches Kind teilt den Wohnsitz des Vaters, ein uneheliches Kind den Wohnsitz der Mutter, ein an Kindesstatt angenommenes Kind den Wohnsitz des Annehmenden so lange, bis es ihn rechtsgültig aufhebt.

Die Frauen sind heute den Männern im Privatrecht grundsätzlich gleichgestellt, nur darf die Frau im Ehegüterrecht über ihr eingebrachtes Gut nicht verfügen, das der Verwaltung und Nutznießung des Mannes untersteht. Alle Bekenntnisse sind in privatrechtlicher und staatsbürgerlicher Beziehung völlig gleichgestellt (Bundesgesetz vom 3. Juli 1869 über die Gleichberechtigung der Konfessionen).

In Preußen ist für den Grundstückserwerb ausländischer juristischer Personen Genehmigung nötig.

Die Rechtsfähigkeit endigt mit dem Tode des Menschen. Ist jemand lange Zeit verschollen, und ist es wahrscheinlich, daß er gestorben ist, ohne daß es möglich ist, den völligen Nachweis hierfür zu führen, so hilft die Todeserklärung durch gerichtliches Urteil. Die Verschollenheit an sich genügt nicht zur Todeserklärung.

Die Todeserklärung ist zulässig, wenn seit 10 Jahren keine Nachricht von dem Leben des Verschollenen eingegangen ist. Sie darf nicht vor dem Schlusse des Jahres erfolgen, in welchem der Verschollene das 31. Lebensjahr vollendet haben würde. Ein Verschollener, der das 70. Lebensjahr vollendet haben würde, kann für tot erklärt werden, wenn seit 5 Jahren keine Nachricht von seinem Leben eingegangen ist. Der Zeitraum von 10 oder 5 Jahren beginnt mit dem Schluß des letzten Jahres, in welchem der Verschollene den vorhandenen Nachrichten zufolge noch gelebt hat.

Besondere Bestimmungen sind über die Kriegsverschollenheit und Seeverschollenheit sowie über die Lebensgefahrverschollenheit in den §§ 15 bis 17 getroffen.

a) Kriegsverschollenheit. Wer als Angehöriger einer bewaffneten Macht an einem Kriege teilgenommen hat, während des Krieges vermißt wurde und seitdem verschollen ist, kann für tot erklärt werden, wenn seit Friedensschluß 3 Jahre verstrichen sind. Hat ein Friedensschluß nicht stattgefunden, so beginnt der dreijährige Zeitraum mit dem Schlusse des Jahres, in welchem der Krieg beendet worden ist. Als Angehöriger einer bewaffneten Macht gilt auch derjenige, der sich in einem Amts- oder Dienstverhältnis oder zum Zwecke freiwilliger Hilfeleistung bei der bewaffneten Macht befindet.

Die Todeserklärung kann beantragt werden, wenn 1 Jahr lang keine Nachricht eingegangen ist.

Während des Weltkrieges war die Todeserklärung verschollener Kriegsteilnehmer in verschiedener Hinsicht erleichtert. (Seinerzeitige Bundesratverordnung vom 18. April 1916.) Neuerdings ist am 20. Februar 1925 durch Verordnung der Reichsregierung der 10. Januar 1920 als allgemeiner Todestag für verschollene Kriegsteilnehmer erklärt worden.

b) Seeverschollenheit. Wer bei einer Seefahrt sich auf einem während der Fahrt untergegangenen Fahrzeuge befunden hat und seit dem Untergange des Fahrzeugs verschollen ist, kann für tot erklärt werden, wenn seit dem Untergange 1 Jahr verstrichen ist.

Vermutet wird der Untergang des Fahrzeugs, wenn es an dem Ort seiner Bestimmung nicht eingetroffen oder in Ermangelung eines festen Reiseziels nicht zurückgekehrt ist, und wenn bei Fahrten innerhalb der Ostsee 1 Jahr, bei Fahrten in anderen europäischen Meeren mit Einschluß sämtlicher Teile des Mittelländischen, Schwarzen und Asowschen Meeres 2 Jahre, bei Fahrten über außereuropäische Meere 3 Jahre seit dem Antritt der Reise verstrichen sind. Sind Nachrichten über das Fahrzeug eingegangen, so ist der Ablauf des Zeitraums erforderlich, der verstrichen sein müßte, wenn das Fahrzeug von dem Orte abgegangen wäre, an dem es sich den Nachrichten zufolge zuletzt befunden hat. Vom Tage des vermuteten Unterganges ab muß dann noch die 1jährige Frist laufen.

c) Lebensgefahrverschollenheit. Wer unter anderen Umständen als durch Krieg oder Seefahrt in eine Lebensgefahr geraten und seitdem verschollen ist, kann für tot erklärt werden, wenn seit dem Ereignisse, durch das die Lebensgefahr entstanden ist, 3 Jahre verstrichen sind.

Solange nicht die Todeserklärung erfolgt ist, wird das Fortleben des Verschollenen bis zu dem Zeitpunkt vermutet, der nach § 18 als Zeitpunkt des Todes anzunehmen ist. Sind mehrere in einer gemeinsamen Gefahr umgekommen, so wird vermutet, daß sie gleichzeitig gestorben seien.

Als Wirkungen der Todeserklärungen ergibt sich folgendes (§ 18): Die Todeserklärung begründet die Vermutung, daß der Verschollene in dem Zeitpunkt gestorben sei, der in dem die Todeserklärung aussprechenden Urteile festgestellt ist.

Bei Rückkehr des für tot Erklärten hat er gegen diejenigen, die als seine Erben auftraten, eine Klage ähnlich der Erbschaftsklage.

Eine Ehe wird durch die Todeserklärung an sich nicht aufgelöst. Geht jedoch ein Ehegatte, nachdem der andere Ehegatte für tot erklärt worden ist, eine neue Ehe ein, so ist die neue Ehe nicht deshalb nichtig, weil der für tot erklärte Ehegatte noch lebt, es sei denn, daß beide Ehegatten bei der Eheschließung wissen, daß er die Todeserklärung überlebt hat. Mit der Schließung der neuen Ehe wird die frühere Ehe aufgelöst. Sie bleibt auch dann aufgelöst, wenn die Todeserklärung infolge einer Anfechtungsklage aufgehoben wird (§ 1348). Jeder Ehegatte der neuen Ehe, aber nicht der Zurückkehrende, kann, wenn der für tot erklärte Ehegatte noch lebt, die neue Ehe anfechten, es sei denn, daß er bei der Eheschließung von dessen Leben Kenntnis hatte. Die Anfechtung kann nur binnen 6 Monaten von dem Zeitpunkte an erfolgen, in dem der anfechtende Ehegatte erfährt, daß der für tot erklärte Ehegatte noch lebt. Sie ist ausgeschlossen, wenn der anfechtungsberechtigte Ehegatte die

Ehe bestätigt, nachdem er vom Leben des für tot erklärten Ehegatten Kenntnis erlangt hat, oder wenn die neue Ehe durch den Tod eines der Ehegatten aufgelöst worden ist (§ 1350).

Die Todeserklärung erfolgt im Aufgebotsverfahren durch Urteil des Amtsgerichts (vgl. ZPO. S. 311). Zuständig für die Todeserklärung ist das Gericht des letzten inländischen Wohnsitzes des Verschollenen. Antragsberechtigt ist der gesetzliche Vertreter des Verschollenen sowie jeder rechtlich Interessierte.

Handlungsfähigkeit bedeutet die Fähigkeit, rechtlich wirksam handeln zu können. Man unterscheidet: Rechtsgeschäfte, unerlaubte Handlungen und Rechtshandlungen. Daraus ergibt sich die Geschäftsfähigkeit, die Bereicherungsfähigkeit, die Verpflichtungsfähigkeit und die Deliktsfähigkeit.

a) Die Geschäftsfähigkeit. Bis zum 7. Jahre ist man völlig geschäftsunfähig. Vom 7. Lebensjahre bis zur Volljährigkeit ist man beschränkt geschäftsfähig. Mit der Volljährigkeit wird man unbeschränkt geschäftsfähig.

b) Die Deliktsfähigkeit. Bis zum 7. Lebensjahre ist man deliktsunfähig, haftet aber gegebenenfalls aus Gründen der Billigkeit auf Schadenersatz. Zwischen 7 und 18 Jahren haftet man zivilrechtlich nur, wenn man die zur Erkenntnis der Verantwortlichkeit seiner Handlungsweise erforderliche Einsicht besessen hat. Mit 18 Jahren ist man voll deliktsfähig.

Juristische Personen. §§ 21—89.

Juristische Personen sind Rechtssubjekte, die nicht Menschen sind; sie sind Vereinigungen von Menschen. Sie können kaufen und verkaufen, Grundstücke erwerben und Prozesse führen. Die juristische Person stellt eine selbständige Persönlichkeit dar, d. h. sie ist unabhängig von ihren Mitgliedern. Das BGB. kennt als juristische Person die Vereine, Stiftungen und Personen des öffentlichen Rechts (z. B. den Fiskus). Im Rahmen anderer Gesetze kommen noch andere juristische Personen vor, wie z. B. die Aktiengesellschaft des HGB., die Erwerbs- und Wirtschaftsgenossenschaft.

Jede juristische Person muß, damit sie der Staat zuläßt, gewisse grundlegende Bedingungen erfüllen Meistens ist es ihre Eintragung in ein gewöhnlich vom Richter geführtes Register. Hierbei ist es Aufgabe des Registerbeamten, vor der Eintragung zu prüfen, ob den gesetzlichen Bestimmungen genügt ist.

Die Vereine. §§ 21—79.

Vereine sind Personenvereinigungen zur Erreichung eines bestimmten Zweckes. Es gibt vier Arten von Vereinen, nämlich Vereine mit idealen Zwecken, z. B. ein Sängerverein, Vereine mit wirtschaftlichen Zwecken, z. B. Einkaufsvereine, nicht rechtsfähige Vereine, z. B. studentische Verbindungen und die Auslandsvereine.

Jeder Verein muß eine Vereinssatzung und einen Vorstand haben; derselbe vertritt den Verein gerichtlich und außergerichtlich. Hinsichtlich der Geschäftsführung steht der Vorstand nach innen wie ein Beauftragter da. Der Umfang der Vertretungsmacht des Vorstandes nach außen kann durch Satzung mit Wirkung gegen Dritte eingeschränkt werden Bei den eingetragenen Vereinen sind im Vereinsregister die Namen der Mitglieder des Vorstandes sowie etwaige Beschränkungen ihrer Vertretungsmacht und abweichende Vorschriften über die Beeinflussung anzugeben.

Die Bestellung des Vorstandes erfolgt durch Beschluß der Mitgliederversammlung. Jede Beschlußfassung erfolgt nach der Mehrheit der erschienenen Mitglieder, zu Satzungsänderungen ist eine Mehrheit von $^3/_4$ der erschienenen Mitglieder notwendig. Rechtsfähigkeit kann dem Verein nur durch den Staat oder Bundesstaat gewährt werden. Zur Änderung des Zweckes des Vereins ist die Zustimmung aller Mitglieder notwendig. Ein Mitglied ist nicht stimmberechtigt, wenn die Beschlußfassung ein Rechtsgeschäft oder einen Rechtsstreit mit ihm betrifft. Die Berufung der Mitgliederversammlung durch den Vorstand hat in den satzungsmäßigen Fällen zu erfolgen, und wenn das Interesse des Vereins es erfordert, oder wenn in Ermangelung einer Bestimmung $^1/_{10}$ der Mitglieder die Berufung schriftlich unter Angabe des Zwecks und der Gründe verlangen.

Die Mitgliedschaft ist nicht übertragbar; zum Austritt sind die Mitglieder jederzeit berechtigt.

Der Verein hört auf zu bestehen durch Beschluß der Mitgliederversammlung mit $^3/_4$ Mehrheit, durch Eintritt der Gründe, die in der Satzung vorgesehen sind, und aus Gründen des öffentlichen Vereinsrechts. Der Verein verliert seine Rechtsfähigkeit durch die Eröffnung des Konkurses. Der Vorstand hat im Falle der Überschuldung die Eröffnung des Konkurses zu beantragen; wird dies versäumt, so haften die Vorstandsmitglieder als Gesamtschuldner. Auch durch Entziehung im Verwaltungsstreitverfahren kann er seine Rechtsfähigkeit verlieren.

Über das Schicksal des Vereinsvermögens sind je nach den Satzungen und seinem wirtschaftlichen Zweck bestimmte Vorschriften getroffen.

Ein Verein mit idealen Zwecken erlangt Rechtsfähigkeit durch Eintragung in das Vereinsregister des Amtsgerichts, in dessen Bezirk der Verein seinen Sitz hat. Die Eintragung soll nur erfolgen, wenn die Zahl der Mitglieder mindestens 7 beträgt. Die Satzung muß den Zweck, den Namen und den Sitz des Vereins enthalten und ergeben, daß der Verein eingetragen werden soll, ferner Bestimmungen über Ein- und Austritt der Mitglieder, über Beiträge, über die Bildung des Vorstandes und die Berufung der Mitgliederversammlung treffen soll. Anzumelden hat der Vorstand. Die Eintragung darf erst erfolgen, nachdem 6 Wochen verstrichen sind und Einspruch nicht erhoben oder etwa erhobener Einspruch endgültig aufgehoben ist. Die Einsicht in das Vereinsregister ist jedem gestattet. Sinkt die Mitgliederzahl unter 3 herab, so hat das Amtsgericht auf Antrag des Vorstandes oder sonst nach 3 Monaten von Amts wegen nach Anhörung des Vorstandes dem Verein die Rechtsfähigkeit zu entziehen. Der Beschluß ist dem Vereine zuzustellen; gegen den Beschluß findet sofortige Beschwerde statt.

Studentische Korporationen können sich ebenfalls in das Vereinsregister eintragen lassen und werden dadurch zur juristischen Person.

Die Vereine mit wirtschaftlichen Zwecken erlangen Rechtsfähigkeit durch staatliche Verleihung, die demjenigen Bundesstaate zusteht, in dessen Gebiet der Verein seinen Sitz hat (Konzessionssystem).

Die ausländischen Vereine erlangen Rechtsfähigkeit durch Beschluß des Reichsrats. Im Auslande rechtsfähige Vereine sollen im Inlande nur dann als rechtsfähig gelten, wenn die Rechtsfähigkeit vom Reichsrat anerkannt ist.

Bei den nicht rechtsfähigen Vereinen haftet der Handelnde persönlich; handeln mehrere, so haften sie als Gesamtschuldner. Nicht rechtsfähige Vereine können nicht klagen, können aber verklagt werden. Etwaige eigene Forderungen können sie einem Mitgliede behufs Einklagung abtreten.

Die Stiftungen. §§ 80—88.

Die Stiftung ist eine Einrichtung zur dauernden Verwirklichung eines sozialen Zwecks. Unter Lebenden bedarf sie zur Erkennbarkeit des Stiftungswillens der schriftlichen Form. Aber auch eine Verfügung von Todes wegen in Form eines Testamentes oder Erbvertrages ist möglich. Bis zur Erteilung der Genehmigung ist der Stifter zum Widerrufe berechtigt, jedoch nicht der Erbe des Stifters, sobald der Stifter das Gesuch bei der zuständigen Behörde eingereicht hat, sei es unmittelbar, sei es mittelbar durch Gericht oder Notar. Die Genehmigung erfolgt durch den Bundesstaat, in dessen Gebiet sie ihren Sitz haben soll. Besteht die Stiftung in einer Verfügung von Todes wegen, so hat das Nachlaßgericht die Genehmigung einzuholen, sofern sie nicht vom Erben oder vom Testamentsvollstrecker nachgesucht wird. Der Stifter ist verpflichtet, nach Genehmigung der Stiftung das in dem Stiftungsgeschäfte zugesicherte Vermögen auf die Stiftung zu übertragen. Die Verfassung einer Stiftung bestimmt sich in erster Linie nach dem Stiftungsgeschäft. Ist die Erfüllung des Stiftungsgeschäfts unmöglich geworden oder gefährdet sie das Gemeinwohl, so kann die zuständige Behörde der Stiftung eine andere Bestimmung geben oder sie aufheben. Bei der Umwandlung des Zweckes ist die Absicht des Stifters tunlichst zu berücksichtigen, insbesondere dafür Sorge zu tragen, daß die Erträge des Stiftungsvermögens dem Personenkreise im Sinne des Stifters möglichst erhalten bleiben, dem sie zustatten kommen sollten.

Die juristischen Personen des öffentlichen Rechts. § 89.

Über die Rechtsverhältnisse der juristischen Personen des öffentlichen Rechts, z. B. des Fiskus, der Provinz, enthält das BGB. nur wenige Bestimmungen. Für rein privatrechtliche Tätigkeiten wird gehaftet, falls es sich um verfassungsmäßig berufene Vertreter handelt, und bei sonstigen Angestellten bei Bestellung von bestimmten Verrichtungen. Bei öffentlich-rechtlichem Handeln haftet nach dem BGB. nicht der Staat, sondern nur der Beamte. Nur für Grundbuchbeamte haftet der Staat und für Reichsbeamte, soweit sie nicht auf Gebühren angewiesen sind, das Reich.

Rechtsobjekte.

Sachen. §§ 90—103.

Objekte des Rechtsverkehrs können sein: die Leistung seitens einer Person, die Rechte an der eigenen Person, z. B. Namen, Urheberrechte, Erfindungen, Rechte an Rechten, z. B. bei Nießbrauch und beim Pfandrecht an Rechten, und vor allem Sachen. Die Sachen bilden das Hauptobjekt des Rechtsverkehrs.

Im Sinne des Gesetzes sind nur körperliche Gegenstände Sachen. Man unterscheidet bewegliche Sachen (Mobilien) und unbewegliche Sachen (Immobilien).

Schiffe sind Mobilien, jedoch werden sie hinsichtlich der Verpfändung und der Zwangsvollstreckung den Immobilien gleich behandelt.

Man unterscheidet ferner vertretbare und verbrauchbare Sachen. Vertretbare Sachen sind bewegliche Sachen, die im Verkehr nach Zahl, Maß oder Gewicht bestimmt zu werden pflegen. Verbrauchbare Sachen sind bewegliche Sachen, deren bestimmungsgemäßer Gebrauch in dem Verbrauch oder in der Veräußerung besteht. Vertretbare Sachen sind oft verbrauchbar und umgekehrt.

Teilbar sind Sachen, die sich ohne Wertverminderung in gleichartige Teile zerlegen lassen.

Bei den Sachen unterscheidet man: Bestandteile, Zubehör und Früchte.

Bestandteile. Einfache Bestandteile sind solche Bestandteile, die nicht wesentliche Bestandteile sind. Sie folgen der Rechtslage der Gesamtsache.

Wesentliche Bestandteile sind allgemein solche Teile einer Sache, die voneinander nicht getrennt werden können, ohne daß der eine oder andere zerstört oder in seinem Wesen verändert wird. Sie können daher nicht Gegenstand besonderer Rechte sein.

Wesentliche Bestandteile eines Grundstücks sind die mit dem Grund und Boden fest verbundenen Sachen, insbesondere Gebäude, sowie die Erzeugnisse des Grundstücks, solange sie mit dem Boden zusammenhängen. Wesentliche Bestandteile eines Gebäudes sind die zur Herstellung des Gebäudes eingefügten Sachen. Nicht als Bestandteile eines Grundstücks gelten:

1. Solche Sachen, die nur zu einem vorübergehenden Zwecke mit dem Grund und Boden verbunden sind;

2. ein Gebäude oder anderes Werk, das in Ausübung eines dinglichen Rechtes an einem fremden Grundstücke von dem Berechtigten mit dem Grundstücke verbunden ist (z. B. Gleise der Straßenbahn);

3. nur zu einem vorübergehenden Zwecke in ein Gebäude eingefügte Sachen, z. B. Gerüste, Wassermesser, Gasuhren.

Hingegen gelten als Bestandteile eines Grundstücks diejenigen Rechte, die mit dem Eigentum an einem Grundstücke verbunden sind, z. B. Grunddienstbarkeiten.

Wird eine Sache wesentlicher Bestandteil einer anderen, so erlöschen die an ihr bestehenden Sonderrechte.

Das Zubehör. Zubehör sind bewegliche Sachen, die, ohne Bestandteile der Hauptsache zu sein, dem wirtschaftlichen Zwecke der Hauptsache zu dienen bestimmt sind und zu ihr in einem dieser Bestimmung entsprechenden räumlichen Verhältnisse stehen. Das Zubehör behält im Gegensatz zum Bestandteil seine körperliche Selbständigkeit. Die vorübergehende Trennung eines Zubehörstücks von der Hauptsache hebt die Zubehöreigenschaft nicht auf.

Wichtig ist die Bestimmung des BGB. darüber, welche Sache dem wirtschaftlichen Zwecke der Hauptsache zu dienen bestimmt ist, nämlich bei einem Gebäude, das für einen gewerblichen Betrieb dauernd eingerichtet ist, z. B. einer Fabrik die zum Betriebe bestimmten Maschinen, bei einem Landgute das zum Wirtschaftsbetriebe bestimmte Gerät und Vieh, die landwirtschaftlichen Erzeugnisse, soweit sie zur Fortsetzung der Wirtschaft in bestimmter Frist erforderlich sind.

Früchte. Früchte sind der Ertrag eines Vermögensgegenstandes. Früchte einer Sache sind die Erzeugnisse der Sache, Früchte eines Rechts sind die Erträge, die das Recht seiner Bestimmung gemäß gewährt.

Nutzungen sind nicht nur die Früchte, sondern die Vorteile, die der Gebrauch der Sache oder des Rechts gewährt.

Rechtsgeschäfte. §§ 104—185.

Rechtsgeschäft ist eine Handlung, durch die der Handelnde seine Rechtsverhältnisse nach seinem Willen ordnet. Man unterscheidet die einseitigen Rechtsgeschäfte, bei denen nur ein Teil handelnd auftritt, und zwar empfangsbedürftige und streng einseitige und ferner die zweiseitigen Rechtsgeschäfte.

Jedes Rechtsgeschäft, das gegen ein gesetzliches Verbot verstößt, ist nichtig, desgleichen jedes Rechtsgeschäft, das gegen die guten Sitten verstößt. Insbesondere ist das wucherische Geschäft nichtig. Dieses liegt vor, falls jemand unter Ausbeutung der Notlage, der Unerfahrenheit und des Leichtsinns eines andern sich oder einem Dritten Vermögensvorteile versprechen oder gewähren läßt, die den Wert der Leistung dergestalt übersteigen, daß den Umständen nach die Vermögensvorteile in auffälligem Mißverhältnis zu der Leistung stehen (Wucherparagraph).

Geschäftsfähigkeit. §§ 104—115.

Zur Klärung der Frage der Geschäftsfähigkeit ist festzustellen, wer geschäftsunfähig und wer beschränkt geschäftsfähig ist.

Geschäftsunfähig ist:

a) Wer nicht das 7. Lebensjahr vollendet hat;

b) wer sich in einem die freie Willensbestimmung ausschließenden Zustande krankhafter Störung der Geistestätigkeit befindet, sofern nicht der Zustand seiner Natur nach ein vorübergehender ist;

c) wer wegen Geisteskrankheit entmündigt ist;

d) wer im Zustande der Bewußtlosigkeit oder vorübergehender Störung der Geistestätigkeit eine Willenserklärung abgibt.

Die Willenserklärungen Geschäftsunfähiger sind daher nichtig, jedoch können Geschäftsunfähige Besitz erwerben.

Beschränkt geschäftsfähig sind die Minderjährigen. Sie können jedoch Geschäfte abschließen, durch die sie lediglich einen rechtlichen Vorteil erlangen. Sie können sich auch durch Verträge verpflichten, wenn sie vorher hierzu die Einwilligung des gesetzlichen Vertreters erhalten. Ohne diese Einwilligung hängt die Wirksamkeit von der nachträglichen Genehmigung des gesetzlichen Vertreters ab. Der Gegner kann den Vertreter zur Erklärung über die Genehmigung auffordern. Erteilt der Vertreter binnen zwei Wochen nach Empfang der Aufforderung die Genehmigung nicht, so gilt sie als verweigert. Ferner hat der Gegner unter bestimmten Voraussetzungen freies Widerrufsrecht auch gegenüber dem Minderjährigen.

Erfüllt jedoch der Minderjährige mit Mitteln einen Vertrag, die er zur Erfüllung oder zur freien Verfügung vom Vertreter oder mit dessen Zustimmung von einem Dritten erhält, so gilt der Vertrag als von Anfang an wirksam.

Der Minderjährige ist mit 16 Jahren testierfähig, d. h. er besitzt die Fähigkeit, ein Testament wirksam errichten zu können.

Willenserklärung. §§ 116—144.

Zur Gültigkeit einer Willenserklärung gehören der Wille und die Erklärung eines Geschäftsfähigen in übereinstimmender Form. Nichtig ist eine Willenserklärung, die nicht ernstlich gemeint ist und in der Erwartung abgegeben wird, daß der Mangel der Ernstlichkeit nicht verkannt werden wird (Scherz). Eine Schadensersatzpflicht tritt in diesem Falle nur dann ein, wenn der andere einen Schaden dadurch erleidet, daß er auf die Gültigkeit des Vertrages vertraut (negatives Vertragsinteresse).

Irrtum. Man unterscheidet Irrtum im Motiv (echter Irrtum) und Geschäftsirrtum. Der Irrtum im Motiv wird nur in einzelnen Fällen berücksichtigt, nämlich bei der arglistigen Täuschung, bei Anfechtung von letztwilligen Verfügungen unter bestimmten Voraussetzungen (§ 2078), beim Vergleich (§ 779), bei Annahme einer Erbschaft (§ 1949). In den beiden letzten Fällen tritt die Nichtigkeit des Geschäfts sofort ein.

Der Geschäftsirrtum liegt vor, falls man bei der Abgabe einer Willenserklärung über deren Inhalt im Irrtum war oder falls man eine Erklärung dieses Inhalts überhaupt nicht abgeben wollte und schließlich, wenn man sich über solche Eigenschaften der Person oder der Sache im Irrtum befand, die im Verkehr als wesentlich angesehen werden.

Die Anfechtung muß unverzüglich nach Erlangung der Kenntnis vom Anfechtungsgrunde durch Erklärung gegenüber dem andern Teil mündlich oder schriftlich erfolgen. Nur der Erklärende kann anfechten. Auf ein Verschulden des Irrenden kommt es nicht an. Ausgeschlossen ist die Anfechtung, wenn seit Abgabe der Willenserklärung 30 Jahre verflossen sind.

Arglistige Täuschung. § 123 bestimmt:

„Wer zur Abgabe einer Willenserklärung durch arglistige Täuschung oder widerrechtlich durch Drohung bestimmt worden ist, kann die Erklärung anfechten."

Die Anfechtung kann nur binnen Jahresfrist nach der Entdeckung der Täuschung durch den Berechtigten erfolgen. Ausgeschlossen ist die Anfechtung nach 30 Jahren seit Abgabe der Willenserklärung. Das Gesetz setzt also arglistige Täuschung und Drohung in diesem Falle gleich.

Das BGB. ist bezüglich der Rechtsgeschäfte mit einigen Ausnahmen, in denen es der Schriftlichkeit bedarf, zur Formfreiheit zurückgekehrt. Bei den Rechtsgeschäften des Sachen-, Familien- und Erbrechts ist die Schriftlichkeit teilweise unter Beobachtung bestimmter Formen jedoch vorgeschrieben. In solchen Fällen muß die Unterschrift eigenhändig erfolgen. Bei einem Vertrage müssen beide Parteien auf derselben Urkunde unterzeichnen, es genügt jedoch, daß jede Partei die Ausfertigung der andern unterzeichnet. Im Zweifel genügt bei Rechtsgeschäften die telegraphische Übermittelung und bei einem

Vertrage Briefwechsel. Nachträglich kann dann eine ordnungsgemäße Beurkundung verlangt werden.

Beispiele für die Schriftlichkeit sind: die Quittung, die Bürgschaftserklärung, die Anweisung, das selbstgeschriebene Testament usw.

Die öffentliche Beglaubigung der Unterschrift durch den zuständigen Gerichtsbeamten oder Notar ist bei Erklärungen an eine Behörde, bei Anmeldungen zum Vereinsregister usw. vorgeschrieben.

Bei Verträgen genügt es, daß zunächst der Antrag und dann die Annahme beurkundet wird, z. B. bei einer Grundstücksveräußerung. Bei dem gerichtlichen oder notariellen Abschluß kann sich jede Partei durch einen Stellvertreter vertreten lassen; die Testamentserrichtung, die Eheschließung usw. bedarf jedoch der Vornahme der Beurkundung in Person.

Die Zuziehung von Zeugen ist vielfach vorgeschrieben, z. B. bei der Testamentserrichtung und der Eheschließung.

Der Handschlag an Eides Statt ist angeordnet bei der Verpflichtung des Vormundes.

Die Versicherung an Eides Statt ist z. B. vorgeschrieben zur Erlangung einstweiliger Verfügungen oder zur Erlangung des Erbscheins.

Ist eine bestimmte Form vorgeschrieben und wird sie nicht erfüllt, so bewirkt die Verletzung die Nichtigkeit des ganzen Geschäfts. In einzelnen Fällen kann der Formmangel nachgeholt werden, z. B. bei der Bürgschaft, Schenkung usw. Formlose Grundstücksveräußerungen werden durch die nachfolgende Auflassung und Eintragung ins Grundbuch vollgültig.

Schweigen als Genehmigung auszulegen, ist nicht allgemein zulässig, sondern nur für diejenigen Fälle, in denen nach Treu und Glauben ein Widerspruch hätte erfolgen müssen. Nur in einzelnen von dem BGB. ausdrücklich bestimmten Fällen gilt Schweigen als Genehmigung. Und zwar:

a) eine Schenkung gilt als angenommen, wenn der Beschenkte binnen der vom Schenker zur Erklärung über die Annahme gesetzten Frist schweigt;

b) ein Kauf auf Probe gilt als gebilligt, falls die Ware dem Käufer auf Probe gegeben war und dieser sich binnen der ihm vom Verkäufer gesetzten Frist nicht erklärt;

c) erklärt der Veräußerer eines Grundstücks einem Hypothekengläubiger, daß der Käufer die Hypothek persönlich übernommen habe, so gilt die Übernahme als vom Gläubiger genehmigt, falls er nicht binnen 6 Monaten die Genehmigung dem Veräußerer gegenüber verweigert.

Für die Auslegung der Willenserklärungen sind die §§ 131 und 157 für unser Rechtsleben von ausschlaggebender Bedeutung. Dieselben lauten:

§ 133. Der wirkliche Wille ist zu erforschen und nicht an dem buchstäblichen Sinne des Ausdrucks zu haften.

§ 157. Verträge sind so auszulegen, wie Treu und Glauben mit Rücksicht auf die Verkehrssitte es erfordern.

Die Willenserklärung ist als Ganzes aufzufassen, und unter Beachtung des Zweckes dieses Ganzen ist unter Berücksichtigung aller bei Abgabe der Erklärung erkennbaren Nebenumstände, auch etwa gepflogener Vorverhandlungen zu fragen, was der Erklärende mit dem Erklärten zum Ausdruck hat bringen wollen. Hierbei ist auch die Ortssitte und die Verkehrssitte zu beobachten. Auch aus längerer gleichförmiger Übung im Geschäftsverkehr kann die Geschäftsabsicht entnommen werden.

Durch § 157 bringt das BGB. zum Ausdruck, daß es eine schikanöse Ausübung von Rechten nicht duldet. Es ordnet für eine Reihe von Fragen an, daß die „Entscheidung nach billigem Ermessen oder unter Berücksichtigung der Umstände des Einzelfalles zu treffen sind". Es verweist auf die Wahrung von Treu und Glauben als auf einen allgemeinen zu beobachtenden Grundsatz bei Bewirkung jeder Leistung durch den Schuldner und bei der Auslegung von Verträgen jeder Art. Es erhebt die ethischen Begriffe von „Treu und Glauben" zu Rechtsbegriffen. Die Verkehrssitte ist die aus der Erfahrung zu entnehmende, den Verkehr beherrschende tatsächliche Übung.

Rechtsgeschäfte können fehlerhaft sein; sie können nichtig oder anfechtbar sein oder werden. Die Nichtigkeit tritt ein z. B. infolge Geschäftsunfähigkeit, Formmangel und Unsittlichkeit. Ist ein Teil eines Rechtsgeschäftes nichtig, so ist das ganze Rechtsgeschäft nichtig, wenn nicht ausnahmsweise anzunehmen ist, daß es auch ohne den nichtigen Teil vorgenommen sein würde. Die Nichtigkeit kann durch erneute Vornahme des Rechtsgeschäfts beseitigt werden.

Die Anfechtbarkeit eines Rechtsgeschäftes ist bei Irrtum, unrichtiger Übermittelung, arglistiger Täuschung und Drohung gegeben. Wer die Anfechtbarkeit kannte oder kennen mußte, steht dem gleich, der die Nichtigkeit kannte oder kennen mußte. Ausgeschlossen ist die Anfechtung nach erfolgter Bestätigung des Rechtsgeschäfts durch den Anfechtungsberechtigten und durch Versäumung der gesetzlichen Anfechtungsfrist.

Der Vertrag. §§ 145—157.

Der Vertrag ist ein zweiseitiges Rechtsgeschäft. Antrag und Annahme gehören zu jedem Vertrage. Bindend ist der Antrag für den Antragenden, d. h. er kann ihn nach seinem Zugehen an den Gegner nicht mehr widerrufen, es sei denn, daß er die Gebundenheit ausgeschlossen hat (§ 145).

Der Antrag erlischt:

a) Unter Anwesenden und bei Verkehr mittels Fernsprechers, wenn er nicht sofort angenommen wird.

b) Unter Abwesenden, wenn er nicht rechtzeitig angenommen wird, d. h. wenn der Gegner eine ihm gesetzte Annahmefrist nicht innehält, oder wenn die Antwort nicht bis zu dem Zeitpunkte einläuft, in dem sie unter regelmäßigen Umständen vom Antragenden erwartet werden darf. Ist jedoch in einer für den Antragenden erkennbaren Weise die Antwort rechtzeitig abgeschickt und nur durch eine Unregelmäßigkeit in der Beförderung zu spät gekommen, so muß er die Verspätung dem Absender unverzüglich anzeigen, widrigenfalls die Annahme als nicht verspätet gilt.

Der Antrag erlischt selbstverständlich, wenn eine ablehnende Antwort eintrifft.

Die Annahme ist wie der Antrag eine empfangsbedürftige Willenserklärung. Sie wird mit dem Zugehen an den Antragenden wirksam. Durch die bloße Annahme kommt ausnahmsweise der Vertrag zustande, wenn die Verkehrssitte eine Mitteilung der Annahme an den Antragenden nicht verlangt (z. B. Bestellung eines Hotelzimmers), oder wenn der Antragende auf eine solche Mitteilung verzichtet hat.

Durch den Tod oder Eintritt der Geschäftsunfähigkeit des Antragenden vor der Annahme wird das Zustandekommen des Vertrages im Zweifel nicht gehindert.

Solange nicht die Parteien sich über alle, selbst unwesentliche Punkte eines Vertrages geeinigt haben, über die nach der Erklärung auch nur einer Partei eine Vereinbarung getroffen werden soll, ist im Zweifel der Vertrag nicht geschlossen. Ist eine Beurkundung des beabsichtigten Vertrages verabredet worden, so ist im Zweifel der Vertrag nicht geschlossen, bis die Beurkundung erfolgt ist.

Haben sich die Parteien bei einem Vertrage, den sie als geschlossen ansehen, über einen Punkt in Wirklichkeit nicht geeinigt, über den eine Vereinbarung getroffen werden sollte, so ist das Geschäft und der Vertrag nichtig. Nur wenn anzunehmen ist, daß der Vertrag auch ohne eine Bestimmung über den fraglichen Punkt geschlossen sein würde, soll er ausnahmsweise gültig sein.

Das Wesen des Vertrages liegt in der Einigung. Obwohl der Vertrag eine Mehrheit von Willenserklärungen erfordert, so ist er doch ein einheitliches Rechtsgeschäft. Es entsteht ein einheitlicher Vertragswille. Ob jemand einen Vertrag eingehen will, ist regelmäßig seinem Belieben überlassen, insofern nicht vom Gesetz die Verpflichtung zur Eingehung bestimmter Verträge auferlegt wird. Die dem Vertragsschluß vorausgehenden vorläufigen Besprechungen sind ein rechtlich unverbindlicher Meinungsaustausch.

Vorvertrag. Den sog. Vorvertrag hat das BGB. nicht bseonders geregelt. Der Vorvertrag kann auch nur wirksam sein, wenn die Abmachungen so genau bestimmt sind, daß alle Einzelheiten des abzuschließenden Vertrages aus dem Vorvertrage vollkommen ersichtlich sind. Der wesentliche Inhalt eines Vorvertrages liegt in der Leistungsbereitschaft.

Der Antragende ist an den Antrag, wie oben dargelegt, gebunden, wenn er sich nicht den Widerruf vorbehalten hat. Im letzteren Falle dauert seine Gebundenheit höchstens so lange, bis der Widerruf tatsächlich rechtswirksam erfolgt. Der Antragende kann aber auch die Gebundenheit überhaupt ausschließen, indem er die Worte „ohne Verbindlichkeit“, „freibleibend“ oder dgl. zusetzt. In strittigen Fällen trifft den Antragenden die Beweislast für den Vorbehalt des Widerrufs.

Die Zusendung unbestellter Waren enthält den Antrag zum Abschluß eines Kaufvertrages. Dadurch allein wird der Empfänger der Waren, solange ein Vertrag nicht zustande gekommen ist, zu gar nichts verpflichtet. Der Empfänger hat gegenüber der Sache keinerlei positive Verpflichtung, muß sich aber jeder Verfügung ohne Willen des Absenders und jeder schädigenden Einwirkung auf die Sache enthalten. Seiner Herausgabepflicht genügt er dadurch, daß er die Wegnahme geschehen läßt. Will sich der Empfänger der Sache des ihm lästigen Besitzes entledigen, so kann er den Eigentümer zur Abholung auffordern und ihn mit angemessener Frist in Annahmeverzug setzen. Gerät der Eigentümer in Annahmeverzug, so kann der Empfänger die Ware hinterlegen, gegebenenfalls, wenn sie sich zur Hinterlegung nicht eignet, versteigern lassen.

Nicht gleichbedeutend mit dem Antrag durch Fernsprecher ist der Antrag durch Ferndrucker; letzterer ist als Antrag unter Abwesenden aufzufassen.

Die verspätete Annahme eines Antrages gilt als neuer Antrag. Eine Annahme unter Erweiterungen, Einschränkungen oder sonstigen Änderungen gilt als Ablehnung verbunden mit einem neuen Antrage. Die verspätete Annahme enthält nur die Erklärung des Willens, den beantragt gewesenen Vertrag schließen zu wollen. Zur Vertragsschließung gehört in diesem Falle der neue Antrag nur, wenn der früher Antragende diesen annimmt.

Bei einer Versteigerung kommt der Vertrag erst durch den Zuschlag zustande. Ein Gebot erlischt, wenn ein Übergebot abgegeben oder die Versteigerung ohne Erteilung des Zuschlages beschlossen wird. Das Gebot des Bieters ist als Vertragsantrag, der Zuschlag durch den Versteigerer als Annahmeerklärung aufzufassen, durch die der Vertrag zustande kommt. Das Angebot des Versteigerers hat lediglich die Bedeutung einer Aufforderung, Vertragsanträge zu stellen. Da der Vertrag erst durch den Zuschlag zustande kommt, behält der Versteigerer es in der Hand, den schließlich gebotenen Preis anzunehmen oder abzulehnen, je nachdem dieser seinem Interesse entspricht oder nicht entspricht. Der Bieter ist als Antragender an sein Gebot so lange gebunden, bis ein Übergebot erfolgt.

Bedingung. Zeitbestimmung. §§ 158—163.

Aus obigem geht bereits hervor, welche Wichtigkeit Bedingungen und die Zeitbestimmung bei Verträgen besitzen. Das BGB. unterscheidet zwischen aufschiebenden und auflösenden Bedingungen. Eine Reihe von Rechtsgeschäften können nur „unbedingt" vollzogen werden, z. B. die Eheschließung, die Mahnung, die Kündigung, die Anfechtung, die Auflassung usw. Mit Eintritt der Bedingung tritt die bedingte Wirkung ein.

§ 158 lautet:

„Wird ein Rechtsgeschäft unter einer aufschiebenden Bedingung vorgenommen, so tritt die von der Bedingung abhängig gemachte Wirkung mit dem Eintritte der Bedingung ein." Weiter heißt es:

„Wird ein Rechtsgeschäft unter einer auflösenden Bedingung vorgenommen, so endigt mit dem Eintritte der Bedingung die Wirkung des Rechtsgeschäftes; mit diesem Zeitpunkte tritt der frühere Rechtszustand wieder ein."

Die Beifügung eines Termins zu einem Rechtsgeschäft kann die Bedeutung einer Befristung oder Betagung haben. Im ersten Falle tritt das Recht mit dem Eintritt des Termins erst in Wirksamkeit (z. B. beim Mietsvertrag); im zweiten Falle wird die Fälligkeit bis zum Eintritt des Termins ausgeschlossen. An sich ist aber das Geschäft bereits getätigt.

Vertretung — Vollmacht. §§ 169—181.

Stellvertretung ist das rechtsgeschäftliche Handeln für einen andern. Nicht jedes Geschäft ist vertretungsmöglich, z. B. die Eheschließung und die Testamentserrichtung. Überall, wo das Gesetz nicht ausdrücklich etwas anderes bestimmt, ist die Stellvertretung jedoch möglich. Man unterscheidet die gesetzliche Stellvertretung und die durch Rechtsgeschäft erteilte Stellvertretung, die sog. Vollmacht. Erstere liegt vor, z. B. beim Vormund und

Vater. Bei der Vollmacht unterscheidet man zwischen unmittelbarer und mittelbarer Stellvertretung. Bei der unmittelbaren Stellvertretung handelt der Vertreter in fremdem Namen für fremde Rechnung, bei der mittelbaren Stellvertretung handelt er dagegen in eigenem Namen für fremde Rechnung.

Hat im Falle einer Vollmacht der Vertreter nach bestimmten Weisungen des Vollmachtgebers gehandelt, so kann sich dieser in Ansehung solcher Umstände, die er selbst kannte, nicht auf die Unkenntnis des Vertreters berufen. Im allgemeinen wirkt eine Willenserklärung, die jemand innerhalb der ihm zustehenden Vertretungsmacht im Namen des Vertretenen abgibt, unmittelbar für und gegen den Vertretenen. Es macht keinen Unterschied, ob die Erklärung ausdrücklich im Namen des Vertretenen erfolgt oder ob die Umstände ergeben, daß sie in dessen Namen erfolgen sollte.

Von der Vollmacht ist der Auftrag streng zu unterscheiden.

Vollmacht	**Auftrag**
ist ein Außenverhältnis,	ist ein Innenverhältnis,
gibt ein Recht,	gibt eine Pflicht,
hat Sinn nur bei Rechtsgeschäften,	hat Sinn auch bei tatsächlichen Geschäften,
hat Sinn nur bei unmittelbarer Vertretung,	hat Sinn auch bei mittelbarer Vertretung,
kommt ohne Annahme zustande.	kommt mit Annahme zustande, ist also ein Vertrag.

Die Vollmacht wird erteilt durch Erklärung gegenüber dem zu Bevollmächtigenden oder dem Dritten, demgegenüber die Vertretung stattfinden soll. Ihr Umfang ist regelmäßig durch Rechtsgeschäft festgelegt.

Ausnahmen gelten nur für die Fälle der Vollmacht, in denen ihr Umfang vom Gesetze festgelegt ist, wie z. B. des Vollmachtsverhältnisses des Handelsverkehrs für Prokuristen, Generalbevollmächtigte u. dgl.

Erlöschen der Vollmacht. Die Vollmacht erlischt nach dem Rechtsverhältnis, das ihrer Erteilung zugrunde liegt, z. B. durch Rücknahme des Auftrages, Auflösung einer Gesellschaft oder mit dem Widerruf, sofern dieser nicht für das betreffende Rechtsgeschäft ausgeschlossen ist.

Wird die Vollmacht kraft Auftrag oder kraft eines Gesellschaftsverhältnisses erteilt, so gilt sie gegenüber dem Bevollmächtigten bis zu dessen Kennen oder Kennenmüssen von ihrem Erlöschen als fortbestehend. Wird die Vollmacht durch Erklärung gegenüber einem Dritten erteilt, so bleibt sie diesem gegenüber in Kraft, bis ihm das Erlöschen von dem Vollmachtgeber angezeigt wird. Der besonderen Mitteilung einer Bevollmächtigung durch den Vollmachtgeber steht es gleich, wenn dieser dem Vertreter eine Vollmachtsurkunde ausgehändigt hat und der Vertreter sie dem Dritten vorlegt. Die Vertretungsmacht bleibt bestehen, bis die Vollmachtsurkunde dem Vollmachtgeber zurückgegeben oder für kraftlos erklärt wird. Der Bevollmächtigte hat nach dem Erlöschen der Vollmacht dem Vollmachtgeber die Vollmachtsurkunde zurückzugeben. Der Vollmachtsgeber kann die Vollmachtsurkunde durch eine öffentliche Bekanntmachung für kraftlos erklären. Die ZPO. gibt hierfür genaue Vorschriften. Mit dem Ablauf eines Monats nach der letzten Einrückung in die öffentlichen Blätter wird die Kraftloserklärung wirksam.

Schließt jemand ohne Vertretungsmacht einen Vertrag ab, so hängt seine Wirksamkeit von der Genehmigung des Vertretenen ab. Die Genehmigung kann nur bis zum Ablaufe von 2 Wochen nach dem Empfange der Aufforderung erklärt werden; wird sie nicht erklärt, so gilt sie als verweigert. Bis zur Genehmigung des Vertrages ist der andere Teil zum Widerrufe berechtigt, es sei denn, daß er den Mangel der Vertretungsmacht bei dem Abschlusse des Vertrages gekannt hat. Wer als Vertreter einen Vertrag geschlossen hat, ist, sofern er nicht seine Vertretungsmacht nachweist, dem andern Teil nach dessen Wahl zur Erfüllung oder zum Schadensersatze verpflichtet, wenn der Vertretene die Genehmigung des Vertrages verweigert. Bei einem einseitigen Rechtsgeschäft ist Vertretung ohne Vertretungsmacht unzulässig.

Einwilligung. — Genehmigung. §§ 182—185.

Die Zustimmung zerfällt in Einwilligung und Genehmigung. Einwilligung ist die vorhergehende, Genehmigung die nachträgliche Zustimmung. Zustimmung sowie deren Verweigerung erfolgen formlos durch Erklärung gegenüber einem der betreffenden Teile. Die Einwilligung ist mangels anderer Vereinbarung bis zur Vornahme des Rechtsgeschäftes widerruflich und wirkt auf den Zeitpunkt der Vornahme des Rechtsgeschäfts zurück. Die Verfügung eines Nichtberechtigten über einen Gegenstand ist wirksam, wenn sie mit Einwilligung des Berechtigten erfolgt.

Fristen. — Termine. §§ 186—193.

Frist ist ein abgegrenzter Zeitraum, Termin ist ein Zeitpunkt. Eine nach Tagen bestimmte Frist endigt mit dem Ablaufe des letzten Tages der Frist. Eine Frist, die nach Wochen oder nach einem mehrere Monate umfassenden Zeitraum bestimmt ist, endigt gewöhnlich mit dem Ablaufe desjenigen Tages der letzten Woche oder des letzten Monats, der durch seine Benennung oder seine Zahl dem Tage entspricht, in den das Ereignis oder der Zeitpunkt fällt. Der erste Tag zählt auch hier nicht mit. Fehlt bei einer nach Monaten bestimmten Frist in dem letzten Monate der für ihren Ablauf maßgebende Tag, so endigt die Frist mit dem Ablaufe des letzten Tages dieses Monats. Im Falle der Verlängerung einer Frist wird die neue Frist von dem Ablaufe der vorigen Frist an berechnet.

Unter einem halben Jahre wird eine Frist von 6 Monaten, unter einem Vierteljahre eine Frist von 3 Monaten ,unter einem halben Monat eine Frist von 15 Tagen verstanden. Der Monat wird zu 30, das Jahr zu 365 Tagen gerechnet. Fällt ein durch eine Frist bestimmter Tag oder der letzte Tag der Frist auf einen Sonntag oder einen am Erklärungs- oder Leistungsorte staatlich anerkannten allgemeinen Feiertag, so tritt an die Stelle des Sonntags oder des Feiertags der nächstfolgende Werktag.

Es ist den Parteien vorbehalten, abweichende Vereinbarungen zu treffen.

Die Verjährung. §§ 194—225.

Das Recht, von einem andern ein Tun oder ein Unterlassen zu verlangen, unterliegt der Verjährung. Sie beginnt mit der Entstehung des Anspruchs. Die regelmäßige Verjährungsfrist beträgt 30 Jahre. In 2 Jahren verjähren die Ansprüche der Kaufleute, Fabrikanten, Handwerker und derjenigen, die ein Kunstgewerbe betreiben, für Lieferung von Waren, Ausführung von Arbeiten und Besorgung fremder Geschäfte mit Einschluß der Auslagen, es sei denn, daß die Leistung für den Gewerbebetrieb des Schuldners erfolgt; ferner derjenigen, die bewegliche Sachen gewerbsmäßig vermieten wegen des Mietzinses; derjenigen, die im Privatdienste stehen, wegen des Gehalts, Lohnes und anderer Dienstbezüge; ferner der gewerblichen Arbeiter, der Ärzte, Rechtanwälte usw.

In 4 Jahren verjähren die Ansprüche auf Rückstände von Zinsen und die Ansprüche auf Rückstände von Renten, Ruhegehalten, Besoldungen und allen andern regelmäßig wiederkehrenden Leistungen.

Wird aus irgendeinem Rechtsgrunde die Verjährung gehemmt, so wird der Zeitraum, während dessen die Verjährung gehemmt ist, in die Verjährung nicht mit eingerechnet.

Hemmungsgründe sind u. a. die aufschiebenden Einreden, höhere Gewalt und Stillstand der Rechtspflege. Die Verjährung von Ansprüchen zwischen Ehegatten ist gehemmt, solange die Ehe besteht. Das gleiche gilt von Ansprüchen zwischen Eltern und Kindern während der Minderjährigkeit der Kinder, und von Ansprüchen zwischen dem Vormund und dem Mündel während der Dauer des Vormundschaftsverhältnisses.

Die Unterbrechung der Verjährung besteht darin, daß die bis zur Unterbrechung verstrichene Zeit nicht in Betracht kommt; eine neue Verjährung kann erst nach der Unterbrechung beginnen.

Unterbrechungsgründe sind:

1. Anerkennung der Schuld durch den Verpflichteten gegenüber dem Berechtigten durch Abschlags- oder Zinszahlung, Sicherheitsleistung oder in anderer Weise;

2. Klageerhebung auf Befriedigung oder Feststellung, Erteilung der Vollstreckungsklausel oder Erlassung des Vollstreckungsurteils.

Der Klageerhebung stehen gleich:

1. die Zustellung eines Zahlungsbefehles im Mahnverfahren;
2. die Anmeldung des Anspruchs im Konkurse;
3. die Geltendmachung der Aufrechnung des Anspruchs im Prozesse;
4. die Streitverkündung in einem Prozesse, von dessen Ausgange der Anspruch abhängt;
5. die Vornahme einer Vollstreckungshandlung und, soweit die Zwangsvollstreckung den Gerichten oder anderen Behörden zugewiesen ist, die Stellung des Antrags auf Zwangsvollstreckung;
6. beim Kauf unterbricht auch der Antrag auf Sicherung des Beweises.

Die Unterbrechung dauert fort:

1. bei der Klageerhebung, bis der Prozeß rechtskräftig entschieden oder anderweit erledigt ist.

Erhebt der Berechtigte binnen 6 Monaten beim zuständigen Gericht von neuem Klage, so gilt die Verjährung als durch die Erhebung der ersten Klage unterbrochen.

2. beim Zahlungsbefehl;
3. bei der Anmeldung im Konkurse, bis der Konkurs beendigt ist;

4. bei der Aufrechnung im Prozeß oder bei der Streitverkündung, bis der Prozeß rechtskräftig entschieden oder anderweitig erledigt ist;

5. bei der Vornahme einer Vollstreckungshandlung.

Unverjährbar sind Ansprüche:

1. aus einem familienrechtlichen Verhältnis, soweit sie auf die Herstellung des dem Familienverhältnisse entsprechenden Zustandes für die Zukunft gerichtet sind;
2. aus Grundstücksrechten, die in das Grundbuch eingetragen sind;
3. auf Berichtigung des Grundbuchs und aus Nachbarrechten;
4. auf Aufhebung der Gemeinschaft (§ 758).

Die Verjährung wird nur berücksichtigt, wenn der Verpflichtete sich auf sie beruft. Nach der Vollendung der Verjährung ist der Verpflichtete berechtigt, die Leistung zu verweigern. Das zur Befriedigung eines verjährten Anspruchs Geleistete kann nicht zurückgefordert werden. Nebenleistungen verjähren mit dem Hauptanspruch, auch wenn die für sie laufende eigene Verjährung noch nicht vollendet ist.

Die Verjährung kann durch Rechtsgeschäft weder ausgeschlossen noch erschwert werden, hingegen ist Erleichterung der Verjährung insbesondere Abkürzung der Verjährungsfrist zulässig.

Ausübung der Rechte, Selbstverteidigung, Selbsthilfe. §§ 226—231.

Im allgemeinen darf jeder sein Recht frei ausüben. Jedoch ist die Ausübung eines Rechtes unzulässig, wenn sie nur den Zweck haben kann, einem anderen Schaden zuzufügen (Schikaneverbot).

Notwehr. Notwehr ist diejenige Verteidigung, die erforderlich ist, um einen gegenwärtigen rechtswidrigen Angriff von sich oder einem andern abzuwenden. Eine durch Notwehr gebotene Handlung ist nicht widerrechtlich. Objektive Widerrechtlichkeit ist ausreichend, z. B. auch der Angriff eines Geisteskranken. Gegen einen Tierangriff gibt es keine Notwehr, sondern nur Notstand, es sei denn, daß jemand das Tier zum Angriff benutzt. Dann ist Notwehr gegenüber dem Hetzenden gegeben. Die Bestimmungen des § 227 BGB. decken sich mit den Bestimmungen des § 53 StGB.

Derselbe lautet:

„Eine strafbare Handlung ist nicht vorhanden, wenn die Handlung durch Notwehr geboten war.

Die Überschreitung der Notwehr ist nicht strafbar, wenn der Täter in Überstürzung, Furcht oder Schrecken über die Grenzen der Verteidigung hinausgegangen ist“.

Notstand. Notstand besteht in der Beschädigung oder Zerstörung einer fremden Sache, um eine durch sie drohende Gefahr von sich oder einem andern abzuwenden. Wer zu diesem Zwecke eine fremde Sache beschädigt oder zerstört, handelt nicht widerrechtlich, wenn die Beschädigung oder die Zerstörung zur Abwendung der Gefahr erforderlich ist und der Schaden nicht außer Verhältnis zu der Gefahr steht. Hat der Handelnde die Gefahr verschuldet, so ist er zum Schadenersatze verpflichtet (§ 228).

Nothilfe. Nothilfe besteht in der Einwirkung jemands auf eine fremde, nicht gefahrdrohende Sache. Voraussetzung ist, daß die Einwirkung zur Abwendung einer gegenwärtigen Gefahr notwendig und der drohende Schaden gegenüber dem aus der Einwirkung dem Eigentümer entstehenden Schaden unverhältnismäßig groß ist. (Beispiel: Bei einer Feuersbrunst schlägt jemand die Nachbartür ein um sich zu retten.) Der Eigentümer kann Ersatz von dem Eingreifenden verlangen.

Zur Klärung der Rechte und Folgen aus dem Notstande sind außer § 228 der § 904 BGB. und § 54 StGB. heranzuziehen.

§ 904: „Der Eigentümer einer Sache ist nicht berechtigt, die Einwirkung eines andern auf die Sache zu verbieten, wenn die Einwirkung zur Abwendung einer gegenwärtigen Gefahr notwendig und der drohende Schaden gegenüber dem aus der Einwirkung dem Eigentümer entstehenden Schaden unverhältnismäßig groß ist. Der Eigentümer kann Ersatz des ihm zustehenden Schadens verlangen.“

§ 54 StGB.: „Eine strafbare Handlung ist nicht vorhanden, wenn die Handlung außer dem Falle der Notwehr in einem unverschuldeten, auf andere Weise nicht zu beseitigenden Notstande zur Rettung aus einer gegenwärtigen Gefahr für Leib oder Leben des Täters oder eines Angehörigen begangen worden ist.“

Selbsthilfe. Sie besteht darin, daß jemand zum Zwecke der Selbsthilfe:

1. eine Sache wegnimmt, zerstört oder beschädigt;
2. einen Verpflichteten festnimmt, der der Flucht verdächtigt ist;
3. den Widerstand des Verpflichteten beseitigt gegen eine Handlung, die dieser zu dulden verpflichtet ist.

Die Selbsthilfe darf nicht weiter gehen, als zur Abwendung der Gefahr erforderlich ist. Voraussetzung ist, daß obrigkeitliche Hilfe nicht rechtzeitig zu erlangen ist und ohne sofortiges Eingreifen die Gefahr besteht, daß die Verwirklichung des Einspruchs vereitelt oder wesentlich erschwert werde. Die gerichtliche Entscheidung ist alsbald herbeizuführen. Im Falle der Wegnahme von Sachen ist, falls nicht Zwangsvollstreckung erwirkt wird, der dingliche Arrest zu beantragen. Im Falle der Festnahme des Verpflichteten ist, sofern er nicht wieder in Freiheit gesetzt wird, der persönliche Sicherheitsarrest bei dem zuständigen Amtsgerichte zu beantragen. Der Verpflichtete ist unverzüglich dem Gerichte vorzuführen. Wird der Arrestantrag verzögert oder abgelehnt, so hat die Rückgabe der weggenommenen Sachen und die Freilassung des Festgenommenen unverzüglich zu erfolgen. Die Selbsthilfe an sich verpflichtet also nicht zum Schadensersatz, da sie nicht widerrechtlich ist. Wer jedoch zur Selbsthilfe greift, weil er die Voraussetzungen irrtümlich für gegeben hält, ist stets zum Schadensersatze gegenüber dem anderen Teile verpflichtet. Es sei übrigens bemerkt, daß nach Art. 89 EG. nur die Pfändung von Sachen zulässig ist.

Sicherheitsleistung. §§ 232—240.

Die Sicherheitsleistung ist ein Mittel zur Sicherung der Rechte einer Partei. Der Anspruch auf Sicherheitsleistung wird durch Gesetz, besonderen Vertrag oder durch richterliche Verfügung erworben.

Sicherheit kann gelesitet werden:

1. durch Hinterlegung von Geld oder Wertpapieren. Mit Wertpapieren kann Sicherheit bis zu ¾ des Kurswertes geleistet werden. Der zu Sichernde erwirbt ein gesetzliches Plandrecht an den hinterlegten Sachen;
2. durch Verpfändung von Forderungen, die in das Reichs- oder Staatsschuldbuch eines Bundesstaates eingetragen sind, und die ohne weiteres zu verwirklichen sind, in Höhe von ¾ des Kurswertes;

3. durch Verpfändung beweglicher Sachen in Höhe von ⅔ des Schätzungswertes. Sachen, deren Verderb zu besorgen oder deren Aufbewahrung mit besonderen Schwierigkeiten verbunden ist, können zurückgenommen werden.

4. durch Bestellung von Hypotheken sowie durch Verpfändung von Forderungen, für die eine Hypothek an inländischen Grundstücken besteht, oder durch Verpfändung von Grundschulden oder Rentenschulden an inländischen Grundstücken, sofern diese am Ort der Sicherheitsleistung als mündelsicher gelten;

5. durch Stellung eines tauglichen Bürgen, d. h. eines solchen, der ein der Höhe der Sicherheitsleistung angemessenes Vermögen besitzt, seinen allgemeinen Gerichtsstand im Inlande hat und auf die Einrede der Vorausklage verzichtet.

Wird die geleistete Sicherheit ohne Verschulden des Berechtigten unzureichend, so ist sie zu ergänzen oder anderweitige Sicherheit zu leisten.

Das Recht der Schuldverhältnisse.

Inhalt der Schuldverhältnisse.

Verpflichtung zur Leistung. §§ 241—292.

Das Recht der Schuldverhältnisse wird im zweiten Buch des BGB. in 7 Abschnitte geteilt:

1. Abschnitt: Inhalt der Schuldverhältnisse.
2. Abschnitt: Schuldverhältnisse aus Verträgen.
3. Abschnitt: Erlöschen der Schuldverhältnisse.
4. Abschnitt: Übertragung der Forderung.
5. Abschnitt: Schuldübernahme.
6. Abschnitt: Mehrheit von Schuldnern und Gläubigern.
7. Abschnitt: Einzelne Schuldverhältnisse.

Ein Schuldverhältnis ist ein Rechtsverhältnis, kraft dessen der Gläubiger berechtigt ist, von dem Schuldner eine Leistung zu fordern: Obligation.

Die Leistung kann auch in einem Unterlassen bestehen.

Der Schuldner ist verpflichtet, die Leistung so zu bewirken, wie Treu und Glauben mit Rücksicht auf die Verkehrssitte es erfordern.

Über die **Aufwertung** ist ein Gesetz erlassen, das kurz auf S. 219 behandelt ist. Hier soll nur im Anschluß an den Paragraph 242, wie eingangs des Kapitels erwähnt, das Aufwertungsrecht außerhalb des Aufwertungsgesetzes besprochen werden. Die Aufwertung soll gemäß den Anforderungen von Treu und Glauben die Nachteile ausgleichen, die für den Geldgläubiger aus dem Währungsverfall entstanden sind; dabei sind die gesamten Verhältnisse, nicht etwa nur die Interessen des Gläubigers zu berücksichtigen. Daher kann es nicht als rechtlich notwendig anerkannt werden, daß der Gläubiger stets den vollen Betrag erhalten müsse, der sich bei rein rechnungsmäßiger Aufwertung des ihm geschuldeten Betrages zahlenmäßig sich ergibt (RG. 30. Juni 1925). Eine Aufwertung ist ausgeschlossen, wenn der Käufer zur Zeit des Kaufabschlusses oder kurz nachher eine dem inneren Werte nach der vereinbarten Gegenleistung entsprechende Zahlung geleistet hat. Die rechtliche Möglichkeit der Aufwertung darf nicht auf gegenseitige Verträge beschränkt werden. Bei Aufwertung des Kaufpreises ist regelmäßig von dem Vertragspreise auszugehen und zu ermitteln, welcher Betrag jetzt dem inneren Werte des Kaufpreises zur Zeit der Vereinbarung oder seiner damaligen Kaufkraft entspricht. Geldentwertung und veränderte Kaufkraft des Geldes sind nicht gleichbedeutend. Auch bei Forderungen aus ungerechtfertigter Bereicherung ist die Geldentwertung zu berücksichtigen. Für die erbrechtlichen Verhältnisse aus der Zeit des Währungsverfalls sind besondere Bestimmungen getroffen. Bei der Aufwertung darf der Käufer nicht besser gestellt werden, als wenn der Kaufvertrag hinsichtlich der streitigen Ware beiderseits rechtzeitig und ordnungsgemäß erfüllt wäre. Das Ziel der Aufwertung ist, den in Papiermark vereinbarten Kaufpreis an die jetzt maßgebenden Wertverhältnisse anzupassen. Nicht hypothekarisch gesicherte Kaufrestforderungen aus einem Grundstückskauf, unterliegen der allgemeinen Aufwertung. Ist in einem Grundstückskaufvertrage vereinbart, daß der Kaufpreis teils in bar, teils durch die Übernahme von Hypotheken zu decken ist, ist die Aufwertung des Kaufpreises auf den bar zu zahlenden Teil zu beschränken. Der Dollarkurs oder die Reichsrichtzahl ist der Aufwertung nicht ausschließlich zugrunde zu legen, weil die Kaufkraft der Mark im Inlande bedeutend größer war als im Auslande, andererseits die Reichsrichtzahl im Grundstücksverkehr nicht unbedingt maßgebend sein kann. Eine Aufwertung von Reichsbanknoten findet nicht statt. Die Aufwertung eines Rentenanspruches aus einem gegenseitigen Vertrage wird nicht dadurch ausgeschlossen, daß der Kläger als Verkäufer seine Leistungspflicht schon erfüllt und der Beklagte als Käufer seine Leistung in Rentenform zu bewirken hat. Über den eigentlichen Geldentwertungsschaden hinaus kann nur auf Grund besonderer Gesetzesbestimmungen Schadensersatz beansprucht werden. Alle vor dem 4. August 1925 abgeschlossenen Grundstückskäufe sind genehmigungspflichtig geblieben. Insbesondere die sogenannten Schwarzkäufe. Über die Verjährungsansprüche der Aufwertung sind besondere Bestimmungen getroffen.

Über die Einzelheiten des Aufwertungsrechts im Anschluß an die Aufwertungsgesetze sei auf den Kommentar über das bürgerliche Gesetzbuch von Reichsgerichtsrat Otto Warneyer, Leipzig, 1928, Roßbergsche Verlagsbuchhandlung, 5. Auflage, verwiesen; sie gibt in knapper Form die Rechtsprechung nach Erlaß des Aufwertungsgesetzes wieder.

Zu Teilleistungen ist der Schuldner im allgemeinen nicht berechtigt. Hiervon gibt es Ausnahmen So ist der Inhaber eines Wechsels verpflichtet, Teilzahlungen anzunehmen; auch durch Aufrechnung kann eine Teilbefriedigung erzwungen werden. Auch ein Dritter kann die Leistung bewirken, falls der Schuldner nicht in Person zu leisten hat. Betreibt der Gläubiger die Zwangsvollstreckung in einen dem Schuldner gehörenden Gegenstand, so ist jeder, der Gefahr läuft, durch die Zwangsvollstreckung ein Recht an dem Gegenstand zu verlieren, berechtigt, den Gläubiger zu befriedigen. Das gleiche Recht steht dem Besitzer einer Sache zu. Die Befriedigung kann auch durch Hinterlegung oder Aufrechnung erfolgen. Soweit ein Dritter den Gläubiger befriedigt, geht die Forderung auf ihn über. Der Übergang kann nicht zum Nachteile des Gläubigers geltend gemacht werden.

§ 243 bestimmt: „Wer eine nur der Gattung nach bestimmte Sache schuldet, hat eine Sache von mittlerer Art und Güte zu leisten.

Das Recht der Auswahl aus der Gattung hat gewöhnlich der Schuldner. Hat der Schuldner das zur Leistung einer solchen Sache seinerseits Erforderliche getan, so beschränkt sich das Schuldverhältnis auf diese Sache.

Außer der Gattungsschuld gibt es die sogenannte Speziesschuld, d. h. die Schuldung eines bestimmten Gegenstandes, und die Geldschuld.

Ist eine Schuld nach Gesetz oder Rechtsgeschäft zu verzinsen, so sind 4% für das Jahr zu entrichten, sofern nicht ein anderes bestimmt ist. Ist ein höherer Zinssatz als 6% für das Jahr vereinbart, so kann der Schuldner nach dem Ablaufe von 6 Monaten das Kapitel unter Einhaltung einer Kündigungsfrist von 6 Monaten kündigen. Das Kündigungsrecht kann nicht durch Vertrag ausgeschlossen oder beschränkt werden. Diese Vorschriften gelten nicht für Schuldverschreibungen auf den Inhaber.

Zins ist die fortlaufende Vergütung, die ein Schuldner für die Nutzung vertretbarer Sachen zu leisten hat.

Der gesetzliche Zinsfuß beträgt nach obigem 4%. Das Hauptbeispiel für gesetzliche Zinsen sind die Verzugszinsen. Bei beiderseitigen Handelsgeschäften beträgt der gesetzliche Zinsfuß 5 und in Wechselsachen 6%.

Zinsen von Zinsen darf man sich erst versprechen lassen, sobald jene fällig geworden sind, auf keinen Fall vorher; denn eine im voraus getroffene Vereinbarung, daß fällige Zinsen wieder Zinsen tragen sollen, ist nichtig. Ausgenommen hiervon sind:

1. Sparkassen, Kreditanstalten und Inhaber von Bankgeschäften; sie können im voraus vereinbaren, daß nicht erhobene Zinsen von Einlagen als neue verzinsliche Einlagen gelten sollen.

2. Kreditanstalten, die berechtigt sind, für den Betrag der von ihnen gewährten Darlehen verzinsliche Schuldverschreibungen auf den Inhaber auszugeben, können sich bei solchen Darlehen die Verzinsung rückständiger Zinsen im voraus versprechen lassen.

3. Das Kontokorrent. Steht jemand mit einem Kaufmann derart in Geschäftsverbindung, daß die aus der Verbindung entspringenden beiderseitigen Ansprüche und Leistungen nebst Zinsen in Rechnung gestellt und in regelmäßigen Zeitabschnitten durch Verrechnung und Feststellung des für den einen oder anderen Teil sich ergebenden Überschusses ausgegeben werden — laufende Rechnung, Kontokorrent —, so kann derjenige, dem bei dem Rechnungsabschluß ein Überschuß gebührt, von dem Tage des Abschlusses an Zinsen vom Überschusse, den sog. Saldo verlangen, auch soweit in der Rechnung Zinsen enthalten sind (HGB. § 355).

Das BGB. gestattet das Zinsnehmen in jeder Höhe bis zur Grenze, bei der der Begriff des Wuchers eintreten würde.

Die Schadensersatzpflicht. Schaden ist die Verschlechterung der Vermögenslage oder der sonstigen Rechtsgüter einer Person.

Schadensersatzpflichtig wird man dem Eigentümer:

1. Ohne Verschulden

a) durch Vertrag: z. B. Versicherung gegen Feuersgefahr;

b) durch Gesetz: z. B. die Haftung des Halters von Tieren.

2. Wegen Verschuldens

a) vertraglich;

b) außervertraglich.

Die Haftung für Verschulden bildet die Regel im heutigen Recht.

Verschulden ist die Willensäußerung, die die Rechte anderer verletzt. Man unterscheidet:

1. Den Vorsatz (Dolus); er ist der rechtsverletzende Wille, der auf die Vornahme einer Handlung gerichtet ist;

2. die gewöhnliche Fahrlässigkeit: Fahrlässig handelt, wer die im Verkehr erforderliche Sorgfalt außer acht läßt;

3. die grobe Fahrlässigkeit; sie ist eine besonders schwere Nichtachtung der Verkehrssorgfalt;

4. die culpa in concreto: Sie liegt vor, wenn man die Sorgfalt verletzt, die man in eigenen Angelegenheiten anzuwenden pflegt (diligentia quam suis).

Beim vertraglichen Verschulden hat der Schuldner, sofern nicht ein anderes bestimmt ist, Vorsatz und jede Fahrlässigkeit zu vertreten. Vertragliche Abänderungen dieser Haftung sind statthaft; jedoch kann die Haftung wegen Vorsatzes nicht im voraus erlassen werden.

Für gewisse Hilfspersonen haftet der Schuldner. Er hat ein Verschulden seines gesetzlichen Vertreters und der Person, deren er sich zur Erfüllung einer Verbindlichkeit bedient, in gleichem Umfange zu vertreten, wie eigenes Verschulden (§ 278). Nur die Haftung wegen Vorsatz (dolus) des Angestellten oder gesetzlichen Vertreters kann im voraus ausgeschlossen werden.

Ergänzend ist der § 831 BGB. heranzuziehen:

„Wer einen anderen zu einer Verrichtung bestellt, ist zum Ersatze des Schadens verpflichtet, den der andere in Ausführung der Verrichtung einem Dritten widerrechtlich zufügt. Die Ersatzpflicht tritt nicht ein, wenn der Geschäftsherr bei der Auswahl der bestellten Personen und, sofern er Vorrichtungen und Gerätschaften zu beschaffen oder die Ausführung der Verrichtung zu leiten hat, bei der Beschaffung oder der Leitung die im Verkehr erforderliche Sorgfalt beobachtet, oder wenn der Schaden auch bei Anwendung dieser Sorgfalt entstanden sein würde. Die gleiche Verantwortung trifft denjenigen, der für den Geschäftsherrn die Besorgung eines der im Abs. 1 Satz 2 bezeichneten Geschäfte durch Vertrag übernimmt.“

Vorsatz und grobe Fahrlässigkeit haben zu vertreten:

1. der Schuldner während des Verzugs des Gläubigers;

2. der Schenker;

3. der Verleiher;

4. der Geschäftsführer ohne Auftrag behufs Abwendung einer dem Geschäftsherrn drohenden dringenden Gefahr;

5. der Finder.

Für Sorgfalt wie bei eigenen Sachen haften:

1. der unentgeltliche Verwahrer;

2. der Gesellschafter;

3. die Ehegatten zueinander;
4. der elterliche Gewalthaber, aber nicht der Vormund;
5. der Vorerbe im Verhältnis zum Nacherben.

Über das angegebene Maß hinaus haften:

1. bis zur höheren Gewalt
a) die Gastwirte,
b) die Eisenbahnen,
c) die Reichspost bei Beschädigung von Sachen oder Verletzung von Personen;
2. für Zufall
a) der Schuldner während des eigenen Verzuges, es sei denn, daß der Schaden auch bei rechtzeitiger Lieferung eingetreten wäre,
b) der Geschäftsführer bei einer Geschäftsführung wider Willen des Geschäftsherrn.

Bei außervertraglichem Verschulden ist zum Schadenersatz verpflichtet, wer vorsätzlich oder fahrlässig widerrechtlich fremde Rechtsgüter verletzt.

Der Umfang der Schadensersatzpflicht. Unmittelbarer und mittelbarer Schaden sind zu ersetzen. Wer zum Schadensersatz verpflichtet ist, hat den Zustand herzustellen, der bestehen würde, wenn der zum Ersatze verpflichtende Umstand nicht eingetreten wäre.

Geldentschädigung ist gestattet oder geboten:

1. Ist bei Verletzung einer Person oder Beschädigung einer Sache Schadensersatz zu leisten, so kann der Gläubiger statt der Herstellung den dazu erforderlichen Geldbetrag verlangen.

2. Der Gläubiger kann dem Ersatzpflichtigen zur Wiederherstellung eine angemessene Frist mit der Erklärung bestimmen, daß er die Herstellung nach dem Ablauf der Frist ablehne. Nach dem Ablaufe der Frist kann der Gläubiger den Ersatz in Geld verlangen.

3. Soweit die Herstellung nicht möglich oder zur Entschädigung des Gläubigers nicht genügend ist, hat der Ersatzpflichtige den Gläubiger in Geld zu entschädigen.

4. Wenn die Herstellung nur mit unverhältnismäßigen Aufwendungen möglich ist.

5. Wegen eines Schadens, der nicht Vermögensschaden ist, kann Entschädigung in Geld nur in den durch das Gesetz bestimmten Fällen gefordert werden, nämlich bei Körperverletzungen, Freiheitsberaubung und außerehelichem Beischlaf mittels Mißbrauchs oder zwischen Verlobten.

Der zu ersetzende Schaden umfaßt den entstandenen Schaden und den entgangenen Gewinn.

Als entgangen gilt der Gewinn, der nach dem gewöhnlichen Laufe der Dinge oder nach den besonderen Umständen, insbesondere nach den getroffenen Anstalten und Vorführungen, mit Wahrscheinlichkeit erwartet werden konnte. Hat der Geschädigte aus der schädigenden Handlung zugleich Nutzen, so mindert sich der Schaden um den Betrag des Nutzens (z. B. Rente aus einer Unfallversicherung). Hat bei der Entstehung des Schadens ein Verschulden des Beschädigten mitgewirkt, so hängt die Verpflichtung zum Ersatze so wieder Umfang des zu leistenden Ersatzes von den Umständen, insbesondere davon ab, inwieweit der Schaden vorwiegend von dem einen oder dem anderen Teile verursacht worden ist (§ 254). Es kommt also darauf an, wer den Schaden verursacht hat, nicht wessen Verschulden größer ist. Die obigen Bestimmungen gelten auch, wenn sich das Verschulden des Beschädigten darauf beschränkt, daß er unterlassen hat, den Schuldner auf die Gefahr eines ungewöhnlich hohen Schadens aufmerksam zu machen, die der Schuldner weder kannte noch kennen mußte; oder wenn der Geschädigte unterlassen hat, den Schaden abzuwenden oder zu mindern.

Sind beide Teile an der Entstehung des Schadens beteiligt, so ist eine Teilung des Schadens gestattet. Wer für den Verlust einer Sache oder eines Rechtes Schadenersatz zu leisten hat, ist zum Ersatze nur gegen Abtretung der Ansprüche verpflichtet, die dem Ersatzberechtigten auf Grund des Eigentums an der Sache oder auf Grund des Rechtes gegen Dritte zustehen.

Das Zurückbehaltungsrecht. Dieses ist gegeben:

a) Falls der Schuldner aus demselben rechtlichen Verhältnis, auf dem seine Verpflichtung beruht, einen fälligen Anspruch gegen den Gläubiger hat. Voraussetzung ist also einmal, daß Anspruch und Gegenanspruch ein und demselben rechtlichen Verhältnis entspringen, und zweitens, daß der Gegenanspruch fällig ist;

b) falls jemand zur Herausgabe eines Gegenstandes verpflichtet ist, wenn ihm ein fälliger Anspruch wegen Aufwendungen auf den Gegenstand oder wegen eines ihm durch diesen verursachten Schadens zusteht, es sei denn, daß er den Gegenstand durch eine vorsätzlich begangene unerlaubte Handlung erlangt hat.

Das Zurückbehaltungsrecht besteht in dem Recht, die geschuldete Leistung zu verweigern, bis die gebührende Gegenleistung bewirkt wird:

a) durch Sicherheitsleistung kann der Gläubiger die Ausübung des Zurückbehaltungsrechtes abwenden;

b) gegenüber der Klage des Gläubigers hat die Geltendmachung des Zurückbehaltungsrechts nur die Wirkung, daß der Schuldner zur Leistung Zug um Zug, d. h. gegen Empfang der ihm gebührenden Leistung zu verurteilen ist. Der Gläubiger wird also nicht mit der Klage abgewiesen;

c) die Verjährung wird durch die Einrede des Zurückbehaltungsrechts nicht gehemmt.

Das Zurückbehaltungsrecht gewährleistet nur die Sicherung, das Pfandrecht die Befriedigung des Gläubigers.

Gegenstände, die durch vorsätzlich unerlaubte Handlungen erlangt sind, die Vollmachtsurkunde und ein gemietetes Grundstück dürfen nicht zurückbehalten werden.

Der Ersatz von Aufwendungen. Wer zum Ersatze von Aufwendungen verpflichtet ist, hat den aufgewendeten Betrag oder, wenn andere Gegenstände als Geld aufgewendet worden sind, den als Ersatz ihres Wertes zu zahlenden Betrag von der Zeit der Aufwendung an zu verzinsen. Wer Ersatz für Aufwendungen verlangen kann, die er für einen bestimmten Zweck macht, kann, wenn er hierfür eine Verbindlichkeit eingeht, Befreiung von der Verbindlichkeit verlangen.

Rechnungslegung. Wer über eine mit Einnahmen oder Ausgaben verbundene

Verwaltung Rechenschaft abzulegen hat, hat eine die geordnete Zusammenstellung der Einnahmen oder der Ausgaben enthaltende Rechnung mitzuteilen und, soweit Belege erteilt zu werden pflegen, Belege vorzulegen, z. B. der Vormund. Besteht Grund zu der Annahme, daß die Angaben der Rechnung über die Einnahmen nicht mit der erforderlichen Sorgfalt gemacht worden sind, so hat der Verpflichtete auf Verlangen den Offenbarungseid zu leisten, dahingehend, daß er nach bestem Wissen die Einnahmen so vollständig angegeben habe, als er dazu imstande sei. In Angelegenheiten von geringerer Bedeutung besteht eine Verpflichtung zur Leistung des Offenbarungseides nicht.

Die Auskunftserteilung. Sind z. B. bei einer Erbschaft eine Reihe von Gegenständen herauszugeben oder ist über dieselben Auskunft zu erteilen, so ist dem Berechtigten ein Verzeichnis des Bestandes vorzulegen. Besteht Grund zu der Annahme, daß das Verzeichnis nicht mit der erforderlichen Sorgfalt aufgestellt worden ist, so hat der Verpflichtete auf Verlangen den Offenbarungseid dahin zu leisten, daß er nach bestem Wissen den Bestand so vollständig angegeben habe, als er dazu imstande sei.

Der Offenbarungseid. Ist derselbe nicht vor dem Prozeßgericht zu leisten, so ist das Amtsgericht desjenigen Ortes zuständig, an welchem die Verpflichtung zur Rechnungslegung oder zur Vorlegung des Verzeichnisses zu erfüllen ist. Der Eid kann aber auch vor dem Amtsgerichte des Wohnsitzes oder des Aufenthaltsortes geleistet werden.

Durch ein Rechtsgeschäft kommt gewöhnlich ein Schuldverhältnis zustande. Dieses Rechtsgeschäft, ein Vertrag, ist ein zweiseitiges.

Einseitige Schuldversprechen genügen in wenigen Fällen:

a) bei Rechtsgeschäften von Todes wegen,

b) bei der Stiftung, Auslobung, Ausstellung einer Schuldverschreibung auf den Inhaber und bei einem Angebot.

Auslobung ist die in öffentlicher Bekanntmachung erfolgte Aussetzung einer Belohnung für die Vornahme einer Handlung, insbesondere für die Herbeiführung eines Erfolgs.

Leistungsort (Erfüllungsort), (vgl. Erfüllungsort beim Handelskauf S. 535). Er wird bestimmt:

a) durch Rechtsgeschäft;

b) durch Gesetz;

c) durch die Umstände;

d) am Wohnsitz des Schuldners zur Zeit der Entstehung des Schuldverhältnisses.

Geldschuld ist Bringschuld, d. h. das Geld hat der Schuldner im Zweifel auf seine Gefahr und seine Kosten dem Gläubiger an dessen jetzigen Wohnsitz oder gewerblichen Niederlassungsort zu übermitteln. Erhöhen sich durch Änderung des Wohnsitzes nach der Entstehung des Schuldverhältnisses die Kosten für die Übermittelung, so hat der Gläubiger die Mehrkosten, gegebenenfalls auch die Gefahr zu tragen. Inhaber- und Orderpapiere müssen dem Schuldner an seinem Wohnsitze vorgelegt werden; sie sind also Holschulden.

Der Erfüllungsort ist deshalb bedeutsam, weil der Schuldner die Gefahr der Leistung trägt, bis sie den Erfüllungsort erreicht hat; auch kann er am Gerichtsstande des Erfüllungsorts verklagt werden.

Zeit der Leistung. Für sie sind diejenigen Bestimmungen maßgebend, die durch das Rechtsgeschäft oder durch das Gesetz gegeben sind. Ist keine Zeit vereinbart, so kann der Gläubiger die Leistung sofort verlangen, der Schuldner sie sofort bewirken. Ist eine Zeit bestimmt, so ist im Zweifel anzunehmen, daß der Gläubiger die Leistung nicht vor dieser Zeit verlangen, der Schuldner sie aber vorher bewirken kann.

Der Verzug. Bezüglich des Verzuges beim Handelskauf vgl. S. 543ff. Hier sollen nur diejenigen Bestimmungen besprochen werden, die den Bestimmungen über den Verzug im Handelskauf nicht unterliegen, so vor allem die Bestimmungen über die Geldschuld.

Verzug des Schuldners. Voraussetzung für den Verzug des Schuldners ist Nichtleistung einer fälligen Schuld trotz Mahnung durch den Gläubiger. Der Mahnung steht die Erhebung der Klage auf Leistung sowie die Zustellung eines Zahlungsbefehls im Mahnverfahren gleich. Ist für die Leistung eine Zeit nach dem Kalender bestimmt, so kommt der Schuldner ohne Mahnung in Verzug, wenn er nicht zu der angegebenen Zeit leistet; dies gilt auch für die Kündigungsfrist. Der Schuldner kommt nicht in Verzug, solange die Leistung infolge eines Umstandes unterbleibt, den er nicht zu vertreten hat; er hat aber dann seine Schuldlosigkeit zu beweisen.

Der Schuldner hat dem Gläubiger den durch Verzug entstehenden Schaden zu ersetzen. Hat die Leistung infolge des Verzuges für den Gläubiger kein Interesse, so kann dieser unter Ablehnung der Leistung Schadensersatz wegen Nichterfüllung verlangen. Jede Fahrlässigkeit hat der Schuldner während des Verzuges zu vertreten. Er ist auch für die während des Verzuges durch Zufall eintretende Unmöglichkeit der Leistung verantwortlich, es sei denn, daß der Schaden auch bei rechtzeitiger Leistung eingetreten sein würde.

Eine Geldschuld ist während des Verzuges mit 4% für das Jahr zu verzinsen, falls nicht aus anderen Gründen höhere Zinsen verlangt werden können. Die Geltendmachung eines weiteren Schadens ist nicht ausgeschlossen.

Der Verzug hört bei Angebot der vollen Leistung nebst den Verzugsansprüchen oder bei erfolgter Stundung durch den Gläubiger auf.

Verzug des Gläubigers. §§ 293—304.

Voraussetzung für den Verzug des Gläubigers ist, daß der Gläubiger die ihm angebotene Zahlung nicht annimmt. Die Leistung muß dem Gläubiger, so wie sie zu bewirken ist, tatsächlich angeboten werden. Ein wörtliches Angebot genügt, wenn der Gläubiger dem Schuldner erklärt hat, daß er die Leistung nicht annehmen werde, oder wenn zur Bewirkung der Leistung eine Handlung des Gläubigers erforderlich ist, insbesondere, wenn er die geschuldete Sache abzuholen hat. Dem Angebote der Leistung steht die Aufforderung an den Gläubiger gleich, die erforderliche Handlung vorzunehmen.

Der Gläubiger kommt nicht in Verzug, wenn er beweist, daß der Schuldner zur Leistung nicht imstande war.

Ist der Schuldner nur gegen eine Leistung des Gläubigers zu leisten verpflichtet, so kommt der Gläubiger in Verzug, wenn er zwar die angebotene Leistung anzunehmen bereit ist, die verlangte Gegenleistung aber nicht anbietet. Ist die Leistungszeit nicht bestimmt oder ist der Schuldner berechtigt, vor der bestimmten Zeit zu leisten, so kommt der Gläubiger nicht dadurch in Verzug, daß er vorübergehend an der Annahme der angebotenen Leistung verhindert ist, es sei denn, daß der Schuldner ihm die Leistung eine angemessene Zeit vorher angekündigt hat.

Der Schuldner hat während des Verzuges des Gläubigers nur Vorsatz und grobe Fahrlässigkeit zu vertreten. Bei Gattungsschulden geht die Gefahr mit dem Zeitpunkt auf den Gläubiger über, in dem er dadurch in Verzug kommt, daß er die angebotene Sache nicht annimmt. Hat der Schuldner die Nutzungen eines Gegenstandes herauszugeben oder zu ersetzen, so beschränkt sich seine Verpflichtung während des Verzuges des Gläubigers auf die Nutzungen, die er zieht.

Geld, Wertpapiere und sonstige Urkunden sowie Kostbarkeiten sind im Verzugsfalle hinterlegbar, andere bewegliche Sachen versteigerbar.

Der Schuldner kann im Falle des Verzuges des Gläubigers von ihm Ersatz der Mehraufwendungen verlangen, die er für das erfolglose Angebot sowie für die Aufbewahrung und Erhaltung des geschuldeten Gegenstandes machen mußte.

Der Verzug hört auf: Bei Annahme der Sache und bei einer Einigung der Parteien des Inhalts, daß der Schuldner die Sache weiter behalten soll.

Unmöglichkeit der Leistung. §§ 305—308 und §§ 275—283.

Wer bei Vertragsschluß die Unmöglichkeit der Leistung kannte oder kennen mußte, hat dem Gegner das negative Vertragsinteresse zu ersetzen. In Falle teilweiser Unmöglichkeit kann der Gläubiger unter Ablehnung des noch möglichen Teils der Leistung Schadensersatz wegen Nichterfüllung der ganzen Verbindlichkeit verlangen, wenn die teilweise Erfüllung für ihn kein Interesse hat. Ohne Rücksicht auf die Unmöglichkeit kann der Gläubiger Schadensersatz wegen Nichterfüllung verlangen, wenn er dem rechtskräftig verurteilten Schuldner vergebens eine Frist zur Leistung unter Androhung der Annahmeverweigerung gesetzt hat. Nach Ablauf der Frist ist der Anspruch auf Erfüllung ausgeschlossen. Die Schadensersatzpflicht tritt nicht ein, wenn die Leistung wegen eines Umstandes unmöglich wird, den der Schuldner nicht zu vertreten hat.

Bei gegenseitigen Verträgen erlischt nicht nur die Verpflichtung zur unmöglichen Leistung, sondern auch die Verpflichtung zur Gegenleistung, falls sie von keiner Partei zu vertreten ist. Beide Teile werden frei. Ist die Leistung teilweise unmöglich, so mindert sich die Gegenleistung nach den Grundsätzen der Minderungsklage beim Kaufe.

Ist bei gegenseitigen Verträgen die unmögliche Leistung vom Gläubiger zu vertreten, so wird der Schuldner von seiner Leistung frei, behält seinen Anspruch auf die Gegenleistung, hat sich aber anrechnen zu lassen, was er erspart oder anderwärts erworben oder zu erwerben böswillig unterlassen hat. — Ist die Unmöglichkeit der Leistung vom Schuldner zu vertreten, so hat der Gläubiger folgende Rechte:

a) Er kann seine Gegenleistung machen und Schadensersatz wegen Nichterfüllung fordern;

b) er kann vom Vertrage zurücktreten.

Bei teilweiser Unmöglichkeit ist der Gläubiger, wenn er an der teilweisen Erfüllung des Vertrages kein Interesse hat, berechtigt, Schadensersatz wegen Nichterfüllung der ganzen Verbindlichkeit zu verlangen oder vom ganzen Vertrage zurückzutreten.

Erfolgt der Rücktritt wegen eines Umstandes, den der andere Teil nicht zu vertreten hat, so haftet dieser nur nach den Vorschriften über die Herausgabe einer ungerechtfertigten Bereicherung.

Schuldverhältnisse aus Verträgen. Begründung und Inhalt des Vertrages. §§ 305—319.

Ein Vertrag, durch den jemand sein künftiges Vermögen ganz oder teilweise zu übertragen oder mit einem Nießbrauch ganz zu belasten sich verpflichtet, ist nichtig. Eine Veräußerung oder Belastung des gegenwärtigen Vermögens bedarf der gerichtlichen oder notariellen Beurkundung. Ein Vertrag über den Nachlaß eines noch lebenden Dritten ist nichtig. Jedoch kann unter künftigen gesetzlichen Erben über den gesetzlichen Erbteil oder den Pflichtteil eines von ihnen ein Vertrag geschlossen werden; er bedarf der gerichtlichen oder notariellen Beurkundung.

Veräußerungsgeschäfte über Grundstücke bedürfen ebenfalls der gerichtlichen oder notariellen Beurkundung. Zur dinglichen Belastung eines Grundstückes ist Einigung und Eintragung erforderlich.

Wird einem der Vertragschließenden die Bestimmung der Leistung überlassen, so ist im Zweifel anzunehmen, daß die Bestimmung nach billigem Ermessen zu treffen ist. Ist der Umfang der Gegenleistung nicht bestimmt, so steht die Bestimmung im Zweifel demjenigen Teile zu, der die Gegenleistung zu fordern hat. Hat ein Dritter die Leistung zu bestimmen, so erfolgt die Bestimmung durch Erklärung gegenüber einem der Vertragschließenden.

Gegenseitiger Vertrag. §§ 320—327.

Wer aus einem gegenseitigen Vertrage verpflichtet ist, kann die ihm obliegende Leistung bis zur Bewirkung der Gegenleistung verweigern, es sei denn, daß er vorzuleisten verpflichtet ist. Die Vorleistungspflicht kann durch Rechtsgeschäft oder Gesetz bestimmt sein. Tritt bei vorhandener Verpflichtung zur Vorleistung nach dem Vertragsabschlusse in den Vermögensverhältnissen des andern Teils eine wesentliche Verschlechterung ein, durch die der Anspruch auf die Gegenleistung gefährdet wird, so kann der Gegner seine Leistung verweigern, bis die Gegenleistung bewirkt oder Sicherheit für sie geleistet wird.

Falls bei einem gegenseitigen Vertrage ein Teil nicht rechtzeitig erfüllt, hat der andere Teil folgende Rechte zur Auswahl:

1. Er kann Erfüllung nebst Schadensersatz wegen Verzuges, also wegen verspäteter Erfüllung, verlangen.

2. Falls der Gegner im Verzuge ist und ihm fruchtlos eine angemessene Frist zur Erfüllung gesetzt ist, kann er:

a) vom Vertrage zurücktreten,
b) Schadensersatz wegen Nichterfüllung fordern.

Die Fristsetzung erübrigt sich, wenn die Erfüllung des Vertrages infolge des Verzuges für den andern Teil kein Interesse hat oder falls der Schuldner die Leistung ernstlich verweigert hat.

Unter den gegenseitigen Vertrag fällt auch noch das Fixgeschäft, bei dem bedungen ist, daß die Leistung des einen Teiles genau zu einer festbestimmten Zeit oder innerhalb einer festbestimmten Frist bewirkt werden soll. Hier kann der andere Teil nach seiner Wahl Erfüllung und Verzugsschaden verlangen oder ohne Fristsetzung und ohne Verzug des Gegners vom Vertrage zurücktreten oder Schadensersatz nach vergeblicher Fristsetzung und beim Verzuge des Gegners verlangen.

Nach dem HGB. kann der andere Teil sogar Schadensersatz wegen Nichterfüllung beim Verzuge des Gegners ohne Fristsetzung verlangen.

Durch Vertrag kann eine Leistung an einen Dritten mit der Wirkung bedungen werden, daß der Dritte unmittelbar das Recht erwirbt, die Leistung zu fordern. Besondere Bestimmungen hierüber enthalten die §§ 328—335.

Draufgabe. — Vertragsstrafe. §§ 336—345.

Wird bei der Eingehung eines Vertrages etwas als Draufgabe gegeben, so gilt dies als Zeichen des Abschlusses des Vertrages. Wird der Vertrag wieder aufgehoben, so ist die Draufgabe wieder zurückzugeben.

Die Vertragsstrafe. Sie ist die Zahlung einer Geldsumme oder in einer andern Leistung bestehenden Strafe, die der Schuldner dem Gläubiger für den Fall verspricht, daß er seine Verbindlichkeit nicht oder in nicht gehöriger Weise erfüllt. Verwirkt ist sie, falls der Schuldner in Verzug kommt. Besteht die geschuldete Leistung in einem Unterlassen, so tritt die Verwirkung mit der Zuwiderhandlung ein. Die Erfüllung muß der Schuldner beweisen, Zuwiderhandlungen gegen Unterlassungen dagegen der Gläubiger. Die Vertragsstrafe bezweckt einmal, einen gewissen Zwang gegen den Schuldner auf Leistung auszuüben; ferner, dem Gläubiger den Nachweis seines Schadens zu erleichtern. Die für die Nichterfüllung zugesicherte Strafe kann der Gläubiger statt der Erfüllung verlangen. Fordert der Gläubiger die Strafe, so ist der Anspruch auf Erfüllung ausgeschlossen. Steht dem Gläubiger ein Anspruch auf Schadensersatz wegen Nichterfüllung zu, so kann er die verwirkte Strafe als Mindestbetrag des Schadens verlangen. Die Geltendmachung eines weiteren Schadens ist nicht ausgeschlossen (§ 340).

Die für die nicht gehörige Erfüllung, insbesondere für die verspätete Erfüllung, zugesagte Strafe kann der Gläubiger neben der Erfüllung verlangen (§ 341). Auch hier kann die verwirkte Strafe als Mindestbetrag des Schadens verlangt werden. Die Geltendmachung eines weiteren Schadens ist nicht ausgeschlossen. Nimmt der Gläubiger die Erfüllung an, so kann er die Strafe nur verlangen, wenn er sich das Recht dazu bei der Annahme vorbehält.

Ist eine verwirkte Strafe unverhältnismäßig hoch, so kann sie auf Antrag des Schuldners durch Urteil auf den angemessenen Betrag herabgesetzt werden, jedoch nicht bei Vertragsstrafen, die ein Kaufmann im Betriebe seines Handelsgewerbes verspricht (vgl. S. 541ff.). Jedes berechtigte Interesse des Gläubigers, nicht nur das Vermögensinteresse, ist bei der Beurteilung der Angemessenheit in Betracht zu ziehen. Ausgeschlossen ist die Herabsetzung nach der Entrichtung der Strafe.

Rücktritt. §§ 346—361.

Rücktrittsrecht ist das Recht, unter bestimmten Voraussetzungen vom Vertrage zurückzutreten. Man unterscheidet vertragliches und gesetzliches Rücktrittsrecht. Der Rücktritt erfolgt durch Erklärung gegenüber dem andern Teil. Empfangene Leistungen sind einander zurückzugewähren. Die sich aus dem Rücktritt der Parteien ergebenden Verpflichtungen sind Zug um Zug zu erfüllen. Bestreitet der Gegner die Zulässigkeit des erklärten Rücktritts, weil er erfüllt habe, so hat er die Erfüllung zu beweisen, sofern nicht die geschuldete Leistung in einem Unterlassen besteht.

Der Rücktritt ist ausgeschlossen:

1. wenn der Berechtigte eine wesentliche Verschlechterung, den Untergang oder die anderweitige Unmöglichkeit der Herausgabe des empfangenen Gegenstandes oder eines erheblichen Teiles desselben verschuldet hat;
2. wenn der Berechtigte durch Verarbeitung oder Umbildung die empfangene Sache in einer Sache anderer Art umgestaltet hat;
3. wenn ein Dritter, dem der Berechtigte die Sache veräußert oder zu dessen Gunsten er sie mit einem Rechte belastet hat, eine der unter 1 und 2 erwähnten Handlungen begeht.

Kommt der Berechtigte mit der Rückgewähr des empfangenen Gegenstandes in Verzug, so kann ihm der andere Teil eine angemessene Frist zur Abnahme bestimmen.

Erlöschen der Schuldverhältnisse.

Das BGB. behandelt in dem Abschnitt „Erlöschen der Schuldverhältnisse“ nur die Erfüllung, Annahme an Erfüllungs Statt, Hinterlegung, Aufrechnung und Erlaß.

Erfüllung. §§ 362—371.

Das Schuldverhältnis erlischt, wenn die geschuldete Leistung an den Gläubiger bewirkt wird. Hat der Gläubiger dem Schuldner erlaubt, an einen Dritten zu leisten, so ist der Schuldner auch diesem gegenüber zur Erfüllung berechtigt.

Der Gläubiger braucht nur die geschuldete Leistung anzunehmen. Vor der Annahme hat der Schuldner, nach der Annahme der Gläubiger zu beweisen, daß es sich um die geschuldete Leistung handelt.

Der Gläubiger kann aber auch eine andere Sache an Erfüllungs Statt annehmen. Auch dadurch wird die Schuld getilgt. Ist der Schuldner dem Gläubiger aus mehreren Schuldverhältnissen zu gleichartigen Leistungen verpflichtet und reicht das von ihm Geleistete nicht zur Tilgung sämtlicher Schulden aus, so wird zunächst diejenige Schuld getilgt, die der Gläubiger bei der Leistung bestimmt, sonst die fällige Schuld, dann die wenig sichere, dann die dem Schuldner lästigere, dann die ältere Schuld und schließlich jede Schuld verhältnismäßig. Sind außer der Hauptleistung Zinsen und Kosten zu entrichten, so wird eine zur Tilgung der ganzen Schuld nicht ausreichende Leistung zunächst auf die Kosten, dann auf die Zinsen und zuletzt auf die Hauptleistung angerechnet.

Wird eine Quittung überbracht, so gilt der Überbringer gewöhnlich als ermächtigt, die Leistung zu empfangen. Die Quittung ist ein schriftliches Empfangsbekenntnis, das der Gläubiger gegen Empfang der Leistung, also Zug um Zug auf Verlangen dem Leistenden zu erteilen hat. Ist ein Schuldschein über die Forderung ausgestellt worden, so kann der Schuldner neben der Quittung Rückgabe des Schuldscheins verlangen. Behauptet der Gläubiger, zur Rückgabe außerstande zu sein, so kann der Schuldner auf Kosten des Gläubigers ein öffentlich beglaubigtes Anerkenntnis verlangen, daß die Schuld erloschen sei.

Hinterlegung. §§ 372—386.

Voraussetzungen der Hinterlegung sind:

a) der Gläubiger ist im Verzug der Annahme;

b) der Schuldner kann aus einem andern in der Person des Gläubigers liegenden Grunde oder

c) infolge einer nicht auf Fahrlässigkeit beruhenden Ungewißheit über die Person des Gläubigers seine Verbindlichkeit nicht mit Sicherheit erfüllen.

Hinterlegungsfähig sind: Geld, Wertpapiere und sonstige Urkunden sowie Kostbarkeiten.

Die Hinterlegung soll am Leistungsorte erfolgen. Der Schuldner hat sie dem Gläubiger unverzüglich anzuziegen, widrigenfalls er zum Schadensersatze verpflichtet ist. Die Anzeige darf unterbleiben, wenn sie untunlich ist. Hinterlegungsstellen in Preußen sind die Amtsgerichte. Die Hinterlegung kann auch durch die Post erfolgen. Die Zeit der Aufgabe zur Post gilt als Hinterlegung.

Der Schuldner hat das Rücknahmerecht. Die Rücknahme ist ausgeschlossen:

a) wenn der Schuldner der Hinterlegungsstelle gegenüber auf das Recht der Zurücknahme verzichtet;

b) wenn der Gläubiger der Hinterlegungsstelle die Annahme erklärt;

c) wenn der Hinterlegungsstelle ein zwischen dem Gläubiger und dem Schuldner ergangenes rechtskräftiges Urteil vorgelegt wird, das die Hinterlegung für rechtmäßig erklärt.

Während der Hinterlegung trägt der Gläubiger die Gefahr. Nimmt der Schuldner die hinterlegte Sache zurück, so gilt die Hinterlegung als nicht erfolgt. Die Kosten der Hinterlegung fallen dem Gläubiger zur Last, sofern nicht der Schuldner die hinterlegte Sache zurücknimmt. Das Recht des Gläubigers auf den hinterlegten Betrag erlischt nach 30 Jahren.

Bewegliche Sachen, die zur Hinterlegung nicht geeignet sind, können im Falle des Verzuges des Gläubigers am Leistungsorte versteigert und der Erlös hinterlegt werden. Die Versteigerung hat öffentlich durch einen Gerichtsvollzieher oder sonstigen befugten Beamten oder öffentlichen Versteigerer zu Lasten des Gläubigers zu geschehen; eine Androhung muß ihr vorausgehen, eine Benachrichtigung folgen.

Aufrechnung. §§ 387—396.

Aufrechnung ist die Tilgung einer Forderung des Gläubigers dadurch, daß der Schuldner ihm eine Gegenforderung entgegenstellt. Voraussetzung ist, daß die miteinander aufzurechnenden Forderungen mangels anderer Abmachungen gegenseitig, gleichartig, rechtsbeständig und fällig sind. Hiervon kann nur ausnahmsweise abgegangen werden. Die Forderung, gegen die aufgerechnet wird, braucht noch nicht fällig zu sein. Die Aufrechnung erfolgt durch einseitige Erklärung gegenüber dem andern Teil. Sie ist unwirksam, wenn sie bedingt oder befristet abgegeben wird. Soweit die Forderungen sich decken, gilt die Aufrechnung als in dem Zeitpunkt erloschen, in dem sie zur Aufrechnung geeignet einander gegenübertraten. Von diesem Augenblick an laufen keine Zinsen und verfallen keine Vertragsstrafen; auch hört der Verzug auf. Sind mehrere zur Aufrechnung geeignete Forderungen bei der einen oder anderen Partei vorhanden, so kann der aufrechnende Teil die Forderungen bestimmen, die gegeneinander aufgerechnet werden sollen.

Die Aufrechnung ist unzulässig u. a. gegen unpfändbare Forderungen und vor allem gegen eine Forderung des Reiches, eines Bundesstaates, einer Gemeinde oder eines anderen Kommunalverbandes, wenn die Leistung nicht an dieselbe Kasse erfolgt, aus der die Forderung des Aufrechnenden zu berichtigen ist.

Erlaß der Schuld. § 397.

Das Schuldverhältnis erlischt, wenn der Gläubiger dem Schuldner durch Vertrag die Schuld erläßt oder schriftlich anerkennt, daß das Schuldverhältnis nicht bestehe.

Übertragung der Forderung. §§ 398—413.

Übertragung von Forderungen heißt: Abtretung oder Zession. Eine Forderung kann von dem Gläubiger durch Vertrag mit einem andern auf diesen übertragen werden. Mit dem Abschlusse des Vertrages tritt der neue Gläubiger an die Stelle des bisherigen Gläubigers. Mit Ausnahme der Abtretung einer Hypothekenforderung ist der Vertrag formfrei. Voraussetzung für die Abtretung einer Forderung ist, daß ihr Inhalt nicht verändert wird. Eine unpfändbare Forderung ist u. a. der noch nicht fällige Arbeitslohn, soweit er den Gesamtbetrag von 1500 RM. jährlich nicht übersteigt. Der Gläubiger (Zedent) haftet dem Dritten (Zessionar) für den rechtlichen Bestand der Forderung, jedoch nicht dafür, daß der Schuldner die Schuld auch bezahlen werde. Der Zedent hat dem neuen Gläubiger die zur Geltendmachung der Forderung nötige Auskunft zu erteilen, ihm die in seinem Besitze befindlichen, zum Beweise der Forderung dienenden Urkunden auszuliefern und ihm auf Verlangen eine öffentlich beglaubigte Urkunde über die Abtretung auszustellen.

Bis zur Kenntnis von der Abtretung kann der Schuldner noch an den Zedenten leisten; an den Zessionar kann er leisten, wenn ihm der Zedent die Abtretung anzeigt.

Schuldübernahme. §§ 414—419.

Die Schuldübernahme ist nur mit Genehmigung des Gläubigers zulässig. Die Schuldübernahme vollzieht sich durch Vertrag zwischen Übernehmer und Gläubiger und durch Vertrag zwischen Übernehmer und Schuldner.

Mehrheit von Schuldnern und Gläubigern. §§ 420—432.

Jeder Schuldner haftet fürs Ganze, bis der letzte Pfennig der Schuld bezahlt ist. Jeder Gläubiger ist berechtigt, die ganze Schuld als Zahlung in Empfang zu nehmen. Regelmäßig tritt Teilung der Leistung ein. Als Gesamtschuldner haften jedoch u. a.:

a) die Schuldner einer nicht teilbaren Leistung;

b) diejenigen, die gemeinschaftlich eine Vertragsverpflichtung eingegangen sind;

c) Miterben für Nachlaßschulden.

Soweit nichts anderes bestimmt ist, sind die Gesamtschuldner zu gleichen Anteilen verpflichtet. Kann von einem Gesamtschuldner der auf ihn entfallende Betrag nicht erlangt werden, so haben die übrigen Gesamtschuldner dafür aufzukommen. Befriedigt ein Gesamtschuldner den Gläubiger, so kann er von den übrigen die Beträge zurückverlangen. Die Forderung geht dann auf ihn über.

Einzelne Schuldverhältnisse. Kauf. Tausch. §§ 433—515.

Kauf ist ein gegenseitiger Vertrag, der den Umsatz von Sachen (Waren) oder Rechten gegen Geld bezweckt. Beim Tausch wird nur Ware gegen Ware ausgetauscht.

Der Kaufvertrag ist formfrei mit Ausnahme von Grundstücksverkäufen, beim Erwerb eines gegenwärtigen Vermögens und beim Erbschaftskauf. Sie erfordern gerichtliche oder notarielle Beurkundungen.

Der Kauf kommt zustande unter der Voraussetzung, daß die Leistung des verkauften Gegenstandes zur Zeit des Vertragsabschlusses möglich ist, wenn sich die Vertragschließenden über Gegenstand und Preis geeinigt haben. Zum Kaufabschluß ist jeder Verpflichtungsfähige befugt.

Die Pflichten des Verkäufers. Der Verkäufer ist verpflichtet, dem Käufer die verkaufte Sache zu übergeben und ihm das Eigentum zu verschaffen; ein verkauftes Recht muß der Verkäufer dem Käufer verschaffen und die Sache ihm übergeben, wenn das Recht zum Besitze der Sache berechtigt.

Die Kosten sind folgendermaßen verteilt:

a) Der Verkäufer trägt die Kosten der Übergabe, insbesondere des Messens und Wägens, ferner die Kosten der Begründung oder Übertragung eines verkauften Rechtes;

b) Der Käufer trägt alle Kosten zu a) beim Grundstücksverkehr und bei Zessionen; des ferneren die Kosten der Abnahme und Versendung nach einem anderen Orte als dem Erfüllungsorte.

Gewähr zu leisten hat der Verkäufer, und zwar:

a) für Mängel im Recht,

b) für Mängel der Sache.

Der Verkäufer ist verpflichtet, dem Käufer den verkauften Gegenstand frei von Rechten zu verschaffen, die von Dritten gegen den Käufer geltend gemacht werden können. Er haftet jedoch nicht dafür, daß ein Grundstück frei von öffentlichen Abgaben und Lasten ist, auch nicht für einen Mangel im Recht, den der Käufer beim Abschluß des Kaufes kannte. Verkauft jemand eine Forderung oder ein Recht, so haftet er lediglich für den rechtlichen Bestand, für die Güte jedoch nur kraft besonderer Abmachung. Ist ein Rechtsmangel vorhanden, den der Verkäufer zu vertreten hat, so kann der Käufer seine Gegenleistung zurückbehalten, Erfüllung verlangen oder Schadensersatz wegen Nichterfüllung beanspruchen oder vom Vertrage zurücktreten. Für das Vorhandensein eines Mangels im Recht hat der Käufer den Beweis zu führen. Selbstverständlich kann eine Abmachung dahin getroffen werden, daß die Gewährleistung wegen Mängel im Recht für den Verkäufer eingeschränkt wird. Verschweigt jedoch der Verkäufer den Mangel arglistig, so ist der Vertrag nichtig. Die Verjährung läuft mangels anderer Vereinbarung 30 Jahre.

Gewährleistung wegen Mängel einer Sache.

1. Wandelung und Minderung. Im vorliegenden Falle hat der Käufer die Wahl, ob er Wandelung oder Minderung haben will. Wandelung bedeutet die Beseitigung des Fehlers, Minderung bedeutet die Ermäßigung, die Herabminderung des Kaufpreises.

Der Verkäufer haftet für das Nichtvorhandensein von Fehlern zur Zeit des Gefahrüberganges, die den gewöhnlichen oder vertragsmäßigen Gebrauch aufheben oder mindern, ferner für das Vorhandensein zugesicherter Eigenschaften zur gleichen Zeit. Nur wenn der Käufer den Mangel beim Vertragsabschluß kannte und die Sache ohne Vorbehalt annimmt, entfällt die Haftung des Verkäufers. Sind Fehler vorhanden, durch die der Wert oder die Tauglichkeit unerheblich gemindert werden, oder hat der Käufer den Mangel aus grober Fahrlässigkeit beim Vertragsschluß nicht gemerkt, vorausgesetzt natürlich, daß der Verkäufer nicht arglistig gehandelt hat, so haftet der Verkäufer nicht für die Mängel. Bei der Verpflichtung des Verkäufers auf Wandelung oder Minderung ist es gleichgültig, ob ihn ein Verschulden trifft oder nicht. Bei der Minderung ist der Kaufpreis in dem Verhältnisse herabzusetzen, in dem zur Zeit des Verkaufs der Wert der Sache in mangelfreiem Zustande zu dem wirklichen Werte gestanden haben würde.

2. Schadensersatz wegen Nichterfüllung. Statt Wandelung oder Minderung kann der Käufer Schadensersatz fordern:

a) wenn die Sache zur Zeit des Kaufes eine zugesicherte Eigenschaft nicht hat;

b) wenn der Verkäufer arglistig einen Mangel verschweigt.

3. Lieferung einer fehlerfreien Gattungssache. Der Käufer einer mangelhaften Gattungssache hat drei Rechte:

a) Wandelung und Minderung;

b) Schadensersatz wegen Nichterfüllung;

c) die Lieferung einer fehlerfreien Gattungssache.

Einen Anspruch auf Ausbesserung der mangelhaften Sache hat der Käufer nicht. Ein solches Ausbesserungsrecht hat nur der Mieter, ferner der Besteller beim Werkvertrag.

Die Verjährungsfrist für 1, 2 und 3 beträgt bei beweglichen Sachen 6 Monate seit der Ablieferung, bei Grundstücken 1 Jahr seit der Übergabe. Eine Verlängerung der Frist durch Vertrag ist möglich. Bei arglistigem Verschweigen eines Mangels durch den Verkäufer ist die Verjährungsfrist 30 Jahre. Die Verjährung wird durch den Antrag des Käufers auf gerichtliche Beweisaufnahme zur Sicherung des Beweises unterbrochen. Unter bestimmten Voraussetzungen können trotz der Verjährung der Ansprüche die Wandelungs-, Minderungs- und Schadensersatzansprüche wegen Nichterfüllung gegen die Kaufgeldforderung als Einrede zur Verweigerung der Zahlung oder der Aufrechnung verwendet werden.

Der Käufer hat den Kaufpreis zu zahlen, und zwar Zug um Zug mit der Übergabe der gekauften Sache: Barkauf. Wird die Kaufsumme gestundet, so spricht man von Kreditkauf. Der Kaufpreis ist dem Verkäufer von dem Augenblicke an zu verzinsen, in welchem der Käufer die Nutzung des Kaufgegenstandes erhält, sofern ihm nicht der Kaufpreis gestundet ist. Gewöhnlich wird der Kaufpreis vereinbart. Geschieht dies nicht, so hat ihn der Verkäufer nach billigem Ermessen zu bestimmen. Wird als Kaufpreis der Marktpreis festgesetzt, so gilt im Zweifel der Marktpreis des Erfüllungsortes.

Beim Verzuge des Käufers mit seiner Pflicht zur Zahlung des Kaufpreises steht dem Verkäufer das Recht zu, Schadensersatz zu verlangen oder vom Vertrage zurückzutreten. Hat der Verkäufer den Vertrag seinerseits erfüllt und den Kaufpreis gestundet, so hat er kein Rücktrittsrecht mehr. Der Käufer hat die Abnahmepflicht, d. h. er muß die Ware abnehmen. Verweigert er die Abnahme, so gerät er in Schuldnerverzug und durch Nichtannahme auch in Gläubigerverzug.

Bei beweglichen Sachen behält sich der Verkäufer oft das Eigentum vor — Eigentumsvorbehalt —, bis der Käufer den ganzen Kaufpreis beglichen hat. Der Eigentumsübergang ist hier durch die Zahlung bedingt; der Verkäufer kann ohne Fristsetzung vom Vertrage zurücktreten, wenn der Käufer mit der Zahlung im Verzuge ist.

Der Gefahrübergang. Mit der Übergabe geht die Gefahr des zufälligen Unterganges oder der zufälligen Verschlechterung auf den Käufer über, desgleichen, wenn er in Annahmeverzug gerät. Beim Grundstückskauf geht die Gefahr bereits mit der Eintragung ins Grundbuch über; bei der Übersendung von Waren nach einem anderen Orte als dem Erfüllungsorte geht die Gefahr an den Käufer mit der Auslieferung an den Spediteur, Frachtführer oder eine sonstige Transportperson über.

Kauf nach Probe ist ein Kauf unter der Bedingung, daß der Kaufgegenstand dem Käufer gefällt. Er liegt vor, wenn man eine Sache nach einer vorgezeigten Probe kauft. Die Billigung des Gegenstandes kann nur innerhalb der vereinbarten Frist oder in Ermangelung einer solchen innerhalb einer dem Käufer vom Verkäufer bestimmten angemessenen Frist erklärt werden. Schweigen seitens des Käufers gilt hier als Billigung.

Kauf zur Probe ist hingegen ein unbedingter Kauf.

Das persönliche Vorkaufsrecht ist das Recht, nach dem der Berechtigte im Falle des Verkaufs eines Gegenstandes denselben vom Verkäufer unter denselben Bedingungen verlangen kann, unter denen ihn ein Käufer zu kaufen beabsichtigt oder gekauft hat. Soweit nichts anderes vereinbart ist, kann das Vorkaufsrecht bei Grundstücken nur binnen 2 Monaten und sonst nur binnen einer Woche nach Empfang der Mitteilung ausgeübt werden.

Schenkung. §§ 516—534.

Schenkung ist eine Zuwendung einer Sache oder eines Rechts, durch die jemand aus seinem Vermögen einen andern bereichert, wenn beide Teile darüber einig sind, daß die Zuwendung unentgeltlich erfolgt. Die Schenkung ist ein einseitiger Vertrag und bedarf der gerichtlichen oder notariellen Beurkundung. Fehlt diese und wird die Schenkung ausgeübt, so ist sie gleichbedeutend mit dem Vertrag.

Schenkungen an juristische Personen müssen, wenn sie einen Wert von mehr als 5000 RM. haben, meistens durch Landesgesetzgebung erst genehmigt werden.

Schenkungen unter Ehegatten sind gültig, jedoch kann im Falle der Scheidung der unschuldige Teil die während des Brautstandes oder während der Ehe an den allein Schuldigen gemachten Schenkungen binnen eines Jahres nach Rechtskraft des Scheidungsurteils widerrufen.

Der Schenker hat nur Vorsatz und grobe Fahrlässigkeit zu vertreten. Wegen eines Mangels im Rechte hat er bei arglistigem Verschweigen dem Beschenkten den daraus entstehenden Schaden zu ersetzen, desgleichen wegen eines Mangels einer Sache.

Der Schenker kann die Herausgabe des Geschenkes vom Beschenkten verlangen, falls er nach Vollziehung der Schenkung nicht standesgemäß leben und seinen gesetzlichen Unterhaltspflichten nicht nachkommen kann. Jedoch ist dieses Rückforderungsrecht ausgeschlossen, wenn der Schenker seine Armut absichtlich oder grobfahrlässig herbeigeführt, wenn ferner seit der Erfüllung der Schenkung 10 Jahre verflossen sind, oder wenn der Beschenkte unter Berücksichtigung seiner sonstigen Verbindlichkeiten sich in derselben ärmlichen Lage wie der Schuldner befindet.

Der Schenker hat das Widerrufsrecht, wenn der Beschenkte sich groben Undanks durch eine schwere Verfehlung gegen den Schenker oder dessen nahe Angehörigen schuldig gemacht hat. Der Widerruf erfolgt durch Erklärung gegenüber dem Beschenkten. Nach erfolgtem Widerruf kann das Geschenk als ungerechtfertigte Bereicherung zurückgefordert werden. Ausgeschlossen ist der Widerruf bei Verzeihung ein Jahr nach erlangter Kenntnis vom Undank und nach dem Tode des Beschenkten.

Wird dem Berechtigten eines Pflichtteils durch eine Schenkung sein Pflichtteil geschmälert, so hat er Anspruch auf Ergänzung des Pflichtteils bis auf den Betrag, der ihm gebühren würde, falls die Schenkung nicht erfolgt wäre, und zwar zunächst gegen den Erben und in zweiter Linie gegen den Beschenkten.

Miete. Pacht. §§ 535—597.

Miete ist ein gegenseitiger Vertrag, bei dem der Vermieter dem Mieter den Gebrauch der vermieteten Sache während der Mietszeit zu gewähren hat, wogegen der Mieter ihm den vereinbarten Mietzins zu entrichten hat. Der Mieter ist unmittelbarer, der Vermieter mittelbarer Besitzer, jedoch wird der Besitz erst mit der Überlassung der Mietssache, nicht schon mit dem Abschlusse des Mietsvertrages erworben.

Der Vermieter ist verpflichtet, die Mietssache dem Mieter in einem gebrauchsfähigen Zustande zu überlassen und während der Mietszeit zu erhalten, ihm den vertragsmäßigen Gebrauch zu gewähren und wegen tatsächlicher und rechtlicher Mängel Gewähr zu leisten. Falls die gemietete Sache bei der Überlassung oder später Fehler aufweist, die den vertragsmäßigen Gebrauch mindern, oder falls eine zugesicherte Eigenschaft nicht vorhanden ist, so ist der Mietzins ganz oder teilweise zu erlassen. War der Mangel schon bei Vertragsabschluß vorhanden, so kann der Mieter statt dessen Schadensersatz wegen Nichterfüllung verlangen. Ohne Kündigungsfrist kann der Mieter kündigen, falls ihm der vertragsmäßige Gebrauch der Sache ganz oder teilweise nicht rechtzeitig gewährt oder wieder entzogen wird, dies aber nur nach fruchtlosem Setzen einer angemessenen Frist. Nur bei Gesundheitsschädlichkeit kann er ohne Frist kündigen, selbst wenn er auf dieses Recht verzichtet oder den Mangel bei Vertragsabschluß gekannt hat. Die Lasten der vermieteten Sache, z. B. Hypothekenzinsen, Kanalisationsgebühren trägt der Vermieter. Der Mieter ist zum vertragsmäßigen Gebrauch und zur Mietszahlung verpflichtet. Gebraucht er die Sache vertragswidrig, so kann der Vermieter auf Unterlassung klagen und sogar ohne Frist kündigen, wenn seine Rechte in erheblicher Weise vom Mieter verletzt sind, insbesondere, wenn dieser einem Dritten ohne Erlaubnis den Gebrauch überläßt oder die Sache durch Vernachlässigung erheblich gefährdet.

Zur Weitervermietung ist der Mieter ohne Erlaubnis nicht befugt. Verweigert der Vermieter die Erlaubnis dazu, so kann der Mieter mit gesetzlicher Frist kündigen, sofern nicht in der Person des Dritten ein wichtiger Grund vorliegt oder sofern nicht die Kündigung für diesen Fall durch den Mietsvertrag ausgeschlossen ist. Überläßt der Mieter den Gebrauch einem Dritten, so haftet er für dessen Verschulden.

Der Mieter hat den Mietzins zu entrichten, und zwar mangels anderer Vereinbarung im Zweifel nachträglich am Ende der Mietszeit. Der Mietzins für ein Grundstück ist nach dem Ablauf je eines Kalendervierteljahres am ersten Werktage des folgenden Monats zu entrichten. Kann der Mieter aus Gründen, die in seiner Person liegen, die Mietssache nicht gebrauchen, so muß sich der Vermieter etwaige Ersparnisse und anderweitige Einnahmen anrechnen lassen.

Der Vermieter kann ohne Kündigungsfrist kündigen, wenn der Mieter für zwei aufeinanderfolgende Termine mit der Entrichtung des Mietzinses ganz oder teilweise im Verzug ist. Nach Ablauf der Mietszeit hat der Mieter die Sache zurückzugeben; andernfalls kann der Vermieter für die Zeit der Vorenthaltung vorbehaltlich der Geltendmachung eines weiteren Schadens den vereinbarten Mietzins verlangen, gegebenenfalls tritt auch eine stillschweigende Verlängerung des Mietsvertrages ein. Die Ersatzansprüche des Vermieters wegen Veränderungen oder Verschlechterungen der Mietssache verjähren in 6 Monaten, desgleichen die Ansprüche des Mieters.

Der Vermieter eines Grundstücks hat ein gesetzliches Pfandrecht für seine Forderungen aus dem Mietsverhältnis an den eingebrachten Sachen des Mieters mit Ausnahme der fremden Sachen und der unpfändbaren Sachen in der Mietswohnung. Der Vermieter darf die Entfernung der Sachen, wenn er Forderungen aus dem Mietsverhältnis hat, ohne Anrufen des Gerichts verhindern und sie beim Auszug des Mieters in Besitz nehmen. Sind sie ohne Wissen oder unter Widerspruch des Vermieters entfernt, so kann er die Herausgabe oder Überlassung des Besitzes verlangen. Das Pfandrecht erlischt, wenn der Vermieter seinen Anspruch nicht binnen einem Monat nach erlangter Kenntnis von der Entfernung gerichtlich geltend macht, oder wenn die Entfernung mit seinem Wissen und Dulden geschehen ist. Der Mieter kann die Geltendmachung des Pfandrechts des Vermieters durch Sicherheitsleistung abwenden. Reichen die zurückgebliebenen Sachen zur Sicherung des Vermieters aus, so kann er der Entfernung der übrigen nicht widersprechen.

Das Mietsverhältnis endigt nach Ablauf der ausbedungenen Zeit. Ist eine solche nicht ausbedungen, so kann jeder Teil kündigen, und zwar:

a) bei Grundstücken nur für den Schluß eines Kalendervierteljahres, und zwar spätestens am dritten Werktage desselben; ist der Mietzins nach Monaten bemessen, spätestens am 15. zum Schluß des Monats;

b) bei beweglichen Sachen spätestens am dritten Tage vor demjenigen Tage, an dem das Mietsverhältnis endigt;

c) ist der Mietzins nach Tagen bemessen, so kann man für den folgenden Tag kündigen;

d) Bei vorzeitiger Kündigung mit gesetzlicher Kündigungsfrist hat die Kündigung der Grundstücke am 3. Werktage des Vierteljahres zu dessen Schluß und bei beweglichen Sachen am 3. Tage vor dem Beendigungstage derselben.

Mietsverträge über ein Grundstück auf länger als ein Jahr bedürfen der schriftlichen Form, andernfalls gilt der Vertrag für unbestimmte Zeit geschlossen und kann frühestens zum Schluß des ersten Jahres gekündigt werden.

Der Tod des Mieters gibt beiden Teilen das Recht, mit gesetzlicher Frist zu kündigen.

Bei Versetzungen können Militärpersonen, Beamte, Geistliche und Lehrer an öffentlichen Unterrichtsanstalten mit gesetzlicher Frist für den ersten zulässigen Termin kündigen. Durch Kauf einer vermieteten Sache oder eines vermieteten Grundstücks wird die Miete nicht aufgehoben. Für die Mieter eines Grundstücks bestehen weitgehende Schutzvorschriften für den Fall des Eigentumswechsels.

Wohnungswesen.

Wenn schon der Wohnungsbau in den letzten Jahrzehnten vor dem Weltkrieg mit der außerordentlichen industriellen Entwicklung Deutschlands nicht Schritt gehalten hat, so sind die Zustände durch das Ruhen von Bauten während des Krieges und in der Nachkriegszeit geradezu katastrophal geworden. Die Friedensherstellung von jährlich 200000 Neubauwohnungen hat mindestens 5 Jahre geruht, so daß ein Mangel von einer Million Wohnungen Anfang 1920 vorhanden war. Die Reichsverordnung zur Hebung der dringlichsten Wohnungsnot vom 15. Januar 1919, abgeändert am 9. Dezember 1919, machte den Landeszentralbehörden die Förderung von Klein- und Mittelwohnungen zur Pflicht. In Preußen wurden durch Ausführungsbestimmung vom 24. Januar 1919 die Regierungspräsidenten mit dieser Aufgabe betraut und angehalten, den Unterenehmern von „verständigen Bauvorhaben“ alle Schwierigkeiten und Widerstände schnellstens aus dem Wege zu räumen. Dem Wohnungsmangel suchte man abzuhelfen:

1. durch Sicherung und Rationierung des vorhandenen Wohnraums — Wohnungszwangswirtschaft.

2. durch Förderung der Neubautätigkeit

a) durch Bereitstellung öffentlicher Mittel,

b) durch Beschaffung von Bauland.

Wohnungszwangswirtschaft. Es machte sich eine Rationierung des vorhandenen Wohnraums nötig, um die bewohnten Räume für Wohnzwecke zu sichern und unbewohnte und frei werdende sozial gerecht von Amts wegen zu verteilen. Die erste gesetzliche Regelung brachte die Bekanntmachung über Maßnahmen gegen den Wohnungsmangel vom 23. September 1918. Diese Regelung führte jedoch zu einer erheblichen Rechtszersplitterung bei den Gerichten wegen Eingriffes in das Wohnungsrecht. Diese Rechtsunsicherheit wurde durch Reichsgesetz vom 11. Mai 1920 beseitigt, mit welchem sämtliche auf Grund der bisherigen Vorschriften erlassenen Anordnungen der Gemeinden für rechtswirksam erklärt wurden. Dieses Gesetz wurde am 26. Juni 1923 durch das Reichswohnungsmangelgesetz abgelöst, welches die gesamte Materie der Zwangswirtschaft erschöpfend ordnet.

Träger der Verwaltung des Wohnraums sind die Gemeinden. Zur Sicherung des vorhandenen Wohnraums dürfen Gebäude oder Teile von Gebäuden nicht abgebrochen, mehrere Wohnungen nicht zu einer vereinigt werden. Alle Wohnungen, die bis zum 1. Oktober 1918 zu Wohnzwecken bestimmt waren, dürfen zu anderen Zwecken, besonders zu gewerblichen, nicht verwendet werden. Ausnahmen sind zugelassen mit Zustimmung der Aufsichtsbehörde, wenn dafür gleichwertiger Wohnraum oder entsprechende Geldbeträge zur Herstellung neuen Wohnraums zur Verfügung gestellt werden. Die Verwendung von Einzelräumen zu gewerblichen Zwecken ist zulässig, wenn der Gesamtcharakter der Wohnung gewahrt bleibt (Erlaß vom 24. Mai 1925). Für Hausbesitzer besteht eine Besichtigungs-, Auskunfts- und Anzeigepflicht, um der Gemeindebehörde die notwendige Übersicht über alle verfügbaren Räume zu verschaffen. Über „unbenutzte" Räume hat die Gemeinde das Besetzungsrecht, indem sie den Hauseigentümern Wohnungssuchende mit der Aufforderung zuweist, mit diesen einen Mietvertrag abzuschließen. Kommt ein Mietvertrag nicht zustande, so wird ein solcher von dem zuständigen Mieteinigungsamt zwangsweise festgesetzt. Geschäftsräume, d. h. alle nicht zu Wohnzwecken benutzten Räume können seit dem 1. Dezember 1926 nicht mehr zwangsweise dem Wohnungsmarkt zugeführt werden. Doppelwohnungen derselben Verfügungsberechtigten können beschlagnahmt werden, „übergroße" d. h. nicht voll ausgenutzte Wohnungen sind seit dem 12. Dezember 1924 beschlagnahmefrei. Auch möblierte Zimmer sind seit diesem Zeitpunkt freigegeben. Die für diese Eingriffe entschädigungspflichtige Stelle ist die Gemeinde. Die Entschädigung gilt mit der festgesetzten Miete als abgegolten, jedoch sind nach der neuen Rechtsprechung des Kammergerichts und Reichsgerichts die Gemeinden auch für den durch die festgesetzte Zwangsmiete oder Vergütung nicht gedeckten Schaden für haftbar erklärt worden.

Die Durchführung der Anordnungen des Wohnungsamts sichern Strafbestimmungen (§ 17). Die Anordnungen der Gemeinden können mit Zwangsmitteln durchgesetzt werden. Das ordentliche Rechtsmittel gegen die Verfügungen des Wohnungsamts ist die Beschwerde an das Mietseinigungsamt, die binnen einer Woche einzulegen ist, daneben ist in jedem Fall die unbefristete Aufsichtsbeschwerde zugelassen.

Einen wichtigen Schritt auf dem Wege des Abbaus der Zwangswirtschaft tat der Wohlfahrtsminister mit der Verordnung vom 11. Nov. 1926, indem er die Geschäftsräume von den Bestimmungen des Wohnungsmangelgesetzes ausnahm. Mit dieser Verordnung wurden auch die teureren Wohnungen von der Zwangswirtschaft freigestellt. Nur § 2 (Abbruch von Wohnraum) und § 8 (Wohnungstausch) bleiben aufrechterhalten. Bei Wohnungstausch ist die Genehmigung des Wohnungsamts nicht mehr erforderlich. Als „teurere" Wohnungen gelten solche, deren Jahresfriedensmiete in Berlin 3000 RM. und mehr, in den übrigen Städten der Sonderklasse 2400 RM. und mehr, in den Ortsklassen A—G 1800—500 RM. und mehr beträgt.

Die Zwangswirtschaft kann erst durch wesentliche Belebung der Bautätigkeit und durch Schaffung der fehlenden Wohnungen abgebaut werden.

Förderung der Neubautätigkeit. Diese Förderung wurde durch die Einführung der Hauszinssteuer erzielt. Ferner durch Beschaffung von Bauland, durch Bereitstellung finanzieller Mittel und durch Enteignung.

Mieterschutz. Zum Schutze der Mieter bei dem zunehmenden Mangel an Wohnungen und gegen Mietsteigerungen und Kündigungen wurden die Mieteinigungsämter eingerichtet. Gemäß Bekanntmachung vom 26. Juli 1917, 23. September 1918 und 22. Juni 1919 bedurfte der Vermieter für die Kündigung, Erhebung der Räumungsklage und der Zwangsvollstreckung der Zustimmung des Mieteinigungsamtes. Die Bestimmungen wurden am 11. Mai 1920 in ein Gesetz gekleidet. In Preußen fand eine Sonderregelung in der Höchstmietenverordnung vom 9. Dezember 1919 statt.

All diese Bestimmungen waren lediglich auf den Mieterschutz abgestellt, ohne den berechtigten Interessen der Hauseigentümer Rechnung zu tragen. Diesen trug das Gesetz vom 1. Juni 1923 mit Ergänzungen vom 30. Juni 1926 Rechnung. Danach kann der Vermieter unter bestimmten Voraussetzungen eine Lösung des Mietverhältnisses im Prozeßwege durchführen und zwar im Falle schuldhaften Verhaltens des Mieters, wie erhebliche Belästigungen des Vermieters oder eines Hausbewohners, unangemessener Gebrauch des Mietraums, unbefugte Untervermietung, Mietzinsverzug, ferner der dringende Eigenbedarf des Vermieters an Wohnraum, wobei jedoch den hierdurch betroffenen Mieter die Sicherung eines angemessenen Ersatzraumes gewährleistet werden muß. Für Ersatzraum sind die Gemeindebehörden verpflichtet. Die zuständige Stelle der Mietaufhebungsklage ist das beim Amtsgericht eingerichtete Mietschöffengericht.

Um auch wirtschaftlich schwache Gewerbetreibende vor unberechtigte Kündigungen und Mietsteigerungen der Hausbesitzer zu bewahren, bestimmt das Gesetz vom 17. März 1927, daß vor der mündlichen Verhandlung bei Räumungsklagen über Geschäftsräume in jedem Falle ein gütlicher Ausgleich vor dem Mieteinigungsamt bei gleichzeitiger Anwesenheit beider Mietsparteien versucht werden muß.

Das Mieterschutzgesetz ist durch Gesetz vom 30. Juni 1928 zunächst verlängert. Mit einem völligen Abbau des Mieterschutzes dürfte bei dem Mangel an Wohnungen vorläufig nicht zu rechnen sein.

Mietzinsregelung. Im Jahre 1922 wurde das Reichsmietengesetz erlassen. Die Miete auf Grund des Gesetzes ist die „gesetzliche Miete". Der Mietzins ist behördlicher Festsetzung unterworfen. Die gesetzliche Miete ist auf der „Grundmiete" aufgebaut, d. h. einem Betrage, der nach Abzug sämtlicher den Mietzins enthaltenden Kosten für Betrieb und Instandhaltung des Hauses als Grundrente verbleibt. Die Betriebskosten werden als bewegliche Zuschläge von der Landeszentralbehörde jeweils festgesetzt. Bezüglich der Einkünfte aus den Zuschlägen für laufende und große Reparaturen sind die Hausbesitzer hinsichtlich ihrer Verwendung einer bestimmten Kontrolle der Mieterschaft unterworfen. Für gewerbliche Räume und für Heizungshäuser sind besondere Bestimmungen vorgesehen. Neubauten sind von der Zwangswirtschaft freigestellt, wenn sie ohne staatliche Beiträge errichtet sind. Gegen unangemessene Mietsteigerung von Geschäftsräumen schützt den gewerblichen Mieter § 49a des Mieterschutzgesetzes, welcher Mietwucher unter Strafe stellt und schon bei Fahrlässigkeit Gefängnis bis zu einem Jahr androht.

Die Mindesthöhe der gesetzlichen Miete wird von der Reichsregierung mit Zustimmung des Reichsrats für das ganze Reich einheitlich festgesetzt. Sie beträgt ab 1. April 1928 mindestens 120% der Friedensmiete. Die Zusammensetzung der gesetzlichen Miete regelt die Verordnung vom 25. Juni 1925, nach welcher sämtliche bisher neben der Miete zu zahlende Zuschläge für große Instandsetzungen, Wassergeld, Hauszinssteuer in die gesetzliche Miete hineingerechnet werden.

Das Verfahren vor dem Mieteinigungsamt ist durch eine besondere Verfahrensordnung vom 19. September 1923 von der Reichsregierung geordnet.

Leihe. §§ 598—606.

Leihe ist die unentgeltliche Überlassung des Gebrauchs einer Sache seitens des Verleihers an den Entleiher. Der Verleiher haftet für Vorsatz und grobe Fahrlässigkeit, der Entleiher haftet jedoch auch für einfache Fahrlässigkeit. Der Entleiher darf die Sache nur vertragsmäßig gebrauchen, vor allem ihren Gebrauch im Zweifel keinem Dritten überlassen. Für Veränderung oder Verschlechterung durch den vertragsmäßigen Gebrauch hat er nicht einzustehen. Die entliehene Sache ist nach Ablauf der vereinbarten Zeit oder nach einem dem Zwecke der Leihe entsprechenden Gebrauch zurückzugeben. Braucht der Verleiher die Sache aus unvorhergesehenen Gründen, oder macht der Entleiher von der Sache vertragswidrigen Gebrauch, oder stirbt der Entleiher, so kann der Verleiher die Leihe ohne Frist kündigen.

Darlehen. §§ 607—610.

Darlehn ist die Hingabe von Geld oder anderen vertretbaren Sachen seitens des Darleihers an den Darlehnsnehmer unter Verpflichtung zur Rückgabe des Empfangenen in Sachen von gleicher Art, Güte und Menge. Sind Zinsen vereinbart, so sind dieselben mangels anderer Abrede nach dem Ablauf je eines Jahres, bei früherer Rückerstattung gleichzeitig mit dieser zu entrichten. Ist eine Zeit für die Rückerstattung des Darlehns nicht vereinbart, so hat dieselbe nach Ablauf der Kündigungsfrist zu erfolgen. Sie beträgt für Darlehn von mehr als 300 Mark 3 Monate, bei geringeren Summen 1 Monat. Unverzinsliche Darlehen kann der Schuldner auch ohne Kündigung und auch vor Ablauf der vereinbarten Zeit zurückgeben.

Der Dienstvertrag. §§ 611—630.

Der Dienstvertrag ist ein gegenseitiger Vertrag, durch den der Dienstpflichtige zur Leistung der versprochenen Dienste und der Dienstherr zur Gewährung der vereinbarten Vergütung verpflichtet ist. Gegenstand des Dienstvertrages können Dienste jeder Art sein. Die Vergütung braucht nicht in Geld zu bestehen, doch ist der Arbeitslohn der gewerblichen Arbeiter nach der Gewerbeordnung § 115 bar in Reichswährung zu zahlen. Jedoch können Lebensmittel, Feuerung, Werkzeuge, Wohnung, Landnutzung usw. bei der Lohnzahlung in Anrechnung und Abzug gebracht werden. Der Dienstpflichtige hat die versprochene Arbeit in Person zu leisten. Die vereinbarte Vergütung ist vom Dienstherrn nach Leistung der Dienste, oder wenn dieselbe nach Zeitabschnitten bemessen ist, nach Ablauf der einzelnen Zeitabschnitte zu verrichten. Ist der Dienstherr mit der Annahme der Dienste im Verzuge, so ist der Dienstpflichtige nicht zur Nachleistung verpflichtet. Der Verpflichtete hat den Anspruch auf Vergütung auch dann, wenn er für eine kurze Zeit wegen eines von ihm nicht verschuldeten Grundes, der in seiner Person liegt, an der Dienstleistung verhindert ist (z. B. Krankheit). Er muß sich jedoch den Betrag anrechnen lassen, der ihm aus einer gesetzlich bestehenden Kranken- oder Unfallversicherung zukommt. Zur Abnahme der Dienste ist der Dienstherr nicht verpflichtet; natürlich bleibt seine Verpflichtung zur Zahlung des Dienstlohnes bestehen. Der Dienstherr hat die Verpflichtung, den ohne Vorsatz oder grobes Verschulden in Krankheit verfallenen Dienstpflichtigen bis zu 6 Wochen zu verpflegen und ärztlich behandeln zu lassen, vorausgesetzt, daß in dem betreffenden Dienstverhältnis der hauptsächliche Erwerb des Verpflichteten lag.

Der Dienstherr hat die Pflicht, nach erfolgter Kündigung dem Verpflichteten auf Verlangen angemessene Zeit zur Aufsuchung eines anderen Dienstes zu gewähren und nach Beendigung des Dienstes ein schriftliches Zeugnis über das Dienstverhältnis und dessen Dauer auszustellen. Das Zeugnis ist auf Verlangen auf die Leistungen und die Führung im Dienste zu erstrecken. Das Dienstverhältnis erreicht sein Ende mit Ablauf der vereinbarten Zeit. Ist die Vergütung nach Tagen, Wochen oder Monaten bemessen, so erfolgt sie wie bei der Miete von Grundstücken (vgl. S. 164/5).

Bezüglich längerer Kündigungsfristen bei Angestellten, Entlassung mittels fristloser Kündigung vgl. S. 365/6.

Im übrigen gelten:

1. Die landesrechtlichen Gesindeordnungen für das Gesinde (in Preußen die Gesindeordnung vom 8. November 1910 mit einigen Abänderungen);
2. das Handelsgesetzbuch für Handlungsgehilfen und Handlungslehrlinge;
3. die Gewerbeordnung für die gewerblichen Arbeiter;
4. die Berggesetze für Bergleute;
5. das Seerecht für die Seeleute;
6. das BGB. für sonstige Dienste.

Der Werkvertrag. §§ 631—651.

Der Werkvertrag ist ein gegenseitiger Vertrag, nach dem der Unternehmer zur Herstellung des versprochenen Werkes und der Besteller zur Entrichtung der vereinbarten Vergütung verpflichtet ist. Gegenstand des Werkvertrages kann sowohl die Herstellung oder Veränderung einer Sache als auch ein anderer durch Arbeit oder Dienstleistung herbeizuführender Erfolg sein. Hierbei hat der Unternehmer das Werk so herzustellen, daß es die zugesicherten Eigenschaften hat und nicht mit Fehlern behaftet ist, die den gewöhnlichen oder vertragsmäßig vorgesehenen Gebrauch beeinträchtigen. Bei Nichterfüllung dieser Verpflichtung hat der Besteller einen Anspruch auf Beseitigung des Mangels. Dieses ist das besondere Merkmal des Werkvertrages. Der Besteller kann erst Wandelung oder Minderung verlangen, wenn er dem Unternehmer zur Beseitigung des Mangels vergeblich eine angemessene Frist gesetzt hat. Nach der Fristsetzung ist das Recht auf Beseitigung des Mangels ausgeschlossen. Die Fristsetzung ist unnötig:

a) Wenn die Beseitigung unmöglich ist;

b) wenn der Unternehmer sie verweigert;

c) wenn der Besteller an der sofortigen Wandelung oder Minderung ein besonderes Interesse hat.

Bei unerheblicher Minderung des Wertes oder der Tauglichkeit durch den Mangel ist die Tauglichkeit ausgeschlossen.

Der Besteller kann auch Schadensersatz wegen Nichterfüllung verlangen, wenn der Unternehmer den Mangel zu vertreten hat. Bei nicht rechtzeitiger Herstellung hat der Besteller das Recht, vom Vertrage zurückzutreten (vgl. im übrigen S. 558). Die Verjährung beginnt mit der Abnahme des Werkes. Abnahme bedeutet die Annahme als Erfüllung.

Der Besteller hat das vertragsmäßig herzustellende Werk abzunehmen und die Vergütung bei der Abnahme zu entrichten. Ist das Werk in Teilen abzunehmen und die Vergütung für die einzelnen Teile bestimmt, so ist die Vergütung für jeden Teil bei dessen Abnahme zu entrichten. Eine Geldvergütung ist von der Annahme an zu verzinsen, falls sie nicht gestundet ist. Bezüglich des Verzuges vgl. S. 553.

Bis zur Abnahme trägt der Unternehmer die Gefahr. Der Besteller trägt sie jedoch:

a) Wenn er in Verzug der Annahme gekommen ist;

b) wenn den von ihm gelieferten Stoff ein Zufall betrifft;

c) wenn das Werk verschlechtert oder ohne Verschulden des Unternehmers infolge eines Mangels des vom Besteller gelieferten Stoffes oder infolge einer von ihm erteilten Anweisung unausführbar wird. In diesem Falle kann der Unternehmer eine Vergütung entsprechend dem Teil der geleisteten Arbeit verlangen;

d) wenn der Unternehmer das Werk an einen andern Ort als den Erfüllungsort zu übersenden hat und dasselbe der Transportperson übergibt.

Nach der Abnahme geht die Gefahr auf den Besteller über; ist die Abnahme nicht möglich, so nach der Vollendung.

Bis zur Vollendung des Werkes kann der Besteller den Vertrag jederzeit ohne Grund kündigen, muß dann aber die vereinbarte Vergütung gewähren.

Ist ein Kostenanschlag dem Vertrage zugrunde gelegt worden, für dessen Richtigkeit der Unternehmer keine Gewähr übernommen hat, und ergibt sich, daß das Werk nicht ohne wesentliche Überschreitung des Anschlags ausführbar ist, so hat der Unternehmer, falls der Besteller aus diesem Grunde kündigt, nur Anspruch auf einen der geleisteten Arbeit entsprechenden Teil der Vergütung und auf Ersatz der Auslagen. Ist eine solche Überschreitung des Anschlags zu erwarten, so hat der Unternehmer dem Besteller unverzüglich Anzeige zu machen.

Werklieferungsvertrag.

Ein Werklieferungsvertrag liegt vor, wenn sich der Unternehmer verpflichtet, das Werk aus einem von ihm zu beschaffenden Stoffe herzustellen. Der Werklieferungsvertrag ist nach den Vorschriften über den Kauf zu beurteilen. Dies gilt bei vertretbaren Sachen uneingeschränkt, bei nicht vertretbaren Sachen gelten jedoch meistens die Bestimmungen über den Werkvertrag.

Mäklervertrag. §§ 652—656.

Mäklervertrag ist ein Vertrag, durch den der eine Teil dem andern (Mäkler) für den Fall einen Lohn verspricht, daß er die Gelegenheit zum Abschluß eines Vertrages nachweist oder einen solchen vermittelt. Der Auftraggeber hat den Lohn auch dann zu zahlen, wenn er, unter Benutzung der ihm vom Mäkler dargebotenen Hilfsmittel, den Vertrag hinter seinem Rücken schließt. Der Auftraggeber ist jedoch nicht zur Lohnzahlung verpflichtet, falls der Vertrag nicht zustande kommt, selbst wenn er willkürlich zurücktritt und nichts anderes in diesem Falle vereinbart hat.

Auslobung. §§ 657—661.

Auslobung ist die in öffentlicher Bekanntmachung erfolgte Aussetzung einer Belohnung für die Vornahme einer Handlung, insbesondere für die Herbeiführung eines Erfolges.

Der Auslobende ist verpflichtet, die Belohnung zu entrichten, und zwar sogar an diejenigen, die die Handlung ohne Rücksicht auf die Auslobung und ohne deren Kenntnis vorgenommen haben. Ein Widerrufsrecht hat der Auslobende bis zur Vornahme der Handlung. Der Widerruf muß in derselben Weise wie die Bekanntmachung der Auslobung oder durch besondere Mitteilung erfolgen. Die Belobung gehört demjenigen, der die Handlung zuerst vornahm. Bei gleichzeitiger Vornahme tritt Teilung ein, bei Unteilbarkeit entscheidet das Los. Haben mehrere zum Erfolge mitgewirkt, so hat der Auslobende die Belohnung nach billigem Ermessen unter sie zu verteilen.

Preisausschreiben. Eine Auslobung, die eine Preisbewerbung zum Gegenstande hat, ist nur gültig, wenn in der Bekanntmachung eine Frist für die Bewerbung bestimmt wird. Preisrichter ist die in der Auslobung bezeichnete Person, andernfalls der Auslobende. Die Entscheidung ist für die Beteiligten verbindlich. Die Übertragung des Eigentums an dem Werk kann der Auslobende nur verlangen, wenn er diese in der Auslobung bestimmt hat.

Auftrag. §§ 662—676.

Auftrag ist die vertragsmäßige unentgeltliche Übernahme der Geschäftsbesorgung für einen andern. Erst mit der Annahme des Auftrages erwachsen dem Beauftragten Pflichten. Er muß im Zweifel das Geschäft persönlich ausführen. Ist die Übertragung gestattet, so hat er nur ein Verschulden zu vertreten, das ihm bei der Übertragung zur Last fällt. Er hat nach den Weisungen des Geschäftsherrn zu handeln und darf nur unter besonderen Umständen unter alsbaldiger Anzeige an den Auftraggeber von ihnen abweichen. Der Beauftragte hat seinem Auftraggeber Auskünfte und Nachrichten zu geben und nach Ausführung des Auftrages Rechenschaft abzulegen. Er hat alles aus der Geschäftsbesorgung Erhaltene herauszugeben.

Der Auftraggeber hat dem Beauftragten alle erforderlichen Aufwendungen zu ersetzen und ihm auf diese Vorschuß zu zahlen. Der Auftrag erlischt durch Widerruf des Auftraggebers oder durch Kündigung des Beauftragten, ferner durch Tod oder Konkurs des Beauftragten; hingegen erlischt der Auftrag nicht durch den Tod, Geschäftsunfähigwerden oder Konkurs des Auftraggebers.

Es sei besonders darauf hingewiesen, daß bei Zahlung eines Entgeltes für die Tätigkeit nicht ein Auftrag, sondern ein Dienst- oder Werkvertrag vorliegt.

Wer einem andern einen Rat oder eine Empfehlung erteilt, ist nur ersatzpflichtig, wenn ein besonderer Vertrag hierüber vorliegt (Auskunftei) oder wenn es sich um eine unerlaubte Handlung handelt.

Geschäftsführung ohne Auftrag. §§ 677—687.

Geschäftsführung ohne Auftrag liegt vor, wenn jemand für einen andern ein Geschäft besorgt, ohne dessen Auftrag oder eine Berechtigung ihm gegenüber zu haben. Der Betreffende hat das Geschäft so zu führen, wie es dem Interesse des Geschäftsherrn mit Rücksicht auf seinen wirklichen oder mutmaßlichen Willen entspricht, und haftet hierbei für einfache Fahrlässigkeit. Handelt er dem wirklichen oder mutmaßlichen Willen des Geschäftsherrn fahrlässig zuwider, so wird er schadensersatzpflichtig. Bei einer Geschäftsführung behufs Abwendung einer dem Geschäftsherrn drohenden Gefahr hat der Geschäftsführer nur Vorsatz und grobe Fahrlässigkeit zu vertreten. Die Übernahme der Geschäftsführung ist dem Geschäftsherrn unverzüglich anzuzeigen, im übrigen gelten die Grundsätze wie beim Auftrag, jedoch hat der Geschäftsherr die Aufwendungen nur zu ersetzen, wenn die Übernahme seinem Interesse und Willen entspricht, wenn er sie genehmigt oder wenn die Handlung im öffentlichen Interesse oder gemäß gesetzlichen Vorschriften erfolgte.

Verwahrung. §§ 668—700.

Der Verwahrungsvertrag ist die vertragsmäßige Übernahme oder Aufbewahrung beweglicher Sachen für andere. Die Sache ist gemäß Vereinbarung aufzubewahren. Bei unentgeltlicher Verwahrung haftet der Verwahrer für Sorgfalt wie bei eigenen Angelegenheiten. Die Rückgabe erfolgt nach Ablauf der vereinbarten Zeit. Der Hinterleger kann jedoch die Sache jederzeit, auch schon vorher, zurückfordern; hingegen kann der Verwahrer eine vorzeitige Rücknahme nur aus wichtigem Grunde verlangen. Eine besondere Bestimmung ist bezüglich der Aufbewahrung fremder Wertpapiere durch das Depotgesetz vom 5. Juli 1896 getroffen. Danach hat jeder Kaufmann die im Betriebe seines Handelsgewerbes unverschlossen zur Aufbewahrung oder als Pfand übergebenen Wertpapiere in ein Hinterlegungsbuch einzutragen und gesondert von anderen Papieren unter äußerlich erkennbarer Bezeichnung des Hinterlegers aufzubewahren. Der Hinterleger hat die erforderlichen Aufwendungen dem Verwahrer und in bestimmten Fällen den Schaden zu ersetzen, falls solcher durch die verwahrte Sache entsteht. Die vereinbarte Vergütung hat der Hinterleger nach Beendigung der Aufbewahrung zu zahlen.

Einbringung von Sachen bei Gastwirten. §§ 701—704.

Ein Gastwirt, der gewerbsmäßig Fremde zur Beherbergung aufnimmt, hat einem im Betriebe dieses Gewerbes aufgenommenen Gaste den Schaden zu ersetzen, den dieser durch den Verlust oder die Beschädigung eingebrachter Sachen erleidet. Für Körperverletzungen ist der Wirt nur bei Vorliegen eines Vertrages, z. B. durch Vermieten eines Zimmers verantwortlich, wenn er vorsätzlich oder fahrlässig handelt, oder außervertraglich, wenn er vorsätzlich oder fahrlässig das Leben, den Körper, die Gesundheit, die Freiheit, das Eigentum oder ein sonstiges Recht seines Gastes verletzt (§§ 276 und 832 BGB.). Die Ersatzpflicht tritt nicht ein, wenn der Schaden vom Gaste oder seinen Begleitern, durch die Beschaffenheit der Sachen oder durch höhere Gewalt verursacht ist. Als eingebracht gelten die Sachen, die der Gast dem Gastwirt oder Leuten des Gastwirts, die zur Entgegennahme der Sachen bestellt oder nach den Umständen als dazu bestellt anzusehen waren, übergeben oder an einen ihm von diesen angewiesenen Ort oder in Ermangelung einer Anweisung an den hierzu bestimmten Ort gebracht hat. Ein Anschlag, durch den der Gastwirt die Haftpflicht ablehnt, ist ohne Wirkung. Restaurateure, die ja nicht gewerbsmäßig Fremde beherbergen, haften nicht für eingebrachte Sachen. Zuständig für die Ansprüche ist das Amtsgericht auch bei Gegenständen über 600 M.

Für Geld, Wertpapiere und Kostbarkeiten haftet der Wirt lediglich bis 1000 RM.; jedoch haftet er in voller Höhe:

a) wenn er diese Gegenstände in Kenntnis ihres Wertes zur Aufbewahrung übernimmt;

b) wenn er die Aufbewahrung ablehnt;

c) wenn der Schaden von ihm oder seinen Leuten verschuldet wird.

Soll der Anspruch des Gastes nicht erlöschen, so hat er unverzüglich nach Kenntnis den Verlust oder die Beschädigung dem Wirt mitzuteilen. Waren die Sachen dem Gastwirt zur Aufbewahrung übergeben, so erlischt der Anspruch nicht.

Der Gastwirt hat an den eingebrachten Sachen des Gastes ein Pfandrecht in ähnlicher Weise wie der Vermieter an denen des Mieters.

Gesellschaft. §§ 703—740.

Gesellschaft ist eine vertragsmäßige, jedoch nicht rechtsfähige Vereinigung mehrerer Gesellschafter zur Erreichung eines gemeinsamen Zweckes durch Förderung desselben in der vertragsmäßigen Weise, insbesondere durch Leistung der vereinbarten Beiträge. Sie hat ein besonderes Gesellschaftsvermögen.

Kein Gesellschafter kann über seinen Anteil verfügen. Der Gesellschaftsvertrag bedarf keiner Form. Die Gesellschafter haben Beiträge zu leisten. Das Gesellschaftseigentum erhält die Gesellschaft nur zum Gebrauch. Die Geschäftsführung erfolgt gemeinschaftlich. Stimmeneinhelligkeit ist notwendig. Die Geschäftsführer haben dieselben Rechte und Pflichten wie ein Beauftragter; sie sind im Zweifel zur Vertretung befugt. Die Gesellschafter haften für Schulden als Gesamtschuldner. Die Gesellschaft erlischt mit der Kündigung seitens eines Gesellschafters oder bei vereinbarter Zeit aus wichtigem Grunde. Die Kündigung zur Unzeit ohne wichtigen Grund macht gegenüber den Mitgesellschaftern schadensersatzpflichtig.

Unter bestimmten Voraussetzungen kann auch die Kündigung seitens des Gläubigers eines Gesellschafters erfolgen. Die Gesellschaft erlischt ferner mit der Erreichung des Zwecks oder seinem Unmöglichwerden, mit dem Tode des Gesellschafters im Zweifel und mit dem Konkurs eines Gesellschafters, in beiden letzten Fällen nur mangels anderer Vereinbarungen. Nach der Auflösung der Gesellschaft findet die Auseinandersetzung zwischen den Gesellschaftern statt (Liquidation).

Gemeinschaft. §§ 741—761.

Eine Gemeinschaft ist vorhanden, wenn ein Recht mehreren gemeinschaftlich zusteht. Für die Gemeinschaft gelten besondere Bestimmungen, die jedoch beim Vorhandensein anderer Bestimmungen nicht Platz greifen. Jeder kann über seinen Anteil frei verfügen; über den gemeinschaftlichen Gegenstand können jedoch nur alle Teilhaber gemeinsam verfügen.

Leibrente. §§ 759—761.

Leibrente ist die Summe wiederkehrender, auf längere Zeit zu entrichtender Leistungen. Die Rente muß schriftlich, vertragsmäßig versprochen sein. Im Zweifel gilt sie für die Lebensdauer des Gläubigers. Sie ist im voraus zu entrichten. Eine Geldrente ist für 3 Monate vorauszubezahlen.

Spiel. — Wette. §§ 762—764.

Spiel und Wette sind vorhanden bei Vereinbarung von Gewinn oder Verlust für den Fall des Eintritts oder Nichteintritts gewisser Tatsachen. Beide begründen keine Verbindlichkeit, sind aber erfüllbar. Das gewerbsmäßige Glücksspiel ist strafrechtlich verboten (§ 284 StGB.). Der Lotterievertrag ist ein gegenseitiger Vertrag, der den Unternehmer zur Verlosung bestimmter Gewinne und den Spieler zur Zahlung eines Einsatzes verpflichtet. Der Vertrag ist nur bei bundesstaatlicher Genehmigung verbindlich.

Das Differenzgeschäft. Dasselbe gilt als Spiel. Es ist ein auf Lieferung von Waren oder Wertpapieren in der Absicht geschlossener Vertrag, daß nicht wirklich geliefert wird, sondern der Unterschied zwischen dem vereinbarten Preise und dem Börsen- oder Marktpreise zur Lieferungszeit vom Verlierer gezahlt werden solle. Ausgenommen hiervon sind bestimmte Börsentermingeschäfte auf Grund des Börsengesetzes vom 27. Mai 1909.

Bürgschaft. §§ 765—768.

Bürgschaft ist ein Vertrag, durch den sich jemand, nämlich der Bürge, gegenüber dem Gläubiger eines Dritten verpflichtet, für die Erfüllung der Verbindlichkeit des Dritten einzustehen. Die Bürgschaftserklärung muß schriftlich geschehen. Der Bürge haftet für Verschulden oder Verzug des Hauptschuldners. Mehrere Bürgen haften als Gesamtschuldner. Befriedigt der Bürge den Gläubiger, so geht dessen Forderung gegen den Hauptschuldner auf ihn über. Der Bürge kann unter bestimmten Voraussetzungen Befreiung von der Bürgschaft vom Hauptschuldner verlangen (§ 775). Die Bürgschaft erlischt mit dem Erlöschen der Hauptschuld, durch Vereitelung des Ersatzes und durch Fristversäumung. Von Rückbürgschaft spricht man, wenn sich der Bürge gegen den ihm durch seine Verbürgung drohenden Verlust sichert.

Vergleich. § 779.

Vergleich ist ein Vertrag, durch den der Streit oder die Ungewißheit der Parteien über ein Rechtsverhältnis im Wege gegenseitigen Nachgebens beseitigt wird. Er ist unwirksam, wenn der nach dem Inhalt des Vertrages als feststehend zugrunde gelegte Sachverhalt der Wirklichkeit nicht entspricht. Wird die Ungewißheit nachträglich völlig aufgeklärt, so ist es ohne Einfluß auf den Bestand des Vergleichs. Vergleiche, die über einen anhängigen Rechtsstreit vor einem deutschen Gerichte geschlossen sind, bedeuten einen Titel zur Zwangsvollstreckung.

Schuldversprechen. — Schuldanerkenntnis. §§ 780—782.

Bei einem Schuldversprechen wird eine Schuld neu versprochen, bei der Schuldanerkenntnis wird eine schon bestehende Schuld mit selbständig verpflichtender Wirkung anerkannt.

Anweisung. §§ 783—792.

Anweisung ist eine vom Anweisenden erteilte doppelte Ermächtigung an den Empfänger, bei dem Angewiesenen eine Leistung in Empfang zu nehmen, sowie an den Angewiesenen, diese Leistung an den Anweisungsempfänger zu machen. Die Annahme erfolgt durch einen schriftlichen Vermerk auf der Anweisung. Der Angewiesene braucht nur gegen Aushändigung der Anweisung zu leisten. Die Verpflichtung aus der Annahme verjährt in 3 Jahren. Der Anweisende kann die Anweisung vor Annahme oder vor Leistung gegenüber dem Angewiesenen widerrufen.

Schuldverschreibung auf den Inhaber. §§ 793—808.

Diese Schuldverschreibung ist eine Urkunde, in der jemand dem Inhaber der Urkunde eine Leistung verspricht. Sie enthält einen privatrechtlichen Anspruch, dessen Geltendmachung durch den Besitz und die Verfügungsbefugnis über das Papier bedingt ist. Der Inhaber ist berechtigt, Erfüllung nach Maßgabe des Versprechens zu verlangen. Zur Unterzeichnung der Urkunde genügt eine im Wege mechanischer Vervielfältigung hergestellte Namensunterschrift. Die im Inlande ausgestellten Schuldverschreibungen auf den Inhaber bedürfen staatlicher Genehmigung, falls in ihnen die Zahlung einer bestimmten Geldsumme versprochen wird. Das Fehlen der Genehmigung bewirkt die Nichtigkeit der Schuldverschreibung und die Bestrafung mit einem Fünftel des Nennwerts. Der Aussteller ist nur gegen Aushändigung der Urkunde zur

Leistung verpflichtet. Der Inhaber kann auf seine Kosten für eine schadhaft gewordene Urkunde eine neue verlangen. Eine verloren gegangene Urkunde kann der frühere Inhaber aufbieten und durch Ausschlußurteil für kraftlos erklären lassen.

Vorlegung von Sachen. §§ 809—811

Bei vorhandenem rechtlichen Interesse kann jeder vom Besitzer einer Urkunde verlangen, daß ihm die Einsicht gestattet werde und zwar:

1. wenn die Urkunde in seinem Interesse errichtet ist;
2. wenn in ihr ein Rechtsverhältnis zwischen ihm und einem andern beurkundet ist;
3. wenn sie Verhandlungen über ein Rechtsgeschäft enthält, das ihm Rechte und Pflichten auferlegt.

Die Vorlegung hat an dem Orte auf Gefahr und Kosten des Verlangenden zu erfolgen, an dem sich die Sache befindet, falls nicht wichtige Gründe für einen andern Ort sprechen.

Ungerechtfertigte Bereicherung. §§ 812—822.

Wer durch die Leistung eines andern oder in sonstiger Weise auf dessen Kosten etwas ohne rechtlichen Grund erlangt, ist ihm zur Herausgabe verpflichtet. Als Leistung gilt auch die durch Vertrag erfolgte Anerkennung des Bestehens oder Nichtbestehens eines Schuldverhältnisses. Die Rückforderung versagt, wenn der auf eine Verbindlichkeit Leistende wußte, daß er zur Leistung nicht verpflichtet sei, wenn er einer sittlichen Pflicht genügte, wenn er den Eintritt des Erfolges wider Treu und Glauben verhinderte oder wenn er gegen die guten Sitten verstoßen hat.

Unerlaubte Handlung. §§ 823—853.

Wer vorsätzlich oder fahrlässig das Leben, den Körper, die Gesundheit, die Freiheit, das Eigentum oder ein sonstiges Recht eines andern widerrechtlich verletzt, ist dem andern zum Ersatze des daraus entstehenden Schadens verpflichtet. Schadensersatzpflichtig ist ferner derjenige, der gegen ein den Schutz eines anderen bezweckendes Gesetz verstößt.

Wer durch Verbreiten wahrheitswidriger Tatsachen den Kredit oder das Fortkommen jemandes gefährdet, ist diesem schadensersatzpflichtig, wenn er die Unwahrheit kannte oder fahrlässigerweise nicht kannte. Die Schadensersatzpflicht tritt bei mangelnder Kenntnis nicht ein, wenn der Mitteilende oder der Empfänger der Mitteilung an ihr ein berechtigtes Interesse hat.

Bezüglich der Geschlechtsehre der Frau bestimmt § 825: „Wer eine Frauensperson durch Hinterlist, durch Drohung oder unter Mißbrauch eines Abhängigkeitsverhältnisses zur Gestattung der außerehelichen Beiwohnung bestimmt, ist ihr zum Ersatz des daraus entstehenden Schadens verpflichtet." Unbescholtenheit der Verführten ist nicht Voraussetzung des Anspruchs. Gemeint ist in obiger Vorschrift nur der tatsächliche Schaden, der z. B. durch Entlassung eintritt. Eine Frauensperson kann aber auch außer dem Vermögensschaden eine billige Entschädigung in Geld, sogenanntes Schmerzensgeld, verlangen, wenn gegen sie ein Sittlichkeitsvergehen begangen oder sie durch Hinterlist, Drohung oder Mißbrauch eines Abhängigkeitsverhältnisses zum außerehelichen Beischlaf bestimmt ist.

Wer einem andern in einer gegen die guten Sitten verstoßenden Weise Schaden zufügt, ist auch schadensersatzpflichtig.

Nur wer im Zustande der Bewußtlosigkeit oder in einem die freie Willensbestimmung ausschließenden Zustande krankhafter Störung der Geistestätigkeit einem andern Schaden zufügt, ist nicht ersatzpflichtig, ebenso noch nicht Siebenjährige, ferner nicht Sieben- bis Achtzehnjährige, wenn sie die zur Erkenntnis der Verantwortlichkeit ihrer Handlungen erforderliche Einsicht nicht besitzen. Das gleiche gilt von einem Taubstummen.

Haben mehrere gemeinschaftlich durch Vergehen einen Schaden verursacht, so haftet jeder für den Schaden. Anstifter und Gehilfen stehen den Missetätern gleich.

Wer einen andern zu einer Verrichtung bestellt, ist zum Ersatz des Schadens verpflichtet, den der andere in Ausführung der Verrichtung einem Dritten widerrechtlich zufügt. Die Schadensersatzpflicht tritt nicht ein, wenn der Geschäftsherr nachweist, daß er die nötige Sorgfalt bei der Auswahl und Aufsicht des Beauftragten hat walten lassen, oder daß der Schaden auch trotz dieser Sorgfalt entstanden wäre.

Wer kraft Gesetzes zur Aufsicht über eine Person verpflichtet ist, die wegen Minderjährigkeit oder ihres geistigen und körperlichen Zustandes der Beaufsichtigung bedarf, ist schadensersatzpflichtig, wenn diese Person widerrechtlich einem Dritten Schaden zufügt. Die Ersatzpflicht tritt nicht ein, wenn er seiner Aufsichtspflicht genügt hat, oder wenn der Schaden auch trotz gehöriger Aufsicht sich ereignet hätte. In gleicher Weise ist der kraft eines Vertrages Aufsichtspflichtige haftbar (z. B. der Krankenpfleger).

Haftung für Beschädigung durch Tiere. Wer ein Tier hält, ist schadensersatzpflichtig für jede durch dasselbe verursachte Tötung, Körperverletzung und Sachbeschädigung, und zwar ohne Rücksicht auf sein Verschulden. Die Ersatzpflicht entfällt, wenn der Schaden durch ein Haustier verursacht worden ist, das dem Berufe, der Erwerbstätigkeit oder dem Unterhalte des Tierhalters zu dienen bestimmt ist, und wenn der Tierhalter bei der Beaufsichtigung des Tieres die im Verkehre erforderliche Sorgfalt beobachtet hat oder der Schaden auch bei Anwendung dieser Sorgfalt entstanden wäre. Auch der durch Vertrag zur Aufsicht über das Tier Verpflichtete ist bei Verschulden schadensersatzpflichtig.

Haftung durch Einsturz eines Gebäudes. Der Besitzer eines Grundstücks haftet, wenn er nicht die im Verkehr erforderliche Sorgfalt beobachtet hat, für Tötung, Körperverletzung und Sachbeschädigung, die durch den Einsturz eines Gebäudes infolge mangelhafter Einrichtungen oder Unterhaltung verursacht ist. Ein früherer Besitzer haftet unter gleichen Voraussetzungen für den Schaden innerhalb eines Jahres nach der Beendigung seines Besitzes. An Stelle des Besitzers haftet, wer auf fremdem Grundstück ein Gebäude oder ein anderes Werk besitzt. Neben dem Besitzer haftet, wer die Unterhaltung des Gebäudes für ihn übernimmt oder vermöge eines ihm zustehenden Nutzungsrechtes für ihn zu besorgen hat.

Besondere Haftung der Beamten. Die Beamten haften für jede Verletzung ihrer Amtspflicht gegenüber einem Dritten auf Schadensersatz, wenn der Verletzte nicht vorsätzlich oder fahrlässig es unterlassen hat, den Schaden durch Gebrauch eines Rechtsmittels abzuwenden, und bei bloßer Fahrlässigkeit, wenn der Verletzte anderweitig Ersatz erlangen kann. Die Beamten haften für Pflichtverletzungen bei pflichtwidriger Verweigerung oder Verzögerung der Amtsausübung. Nach Art. 131 RV., (vgl. übrigens das Reichsbeamtengesetz) haftet der Staat für Schäden aus Amtspflichtverletzungen. Die Zuständigkeit der ordentlichen Gerichte für Streitigkeiten dieser Art ist reichsverfassungsmäßig gewährleistet.

Die Haftung erstreckt sich auf die Nachteile für den Erwerb und das Fortkommen des Verletzten. Bei Beeinträchtigung der Erwerbsfähigkeit des Verletzten oder bei Vermehrung seiner Bedürfnisse durch eine Körperverletzung ist ihm Schadensersatz durch eine Geldrente zu gewähren. Bei wichtigem Grunde kann eine Abfindung in Kapital verlangt werden. Bei einer Tötung hat der Haftende den Beerdigungspflichtigen die Beerdigungskosten zu ersetzen. Ferner hat er nach der mutmaßlichen Lebensdauer des Getöteten demjenigen Schadensersatz zu gewähren, dem der Getötete kraft Gesetzes unterhaltspflichtig gewesen wäre. Bei Tötung, Körperverletzung, Freiheitsberaubung hat der Ersatzpflichtige, wenn der Verletzte kraft Gesetzes einem Dritten zu Diensten verpflichtet war, dem Dritten durch Entrichtung einer Geldrente für die ihm entgehenden Dienste Ersatz zu leisten. Bei Körperverletzungen, Gesundheitsschädigungen und Freiheitsberaubung kann der Verletzte auch wegen des Schadens, der nicht Vermögensschaden ist, eine billige Entschädigung in Geld verlangen.

Ist jemand zur Rückgabe einer Sache verpflichtet, so haftet er in der Regel sogar für zufälligen Untergang oder Verschlechterung der Sache. Hat er den Wert der Sache oder eine Wertminderung zu ersetzen, so hat er den zu ersetzenden Betrag vom Zeitpunkt der Wertbestimmung an zu verzinsen.

Der Schadensersatzanspruch aus unerlaubten Handlungen verfällt in 3 Jahren.

Sachenrecht.

Einleitung.

Das Sachenrecht handelt von dinglichen Rechten, d. h. von den rechtlich wirksamen Beziehungen einer Person zu einer Sache. Zu den dinglichen Rechten des BGB. gehören 11 Rechte, nämlich:

- Das Eigentum
- Das Erbbaurecht
- Grunddienstbarkeiten
- Nießbrauch
- Beschränkte persönliche Dienstbarkeiten
- Das dingliche Vorkaufsrecht
- Die Reallasten
- Die Hypothek
- Die Grundschuld
- Die Rentenschuld
- Das Pfandrecht an beweglichen Sachen und Rechten.

Das umfassendste dingliche Recht ist das Eigentum. Der Eigentümer kann mit einer Sache schalten und walten wie er will. Nur an Sachen, also an körperlichen Gegenständen, sind die dinglichen Rechte möglich. Ausnahmsweise kennt das BGB. einen Nießbrauch und ein Pfandrecht an Rechten. Bei Aufhebung eines Sachenrechts genügt meistens ein einseitiger Verzicht.

Die Landesgesetze haben eine Reihe von Vorbehalten ausbedungen, z. B. beim Wasser-, Deichrecht, beim Jagd-, Fischerei- und Bergrecht, bei den Nachbarrechten, bei den Familiengütern und Lehen usw.

Besitz. §§ 854—872.

Besitz ist dasjenige Recht an einer Sache, das sich auf die tatsächliche Herrschaft über eine Sache gründet. Der Besitz entsteht ohne Rücksicht auf ein Besitzrecht einzig und allein infolge der tatsächlichen Gewalt, die jemand über die betreffende Sache ausübt. Das BGB. kennt nur Besitz an Sachen und nicht an Rechten. Zum Besitzerwerb ist die Einigung des bisherigen Besitzers und des Erwerbers genügend, vorausgesetzt, daß der Erwerber in der Lage ist, die Gewalt über die Sache auszuüben. Der Verlust des Besitzes erfolgt dadurch, daß der Besitzer die tatsächliche Gewalt über die Sache verliert, insbesondere dadurch, daß er jene Gewalt aufgibt. Der Besitz des Erblassers geht ohne weiteres auf den Erben über.

Der Eigenbesitz. Einen Eigenbesitz hat derjenige, der eine Sache als ihm gehörend besitzt. Man unterscheidet unmittelbaren und mittelbaren Besitz. Unmittelbaren Besitz hat derjenige, der eine Sache als Nießbraucher, Pfandgläubiger, Pächter, Mieter, Verwahrer oder in einem ähnlichen Verhältnisse besitzt, vermöge dessen er einem andern gegenüber auf Zeit zum Besitze berechtigt oder verpflichtet ist. Mittelbaren Besitz hat dann der andere. Der mittelbare Besitz kann durch Abtretung des Anspruchs auf Herausgabe der Sache übertragen werden.

Besitzdiener ist, wer die tatsächliche Gewalt über eine Sache für einen anderen in dessen Haushalt oder Erwerbsgeschäft oder in einem ähnlichen Verhältnis ausübt, vermöge dessen er den sich auf die Sache beziehenden Weisungen des andern Folge zu leisten hat.

Mitbesitz ist gegeben, wenn mehrere eine Sache gemeinschaftlich besitzen.

Der Besitzschutz. § 858 bestimmt: „Wer dem Besitzer ohne dessen Willen den Besitz entzieht oder ihn im Besitze stört, handelt, sofern nicht das Gesetz die Entziehung oder die Störung gestattet, widerrechtlich." Man bezeichnet dies als: verbotene Eigenmacht. Der Besitz, den der „verboten eigenmächtig Handelnde" erwirbt, ist fehlerhaft. Der Besitzer darf sich verbotener Eigenmacht mit Gewalt erwehren. Bei Besitzentziehung durch verbotene Eigenmacht kann der bisherige Besitzer, wenn es sich um Mobilien (bewegliche Sachen) handelt, diese dem auf frischer Tat betroffenen oder verfolgten Täter mit Gewalt wieder abnehmen, sog. Nacheile; bei Immobilien (unbewegliche Sachen) kann er den Täter sofort des Besitzes wieder entsetzen. Jeder Besitzer hat das mittelbare Selbsthilferecht, das unmittelbare nur dann, wenn er sieht, daß obrigkeitliche Hilfe zu spät kommen würde.

Bei Besitzentziehung kann der frühere Besitzer gegen den fehlerhaft Besitzenden auf Wiedereinräumung des Besitzes klagen, bei Besitzstörung auf Beseitigung der Störung, und bei zu befürchtenden weiteren Störungen auf Unterlassung.

Der Gerichtsschutz versagt mit dem Ablauf eines Jahres nach Verübung der verbotenen Eigenmacht, wenn der Anspruch nicht vorher im Wege der Klage geltend gemacht wird.

Allgemeine Vorschriften über die Rechte an Grundstücken. §§ 873—902.

Vgl. Abschn. Baurecht S. 391. Zum Erwerb eines Rechts an einem Grundstück oder eines Rechts an einem solchen Recht ist im allgemeinen Einigung der Parteien und die Eintragung der Rechtsänderung in das Grundbuch nötig. Vielfach ist jedoch bald Einigung, bald Eintragung unnötig, erstere z. B. bei der Tabularersitzung, bei dem Aufgebot und bei der Aneignung. Tabularersitzung bedeutet den Erwerb des Eigentums an einem Grundstück für denjenigen, der 30 Jahre lang unberechtigterweise als Eigentümer in einem Grundbuch eingetragen war und während jener Zeit das Grundstück im Besitz hatte. Die Eintragung ist unnötig bei gütergemeinschaftlichem Erwerb, bei der Erbfolge und bei Erwerb durch Zwangsversteigerung.

Soll das Recht an einem Grundstück aufgehoben werden, so erfordert dies, soweit das Gesetz nichts anderes vorschreibt, die Erklärung des Berechtigten, daß er das Recht aufgebe, und ferner die Löschung des Rechts im Grundbuche.

Zur Sicherung eines künftigen oder eines bedingten Anspruchs kann man sich eine Vormerkung im Grundbuch eintragen lassen, und zwar mittels einstweiliger Verfügung, eines vorläufig vollstreckbaren Urteils oder einer sie gestattenden Bewilligung seitens desjenigen, dessen Recht von ihr betroffen wird. Die Vormerkung wird in eine endgültige Eintragung umgeschrieben, sobald der von ihr gesicherte Anspruch eintragbar geworden ist.

Steht der Inhalt des Grundbuchs mit der wirklichen Rechtslage nicht im Einklang, so kann der wirklich Berechtigte durch Eintragung eines Widerspruchs sich einen unverjährbaren dinglichen Berichtigungsanspruch sichern.

Die Ansprüche aus eingetragenen Rechten sind mit wenigen Ausnahmen unverjährbar.

Eigentum. §§ 903—924.

Eigentum ist das vornehmste dingliche Recht an einer körperlichen Sache. Der Eigentümer kann mit der Sache verfahren wie er will, andere von jeder Einwirkung auf die Sache ausschließen, insbesondere sich jede Störung im Genusse seines Eigentums verbitten; doch darf niemand sein Eigentumsrecht dazu benutzen, um andere zu schikanieren. Auch sind dem Eigentumsrecht durch Vorschriften bestimmter Art Schranken gezogen, so z. B. gesetzliche Eigentumsbeschränkungen wie Bergfreiheit, Nachbarrechte u. dgl. So muß der Nachbar Grundstücksausbesserungen von seiner Seite aus dulden; ferner darf der Eigentümer Einwirkungen eines andern auf die Sache nicht verbieten, wenn sie zur Abwendung einer gegenwärtigen Gefahr notwendig sind und der drohende Schaden gegenüber dem aus der Einwirkung dem Eigentümer entstehenden Schaden unverhältnismäßig groß ist, vgl. Nothilfe S. 144. Der Eigentümer kann nicht nur über das Grundstück selbst frei verfügen, sondern er beherrscht auch den Raum über und den Erdkörper unter der Oberfläche; jedoch kann er Einwirkungen nicht verbieten, die in solcher Höhe oder Tiefe vorgenommen werden, daß er an der Ausschließung kein Interesse hat.

Für den Ingenieur sind die §§ 906 und 907 von solcher Wichtigkeit, daß sie nachstehend wörtlich aufgeführt werden:

§ 906. „Der Eigentümer eines Grundstücks kann die Zuführung von Gasen, Dämpfen, Gerüchen, Rauch, Ruß, Wärme, Geräusch, Erschütterungen und ähnliche von einem andern Grundstück ausgehende Einwirkungen insoweit nicht verbieten, als die Einwirkung die Benutzung seines Grundstückes nicht oder nur unwesentlich beeinträchtigt oder durch eine Benutzung des anderen Grundstücks herbeigeführt wird, die nach den örtlichen Verhältnissen bei Grundstücken dieser Lage gewöhnlich ist. Die Zuführung durch eine besondere Leitung ist unzulässig".

§ 907. „Der Eigentümer eines Grundstückes kann verlangen, daß auf den Nachbargrundstücken nicht Anlagen hergestellt oder gehalten werden, von denen mit Sicherheit vorauszusehen ist, daß ihr Bestand oder ihre Benutzung eine unzulässige Einwirkung auf sein Grundstück zur Folge hat. Genügt eine Anlage den landesgesetzlichen Vorschriften, die einen bestimmten Abstand von der Grenze oder sonstige Schutzmaßregeln vorschreiben, so kann die Beseitigung der Anlage erst verlangt werden, wenn die unzulässige Einwirkung tatsächlich hervortritt. Bäume und Sträucher gehören nicht zu den Anlagen im Sinne dieser Vorschriften".

Es sei allerdings auf § 26 der Gewerbeordnung bereits hier verwiesen. Durch denselben erhalten die obigen Bestimmungen eine wichtige Einschränkung. Danach kann bei einer obrigkeitlich genehmigten Anlage niemals auf Einstellung des Gewerbebetriebes, sondern nur auf Herstellung von Schutzvorrichtungen oder auf Schadloshaltung geklagt werden.

Bezüglich des drohenden Einsturzes eines Gebäudes vgl. das auf S. 393 Gesagte. Eine Vertiefung eines Grundstückes in der Weise, daß der Boden des Nachbargrundstückes die erforderliche Stütze verliert, ist verboten, es sei denn, daß für eine genügende anderweitige Befestigung gesorgt wird.

Früchte, die von einem Baum oder Strauch auf ein Nachbargrundstück hinüberfallen, gelten als Früchte dieses Grundstücks.

Der Überbau vom Nachbar auf das Nachbargrundstück muß geduldet werden, wenn ihm kein Vorsatz oder grobe Fahrlässigkeit zur Last fällt, oder wenn der Nachbar nicht vor oder sofort nach der Grenzüberschreitung Widerspruch erhoben hat. Unter Überbau versteht man die Tatsache, daß ein Nachbar bei der Errichtung eines Gebäudes über die Grenze gebaut hat. Für den Überbau ist der Nachbar durch eine Geldrente zu entschädigen; selbstverständlich kann auch eine einmalige Abfindung erfolgen, wenn sich beide Parteien auf diese einigen.

Notweg. Ein Notweg kann verlangt werden, wenn einem Grundstück die zur ordnungsgemäßen Benutzung notwendige Verbindung mit einem öffentlichen Wege fehlt.

Grenzabmarkung. Jeder Eigentümer eines Grundstücks kann vom Eigentümer des Nachbargrundstücks verlangen, daß er in Gemeinschaft mit ihm die Grenze vermarke oder die unkenntlich gewordene, nicht streitige alte Vermarkung wieder herstellt.

Erwerb und Verlust des Eigentums an Grundstücken. §§ 925—928.

Die Einigung, die die Übertragung von Grundstückseigentum bezweckt, heißt Auflassung. Sie verschafft zusammen mit der Eintragung in das Grundbuch das Eigentum an Grundstücken. Die Auflassung muß bei gleichzeitiger Anwesenheit beider Teile oder ihrer Bevollmächtigten vor dem Grundbuchamte erklärt werden. Der Vertrag bedarf gerichtlicher oder notarieller Beurkundung. Zugleich mit dem Eigentum am Grundstück erlangt der Erwerber mit der Eintragung im Zweifel auch das Eigentum an den zur Zeit des Erwerbes vorhandenen Zubehörstücken, soweit sie dem Veräußerer gehören. Ist ein Grundstück 30 Jahre im Eigenbesitz eines andern, so kann der Eigentümer durch Aufgebot ausgeschlossen werden. Ein bloßer Verzicht hebt das Eigentumsrecht an einem Grundstück nicht auf, sondern es muß der Verzicht gegenüber dem Grundbuchamte erklärt und in das Grundbuch eingetragen sein.

Der Fiskus erwirbt Eigentum an einem Grundstück lediglich dadurch, daß er sich als Eigentümer in das Grundbuch eintragen läßt. Bei ehelicher Gütergemeinschaft und bei der Erbfolge kann der Eigentümer seine gütergemeinschaftliche Ehefrau als Miteigentümerin in das Grundbuch ohne besondere Auflassung eintragen lassen.

Erwerb und Verlust an beweglichen Sachen. §§ 929—984.

Zur Übertragung des Eigentums an einer beweglichen Sache ist erforderlich, daß der Eigentümer die Sache dem Erwerber übergibt und beide darüber einig sind, daß das Eigentum übergehen soll. Ist der Erwerber im Besitze der Sache, so genügt die Einigung über den Übergang des Eigentums; in diesem Falle kann die Übergabe dadurch erfolgen, daß zwischen dem Eigentümer und dem Erwerber ein Rechtsverhältnis vereinbart wird, vermöge dessen der Erwerber den mittelbaren Besitz erlangt. Ist ein Dritter im Besitz der Sache, so kann die Übergabe dadurch ersetzt werden, daß der Eigentümer dem Erwerber den Anspruch auf Herausgabe der Sache abtritt.

Das BGB. schützt denjenigen, der entgeltlich oder unentgeltlich durch ein Rechtsgeschäft etwas erwirbt. Der Schutz versagt jedoch, wenn der Erwerber nicht im guten Glauben ist, d. h. wenn ihm bekannt oder infolge grober Fahrlässigkeit unbekannt ist, daß die Sache nicht dem Veräußerer gehört, oder wenn es sich um Sachen handelt, die dem Eigentümer oder seinem unmittelbaren Besitzer gestohlen, verloren gegangen oder sonstwie abhanden gekommen sind. Beides hat der Eigentümer dem Erwerber zu beweisen. War der Erwerber gutgläubig, so bewirkt die Übergabe nach vorheriger Einigung auch den Eigentumsübergang.

Im Handelsverkehr wird sogar der gutgläubige Erwerber geschützt, der annahm, daß sein Gegner befugt war, über die Sache zu verfügen. Wird jedoch ein Inhaberpapier, das dem Eigentümer gestohlen, verloren gegangen oder sonstwie abhanden gekommen ist, an einen Kaufmann, der Bankier- oder Geldwechslergeschäfte betreibt, veräußert oder verpfändet, so gilt sein guter Glaube als ausgeschlossen, wenn zur Zeit der Veräußerung oder Verpfändung nicht mehr als 1 Jahr seit dem Ablauf desjenigen Jahres verstrichen ist, in dem eine Veröffentlichung des Verlustes im Deutschen Reichsanzeiger stattgefunden hat.

Ersitzung. Die Ersitzung ist Eigentumserwerb an einer beweglichen Sache durch zehnjährigen Besitz. Die Ersitzung ist ausgeschlossen, wenn der Eigentümer nachweist, daß der Ersitzende beim Erwerb nicht in gutem Glauben gehandelt hat, oder daß der Eigentümer erst später von dem Fehlen seines Eigentums Kenntnis erhielt.

Die Verbindung. Wird eine bewegliche Sache mit einem Grundstück verbunden, so geht das Eigentum an der beweglichen Sache unter und wird Eigentum des Grundstücks. Voraussetzung ist dabei jedoch, daß die Verbindung die Sache zum wesentlichen Bestandteil des Grundstücks gemacht hat; andernfalls behält die Sache ihre Selbständigkeit. Werden bewegliche Sachen miteinander derart verbunden, daß sie wesentliche Bestandteile einer einheitlichen Sache werden, so werden die bisherigen Eigentümer Miteigentümer.

Vermischung ist die Vereinigung mehrerer Sachen zu einer Masse, Vermengung ist die Vereinigung trockener Körper, ohne daß ihre Eigenschaft aufgehoben wird.

Verarbeitung ist die Umbildung eines Stoffes zu einer neuen beweglichen Sache. Als Verarbeitung gilt auch das Schreiben, Zeichnen, Malen, Drucken, Gravieren oder eine ähnliche Bearbeitung der Oberfläche.

Mit dem Erlöschen des früheren Eigentums an einer Sache erlöschen auch die sonstigen an der Sache bestehenden Rechte.

Aneignung ist Eigentumserwerb an einer herrenlosen beweglichen Sache durch deren Inbesitznahme mit der Absicht des Eigentumserwerbs. Das Eigentum wird jedoch durch Aneignung nicht erworben, wenn sie gesetzlich verboten ist oder durch die Besitzergreifung das Aneignungsrecht eines andern verletzt wird.

Herrenlos wird eine bewegliche Sache, wenn der Eigentümer in der Absicht den Besitz der Sache aufgibt, auf das Eigentum zu verzichten.

Wilde Tiere sind herrenlos, solange sie sich in Freiheit befinden (mit Ausnahme von Tiergärten). Erlangt ein gefangenes wildes Tier die Freiheit, so wird es herrenlos, wenn nicht der Eigentümer das Tier unverzüglich verfolgt, oder wenn er die Verfolgung aufgibt. Ein gezähmtes Tier wird herrenlos, wenn es die Gewohnheit ablegt, an den ihm bestimmten Ort zurückzukehren. Ein zahmes, sog. Haustier verbleibt im Eigentum seines Herrn, auch wenn es die Freiheit erlangt.

Der Fund. Ein Fund ist nur an einer verlorenen Sache möglich. Verloren ist eine Sache, deren Besitz dem Besitzer wider seinen Willen abhanden gekommen ist, ohne daß gleichzeitig ein anderer Besitz erwarb, und dessen Aufenthalt ihm unbekannt ist. Man wird Finder dadurch, daß man die gefundene Sache an sich nimmt. Der Finder hat von seinem Funde dem Verlierer oder dem Eigentümer oder einem sonstigen Empfangsberechtigten unverzüglich Anzeige zu machen; kennt er keinen dieser, so hat er den Fund unverzüglich der Polizeibehörde anzuzeigen, sobald es sich um eine Sache vom Mindestwert von 3 RM. handelt. Der Finder hat die Sache zu verwahren; ist dies zu kostspielig oder der Verderb der Sache zu besorgen, so hat er sie nach vorheriger Anzeige bei der Polizei versteigern zu lassen. Der Finder ist berechtigt und auf Wunsch der Polizei verpflichtet, die Sache oder den Versteigerungserlös bei der Polizeibehörde abzuliefern. Die Haftung des Finders erstreckt sich nur auf Vorsatz und grobe Fahrlässigkeit. Der Empfangsberechtigte hat dem Finder die Aufwendung zu ersetzen, und zwar bis zu 300 RM. 5%, darüber hinaus vom Mehrwerte 1%, bei Tieren 1%. Dem Finder steht kein Finderlohn zu, wenn er die Anzeigepflicht verletzt oder die Fundsache auf Anfrage verheimlicht. Dieses Verheimlichen kann sich außerdem strafrechtlich als Unterschlagung kennzeichnen (§ 246 StGB.). Wird dem Finder der Eigentümer nicht bekannt, und meldet niemand sein Recht bei der Polizeibehörde an, so erwirbt der Finder das Eigentum an der gefundenen Sache 1 Jahr nach Anzeige. Die Polizeibehörde darf die gefundene Sache nur mit Zustimmung des Finders herausgeben. Wer in dem Geschäftsraum oder den Beförderungsmitteln einer öffentlichen Behörde oder einer dem öffentlichen Verkehr dienenden Verkehrsanstalt eine Sache findet und an sich nimmt, hat kein Anrecht auf die Sache. Er hat vielmehr die Sache unverzüglich an die Behörde, Verkehrsanstalt oder an einen ihrer Angestellten abzuliefern.

Schatz ist eine bewegliche Sache, die so lange verborgen gelegen hat, daß der Eigentümer nicht mehr zu ermitteln ist. Er gehört je zur Hälfte dem Entdecker und dem Eigentümer der Sache, in der der Schatz verborgen war.

Ansprüche aus dem Eigentum. §§ 985—1007.

Der Eigentümer kann von dem Besitzer die Herausgabe der Sache verlangen. Der Besitzer kann die Herausgabe verweigern, wenn er oder der mittelbare Besitzer, von dem er sein Recht zum Besitz ableitet, dem Eigentümer gegenüber zum Besitze berechtigt ist (z. B. kann sich der Mieter auf sein Mietsrecht berufen). Jeder verschuldete Schaden ist dem Eigentümer zu ersetzen. Im übrigen sei für Einzelfälle auf die Bestimmung der obigen Paragraphen verwiesen. Auch über das Miteigentum sind in den §§ 1008—1011 besondere Bestimmungen erlassen.

Familienfideikommisse. Am 10. März 1919 wurde in Preußen bereits eine Verordnung über Familiengüter erlassen, in deren ersten Satz es heißt: „Die Familiengüter sind aufzulösen.“ Das Deutsche Reich folgte am 11. August 1919 (RGBl. S. 1383) in Art. 155 Abs. 2 Satz 2. Damit war die Preußische Fideikommißreform gegenstandslos geworden. Die Preußische Gesetzgebung über die Auflösung der Familiengüter hat nicht nur das Hausvermögen der „Hochadligen“ Häuser, sondern auch die Erbstammgüter und Lehne in ihren Bereich gezogen. Sie hat damit alle diejenigen Vermögen erfaßt, die in den Art. 57—59 des Einführungsgesetzes zum BGB. aufgeführt sind. Die Auflösung ist gewissen Beschränkungen unterworfen (gebundene Güter). Zur Vermeidung von Fehlern bei dieser schwierigen Materie wurde der gemäß Auflösungsgesetzgebung eingerichteten obersten Auflösungsbehörde, dem Landesamt für Familiengüter, in § 28 der Zwangsauflösungsverordnung vom 19. November 1920 das Recht eingeräumt, zur Herstellung eines einheitlichen Rechtszustandes Rechtsentscheide zu erlassen, die für alle Auflösungsämter bindend sind. Es sind bis zum Jahre 1927 67 solcher Rechtsentscheide erlassen. Eine geschickte Zusammenstellung derselben ist in dem Werke: „Die Auflösung der Familiengüter in Preußen von Kübler und Beutner“ enthalten (Karl Heymanns Verlag, Berlin).

Das Enteignungsrecht. Die Enteignung kann nur aus Gründen des öffentlichen Wohls gegen vollständige Entschädigung erfolgen. Über die sonstigen Bestimmungen vgl. Abschn. Baurecht S. 391.

Das Wasser- und Fischereirecht. Bezüglich des Wasserrechts vgl. Abschn. Wasserrecht S. 399. Was das Fischereirecht anbetrifft, so hat an geschlossenen Gewässern (Teichen) der Eigentümer nicht nur das Fischereirecht, sondern die dortigen Fische gehören ihm vollständig zu Eigentum. An privaten, nicht schiffbaren Flüssen steht die Fischerei den Anliegern bis zur Hälfte zu. An den öffentlichen, schiffbaren Flüssen hat der Staat das Fischereirecht, außerdem aber dürfen die politischen Gemeinden die Fischerei durch besonders angestellte Fischer oder durch Verpachtung ausüben. Die Fischerei im Meere ist so weit frei, als nicht völkerrechtliche Verträge entgegenstehen. In Küstengewässern dürfen jedoch nur Deutsche fischen. Für die Fischerei sind bestimmte Schonzeiten festgelegt.

Das Strandrecht. Vgl. S. 245.

Das Jagdrecht. Jagdberechtigter am eigenen Grund und Boden ist der Eigentümer. Alle Eigentümer sonstiger Grundstücke bestimmter Größe einer Gemeinde bilden eine Jagdgenossenschaft, die Rechtsfähigkeit besitzt. Sie untersteht dem Jagdvorsteher. Dieser ist der Vorsteher der Gemeinde. Die Jagd in diesem Bezirk darf entweder völlig ruhen oder durch höchstens drei angestellte Jäger beschossen oder öffentlich meistbietend oder freihändig verpachtet werden. Jeder Jagdausübende muß einen Jagdschein bei sich führen, der vom Landrat ausgestellt wird (in Stadtkreisen von der Ortspolizeibehörde). Er wird in der Regel auf ein Jahr ausgestellt. Neben dem Jagdschein muß der Jagende, falls er nicht in Begleitung des Jagdberechtigten erscheint, dessen schriftliche Erlaubnis bei sich haben.

Die Jagd auf offenem Meere steht jedem ohne Jagdschein frei.

Das Bergrecht[1]. Im allgemeinen herrscht Bergbaufreiheit unter der Berghoheit des Staates. Die preußische Novelle zum Berggesetz von 1907 hat jedoch für Steinkohle, Salze und Soolquellen das ausschließliche Gewinnungsrecht des Staates ausgesprochen, auch z. Teil für Erdöl. Das Bergwerkseigentum an jenen Mineralien eines bestimmten Bezirks wird dem Staate durch den Minister für Handel und Gewerbe verliehen; jedoch darf der Staat außer seinem bisherigen Besitz nur 250 Höchstfelder der Steinkohle in Selbstbewirtschaftung nehmen und soll im übrigen die Aufsuchung und Gewinnung der Steinkohle wie auch der Salze an andere übertragen. Man erhält in Preußen das Bergbaurecht als Bergwerkseigentum über ein bestimmtes Grubenfeld durch Verleihung vom Oberbergamt auf Grund eines Antrages, der „Mutung“. Bei mehreren Bewerbern ist der Finder der erste Muter. Das Suchen nach Steinkohle nennt man das „Schürfen“. Das Schürfen steht jedem frei. Wird es ihm vom Eigentümer versagt, so erteilt ihm die Bergbehörde die Erlaubnis; es verpflichtet jedoch zum Schadensersatz. Zum Schürfen sind in Preußen mit obigen Einschränkungen zugunsten des Staates freigegeben: Metalle, Kohle, Graphit, Salz, während die Steinbrüche, Kiesgruben, Edelsteine und Gips den Grundstückseigentümern belassen sind.

Das Bergwerkseigentum ist im Grundbuch einzutragen. Die Vereinigung mehrerer zur gemeinschaftlichen Ausübung des Bergbaues nennt man die Ge-

[1] Vgl. Bergbaurecht S. 266ff., insbesondere S. 271 Ges. vom 3. Januar 1924.

werkschaft. Die Anteile der Genossen nennt man Kuxe. Die Gewerkschaft ist eine juristische Person. Über den Anteil eines jeden Gewerken (Mitgliedes) wird ein Kuxschein auf seinen Namen mit der Eigenschaft eines Wertpapieres ausgestellt. Bei der Salzsiederei heißen die Kuxe Pfannen und die Gewerkschaften Pfännerschaften. Organe der Gewerkschaft sind die Gewerkenversammlung und der Grubenvorstand. Durch Gewerkschaftsbeschluß können Zubußen ausgeschrieben werden. Der Inbegriff der Bergwerksarbeiter wird Knappschaft genannt; sie ist eine Zwangsvereinigung mit Beitragspflicht.

Dem Grundstückseigentümer hat der Bergbautreibende allen durch den Bergbau entstehenden Schaden ohne Rücksicht auf eigenes Verschulden zu ersetzen.

Erbbaurecht. §§ 1012—1017.

Erbbaurecht ist das veräußerliche und vererbliche dingliche Recht jemandes, auf oder unter der Oberfläche eines Grundstückes ein Bauwerk zu haben. Zu seiner Begründung gehört die Einigung der Beteiligten und die Eintragung der Rechtsänderung ins Grundbuch bei gleichzeitiger Anwesenheit beider Teile vor dem Grundbuchamt.

Dienstbarkeiten.

Das BGB. teilt die Dienstbarkeiten in Grunddienstbarkeiten und persönliche Dienstbarkeiten. Bei den letzteren unterscheidet man wiederum Nießbrauch und beschränkte persönliche Dienstbarkeiten. Mit Ausnahme des Nießbrauches sind die Dienstbarkeiten nur an Grundstücken in der Regel möglich.

Grunddienstbarkeit. §§ 1018—1029.

Die Grunddienstbarkeit ist die Belastung eines Grundstückes zugunsten des jeweiligen Eigentümers eines andern Grundstücks in der Weise, daß der Berechtigte das Grundstück in einzelnen Beziehungen benutzen darf (Wegeservitut), oder daß auf dem Grundstücke gewisse Handlungen nicht vorgenommen werden dürfen (Verbot der Errichtung einer Fabrik), oder daß die Ausübung eines Rechtes ausgeschlossen ist. Die Grunddienstbarkeit muß für das Grundstück des Berechtigten von Vorteil sein; sie entsteht an einem Grundstück durch Einigung der Beteiligten und Eintragung in das Grundbuch; sie geht durch Erklärung des Berechtigten und die Löschung derselben im Grundbuche unter.

Nießbrauch an Sachen. §§ 1030—1067.

Nießbrauch ist ein dingliches Recht an einer Sache oder einem Rechte, das jemandem die Nutzungen derselben gewährt. Es entsteht bei unbeweglichen Sachen durch Einigung und Eintragung, bei beweglichen Sachen durch Einigung und Übergabe. Zum Besitze der Sache ist der Nießbraucher berechtigt, bei Störungen seines Rechts hat er dieselben Ansprüche wie der Eigentümer. Der Nießbraucher muß trotz seines uneingeschränkten Nutzungsrechts die bisherige wirtschaftliche Bestimmung der Sache aufrechterhalten und wie ein ordentlicher Hausvater wirtschaften. Er darf sie nicht wesentlich umgestalten oder wesentlich verändern. Der Nießbrauch ist nicht übertragbar, wohl aber seine Ausübung. Der Nießbraucher hat für die Erhaltung der Sache in ihrem wirtschaftlichen Bestande zu sorgen, die Sache auf den Namen des Eigentümers zu versichern und die Versicherungsprämien zu zahlen, die öffentlichen Lasten der Sache, die Zinsen für Hypotheken und Grundschulden sowie die Rentenbeträge zu tragen. Für verschuldete Veränderungen oder Verschlechterungen haftet er dem Eigentümer, sofern sie nicht nachweisbar durch ordnungsgemäße Ausübung des Nießbrauchs herbeigeführt sind. Ersatzansprüche des Eigentümers verjähren in 6 Monaten vom Augenblicke der Zurückerstattung oder der Beendigung des Nießbrauchs. Verletzt der Nießbraucher die Rechte des Eigentümers, so kann letzterer bei unbefugtem Gebrauch nach einer fruchtlosen Mahnung auf Unterlassung klagen, bei drohender erheblicher Verletzung Sicherheitsleistung verlangen. Nach Beendigung des Nießbrauchs hat der Nießbraucher dem Eigentümer die Sache zurückzugeben. Der Nießbrauch erlischt mit dem Tode des Nießbrauchers oder mit dem Verzicht desselben gegenüber dem Eigentümer oder Besteller.

Nießbrauch an Rechten. §§ 1061—1084.

Jedes Recht mit Ausnahme des unübertragbaren kann Gegenstand eines Nießbrauchs sein. Die Bestellung des Nießbrauchs an einem Rechte erfolgt nach den für die Übertragung des Rechts geltenden Vorschriften, die Aufhebung des Nießbrauchs an einem Recht wie bei dem Nießbrauch an beweglichen Sachen. Handelt es sich um Nießbrauch an Forderungen, so ist der Nießbraucher zur Einziehung und zur Kündigung berechtigt; bei verzinslichen Forderungen erhält derselbe die Zinsen. Das Kapital kann der Schuldner nur an Nießbraucher und Gläubiger gemeinschaftlich zahlen.

Nießbrauch an einem Vermögen. §§ 1085—1089.

Nießbrauch an dem Vermögen einer Person kann nur in der Weise bestellt werden, daß der Nießbraucher den Nießbrauch an den einzelnen Gegenständen des Vermögens erlangt.

Beschränkte persönliche Dienstbarkeiten. §§ 1090—1093.

Man versteht darunter die Belastung eines Grundstücks in der Weise, daß derjenige, zu dessen Gunsten die Belastung erfolgt, berechtigt ist, das Grundstück in einzelnen Beziehungen zu benutzen, oder daß ihm eine sonstige Befugnis zusteht, die den Inhalt einer Grunddienstbarkeit bilden kann. Als beschränkte persönliche Dienstbarkeit kann auch das Recht bestellt werden, ein Gebäude ganz oder teilweise unter Ausschluß des Eigentümers der Wohnung zu benutzen. Der Berechtigte ist befugt, seine Familie sowie seine Bedienung in die Wohnung aufzunehmen, und bei teilweiser Erlaubnis bezüglich der Benutzung des Gebäudes die zum gemeinschaftlichen Gebrauche der Bewohner bestimmten Anlagen und Einrichtungen mitzubenutzen.

Vorkaufsrecht. §§ 1094—1104.

Das hier behandelte Vorkaufsrecht ist im Gegensatz zu dem auf S. 162 behandelten persönlichen Vorkaufsrecht ein dingliches Vorkaufsrecht. Es bedeutet die Belastung eines Grundstücks in der Weise, daß derjenige, zu dessen

Gunsten die Belastung erfolgt, dem Eigentümer gegenüber zum Vorkaufe berechtigt ist. Es entsteht durch Einigung und Eintragung ins Grundbuch. Verliert der Käufer oder sein Rechtsnachfolger infolge der Geltendmachung des Vorkaufsrechts das Eigentum, so braucht er den geschuldeten Kaufpreis nicht zu bezahlen. Hat er ihn schon berichtigt, so kann er ihn vom Verkäufer, nicht zurückfordern, wohl aber vom Vorkaufsberechtigten. Der Käufer kann letzterem die Zustimmung zu seiner Eintragung als Eigentümer verweigern, bis er ihm den Kaufpreis zurückerstattet. Ist der Vorkaufsberechtigte unbekannt, so kann er im Wege des Aufgebotsverfahrens mit seinem Rechte ausgeschlossen werden.

Reallasten. §§ 1105—1112.

Reallasten sind Belastungen eines Grundstücks in der Weise, daß an denjenigen, zu dessen Gunsten die Belastung erfolgt, wiederkehrende Leistungen aus dem Grundstücke zu entrichten sind. Für die Reallast wie für die Einzellast haftet das Grundstück. Die Reallast entsteht durch Einigung und Eintragung. Wird das belastete Grundstück geteilt, so haften die Eigentümer der einzelnen Teile als Gesamtschuldner, wird das herrschende Grundstück geteilt, so besteht die Reallast für die einzelnen Teile nach Maßgabe ihrer Größe fort. Feste Geldrenten sind statthaft, jedoch darf sie der Eigentümer nach sechsmonatiger Kündigung mit dem zwanzigfachen Betrage ablösen, sofern nicht ein anderes bestimmt ist. Beständige Abgaben und Leistungen können einem Grundstück als Reallasten nicht auferlegt werden.

Hypothek, Grundschuld, Rentenschuld.

Hypothek. §§ 1113—1190.

Hypothek, Grundschuld und Rentenschuld sind ein Teil des Pfandrechts. Pfandrecht ist das zur Sicherung einer Forderung dienende Recht an einem fremden Gegenstande, das den Gläubiger berechtigt, Befriedigung aus dem Gegenstande zu suchen.

Hypothek ist eine Grundstücksbelastung derart, daß an denjenigen, zu dessen Gunsten die Belastung erfolgt, eine bestimmte Geldsumme zur Befriedigung wegen einer ihm zustehenden Forderung aus dem Grundstücke zu zahlen ist. Neben der dinglichen Haftung des Grundstückseigentümers mit dem Grundstück ist noch eine persönliche Haftung des Schuldners der Forderung, gewöhnlich ebenfalls des Grundstückseigentümers, gegeben. Das Grundstück haftet für die Bezahlung der Hypothek. Dieser Anspruch ist im Wege der Zwangsvollstreckung verfolgbar. Letztere erfolgt durch Eintragung einer Zwangssicherungshypothek oder durch Zwangsversteigerung (Subhastation) oder durch Zwangsverwaltung. Über die Zwangsversteigerung und Zwangsverwaltung sind genaue Bestimmungen durch Reichsgesetz vom 24. März 1897 getroffen; die Zwangssicherungshypothek ist von der ZPO. in § 866 geregelt.

Man unterscheidet:

die Brief- und die Buchhypothek,
die Sicherungshypothek,
die Eigentümerhypothek.
die Gesamthypothek (für welche mehrere Grundstücke haften).

Die Briefhypothek, die die Regel bildet, entsteht schon mit ihrer Eintragung ins Grundbuch. Der Gläubiger erwirbt sie aber erst, wenn ihm der Hypothekenbrief vom Eigentümer ausgehändigt wird. Bis zur Übergabe steht die Hypothek dem Eigentümer zu (Eigentümerhypothek). Das Grundbuchamt darf den Hypothekenbrief nur dem Eigentümer übermitteln. Derselbe muß enthalten:

Die Bezeichnung als Hypothekenbrief, den Geldbetrag der Hypothek, die Angabe des belasteten Grundstücks sowie Unterschrift und Siegel, ferner möglichst die Nummer des Grundbuchblatts und einen Auszug aus dem Grundbuch. Bei Geltendmachung der Hypothek, bei Kündigung oder Mahnung ist stets der Hypothekenbrief vorzulegen.

Die Buchhypothek kommt nur ausnahmsweise infolge Einigung der Beteiligten und Eintragung ins Grundbuch vor. Bei ihr ist die Briefbildung ausgeschlossen.

Die Eigentümerhypothek entsteht kraft Gesetzes, wenn die Forderung, für die die Hypothek bestellt ist, nicht zur Entstehung gelangt oder erlischt, oder wenn eine Briefhypothek eingetragen und der Brief dem Gläubiger noch nicht übergeben ist. Die Eigentümerhypothek ist eine Grundschuld.

Für die Tilgung der Hypothekenforderung haften nach dem Grundstück:

1. Die getrennten Erzeugnisse und sonstigen Bestandteile sowie das Zubehör;
2. die Miet- und Pachtzinsforderungen;
3. die mit dem Eigentum am Grundstücke verbundenen Rechte auf wiederkehrende Leistungen;
4. die Versicherungsforderung;
5. die zugeschriebenen Grundstücke.

Die Hypothek entsteht durch Einigung zwischen Gläubiger und Eigentümer und Eintragung in das Grundbuch. In einigen wenigen Fällen ist die Einigung unnötig (z. B. Bausicherungshypothek). Die Grundbucheintragung muß die Bezeichnung des Gläubigers, der Forderung und ihres Geldbetrags, des Zinsfußes, und gegebenenfalls sonstiger Nebenleistungen enthalten. Die Hypothek erlischt kraft Rechtsgeschäfts oder kraft Gesetzes; kraft Rechtsgeschäftes, wenn der Gläubiger erklärt, daß er die Hypothek aufgebe, der Eigentümer ihm zustimmt und die Hypothek im Grundbuche gelöscht wird; kraft Gesetzes bei Befriedigung aus dem Grundstück, bei rückständigen Nebenleistungen durch Konsolidation.

Die Grundschuld. §§ 1191—1198.

Grundschuld ist die Belastung eines Grundstücks in der Weise, daß an denjenigen, zu dessen Gunsten die Belastung erfolgt, eine bestimmte Geldsumme aus dem Grundstücke zu zahlen ist. Auch Zinsen und andere Nebenleistungen können ausbedungen werden. Es gilt auch hier die Briefgrundschuld als Regel und die Buchgrundschuld als Ausnahme. Eine Hypothek kann in eine Grundschuld, eine Grundschuld in eine Hypothek umgewandelt werden. Das Kapital der Grundschuld wird erst nach vorgängiger sechsmonatiger Kündigung fällig. Abweichende Bestimmungen sind zulässig. Die

Zahlung von Kapital, Zinsen und anderen Nebenleistungen hat im Zweifel am Orte des Grundbuchamtsitzes zu erfolgen. Grundschuldbriefe auf den Inhaber sind mit staatlicher Genehmigung zulässig; sie werden wie Schuldverschreibungen auf den Inhaber behandelt. Der Eigentümer kann für sich eine Grundschuld von vornherein bestellen.

Die Rentenschuld. §§ 1199—1203.

Sie ist eine Abart der Grundschuld und unterscheidet sich von dieser nur dadurch, daß der Gläubiger bei ihr in regelmäßig wiederkehrenden Terminen nur fällige Renten aus dem Grundstück verlangen kann. Bei Bestellung der Rentenschuld muß eine Ablösungssumme festgestellt und ins Grundbuch eingetragen werden. Das Recht der Ablösung steht dem Eigentümer zu, dem Gläubiger nur dann, wenn das Grundstück verschlechtert wird. Das Ablösungsrecht kann der Eigentümer erst nach sechsmonatiger Kündigung ausüben. Die Ablösungssumme wird wie eine Grundschuld, die einzelnen Renten werden wie Hypothekenzinsen behandelt. Eine Rentenschuld kann in eine gewöhnliche Grundschuld und diese in eine Rentenschuld umgewandelt werden.

Pfandrecht an beweglichen Sachen und an Rechten. — Pfandrecht an beweglichen Sachen. §§ 1204—1272.

Pfandrecht ist eine Belastung einer beweglichen Sache zur Sicherung einer Forderung derartig, daß der Gläubiger berechtigt ist, Befriedigung aus der Sache zu suchen. Das Pfandrecht kann auch für künftige oder bedingte Forderungen bestellt werden. Zur Bestellung des Pfandrechts ist Einigung zwischen Verpfänder und Gläubiger und Übergabe der Sache erforderlich. Die Übergabe einer im mittelbaren Besitze des Eigentümers befindlichen Sache kann durch Übertragung des mittelbaren Besitzes auf den Pfandgläubiger unter Anzeige der Verpfändung an den Besitzer erfolgen. Das Pfandrecht ist ein dingliches Recht an der Sache. Gutgläubig erworbene Pfandrechte gehen den übrigen Pfandrechten vor. Das Pfand haftet für die Forderung, insbesondere auch für Zinsen und Vertragsstrafen. Beim Pfandrecht an mehreren Sachen haftet jede für die ganze Forderung. Das Pfandrecht erstreckt sich auf die Erzeugnisse, die von dem Pfande getrennt werden, nicht aber auf das Zubehör.

Der Pfandgläubiger hat die Sache zu verwahren, darf sie also nicht weiter verpfänden. Nach dem Erlöschen des Pfandrechts hat der Pfandgläubiger dem Verpfänder das Pfand zurückzugeben. Aufwendungen, die der Pfandgläubiger auf das Pfand gemacht hat, sind ihm vom Verpfänder zu ersetzen. Diese Ansprüche verjähren in 6 Monaten seit Beendigung des Pfandverhältnisses. Droht der Verderb oder eine Wertminderung der Sache, so kann der Pfandgläubiger dieselbe öffentlich versteigern lassen.

Der Pfandgläubiger ist zum Verkauf berechtigt, sobald die Forderung ganz oder zum Teil fällig ist. Besteht der geschuldete Gegenstand nicht in Geld, so ist der Verkauf erst zulässig, wenn die Forderung in eine Geldforderung übergegangen ist. Nichtig ist die Vereinbarung, die vor Eintritt der Verkaufsberechtigung geschlossen, dem Pfandgläubiger das Recht gibt, bei nicht rechtzeitiger Befriedigung das Eigentum an der Sache zu erhalten. Der Verkauf ist dem Eigentümer nach Eintritt der Verkaufsberechtigung anzudrohen, darf jedoch nicht vor dem Ablauf eines Monats nach der Androhung erfolgen. Vom Ergebnis des erfolgten Verkaufs ist der Eigentümer unverzüglich zu benachrichtigen. Der Verkauf ist privatim im Wege öffentlicher Versteigerung zu bewirken, und zwar nur gegen Barzahlung. Zeit und Ort der Versteigerung und unter allgemeiner Bezeichnung des Pfandes öffentlich bekannt zu machen. Pfandgläubiger und Eigentümer können bei der Versteigerung mitbieten. Gold- und Silbersachen dürfen nicht unter dem Gold- oder Silberwerte zugeschlagen werden. Durch die rechtmäßige Veräußerung des Pfandes erlangt der Erwerber die gleichen Rechte, wie wenn er die Sache vom Eigentümer erworben hätte. Durch die Versteigerung wird hier sogar Eigentum an Sachen erworben, die dem Eigentümer gestohlen, verloren oder sonstwie abhanden gekommen sind. Eigentümer und Pfandgläubiger können eine abweichende Verkaufsart vereinbaren. Wird bei der Versteigerung ein Überschuß über die Forderung erzielt, so ist er dem Eigentümer herauszugeben. Als Eigentümer gilt bei dem Verkaufe des Pfandes zugunsten des Pfandgläubigers der Verpfänder, es sei denn, daß der Pfandgläubiger weiß, daß der Verpfänder nicht der Eigentümer ist. Wer durch die Veräußerung des Pfandes ein Recht an demselben verlieren würde, kann den Pfandgläubiger befriedigen, sobald der Schuldner zur Leistung berechtigt ist. Soweit er den Gläubiger befriedigt, geht die Forderung auf ihn über. Der Übergang kann nicht zum Nachteil des Gläubigers geltend gemacht werden. Mit der Forderung geht das Pfandrecht auf den neuen Gläubiger über. Es kann nicht ohne die Forderung übertragen werden. Der neue Pfandgläubiger kann die Herausgabe des Pfandes an den bisherigen Pfandgläubiger verlangen.

Das Pfandrecht erlischt, wenn der Übergang des Pfandrechts ausgeschlossen ist, bei der Übertragung der Forderung, wenn die Forderung, für die es besteht, erlischt und wenn der Pfandgläubiger das Pfand dem Verpfänder oder Eigentümer zurückgibt, des ferneren, wenn durch Rechtsgeschäft (Verzicht) das Pfandrecht aufgehoben wird, wenn es mit dem Eigentum in derselben Person zusammentrifft, wenn der Pfandverkauf erfolgt und wenn ein Gutgläubiger, der das Pfandrecht nicht kennt, die Sache erwirbt.

Ein Pfandrecht kann außer durch Rechtsgeschäft auch durch Pfändung durch den Gerichtsvollzieher, durch richterlichen Beschluß oder durch Gesetz entstehen. Die wichtigsten gesetzlichen Pfandrechte sind:

a) der Vermieter oder Verpächter eines Grundstücks hat für seine Mietsansprüche ein Pfandrecht an den eingebrachten pfändbaren Sachen des Mieters;

b) der Unternehmer hat für seine Forderungen aus dem Werkvertrage ein Pfandrecht an den von ihm hergestellten oder ausgebesserten beweglichen Sachen des Bestellers, wenn sie bei der Herstellung oder zum Zwecke der Ausbesserung in seinen Besitz gelangt sind;

c) der Gastwirt hat für seine Forderungen für Wohnung und andere dem Gast zur Befriedigung seiner Bedürfnisse gewährten Leistungen mit Einschluß der Auslagen ein Pfandrecht an den eingebrachten Sachen des Gastes;

d) an hinterlegten Geldern oder Wertpapieren erwirbt der Berechtigte ein Pfandrecht;

e) im Handelsverkehr sind die gesetzlichen Pfandrechte sehr zahlreich, z. B. Pfandrechte des Kommissionärs, Spediteurs, Lagerhalters.

Bezüglich der Schiffe sind besondere Bestimmungen erlassen. Schiffe sind zwar Mobilien, sie gelten aber als Immobilien hinsichtlich der Zwangsvollstreckung und der Verpfändung. Die Schiffe sind gewöhnlich in ein besonderes Schiffsregister ihres Heimatshafens einzutragen. Soll ein eingetragenes See- oder Binnenschiff mit einem Pfandrecht belastet werden, so ist dazu die Einwilligung des Schiffseigentümers und die Eintragung des Pfandrechts in das Schiffsregister erforderlich. (Für nicht eingetragene Schiffe gilt dies nicht; sie sind reine Mobilien.) Bei dem Schiffsregister genügt es, nur die Pfandbelastungen einzutragen; die Eintragung der Eigentumsverhältnisse ist nicht notwendig. Sonstige Rechte an dem Schiffe, vor allem das Eigentum, können durch bloße Einigung und Übergabe oder auch ohne Übergabe erworben werden. Die Belastung ist bei Seeschiffen auf dem Schiffszertifikat, bei Binnenschiffen auf dem Schiffsbrief zu vermerken. Nur das im Schiffsregister eingetragene Pfandrecht behält im Falle der Veräußerung oder Belastung des Schiffes seine Kraft. Dagegen erwirbt nicht Eigentum, wer sich auf den Inhalt des Schiffsregisters verläßt und von dem dort fälschlich als Eigentümer Eingetragenen das Schiff erwirbt. Der Pfandgläubiger kann seine Befriedigung aus dem Schiffe nur auf Grund eines vollstreckbaren Titels nach den für die Zwangsvollstreckung geltenden Vorschriften im Wege der Zwangsversteigerung suchen.

Pfandrecht an Rechten. §§ 1273—1296.

Auch ein Recht kann Gegenstand des Pfandrechts sein. Im allgemeinen finden die Vorschriften über das Pfandrecht an Sachen auch auf das Pfandrecht an Rechten entsprechende Anwendung. Die Bestellung erfolgt nach den für die Übertragung des Rechts geltenden Vorschriften. Soweit es nicht übertragbar ist, kann an dem Rechte ein Pfandrecht nicht bestellt werden. Mit dem Untergange des Rechts erlischt das Pfandrecht. Das verpfändete Recht kann nur mit Zustimmung des Pfandgläubigers azfgehoben werden. Ist ein Recht, zu dessen Verpfändung die Übergabe einer Sache erforderlich ist, Gegenstand des Pfandrechts, so erlischt das Pfandrecht durch Rückgabe der Sache. Der Pfandgläubiger kann, sofern nichts anderes bestimmt ist, seine Befriedigung nur auf Grund eines vollstreckbaren Titels auf dem Wege der Zwangsvollstreckung suchen.

Das Pfandrecht an einer Forderung. Die Verpfändung einer Forderung ist nur wirksam, wenn der Gläubiger sie dem Drittschuldner anzeigt. Vor der Fälligkeit der Forderung kann der Schuldner nur an den Pfandgläubiger und den Gläubiger gemeinschaftlich leisten, nach der Fälligkeit ist der Pfandgläubiger allein zur Einziehung der Forderung berechtigt. Mit der Leistung des Schuldners erwirbt der Gläubiger den geleisteten Gegenstand und der Pfandgläubiger ein Pfandrecht an dem Gegenstand. Besteht die Leistung in der Übertragung des Eigentums an einem Grundstück, so erwirbt der Pfandgläubiger ohne Eintragung in das Grundbuch eine Sicherungshypothek an dem Grundstück. Wird eine Geldforderung vor Fälligkeit der Forderung des Pfandgläubigers eingezogen, so hat dieser wie der Gläubiger mitzuwirken, daß der eingezogene Betrag mündelsicher angelegt und gleichzeitig dem Pfandgläubiger das Pfandrecht bestellt wird. Erfolgt die Einziehung nach Eintritt der Fälligkeit der Forderung des Pfandgläubigers, so gilt seine Forderung als von dem Gläubiger berichtigt, soweit dem Pfandgläubiger der eingezogene Betrag zu seiner Befriedigung gebührt. Das Pfandrecht an einer Forderung erstreckt sich auch auf die Zinsen. Bestehen mehrere Pfandrechte an einer Forderung, so ist zur Einziehung nur derjenige Pfandgläubiger berechtigt, dessen Pfandrecht den übrigen Pfandrechten vorgeht. Die Vorschriften über das Pfandrecht an einer Forderung gelten auch für das Pfandrecht an einer Grundschuld und einer Rentenschuld.

Das Pfandrecht an Wertpapieren. Zur Verpfändung eines Orderpapieres genügt die Einigung der Parteien und die Übergabe des indossierten Papieres. Hat ein verpfändetes Orderpapier einen Börsen- oder Marktpreis, so kann der Pfandgläubiger es nach dem Eintritt seiner Verkaufsberechtigung freihändig verkaufen lassen. Für das Pfandrecht an einem Inhaberpapier gelten die Vorschriften über das Pfandrecht an beweglichen Sachen. Der Pfandgläubiger ist in beiden Fällen allein zur Einziehung und Kündigung berechtigt. Der Schuldner darf nur an ihn leisten. Das Pfandrecht an einem Wertpapier erstreckt sich auf die zu dem Papiere gehörenden Zins-, Renten- oder Gewinnanteilscheine nur dann, wenn sie dem Pfandgläubiger übergeben sind. Der Verpfänder kann im Zweifel die Herausgabe der Scheine verlangen, soweit sie vor dem Eintritt der Verkaufsberechtigung des Pfandgläubigers fällig werden.

Das Reichssiedlungsgesetz und sein preußisches Ausführungsgesetz.

Das Reichssiedlungsgesetz vom 11. August 1919 mit Abänderungen vom 7. Juni und 18. August 1923 sowie 8. August 1926 und das preußische Ausführungsgesetz vom 15. Dezember 1919 bezwecken die Herbeiführung einer sozialgesunden Besitzverteilung. Die Siedlungstätigkeit ist namentlich im Osten Deutschlands von größter nationalpolitischer Bedeutung. Sie ist seit 1926 infolge vermehrter Geldzuweisungen von Reich und Staat im stärksten Maße gefördert worden. Nach dem Reichssiedlungsgesetz sind von den Ländern gemeinnützige Siedlungsunternehmungen ins Leben zu rufen, welche Neusiedlungen oder Anliegersiedlungen zu schaffen haben. Staatsdomänen und Moor- oder Ödlandgrundstücke sind in erster Linie zur Verfügung zu stellen. In zweiter Linie haben sich die gemeinnützigen Siedlungsgesellschaften das erforderliche Land durch Ausübung des ihnen vom Gesetz verliehenen Vorkaufsrechtes zu beschaffen. Letzten Endes ist das Siedlungsland von den durch das Gesetz geschaffenen Landlieferungsverbänden anzufordern.

Das Reichssiedlungsgesetz sieht noch die sog. „Pachtsiedlung“ vor, die den Landarbeitern im Bedarfsfalle die Erwerbung von Pachtungen sichern soll.

Ähnlichen sozialen und volkswirtschaftlichen Zwecken wie das Reichssiedlungsgesetz dienen die Pachtschutzordnung und die Kleingarten- und Kleinpachtlandordnung.

Familienrecht.

Bürgerliche Ehe.

Im Familienrecht behandelt das BGB. die Ehe, die Verwandtschaft und die Vormundschaft. Das Reichspersonenstandsgesetz vom 6. Februar 1875 schuf die obligatorische Zivilehe, d. h. die Eingehung der Ehe allein vor der weltlichen Behörde und führte die ausschließliche weltliche Gerichtsbarkeit in Ehesachen ein. Das BGB. hat unter Einhaltung dieses Standpunktes anerkannt, daß die Ehe nicht nur eine rechtliche (bürgerliche) Wirkung, sondern daneben eine kirchliche Seite hat. Bezüglich der letzteren sagt § 1588:

„Die kirchlichen Verpflichtungen in Ansehung der Ehe werden durch die Vorschriften des Abschnittes über die bürgerliche Ehe nicht berührt."

Verlöbnis. §§ 1297—1302.

Das Verlöbnis ist ein familienrechtlicher Vertrag, bei dem sich die Brautleute die künftige Eingehung der Ehe versprechen. Jedoch kann aus einem Verlöbnis nicht auf Eingehung der Ehe geklagt werden. Das Versprechen einer Strafe für den Fall, daß die Eingehung der Ehe unterbleibt, ist nichtig. Tritt ein Verlobter vom Verlöbnis zurück, so hat er dem andern Verlobten und dessen Eltern, sowie dritten Personen, welche an Stelle der Eltern gehandelt haben, den Schaden zu ersetzen, der daraus entstanden ist, daß sie in Erwartung der Ehe Aufwendungen gemacht haben oder Verbindlichkeiten eingegangen sind, ferner dem andern Verlobten auch den Schaden, den er dadurch erleidet, daß er in Erwartung der Ehe sonstige, sein Vermögen oder seine Erwerbsstellung berührende Maßnahmen getroffen hat. Jedoch ist der Schaden nur insoweit zu ersetzen, als die Aufwendungen den Umständen nach angemessen waren. Die Ersatzpflicht tritt nicht ein, wenn ein wichtiger Grund für den Rücktritt vorliegt. Veranlaßt ein Verlobter den Rücktritt des andern durch einen von ihm verschuldeten wichtigen Grund, so trifft ihn ebenfalls die Schadensersatzpflicht.

Hat eine unbescholtene Verlobte, auch eine Witwe, ihrem Bräutigam die Beiwohnung (Beischlaf) gestattet, so kann sie, falls er ohne wichtigen Grund zurücktritt oder sie durch einen solchen von ihm verschuldeten Grund zum Rücktritt veranlaßt, auch wegen des Schadens, der nicht Vermögensschaden ist, eine billige Entschädigung in Geld verlangen, z. B. wegen verminderter Aussicht auf Heirat. Die aus einer Beiwohnung zwischen Verlobten erzeugten Kinder gelten als unehelich.

Unterbleibt die Eheschließung, so kann jeder Verlobte von dem andern die Herausgabe desjenigen fordern, was er ihm geschenkt oder zum Zeichen des Verlöbnisses gegeben hat. Hierbei ist es gleichgültig, durch wessen Verschulden die Eheschließung unterblieben ist. Ausgeschlossen ist die Rückforderung im Zweifel, wenn das Verlöbnis durch den Tod eines der Verlobten aufgelöst wird. Die Ansprüche verjähren in 2 Jahren von der Auflösung des Verlöbnisses an gerechnet.

Eingehung der Ehe. §§ 1303—1322.

Ehe ist die rechtliche Verbindung zwischen Mann und Weib zur dauernden gegenseitigen Lebensgemeinschaft.

Ehehindernisse. Ein Mann darf nicht vor Eintritt der Volljährigkeit heiraten, eine Frau nicht vor der Vollendung des 16. Lebensjahres eine Ehe eingehen. Einer Frau kann Befreiung von dieser Vorschrift (in Preußen vom Justizminister) bewilligt werden. Der Mann ist gewöhnlich erst mit dem 21. Lebensjahre volljährig, kann jedoch schon mit 18 Jahren volljährig erklärt und damit ehemündig werden.

Geschäftsunfähige können überhaupt keine Ehe schließen. Wer in der Geschäftsfähigkeit beschränkt ist, bedarf zur Eingehung einer Ehe der Einwilligung desjenigen gesetzlichen Vertreters, dem die Sorge für die Person zusteht (bei ehelichen Kindern gewöhnlich des Vaters, bei unehelichen oder elterlosen Kindern des Vormunds, bei unehelichen Kindern nicht etwa der Mutter). Die vom Vormund verweigerte Einwilligung kann vom Vormundschaftsgericht ersetzt werden. Außer der Einwilligung des gesetzlichen Vertreters bedarf ein eheliches Kind bis zur Vollendung des 21. Lebensjahres zur Eingehung einer Ehe der Einwilligung des Vaters, ein uneheliches der Einwilligung der Mutter. An die Stelle des verstorbenen Vaters tritt die Mutter. Bei Adoptivkindern haben die Adoptiveltern das Einwilligungsrecht an Stelle der leiblichen Eltern. Verweigern die Eltern einem volljährigen Kinde die Einwilligung, so kann sie auf dessen Antrag durch das Vormundschaftsgericht ersetzt werden; sie muß ersetzt werden, wenn sie ohne wichtigen Grund verweigert wird.

Geben die Eltern nicht ihre Zustimmung, so können sie der Tochter die Aussteuer verweigern und behalten die elterliche Nutznießung bis zur Volljährigkeit des Kindes.

Niemand darf eine Ehe eingehen, bevor seine frühere Ehe aufgelöst oder für nichtig erklärt worden ist. Die Doppelehe, Bigamie, ist verboten.

Eine Ehe darf nicht geschlossen werden zwischen Verwandten in grader Linie, zwischen vollbürtigen oder halbbürtigen Geschwistern sowie zwischen Verschwägerten in grader Linie. Eine Ehe darf ferner nicht geschlossen werden zwischen Personen, von denen die eine mit Eltern, Voreltern oder Abkömmlingen der andern Geschlechtsgemeinschaft gepflogen hat. Wer einen andern an Kindesstatt angenommen hat, darf mit ihm oder dessen Abkömmlingen eine Ehe solange nicht eingehen, als das durch die Annahme begründete Verhältnis besteht. Verboten ist eine Ehe zwischen einem wegen Ehebruchs geschiedenen Ehegatten und demjenigen, mit dem der geschiedene Ehegatte den Ehebruch begangen hat, wenn dieser Ehebruch in dem Scheidungsurteil als Grund der Scheidung festgestellt ist.

Eine Frau darf erst 10 Monate nach der Auflösung oder Nichtigkeitserklärung ihrer früheren Ehe eine neue eingehen, es sei denn, daß sie inzwischen geboren hat. Von dieser Vorschrift kann Befreiung (in Preußen vom Amtsgericht ihres Wohnsitzes) bewilligt werden. Diese Bestimmung hat den Zweck, Zweifel über die Vaterschaft an einem innerhalb der 10 Monate geborenen Kinde zu verhindern. Hat die Frau trotzdem geheiratet, so gilt das Kind, wenn es innerhalb 270 Tagen nach der Auflösung der früheren Ehe geboren wird, als Kind des ersten, wenn es später geboren wird, als Kind des zweiten Mannes.

Wer ein eheliches Kind hat, das minderjährig ist oder unter seiner Vormundschaft steht, darf eine Ehe erst eingehen, nachdem ihm das Vormundschaftsgericht ein Zeugnis darüber erteilt hat, daß er seinen Auseinandersetzungspflichten gegenüber dem Kinde nachgekommen ist, oder daß ihm solche nicht obliegen. Das gleiche gilt für die Wiederverheiratung des überlebenden Ehegatten bei fortgesetzter Gütergemeinschaft, hat hier jedoch nur aufschiebende Wirkung.

Der Eheschließung soll behufs Ermittelung von Ehehindernissen ein Aufgebot vorhergehen. Das Aufgebot verliert seine Kraft, wenn die Ehe nicht binnen 6 Monaten nach der Vollziehung des Aufgebots geschlossen wird. Das Aufgebot darf unterbleiben, wenn die lebensgefährliche Erkrankung eines der Verlobten die Aufschiebung der Eheschließung nicht gestattet. Von dem Aufgebot kann Befreiung bewilligt werden (in Preußen durch den Minister des Innern).

Die Ehe wird dadurch geschlossen, daß die Verlobten vor einem Standesbeamten persönlich und bei gleichzeitiger Anwesenheit erklären, die Ehe miteinander eingehen zu wollen. Der Standesbeamte muß zur Entgegennahme der Erklärungen bereit sein. Der Standesbeamte soll bei der Eheschließung in Gegenwart von zwei Zeugen an die Verlobten einzeln und nacheinander die Frage richten, ob sie die Ehe miteinander eingehen wollen, und nach Bejahung dieser Frage durch die Verlobten aussprechen, daß sie kraft des BGB. nunmehr rechtmäßig verbundene Eheleute seien. Wird die Frage oder der Ausspruch unterlassen, so ist die Gültigkeit der Ehe nicht dadurch in Frage gestellt. Als Zeugen sollen Personen, die der bürgerlichen Ehrenrechte für verlustig erklärt sind, während der Zeit der Aberkennung der Ehrenrechte, sowie Minderjährige nicht zugezogen werden. Der Standesbeamte hat die Eheschließung in das Heiratsregister einzutragen. Die Ehe soll vor dem zuständigen Standesbeamten geschlossen werden. Zuständig ist der Standesbeamte, in dessen Bezirk einer der Verlobten seinen Wohnsitz oder gewöhnlichen Aufenthalt hat. Unter mehreren zuständigen Standesbeamten haben die Verlobten die Wahl. Auf Grund einer schriftlichen Ermächtigung des zuständigen Standesbeamten darf die Ehe auch vor dem Standesbeamten eines andern Bezirks geschlossen werden.

Nichtigkeit und Anfechtbarkeit der Ehe. §§ 1323—1347.

Eine Ehe ist nichtig, wenn bei der Eheschließung die Form vor dem Standesbeamten nicht beachtet worden ist. Ist die Ehe in das Heiratsregister eingetragen worden und haben die Ehegatten nach der Eheschließung 10 Jahre, oder, falls einer von ihnen vorher gestorben ist, bis zu dessen Tode, jedoch mindestens 3 Jahre als Ehegatten miteinander gelebt, so ist die Ehe als von Anfang an gültig anzusehen (Ausnahme, wenn Nichtigkeitsklage erhoben war).

Als weitere Nichtigkeitsgründe gelten:

a) Geschäftsunfähigkeit, Bewußtlosigkeit, Geistesstörung eines der Ehegatten z. Z. der Eheschließung.

b) Bigamie, wenn einer der Ehegatten z. Z. der Eheschließung mit einem Dritten in einer gültigen Ehe lebte.

c) Verwandtschaft, Schwägerschaft, d. h., wenn sie zwischen den oben bezeichneten nahen Verwandten oder Verschwägerten geschlossen worden ist.

d) Ehebruch. Eine Ehe ist nichtig, wenn sie wegen Ehebruchs verboten war. Wird nachträglich Befreiung erteilt, so ist sie als von Anfang an gültig anzusehen.

Die Nichtigkeit kann im allgemeinen nur im Wege der Nichtigkeitsklage geltend gemacht werden.

Die Anfechtbarkeit. Anfechtungsgründe sind:

a) Mangelnde Einwilligung des gesetzlichen Vertreters.

b) Nichtübereinstimmen von Wille und Erklärung bei der Eheschließung.

c) Irrtum in der Person des andern Ehegatten, d. h. eine Ehe kann vom Ehegatten angefochten werden, der sich bei der Eheschließung in der Person des andern Ehegatten oder über solche persönliche Eigenschaften des andern Ehegatten (z. B. fehlende Virginität, Syphilis) geirrt hat, die ihn bei Kenntnis der Sachlage und bei verständiger Würdigung des Wesens der Ehe von der Eingehung der Ehe abgehalten haben würden.

d) Arglistige Täuschung, d. h., wenn ein Ehegatte durch arglistige Täuschung zur Ehe bestimmt worden ist, die ihn bei Kenntnis der Sachlage und bei verständiger Würdigung des Wesens der Ehe von der Eingehung der Ehe abgehalten haben würde. Auf Grund einer Täuschung über Vermögensverhältnisse kann eine Anfechtung nicht erfolgen. Nur wenn sich aus der Täuschung über die Vermögensverhältnisse eine große Unwahrhaftigkeit und Charakterlosigkeit ergibt, so ist wegen dieser persönlichen Eigenschaft die Anfechtung gegeben.

e) Drohung, wenn ein Ehegatte zur Eingehung der Ehe widerrechtlich durch Drohung des andern Ehegatten oder eines Dritten bestimmt worden ist.

f) Irrtum über das Leben des für tot erklärten ersten Ehegatten.

Die Anfechtung ist gegeben bei bestehender Ehe durch Anfechtungsklage, nach Auflösung der Ehe durch den Tod des zur Anfechtung nicht berechtigten Ehegatten, durch Erklärung gegenüber dem Nachlaßgericht. In allen übrigen Fällen der Auflösung der Ehe ist die Anfechtung überhaupt ausgeschlossen. Das Anfechtungsrecht ist ein persönliches und kann nicht durch einen Vertreter ausgeübt werden. Die Anfechtungsfrist läuft 6 Monate von der Kenntnis des Anfechtungsgrundes an. Eine anfechtbare Ehe gilt, falls sie angefochten wird, als von Anfang an nichtig.

Wiederverheiratung im Falle der Todeserklärung. §§ 1348—1352.

Geht ein Ehegatte, nachdem der andere Ehegatte für tot erklärt worden ist, eine neue Ehe ein, so ist die neue Ehe nicht deshalb nichtig, weil der für tot erklärte Ehegatte noch lebt, es sei denn, daß beide Ehegatten bei der Eheschließung wissen, daß er die Todeserklärung überlebt hat. Mit Schließung der neuen Ehe wird die frühere aufgelöst. Ist jedoch das Urteil, durch das einer der Ehegatten für tot erklärt worden ist, durch Klage angefochten, so darf der andere Ehegatte nicht vor Erledigung des Rechtsstreits eine neue Ehe eingehen, es sei denn, daß die Anfechtung erst zehn Jahre nach der Verkündigung des Urteils erfolgt ist.

Jeder Ehegatte der neuen Ehe kann, wenn der für tot erklärte Ehegatte noch lebt, die neue Ehe anfechten, es sei denn, daß er bei der Eheschließung von dessen Leben Kenntnis hatte. Die Anfechtung kann jedoch nur binnen 6 Monaten seit dem Augenblick der Kenntnis vom Weiterleben des für tot Erklärten an erfolgen. Sie ist ausgeschlossen, wenn der anfechtungsberechtigte Ehegatte die Ehe nach Erlangung dieser Kenntnis bestätigt, oder wenn die Ehe durch den Tod eines der Ehegatten aufgelöst worden ist. Wird die Ehe von dem Ehegatten der früheren Ehe angefochten, so hat dieser dem andern Ehegatten, ganz wie bei einer Scheidung, Unterhalt zu gewähren, wenn nicht der andere Ehegatte bei der Eheschließung etwa wußte, daß der für tot Erklärte die Todeserklärung überlebt hat.

Wirkungen der Ehe im allgemeinen. §§ 1353—1362.

Die Ehegatten sind zur ehelichen Lebensgemeinschaft einander verpflichtet. Genügt ein Ehegatte dieser Pflicht nicht, so hat der andere die Klage auf Wiederherstellung des ehelichen Lebens.

Der Mann ist das Haupt der ehelichen Gemeinschaft, er bestimmt Wohnort und Wohnung. Die Frau teilt auch seinen Wohnsitz, seine Staatsangehörigkeit und seinen Unterstützungswohnsitz. Die Frau ist nicht verpflichtet, der Entscheidung des Mannes Folge zu leisten, wenn sie sich als ein Mißbrauch seines Rechts darstellt. Die Frau erhält den Familiennamen des Mannes. Sie ist zur Leitung des gemeinschaftlichen Hauswesens berechtigt und verpflichtet. Sie hat die sogenannte Schlüsselgewalt, d. h. sie ist berechtigt, innerhalb ihres häuslichen Wirkungskreises die Geschäfte des Mannes für ihn zu besorgen und ihn zu vertreten. Innerhalb dieses Wirkungskreises gelten die Rechtsgeschäfte als im Namen des Mannes vorgenommen; jedoch kann der Mann das Recht der Frau im allgemeinen beschränken oder völlig ausschließen. Dritten gegenüber ist die Beschränkung oder Ausschließung nur wirksam, wenn sie in das Güterrechtsregister eingetragen oder dem Dritten bekannt war.

Mann und Frau sind nach dem BGB. gleichberechtigt. Die Ehefrau wird durch die Eingehung der Ehe in ihrer Geschäftstätigkeit nicht beschränkt.

Der Mann hat der Frau nach Maßgabe seiner Lebensstellung, seines Vermögens und seiner Erwerbsfähigkeit Unterhalt zu gewähren. Die Frau hat eine entsprechende Pflicht gegenüber dem Manne nur, wenn er außerstande ist, sich selbst zu unterhalten.

Zugunsten der Gläubiger des Mannes wird angenommen, daß die im Besitz eines der Ehegatten oder beider Ehegatten befindlichen beweglichen Sachen dem Manne gehören. Für ausschließlich zum persönlichen Gebrauch der Frau bestimmte Sachen wird angenommen, daß sie der Frau gehören.

Eheliches Güterrecht. — Gesetzliches Güterrecht. §§ 1361—1431.

Man unterscheidet das Mannesgut, das eingebrachte Gut und das Vorbehaltsgut der Frau. Das Mannesgut, d. h. das Vermögen des Mannes wird durch die Eheschließung nicht berührt; das eingebrachte Gut, d. h. das Vermögen der Frau wird durch die Eheschließung der Verwaltung und Nutznießung des Mannes unterworfen. Zum eingebrachten Gut gehört auch das Vermögen, das die Frau während der Ehe erwirbt. Hiervon gibt es einige Ausnahmen. Das Vorbehaltsgut setzt sich aus folgenden Gütern zusammen:

a) Die ausschließlich zum persönlichen Gebrauche der Frau bestimmten Sachen.

b) Das von der Frau durch eigene Arbeit oder durch ein eigenes Erwerbsgeschäft Erworbene.

c) Das ihr durch den Ehevertrag Vorbehaltene.

d) Ihr Erwerb von Todes wegen oder durch unentgeltliche Zuwendung unter Lebenden, falls der Erblasser oder Zuwendende bestimmt hat, daß der Erwerb Vorbehaltsgut sein soll.

e) Das mit Hilfe des Vorbehaltsguts Erworbene.

Die Verwaltung und Nutznießung erstreckt sich nicht auf das Vorbehaltsgut der Frau.

Der Mann hat die Verwaltung des eingebrachten Guts und kann die zu diesem gehörenden Sachen in Besitz nehmen. Er hat das Gut ordnungsmäßig zu verwalten und auf Verlangen der Frau Auskunft zu erteilen. Er hat die Nutznießung an dem eingebrachten Gut ähnlich wie der Nießbraucher.

Die Frau bedarf zur dinglichen Verfügung über eingebrachtes Gut der Einwilligung des Mannes. Erteilt der Mann der Frau die Einwilligung zum selbständigen Betrieb eines Erwerbsgeschäfts, so ist sie auf seine Zustimmung bei den sich daraus ergebenden Rechtsgeschäften und Rechtsstreitigkeiten nicht angewiesen.

Die Gläubiger des Mannes können aus dem eingebrachten Gut keine Befriedigung verlangen. Die Gläubiger der Frau können sowohl ihr Vorbehaltsgut wie auch ihr eingebrachtes Gut, letzteres jedoch nur unter bestimmten Voraussetzungen, in Anspruch nehmen (§§ 1411 und 1412).

Die Verwaltung und Nutznießung des eingebrachten Gutes kann durch rechtskräftiges Urteil aufgehoben werden; sie hört ferner auf durch rechtskräftigen Konkurseröffnungsbeschluß über das Vermögen des Mannes, durch die Auflösung der Ehe infolge Todes, Scheidung oder Wiederverheiratung im Falle der Todeserklärung, durch Todeserklärung des Mannes und durch Errichtung eines Ehevertrags.

In den §§ 1364, 1426, 1432, 1436 und 1587 wird die Gütertrennung behandelt. Dritten gegenüber ist die Gütertrennung nur wirksam, wenn sie ins Güterrechtsregister eingetragen oder ihnen bekannt war.

Vertragsmäßiges Güterrecht. §§ 1432—1557.

Verlobte und Ehegatten können ihre güterrechtlichen Verhältnisse durch Vertrag, Ehevertrag, regeln, insbesondere, auch nach der Eingehung der Ehe den Güterstand aufheben oder ändern. Der Ehevertrag muß bei gleichzeitiger Anwesenheit beider Teile gerichtlich oder notariell beglaubigt werden. Stellvertretung ist zulässig. Soll der Ehevertrag gegen Dritte wirksam sein, so muß er in das Güterrechtsregister des zuständigen Amtsgerichts eingetragen sein.

Beim vertragsmäßigen Güterstand unterscheidet man:
1. Die allgemeine Gütergemeinschaft,
2. die Errungenschaftsgemeinschaft und
3. die Fahrnisgemeinschaft.

Die allgemeine Gütergemeinschaft. Hierbei sind 5 Gütermassen denkbar:

a) Das Gesamtgut. Das Vermögen des Mannes und der Frau werden gemeinschaftliches Vermögen beider Ehegatten. Der Mann kann frei über das Gesamtgut verfügen. Er bedarf jedoch der Einwilligung der Frau zu Verfügungen über dasselbe im ganzen, zu Verfügungen über Grundstücke, zu Schenkungen und zur Eingehung einer Verpflichtung zu den genannten Vorbehalten.

b) Die Sondergüter von Mann und Frau. Von dem Gesamtgut sind die Gegenstände ausgeschlossen, die nicht durch Rechtsgeschäft übertragen werden können, z. B. Familienfideikommisse.

c) Die Vorbehaltsgüter von Mann und Frau. Sie werden von den betreffenden Ehegatten frei und allein verwaltet. Hier gehören die zum persönlichen Gebrauche der Frau bestimmten Sachen sowie der Erwerb der Frau durch Arbeit nicht zum Vorbehaltsgut. Stirbt einer der Ehegatten, und sind gemeinschaftliche Abkömmlinge vorhanden, so entsteht unter diesen und dem überlebenden Ehegatten die fortgesetzte Gütergemeinschaft, bei welcher der überlebende Ehegatte an die Stelle des Mannes und die Abkömmlinge an die Stelle der Frau treten.

Errungenschaftsgemeinschaft. Hier unterscheidet man das Gesamtgut, die eingebrachten Güter des Mannes und der Frau und das Vorbehaltsgut der Frau. Das Gesamtgut ist das, was der Mann oder die Frau während der Errungenschaftsgemeinschaft erwirbt. Zu den eingebrachten Gütern gehört z. B., was die Ehegatten von Todes wegen oder durch künftiges Erbrecht, durch Schenkung oder als Ausstattung erwerben. Vorbehaltsgut des Mannes ist ausgeschlossen.

Fahrnisgemeinschaft.

a) Das Gesamtgut. Es umfaßt die Gemeinschaft des beweglichen Vermögens und der Errungenschaft, nämlich alle Mobilien der Ehegatten und die von ihnen nach Eintritt der Gemeinschaft entgeltlich erworbenen Immobilien.

b) Die eingebrachten Güter des Mannes und der Frau.

c) Das Vorbehaltsgut der Frau.

Güterrechtsregister. §§ 1558—1563.

Die Eintragungen in das Güterrechtsregister sind erst nach erfolgter Eheschließung zulässig und haben bei demjenigen Amtsgericht zu geschehen, in dessen Bezirk der Mann seinen Wohnsitz hat; bei Verlegung des Wohnsitzes muß die Eintragung in dem betreffenden Bezirk wiederholt werden. Die Eintragung in das Register geschieht nur auf Antrag; der Antrag ist in öffentlich beglaubigter Form zu stellen. Die Eintragung erfolgt in dem für Bekanntmachungen bestimmten Blatt des Amtsgerichts. Die Einsicht des Registers ist jedem gestattet. Abschrift kann gefordert werden.

Scheidung der Ehe. §§ 1564—1584.

Das BGB. hat die Scheidungsgründe der Ehe auf die Fälle schweren Verschuldens und auf den Fall der unheilbaren Geisteskrankheit beschränkt. Die Scheidung erfolgt durch Urteil, die Auflösung der Ehe tritt erst mit dessen Rechtskraft ein.

Ehescheidungsgründe sind:

1. Ehebruch, Bigamie. Ein Ehegatte kann auf Scheidung klagen, wenn der andere Ehegatte sich des Ehebruchs oder einer Doppelehe oder der widernatürlichen Unzucht (Sodomie) schuldig macht. Haben beide Ehegatten Ehebruch getrieben, so kann jeder von ihnen auf Scheidung klagen.

2. Lebensnachstellung, d. h. wenn ein Ehegatte dem andern nach dem Leben trachtet.

3. Bösliche Verlassung, d. h. wenn ein Ehegatte den andern böslich verlassen hat, und zwar

a) wenn ein Ehegatte, nachdem er zur Herstellung der häuslichen Gemeinschaft rechtskräftig verurteilt ist, 1 Jahr lang gegen den Willen des andern Ehegatten in böslicher Absicht dem Urteile nicht Folge geleistet hat.

b) Wenn ein Ehegatte sich 1 Jahr lang gegen den Willen des andern Ehegatten in böslicher Absicht von der häuslichen Gemeinschaft ferngehalten hat und die Voraussetzung für die öffentliche Zustellung seit Jahresfrist gegen ihn bestanden hat.

4. Schwere Verletzung der ehelichen Pflichten, ehrloses oder unsittliches Verhalten, wenn dadurch eine so tiefe Zerrüttung des ehelichen Verhältnisses verschuldet wird, daß dem andern Ehegatten die Fortsetzung der Ehe nicht zugemutet werden kann, z. B. Trunksucht, Verweigerung der ehelichen Pflicht, Verurteilung wegen eines schweren Vergehens, grobe Mißhandlung.

5. Unheilbare Geisteskrankheit unter bestimmten Voraussetzungen.

Das Scheidungsrecht erlischt durch Verzeihung und durch Zeitablauf, ausgenommen im Falle der Geisteskrankheit. Die Klage muß binnen 6 Monaten vom Zeitpunkt der Kenntnis des Scheidungsgrundes an erhoben werden. 10 Jahre nach dem Eintritt des Scheidungsgrundes ist sie ausgeschlossen. Jedes eine Ehe scheidende Urteil, mit Ausnahme des Falles der Geisteskrankheit, spricht aus, wer die Schuld an der Scheidung trägt. Hat der Beklagte Widerklage erhoben und ist diese begründet, so werden beide Ehegatten für schuldig erklärt. Ohne Erhebung einer Widerklage kann auf Antrag des Beklagten auch der Kläger bei entsprechenden vorliegenden Tatsachen für schuldig erklärt werden. Der Ehegatte, der auf Scheidung zu klagen berechtigt ist, kann auch statt auf Scheidung auf Aufhebung der ehelichen Gemeinschaft klagen. Ist die Klage begründet und beantragt der andere Ehegatte Scheidung, so ist auf solche zu erkennen. Nachträglich kann auch jeder Ehegatte auf Grund des Urteils die Scheidung beantragen, es sei denn, daß nach Erlassen des Urteils die eheliche Gemeinschaft wiederhergestellt ist.

Die geschiedene Frau behält den Familiennamen des Mannes. Sie kann jedoch auch ihren Familiennamen oder früheren Witwennamen wieder annehmen; dann muß aber eine Erklärung gegenüber der zuständigen Behörde in öffentlich beglaubigter Form erfolgen. Ist sie allein für schuldig erklärt, so kann der Mann ihr die Führung seines Namens durch öffentlich beglaubigte Erklärung gegenüber der zuständigen Behörde versagen; damit erhält die Frau ihren Familiennamen wieder.

Den allein für schuldig erklärten Ehegatten trifft die Unterhaltspflicht; jedoch nur dann, falls der Berechtigte bedürftig und der Verpflichtete leistungsfähig ist. Sie erlischt mit der Wiederverheiratung des Berechtigten und mit seinem Tode, dagegen nicht mit dem Tode des Verpflichteten.

Der Mann hat der Frau Unterhalt insoweit zu leisten, als sie ihn nicht aus den Einkünften ihres Vermögens und dem Ertrag ihrer Arbeit bestreiten kann. Die unterhaltungspflichtige Frau hat dem Mann insoweit Unterhalt zu gewähren, als er außerstande ist, sich selbst zu unterhalten. Ist die Ehe wegen Geisteskrankheit geschieden, so hat der andere Ehegatte dem Geisteskranken wie ein allein für schuldig erklärter Ehegatte Unterhalt zu gewähren.

Ist ein Ehegatte allein für schuldig erklärt, so kann der andere Ehegatte Schenkungen, die er ihm während des Brautstandes oder während der Ehe gemacht hat, durch Erklärung gegenüber dem Beschenkten widerrufen. Der Widerruf ist ausgeschlossen, wenn seit der Rechtskraft des Scheidungsurteils 1 Jahr verstrichen, oder wenn der Schenker oder der Beschenkte gestorben ist.

Wird die eheliche Gemeinschaft aufgehoben, so treten die Wirkungen der Scheidung ein. Ausgeschlossen ist nur die Eingehung einer neuen Ehe. Bei Herstellung der ehelichen Gemeinschaft nach der Aufhebung fallen die mit der Aufhebung verbundenen Wirkungen fort, und es tritt Gütertrennung ein.

Verwandtschaft. Allgemeine Vorschriften. §§ 1589—1590.

1. In grader Linie verwandt sind Personen, deren eine von der andern abstammt.

2. In der Seitenlinie verwandt sind Personen, die nicht in grader Linie verwandt sind, aber von denselben dritten Personen abstammen.

a) Vollbürtige Geschwister sind solche, welche beide Eltern gemeinsam haben.

b) Halbbürtige Geschwister sind solche, die nur einen Elternteil gemeinsam haben.

3. Die Nähe der Verwandtschaft bemißt man nach Graden.

4. Ein uneheliches Kind und dessen Vater gelten nicht als verwandt.

Verschwägert sind die Verwandten eines Ehegatten mit dem andern Ehegatten. Auch hier gibt es Schwägerschaft in der graden und in der Seitenlinie, im näheren und im entfernteren Grade. Die Schwägerschaft dauert fort, auch wenn die Ehe aufgelöst ist, durch welche sie begründet war.

Eheliche Abstammung. §§ 1591—1600.

Ein Kind, das nach der Eingehung der Ehe geboren wird, ist ehelich, wenn die Frau es vor oder während der Ehe empfangen und der Mann innerhalb der Empfängniszeit der Frau beigewohnt hat. Das Kind ist nicht ehelich, wenn es den Umständen nach offenbar unmöglich ist, daß die Frau das Kind von dem Manne empfangen hat. Als Empfängniszeit gilt die Zeit von dem 181. bis zum 302. Tage vor dem Tage der Geburt des Kindes mit Einschluß des 181. und des 302. Tages. Steht fest, daß das Kind innerhalb eines Zeitraumes empfangen worden ist, der weiter als 302 Tage vor dem Tage der Geburt zurückliegt, so gilt zugunsten der Ehelichkeit des Kindes dieser Zeitraum als Empfängniszeit. Die Unehelichkeit eines Kindes, das während der Ehe oder innerhalb 302 Tagen nach der Auflösung der Ehe geboren ist, kann nur geltend gemacht werden, wenn der Mann die Ehelichkeit angefochten hat oder, ohne das Anfechtungsrecht verloren zu haben, gestorben ist. Die Anfechtung der Ehelichkeit kann nur binnen Jahresfrist von dem Zeitpunkt an erfolgen, in welchem der Mann die Geburt des Kindes erfährt. Die Anfechtung erfolgt bei Lebzeiten des Kindes durch Erhebung der Anfechtungsklage gegen das Kind, nach dem Tode des Kindes durch Erklärung gegenüber dem Nachlaßgericht. Die Anfechtung ist ausgeschlossen, wenn der Mann das Kind nach der Geburt als das seinige anerkennt. Verheiratet sich eine Frau nach der Auflösung ihrer Ehe wieder, so gilt ein Kind, wenn es innerhalb 270 Tagen nach der Auflösung der früheren Ehe geboren wird, als Kind des ersten Mannes, wenn es später geboren wird, als Kind des zweiten Mannes.

Unterhaltungspflicht. §§ 1601—1615.

Die Verwandten in gerader Linie sind verpflichtet, einander Unterhalt zu gewähren. Unterhaltsberechtigt ist nur, wer außerstande ist, sich selbst zu unterhalten. Ein minderjähriges, unverheiratetes Kind kann von seinen Eltern, auch wenn es Vermögen hat, die Gewährung des Unterhaltes insoweit verlangen, als die Einkünfte seines Vermögens und der Ertrag seiner Arbeit zum Unterhalte nicht ausreichen. Unterhaltspflichtig ist nicht, wer bei Berücksichtigung seiner sonstigen Verpflichtungen außerstande ist, ohne Gefährdung seines standesmäßigen Unterhalts den Unterhalt zu gewähren.

Der Ehegatte des Bedürftigen ist unterhaltungspflichtig.

Das Maß des Unterhalts bestimmt sich nach der Lebensstellung des Bedürftigen; der Unterhalt muß standesgemäß sein. Er umfaßt den gesamten Lebensbedarf, bei einer der Erziehung bedürftigen Person auch die Kosten der Erziehung und der Vorbildung zu einem Berufe. Wer durch sein sittliches Verschulden bedürftig geworden ist, kann nur den notdürftigen Unterhalt verlangen (§ 1611). Der Unterhalt ist durch Entrichtung einer Geldrente zu gewähren; nur wenn triftige Gründe vorliegen, kann die Gewährung in anderer Art gestattet werden. Der Unterhaltsanspruch erlischt mit dem Tode des Berechtigten oder Verpflichteten.

Rechtliche Stellung der ehelichen Kinder. — Rechtsverhältnis zwischen den Eltern und dem Kinde im allgemeinen. §§ 1616—1625.

Das Kind erhält den Familiennamen des Vaters. Solange es dem elterlichen Hausstand angehört und von den Eltern erzogen und unterhalten wird, ist er verpflichtet, in einer seinen Kräften und seiner Lebensstellung entsprechenden Weise den Eltern in ihrem Hauswesen und Geschäfte Diense zu leisten. Der Vater ist verpflichtet, einer Tochter im Falle der Heirat eine angemessene Aussteuer zur Einrichtung des Haushalt zu gewähren, soweit er bei Berücksichtigung seiner Verpflichtungen ohne Gefährdung seines standesgemäßen Unterhaltes dazu imstande ist und die Tochter kein zur Beschaffung der Aussteuer ausreichendes Vermögen hat. Die gleiche Verpflichtung trifft die Mutter, wenn der Vater gestorben oder zur Gewährung einer Aussteuer außerstande ist.

Die Eltern können die Aussteuer verweigern:

a) Wenn sich die Tochter ohne die bis zum 21. Lebensjahr erforderliche elterliche Einwilligung verheiratet;

b) wenn sich die Tochter einer Verfehlung schuldig gemacht hat, die den Verpflichteten berechtigt, ihr den Pflichtteil zu entziehen;

c) wenn die Tochter für eine frühere Ehe von dem Vater oder der Mutter eine Aussteuer erhalten hat.

Der Anspruch auf die Aussteuer verjährt in einem Jahre von der Eingehung der Ehe an.

Die Eltern sind nicht verpflichtet, ihrem Kinde eine Ausstattung zu geben. Ausstattung ist die mit Rücksicht auf seine Verheiratung oder auf die Erlangung einer selbständigen Lebensstellung von dem Vater oder der Mutter dem Kinde gemachte Zuwendung.

Elterliche Gewalt des Vaters. §§ 1627—1683.

Das Kind steht, solange es minderjährig ist, unter elterlicher Gewalt. Der Vater hat das Recht und die Pflicht, für die Person und das Vermögen des Kindes zu sorgen. Diese Sorge umfaßt kraft Gesetzes die Vertretung des Kindes. Die Vertretung steht dem Vater insoweit nicht zu, als ein Vormund nach § 1795 von der Vertretung des Mündels ausgeschlossen ist. Die Mutter hat neben dem Vater während der Dauer der Ehe das Recht und die Pflicht, für die Person des Kindes zu sorgen.

Ist die Ehe geschieden auf Grund von Verschuldung (nicht Geisteskrankheit), so steht, wenn ein Ehegatte allein für schuldig erklärt worden ist, die Sorge für die Person des Kindes dem andern Ehegatten zu; sind beide Ehegatten für schuldig erklärt, so steht die Sorge für einen Sohn unter 6 Jahren oder für eine Tochter der Mutter, für einen Sohn über 6 Jahren dem Vater zu; das Vormundschaftsgericht kann bei wichtigen Gründen im Interesse des Kindes abweichende Anordnungen treffen.

Der Vater hat die Verwaltung und Nutznießung an dem ganzen Vermögen des Kindes. Die Nutznießung ist ausgeschlossen bezüglich der ausschließlich zum persönlichen Gebrauche des Kindes bestimmten Sachen und bezüglich dessen, was das Kind durch seine Arbeit oder durch den Betrieb eines Erwerbsgeschäftes erwirbt, und bezüglich alles dessen, was das Kind von Todes wegen erwirbt oder was ihm unter Lebenden von einem Dritten unentgeltlich zugewendet wird, wenn der Erblasser oder der Zuwendende die Nutznießung des Vaters ausschließen.

Rechtsgeschäfte für das Kind schließt der Vater. Nur in wenigen Fällen bedarf er der Genehmigung des Vormundschaftsgerichts. Die elterliche Gewalt des Vaters ruht, wenn er geschäftsunfähig oder beschränkt geschäftsfähig ist, oder wenn vom Vormundschaftsgericht festgestellt wird, daß der Vater an der Ausübung der elterlichen Gewalt verhindert ist.

Die elterliche Gewalt des Vaters endigt mit der Volljährigkeit oder Volljährigkeitserklärung, mit der Adoption des Kindes durch einen Dritten, oder falls er wegen eines vorsätzlich an dem Kinde begangenen Verbrechens rechtskräftig mit Zuchthaus oder zu mindestens 6 Monaten Gefängnis verurteilt ist. Bei sonstiger Gefährdung des geistigen oder leiblichen Wohles des Kindes durch den Vater hat das Vormundschaftsgericht die geeigneten Maßnahmen zu treffen.

Elterliche Gewalt der Mutter. §§ 1684—1698.

Nach dem Vater, also in zweiter Linie, steht der Mutter die elterliche Gewalt in folgenden Fällen zu:

1. Wenn der Vater gestorben oder für tot erklärt ist;
2. wenn der Vater die elterliche Gewalt verwirkt hat und die Ehe aufgelöst ist;
3. wenn bei Bestehen der Ehe der Vater an der Ausübung der elterlichen Gewalt tatsächlich verhindert ist oder seine elterliche Gewalt ruht;
4. wenn bei aufgelöster Ehe die elterliche Gewalt des Vaters ruht.

Die uneheliche Mutter hat keine elterliche Gewalt. Sie kann daher Vormund ihres Kindes werden.

Einen Beistand hat das Vormundschaftsgericht zu bestellen, wenn die eheliche Mutter es beantragt, oder wenn besondere Gründe dafür vorliegen. Der Beistand hat ähnlich dem Gegenvormund eine Überwachungspflicht. Die Mutter verliert die elterliche Gewalt, wenn sie eine neue Ehe eingeht; dann ist ein Vormund zu ernennen, als solcher kann auch die Mutter bestellt werden.

Rechtliche Stellung der Kinder aus nichtigen Ehen. §§ 1699—1704.

Ein Kind aus einer nichtigen Ehe, das bei Gültigkeit der Ehe ehelich wäre, gilt als ehelich, sofern nicht beiden Ehegatten die Nichtigkeit der Ehe bei der Eheschließung bekannt war. Gilt das Kind aus dem Grunde nicht als ehelich, weil beide Ehegatten die Nichtigkeit der Ehe bei der Eheschließung gekannt hatten, so kann es gleichwohl Unterhalt wie ein eheliches Kind von dem Vater verlangen, solange er lebt.

Rechtliche Stellung der unehelichen Kinder. §§ 1705—1718.

Das uneheliche Kind hat im Verhältnis zu der Mutter und zu den Verwandten der Mutter die rechtliche Stellung eines ehelichen Kindes; mit dem Vater ist es nicht verwandt. Es erhält den Familiennamen der Mutter. Führt die Mutter infolge ihrer Verheiratung einen andern Namen, so erhält das Kind den Familiennamen, den die Mutter vor der Verheiratung geführt hat. Der Ehemann der Mutter kann durch Erklärung gegenüber der zuständigen Behörde dem Kinde mit Einwilligung der Mutter seinen Namen in öffentlich beglaubigter Form geben. Dadurch wird das Kind nicht etwa von ihm adoptiert. Voraussetzung ist, daß das Kind nicht von ihm erzeugt ist. Die Mutter hat nicht die elterliche Gewalt über das uneheliche Kind. Sie hat das Recht und die Pflicht, für die Person des Kindes zu sorgen; zur Vertretung des Kindes ist sie nicht berechtigt.

Der außereheliche Vater hat die Unterhaltspflicht gegenüber dem Kinde und Pflichten gegenüber der Mutter.

Die Unterhaltspflicht gegenüber dem unehelichen Kinde. Der außereheliche Vater ist verpflichtet, dem Kinde Unterhalt bis zur Vollendung des 16. Lebensjahres, entsprechend der Lebensstellung der Mutter zu gewähren; ist das Kind z. Z. der Vollendung des 16. Lebensjahres infolge körperlicher oder geistiger Gebrechen außerstande, sich selbst zu unterhalten, so läuft die Unterhaltspflicht des Vaters weiter. Der Vater ist vor der Mutter und den mütterlichen Verwandten des Kindes unterhaltspflichtig. Der Unterhalt ist durch Entrichtung einer Geldrente zu gewähren; die Rente ist für 3 Monate voraus zu bezahlen. Auch für die Vergangenheit kann der Unterhalt verlangt werden. Der Anspruch erlischt nicht mit dem Tode des Vaters, auch wenn der Vater vor der Geburt des Kindes gestorben ist. Der Erbe des Vaters ist berechtigt, das Kind mit dem Betrage abzufinden, der dem Kind als Pflichtteil gebühren würde, wenn es ehelich wäre. Sind mehrere uneheliche Kinder vorhanden, so wird die Abfindung so berechnet, wie wenn sie alle ehelich wären. Der Anspruch erlischt mit dem Tode des Kindes im allgemeinen. Die Kosten der Beerdigung hat der Vater zu tragen, soweit ihre Bezahlung nicht von den Erben des Kindes zu erlangen ist. Eine Vereinbarung zwischen dem Vater und dem Kinde über den zukünftigen Unterhalt oder über eine Abfindung bedarf der Genehmigung des Vormundschaftsgerichts.

Die Pflichten gegenüber der Mutter. Der Vater ist verpflichtet, der Mutter die Kosten der Entbindung sowie die Kosten des Unterhalts für die ersten 6 Wochen nach der Entbindung und, falls infolge der Schwangerschaft oder der Entbindung weitere Aufwendungen notwendig werden, auch die dadurch entstehenden Kosten zu ersetzen. Der Anspruch steht der Mutter auch dann zu, wenn der Vater vor der Geburt des Kindes gestorben oder wenn das Kind tot geboren ist. Der Anspruch verjährt in 4 Jahren, vom Ablaufe von 6 Wochen nach der Geburt des Kindes berechnet.

Sicherstellung der Ansprüche vor der Geburt. Auf Antrag der Mutter kann durch einstweilige Verfügung schon vor der Geburt des Kindes angeordnet werden, daß der Vater den für die ersten 3 Monate dem Kinde zu gewährenden Unterhalt alsbald nach der Geburt an die Mutter oder an den Vormund zu zahlen und den erforderlichen Betrag angemessene Zeit vor der Geburt zu hinterlegen hat. Das Gleiche gilt für die Entbindungs- und Sechswochenkosten.

Feststellung der Vaterschaft. Als Vater gilt, wer der Mutter innerhalb der Empfängniszeit beigewohnt hat, es sei denn, daß auch ein anderer ihr innerhalb dieser Zeit beigewohnt hat. Eine Beiwohnung bleibt außer Betracht, wenn es den Umständen nach offenbar unmöglich ist, daß die Mutter das Kind aus dieser Beiwohnung empfangen hat. Als ausgeschlossen gilt die Empfängnis durch mehrere Personen, falls nach der Geburt die Vaterschaft in einer öffentlichen Urkunde anerkannt wird.

Legitimation der unehelichen Kinder. §§ 1719—1740.

Legitimation durch nachfolgende Ehe. Ein uneheliches Kind erlangt dadurch, daß der Vater sich mit der Mutter verheiratet, mit der Eheschließung die rechtliche Stellung eines ehelichen Kindes. Der Ehemann der Mutter gilt im allgemeinen als Vater des Kindes, wenn er ihr innerhalb der Empfängniszeit beigewohnt hat. Die Eheschließung zwischen den Eltern hat für die Abkömmlinge des unehelichen Kindes die Wirkungen der Legitimation auch dann, wenn das Kind vor der Eheschließung gestorben ist.

Legitimation durch Ehelichkeitserklärung. Ein uneheliches Kind kann auf Antrag seines Vaters durch Verfügung der Staatsgewalt für ehelich erklärt werden, und zwar durch den Bundesstaat, dem der Vater angehört. In Preußen erteilt die Legitimation der Justizminister. Sie ist nicht zulässig, wenn z. Z. der Erzeugung des Kindes die Ehe zwischen den Eltern wegen Verwandtschaft oder Schwägerschaft verboten war. Sie kann nicht nach dem Tode des Kindes erfolgen. Nach dem Tode des Vaters ist sie nur zulässig, wenn der Vater den Antrag bei der zuständigen Behörde eingereicht oder das Gericht oder den Notar mit der Einreichung betraut hatte. Die Erteilung der Legitimation ist ganz in das Ermessen der Behörde gestellt.

Zur Ehelichkeitserklärung ist der Antrag des Vaters nötig, daß er das Kind als das seinige anerkenne, die Einwilligung des Kindes und die Einwilligung der Mutter, wenn das Kind nicht das 21. Lebensjahr vollendet hat, ferner die Einwilligung der Ehefrau des Vaters, falls dieser verheiratet ist.

Antrag wie Einwilligungserklärungen bedürfen der gerichtlichen wie notariellen Beurkundung. Die Ehelichkeitserklärung verschafft dem Kinde die rechtliche Stellung eines ehelichen Kindes und wirkt für die Angehörigen des Kindes und seine Abkömmlinge, für die Mutter, für den Vater, jedoch nicht auf die Verwandten des Vaters.

Annahme an Kindes Statt. §§ 1741—1772.

Wer keine ehelichen Abkömmlinge hat, kann durch Vertrag mit einem andern diesen an Kindes Statt annehmen. Der Vertrag bedarf der Bestätigung durch das zuständige Gericht. Die Annahme an Kindes Statt kann nicht unter einer Bedingung oder einer Zeitbestimmung erfolgen. Das Vorhandensein eines angenommenen Kindes steht einer weiteren Annahme an Kindes Statt nicht entgegen. Der Annehmende darf keine ehelichen Abkömmlinge haben, muß 50 Jahre alt und mindestens 18 Jahre älter als das Kind sein. Ferner sind gewisse Einwilligungen in gerichtlicher und notarieller Form notwendig, nämlich diejenigen des Ehegatten des Annehmenden und der Eltern oder der unehelichen Mutter des noch nicht 21 Jahre alten Kindes.

Der Annahmevertrag muß, bei gleichzeitiger Anwesenheit beider Teile vor Gericht oder vor einem Notar persönlich geschlossen werden. Die gerichtliche Bestätigung des Annahmevertrages kann nicht nach dem Tode des Kindes erfolgen; nach dem Tode des Annehmenden nur, wenn der Annehmende oder das Kind den Antrag bereits eingereicht oder das Gericht oder den Notar mit der Einreichung betraut hat. Die Annahme an Kindes Statt tritt mit der Bestätigung in Kraft, die Vertragschließenden sind aber schon vor der Bestätigung gebunden. Die Bestätigung wird versagt, wenn ein gesetzliches Erfordernis fehlt.

Als gemeinschaftliches Kind kann ein Kind nur von einem Ehepaar angenommen werden.

Durch die Annahme an Kindes Statt erhält das Kind die rechtliche Stellung eines ehelichen Kindes des Annehmenden sowie dessen Namen. Ist die Annehmende eine verheiratete Frau, so bekommt das Kind ihren Mädchennamen. Das Kind darf dem neuen Namen seinen früheren Familiennamen zufügen, sofern im Annahmevertrag nicht anderes bestimmt ist. Wird von einem Ehepaar gemeinschaftlich ein Kind angenommen, oder nimmt ein Ehegatte ein Kind des andern Ehegatten an, so erlangt das Kind die rechtliche Stellung eines gemeinschaftlichen ehelichen Kindes der Ehegatten.

Die Eltern des Kindes verlieren mit der Annahme an Kindes Statt durch Dritte die elterliche Gewalt über das Kind, die uneheliche Mutter das Recht und die Pflicht, für die Person des Kindes zu sorgen. Auf die Abkömmlinge des Kindes erstrecken sich die Wirkungen der Annahme an Kindes Statt mit wenigen Ausnahmen.

Durch die Annahme eines Kindes wird ein Erbrecht für den Annehmenden nicht begründet. Der Annehmende ist dem Kinde zum Unterhalt verpflichtet.

Das Adoptionsverhältnis kann in derselben Weise, wie es begründet wird, durch Vertrag wieder aufgehoben werden. Außerdem kann es durch Heirat aufgehoben werden.

Vormundschaft. — Vormundschaft über Minderjährige. §§ 1773—1895.

Vormundschaft ist die vom Gesetz angeordnete Obhut über Schutzbedürftige. Sie wird vom Vormundschaftsgericht (Amtsgericht) angeordnet. Das Gesetz bestimmt:

„Ein Minderjähriger erhält einen Vormund, wenn er nicht unter elterlicher Gewalt steht oder wenn die Eltern weder in den die Person noch in den das Vermögen betreffenden Angelegenheiten zur Vertretung des Minderjährigen berechtigt sind. Ein Minderjähriger erhält einen Vormund auch dann, wenn sein Familienstand nicht zu ermitteln ist.“

Die Veranlassung zur Vormundschaftsbestellung ist daher aus folgenden Gründen gegeben:

Bei Minderjährigen, wenn sie nicht unter elterlicher Gewalt stehen oder wenn die Eltern nicht zur Vertretung des Minderjährigen berechtigt sind, oder wenn ihr Familienstand nicht zu ermitteln ist; bei Volljährigen, wenn sie entmündigt sind.

Jede geeignete Person kann das Vormundschaftsgericht nach Anhörung des Gemeindewaisenrats zum Vormund auswählen.

Als Vormund sind in nachstehender Reihenfolge zu berufen:

a) Wer von dem Vater des Mündels als Vormund genannt ist;
b) wer von der ehelichen Mutter des Mündels als Vormund genannt ist;
c) der Großvater des Mündels von väterlicher Seite;
d) der Großvater des Mündels von mütterlicher Seite.

Für eine Ehefrau darf der Mann vor diesen genannten, für ein uneheliches Kind darf die Mutter vor dem Großvater zum Vormunde bestellt werden.

Unfähig, Vormund zu werden, ist, wer geschäftsunfähig oder wegen Geistesschwäche, Verschwendung oder Trunksucht entmündigt ist.

Zum Vormund sollen bestimmte völlig untaugliche Personen nicht bestellt werden, z. B. wer minderjährig ist oder unter Vormundschaft gestellt ist, wer in Konkurs geraten ist, wer der bürgerlichen Ehrenrechte für verlustig erklärt ist u. a. m., ferner, wer durch Anordnung des Vaters oder der Mutter des Mündels von der Vormundschaft ausgeschlossen ist.

Eine Frau, die mit einem andern als dem Vater des Mündels verheiratet ist, soll nur mit Zustimmung ihres Mannes zum Vormunde bestellt werden.

Jeder Deutsche hat die Vormundschaft zu übernehmen, für die er von dem Vormundschaftsgericht gewählt wird. Jedoch haben folgende Personen ein Ablehnungsrecht:

a) Eine Frau;

b) wer das 60. Lebensjahr vollendet hat;

c) wer mehr als 4 minderjährige eheliche Kinder hat; sein von einem andern an Kindes Statt angenommenes Kind wird nicht gerechnet;

d) wer durch Krankheit oder durch Gebrechen verhindert ist, die Vormundschaft ordnungsgemäß zu führen;

e) wer wegen Entfernung seines Wohnsitzes von dem Sitze des Vormundschaftsgerichts die Vormundschaft nicht ohne besondere Belästigung führen kann;

f) wer nach § 1844 zur Sicherheitsleistung angehalten wird;

g) wer mit einem andern zur gemeinschaftlichen Führung der Vormundschaft bestellt werden soll;

h) wer mehr als eine Vormundschaft oder Pflegeschaft führt.

Das Ablehnungsrecht erlischt, wenn es nicht vor der Bestellung bei dem Vormundschaftsgerichte geltend gemacht wird.

Wer die Übernahme der Vormundschaft ohne Grund ablehnt, ist, wenn ihm ein Verschulden zur Last fällt, für den Schaden verantwortlich, der dem Mündel dadurch entsteht, daß sich die Bestellung des Vormundes verzögert. Erklärt das Vormundschaftsgericht die Ablehnung für unbegründet, so hat der Ablehnende unbeschadet der zuständigen Rechtsmittel die Vormundschaft auf Ersuchen des Vormundschaftsgerichts vorläufig zu übernehmen.

Der Vormund wird von dem Vormundschaftsgerichte mittels Handschlags an Eides Statt zu treuer und gewissenhafter Führung der Vormundschaft verpflichtet. Der Vormund erhält eine Bestallung. Das Vormundschaftsgericht kann den zum Vormund Ausgewählten durch Ordnungsstrafen zur Übernahme der Vormundschaft anhalten. Die einzelne Strafe darf den Betrag von 300 Mark nicht übersteigen, mehr als 3 Strafen dürfen nicht verhängt werden.

Die Vormundschaftsorgane. Als solche kommen in Betracht: der Vormund, der Gegenvormund, das Vormundschaftsgericht, der Gemeindewaisenrat und der Familienrat.

Der Vormund hat das Recht und die Pflicht, für die Person und das Vermögen des Mündels zu sorgen, insbesondere den Mündel zu vertreten. Mehrere Vormünder führen die Vormundschaft gemeinsam. Die Sorge um den Mündel bestimmt sich nach den für die elterliche Gewalt geltenden Vorschriften. Die Sorge für die religiöse Erziehung des Mündels kann dem Vormunde bei einem andern Bekenntnis von dem Vormundschaftsgerichte entzogen werden. Der Vormund darf das Vermögen des Mündels allgemein nicht für sich verwenden. Mündelgeld soll nur verzinslich und mündelsicher angelegt werden. Zu den wichtigsten Rechtshandlungen ist die Genehmigung des Vormundschaftsgerichts erforderlich. Für den aus einer Pflichtverletzung entstehenden Schaden ist der Vormund dem Mündel verantwortlich. Aufwendungen zum Zwecke der Führung der Vormundschaft kann der Vormund ersetzt verlangen. Im übrigen gilt aber die Führung der Vormundschaft als unentgeltlich, jedoch kann das Vormundschaftsgericht dem Vormund und Gegenvormund aus besonderen Gründen eine angemessene Vergütung bewilligen.

Der Gegenvormund. Ein Gegenvormund soll bestellt werden, wenn mit der Vormundschaft eine Vermögensverwaltung erheblicher Art verbunden ist. Er hat darauf zu achten, daß der Vormund die Vormundschaftspflichten pflichtgemäß führt, und hat Pflichtwidrigkeiten des Vormunds dem Vormundschaftsgericht sofort anzuzeigen, ferner den Tod des Vormunds sofort mitzuteilen oder sonstige wichtige Umstände. Der Vormund hat dem Gegenvormunde auf Verlangen jede Auskunft über die Vormundschaft zu erteilen und alle diesbezüglichen Papiere vorzuweisen.

Das Vormundschaftsgericht. Dasselbe hat die Aufsicht über die gesamte Tätigkeit des Vormundes und des Gegenvormundes zu führen und gegen Pflichtverletzungen einzuschreiten. Ihm ist vom Vormund über die Vermögensverwaltung jährlich Rechnung zu legen.

Der Gemeindewaisenrat. Derselbe hat dem Vormundschaftsgerichte die Personen vorzuschlagen, die sich im einzelnen Falle zum Vormunde, Gegenvormunde oder Mitgliede eines Familienrates eignen. Er hat darüber zu wachen, daß die Vormünder der sich in seinem Bezirk aufhaltenden Mündel für die Person der Mündel pflichtgemäß Sorge tragen.

Der Familienrat. Ein Familienrat soll vom Vormundschaftsgericht berufen werden, wenn der Vater oder die eheliche Mutter die Einsetzung desselben angeordnet hat, oder wenn ein Verwandter oder Verschwägerter des Mündels, der Vormund oder der Gegenvormund die Einsetzung beantragt. Die Einsetzung unterbleibt, wenn der Vater oder die eheliche Mutter des Mündels sie untersagt hat. Der Familienrat besteht aus dem Vormundschaftsrichter als Vorsitzenden und aus 2—6 Mitgliedern. Er hat die Rechte und Pflichten des Vormundschaftsgerichts.

Die Vormundschaft endigt u. a.:

1. Mit dem Fortfall ihrer Voraussetzung; z. B. Volljährigkeit des Mündels;
2. mit der Verschollenheit des Mündels, falls die Vormundschaft vom Vormundschaftsgericht aufgehoben wird;
3. mit Erlassung des den Mündel für tot erklärenden Urteils;
4. mit dem Tode des Mündels;
5. mit dem Amte des Vormundes im Falle seiner Entmündigung, Todeserklärung oder etwaiger Pflichtwidrigkeiten. Ist eine Frau Vormund und verheiratet sie sich wieder, so endigt die Vormundschaft, sobald sie durch das Vormundschaftsgericht entlassen ist.

Der Vormund hat nach Beendigung seines Amtes dem Mündel das Vermögen herauszugeben und über die Verwaltung, soweit das noch nicht durch jährliche Rechnungslegung geschehen ist, Rechenschaft abzulegen und dem Vormundschaftsgerichte die Bestallung zurückzugeben.

Bezüglich der Vormundschaft bei entmündigten Personen und

bezüglich der vorläufigen Vormundschaft sind in den §§ 1896 bis 1908 besondere Vorschriften erlassen.

Neben der Vormundschaft gibt es noch die Pflegschaft. Hierüber enthalten die §§ 1909—1921 besondere Vorschriften.

Im Anschluß an die Vormundschaft sei noch auf die Neureglung durch das Jugendwohlfahrtsgesetz verwiesen.

Erbrecht.

Erbfolge. §§ 1922—1941.

Mit dem Tode einer Person (Erbfall) geht deren Vermögen (Erbschaft) als Ganzes auf eine oder mehrere andere Personen (Erben) über. Erbfolge bedeutet den Eintritt eines Lebenden in die Rechtsstellung eines Verstorbenen. Die Beerbung bewirkt eine Nachfolge in das gesamte Vermögen des Erblassers, in seine Aktiven wie in seine Passiven.

Erbe kann man werden kraft Gesetzes, wenn der Erblasser ohne besondere Verfügung stirbt (Intestaterben, gesetzliche Erben) oder durch Verfügungen von Todes wegen (Testament oder zweiseitiger Erbvertrag). Jeder Rechtsfähige kann Erbe sein. Voraussetzung für die Erbfolge ist der Tod des zu Beerbenden. Ein Vertrag über den Nachlaß eines noch lebenden Dritten ist nichtig, es sei denn, daß sich künftige gesetzliche Erben über ihren gesetzlichen Erbteil vergleichen.

Nur wer zur Zeit des Erbfalls lebt, kann gesetzlicher Erbe werden. Wer z. Z. des Erbfalls noch nicht lebte, aber bereits erzeugt war, gilt als vor dem Erbfalle geboren.

Die Gesamtheit derjenigen, welche von einem gemeinsamen Stammesvater abstammen, mit Einschluß dieses Stammesvaters nennt man Parentel.

Man unterscheidet gesetzliche Erben verschiedener Ordnung, und zwar:

1. der ersten Ordnung sind die Abkömmlinge des Erblassers; ein z. Z. des Erbfalls lebender Abkömmling schließt die durch ihn mit dem Erblasser verwandten Abkömmlinge von der Erbfolge aus;
2. der zweiten Ordnung sind die Eltern des Erblassers und deren Abkömmlinge;
3. der dritten Ordnung die Großeltern des Erblassers und deren Abkömmlinge;
4. der vierten Ordnung die Urgroßeltern des Erblassers und deren Abkömmlinge;
5. der fünften und der ferneren Ordnungen die entfernteren Voreltern des Erblassers und deren Abkömmlinge.

Erbrecht des Ehegatten. Der überlebende Ehegatte des Erblassers ist neben Verwandten der ersten Ordnung zu einem Viertel, neben Verwandten der zweiten Ordnung oder neben Großeltern zur Hälfte der Erbschaft als gesetzlicher Erbe berufen. Sind weder Verwandte der ersten oder zweiten Ordnung noch Großeltern vorhanden, so erhält er die ganze Erbschaft. Ist der überlebende Ehegatte neben Verwandten der zweiten Ordnung oder neben Großeltern gesetzlicher Erbe, so gebühren ihm außer dem Erbteile die Haushaltungsgegenstände, soweit sie nicht Zubehör eines Grundstücks sind, und die Hochzeitsgeschenke als voraus.

Fällt ein gesetzlicher Erbe vor oder nach dem Erbfalle fort und erhöht sich dadurch der Erbteil eines andern gesetzlichen Erben, so gilt dieser Teil als besonderer Erbteil.

Der Fiskus des Landes, dem der Erblasser z. Z. des Todes angehört hat, ist gesetzlicher Erbe, falls z. Z. des Erbfalls weder ein Verwandter noch ein Ehegatte des Erblassers vorhanden ist.

Die gesetzliche Erbfolge kann vom Erblasser durch anderweitige Bestimmungen, durch Testament oder Erbvertrag ausgeschlossen werden. Bei solchen Ausschließungen darf er jedoch die Pflichtteilsansprüche Berechtigter nicht verletzen. Der Erblasser kann ferner einem andern einen Vermögensvorteil, Vermächtnis, zuwenden, ohne ihn als Erben einzusetzen. Er kann schließlich durch Testament den Erben oder einen Vermächtnisnehmer zu einer Leistung verpflichten, ohne einem andern ein Recht auf die Leistung zuzuwenden, sogenannte Auflage.

Der Erbvertrag ist eine vertragsmäßige Einsetzung eines Erben oder ein vertragsmäßiges Anordnen von Vermächtnissen und Auflagen.

Rechtliche Stellung des Erben. — Annahme und Ausschlagung der Erbschaft. Fürsorge des Nachlaßgerichts. §§ 1942—1966.

Die Erbschaft geht auf den berufenen Erben unbeschadet des Rechtes über, sie auszuschlagen (Anfall der Erbschaft). Nur der Fiskus kann die ihm als gesetzlichen Erben angefallene Erbschaft nicht ausschlagen. Die Ausschlagung der Erbschaft kann nur binnen 6 Wochen von dem Zeitpunkt ab gerechnet erfolgen, in welchem der Erbe von dem Anfall oder bei Verfügungen von Todes wegen von der Verkündung der Verfügung ab Kenntnis erhält. Wohnt der Erblasser oder der Erbe im Auslande, so beträgt die Frist 6 Monate. Der Erbe kann die Erbschaft nicht ausschlagen, wenn er sie angenommen hat oder wenn er die Ausschlagsfrist versäumt. Die Ausschlagung erfolgt durch Erklärung gegenüber dem Nachlaßgericht; sie ist in öffentlich beglaubigter Form abzugeben. Die Ausschlagung bewirkt, daß die Erbschaft demjenigen anfällt, der berufen sein würde, wenn der Ausschlagende zur Zeit des Erbfalls nicht gelebt hätte. Die Anfechtung der Annahme gilt als Ausschlagung, die Anfechtung der Ausschlagung als Annahme.

Das Nachlaßgericht hat für die Sicherung des Nachlasses, soweit ein Bedürfnis besteht, bis zur Annahme der Erbschaft zu sorgen, ferner, wenn der Erbe unbekannt oder wenn ungewiß ist, ob er die Erbschaft angenommen hat. Das Nachlaßgericht kann insbesondere die Anlegung von Siegeln, die Hinterlegung von Geld, Wertpapieren und Kostbarkeiten sowie die Aufnahme eines Nachlaßverzeichnisses anordnen und für den, der Erbe wird, einen Nachlaßpfleger bestellen. Wird der Erbe nicht in einer angemessenen Frist ermittelt, so hat das Nachlaßgericht festzustellen, daß ein anderer Erbe als der Fiskus nicht vorhanden ist. Ein Erbrecht bleibt unberücksichtigt, wenn nicht dem Nachlaßgericht binnen 3 Monaten nach dem Ablauf der Anmeldungsfrist nachgewiesen wird, daß das Erbrecht besteht, oder daß es gegen den Fiskus auf dem Wege der Klage geltend gemacht ist.

Die Testamentseröffnung. Ein in der Verwahrung des Nachlaßgerichts befindliches Testament hat das Gericht nach dem Tode des Erblassers zu eröffnen und seinen Inhalt den Beteiligten mitzuteilen. Ist z. Z. des Erbfalls die Geburt eines Erben zu erwarten, so kann die Mutter, falls sie außerstande ist, sich selbst zu unterhalten, bis zur Entbindung standesgemäßen Unterhalt aus dem Nachlaß oder, wenn noch andere Personen als Erben berufen sind, aus dem Erbteile des Kindes verlangen.

Haftung der Erben für die Nachlaßverbindlichkeiten. §§ 1967—2017.

Der Erbe haftet für die Nachlaßverbindlichkeiten unbeschränkt. Hierzu gehören außer den vom Erblasser herrührenden Schulden, die den Erben als solchen treffenden Verbindlichkeiten, insbesondere die Verbindlichkeiten aus Pflichtteilsrechten, Vermächtnissen und Auflagen. Er trägt ferner die Kosten der standesgemäßen Beerdigung des Erblassers; er ist verpflichtet, Familienangehörigen des Erblassers, die zur Zeit seines Todes zu seinem Hausstande gehört und von ihm Unterhalt bezogen haben, in den ersten 30 Tagen nach dem Eintritt des Erbfalls in demselben Umfange, wie der Erblasser es getan hat, Unterhalt zu gewähren und die Benutzung der Wohnung und der Haushaltungsgegenstände zu gestatten, falls der Erblasser nicht durch letztwillige Verfügung eine abweichende Anordnung getroffen hat.

Der Erbe haftet beschränkt mit dem Nachlaß, wenn eine Nachlaßverwaltung zum Zwecke der Befriedigung der Nachlaßgläubiger angeordnet oder der Nachlaßkonkurs eröffnet ist. Sind seit der Erbschaft 2 Jahre verstrichen, so haben die Nachlaßgläubiger kein Antragsrecht mehr.

Die Nachlaßgläubiger können im Wege des Aufgebotsverfahrens zur Anmeldung ihrer Forderungen aufgefordert werden.

Auf Antrag eines Nachlaßgläubigers hat das Nachlaßgericht dem Erben eine Frist zur Errichtung eines Inventars, Inventarfrist, zu bestimmen. Versäumt er diese oder gibt er das Inventar absichtlich unvollständig an, so haftet er allen Gläubigern unwiderruflich unbeschränkt. In dem Inventar sollen die beim Eintritte des Erbfalls vorhandenen Nachlaßgegenstände und die Nachlaßverbindlichkeiten vollständig angegeben werden.

Die Erben haften für gemeinschaftliche Nachlaßverbindlichkeiten als Gesamtschuldner. Der Erbschaftsbesitzer ist verpflichtet, den Erben über den Bestand der Erbschaft und über den Verbleib der Erbschaftsgegenstände Auskunft zu erteilen.

Erbschaftsanspruch. §§ 2018—2031.

Dem Erben stehen Eigentum- und Besitzklagen zur Geltendmachung seiner Rechte zu.

Mehrheit von Erben. §§ 2032—2063.

Hinterläßt der Erblasser mehrere Erben, so wird der Nachlaß gemeinschaftliches Vermögen der Erben. Der Miterbe kann nicht über seinen Anteil an den einzelnen Nachlaßgegenständen verfügen, sondern nur die Erben gemeinsam; hingegen kann er über seinen Anteil am Nachlasse verfügen. Bei Verkäufen des Erbteils an einen Dritten haben die Miterben ein dingliches Vorkaufsrecht. Nachlaßforderungen können vom Schuldner nur an alle Erben gemeinschaftlich beglichen werden. Die Verwaltung des Nachlasses steht den Erben gemeinschaftlich zu. Die Auseinandersetzung kann jeder Miterbe jederzeit verlangen. Aus dem Nachlasse sind zunächst die Nachlaßverbindlichkeiten zu berichtigen. Der Überschuß gebührt den Erben nach dem Verhältnis ihrer Erbteile. Abkömmlinge, die als gesetzliche Erben zur Erbfolge gelangen, sind verpflichtet, dasjenige, was sie von dem Erblasser bei dessen Lebzeiten als Ausstattung erhalten, bei der Auseinandersetzung untereinander zur Ausgleichung zu bringen, soweit nicht der Erblasser bei der Zuwendung ein anderes angeordnet hat. Zuschüsse, die zu dem Zwecke gegeben worden sind, als Einkünfte verwendet zu werden, sowie Aufwendungen für die Vorbildung zu einem Berufe sind so weit zur Ausgleichung zu bringen, als sie das den Vermögensverhältnissen des Erblassers entsprechende Maß überstiegen haben. Andere Zuwendungen unter Lebenden sind zur Ausgleichung zu bringen, wenn der Erblasser bei der Zuwendung die Ausgleichung angeordnet hat. Hat ein Miterbe mehr erhalten, als ihm bei der Auseinandersetzung zukommen würde, so ist er zur Herauszahlung des Mehrbetrages nicht verpflichtet.

Das Testament. — Allgemeine Vorschriften. §§ 2064—2086.

Der Erblasser kann ein Testament nur persönlich errichten. Er muß die Person bestimmen, die als Erbe eine Zuwendung erhalten soll, sowie die Bestimmung des Gegenstandes der Zuwendung selbst treffen. Anders liegt es bei Vermächtnissen oder Auflagen. Die Bestimmung der Person des Testamentsvollstreckers kann er einem Dritten überlassen. Letztwillige Verfügungen können unwirksam sein, z. B. bei Ehegatten, wenn die Ehe nichtig gewesen oder vor dem Tode des Erblassers aufgelöst worden ist.

Eine letztwillige Verfügung kann angefochten werden:

1. Soweit der Erblasser über den Inhalt seiner Erklärung im Irrtum war oder eine Erklärung dieses Inhalts überhaupt nicht abgeben wollte und anzunehmen ist, daß er die Erklärung bei Kenntnis der Sachlage nicht abgegeben haben würde;

2. soweit der Erblasser zu der Verfügung durch die irrige Annahme oder Erwartung des Eintritts oder Nichteintritts eines Umstandes bestimmt worden ist;

3. soweit der Erblasser zu der Verfügung widerrechtlich durch Drohung bestimmt worden ist;

4. wenn der Erblasser einen z. Z. des Erbfalls vorhandenen Pflichtteilsberechtigten übergangen hat.

Anfechtungsberechtigt ist derjenige, welchem die Aufhebung der Verfügung unmittelbar zustatten kommen würde. Die Anfechtung erfolgt gegenüber dem Nachlaßgericht, bei Vermächtnissen durch Erklärung gegenüber dem unmittelbar Berechtigten. Die Anfechtung kann nur binnen Jahresfrist von dem Zeitpunkte an erfolgen, in welchem der Anfechtungsberechtigte von dem Anfechtungsgrunde Kenntnis erlangt. Die Anfechtung ist ausgeschlossen, wenn seit dem Erbfalle 30 Jahre verstrichen sind. Ist eine letztwillige Verfügung, durch die eine Verpflichtung zu einer Leistung begründet wird, anfechtbar, so kann der Beschwerte die Leistung verweigern, auch wenn die Anfechtung wegen Zeitablaufes ausgeschlossen ist.

Erbeinsetzung. §§ 2087—2099.

Hat der Erblasser sein Vermögen oder einen Bruchteil seines Vermögens dem Bedachten zugewendet, so ist die Verfügung als Erbeinsetzung anzusehen, auch wenn der Bedachte nicht als Erbe bezeichnet ist. Hat der Erblasser nur einen Erben eingesetzt und die Erbschaft auf einen Bruchteil der Erbschaft beschränkt, so tritt in Ansehung des übrigen Teiles die gesetzliche Erbfolge ein.

Einsetzung eines Nacherben. §§ 2100—2146.

Der Erblasser kann einen Erben in der Weise einsetzen, daß dieser erst Erbe wird, nachdem zunächst ein anderer Erbe geworden ist. Man nennt ihn dann Nacherben. Die Einsetzung eines Nacherben wird im allgemeinen mit dem Ablaufe von 30 Jahren nach dem Erbfall unwirksam. Für den Vorerben sind bestimmte Beschränkungen vorgesehen. Der Nacherbe kann die Erbschaft ausschlagen, sobald der Erbfall eingetreten ist. Schlägt er die Erbschaft aus, so verbleibt sie dem Vorerben, soweit nicht der Erblasser ein anderes bestimmt hat.

Vermächtnis. §§ 2147—2191.

Vermächtnis ist die durch eine Verfügung von Todes wegen erfolgte Zuwendung eines Vermögensvorteils an den Vermächtnisnehmer, ohne daß derselbe zum Erben eingesetzt wird. Die Zuwendung kann durch Testament oder Erbvertrag erfolgen. Ein Vermächtnis ist unwirksam, wenn der Bedachte nicht mehr z. Z. des Erbfalls lebt, wenn der bestimmte Gegenstand z. Z. des Erbfalls nicht zur Erbschaft gehört, wenn es auf eine z. Z. des Erbfalls unmögliche Leistung gerichtet ist und wenn seit dem Erbfall 30 Jahre verflossen sind. Der Vermächtnisnehmer kann das Vermächtnis ausschlagen oder annehmen, und zwar durch Erklärung gegenüber dem Beschwerten. Nach der Annahme ist die Ausschlagung ausgeschlossen.

Auflage. §§ 2192—2196.

Auflage ist die durch Verfügung von Todes wegen erfolgte Verpflichtung des Erben oder Vermächtnisnehmers zu einer Leistung, ohne daß einem andern ein Forderungsrecht auf die Leistung eingeräumt wird. Die Leistung kann nur eingeklagt werden.

Testamentsvollstrecker. §§ 2197—2228.

Der Erblasser kann durch Testament ein oder mehrere Testamentsvollstrecker ernennen. Das Amt beginnt mit dem Zeitpunkte, in welchem der Ernannte das Amt durch Erklärung gegenüber dem Nachlaßgerichte annimmt. Der Testamentsvollstrecker ist ähnlich dem Konkursverwalter öffentlicher Funktionär. Er hat die letztwilligen Verfügungen des Erblassers zur Ausführung zu bringen, den Nachlaß zu verwalten, den Nachlaß in Besitz zu nehmen und über die Nachlaßgegenstände zu verfügen. Der Erblasser kann die Befugnisse des Testamentsvollstreckers einschränken. Nachlaßgegenstände, deren der Testamentsvollstrecker zur Erfüllung seiner Obliegenheiten nicht bedarf, hat er auf Verlangen den Erben zur freien Verfügung zu überlassen.

Errichtung und Aufhebung eines Testaments. §§ 2229—2264.

Ein Testament kann nur von jemend wirksam errichtet werden, der testierfähig ist. Nichttestierfähig sind die Geschäftsunfähigen (Geisteskranke, wegen Geisteskrankheit Entmündigte und die im Zustande der Bewußtlosigkeit oder vorübergehenden Störung der Geistesfähigkeit Testierenden), die beschränkt Geschäftsfähigen (Minderjährige aber nur bis zum 16. Lebensjahre, wegen Geistesschwäche, Verschwendung oder Trunksucht Entmündigte) und Stumme, die noch minderjährig sind oder nicht schreiben oder Geschriebenes nicht lesen können.

Das Testament. Das Testament kann in zweifacher Weise errichtet werden:

a) Als öffentliches Testament vor einem Richter oder Notar;

b) als Privattestament (holographisches Testament) durch eine von dem Erblasser unter Angabe des Ortes und Tages eigenhändig geschriebene und unterschriebene Erklärung. Das Privattestament muß in allen Teilen selbst geschrieben und unterschrieben und mit einer Angabe des Ortes und Tages versehen sein. Fehlt eine dieser Bedingungen, so ist das Testament ungültig. Die Benutzung eines Bogens mit vorgedruckter Ortsangabe macht ebenso wie der Gebrauch einer Schreibmaschine das Testament ungültig.

Für die Errichtung eines öffentlichen Testaments vor Richter und Notar gelten folgende Vorschriften:

a) Zur Errichtung muß der Richter einen Gerichtsschreiber oder zwei Zeugen, der Notar einen zweiten Notar oder zwei Zeugen zuziehen. Bestimmte Personen dürfen nicht als Richter, Notar, Gerichtsschreiber oder Zeuge mitwirken, z. B. nicht der Ehegatte des Erblassers, nicht, wer mit dem Erblasser in gerader Linie oder im zweiten Grade der Seitenlinie verwandt oder verschwägert ist, nicht, wer im Testament bedacht oder mit dem Bedachten verwandt ist. Als Gerichtsschreiber oder zweiter Notar oder Zeuge kann niemand mitwirken, wer mit dem Richter oder beurkundenden Notar verwandt ist. Als Zeugen sollen nicht mitwirken ein Minderjähriger, wer der bürgerlichen Ehrenrechte für verlustig erklärt ist, wer nach den Strafgesetzen unfähig ist, als Zeuge eidlich vernommen zu werden, und wer als Gesinde oder Gehilfe im Dienste des Richters oder Notars steht;

b) zur Errichtung ist ferner nötig, daß der Erblasser dem Richter oder Notar seinen letzten Willen mündlich erklärt oder eine Schrift mit der mündlichen Erklärung übergibt, daß sie seinen letzten Willen enthalte. Ferner müssen während der ganzen Verhandlung die mitwirkenden Amtspersonen zugegen sein; es muß ein Protokoll über die Testamentserrichtung in deutscher Sprache aufgenommen, es muß vorgelesen, vom Erblasser genehmigt und von ihm eigenhändig unterschrieben werden. Es muß den Ort und Tag der Verhandlung, die Bezeichnung des Erblassers und der mitwirkenden Personen, die erforderlichen Erklärungen des Erblassers enthalten, ferner die Bemerkung, daß das Protokoll vorgelesen, vom Erblasser genehmigt und von ihm eigenhändig unterschrieben ist, und schließlich die Unterschrift der mitwirkenden Personen.

Außerordentliche Testamentsformen. Als solche kommen in Betracht:

1. Das Dorftestament,
2. das Testament an abgesperrten Orten,
3. das Seetestament,
4. das Militärtestament.

Das Dorftestament. Ist zu besorgen, daß der Erblasser früher sterben werde, als die Errichtung eines öffentlichen Testaments möglich ist, so kann er vor dem Gemeinde- oder Gutsvorsteher in Anwesenheit von 2 Zeugen unter Angabe der obigen Befürchtung ein Testament errichten: testieren.

Das Testament an abgesperrten Orten. Wer sich an einem Orte aufhält, der infolge des Ausbruchs einer Krankheit oder infolge sonstiger außerordentlicher Umstände dergestalt abgesperrt ist, daß die Errichtung eines öffentlichen Testaments nicht möglich oder erheblich erschwert ist, kann wie beim Dorftestament testieren, oder durch mündliche Erklärung vor 3 Zeugen. Jedoch muß in letzterem Falle ein Protokoll über die Testamentserrichtung aufgenommen werden.

Das Seetestament. Wer sich während einer Seereise an Bord eines deutschen, nicht zur Kaiserlichen Marine gehörenden Fahrzeuges, außerhalb eines inländischen Hafens befindet, kann ein Testament durch mündliche Erklärung vor 3 Zeugen errichten.

Das Militärtestament. Ein solches kann erst errichtet werden, wenn die Soldaten ihre Standquartiere verlassen haben oder daselbst angegriffen oder eingeschlossen werden. Es kann getätigt werden durch eigenhändiges Nieder- und Unterschreiben des Testators, durch eigenhändiges Unterschreiben und Beglaubigen der Unterschrift durch einen Offizier oder Kriegsgerichtsrat oder 2 Zeugen, oder mündlich zu Protokoll vor einem Offizier oder Kriegsgerichtsrat in Gegenwart eines zweiten Offiziers oder Kriegsgerichtsrats oder zweier Zeugen.

Die gleichen Bestimmungen über das Militärtestament gelten auch für die auf kaiserlichen Marineschiffen befindlichen Personen, solange das Schiff sich außerhalb eines inländischen Hafens befindet.

Ein Testament, sowie eine einzelne im Testament enthaltene Verfügung kann vom Erblasser jederzeit widerrufen werden.

Gemeinschaftliches Testament. §§ 2265—2273.

Ein gemeinschaftliches Testament kann nur von Ehegatten errichtet werden. Die Rückgabe aus der gerichtlichen Verwahrung ist dadurch erschwert, daß sie nur durch beide Ehegatten geschehen kann.

Erbvertrag. §§ 2274—2302.

Der Erblasser kann eine Verfügung von Todes wegen nicht nur durch Testament, sondern auch durch Vertrag treffen. Diese Bestimmung bezieht sich nur auf Erbeseinsetzungen, Vermächtnisse und Auflagen. Der Erbvertrag kann nur persönlich vom Erblasser bei gleichzeitiger Anwesenheit des andern Teils oder dessen Vertreters in den Formen des öffentlichen Testaments geschlossen werden. Der Erblasser muß unbeschränkt geschäftsfähig sein. Der Erbvertrag kann von beiden Seiten nach dem Tode des andern Teils durch Erklärung gegenüber dem Nachlaßgericht angefochten werden. Die Aufhebung des Erbvertrages kann durch gegenteiligen Vertrag, durch Testament, durch gemeinschaftliches Testament oder durch den Rücktritt eines Teils, der dem Widerruf bei einseitigen Verfügungen entspricht, erfolgen.

Pflichtteil. §§ 2303—2338.

Ist ein Abkömmling des Erblassers durch Verfügung von Todes wegen von der Erbfolge ausgeschlossen, so kann er von dem Erben den Pflichtteil verlangen. Der Pflichtteil besteht in der Hälfte des Wertes des gesetzlichen Erbteils. Das gleiche Recht steht den Eltern und dem Ehegatten des Erblassers zu, wenn sie durch Verfügung von Todes wegen von der Erbfolge ausgeschlossen sind.

Der Erblasser kann also mit Ausnahme des Pflichtteils über sein Vermögen frei testieren. Ist einem Pflichtteilsberechtigten ein Erbteil hinterlassen, der geringer ist als die Hälfte des gesetzlichen Erbteils, so kann er von den Miterben als Pflichtteil den Wert des an der Hälfte fehlenden Teiles verlangen. Ist das Pflichtteilsrecht des Erben durch Schenkungen geschmälert worden, die der Erblasser unter Lebenden vorgenommen hat, so kann der Pflichtteilsberechtigte vom Erben, welcher durch Verfügung von Todes wegen eingesetzt ist, als Ergänzung des Pflichtteils denjenigen Betrag verlangen, um den sich der Pflichtteil erhöht, wenn der verschenkte Gegenstand dem Nachlasse zugehören würde, vorausgesetzt, daß nicht bereits 10 Jahre seit der Schenkung verflossen sind.

Der Pflichtteilsanspruch entsteht mit dem Erbfalle.

Er ist vererblich und übertragbar, aber nicht pfändbar. Der Anspruch verjährt in 3 Jahren nach Erhalt der Kenntnis von dem Erbfalle, ohne Rücksicht auf diese Kenntnis in 30 Jahren seit dem Erbfalle.

Der Erblasser kann den Pflichtteil in einzelnen Fällen entziehen, nämlich:

1. Einem Abkömmling:

a) Wenn er dem Erblasser, dem Ehegatten des Erblassers oder einem andern Abkömmlinge des Erblassers nach dem Leben trachtet;

b) wenn er sich einer vorsätzlichen körperlichen Mißhandlung des Erblassers schuldig macht, im Falle der Mißhandlung des Ehegatten jedoch nur, wenn der Abkömmling von diesem stammt;

c) wenn er sich eines Verbrechens oder eines schweren vorsätzlichen Vergehens gegen den Erblasser oder dessen Ehegatten schuldig macht;

d) wenn er die ihm dem Erblasser gegenüber obliegende Unterhaltspflicht böswillig verletzt;

e) wenn er einen ehrlosen oder unsittlichen Lebenswandel wider den Willen des Erblassers führt.

2. Den Eltern, falls die Gründe zu a, b, c vorliegen.

3. Dem Ehegatten, falls er wegen Verschuldens desselben (nicht wegen Geisteskrankheit) auf Scheidung zu klagen berechtigt ist.

Die Entziehung erfolgt durch letztwillige Verfügung unter Angabe des Grundes. Das Recht der Entziehung erlischt durch Verzeihung.

Bei Abkömmlingen, die sich in einem solchen Maße der Verschwendung ergeben haben oder derart überschuldet sind, daß ihr späterer Erwerb gefährdet wird, ist die Enterbung gestattet.

Erbunwürdigkeit. Erbunwürdig ist, wer den Erblasser vorsätzlich und widerrechtlich getötet oder zu töten versucht hat, wer ihn vorsätzlich und widerrechtlich oder durch Arglist verhindert hat, eine Verfügung von Todes wegen zu errichten oder aufzuheben oder wer sich in Ansehung einer Verfügung des

Erblassers von Todes wegen eines Urkundendeliktes schuldig gemacht hat. Die Erbschaft kann also aus diesen Gründen dem Erben, der sie bereits erworben hat, auch wieder entrissen werden. Die Geltendmachung der Erbunwürdigkeit geschieht nach dem Anfalle der Erbschaft durch Anfechtung.

Erbverzicht. Verwandte sowie der Ehegatte des Erblassers können durch Vertrag mit dem Erblasser auf ihr gesetzliches Erbrecht verzichten. Der Verzichtende ist von der gesetzlichen Erbfolge ausgeschlossen, wie wenn er z. Z. des Erbfalles nicht mehr lebte; er hat kein Pflichtteilsrecht. Der Verzicht kann auf das Pflichtteilsrecht beschränkt werden. Erbverzichte sind Verträge des Erblassers mit dem wahrscheinlichen späteren Erben, wodurch dieser auf sein Erbrecht verzichtet.

Erbschein. Erbschein ist ein Zeugnis des Nachlaßgerichtes über das Erbrecht des Erben, das jedem rechtlich Interessierten auf Antrag zu erteilen ist. Der Antragsteller hat die Tatsachen anzugeben, die sein Erbrecht erweisen, und sie durch öffentliche Urkunden oder Versicherung an Eides Statt zu erhärten. Das Gericht hat den Schein nur zu erteilen, wenn es die betreffenden Tatsachen für festgestellt erachtet, es kann von Amts wegen Ermittlungen anstellen. Der Erbschein begründet die Vermutung, daß dem im Erbschein eines Erben Genannten auch das Erbrecht wirklich zusteht.

Erbschaftskauf. Der Erbe kann die ihm angefallene Erbschaft durch gerichtliche oder notarielle Beurkundung verkaufen Der Verkäufer haftet nicht für Sachmängel und bei rechtlichen Mängeln nur dafür, daß ihm das Erbrecht zusteht. Der Verkäufer bleibt trotz des Verkaufs Erbe; denn er verkauft nicht das Erbrecht, sondern nur die Erbschaft, jedoch haftet der Käufer für Nachlaßverbindlichkeiten ebenso wie der Erbe. Die Gefahr geht bei dem Erbschaftskaufe, im Gegensatz zum sonstigen Kaufe, auf den Käufer mit dem Vertragsabschlusse über.

Das Aufwertungsgesetz (vgl. S. 146).

Das Aufwertungsgesetz hier eingehend zu behandeln, würde zu weit führen. Abgesehen davon, daß die Bestimmungen dieses Gesetzes vom 16. Juli 1925 RGBl. I S. 117ff. eines eingehenden Studiums zu seinem Verständnis bedürfen, ist die Rechtsprechung über die Auslegung einer Reihe von Bestimmungen bis heute noch nicht zum Abschluß gelangt. Es sei lediglich auf den Inhalt des Aufwertungsgesetzes verwiesen; Kommentare über dasselbe gibt es eine Unmenge. Ein außerordentlich übersichtlicher und knapp gehaltener Kommentar ist herausgegeben vom Ministerialrat im Justizministerium L. Quassowski, erschienen bei I. Bensheimer, Mannheim, Berlin und Leipzig. Aus dem Inhalte des Aufwertungsgesetzes diene folgendes:

Das eigentliche Aufwertungsgesetz ist am 16. Juni 1925 erlassen und behandelt besonders die Aufwertung von Hypotheken und anderen Ansprüchen. Es folgen dann eine Reihe von Durchführungsverordnungen vom 21. Juli 1925 und 10. August 1925.

Die allgemeinen Bestimmungen beziehen sich auf den Gegenstand der Aufwertung und auf die Berechnung des Goldmarkbetrages als Grundlage der Aufwertung. Es folgen dann die Aufwertung der dinglichen Rechte und der persönlichen Forderungen, ferner Bestimmungen über den Anmeldezwang über

Anrechnung von Zahlungen, Wiedereintragung gelöschter Hypotheken usw. Dann wird die Rückzahlung, Verzinsung und Tilgung in diesem Abschnitt behandelt.

Der dritte Abschnitt ist gekennzeichnet durch die Aufwertung von Grundschulden, Rentenschulden und Reallasten, von Schiffs- und Bahnpfandrechten. Die Industrie interessiert der 4. Abschnitt am meisten, nämlich die Aufwertung von Industrieobligationen und verwandten Schuldverschreibungen, die Banken hingegen der 5. Abschnitt, welcher über Aufwertung von Pfandbriefen und ähnlichen Schuldverschreibungen handelt. Es folgen dann die Bestimmungen über die Aufwertung von Schuldverschreibungen der Genossenschaften des öffentlichen Rechts und verwandter Körperschaften als Unternehmer wirtschaftlicher Betriebe. Die Allgemeinheit interessiert noch die Aufwertung von Sparkassenguthaben, von Versicherungs- und anderen Ansprüchen. Abschnitt 11 behandelt das Aufwertungsverfahren und 12 Schluß- und Übergangsbestimmungen.

Das Handelsrecht

vom 10. Mai 1897 mit der Abänderung vom 10. Juni 1914.

Literatur.

Giercke, J. v.: Handelsrecht und Schiffahrtsrecht. 2. Aufl. 1926. (Grundrisse der Rechtswissenschaft. Bd. VI.)

Heinsheimer, K.: Handelsrecht mit Wechsel- und Scheckrecht. 2. Aufl. 1927. (Enzyklopädie der Rechts- und Staatswissenschaft Bd. 12.)

Müller-Erzbach, R.: Deutsches Handelsrecht. 2. und 3. Aufl. 1928.

Düringer, A., und M. Hachenburg: Das Handelsgesetzbuch vom 10. Mai 1897 (mit Ausnahme des Seerechts), erläutert auf der Grundlage des BGB. 2. Aufl. 1908 u. ff.

Staub, H.: Kommentar zum Handelsgesetzbuch. 12. und 13. Aufl. 1926/27, bearbeitet von H. Koenige, A. Pinner und F. Bondi.

Handelsgesetzbuch (ohne Seerecht) nebst Erläuterungen von A. Mosse. Neu bearbeitet von E. Heymann. 17. Aufl. 1926.

Handbuch des gesamten Handelsrechts, herausgegeben von V. Ehrenberg. 1913 u. ff.

Einleitung.

Das Handelsgesetz behandelt das Handelsrecht und das Seerecht. Außer dem Seerecht wird noch das Wechsel- und Scheckrecht im Nachstehenden geschlossen und ausführlich besprochen werden. Das Handelsrecht ist hier im Zusammenhang nur soweit wiedergegeben, als es zum Verständnis der Kenntnis und der Übersicht notwendig ist. Eine Reihe von Gesetzen und Bestimmungen des Handelsrechts sind in den einzelnen Abschnitten des Kapitels „Der Vertrieb“ oder des Kapitels „Der Betrieb“ ausführlich behandelt, und wird hier nur jeweilig auf diese Kapitel im Zusammenhang kurz verwiesen werden.

Das **Handelsgesetzbuch** (HGB.) zerfällt in 4 Bücher:

1. Buch: Handelsstand,
2. „ : Handelsgesellschaften und stille Gesellschaft,
3. „ : Handelsgeschäfte,
4. „ : Seehandel.

Zur Entscheidung der handelsrechtlichen Streitigkeiten steht der gewöhnliche ordentliche Rechtsweg offen. Es können bei vorhandenem Bedürfnis an die Stelle der Zivilkammern des Landgerichts auf Anordnung der Landesjustizverwaltung „Kammern für Handelssachen" treten. Sie sind mit einem richterlichen Vorsitzenden und zwei Laienbeamten, den Handelsrichtern besetzt (vgl. S. 280). Bezgl. der Zuständigkeit vgl. S. 276.

Handelsrecht ist derjenige Teil des Privatrechts, welcher die Verhältnisse des Handels, die sogenannten Handelssachen regelt.

Handelsgeschäfte sind alle Geschäfte eines Kaufmanns, die zum Betriebe seines Handelsgewerbes gehören.

Handelsstand. §§ 1—7.

Kaufmann ist, wer ein Handelsgewerbe betreibt.

Auch nichtphysische Personen sind Kaufleute, z. B.: die offene Handelsgesellschaft, die Kommanditgesellschaft, die Aktiengesellschaft, die Kommanditgesellschaft auf Aktien, die Erwerbs- und Wirtschaftsgenossenschaften und die Gesellschaft mit beschränkter Haftung, gegebenenfalls auch der rechtsfähige Verein.

Man unterscheidet den Mußkaufmann, den Sollkaufmann und den Kannkaufmann. Betreibt jemand ein Handelsgeschäft als Gewerbe, das ohne weiteres zum Kaufmann macht, so spricht man von einem Mußkaufmann. Als Handelsgewerbe gilt jeder Gewerbebetrieb, der eine der nachstehend bezeichneten Arten von Geschäften zum Gegenstande hat:

1. die Anschaffung und Weiterveräußerung von beweglichen Sachen (Waren) oder Wertpapieren, ohne Unterschied, ob die Waren unverändert oder nach einer Bearbeitung oder Verarbeitung weiter veräußert werden;
2. die Übernahme der Bearbeitung oder Verarbeitung von Waren für andere, sofern der Betrieb über den Umfang des Handwerks hinausgeht;
3. die Übernahme von Versicherungen gegen Prämie;
4. die Bankier- und Geldwechslergeschäfte;
5. die Übernahme der Beförderung von Gütern oder Reisenden zur See, die Geschäfte der Frachtführer oder der zur Beförderung von Personen zu Lande oder auf Binnengewässern bestimmten Anstalten, sowie die Geschäfte der Schleppschiffahrtsunternehmer;
6. die Lagergeschäfte der Kommissionäre, der Spediteure oder der Lagerhalter;
7. die Geschäfte der Handlungsagenten oder der Handelsmäkler;
8. die Verlagsgeschäfte, sowie die sonstigen Geschäfte des Buch- und Kunsthandels;
9. die Geschäfte der Druckereien, sofern ihr Betrieb über den Umfang des Handwerks hinausgeht.

Der Sollkaufmann ist derjenige, der nicht von Rechts wegen, sondern erst mit der Eintragung seiner Firma ins Handelsregister Kaufmannseigenschaft erlangt. Der Gewerbetreibende ist verpflichtet, die Eintragung der Firma herbeizuführen.

Kannkaufmann ist derjenige, welcher nur berechtigt, aber nicht verpflichtet ist, die Eintragung in das Handelsregister herbeizuführen. Durch die Eintragung einer Firma ins Handelsregister wird festgestellt, daß der Eingetragene Sollkaufmann, und daß das unter der Firma betriebene Gewerbe ein Handelsgewerbe ist.

Das HGB. stellt scharfe Anforderungen an die Pflichten des Kaufmanns. Einige beziehen sich jedoch nur auf den Vollkaufmann. Im Gegensatz zu ihm steht der Minderkaufmann. Minderkaufleute sind die Handwerker und die Kleingewerbetreibenden. Sie unterliegen an sich den Bestimmungen des HGB. Jedoch finden auf sie die Vorschriften über die Firmen, die Handelsbücher, die Prokura keine Anwendung; ferner können sie **keine offene Handelsgesellschaft** und keine **Kommanditgesellschaft** sein. Die Firma besteht lediglich in ihrem bürgerlichen Namen. Eine Prokura im Sinne des Gesetzes können sie nicht erteilen.

Das Handelsregister. §§ 8—16.

Handelsregister sind Bücher, die gewisse Beurkundungen über einen Einzelkaufmann oder eine Handelsgesellschaft enthalten. Ein gewerbliches Unternehmen, das nach Art und Umfang einen in kaufmännischer Weise eingerichteten Geschäftsbetrieb erfordert, gilt stets als Handelsgewerbe, sofern die Firma des Unternehmers in das Handelsregister eingetragen worden ist. Das Handelsregister wird von den Gerichten geführt. Das Reichsgesetz über die Angelegenheiten der freiwilligen Gerichtsbarkeit vom 17. Mai 1892 bestimmt für die Führung die Amtsgerichte. Der Registerrichter führt das Handelsregister und wacht darüber, daß bestimmte handelsgesetzliche Vorschriften beobachtet werden. Er prüft die rechtliche Zulässigkeit der Anmeldung, seine eigene Zuständigkeit und die Berechtigung des Anmeldenden zur Anmeldung bezüglich seiner Identität, Rechtsfähigkeit und Geschäftsfähigkeit. Die Eintragung hat entweder die Bedeutung der öffentlichen Verlautbarung einer auch anderweit beweisbaren und wirkenden Tatsache oder eine rechtserzeugende Bedeutung. Im ersten Falle wirkt sie rechtsbekundend (deklaratorisch), im zweiten Falle rechtserzeugend (konstitutiv).

Die Einsicht des Handelsregisters sowie der zum Handelsregister eingereichten Schriftstücke ist jedem gestattet, ohne daß er den Nachweis eines Interesses erbringen muß. Von den Eintragungen kann eine Abschrift gefordert werden, ebenfalls von den eingereichten Schriftstücken. Befugt jedoch ist hierzu nur, wer ein berechtigtes Interesse glaubhaft macht. Auf Verlangen muß die Abschrift beglaubigt werden. Kann hiernach jemand eine Abschrift nicht verlangen, so darf es sich jedoch selbst Notizen, Auszüge und auch wörtliche Abschriften anfertigen. Zur Auskunftserteilung sind die Registergerichte nicht verpflichtet.

Das Gericht macht die Eintragungen in das Handelsregister durch den Deutschen Reichsanzeiger oder mindestens ein anderes Blatt bekannt. Die Parteien haben ein Recht auf sofortige Bekanntmachung, damit die Wirkungen sofort eintreten. Die Anmeldung zur Eintragung in das Handelsregister sowie die zur Aufbewahrung bei dem Gerichte bestimmten Zeichnungen von Unterschriften sind persönlich bei dem Gerichte zu bewirken oder in öffentlich beglaubigter Form einzureichen. Das Gleiche gilt für Vollmachten zur Anmeldung. Anmeldung und Zeichnung können zu Protokoll des Gerichtsschreibers oder Registerrichters des Registergerichts erfolgen. Die Beglaubigung einer Unterschrift kann durch Amtsgericht, Notar oder sonstige nach Landesrecht hierfür zuständige Stellen vorgenommen werden, die Beglaubigung eines Handzeichens jedoch ausschließlich durch Amtsgericht oder Notar. Besitzt eine Firma Zweigniederlassungen, so müssen diese Vorschriften bei jedem Registergericht befolgt werden, in dessen Bezirk eine solche Zweigniederlassung besteht, selbst wenn sich die Hauptniederlassung im Auslande befindet. Der Registerrichter kann die Nichtbefolgung aller obigen Vorschriften durch Ordnungsstrafen erzwingen. Die Eintragungen ins Handelsregister hat jeder Dritte gegen sich gelten zu lassen, es sei denn, daß er sie weder kannte noch kennen mußte.

Die Handelsfirma. §§ 17—37.

Die Firma eines Kaufmanns ist der Name, unter dem er im Handel seine Geschäfte betreibt und die Unterschrift abgibt. Ein Kaufmann kann nur unter seiner Firma klagen und verklagt werden.

Jeder Kaufmann ist verpflichtet, seine Firma und den Ort seiner Handelsniederlassung bei demjenigen Gericht zur Eintragung in das Handelsregister anzumelden, in dessen Bezirk sich die Niederlassung befindet. Er hat seine Firma zur Aufbewahrung bei dem Gericht zu zeichnen. Jede neue Firma muß sich von allen an demselben Orte oder in derselben Gemeinde bereits bestehenden und in das Handelsregister eingetragenen Firmen deutlich unterscheiden.

Ein Kaufmann kann mehrere Firmen führen. Das Recht der Firmenführung gebührt nur dem Vollkaufmann.

Die Geschäfte, welche er unter der Firma im Handel schließt, berechtigen und verpflichten ihn, auch wenn sein bürgerlicher Name nicht beigefügt ist. Telegrammadressen sowie die neuzeitlichen Abkürzungen von Firmen sind gegen mißbräuchliche Verwendung durch § 16 UWG. und § 12 BGB., zum Teil auch durch das WZG. und § 37 HGB. geschützt.

Ein Kaufmann, welcher sein Geschäft ohne Gesellschafter oder nur mit einem stillen Gesellschafter betreibt, hat seinen Familiennamen mit mindestens einem ausgeschriebenen Vornamen als Firma zu führen. Zusätze, die geeignet sind, eine Täuschung hervorzurufen, sind verboten (Grundsatz der Firmenwahrheit). Bei einer offenen Handelsgesellschaft ist der Name wenigstens eines der Gesellschafter mit einem das Vorhandensein einer Gesellschaft andeutenden Zusatz, oder es sind die Namen aller Gesellschafter anzuführen. Bei einer Aktiengesellschaft oder Kommanditgesellschaft auf Aktien ist die Firma in der Regel von dem Gegenstand des Unternehmens zu entlehnen.

Eine juristische Person (vgl. S. 131), deren Eintragung in das Handelsregister zu erfolgen hat, ist von sämtlichen Mitgliedern des Vorstandes zur Eintragung anzumelden, wobei die Vorschriften des § 33 HGB. genauestens zu befolgen sind. Sie haben ihre Unterschrift zur Aufbewahrung bei dem Gerichte zu zeichnen.

Bei den offenen Handelsgesellschaften und Kommanditgesellschaften muß mindestens ein persönlich haftender Gesellschafter angegeben werden unter Hinzufügung eines das Vorhandensein einer Gesellschaft andeutenden Zusatzes. Die Firma einer Aktiengesellschaft und einer Kommanditgesellschaft auf Aktien ist in der Regel von dem Gegenstande des Unternehmens zu entlehnen.

Erwirbt jemand ein bestehendes Handelsgeschäft, so haftet er für alle im Betriebe des Geschäfts begründeten Verbindlichkeiten des früheren Inhabers; dafür gehen dessen Forderungen auf ihn über. Abweichende Bestimmungen sind Dritten gegenüber nur wirksam, wenn sie in das Handelsregister eingetragen und bekannt gemacht oder von dem Erwerber oder dem Veräußerer dem Dritten mitgeteilt worden sind. Tritt jemand als Gesellschafter in eine offene Handelsgesellschaft ein, so haftet er auf alle Fälle für die bisherigen Gesellschaftsschulden. Tritt ein Gesellschafter aus, dann haftet er für die zur Zeit seines Austritts vorhandenen Schulden noch 5 Jahre.

Neben der Firma sind die Warenzeichen geschützt (vgl. Warenzeichenrecht S. 631ff.).

Die Handelsbücher. §§ 38—47.

Jeder Kaufmann ist verpflichtet, Bücher zu führen und in diesen seine Handelsgeschäfte und die Lage seines Vermögens nach den Grundsätzen ordnungsmäßiger Buchführung ersichtlich zu machen. Er ist verpflichtet, eine Abschrift (Kopie oder Abdruck) der abgesandten Handelsbriefe zurückzubehalten und diese Abschriften sowie die empfangenen Handelsbriefe geordnet aufzubewahren. Der Kaufmann ist nicht verpflichtet, die Buchführung persönlich zu erledigen, aber er haftet für die Erfüllung dieser Pflicht. Die Bücher müssen die Lage des gesamten Vermögens, des Kaufmanns ersichtlich machen, und zwar die jeweilige Lage und den Werdegang. Lose Zettel können die Führung eines Hauptbuches nicht ersetzen (RG. Bd. 17, S. 302). Vgl. jedoch die heutige Tendenz zur losen Buchhaltung überzugehen (Kartotheken). Die Führung von Geheimbüchern, deren Zweck es ist, dem Personal gewisse Geschäftsvorgänge zu verheimlichen, ist erlaubt. Die eingehenden Briefe sind in Urschrift zu verwahren.

An Stellen, die der Regel nach zu beschreiben sind, dürfen keine leeren Zwischenräume gelassen werden. Der ursprüngliche Inhalt einer Eintragung darf nicht mittels Durchstreichens oder auf andere Weise unleserlich gemacht, es darf nichts radiert sein, auch dürfen solche Veränderungen nicht vorgenommen werden, deren Beschaffenheit es ungewiß läßt, ob sie bei der ursprünglichen Eintragung oder erst später gemacht worden sind. Die Handelsbücher, die empfangenen Handelsbriefe, die Abschriften der abgesandten Handelsbriefe, Inventare und Bilanzen sind bis zum Ablauf von 10 Jahren vom Tage der darin vorgenommenen letzten Eintragungen aufzubewahren.

Prokura und Handlungsvollmacht. HGB. §§ 48—58. 38—44.

Die **Prokura** kann nur von dem Inhaber des Handelsgeschäftes oder seinem gesetzlichen Vertreter und nur mittels **ausdrücklicher** Erklärung erteilt werden. Die Erteilung kann an mehrere Personen gemeinschaftlich erfolgen; man spricht dann von einer Gesamtprokura. Der Prokurist ist **Bevollmächtigter,** nicht gesetzlicher Vertreter des Prinzipals (RG. 66, 244). Prokura können außerdem erteilen: Handelsgesellschaften, Aktiengesellschaften, Kommanditgesellschaften und juristische Personen. Ist die Prokura im Handelsregister eingetragen, so hat jeder Dritte diese Tatsache gegen sich gelten zu lassen, es sei denn, daß er sie weder kannte noch kennen mußte.

Die Prokura ermächtigt zu allen Arten von gerichtlichen und außergerichtlichen Geschäften und Rechtshandlungen, welche der Betrieb eines Handelsgewerbes mit sich bringt. Zur Veräußerung und Belastung von Grundstücken ist der Prokurist nur ermächtigt, wenn ihm diese Befugnis besonders erteilt ist. Eine Beschränkung des Umfanges der Prokura, namentlich nur auf gewisse Geschäfte oder gewisse Arten von Geschäften oder unter gewissen Umständen auf gewisse Zeit oder an einzelnen Orten, ist Dritten gegenüber unwirksam. Eine Beschränkung der Prokura auf den Betrieb einer von mehreren Niederlassungen des Geschäftsinhabers ist Dritten gegenüber nur wirksam, wenn die Niederlassungen unter verschiedenen Firmen betrieben werden.

Zulässig ist eine Prokura derart, daß bei Vorhandensein mehrerer vertretungsberechtigter Gesellschafter oder mehrerer vertretungsberechtigter Vorstandsmitglieder der Prokurist nur zusammen mit einem Gesellschafter oder einem Vorstandsmitgliede vertretungsberechtigt ist.

Der Prokurist hat in der Weise zu zeichnen, daß er der Firma seinen Namen mit einem die Prokura andeutenden Zusatze beigibt. Die übliche Prokurazeichnung ist „ppa.". Die Prokura ist jederzeit widerruflich, sie ist nicht übertragbar; sie erlischt nicht durch den Tod des Inhabers des Handelsgeschäfts. Der Widerruf berührt das Vertragsverhältnis nicht, daher auch nicht den Anspruch auf die vertragsmäßige Vergütung. Erlöschungsgründe der Prokura sind: Tod des Prokuristen, Endigung des die Prokura begründenden Rechtsverhältnisses, der Konkurs des Prinizipals, Einstellung des Gewerbebetriebs, Löschung der Firma u. a. m.

Die Erteilung der Prokura ist von dem Inhaber des Handelsgeschäfts zur Eintragung in das Handelsregister anzumelden. Ist die Prokura als Gesamtprokura erteilt, so muß auch dies zur Eintragung angemeldet werden. Der Prokurist hat die Firma nebst seiner Namensunterschrift zur Aufbewahrung bei dem Gericht zu zeichnen. Das Erlöschen der Prokura ist in gleicher Weise wie die Erteilung zur Eintragung anzumelden. Bei Handelsgesellschaften sind die Personen, welche die Gesellschaft nach außen zu vertreten berechtigt sind, zur Anmeldung berechtigt (legitimiert) oder alle Vorstandsmitglieder.

Eine **Handlungsvollmacht** liegt vor, wenn jemand einen andern ohne Erteilung der Prokura zum Betriebe eines Handelsgewerbes oder zur Vornahme einer bestimmten, zu einem Handelsgewerbe gehörigen Art von Geschäften oder zur Vornahme einzelner zu einem Handelsgewerbe gehörigen Geschäfte ermächtigt. Die Handlungsvollmacht erstreckt sich auf alle Geschäfte und Rechtshandlungen, welche der Betrieb eines derartigen Handelsgewerbes oder die Vornahme derartiger Geschäfte gewöhnlich mit sich bringt. Zur Veräußerung oder Belastung von Grundstücken, zur Eingehung von Wechselverbindlichkeiten, zur Aufnahme von Darlehen und zur Prozeßführung ist der Handlungsbevollmächtigte nur kraft besonderer Befugnis ermächtigt. Sonstige Beschränkungen der Handlungsvollmacht braucht ein Dritter nur dann gegen sich gelten zu lassen, wenn er sie kannte oder kennen mußte. Mehreren Personen kann auch Gesamthandlungsvollmacht erteilt werden, derart, daß von ihnen je zwei oder mehr gemeinschaftlich zur Vertretung befugt sind. Die Vollmacht ist vom Auftrag zu unterscheiden. Der Auftrag berührt das innere Verhältnis des Prinzipals zum Vertreter, während die Vollmacht die Berechtigung (Legitimation) gegenüber Dritten bestimmt.

Der Handlungsbevollmächtigte hat sich bei der Zeichnung jedes eine Prokura andeutenden Zusatzes zu enthalten. Er hat mit einem das Vollmachtsverhältnis ausdrückenden Zusatze zu zeichnen. Üblich ist der Zusatz „i. V." (in Vollmacht, in Vertretung). Der Bevollmächtigte kann aber auch nur mit dem Namen des Vertretenen, also mit seiner Firma unterzeichnen. Die Handlungsvollmacht ist ohne Zustimmung des Inhabers des Handelsgeschäfts nicht übertragbar. Im übrigen sei auf die §§ 164 bis 181 BGB. verwiesen, welche die Bestimmungen über Vertretung und Vollmacht enthalten.

Handlungsgehilfen und Handlungslehrlinge. §§ 59—83.

Handlungsgehilfe ist, wer in einem Handelsgewerbe zur Leistung kaufmännischer Dienste gegen Entgelt angestellt ist. Leistet jemand teils kaufmännische, teils andere, z. B. rein technische Dienste, so entscheidet über die Frage der Eigenschaft als Handlungsgehilfe der Umstand, ob der überwiegende Teil der Tätigkeit kaufmännischer Art ist. Der Handlungsgehilfe darf ohne Einwilligung des Geschäftsherrn weder ein Handelsgewerbe betreiben, noch in dem Handelszweige des Geschäftsherrn für eigene oder fremde Rechnung Geschäfte machen.

Das Rechtsverhältnis zwischen dem Handlungsgehilfen und dem Geschäftsherrn ist ein Dienstvertrag. Handlungsgehilfen sind nicht Kaufleute. Bei Streitigkeiten zwischen Geschäftsherrn und Handlungsgehilfen oder Handlungslehrlingen sind die Arbeitsgerichte unter Ausschluß der ordentlichen Gerichte zuständig.

Bezüglich der Kündigung des Dienstverhältnisses, der fristlosen Kündigung, der Konkurrenzklausel, der Angestelltenversicherung, Pflichten und Rechte von Lehrherr und Lehrling vgl. das in den Kapiteln Betriebspflichten, Rechtsverhältnisse des Ingenieurs, Lehrvertrag, Angestelltenversicherung Gesagte.

Handlungsagenten und Handelsmäkler. Das HGB. gibt in den §§ 84—104 die gesetzlichen Bestimmungen über Handlungsagenten und Handlungsmäkler. Hier sei nur kurz folgendes erwähnt. Handlungsagenten sind Personen, die, ohne als Handlungsgehilfen angestellt zu sein, ständig damit betraut sind, für das Handelsgewerbe eines andern Geschäfte zu vermitteln oder im Namen des andern abzuschließen. Das Vertragsverhältnis des Handlungsagenten ist als Dienstvertrag zu bezeichnen. Er hat eine Provision für jedes zur Ausführung gelangte Geschäft in der vereinbarten oder üblichen Höhe zu verlangen. Die Abrechnung mit dem Geschäftsherrn hat am Schlusse eines jeden Kalenderhalbjahres zu erfolgen. Im Zweifel ist die Provision erst nach Eingang der Zahlung fällig. Ist der Handlungsagent ausdrücklich für einen bestimmten Bezirk bestellt, so gebührt ihm die Provision im Zweifel auch für solche Geschäfte, welche in seinem Bezirk ohne seine Mitwirkung durch den Geschäftsherrn oder für diesen geschlossen sind.

Handelsmäkler sind diejenigen Personen, die gewerbsmäßig für andere, **ohne von ihnen auf Grund eines Vertragsverhältnisses ständig damit betraut zu sein,** die Vermittlung von Verträgen über Gegenstände des Handelsverkehrs übernehmen, z. B. über Anschaffung oder Veräußerung von Waren oder Wertpapieren, über Versicherungen, Güterbeförderungen, Schiffsmiete. Zu den Handelsmäklern gehören nicht die Grundstücks-, Hypotheken- und Gesindemäkler. Eine der Hauptpflichten des Handelsmäklers ist es, unverzüglich nach dem Abschlusse des Geschäfts jeder Partei eine von ihm unterzeichnete Schlußnote zuzustellen. Er ist berechtigt, den Mäklerlohn zu verlangen, und zwar im Zweifel von jeder Partei zur Hälfte. Im Gegensatz dazu hat der Mäkler des BGB. den Anspruch auf die Provision allein gegen den Auftraggeber.

Die Handelsgesellschaften.

Das zweite Buch des HGB. handelt von den Handelsgesellschaften und den stillen Gesellschaften. Das Handelsrecht kennt 6 Handelsgesellschaften: die offene Handelsgesellschaft, die Kommanditgesellschaft, die Aktiengesellschaft, die Kommanditgesellschaft auf Aktien, die Erwerbs- und Wirtschaftsgenossenschaften und die Gesellschaften mit beschränkter Haftung. Diese einzelnen Gesellschaften sind unter der betreffenden Überschrift in dem Kapitel: „Errichtung einer Fabrik usw." auf S. 391 ausführlich behandelt. (Die gesetzlichen Bestimmungen über dieselben sind in den §§ 105—342 HGB. enthalten.)

Die **Genossenschaft** jedoch soll hier behandelt werden.

Eine Genossenschaft entsteht durch die Eintragung in das amtsgerichtliche Genossenschaftsregister. Es müssen mindestens 7 Genossen vorhanden sein, ein Genossenschaftsstatut errichtet und ein Vorstand mit mindestens 2 Mitgliedern und ein Aufsichtsrat mit mindestens 3 Mitgliedern bestellt sein.

An Organen müssen die Genossenschaften haben:

Einen geschäftsführenden Vorstand, einen ihn beaufsichtigenden Aufsichtsrat, der keine Tantieme beziehen darf, und die Generalversammlung.

Jede Genossenschaft muß sich mindestens jedes zweite Jahr einer Revision unterziehen. Der Name der Genossenschaft muß vom Gegenstande des Unternehmens entlehnt sein und die Bezeichnung EG. = Eingetragene Genossenschaft enthalten. Der Zweck der Genossenschaft ist die Förderung des Erwerbes oder der Wirtschaft ihrer Mitglieder durch gemeinschaftlichen Geschäftsbetrieb. Vorschußvereine dürfen Darlehen nur an Mitglieder gewähren, Konsumvereine dürfen Waren nur an Mitglieder verkaufen. Die Genossenschaften können derart errichtet werden, daß die einzelnen Genossen unbeschränkt der Genossenschaft und auch unmittelbar deren Gläubigern haften (Solidargenossen), oder daß die Genossen nur verpflichtet sind, die zur Befriedigung der Gläubiger erforderlichen Nachschüsse zu leisten (Nachschußhaftgenossen), oder daß die Haftpflicht der Genossen im voraus begrenzt ist (Limitgenossen).

Der Beitritt zur Genossenschaft erfolgt schriftlich und ist in die gerichtlich geführte Genossenliste einzutragen. Der Austritt ist vom Vorstand 6 Wochen vor Jahresschluß dem Gericht mitzuteilen. Erst mit der Löschung in der Genossenliste hört die Mitgliedschaft zum Jahresschlusse auf. Die Genossenschaft kann Eigentum und andere dingliche Rechte an Grundstücken erwerben, klagen und verklagt werden.

Sie gilt als Kaufmann im Sinne des HGB. Das Genossenschaftsvermögen wird durch Einzahlung der Genossen auf ihren Geschäftsanteil gebildet. Die erfolgten Einzahlungen bilden das Geschäftsguthaben.

Handelsgeschäfte.

Im Dritten Buch behandelt das HGB. die Handelsgeschäfte. Dasselbe bringt nur eine Reihe von Einzelvorschriften als Abweichungen und Ergänzungen gegenüber dem bürgerlichen Recht des BGB. Das Handelsrecht ist im Zweifel dann anzuwenden, wenn nur auf seiten eines Vertragsgegners die Kaufmannseigenschaft vorliegt. Jedoch binden die Vorschriften über Handelsgebräuche und Sorgfalt nur den Kaufmann. Auch sonst gibt es eine Reihe von Ausnahmen, die bei den einzelnen Kapiteln besonders besprochen sind.

Unter Kaufleuten ist in Ansehung der Bedeutung und Wirkung von Handlungen und Unterlassungen auf die im Handelsverkehre geltenden Gewohnheiten und Gebräuche Rücksicht zu nehmen. Wer aus einem Geschäfte, das auf seiner Seite ein Handelsgeschäft ist, einem andern zur Sorgfalt verpflichtet ist, hat für die Sorgfalt eines ordentlichen Kaufmanns einzustehen. Eine Vertragsstrafe, die von einem Kaufmann im Betriebe seines Handelsgewerbes versprochen ist, kann nicht durch richterliches Urteil herabgesetzt werden. Im übrigen vgl. das im Kapitel „Vertrieb" auf S. 541ff. Gesagte. In diesem Kapitel ist auch der Kontokorrentvertrag eingehend besprochen. Hier sei nur folgendes ergänzend bemerkt:

Eine Abart des Kontokorrents ist der Giroverkehr (Giro = Kreis). Bei diesem vermittelt eine Bank, die Girobank, die Zahlungen ihrer Girokunden aneinander, indem sie an den bei ihr hinterlegten Giroeinlagen derselben Zu- oder Abschreibungen macht, sobald sie dazu durch Schecks oder Wechsel der Girokunden ermächtigt wird. Auch bewirkt sie auf Wunsch Auszahlungen auf das Guthaben hin. Der Giroverkehr hat den Zweck, Barzahlungen zu vermeiden. Bei der Reichsbank dient der weiße Scheck zur Abhebung, der rote zur Umschreibung.

Krediteröffnung. Sie bedeutet, daß jemand einem andern verspricht, gegen Vergütung Kredit zu gewähren.

Die Akkreditierung ist die Krediteröffnung bei einem Dritten zugunsten des Akkreditierten, also ein Zahlungsauftrag. Gewöhnlich erhält der Akkreditierte einen Kreditbrief ausgehändigt.

Die öffentliche Anleihe. Sie erfolgt mit Hilfe des Emissionsgeschäfts. Man unterscheidet die Bankieranleihe und die Emissionsanleihe. Bei der Bankieranleihe übernimmt der die Emission besorgende Bankier selbst alle Obligationen, um sie günstig weiter zu verkaufen, bei der Emissionsanleihe besorgt der Bankier nur die Subskription der Darlehnsgeber aus den Kreisen des Publikums.

Das Lombardgeschäft besteht im Hingeben von Waren oder Wertpapieren zum Faustpfande. Sinken diese im Kurs, so ist der Verpfänder zu Nachschüssen verpflichtet.

Hypothekenbankgeschäfte. Das Recht der Hypothekenbanken ist durch Gesetz vom 13. Juli 1899 geregelt. Hypothekenbanken sind solche, welche die hypothekarische Beleihung von Grundstücken und die Ausgabe von Schuldverschreibungen auf Grund der erworbenen Hypotheken, sog. Hypothekenpfandbriefe, in der Form einer Aktiengesellschaft oder einer Kommanditgesellschaft auf Aktien betreiben. Sie bedürfen staatlicher Genehmigung und stehen unter staatlicher Aufsicht. Zur Sicherung der Pfandbriefgläubiger ist das Hypothekenregister geschaffen. In dieses sind die zur Deckung der Pfandbriefe bestimmten Hypotheken einzutragen. An diesen haben die Pfandbriefgläubiger ein Recht auf vorzugsweise Befriedigung. Die Hypotheken, auf Grund deren die Pfandbriefe ausgegeben sind, nennt man Deckungshypotheken.

Das Depotgeschäft, d. h. die Aufbewahrung offener oder verschlossener Depots (Waren, Geld- und Wertpapiere) gegen Entgelt. Gegen Betrügereien ist das Depotgesetz vom 5. Juli 1896 erlassen; ferner sei auf die diesbezügliche wichtige Nachkriegsgesetzgebung verwiesen.

Offene Depots von Wertpapieren sind unter erkennbarer Bezeichnung des Hinterlegers getrennt aufzubewahren und in ein Handelsbuch einzutragen. Der Kommissionär, welcher Wertpapiere einkauft, hat binnen drei Tagen dem Auftraggeber ein Stückverzeichnis abzusenden. Spätestens mit dem Augenblick der Absendung wird der Auftraggeber Eigentümer der Stücke.

Das Depositengeschäft. Es ist die verzinsliche Hingabe von Spargeld.

Die Wertpapiere.

Die Wertpapiere enthalten einen privatrechtlichen Anspruch, dessen Geltendmachung durch den Besitz und die Verfügungsbefugnis über das Papier ausgeübt wird. Es gibt Mitgliedspapiere, z. B. die Aktie, sachenrechtliche Wertpapiere, z. B. den Hypothekenbrief, und solche über Forderungsrechte, z. B. den Wechsel. Von den sachenrechtlichen Papieren sind für den Handelsverkehr die Warenpapiere (Traditions- oder Dispositionspapiere) von besonderer Bedeutung. Durch sie kann man nicht nur den Anspruch auf die Ware, sondern an dieser sogar dnigliche Rechte erwerben.

Es gibt folgende Arten von Wertpapieren:

1. Die Rektapapiere. Sie bezeichnen den Gläubiger mit Namen.

2. Die Inhaberpapiere. Sie benennen den Inhaber der Urkunde als Berechtigten. Man unterscheidet

a) Schuldverschreibungen auf den Inhaber; durch sie wird dem Inhaber einer Urkunde eine Leistung versprochen.

b) Die Mitgliederpapiere, z. B. die Inhaberaktien.

3. Die Blankopapiere. Sie lassen die Persönlichkeit des Berechtigten offen.

4. Orderpapiere. Diese benennen einen bestimmten Gläubiger mit dem Zusatz „oder an Order“. Durch diese Orderklausel erhält der betreffende Gläubiger das Recht, dasselbe durch Vermerk auf dem Papier durch sogenanntes Indossament oder Giro an einen beliebigen Dritten weiter zu geben. Der Inhaber muß sich durch eine fortlaufende Reihe von Indossamenten ausweisen können.

Die im HGB. als Orderpapiere zugelassenen Wertpapiere sind im § 363 aufgeführt:

1. Die Wechsel und die auf einen bestimmten Empfänger lautenden Schecks.
2. Die Namensaktien.
3. Kaufmännische Anweisungen und Verpflichtungsscheine; das sind Anweisungen, die auf einen Kaufmann (nicht wie früher von einem Kaufmann)

über die Leistung von Geld, Wertpapieren oder anderen vertretbaren Sachen ausgestellt sind, ohne daß darin die Leistung von einer Gegenleistung abhängig gemacht ist; ferner Verpflichtungsscheine, die von einem Kaufmann über Gegenstände der bezeichneten Art ausgestellt sind, ohne daß darin die Leistung von einer Gegenleistung abhängig gemacht ist.

4. Konnossemente der Seeschiffer, Ladescheine der Frachtführer, Lagerscheine der staatlich zur Ausstellung solcher Urkunden ermächtigten Anstalten, sowie Bodmereibriefe und Transportversicherungspolicen.

Der Schuldner ist nur gegen Aushändigung der quittierten Urkunde zur Leistung verpflichtet.

Für den Verlust von Wertpapieren sind die §§ 365 und 367 maßgebend. Die diesbezüglichen Vorschriften lauten:

§ 365. Ist die Urkunde vernichtet oder abhanden gekommen, so unterliegt sie der Kraftloserklärung im Wege des Aufgebotsverfahrens. Ist das Aufgebotsverfahren eingeleitet, so kann der Berechtigte, wenn er bis zur Kraftloserklärung Sicherheit bestellt, Leistung nach Maßgabe der Urkunde von dem Schuldner verlangen.

§ 367. Wird ein Inhaberpapier, das dem Eigentümer gestohlen worden, verloren gegangen oder sonst abhanden gekommen ist, an einen Kaufmann, der Bankier- oder Geldwechslergeschäfte betreibt, veräußert oder verpfändet, so gilt dessen guter Glaube als ausgeschlossen, wenn zur Zeit der Veräußerung oder Verpfändung der Verlust des Papiers von einer öffentlichen Behörde oder von dem aus der Urkunde Verpflichteten im Deutschen Reichsanzeiger bekannt gemacht und seit dem Ablaufe des Jahres, in welchem die Veröffentlichung erfolgt ist, nicht mehr als ein Jahr verstrichen war.

Der gute Glaube des Erwerbers wird durch die Veröffentlichung im Reichsanzeiger nicht ausgeschlossen, wenn der Erwerber die Veröffentlichung infolge besonderer Umstände weder kannte noch kennen mußte.

Auf Zins-, Renten- und Gewinnanteilscheine, die nicht später als in dem nächsten auf die Veräußerung oder Verpfändung folgenden Einlösungstermine fällig werden, sowie auf Banknoten und andere auf Sicht zahlbare unverzinsliche Inhaberpapiere finden diese Vorschriften keine Anwendung.

Sachenrechtliche Einzelheiten. §§ 368—372.

Im Handelsverkehr genießt der gutgläubige Erwerber einer Sache einen besonderen Schutz, der weitgehender ist als der Schutz aus dem BGB.

Der § 366 bestimmt:

Veräußert oder verpfändet ein Kaufmann im Betriebe seines Handelsgewerbes eine ihm nicht gehörende bewegliche Sache, so finden die Vorschriften des BGB. (§§ 932ff.) zugunsten derjenigen, welche Rechte von einem Nichtberechtigten herleiten, nicht nur dann Anwendung, wenn sich der gute Glaube des Erwerbers auf das Eigentum des Veräußernden oder Verpfändenden erstreckt, sondern auch, wenn der gute Glaube des Erwerbers die Verfügungsmacht des Veräußerers oder Verpfänders betrifft, über die Sache des Eigentümers zu verfügen. Ist die Sache mit dem Rechte eines Dritten belastet, so gelten im Handelsrecht ebenfalls die obigen verschärften Bestimmungen des BGB.

Ausnahmsweise sind die Pfandrechte des Kommissionärs, Spediteurs, Lagerhalters und des Frachtführers durch Vertrag erworbenen Pfandrechten gleichgestellt.

Das Pfandrecht des Handelsverkehrs zeigt von demjenigen des bürgerlichen Rechts nur eine geringfügige Abweichung. An die Stelle der im § 1234 BGB. bestimmten Verkaufsfrist von einem Monat tritt eine solche von einer Woche.

Das kaufmännische Zurückbehaltungsrecht ist besonders geregelt. Ein Kaufmann hat wegen der fälligen Forderungen, die ihm gegen einen andern Kaufmann aus den zwischen ihnen geschlossenen beiderseitigen Handelsgeschäften zustehen, ein Zurückbehaltungsrecht an den beweglichen Sachen und Wertpapieren des Schuldners, welche mit dessen Willen auf Grund von Handelsgeschäften in den Besitz des Gläubigers gelangt sind, sofern dieser sie noch im Besitze hat, insbesondere sofern er mittels Konnossements, Ladescheins oder Lagerscheins darüber verfügen kann. Das Zurückbehaltungsrecht ist auch dann begründet, wenn das Eigentum an dem Gegenstande von dem Schuldner auf den Gläubiger übergegangen, aber auf den Schuldner zurückzuübertragen ist. Die Forderung kann aus irgend einem beliebigen Grunde entstanden sein. Die Zurückbehaltung darf einer vom Schuldner vor oder bei der Übergabe erteilten Anweisung oder einer von dem Gläubiger übernommenen entgegenstehenden Verpflichtung nicht widersprechen. Im Falle des Konkurses oder einer fruchtlosen Zwangsvollstreckung in das Vermögen des Schuldners kann das Zurückbehaltungsrecht auch wegen nichtfälliger Forderungen geltend gemacht werden. Der Gläubiger ist kraft des Zurückbehaltungsrechts befugt, gemäß den für das Pfandrecht geltenden Vorschriften des BGB. mit geringen Abweichungen, sich aus dem zurückbehaltenen Gegenstande für seine Forderungen zu befriedigen, während das Zurückbehaltungsrecht des BGB. keine Befriedigungsmöglichkeit gewährt.

Der Handelskauf. §§ 372—383.

Der Handelskauf ist auf den handelsgeschäftlichen Ankauf oder Verkauf von Waren oder Wertpapieren seitens eines Kaufmanns beschränkt. Er folgt im allgemeinen den Vorschriften des BGB. Jedoch sind besondere Vorschriften erlassen:

1. für den Annahmeverzug des Käufers;
2. für den Spezifikationskauf;
3. für Fixgeschäfte;
4. besteht die Untersuchungs- und Rügepflicht;
5. ist noch angeordnet, daß das Gewicht der Verpackung, das Taragewicht mangels anderer Vereinbarung in Abzug zu bringen ist, wenn der Kaufpreis nach dem Gewichte der Ware berechnet wird.

Der Annahmeverzug des Käufers, der Spezifikationskauf und die Untersuchungs- und Rügepflicht sind in besonderen Kapiteln S. 553ff. behandelt.

Für das Fixgeschäft findet derjenige, welcher sich für die Einzelheiten nteressiert, in § 376 HGB. die gesetzlichen Bestimmungen.

Das Kommissionsgeschäft. §§ 383—406.

Kommissionär ist, wer es gewerbsmäßig übernimmt, Waren oder Wertpapiere für die Rechnung eines andern, des Kommittenten, in eigenem Namen zu kaufen oder zu verkaufen. Er tritt selbst als Kontrahent auf und schließt den Vertrag selbst ab. Das Kommissionsgeschäft ist ein Werkvertrag eigener Art oder im Falle der unentgeltlichen Besorgung ein Auftrag. Der Kommissionär ist verpflichtet, das übernommene Geschäft mit der Sorgfalt eines ordentlichen Kaufmanns auszuführen. Er muß seinem Auftraggeber die erforderlichen Nachrichten geben, insbesondere von der Ausführung der Kommission unverzüglich Anzeige zu machen und über das Geschäft Rechenschaft ablegen. Handelt er nicht gemäß den Weisungen des Auftraggebers, so ist er ihm zum Ersatz des Schadens verpflichtet. Der Kommissionär hat Anspruch auf Provision, nachdem das Geschäft zur Ausführung gekommen ist. Er hat an dem Kommissionsgute, sofern er es im Besitz hat, insbesondere wenn er mittels Konnossements, Ladescheins oder Lagerscheins darüber verfügen kann, ein Pfandrecht wegen der aufgewendeten Kosten, der Provision, wie überhaupt wegen aller Forderungen aus laufender Rechnung.

Speditionsgeschäft, Lagergeschäft, Frachtgeschäft. §§ 407—452.

Vgl. den Abschnitt „Versand". S. 571.

Beförderung von Gütern und Personen auf den Eisenbahnen. §§ 453—470.

Vgl. im Abschnitt „Versand". S. 574.

Unter den Handelsgeschäften sind zweckmäßig, wenn sie auch in besonderen Gesetzen behandelt werden, die Geschäfte des Buchhandels und das Versicherungsrecht zu besprechen.

Die Geschäfte des Buchhandels.

Der Verlagsvertrag. Durch den Verlagsvertrag verpflichtet sich der Autor, das Werk zu liefern, und der Verleger, das Werk zu verlegen, d. h. es auf seine Kosten zu vervielfältigen und zu verbreiten. (Verlagsgesetz vom 19. Juni 1901, abgeändert am 22. Mai 1910.)

Der Selbstverlag. Bei ihm sorgt der Autor selbst sowohl für die Herstellung wie für die Verbreitung.

Durch den Verlagsvertrag erwirbt der Verleger nur das Verlagsrecht, nicht das Urheberrecht.

Den Buchhandel zwischen Verleger und Buchhändler pflegt man Sortimentsgeschäft zu nennen.

Die Börse.

Die Börse ist ein Markt der Kaufleute. Durch sie wird eine feste Preisbildung erwirkt. Sie teilt sich gewöhnlich in die Produktenbörse und die Effektenbörse. Effekten sind Geld und als dauernde Anlage dienende Wertpapiere, hauptsächlich bestimmte öffentliche Anleihen. Besondere Bestimmungen über die Börse sind durch das Börsengesetz vom 27. Mai 1908 erlassen. Vom Börsenbesuch sind ausgeschlossen, z. B. Frauen, im Konkurs Befindliche, der bürgerlichen Ehrenrechte für verlustig Erklärte.

Die Börsen bedürfen zu ihrer Errichtung staatlicher Genehmigung und sind der staatlichen Aufsicht durch einen Börsenkommissar unterworfen. Jede Börse muß einen Vorstand als Leiter, eine besondere Börsenordnung und ein Ehrengericht haben, das befugt ist, einzelnen Personen den Börsenbesuch zu verbieten.

Die Preisfestsetzung wird von den Kursmaklern besorgt, die hierzu amtlich als Gehilfen des Vorstandes bestellt sind. Neben ihnen gibt es Privatmakler. — Außerdem muß jede Börse eine Zulassungsstelle zur Entscheidung über die Zulassung eines Wertpapieres zum Börsenhandel haben.

An der Börse werden sowohl Kassageschäfte über Wertpapiere oder Waren, welche sofort zu erfüllen sind, als auch Termingeschäfte zur Erfüllung an späteren Terminen, gewöhnlich Ultimo des Monats (Ultimogeschäfte) geschlossen. Die Zulassung zum Terminhandel erfolgt durch den Börsenvorstand. Börsentermingeschäfte in Getreide und Mühlenerzeugnissen sind im allgemeinen bei Vermeidung der Unverbindlichkeit verboten. Die nichtverbotenen Termingeschäfte sind nur wirksam, falls beide Parteien als Kaufleute in das Handelsregister eingetragen sind, oder, falls nur ein Teil eingetragener Kaufmann ist und sich eine Sicherheit in Geld oder Wertpapieren hat bestellen lassen, unter schriftlicher und ausdrücklicher Erklärung des Bestellers, die Sicherheit solle zur Deckung von Verlusten aus dem Termingeschäft dienen. Ist das Geschäft erfüllt, so versagt die Rückforderung.

Ein nichtverbotenes Termingeschäft gilt als von Anfang an verbindlich, wenn der eine Teil mit Zustimmung des andern nach Fälligkeit an diesen die vereinbarte Leistung gewährt.

Außer den Kassa- und reinen Termingeschäften gibt es noch folgende Börsengeschäfte:

1. Das Differenzgeschäft. Dieses ist ein Vertrag über die Lieferung von Waren oder Wertpapieren, welcher in der Absicht geschlossen ist, daß nur der Unterschied zwischen dem vereinbarten Preise und dem Börsen- oder Marktpreise der Lieferungszeit von dem verlierenden Teil an den Gewinnenden gezahlt werden soll.

2. Das Prämiengeschäft. Bei diesen behält sich der Prämiengeber gegenüber dem Prämiennehmer gegen Zahlung einer bestimmten Prämie ein Rücktrittsrecht oder Wahlrecht bis zu einem gewissen Zeitpunkte vor. Hat der Käufer die Wahl, so spricht man von der Vorprämie; hat der Verkäufer die Wahl, dagegen von der Rückprämie. Bei dem gewöhnlichen Prämiengeschäft steht dem Wahlberechtigten ein Rücktrittsrecht zu.

Die Prämiengeschäfte, bei denen der Berechtigte wählen kann, ob in der vereinbarten Weise oder anders geleistet werden soll, zerfallen in:

a) das Stellgeschäft (Stellage); bei diesem hat sich der Berechtigte bis zu einem bestimmten Zeitpunkt zu entscheiden, ob er als Käufer oder Verkäufer gelten will;

b) das Nochgeschäft; der Berechtigte kann die Lieferung oder Abnahme einer größeren Menge Waren verlangen, als ursprünglich fest vereinbart war;

c) den „Schluß auf fest und offen“; er gewährt ein Rücktrittsrecht auf einen bestimmten Teil der Ware.

Ferner kennt man noch die zweischneidigen Prämiengeschäfte, bei denen der Berechtigte wählen kann, ob das Geschäft erfüllt, nicht erfüllt oder anders erfüllt werden soll; die Zweiprämiengeschäfte, bei denen jemand mit verschiedenen Personen auf Grund derselben Spekulation Prämiengeschäfte abschließt, indem er von der einen kauft und an die andere verkauft.

Zu erwähnen ist ferner das Eskomptegeschäft; bei ihm bestimmt der eine Teil nach Belieben den Lieferungstag; das Heuer- oder Promessengeschäft, durch welches sich der Verheurer eines Loses als Entgelt verpflichtet, einen auf dasselbe entfallenden Gewinn zu bezahlen; das Arbitragegeschäft; es spekuliert auf die Kursdifferenz, welche sich an einem bestimmten Tage für ein und dasselbe Wertpapier an verschiedenen Börsen ergeben wird.

Auf dem Kurszettel werden die Umsätze durch besondere Abkürzungszeichen kenntlich gemacht. G = Geld, bedeutet: die Ware war nur gesucht, aber nicht angeboten, B = Brief, bedeutet: Es wurde nur angeboten, Nachfrage war nicht vorhanden. b = bezahlt, bedeutet: Es wurden Geschäfte zu diesem Preise abgeschlossen. bG = bezahlt und Geld, bedeutet: Es wurden Geschäfte zu diesem Preise abgeschlossen, aber es war noch unbefriedigte Nachfrage vorhanden. bB = bezahlt und Brief: Es wurden Geschäfte zu diesem Preise abgeschlossen, aber es war noch Angebot vorhanden.

Das Versicherungsrecht.

Durch den Versicherungsvertrag verpflichtet sich der Versicherungsnehmer unbedingt zur Zahlung einer Prämie und der Versicherer zum Ersatz eines möglichen Schadens, der eine Sache oder eine Person betrifft. Es gibt Versicherungen auf Gegenseitigkeit mit gemeinschaftlicher Tragung der Gefahr und solche gegen Prämie, bei welcher ein dritter Unternehmer die Gefahr trägt. 3 Personen können vorkommen: Der Versicherer (Gesellschaft), der Versicherungsnehmer (Prämienzahler) und gegebenenfalls der Versicherte, d. i. derjenige, dem die Versicherungssumme zustatten kommt.

Eine umfassende Regelung des Versicherungsrechts ist durch das Reichsgesetz 1908, in Kraft seit 1. Januar 1910, über den Versicherungsvertrag getroffen. Es gilt nicht für die besonders geregelte Seeversicherung und die Rückversicherung, ferner nicht für die Angestellten- und Arbeiterversicherung, sowie für bestimmte Hilfe, Innungs-, Verbands-, Berufsgenossenschafts- und Knappschaftskassen.

Das Gesetz unterscheidet zwischen Schadensvesricherung und Personenversicherung. Die Schadensversicherung enthält die Vorschriften für die gesamte Schadensversicherung. Darauf schließen sich als die wichtigsten Die Feuer-, Hagel-, Vieh- und Transport-, sowie Haftpflichtversicherung.

Es folgt dann die Personenversicherung, und zwar die Lebensversicherung und die Unfallversicherung.

Durch Reichsgesetz vom 12 Mai 1901 ist für die Privatversicherung eine Staatsbeaufsichtigung eingeführt. Über ausländische sowie über die in mehreren Bundesstaaten tätigen Versicherungsgesellschaften führt das Reichsaufsichtsamt für Versicherungen die Aufsicht.

Allgemein gelten folgende Grundsätze:

Der Versicherungsvertrag bedarf mangels gegenteiliger Abmachungen keiner Form, nur ist der Versicherer verpflichtet, einen von ihm unterzeichneten Versicherungsschein, die Police, dem Versicherungsnehmer nachträglich auszuhändigen und ihm im Falle des Verlustes eine Ersatzurkunde zu geben, falls nicht etwa ein Aufgebot des Scheines erforderlich ist.

Die Ansprüche aus dem Versicherungsvertrage verjähren in 2, bei Lebensversicherungen in 5 Jahren seit Schluß des Jahres der Fälligkeit.

Den Versicherungsnehmer trifft eine Anzeigepflicht. Eine schuldhafte

Verletzung gibt dem Versicherer ein Rücktrittsrecht. Der Versicherungsnehmer darf keine nachträgliche Gefahrerhöhung vornehmen oder dulden, es sei denn, daß er einem Gebote der Menschlichkeit folgt. Den Eintritt des Versicherungsfalles hat der Versicherungsnehmer unverzüglich dem Versicherer mitzuteilen.

Der Versicherungsnehmer hat die Prämien zu zahlen, und zwar die erste sofort nach Abschluß gegen Aushändigung des Versicherungsscheines. Vor der Zahlung entstehen dem Versicherer keine Verpflichtungen. Werden später Prämien nicht pünktlich geleistet, so ist der Versicherer nach vergeblicher Bestimmung einer Zahlungsfrist von mindestens 2 Wochen seiner Pflichten enthoben.

Für Klagen gegen den Versicherer ist das Gericht des Ortes des Wohnsitzes des Agenten z. Z. der Vermittelung oder Schließung des Versicherungsvertrages zuständig.

Die Schadensversicherung. Der Schadensersatz ist mangels anderer Vereinbarungen in Geld zu leisten. Versicherungen über den Wert des versicherten Interesses hinaus, sog. Überversicherungen, sind verboten. Ist die Versicherungssumme niedriger als der Versicherungswert zur Zeit des Eintritts des Versicherungsfalles, Unterversicherung, so haftet der Versicherer für den Schaden nur nach dem Verhältnisse der Versicherungssumme zu diesem Werte.

Falls bei mehrfachen Versicherungen bei verschiedenen Versicherern die Versicherungssummen den Versicherungswert übersteigen, so spricht man von einer Doppelversicherung. Geschah sie in unredlicher Absicht, so ist sie nichtig. Im übrigen haften die Versicherer für ihren Betrag bis zum vollen Schaden als Gesamtschuldner, unter sich aber nur anteilsmäßig.

Der Versicherer ist mangels gegenteiliger Abreden von der Leistungspflicht frei, falls der Versicherungsnehmer den Versicherungsfall durch Vorsatz oder grobe Fahrlässigkeit herbeiführt. Veräußert der Versicherungsnehmer die versicherte Sache, so tritt der Erwerber in die Versicherung ein. Jedoch können Erwerber wie Versicherer die Versicherung mit einem Monat Frist kündigen. Der Versicherungsnehmer hat die Veräußerung unverzüglich dem Versicherer anzuzeigen, widrigenfalls dieser für einen später als einen Monat nach Unterlassung der Anzeige eintretenden Schaden nicht haftet.

Ersatzansprüche gegen Dritte gehen kraft Gesetzes auf den den Schaden ersetzenden Versicherer über, Ansprüche gegen einen mit dem Versicherungsnehmer in häuslicher Gemeinschaft lebenden Familienangehörigen aber nur, wenn dieser den Schaden vorsätzlich verursacht hat.

Die Versicherung kann vom Versicherungsnehmer im eigenen Namen oder für fremde Rechnung geschehen.

Die Feuerversicherung. Folgende Besonderheiten seien erwähnt: Ein dem Versicherer gemachter Vertragsantrag erlischt beim Unterbleiben der Annahme innerhalb 2 Wochen oder innerhalb einer andern festgesetzten Frist.

Der Versicherer haftet für den Schaden durch Brand, Explosion und Blitzschlag, jedoch nicht, falls Brand oder Explosion durch Erdbeben oder Kriegsmaßregeln entstehen. Die Versicherung erstreckt sich auf Sachen der Familienangehörigen und Bediensteten in der häuslichen Gemeinschaft des Versicherungsnehmers.

Die Anzeige muß innerhalb 2 Tagen nach dem Brandfalle abgesandt sein. Beide Teile können das Versicherungsverhältnis nach dem Eintritt des ersten Versicherungsfalles kündigen.

Die Transportversicherung. Die Vorschriften über die Transportversicherung umfassen sowohl die Versicherung von Gütern gegen die Gefahren der Beförderung zu Lande und auf Binnengewässern, als die Versicherung von Schiffen gegen die Gefahren der Binnenschiffahrt. Sie erstreckt sich auf Beförderungsgüter und Beförderungsmittel. Der Versicherer trägt alle Gefahren, denen die Güter während der Dauer der Versicherung ausgesetzt sind. Jedoch haftet er nicht für einen Schaden, der von dem Versicherungsnehmer vorsätzlich oder fahrlässig herbeigeführt ist, noch haftet er für einen Schaden, der durch die natürliche Beschaffenheit der Güter, namentlich durch inneren Verderb, Schwinden oder durch mangelhafte Verpackung der Güter verursacht worden ist. Ist ein Schiff nicht fahrtüchtig oder tritt es die Reise nicht gehörig ausgerüstet oder bemannt an, so wird der Versicherer seiner Verpflichtung enthoben. Die Versicherung von Gütern erstreckt sich auf die ganze Dauer der versicherten Reise. Sie beginnt mit dem Zeitpunkt, in dem die Güter von dem Frachtführer zur Beförderung oder einstweiligen Verwahrung angenommen werden. Sie endigt mit dem Zeitpunkt, in dem die Güter dem Empfänger am Ablieferungsort abgeliefert, oder wenn sich ein Ablieferungshindernis ergibt, rechtsmäßig hinterlegt oder verkauft werden. Unter die Versicherung gegen die Gefahr der Beförderung von Gütern auf Eisenbahnen fällt auch die Beförderung zur Eisenbahn, sowie die Beförderung von der Eisenbahn an den Empfänger, wenn sie durch die Eisenbahnverwaltung oder unter ihrer Verantwortlichkeit erfolgt. Die Versicherung gilt also auch, während die Güter bei der Bahn lagern. Über die Beförderung durch bahnamtliche Rollfuhrunternehmer gibt § 68 Abs. 3 der Eisenbahnverkehrsordnung Auskunft.

Sind die Güter gegen die Gefahren der Beförderung auf Binnengewässern versichert, so trägt der Versicherer auch die Gefahr der Benutzung von Leichterfahrzeugen bei der Verladung oder Ausladung, wenn die Benutzung ortsüblich ist.

Ist die Versicherung für eine Reise eines Schiffes genommen, so beginnt sie mit dem Zeitpunkt, in welchem mit der Einnahme der Ladung angefangen wird, oder wenn keine Ladung einzunehmen ist, mit der Abfahrt. Sie endigt mit dem Zeitpunkt, in welchem die Löschung der Ladung an dem Bestimmungsorte beendigt ist, oder wenn keine Ladung zu löschen ist, mit der Ankunft am Bestimmungsorte. Wird die Löschung vom Versicherungsnehmer ungebührlich verzögert, so endigt die Versicherung mit dem Zeitpunkt, in welchem die Löschung beendigt sein würde, falls die Verzögerung nicht stattgefunden hätte. Ist ein auf Zeit versichertes Schiff bei dem Ablaufe der vereinbarten Versicherungszeit unterwegs, so gilt im allgemeinen das Versicherungsverhältnis bis zur Ankunft des Schiffes am nächsten Bestimmungsort als verlängert. Ist die Versicherung für eine Reise genommen, die teils zur See teils auf Binnengewässern oder zu Lande ausgeführt wird, so finden auf die Versicherung, auch soweit sie die Reise auf Binnengewässern oder zu Lande betrifft, die Vorschriften des Handelsgesetzbuches über die Seeversicherung entsprechende Anwendung.

Die Lebensversicherung. Die Lebensversicherung kann auf die Person des Versicherungsnehmers oder eines Dritten, letztere jedoch nur mit dessen Einwilligung, genommen werden. Falsche Altersangabe vermindert nur die Höhe der Versicherungssumme, es sei denn, daß das Alter außerhalb des Geschäftsplanes des Versicherers liegt. Wegen Verletzung der Anzeigepflicht bei Vertragsschluß kann bei fehlender Arglist der Versicherer nach 10 Jahren nicht mehr vom Vertrage zurücktreten.

Bei einer Kapitalversicherung kann der Versicherungsnehmer ohne Zustimmung des Versicherers einen Dritten als Bezugsberechtigten bezeichnen. Soll bei einer Kapitalversicherung die Zahlung nach dem Tode an die „Erben ohne nähere Bezeichnung" erfolgen, so sind im Zweifel diejenigen nach dem Verhältnis ihrer Erbteile bezugsberechtigt, die zur Zeit des Todes als Erben berufen sind. Die Nachlaßgläubiger haben auf die Versicherungssumme keinen Anspruch. Bei Versicherung auf den Todesfall wird der Versicherer durch Selbstmord frei, es sei denn, daß Geisteskrankheit vorliegt oder der Versicherer nach dem Vertrage trotz des Selbstmordes haftet.

Eine Anzeigepflicht — durch Absendung binnen drei Tagen — ist nur gegeben, wenn der Tod als Versicherungsfall bestimmt ist.

Die Unfallversicherung. Sie wird gegen Unfälle des Versicherungsnehmers oder eines Dritten, jedoch nur mit dessen schriftlicher Zustimmung genommen. Bei vorsätzlicher Herbeiführung des Unfalls durch den Verunglückenden ist der Versicherer von seiner Pflicht zur Leistung befreit. Die Leistungspflicht des Versicherers kommt in Betracht bei: vorübergehender Erwerbsunfähigkeit während der Dauer des Heilverfahrens, dauernder Erwerbsunfähigkeit und Tod. Bei vorübergehender Erwerbsunfähigkeit gewährt der Versicherer in der Regel in Geld die zur Heilung notwendigen Mittel, wobei sich die Höhe seiner Leistung nach dem Betrage der versicherten Tagesentschädigung, dem Grade der eingetretenen Erwerbsunfähigkeit und nach der Zeitdauer des Heilverfahrens richtet. Im Falle der dauernden Erwerbsunfähigkeit zahlt der Versicherer ein bestimmtes Kapital oder eine bestimmte Rente nach dem Betrage der Erwerbsunfähigkeit und der versicherten Summe. Im Todesfalle leistet der Versicherer eine gewisse Summe.

Der Versicherer hat dem Versicherungsnehmer die Kosten, welche durch die Ermittelung und Feststellung des Unfalls sowie des Umfanges der Leistungspflicht des Versicherers entstehen, insoweit zu erstatten, als ihre Aufwendung den Umständen nach geboten war.

Die Haftpflichtversicherung. Die Haftpflichtversicherung ist eine Schadensversicherung. Sie betrifft Haftpflichtansprüche wegen Personenschäden, Sachschäden und sonstiger Vermögensschäden. Die Personenschäden umfassen die Tötung oder Verletzung des Körpers oder der Gesundheit eines Menschen. Sachschäden beziehen sich auf Beschädigung, Vernichtung oder Verlust einer fremden Sache. Vermögensschäden beziehen sich auf eine Vermögenseinbuße, die weder durch eine Person noch durch eine Sachbeschädigung herbeigeführt ist. Die Haftpflichtversicherung wegen Vermögensschädigung wird gegen die Folgen der in Ausübung des Berufs oder Amtes erwachsenen Haftpflicht gewährt (bei Beamten, Offizieren, Rechtsanwälten, Vormündern usw.).

Bei der Haftpflichtversicherung ist der Versicherer verpflichtet, dem Versicherungsnehmer die Leistungen zu ersetzen, welche dieser auf Grund seiner Verantwortlichkeit für eine während der Versicherungszeit eintretende Tatsache an einen Dritten zu bewirken hat. Der Versicherungsfall ist eingetreten, sobald ein Dritter gegen den Versicherungsnehmer einen Haftpflichtanspruch erhebt. Die Versicherung wird also nur gegen Ansprüche Dritter gewährt. Hat jemand für sich und seine Angestellten eine Versicherung genommen, so kann er sich nicht wegen des Schadens, den er durch einen Angestellten erleidet, an den Versicherer halten.

Die Versicherung umfaßt die gerichtlichen und außergerichtlichen Kosten, welche durch die Verteidigung gegen den von einem Dritten geltend gemachten Anspruch entstehen, soweit die Aufwendung der Kosten den Umständen entsprechend geboten ist. Dies gilt auch dann, wenn sich der Anspruch als unbegründet erweist. Der Versicherer hat die Kosten auf Verlangen des Versicherungsnehmers vorzuschießen.

Ist die Versicherung für die Haftpflicht aus einem geschäftlichen Betriebe des Versicherungsnehmers genommen, so erstreckt sie sich auf die Haftpflicht der Vertreter des Versicherungsnehmers sowie auf die Haftpflicht solcher Personen, welche er zur Leitung oder Beaufsichtigung des Betriebs oder eines Teiles des Betriebs angestellt hat. Die Versicherung gilt insoweit als für fremde Rechnung genommen.

Bei Weiterveräußerung, Verfrachtung, Vermietung des Unternehmens tritt der Nachfolger als Berechtigter in die Versicherung ein. Der Versicherer haftet nicht, wenn der Versicherungsnehmer den Eintritt der Tatsache, für die er dem Dritten verantwortlich ist, vorsätzlich, widerrechtlich herbeigeführt hat. Die Haftpflichtversicherung soll dem Versicherungsnehmer Deckung namentlich auch gegen solche Ansprüche Dritter gewähren, die darauf beruhen, daß der Versicherungsnehmer die im Verkehr erforderliche Sorgfalt außer acht gelassen hat. Nur Vorsatz befreit den Versicherer. Diese Befreiung bezieht sich nur auf zivilrechtliche, nicht auf strafrechtliche Ansprüche. Voraussetzung für die Befreiung des Versicherers ist ferner, daß der Versicherungsnehmer widerrechtlich gehandelt hat, also nicht in Notwehr, in Notstand oder in berechtigter Selbsthilfe. Nur die Tatsache, für welche der Versicherungsnehmer verantwortlich ist, braucht im Falle der Befreiung des Versicherers rechtswidrig zu sein, hingegen tritt eine Befreiung des Versicherers nicht schon dann ein, wenn die Entstehung der Haftverbindlichkeit auf einer rechtswidrigen Handlung des Versicherungsnehmers beruht.

Der Pflicht zur Anzeige des Versicherungsfalles wird genügt, wenn die Anzeige innerhalb einer Woche vom Zeitpunkt an erfolgt, in dem der Dritte seinen Anspruch gegenüber dem Versicherungsnehmer geltend macht. Durch die Absendung der Anzeige wird die Frist gewahrt. Wird der Versicherungsnehmer zu einer gerichtlichen Verhandlung über den Anspruch geladen, so hat er, wenngleich die Frist noch läuft, die Anzeige unverzüglich nach Empfang der Ladung zu machen. Zu einer gerichtlichen Verhandlung über den Anspruch gehört namentlich auch das Verfahren zur Sicherung des Beweises (§ 485 ZPO.).

Der Versicherer hat im allgemeinen die Entschädigung binnen 2 Wochen von dem Zeitpunkt an zu leisten, in dem der Dritte von dem Versicherungsnehmer befriedigt oder der Anspruch des Dritten durch rechtskräftiges Urteil, durch Anerkenntnis oder Vergleich festgestellt worden ist. Der Versicherer ist jedoch nur dann zur Leistung verpflichtet, wenn der Dritte tatsächlich einen Anspruch gegen den Versicherungsnehmer hat, und insoweit dieser Anspruch verwirklicht wird. Der Beweis dieses Anspruchs ist von dem Versicherungsnehmer dem Versicherer gegenüber zu führen. Hat der Versicherungsnehmer pflicht- und fristgemäß den Versicherer von dem Eintritt des Haftpflichtfalles benachrichtigt, so muß der Versicherer das zugunsten des Dritten ergangene Urteil gegen sich gelten lassen. Gewöhnlich ist der Versicherungsnehmer verpflichtet, die Führung des Prozesses dem Versicherer zu übertragen und dem vom Versicherer bezeichneten Rechtsanwalte Vollmacht zu erteilen.

Ist der Versicherungsnehmer dem Dritten zur Gewährung einer Rente verpflichtet, so kann er, wenn die Versicherungssumme den Kapitalwert der Rente nicht erreicht, nur einen verhältnismäßigen Teil der Rente verlangen. Hat der Versicherungsnehmer dem Dritten für die ihm geschuldete Rente kraft Gesetzes Sicherheit zu leisten, so erstreckt sich die Verpflichtung des Versicherers auf die Leistung der Sicherheit.

Der Versicherer ist berechtigt, die dem Versicherungsnehmer gebührende Entschädigung, soweit der Versicherungsnehmer dem Dritten zur Leistung verpflichtet ist, diesem Dritten zu entrichten. Vor der Zahlung an den Dritten hat der Versicherer dem Versicherungsnehmer Mitteilung zu machen. Auf Verlangen des Versicherungsnehmers ist der Versicherer verpflichtet, die Zahlung an den Dritten zu bewirken.

Hat nach dem Eintritt eines Versicherungsfalls der Versicherer dem Versicherungsnehmer gegenüber seine Verpflichtung zur Leistung der Entschädigung nicht anerkannt oder die Leistung der fälligen Entschädigung verweigert, so ist jeder Teil berechtigt, innerhalb eines Monats das Versicherungsverhältnis zu kündigen. Das gleiche gilt, wenn der Versicherer dem Versicherungsnehmer die Weisung erteilt, es über den Anspruch des Dritten zum Rechtsstreite kommen zu lassen.

Kündigt der Versicherungsnehmer, so gebührt dem Versicherer gleichwohl die Prämie für die laufende Versicherungsperiode. Kündigt der Versicherer, so gebührt ihm nur derjenige Teil der Prämie, welcher der abgelaufenen Versicherungszeit entspricht.

Das Reichshaftpflichtgesetz.

Vom 7. Juni 1871 in der Fassung des Art. 42 des Einführungsgesetzes zum BGB. vom 18. Aug. 1896, in Kraft seit dem 1. Januar 1900.

Aus dem Reichshaftpflichtgesetz sind zur Vervollständigung der einzelnen Gesetze über die Versicherung und der aus Betrieben entstehenden Haftpflicht die §§ 1 und 2 anzuführen, im übrigen sind die Bestimmungen der weiteren Paragraphen ähnlich den allgemeinen Vorschriften des Versicherungsrechts.

Die beiden Paragraphen lauten:

§ 1. „Wenn bei dem Betriebe einer Eisenbahn ein Mensch getötet oder körperlich verletzt wird, so haftet der Betriebsunternehmer für den dadurch entstandenen Schaden, sofern er nicht beweist, daß der Unfall durch höhere Gewalt oder durch eigenes Verschulden des Getöteten oder Verletzten verursacht ist.“

§ 2. „Wer ein Bergwerk, einen Steinbruch, eine Gräberei (Grube) oder eine Fabrik betreibt, haftet, wenn ein Bevollmächtigter oder ein Repräsentant oder eine zur Leitung oder Beaufsichtigung des Betriebes oder der Arbeiter angenommene Person durch ein Verschulden in Ausführung der Dienstverrichtungen den Tod oder die Körperverletzung eines Menschen herbeigeführt hat, für den dadurch entstandenen Schaden."

Das Seerecht.

§§ 474—905 HGB.

Das Seerecht ist dasjenige Recht, welches die Rechtsverhältnisse eines zum Erwerb durch die Seefahrt bestimmten Schiffes, des Kauffahrteischiffes, behandelt.

Dem Erwerb durch die Seefahrt dient die Beförderung von Gütern und Personen sowie der Erwerb von Naturerzeugnissen, z. B. die Hochseefischerei.

Zu den Kauffahrteischiffen gehören die Transportdampfer, die Hochseefischereischiffe, Bergungsdampfer u. dgl., nicht Lustjachten, Kriegsschiffe, Schulschiffe, Schiffe wissenschaftlicher Expeditionen. Jedoch finden auf alle Seeschiffe, also auch auf die letztgenannten, die Vorschriften Anwendung über:

1. Veräußerung von Schiffen;
2. Haftung des Reeders für Dienstverschuldung der Besatzung;
3. Haftung bei Zusammenstößen von Schiffen.

Wird ein Kauffahrteischiff oder ein Anteil an einem solchen — Schiffspart — veräußert, so vollzieht sich der Eigentumserwerb nach den Vorschriften des BGB. (§ 929 BGB.). Jedoch kann die nach dem BGB. zum Übergang des Eigentums erforderliche Übergabe durch eine Vereinbarung ersetzt werden, daß das Eigentum sofort auf den Erwerber übergehen soll.

Zubehör eines Schiffes sind auch die Schiffsboote; im Zweifel werden Gegenstände, die in das Schiffsinventar eingetragen sind, als Zubehör des Schiffes angesehen. Als Heimatshafen des Schiffes gilt der Hafen, von welchem aus die Seefahrt mit dem Schiffe betrieben wird. Zur Schiffsbesatzung werden gerechnet: der Schiffer, die Schiffsoffiziere, die Schiffsmannschaft, sowie alle übrigen auf dem Schiff angestellten Personen.

Am 2. Juni 1902 ist eine Seemannsordnung erlassen. Sie teilt die Besatzung ein in Kapitän, Schiffsoffiziere und Schiffsmannschaft. Schiffsoffiziere sind die zur Unterstützung des Kapitäns in der Führung des Schiffes bestimmten Angestellten mit staatlichem Befähigungsnachweis, ferner Ärzte, Proviant- und Zahlmeister. Schiffsmann ist jede sonstige zu Schiffsdiensten während der Fahrt für Rechnung des Reeders angestellte Person, nicht aber die Lotsen.

Die Schiffsmannschaft hat ihren mit dem Schiffer geschlossenen Heuervertrag vor dem Seemannsamte kundzugeben: Anmusterung. Über diese Anmusterung fertigt das Seemannsamt die Musterrolle aus. Vor Abschluß des Heuervertrags und vor der Anmusterung muß sich der Schiffsmann vor einem Seemannsamte über Namen, Heimat und Alter ausweisen und von demselben ein Seefahrtsbuch ausfertigen lassen. Vor Erlangung dieses Buches darf er keinen Heuervertrag eingehen. Die Abmusterung, d. h. die Entlassung hat ebenfalls vor dem Seemannsamte zu erfolgen. Im Auslande verrichten die Reichskonsuln die Aufgaben der Seemannsämter. Im Gegensatz zur Schiffsmannschaft der Kauffahrteischiffe untersteht die Schiffsmannschaft der Binnenschiffe der Gewerbeordnung.

Die Zwangsversteigerung eines Schiffes im Wege der Zwangsvollstreckung darf nicht angeordnet werden, wenn das Schiff zum Abgehen fertig, segelfertig, ist. Auch darf ein segelfertiges Schiff nicht mit Arrest belegt werden.

Zur Führung der deutschen Nationalflagge sind nach dem Gesetz betr. Flaggenrecht der Kauffahrteischiffe vom 11. April 1921, abgeändert am 5. Mai 1926, die Kauffahrteischiffe nur dann berechtigt, wenn sie im ausschließlichen Eigentum von Deutschen stehen. Die zur Flaggenführung befugten Schiffe sind in das meist vom Amtsgericht geführte amtliche Schiffsregister ihres Heimatshafens einzutragen. Über die Eintragung wird ein Schiffszertifikat ausgefertigt; erst dieses berechtigt zur Flaggenführung. Bei der Eintragung erhält das Schiff einen Namen, der nur mit Erlaubnis des Reichskanzlers geändert werden darf. Schiffe von höchstens 50 cbm Bruttoraumgehalt sind auch ohne Eintragung und Zertifikat zur Führung der Flagge berechtigt. Die Größe ergibt sich aus einem von der Vermessungsbehörde ausgestellten Meßbrief. Lustjachten, die in See gehen, dürfen ebenfalls die Reichsflagge führen. Binnenschiffe tragen regelmäßig nur die Landesflagge.

Reeder und Reederei. §§ 485—510.

Reeder ist der Eigentümer eines ihm zum Erwerbe durch die Seefahrt dienenden Schiffes. Er ist für den Schaden verantwortlich, den eine Person der Schiffsbesatzung durch ihr Verschulden in Ausführung ihrer Dienstverrichtungen einem Dritten zufügt.

Der Reeder haftet für den Anspruch eines Dritten nicht persönlich, sondern nur mit Schiff und Fracht, und zwar:

1. aus einem Rechtsgeschäft, welches der Schiffer als solcher kraft seiner gesetzlichen Befugnisse geschlossen hat (z. B. Frachtvertrag);
2. aus einem von ihm abgeschlossenen Vertrage, wenn die Ausführung des Vertrags zu den Dienstobliegenheiten des Schiffers gehört;
3. wenn der Anspruch auf das Verschulden einer Person der Schiffsbesatzung begründet wird.

Schiff und Fracht bezeichnet man als „Fortune de mer“. Aus diesem „Fortune de mer“ haftet der Reeder ferner bezüglich der Beiträge zur großen Haverie und hinsichtlich der Bergungs- und Schiffskosten. Haverie (§§ 700 bis 733) sind diejenigen Schäden und Unkosten, die während der Seereise den Reeder oder den Befrachter treffen. Man unterscheidet die kleine Haverie und die große Haverie.

Zur kleinen Haverie gehören die gewöhnlichen und ungewöhnlichen Kosten der Schiffahrt wie Lotsengeld, Hafengeld, Leuchtfeuergeld, Schlepplohn, Quarantänegelder, Ausweisungskosten u. dgl. Mangels anderer Abrede fallen die Kosten der kleinen Haverie dem Verfrachter allein zur Last.

Die große Haverie umfaßt alle Schäden, welche dem Schiffe oder der Ladung oder beiden zum Zwecke der Errettung beider aus einer gemeinsamen Gefahr von dem Schiffer oder auf dessen Anordnung von einem anderen vorsätzlich zugefügt sind, ferner die durch solche Maßregeln verursachten Schäden und zu demselben Zwecke aufgewendeten Kosten. Die große Haverie wird von

Schiff, Fracht und Ladung gemeinschaftlich getragen. Die Feststellung der Schäden, Verklarung, und die Verteilung derselben — Dispache — erfolgt an dem Bestimmungsort und, wenn dieser nicht erreicht wird, in dem Hafen, in welchem die Reise endet.

Der Reeder haftet ferner für die Forderungen der zur Schiffsbesatzung gehörenden Personen aus den Dienst- und Heuerverträgen nicht nur mit Schiff und Fracht, sondern persönlich mit dem „fortune de terre". Es kann wegen eines jeden Anspruches vor dem Gericht seines Heimathafens belangt werden.

Reederei. Eine Reederei besteht, wenn ein mehreren Personen gemeinschaftlich zustehendes Schiff von diesen zum Erwerb durch die Seefahrt für gemeinschaftliche Rechnung verwendet wird. Die Reederei wird begründet durch einen Gesellschaftsvertrag. Außer der Reederei können auch noch die andern Gesellschaftsformen gewählt werden. Das Rechtsverhältnis der Mitreeder bestimmt sich aus dem zwischen ihnen geschlossenen formlosen Vertrage. Ist eine solche Vereinbarung nicht getroffen, so gelten die folgenden Vorschriften:

Bei der Beschlußfassung über Angelegenheiten der Reederei entscheidet Stimmenmehrheit. Die Stimmen werden nach der Größe der Schiffspart berechnet. Einstimmigkeit sämtlicher Mitreeder ist erforderlich zu Beschlüssen, welche eine Abänderung des Reedereivertrages bezwecken. Durch Mehrheitsbeschluß kann für den Betrieb der Reederei ein Korrespondentreeder (Schiffsdirektor) bestellt werden. Gehört derselbe nicht zu den Mitreedern, so ist einstimmiger Beschluß erforderlich. Für die Befugnisse eines solchen Schiffsdirektors gelten ähnliche Bestimmungen wie beim Handlungsbevollmächtigten.

Gibt ein Mitreeder seine Schiffspart ohne Anspruch auf Entgelt auf, so fällt sie den übrigen Mitreedern nach dem Verhältnisse der Größen ihrer Schiffsparten zu.

Verteilung von Gewinn und Verlust geschieht nach der Größe der Schiffsparten. Jeder Mitreeder kann seine Schiffspart jederzeit und ohne Einwilligung der übrigen Schiffsreeder ganz oder teilweise veräußern. Würde das Schiff durch diese Veräußerung das Recht verlieren, die Reichsflagge zu führen, so kann die Veräußerung nur mit Zustimmung aller Mitreeder erfolgen.

Die Auflösung der Reederei kann durch Stimmenmehrheit beschlossen werden. Die Mitreeder haften nach außen hin, wenn ihre persönliche Haftung eintritt, nur nach dem Verhältnis der Größe ihrer Schiffsparten.

Der Schiffer. §§ 511—555.

Schiffer, Schiffskapitän, nennt man den Führer eines Schiffes. Man unterscheidet Küstenschiffer, Schiffer für kleine Fahrt und Schiffer für große Fahrt. Sie sind verpflichtet, die Sorgfalt eines ordentlichen Schiffers anzuwenden und haften für allen durch ihr Verschulden entstehenden Schaden gegenüber dem Reeder, dem Befrachter, Ablader, den Reisenden, der Schiffsbesatzung, den Schiffsgläubigern usw. Der Schiffer hat vor dem Antritt der Reise dafür zu sorgen, daß das Schiff in seetüchtigem Zustande, gehörig eingerichtet und ausgerüstet, gehörig bemannt und verproviantiert ist, und daß die als Ausweise für Schiff, Besatzung und Ladung erforderlichen Papiere an Bord sind.

Auf jedem Schiff muß ein Tagebuch geführt werden, in welches für jede Reise alle erheblichen Begebenheiten einzutragen sind, seitdem mit dem Einnehmen der Ladung begonnen ist.

Das Tagebuch wird unter Aufsicht des Schiffers von dem Steuermann, und im Falle der Verhinderung des letzteren von dem Schiffer selbst oder unter seiner Aufsicht von einem durch ihn zu bestimmenden geeigneten Schiffsmanne geführt.

Die Eintragungen müssen, soweit nicht die Umstände es hindern, täglich geschehen.

Der Schiffer hat über alle Unfälle, welche sich während der Reise ereignen, sie mögen den Verlust oder die Beschädigung des Schiffes oder der Ladung, das Einlaufen in einen Nothafen oder einen sonstigen Nachteil zur Folge haben, mit Zuziehung aller Personen der Schiffsbesatzung oder einer genügenden Anzahl von ihnen vor Gericht eine Verklarung (Seeprotest) abzulegen, d. i. eine gerichtliche Feststellung des Schadens unter Zuziehung von Zeugen vorzunehmen.

Er darf ohne Einwilligung des Reeders keinen sog. Pakotillevertrag abschließen, d. h. für eigene Rechnung keine Güter verladen. Handelt er dieser Vorschrift zuwider, so hat er dem Reeder die höchste am Abladungsorte zur Abladungszeit für solche Reisen und Güter bedungene Fracht zu erstatten, unbeschadet des Anspruchs des Reeders auf den Ersatz eines ihm verursachten höheren Schadens.

Die Rechte des Schiffers. Der Schiffer kann die vereinbarte Vergütung verlangen. Seine Entlassung ist jederzeit zulässig, selbst wenn das Gegenteil vereinbart ist; natürlich hat er aber einen Anspruch auf Entschädigung, deren Höhe das Gesetz näher geregelt hat.

Der Schiffer hat gegenüber Dritten eine weitgehende Stellvertretungsbefugnis:

a) Befindet sich das Schiff außerhalb des Heimathafens, so kann er für den Reeder alle Geschäfte und Rechtshandlungen vornehmen, welche die Ausrüstung, die Bemannung, die Verproviantierung und die Erhaltung des Schiffes, sowie überhaupt die Ausführung der Reise mit sich bringen.

Die Befugnis erstreckt sich auch auf die Eingehung von Frachtverträgen; sie erstreckt sich ferner auf die Anstrengung von Klagen, welche sich auf den Wirkungskreis des Schiffes beziehen.

Innerhalb des Heimathafens bedarf der Schiffer einer besonderen Vollmacht, ausgenommen zur Annahme der Schiffsmannschaft.

b) Zur Aufnahme von Darlehen, zur Eingehung von Käufen auf Borg, sowie zum Abschluß ähnlicher Kreditgeschäfte ist der Schiffer nur dann befugt, wenn es zur Erhaltung des Schiffes oder zur Ausführung der Reise notwendig ist und nur insoweit, als es zur Befriedigung der Bedürfnisse erforderlich ist.

In Fällen dringender Not darf er das Schiff sogar verkaufen.

Er ist aber ohne besondere Vollmacht nicht befugt, auf den persönlichen Kredit des Reeders Geschäfte abzuschließen, insbesondere Wechselverbindlichkeiten für den Reeder einzugehen.

Der Reeder, der die gesetzlichen Befugnisse des Schiffers beschränkt hat, kann dem Dritten die Nichteinhaltung dieser Beschränkung nur entgegensetzen, wenn sie dem Dritten bekannt war.

Durch ein Rechtsgeschäft, das der Schiffer in seiner Eigenschaft als Führer des Schiffes, sei es mit, sei es ohne Bezeichnung des Reeders innerhalb seiner gesetzlichen Befugnisse schließt, wird der Reeder dem Dritten gegenüber berechtigt und die Haftung des Reeders mit Schiff und Fracht begründet. Der Schiffer selbst wird dem Dritten durch das Rechtsgeschäft nicht verpflichtet, es sei denn, daß er eine Gewährleistung für die Erfüllung übernimmt oder seine Befugnisse überschreitet.

Der Schiffer hat eine in der Seemannsordnung näher geregelte Kommando- und Disziplinargewalt über die auf dem Schiffe befindlichen Personen. Er kann sie sogar fesseln lassen.

Frachtgeschäft zur Beförderung von Gütern. §§ 556—663.

Der Frachtvertrag zur Beförderung von Gütern ist das Hauptgeschäft des Seehandels; es bezieht sich entweder:

a) auf das Schiff im ganzen oder einen verhältnismäßigen Teil oder einen bestimmt bezeichneten Raum des Schiffes oder

b) auf einzelne Güter (Stückgüter).

In beiden Fällen nennt man den Reeder Verfrachter, den Absender Befrachter. Als Befrachter tritt gewöhnlich ein Spediteur auf. Der Vertreter des Befrachters heißt Ablader, der des Empfängers Abnehmer.

Wird das Schiff im ganzen oder zu einem verhältnismäßigen Teile oder wird ein bestimmt bezeichneter Raum des Schiffes verfrachtet, so kann jede Partei verlangen, daß über den Vertrag eine schriftliche Urkunde (Chartepartie = carta partita, d. i. geteilte Urkunde, weil diese früher zerrissen und behufs späterer Prüfung der Echtheit jedem Beteiligten zur Hälfte übergeben wurde) errichtet wird.

Bei der Verfrachtung eines Schiffes im ganzen hat der Schiffer, sobald er zur Einnahme der Ladung fertig und bereit ist, dies dem Befrachter anzuzeigen. Mit dem auf die Anzeige folgenden Tage beginnt die vom Gesetze nach der Größe der Ladung festgelegte Ladezeit.

Über die Ladezeit hinaus hat der Verfrachter auf die Abladung noch länger zu warten, wenn es vereinbart ist (Überliegezeit). Für die Ladezeit kann, sofern nicht das Gegenteil bedungen ist, keine besondere Vergütung verlangt werden, wohl aber für die Überliegezeit. Dieses Liegegeld ist, wenn nicht durch Vertrag bestimmt, nach billigem Ermessen festzusetzen.

Bei Stückgutfracht muß die Abladung unverzüglich nach Aufforderung des Schiffers bewirkt werden. Dieser braucht auf den säumigen Befrachter nicht zu warten; der Befrachter muß gleichwohl die volle Fracht entrichten.

Der Empfänger wird durch die Annahme der Güter verpflichtet, nach Maßgabe des Frachtvertrages oder des Konnossements, auf Grund deren die Empfangnahme geschieht, die Fracht nebst allen Nebengütern sowie das etwaige Liegegeld zu bezahlen, die ausgelegten Zölle und übrigen Auslagen zu erstatten und die ihm sonst obliegenden Verpflichtungen zu erfüllen. Bis zur Annahme haftet der Befrachter.

Der Verfrachter hat die Güter gegen Zahlung der Fracht und gegen Erfüllung der übrigen Verpflichtungen des Empfängers auszuliefern.

Der Verfrachter hat ein Pfandrecht an den Gütern, und zwar besteht dieses, solange die Güter zurückbehalten oder hinterlegt sind; es dauert auch nach der Ablieferung fort, sofern es binnen 30 Tagen nach der Beendigung der Ablieferung gerichtlich geltend gemacht wird, und das Gut noch im Besitze des Empfängers ist.

Der Befrachter kann vor dem Antritt der Reise von dem Vertrag unter der Verpflichtung zurücktreten, die Hälfte der bedungenen Fracht als Fautfracht (von faute du fret = Mangel an Fracht) zu zahlen. Nachdem die Reise angetreten ist, kann er nur gegen Berichtigung der vollen Fracht sowie aller sonstigen Forderungen des Verfrachters und gegen Berichtigung oder Sicherstellung der Beträge zur großen Haverei, der Bergungs- und Hilfskosten und der Bodmereigelder von dem Vertrage zurücktreten und die Wiederausladung der Güter fordern.

Der Frachtvertrag tritt außer Kraft, ohne daß der Verfrachter eine Entschädigungspflicht hat, wenn vor dem Antritt der Reise durch einen Zufall:

a) das Schiff oder

b) die Ladungsgüter verloren gehen.

Jeder Teil ist befugt, von dem Vertrage zurückzutreten, ohne zur Entschädigung verpflichtet zu sein,

a) wenn vor dem Antritt der Reise durch Verfügungen „von hoher Hand" (z. B. durch das Belegen mit Embargo, d. h. das Anhalten des Schiffes als Vorläufer des Krieges, ferner durch das Blockieren der Häfen, d. h. deren Sperrung seitens des Feindes) das Schiff am Auslaufen oder an der Reise oder der Versendung der nach dem Frachtvertrage zu liefernden Güter verhindert wird;

b) wenn vor dem Antritt der Reise ein Krieg ausbricht, infolgedessen das Schiff oder die nach dem Frachtvertrage zu überschiffenden Güter oder beide nicht mehr als frei betrachtet werden können und der Gefahr der Aufbringung ausgesetzt würden.

Geht das Schiff oder das Gut nach dem Antritt der Reise durch einen Zufall verloren, so endet der Frachtvertrag. Jedoch hat der Befrachter, soweit Güter geborgen oder gerettet werden, die Fracht im Verhältnis der zurückgelegten ganzen Reise zu zahlen (Distanzfracht). Diese ist nur soweit zu zahlen, als der gerettete Wert der Güter reicht.

Die Haftung des Reeders. Auch der Verfrachter haftet heute ebenso wie der Frachtführer bei Verlust oder Beschädigung nicht mehr bis zur höheren Gewalt sondern nur für Fahrlässigkeit.

Das Konnossement. Nach Beendigung der Abladung (d. i. der Herbeischaffung der zu befördernden Güter) hat der Schiffer dem Ablader unverzüglich gegen Rückgabe des etwa bei der Annahme der Güter erteilten vorläufigen Empfangsscheins ein Konnossement in so vielen Exemplaren auszustellen, als der Ablader verlangt.

Das Konnossement ist der Ladeschein des Seefrachtverkehrs. Doch ist es im Gegensatz zu diesem auf Verlangen vom Schiffer stets auszustellen, auch ohne besondere dahin zielende Abmachung. Es ist für das Rechtsverhältnis zwischen dem Verfrachter und dem Empfänger der Güter maßgebend und wird vom Verfrachter oder Schiffer ausgestellt. Insbesondere hat die Ablieferung der Güter an den Empfänger nach dem Inhalte des Konnossements zu erfolgen. Für das Rechtsverhältnis zwischen dem Verfrachter und dem Befrachter bleiben die Bestimmungen des Frachtvertrages maßgebend.

Das Konnossement soll gewisse vom Gesetz genau vorgeschriebene Punkte enthalten, nämlich:

a) den Namen des Schiffers;

b) den Namen und die Nationalität des Schiffes;

c) den Namen des Abladers;

d) den Namen des Empfängers;

e) den Abladungshafen;

f) den Löschungshafen oder den Ort, an welchem Order über ihn einzuholen ist;

g) die Bezeichnung der abgeladenen oder zur Beförderung übernommenen Güter, deren Menge und Merkzeichen;

h) die Bestimmung in Ansehung der Fracht;

i) den Ort und den Tag der Ausstellung;

k) die Zahl der ausgestellten Exemplare.

Auf Verlangen des Abladers ist das Konnossement, sofern nicht das Gegenteil vereinbart ist, an die Order des Empfängers oder lediglich an Order zu stellen. Im letzteren Falle ist unter der Order die Order des Abladers zu verstehen.

Das Konnossement kann auch auf den Namen des Schiffers als Empfänger lauten.

Der Schiffer ist verpflichtet, im Löschungshafen dem legitimierten Inhaber auch nur eines Exemplares des Konnossements die Güter auszuliefern.

Zur Empfangnahme der Güter legitimiert ist derjenige, an den die Güter nach dem Konnossement abgeliefert werden sollen, oder auf den das Konnossement, wenn es an Order lautet, durch Indossament übertragen ist.

Melden sich mehrere Konnossementinhaber, so muß er sie sämtlich zurückweisen und die Güter hinterlegen.

Die Übergabe des Konnossements an denjenigen, der durch das Konnossement zur Empfangnahme legitimiert ist, hat, sobald die Güter von dem Schiffer oder einem andern Vertreter des Reeders zur Beförderung übernommen sind, für den Erwerb von Rechten an den Gütern dieselben Wirkungen wie die Übergabe der Güter. Demgemäß ist das Konnossement eine Dispositionsurkunde.

Frachtgeschäfte zur Beförderung von Reisenden. §§ 664—678.

Ist der Reisende in dem Überfahrtsvertrage genannt, so ist er nicht befugt, das Recht auf die Überfahrt an einen andern abzutreten. Falls er sich vor oder nach dem Antritt der Reise nicht rechtzeitig an Bord begibt, hat er das volle Überfahrtsgeld zu bezahlen, wenn der Schiffer die Reise unternimmt. Der Reisende ist verpflichtet, alle die Schiffsordnung betreffenden Anweisungen des Schiffers zu befolgen. Für die Beförderung des Reiseguts ist im allgemeinen keine besondere Vergütung zu zahlen.

Die auf das Auswanderungswesen sich beziehenden Landesgesetze werden durch die Vorschriften obiger Paragraphen nicht berührt.

Die Bodmerei. §§ 679—699.

Bodmerei ist ein Darlehnsgeschäft, das vom Schiffer kraft seiner gesetzlichen Befugnisse unter Zusicherung einer Prämie und unter Verpfändung von Schiff, Frachtgeld und Ladung oder von einem dieser eingegangen wird. Der Gläubiger kann sich wegen seiner Ansprüche nur an die verpfändeten — verbodmeten — Gegenstände nach der Ankunft des Schiffes an demjenigen Ort halten, an welchem die Reise enden sollte, für die das Geschäft eingegangen ist. Die Haftung tritt nur im Falle glücklicher Beendigung der Fahrt ein. Die Bodmerei kann von dem Schiffer nur eingegangen werden, während sich das Schiff außerhalb des Heimathafens zum Zweck der Ausführung der Reise befindet oder während der Reise im alleinigen Interesse der Ladungsbeteiligten zum Zwecke der Erhaltung oder Weiterbeförderung der Ladung. Die Höhe der Bodmereiprämie ist ohne Beschränkung dem Übereinkommen der Parteien überlassen. Über die Verbodmung muß von dem Schiffer ein Bodmereibrief — Seewechsel — ausgestellt werden. Die aus der Bodmerei entstehende Schuld ist im allgemeinen in dem Bestimmungshafen am 8. Tage nach der Ankunft des Schiffes dem legitimierten Inhaber des Bodmereibriefes zu zahlen.

Bergung und Hilfeleistung in Seenot. §§ 740—753.

Eine Bergung liegt vor, wenn in Seenot ein Schiff oder dessen Ladung ganz oder teilweise von dritten Personen an sich genommen und in Sicherheit gebracht wird, nachdem sie der Verfügung der Schiffsbesatzung entzogen oder von ihr verlassen war. Hingegen bedeutet Hilfeleistung in Seenot, wenn das Schiff noch in der Gewalt der Besatzung ist.

Die helfenden dritten Personen haben einen Anspruch auf Bergelohn oder Hilfslohn. Ein solcher steht der Schiffsbesatzung des betreffenden Schiffes nicht zu. Die Höhe des Berge- oder Hilfslohnes ist nach billigem Ermessen in Geld festzusetzen, jedoch soll der Betrag des Bergelohnes den dritten Teil des Wertes der geborgenen Gegenstände im allgemeinen nicht übersteigen. Auf Berge- oder Hilfslohn haben diejenigen keinen Anspruch, welche ihre Dienste aufdrängen, insbesondere ohne Erlaubnis des anwesenden Schiffers das Schiff betreten und diejenigen, welche von den geborgenen Gegenständen dem Schiffer, dem Eigentümer oder der zuständigen Behörde nicht sofort Anzeige machen. Wegen der Bergungs- und Hilfskosten sowie wegen des Berge- und Hilfslohnes steht dem Gläubiger ein Pfandrecht an den geborgenen oder geretteten Gegenständen, und an den geborgenen Gegenständen bis zur Sicherheitsleistung zugleich das Rückbehaltungsrecht zu.

Für herrenlose Sachen ist die Strandungsordnung vom 17. Mai 1874 maßgebend. Danach hat das betreffende Strandamt, der Strandvogt, das Aufgebotsverfahren zu veranlassen. Ist dieses erfolglos, so erhält versunkene und seetriftige Gegenstände der Finder; strandtriftige, in Seenot vom Strande aus geborgene Sachen und den Seeauswurf erhält der Landesfiskus.

Die Schiffsgläubiger. §§ 754—777.

Schiffsgläubiger sind diejenigen Gläubiger, welche kraft Gesetzes oder kraft Verbodmung ein bevorzugtes Pfandrecht an Schiff und Fracht haben. Es bedarf hierzu keiner Einigung und Eintragung in das Schiffsregister. In § 754 HGB. sind diejenigen Kosten, Abmachungen, Forderungen aufgeführt, durch die man Schiffsgläubiger wird.

Versicherung gegen die Gefahren der Seeschiffahrt. §§ 778—900.

Gegenstand der Seeversicherung kann jedes in Geld schätzbare Interesse sein, das jemand daran hat, daß Schiff oder Ladung die Gefahren der Seeschiffahrt besteht. Der Versicherungsnehmer kann entweder sein eigenes Interesse oder das Interesse eines Dritten mit oder ohne Bezeichnung der Person des Versicherten versichern. Der Versicherer ist verpflichtet, auf Verlangen eine von ihm unterzeichnete Urkunde (Police) dem Versicherungsnehmer auszuhändigen. Die Versicherungssumme darf den Versicherungswert nicht übersteigen. Bezüglich Überversicherung und Doppelversicherung vgl. S. 235. Der Versicherer trägt alle Gefahren, denen Schiff oder Ladung während der Dauer der Versicherung ausgesetzt sind, soweit nicht durch die gesetzlichen Vorschriften oder durch Vertrag abweichende Bestimmungen getroffen sind. Er trägt insbesondere die Gefahr der Naturereignisse und der sonstigen Seeunfälle, auch wenn diese durch das Verschulden eines Dritten veranlaßt sind, wie Eindringen des Seewassers, Strandung, Schiffbruch, Sinken, Feuer, Explosion, Blitz, Erdbeben, Beschädigung durch Eis usw., die Gefahr des Krieges und der Verfügungen von hoher Hand, die Gefahr der Unredlichkeit oder des Verschuldens einer Person der Schiffsbesatzung, sofern daraus für den versicherten Gegenstand ein Schaden entsteht, die Gefahr des Zusammenstoßes von Schiffen jeglicher Art und so fort.

Hingegen fallen dem Versicherer u. a. nicht zur Last der Schaden, der daraus entsteht, daß das Schiff in einem nicht seetüchtigen Zustand oder nicht gehörig ausgerüstet oder bemannt oder ohne die erforderlichen Papiere in See gesandt ist, ferner nicht der Schaden, der nur eine Folge der Abnutzung des Schiffes im gewöhnlichen Gebrauch ist, oder der nur durch Alter, Fäulnis oder Wurmfraß verursacht wird. Auch ausgeschlossen ist der Schaden bei Gütern, der durch Schwinden, inneren Verderb entsteht oder der von dem Versicherten vorsätzlich oder fahrlässig verursacht ist.

Die Verpflichtung des Versicherers zum Ersatz eines Schadens tritt auch dann ein, wenn dem Versicherten ein Anspruch auf dessen Vergütung gegen den Schiffer oder eine andere Person zusteht. Mit dem Beginn der Abfahrt des Schiffes oder mit der Einnahme der Ladung oder des Ballastes beginnt die Versicherung.

Der Versicherte ist befugt, die Zahlung der Versicherungssumme zum vollen Betrage gegen Abtretung der in Ansehung des versicherten Gegenstandes ihm zustehenden Rechte zu verlangen, wenn das Schiff verschollen ist, oder wenn der Gegenstand der Versicherung dadurch bedroht ist, daß das Schiff oder die Güter unter Embargo gelegt, von einer kriegführenden Macht aufgebracht, auf andere Weise durch Verfügung von hoher Hand angehalten oder durch Seeräuber genommen und während einer Frist von 6, 9 oder 12 Monaten nicht freigegeben sind.

Ein Schiff, das eine Reise angetreten hat, ist als verschollen anzusehen, wenn es innerhalb der Verschollenheitsfrist, die im § 862 geregelt ist, den Bestimmungshafen nicht erreicht hat, auch innerhalb dieser Frist den Beteiligten keine Nachrichten über das Schiff zugegangen sind.

Der Versicherte hat, um den Ersatz des Schadens fordern zu können, dem Versicherer durch genügende Belege eine Schadensberechnung aufzumachen. Als genügende Belege sind im allgemeinen solche Belege anzusehen, die im Handelsverkehre, namentlich, wegen der Schwierigkeit der Beschaffung anderer Beweise nicht beanstandet zu werden pflegen, z. B. Eigentumsurkunden, Fakturen und Konnossemente.

Verjährung. §§ 901—905.

Die Verjährungsfrist für das Seerecht beträgt gewöhnlich 1 Jahr, ausnahmsweise 2 Jahre. In 5 Jahren verjähren die Forderungen des Versicherers und des Versicherten aus dem Versicherungsvertrage. Die Verjährung beginnt mit dem Ablauf des Jahres, in welchem die versicherte Reise beendet ist.

Das Wechselrecht.

Bei einem Wechsel spielen hauptsächlich folgende Persönlichkeiten eine Rolle:

1. Der Aussteller, der den Wechsel gibt, um daraufhin Geld zu erlangen;

2. der Remittent; er ist derjenige, zu dessen Gunsten der Aussteller den Wechsel ausschreibt, also der erste Gläubiger und der erste Wechselinhaber;

3. der Trassat; ihn ersucht der Aussteller, den Wechsel zu bezahlen, jedoch entsteht die wechselmäßige Zahlungsverpflichtung erst mit der Annahme, dem Akzepte des Wechsels. Mit der Annahme wird der Trassat zum Akzeptanten.

Macht der Remittent den Wechsel zu Geld, indem er als Indossant ihn gegen mäßige Provision einem Bankier überläßt, indossiert, so wird der Bankier zum:

4. Indossator. Ihm haften Akzeptant, Aussteller und Remittent. Der Indossator kann durch weiteres Indossieren den Wechsel wieder zu Geld machen. Desgleichen der nächste Indossator usw.

Am schärfsten haftet der Akzeptant. Seine Schuld verjährt erst in 3 Jahren. Der Gläubiger wird es lieber sehen, daß ein Schuldner den Wechsel nicht als Aussteller, sondern als Akzeptant unterschreibt, z. B. Warenlieferung gegen dreimonatliches Akzept, d. h., daß der Empfänger der Ware dem andern ein Wechselakzept über die Warenschuld mit dreimonatlichem Fälligkeitstermin, das bedeutet mit dreimonatlichem Ziel, geben soll.

Bekommt der Wechselgläubiger beim Akzeptanten keine Befriedigung, so haften alle, die den Wechsel unterschrieben haben, als Gesamtschuldner. Er hat gegen sie den Regreß. Die ungünstigste Stelle in der Reihe der Regreßschuldner nimmt der Aussteller ein; ihm bleibt nur noch der Anspruch gegen den Akzeptanten. Je mehr Unterschriften ein Wechsel zeigt, desto sicherer pflegt er zu sein.

Das Diskontogeschäft. Ein häufig geübter Zweig der Bankgeschäfte ist der Ankauf noch nicht fälliger Wechsel (z. B. Dreimonatsakzepte). Der Bankier zieht dem betreffenden Wechselverkäufer den Zwischenzins — Diskonto —

ab und läßt sich außerdem eine Provision zahlen. In ähnlicher Weise werden Wechsel im internationalen Verkehr — Devisen — behandelt. Es bilden sich auf diese Weise Wechselkurse auf die internationalen Haupthandelsplätze.

Der Wechsel ist ein Wertpapier, und zwar ein Orderpapier. Man unterscheidet gezogene und eigene Wechsel.

Der gezogene, trassierte Wechsel, auch Tratte genannt, kommt im Verkehr am häufigsten vor und enthält eine Zahlungsanweisung an einen Dritten, den Bezogenen, Trassaten.

Der eigene Wechsel oder Solawechsel enthält ein Summenversprechen des Ausstellers.

Nach anderen Gesichtspunkten teilt man die Wechsel noch in Distanzwechsel ein, bei denen die Zahlung an einem andern Ort als dem Ausstellungsort geschehen soll, in Platzwechsel, bei denen Ausstellungs- und Zahlungsort die gleichen sind, und in Domizilwechsel, bei denen der Zahlungsort kraft eines besonders hinzugefügten Domizilvermerks verschieden vom Wohnort des Bezogenen angegeben ist.

Passiv wechselfähig ist jeder, der sich durch Verträge verpflichten kann, aktiv wechselfähig, d. h. fähig, Rechte aus Wechseln zu erwerben, ist jedes Rechtssubjekt. Die wechselmäßige Verpflichtung trifft den Aussteller, den Akzeptanten und die Indossanten des Wechsels sowie den Wechselbürgen. Der Wechselbürge kann die Unterschrift des Ausstellers, Indossanten oder Akzeptanten mitunterzeichnen, meist mit dem Zusatze „per aval".

Klagen aus wechselmäßigen Ansprüchen können im Wechselprozeß erfolgen. Die Einlassungsfrist ist sehr kurz bemessen. Bei Klagen am gleichen Orte ist sie 24 Stunden, sonst mindestens drei Tage. Der Gerichtsstand für Wechselklagen ist sowohl das Gericht des Zahlungsorts als dasjenige Gericht, bei dem der Beklagte seinen allgemeinen Gerichtsstand hat. Für Wechselklagen sind in erster Instanz bei einem Streitwert über 500 RM., falls sie nicht im Wechselprozeß geltend gemacht werden, die Amtsgerichte und bei geringerem Streitwert in zweiter Instanz die Kammern für Handelssachen zuständig. Im Wechselprozeß darf sich der Beklagte nur mittels Urkundenbeweises und Eideszuschiebung verteidigen.

Die wesentlichen Erfordernisse eines gezogenen Wechsels sind:

1. die Bezeichnung als Wechsel;
2. die Angabe der zu zahlenden Geldsumme;
3. der Name der Person oder der Firma, an die oder in deren Order gezahlt werden soll;
4. die Angabe der Zeit, zu der gezahlt werden soll, und zwar auf einen bestimmten Tag oder auf Sicht, auf eine bestimmte Zeit nach dem Tage der Ausstellung oder auf eine Messe oder auf einen Markt;
5. die Unterschrift des Ausstellers unter dem Wechsel. Sie muß geschrieben sein;
6. die Angabe des Ortes, Monatstages und Jahres der Ausstellung, also das Datum desselben;
7. der Name der Person oder der Firma, welche die Zahlung leisten soll;
8. die Angabe des Ortes, an dem die Zahlung geschehen soll.

Fehlt eines jener acht wesentlichen Erfordernisse beim Wechsel, so entsteht keine wechselmäßige Verbindlichkeit.

Korrekturen und Radierungen an den acht wesentlichen Bestandteilen des Wechsels ohne Zustimmung des Ausstellers und der sonstigen Wechselverpflichteten machen den Wechsel ungültig.

Der Remittent kann den Wechsel an einen andern durch Indossament, auch Giro genannt, übertragen. Den Übertragenden nennt man Indossanten, den neuen Gläubiger Indossatar. Zum Beispiel: „Für mich an die Order des Herrn ..." Durch das Indossament gehen alle Rechte auf den Wechsel auf den Indossatar über, vor allem die Befugnis, den Wechsel weiter zu indossieren. Der Übergang schafft ein völlig neues Recht des Indossators. Der Indossant haftet jedem späteren Inhaber des Wechsels für dessen Annahme und Zahlung wechselmäßig, wenn nicht die Worte: „ohne Gewährleistung" oder „nicht an Order" hinzugefügt sind. Der Indossant haftet für Annahme und Bezahlung des Wechsels. Der Inhaber eines Wechsels ist berechtigt, den Wechsel dem Bezogenen an dessen Wohnort sofort nach der Ausstellung zur Annahme vorzulegen. Erfolgt die Annahme nicht, so kann er Protest erheben. Hierzu genügt der bloße Besitz des Wechsels. Sind Wechsel auf eine bestimmte Zeit nach Sicht ausgestellt, so müssen sie in Ermangelung einer genauen Bestimmung binnen zwei Jahren nach der Ausstellung zur Annahme vorgelegt werden. Hat ein Indossant auf einen Wechsel dieser Art seinem Indossamente eine besondere Vorlegungsfrist (Präsentationsfrist) hinzugefügt, so erlischt seine wechselmäßige Verpflichtung, wenn der Wechsel nicht innerhalb dieser Frist zur Annahme vorgelegt worden ist.

Ist die Annahme eines auf bestimmte Zeit nach Sicht bestellten Wechsels nicht zu erreichen oder verweigert der Bezogene die Datierung seines Akzeptes, so muß der Inhaber bei Verlust des wechselmäßigen Anspruchs gegen die Indossanten und den Aussteller die rechtzeitige Vorlegung des Wechsels durch einen innerhalb der Vorlegungsfrist erhobenen Protest feststellen lassen. Der Tag des Protestes gilt in diesem Falle als Tag der Vorlegung. Ist die Erhebung des Protestes unterblieben, so werden der Aussteller und die Indossanten frei. Der Aussteller eines Domizilwechsels kann in diesem die Vorlegung zur Annahme vorschreiben.

Die Annahme, das Akzept, des Wechsels durch den Bezogenen muß auf dem Wechsel schriftlich geschehen. Gewöhnlich wird das Akzept quer über die Vorderseite des Wechsels gesetzt. Die einmal erfolgte Annahme kann nicht mehr zurückgenommen werden, jedoch erlischt mit der Durchstreichung des Akzepts der wechselmäßige Anspruch gegen den Akzeptanten. Der Bezogene wird durch die Annahme wechselmäßig verpflichtet, die von ihm akzeptierte Summe zur Verfallzeit zu zahlen; er haftet auch dem Aussteller.

Regreß ist der Rückgriff, der dem wechselmäßig Berechtigten an die ihm Verpflichteten zusteht, falls sein Anspruch auf Befriedigung nicht erfüllt oder gefährdet wird. Man unterscheidet den Regreß auf Sicherstellung — Kautionsregreß —, den Regreß mangels Annahme, und den Regreß wegen Unsicherheit des Akzeptanten.

Die bestellte Sicherheit muß zurückgegeben werden, sobald die vollständige Annahme des Wechsels nachträglich erfolgt ist, oder wenn gegen den Regreßpflichtigen, der sie bestellt hat, binnen Jahresfrist vom Verfalltage an auf Zahlung aus dem Wechsel nicht geklagt worden ist, oder wenn die Zahlung des Wechsels erfolgt oder seine Wechselkraft erloschen ist.

Der Inhaber eines infolge nichtgeleisteter Zahlung protestierten Wechsels ist verpflichtet, seinen unmittelbaren Vormann innerhalb zweier Tage nach der Protesterhebung von der Nichtzahlung des Wechsels schriftlich zu benachrichtigen. Jeder benachrichtigte Vormann hat seinen nächsten Vormann binnen der gleichen Zeit zu benachrichtigen. Eine Unterlassung verpflichtet zum Schadensersatz.

Jeder Wechselschuldner hat das Recht, gegen Erstattung der Wechselsumme nebst Zinsen und Kosten die Auslieferung des quittierten Wechsels und des wegen Nichtzahlung erhobenen Protestes von dem Inhaber zu fordern. Der Inhaber eines mangels Zahlung protestierten Wechsels ist an die Reihenfolge der Indossamente nicht gebunden und kann Klage gegen alle Wechselverpflichtete oder auch nur gegen einige oder einen derselben anstrengen, ohne dadurch seinen Anspruch gegen die nicht Mitverklagten zu verlieren.

Die Regreßansprüche des Inhabers, der den Wechsel mangels Zahlung hat protestieren lassen, beschränken sich auf:

1. die nichtbezahlte Wechselsumme nebst 6% jährlicher Zinsen vom Verfalltage ab,
2. die Protestkosten und andere Auslagen,
3. eine Provision von ⅓% der Wechselsumme.

Diese Forderungen mit Ausnahme der Wechselsumme selbst nennt man Ricambiospesen.

Zu erwähnen ist noch der Remboursregreß. Einen solchen hat der Indossant, der den Wechsel eingelöst oder als Rimesse erhalten hat. Rimesse ist ein Wertpapier, das jemand erfüllungshalber erhält.

Der Protest ist eine öffentliche Urkunde, die gewisse Tatsachen bekundet, welche für das Schicksal des Wechsels erheblich sind. Der Protest ist die Voraussetzung für die genannten Regresse. Es gibt eine Reihe von Protesten, z. B. mangels Annahme, wegen Unsicherheit der Akzeptanten, mangels Zahlung usw. Der Protest muß durch einen Notar oder Gerichtsbeamten aufgenommen werden. Auch die Post kann den Wechsel nicht nur „präsentieren“, sondern auch „protestieren“.

Die Post haftet dem Auftraggeber für die ordnungsmäßige Ausführung des Protestauftrages nach den allgemeinen Vorschriften des bürgerlichen Rechts über die Haftung eines Schuldners für die Erfüllung einer Verbindlichkeit, jedoch nicht über den Betrag des wechselmäßigen Regreßanspruches hinaus. Der Anspruch gegen die Postverwaltung verjährt in 3 Jahren.

In den Protest ist aufzunehmen: der Name der Person oder die Firma, für die und gegen die der Protest erhoben wird; die Angabe, daß die Person, gegen die protestiert wird, ohne Erfolg zur Vornahme der wechselrechtlichen Leistungen aufgefordert worden oder nicht anzutreffen gewesen ist, oder daß ihr Geschäftslokal oder ihre Wohnung sich nicht hat ermitteln lassen; ferner die Angabe des Ortes sowie des Kalendertages, Monats und Jahres, an dem die Aufforderung geschehen oder ohne Erfolg versucht worden ist.

Der Protest ist von den Protestbeamten zu unterzeichnen und mit dem Amtssiegel oder dem Amtsstempel zu versehen.

Der Protest mangels Zahlung ist auf den Wechsel oder auf ein mit dem Wechsel zu verbindendes Blatt zu setzen. Er soll unmittelbar hinter den letzten auf der Rückseite des Wechsels befindlichen Vermerk, in Ermangelung eines solchen unmittelbar an den Rand der Rückseite gesetzt werden. Muß eine wechselmäßige Leistung von mehreren Personen verlangt werden, so ist über die mehrfache Aufforderung nur eine Protesturkunde erforderlich. Die Wechselzahlung kann stets an den Protestbeamten erfolgen.

Die Präsentation zur Annahme oder Zahlung, die Protesterhebung sowie alle sonstigen bei einer bestimmten Person vorzunehmenden Akte müssen in deren Geschäftslokal und in Ermangelung eines solchen in deren Wohnung vorgenommen werden.

Der Protest mangels Zahlung hat am Zahlungstage oder spätestens am 2. Werktage nach dem Zahlungstage zwischen 9 und 6 Uhr zu geschehen.

Ist in dem Wechsel ein bestimmter Tag als Zahlungstag bezeichnet, so tritt die Verfallzeit an diesem Tage ein. Ist derselbe ein Sonn- und Feiertag, so ist der nächste Werktag der Zahlungstag.

Ein auf Sicht gestellter Wechsel ist bei der Vorzeigung fällig. Er muß nach Maßgabe der im Wechsel enthaltenen Bestimmung und in Ermangelung solcher binnen zwei Jahren nach der Ausstellung zur Zahlung präsentiert werden. Ist auf dem Wechsel eine bestimmte Präsentationsfrist hinzugefügt, so muß der Wechsel innerhalb dieser Frist vorgelegt werden.

Bei Wechseln, welche mit dem Ablaufe einer bestimmten Frist nach Sicht oder Datum zahlbar sind, tritt die Verfallzeit ein: an dem letzten Tage der Frist, wenn die Frist nach Wochen, Monaten oder einem mehrere Monate umfassenden Zeitraum bestimmt ist, zu demjenigen Zeitpunkt, der durch seine Benennung oder Zahl dem Tage der Ausstellung oder Vorlegung entspricht.

Legitimiert als Eigentümer des Wechsels wird der Inhaber eines indossierten Wechsels durch eine zusammenhängende bis auf ihn heruntergehende Reihe von Indossamenten. Der Zahlende ist nicht verpflichtet, jedoch berechtigt, die Echtheit der Indossamente zu prüfen. Der gutgläubige Erwerber ist trotz vorhandener Mängel geschützt. Der Inhaber des Wechsels und der Protestbeamte darf eine ihm angebotene Teilzahlung selbst dann nicht zurückweisen, wenn die Annahme auf den ganzen Betrag der vorgeschriebenen Summe erfolgt ist.

Der Wechselschuldner ist nur verpflichtet, gegen Aushändigung des quittierten Wechsels zu zahlen. Die Wechselschuld ist eine Holschuld; denn der Verpflichtete braucht nur gegen Übergabe des Wechsels zu leisten.

Der Aussteller eines gezogenen Wechsels ist verpflichtet, den Remittenten auf Verlangen mehrere gleichlautende Stücke des Wechsels zu überliefern. Dieselben müssen als Prima-, Sekunda-, Tertiawechsel bezeichnet sein, andernfalls gilt jedes Stück als ein für sich bestehender Wechsel. Ist von mehreren ausgefertigten Stücken das eine bezahlt, so verlieren im allgemeinen die andern dadurch ihre Kraft. Das Duplikat hat hauptsächlich den Zweck, zum Akzept und zur Indossierung verwendet zu werden.

Der Eigentümer eines abhanden gekommenen Wechsels kann, falls ihn nicht ein anderer gutgläubig erworben hat, dessen Kraftloserklärung bei dem Amtsgerichte des Zahlungsortes durch Aufgebotsverfahren beantragen. Durch dieses Verfahren wird die Urkunde für kraftlos erklärt. Nach Einleitung des Verfahrens kann er vom Akzeptanten Zahlung fordern, wenn er bis zur Amortisation des Wechsels Sicherheit stellt. Ohne eine solche Sicherheitsstellung kann er nur Hinterlegung der aus dem Akzept geschuldeten Summe fordern. Auch wenn die Unterschrift des Ausstellers eines Wechsels falsch oder verfälscht ist, behalten dennoch das echte Akzept und die echten Indossamente die wechselmäßige Wirkung.

Der wechselmäßige Anspruch gegen den Akzeptanten verjährt in 3 Jahren, vom Verfalltage des Wechsels an gerechnet. Die Regreßansprüche des Inhabers gegen den Aussteller und die übrigen Vormänner verjähren in 3 bis 18 Monaten, je nachdem der Wechsel innerhalb oder außerhalb Europas zahlbar war. Die Verjährung beginnt mit dem Tage des erhobenen Protestes.

Die Fähigkeit eines Ausländers, wechselmäßige Verpflichtung zu übernehmen, wird nach den Gesetzen des Staats beurteilt, welchem er angehört.

Bezüglich des eigenen Wechsels sei bemerkt, daß die wesentlichen Erfordernisse dieselben wie beim gezogenen Wechsel sind, nur ist die Benennung des Trassaten und die Bezeichnung des Zahlungsortes unnötig. Der Anspruch verjährt in 3 Jahren.

Das Scheckrecht.

Durch den Scheck soll der Gläubiger auf Grund eines Guthabens Befriedigung erhalten, welches der den Scheck Gebende bei einem Dritten, dem Scheckbezogenen, hat. Während der Wechsel die Zahlung verlängert, vermittelt der Scheck die Zahlung. Der Empfänger will sich das Geld alsbald bei einem Dritten holen, bei dem der Aussteller des Schecks ein Guthaben besitzt, während beim Giroverkehr die Zahlung vermieden wird. Der Scheck ist nur auf Sicht zahlbar.

Für den Scheck ist die in dem Text aufzunehmende Bezeichnung „Scheck" vorgeschrieben. Ferner muß er die an den Bezogenen gerichtete Anweisung des Ausstellers enthalten, aus seinem Guthaben eine bestimmte Geldsumme zu zahlen. Dieser Hinweis auf das Guthaben darf bei Strafe der Nichtigkeit des Schecks nicht fehlen. Es muß ferner vorhanden sein: Die Unterschrift des Ausstellers, Ausstellungsort und Datum. Der Scheck kann durch Indossament übertragen werden, ähnlich wie beim Wechsel. Scheckduplikate sind unter bestimmten Voraussetzungen zulässig.

Der im Inlande ausgestellte und zahlbare Scheck muß binnen 10 Tagen nach der Ausstellung dem Bezogenen am Zahlungsorte zur Zahlung vorgelegt werden.

Der Aussteller sowie jeder Inhaber eines Schecks kann durch den quer über die Vorderseite gesetzten Vermerk: „Nur zur Verrechnung" verbieten, daß der Scheck bar bezahlt werde. Der Bezogene darf in diesem Falle den Scheck nur durch Verrechnung einlösen. Die Verrechnung gilt als Zahlung im Sinne des Gesetzes.

Die Regreßansprüche gegen den Aussteller und die übrigen Vormänner verjähren in Europa in 3 Monaten, andernfalls in 6 Monaten.

Postüberweisung und Postscheck. Am 6. November 1908 ist die Postscheckordnung erlassen. Sie ist wiederholt abgeändert. Durch sie ist die Post dem Überweisungs- und Scheckverkehr nutzbar gemacht. An ihm kann jeder Privatmann und jede öffentliche Behörde teilnehmen.

Die Konti der Teilnehmer werden bei den Postscheckämtern geführt. Zur Zeit gibt es in Deutschland 18. Auf jedes Konto muß eine Stammeinlage von mindestens 5 RM. eingezahlt werden. Sie darf nicht vermindert werden. Das Guthaben unterliegt in der Höhe keiner Beschränkung. Es wird von der Post jedoch nicht verzinst. Außer den Postscheckämtern vermitteln alle Postanstalten den Postscheckverkehr, indem sie Einzahlungen auf die Konti annehmen oder Auszahlungen aus ihnen an den Empfänger bewirken. Das Führen der Konti dagegen erfolgt allein durch die Postscheckämter.

Die Sendungen der Postscheckämter und der Postanstalten untereinander und an die Kontoinhaber genießen Portofreiheit. Die Post soll aus dem Postscheckverkehr keine Gewinne erzielen, sondern nur Unkosten decken. Zu diesem Zwecke erhebt sie kleine Gebühren. Der Kontoinhaber kann jederzeit aus dem Postscheckverkehr ausscheiden. Die Post haftet für die aus Zahlkarten eingezahlten Beträge in gleicher Weise wie für Postanweisungen.

Einzahlungen auf ein Postscheckkonto können bewirkt werden:

1. mittels Zahlkarte bei jeder Postanstalt und jedem Postscheckamt bis zu 10000 RM. Die Zahlkartenvordrucke gibt die Postverwaltung aus. Der eingezahlte Betrag wird vom Postscheckamt dem betreffenden in der Zahlkarte angegebenen Postscheckkonto gutgeschrieben;

2. mittels Postanweisung bei jeder Postanstalt, falls der Kontoinhaber die Gutschrift der an ihn adressierten Postanweisungen bei seinem Konto beantragt. Auch die Überweisung der für ihn eingezogenen Postauftrag- und Nachnahmebeträge geschieht auf seinen Wunsch;

3. mittels Überweisung von einem andern Postscheckkonto.

Auszahlungen aus dem Konto geschehen durch kostenlose Überweisung auf ein anderes Postscheckkonto oder, wenn der Empfänger kein Postscheckkonto hat, durch Zahlung mittels Schecks, die ähnlich wie bei Postanweisungen bewirkt wird. In beiden Fällen sind Vordrucke zu benutzen, die von den Postscheckämtern ausgegeben werden. An Gebühren werden für Einzahlungen mit Zahlkarte 10—60 Pfennig, für Auszahlungen ein Zehntel vom Tausend und für Barauszahlung durch die Post einhalb vom Tausend und eine feste Gebühr von 15 Pfennig erhoben. Die Zahlkartengebühr ist vom Einzahler, die Auszahlungsgebühr vom Auftraggeber zu entrichten.

Die Handelsverträge.

Ein Handelsvertrag ist ein Vertrag zwischen zwei oder mehreren handelspolitisch selbständigen Staaten, durch welchen über den Austausch der beiderseitigen Erzeugnisse, insbesondere für den Handels- und Schiffsverkehr der beiderseitigen Angehörigen, bestimmte Vorschriften getroffen werden. Der Handelsvertrag bedarf zu seinem Abschlusse der Mitwirkung der politischen Machtfaktoren. Dem Abschluß eines Handelsvertrages liegt häufig eine rein politische Veranlassung zugrunde. Handelsverträge können auch von mehreren Staaten gleichzeitig miteinander abgeschlossen werden. Durch den Abschluß eines Handelsvertrages gibt derjenige Vertragsgegner, der Zugeständnisse macht, Rechte auf, welche er vorher besaß. Beruht der Handelsvertrag auf Gegenseitigkeit, so erhält er andere Vorteile. Die Handelsverträge üben eine tiefe Einwirkung auf das wirtschaftliche Leben derjenigen Staaten aus, die sie abschließen. Voßberg-Rekow erklärt das Wesen des Handelsvertrages wie folgt:

„Der Handelsvertrag ist eines der zahlreichen, ja eines der hauptsächlichen Kampfmittel zur Erlangung und Behauptung einer Stellung auf dem Weltmarkte. Wer Industrieerzeugnisse verkaufen muß, um für den Erlös sein Brot zu finden, wird das Bestreben zeigen, den Markt für seine Erzeugnisse so zu festigen und auszudehnen, daß er ihn mit einer gewissen Sicherheit für eine gewisse Zeit beherrscht und nicht gezwungen ist, in Sorge und Pein aus der Hand in den Mund zu leben. Der Handelsvertrag gibt gewisse Grundlagen für das Handelsgeschäft und sichert diese Grundlage gemeinhin für eine Reihe von Jahren. Er setzt Ein- und Ausfuhrtarife fest, die sich im Laufe der Vertragsdauer nicht ändern können, die also in die Warenberechnung aufzunehmen sind. Er sichert vor willkürlichen Beschlagnahmen oder Zurückweisungen an der Grenze. Er stellt ein gewisses Kundenverhältnis fest, auf Grund dessen sich leichter Beziehungen anknüpfen und festhalten lassen. Er wirkt regelnd und ausgleichend auf den Preisstand der Waren, indem er die Zollgrenzen schwächt und das Nebeneinander auf dem Weltmarkte zu einem dichteren gestaltet. Er gibt damit gleichzeitig einen Ansporn für die Güte und Wohlfeilheit der Erzeugnisse; denn er schützt eine gewisse Arbeit und gibt daneben andere stärkere Erzeugnisse fremden Wettbewerbs preis. Durch den Ausgleich, den er zwischen den Eigentümlichkeiten der Erzeugnisse der vertragschließenden Staaten anbahnt, wirkt er gleichzeitig beruhigend auf rein politische Momente und Strömungen. Kurz, der Vertrag bringt diejenigen Vorteile und Förderungen, die sich aus einem näheren Verkehr verschiedenartiger Elemente befruchtend herleiten, und er nimmt diejenigen Nachteile hinweg, die sich aus der Isolierung fast überall ergeben müssen. Der Fleiß und Wagemut des Kaufmanns geht gewöhnlich voran. Durch ihn werden die ersten Beziehungen geknüpft und die Möglichkeit des Absatzes angebahnt. Der Handelsvertrag folgt nach, um diese Anfänge auszubauen und zu befestigen.“

Durch Einführung der Meistbegünstigung (vgl. Abs. Meistbegünstigung S. 261) wurde ein mildernder Einfluß auf die Tarifgegensätze in fast der ganzen Welt ausgeübt. Eine starke Verschiebung wurde dadurch herbeigeführt, daß England am 15. Mai 1905 den Vertrag kündigte, der andern Ländern auch in den Kolonien Englands das Recht der Meistbegünstigung gewährte.

Die Initiative in der Handelsvertragspolitik steht in Deutschland der Reichsregierung (Wirtschaftsministerium) zu. Dem Reichsrate wird der Vertrag vorgelegt, sobald die Einzelheiten desselben festgesetzt sind, um dann von den gesetzgebenden Körperschaften beraten und genehmigt zu werden. Die Handelsverträge werden meist auf eine bestimmte Zeitdauer abgeschlossen. Sie lassen sich in 3 Gruppen teilen:

1. Tarifverträge, d. h. solche Verträge, deren wesentlicher Inhalt sich auf die Vereinbarung über die gegenseitigen Zollsätze erstreckt.

2. Meistbegünstigungsverträge, d. h. solche Verträge, in welchen jeder der vertragschließenden Teile dem andern die Zusicherung gibt, ihn bezüglich der Ein- und Ausfuhr und der Zollsätze in keinem Falle ungünstiger zu behandeln als irgendeinen Dritten (negative Erklärung), und zwar so, daß die einem Dritten bewilligten Vergünstigungen jeweilig jeder der Vertragsparteien ohne weiteres und ohne daß es dieserhalb einer besonderen Erklärung oder Abmachung bedarf, zustehen (positive Erklärung).

3. Tarifverträge mit Meistbegünstigung, d. h. Verträge, die inhaltlich die unter 1 und 2 genannten Vertragsarten in sich vereinigen.

Außerdem enthalten die meisten neuzeitigen Handelsverträge noch Vereinbarungen über folgende Punkte:

1. Freie Bewegung und rechtliche Gleichstellung der Angehörigen des einen wie des andern Staates im Gebiete des fremden Staates (Aufenthalt, Niederlassung, Besteuerung, Rechtsschutz).

2. Ausfuhr- und Durchfuhrzölle; Einfuhr- und Ausfuhrverbote, Durchfuhrverbote.

3. Ausfuhrprämien, Differentialzölle, Behandlung.

4. Schutz des gewerblichen Eigentums.

5. Schiffahrtsverhältnisse, Hafenabgaben, Tonnengelder usw.

Der Schutzzoll wird durch bestimmte Zölle auf gewisse Waren allgemein festgelegt im sog. Generaltarif eines jeden Staates. Im Gegensatz zum Schutzzoll steht der Freihandel. Das einzige Land, das sich heute noch zum Freihandel bekennt, ist England. Deutschland ist in normalen Zeiten auf die Einfuhr bestimmter Rohmaterialien und Waren angewiesen. Es muß daher Handelsverträge mit andern Ländern schließen, wenn seine Bewohner vorteilhaft und ohne Entbehrungen leben sollen, solange eine internationale Regelung nicht stattgefunden hat. Der Weltkrieg hat aber gelehrt, wie außerordentlich abhängig auch die andern Länder von einer Reihe deutscher Erzeugnisse sind. Der Austausch der Waren hat im Kriege vielfach nur auf Gegenseitigkeit im Austausch der jeweiligen Erzeugnisse des einen oder anderen Landes stattgefunden und hat den unwiderlegbaren Beweis erbracht, daß Handelsverträge nur mit Gegenseitigkeit abgeschlossen werden sollten. Er hat aber auch gezeigt, wie dringend notwendig es ist, daß Landwirtschaft und Industrie Hand in Hand gehen. Voßberg-Rekow sagt in seinem Werke: Die Politik der Handelsverträge von 1898 weitblickend mit Recht: „Stärken wir also Landwirtschaft und Exportindustrie nebeneinander; aber hüten wir uns vor einer Politik, welche die eine auf Kosten der andern begünstigt. Wer zwei Arme hat, sich damit Verdienst zu schaffen, der zeigt übles Ungeschick, wenn er den einen mit dem andern festhält, anstatt mit beiden frisch zuzugreifen.“

Stellt ein Land nur einen Tarif auf, der gleichmäßig für alle Vertragsgegner im Ausland ohne Ausnahme in Anwendung gebracht wird, so bezeichnet man diesen als Einheitstarif. Zollermäßigungen, die irgendeinem Lande bewilligt werden, treffen ebenso wie Zollerhöhungen auch die andern Länder. Durch die Erhöhungen einzelner Tarife wird der Vertragsgegner meistens zur Wiedervergeltung, Retorsion, gezwungen. Es entsteht der Retorsionszoll;

er ist ein Kampfzoll. Wird die Ware eines Staates ungerecht oder ungünstiger behandelt als diejenige anderer Staaten, so kann sie nach dem Grundsatze der Retorsion mit einem Zollzuschlage belegt werden. Auch kann diese Retorsion sich gegen die gesamte Einfuhr solcher Staaten richten. Das Mittel der Retorsion ist zweischneidig und bedarf der sorgfältigsten Abwägung. Je größer ein Staat ist, je unabhängiger er von der Einfuhr ausländischer Waren ist, um so wirksamer ist das Mittel der Retorsion.

Gemäß § 6 des deutschen Zolltarifgesetzes vom 15. Juli 1879 nach der Fassung vom 24. Mai 1885 und den späteren Abänderungen ist die Befugnis der Retorsion in die Tarifpolitik des Deutschen Reiches eingeführt. Derselbe lautet:

„Zollpflichtige Waren, welche aus Staaten herstammen, welche deutsche Schiffe oder deutsche Waren ungünstiger behandeln als diejenigen anderer Staaten, können, sofern nicht Vertragsbestimmungen entgegenstehen, mit einem Zuschlage bis zu 100% des Betrages der tarifmäßigen Eingangsabgabe belegt werden. Tarifmäßig zollfreie Waren können unter der gleichen Voraussetzung der Entrichtung eines Zolles in Höhe bis zu 20% des Wertes unterworfen werden. Die Erhebung eines solchen Zuschlags oder Zolles wird nach erfolgter Zustimmung des Reichsrats durch die Reichsregierung angeordnet. Diese Anordnung ist dem Reichstage sofort oder, wenn derselbe nicht versammelt ist, bei seinem nächsten Zusammentritte mitzuteilen. Dieselbe ist außer Kraft zu setzen, wenn der Reichstag die Zustimmung nicht erteilt."

Von dem Einheitstarife verschieden ist der sogenannte autonome Tarif. Derselbe entsteht, wenn man einen schutzzöllnerischen Tarif aufstellt, bei dem lediglich die Rücksicht auf das eigene Land beobachtet wird, ohne vom Auslande hierbei Notiz zu nehmen.

Im Gegensatz zu dem System des Einheitstarifes steht dasjenige des Generaltarifes und der Konventionaltarife. Stellt ein Staat neben seinem selbständigen Tarife in einem besonderen Tarife alle diejenigen Vergünstigungen oder Abweichungen zusammen, die er durch Verabredung oder Vertrag Einzelstaaten bewilligt, so nennt man diesen den Konventionaltarif im Gegensatz zu dem ursprünglichen allgemeinen, dem Generaltarif.

Einzelne Länder haben Tarife zusammengestellt, aus denen hervorgeht, zu welchen äußersten Zollsätzen sie bei Abschluß weiterer Verträge, namentlich Meistbegünstigungsverträge, bereit sind. Dieser Tarif enthält das Mindestmaß — Minimum — des Anspruches. Man nennt ihn deshalb Minimaltarif. Im Gegensatz zu ihm heißt der allgemeine ursprüngliche Tarif der Maximaltarif.

Der deutsche Zolltarif ist nach Gruppen alphabetisch geordnet. Innerhalb jeder Gruppe sind die Rohstoffe und Halbfabrikate der gröberen und dann die der feineren Erzeugnisse vorangestellt. Zur Erleichterung der Anwendung des Zolltarifs ist ein amtliches Warenverzeichnis in alphabetischer Reihenfolge aufgestellt. Der neue deutsche Zolltarif vom 1. Oktober 1925 (Gesetz vom 17. Aug. 1925) vgl. S. 77 ist sachlich-systematisch geordnet.

Meistens behalten sich die Staaten für bestimmte Gegenstände die Zulassung von Einfuhrverboten vor. Vielfach liegen sie in gesundheitlichen und sicherheitspolizeilichen Gründen. Die Einfuhr von Sprengstoffen ist nach dem Gesetz vom 9. Juli 1884 von polizeilicher Genehmigung abhängig.

Ausfuhrverbote werden in den Verträgen vorbehalten für Kriegsmaterial, Pferde, Hunde, für Altertumssachen usw.

Durchfuhrzölle werden nicht erhoben.

Ausfuhrzölle bestehen heute mit verschwindenden Ausnahmen nicht mehr.

Wenn auch die Staaten einerseits bemüht sind, die Durchfuhr von Waren in ihren Ländern nach Möglichkeit zu heben, so treffen sie doch andererseits auch wiederum Maßregeln, um den fremden Zwischenhandel von ihren Ländern und ihren Häfen fernzuhalten. Als Mittel hierzu wird der sog. Differential- oder Unterscheidungszoll benutzt. Der Differentialzoll ist ein Zoll, der je nach dem Ursprunge und der Art der Einfuhr und der Ausfuhr von den übrigen Zöllen unterschieden ist. Er kann höher oder niedriger sein als die üblichen Sätze der Tarife. Er kommt zur Anwendung, um die unmittelbare Einfuhr zum Nachteile oder auf Kosten der mittelbaren Einfuhr zu begünstigen oder zu beheben, d. h. um den fremden Zwischenhandel zu verdrängen. Infolgedessen ist er als eine Abwehrmaßregel oder Kampfmaßregel gegen das Ausland zu betrachten und gleicht den Retorsionszöllen mit dem Unterschied, daß letztere nur als Erwiderung auf einen vorher erfolgten Angriff aufzufassen sind. Durch die Herrschaft der Meistbegünstigungsklausel hat die unterschiedliche Behandlung in den Durchfuhrzöllen nachgelassen. Eine der häufigsten Maßregeln des Differentialzolles ist der Flaggenzoll, die sog. „Surtaxe de Pavillon". Danach wird jedes Schiff fremder Flagge bei der Ankunft in einem Hafen mit einem Tonnengelde belegt, von dessen Zahlung die Schiffe inländischer Flagge befreit bleiben. In Frankreich besteht außerdem noch die Surtaxe d'entrepôt, d. h. ein Zollzuschlag für diejenigen Waren, die auf dem Umwege über ein fremdes Land zur Einfuhr kommen.

Von Bedeutung für die Vertragspolitik ist ferner der Umstand, ob die Grundlage für den Zoll bei den Vertragsparteien die gleiche ist oder nicht. Man unterscheidet Wertzölle und spezifische Zölle. Die Wertzölle werden nach Prozenten des Warenwertes erhoben, die spezifischen Zölle dagegen in festen Sätzen für bestimmte Maß- oder Gewichtseinheiten. Heute bestehen hauptsächlich noch die Gewichtszölle. In Deutschland ist die Verzollung nach dem Gewichte die Regel, und zwar nach dem Bruttogewicht laut Tarif und bei Waren, für welche der Zoll 6 RM. für 100 Kilo nicht übersteigt, im übrigen nach dem Nettogewichte. Über die Festsetzung des Nettogewichts und die Berechnung der Tara sind besondere Vorschriften erlassen. Ein Maßzoll kommt in Deutschland hauptsächlich nur noch bei Bau- und Nutzholz vor, ein Stückzoll in wenigen Fällen.

Weiter sind zu erwähnen der Veredelungsverkehr, der Grenzverkehr und das Zollkartell.

Unter Veredelungsverkehr versteht man denjenigen Warenverkehr mit dem Auslande, der zwecks Veredelung oder Ausbesserung und mit der Bestimmung der Wiederausfuhr im vervollkommneten Zustande stattfindet. Wegen der Vorteile, die er bietet, hat man zu seiner Förderung für ihn als Grundlage die Zollfreiheit eingeführt. Wird die eingeführte Ware im Inlande veredelt und in ihre Heimat zurückgeführt, so liegt aktiver Verkehr vor. Werden heimische oder ausländische, aber verzollte Waren ins Ausland geführt, dort veredelt und wieder zurückgebracht, so liegt passiver Verkehr vor. Werden die Waren nach ihrer Veredelung nicht wieder in das Land ihres Ursprungs zurückgebracht, sondern im veredelten Zustande in ein drittes Land ausgeführt, so bezeichnet man dies als Durchgangs-Transitverkehr. Deutschland läßt alle 3 Arten dieses Veredelungsverkehrs zu.

Unter den Veredelungsverkehr fielen ursprünglich nur Erzeugnisse oder Rohstoffe und Halbfabrikate der Textilindustrie. Er ist jedoch im Laufe der Jahre bedeutend ausgedehnt.

Bei der Veredelung ist die Frage der Festhaltung der Identität der eingeführten Gegenstände von Wichtigkeit. Deutschland verlangt den unbedingten Nachweis der Identität. Häufig wird vom Einführenden eine Kaution gefordert. Auch hat die Wiedereinfuhr und Wiederausfuhr zum Zwecke der leichteren Feststellung der Identität binnen einer bestimmten, nicht zu lang bemessenen Frist zu erfolgen. Unter dem Grenzverkehr versteht man eine Reihe von Erleichterungen, die Nachbarländer für den Verkehr der Anwohner ihrer Grenzen untereinander festsetzen. Gewöhnlich wird derselbe in einem Grenzbezirk auf je 10 km Entfernung von der Grenze festgesetzt und bezieht sich auf die örtlichen Bedürfnisse dieses Bezirks. Oft ist er auch nur auf die persönlichen Bedürfnisse der Anwohner oder auf die gewerbsmäßigen Bedürfnisse derselben ausgedehnt.

Ein vorzügliches Beispiel für eine vertragsmäßige Regelung des Grenzverkehrs ist im Handelsvertrag zwischen Deutschland und der Schweiz vom 23. Mai 1881 enthalten. Daselbst heißt es:

„Um die Bewirtschaftung der an den Grenzen liegenden Güter und Wälder zu erleichern, sind von allen Eingangs- und Ausgangsabgaben befreit:

Getreide in Garben oder in Ähren, die Roherzeugnisse der Wälder, Holz und Kohlen, Sämereien, Stangen, Rebstecken, Tiere und Werkzeuge jeder Art, die zur Bewirtschaftung der innerhalb eines Umkreises von 10 km auf beiden Seiten der Grenze liegenden Güter dienen. Gleiche Befreiung genießen sämtliche Erzeugnisse des Ackerbaues und der Viehzucht eines einzelnen von der Zollgrenze zwischen beiden Gebieten durchschnittenen Landgutes, bei der Beförderung zu den Wohn- und Wirtschaftsgebäuden aus den durch die Zollgrenze davon getrennten Teilen.

Von Eingangs- und Ausgangsabgaben sind ferner befreit:

1. Vieh, das zur Arbeit aus dem einen Gebiete in das andere vorübergehend gebracht wird und von der Arbeit aus letzterem in das erstere zurückkommt; desgleichen landwirtschaftliche Maschinen und Geräte, die zur vorübergehenden Benutzung aus dem einen in das andere Gebiet gebracht und nach erfolgter Benutzung in das erstere zurückgeführt werden.

2. Holz, Getreide und andere landwirtschaftliche Gegenstände, die im gewöhnlichen kleinen Grenzverkehr zum Schneiden, Mahlen usw. aus dem einen Gebiete in das andere gebracht und geschnitten, gemahlen usw. in das erstere Gebiet zurückgebracht werden.

3. Waren und Gegenstände, die im gewöhnlichen kleinen Grenzverkehr entweder zur Veredelung oder zur handwerksmäßigen Verarbeitung oder Ausbesserung aus dem einen Gebiete in das andere aus- und nachher veredelt, verarbeitet oder ausgebessert wieder eingehen.

4. Die selbstverfertigten Erzeugnisse der Handwerker, die von diesen aus dem einen Gebiete auf die benachbarten Märkte des anderen gebracht werden und als unverkauft zurückkommen, mit Ausschluß von Gegenständen der Verzehrung.“

Zollkartelle werden oft von benachbarten Staaten auf gegenseitigen Schutz ihrer Grenzen, insbesondere gegen den Schmuggel, geschlossen. Durch dieselben werden gegenseitige Auskunft und Rechtshilfe versprochen.

Von sonstigen Merkmalen und von Vereinbarungen in den Handelsverträgen sind noch einzelne Besonderheiten und Abmachungen zu besprechen.

Ausfuhrvergütungen. Wird das Rohmaterial eines Fabrikates im Inlande durch eine Steuer belegt, so wird an der Grenze der Betrag dieser Steuer zurückgezahlt, sobald das betreffende Erzeugnis zur Ausfuhr kommt. So wird beispielsweise die innere Steuer auf Bier, Zucker, die schon während des Herstellungsverfahrens erhoben wird, bei der Ausfuhr des fertigen Erzeugnisses zurückvergütet. Ebenso wie die innere Steuer kann auch der Zoll zurückvergütet werden, der auf einen vom Auslande bezogenen Rohstoff bezahlt ist, sobald das fertige Erzeugnis zur Ausfuhr kommt, das diesen Rohstoff enthält. Hierdurch wird die heimische Ausfuhrindustrie wettbewerbsfähiger. Auch hier spielt der Nachweis der Identität eine Rolle. Die Ausfuhrvergütung wird vielfach als Ausfuhr- oder Exportprämie bezeichnet. In den Handelsverträgen spielen die Ausfuhrprämien meistens nur eine negative Rolle, indem man sie gegenseitig verbietet oder auch versteckte Prämien zu verhindern sich verpflichtet.

Durch die Handelsverträge wird ausgeschlossen, daß ein Staat im Zustande der Feindseligkeit mit einem andern die Erzeugnisse des Auslandes außer mit dem gebräuchlichen Zollsatze mit einer besonderen inneren Steuer belegt. Meistens wird auch in den Handelsverträgen zugesichert: „daß unter keinen Umständen, weder in Friedens- noch in Kriegszeiten auf das Eigentum eines Angehörigen des andern Teils eine höhere oder lästigere Taxe, Gebühr, Auflage oder Abgabe gelegt werden darf, als auf das gleiche Eigentum eines Angehörigen des Landes selbst oder eines Angehörigen der meistbegünstigten Nation."

Auch findet sich vielfach in den Handelsverträgen die Abmachung, daß solche Gegenstände, die in dem einen der Vertragsländer gar nicht erzeugt werden, in dem andern keinerlei Verbrauchsabgabe oder Steuer unterworfen werden dürfen.

Die Freihafengebiete und Zollausschüsse gelten im allgemeinen als in die Verträge eingeschlossen. Sie genießen die Bevorzugung des Stammlandes.

Von außerordentlicher Wichtigkeit sind bei dem internationalen Verkehr die Abmachungen, die in den Handelsverträgen über die Handhabung der Verkehrsmittel, der Eisenbahnen, der Kraftfahrzeuge und der Schiffe getroffen werden.

Daneben sind als besonders wichtig die Bestimmungen zu erwähnen, die über den Muster- und Markenschutz, über Patente und den Gewerbebetrieb der Ausländer getroffen werden, soweit sie nicht in besonderen Gesetzen im internationalen Verkehr geregelt sind.

Die Meistbegünstigungsklausel.

In den meisten Handelsverträgen ist eine Meistbegünstigungsklausel (MBKl.) vorgesehen. Mit der Ausdehnung des internationalen Verkehrs wuchs die Zahl der Zoll- und Handelsverträge. Jeder einzelne Staat wurde in ein Netz von zahlreichen und mannigfachen Verträgen verwickelt, welche einer steten Aufmerksamkeit sowie häufiger Ergänzungen oder Erneuerungen bedurften. Um nun jederzeit mit den in Wettbewerb tretenden Staaten gleichen Schritt zu halten und sich von diesen nicht überflügeln zu lassen, ferner, um sich in jedem Einzelfalle neue und langwierige Unterhandlungen zu sparen, kamen die Staaten auf den Gedanken, in ihre Verträge eine Klausel aufzunehmen. Durch diese ließ sich ein Staat von dem andern Staate die Zusicherung geben, daß auch ihm alle einem Dritten, vielleicht benachbarten Staate, zugestandenen und in Zukunft zuzugestehenden Handelsbedingungen gewährt werden. Es wurde dem ersten Staate für Gegenwart und Zukunft Behandlung gemäß der am meist begünstigten Nation zugesagt.

Man unterscheidet die bedingte und die unbedingte Meistbegünstigung. Die unbedingte ist in eine positive, die bedingte in eine negative Form gekleidet. Die bedingte verlangt vom andern Vertragsteil bei Gewährung der MBKl. eine Gegenleistung. Dieser Gedanke der Gegenseitigkeit bei Gewährung von Meistbegünstigung ist im Laufe des letzten Jahrhunderts ganz besonders von den Vereinigten Staaten von Amerika gepflegt worden. Preußen hat im Jahre 1928 mit den Vereinigten Staaten die Meistbegünstigung vereinbart.

Je größer die Zahl der Anhänger der Gegenseitigkeitsklausel bei der Meistbegünstigung wurde, desto mehr verfehlte sie ihren Zweck, so daß England allmählich zum Freihandel überging. Ihm folgten eine große Reihe europäischer Staaten; heute ist England noch das einzige Land, das am Freihandel festgehalten hat. Gerade Ende des vorigen und Anfang des jetzigen Jahrhunderts sind wieder Handelsverträge von den meisten Kulturstaaten abgeschlossen worden, die die unbedingte MBKl. enthalten.

Wie den völkerrechtlichen Verträgen, soweit nicht bei Streitigkeiten schiedsgerichtliche Entscheidung vertraglich vereinbart ist, an sich die Haupteigenschaft der privatrechtlichen Verträge fehlt, nämlich die Klagbarkeit der darin eingegangenen Verpflichtungen, so ist es auch mit der MBKl. Auch die Entscheidung durch den Haager Schiedsgerichtshof wird bei Böswilligkeit einer Partei hieran nichts ändern. Die MBKl. begründet ein Schuldverhältnis und ist nach den Regeln des Obligationsrechtes zu beurteilen. Ihr Gegensatz ist die Behandlung des andern Vertragsgegners gleich dem jetzt oder künftig meist begünstigten Staate.

Oft behalten sich mehrere selbständige Staaten, welche durch Stammverwandtschaft oder infolge ihrer Nachbarschaft an einer Grenze in näherer Berührung miteinander stehen, in ihren Handels- und Meistbegünstigungsverträgen mit dritten Staaten das Recht vor, Begünstigungen und Freiheiten, die sie sich untereinander gewähren, von den Wirkungen der MBKl. auszuschließen. Auf diese Weise entstehen Meistbegünstigungsverhältnisse erster und zweiter Ordnung.

Die MBKl. betrifft in der Hauptsache Handel und Schiffahrt. Unter dem Worte „Handel“ ist hierbei im weitesten Umfange alles zu verstehen, was mit dem Handel im eigentlichen Sinne, d. h. dem auf Gelderwerb gerichteten Güteraustausch zu tun hat. Dies bezieht sich hauptsächlich auf den internationalen Handelsverkehr. Hierzu gehören z. B. die Einfuhr, Ausfuhr, Durchfuhr von Erzeugnissen der Industrie und der Landwirtschaft und anderen Waren, ferner das Zollwesen und die Behandlung der Handel treibenden Personen.

Ein gutes Beispiel einer MBKl. findet sich im Vertrage zwischen Portugal und Schweden-Norwegen vom 31. Dezember 1895. Dieselbe lautet:

„Die Angehörigen eines jeden der beiden vertragschließenden Teile sollen in dem Gebiet des andern in bezug auf Handel und Industrie dieselben Begünstigungen genießen, welche den Angehörigen irgendeiner andern Macht jetzt oder künftig gewährt werden, und dürfen keinen andern oder höheren allgemeinen oder örtlichen Steuern, Beschränkungen oder Verpflichtungen unterworfen werden, als denjenigen, welche den Angehörigen der meistbegünstigten Nation auferlegt werden."

Zum richtigen Verständnis der MBKl. ist auf die neuere Zollpolitik der Staaten zu verweisen. In den meisten Staaten besteht ein im Wege der Gesetzgebung des betreffenden Landes aufgestellter Zolltarif, welcher die Ein-, Ausfuhr- und Durchgangsabgaben für die Gegenstände des Handels im einzelnen nach ihrer Höhe und der Art der Abschätzung festlegt. Dieser „Generaltarif" wird ohne irgendwelche Einschränkung gegenüber Staaten angewandt, mit denen Handelsvertragsbeziehungen nicht bestehen. Auf der Grundlage dieses Generaltarifs schließen dann die Mächte mit andern Staaten Handelsverträge, in denen meistens gegenseitig die Zölle auf einzelne Handelsartikel herabgesetzt oder auch ganz beseitigt werden. Auf Grund zahlreicher Meistbegünstigungsverträge kommen dann die Vorteile eines solchen Vertrages ohne weiteres auch den übrigen Staaten gemäß der MBKl. zugute. Auf diese Weise entsteht neben dem Generaltarif ein wesentlich günstigerer Tarif, der sogenannte „Konventionaltarif", welcher die durch Verträge festgelegten Zölle enthält.

Praktisch sind in neuester Zeit beinahe sämtliche Staaten der Erde an dem General- oder Konventionaltarif eines Landes beteiligt. Die Forderung der MBKl., den Vertragsgegner nicht schlechter zu behandeln als alle andern Staaten, ist daher so selbstverständlich geworden, daß in neuen Verträgen die MBKl. nur in positiver Form vorkommt.

Zwischen Deutschland und den Vereinigten Staaten von Amerika wurde am 8. Dezember 1923 (RGBl. II 1925, 795 und 967) ein Freundschafts-, Handels- und Konsulatsvertrag geschlossen. Der Vertrag sieht die Meistbegünstigung vor. Er gilt mit besonders vereinbarten Beschränkungen oder Ausnahmen in den Gebieten, in denen die Vertragsteile souveräne Gewalt beanspruchen und ausüben; ausgenommen ist die Panama-Kanalzone.

Damit ist der unhaltbare Zustand beseitigt worden, daß Deutschland seit 1910 den Vereinigten Staaten die volle Meistbegünstigung gewährte, während unsere Einfuhr in Amerika außerordentlich hohen Zöllen unterworfen war und weit davon entfernt war, daß Deutschland als meistbegünstigte Nation behandelt wurde.

Gesetz betreffend das Urheberrecht an Werken der Literatur und der Tonkunst.

RV. vom 11. August 1919.

Die Urheber von Schriftwerken und solchen Vorträgen oder Reden, welche dem Zwecke der Erbauung, der Belehrung oder der Unterhaltung dienen, und die Urheber von solchen Abbildungen wissenschaftlicher oder technischer Art, welche nicht ihrem Hauptzwecke nach als Kunstwerke zu betrachten sind, werden geschützt. Zu den Abbildungen gehören auch klassische Darstellungen. Unter Schriftwerk wird ein in Schriftzeichen niedergelegter Gedankenausdruck verstanden, welcher ein Erzeugnis individueller geistiger Tätigkeit ist. Abbildungen können Urheberrechtsschutz nur beanspruchen, wenn sie ebenfalls den Ausfluß eigener geistiger Tätigkeit des Urhebers darstellen. Eine der selbständigen Bearbeitung entbehrende Darstellung allgemein bekannter und deshalb als Gemeingut der gesamten Industrie zu bezeichnender Gegenstände genießt keinen Schutz (RGSt. 15, 407). Schutzfähig sind deshalb auch die in einem Preisbuch beigegebenen Abbildungen, welche dem Leser das Verständnis erleichtern und die beschriebenen Apparate und Maschinen anschaulicher machen sollen, und bei denen die Individualität der Geistestätigkeit darin besteht, daß die Apparate und Maschinen in einer besonderen Form dargestellt werden, die bestimmt und geeignet ist, die Eigenart des einzelnen Gegenstandes deutlich erkennen zu lassen (RGSt. 39, 103). Dagegen fallen nicht unter das Gesetz Abbildungen in Preisbüchern, welche nichts weiter enthalten, als eine der individuellen Formgebung ermangelnde Darstellung von Gegenständen, um die äußere Erscheinung der im Text beschriebenen Waren dem Publikum vorzuführen (RG. 70, 266). Zum Begriff der Abbildungen technischer Art ist erforderlich, daß dieselben ihrer inneren Natur nach der Technik angehören und einen Gedanken aus dem Reiche der Technik zum Zwecke der Anleitung oder Unterweisung verkörpern (RG. 70, 266; RGSt. 39, 229). Der Urheberrechtsschutz wird für Abbildungen in Preisverzeichnissen nicht etwa dadurch ausgeschlossen, daß die Veröffentlichung nur geschäftlichen Zwecken dient, insbesondere die Kauflust anregen soll (RGSt. 34, 431).

Urheber eines Werkes ist dessen Verfasser. Bei einer Übersetzung gilt der Übersetzer, bei einer sonstigen Bearbeitung der Bearbeiter als Urheber.

Besteht ein Werk aus den getrennten Beiträgen mehrerer (Sammelwerk), so wird für das Werk als Ganzes der Herausgeber als Urheber angesehen. Ist ein solcher nicht genannt, so gilt der Verleger als Herausgeber.

Haben mehrere ein Werk gemeinsam in der Weise verfaßt, daß ihre Arbeiten sich nicht trennen lassen, so besteht unter ihnen als Urhebern eine Gemeinschaft nach Bruchteilen im Sinne des BGB.

Das Recht des Urhebers geht auf die Erben über; es kann beschränkt oder unbeschränkt auf andere übertragen werden.

Der Urheber hat die ausschließliche Befugnis, das Werk zu vervielfältigen und gewerbsmäßig zu verbreiten. Solange nicht das Werk erschienen ist, ist der Urheber ausschließlich befugt, dasselbe öffentlich vorzutragen; solange nicht der wesentliche Inhalt des Werkes öffentlich mitgeteilt ist, ist er allein zu einer solchen Mitteilung berechtigt. Diese Rechte beziehen sich auch auf die Übersetzung in eine andere Sprache.

Überträgt der Urheber sein Urheberrecht, so steht dem Rechtsnachfolger, falls nicht ausdrücklich das Gegenteil vereinbart ist, auch die Übersetzung in eine andere Sprache ausschließlich zu.

Eine Vervielfältigung ohne Einwilligung des Berechtigten ist unzulässig. Eine Vervielfältigung zum persönlichen Gebrauch, d. h. zum privaten Gebrauch, ist zulässig, wenn sie nicht den Zweck hat, aus dem Werke eine Einnahme zu erzielen.

Zulässig ist der Abdruck einzelner Artikel aus Zeitungen in anderen Zeitungen, soweit die Artikel nicht mit einem Vorbehalt der Rechte versehen sind. Bei dem Abdruck ist die Quelle deutlich anzugeben.

Der Abdruck von Ausarbeitungen wissenschaftlichen, technischen oder unterhaltenden Inhalts ist unzulässig, auch wenn ein Vorbehalt der Rechte fehlt. Eine Ausarbeitung wissenschaftlichen Inhalts liegt dann vor, wenn der Gegenstand sich zur wissenschaftlichen Bearbeitung eignet und der Inhalt nach der Art und Weise der gegebenen Erörterungen die Bestimmung bekundet, einem wissenschaftlichen Zweck, in erster Linie dem Zweck der Belehrung zu dienen (RGSt. 22, 56; 36, 195). Das gleiche gilt bezüglich einer Ausarbeitung technischen Inhalts.

Zulässig ist die Vervielfältigung, wenn einzelne Stellen oder kleinere Teile eines Schriftwerkes, eines Vortrags oder einer Rede nach der Veröffentlichung in einer selbständigen literarischen Arbeit angeführt werden, oder wenn einzelne Aufsätze von geringem Umfang in eine selbständige wissenschaftliche Arbeit aufgenommen werden; jedoch ist in solchen Fällen die Quelle deutlich anzugeben. Regelmäßig wird der Name des Verfassers und der Titel des Werkes anzugeben sein.

Der Schutz des Urheberrechts endet, wenn seit dem Tode des Urhebers 30 Jahre und außerdem seit der ersten Veröffentlichung des Werkes 10 Jahre abgelaufen sind. Steht das Urheberrecht an einem Werke mehreren gemeinschaftlich zu, so bestimmt sich im allgemeinen der Ablauf der Schutzfrist nach dem Tode des Letztlebenden. Ist der wahre Name des Urhebers nicht bei der ersten Veröffentlichung angegeben worden, so endigt der Schutz mit dem Ablauf von 30 Jahren.

Die Schutzfristen beginnen mit dem Ablaufe des Kalenderjahres, in welchem der Urheber gestorben oder das Werk veröffentlicht worden ist.

Wer vorsätzlich oder fahrlässig unter Verletzung der ausschließlichen Befugnis des Urhebers ein Werk vervielfältigt, gewerbsmäßig verbreitet oder den wesentlichen Inhalt eines Werkes öffentlich mitteilt, ist dem Berechtigten zum Ersatze des daraus entstehenden Schadens verpflichtet. Die Schadensersatzpflicht erstreckt sich nur auf den entstandenen Vermögensschaden. Trägt jemand vorsätzlich oder fahrlässig unter Verletzung der ausschließlichen Befugnis des Urhebers ein Werk öffentlich vor, so ist er ebenfalls dem Berechtigten zum Ersatze des daraus entstehenden Schadens verpflichtet.

Der Verstoß gegen die obigen gesetzlichen Bestimmungen über Vervielfältigung, gewerbsmäßige Verbreitung, unbefugte Mitteilung des wesentlichen Inhalts, wird mit Geldstrafe geahndet. Auf Verlangen des Berechtigten kann neben der Strafe auch auf eine an ihn zu erlegende Buße erkannt werden. Die widerrechtlich hergestellten oder verbreiteten Exemplare und die zur widerrechtlichen Vervielfältigung ausschließlich bestimmten Vorrichtungen, wie Formen, Platten, Steine usw., unterliegen der Vernichtung. Der Berechtigte kann statt der Vernichtung verlangen, daß ihm das Recht zuerkannt wird, die Exemplare und Vorrichtungen ganz oder teilweise gegen eine angemessene, höchstens dem Betrage der Herstellungskosten gleichkommende Vergütung zu übernehmen.

Wer es unterläßt, die benutzte Quelle anzugeben, wird mit Geldstrafe bis zu 150 Mark bestraft. In allen Fällen tritt die Strafverfolgung nur auf Antrag ein. Die Zurücknahme des Antrags ist zulässig.

Der Anspruch auf Schadensersatz und die Strafverfolgung wegen Nachdrucks, weden widerrechtlicher Verbreitung, Vervielfältigung, Mitteilung des wesentlichen Inhalts usw. verjähren in 3 Jahren.

Den Schutz des Urheberrechtsgesetzes genießen die Reichsangehörigen für alle ihre Werke, gleichviel ob diese erschienen sind oder nicht. Nicht Reichsangehörige genießen den Schutz für ihre Werke oder Übersetzungen, die im Inland erscheinen, sofern nicht das Werk oder die Übersetzung von ihnen an einem früheren Tage im Ausland erschienen ist.

Wird der wahre Name des Urhebers eines Werkes binnen der dreißigjährigen Frist zur Eintragung in die Eintragsrolle angemeldet, so genießt derselbe vollen Urheberschutz. Die Rolle wird bei dem Stadtrate zu Leipzig geführt. Der Stadtrat bewirkt die Eintragungen, ohne die Berechtigung des Antragstellers oder die Richtigkeit der zur Eintragung angemeldeten Tatsachen zu prüfen. Die Einsicht der Eintragsrolle ist jedem gestattet. Aus der Rolle können Auszüge gefordert werden; die Auszüge sind auf Verlangen zu beglaubigen. Die Eintragungen werden im Deutschen Reichsanzeiger bekannt gemacht.

Berner Übereinkunft zum Schutze von Werken der Literatur und Kunst.

(Revidiert im Jahre 1921.)

Am 13. November 1908 wurde zwischen den meisten Kulturstaaten (die Vereinigten Staaten von Amerika und die Staaten von Mittel- und Südamerika haben sich nicht an der Übereinkunft beteiligt) ein Verband zum Schutze des Urheberrechts an Werken der Literatur und Kunst gebildet. Danach genießen die einem der Verbandsländer angehörigen Urheber sowohl für die nichtveröffentlichten als für die in einem Verbandslande zum ersten Male veröffentlichten Werke in allen Verbandsländern mit Ausnahme des Ursprungslandes des Werkes diejenigen Rechte, welche die einschlägigen Gesetze den inländischen Urhebern gegenwärtig einräumen oder in Zukunft einräumen werden, sowie die in dieser Übereinkunft besonders festgesetzten Rechte. Als Ursprungsland des Werkes wird angesehen: für die nicht veröffentlichten Werke das Heimatland des Urhebers, für die veröffentlichten Werke dasjenige Land, in welchem die erste Veröffentlichung erfolgt ist.

Im Ursprungslande kann der Schutz immer nur nach Maßgabe der inländischen Gesetzgebung verlangt werden.

Die keinem der Verbandsländer angehörigen Urheber, welche ihre Werke zum ersten Male in einem dieser Länder veröffentlichen, genießen in diesem Lande die gleichen Rechte wie die inländischen Urheber und in den andern Verbandsländern diejenigen Rechte, welche die Übereinkunft gewährt.

Die Dauer des Schutzes umfaßt das Leben des Urhebers und im allgemeinen 50 Jahre nach seinem Tode.

Das Bergbaurecht[1].

(Über Gewerkschaft vgl. S. 425.) (Vgl. die Kohlenwirtschaft S. 505.)

Für die Rechtsverhältnisse im Bergbau ist das allgemeine Berggesetz für die Preußischen Staaten (ABG.) vom 24. Juni 1865 in der durch Novellen ab-

[1] Vgl. auch Bergrecht S. 185.

geänderten Fassung maßgebend. Hierzu gehören u. a.: das Knappschaftsgesetz vom 17. Juni 1912,

das Quellenschutzgesetz vom 14. Mai 1908 und 24. April 1919 (Reichskaligesetz),

das Gesetz über die Gewinnung von Braunkohle vom 3. Januar 1924.

Grundsätzlich ist die Gewinnung der meisten Mineralien nicht vom Grundeigentümer abhängig.

§ 1 des ABG. bestimmt:

Die nachstehend bezeichneten Mineralien sind vom Verfügungsrechte des Grundeigentümers ausgeschlossen:

Gold, Silber, Quecksilber, Eisen mit Ausnahme der Raseneisenerze, Blei, Kupfer, Zinn, Zink, Kobalt, Nickel, Arsenik, Mangan, Antimon und Schwefel, gediegen und als Erze;

Alaun- und Vitriolerze;

Steinkohle, Braunkohle und Graphit;

Steinsalz, Kali-, Magnesia- und Borsalze nebst den mit diesen Salzen auf der nämlichen Lagerstätte vorkommenden Salzen und die Solquellen.

Die Aufsuchung und Gewinnung dieser Mineralien unterliegt den Vorschriften des gegenwärtigen Gesetzes.

Die sämtliche Aufzählung der Mineralien ist deshalb erfolgt, um eine feste und leicht erkennbare Grenze zwischen dem Hoheitsrecht des Staates und dem Recht des Grundeigentümers zu ziehen.

Der Erwerb und Betrieb von Bergwerken für Rechnung des Staates ist, sofern sich aus dem Gesetz nicht andere Bestimmungen ergeben, allen berggesetzlichen Bestimmungen ebenfalls unterworfen.

§ 2 des ABG. bestimmt:

„Die Aufsuchung und Gewinnung der Steinkohle, des Steinsalzes sowie der Kali-, Magnesia- und Borsalze nebst den mit diesen Salzen auf der nämlichen Lagerstätte vorkommenden Salzen und Solquellen steht allein dem Staate zu. Ausgenommen von dieser Bestimmung bleiben hinsichtlich der Steinkohle die Provinzen Ostpreußen, Brandenburg, Pommern und Schleswig-Holstein.

Der Staat kann das Recht zur Aufsuchung und Gewinnung des Steinsalzes, der Kali-, Magnesia- und Borsalze sowie der mit diesen Salzen auf der nämlichen Lagerstätte vorkommenden Salze und Solquellen an andere Personen übertragen. Die Übertragung soll in der Regel gegen Entgelt und auf Zeit erfolgen.

Zur Aufsuchung und Gewinnung der Steinkohle bleiben dem Staate außer dem von ihm zur Zeit betriebenen und den sonstigen in seinem Besitze befindlichen Feldern weitere 250 Maximalfelder vorbehalten. Die Verleihung erfolgt nach Maßgabe der Vorschriften in § 38b Abs. 1, 3 und 4 und muß binnen drei Jahren nach Inkrafttreten des gegenwärtigen Gesetzes nachgesucht und binnen weiteren sechs Monaten ausgesprochen werden.

Im übrigen soll der Staat das Recht der Aufsuchung und Gewinnung der Steinkohle an andere Personen übertragen. Die Ordnung der Übertragung erfolgt durch Gesetz."

Die Untersuchung der in § 1 bezeichneten Mineralien auf ihre natürlichen Ablagerungen — das Schürfen — ist, soweit die Mineralien nach § 2, Abs. 1 dem Staate nicht vorbehalten sind, einem jeden gestattet. Der Schürfer kann durch polizeiliche Forderung des Oberbergbauamtes verpflichtet werden, der Bergbehörde von dem Beginn und von der Einstellung der Schürfarbeiten innerhalb einer bestimmten Frist Anzeige zu machen. Die Bergbehörden sind zur Geheimhaltung der zu ihrer amtlichen Kenntnis gekommenen Tatsachen verpflichtet.

Auf öffentlichen Plätzen, Straßen und Eisenbahnen sowie auf Friedhöfen ist das Schürfen unbedingt untersagt. Auf anderen Grundstücken ist das Schürfen unstatthaft, wenn nach der Entscheidung der Bergbehörde überwiegende Gründe des öffentlichen Interesses entgegenstehen. Unter Gebäuden und in einem Umkreis um dieselben bis zu sechzig Meter, in Gärten und eingefriedeten Hofräumen darf nicht geschürft werden, es sei denn, daß der Grundbesitzer seine ausdrückliche Einwilligung hierzu erteilt hat.

Wer zur Ausführung von Schürfarbeiten fremden Grund und Boden benutzen will, hat hierzu die Erlaubnis des Grundbesitzers nachzusuchen. Mit Ausnahme der im § 4 bezeichneten Fälle muß der Grundbesitzer, er sei Eigentümer oder Nutzungsberechtigter, das Schürfen auf seinem Grund und Boden gestatten.

Der Schürfer ist verpflichtet, dem Grundbesitzer für die entzogene Nutzung jährlich im Voraus vollständige Entschädigung zu leisten und das Grundstück nach beendigter Benutzung zurückzugeben, auch für den Fall, daß durch die Benutzung eine Wertverminderung des Grundstückes eintritt, bei der Rückgabe den Minderwert zu ersetzen. Für die Erfüllung dieser letzteren Verpflichtung kann der Grundbesitzer schon bei der Abtretung des Grundstückes die Bestellung einer angemessenen Kaution von dem Schürfer verlangen.

Kann der Schürfer sich mit dem Grundbesitzer über die Gestattung der Schürfarbeiten nicht gütlich einigen, so entscheidet das Oberbergamt durch einen Beschluß darüber, ob und unter welchen Bedingungen die Schürfarbeiten unternommen werden dürfen.

Durch Beschreitung des Rechtsweges wird, wenn dieselbe nur wegen der Festsetzung der Entschädigung oder der Kaution erfolgt, der Beginn der Schürfarbeiten nicht aufgehalten, vorausgesetzt, daß die Entschädigung an den Berechtigten gezahlt oder bei verweigerter Annahme gerichtlich hinterlegt, desgleichen die gerichtliche Hinterlegung der Kaution geschehen ist.

In den Feldern fremder Bergwerke darf nach denjenigen Mineralien geschürft werden, auf welche der Bergwerkseigentümer Rechte noch nicht erworben hat. Bedrohen jedoch solche Schürfarbeiten die Sicherheit der Baue oder den ungestörten Betrieb des Bergwerks, so hat die Bergbehörde dieselben zu untersagen. Der Bergwerksbesitzer kann verlangen, daß der Schürfer ihm vor Beginn der Schürfarbeiten eine angemessene Kaution für die etwa zu leistende Entschädigung stellt. Auf diese Kaution finden die §§ 8 und 9 Anwendung.

Der Schürfer ist befugt, über die bei seinen Schürfarbeiten geförderten Mineralien (§ 1) zu verfügen, insofern nicht bereits Dritte Rechte auf dieselben erworben haben.

Über das Muten bestimmt § 12 folgendes:

Das Gesuch um Verleihung des Bergwerkseigentums in einem gewissen Felde — (die) Mutung — muß bei dem Oberbergamte angebracht werden.

Das Oberbergamt hat die Befugnis, für bestimmte Reviere die Annahme der Mutungen den Revierbeamten zu überweisen.

Dieser Auftrag muß durch das Regierungsamtsblatt und den Staatsanzeiger bekannt gemacht werden.

Die Mutung ist schriftlich in zwei gleichlautenden Exemplaren einzulegen.

Jedes Exemplar wird mit Tag und Stunde der Präsentation versehen und sodann ein Exemplar dem Muter zurückgegeben.

Es ist statthaft, die Mutung bei der zur Annahme derselben befugten Behörde zu Protokoll zu erklären.

Jede Mutung muß enthalten:

1. den Namen und Wohnort des Muters,
2. die Bezeichnung des Minerals, auf welches die Verleihung des Bergwerkseigentums verlangt wird,
3. die Bezeichnung des Fundpunktes,
4. den dem Bergwerke beizulegenden Namen.

Fehlt der Mutung die eine oder andere dieser Angaben, so hat der Muter dem Mangel auf die Aufforderung der Bergbehörde innerhalb einer Woche abzuhelfen. Geschieht dies nicht, so ist die Mutung von Anfang an ungültig.

Die Gültigkeit einer Mutung ist dadurch bedingt,

1. daß das in der Mutung bezeichnete Mineral an dem angegebenen Fundpunkte (§ 14) auf seiner natürlichen Ablagerung vor Einlegung der Mutung entdeckt worden ist und bei der amtlichen Untersuchung in solcher Menge und Beschaffenheit nachgewiesen wird, daß eine zur wirtschaftlichen Verwertung führende bergmännische Gewinnung des Minerals möglich erscheint;
2. daß nicht bessere Rechte auf den Fund entgegenstehen.

Ist die auf einen Fund eingelegte Mutung infolge Überdeckung durch das Feld einer anderen Mutung ungültig geworden, so kann der Fund, wenn er später wieder ins Bergfreie fällt, nur von dem ersten Muter oder mit dessen Einwilligung zum Gegenstand einer neuen Mutung gemacht werden.

Der Muter hat die Lage und Größe des begehrten Feldes (§ 27), letztere nach Quadratmetern, anzugeben und einen von einem konzessionierten Markscheider oder Feldmesser angefertigten Situationsriß in zwei Exemplaren einzureichen, auf welchem der Fundpunkt, die Feldesgrenzen, die zur Orientierung erforderlichen Tagesgegenstände und der Meridian angegeben sein müssen.

Die Angabe der Lage und Größe des Feldes sowie die Einreichung des Situationsrisses (§ 17) müssen binnen sechs Monaten nach Präsentation der Mutung bei der zur Annahme der letzteren befugten Bergbehörde erfolgen.

Geschieht dies nicht, so ist die Mutung von Anfang an ungültig.

Die Lage und Größe des begehrten Feldes können nur innerhalb der auf dem Situationsrisse (§ 17) angegebenen Grenzen abgeändert werden.

Gegen Mutungen Dritter ist das gesetzlich begehrte, auf dem Situationsrisse angegebene Feld einer Mutung für die Dauer ihrer Gültigkeit geschlossen.

Die den gesetzlichen Erfordernissen entsprechende Mutung begründet einen Anspruch auf Verleihung des Bergwerkseigentums. Der Muter hat das Recht, in fast allen Landesteilen ein Feld bis 2200000 qm zu verlangen. Der Fundpunkt muß stets in das verlangte Feld eingeschlossen sein. Über den Abstand des Fundpunktes von jedem Punkte der Begrenzung des Feldes sind bestimmte Vorschriften erlassen.

Wer auf eigenem Grund und Boden ein Mineral auf seiner natürlichen Ablagerung entdeckt, hat als Finder das Vorrecht vor anderen nach dem Zeitpunkt seines Fundes eingelegten Mutungen. Der Finder muß jedoch innerhalb einer Woche nach Ablauf des Tages der Entdeckung Mutung einlegen. Andernfalls erlischt das Vorrecht. Sonst geht die ältere Mutung der jüngeren vor.

Für die Schlußerklärung über die Größe und Begrenzung des Feldes, über etwaige Ansprüche und Einsprüche Dritter hat die Bergbehörde rechtzeitig einen Termin anzusetzen. Die §§ 28 bis 31 ABG. geben hierüber genaue Vorschriften.

Über die Verleihung wird eine Verleihungsurkunde ausgefertigt. Die Verleihungsurkunde muß nach § 34 enthalten:

1. den Namen, Stand und Wohnort des Berechtigten,
2. den Namen des Bergwerks,
3. den Flächeninhalt und die Begrenzung des Feldes unter Verweisung auf den Situationsriß (§ 33),
4. den Namen der Gemeinde, des Kreises, des Regierungs- und Oberbergamtsbezirks, in welchem das Feld liegt,
5. die Benennung des Minerals oder der Mineralien, auf welche das Bergwerkseigentum verliehen wird,
6. Datum der Urkunde,
7. Siegel und Unterschrift des verleihenden Oberbergamts.

Die Verleihungsurkunde ist binnen 6 Wochen nach der Ausfertigung durch das Amtsblatt der Regierung, in deren Bezirk das Bergwerk liegt, zur öffentlichen Kenntnis zu bringen. Die Kosten des Verleihungsverfahrens hat der Muter zu tragen.

Das Bergwerkseigentum wird dem Staat durch den Minister für Handel und Gewerbe verliehen.

Die Vereinigung zweier oder mehrerer Bergwerke zu einem einheitlichen Ganzen — Konsolidation — unterliegt der Bestätigung des Oberbergamtes. Das Bergwerkseigentum wird durch die Verleihung begründet, sowie durch Konsolidation, Teilung von großen Feldern oder Austausch von Feldesteilen erworben. Der Bergwerkseigentümer hat die ausschließliche Befugnis, das in der Verleihungsurkunde genannte Mineral in seinem Felde aufzusuchen und zu gewinnen, sowie alle hierzu erforderlichen Vorkehrungen unter und über Tage zu treffen; er ist befugt, die durch den Betrieb des Bergwerks gewonnenen, nicht unter den § 1 gehörigen Mineralien zu Zwecken seines Betriebes ohne Entschädigung des Grundeigentümers zu verwenden. Er darf auch die zur Aufbereitung seiner Bergwerkserzeugnisse erforderlichen Anstalten errichten und betreiben. Der Bergwerkseigentümer ist befugt, im freien Felde Hilfsbaue anzulegen, deren Einzelheiten im § 60 u. f. ABG. geregelt sind. Im allgemeinen ist der Bergwerksbesitzer verpflichtet, das Bergwerk zu betreiben. Von der Inbetriebsetzung muß er der Bergbehörde mindestens 4 Wochen vorher Anzeige machen. Der Betrieb darf nur auf Grund eines Betriebsplanes geführt werden, welcher von der Bergbehörde zu prüfen ist. Die Bergbehörde hat bei Zuwiderhandlungen weitgehende Rechte. Auch von der Einstellung des Betriebes des Bergwerkes hat der Bergwerksbesitzer der Bergbehörde mindestens 4 Wochen vorher Anzeige zu machen. Der Betrieb darf nur unter Leitung, Aufsicht und Verantwortlichkeit von Personen geführt werden, deren Befähigung hierzu anerkannt ist. Solche Personen sind unter Angabe des einem jeden zu übertragenden Geschäftskreises der Bergbehörde namhaft zu machen. Diese Personen haben ihre Befähigung zu dem ihnen zu übertragenden Geschäft nachzuweisen und sich zu diesem Zwecke auf Erfordern einer Prüfung durch die Bergbehörde zu unterwerfen. Erst nach Anerkennung der Befähigung dürfen sie die Geschäfte übernehmen. Nichtbefolgung schließt die Gefahr der sofortigen Entfernung, nötigenfalls die Schließung des Betriebes in sich.

Im dritten Abschnitt des ABG. sind die Rechtsverhältnisse der Bergleute bezüglich der Arbeitslöhne, Strafbestimmungen, Auflösung des Vertragsverhältnisses, Arbeiterausschusses, Arbeitspapiere usw., sowie die Rechtsverhältnisse der Betriebsbeamten behandelt.

Der vierte Abschnitt behandelt die Rechtsverhältnisse der Mitbeteiligten eines Bergwerkes, der Gewerkschaft (vgl. S. 425).

Es folgen dann die Bestimmungen über die Rechtsverhältnisse zwischen den Bergbautreibenden und den Grundbesitzern über die Aufhebung des Bergwerkseigentums, über Knappschaftsvereine, über die Bergbehörden und eine Reihe von Einzelbestimmungen.

Die Bergbaufreiheit hat eine erhebliche Einschränkung erfahren. In den Provinzen Hessen-Nassau, Sachsen, Brandenburg, Niederschlesien, Oberschlesien und Grenzmark Posen-Westpreußen sowie Groß-Berlin steht die Aufsuchung und Gewinnung der Braunkohle allein dem Staat zu, der sein Recht an andere Personen übertragen kann (Gesetz vom 3. Januar 1924).

Die Verwaltung und Ausbeutung der Staatsbergwerke ist jetzt größtenteils der „Preußischen Bergwerks- und Hüttenaktiengesellschaft" (Preußag) übertragen. Sie ist 1923 gegründet worden auf Grund der dem Staatsministerium erteilten Ermächtigung, zwecks Verwaltung und Ausbeutung der der staatlichen Bergverwaltung unterstehenden Betriebe, Gerechtsame und Berechtigungen eine Aktiengesellschaft zu bilden. Das Grundkapital der Gesellschaft beträgt 5 Millionen Goldmark. Diese sind sämtlich vom Preußischen Staat übernommen. Das den Betrieben gehörige Eigentum verbleibt mit sämtlichem Zubehör dem Staate. Für die Ausbeutung des Staatseigentums hat die Gesellschaft ein monatliches festes Entgelt an den Staat zu zahlen und die von ihr erzielten Überschüsse als Dividende am Jahresschlusse unverkürzt an die Staatskasse abzuführen (Gesetz vom 9. Oktober 1923).

Die Bergbehörden gliedern sich in drei Instanzen. Unter dem Minister für Handel und Gewerbe, bei dem das Berg-, Hütten- und Salinenwesen unter dem Oberberghauptmann als Direktor die erste Abteilung bildet, stehen in einer den Regierungen entsprechenden Stellung die Oberbergämter, unter diesen die Revierbeamten (Bergmeister). Der Bergbauabteilung des Ministeriums ist ein Grubensicherheitsamt angegleidert. Für den Umfang Preußens ist eine Bergbaudeputation gebildet, die sich auf Erfordern über das Gebiet des Bergbaues berührende Fragen zu äußern hat. Veröffentlichungen erfolgen in der Zeitschrift für Berg-, Hütten- und Salinenwesen.

Zur Anstellung im höheren Staatsdienste ist nach wissenschaftlicher und praktischer Ausbildung das Bestehen zweier Prüfungen (Diplom- und Bergassessorprüfung) notwendig. Die wissenschaftliche Ausbildung wird durch dreijähriges Hochschulstudium erworben, auf das der Besuch einer Bergakademie angerechnet werden kann. Auf den Berg- und Bergvorschulen werden Arbeiter behufs späterer Verwendung als Werkbeamte (Betriebsführer, Steiger, Obersteiger, Aufseher) ausgebildet.

Kriegsschädenschlußgesetz.

Unter dem 30. März 1928 (RGBl. I S. 120) wurde das Gesetz zur endgültigen Regelung der Liquidations- und Gewaltschäden (Kriegsschädenschlußgesetz) verkündet. Es folgte dann noch am 7. Juni 1928 als Nachtrag die Verordnung zur Durchführung des Kriegsschädenschlußgesetzes (RGBl. I, S. 159). Durch das genannte Gesetz wurden die früheren Gesetze, Verordnungen und Bestimmungen aufgehoben. Wenn auch die gewünschte 100%ige Entschädigung der Beschädigten nicht erreicht und gewährt werden konnte, so ist immerhin in Vergleich zu der ursprünglichen Regierungsvorlage durch die erfolgreiche Tätigkeit der Verbände, in welchen die Geschädigten, namentlich die Auslandsdeutschen, zusammengeschlossen sind, errreicht worden, daß rund 300 Millionen RM. mehr bewilligt worden sind. Dies wurde erreicht zu einem Zeitpunkt, an dem Deutschlands Wiedergutmachungsverpflichtungen noch nicht feststanden und die deutsche Wirtschaft durch Steuern und Abgaben bis zum äußersten belastet war.

Die Materie, um die es sich bei dem Liquidationsschädigungsgesetz und dem Schlußgesetz handelt, ist so schwierig, daß im einzelnen hier nicht darauf eingegangen werden kann. Es sei daher auf die Bearbeitung des Kriegsschädenschlußgesetzes von Schalfejew und Lazarus (K. Heymanns Verlag) hingewiesen.

Zivilprozeß und Zivilprozeßrecht.

Literaturverzeichnis.

Rosenberg, L.: Lehrbuch des deutschen Zivilprozeßrechts. 2. Aufl. 1929.

Goldschmidt, J.: Zivilprozeßrecht. 1929. (Enzyklopädie der Rechts- und Staatswissenschaft Bd. 17.)

Stein, Fr.: Grundriß des Zivilprozeßrechts und des Konkursrechts. 3. Aufl. 1928, bearbeitet von J. Juncker.

Stein, Fr.: Die Zivilprozeßordnung für das Deutsche Reich erläutert. 14. Auflage 1928/1929, neubearbeitet von M. Jonas.

Förster, A. und R. Kann: Zivilprozeßordnung für das Deutsche Reich. (Kommentar zum BGB.) 3. Aufl. 1913/1926.

Baumbach, A.: Zivilprozeßordnung mit Gerichtsverfassungsgesetz und den wichtigsten Nebengesetzen. 4. Aufl. 1928.

Jaeger, E.: Kommentar zur Konkursordnung. 6. Aufl. 1928.

Weinberg, Fr. und B. Manasse: Das Gesetz über den Vergleich zur Abwendung des Konkurses vom 5. Juli 1927. 2. Aufl. 1927.

Kiesow, W.: Gesetz über den Vergleich zur Abwendung des Konkurses. 2. Aufl. 1928.

Allgemeines.

Materielles und formelles Recht. Das materielle Recht ist der Inbegriff der Rechte und Pflichten für den Staatsbürger, welches die Rechtsordnung umschreibt. Das formelle Recht regelt das Verfahren, in welchem das materielle Recht verwirklicht werden kann. Aus dem Gedanken, daß das Recht eine Zwangsordnung ist, ergibt sich das Verhältnis von materiellem und formellem Recht: Kein Recht ist ohne Möglichkeit seiner Verwirklichung denkbar.

Der Zivilprozeß ist also ein staatlich geregeltes Verfahren zur gerichtlichen Durchsetzung verletzter oder vermeintlich verletzter Privatrechte. Die eine Partei, der Kläger, glaubt sich in ihrem Rechte beeinträchtigt und ruft die staatlichen Behörden zum Schutze gegen den Störer ihres Rechts, den Beklagten, an. Es entsteht ein Prozeß.

Im Zivilprozeß entscheiden staatliche Organe einen privatrechtlichen Streit:

Es gibt außerdem noch:

a) ein schiedsrichterliches Verfahren[1], in dem ein Privatmann den Streit aburteilt,

b) den Strafprozeß, der das Recht des Staates auf Bestrafung eines Verbrechens verwirklicht,

c) die freiwillige Gerichtsbarkeit, die privatrechtliche Gegenstände regelt, bei denen eine Rechtsstreitigkeit nicht vorliegt. Sie ist eine behördliche Tätigkeit zur Unterstützung der nichtstreitenden Parteien in ihrem rechtsgeschäftlichen Verkehr.

Angelegenheiten der freiwilligen Gerichtsbarkeit sind:

1. Die Vormundschaftssachen. Vormundschaftsgericht ist das Amtsgericht.
2. Die Bestätigung von Adoptionsverträgen. Zuständig sind die Amtsgerichte.
3. Die Grundbuchsachen. Sie werden vom Grundbuchamt erledigt. Gewöhnlich sind die Amtsgerichte Grundbuchämter.
4. Die Nachlaß- und Teilungssachen. Zuständig sind die Amtsgerichte.
5. Die Registersachen. Für die Registerführung sind meistens die Amtsgerichte zuständig. Es gibt z. B.

a) ein Handelsregister,

b) ein Vereinsregister,

c) ein Güterrechtsregister,

d) ein Schiffsregister,

e) die standesamtlichen Register, bestehend aus Geburts-, Heirats- und Sterberegister. Sie werden von den Standesämtern geführt.

6. Die Aufnahme gerichtlicher oder notarieller Urkunden:

a) durch die Amtsgerichte,

b) durch den Notar.

7. Die gerichtliche oder notarielle Beglaubigung einer Unterschrift. Sie ist in allen Fällen erforderlich, in denen eine Erklärung gegenüber einer Behörde abzugeben ist. Die Beglaubigung folgt ebenfalls durch das Amtsgericht oder den Notar.

Gerichtsverfassung. Würde der Staat nicht das Monopol der Rechtsprechung haben, so wäre der Rechtsuchende auf Selbsthilfe angewiesen. Das würde bedeuten: „Macht geht vor Recht".

Der Staat muß demgemäß seinerseits die Mittel und Wege zur Rechtsverwirklichung geben. Das geschieht dadurch, daß er Gerichtsbehörden schafft und durch seine Richter die Streitentscheidung übernimmt.

Zwangsvollstreckung. Nach dem Spruch des Gerichts liegt die Durchführung desselben ausschließlich in den Händen des Staates.

Die Rechtsverwirklichung setzt demnach voraus: Eine Gerichtsverfassung, eine Verfahrensordnung zur Feststellung des Rechts und zur Durchführung des Rechts.

[1] Zur Sühneverhandlung über streitige Rechtsangelegenheiten ist für jede Gemeinde ein Schiedsmann (Mann oder Frau) zu bestellen. Über Einzelheiten sei auf die Schiedsmannsordnung vom 3. Dezember 1924 (GS. S. 751ff.) verwiesen.

Gerichtsverfassung.

Die Einrichtung der Gerichte.

Ordentliche Gerichte und besondere Gerichte. Ordentliche Gerichte sind diejenigen Gerichte, die grundsätzlich für alle Rechtsstreitigkeiten zuständig sind. Sie sind eingeteilt in:
die Amtsgerichte,
die Landgerichte,
die Oberlandesgerichte
und das Reichsgericht.
Die besonderen Gerichte sind zuständig nur für die ihnen ausdrücklich zugewiesenen Rechtsstreitigkeiten.

Die Sondergerichtsbarkeit.

Während den ordentlichen Gerichten grundsätzlich die Zuständigkeit über alle Rechtssachen zusteht, ist der Aufgabenkreis der Sondergerichte ein beschränkter. Das Reichsrecht bestimmt, auf welchen Gebieten und für welche Personenkreise Sondergerichte eingerichtet werden dürfen oder eingerichtet werden müssen.

Reichsrechtlich bestellte Sondergerichte.

Hierunter fallen diejenigen Sondergerichte, deren Einrichtung das Reich selbst besorgt oder deren Einrichtung das Reich von den Ländern oder den Gemeinden fordert:

1. Reichsrechtlich eingesetzte Sondergerichte.

Das Reichswirtschaftsgericht nebst das bei ihm gebildete Kartellgericht.

2. Reichsrechtlich geforderte Sondergerichte:

a) Die Arbeitsgerichte. Diese zerfallen in
Arbeitsgerichte im engeren Sinne,
Landesarbeitsgerichte,
das Reichsarbeitsgericht (vgl. S. 489).

b) Die Mietgerichte. Gemäß Gesetz über Mieterschutz und Mieteinigungsämter entscheidet über den Anspruch auf Aufhebung des Mietverhältnisses ein besonderes Gericht. Das besondere Gericht besteht aus einem Amtsrichter als Vorsitzenden und zwei Beisitzern (einer aus dem Kreise der Hausbesitzer und einer aus dem Kreise der Mieter).

Reichsrechtlich zugelassene Sondergerichte.

1. Die Rhein- und Elbschiffahrtsgerichte. Nach dem Mannheimer Abkommen vom 17. Oktober 1868 sind die Rheinschiffahrtsgerichte zur Entscheidung über folgende Zivilsachen zuständig:

a) Streitigkeiten wegen Zahlung der Hafen-, Wage- und Lotsengebühren.

b) Streitigkeiten über Beschädigungen, welche Schiffer und Flösser während ihrer Fahrt oder beim Landen anderen verursacht haben.

c) Streitigkeiten über Beschädigungen des Grundeigentums, die durch Heraufziehen der Schiffe mittels Zugpferden entstehen.

In ähnlicher Weise sind zuständig die Elbschiffahrtsgerichte.

2. Die Agrargerichte. Diese sind zuständig zur Entscheidung von Rechtsstreitigkeiten, die bei Ablösung von Gerechtigkeiten, Reallasten und bei der Auseinandersetzung von gutsherrlich-bäuerlichen Liegenschaften entstehen.

3. Die Gemeindegerichte. Diese können in vermögensrechtlichen Angelegenheiten bis zu einem Wert von 60 RM. zwischen Personen entscheiden, die in der betr. Gemeinde ihren Wohnsitz oder einen längeren Aufenthalt haben. Gegen die Entscheidungen dieser Gemeindegerichte ist die Berufung auf dem ordentlichen Rechtsweg zulässig.

Von der Einrichtung der Gemeindegerichte haben nur Württemberg und Baden Gebrauch gemacht.

Befreiungen von der deutschen Gerichtsgewalt (Exterritorialität).

Gewisse Personen sind ausnahmsweise nicht der deutschen Gerichtsbarkeit unterworfen. Es handelt sich um folgende Personen:

1. Die Chefs und die Mitglieder der bei dem deutschen Reiche beglaubigten Missionen (Gesandtschaften und Botschaften), deren Familienangehörige, Geschäftspersonal und nichtdeutsche Bedienstete.

2. Die Chefs und die Mitglieder, der bei dem deutschen Land beglaubigten Missionen (Gesandtschaften und Botschaften), ihre Familienangehörigen und ihre nichtdeutschen Bediensteten.

3. Die Mitglieder des Reichsrats: Sie, ihre Familienangehörigen, Geschäftspersonal sind der Gerichtsbarkeit des Landes nicht unterworfen, in dem der Reichsrat seinen Sitz hat, ausgenommen, wenn sie Abgeordnete dieses Landes sind.

4. Die fremden Konsuln in Deutschland, jedoch nur kraft besonderer Verträge des Deutschen Reichs mit anderen Mächten.

5. Nach Völkerrecht und deutschem Gewohnheitsrecht auch die Souveräne fremder Staaten und die in ihrer Begleitung befindlichen Familienangehörigen, Bedienstete und sonstiges Geschäftspersonal.

Wirkung der Exterritorialität.

Die Wirkung der Exterritorialität besteht darin, daß jede Klage gegen eine der oben aufgeführten Personen unzulässig ist. Jedoch können diese Personen trotz ihrer Exterritorialität als Kläger auftreten. In diesem Falle müssen sie sich aber eine mit der Klage in Zusammenhang stehende Widerklage gefallen lassen. Die Befreiung von der Gerichtsgewalt fällt ganz fort bei Streitigkeiten über die dingliche Rechtslage deutscher Grundstücke.

Außer den Klagen gegen die Exterritorialen sind unzulässig:

a) Vollstreckungen und Anordnungen des Arrestes oder einstweiliger Verfügungen.

b) Zeugen- und Sachverständigenladung, ausgenommen wenn sie sich freiwillig dazu erbieten.

Die sachliche Zuständigkeit der ordentlichen Gerichte.

Dem **Amtsgerichte** sind überwiesen folgende Sachen, die entweder besonders geringfügig oder einfach sind oder eines beschleunigten Verfahrens bedürfen (§ 23 GVG.):

1. Vermögensrechtliche Streitigkeiten bis zu einem Streitwert von höchstens 500 RM.

2. Ohne Rücksicht auf den Wert:

a) Mietsstreitigkeiten wegen Überlassung, Benutzung oder Räumung gemieteter Räume, sowie wegen Zurückbehaltung eingebrachter Sachen des Mieters. Für Klagen auf rückständige Miete, für Miete von Mobilien und für Pacht gilt die Vorschrift nicht;

b) gewisse Dienststreitigkeiten, sofern sie während des Dienstes entstanden sind;

c) gewisse Reisestreitigkeiten, d. h. Streitigkeiten, die aus Anlaß der Reise entstehen;

d) Viehmängelstreitigkeiten;

e) Wildschadenstreitigkeiten;

f) Ansprüche aus einem außerehelichen Beischlaf;

g) das Aufgebotsverfahren.

3. Durch besondere Bestimmungen:

a) Die Erledigung der Rechtshilfe, d. h. das Amtsgericht muß dem Ersuchen auswärtiger Gerichte um Vornahme bestimmter Gerichtsverhandlungen in seinem Bezirk, z. B. Zeugenvernehmung Folge leisten;

b) das Entmündigungsverfahren;

c) der Sühneversuch in Amtsgerichtssachen und in Ehrensachen;

d) das Mahnverfahren;

e) die Sicherung des Beweises;

f) das Konkursverfahren;

g) die Zwangsvollstreckung.

Dem **Landgerichte** sind überwiesen:

1. Alle nicht dem Amtsgerichte zugeteilte Sachen:

a) Streitigkeiten über 500 RM.;

b) Streitigkeiten nicht vermögensrechtlicher Natur, z. B. Ehesachen.

2. Zur ausschließlichen Entscheidung, selbst wenn die Grenze von 500 RM. nicht überschritten ist:

a) Ansprüche der Reichsbeamten gegen den Reichsfiskus,

b) Ansprüche gegen Reichsbeamte wegen Pflichtverletzung,

c) Ansprüche von Staatsbeamten gegen den Landesfiskus und Ansprüche gegen den Staat oder Staatsbeamte wegen deren Pflichtverletzung, sofern die Landesgesetzgebung, wie z. B. in Preußen, die Zuständigkeit des Landgerichts angeordnet hat.

3. Durch besondere Bestimmungen sind den Landgerichten übertragen, z. B.:

a) Die Anfechtungsklagen im Entmündigungs- und Aufgebotsverfahren,

b) die Anfechtungsklage gegen einen Beschluß der Generalversammlung der Aktiengesellschaft,

c) die Nichtigkeitsklage gegen solche Gesellschaften,

d) Entschädigungsansprüche wegen unschuldig erlittener Untersuchungs- oder Strafhaft.

Die örtliche Zuständigkeit, der Gerichtsstand, gibt an, welches der vielen sachlich zuständigen Amts- oder Landgerichte für einen bestimmten Anspruch zuständig ist. Jemand hat also bei demjenigen Gericht seinen Gerichtsstand, bei dem er verklagt werden kann.

Man unterscheidet einen allgemeinen und einen besonderen Gerichtsstand:

1. Der allgemeine Gerichtsstand. Der Kläger muß dem Gerichtsstand des Beklagten folgen. Maßgebend ist:

a) Sein Wohnsitz in erster Linie,

b) sein Aufenthaltsort, falls er keinen Wohnsitz hat,

c) sein letzter Wohnsitz, falls auch sein Aufenthaltsort nicht bekannt ist,

d) für nicht-physische Personen, z. B. für eine Gemeinde, einen Verein: der Sitz der Vereinigung, im Zweifel der Ort, an dem die Verwaltung geführt wird; der Fiskus erhält seinen allgemeinen Gerichtsstand durch den Sitz der Behörde, die denselben im Prozesse zu vertreten hat.

2. Besondere Gerichtsstände. Sie ergeben sich aus der räumlichen Beziehung des betreffenden Anspruchs:

a) bei längerer Dauer des Aufenthalts an einem Orte dieser Ort, z. B. bei Studierenden, Dienstboten;

b) der Gerichtsstand der Niederlassung für Geschäftsansprüche;

c) Der Gerichtsstand des Vereinssitzes für die Klagen des Vereins oder der Mitglieder.

d) Der Gerichtsstand des Vermögens, d. h. des Gerichtsbezirkes, in dem sich Vermögensstücke eines Beklagten befinden, der im Deutschen Reich keinen Wohnsitz hat.

e) Der dingliche Gerichtsstand, der sich aus der Lage eines Grundstücks ergibt, und zwar für alle Klagen, die das Grundstück betreffen.

f) Der Gerichtsstand des Vergehens, d. h. desjenigen Ortes, an dem das Vergehen begangen wurde.

g) Der Gerichtsstand der Widerklage.

Durch Parteivereinbarung kann auch ein an sich unzuständiges Gericht erster Instanz zuständig werden. Stillschweigende Vereinbarung liegt vor, wenn der Beklagte mündlich zur Hauptsache verhandelt, ohne die Unzuständigkeit geltend gemacht zu haben.

Der Instanzenzug.

Gegen die Entscheidung des Amtsgerichts findet bei einem Streitwert über 50 RM. die Berufung an das übergeordnete Landgericht statt. Gegen die erstinstanzlichen Entscheidungen des Landgerichts (Zivilkammer oder Kammer für Handelssachen) gibt das Gesetz die Möglichkeit der Berufung an das übergeordnete Oberlandesgericht. Bei einem Streitwert über 4000 RM. und in nicht vermögensrechtlichen Streitigkeiten gewährt das Gesetz ein weiteres Rechtsmittel in Gestalt der Revision an das Reichsgericht.

Der Instanzenzug.

	I. Instanz.
Das Amtsgericht. 1 Richter. Dagegen Berufung an das	Landgericht, Zivilkammer. 3 Richter und Kammer für Handelssachen. Dagegen Berufung an das

	II. Instanz.
Landgericht. Zivilkammer. 3 Richter und Kammer für Handelssachen. Hiermit ist der Instanzenzug erschöpft.	Oberlandesgericht. Zivilsenat. 3 Richter. Dagegen gegebenenfalls Revision an das

III. Instanz.
Reichsgericht. Zivilsenat. 5 Richter.

Die Besetzung der Gerichte.

1. Die Amtsgerichte. Den Amtsgerichten stehen Einzelrichter vor. Beim Vorhandensein mehrerer Richter wird einer als „Aufsichtsführender Richter" bestimmt.

2. Die Landgerichte.

a) An der Spitze steht das Präsidium, bestehend aus dem Landgerichtspräsidenten als Vorsitzenden, den Landgerichtsdirektoren und dem dienstältesten Mitglied des Richterkollegiums.

b) Die Zivilkammern dienen zur Ausübung der Zivilrechtspflege. Sie entscheiden in der Besetzung von 3 Mitgliedern, mit Einschluß des Vorsitzenden. Die Richter vom Landgericht führen den Titel Landrichter, bei längerer Amtsdauer Landgerichtsrat.

c) Kammern für Handelssachen werden bei vorhandenem Bedürfnis nach dem Ermessen der Landesjustizverwaltung bei dem Landgericht für den ganzen oder geteilten Bezirk gebildet. Sie sind an Stelle der Zivilkammern zur Entscheidung in 1. Instanz bei Streitgegenständen über 500 RM., und bis zu 500 RM. auch in der Berufungsinstanz zuständig:

1. Gegen einen Kaufmann aus beiderseitigen Handelsgeschäften;
2. aus einem Wechsel-, Scheck- oder Orderpapier;
3. aus Rechtsverhältnissen, die die Handelsgesellschaften, die Handelsfirmen, die Muster und Modelle, den Gesamtübergang eines Handelsgeschäftes unter Lebenden, den unlauteren Wettbewerb, Reichsstempelabgaben, Schadensersatzansprüche wegen Veröffentlichung eines unrichtigen Prospektes betreffen, auf Grund dessen Wertpapiere zum Börsenhandel zugelassen sind, und Schadenersatzansprüche, die sich auf das Seerecht beziehen.

Auf Antrag des Klägers in der Klageschrift erfolgt die Verhandlung des Rechtsstreites vor der Kammer für Handelssachen; jedoch muß dieser Antrag vor der Verhandlung des Antragstellers zur Hauptsache gestellt sein. Die Kammern für Handelssachen können auch Beschwerdegerichte sein. Die Besetzung der Kammern für Handelssachen bei der Entscheidung besteht aus einem Mitgliede des Landgerichts als Vorsitzenden und 2 Kaufleuten als Beisitzern.

Nicht zur Zuständigkeit der Kammern für Handelssachen gehören die Ansprüche aus dem Rechtsverhältnisse zwischen dem Prokuristen, Handlungsbevollmächtigten, Handlungsgehilfen oder Handlungslehrling und dem Inhaber des Handelsgeschäftes.

Mit den Kammern für Handelssachen sind nicht zu verwechseln: die Handelskammern. Diese sind berufen, die Interessen der Kaufmannschaft wahrzunehmen (Gesetz vom 24. Februar 1870 und 19. August 1897), ebenso wie für die Landwirtschaft die Landwirtschaftskammern, die nach dem preußischen Gesetz vom 30. Juni 1894 für jede Provinz errichtet sind, und die Handwerkskammern für Handwerker (Reichsgesetz vom 26. Juli 1897) für größere Bezirke zur Pflege des Handwerks.

3. Die Oberlandesgerichte. Das Präsidium besteht aus dem Präsidenten, dem Senatspräsidenten und den beiden ältesten Oberlandesgerichtsräten.

Zivilsenate heißen die Abteilungen, die in einer Besetzung von 3 früher 5 Mitgliedern entscheiden.

Das Reichsgericht in Leipzig.

4. Das Reichsgericht in Leipzig. Das Präsidium. Zum Präsidium gehören der Reichsgerichtspräsident (derselbe wird wie die Senatspräsidenten und die Reichsgerichtsräte auf Vorschlag des Reichsrats vom Reichspräsidenten ernannt), die Senatspräsidenten und die vier ältesten Reichsgerichtsräte.

Die Zivilsenate. Sie entscheiden in einer Besetzung von 5 (früher 7) Mitgliedern.

Das Mindestalter für die Richter am Reichsgericht ist 35 Jahre.

Bei abweichenden Meinungen in Rechtsfragen sind behufs einheitlicher Rechtssprechung Entscheidungen der vereinigten Senate des Reichsgerichts herbeizuführen (Plenarentscheidungen). An derartigen Entscheidungen ist die Teilnahme von zwei Dritteln aller Mitglieder mit Einschluß des Präsidenten erforderlich.

Rechtshilfe, Gerichtssprache, Gerichtsferien.

Die Gerichte haben sich in bürgerlichen Rechtsstreitigkeiten Rechtshilfe zu leisten. Ein Ersuchen um solche Hilfe darf nicht abgelehnt werden. Andererseits darf kein Gericht außerhalb seines Bezirkes ohne Zustimmung des für den Ort zuständigen Amtsgerichts Amtshandlungen vornehmen.

Die **Gerichtssprache** ist die deutsche.

Die **Gerichtsferien** beginnen am 15. Juli und endigen am 15. September, jedoch müssen auch in den Ferien die sogenannten Feriensachen erledigt werden. Hierzu gehören:

a) Strafsachen,
b) Arrestsachen und einstweilige Verfügungen,
c) Meß- und Marktsachen,
d) gewisse Mietsstreitigkeiten,
e) gewisse Dienststreitigkeiten,
f) Ansprüche aus dem außerehelichen Beischlaf,
g) Wechselsachen,
h) Bausachen, wenn über die Fortsetzung eines angefangenen Baues gestritten wird.

Die Gerichtsbeamten.

I. Ordentliche Richter.

Die richterliche Gewalt wird durch unabhängige, nur dem Gericht unterworfene Richter ausgeübt. Niemand darf seinem gesetzlichen Richter entzogen werden. Die Unabhängigkeit des Richters ist dadurch gewährleistet, daß er unabsetzbar und regelmäßig gegen seinen Willen unversetzbar ist und ein festes Gehalt unter Ausschluß von Gebühren bezieht. Bei Streitigkeiten bezüglich seines Gehaltes sind die **ordentlichen** Gerichte zuständig.

Die Fähigkeit zum Richteramt setzt voraus: ein mindestens dreijähriges Studium, danach Ablegung des ersten Examens (Referendar) ferner eine sich daran anschließende mindestens dreijährige praktische Vorbereitungstätigkeit bei den verschiedenen Gerichtsbehörden und der Anwaltschaft. Zum Abschluß ein zweites Staatsexamen (Assessor).

Hilfsrichter. Sie sind nur für das Amtsgericht unbedingt zulässig und bedingt für bestimmte Zeit bei dem Landgericht. Am Oberlandesgericht sind nur festangestellte Richter als Hilfsrichter zulässig, während beim Reichsgericht keine Hilfsrichter tätig sein dürfen.

Die Laienrichter.

Sie kommen nur als Handelsrichter bei den Landgerichtlichen Kammern für Handelssachen vor. Das Amt der Handelsrichter ist ein unbesoldetes Ehrenamt. Sie werden auf gutachtlichen Vorschlag des zur Vertretung des Handelsstandes berufenen Organs (z. B. Handelskammer) für je 3 Jahre bestellt. Zum Handelsrichter kann jeder Deutsche ernannt werden, der

a) als Kaufmann, als Vorstand einer Aktiengesellschaft, als Geschäftsführer einer G. m. b. H. oder als Vorstand einer sonstigen juristischen Person in das Handelsregister eingetragen oder eingetragen gewesen ist;

b) das 30. Jahr vollendet hat;

c) in dem Bezirke der Kammer für Handelssachen wohnt.

Wem infolge gerichtlicher Anordnung (Entmündigung, Konkurs) die Verfügung über sein Vermögen entzogen ist, kann nicht zum Handelsrichter ernannt werden. An Seeplätzen können zu Handelsrichtern auch Schiffahrtskundige bestellt werden. Die Handelsrichter werden vor ihrem Amtsantritt vereidigt und haben während der Dauer ihres Amtes alle Rechte und Pflichten richterlicher Beamten.

II. Der Urkundsbeamte.

Bei jedem Gericht muß eine Geschäftsstelle eingerichtet werden. Aufgabe der Geschäftsstelle ist es hauptsächlich:

a) den Verkehr mit dem Publikum zu vermitteln;

b) zugleich mit dem Richter bei der Protokollierung mitzuwirken;

c) Zustellung von Urkunden zu vermitteln.

III. Der Gerichtsvollzieher.

Ihm obliegen die Zustellungen und Vollstreckungen. Er wird von den Parteien beauftragt und haftet ihnen wie ein Beauftragter.

IV. Der Staatsanwalt.

Er ist in seinen Dienstverrichtungen von den Gerichten unabhängig. Er darf richterliche Geschäfte nicht wahrnehmen, auch nicht die Dienstaufsicht über die Richter ausüben. Seine Tätigkeit im Zivilprozeß beschränkt sich darauf, daß er in wenigen Fällen entweder selbst als Partei oder als Beistand einer solchen auftritt, z. B. bei Ehe- und Kindschaftssachen, beim Entmündigungsverfahren und beim Aufgebotsverfahren.

V. Ablehnung und Ausschließung eines Richters.

Die Richter können kraft Gesetzes ausgeschlossen oder wegen Befangenheit abgelehnt werden.

Der Richter ist ausgeschlossen kraft Gesetzes:

a) wenn er selbst Partei oder am Streite unmittelbar als Mitverpflichteter oder Mitberechtigter beteiligt ist;

b) in Sachen seiner Ehefrau;

c) in Sachen einer Person, mit der er in gerader Linie verwandt, verschwägert oder durch Adoption verbunden, in der Seitenlinie bis zum 3. Grade verwandt oder bis zum 2. Grade verschwägert ist;

d) in Sachen, in denen er Prozeßbevollmächtigter oder Vertreter einer Partei war;

e) in Sachen, in denen er Zeuge oder Sachverständiger war;

f) in Sachen, in denen er Vorderrichter war.

Der Richter ist ablehnbar wegen Besorgnis der Befangenheit. Jedoch kann er nicht mehr von einer Partei abgelehnt werden, wenn sie sich vor ihm trotz Kenntnis des Ablehnungsgrundes in Verhandlungen eingelassen oder Anträge gestellt hat. Das Ablehnungsgesuch ist bei dem Gericht anzubringen, welchem der Richter angehört. Hält ein Amtsrichter ein ihn betreffendes Ablehnungsgesuch für begründet, so kann er sich selbst ablehnen, andernfalls entscheidet das übergeordnete Landgericht. Der Beschluß, welcher dem Ablehnungsgesuch stattgibt, ist unanfechtbar. Gegen einen abweisenden Beschluß kann die sofortige Beschwerde eingelegt werden. Auch Urkundsbeamte und Gerichtsvollzieher sind aus den gleichen oder ähnlichen Gründen ausgeschlossen oder ablehnbar.

Die Rechtsanwaltschaft.

Voraussetzung zur Zulassung zur Anwaltschaft ist die Fähigkeit zum Richteramt. Vgl. S. 280.

Jeder Anwalt muß um die Zulassung bei einem bestimmten Gericht nachsuchen. Er ist dann auf die Tätigkeit bei diesem Gericht beschränkt. Neuerdings ist die Rechtsanwaltsordnung dahingehend abgeändert worden, daß unter gewissen Voraussetzungen die Amtsgerichtsanwälte auch am übergeordneten Landgericht zugelassen werden können (Simultanzulassung). Die Befugnis zur Ausübung der Rechtsanwaltschaft beginnt mit der Eintragung in die bei jedem Gericht zu führende Liste.

Der Anwaltszwang besteht darin, daß vor den Landgerichten und vor allen Gerichten höherer Instanz die Parteien sich durch einen bei dem betreffenden Gericht zugelassenen Rechtsanwalt vertreten lassen müssen, also nicht selbst auftreten können (Anwaltsprozeß).

Der Anwaltszwang besteht nicht:

a) vor dem Amtsgericht,

b) vor dem beauftragten oder ersuchten Richter,

c) vor dem Urkundsbeamten.

In diesen Fällen können die Parteien selbst Prozeßhandlungen wirksam vornehmen (Parteiprozeß).

Der Anwalt ist nicht verpflichtet, eine Sache anzunehmen, jedoch hat er dann die Ablehnung ohne Verzug zu erklären, widrigenfalls er schadensersatzpflichtig werden kann. Nur ein vom Gericht ernannter Anwalt (Armenanwalt) muß die Vertretung annehmen. Der Gebührenanspruch des Rechtsanwalts ergibt sich aus der Gebührenordnung für Rechtsanwälte.

Der Zivilprozeß.

Allgemeines.

Die Parteien. Voraussetzung für die Parteien sind: die Parteifähigkeit, die Prozeßfähigkeit und die Postulationsfähigkeit.

1. Die Parteifähigkeit. Parteifähig ist, wer rechtsfähig ist. Ein nicht rechtsfähiger Verein kann verklagt werden, hat also passive Parteifähigkeit. Die Handelsgesellschaften haben volle Parteifähigkeit. Ein Kaufmann kann unter seiner Firma klagen und verklagt werden.

2. Die Prozeßfähigkeit. Sie ist die Fähigkeit, einen Prozeß vor Gericht selbst oder durch den Bevollmächtigten zu führen. Eine Person ist insoweit prozeßfähig, als sie sich durch Verträge verpflichten kann. Der gesetzliche Vertreter vertritt die nichtprozeßfähige Partei vor Gericht.

3. Die Postulationsfähigkeit. Sie ist die Fähigkeit, den Prozeß vor Gericht selbständig führen zu können. Im Amtsgerichtsprozeß deckt sie sich mit der Prozeßfähigkeit. Bei den Kollegialgerichten, also vom Landgericht aufwärts, kann nur der bei dem betreffenden Gerichte zugelassene Anwalt vor das Gericht laden und dort verhandeln.

Aktive und passive Legitimation (Sachlegitimation). Die unter 1—3 angegebenen Bedingungen enthalten die allgemeinen Fähigkeiten, wirksam Prozeßhandlungen vorzunehmen oder vornehmen zu lassen. Unter Sachlegitimation versteht man hingegen die Beziehung der Partei zum Prozeßgegenstand, d. h. der sachlegitimierte Kläger ist derjenige, dem das Recht (Streitgegenstand) zusteht; sachlegitimierter Beklagter derjenige, gegen den das Recht des Klägers sich richtet.

Die Rechtsordnung spricht in manchen Fällen Personen die Sachlegitimation zu, ohne daß sie die Träger des geltend gemachten Rechts sind. (So z. B. der Konkursverwalter hinsichtlich der Konkursmasse, der Ehemann für seine Ehefrau.)

Die Streitgenossenschaft. Man unterscheidet die echte, unechte und notwendige Streitgenossenschaft. Ganz allgemein versteht man unter Streitgenossenschaft eine Mehrheit von Klägern oder Beklagten, die in einem gewissen Verhältnis zum Streitgegenstande stehen.

Die Hauptintervention. Sie ist eine Klage gegen die beiden Parteien eines bereits anhängigen Prozesses seitens eines Dritten, solange der Hauptprozeß noch nicht rechtskräftig entschieden ist. (Vgl. Seite 695ff.)

Die Nebenintervention. Sie bedeutet den Beitritt eines Dritten in einem bereits anhängigen Prozesse zur Unterstützung einer Partei, wenn der Intervenient ein rechtliches Interesse daran hat, daß die Partei, der er beitritt, obsiegt. (Vgl. Seite 695ff.)

Die Streitverkündung. Sie ist eine Aufforderung an einen Dritten zur Teilnahme an einem Rechtsstreit als Nebenintervenient. (Vgl. S. 698ff.)

Die Prozeßvollmacht. Der Bevollmächtigte soll die Bevollmächtigung durch eine schriftliche Vollmacht nachweisen und diese zu den Gerichtsakten geben. Der Mangel der Vollmacht wird jedoch nicht von Amts wegen, sondern erst auf besondere Rüge des Gegners berücksichtigt. Eine Vollmacht ist jedoch unbedingt im Parteiprozeß und in Ehesachen auf seiten des klägerischen Anwalts vorzulegen.

Der Gegner kann jedoch stets die Vorlegung der Vollmachtsurkunde verlangen. Die Prozeßvollmacht ermächtigt zu allen Prozeßhandlungen. Jedoch kann den Bevollmächtigten die Beseitigung des Rechtsstreites durch Vergleich, Verzichtleistung auf den Streitgegenstand oder Anerkennung des Klageanspruches verboten werden. Die von dem Bevollmächtigten vorgenommenen Prozeßhandlungen binden die Partei genau so wie eigene Handlungen, doch können Geständnisse und andere tatsächliche Erklärungen sofort widerrufen oder berichtigt werden. Die Vollmacht erlischt erst durch besondere Aufkündigung.

Prozeßkosten. Die Prozeßkosten zerfallen in Gerichtskosten, geregelt durch das Gerichtskostengesetz vom 28. Januar 1927, und Parteikosten. Die ZPO. regelt nur die Prozeßkosten, insoweit sie die Parteien einander erstatten müssen.

Der unterliegende Teil hat die Kosten des Rechtsstreits zu tragen; bei teilweisem Obsiegen jeder Partei sind die Kosten gegeneinander aufzuheben oder entsprechend zu teilen. Besondere Kosten, die eine Partei verschuldet hat (z. B. Versäumniskosten), hat sie auch allein zu tragen. Die Kosten eines Vergleichs sind im Zweifel als gegeneinander aufgehoben anzusehen. Nach Kopfteilen wird gehaftet, wenn der unterliegende Teil aus mehreren Personen besteht. Die Kosten einer Nebenintervention trägt der unterliegende Gegner der Hauptpartei, andernfalls der Nebenintervenient. Die Anfechtung der Kostenentscheidung ist unzulässig, wenn nicht gegen die Entscheidung in der Hauptsache ein Rechtsmittel eingelegt wird.

Ist ein Anerkennungsurteil in der Hauptsache erlassen, so kann die Entscheidung über den Kostenpunkt selbständig angefochten werden. Ist eine Entscheidung in der Hauptsache nicht ergangen, so findet gegen die Entscheidung über den Kostenpunkt sofortige Beschwerde statt. Vor der Entscheidung ist der Gegner zu hören.

Die Kostenfestsetzung ist einem besonderen Kostenfestsetzungsverfahren vorbehalten.

Das Gesuch um Festsetzung der zu erstattenden Kosten ist auf Grund eines vollstreckbaren Titels, z. B. eines Urteils, bei dem Urkundsbeamten des Gerichts I. Instanz anzubringen. Gegen die Entscheidung des Gerichts gibt es die sofortige Beschwerde.

Die Sicherheitsleistung. Das Gesetz pflegt dem Handelnden die Pflicht der Sicherheitsleistung aufzuerlegen, um dem Geschädigten eine leichte Möglichkeit zu verschaffen, Ersatz zu erlangen, wenn durch die prozessualen Handlungen dem andern erhebliche Schädigungen erwachsen können. Der Fiskus sichert sich gegen etwaige Verluste dadurch, daß er sofort vom Kläger einen Gerichtskostenvorschuß fordert. Klagen Ausländer, so bestimmt das Gericht die Höhe der zu leistenden Sicherheit nach freiem Ermessen und bestimmt eine Frist zur Hinterlegung.

Befreit von der Sicherheitsleistung sind die Abgehörigen derjenigen Staaten, die für Deutsche ebenfalls keine Sicherheitsleistung verlangen.

Das Armenrecht. Voraussetzungen für die Bewilligung des Armenrechts sind,

a) daß physische Personen infolge ihrer Armut nicht imstande sind, die Kosten des Prozesses zu tragen;

b) daß ihre Rechtsverfolgung weder mutwillig noch aussichtslos ist.

Die Bewilligung des Armenrechts befreit die arme Partei einstweilen von den Gerichtskosten, und falls sie Ausländer ist, von der Sicherheitsleistung und gibt ihr unentgeltlich einen Anwalt und einen Gerichtsvollzieher. Wird die arme Partei zur Tragung der dem Gegner erwachsenen Kosten verurteilt, so wird sie nicht davon befreit.

Das Gesuch um Armenrechtsbewilligung ist bei dem Prozeßgericht anzubringen, ein obrigkeitliches Armutsattest ist beizufügen und das Streitverhältnis unter Angabe der Beweismittel darzulegen. Für jede Instanz erfolgt die Bewilligung des Armenrechts besonders. Stellt sich die Leistungsfähigkeit des angeblich Armen heraus, so kann ihm das Armenrecht jederzeit entzogen werden. Gegen den Beschluß, durch welchen das Armenrecht verweigert wird, kann die Beschwerde eingelegt werden.

Grundsätze des Zivilprozeßverfahrens.

Der Zivilprozeß zerfällt in zwei Abschnitte:

a) der Abschnitt des Verfahrens, in dem die geltend gemachten Rechte festgestellt werden, heißt das Erkenntnisverfahren.

b) Handelt es sich um Leistungsklagen (Gegensatz Feststellungsklagen), so tritt dem Erkenntnisverfahren hinzu das Vollstreckungsverfahren, falls der Verurteilte den Richterspruch nicht gutwillig erfüllt.

Die Grundsätze des Feststellungsverfahrens.

a) Inquisitions- und Verhandlungsprinzip. Unter Inquisitionsprinzip oder Maxime steht ein Prozeßverfahren dann, wenn das Gericht aus eigener Initiative allen in Betracht kommenden Prozeßstoff zu sammeln hat, insbesondere nicht auf das Parteivorbringen beschränkt ist. Eine derartige Gestaltung des Prozesses will der Gesetzgeber dann, wenn es sich um Wahrung seiner Interessen handelt. (So z. B. im Strafprozeß, im Ehe-, Kindschafts- und Entmündigungsprozeß.) Hierzu im Gegensatz steht die Verhandlungsmaxime. Hier ist der Richter auf das Parteivorbringen beschränkt; der Richter hat in diesem Falle für wahr zu halten, was beide Parteien wahr haben wollen. Dies ist der für den Zivilprozeß geltende Grundsatz. Demgemäß darf der Richter den Parteien nicht mehr zusprechen, als sie beantragt haben.

Der Grundsatz der mündlichen Verhandlung.

b) Nach demselben darf das Gericht seinem Urteil nur das zugrunde legen, was in der mündlichen Verhandlung vorgetragen wird. Damit der Inhalt der Schriftsätze Grundlage für das Urteil werden kann, müssen sich die Parteien oder deren Vertreter in der mündlichen Verhandlung ausdrücklich darauf beziehen.

c) Vom „ersuchten“ Richter spricht man, wenn es sich um ein Mitglied eines anderen Gerichts handelt, das die Beweisaufnahme ausführen soll. Vom „beauftragten“ Richter wird der Beweis erhoben, wenn ein Mitglied des Prozeßgerichts mit der Beweisaufnahme betraut wird.

Alle Termine werden als ein einheitlicher Termin angesehen. Selbst wenn die Beweisaufnahme stattgefunden hat, können die Parteien bis zur Erlassung des Urteils neue Angriffs- und Verteidigungsmittel vorbringen.

Die Verhandlung vor dem erkennenden Gerichte, die Verkündung der Urteile und Beschlüsse erfolgen öffentlich. Allgemein ist die Ausschließung der Öffentlichkeit gestattet, wenn eine Gefährdung der öffentlichen Ordnung, insbesondere der Staatssicherheit oder eine Gefährdung der Sittlichkeit zu besorgen ist.

Die Verletzung der Vorschriften über die Öffentlichkeit des Verfahrens begründet die Revision.

Es ist der Entscheidung des Richters vollkommen überlassen, ob er eine Tatsache als erwiesen annehmen will oder nicht. Das Gericht hat unter Berücksichtigung des gesamten Inhaltes der Verhandlungen und des Ergebnisses einer etwaigen Beweisaufnahme nach freier Überzeugung zu entscheiden. Nur Urkunden und der Beweis durch den Parteieid binden den Richter. Beiden Parteien wird Gelegenheit gegeben, sich mündlich oder schriftlich zu äußern.

Verfahren in erster Instanz.

Die Klage wird erhoben durch die Zustellung der Klageschrift an den Gegner; damit tritt die Rechtshängigkeit ein. Die Klageschrift ist ein Schriftsatz, der außer der Bezeichnung des Gerichts und der Parteien enthalten muß: Klagegrund, Gegenstand, Antrag und Ladung. Jede Klage muß einen ganz bestimmten Antrag enthalten. Man unterscheidet Leistungsklagen, Feststellungsklagen und Rechtsgestaltungsklagen.

Die Leistungsklagen fordern eine Verurteilung des Beklagten zu einer Leistung.

Die Feststellungsklagen gehen auf Feststellung des Bestehens oder Nichtbestehens eines Rechtsverhältnisses oder auf Anerkennung der Echtheit oder Unechtheit einer Urkunde.

Die Rechtsgestaltungsklagen bezwecken eine Rechtsänderung durch das Urteil.

Die Terminsbestimmung. Die Klageschrift ist zugleich mit einer Abschrift für das Prozeßgericht beim Gerichtsschreiber desselben zum Zwecke der Terminsbestimmung einzureichen. Innerhalb 24 Stunden hat der Vorsitzende die Terminsnote auf die Urschrift zu setzen.

Durch die Erhebung der Klage ergeben sich u. a. folgende Wirkungen: Sie unterbricht die Verjährung, sie wirkt verzugsähnlich, sie macht den Besitzer einer Sache bösgläubig, sie schafft die Tatsache der Rechtshängigkeit.

Nach Eintritt der Rechtshängigkeit ist eine Änderung der Klage nur zulässig, wenn der Beklagte einwilligt, oder wenn nach dem Ermessen des Gerichts erster Instanz durch die Änderung die Verteidigung des Beklagten nicht wesentlich erschwert wird.

Tatsächliche oder rechtliche Anführungen können jedoch jederzeit ergänzt oder berichtigt werden, der Klageantrag kann ergänzt oder beschränkt werden, statt des ursprünglich geforderten Gegenstandes kann wegen später eingetretener Veränderung ein anderer Gegenstand oder das Interesse gefordert werden. Stillschweigende Einwilligung des Beklagten in die Änderung der Klage ist anzunehmen, wenn er sich widerspruchslos auf mündliche Verhandlungen über die abgeänderte Klage eingelassen hat.

Klagezurücknahme. Ohne Einwilligung des Beklagten ist die Zurücknahme nur bis zum Beginne der mündlichen Verhandlung zulässig. Die Zurücknahme verpflichtet den Kläger, die Kosten des Rechtsstreites zu tragen.

Der Vergleich. Geben beide Parteien nach, so muß ein Vergleich zu gerichtlichem Protokoll geschlossen werden.

Prozeßhindernde Einreden. Das sind Gründe, die den Beklagten berechtigen, zu verlangen, daß erst gewisse formale Vorfragen klargestellt werden, die für den weiteren Prozeß von Wichtigkeit sind, *bevor zur Hauptsache verhandelt* wird. Solche Einreden sind:

a) Die Einrede der Unzuständigkeit des Gerichts,

b) die Einrede der Unzulässigkeit des Rechtsweges,

c) die Einrede des Schiedsvertrages, kraft dessen ein Schiedsrichter den Prozeß zu entscheiden habe,

d) die Einrede der Rechtshängigkeit,

e) die Einrede der mangelnden Sicherheit für die Prozeßkosten (bei Ausländern),

f) die Einrede der mangelnden Erstattung von Kosten,

g) die Einrede der mangelnden Parteifähigkeit, Prozeßfähigkeit oder der mangelnden gesetzlichen Vertretung.

Alle prozeßhindernden Einreden müssen gleichzeitig und **vor** der Verhandlung des Beklagten zur Hauptsache vorgebracht werden; nachher nur, wenn der Beklagte ohne sein Verschulden sie früher nicht geltend machen konnte oder auf sie wirksam nicht verzichten kann. *Man kann nicht verzichten* auf:

a) Die Einrede der Unzuständigkeit des Gerichts,

b) die Einrede der Unzulässigkeit des Rechtsweges,

c) die Einrede der mangelnden Parteifähigkeit, Prozeßfähigkeit oder der mangelnden gesetzlichen Vertretung.

Verweigert der Beklagte auf Grund der prozeßhindernden Einreden die Verhandlung zur Hauptsache, oder erachtet das Gericht eine Sonderentscheidung für angebracht, so hat es über sie besonders zu verhandeln und durch

Urteil zu entscheiden. Es ist dem Gericht gestattet, um eine Verschleppung des Prozesses zu verhindern, auf Antrag der einen Partei die weitere Verhandlung zur Hauptsache anzuordnen, wenn es die prozeßhindernden Einreden durch Urteil verworfen hat.

Die Verhandlung zur Hauptsache. Sind keine prozeßhindernden Einreden vorgebracht oder sind diese erledigt, so kommt es zur Verhandlung über die Hauptsache. Der Zweck der Verhandlung ist die Klarlegung der tatsächlichen Verhältnisse.

Die Entscheidungen über die Klage bestehen in Urteilen, Beschlüssen und Verfügungen. Beschlüsse sind einfachere Entscheidungen des Gerichts. Verfügungen sind Anordnungen des Vorsitzenden oder des beauftragten oder ersuchten Richters. Die Entscheidungen des Gerichts sind den Parteien durch Verkündung oder Zustellung von Amts wegen bekanntzugeben.

Das Urteil. Das Urteil kann nur von denjenigen Richtern gefällt werden, die der letzten mündlichen Verhandlung beigewohnt haben. Die Beratung und Abstimmung ist geheim. Der Vorsitzende leitet die Beratung und Abstimmung. Kein Richter darf die Abstimmung über eine Frage verweigern. Die Entscheidungen erfolgen nach absoluter Stimmenmehrheit. Die Richter sind verpflichtet, über den Hergang bei der Beratung und Abstimmung Stillschweigen zu bewahren. Die Urteilsverkündung erfolgt in dem Termin, in dem die Verhandlung geschlossen wird, oder in einem sofort anzuberaumenden Verkündungstermin, der nicht über eine Woche hinaus angesetzt werden soll. Die Verkündung geschieht durch Verlesung der Urteilsformeln. Die Wirksamkeit der Urteilsverkündung ist unabhängig von der Anwesenheit der Parteien. Das Urteil enthält:

a) die Bezeichnung der Parteien,
b) die Bezeichnung des Gerichts und der mitwirkenden Richter,
c) die Urteilsformeln (auch „Urteilstenor" genannt),
d) den Tatbestand,
e) die Entscheidungsgründe.

Für Anerkenntnis- und Versäumnisurteile ist u. a. eine besondere Form zugelassen.

Die Richter, die bei der Entscheidung mitgewirkt haben, haben das Urteil zu unterschreiben. Bei Behinderung eines Richters hat der Vorsitzende den Behinderungsgrund unter dem Urteil zu vermerken. Das Urteil wird ausgehängt, der Gerichtsschreiber hat auf dem Urteile den Tag des Aushangs zu bemerken und diese Bemerkung zu unterschreiben. Die Zustellung der Urteile ist Sache der Parteien; nur das Versäumnisurteil hat regelmäßig der Gerichtsschreiber zuzustellen. Das Urteil entscheidet über den Rechtsstreit, sobald er zur Entscheidung reif ist. Man unterscheidet formelle und materielle Rechtskraft des Urteils; formell ist sie, wenn das Urteil weder durch Rechtsmittel noch durch Einspruch anfechtbar ist, materiell, wenn sie eine Klarstellung der unter den Parteien streitigen Rechtsverhältnisse herbeiführt. Wesentlich ist die aus dem Urteile erfolgende Vollstreckbarkeit. Auf Grund des Urteils kann die Zwangsvollstreckung betrieben werden.

Nur zwischen den Parteien wirkt das Urteil, und zwar für und gegen sie. Man unterscheidet Endurteile und Zwischenurteile und bei den Endurteilen Vollurteile, die den Rechtsstreit ganz beendigen, und Teilurteile, die von mehreren Klageansprüchen nur einen oder von einem Klageanspruch nur einen Teil aburteilen.

Zwischenurteile dienen zur Vorbereitung des Endurteils. Es gibt Zwischenurteile zwischen den Parteien und zwischen einer Partei und einem Dritten.

Besondere Arten der Endurteile sind:

1. Urteile auf Verzicht,

2. Urteile auf Anerkenntnis,

3. Versäumnisurteile,

4. bedingte Endurteile, d. h. Urteile, die nur eine bedingte Entscheidung enthalten. Diese Bedingung besteht stets in dem Leisten oder Nichtleisten eines Eides.

5. Das Läuterungsurteil, das die im bedingten Endurteil angedeuteten Folgen ausspricht (erläutert), je nachdem der Eid vom Kläger geleistet wird oder nicht.

Das Versäumnisurteil. Auf Antrag ist das Versäumnisurteil zu erlassen:

a) Falls eine Partei im Termine nicht erscheint,

b) falls sie zwar erscheint, aber nicht verhandelt,

c) gegen eine Partei, die in Anwaltsprozessen ohne Anwalt erscheint.

Erscheint der Kläger nicht, dann ist er auf Antrag des Beklagten mit der Klage abzuweisen, erscheint der Beklagte nicht, so ist das tatsächliche mündliche Vorbringen als zugestanden anzunehmen; erscheinen beide nicht, so ruht das Verfahren. Ist nach Ansicht des Gerichts die Einlassungs- oder Ladungsfrist zu kurz bemessen oder die Partei am Erscheinen durch unabwendbare Zufälle verhindert, so kann das Gericht von Amts wegen vertagen.

Wenn der nichterschienenen Partei ein tatsächliches oder rechtliches Vorbringen oder ein Antrag nicht rechtzeitig mittels Schriftsatzes mitgeteilt war, so kann der Antrag auf Erlassung eines Versäumnisurteils durch Gerichtsbeschluß zurückgewiesen werden. Gegen den zurückweisenden Beschluß kann sofortige Beschwerde eingelegt werden.

Die Partei, gegen die ein Versäumnisurteil erlassen ist, kann dagegen Einspruch erheben. Die Einspruchsfrist beträgt zwei Wochen und beginnt mit der Zustellung des Versäumnisurteils. Die Einlegung erfolgt durch Einreichung der Einspruchsschrift beim Prozeßgericht. Ist der Einspruch nicht frist- und formgerecht eingelegt, so ist er als unzulässig zu verwerfen.

In Anwaltsprozessen wird die mündliche Verhandlung durch Schriftsätze vorbereitet, im Parteiprozeß ist der Wechsel von Schriftsätzen gestattet, jedoch nicht vorgeschrieben.

Die Klageschrift des Klägers bildet den Anfang. Ihr folgen die Klagebeantwortung des Beklagten, die Rückantwort des Klägers usw. Die Schriftsätze müssen in drei Exemplaren angefertigt werden. Ein Schriftsatz mit neuem Vorbringen ist mindestens eine Woche, und wenn es sich nur um Gegenerklärungen handelt, mindestens 3 Tage vor der mündlichen Verhandlung zuzustellen.

Man unterscheidet die Klageschrift, die Berufungs-, Revisions- und Beschwerdeschrift und die Einspruchsschrift, letztere zur Beseitigung eines Versäumnisurteils.

Die Prozeßleitung. Dem Vorsitzenden liegt die Eröffnung, Leitung und Schließung der mündlichen Verhandlung ob. Er hat für Aufrechterhaltung der Ordnung in der Sitzung zu sorgen. Wegen Ungehorsams können Parteien, Zeugen, Sachverständige oder dritte Personen auf Beschluß des Gerichts aus dem Sitzungszimmer entfernt und bis zu 24 Stunden in Haft genommen werden. Wegen Ungebühr können sie ferner auf Gerichtsbeschluß mit Ordnungsstrafe bis zu 100 Mark oder bis zu 3 Tagen Haft bestraft werden, die sofort zu verbüßen ist.

Eingeleitet wird die mündliche Verhandlung dadurch, daß die Parteien ihre Anträge stellen. Der Vorsitzende hat das Fragerecht und die Fragepflicht; unklare Anträge müssen erläutert, ungenügende tatsächliche Angaben ergänzt, die Beweismittel bezeichnet, überhaupt alle für die Feststellung der streitigen Sache erheblichen Erklärungen abgegeben werden. Der Vorsitzende hat jedem Mitgliede des Gerichts auf Verlangen zu gestatten, Fragen zu stellen. Herr der Prozeßführung ist das Gericht. Es kann die Prozesse teilen oder mehrere Prozesse zu einem verbinden, es kann die Verhandlung unter bestimmten Voraussetzungen aussetzen, es kann einen Sühneversuch zwischen den Parteien vornehmen oder vornehmen lassen und das persönliche Erscheinen der Parteien anordnen.

Über die mündliche Verhandlung vor dem Gericht ist ein Sitzungsprotokoll aufzunehmen. In dasselbe sind aufzunehmen:

a) Anerkenntnisse, Verzichtleistungen und Vergleiche,
b) die Anträge und Erklärungen, deren Feststellung vorgeschrieben ist,
c) Aussagen von Zeugen und Sachverständigen,
d) das Ergebnis eines Augenscheins,
e) die Entscheidungen des Gerichts,
f) die Verkündung der Entscheidung.

Das Protokoll allein ist der Beweis, daß die für die mündliche Verhandlung vorgeschriebenen Förmlichkeiten beobachtet sind.

Die Parteien können von den Prozeßakten Einsicht nehmen und sich aus ihnen vom Gerichtsschreiber Abschriften erteilen lassen. Dritten Personen hingegen ist die Einsicht der Akten ohne Einwilligung der Parteien vom Vorstand des Gerichts nur bei Nachweis eines rechtlichen Interesses zu gestatten.

Der Einfluß der Zivilprozeßnovelle von 1924 auf den Gang des Verfahrens. Das bisherige Verfahren gab den Parteien jede Möglichkeit zur Prozeßverschleppung, ohne daß das Gericht selbst irgendwelchen Einfluß zur Behinderung der Verschleppung ausüben konnte. Diesem Übelstand hilft die oben genannte Novelle dadurch ab, daß sie dem Gericht Mittel zur Beschleunigung des Verfahrens in die Hand gegeben hat. So kann z. B. das Gericht schon vor der mündlichen Verhandlung die Parteien auffordern, zu bestimmten Fragen Stellung zu nehmen und vorhandene Beweismittel dem Gericht zu benennen. Ferner kann das Gericht verspätete Angriff- oder Verteidigungsmittel zurückweisen, wenn die Verspätung auf einem groben Verschulden der Parteien beruht. Dasselbe gilt bei verspäteten Beweisanträgen.

Der Beweis. Beweisen heißt bewirken, daß der Richter eine behauptete Sache nach Maßgabe des Gesetzes für wahr annimmt. Nur erhebliche, bestrittene und unbewiesene Tatsachen bedürfen eines Beweises. Die Beweislast ist beiden Parteien auferlegt, d. h. es sind von den Parteien gleichzeitig die Parteibehauptungen und die Beweismittel für sie anzugeben. Gewöhnlich wird ein Beweis nur auf Parteiantrag erhoben. Die Gegenpartei kann zur Beweiseinrede oder zum Gegenbeweis greifen. Die Beweisaufnahme erfolgt vor dem Prozeßgericht, ausnahmsweise aber auch durch beauftragten oder ersuchten Richter. Sie ist nicht öffentlich; jedoch dürfen die Parteien ihr beiwohnen. Sie ist durch Beweisbeschluß anzuordnen, falls ein besonderes Verfahren (neuer Termin) dazu erforderlich ist.

Der Beweisbeschluß enthält:

a) Die Bezeichnung der streitigen Tatsachen, über die der Beweis zu erheben ist,

b) die Bezeichnung der Beweismittel unter Benennung der zu vernehmenden Zeugen und Sachverständigen,

c) die Bezeichnung der Partei, die sich auf das Beweismittel berufen hat,

d) gegebenenfalls die Eidesformel.

Als Beweismittel kennt das Gesetz: den Augenschein, Zeugen, Sachverständige, Urkunden und Eid.

Zur Einnahme des Augenscheins kann das Gericht Sachverständige zuziehen.

Zeugen sind dritte, am Prozeß nicht beteiligte Personen, die auf Grund eigener Wahrnehmung über Tatsachen der Vergangenheit aussagen sollen. Die Antretung des Zeugenbeweises erfolgt durch die Benennung der Zeugen und durch die Bezeichnung der Tatsachen, über die der Zeuge vernommen werden soll.

Einem beauftragten oder ersuchten Richter kann die Beweisaufnahme übertragen werden, wenn die Vernehmung an Ort und Stelle erforderlich erscheint, wenn sie vor dem Prozeßgerichte sehr schwierig wäre, wenn der Zeuge am Erscheinen verhindert ist oder zu weit entfernt wohnt.

Öffentliche Beamte dürfen über Dienstangelegenheiten nur mit Genehmigung ihrer vorgesetzten Behörde vernommen werden.

Die Zeugen sind von dem Gerichtsschreiber unter Bezeichnung des Gegenstandes ihrer Vernehmung zu laden.

Jeder Zeuge hat die Pflicht, zum Termin zu erscheinen, seine Aussage zu machen und seine Aussage zu beeidigen.

Erscheint er trotz ordnungsmäßiger Ladung nicht, so ist er von Amts wegen in die durch das Ausbleiben verursachten Kosten sowie zu einer Geldstrafe bis 300 Mark und im Unvermögensfalle zur Haftstrafe bis zu 6 Wochen zu verurteilen. Die Bestrafung unterbleibt, wenn der Zeuge sich genügend entschuldigt. Eine falsche Entschuldigung macht strafbar (§§ 381 und 138 StGB.).

Verweigern können ihre Aussagen: „der Verlobte einer Partei, der Ehegatte der Partei, in grader Linie Verwandte oder Verschwägerte; in der Seitenlinie bis zum 3. Grade Verwandte oder bis zum 2. Grad Verschwägerte; Geistliche in Ansehung dessen, was ihnen bei der Ausübung der Seelsorge anvertraut ist; Personen, denen kraft ihres Amtes oder Berufs geheimzuhaltende Tatsachen anvertraut sind.“

Verlobte, Ehegatten und Verwandte werden vor der Vernehmung über ihr

Recht zur Verweigerung des Zeugnisses belehrt. Weiterhin können die Aussagen über solche Einzelfragen verweigert werden:

a) deren Beantwortung den Zeugen oder seinen Verwandten einen unmittelbaren Vermögensschaden verursachen würde;

b) welche den Betreffenden zur Unehre gereichen oder die Gefahr strafgerichtlicher Verfolgung nach sich ziehen würden;

c) deren Beantwortung ein Kunst- oder Gewerbegeheimnis offenbaren würde.

Geistliche und die durch ihr Berufsgeheimnis Gebundenen müssen aussagen, wenn sie von der Verpflichtung zur Verschwiegenheit enthoben sind.

Im Falle wiederholten Weigerns wird auf Antrag zur Erzwingung des Zeugnisses die Haft angeordnet.

Die Beeidigung erfolgt stets nach der Vernehmung und geht dahin, daß der Zeuge nach bestem Wissen die reine Wahrheit gesagt und nichts verschwiegen habe. Unbeeidigt werden vernommen:

a) noch nicht Sechzehnjährige und Verstandesschwache;

b) nicht mehr Eidesfähige (wegen Aberkennung durch Urteil im Meineidsprozeß);

c) Verwandte und Personen, die für sich oder ihre Verwandten einen Vermögensschaden, Unehre oder strafgerichtliche Verfolgung zu fürchten haben, sofern sie aussagen wollen;

d) Personen, die ein rechtliches Interesse daran haben, daß in dem Rechtsstreite die eine Partei obsiege, z. B. der Bürge, der Mitberechtigte oder Mitverpflichtete; ferner die Personen, die einen in dem Rechtsstreit geltend gemachten Anspruch abgetreten haben, auch dann, wenn sie zur Gewährleistung nicht verpflichtet sind.

Das Prozeßgericht kann die Beeidigung der letzten beiden Personengruppen anordnen (§ 393).

Jeder Zeuge wird einzeln und in Abwesenheit der später abzuhörenden Zeugen vernommen, sich widersprechende Zeugen können gegenübergestellt werden. Das Gericht und die Parteien können zur Aufklärung Fragen an den Zeugen stellen. Jeder Zeuge hat nach Maßgabe der Gebührenordnung vom Jahre 1898 Anspruch auf Entschädigung für Zeitversäumnis, Erstattung der Reisekosten und der Aufwandsgebühr am Orte der Vernehmung. Der Anspruch erlischt in drei Monaten.

Sachverständige. Sachverständige sind dritte Personen, die über einen gegebenen Tatbestand ihr Gutachten auf Grund besonderer Sachkunde fällen. Unter Umständen kann man gleichzeitig Zeuge und Sachverständiger sein. Die Auswahl der Sachverständigen erfolgt durch das Prozeßgericht nach freiem Ermessen. Öffentlich bestellte Gutachter sollen bevorzugt werden, einem gemeinsamen Wunsche der Parteien ist Folge zu leisten. Ein Sachverständiger kann ebenso wie ein Richter abgelehnt werden. Die Pflicht zur Abgabe von Gutachten trifft diejenigen:

a) die öffentlich als Gutachter bestellt sind;

b) die ein einschlägiges Gewerbe öffentlich betreiben;

c) die zur Ausübung eines solchen öffentlich bestellt sind;

d) die sich als Gutachter angeboten haben.

Die Gutachter können aus gleichem Grunde wie die Zeugen ihr Gutachten ablehnen. Sonst haben die genannten Personen ihr Gutachten bei Vermeidung der Verurteilung zum Ersatz der Kosten und zu einer Geldstrafe bis zu 300 Mark abzugeben. Im Falle wiederholter Weigerung kann noch einmal auf eine Geldstrafe bis zu 600 Mark erkannt werden. Haft und zwangsweise Vorführung ist ausgeschlossen. Der Sachverständige hat, wenn nicht beide Parteien auf seine Beeidigung verzichten, vor oder nach Erstattung seines Gutachtens einen Eid dahin zu leisten, „daß er das von ihm geforderte Gutachten unparteiisch und nach bestem Wissen und Gewissen erstatten werde oder erstattet habe". Ist er für die Erstattung von Gutachten der betreffenden Art im allgemeinen beeidigt, so genügt die Berufung auf den geleisteten Eid. Der Sachverständige erhält außer der Entschädigung, die einem Zeugen zusteht, noch eine Vergütung für seine Mühewaltung. Wird schriftliche Begutachtung angeordnet, so hat der Sachverständige das von ihm unterschriebene Gutachten auf der Gerichtsschreiberei niederzulegen. Das Gericht kann das Erscheinen des Sachverständigen anordnen, damit derselbe das schriftliche Gutachten erläutere. Es kann aber auch eine weitere Begutachtung durch dieselben oder durch andere Sachverständige anordnen und bei entgegenstehenden Gutachten einen Obergutachter ernennen. (Vgl. S. 711.)

Beweis durch Urkunden. Urkunden sind alle Gegenstände, die kraft menschlichen Willens Rechte begründen oder beweisen. Sie sind nach der Persönlichkeit des Ausstellers öffentliche oder Privaturkunden oder nach dem Inhalt berichtende oder verfügende Urkunden. Eine Urkunde muß echt sein, wenn sie als Beweismittel dienen soll. Als echt gelten diejenigen Urkunden, die vom Aussteller herrühren.

Urkunden, die nach Form und Inhalt als von einer öffentlichen inländischen Behörde errichtet sich darstellen, haben die Vermutung der Echtheit für sich. Ob eine ausländische behördliche Bescheinigung als echt anzusehen ist, entscheidet das Gericht nach den Umständen des einzelnen Falles. Zum Beweise der Echtheit einer ausländischen Urkunde genügt die Beglaubigung durch einen deutschen Gesandten oder Konsul. Über die Echtheit einer Privaturkunde hat sich der Gegner des Beweisführers zu erklären.

Öffentliche Urkunden beweisen die beurkundete Tatsache voll und ganz. Die Beweisführung erfolgt durch Vorlegung der Urkunde, wenn die beweisführende Partei im Besitze derselben ist. Befindet sie sich in den Händen des Gegners, so erfolgt die Antretung des Beweises durch den Antrag, dem Gegner die Vorlegung der Urkunde aufzugeben. Bestreitet der Gegner den Besitz der Urkunde, so hat das Gericht von Amts wegen von ihm die Leistung des sogenannten Editionseides zu fordern. Dieser lautet dahin, „daß er nach sorgfältiger Nachforschung die Überzeugung erlangt habe, daß sich die Urkunde nicht in seinem Besitz befinde, daß er die Urkunde nicht in der Absicht beiseite gebracht habe, deren Benutzung dem Beweisführer zu entziehen, daß er auch nicht wisse, wo die Urkunde sich befindet." Gibt der Gegner die Urkunde nicht heraus und leistet er auch nicht den Editionseid, so ist eine vom Beweisführer beigebrachte Abschrift der Urkunde als richtig anzusehen. Ist die Urkunde nach den Angaben des Beweisführers in den Händen eines Dritten, so erfolgt die Antretung des Beweises durch den Antrag, zur Herbeischaffung der

Urkunde eine Frist zu bestimmen, befindet sie sich in den Händen einer öffentlichen Behörde, so durch den Antrag, das Gericht möge die Behörde um die Mitteilung der Urkunde ersuchen. Die Beweisaufnahme erfolgt durch Vortragen des Inhalts der Urkunde seitens des Beweisführers. Ist eine Urkunde von einer Partei in der Absicht, deren Benutzung dem Gegner zu entziehen, beseitigt, oder zur Benutzung untauglich gemacht, so können die Behauptungen des Gegners über die Beschaffenheit und den Inhalt der Urkunde als bewiesen angesehen werden. Die Vorlegung von Handelsbüchern einer Partei kann das Gericht ohne weiteres anordnen.

Beweis durch Eid. In vielen Fällen ist es einer Partei unmöglich, ihre Behauptungen mit den gewöhnlichen Beweismitteln zu erweisen. Hier gibt ihr das Gesetz als letztes Beweismittel die Eideszuschiebung an den Gegner. Wird der Eid geleistet, so ist die beschworene Tatsache als wahr anzunehmen, wird er nicht geleistet, so gilt das Gegenteil als wahr.

Außer der Eideszuschiebung durch eine Partei, auch Parteieid oder Schiedseid genannt, kann auch der Richter von Amts wegen der einen oder andern Partei den Eid auferlegen. Man spricht dann von einem richterlichen Eid. Nur der Partei kann der Parteieid zugeschoben werden, nicht einem Dritten; einem Nebenintervenienten nur dann, wenn er als Streitgenosse der Partei anzusehen ist.

Die Antretung des Beweises erfolgt durch die Erklärung, daß dem Gegner über die bestimmt zu bezeichnende Tatsache der Eid zugeschoben werde. Der Gegner hat sich über die Eideszuschiebung zu erklären, indem er den Eid annimmt oder ihn zurückschiebt. Schiebt er in einem unzulässigen Falle den Eid zurück, ohne ihn wenigstens bedingt anzunehmen, so wird der Eid als verweigert angesehen, wenn die Partei durch das Gericht zur Erklärung über den Eid aufgefordert ist.

Die Eideszuschiebung ist stets frei widerrufbar und zwar:

1. falls der Eid durch Beschluß angeordnet ist, bis zur Leistung des Eides;
2. falls die Anordnung durch Urteil erfolgen soll, ist der Widerruf in derselben Instanz bis zum Erlaß des Urteils, in der nächsten Instanz sogar bis zur Rechtskraft des Urteils möglich; nach der Rechtskraft nur, falls sich der Eidespflichtige eines Meineides schuldig macht.

Zieht der Zuschiebende den Eid zurück, so liegt ihm der Beweis ob.

Man unterscheidet den Wahrheitseid und den Überzeugungseid. Erscheint der Schwurpflichtige nicht in dem zur Eidesleistung bestimmten Termine, so ist auf Antrag des Gegners der Eid als verweigert anzusehen und zur Hauptsache zu verhandeln. Jedoch kann der Schwurpflichtige zur Vermeidung der Versäumnisfolgen innerhalb einer Notfrist von einer Woche nach dem Termin bei dem Gericht nachträglich die Abnahme des Eides beantragen. Durch Leistung des Eides wird voller Beweis der beschworenen Tatsachen begründet, durch Verweigerung des Eides gilt das Gegenteil der zu beschwörenden Tatsache als voll bewiesen.

Der Eid ist die feierliche Bekräftigung der Wahrheit einer Tatsache nach dem Willen des Schwörenden ohne oder unter Anrufung Gottes als Zeugen. Jeder Eid, auch der Zeugeneid, ist vom Schwurpflichtigen in Person zu leisten.

Beweissicherung. Oft ist es notwendig, um Tatsachen nicht zu verwischen, die Feststellung der Tatsachen durch Beweis zu sichern, z. B. durch Einnahme des Augenscheins, durch Vernehmung von Zeugen und von Sachverständigen. Dies ist zulässig, wenn man befürchten muß, daß das Beweismittel verloren geht oder seine Benutzung erschwert wird; oder daß es sich um Feststellung der Mängel einer Sache oder eines Werkes handelt, aus denen ein Recht gegen den Verkäufer hergeleitet werden soll; oder zur Feststellung des Zustandes eines Gutes im Handelsverkehr, insbesondere beim Frachtverkehr; oder wenn der Gegner mit der Beweisaufnahme einverstanden ist.

Zuständig zur Beweisaufnahme ist das Gericht des Hauptprozesses oder das Amtsgericht, in dessen Bezirk die Beweishandlung vorzunehmen ist.

Zustellungen. Die Zustellung wird meist von den Parteien betrieben. Das Gericht wirkt an privaten Zustellungen nur bei den Zustellungen an im Auslande Wohnende, an Exterritoriale und bei der öffentlichen Zustellung mit. Die Parteizustellung erfolgt durch den Gerichtsvollzieher, im Amtsgerichtsverfahren durch Vermittelung des Gerichtsschreibers. Der Gerichtsvollzieher kann entweder unmittelbar oder durch Vermittelung der Post das Schriftstück dem Adressaten aushändigen. Von Anwalt zu Anwalt kann die Zustellung erfolgen, falls die Parteien durch Anwälte vertreten sind. Zur Zustellung genügt die mündliche Erklärung der Partei an den Gerichtsvollzieher oder Gerichtsschreiber. Die Zustellung besteht, wenn eine Ausfertigung zugestellt werden soll, in deren Übergabe, sonst in der Übergabe einer beglaubigten Abschrift des zuzustellenden Schriftsatzes. Die Ausfertigung ist eine Vervielfältigung einer Urkunde mit der Kraft der Urschrift. Über die Zustellung ist eine Urkunde aufzunehmen. Wird durch die Post zugestellt, so hat der Gerichtsvollzieher auf dem Schriftstück zu vermerken, in wessen Auftrag er dasselbe zur Post gibt und durch Unterschrift desselben zu bezeugen, daß der zustellende Briefumschlag mit seinem Dienstsiegel verschlossen, sowie mit Adresse und Geschäftsnummer versehen war und die Übergabe an die Post im Namen seines Auftraggebers geschehen ist. Die Zustellungsurkunde wird von dem Postboten des Bestimmungsortes ausgestellt, der die Zustellung ausführt.

Die Zustellungen haben an die Partei selbst zu erfolgen. Die Zustellung kann auch an den Generalbevollmächtigten und in handelsgewerblichen Streitigkeiten an den Prokuristen mit gleicher Wirkung wie an die Partei selbst erfolgen.

Erwachsene Familienangehörige müssen die Zustellung entgegennehmen, ebenfalls kann der in demselben Hause wohnende, zur Empfangnahme der Zustellung bereite Hauswirt oder Vermieter dies tun. Ist die Zustellung nach diesen Bestimmungen nicht ausführbar, so kann sie dadurch erfolgen, daß das zu übergebende Schriftstück auf der Gerichtsschreiberei des Amtsgerichts des Zustellungsortes oder bei der dortigen Postanstalt, dem Gemeinde- oder dem Polizeivorsteher niedergelegt und die Niederlage sowohl durch eine schriftliche Anzeige an der Wohnungstür als auch durch mündliche Mitteilungen an 2 Nachbarn bekannt gemacht wird. Für Gewerbetreibende mit einem besonderen Geschäftsraum kann, falls sie dort nicht angetroffen werden, die Zustellung an einen Gewerbegehilfen erfolgen.

Bei Verweigerung der Annahme der Zustellung ohne gesetzlichen Grund ist das zu übergebende Schriftstück am Orte der Zustellung zurückzulassen; die Zustellung gilt dann trotz der Weigerung als erfolgt. Die Zustellungen können an jedem Ort erfolgen, an dem der Zustellungsadressat angetroffen wird. Hat er jedoch an diesem Orte eine Wohnung oder einen Geschäftsraum, so kann er außerhalb derselben die Annahme verweigern. Zur Nachtzeit und an Sonn- und Feiertagen darf die Zustellung nur mit richterlicher Erlaubnis erfolgen. Eine im Auslande zu bewirkende Zustellung erfolgt mittels Ersuchens der zuständigen ausländischen Behörde oder des dortigen Konsuls oder Gesandten des Reiches.

Öffentliche Zustellungen sind zulässig:

a) wenn der Aufenthalt einer Partei unbekannt ist;

b) bei Aussichtslosigkeit der Zustellung im Auslande;

c) wenn sie in der Wohnung eines Exterritorialen zu erfolgen hätten.

Bewilligt wird sie vom Prozeßgericht, besorgt vom Gerichtsschreiber von Amts wegen. Sie erfolgt durch Anheftung der zuzustellenden Ausfertigung oder Abschrift an die Gerichtstafel. Enthält das betreffende Schriftstück eine Ladung, so ist außerdem eine zweimalige Einrückung eines Auszuges in das Ankündigungsorgan des Gerichts sowie die einmalige Veröffentlichung im Deutschen Reichsanzeiger erforderlich. Die Zustellung gilt als geschehen:

a) bei dem eine Ladung enthaltenden Schriftstück an dem Tage, an welchem seit der letzten Einrückung in die öffentlichen Blätter 1 Monat verstrichen ist;

b) bei einem sonstigen Schriftstück, wenn seit der Anheftung an die Gerichtstafel 2 Wochen verstrichen sind.

Bei den gesetzlich vorgeschriebenen Fällen der Zustellung von Amts wegen entfällt die Tätigkeit des Gerichtsvollziehers; an seine Stelle tritt der Gerichtsschreiber, der sich zur Zustellung meistens der Post bedient. Nur der Tag der Zustellung wird auf dem Briefumschlag vermerkt. Dieser trägt den Vermerk: „Vereinfachte Zustellung“.

Ladungen, Termine, Fristen. Ladung ist Aufforderung an den Gegner, zwecks mündlicher Verhandlung im Termin vor Gericht zu erscheinen. Zwischen der Zustellung der Ladung und dem Termin muß eine bestimmte Frist liegen. Diese ist entweder eine Einlassungsfrist oder eine Ladungsfrist. Die Einlassungsfrist bedeutet die Frist, die zwischen Zustellung der Klageschrift oder der Bekanntmachung des Termins in der Berufungs- oder in der Revisionsinstanz und dem ersten Prozeßtermine liegen muß. Sie beträgt in Anwaltsprozessen 2 Wochen, in Meß- und Marktsachen 24 Stunden, in Amtsgerichtssachen 3 Tage bis 1 Woche, in Wechselsachen 24 Stunden bis 1 Woche. Die Ladungsfrist muß zwischen Termin und Ladung bei bereits anhängigem Prozeß gewahrt sein. Sie beträgt in Anwaltsprozessen mindestens 1 Woche, in Amtsgerichtssachen mindestens 3 Tage, in Meß- und Marktsachen 24 Stunden.

Termin. Termin ist ein Zeitpunkt, in welchem prozessuale Handlungen stattfinden. Sie werden an der Gerichtsstelle abgehalten. Der Termin beginnt mit dem Aufruf der Sache und gilt als von einer Partei versäumt, wenn sie bis zum Schlusse desselben nicht verhandelt. Die Aufhebung des Termines kann erfolgen durch Vereinbarung der Parteien ohne Rücksicht auf die Einwilligung des Gerichts und von Amts wegen, selbst wider den Willen der Partei.

Frist ist ein Zeitraum, innerhalb dessen eine Prozeßhandlung vorzunehmen ist. Man unterscheidet gesetzliche Fristen, die unmittelbar vom Gesetz vorgeschrieben sind, und richterliche Fristen, deren Lauf mit der Zustellung des Schriftstücks beginnt. Fällt das Ende einer Frist auf einen Sonntag oder allgemeinen Feiertag, so endigt die Frist mit Ablauf des nächstfolgenden Werktages. Bei Berechnung einer Frist, die nach Stunden bestimmt ist, werden Sonn- und Feiertage nicht mitgerechnet. Die Gerichtsferien hemmen den Lauf einer Frist mit Ausnahme von Notfristen und Fristen in Feriensachen. Die Verlängerung und Verkürzung der Fristen mit Ausnahme der Notfristen kann durch Vereinbarung oder durch Gerichtsbeschluß bei Vorliegen besonderer Gründe erfolgen.

Notfristen sind diejenigen Fristen, welche von der ZPO. als solche ausdrücklich bezeichnet sind, nämlich:

a) die Einspruchsfrist gegen ein Versäumnisurteil: 2 Wochen, im Amtsgerichtsprozeß 1 Woche;

b) die sofortige Beschwerde und die Erinnerung gegen die Kostenfestsetzung des Gerichtsschreibers; 2 Wochen;

c) die Berufungsfrist: 1 Monat;

d) die Revisionsfrist: 1 Monat;

e) die Restitutions- und Nichtigkeitsklagefrist: 1 Monat;

f) die Anfechtungsklage gegen ein Ausschlußurteil und gegen einen Schiedsspruch: 1 Monat;

g) die Antragsfrist wegen Abnahme eines versäumten Eides: 1 Woche.

Notfristen sind nicht abänderbar, auch wird ihr Lauf durch die Gerichtsferien nicht gehemmt, gegen ihre Versäumnis gibt es Wiedereinsetzung in den vorigen Stand.

Die Versäumung. Die Versäumung einer einzigen Prozeßhandlung hat die Ausschließung einer Partei für die Prozeßhandlung der betreffenden Instanz zur allgemeinen Folge. Die Versäumung des Termins hat die Erlassung des Versäumnisurteils zur besonderen Folge. Gegen jedes Versäumnisurteil ist der Einspruch binnen 2 Wochen nach Zustellung des Urteils zulässig.

Die Wiedereinsetzung in den vorigen Stand wird nur erteilt bei Versäumung einer Notfrist oder der Frist der Revisionsbegründung. Gründe der Wiedereinsetzung sind:

a) Versäumung infolge von Naturereignissen oder andern unabwendbaren Zufällen;

b) Versäumung einer Einspruchsfrist, wenn die Partei von der an sie erfolgten Zustellung eines Versäumnisurteils ohne ihr Verschulden keine Kenntnis hatte;

c) Nachlässigkeit des Zustellungsbeamten, wenn ihm das zuzustellende Schriftstück spätestens am 3. Tage vor Ablauf der Notfrist übergeben worden ist.

Die Wiedereinsetzungsfrist beträgt im letzten Falle einen Monat nach Ablauf der versäumten Notfrist, in allen übrigen Fällen 2 Wochen, beginnend mit dem Tage der Behebung des Hindernisses. Die Kosten der Wiedereinsetzung fallen dem Antragsteller zur Last.

Unterbrechung des Verfahrens. Unterbrechungsgründe sind:

a) Der Tod einer Partei oder Eintritt der Nacherbefolge,

b) Konkurs,

c) Verlust der Prozeßfähigkeit einer Partei oder Verlust ihres gesetzlichen Vertreters oder Anordnung der Nachlaßverwaltung,

d) Tod des Anwalts einer Partei in Anwaltsprozessen,

e) Einstellung der Gerichtstätigkeit, z. B. infolge Krieges.

Aussetzung des Verfahrens. Sie tritt auf Grund eines Gerichtsbeschlusses auf Parteiantrag ein, z. B. bei Verhinderung einer Partei durch Militärdienst im Kriege oder durch Absperrung vom Verkehr.

Durch Unterbrechung und Aussetzung hört der Lauf einer jeden Frist auf. Die Aufnahme erfolgt bei der Unterbrechung und Aussetzung durch Zustellung eines Schriftsatzes. Das Verfahren kann ohne Gerichtsbeschluß kraft Vereinbarung ruhen. Beim Nichterscheinen beider Parteien in einem Termin ruht das Verfahren, bis eine Partei eine neue Ladung zustellen läßt.

Verfahren vor den Amtsgerichten.

Die Zustellungen im Amtsgerichtsverfahren erfolgen von Amts wegen, nur die Urteile sind von den Parteien zuzustellen. Die Klage ist bei dem Gericht schriftlich einzureichen oder mündlich zu Protokoll des Gerichtsschreibers zu geben. Die Ausfertigung der Urteile erfolgt, sofern nicht von der Partei ein anderes beantragt wird, unter Fortlassung des Tatbestandes und der Entscheidungsgründe.

Ladungen durch die Parteien gibt es nicht; die Termine werden von Amts wegen bestimmt.

Die Klage gilt erst mit der Zustellung an den Beklagten oder dessen Anwalt als erhoben. Außerdem kann der Kläger bei Gericht beantragen, daß zum Zwecke eines Sühneversuches ein Termin bestimmt wird. Erscheinen beide Parteien und wird ein Vergleich geschlossen, so ist er zu Protokoll festzustellen. Kommt ein Vergleich nicht zustande, so wird auf Antrag beider Parteien der Rechtsstreit sofort behandelt. Die Erhebung der Klage erfolgt in diesem Falle durch den mündlichen Vortrag.

Schon vor der mündlichen Verhandlung kann das Gericht Anordnungen treffen, die nach der Klageschrift oder den vorbereitenden Schriftsätzen zur Aufklärung des Sachverhältnisses dienen und eine Entscheidung schon im ersten Termin ermöglichen. Es kann z. B. Zeugen oder Sachverständige laden, das persönliche Erscheinen der beiden Parteien anordnen, die Einnahme des Augenscheins veranlassen. Die Fragepflicht des Gerichts ist verschärft. Das Versäumnisurteil ist von den Parteien zuzustellen. Die Einspruchsfrist beträgt nur eine Woche. Bei Verurteilung zur Vornahme einer Handlung kann der Beklagte zugleich auf Antrag des Klägers für den Fall, daß die Handlung nicht binnen einer zu bestimmenden Frist vorgenommen ist, zur Zahlung einer Entschädigung nach freiem Ermessen des Gerichts verurteilt werden.

Rechtsmittel.

Rechtsmittel sind prozessuale Rechtsverhältnisse, durch die eine noch nicht rechtskräftige Entscheidung an eine höhere Instanz gebracht wird. Die ZPO. kennt 3 Rechtsmittel:

1. Die Berufung; sie ist zulässig gegen Endurteile des Landgerichts und des Amtsgerichts 1. Instanz;

2. die Revision; sie ist gegeben gegen Endurteile der Oberlandesgerichte in der Berufungsinstanz;

3. die Beschwerde; sie ist zulässig nur gegen sonstige Entscheidungen und gewisse Zwischenurteile.

Die Anwendung der Rechtsmittel hemmt die Rechtskraft der Entscheidung und auch die Vollstreckbarkeit.

Gegen die Entscheidungen des Reichsgerichts, die Urteile des Landgerichts in 2. Instanz und die von der ZPO. als unanfechtbar bezeichneten Entscheidungen gibt es keine Rechtsmittel.

Die Berufung.

Die Berufung bezweckt eine Neuverhandlung des Rechtsstreites bei der höheren Instanz in tatsächlicher und rechtlicher Beziehung. Die Berufungsfrist beträgt einen Monat. Sie beginnt mit der Zustellung des Urteils an den Gegner. Die Berufungsschrift muß enthalten: die Bezeichnung des angefochtenen Urteils und die Erklärung, daß gegen dieses Urteil Berufung eingelegt werde.

Der Termin zur mündlichen Verhandlung über die Berufung ist von Amts wegen zu bestimmen und den Parteien bekanntzumachen, dem Berufungsbeklagten unter Zustellung der Berufungsschrift und der Aufforderung, einen bei dem betreffenden Gericht zugelassenen Anwalt zu bestellen. Die Einlassungsfrist muß gewahrt sein.

Vor dem Berufungsgericht wird der Rechtsstreit von neuem **auch** in tatsächlicher Hinsicht behandelt. Es können Angriffs- und Verteidigungsmittel, die in 1. Instanz nicht geltend gemacht worden sind, insbesondere neue Tatsachen und Beweismittel vorgebracht werden. Die in 1. Instanz unterbliebenen oder verweigerten Erklärungen über Tatsachen, Urkunden und Eideszuschiebungen können in der Berufungsinstanz nachgeholt werden.

Eine Klageänderung sowie Geltendmachung neuer Ansprüche ist nur mit Einwilligung des Gegners statthaft. Prozeßhindernde Einreden berechtigen nicht zur Verweigerung der Verhandlung zur Hauptsache.

Das Berufungsgericht hat zu prüfen, ob die Berufung an sich statthaft und frist- und formgerecht eingelegt ist; andernfalls ist die Berufung an sich schon als unzulässig zu verwerfen. Ist das Urteil 1. Instanz gerechtfertigt, so ist die Berufung zurückzuweisen, andernfalls ist das Urteil 1. Instanz abzuändern, nicht aufzuheben. Gewöhnlich entscheidet das Berufungsgericht in einer Sache endgültig. Nur in einigen Ausnahmefällen kann unter bestimmten Voraussetzungen die Sache an die 1. Instanz zurückverwiesen werden.

Die Revision.

Die Revision bezweckt nur die Nachprüfung des Vorderurteils in rechtlicher Hinsicht. Sie wirft dem Urteil eine Rechtsverletzung vor. Die Mindest-Revisionssumme ist auf 4000 Mark festgesetzt. Urteile der Oberlandesgerichte mit Ausnahme von Versäumnisurteilen sind von Amts wegen für vorläufig vollstreckbar zu erklären.

Die Gerichtsgebühren erhöhen sich in der Berufungsinstanz um ein Viertel, in der Revisionsinstanz um das Doppelte, die Gebühren der Rechtsanwälte um drei Zehnteile bzw. fünf Zehnteile.

Die Revision setzt eine Gesetzesverletzung und den Zusammenhang zwischen Rechtsverletzung und Urteil voraus, d. h. das Urteil muß auf der Gesetzesverletzung beruhen. Die Revisionsbegründung muß die Revisionsanträge, inwieweit das Urteil angefochten und seine Aufhebung beantragt wird, und die Revisionsgründe enthalten, und zwar die Bezeichnung der verletzten Rechtsnormen und die Angabe, ob und durch welche Tatsachen prozessuale Rechtsnormen verletzt sind. Nach dem Ablaufe der Begründungsfrist ist die Geltendmachung neuer Revisionsgründe nicht zulässig.

Ein Zusammenhang zwischen Rechtsverletzung und Urteil ist stets anzunehmen:

a) wenn das erkennende Gericht nicht vorschriftsmäßig besetzt war,

b) wenn ein Richter bei der Entscheidung mitgewirkt hat, der kraft Gesetzes ausgeschlossen war,

c) wenn ein mit Erfolg wegen Befangenheit abgelehnter Richter mitgewirkt hat,

d) wenn das Gericht seine Zuständigkeit oder Unzuständigkeit zu Unrecht angenommen hat,

e) wenn eine Partei in dem Verfahren nicht gesetzmäßig vertreten war, sofern sie die Prozeßführung nicht genehmigt hat,

f) wenn in der Schlußverhandlung die Vorschriften über die Öffentlichkeit des Verfahrens verletzt sind,

g) wenn die Entscheidung nicht mit Gründen versehen ist.

Die Einlegung der Revision erfolgt durch Einreichung der Revisionsschrift bei dem Revisionsgericht. Sie wird dem Gegner von Amts wegen zugestellt. Die Revisionsfrist beträgt einen Monat.

Ist die Revision nicht frist- und formgerecht eingereicht, so ist sie als unzulässig zu verwerfen. Der Prüfung des Revisionsgerichtes unterliegen nur die von den Parteien gestellten Anträge. Die tatsächlichen Feststellungen des Vorderrichters sind für den Revisionsrichter bindend. Wird die Revision für begründet erachtet, so ist das angefochtene Urteil aufzuheben. Das Berufungsgericht hat die rechtliche Beurteilung, die der Aufhebung seitens des Revisionsgerichts zugrunde gelegt ist, auch seiner Entscheidung zugrunde zu legen.

Die Beschwerde.

Die Beschwerde richtet sich nur gegen die Beschlüsse und Verfügungen, ausnahmsweise auch gegen Zwischenurteile. Man unterscheidet die einfache, sofortige und weitere Beschwerde. Die einfache Beschwerde ist regelmäßig gegeben und an keine Frist gebunden, die sofortige Beschwerde kommt nur in den vom Gesetz ausdrücklich bezeichneten Fällen vor, die weitere Beschwerde ist die Beschwerde, die gegen eine Entscheidung des Beschwerdegerichts eingelegt wird.

Die Beschwerde ist zulässig:

1. in den gesetzlich besonders hervorgehobenen Fällen,

2. gegen solche Entscheidungen, durch die ein das Verfahren betreffendes Gesuch zurückgewiesen ist.

Die Beschwerde wird bei dem Gericht eingelegt, von dem die angefochtene Entscheidung erlassen ist; über dieselbe entscheidet jedoch das nächsthöhere Gericht. Nur in dringenden Fällen kann sie auch unmittelbar bei dem Beschwerdegericht eingelegt werden. Die Einlegung erfolgt durch Einreichung einer von einem Anwalt unterzeichneten Beschwerdeschrift bei Gericht. In einigen Ausnahmen ist der Anwaltszwang nicht vorhanden.

Erachtet das erste Gericht, dessen Entscheidung angefochten wird, die Beschwerde für begründet, so hat es derselben abzuhelfen. Nur wenn es bei nochmaliger Prüfung seine frühere Entscheidung für richtig befindet, hat es die Beschwerde binnen einer Woche bei dem Beschwerdegericht einzureichen.

Die Beschwerde wird als unzulässig verworfen, falls sie nicht frist- oder formgerecht eingelegt ist; sie wird zurückgewiesen, falls sie unbegründet ist; es wird ihr stattgegeben, indem die angefochtene Entscheidung aufgehoben wird.

Die sofortige Beschwerde kann auch ohne Vorhandensein der Dringlichkeit bei dem Beschwerdegericht unmittelbar eingelegt werden.

Wiederaufnahme des Verfahrens.

Zur Wiederaufnahme des Verfahrens gibt es die Nichtigkeits- und Restitutionsklage.

Die Nichtigkeitsklage ist zulässig:

a) wenn das erkennende Gericht nicht vorschriftsmäßig besetzt war,

b) wenn ein kraft Gesetzes ausgeschlossener oder mit Erfolg abgelehnter Richter bei der Entscheidung mitgewirkt hat,

c) wenn eine Partei bei dem Verfahren nicht gesetzmäßig vertreten war.

Die Restitutionsklage ist zulässig:

a) wenn der Gegner einen falschen Parteieid leistet oder eine für die Entscheidung wichtige Urkunde gefälscht war,

b) wenn ein Hauptzeuge einen Falscheid geleistet hat,

c) wenn das Urteil infolge einer strafbaren Handlung des Parteivertreters oder des Gegners zustande kam,

d) wenn der Richter bei der Urteilsfällung eine strafbare Handlung begeht,

e) wenn eine Partei eine wichtige Vorentscheidung oder wichtige Urkunde beibringt.

Für die Klagen ist ausschließlich das Gericht zuständig, das in 1. Instanz erkannt hat. Nach Ablauf von 5 Jahren, vom Tage der Rechtskraft des Urteils an gerechnet, sind die Klagen unstatthaft.

Das Verfahren vor den Landgerichten und der Amtsgerichtsprozeß sind die Normalprozesse der ZPO. Daneben gibt es als besondere Verfahrensarten:

a) den Urkunden- und Wechselprozeß,

b) die Ehe-, Kindschafts- und Entmündigungssachen,

c) das Mahnverfahren,

d) den Arrest und die einstweilige Verfügung,

e) die Vollstreckung aus guarantigiierten Urkunden,

f) das Aufgebots- und das schiedsrichterliche Verfahren.

Diese seien nun einzeln in Nachstehendem besprochen.

Der Arrest und die einstweilige Verfügung bilden einen Teil der Vorschriften über die Zwangsvollstreckung.

Der Urkunden- und Wechselprozeß.

(Vgl. Das Wechselrecht, S. 249ff.) Voraussetzung der Zulässigkeit des Urkundenprozesses ist, daß es sich um einen Anspruch handelt, der die Zahlung einer bestimmten Geldsumme oder die Leistung einer bestimmten Menge anderer vertretbarer Sachen oder Wertpapiere zum Gegenstand hat, und daß die Tatsachen zur Begründung des Anspruches nur durch Urkunden oder Eideszuschiebungen bewiesen werden können. Die Klage muß die Erklärung enthalten, daß im Urkundenprozesse geklagt werde, und die Urkunden müssen in Urschrift oder Abschrift der Klage oder einem vorbereitenden Schriftsatze beigefügt werden. Die näheren Bestimmungen enthalten die §§ 592—602 der ZPO.

Der Wechselprozeß ist eine Abart des Urkundenprozesses. Die Klage muß die Erklärung enthalten, daß im Wechselprozeß geklagt werde. Die Kammern für Handelssachen sind für Wechselklagen zuständig, als 1. Instanz jedoch nur, falls ein Streitgegenstand von über 500 Mark vorliegt.

Auf alle Ansprüche aus Wechseln im Sinne der Wechselordnung kann im Wechselprozeß geklagt werden, also auch auf Sicherstellung mangels Annahme oder wegen Unsicherheit des Akzeptanten. Die Vorschriften über den Wechselprozeß sind in den §§ 603—605 der ZPO. enthalten.

Ehesachen, Kindschaftssachen, Entmündigungssachen.

Unter Ehesachen werden verstanden:

1. die Scheidungsklage,
2. die Nichtigkeitsklage,
3. die Anfechtungsklage,
4. die Feststellungsklage bezüglich des Bestehens oder Nichtbestehens einer Ehe zwischen den Parteien,
5. die Klage auf Herstellung des ehelichen Lebens.

Ausschließlich zuständig ist das Landgericht, bei dem der Ehemann seinen allgemeinen Gerichtsstand hat. Die Staatsanwaltschaft ist in Ehesachen zur Mitwirkung befugt. Ein Sühneversuch hat der Klageerhebung im Falle 1 und 5 vorauszugehen. (§§ 609 bis 611.) Eine besondere Vollmacht ist für den Bevollmächtigten des klagenden Ehegatten vorgeschrieben. Das persönliche Erscheinen der Parteien kann angeordnet werden, um sie über bestimmte Tatsachen zu vernehmen. Das Klagevorbringen ist beschränkt, falls Kläger früher schon mit einer Scheidungs- oder Anfechtungsklage abgewiesen ist.

Wird wegen Ehebruchs auf Scheidung erkannt und ergibt sich aus den Verhandlungen, mit welcher Person der Ehebruch begangen worden ist, so ist diese Person im Urteil festzustellen.

Hat der Rechtsstreit die Scheidung, Nichtigkeit oder Anfechtung der Ehe zum Gegenstande, so kann das Gericht eine einstweilige Verfügung erlassen, wodurch es das Getrenntleben der Ehegatten für die Dauer des Rechtsstreites gestattet, ihre gegenseitige Unterhaltungspflicht ordnet und die Sorge für die Person ihrer gemeinschaftlichen minderjährigen Kinder und ihre Unterhaltungspflicht den Kindern gegenüber regelt.

Die Nichtigkeitsklage kann von den Ehegatten, vom Staatsanwalt und von einem Dritten z. B. bei Bigamie oder dann erhoben werden, wenn für ihn von der Nichtigkeit der Ehe ein Recht oder von der Gültigkeit der Ehe eine Verpflichtung abhängt.

Kindschaftssachen. Kindschaftssachen sind Klagesachen, die die Feststellung des Bestehens oder Nichtbestehens eines Eltern- und Kindesverhältnisses zwischen den Parteien oder die Feststellung des Bestehens oder Nichtbestehens der elterlichen Gewalt der einen Partei über die andere zum Gegenstand haben; ferner Klagen, durch welche die Ehelichkeit eines Kindes oder die Anerkennung der Ehelichkeit von dem Ehemanne der Mutter angefochten werden.

Entmündigungssachen. Entmündigt werden kann nach § 6 BGB.:

1. wer infolge von Geisteskrankheit oder von Geistesschwäche seine Angelegenheiten nicht zu besorgen vermag,
2. wer durch Verschwendung sich und seine Familie der Gefahr des Notstandes aussetzt,
3. wer infolge Trunksucht seine Angelegenheiten nicht zu besorgen vermag oder sich und seine Familie der Gefahr des Notstandes aussetzt oder die Sicherheit anderer gefährdet.

Die Entmündigung erfolgt durch Beschluß des Amtsgerichts, der nur auf Antrag erlassen wird. Antragsberechtigt sind: der Ehegatte, ein Verwandter oder derjenige gesetzliche Vertreter des zu Entmündigenden, dem die Sorge für die Person zusteht, und der Staatsanwalt des vorgesetzten Landgerichts.

Die Entmündigung wird wirksam mit der Zustellung des Beschlusses an den gesetzlichen Vertreter oder Vormund bei Geisteskrankheit, und mit Zustellung des Beschlusses an den Entmündigten bei Geistesschwäche. Der die Entmündigung aussprechende Beschluß kann bei dem vorgesetzten Landgericht im Wege der Klage durch den Entmündigten und sämtliche antragsberechtigte Personen binnen eines Monats angefochten werden. Die Wiederaufhebung der Entmündigung kann auf Antrag durch Beschluß desjenigen Amtsgerichts erfolgen, bei dem der Entmündigte seinen allgemeinen Gerichtsstand hat.

Die Entmündigung wegen Verschwendung oder Trunksucht erfolgt auf Antrag durch Beschluß des Amtsgerichts, jedoch ohne Mitwirkung der Staatsanwaltschaft. Auch hier kann der Beschluß innerhalb eines Monats angefochten werden. Die Entmündigung einer Person wegen Verschwendung oder Trunksucht, sowie die Wiederaufhebung einer solchen Entmündigung sind von dem Amtsgericht öffentlich bekanntzumachen.

Mahnverfahren.

Kommt der Schuldner seiner Verpflichtung nur aus Mittellosigkeit oder Nachlässigkeit nicht nach, so steht dem Gläubiger das Mahnverfahren zu Gebote. Es ist zulässig wegen eines Anspruches auf Zahlung einer bestimmten Geldsumme oder der Leistung einer bestimmten Menge anderer vertretbarer

Sachen oder Wertpapiere. Auch der Anspruch aus einer Hypothek-, einer Grund- oder einer Rentenschuld begründet das Mahnverfahren.

Das Mahnverfahren besteht in der Erlassung eines bedingten Zahlungsbefehles an den Schuldner beim Amtsgericht. Der Zahlungsbefehl enthält den Befehl an den Schuldner, binnen einer vom Tage der Zustellung laufenden Frist von einer Woche, bei Vermeidung sofortiger Zwangsvollstreckung den Gläubiger wegen des Anspruchs nebst den Kosten und Zinsen zu befriedigen, oder wenn er Einwendungen wegen des Anspruches habe, bei dem Gerichte Widerspruch zu erheben. Die Zustellung des Zahlungsbefehls an den Schuldner erfolgt von Amts wegen. Mit der Zustellung treten die Wirkungen der Rechtshängigkeit ein. Der Schuldner kann gegen den Anspruch oder einen Teil desselben so lange Widerspruch erheben, als der Vollstreckungsbefehl vom Gerichtsschreiber nicht verfügt ist. Das Gericht hat den Gläubiger von dem rechtzeitig erhobenen Widerspruch in Kenntnis zu setzen. Durch die rechtzeitige Erhebung des Widerspruchs verliert der Zahlungsbefehl seine Kraft. Wird rechtzeitig Widerspruch erhoben, so ist die Klage als mit der Zustellung des Zahlungsbefehls bei dem Amtsgericht erhoben anzusehen. In diesem Falle ist Termin zur mündlichen Verhandlung nur auf Antrag einer Partei zu bestimmen. Die Ladungsfrist beträgt mindestens 3 Tage. Der Zahlungsbefehl ist nach Ablauf der in ihm bestimmten einwöchigen Frist auf Gesuch des Gläubigers für vorläufig vollstreckbar zu erklären, sofern nicht der Schuldner vorher Widerspruch erhebt.

Die Rechtskraft.

Man unterscheidet formelle und materielle Rechtskraft. Unter formeller Rechtskraft versteht man, daß ein Urteil mit keinen weiteren Rechtsmitteln mehr angefochten werden kann (so z. B. das reichsgerichtliche Urteil oder ein oberlandesgerichtliches Urteil bei einer vermögensrechtlichen Streitigkeit mit einem Streitwert von weniger als Mk. 4000.)

Die Wirkung eines materiell rechtskräftigen Urteils ist, daß jeder spätere Richter, sofern es sich um dieselbe Sache und dieselben Parteien handelt, den Inhalt des ersten Urteils seinem Urteil zugrunde legen muß.

Die formelle Rechtskraft ist die Voraussetzung für die materielle Rechtskraft.

Die Zwangsvollstreckung.

Zur Zwangsvollstreckung muß ein vollstreckbarer Titel mit einer Vollstreckungsklausel vorhanden sein, und ferner muß der Titel zugestellt werden.

Vollstreckbare Titel sind Urkunden, die den Gegenstand der Zwangsvollstreckung und den Gläubiger und Schuldner bezeichnen. Solche sind nach der ZPO.:

1. die vollstreckbaren Urteile;
2. Prozeßvergleiche zwischen den Parteien oder einer von ihnen mit einem Dritten;
3. amtsgerichtliche Sühnevergleiche;
4. mit der Beschwerde anfechtbare Entscheidungen und Kostenfestsetzungsbeschlüsse des Gerichtsschreibers;

5. Vollstreckungsbefehle;

6. sog. vollstreckbare Urkunden, d. s. gerichtliche oder notarielle Urkunden, welche die Verpflichtung zur Leistung von Geld oder anderen vertretbaren Sachen oder Wertpapieren aussprechen und die Erklärung des Schuldners enthalten, er unterwerfe sich der sofortigen Zwangsvollstreckung. Ansprüche aus einer Hypothek, Grund- oder Rentenschuld gelten ebenfalls als Geldansprüche;

7. Arreste und einstweilige Verfügungen;

vollstreckbare Titel sind aber auch durch andere Reichsgesetze gegeben, z. B.:

8. die Feststellung einer Forderung im Konkurse durch Eintragung in die Konkurstabelle. Ferner der Zwangsvergleich;

9. der Zuschlag bei der Zwangsversteigerung.

Schon vor dem Eintritt der Rechtskraft eines Urteils kann dasselbe für vorläufig vollstreckbar erklärt werden. Auf Grund eines solchen Urteils kann sich der Gläubiger einstweilen befriedigen; er muß aber bei Aufhebung oder Abänderung des Urteils alles Erlangte herausgeben und noch dazu allen Schaden ersetzen. Die vorläufige Vollstreckbarkeit tritt erst mit einer sie abändernden Entscheidung außer Kraft.

Wird auf die Räumung einer Wohnung geklagt, so kann das Gericht auf Antrag, den der Schuldner vor dem Schlusse der mündlichen Verhandlung zu stellen hat, eine den Umständen nach angemessene Frist zur Räumung gewähren, und zwar sowohl bei rechtskräftigen wie bei vorläufig vollstreckbaren Urteilen.

Die Vollstreckungsklausel lautet: „Vorstehende Ausfertigung wird dem Kläger (oder dem Beklagten) zum Zwecke der Zwangsvollstreckung erteilt.“ Sie ist der Ausfertigung des Urteils am Schlusse beizufügen, von dem Gerichtsschreiber zu unterschreiben und mit dem Gerichtssiegel zu versehen. In Ausnahmefällen wird die vollstreckbare Ausfertigung nur auf Anordnung des Gerichtsvorsitzenden erteilt, z. B. bei Urteilen auf eine bedingte Leistung oder bei einer weiteren vollstreckbaren Ausfertigung für dieselbe Partei.

Zur Zwangsvollstreckung in das Vermögen einer Gesellschaft im Sinne des BGB. ist ein gegen alle Gesellschafter ergangenes Urteil erforderlich und genügend. Bei der offenen Handelsgesellschaft dagegen ist ein Schuldtitel gegen die Gesellschaft selbst nötig.

Die Zwangsvollstreckung darf nur beginnen, wenn die betreffenden Personen namentlich bezeichnet sind und das Urteil zugestellt ist.

Organe der Zwangsvollstreckung sind der Gerichtsvollzieher und das Vollstreckungsgericht.

Der Gerichtsvollzieher. Dem Gläubiger gegenüber hat der Gerichtsvollzieher die Stellung eines aus einem Dienstvertrag Beauftragten (§ 675 BGB.) und gleichzeitig die eines öffentlichen Beamten; bei Pflichtverletzungen ist daher der Staat schadensersatzpflichtig. Dem Schuldner und Dritten gegenüber wird der Gerichtsvollzieher zur Vornahme der Vollstreckungshandlungen durch den Besitz der vollstreckbaren Ausfertigung ermächtigt. Er hat nach Empfang der Leistung dem Schuldner die vollstreckbare Ausfertigung nebst einer Quittung auszuliefern, bei teilweiser Leistung diese auf der vollstreckbaren Ausfertigung zu vermerken und dem Schuldner Quittung zu erteilen. Der Gerichtsvollzieher hat dem Schuldner und Dritten gegenüber die öffentlich-rechtliche Stellung eines Beamten. Daher ist jeder ihm geleistete Widerstand, sobald die Vollstreckung in den gesetzlichen Schranken erfolgt, strafbar als Widerstand gegen die Staatsgewalt (§ 113 StGB.). Er ist berechtigt, die Wohnung und die Behältnisse des Schuldners zu durchsuchen, soweit der Zweck der Vollstreckung dies erfordert. Er darf die verschlossenen Haustüren, Zimmertüren und Behältnisse öffnen lassen. Er ist, wenn er Widerstand findet, zur Anwendung von Gewalt befugt und kann zu diesem Zwecke die Unterstützung der polizeilichen Vollzugsorgane nachsuchen.

Die Anordnung und Ausführung von Vollstreckungshandlungen ist dem Gericht übertragen:

a) bei Zwangsvollstreckungen in Forderungen und andere Vermögensrechte;

b) bei Zwangsvollstreckung in Immobilien (unbewegliche Sachen);

c) bei Erwirkung von Handlungen und Unterlassungen;

d) bei der Leistung des Offenbarungseides.

Bei Vollstreckung gegen Militärpersonen oder Personen im Auslande ersucht das Gericht die betreffende Militär- oder ausländische Behörde.

Vollstreckungsgericht ist gewöhnlich das Amtsgericht.

Der Schuldner kann zunächst Einwendungen gegen die Erteilung der Vollstreckungsklausel beim Prozeßgericht 1. Instanz erheben; er kann ferner Klage gegen jede Erteilung bei demselben Gericht anstrengen; des ferneren hat er die Erinnerung gegen die Art und Weise der Zwangsvollstreckung beim Vollstreckungsgericht; schließlich kann er zur Vollstreckungs-Gegenklage (Erfüllungsklage gemäß § 767 ZPO.) greifen. Auch der Gläubiger kann sich über die Art und Weise der Zwangsvollstreckung beim Vollstreckungsgericht beschweren. Dritte Personen haben gleichfalls die Erinnerung aus § 766, z. B. wenn der Gerichtsvollzieher in der Wohnung eines Dritten wider dessen Willen pfändet, obwohl der Titel gar nicht gegen den Dritten lautet.

Hat der Gläubiger für seine Forderung an einer beweglichen Sache des Schuldners ein Faustpfandrecht oder ein Zurückbehaltungsrecht, so kann der Schuldner der Zwangsvollstreckung in sein übriges Vermögen insoweit widersprechen, als die Forderung durch den Wert der Sache gedeckt ist.

Die Kosten der Zwangsvollstreckung fallen, soweit sie notwendig waren, dem Schuldner zur Last.

Auf Wunsch des Gläubigers hat die Einstellung der Zwangsvollstreckung stets zu erfolgen, auf Verlangen des Schuldners nur dann, wenn die Ausfertigung einer vollstreckbaren Entscheidung die Aufhebung derselben ergibt oder die Zwangsvollstreckung für unzulässig erklärt wird oder deren Einstellung angeordnet ist; oder wenn die einstweilige Einstellung der Zwangsvollstreckung gemäß gerichtlicher Entscheidung angeordnet ist, oder wenn der Schuldner nachweist, daß zur Abwendung der Vollstreckung Sicherheitsleistung erfolgt ist. Die Einstellung hat auch dann zu erfolgen, wenn der Schuldner nachweist, daß der Gläubiger nachträglich befriedigt ist oder Stundung bewilligt hat, oder wenn er mittels Postscheines die Zahlung der Summe an den Gläubiger nachweist.

Besondere Vorschriften sind in den §§ 778ff. über die Zwangsvollstreckung in das Vermögen eines verstorbenen Schuldners gegeben.

Zwangsvollstreckung in das bewegliche Vermögen. Diese erfolgt durch Pfändung. Durch die Pfändung erwirkt der Gläubiger ein Pfandrecht an dem gepfändeten Gegenstand. Hat die Pfändung nicht zu einer vollständigen Befriedigung des Gläubigers geführt, oder macht dieser die Aussichtslosigkeit einer Pfändung glaubhaft, so ist der Schuldner verpflichtet, ein Verzeichnis seines Vermögens vorzunehmen, sowie einen Offenbarungseid dahin zu leisten: „daß er nach bestem Wissen sein Vermögen so vollständig angegeben habe, als er dazu imstande sei".

Zwangsvollstreckung in körperliche Sachen. Sie zerfällt in die Pfändung und die Versteigerung.

Die Pfändung. Sie ist nur möglich an Sachen des Schuldners, die sich in Gewahrsam des Schuldners, des Gläubigers oder eines zur Herausgabe bereiten Dritten befinden. Widerspricht der Dritte, so hat die Pfändung zu unterbleiben. Dem Gläubiger bleibt dann nichts übrig, als sich den Anspruch des Schuldners gegen den Dritten auf Herausgabe zur Einziehung überweisen zu lassen. Gibt der Dritte die Sachen nicht freiwillig heraus, so kann der Gläubiger ihn auf Herausgabe verklagen und sich auf diese Weise einen unmittelbar gegen den Dritten wirksamen Titel verschaffen.

Die Pfändung erfolgt dadurch, daß die Sachen vom Gerichtsvollzieher in Besitz genommen werden. Andere Sachen als Geld, Wertpapiere und Kostbarkeiten sind in Gewahrsam des Schuldners zu belassen, sofern nicht hierdurch die Befriedigung des Gläubigers gefährdet wird. Verbleiben die Sachen im Gewahrsam des Schuldners, so ist die Wirksamkeit der Pfändung dadurch bedingt, daß durch Anlegung von Siegeln oder auf sonstige Weise die Pfändung ersichtlich gemacht wird. Die Beiseiteschaffung gepfändeter Gegenstände ist als Arrestbruch unter Strafe gestellt (§ 137 StGB.).

Der Gerichtsvollzieher hat den Schuldner von der geschehenen Pfändung in Kenntnis zu setzen.

Früchte auf dem Halme, die vom Boden noch nicht getrennt sind, können gepfändet werden, solange nicht ihre Beschlagnahme im Wege der Zwangsvollstreckung in das unbewegliche Vermögen erfolgt ist. Die Pfändung darf frühestens einen Monat vor der Reife erfolgen. **Unpfändbar** sind die im § 811 der ZPO. verzeichneten Sachen, von denen die wichtigsten nachstehend erwähnt sind:

a) Unentbehrliche Kleidungsstücke, Betten, Wäsche, Haus- und Küchengerät;

b) Nahrungs-, Feuerungs- und Beleuchtungsmittel auf vier Wochen oder der zur Beschaffung nötige Geldbetrag, falls diese Gegenstände auf 2 Wochen nicht vorhanden sind;

c) eine Milchkuh oder 2 Ziegen oder 2 Schafe nebst Futter;

d) bei Landwirten das erforderliche Gerät, Vieh, Dungmaterial und Früchte, die bis zur nächsten Ernte ausreichen;

e) bei Künstlern, Handwerkern und dgl. ihr unentbehrliches Handwerkszeug;

f) bei deren Witwen und minderjährigen Erben die zur Fortführung des ererbten Erwerbsgeschäftes unentbehrlichen Gegenstände;

g) bei Offizieren, Beamten usw. die zur Ausübung des Berufs erforderlichen Gegenstände sowie anständige Kleidung;

h) bei Offizieren und Beamten ein Geldbetrag, der dem unpfändbaren Diensteinkommen entspricht;

i) bei Apothekern die unentbehrlichen Apothekenutensilien;

k) Kirchen-, Schul- und Andachtsbücher;

l) Haushaltungs- und Geschäftsbücher, die Familienpapiere sowie die Trauringe, Orden und Ehrenzeichen;

m) im Gebrauch befindliche medizinische Mittel, wie Brillen, künstliche Gliedmaßen und dgl.;

n) die zur unmittelbaren Verwendung für die Bestattung bestimmten Gegenstände.

Gewöhnliche Hausratsgegenstände sollen nicht gepfändet werden, wenn ersichtlich ist, daß sie nur einen unverhältnismäßig geringen Erlös bringen würden.

Ferner dürfen nicht gepfändet werden:

die auf gesetzlicher Vorschrift beruhenden Alimentenforderungen und die nach § 844 des Bürgerlichen Gesetzbuchs wegen der Entziehung einer solchen Forderung zu entrichtende Geldrente;

die fortlaufenden Einkünfte, welche ein Schuldner aus Stiftungen oder sonst auf Grund der Fürsorge und Freigebigkeit eines Dritten bezieht, insoweit der Schuldner zur Bestreitung des notdürftigen Unterhalts für sich, seinen Ehegatten und seine noch unversorgten Kinder dieser Einkünfte bedarf;

die aus Kranken-, Hilfs- oder Sterbekassen, insbesondere aus Knappschaftskassen und Kassen der Knappschaftsvereine zu beziehenden Hebungen;

die Invalidenpension der Unteroffiziere und der Mannschaften nach den Bestimmungen der Versorgungsgesetze;

das Diensteinkommen der Militärpersonen, welche zu einem mobilen Truppenteil oder zur Besatzung eines in Dienst gestellten Kriegsfahrzeugs gehören;

die Pensionen der Witwen und Waisen und die denselben aus Witwen- und Waisenkassen zukommenden Bezüge, die Erziehungsgelder und die Studienstipendien sowie die Pensionen invalider Arbeiter;

Gepfändetes Geld ist dem Gläubiger abzuliefern. Der Gerichtsvollzieher hat jedoch das Geld zu hinterlegen, wenn es dem Schuldner gestattet ist, die Vollstreckung durch Sicherheitsleistung abzuwenden, und falls dem Gerichtsvollzieher glaubhaft gemacht wird, daß an dem gepfändeten Gelde ein die Veräußerung hinderndes Recht eines Dritten besteht.

Die Versteigerung. Alle gepfändeten Sachen sind zu versteigern, jedoch im Zweifel nicht vor Ablauf einer Woche seit der Pfändung. Der Zuschlag ist dem Meistbietenden zu erteilen. Zeit und Ort der Versteigerung sind unter allgemeiner Bezeichnung der zu versteigernden Sachen öffentlich bekannt zu machen. Die Versteigerung wird eingestellt, sobald der Erlös zur Befriedigung des Gläubigers und zur Deckung der Kosten der Zwangsvollstreckung hinreicht. Die Empfangnahme des Erlöses durch den Gerichtsvollzieher gilt als Zahlung des Schuldners.

Gold und Silbersachen dürfen nicht unter ihrem Metallwert zugeschlagen werden. Früchte auf dem Halm dürfen erst nach der Reife versteigert werden.

Eine bereits gepfändete Sache kann nochmals gepfändet werden, sogenannte Anschlußpfändung.

Zwangsvollstreckung in Forderungen und andere Vermögensrechte. Sie erfolgen durch das Vollstreckungsgericht, d. i. das Amtsgericht des allgemeinen Gerichtsstandes des Schuldners.

1. Die Zwangsvollstreckung in Geldforderungen.

a) Die Pfändung. Soll eine Geldforderung gepfändet werden, so hat das Gericht 2 Anordnungen vorzunehmen: erstens dem Drittschuldner zu verbieten, an den Schuldner zu leisten, und zweitens dem Schuldner zu gebieten, sich jeder Verfügung über die Forderung zu enthalten. Bezügl. Lohnpfändung vgl. S. 442ff.

Der Gläubiger hat den Beschluß mit obigem Inhalt an den Schuldner und den Drittschuldner zustellen zu lassen. Mit der Zustellung dieses Pfändungsbeschlusses an den Drittschuldner ist die Pfändung als bewirkt anzusehen.

b) Die Überweisung. Die Pfändung sichert den Gläubiger nur; die Befriedigung wird aber erst mit Hilfe der Überweisung erreicht. Diese erfolgt durch einen weiteren Beschluß des Vollstreckungsgerichts. Pfändungs- und Überweisungsbeschluß werden in der Praxis regelmäßig in einer Urkunde verbunden. Man unterscheidet die Überweisung zur Einziehung und die Überweisung an Zahlungs statt (wenig gebräuchlich). Mit der Zustellung an den Drittschuldner wird die Überweisung wirksam.

2. Die Vorpfändung. Bis der Gläubiger die Ausfertigung des vollstreckbaren Titels vom Gericht ausgehändigt erhält, kann geraume Zeit vergehen. Falls ein solcher vollstreckbarer Titel überhaupt erlassen ist, kann er eine Vorpfändung vornehmen. Diese besteht in der Zustellung eines Schriftsatzes an Schuldner und Mitschuldner, mit der Mitteilung, daß die eigentliche Pfändung bevorsteht. Erfolgt diese dann binnen 3 Wochen nach der Benachrichtigung des Drittschuldners, so hat diese Benachrichtigung die Wirkung eines Arrestes.

3. Die Zwangsvollstreckung in Ansprüche auf Herausgabe oder Leistung von Sachen. Hier gilt das gleiche wie bei der Zwangsvollstreckung in Geldforderungen, nur ist allein die Überweisung zur Einziehung zulässig. Ferner ist bei der Pfändung eines Anspruchs, der eine Mobilie betrifft, anzuordnen, daß die Sache an einen vom Gläubiger zu beauftragenden Gerichtsvollzieher herauszugeben sei. Betrifft der Anspruch eine Immobilie, so ist anzuordnen, daß sie an einen auf Antrag des Gläubigers zu benennenden Sequester (Verwalter) herauszugeben ist. Ist der Anspruch auf Übertragung des Eigentums gerichtet, so hat die Auflassung an den Sequester als Vertreter des Schuldners zu erfolgen. Mit dem Übergange des Eigentums auf den Schuldner erlangt der Gläubiger eine Sicherungshypothek für seine Forderung.

4. Unpfändbare Ansprüche, d. h. solche, die nicht der Pfändung unterworfen sind, vgl. S. 306ff.

Unbeschränkt ist die Pfändung zulässig, wenn es sich um laufende gesetzliche Alimentationsansprüche handelt. Diese Vorschrift gilt auch zugunsten eines unehelichen Kindes. Jedoch kann der Schuldner diesem gegenüber diejenigen Bezüge zurückhalten, deren er zu seinem eigenen notdürftigen Unterhalte zur Erfüllung seiner sonstigen gesetzlichen Alimentationsverbindlichkeiten bedarf.

Zwangsvollstreckung in das unbewegliche Vermögen. Sie ist zulässig nur bei Forderungen über 500 RM. Dieser unterliegen:

a) Grundstücke;

b) die Berechtigungen, für die die sich auf Grundstücke beziehenden Vorschriften gelten, z. B. das Erbbaurecht:

c) die im Schiffsregister eingetragenen Schiffe; hingegen unterliegt der Anteil an einem solchen Schiffe der Zwangsvollstreckung in das bewegliche Vermögen.

Die Zwangsvollstreckung in das unbewegliche Vermögen umfaßt auch die Gegenstände, auf die sich bei Grundstücken die Hypothek, bei Schiffen das eingetragene Pfandrecht erstreckt. Jedoch können diese Gegenstände nicht gepfändet werden, soweit sie Zubehör sind.

Die Zwangsvollstreckung in ein Grundstück erfolgt gemäß Gesetz über die Zwangsversteigerung und Zwangsverwaltung vom 24. März 1897:

a) durch Zwangsversteigerung (Subhastation),

b) durch Zwangsverwaltung.

Ferner kann sie durch eine Sicherungshypothek erfolgen, die zwangsweise für die Forderung eingetragen wird. In eine Berechtigung, für die die sich auf die Grundstücke beziehenden Vorschriften gelten, erfolgt die Zwangsvollstreckung entsprechend den Vorschriften über die Zwangsvollstreckung in Grundstücke. In ein eingetragenes Schiff erfolgt die Zwangsvollstreckung nur durch Zwangsversteigerung.

Verteilungsverfahren. Reicht ein bei der Zwangsvollstreckung in das bewegliche Vermögen hinterlegter Betrag zur Befriedigung der Gläubiger nicht aus, so fertigt das Gericht nach Ablauf von 2 Wochen seit Eingang der Anzeige des Gerichtsvollziehers einen Teilungsplan an. Dieser wird ausgeführt, wenn kein Widerspruch erfolgt, andernfalls hat der widersprechende Gläubiger binnen einer Frist von einem Monat dem Gerichte nachzuweisen, daß er gegen die beteiligten Gläubiger Klage erhoben hat.

Zwangsvollstreckung zur Erwirkung der Herausgabe von Sachen oder zur Erwirkung von Handlungen oder Unterlassungen.

Erwirkung der Herausgabe oder Leistung von Sachen. Ist eine bewegliche Sache oder eine Menge beweglicher Sachen vom Schuldner herauszugeben, so sind ihm diese vom Gerichtsvollzieher fortzunehmen und dem Gläubiger zu übergeben. Wird die herauszugebende Sache nicht vorgefunden, so ist der Schuldner verpflichtet, auf Antrag des Gläubigers den Offenbarungseid dahin zu leisten: „Daß er die Sachen nicht besitze, auch nicht wisse, wo sie sich befinden". Hat er eine unbewegliche Sache oder ein bewohntes Schiff herauszugeben, zu überlassen oder zu räumen, so hat der Gerichtsvollzieher den Schuldner aus dem Besitze zu setzen und den Gläubiger in den Besitz einzuweisen. Hat ein Dritter die herauszugebende Sache in Gewahrsam, so ist dem Gläubiger, falls der Dritte sich zur Herausgabe weigert, auf seinen Antrag der Anspruch des Schuldners gegen den Dritten zu überweisen.

Erwirkung von Handlungen. Man unterscheidet vertretbare und nichtvertretbare Handlungen.

Vertretbare Handlungen sind solche, deren Vornahme durch einen Dritten erfolgen kann. Nimmt der Schuldner solche Handlungen nicht vor, so ist der Gläubiger vom Prozeßgericht erster Instanz auf Antrag zu ermächtigen, die Handlungen auf Kosten des Schuldners vornehmen zu lassen. Der Gläubiger kann zugleich beantragen, den Schuldner zur Vorauszahlung der zu erwartenden Kosten zu verurteilen.

Nichtvertretbare Handlungen sind solche, die von einem Dritten nicht vorgenommen werden können. Hierbei ist zu unterscheiden, ob sie nicht ausschließlich vom Willen des Schuldners abhängen, oder ob sie seinem Willen allein überlassen sind. Im letzteren Falle kann er auf Antrag von dem Prozeßgericht 1. Instanz zur Vornahme der Handlungen durch sogenannte „fiskalische" Geldstrafe bis zum Gesamtbetrage von 1500 Mark oder durch Haft angehalten werden.

Die Abgabe einer Willenserklärung. Ist der Schuldner zur Abgabe einer Willenserklärung verurteilt, so gilt die Erklärung als abgegeben, sobald das Urteil Rechtskraft erlangt hat.

Handelt der Schuldner gegen die Verpflichtung, eine Handlung zu unterlassen, oder die Vornahme einer Handlung zu dulden, so ist er wegen einer jeden Zuwiderhandlung auf Antrag des Gläubigers vom Prozeßgericht 1. Instanz zu einer fiskalischen Geldstrafe bis zu 1500 Mark oder zu einer Haftstrafe bis zu 6 Monaten zu verurteilen. Der Verurteilung muß eine Strafandrohung vorausgehen. Der Schuldner kann auch zur Sicherheitsleistung für den durch fernere Zuwiderhandlung entstehenden Schaden verurteilt werden.

Offenbarungseid und Haft.

Außer dem erwähnten Offenbarungseid spielt die Hauptrolle der Offenbarungseid, der vorkommt:

a) zur Klarstellung des gesamten Vermögens des Schuldners, falls eine Zwangsvollstreckung gegen ihn aussichtslos erscheint

b) zur Feststellung, ob der Schuldner eine bestimmte, von ihm herauszugebende Sache hinter sich habe.

Das Verfahren beginnt mit dem Antrage des Gläubigers auf Bestimmung eines Termins zur Leistung des Offenbarungseides. Dem Antrage sind die Vollstreckungstitel und die sonstigen Urkunden beizufügen. Bestreitet der Schuldner die Pflicht zur Leistung des Eides, so ist von dem Gericht durch Beschluß über den Widerspruch zu entscheiden. Verweigert er den Eid ohne Grund oder versäumt er den Termin zur Eidesleistung, so hat das Gericht zur Erzwingung der Eidesleistung auf Antrag die Haft bis höchstens 6 Monate anzuordnen, wenn der Gläubiger die gesamten durch die Haft entstehenden Kosten von Monat zu Monat vorausbezahlt.

Das Vollstreckungsgericht hat ein Verzeichnis derjenigen Personen zu führen, die vor ihm den Offenbarungseid zur Klarlegung ihres gesamten Vermögens geleistet haben oder gegen welche wegen Verweigerung des Eides die Haft angeordnet worden ist. Fünf Jahre nach Eintragung in das Verzeichnis ist die Eintragung durch Unkenntlichmachung des Namens oder Vernichtung des Verzeichnisses zu löschen. Die Einsicht des Verzeichnisses ist jedem gestattet; auch hat der Gerichtsschreiber auf Antrag über das Bestehen oder Nichtbestehen einer Eintragung Auskunft zu erteilen.

Arrest und einstweilige Verfügung.

Um eine künftige Zwangsvollstreckung zu sichern, gibt es 2 Rechtsbehelfe: den Arrest und die einstweilige Verfügung.

Der Arrest. Der Arrest dient zur Sicherung von Geldforderungen oder eines Anspruches. Man unterscheidet den dinglichen Arrest, der sich gegen das Vermögen des Schuldners, und den persönlichen Arrest, der sich gegen eine Person wendet.

Voraussetzung des dinglichen Arrestes ist die Besorgnis, daß ohne den Arrest die Vollstreckung des späteren Urteils vereitelt oder wesentlich erschwert wird. Zuständig ist für die Anordnung des Arrestes das Gericht der Hauptsache wie das Amtsgericht. Die Vollziehung des Arrestbefehls muß innerhalb eines Monats seit Verkündigung und Zustellung geschehen.

Der persönliche Arrest. Zulässig ist der persönliche Arrest nur, um die gefährdete Zwangsvollstreckung in das Vermögen des Schuldners zu sichern. Die Vollziehung des persönlichen Arrestes erfolgt durch Beschränkung der persönlichen Freiheit, insbesondere durch Haft.

Die einstweilige Verfügung.

Sie sichert eine Leistung ganz bestimmter Art oder regelt einen einstweiligen Zustand, falls eine Regelung zur Verhinderung drohender Gefahr nötig erscheint. (Vgl. Abschnitt: Die einstweilige Verfügung, Seite 690.)

Das Aufgebotsverfahren.

Das Wesen des Aufgebotsverfahrens besteht in einer öffentlichen gerichtlichen Aufforderung an unbekannte oder unbestimmte Gegner zur Anmeldung von Ansprüchen oder Rechten bei Vermeidung ihres Ausschlusses. Zuständig für das Aufgebotsverfahren ist das Amtsgericht. In dem Aufgebot sind diejenigen Rechtsnachteile zu bezeichnen, die eintreten, wenn die Anmeldung bis zu dem zu bestimmenden Aufgebotstermine unterbleibt. Die öffentliche Bekanntmachung des Aufgebots erfolgt durch Anheftung an die Gerichtstafel oder durch Einrückung in den Deutschen Reichsanzeiger, außerdem aber auch nach den für öffentliche Ladungen gemäß § 204 ZPO. gegebenen Vorschriften. Eine Aufgebotsfrist von mindestens 6 Wochen muß vorhanden sein. Das Ausschlußurteil ergeht, sobald die Aufgebotsvorschriften erfüllt sind. Das Ausschlußurteil kann mittels Klage angefochten werden, wenn die im § 957 ZPO. angegebenen Anfechtungsgründe vorliegen.

Aufgebotsfälle des Reichsrechts. Die wichtigsten hiervon sind: Aufgebote zum Zwecke der Todeserklärung, zum Zwecke der Ausschließung von Nachlaßgläubigern und zum Zwecke der Kraftloserklärung von Urkunden. Zuständig ist bei der Todeserklärung das Gericht, in dessen Bezirk der Verschollene den letzten Wohnsitz hatte, antragsberechtigt ist der gesetzliche Vertreter des Verschollenen sowie jeder, der an der Todeserklärung ein rechtliches Interesse hat. Der gesetzliche Vertreter bedarf zu dem Antrage der Genehmigung des Vormundschaftsgerichts. Die Aufgebotsfrist muß mindestens 6 Monate betragen.

Beim Aufgebot zur Ausschließung von Nachlaßgläubigern ist jeder Erbe antragsberechtigt, sofern er nicht für die Nachlaßverbindlichkeiten unbeschränkt haftet, ferner der Nachlaßkläger und der Testamentsvollstrecker, wenn ihm die Verwaltung des Nachlasses zusteht. Auch hier ist die Aufgebotsfrist höchstens 6 Monate.

Beim Aufgebot zur Kraftloserklärung von Urkunden ist in dem Ausschlußurteil die Urkunde für kraftlos zu erklären; die Aufgebotsfrist muß mindestens 6 Monate betragen.

Schiedsrichterliches Verfahren.

Rechtsstreitigkeiten können nicht nur von den staatlichen Behörden kraft Anordnung der Gesetze, sondern auch von Privatpersonen kraft rechtsgeschäftlicher Bestimmung geschlichtet werden. Diese Privatpersonen heißen Schiedsrichter, das Verfahren heißt schiedsrichterliches Verfahren. Dieses endet mit einem Schiedsvertrag. (Vgl. Abschnitt Schiedsgerichte, Seite 700.)

Konkursrecht.

Konkurs ist ein Verfahren, das zur gemeinschaftlichen Befriedigung aller persönlichen Gläubiger des Gemeinschuldners dient, welche einen zur Zeit der Eröffnung des Konkursverfahrens begründeten Vermögensanspruch gegen ihn haben. Alle Gläubiger strömen hier zum Konkurse zusammen (concurrere = zusammenlaufen), alle Gläubiger werden befriedigt, aber nicht mit ihrer ganzen Forderung, sondern nur zu einem Bruchteil, nämlich in Höhe der sich nach dem Umfange der vorhandenen Aktivmasse ergebenden Konkursdividende. Ein vollstreckbarer Titel und eine Pfändung sind überflüssig. Die Gläubiger erhalten ihren Anteil durch bloße Anmeldung der Ansprüche. Sie müssen einen Prozeß nur dann anstrengen, falls ihre angemeldeten Forderungen bestritten werden.

Die Gläubiger zur Zeit der Konkurseröffnung sind allein die Konkursgläubiger. Diejenigen, die erst im Konkurse Gläubiger werden, nennt man Massegläubiger. Man spricht hier von Massekosten und Masseschulden. Diese sind vor den Ansprüchen der Konkursgläubiger zu berichtigen.

Man unterscheidet im Konkursverfahren:

1. Den Gemeinschuldner, auch Kridar genannt. Ihm wird das Vermögen behufs Befriedigung der Gläubiger fortgenommen.
2. Den Konkursverwalter. Er bekommt das Vermögen des Gemeinschuldners zur selbständigen Verwaltung und Verwertung.
3. Den Gläubigerausschuß. Er ist nur fakultativ und überwacht und unterstützt den Gemeinschuldner bei seiner Geschäftsführung; er wird von der Gläubigerversammlung eingesetzt.
4. Die Gläubigerversammlung unter Leitung des Gerichts. Sie wirkt bei gewissen besonders wichtigen Verwaltungsakten mit.
5. Das Konkursgericht, d. i. das Amtsgericht. Es eröffnet und schließt den Konkurs und führt die Oberaufsicht über die Verwaltung des Konkursverwalters.

Das Konkursrecht ist durch Gesetz vom 20. Mai 1898 geregelt und zerfällt in materielles Konkursrecht, Konkursverfahren und Strafbestimmungen.

Zur Konkursmasse rechnet das gesamte einer Zwangsvollstreckung unterliegende Vermögen, das dem Gemeinschuldner z. Z. der Eröffnung des Verfahrens gehört. Nur einer Zwangsvollstreckung unterliegendes Vermögen wird Konkursmasse. Gewöhnliche Haushaltungsgegenstände, die offenbar nur einen Erlös weit unter ihrem Wert ergeben würden, gehören nicht dazu. Hingegen sind trotz ihrer Unpfändbarkeit Teile der Konkursmasse u. a.: Notwendiges landwirtschaftliches Zubehör, die Geschäftsbücher des Gemeinschuldners, da sie der Konkursverwalter zur Fortsetzung des Geschäfts braucht.

Alles von dem Gemeinschuldner nach Eröffnung des Verfahrens Erworbene ist sein konkursfreies Vermögen. Auch die Nutznießung am Vermögen der Frau beim gesetzlichen Güterstande oder die elterliche Nutznießung am Vermögen des Kindes sind unpfändbar und daher der Konkursmasse nicht zuzurechnen. Die Nutznießung des Ehemannes und die Verwaltung der Eltern endigen mit der Rechtskraft des Eröffnungsbeschlusses.

Konkursgläubiger sind diejenigen persönlichen Gläubiger des Gemeinschuldners, die einen z. Z. der Eröffnung des Verfahrens begründeten Vermögensanspruch an ihn haben. Der Anspruch des Konkursgläubigers heißt Konkursforderung.

Die seit der Eröffnung des Verfahrens laufenden Zinsen, Geldstrafen, Forderungen aus einer Freigebigkeit des Gemeinschuldners können im Konkurse nicht geltend gemacht werden. Die Konkursgläubiger können ihre Forderungen lediglich im Wege der Anmeldung im Konkurse verfolgen. Eine besondere Klage gegen den Gemeinschuldner ist ausgeschlossen. Nach Beendigung des Konkurses können sie, falls sie nicht etwa durch einen Zwangsvergleich gebunden sind, gegen das sonstige Vermögen des Gemeinschuldners in Höhe ihrer Restforderung ohne besondere Klage vorgehen; hierbei gilt die Eintragung in die Tabelle als vollstreckbarer Titel.

Die Konkursgläubiger erhalten ihre Forderungen gleichmäßig gezahlt; jedoch gibt es einige bevorrechtigte Konkursgläubiger oder Forderungen:

a) Die für das letzte Jahr vor Konkurseröffnung rückständigen Dienstbezüge, sog. Liedlohn;

b) Reichs-, Staats- und Kommunalabgaben aus dem letzten Jahre;

c) die Forderungen der Kirchen, Schulen, öffentlichen Verbände wegen der Abgaben aus dem letzten Jahre;

d) die taxmäßigen Kur- und Pflegekosten der Ärzte, Tierärzte, Apotheker, Hebammen aus dem letzten Jahre;

e) die Forderungen der Kinder, der Mündel und der Pflegebefohlenen des Gemeinschuldners in Ansehung ihres gesetzlich der Verwaltung desselben unterworfenen Vermögens.

Die bevorrechtigten Forderungen ordnen sich nach obiger Reihenfolge, bei gleichem Rang nach dem Verhältnis ihrer Beträge.

Jeder Mensch, des ferneren die juristischen Personen wie Aktiengesellschaften, Gesellschaften m. b. H. können in Konkurs geraten. Die Konkurseröffnung hat für den Gemeinschuldner schwerwiegende Folgen von privatrechtlicher und öffentlichrechtlicher Wirkung.

Auf privatrechtlichem Gebiete verliert er kraft Gesetzes die Befugnis, sein zur Konkursmasse gehöriges Vermögen zu verwalten und darüber zu verfügen. Das Verwaltungs- und Verfügungsrecht wird durch den Konkursverwalter ausgeübt. Rechtshandlungen des Gemeinschuldners nach Eröffnung des Verfahrens sind gegenüber den Konkursgläubigern unwirksam; hat er solche am Tage der Eröffnung des Verfahrens vorgenommen, so wird vermutet, daß sie nach der Eröffnung vorgenommen worden sind. Eine Leistung, die auf eine zur Konkursmasse zu erfüllende Verbindlichkeit nach Eröffnung des Verfahrens an den Gemeinschuldner erfolgt ist, befreit den Erfüllenden gegenüber den Konkursgläubigern nur insoweit, als das Geleistete in die Konkursmasse gekommen ist. War die Leistung vor der öffentlichen Bekanntmachung erfolgt, so ist der Erfüllende befreit, wenn ihm nicht bewiesen wird, daß ihm z. Z. der Leistung die Eröffnung des Verfahrens bekannt war. Geschah sie nachher, so liegt es dem Erfüllenden ob, zu beweisen, daß ihm z. Z. der Leistung die Eröffnung des Verfahrens nicht bekannt war.

Durch den Konkurs hört der Kaufmann auf, Kaufmann zu sein, wenn er nicht fortfährt, ein Handelsgeschäft zu betreiben; juristische Personen verlieren durch ihn ihre Rechtsfähigkeit.

Als öffentlichrechtliche Wirkung sind zu erwähnen: Der Gemeinschuldner hat über alle das Verfahren betreffende Verhältnisse Auskunft zu geben; er darf sich ohne Erlaubnis des Gerichts von seinem Wohnorte nicht entfernen. Seine Briefe werden auf Anordnung des Konkursgerichtes beschlagnahmt und sind dem Verwalter auszuhändigen. Der Gemeinschuldner kann nicht Handelsrichter, Gewerberichter, Mitglied des Gewerbe- und Kaufmannsgerichts, Schöffe, Geschworener, Rechtsanwalt, Wähler und Gewählter zum Reichstage und Abgeordnetenhause sein.

Der Konkursverwalter hat ein Amt inne. Er hat dasselbe unter Abwägung aller beteiligten Interessen zu verwalten. Seine Ernennung erfolgt durch das Konkursgericht. Sein Name ist öffentlich bekanntzumachen, seine Ernennung ihm urkundlich zu bescheinigen. In der Gläubigerversammlung, die auf die Ernennung des Verwalters folgt, können die Konkursgläubiger statt des Ernannten eine andere Person zum Verwalter wählen. Der Konkursverwalter hat Anspruch auf Vergütung seiner Geschäftsführung und auf Erstattung seiner Auslagen.

Die Konkursmasse besteht aus den z. Z. der Konkurseröffnung vorhandenen Aktiven und Passiven. Die Aktiven werden durch die Konkurseröffnung überhaupt nicht verändert. Die Passiven der Masse, d. h. die Forderungen der Konkursgläubiger werden dahin verändert, daß sie nicht voll, sondern nur anteilmäßig mit der Konkursdividende befriedigt werden.

Wenn ein gegenseitiger Vertrag z. Z. der Konkurseröffnung vom Gemeinschuldner und von dem andern Teile überhaupt nicht oder nicht vollständig erfüllt ist, so braucht der andere Teil seine Leistung nicht mehr zur Masse zu geben. Der Verwalter hat das Wahlrecht, ob er den Vertrag an Stelle des Gemeinschuldners voll als Masseschuld erfüllen will. Nur in diesem Falle kann er die Erfüllung vom anderen Teile verlangen. Der Verwalter muß ohne Verzug erklären, ob er die Erfüllung verlangen will oder nicht. Unterläßt er dies, so kann er auf Erfüllung nicht bestehen.

Wurde dem Gemeinschuldner vor der Konkurseröffnung ein Gegenstand zur Miete oder Pacht überlassen, so können Verwalter und Gegner mangels anderer Vereinbarung mit gesetzlicher Frist kündigen. Kündigt der Verwalter, so ist der Vermieter berechtigt, Ersatz des ihm durch die Aufhebung des Vertrages entstehenden Schadens zu verlangen. Kündigt dagegen der Vermieter, so steht ihm solch ein Entschädigungsanspruch nicht zu. Ist der Gegenstand zur Miete oder Pacht noch nicht überlassen, dann kann der andere Teil vom Vertrage zurücktreten. Hat der Gemeinschuldner seinerseits dagegen einen Gegenstand vermietet oder verpachtet und wurde ihm der Gegenstand vor der Konkurseröffnung übergeben, dann ist der Miet- oder Pachtvertrag auch der Konkursmasse gegenüber wirksam. Veräußert der Konkursverwalter ein vermietetes Grundstück oder verpachtetes Gruudstück freiwillig, so kann der Ersteher das Miet- oder Pachtverhältnis zum ersten Termin mit gesetzlicher Frist kündigen. War der Gegenstand noch nicht überlassen, dann kann der andere Teil vom Vertrage zurücktreten.

Hat der Gemeinschuldner einen Dienstpflichtigen in seinem Haushalt, Erwerbsgeschäfte oder Wirtschaftsbetriebe angenommen, so kann der Dienstpflichtige vom Vertrage zurücktreten, wenn der Dienst vor der Konkurseröffnung noch nicht angetreten war. War der Dienst schon angetreten, so kann jeder Teil das Dienstverhältnis mangels anderer Vereinbarungen mit gesetzlicher Frist kündigen. Kündigt der Verwalter, so hat der Gegner wegen des ihm durch die vorzeitige Aufhebung des Dienstverhältnisses entstandenen Schadens eine Konkursforderung, aber ohne das Vorzugsrecht des Liedlohnes.

Hat der Gemeinschuldner einen Auftrag erteilt oder jemand zu einer Geschäftsbesorgung bestellt, so erlöschen diese Rechtsverhältnisse, wenn sie sich nicht auf das konkursfreie Vermögen beziehen. Wird versehentlich fremdes Eigentum zur Masse gezogen, so ist ein Anspruch auf Aussonderung gegeben. Dieser gründet sich darauf, daß der Gegenstand nicht dem Gemeinschuldner gehört. Er ist durch Klage gegen den Konkursverwalter geltend zu machen. Die Aussonderungsberechtigten gehen den Massegläubigern vor. Sie können ihre auf dem Wege zum Gemeinschuldner befindlichen Waren zurückfordern, wenn dieselben nicht schon vor der Eröffnung des Konkursverfahrens am Ablösungsorte angekommen und außerdem in den Gewahrsam des Gemeinschuldners oder einer andern Person für ihn gelangt sind. Diese Bestimmung ist wichtig in bezug auf Konnossemente, Ladescheine, Lagerscheine, an Order usw.

Gegenstände der Ehefrau kann diese nur dann in Anspruch nehmen, wenn sie beweist, daß dieselben nicht mit Mitteln des Gemeinschuldners erworben sind. Es wird vermutet, daß die im Besitze eines oder beider Ehegatten befindlichen Moblien dem Manne gehören. Nur für die ausschließlich zum persönlichen Gebrauche der Frau bestimmten Sachen, insbesondere für Kleider, Schmucksachen und Arbeitsgeräte gilt die Vermutung, daß die Sachen der Frau gehören.

Absonderungsberechtigt sind diejenigen Gläubiger, die ein dingliches Recht — z. B. Pfandrecht — an einem Vermögensgegenstand des Gemeinschuldners haben. Das Absonderungsrecht wird dadurch verwirklicht, daß der Gegenstand verwertet wird und der absonderungsberechtigte Gläubiger sich aus dem Erlös befriedigen kann.

Die Absonderungsberechtigten gehören nicht zu den Konkursgläubigern.

Über die Aufrechnung geben die §§ 53—56 der Konkursordnung Aufklärung. Diese sind dazu erlassen, um zu vermeiden, daß beim Herannahen des Konkurses von denjenigen, die dem Gemeinschuldner etwas schulden, die Forderungen gegen ihn aufgekauft werden.

Massekosten sind die gerichtlichen Kosten des gemeinschaftlichen Verfahrens, die Ausgaben für die Verwaltung, Verwertung und Verteilung der Masse und die dem Gemeinschuldner und dessen Familie bewilligte Unterstützung.

Masseschulden sind die Ansprüche aus Geschäften oder Handlungen des Konkursverwalters, die Ansprüche aus zweiseitigen Verträgen, deren Erfüllung zur Konkursmasse verlangt wird, und die Ansprüche aus einer rechtlosen Bereicherung der Masse.

Stellt sich heraus, daß die Konkursmasse zur vollständigen Befriedigung aller Massegläubiger nicht ausreicht, so tritt eine verhältnismäßige Befriedigung derselben in der Weise ein, daß zunächst die Masseschulden, dann die Massekosten, von diesen zuerst die baren Auslagen und zuletzt die dem Gemeinschuldner und dessen Familie bewilligte Unterstützung zu berücksichtigen sind.

Die Anfechtung. Schafft ein Schuldner bei einem drohenden Konkurse sein Vermögen beiseite, indem er einzelne Gegenstände zum Scheine veräußert oder indem er sich seiner Habe entledigt, um z. B. einigen ihm nahestehenden Personen den Rest seines Vermögens zuzuwenden, so gibt es dagegen den Weg der Anfechtung, und zwar die Anfechtung außerhalb des Konkurses gemäß Gesetz vom 20. März 1898 durch die einzelnen Gläubiger und die Anfechtung im Konkurse durch den Konkursverwalter. Es können ferner die Rechtshandlungen angefochten werden, die der Gemeinschuldner in der Absicht vorgenommen hat, seine Gläubiger zu benachteiligen, auch unter bestimmten Voraussetzungen die im letzten Jahre vor Konkurseröffnung geschlossenen entgeltlichen Verträge des Gemeinschuldners mit gewissen nahen Verwandten, die im letzten Jahre vor Konkurseröffnung vom Gemeinschuldner vorgenommenen unentgeltlichen Verfügungen und die in den letzten 2 Jahren vor Konkurseröffnung vom Gemeinschuldner vorgenommenen unentgeltlichen Verfügungen zugunsten seines Ehegatten.

Konkursmäßig können die nach der Zahlungseinstellung oder dem Antrage auf Konkurseröffnung vom Gemeinschuldner eingegangenen, die Konkursgläubiger benachteiligenden Rechtsgeschäfte angefochten werden, wenn dem anderen Teile z. Z. des Geschäftsabschlusses die Zahlungseinstellung oder der Eröffnungsantrag bekannt war; ferner die nach der Zahlungseinstellung vor dem Eröffnungsantrage erfolgten Rechtshandlungen, die einem Konkursgläubiger Sicherung oder Befriedigung für einen schon vorhandenen Anspruch gleichfalls unter obiger Voraussetzung gewähren. Es können ferner die nach der Zahlungseinstellung oder dem Eröffnungsantrage oder in den letzten 10 Tagen vorher erfolgten Rechtshandlungen angefochten werden, welche einem Konkursgläubiger eine Sicherung oder Befriedigung gewähren, die er nicht oder nicht in der Art oder nicht in der Zeit zu beanspruchen hatte, sofern er nicht beweist, daß ihm z. Z. der Handlung weder die Zahlungseinstellung und der Eröffnungsantrag noch eine Absicht des Gemeinschuldners bekannt war, ihn vor den übrigen Gläubigern zu begünstigen.

Die Anfechtung kann nur binnen Jahresfrist erfolgen. Voraussetzung für die Anfechtung seitens jeden Gläubigers ist der Besitz eines vollstreckbaren Schuldtitels, die Fälligkeit der Forderung und die Tatsache oder Möglichkeit, daß die Zwangsvollstreckung in das Vermögen des Schuldners zu einer vollständigen Befriedigung des Gläubigers nicht geführt hätte.

Die Anfechtung kann binnen 10 Jahren erfolgen, wenn Rechtshandlungen von dem Gemeinschuldner in der Absicht vorgenommen worden sind, seine Gläubiger zu benachteiligen.

Die Eröffnung des Konkursverfahrens setzt die Zahlungsunfähigkeit des Gemeinschuldners voraus, d. h. daß es ihm voraussichtlich dauernd unmöglich ist, sich Mittel zur Bezahlung fälliger Geldschulden zu besorgen. Ein sehr häufiger Fall der Zahlungsunfähigkeit ist die Zahlungseinstellung. Das Verfahren wird nur auf Antrag eröffnet, nicht von Amts wegen. Antragberechtigt ist der Gemeinschuldner und jeder Konkursgläubiger. Bei der Eröffnung des Verfahrens ernennt das Gericht vorläufig den Konkursverwalter und gegebenenfalls einen Gläubigerausschuß; es verordnet einen nicht über einen Monat hinauszusetzenden Termin der ersten Gläubigerversammlung (Wahltermin), erläßt den offenen Arrest und bestimmt die Anmeldefrist und den allgemeinen Prüfungstermin.

Der offene Arrest des Konkursgerichts (Amtsgerichts) gibt allen Personen auf, die eine zur Konkursmasse gehörige Masse im Besitz haben oder zur Konkursmasse etwas schuldig sind, nichts an den Gemeinschuldner zu verabfolgen oder zu leisten. Er legt ihnen auch die Verpflichtung auf, von dem Besitze der Sache und von den Forderungen, für die sie aus der Sache abgesonderte Befriedigung in Anspruch nehmen, dem Konkursverwalter innerhalb einer bestimmten Frist Anzeige zu machen. Wer jene Anzeige über den Besitz von Sachen unterläßt, haftet für allen aus der Unterlassung oder Verzögerung der Anzeige entstehenden Schaden. Auch ist er unter Umständen wegen Verheimlichens strafbar. Nach Anfertigung des Inventars kann der Verwalter oder ein Konkursgläubiger den Gemeinschuldner vor das Amtsgericht zur Leistung des Offenbarungseides laden.

Die Frist zur Anmeldung der Konkursforderung beträgt 2 Wochen bis 3 Monate. Der Gerichtsschreiber hat jede Forderung in eine Tabelle sofort nach ihrer Anmeldung in der Rangordnung des beanspruchten Vorrechts einzutragen. Im allgemeinen Prüfungstermine werden die angemeldeten Forderungen ihrem Betrage und ihrem Vorrechte nach einzeln erörtert. Als festgestellt gilt eine Forderung, soweit gegen sie im Prüfungstermin ein Widerspruch weder von dem Verwalter noch von einem Konkursgläubiger erhoben wird oder soweit ein erhobener Widerspruch beseitigt ist. Das Gericht hat nach der Erörterung einer jeden Forderung das Ergebnis in die Tabelle einzutragen. Diese Tabelle gilt wie ein rechtskräftiges Urteil gegenüber allen Konkursgläubigern.

Die Betreibung der Feststellung streitig gebliebener Forderungen bleibt deren Gläubigern durch Klage im ordentlichen Verfahren überlassen. Das Urteil, welches rechtskräftig im Feststellungswege eine Forderung feststellt oder einen Widerspruch für begründet erklärt, wirkt gegenüber allen Konkursgläubigern.

Die Verteilung soll, so oft hinreichende bare Masse vorhanden ist, erfolgen, sogenannte Abschlagsverteilung; die Schlußverteilung erfolgt am Ende des Verfahrens; eine Nachtragsverteilung findet statt, falls sich noch nachträglich verteilbare Masse vorfindet. Ist ein Gläubigerausschuß bestellt, so hat der Konkursverwalter zur Vornahme einer Verteilung dessen Genehmigung einzuholen. Ferner hat er ein Verzeichnis der bei ihr zu berücksichtigenden Forderungen auf der Gerichtsschreiberei zur Einsicht der Beteiligten niederzulegen und die Summe der Forderungen sowie den zur Verteilung verfügbaren Massebestand öffentlich bekannt zu machen. Die Schlußverteilung unterliegt der Genehmigung des Gerichts, das einen Schlußtermin anberaumt. Die Aufhebung des Verfahrens beschließt das Gericht nach Abhaltung des Schlußtermins.

Das Konkursverfahren kann infolge Gerichtsbeschlusses auf dreifache Weise beendet werden:

a) durch Aufhebung nach geschehener Schlußverteilung;

b) durch Zwangsvergleich;

c) durch Einstellung wegen Zustimmung der Gläubiger oder wegen ungenügender Masse.

In der Form des Zwangsvergleiches kann die Mehrheit der Gläubiger die Minderheit zwingen, daß alle Gläubiger sich mit einer geringeren Befriedigung begnügen, im übrigen aber den Schuldner freilassen, so daß er dieserhalb nicht mehr nach Aufhebung des Konkurses in Anspruch genommen werden kann. Selbstverständlich ist es auch möglich, daß alle Gläubiger freiwillig dem Schuldner behufs Vermeidung des Konkurses einen teilweisen Nachlaß gewähren: sog. stiller Akkord. Der Zwangsvergleich kann auch dem Gemeinschuldner lediglich Stundung gewähren.

Der Zwangsvergleich wird nur zwischen den nichtbevorrechtigten Konkursgläubigern und dem Gemeinschuldner geschlossen. Nicht betroffen werden daher: die Aussonderungs-, die Absonderungsberechtigten, die Massegläubiger und die Konkursgläubiger. Der Zwangsvergleich ist erst nach dem allgemeinen Prüfungstermin und vor der Vornahme der Schlußverteilung zulässig. Der Vergleichstermin soll nicht über einen Monat hinaus anberaumt werden. Der Zwangsvergleich ist zulässig, solange der Gemeinschuldner flüchtig ist oder die Ableistung des Offenbarungseides verweigert, und solange gegen ihn wegen betrügerischen Bankrotts eine gerichtliche Untersuchung anhängig oder eine rechtskräftige Verurteilung erfolgt ist.

Der Vergleich muß allen nichtbevorrechtigten Konkursgläubigern gleiche Rechte gewähren. Zur Annahme des Vergleichs ist eine zweifache Mehrheit erforderlich, und zwar:

a) es muß ihm die Mehrzahl der im Termine anwesenden stimmberechtigten Gläubiger zustimmen;

b) die Forderungen der zustimmenden Mitglieder müssen zusammen wenigstens drei Viertel der Gesamtsumme aller zum Stimmen berechtigenden Forderungen betragen.

Das Konkursgericht muß den angenommenen Zwangsvergleich bestätigen. Der Vergleich ist zu verwerfen, falls:

a) unheilbare Formfehler vorgekommen sind;

b) nachträgliche Unzulässigkeit eingetreten ist;

c) falls die Gläubiger weniger als 20% ihrer Forderungen infolge Unredlichkeit oder Leichtsinns des Gemeinschuldners erhalten;

d) auf Antrag eines Konkursgläubigers, wenn der Vergleich in unlauterer Weise zustande gebracht worden ist oder den gemeinsamen Interessen der nichtbevorzugten Konkursgläubiger widerspricht.

Nach der rechtskräftig erfolgten Bestätigung des Zwangsvergleichs ist noch ein Aufhebungsbeschluß des Gerichts notwendig. Aus dem Zwangsvergleich findet für die Konkursgläubiger, deren Forderungen festgestellt und vom Gemeinschuldner im Prüfungstermin nicht ausdrücklich bestritten worden sind, gegen den Gemeinschuldner und diejenigen, die in dem Vergleiche für dessen Erfüllung neben dem Gemeinschuldner Verpflichtungen übernommen haben, die Zwangsvollstreckung statt.

Die Aufhebung des Zwangsvergleichs findet durch Anfechtung seitens eines Gläubigers hinsichtlich seiner Forderung statt, falls der Vergleich durch Betrug zustande gekommen ist, und ohne weiteres, wenn der Gemeinschuldner wegen betrügerischen Bankrotts rechtskräftig verurteilt ist.

Einstellung des Verfahrens. Das Verfahren kann auf Antrag des Gemeinschuldners gerichtlich eingestellt werden:

a) nach dem Ablaufe der Anmeldefrist, wenn er die Zustimmung aller Konkursgläubiger beibringt, welche Forderungen angemeldet haben;

b) vor dem Ablaufe der Anmeldefrist, wenn außer den Gläubigern, deren Zustimmung der Gemeinschuldner beibringt, andere Gläubiger nicht bekannt sind.

Das Gericht kann das Konkursverfahren von Amts wegen einstellen, sobald sich ergibt, daß eine den Kosten des Verfahrens entsprechende Masse nicht vorhanden ist. Die Einstellung unterbleibt, wenn ein zur Deckung der Massekosten ausreichender Geldbetrag vorgeschossen ist.

Die Vergleichsordnung.

Durch das Gesetz über den Vergleich zur Abwendung des Konkurses vom 5. Juli 1927, kurz „Vergleichsordnung“ genannt, wurde die Geschäftsaufsichtsverordnung ersetzt.

Ohne hier auf die Unterschiede zu der bis zum 1. Oktober 1927 geltenden Geschäftsaufsichtsverordnung näher einzugehen, sei im folgenden der Inhalt dieses Gesetzes kurz zusammengefaßt wiedergegeben.

Das Gesetz sieht vor, daß ein Schuldner, der zahlungsunfähig geworden ist, zur Abwendung des Konkurses den Antrag auf Eröffnung des gerichtlichen Vergleichsverfahrens stellen kann In diesem Antrag hat der Schuldner auszuführen, welche Umstände zur Zahlungseinstellung geführt haben, und dabei die Antragstellung auf Eröffnung des gerichtlichen Vergleichsverfahrens zu begründen. Zugleich mit dem Antrag sind eine ganze Reihe von Erklärungen notwendig, die einmal ein Bild über den zahlenmäßigen Umfang der Zahlungseinstellung geben (Gläubigerliste, Debitorenliste) und die zum andern Teil Angaben des Schuldners darüber enthalten, ob und welche Rechtsgeschäfte zwischen ihm und seinem Ehegatten oder Verwandten innerhalb des letzten Jahres vor Antragstellung getätigt wurden, ferner ob er innerhalb der letzten 5 Jahre vor Antragstellung seinerseits sich bereits schon einmal im Vergleichs- oder Konkursverfahren befunden hat usw. Als wichtigste Voraussetzung für die Antragstellung auf Eröffnung des Vergleichsverfahrens selbst ist jedoch die Tatsache anzusehen, daß bereits mit dem Antrag die Hälfte sämtlicher Gläubiger der Kopfzahl und der Summe nach der Eröffnung des Vergleichsverfahrens ihre Zustimmung gegeben haben müssen. Der Schuldner hat also, bevor er den Antrag stellt, diese Zustimmungen seitens seiner Gläubiger einzuholen.

Innerhalb der Zeit von der Antragstellung bis zur Eröffnung des Verfahrens hat das Gericht die zuständige Berufsvertretung (meist Handelskammer) darüber zu hören, ob die Eröffnung des Vergleichsverfahrens angängig und der vom Schuldner gemachte Vergleichsvorschlag als genügend zu bezeichnen ist. Wenn der Antrag seitens der Handelskammer unbeanstandet bleibt, so wird das Gericht größtenteils keine Bedenken haben, das Verfahren zu eröffnen.

Bei der Eröffnung des Vergleichsverfahrens bestellt das Gericht, wenn auch nicht zwangsweise, so doch in der Mehrzahl aller Fälle, eine Vertrauensperson, die während der Dauer des Vergleichsverfahrens den Schuldner zu überwachen hat und der Aufsicht des Gerichts untersteht.

Gleichzeitig mit der Eröffnung des Vergleichsverfahrens tritt Vollstreckungsschutz ein, d. h. Gläubiger, die nicht bevorrechtigt im Sinne der Konkursordnung sind, können gegen den Schuldner gerichtlich nicht vorgehen, und anhängige Zwangsvollstreckungen sind einstweilen einzustellen.

In dem Vergleichstermin, der bei der Eröffnung festgesetzt wird, wird darüber abgestimmt, ob der vom Schuldner gemachte Vergleichsvorschlag angenommen wird. Hierzu ist es notwendig, daß bei einem Vergleich, der den Gläubigern weniger als 50% bietet, mehr als die Hälfte der Gläubiger, der Kopfzahl nach, und 80% der Summe der Forderungen nach, dem angebotenen Vergleich zugestimmt haben. Bei einem Vergleich von 50% und darüber müssen mehr als die Hälfte der Gläubiger, der Kopfzahl, und 75% der Summe nach, zugestimmt haben. Sind diese Mehrheiten erreicht, so wird in dem Termin der Vergleich bestätigt und das Vergleichsverfahren aufgehoben. Mit der Bestätigung ist der Vergleich rechtskräftig geworden, der nur wegen Betruges angefochten werden kann.

Mit der Bestätigung des Vergleichs werden Sicherungen, die Gläubiger 30 Tage vor der Stellung des Antrages auf Eröffnung des Vergleichsverfahrens erreicht haben, unwirksam. Wenn aus einer solchen innerhalb dieser Zeit eine Befriedigung erlangt wurde, so ist das Erlangte nach den Vorschriften der ungerechtfertigten Bereicherung herauszugeben.

Werden die erforderlichen Mehrheiten jedoch nicht erreicht oder erfolgt aus irgendeinem sonstigen Grund die Ablehnung des Antrages auf Eröffnung des Vergleichsverfahrens (z. B. wegen ungünstiger Beurteilung der Berufsvertretung oder wegen Nichtvorliegens ordnungsmäßiger Angaben zum Antrag usw.), so ist zugleich über die Eröffnung des Konkursverfahrens zu entscheiden.

Es gilt demnach der Antrag auf Eröffnung des Vergleichsverfahrens als Antrag auf Eröffnung des Konkursverfahrens, der nicht zurückgenommen werden kann.

Die wirtschaftliche Bedeutung des Vergleichsverfahrens ist eine sehr wesentliche. Ein durch wirtschaftliche Ungunst in Not geratener Schuldner hat dadurch die Möglichkeit, eine vergleichsweise Befriedigung seiner Gläubiger herbeizuführen und nach vollzogener Durchführung des Vergleichs Gelegenheit, sich mit entsprechendem Fleiß wieder heraufzuarbeiten. Daß ihm dabei seitens seiner Gläubiger nur dann Unterstützung gewährt wird, wenn dieselben ihn ihres Entgegenkommens für würdig halten, wird dadurch gewährleistet, daß die Gläubiger Gelegenheit haben, sich über die genauen Verhältnisse ihres zahlungsunfähigen Schuldners während des Verfahrens eingehend zu vergewissern und demgemäß ihre Stellungnahme in dem Vergleichsverfahren einnehmen werden.

Strafrecht.

Literaturverzeichnis.

Allfeld, Ph.: Lehrbuch des deutschen Strafrechts. 8. Aufl. 1922. Nachtrag 1928.
Beling, E.: Grundzüge des Strafrechts. 10. Aufl. 1928.
Calker, F. van: Strafrecht. Grundriß zu Vorlesungen und Leitfaden zum Studium. 3. Aufl. 1927.
Liszt, F. von: Lehrbuch des deutschen Strafrechts. 25. Aufl. 1927.
Hippel, R. von: Deutsches Strafrecht. Bd. I. 1925.
Frank, R.: Das Strafgesetzbuch für das Deutsche Reich, nebst dem Einführungsgesetz, herausgegeben und erläutert. 17. Aufl. 1926.
Das Reichsstrafgesetzbuch mit besonderer Berücksichtigung der Rechtsprechung des Reichsgerichts, erläutert von L. Ebermayer, A. Lobe, W. Rosenberg. 3. Aufl. 1925.
Olshausen, J.: Kommentar zum Strafgesetzbuch für das Deutsche Reich. 11. Aufl. 1927.

Allgemeines.

Das Strafrecht war durch Gesetz vom 15. Mai 1871, die Strafprozeßordnung durch Gesetz vom 1. Februar 1877 geregelt. Am 1. April 1924 wurde eine neue Fassung herausgegeben (RGBl. 299). Am 22. Dezember 1925 wurden die §§ 245 Abs. 2 und 213 geändert, ferner am 30. April 1926 die §§ 435 und 444 durch Gesetz zur Vereinfachung des Militärstrafrechts. Weitere Änderungen, namentlich hinsichtlich der Untersuchungshaft, wurden durch Gesetz vom 27. Dezember 1926 (RGBl. I, 529) vorgenommen. Außerdem ist noch das Verfahren über die Vernehmung Jugendlicher in Strafsachen vom 23. Februar 1927 zu erwähnen.

Strafrecht ist derjenige Teil des Rechts, der von den Verbrechen und deren Bestrafung handelt.

Verbrechen, auch Delikt genannt, ist das zu ahnende Unrecht, Strafe ist das Übel, mit dem der Staat das Verbrechen ahndet. Hat der Staat an der Sühnung kein Interesse, so liegt nur ein zivilrechtliches Delikt vor, hat er ein Interesse, so geht der Staat mit öffentlicher Strafe dagegen vor. Man unterscheidet vorsätzliche und fahrlässige Delikte, Unterlassungs- und Begehungsdelikte, je nachdem ein Tun oder ein Unterlassen unter Strafe gestellt ist, und gemeingefährliche Verbrechen.

Das Strafrecht scheidet die Verbrechen in:

a) Verbrechen im engeren Sinne, falls die Handlung mit dem Tode, mit Zuchthaus oder mit Festungshaft von mehr als 5 Jahren bedroht ist;

b) Vergehen, falls die Handlung mit Festungshaft bis zu 5 Jahren, mit Gefängnis oder mit Geldstrafe von mehr als 150 RM. bedroht ist;

c) Übertretungen, falls die Handlung mit Haft oder Geldstrafe bis zu 150 RM. bedroht ist.

Maßgebend ist nicht die im Einzelfalle verwirkte, sondern das Höchstmaß der im allgemeinen angedrohten Strafe oder die schwerste Strafart.

Die im Strafrecht gegebene Einteilung ist von großer Wichtigkeit:

a) für den Versuch. Nur bei Verbrechen ist der Versuch stets strafbar, bei den Übertretungen nie und bei den Vergehen nur in den vom Gesetz ausdrücklich genannten Fällen;

b) für die Beihilfe; diese ist bei Übertretungen nicht strafbar;

c) für die Verjährung der Strafverfolgung.

Die Verurteilung zum Ersatz entstandenen Schadens ist nicht als Strafe anzusehen; denn hier fügt die staatliche Strafgewalt kein Übel zu, sondern ein Unrecht wird durch Wiederherstellung des vorigen Zustandes gesühnt.

Strafrecht im engeren Sinne, sogenanntes materielles Strafrecht, ist dasjenige Recht, das die Lehre von den Verbrechen und den Strafen für dieselben enthält. Im weiteren Sinne gehört zum Strafrecht die Strafprozeßordnung, das formelle Strafrecht, welches von der Verwirklichung der verwirkten Strafe handelt.

Das Strafrecht ist öffentliches Recht, da es von dem Strafanspruch des Staates handelt.

Das Strafgesetzbuch (StGB.) zerfällt in drei Teile:

1. Einleitende Bestimmungen.

2. Erster Teil (allgemeiner Teil). Dieser behandelt in 5 Abschnitten: Strafen, Versuch, Teilnahme, Gründe, die die Strafe ausschließen oder mildern, Zusammentreffen mehrerer strafbarer Handlungen, sog. Konkurrenz.

3. Zweiter Teil (besonderer Teil): er handelt von den einzelnen Delikten.

Neben dem Strafgesetzbuch sind noch zu erwähnen: das Reichsmilitärstrafgesetzbuch vom 20. Juli 1872 mit mehrfachen Änderungen, insbesondere vom 30. April 1926 (Strafmilderungen!); es behandelt Militärdelikte, wie Meuterei, Fahnenflucht, Ungehorsam gegen Vorgesetzte. Für nichtmilitärische Delikte der Militärpersonen haben sich die Militärgerichte der allgemeinen Strafgesetze zu bedienen.

Erwähnt seien noch die wichtigsten Änderungen des StGB. selbst, wie der sogenannte Duchesne-Paragraph. Dieser erklärt auch die mißlungene Anstiftung zu einem Verbrechen für strafbar, falls sie schriftlich oder unter Zusicherung von Vorteilen erfolgt (§ 49a), ferner der sogenannte Kanzelparagraph (§ 130a). Derselbe verbietet den Geistlichen, in Ausübung ihres Amtes öffentlich oder von der Kanzel Angelegenheiten des Staates in einer den öffentlichen Frieden gefährdenden Weise zu erörtern. Ferner wurden geändert: die Bestimmungen über die Abtreibung.

Das StGB. bestimmt, daß die Strafgesetze des Deutschen Reichs auf alle im Gebiet desselben begangenen strafbaren Handlungen Anwendung finden, auch wenn der Täter Ausländer ist. Wegen der im Auslande begangenen Delikte findet im allgemeinen keine Verfolgung statt.

Strafgesetze haben keine rückwirkende Kraft!

Das StGB. bestraft grundsätzlich nur die im Inlande begangenen Verbrechen. Zum Inland gehört das Gebiet des Deutschen Reichs und der Luftraum darüber (die deutschen Schutzgebiete) und Konsulargerichtsbezirke, die Meeresküste auf drei Seemeilen Entfernung, deutsche Schiffe auf hoher See und die Kriegsschiffe auch in fremden Häfen.

Als Begehungsort ist die Stelle anzusehen, an der der Verbrecher die verbotene Tätigkeit entwickelt oder ausführt. Tritt der Erfolg der Handlung an einem anderen Orte ein, so kommt auch der Erfolgsort in Betracht. Bei Preßvergehen wird als Begehungsort der Ort des Erscheinens der Druckschrift angesehen. Dies gilt jedoch nur für die Frage der Zuständigkeit des Gerichts, während als Begehungsort jeder Ort anzusehen ist, an den die betreffende Schrift im Rahmen einer ordnungsmäßigen Verbreitung gelangt ist.

Für die Verfolgung von außerhalb des deutschen Gebietes begangenen Verbrechen gibt es Ausnahmen. Es können verfolgt werden:

a) ein Deutscher oder ein Ausländer, der im Auslande Hochverrat gegen das Deutsche Reich oder einen Bundesstaat, oder der ein Münzverbrechen und einige andere bestimmte Vergehen begangen hat;

b) ein Deutscher, der im Auslande Landesverrat gegen das Deutsche Reich begangen hat;

c) ein Deutscher, der im Auslande eine Handlung begangen hat, die nach den Gesetzen des Deutschen Reichs als Verbrechen oder Vergehen anzusehen und durch die Gesetze des Orts, an welchem sie begangen wurde, mit Strafe bedroht ist. Hiervon gibt es einige Ausnahmen.

Die Bestrafungen von Verbrechen, die im Auslande begangen sind, sind durch den Abschluß von Auslieferungsverträgen ermöglicht; jedoch findet wegen politischer Verbrechen eine Auslieferung nicht statt. Ferner darf ein Deutscher überhaupt nicht ausgeliefert werden.

Ein Deutscher darf einer ausländischen Regierung zur Verfolgung oder Bestrafung nicht überliefert werden.

Der inländischen Gerichtsbarkeit unterliegen nicht die sog. Exterritorialen, nämlich fremde Souveräne, die Besatzung fremder staatlicher Schiffe und fremde Truppen im inländischen Gebiet, Chefs und Mitglieder der beim Deutschen Reich oder einem Einzelstaat beglaubigten ausländischen Missionen sowie ihre Familienmitglieder und ihr Geschäftspersonal, ferner nicht fremde Konsuln unter bestimmten Voraussetzungen, die Staatsoberhäupter, desgleichen die Mitglieder des Deutschen Reichstags, Landtags oder einer Kammer eines Bundesstaats.

Strafen. §§ 13—42.

Zu jedem Delikt gehören regelmäßig 3 Merkmale:

Eine rechtswidrige und strafbare Tat (vollendetes Delikt oder Versuch).

Ein bestimmter Täter.

Eine Schuld (Vorsatz oder Fahrlässigkeit).

Die Tat kann im Begehen oder Unterlassen bestehen.

Ein Verbrechen ist nicht vorhanden, falls es an der Rechtswidrigkeit fehlt, z. B. bei der Einwilligung des Verletzten. Trotzdem sind bei der Einwilligung des Verletzten strafbar: die Tötung, der Zweikampf und die Selbstverstümmelung, die begangen wird in der Absicht, sich der Wehrpflicht zu entziehen. Versuchter Selbstmord ist straflos.

Eine Rechtswidrigkeit liegt nicht vor, wenn zur erlaubten Selbsthilfe oder zur Notwehr gegriffen wird (vgl. S. 144). Ergänzend ist noch zu bemerken, daß außer dem Falle der Notwehr eine Handlung nicht strafbar ist, die in einem unverschuldeten, auf andere Weise nicht zu beseitigenden Notstande zur Rettung aus einer gegenwärtigen Gefahr für Leib und Leben des Täters oder eines Angehörigen begangen worden ist. Die Berufung auf den Notstand ist bei denjenigen Personen ausgeschlossen, die berufsmäßig besondere Gefahren übernehmen müssen.

Versuch. §§ 43—46.

Ein Verbrechen ist vollendet, wenn all seine Tatbestandsmerkmale erfüllt sind. Versuch dagegen ist eine Handlung, die mindestens den Anfang der Ausführung eines Delikts enthält, ohne daß es zu seiner Vollendung gekommen ist. Das StGB. bestimmt:

§ 43. „Wer den Entschluß, ein Verbrechen oder Vergehen zu verüben, durch Handlungen betätigt hat, die einen Anfang der Ausführung dieses Verbrechens oder Vergehens enthalten, ist wegen Versuches zu bestrafen, wenn das beabsichtigte Verbrechen oder Vergehen nicht zur Vollendung gekommen ist.“

Von dem Versuch ist die vorbereitende Handlung zu unterscheiden. Die Vorbereitung ist straflos, mit Ausnahme der Vorbereitung von Hochverrat oder der Vorbereitung eines Münzverbrechens (ferner Duchesneparagraph).

Der Versuch mit untauglichen Mitteln ist ebenfalls strafbar. Im allgemeinen wird der Versuch milder bestraft als das vollendete Delikt.

Teilnahme. §§ 47—50.

Wenn mehrere eine strafbare Handlung gemeinschaftlich ausführen, so wird jeder als Täter bestraft. Als Anstifter wird bestraft, wer einen andern zu der von demselben begangenen strafbaren Handlung psychisch veranlaßt hat. Bestraft wird der Anstifter wie der Täter. Außer der Anstiftung belegt das Gesetz mit Strafe die Beihilfe. (Strafminderung wie beim Versuch.)

Eine mißlungene, nur versuchte Anstiftung ist straflos. Jedoch ist die öffentliche Aufforderung zum Hochverrat, zum Ungehorsam gegen die Gesetze und die Obrigkeit, ferner die Aufforderung zu einer strafbaren Handlung und die Verleitung zum Meineid oder zum Falscheid strafbar.

Die Beihilfe liegt vor, falls jemand dem Täter zur Begehung eines Verbrechens oder Vergehens durch Rat oder Tat wissentlich Hilfe leistet.

Gründe, welche die Strafe ausschließen oder mildern. §§ 51—72.

Wer bei Begehung der Handlung das 14. Lebensjahr nicht vollendet hat, kann wegen derselben nicht strafrechtlich verfolgt werden.

Zwischen dem 14. und 18. Jahr sind Personen nur nach Maßgabe des Jugendstrafrechts zur Verantwortung zu ziehen (vgl. S. 361).

Ist der Täter zur Zeit der Begehung der Tat geistesgestört, d. h. befindet er sich in einem die freie Willensbestimmung ausschließenden Zustande krankhafter Störung der Geistesfähigkeit, so ist er nicht strafbar, weil ihm eine in einem derartigen Zustand begangene Tat nicht als Schuld angerechnet werden kann. Das Gleiche gilt, wenn jemand im Zustande der Bewußtlosigkeit oder in einem die freie Willensbestimmung ausschließenden Zustande krankhafter Störung der Geistestätigkeit vorübergehender Art handelt.

Notwehr und Notstand schließen Strafbarkeit ebenfalls aus.

Es seien hier noch einige Rechtsbegriffe geklärt.

Der Strafrechtsirrtum, d. h. die irrige Annahme, die Handlung sei nicht strafbar, schützt den Täter nicht. Jedoch muß der Täter die Gesellschaftsschädlichkeit der Tat gekannt haben. Es ist jedermanns Sache, sich über den in den Strafgesetzen verkörperten Willen zu vergewissern.

Der Tatirrtum. § 59 bestimmt: Wenn jemand bei Begehung einer strafbaren Handlung das Vorhandensein von Tatumständen nicht kannte, die zum gesetzlichen Tatbestande gehören oder die Strafbarkeit erhöhen, so sind ihm diese Umstände nicht zuzurechnen.

Der Vorsatz (Dolus). Man unterscheidet:

a) dolus directus, den bestimmten Vorsatz, wenn der Täter den Eintritt des Erfolges seiner Handlung als sicher voraussieht;

b) dolus indirectus, den unbestimmten Vorsatz, wenn der Erfolg des Handelns in den Augen des Täters mehr oder weniger unbestimmt ist.

Eine Abart davon ist der:

dolus eventualis. Er liegt vor, wenn der Täter den Erfolg als möglicherweise eintretenden voraussieht und den Erfolg, falls er eintreten sollte, billigt.

Fahrlässigkeit. Die unbewußte Fahrlässigkeit. Diese unterscheidet sich vom genannten dolus eventualis lediglich durch eine anders geartete psychische Einstellung des Täters zum Erfolg. Hier sieht der Täter zwar auch die Möglichkeit des Eintritts des Erfolgs voraus, würde aber nicht gehandelt haben, falls er gewußt hätte, daß der Erfolg eintritt.

Im übrigen wird die Fahrlässigkeit eingeteilt in grobe und leichte Fahrlässigkeit, je nachdem die im Verkehr erforderliche Sorgfalt mehr oder weniger gröblich verletzt wird.

Strafmittel.

Das StGB. unterscheidet zwischen Haupt- und Nebenstrafen, je nachdem sie selbständig oder neben andern Strafen ausgesprochen werden dürfen.

Als Hauptstrafen kennt das Gesetz:

die Todesstrafe, die Freiheitsstrafen und die Geldstrafen (siehe S. 326). Freiheitsstrafen sind: Zuchthaus, Gefängnis, Festungshaft und Haft.

Als Nebenstrafen kommen vor:

1. Nebenstrafen an der Freiheit,

a) Zulässigkeit der Polizeiaufsicht;

b) Überweisung an die Landespolizeibehörde;

c) die Ausweisung aus dem Reichsgebiete;

2. Nebenstrafen an der Ehre,
a) Unfähigkeit zum Militär- und Beamtendienst;
b) Verlust der bürgerlichen Ehrenrechte;
c) dauernder Verlust der bekleideten Ämter und der aus öffentlichen Wahlen hervorgegangenen Rechte;
d) dauernde Zeugnisunfähigkeit;
e) Veröffentlichung des Strafurteils.
3. Nebenstrafen am Vermögen,
a) Einziehung;
b) Unbrauchbarmachung.

Die Hauptstrafen.

1. Die Todesstrafe[1]. Sie kommt vor bei Mord, beim Hochverrat, bei Belagerungszustand in gewissen Fällen, beim vorsätzlichen Sprengstoffvergehen, falls dadurch jemand getötet wurde, und in einer Reihe von Fällen des Militärstrafgesetzbuches. Die Todesstrafe wird durch Enthauptung vollzogen. Zur Vollstreckung des Todesurteils ist die Entschließung des Staatsoberhauptes notwendig, dahingehend, daß von dem ihnen zustehenden Begnadigungsrechte kein Gebrauch gemacht wird. An schwangeren oder geisteskranken Personen darf ein Todesurteil nicht vollstreckt werden.

2. Freiheitsstrafen. Die Zuchthausstrafe. Sie ist lebenslänglich oder zeitig. Der Höchstbetrag der zeitigen Zuchthausstrafe ist 15, ihr Mindestbetrag 1 Jahr. Die Zuchthausstrafe ist entehrend. Sie hat die dauernde Unfähigkeit zum Dienst in der Reichswehr und der Reichsmarine sowie die dauernde Untauglichkeit zur Bekleidung öffentlicher Ämter von Rechts wegen zur Folge.

Die Gefängnisstrafe. Sie ist die zweitschwerste Freiheitsstrafe. Es gibt keine lebenslänglichen Gefängnisstrafen. Ihr Höchstbetrag ist 5 Jahre, ihr Mindestbetrag 1 Tag. Beim Vorliegen mehrerer selbständiger Delikte kann bis auf 10 Jahre erkannt werden. Die Gefängnisstrafe zieht nicht ohne weiteres den Verlust von Ehrenrechten nach sich. Doch kann unter Umständen neben Gefängnis auch auf Verlust der bürgerlichen Ehrenrechte erkannt werden.

Die Festungshaft. Sie ist lebenslänglich oder zeitig. Der Höchstbetrag der zeitigen Festungshaft ist 15 Jahre, ihr Mindestbetrag 1 Tag. Ein Arbeitszwang ist bei der Festungshaft im Gegensatz zur Gefängnis- und Zuchthausstrafe ausgeschlossen. Die Festungshaft ist keine entehrende Strafe.

Die Haftstrafe. Sie ist die mildeste Freiheitsstrafe und kommt hauptsächlich bei Übertretungen vor. Ihr Höchstbetrag ist 6 Wochen, ihr Mindestbetrag 1 Tag. Ein Arbeitszwang findet regelmäßig nicht statt.

Die Geldstrafe. Dieselbe ist von großer Bedeutung geworden durch das Gesetz zur Erweiterung des Anwendungsgebiets der Geldstrafe und zur Einschränkung der kurzen Freiheitsstrafen vom 21. XII. 1921. Die Geldstrafe hat hierdurch die Aufgabe erlangt, die — strafpolitisch nutzlose — kurze Freiheitsstrafe zu ersetzen. Sie ist sowohl allein als neben einer Freiheitsstrafe als auch wahlweise neben oder an Stelle jener angedroht. Der Mindest-

[1] Wegen Abschaffung der Todesstrafe in der in Vorbereitung befindlichen Strafrechtsnovelle finden schwerwiegende Verhandlungen statt.

betrag der Geldstrafe ist bei Verbrechen und Vergehen 3 RM., bei Übertretungen 1 RM. Einen Höchstbetrag hat das Strafgesetzbuch nicht angegeben, mit Ausnahme der Übertretungen (150 RM.).

Die Buße. Sie ist eine Art privatrechtlichen Schadensersatzanspruches; sie ist keine Strafe und ist daher mit der Geldstrafe nicht zu verwechseln. Das Verlangen nach Buße ist zulässig:

a) bei übler Nachrede;
b) bei Verleumdung;
c) bei Körperverletzung;
d) bei Verletzung des Urheber-, Patent-, Gebrauchsmusterrechts; Warenzeichen, Literatur-, Urheber- und Verlagsgesetz;
e) bei unlauterem Wettbewerb.

Wer die Zuerkennung einer Buße beansprucht, muß entweder selbst die Privatklage erheben oder sich als Nebenkläger einer vom Staatsanwalt erhobenen öffentlichen Klage anschließen. Der Antrag auf Zuerkennung einer Buße kann bis zur Verkündung des Urteils erster Instanz gestellt werden. Der Nebenkläger hat den Betrag, den er als Buße verlangt, anzugeben. Die Buße erhält der Antragsteller; die Zuerkennung schließt die Geltendmachung eines weiteren Schadensersatzanspruches aus.

Die Nebenstrafen.

1. Freiheitsstrafen. a) Die Zulässigkeit der Polizeiaufsicht. Auf Polizeiaufsicht kann neben der Freiheitsstrafe in den durch das Gesetz vorgesehenen Fällen erkannt werden. Die Höchstzeit beträgt 5 Jahre. Durch Polizeiaufsicht kann dem Verurteilten der Aufenthalt an einzelnen bestimmten Orten von der höheren Landespolizeibehörde untersagt werden; ein Ausländer kann aus dem Reichsgebiet verwiesen werden; Haussuchungen dürfen jederzeit vorgenommen werden.

b) Die Überweisung an die Landespolizeibehörde. Personen, die wegen Bettelns, Landstreichens, Trunksucht, liederlichen Lebenswandels und dgl. verurteilt sind, können durch Urteil nach verbüßter Strafe der Landespolizei überwiesen werden. Diese erhält dadurch die Befugnis, die verurteilte Person entweder bis zu 2 Jahren in einem Arbeitshause unterzubringen oder zu gemeinnützigen Arbeiten zu verwenden, sogenannte Nachhaft. Ist gegen einen Ausländer auf Überweisung an die Landespolizeibehörde erkannt, so kann außerdem noch Verweisung aus dem Bundesgebiet erfolgen.

c) Die Ausweisung aus dem Reichsgebiete. Sie ist nur als Nebenstrafe gegen Ausländer zulässig, und zwar neben der Polizeiaufsicht, der Nachhaft und bei Verurteilung wegen gewerbsmäßigen Glückspiels.

2. Ehrenstrafen. Der Verlust der bürgerlichen Ehrenrechte. Er tritt regelmäßig kraft eines besonders darauf hinzielenden Richterspruches und nur auf Zeit ein. In drei Fällen muß die Aberkennung ausgesprochen werden, und zwar bei Meineid, bei schwerer Kuppelei, bei gewerbs- oder gewohnheitsmäßigem Wucher. Sie kann ausgesprochen werden neben jeder Zuchthaus- oder Todesstrafe; ist Gefängnis angedroht, dann nur, wenn das Gesetz es ausdrücklich zuläßt.

Die Aberkennung der bürgerlichen Ehrenrechte hat eine Reihe öffentlichrechtlicher Folgen, nämlich: dauernder Verlust der aus öffentlichen Wahlen für den Verurteilten hervorgegangenen Rechte, dauernder Verlust der öffentlichen Ämter, Würden, ferner zeitige Unfähigkeit, während der im Urteil bestimmten Zeit die Landeskokarde zu tragen, in die Reichswehr einzutreten, öffentliche Ämter, Würden und Titel zu erlangen, in öffentlichen Angelegenheiten zu stimmen, zu wählen oder gewählt zu werden oder andere politische Rechte auszuüben, Zeuge bei Aufnahme von Urkunden zu sein, Vormund, Gegenvormund, Pfleger usw. zu sein.

3. Vermögensstrafen. a) Die Einziehung. Gegenstände, die durch ein vorsätzliches Verbrechen oder Vergehen hervorgebracht, oder die zur Begehung eines vorsätzlichen Verbrechens oder Vergehens gebraucht oder bestimmt sind, können durch entsprechendes Urteil eingezogen werden. Eine zeitige Einziehung des Vermögens ist bei Hoch- und Landesverrat möglich.

b) Die Unbrauchbarmachung. Wenn der Inhalt einer Schrift, Abbildung oder Darstellung strafbar ist, so ist im Urteile auszusprechen, daß alle Exemplare sowie die zur Herstellung bestimmten Platten und Formen ganz oder teilweise unbrauchbar zu machen sind. Diese Vorschrift bezieht sich nicht auf die im Privatbesitz befindlichen Exemplare.

c) Das objektive Strafverfahren. Ist in den beiden letzten Fällen die Verfolgung oder die Verurteilung einer bestimmten Person nicht ausführbar, so können die daselbst vorgesehenen Maßnahmen selbständig erkannt werden. Man nennt dies das objektive Strafverfahren.

Das Festsetzen der Strafe für den Einzelfall nennt man Strafzumessung. Sie kann bei außergewöhnlichen Gründen in Strafminderung oder Strafmehrung an Stelle des gewöhnlichen Strafmaßes bestehen.

Strafschärfend ist der Rückfall bei Raub, Diebstahl, Hehlerei und Betrug, ferner die Gewerbs- oder Gewohnheitsmäßigkeit, die Verletzung einer Amtspflicht, der Gebrauch einer Waffe und gemeinschaftliches Begehen.

Besondere Milderungsgründe kommen in Betracht bei Kindesmord, bei Beleidigung und Körperverletzung infolge Reizung, und wenn Diebstahl, Betrug und Unterschlagung aus Not begangen sind. Die Berücksichtigung mildernder Umstände ist bei einer ganzen Reihe von Delikten vorgeschrieben. Über die Bewilligung derselben ist den Geschworenen in Schwurgerichtssachen die Nebenfrage vorzulegen.

In vielen Fällen wird eine nicht beizutreibende Geldstrafe in Freiheitsstrafe umgewandelt. Der Mindestbetrag der an Stelle einer Geldstrafe getretenen Freiheitsstrafe ist ein Tag, der Höchstbetrag bei Haft 6 Wochen, bei Gefängnis 1 Jahr. Eine erlittene Untersuchungshaft kann ganz oder teilweise auf die erkannte Strafe angerechnet werden.

Die Konkurrenz (Zusammentreffen) mehrerer Strafgesetze.

Eine Konkurrenz der Strafgesetze liegt vor, falls jemand gegen den Wortlaut mehrerer Strafgesetze oder mehrmals gegen dasselbe Strafgesetz verstoßen hat. Man unterscheidet:

1. Das fortgesetzte Verbrechen; es muß sich hierbei um ein und dasselbe Rechtsgut handeln, und der Täter muß aus einem Entschluß heraus gehandelt haben; jedenfalls muß die Einheit des Vorsatzes vorhanden sein.

2. Die Realkonkurrenz. Sie ist gegeben, wenn jemand durch mehrere selbständige Handlungen mehrere Delikte oder dasselbe Delikt mehrmals begeht.

3. Idealkonkurrenz liegt vor, falls jemand durch ein und dieselbe Handlung mehrere Delikte begeht.

Dem Laien klingt es oft merkwürdig, wenn jemand zum Tode und außerdem zu mehreren Jahren Zuchthaus verurteilt wird. Eine derartige Verurteilung ist besonders dann von Bedeutung, wenn die zuständige Stelle von ihrem Begnadigungsrecht Gebrauch macht; dann bleibt die Zuchthausstrafe bestehen.

Das StGB. kennt eine doppelte Verjährung: diejenige der Strafverfolgung noch nicht Abgeurteilter und diejenige der Strafvollstreckung bereits durch rechtskräftiges Urteil erledigter Delikte. Die Fristen sind hierbei verschieden.

Die Begnadigung kann in völliger Strafaufhebung oder Strafherabsetzung bestehen.

Einzelne Verbrechen, Vergehen, Übertretungen und deren Bestrafung.

Hochverrat und Landesverrat. Hochverrat ist der Angriff auf die Unversehrtheit des Staates, seiner Verfassung und seines Gebietes. Jedes Vorhaben gilt hier bereits als Verbrechen. Besonders streng werden auch ein hochverräterisches Komplott und die Fälle geahndet, wenn jemand zur Vorbereitung eines Hochverrats sich mit einer auswärtigen Regierung einläßt oder die ihm vom Staate anvertraute Macht mißbraucht, ferner die öffentliche Aufforderung zur Begehung hochverräterischer Handlungen.

Der Landesverrat richtet sich gegen das Bestehen des Staates im Verhältnis zu andern Staaten. Man unterscheidet den militärischen und den diplomatischen Landesverrat.

Feindliche Handlungen gegen befreundete Staaten. Als strafbare Handlungen gegen befreundete Staaten gelten: der Hochverrat, die Beleidigung des Herrschers oder Regenten, die Verletzung eines Hoheitszeichens, die Beleidigung eines in Deutschland beglaubigten fremden Gesandten. Sämtliche Fälle mit Ausnahme der Verletzung des Hoheitszeichens werden nur auf Antrag verfolgt, Hochverrat und Beleidigung des Herrschers oder Regenten nur bei Verbürgung der Gegenseitigkeit.

Nichtachtung staatsbürgerlicher Rechte. In bezug auf die Ausübung staatsbürgerlicher Rechte:

1. Die Sprengung oder Nötigung einer gesetzgebenden Versammlung.
2. Die Verhinderung eines Mitglieds der gesetzgebenden Versammlungen durch Gewalt oder durch Bedrohung mit einer strafbaren Handlung, sich an den Ort der Versammlung zu begeben oder zu stimmen.
3. Die gewaltsame Verhinderung eines Deutschen, in Ausübung seiner staatsbürgerlichen Rechte zu wählen oder zu stimmen.
4. Jegliche Art von Wahlfälschung.
5. Die Wahlbestechung.

Sonderbestimmungen zum Schutze der republikanischen Staatsform und der Regierungsmitglieder traf auch das am 22. Juli 1929 außer Kraft getretene Republikschutzgesetz vom 21. Juli 1922[1].

Widerstand gegen die Staatsgewalt.

1. Die öffentliche Aufforderung zum Ungehorsam gegen die Gesetze. Bestraft wird, wer öffentlich vor einer Menschenmenge oder durch Verbreitung von Schriften oder anderen Darstellungen zum Ungehorsam gegen Gesetze oder rechtsgültige Verordnungen oder gegen die von der Obrigkeit innerhalb ihrer Zuständigkeit getroffenen Anordnungen auffordert. Auch öffentliche Aufforderung zum Kontraktbruch ist strafbar.
2. Die in derselben Weise erfolgte Aufforderung zur Begehung einer strafbaren Handlung.
3. Die Aufreizung zum Soldatenungehorsam.
4. Der Widerstand gegen die Staatsgewalt, gegen Beamte in der rechtmäßigen Ausübung ihres Amtes durch Gewalt oder durch Bedrohung mit Gewalt oder durch tätlichen Angriff. Die gleiche Strafbarkeit tritt ein, wenn die Handlung gegen Personen erfolgt, die zur Unterstützung des Beamten zugezogen werden, oder gegen Mannschaften der bewaffneten Macht in Ausübung ihres Dienstes. Zu dem Delikte genügt auch passiver Widerstand.
5. Die Unternehmung der Nötigung gegenüber einem Beamten zur Vornahme oder Unterlassung einer Amtshandlung.
6. Der Aufruhr: Teilnahme an einer öffentlichen Zusammenrottung.
7. Der Auflauf. Derselbe ist anzunehmen, wenn jemand aus einer öffentlich versammelten Menschenmenge sich trotz dreimaliger Aufforderung durch zuständige Beamte oder Befehlshaber nicht entfernt.
8. Der Widerstand gegen Forstbeamte und Forstberechtigte.
9. Die Gefangenenbefreiung oder Selbstbefreiung.
10. Die Meuterei der Gefangenen.

Vergehen und Verbrechen wider die öffentliche Ordnung.

Der Hausfriedensbruch. Hausfriedensbruch liegt vor, wenn jemand in die Wohnung, in die Geschäftsräume oder in das befriedete Besitztum eines andern oder in abgeschlossene Räume, die zum öffentlichen Dienst oder Verkehr bestimmt sind, widerrechtlich eindringt, oder wenn jemand, falls er ohne Befugnis darin weilt, auf die Aufforderung des Berechtigten sich nicht entfernt. Verfolgung geschieht nur auf Antrag.

Der Landfriedensbruch. Er ist die von einer öffentlich zusammengerotteten Menschenmenge mit vereinten Kräften gegen Personen oder Sachen begangene Gewalttätigkeit.

Die unbefugte Ansammlung Bewaffneter.

Die Teilnahme an verbotenen Verbindungen.

Die Anreizung zum Klassenkampf.

Der Kanzelparagraph (vgl. S. 322).

Die Staatsverleumdung, die unbefugte Amtsausübung, die Mißachtung öffentlicher Autorität. Letztere kann bestehen in der vorsätzlichen Vernichtung

[1] Es ist beabsichtigt, das Republikschutzgesetz unter Fortlassung derjenigen Paragraphen, die verfassungsändernd sind, wieder im Reichstag einzubringen.

von Urkunden, in böswilligem Abreißen, Beschädigen oder Verunstalten von öffentlich angeschlagenen Bekanntmachungen, Verordnungen, Befehlen oder Anzeigen von Behörden und Beamten, ferner in böswilliger Wegnahme, Zerstörung, Beschädigung oder Beschimpfung, begangen an einem öffentlichen Zeichen der Autorität des Reiches, eines Bundesstaates oder eines Bundesfürsten; hierher gehören noch der Siegelbruch, wenn jemand unbefugt ein amtliches Siegel entfernt, und der Arrestbruch, wenn jemand durch zuständige Behörden oder Beamte gepfändete Sachen vorsätzlich beiseite schafft, zerstört oder in anderer Weise entzieht.

Die lügnerische Entschuldigung. Bestraft wird, wer als Zeuge, Geschworener oder Schöffe berufen eine unwahre Tatsache als Entschuldigung vorschützt; ebenso ein Sachverständiger, der gesetzlich zum Erscheinen verpflichtet ist.

Die Nichtanzeige geplanter Verbrechen. Eine Pflicht zur Anzeige besteht, falls die Kenntniserlangung zu einer Zeit geschieht, in der die Verhütung des Verbrechens möglich ist, bei Hochverrat, Landesverrat, Mord, Münzverbrechen, Raub, Menschenraub und gemeingefährlichen Verbrechen.

Anwerbung eines Deutschen für eine ausländische Macht und Verleitung zur Desertion (Fahnenflucht).

Die geschäftsmäßige betrügerische Verleitung zur Auswanderung von Deutschen.

Die Verletzung der Verordnung über Verhalten auf See.

Münzverbrechen. Münzdelikte können verübt werden an Geld und an staatlichen Geldwerten, Papieren, Banknoten und dgl. Es gibt verschiedene Arten von Münzdelikten:

1. das fälschliche Herstellen oder das Verfälschen von Münzen (Falschmünzerei) in der Absicht, sie in den Verkehr zu bringen.

2. Der Münzbetrug; er besteht in dem Verbreiten falschen Geldes.

3. Die Münzverringerung durch Abfeilen, Beschneiden oder durch Verringerung anderer Art bei Inverkehrbringen der Münzen.

Die Vorbereitung eines Münzdeliktes ist strafbar; auf Einziehung des Gegenstandes des Münzdeliktes wird stets erkannt.

Der Meineid.

Einen Meineid begeht, wer einen Partei-, Zeugen- oder Sachverständigeneid wissentlich falsch schwört. Ein noch nicht Sechzehnjähriger kann keinen Meineid leisten.

Die falsche Versicherung an Eides Statt. Wer vor einer zur Abnahme einer Versicherung an Eides Statt zuständigen Behörde eine solche Versicherung wissentlich falsch abgibt oder unter Berufung auf eine solche Versicherung wissentlich falsch aussagt, wird bestraft.

Der fahrlässige Falscheid. Wer den Meineid fahrlässig begeht oder fahrlässig eine eidesstattliche Versicherung falsch abgibt, wird ebenfalls bestraft.

Die Anstiftung. Die Anstiftung zum Meineid, auch die mißlungene, ist strafbar.

Die Folge der Verurteilung wegen Meineids ist der Verlust der bürgerlichen Ehrenrechte und außerdem die dauernde Unfähigkeit des Verurteilten, als Zeuge oder Sachverständiger eidlich vernommen zu werden.

Die unbeeidete falsche Aussage ist straflos, selbst wenn sie wider besseres Wissen abgegeben wird.

Im neuen Strafgesetzbuch soll die Anwendung des Eides bedeutend verringert werden.

Falsche Anschuldigung.

Macht jemand bei einer Behörde freiwillig eine Anzeige, durch die er einen anderen wider besseres Wissen der Begehung einer strafbaren Handlung oder der Verletzung einer Amtspflicht beschuldigt, so macht er sich strafbar. Wird wegen falscher Anschuldigung auf Strafe erkannt, so wird sogleich dem Verletzten die Befugnis zugesprochen, die Verurteilung auf Kosten des Schuldigen öffentlich bekannt zu machen. Auch ist dem Verletzten auf Kosten des Schuldigen eine Ausfertigung des Urteils zu erteilen.

Religionsvergehen und -verbrechen.

Die Gotteslästerung. Sie liegt vor, wenn jemand öffentlich in beschimpfenden Äußerungen Gott lästert und dadurch ein Ärgernis gibt.

Die öffentliche Beschimpfung der Kirche und ihrer Einrichtung und der beschimpfende Unfug in der Kirche.

Die Störung des Gottesdienstes.

Die Wegnahme von Leichen und die Verunglimpfung von Gräbern.

Verbrechen in Beziehung auf den Personenstand.

Personenstand bedeutet die durch Zugehörigkeit zu einer bestimmten Familie bedingte rechtliche Stellung einer Person. Bestraft wird, wer ein Kind unterschiebt, oder wer auf andere Weise den Personenstand eines andern verändert oder unterdrückt. Ehebetrug wird nur auf Antrag verfolgt; er liegt vor, falls jemand bei Eingehung einer Ehe dem andern ein gesetzliches Ehehindernis verschweigt oder den andern Teil zur Eheschließung arglistig mittels einer solchen Täuschung verleitet, die den Getäuschten berechtigt, die Gültigkeit der Ehe anzufechten.

Sittlichkeitsvergehen und -verbrechen.

Die Doppelehe, Bigamie. Sie wird von dem Ehegatten begangen, der eine neue Ehe eingeht, bevor seine Ehe aufgelöst oder für nichtig erklärt ist, oder wenn eine unverheiratete Person mit einem Ehegatten eine Ehe in dem Bewußtsein eingeht, daß er verheiratet ist.

Der Ehebruch. Er wird begangen durch außerehelichen Beischlaf eines Verheirateten oder mit einem Verheirateten. Die Verfolgung tritt nur auf Antrag ein; der Ehebruch wird mit Gefängnis bis zu 6 Monaten bestraft. Weiß der Junggeselle nicht, daß sein Verhältnis verheiratet ist, so ist er mangels Vorsatzes straflos. Voraussetzung der Verfolgung wegen Ehebruch ist, daß die Ehe seinetwegen geschieden ist.

Die Blutschande. Als solche wird der Beischlaf bestraft zwischen Verwandten und Verschwägerten auf- und absteigender Linie sowie zwischen Geschwistern.

Die Unzucht gegenüber abhängigen Personen. Strafbar machen sich u. a. Vormünder, die mit ihren Pflegebefohlenen, Pflegeeltern, die mit ihren Kindern,

Geistliche, Lehrer und Erzieher, die mit ihren minderjährigen Schülern und Zöglingen unzüchtige Handlungen vornehmen.

Die widernatürliche Unzucht. Zwischen Personen männlichen Geschlechts und von Menschen mit Tieren.

Die Unzucht mit Willenlosen. Bestraft wird, wer:

1. mit Gewalt unzüchtige Handlungen an einer Frauensperson vornimmt oder sie durch Drohung mit gegenwärtiger Gefahr für Leib oder Leben zur Duldung unzüchtiger Handlungen nötigt;

2. eine in einem willenlosen oder bewußtlosen Zustande befindliche oder eine geisteskranke Frauensperson zum außerehelichen Beischlafe mißbraucht;

3. wer mit Personen unter 14 Jahren unzüchtige Handlungen vornimmt oder sie zur Verübung oder Duldung unzüchtiger Handlungen verleitet.

Die Notzucht. Sie liegt vor, wenn jemand durch Gewalt oder Drohung mit gegenwärtiger Gefahr für Leib oder Leben eine Frauensperson zur Duldung des außerehelichen Beischlafs nötigt oder sie zum außerehelichen Beischlafe mißbraucht, nachdem er sie zu diesem Zwecke in einen willenlosen oder bewußtlosen Zustand versetzt hat.

Die Verführung zum Beischlaf. Bestraft wird, wer eine Frauensperson zur Gestattung des Beischlafs dadurch verleitet, daß er eine Trauung vorspiegelt oder einen andern Irrtum in ihr erregt oder benutzt, in welchem sie den Beischlaf für einen ehelichen hält. Verfolgung tritt nur auf Antrag ein.

Die Kuppelei. Sie besteht in dem Vorschubleisten der Unzucht durch Vermittelung derselben oder Gewährung oder Verschaffung von Gelegenheit. Man unterscheidet einfache und schwere Kuppelei. Neben der Strafe wird der Verlust der bürgerlichen Ehrenrechte ausgesprochen.

Verführung einer unbescholtenen, noch nicht Sechzehnjährigen. Bestraft wird auf Antrag, wer ein unbescholtenes Mädchen unter 16 Jahren zum Beischlaf verführt. Weiß der Täter nicht, daß das Mädchen noch nicht 16 Jahre alt ist, so steht ihm der Schutz des § 59 zu.

Verboten ist ferner die Erregung eines öffentlichen Ärgernisses und das Verbreiten unzüchtiger Darstellungen sowie das Verbreiten schamloser Schriften. Zur Bewahrung der Jugend vor Schund- und Schmutzliteratur ist am 18. XII. 1926 ein diesbezügliches Gesetz ergangen, wonach von Prüfstellen auf Antrag bestimmter Landeszentralbehörden gewisse Schriften auf die Liste gesetzt werden. Mit Aufnahme in die Liste darf eine Schrift nicht mehr auf irgendeine Weise Jugendlichen unter 18 Jahren zugänglich gemacht werden.

Über den einzelnen Prüfstellen steht die Oberprüfstelle mit dem Sitz in Leipzig.

Strafbar ist ferner die Mitteilung von geheimen Gerichtsverhandlungen.

Die Beleidigung.

Beleidigung ist die Bezeigung von Mißachtung der Persönlichkeit, d. h. Beleidigung in seiner Ehre. Daneben gibt es aber noch die Verleumdung von Handelsgesellschaften, die Beleidigung von Behörden und gesetzgebenden Versammlungen. Es gibt eine nicht tätliche und eine tätliche Beleidigung, ferner die üble Nachrede und die Verleumdung. Letztere liegt vor, falls jemand wider besseres Wissen in Beziehung auf einen anderen eine unwahre Tatsache behauptet oder verbreitet, die denselben verächtlich zu machen oder in der öffentlichen Meinung herabzuwürdigen oder seinen Kredit zu gefährden geeignet ist. Auch Handelsgesellschaften können Gegenstand verleumderischer Kreditgefährdung sein.

Die Verfolgung einer Beleidigung tritt nur auf Antrag ein. Ist eine Ehefrau beleidigt worden, so hat sowohl sie als ihr Ehemann das Recht zum Antrag. Ist bei wechselseitigen Beleidigungen von einem Teile Antrag auf Bestrafung gestellt worden, so ist der andere Teil bei Verlust seines Rechtes verpflichtet, den Antrag auf Bestrafung spätestens vor Schluß der Verhandlung in 1. Instanz zu stellen. Ist ein Beamter oder ein Mitglied der bewaffneten Macht in der Ausübung ihres Berufes oder in bezug auf denselben beleidigt, so haben außer den unmittelbar Beteiligten auch deren amtliche Vorgesetzte das Recht, den Strafantrag wegen Beamtenbeleidigung zu stellen. Der Verletzte kann Buße im Falle der üblen Nachrede und der Verleumdung verlangen, falls die Beleidigung nachteilige Vermögensfolgen für ihn mit sich bringt.

Eine Beleidigung liegt nicht vor, falls die behauptete Tatsache wahr ist und der Wahrheitsbeweis erbracht wird. Jedoch kann aus der Form der Beleidigung eine Bestrafung erfolgen.

Nicht strafbar sind tadelnde Urteile über wissenschaftliche, künstlerische oder gewerbliche Leistungen, desgleichen Äußerungen, die zur Ausführung oder Verteidigung von Rechten oder **Wahrnehmung berechtigter Interessen** gemacht werden, sowie Vorhaltungen und Rügen der Vorgesetzten gegen ihre Untergebenen, dienstliche Anzeigen oder Urteile von seiten eines Beamten und ähnliche Fälle. Jedoch kann es trotz Wahrung berechtigter Interessen durch die Umstände zu einer formalen Beleidigung kommen. Der Schutz berechtigter Interessen ist im § 193 behandelt.

Die sofortige Erwiderung der Beleidigung macht an sich nicht straffrei; jedoch kann der Richter in diesem Falle beide Beleidiger oder einen derselben für straffrei erklären.

Der Zweikampf.

Zweikampf ist der Kampf zweier Personen nach verabredeten Regeln mit tödlichen Waffen. Der Zweikampf hört auf, sobald jemand die Kampfregeln übertritt. Dann begeht er unter Umständen eine Körperverletzung oder Tötung. Sein Gegner handelt in strafloser Notwehr. Im Gegensatz zu der herrschenden Ansicht, daß eine studentische Schlägermensur nicht strafbarer Zweikampf sei, hat das Reichsgericht auch diese Schlägermensuren als Zweikampf bestraft (RG. 8, 87).

Das Herausfordern zum Zweikampf, die Annahme einer solchen Herausforderung und das Kartelltragen sind strafbar, falls nicht die Parteien den Zweikampf vor dessen Beginn freiwillig aufgegeben haben.

In erster Linie werden die beiden Duellanten bestraft. Fand der Zweikampf ohne Sekundanten statt, so erfolgt die Bestrafung nach den allgemeinen Vorschriften über das Verbrechen der Tötung oder der Körperverletzung. Wenn jemand den Gegner im Zweikampf tötet, wird er mit

Festungshaft nicht unter 2 Jahren, und wenn der Zweikampf ein solcher war, der den Tod des einen von beiden herbeiführen sollte, mit Festungshaft nicht unter 3 Jahren bestraft. Sonst beläuft sich die Strafzeit wegen Zweikampf auf 3 Monate bis 5 Jahre Festungshaft.

Mitglieder eines Ehrengerichtes oder Wirte, die ihre Räume zu den Zwecken des Zweikampfes hergeben, können als Anstifter oder Beihelfer zur Verantwortung gezogen werden. Kartellträger bleiben straffrei, falls sie ernstlich bemüht gewesen sind, den Zweikampf zu verhindern. Sekundanten, Duellzeugen und Ärzte sind straffrei.

Vergehen und Verbrechen wider das Leben.

Hierzu gehören: der Mord, der Totschlag, die Tötung auf ernstliches Verlangen, der Kindesmord, die Abtreibung, die fahrlässige Tötung und die Aussetzung.

Mord ist die vorsätzliche, mit Überlegung ausgeführte Tötung eines Menschen.

Totschlag ist die vorsätzliche Tötung eines Menschen ohne Vorbedacht.

Tötung auf ernstliches Verlangen liegt vor und wird bestraft, wenn sich jemand durch das ausdrückliche und ernstliche Verlangen des Getöteten dazu hat bestimmen lassen. Es genügt also nicht die im Zustande seelischer Niedergeschlagenheit erfolgte Bitte um Tötung.

Einen **Kindesmord** begeht die Mutter, die ihr uneheliches Kind in oder gleich nach der Geburt vorsätzlich tötet (Zuchthaus nicht unter 3 Jahren. Mildernde Umstände sind zu berücksichtigen).

Die Abtreibung. Man unterscheidet hier die Abtreibung durch die Schwangere selbst, die Abtreibung durch einen Dritten (Gefängnisstrafe) und die Lohnabtreibung, falls der Dritte die Abtreibung gegen Entgelt besorgt oder gegen Entgelt die Mittel zu derselben verschafft, ferner die Abtreibung durch einen Dritten ohne Wissen und Willen der Schwangeren (Zuchthausstrafe). Eine Abtreibung durch einen Arzt zur Rettung der Mutter ist nicht strafbar.

Die fahrlässige Tötung wird bestraft, und zwar dann besonders streng, wenn es der Täter an der nötigen Aufmerksamkeit hat fehlen lassen, zu der er vermöge seines Amtes und Berufes oder Gewerbes besonders verpflichtet war.

Die Aussetzung liegt vor, wenn jemand eine wegen jugendlichen Alters, Gebrechlichkeit oder Krankheit hilflose Person aussetzt oder eine solche Person, die unter seiner Obhut steht oder für deren Unterbringung, Fortschaffung oder Aufnahme er zu sorgen hat, vorsätzlich in hilfloser Lage verläßt. Die Aussetzung wird besonders schwer geahndet, falls die Handlung von leiblichen Eltern gegen ihr Kind begangen wird, oder falls durch die Handlung eine schwere Körperverletzung der ausgesetzten oder verlassenen Person verursacht worden ist.

Die Körperverletzung.

Körperverletzung liegt vor, wenn jemand einen andern vorsätzlich körperlich mißhandelt oder an der Gesundheit schädigt. Die Störung muß eine unberechtigte sein. Es gibt die leichte, die gefährliche, die an Wehrlosen verübte, die schwere Körperverletzung und die Körperverletzung mit tödlichem Ausgange, ferner die Giftbeibringung und die fahrlässige Körperverletzung.

Die leichte Körperverletzung ist gegeben, falls jemand vorsätzlich einen andern mißhandelt oder an der Gesundheit beschädigt. Ist eine solche an Verwandten aufsteigender Linie begangen, so wird sie nicht unter 1 Monat Gefängnis bestraft. Die Verfolgung tritt nur auf Antrag ein, falls nicht die Körperverletzung mit Übertretung einer Amts-, Berufs- oder Gewerbepflicht begangen worden ist.

Die **gefährliche** Körperverletzung liegt vor, falls sie mittels einer Waffe, insbesondere eines Messers oder eines anderen gefährlichen Werkzeuges, mittels hinterlistigen Überfalls, von mehreren gemeinschaftlich, mittels einer das Leben gefährdenden Behandlung oder mittels grausamer oder boshafter Behandlung bei Personen unter 18 Jahren begangen wird, die der Fürsorge des Betreffenden anvertraut sind.

Die **schwere** Körperverletzung liegt vor, wenn der Verletzte ein wichtiges Glied des Körpers, das Sehvermögen ganz oder teilweise, das Gehör, die Sprache oder die Zeugungsfähigkeit verliert oder in erheblicher Weise dauernd entstellt wird oder in Siechtum, Lähmung oder Geisteskrankheit verfällt (Strafe: Zuchthaus bis zu 5 Jahren oder Gefängnis nicht unter 1 Jahr).

Die **vorsätzliche** Körperverletzung mit tödlichem Ausgang ist gegeben, falls durch die Körperverletzung der Tod des Verletzten verursacht worden ist. Bezüglich des tödlichen Erfolges braucht ein Vorsatz des Täters nicht vorhanden zu sein.

Der Raufhandel setzt voraus, daß durch eine Schlägerei oder durch einen von mehreren gemachten Angriff der Tod eines Menschen oder eine schwere Körperverletzung verursacht worden ist. Unter dieser Voraussetzung wird derjenige bestraft, der sich an der Schlägerei oder dem Angriff beteiligt hat.

Die Vergiftung besteht darin, daß man vorsätzlich einem anderen, um dessen Gesundheit zu schädigen, Gift oder andere Stoffe beibringt, die die Gesundheit zu zerstören geeignet sind. Besonders streng ist die Bestrafung, wenn dadurch eine schwere Körperverletzung oder der Tod verursacht wird. Ging die Absicht des Verbrechens auf Tötung, so liegt Idealkonkurrenz mit dem Delikte des Mordes vor.

Die fahrlässige Körperverletzung ist ebenfalls strafbar. Strafverfolgung tritt nur auf Antrag ein. Die Strafe kann bei Verletzung einer Berufspflicht erhöht werden; in diesem Falle ist ein Antrag auf Strafverfolgung nicht erforderlich. Auf Verlangen des Verletzten kann neben der Strafe auf eine an ihn zu erlegende Buße bis zum Betrage von 6000 RM. erkannt werden. Eine erkannte Buße schließt die Geltendmachung eines weiteren Entschädigungsanspruches aus. Für diese Buße haften die zu ihr Verurteilten als Gesamtschuldner.

Vergehen und Verbrechen wider die persönliche Freiheit.

Neben dem Menschenraub sei der Kinderraub erwähnt. Er wird begangen, falls jemand eine minderjährige Person durch List, Drohung oder Gewalt ihren Eltern, ihrem Vormunde oder Pfleger entzieht. Die Entführung besteht in der Entfernung einer Frauensperson aus ihren bisherigen Verhältnissen in der

Absicht, sie zur Unzucht oder zur Ehe zu bringen. Man unterscheidet die Entführung wider Willen der Frauensperson durch List, Drohung oder Gewalt und die Entführung einer minderjährigen unverehelichten Frauensperson mit ihrem Willen, jedoch ohne Einwilligung ihrer Eltern, ihres Vormundes oder ihres Pflegers. Die Strafverfolgung tritt nur auf Antrag ein. Hat der Entführer die Entführte geheiratet, so findet die Verfolgung nur statt, nachdem die Ehe für nichtig erklärt worden ist.

Eine Freiheitsberaubung begeht, wer vorsätzlich und widerrechtlich einen Menschen einsperrt oder auf andere Weise der persönlichen Freiheit beraubt. Besonders schwer wird die Freiheitsberaubung bestraft, wenn die Freiheitsentziehung über eine Woche gedauert hat, oder wenn der Tod oder eine schwere Körperverletzung des der Freiheit Beraubten durch die Freiheitsentziehung oder die ihm während derselben widerfahrene Behandlung verursacht worden ist.

Eine Nötigung begeht, wer einen andern widerrechtlich zu einer Handlung, Duldung oder Unterlassung nötigt, und zwar durch Gewalt oder durch Bedrohung mit einem Verbrechen oder Vergehen.

Diebstahl und Unterschlagung.

Diebstahl ist die Wegnahme einer fremden beweglichen Sache aus fremdem Gewahrsam in der Absicht, sie sich rechtswidrig zuzueignen. Nicht als Sache ist die **Elektrizität** anzusehen, deshalb wurde im Jahre 1900 ein Gesetz betr. die Bestrafung der Entziehung elektrischer Arbeit erlassen, das je nach der Art die Vergehen als Diebstahl oder Sachbeschädigung bestraft. An herrenlosen Sachen ist ein Diebstahl unmöglich.

Man unterscheidet den einfachen und den schweren Diebstahl. Zu letzterem gehören der Kirchendiebstahl und der Einbruchsdiebstahl. Einbruchsdiebstahl liegt vor, wenn aus einem Gebäude oder umschlossenen Raume mittels Einbruchs, Einsteigens oder Erbrechens von Behältnissen gestohlen wird. Das Einsteigen muß über ein Hindernis erfolgen, das zum Schutze der eingeschlossenen Sachen gegen die Außenwelt gestellt ist.

Weiter wird unterschieden der Diebstahl mittels falscher Schlüssel, der Post- und Transportdiebstahl, der bewaffnete Diebstahl, der Bandendiebstahl und der Diebstahl zur Nachtzeit.

Besonders mild behandelt das StGB. den Hausdiebstahl zwischen Verwandten oder Ehegatten, ferner gegen Angehörige, Vormünder oder Erzieher.

Der Mundraub. Einen Mundraub begeht derjenige, der Nahrungs- oder Genußmittel von unbedeutendem Werte oder in geringer Menge zum alsbaldigen Gebrauche entwendet. Mundraub ist nur eine Übertretung. Verfolgung tritt nur auf Antrag ein.

Der Geschoßdiebstahl. Bestraft wird, wer die bei den Übungen der Artillerie verschossene Munition, oder wer Bleikugeln aus den Kugelfängern der Schießstände der Truppen sich widerrechtlich aneignet.

Der Forst- und Felddiebstahl wird nach dem preußischen Felddiebstahlsgesetz vom 15. April 1878 bestraft. Für Flurübertretungen und Flurentwendungen unter 10 RM. kommt das Feld- und Forstpolizeigesetz vom 1. April 1880 in Betracht.

Die Unterschlagung. Sie ist eine rechtswidrige Zueignung, begangen an einer fremden Sache, die der Zueigner in Gewahrsam hat. Ein besonders schwerer Fall ist die Unterschlagung anvertrauter Sachen. Verpfändet jemand eine fremde Sache, ohne den Willen und die Möglichkeit zu haben, sie wieder einzulösen, so liegt Unterschlagung vor.

Raub und Erpressung.

Raub ist ein Diebstahl, der gegen eine Person mittels Gewalt oder unter Anwendung von Drohung mit gegenwärtiger Gefahr für Leib oder Leben ausgeführt wird. Es gibt den einfachen und den schweren Raub. Als schwerer Raub gilt: der bewaffnete Raub, der Bandenraub, der Straßenraub, der nächtliche Raub in einem bewohnten Gebäude und der Rückfallraub.

Als besonders schwer gilt der Fall, wenn bei dem Raube ein Mensch gemartert oder durch die gegen ihn verübte Gewalt eine schwere Körperverletzung oder der Tod desselben verursacht worden ist. Verübt jemand bei einem Diebstahl, auf frischer Tat betroffen, gegen eine Person Gewalt oder Drohung mit gegenwärtiger Gefahr für Leib oder Leben, um sich im Besitze des gestohlenen Guts zu erhalten, so wird er gleich einem Räuber bestraft.

Die Erpressung. Eine Erpressung begeht, wer einen andern durch Gewalt oder Drohung zu einer Handlung, Duldung oder Unterlassung nötigt, um sich oder einem Dritten einen rechtswidrigen Vermögensvorteil zu verschaffen. Zur Erpressung gehört eine gewinnsüchtige Absicht. Man kennt die einfache, die schwere und die räuberische Erpressung.

Begünstigung und Hehlerei.

Leistet jemand nach Begehung eines Verbrechens oder Vergehens dem Täter wissentlich Beistand, um ihn der Bestrafung zu entziehen oder um ihm die Vorteile des Verbrechens oder Vergehens zu sichern, so liegt Begünstigung vor. Man unterscheidet die persönliche, sachliche und des eigenen Vorteils wegen geleistete Begünstigung. Die Begünstigung ist straflos, wenn sie dem Täter oder Teilnehmer von einem Angehörigen gewährt worden ist, um ihn der Bestrafung zu entziehen, ausgenommen die als Beihilfe aufzufassende, vor der Tat zugesagte Begünstigung.

Die Hehlerei. Das StGB. unterscheidet zwischen der Personenhehlerei, Sachhehlerei und der gewerbs- oder gewohnheitsmäßigen Hehlerei. Die Personenhehlerei liegt vor, wenn jemand des eigenen Vorteils wegen eine Person nach Verübung eines Diebstahls, einer Unterschlagung, eines Raubes oder dgl. begünstigt. Sie wird auch dann bestraft, wenn der Hehler ein Angehöriger ist. Sachhehlerei liegt vor, falls jemand seines Vorteils halber Sachen ankauft, verheimlicht, zum Pfande nimmt oder sonst an sich bringt, oder zu deren Absatze bei andern mitwirkt, von denen er weiß oder den Umständen nach annehmen muß, daß sie mittels einer strafbaren Handlung erlangt sind. Gewerbs- oder gewohnheitsmäßige Hehlerei wird mit Zuchthaus bis zu 10 Jahren bestraft.

Betrug und Untreue.

Betrug liegt vor, falls jemand in der Absicht, sich oder einem Dritten einen rechtswidrigen Vermögensvorteil zu verschaffen, das Vermögen eines andern dadurch schädigt, daß er durch Vorspiegelung falscher oder durch Entstellung oder Unterdrückung wahrer Tatsachen einen Irrtum erregt oder unterhält. Im Gesetz sind der einfache Betrug, der Betrug im wiederholten Rückfalle, Betrug aus Not und der Versicherungsbetrug unterschieden.

Die Untreue besteht in der von gewissen Stellvertretern dem Geschäftsherrn absichtlich zugefügten Vermögensschädigung. Solche Stellvertreter sind Vormünder, Kuratoren, Sequester, Masseverwalter, Testamentsvollstrecker, Bevollmächtigte, Feldmesser, Versteigerer, Mäkler, Schaffner u. a. m. Gewinnsüchtige Untreue wird schwerer bestraft.

Urkundenfälschung.

Urkundenfälschung begeht, wer in rechtswidriger Absicht eine Urkunde verfälscht oder fälschlich anfertigt und von derselben zum Zwecke einer Täuschung Gebrauch macht. Urkunde ist jedes Erzeugnis von Menschenhand, das kraft menschlichen Willens zum Beweise dienen soll, so z. B. auch Biermarken, Kerbhölzer und dgl.

Das Gesetz unterscheidet:

a) öffentliche Urkunden. Das sind solche, die von einer Behörde oder den mit öffentlichem Glauben versehenen Personen innerhalb ihrer Zuständigkeit in der vorgeschriebenen Form ausgestellt sind (§ 415 ZPO.);

b) Privaturkunden, soweit sie zum Beweise von Rechten oder Rechtsverhältnissen erheblich sind, z. B. eine Vollmacht, Quittung, Wechsel, Frachtbrief usw.;

c) Legitimationspapiere, die nur zum Zweck des besseren Fortkommens des Fälschenden oder eines andern gefälscht werden, z. B. Pässe, Arbeitsbücher, Mietsbücher usw.

Zur Urkundenfälschung gehört außer dem Verfälschen oder einem fälschlichen Anfertigen einer Urkunde auch der Gebrauch der Urkunde. Gebraucht jemand mit Wissen eine falsche oder verfälschte Urkunde zum Zweck einer Täuschung, so steht das der Urkundenfälschung gleich. Urkundenfälschung in gewinnsüchtiger Absicht wird schwer bestraft.

Die intellektuelle Urkundenfälschung. Sie besteht darin, daß jemand vorsätzlich bewirkt, daß Erklärungen, Verhandlungen oder Tatsachen, die für Rechte oder Rechtsverhältnisse von Erheblichkeit sind, in öffentlichen Urkunden, Büchern oder Registern als abgegeben oder geschehen beurkundet werden, obwohl die Voraussetzungen und Tatsachen nicht zutreffen.

Die Beseitigung von Urkunden. Wer eine Urkunde, die ihm entweder überhaupt nicht oder nicht ausschließlich gehört, in der Absicht, einem andern Nachteile zuzufügen, vernichtet, beschädigt oder unterdrückt oder einen Grenzstein oder ein anderes zur Bezeichnung einer Grenze oder eines Wasserstandes bestimmtes Merkmal mit der Absicht der Benachteiligung wegnimmt, vernichtet, unkenntlich macht, verrückt oder an eine falsche Stelle setzt, macht sich strafbar.

Die Stempel- und Postzeichenvergehen sind: der wissentliche Gebrauch falscher Stempel und Postzeichen, die in Gebrauchsabsicht erfolgte Anfertigung solcher Zeichen und die nochmalige Benutzung bereits verwendeter Zeichen.

Über die Ausstellung von falschen Zeugnissen durch Ärzte bezüglich des Gesundheitszustandes eines Menschen sind in den §§ 277—279 schwere Strafbestimmungen getroffen.

Die Konkursvergehen.

Unter die Konkursvergehen fallen der betrügerische Bankrott, der einfache Bankrott, die Begünstigung eines Gläubigers und die Teilnahme Dritter.

Der betrügerische Bankrott. Schuldner, die ihre Zahlungen eingestellt haben oder über deren Vermögen das Konkursverfahren eröffnet worden ist, werden wegen betrügerischen Bankrotts bestraft, wenn sie in der Absicht, ihre Gläubiger zu benachteiligen:

1. Vermögensstücke verheimlicht oder beiseite geschafft haben;
2. Schulden oder Rechtsgeschäfte anerkannt oder aufgestellt haben, die ganz oder teilweise erdichtet sind;
3. Handelsbücher zu führen unterlassen haben, deren Führung ihnen gesetzlich oblag, oder
4. ihre Handelsbücher vernichtet oder verheimlicht oder so geführt oder verändert haben, daß sie keine Übersicht des Vermögenszustandes gewähren.

Der einfache Bankrott. Schuldner, die ihre Zahlungen eingestellt haben oder über deren Vermögen das Konkursverfahren eröffnet worden ist, werden wegen einfachen Bankrotts (von der Strafkammer) bestraft,

1. wenn sie durch Aufwand, Spiel oder Wette oder durch Differenzhandel mit Waren oder Börsenpapieren übermäßige Summen verbraucht haben oder schuldig geworden sind;
2. wenn sie in der Absicht, die Eröffnung des Konkursverfahrens hinauszuschieben, Waren oder Wertpapiere auf Kredit entnommen und diese Gegenstände erheblich unter dem Werte in einer den Anforderungen einer ordnungsmäßigen Wirtschaft widersprechenden Weise veräußert oder sonst weggegeben haben;
3. wenn sie Handelsbücher zu führen unterlassen haben, deren Führung ihnen gesetzlich oblag, oder dieselben verheimlicht, vernichtet oder so unordentlich geführt haben, daß sie keine Übersicht ihres Vermögenszustandes gewähren;
4. wenn sie es gegen die Bestimmung des Handelsgesetzbuches unterlassen haben, die Bilanz ihres Vermögens in der vorgeschriebenen Zeit zu ziehen.

Die Begünstigung eines Gläubigers, sog. Gratifikation.

Schuldner, die ihre Zahlungen eingestellt haben oder über deren Vermögen das Konkursverfahren eröffnet worden ist, werden bestraft, wenn sie, obwohl sie ihre Zahlungsunfähigkeit kannten, einem Gläubiger in der Absicht, ihn vor den übrigen Gläubigern zu begünstigen, eine Sicherung oder Befriedigung gewährt haben, die derselbe nicht oder nicht in der Art oder nicht zu der Zeit zu beanspruchen hatte.

Die Teilnahme Dritter.

Die Teilnahme Dritter soll als selbständiges Delikt in folgenden Fällen geahndet werden:

1. Bestraft wird:

a) wer im Interesse eines Schuldners, der seine Zahlungen eingestellt hat oder über dessen Vermögen das Konkursverfahren eröffnet worden ist, Vermögensstücke desselben verheimlicht oder beiseite geschafft hat, oder

b) wer im Interesse eines solchen Schuldners oder, um sich oder einem andern Vermögensvorteil zu verschaffen, in dem Verfahren erdichtete Forderungen im eigenen Namen oder durch vorgeschobene Personen geltend gemacht hat;

2. ein Gläubiger, der sich von dem Gemeinschuldner oder anderen Personen besondere Vorteile dafür hat gewähren oder versprechen lassen, daß er bei den Abstimmungen der Konkursgläubiger in einem gewissen Sinne stimme, wird ebenfalls bestraft.

Strafbarer Eigennutz.

Als strafbaren Eigennutz ahndet das StGB.:

1. das gewerbsmäßige Glücksspiel, das Dulden von Glücksspielen durch den Gastwirt und das Veranstalten öffentlicher Lotterien ohne obrigkeitliche Erlaubnis;
2. die Vereitelung einer Zwangsvollstreckung;
3. die Verletzung von Aneignungsrechten (Jagd- und Fischereivergehen);
4. die Schiffgefährdung durch Konterbande;
5. den Bruch des Heuervertrages (vgl. S. 240);
6. die Verletzung des Briefgeheimnisses; bestraft wird, wer einen verschlossenen Brief oder eine andere verschlossene Urkunde, die nicht zu seiner Kenntnis bestimmt ist, vorsätzlich und unbefugterweise öffnet. Verfolgung nur auf Antrag (§ 299 StGB., siehe auch S. 79);
7. die Verletzung des Gewerbegeheimnisses. Verboten ist den Rechtsanwälten, Notaren, Verteidigern in Strafsachen, Ärzten, Hebeammen, Apothekern sowie den Gehilfen dieser Personen die unbefugte Offenbarung von Privatgeheimnissen, die ihnen kraft ihres Amtes, Standes oder Gewerbes anvertraut sind. Verfolgung nur auf Antrag;
8. der Wucher, d. h. Ausbeuten von Unerfahrenheit, Notlage oder Leichtsinn und das Mißverhältnis zwischen Leistung und versprochener Gegenleistung;
9. die Übervorteilung Minderjähriger. Bestraft wird: wer in gewinnsüchtiger Absicht und unter Ausbeutung des Leichtsinns oder der Unerfahrenheit eines Minderjährigen sich von demselben

a) Schuldscheine, Wechsel, Bürgschaftserklärungen oder andere eine Verpflichtung enthaltende Urkunden ausstellen oder auch nur mündlich ein Zahlungsversprechen erteilen läßt. Die Verfolgung tritt nur auf Antrag ein;

b) unter Verpfändung der Ehre, auf Ehrenwort, eidlich oder unter ähnlichen Versicherungen oder Beteuerungen die Zahlung einer Geldsumme oder die Erfüllung einer anderen auf Gewährung geldwerter Sachen gerichteter Verpflichtung aus einem Rechtsgeschäft versprechen läßt.

Dieselbe Strafe trifft denjenigen, der sich eine Forderung abtreten läßt, von der er weiß, daß ein Minderjähriger deren Berichtigung in der vorbezeichneten Weise versprochen hat. Die Verfolgung tritt auch hier nur auf Antrag ein.

Die Sachbeschädigung.

Sachbeschädigung ist die vorsätzliche und rechtswidrige Beschädigung einer fremden Sache. Als schwere Sachbeschädigung wird eine solche angesehen, die an religiösen oder öffentlichen Gegenständen begangen wird. Hier tritt Strafverfolgung ohne Antrag ein.

Strafrechtlich verfolgt wird, wer vorsätzlich und rechtswidrig ein Gebäude, ein Schiff, eine Brücke, einen Damm, eine gebaute Straße, eine Eisenbahn oder ein anderes Bauwerk, das fremdes Eigentum ist, ganz oder teilweise zerstört.

Gemeingefährliche Verbrechen und Vergehen.

Als gemeingefährlich sind diejenigen Verbrechen anzusehen, bei denen der Täter die Ausdehnung der Tat nicht mehr in seiner Gewalt hat.

Die Brandstiftung. Sie ist die Inbrandsetzung gewisser, vom Gesetzgeber näher bezeichneter Sachen, insbesondere von Gebäuden. Man scheidet die Brandstiftung in vorsätzliche und fahrlässige. Straferschwerend wirkt, wenn der Brand den Tod eines Menschen herbeiführt, wenn der Brandstifter die Löschgerätschaften entfernt oder unbrauchbar gemacht hat, um das Löschen des Feuers zu verhindern oder zu erschweren.

Die Herbeiführung einer Überschwemmung. Sie wird bestraft, wenn sie vorsätzlich oder fahrlässig herbeigeführt wird und Menschenleben oder Eigentum gefährdet.

Die Eisenbahn- und Postgefährdung. Bestraft wird die vorsätzliche oder fahrlässige Gefährdung eines Eisenbahntransportes, einer Telegraphen-, Rohrpost- oder Fernsprechanlage. Eines besonderen Vergehens machen sich die Vorsteher einer Eisenbahnanstalt sowie die Vorsteher einer öffentlichen Zwecken dienenden Telegraphenanstalt schuldig, wenn sie nicht sofort nach Mitteilung des rechtskräftigen Erkenntnisses die Entfernung des Verurteilten bewirken oder diejenigen aus dem Dienst entlassen, die für unfähig zum Eisenbahn- oder Telegraphendienst erklärt worden sind.

Die Beschädigung von Wasserbauten und Wegen, z. B. von Wasserleitungen, Schleusen, Deichen, Brücken, Vorrichtungen der Wasserhaltung oder zur Wetterführung im Bergwerksbetriebe, zum Ein- und Ausfahren der Arbeiter daselbst, oder in schiffbaren Flüssen die Störung des Fahrwassers, wenn durch eine dieser Handlungen Gefahr für das Leben oder die Gesundheit anderer herbeigeführt wird.

Die Gefährdung der Schiffahrt. Diese findet dadurch statt, daß jemand vorsätzlich ein zur Sicherung der Schiffahrt bestimmtes Feuerzeichen oder ein anderes diesem Zwecke dienendes Zeichen zerstört, wegschafft oder unbrauchbar macht, ein solches Feuerzeichen auslöscht oder seiner Dienstpflicht zuwider nicht aufstellt, oder ein falsches Zeichen aufstellt oder anzündet, das die Schiffahrt zu gefährden geeignet ist, oder daß jemand vorsätzlich die Strandung oder das Sinken eines Schiffes bewirkt und dadurch Gefahr für das Leben eines anderen herbeiführt.

Als weitere gemeingefährliche Verbrechen und Vergehen sind die Vergiftung von Brunnen und Verbrauchsmitteln und die Verletzung von Seuchenvorschriften zu erwähnen.

§ 330 belegt mit Geldstrafe oder mit Gefängnis bis zu einem Jahre denjenigen, der bei der Leitung oder Ausführung eines Baues wider die allgemein anerkannten Regeln der Baukunst dergestalt handelt, daß hieraus für andere Gefahr entsteht.

Verbrechen und Vergehen im Amte.

Hier kommen in Betracht: die Geschenkannahme, die Richterbestechung, die vorsätzliche Rechtsbeugung, der Mißbrauch der Amtsgewalt zur Nötigung, zur Körperverletzung, zur Freiheitsberaubung, zum Hausfriedensbruch, zur Erpressung von Aussagen durch Anwendung von Zwangsmitteln, zur Eröffnung oder Fortsetzung der Untersuchung gegen Personen, deren Unschuld dem Beamten bekannt ist, zur Befreiung von einer verdienten Strafe, zur ungerechtfertigten Strafvollstreckung und zur Befreiung eines Gefangenen. Weiterhin sind zu erwähnen die Urkundenvergehen, die Unterschlagung im Amte, die Übererhebung von Gebühren und Abgaben im eigenen Interesse, die Postvergehen seitens der Post- oder Telegraphenbeamten (unbefugtes Öffnen von Briefen und Paketen und rechtswidrige Mitteilung oder Unterdrückung von Depeschen) u. a. m.

Als Beamte im Sinne des Strafgesetzbuches sind alle im Dienst des Reiches oder der Länder stehenden Personen anzusehen; mag es sich um eine Anstellung auf Lebenszeit, auf Zeit oder auch nur um eine vorläufige Anstellung handeln. Ebenso spielt es keine Rolle, ob ein Diensteid geleistet wurde oder nicht. Ferner gelten als Beamte auch Notare, nicht aber Rechtsanwälte. § 359 StGB.

Die Übertretung.

Die Strafbestimmungen gegen Übertretungen haben im allgemeinen nur polizeilichen, d. h. vorbeugenden Charakter. Verboten ist das unbefugte Annehmen von Titeln, Würden und Adelsprädikaten, der Gebrauch eines fremden Namens gegenüber einem zuständigen Beamten. Bestraft wird derjenige, der bei Unglücksfällen oder gemeiner Gefahr oder Not von der Polizeibehörde oder deren Stellvertreter zur Hilfe aufgefordert wird, und ohne selbst erheblich gefährdet zu sein, der Aufforderung nicht Folge leistet.

Zu den Übertretungen gehören und werden als solche bestraft: die Erregung ruhestörenden Lärms und die Verübung groben Unfugs. Von einzelnen Übertretungen seien noch erwähnt: strafbar macht sich, wer in einer Schankstube oder an einem öffentlichen Vergnügungsorte trotz gegenteiliger Aufforderung des Wirtes, seines Vertreters oder eines Polizeibeamten über die gebotene Polizeistunde hinaus verweilt, wer in Städten oder Dörfern übermäßig schnell fährt oder reitet, wer Hunde auf Menschen hetzt, wer einem gesetzlichen Verbote zuwider Stoß-, Hieb- oder Schußwaffen feilhält oder mit sich führt, die in Stöcken oder Röhren oder auf ähnliche Weise verborgen sind.

Personen, die ohne obrigkeitliche Anweisung oder ohne Genehmigung des Inhabers einer Wohnung Schlüssel zu Zimmern oder Behältnissen in der Wohnung anfertigen oder Schlösser an denselben öffnen, ohne Genehmigung des Hausbesitzers oder seines Stellvertreters einen Hausschlüssel anfertigen, oder ohne Erlaubnis der Polizeibehörde Nachschlüssel oder Dietriche verabfolgen, werden mit Geldstrafe bis zu 150 RM. oder mit Haft bis zu 4 Wochen bestraft.

Mit Geldstrafe oder mit Haft bis zu 14 Tagen wird bestraft, wer es unterläßt, dafür zu sorgen, daß die Feuerstätten in seinem Hause in baulichem und brandsicherem Zustande unterhalten oder daß die Schornsteine zur rechten Zeit gereinigt werden.

Zu erwähnen ist schließlich noch reichsrechtliches Notgesetz vom 24. II. 1923, das die Trunksuchtsbekämpfung bezweckt. Es trifft Bestimmungen über die Polizeistundenüberschreitung, die Verabfolgung von alkoholischen Getränken an Jugendliche und Betrunkene, über die Schließung behördlich genehmigter Betriebe usw. Die Übertretung dieser Gesetze wird als Vergehen geahndet und zieht Gefängnisstrafe bis zu 6 Monaten oder Geldstrafe bis zu 10000 M. neben anderen Maßnahmen nach sich.

Strafprozeßrecht.

Literatur.

Beling: Deutsches Reichsstrafprozeßrecht mit Einschluß des Gerichtsverfassungsrechts in „Grundrisse der Rechtswissenschaft" 1928.
Graf Dohna: Das Strafprozeßrecht 1925.
Gerland: Der deutsche Strafprozeß 1927.
Rosenfeld: Deutsches Strafprozeßrecht 1926.
Löwe-Rosenberg: Kommentar zur Strafprozeßordnung 1927.
Feisenberger: Handkommentar zum Strafgesetzbuch 1926.

Der Strafprozeß ist ein staatlich geregeltes Verfahren zur Ahndung der Verletzungen des Strafrechts. Er setzt die wirkliche oder angeblich erfolgte Verletzung des Strafrechts voraus. Während im Zivilprozeß nur derjenige Tatbestand für den Richter maßgebend ist, den ihm die Parteien vortragen, so verlangt der Strafprozeß die Erforschung des wirklichen Sachverhalts seitens der staatlichen Beamten. Daher haben diese die Ahndung eines Vergehens oder Verbrechens ex officio zu betreiben, sog. Offizialitätsprinzip. Der Staatsanwalt hat nicht nur die zur Belastung des Beschuldigten, sondern auch die zu seiner Entlastung dienenden Umstände zu erforschen und kann jedes Rechtsmittel zugunsten des Beschuldigten einlegen. Die einmal erhobene öffentliche Klage kann nach Erhebung oder Untersuchung nicht mehr zurückgenommen werden.

Die **Strafprozeßordnung** zerfällt in 7 Bücher:

Erstes Buch: Allgemeine Bestimmungen.

Zweites Buch: Verfahren in erster Instanz.

Drittes Buch: Rechtsmittel.

Viertes Buch: Wiederaufnahme des Verfahrens.

Fünftes Buch: Beteiligung des Verletzten beim Verfahren. Erster Abschnitt: Privatklage. Zweiter Abschnitt: Nebenklage.

Sechstes Buch: Besondere Arten des Verfahrens.

Siebentes Buch: Strafvollstreckung und Kosten des Verfahrens.

Die Strafprozeßordnung findet auf alle Strafsachen Anwendung, die vor die ordentlichen Gerichte gehören.

Die Strafprozeßordnung ist am 20. Mai 1898 durch das Gesetz über die Entschädigung unschuldig Verurteilter und am 14. Juli 1904 durch das Gesetz über die Entschädigung für unschuldig erlittene Untersuchungshaft ergänzt.

Die Befugnisse der **Amtsgerichte** sind genau geregelt für:

1. Übertretungen;
2. Vergehen;
3. eine Anzahl Verbrechen, die mit Gefängnis oder Festungshaft oder mit Zuchthaus von höchstens 10 Jahren allein oder in Verbindung mit anderen Strafen bedroht sind (ausgenommen insbesondere Verbrechen des Meineids).

Verbrechen des Widerstands, der Falschmünzerei, des Rückfalldiebstahls, des Raubes usw., Verbrechen des militärischen Diebstahls.

Der Amtsrichter entscheidet allein:

1. bei Übertretungen;
2. bei Vergehen im Wege der Privatklage, bei einer Tat, die bis höchstens sechs Monate bestraft wird und auf Antrag der Staatsanwaltschaft, ferner bei Verbrechen des schweren Diebstahls und der Hehlerei unter bestimmten Voraussetzungen.

Schöffengerichte.

Schöffengerichte werden gebildet für die Verhandlung und Entscheidung der zur Zuständigkeit der Amtsgerichte gehörenden Strafsachen, soweit nicht der Amtsrichter allein entscheidet. Das Amt eines Schöffen ist ein Ehrenamt, es kann nur von Deutschen versehen werden. Man unterscheidet Hauptschöffen und Hilfsschöffen. Sie werden für die Sitzungen durch Auslosung bestimmt. Die Schöffengerichte bestehen aus dem Amtsrichter als Vorsitzenden und zwei Schöffen. Mindestens ein Schöffe muß ein Mann sein.

Landgerichte.

Die Landgerichte werden mit einem Präsidenten und der erforderlichen Anzahl von Direktoren und Mitgliedern besetzt.

Schwurgerichte.

Für die Verhandlung und Entscheidung von Strafsachen treten bei den Landgerichten nach Bedarf Schwurgerichte zusammen. Sie sind zuständig für Verbrechen, welche nicht vor das Reichsgericht oder vor das Amtsgericht gehören. Das Schwurgericht besteht aus drei Richtern mit Einschluß des Vorsitzenden und 6 Geschworenen. Die Geschworenen üben während der Hauptverhandlung ebenfalls das Richteramt aus. Mindestens die Hälfte der zu einer Tagung heranzuziehenden Geschworenen müssen Männer sein. Die Zahl der erforderlichen Hauptgeschworenen wird auf sämtliche Amtsgerichte des Schwurgerichtsbezirks verteilt.

Oberlandesgerichte.

Sie sind zur Verhandlung und Entscheidung in erster und letzter Instanz in denjenigen Strafsachen zuständig, die von dem Oberreichsanwalt an die Landesstaatsanwaltschaft abgegeben werden, oder in denen das Reichsgericht die Verhandlung und Entscheidung dem Oberlandesgericht überweist.

Sie sind ferner in Strafsachen zuständig für die Verhandlung und Entscheidung über die Rechtsmittel:

1. Der Revision gegen

a) die mit der Berufung nicht anfechtbaren Urteile des Amtsrichters;

b) die Urteile der kleinen Strafkammer;

c) die Urteile der großen Strafkammer, wenn in erster Instanz das mit einem Richter und zwei Schöffen besetzte Schöffengericht entschieden hat;

d) die Urteile der großen Strafkammer und der Schwurgerichte, wenn die Revision ausschließlich auf die Verletzung seiner in den Landesgesetzen enthaltenen Rechtsnorm gestützt wird;

2. der Beschwerde gegen strafrichterliche Entscheidungen, soweit nicht die Zuständigkeit der Strafkammer oder des Reichsgerichts begründet ist.

Reichsgericht.

Der Präsident, die Senatspräsidenten und Räte werden auf Vorschlag des Reichsrats von dem Reichspräsidenten ernannt. Bei dem Reichsgericht werden Zivil- und Strafsenate gebildet.

In bürgerlichen Rechtsstreitigkeiten ist das Reichsgericht zuständig für die Verhandlung und Entscheidung der Rechtsmittel:

1. der Revision gegen die Endurteile der Oberlandesgerichte sowie gegen die Endurteile der Landgerichte im Falle des § 566a der Zivilprozeßordnung;

2. der Beschwerde gegen Entscheidungen der Oberlandesgerichte in dem Falle des § 519b Abs. 2 der Zivilprozeßordnung.

In Strafsachen ist das Reichsgericht zuständig für die Untersuchung und Entscheidung in erster und letzter Instanz:

1. in den Fällen des Hochverrats, des Landesverrats und des Kriegsverrats gegen das Reich sowie der Verbrechen gegen die §§ 1, 3 des Gesetzes gegen den Verrat militärischer Geheimnisse vom 3. Juni 1914 (Reichsgesetzbl. S. 1915). In diesen Sachen trifft das Reichsgericht auch die im § 73 Abs. 1 bezeichneten Entscheidungen.

2. In Landesverratssachen sowie bei Verbrechen gegen die §§ 1, 3 des Gesetzes gegen den Verrat militärischer Geheimnisse kann der Oberreichsanwalt die Strafverfolgung an die Landesstaatsanwaltschaft abgeben. Es sollen nur Strafsachen von minderer Bedeutung abgegeben werden.

3. In Strafsachen ist das Reichsgericht ferner zuständig zur Verhandlung und Entscheidung über das Rechtsmittel der Revision gegen die Urteile der Schwurgerichte und der großen Strafkammer, soweit nicht die Zuständigkeit der Oberlandesgerichte begründet ist.

Zuständigkeit und Instanzenzug.

Zuständigkeit des Amtsgerichts.

Der Amtsrichter ist zuständig für die Aburteilung folgender Delikte:

a) Übertretungen;

b) Privatklagesachen;

c) Vergehen, die mit höchstens 6 Monaten Gefängnis bedroht sind;

d) **schwerere** Vergehen;

e) schwerer Diebstahl, schwere Hehlerei, Rückfallverbrechen zu d) und e): die Zuständigkeit des Amtsrichters ist in diesen Fällen nur gegeben, wenn die Staatsanwaltschaft diese Besetzung beantragt hat.

Das Schöffengericht (1 bzw. 2 Berufsrichter, 2 Schöffen). Das Schöffengericht ist zuständig für:

a) Vergehen, die mit mehr als 6 Monaten Gefängnis bedroht sind;

b) schweren Diebstahl, schwere Hehlerei, Rückfallverbrechen;

c) Verbrechen, die mit Zuchthausstrafe bis zu 10 Jahren bedroht sind, ausgenommen Meineid;

d) einzelne schwerere Verbrechen (§§ 24, 3a und b: Gerichtsverfassungsgesetz).

Zu a) und b): die Zuständigkeit des Schöffengerichts ist immer dann gegeben, wenn die Staatsanwaltschaft keinen Antrag auf Überweisung an den Amtsrichter gestellt hat (vgl. oben Anm. zu d) und e).

Zuständigkeit des Landgerichts.

Zuständigkeit des beim LG. gebildeten Schwurgerichts. Besetzung: 3 Berufsrichter, 6 Geschworene.

Das Schwurgericht ist zuständig für alle Verbrechen, die nicht zur Zuständigkeit des Amtsgerichts und des Reichsgerichts gehören.

Zuständigkeit des Oberlandesgerichts.

Der mit 5 Berufsrichtern besetzte Strafsenat des Oberlandesgerichts ist zuständig für die Aburteilung von Verbrechen des Landesverrats und der schweren Spionage, sofern der Oberreichsanwalt oder das Reichsgericht die betreffenden Sachen an das Oberlandesgericht überwiesen haben.

Zuständigkeit des Reichsgerichts.

Der Strafsenat des Reichsgerichts (5 Berufsrichter) ist zuständig für Hoch- und Landesverrat gegen das Reich, für schwere Spionage, sofern der Oberreichsanwalt oder das Reichsgericht die Sachen nicht an das Oberlandesgericht überwiesen haben (vgl. die Zuständigkeit des Oberlandesgerichts), und Kriegsverrat.

		Schöffengericht		
I. Instanz	Amtsrichter	1 Richter 2 Schöffen (kleines)	2 Richter 2 Schöffen (erweitertes)	Schwurgericht 3 Richter 6 Schöffen
Berufung	kl. Strafkammer 1 Richter 2 Schöffen	gr. Strafkammer 3 Richter 2 Schöffen	gr. Strafkammer 3 Richter 2 Schöffen	
Revision	Oberlandesgericht	Oberlandesgericht	Reichsgericht (5 Richter) Oberlandesgericht, im Falle der Verletzung von Landesrecht	Reichsgericht (5 Richter) Oberlandesgericht, im Falle der Verletzung von Landesrecht

Zu erwähnen ist noch § 313 StPO., wonach ein Urteil des Amtsrichters mit dem Rechtsmittel der Berufung nicht angefochten werden kann, wenn es ausschließlich Übertretungen zum Gegenstande hat und der Angeklagte entweder freigesprochen oder ausschließlich zu Geldstrafe verurteilt worden ist. In diesem Falle gibt es nur Revision zum Strafsenat des Oberlandesgerichts.

Das Rechtsmittel der Berufung kann in jedem Falle umgangen werden und sofort das Rechtsmittel der Revision benutzt werden.

Die Organisation der Gerichte.

Als Richter kommen in Betracht:

1. Rechtskundige Richter (vgl. S. 280).

2. Laienrichter, und zwar die Schöffen als Mitglieder der Schöffengerichte und die Geschworenen als Mitglieder der Schwurgerichte. (Vgl. S. 345, 349 und S. 717—721.)

Das Amt des Schöffen wie das Amt des Geschworenen ist ein Ehrenamt, das nur von einem Deutschen versehen werden kann.

3. Der Urkundsbeamte und der Gerichtsvollzieher (vgl. S. 280).

4. Der Staatsanwalt. Bei jedem Gerichte soll eine Staatsanwaltschaft bestehen. Bei dem Reichsgerichte wird sie durch einen Oberreichsanwalt oder durch einen oder mehrere Reichsanwälte ausgeübt, bei den Oberlandesgerichten, den Landgerichten und den Schwurgerichten durch einen oder mehrere Staatsanwälte. In Preußen heißt der erste Beamte bei den Ober landesgerichten Oberstaatsanwalt, bei den Landgerichten Erster Staatsanwalt; bei den Amtsgerichten und den Schöffengerichten wird das Amt durch einen oder mehrere Amtsanwälte, in kleineren Städten meist durch den Bürgermeister ausgeübt.

Sämtliche Staatsanwälte sind nicht richterliche Beamte. Die Staatsanwaltschaft ist in ihren Dienstverrichtungen von den Gerichten unabhängig. Der Oberreichsanwalt und die Reichsanwälte werden auf Vorschlag des Reichsrats vom Reichspräsidenten ernannt.

Die Staatsanwaltschaft hat die öffentliche Anklage zu erheben und bei dem Prozeßbetrieb durch Ladungen, Herbeiführung von Beweisstücken, Zustellung und Vollstreckung von gerichtlichen Entscheidungen mitzuwirken.

Die Beamten des Polizei- und Sicherheitsdienstes sind Hilfsbeamte der Staatsanwaltschaft und haben den Anordnungen der Staatsanwälte bei dem Landgericht ihres Bezirks Folge zu leisten.

Die Rechtsanwälte spielen im Strafprozeß vor allem als Verteidiger eine große Rolle. Ihre Tätigkeit ist nicht auf ein bestimmtes Gericht beschränkt.

Für die Ausschließung und Ablehnung von Richtern gelten ähnliche Bestimmungen wie beim Zivilprozeß (vgl. S. 281). Sie sind in §§ 23 bis 30 der StPO. behandelt.

Schöffen und Urkundsbeamte sind in derselben Weise kraft Gesetzes aus geschlossen und ablehnbar wie der Richter.

Für die Geschworenen gelten die gleichen Ausschließungsgründe wie beim Richter. Ihre Ablehnung unterliegt einem besonderen Verfahren, das sich vor Bildung der Geschworenenbank abspielt. § 282 bestimmt:

„Von den ausgelosten Geschworenen können so viele abgelehnt werden, als Namen über 12 in der Urne sich befinden. Die eine Hälfte der Ablehnung steht der Staatsanwaltschaft, die andere dem Angeklagten zu. Dem Angeklagten gebührt eine Ablehnung mehr, wenn die Gesamtzahl der Ablehnung eine ungerade ist."

Die Einrichtung der Gerichte.

Das Amtsgericht kann durch den einzelnen Amtsrichter tätig sein. Regelmäßig erkennen jedoch über die amtsgerichtlichen Strafsachen die Schöffengerichte, die aus einem Richter als Vorsitzenden und 2 Schöffen bestehen.

Die Landgerichte. Erkennende Abteilungen sind bei denselben die Strafkammern, die gewöhnlich in einer Besetzung von 5 rechtskundigen Mitgliedern ausnahmsweise in der Berufungsinstanz mit 3 Richtern entscheiden.

Die Schwurgerichte sind mit 3 rechtsgelehrten Richtern (der Richterbank) und 12 Laienrichtern (der Geschworenenbank) besetzt. Die letzteren entscheiden über die Schuldfrage und über das Vorliegen mildernder Umstände.

Die Oberlandesgerichte. Sie entscheiden in Strafsenaten in einer Besetzung von 5 Richtern.

Das Reichsgericht. Hier werden Strafsenate gebildet, und zwar mindestens 3. Diese sind entweder erkennendes Gericht 1. Instanz bei Hochverrat und Landesverrat gegen Kaiser und Reich, wobei der vereinigte 2. und 3. Strafsenat entscheidet, oder 2. und 3. Instanz in einer Besetzung von 7 Mitgliedern; oder sie sind beschließendes Gericht in Reichsgerichtssachen 1. Instanz sowie bei Beschwerde gegen den reichsgerichtlichen Untersuchungsrichter.

Auf die Strafsachen und ihre Bearbeitung haben die Gerichtsferien keinen Einfluß.

Grundlagen des Strafprozesses.

Die Eröffnung der gerichtlichen Untersuchung wird durch die Erhebung einer Klage der Staatsanwaltschaft bedingt. Die Voruntersuchung wird vom Untersuchungsrichter nach freiem Ermessen geführt. Die Gerichte sind in Strafsachen zu einer selbständigen Tätigkeit berechtigt und verpflichtet. Sie können selbständige Beweise erheben und sind an die Beurteilung des Vergehens oder Verbrechens seitens der Staatsanwaltschaft nicht gebunden. Das Gericht entscheidet über das Ergebnis der Beweisaufnahme nach seiner freien Überzeugung.

Die Staatsanwaltschaft ist verpflichtet, wegen aller gerichtlich strafbaren und verfolgbaren Handlungen einzuschreiten. Bei Privatklagesachen wird die öffentliche Klage von der Staatsanwaltschaft nur dann erhoben, wenn dies im öffentlichen Interesse liegt.

Die Staatsanwaltschaft kann zur Erfüllung ihrer Anklagepflicht gezwungen werden. Dem Verletzten steht gegen einen ablehnenden Bescheid der Staatsanwaltschaft binnen 2 Wochen nach Empfang die Beschwerde an den Oberstaatsanwalt zu. Ergeht auch von diesem ein ablehnender Bescheid, so hat der Verletzte das Recht, hiergegen binnen 1 Monat den Antrag auf gerichtliche Entscheidung unter Angabe des Beweismaterials, von einem Rechtsanwalt unterzeichnet, zu stellen. Erachtet das Gericht den Antrag für begründet, so beschließt es die Erhebung der öffentlichen Klage.

Die Öffentlichkeit. Die Verhandlung vor dem erkennenden Gerichte einschließlich der Verkündung seiner Beschlüsse und Urteile ist öffentlich. Die Verletzung der Vorschriften über die Öffentlichkeit begründet die Revision. Nicht öffentlich sind die Beratungen und Abstimmungen sowie Beweiserhebungen außerhalb der Hauptverhandlung.

Die Verhandlung vor dem erkennenden Gericht ist mündlich; hingegen werden die Ergebnisse des vorbereitenden Verfahrens und der Voruntersuchung schriftlich festgelegt.

Die ganze Verhandlung mit Einschluß der Beweisaufnahme hat sich unmittelbar vor dem erkennenden Gericht abzuspielen; deshalb sind die Beweise regelmäßig in der Hauptverhandlung zu erheben oder zu wiederholen. Urkunden oder andere als Beweismittel dienende Schriftstücke werden in der Hauptverhandlung verlesen. Hiervon gibt es Ausnahmen, wenn z. B. ein Zeuge oder Sachverständiger verstorben ist oder ein Zeuge wegen Krankheit oder Gebrechlichkeit oder wegen zu großer Entfernung oder sonstwie nicht erscheinen kann.

Die Verlesung kann nur durch Gerichtsbeschluß angeordnet werden. Außerdem kann zur Unterstützung des Gedächtnisses eines Zeugen oder Sachverständigen der betreffende Teil des Protokolls verlesen werden, desgleichen, wenn dadurch Widersprüche in der Aussage des Angeklagten behoben werden können. Auch eine ein Zeugnis oder eine ein Gutachten enthaltende Erklärung öffentlicher Behörden und ärztliche Zeugnisse über Körperverletzungen können verlesen werden, ferner in der Berufungsinstanz die Aussagen sämtlicher in 1. Instanz vernommenen Zeugen und Sachverständigen. Eine Beweiserhebung darf nicht deshalb abgelehnt werden, weil das Beweismittel oder die zu beweisende Tatsache zu spät vorgebracht worden sei. Eine unterbrochene Hauptverhandlung muß spätestens 4 Tage nach der Unterbrechung fortgesetzt werden; andernfalls muß das Verfahren von neuem begonnen werden.

Die Verkündung des Urteils ist ein erheblicher Bestandteil der Verhandlung. Sie muß spätestens eine Woche nach dem Schlusse der Verhandlung erfolgen.

Gerichtliche Entscheidungen und Bekanntmachungen.

Die Entscheidungen zerfallen in Urteile, Beschlüsse und Verfügungen. Die Urteile, die durch ein Rechtsmittel anfechtbaren Entscheidungen und diejenigen, durch welche ein Antrag abgelehnt wird, sind mit Gründen zu versehen. Nichtbegründung bildet einen Revisionsgrund.

Entscheidungen werden durch Verkündung oder Zustellung bekannt gemacht. Bezüglich der öffentlichen Zustellung gelten ähnliche Vorschriften wie im Zivilprozeß (§ 40 StPO.).

Fristen und Wiedereinsetzung in den vorigen Stand.

Bei den Fristen unterscheidet man gesetzliche Fristen von einer Woche und richterliche Fristen in den vom Gesetze vorgesehenen Fällen. Gegen die Versäumung einer Frist kann die Wiedereinsetzung in den vorigen Stand beansprucht werden, wenn der Antragsteller durch Naturereignisse oder andere unabwendbare Zufälle an der Einhaltung der Frist verhindert worden ist, auch wenn er ohne sein Verschulden von einer Zustellung keine Kenntnis erlangt hat. Das Gesuch um Wiedereinsetzung in den vorigen Stand muß binnen einer Woche nach Beseitigung des Hindernisses eingereicht werden.

Die Beweisaufnahme.

Als Beweismittel gelten: Der Augenschein, Zeugen, Sachverständige, Urkunden und sonstige Beweisstücke, ferner die Person des Angeschuldigten. Die Beweisaufnahme hat sich auf sämtliche vorgeladenen Zeugen und Sachverständige sowie auf die andern herbeigeschafften Beweismittel zu erstrecken.

Zur Inaugenscheinnahme gehört die richterliche Leichenschau und die Leichenöffnung.

Zeugen sind dritte, nicht als Staatsanwalt oder Beschuldigte am Prozeß beteiligte Personen, die über Tatsachen der Vergangenheit auf Grund eigener Wahrnehmung aussagen sollen. Jeder Zeuge hat zum Termin zu erscheinen, seine Aussage zu machen und seine Aussage zu beeidigen. Hier gilt das gleiche wie auf S. 290 der ZPO. Gesagte mit geringen Ausnahmen. Eine lügnerische Entschuldigung wird mit Gefängnis bis zu 2 Monaten bestraft. Die Beeidigung der Zeugen erfolgt regelmäßig in der Hauptverhandlung, ausnahmsweise in der Voruntersuchung oder in dem vorbereitenden Verfahren. Jeder Zeuge ist einzeln und in Abwesenheit der später abzuhörenden Zeugen zu vernehmen. Bei Verweigerung des Zeugnisses oder der Eidesleistung ohne gesetzlichen Grund wird Geldstrafe oder Haft angeordnet. (Bestrebungen, die eidliche Vernehmung auch im Strafprozeß einzuschränken, sind im Gange.)

Bezüglich des Sachverständigenbeweises gilt das gleiche wie bei der ZPO. auf S. 291/292 Gesagte. In der Hauptverhandlung ist jedoch stets die mündliche Vernehmung des Sachverständigen erforderlich.

Als sonstige Beweismittel gelten noch Urkunden (vgl. ZPO. S. 292).

Die zwangsweise Sicherung des Strafverfahrens.

Verhaftung und vorläufige Festnahme. Diese ist gegeben, wenn der Beschuldigte sich der staatlichen Strafgewalt durch Flucht oder Vertuschung seiner Tat zu entziehen beabsichtigt, und zwar durch Verhängung der Untersuchungshaft über den Beschuldigten. Sie ist gewöhnlich nur zulässig nach Erhebung der öffentlichen Anklage. Es müssen dringende Verdachtsgründe gegen den Betreffenden vorliegen, ferner Fluchtverdacht oder Verdunkelungsgefahr.

Ist der zu Verhaftende flüchtig oder hält er sich verborgen, so können Richter wie Staatsanwaltschaft einen Steckbrief erlassen.

Eine vorläufige Festnahme steht jedermann auch ohne richterliche Mitwirkung zu, falls jemand auf frischer Tat betroffen oder verfolgt wird und er entweder fluchtverdächtig oder seiner Person nach nicht bekannt ist. Der Festgenommene ist unverzüglich dem Amtsrichter des betreffenden Bezirks vorzuführen. Bei einem Offizier in Uniform ist die Annahme ausgeschlossen, daß er der Flucht verdächtig sei, oder daß seine Persönlichkeit nicht sofort festgestellt werden könne, es sei denn, daß er bei der Begehung eines Verbrechens auf frischer Tat betroffen oder verfolgt wird.

Dem Verhafteten steht ein Anspruch wenigstens über die Art der Beschuldigung sofort zu, ferner ein Anspruch auf Benachrichtigung seiner Angehörigen und, wenn er daran ein wesentliches Interesse hat, auch anderen Personen, und zwar auch auf Benachrichtigung von Amts wegen.

Neu sind die Vorschriften des § 114b Abs. 3 über die Vernehmung des Verhafteten; sie sollen sicherstellen, daß der Verhaftete alsbald in den Stand gesetzt wird, alles geltend zu machen, was er gegen die Beschuldigung und gegen die Annahme einer Flucht- oder Verdunkelungsgefahr vorzubringen hat. Grundlegend neu sind die §§ 114b und 115a. Sie geben dem wegen Verbrechens oder Vergehens Verhafteten ein Recht darauf, daß das zuständige Gericht auf Grund mündlicher Verhandlung über die Aufrechterhaltung der Haft entscheidet. § 115a enthält das sogenannte **Haftprüfungsverfahren.** Dem Gericht wird danach zur Pflicht gemacht, innerhalb gewisser Zeiträume über die Fortdauer der Untersuchungshaft zu entscheiden. Es gelten also künftig die Grundsätze der Mündlichkeit und Unmittelbarkeit für das Haftverfahren, die bisher nur die Hauptverhandlung beherrschten. Dadurch können etwaige Mißgriffe bei Erlaß eines Haftbefehls sobald als möglich beseitigt werden. Auch dann ist es von Bedeutung, wenn während der Dauer der Untersuchungshaft eine wesentliche Verschiebung der Sachlage eintritt. Es wird bezweckt, einer übermäßigen Dauer der Untersuchungshaft entgegenzuwirken. Die Haftprüfung hat zum ersten Male wieder nach zwei Monaten zu erfolgen und ist dann zu wiederholen. Der Termin zur mündlichen Verhandlung muß im allgemeinen spätestens nach Ablauf einer Woche seit Eingang des Antrags des Verhafteten abgehalten werden. Die Aufgabe der mündlichen Verhandlung dient der Klärung der Frage, ob der Haftbefehl aufrecht zu erhalten oder aufzuheben ist, oder ob der Verhaftete gegen Sicherheitsleistung aus der Haft entlassen werden kann. Auf alle Fälle **hat die Bestellung eines Verteidigers** für die mündliche Verhandlung zu erfolgen. Die Haftentscheidung hat der Untersuchungsrichter zu treffen. Er kann den Haftbefehl nach freiem Ermessen mit oder ohne Zustimmung der Staatsanwaltschaft aufheben. Die Staatsanwaltschaft kann mit dem Antrage auf Aufhebung eines Haftbefehls die Freilassung des Verhafteten anordnen.

Die Beschlagnahme. Gegenstände, die als Beweismittel für die Untersuchung von Bedeutung sein können, sind, wenn sie nicht freiwillig hergegeben werden, mit Beschlag zu belegen. Wer einen solchen Gegenstand in seinem Gewahrsam hat, ist verpflichtet, denselben auf Erfordern vorzulegen und auszuliefern. Er kann im Falle der Weigerung durch bestimmte Zwangsmittel hierzu angehalten werden. Die Anordnung einer Beschlagnahme steht dem Richter zu, bei Gefahr im Verzug auch der Staatsanwaltschaft und den Hilfsbeamten der Staatsanwaltschaft.

Besonders eingeschränkt ist die Beschlagnahme von Postsendungen. Zulässig ist nur die Beschlagnahme der an den Beschuldigten gerichteten Briefe und Sendungen auf der Post sowie der an ihn gerichteten Telegramme auf dem Telegraphenamt, ferner an diesen Orten die Beschlagnahme solcher Briefe oder Sendungen oder Telegramme, die für die Untersuchung von Bedeutung sein können. Zur Beschlagnahme ist nur der Richter befugt, bei Gefahr im Verzug auch die Staatsanwaltschaft, aber nicht die Polizei. Diese muß ihr ausgelieferte Gegenstände sofort dem Richter uneröffnet vorlegen. Die vom Staatsanwalt verfügte Beschlagnahme tritt außer Kraft, wenn sie nicht vom Richter innerhalb von 3 Tagen bestätigt wird.

Ferner eine zeitweilige Vermögensbeschlagnahme usw.

Die Durchsuchung. Sie dient zum Zwecke der Ergreifung des Beschuldigten und behufs Auffindung von Beweismitteln. Sie ist bei einem der Tat Verdächtigen unbeschränkt zulässig. Durchsuchung zur Nachtzeit darf nur bei Verfolgung auf frischer Tat, bei Gefahr im Verzug und bei Wiederergreifung eines entwichenen Gefangenen vorgenommen werden. Die Anordnung von Durchsuchungen steht dem Richter, bei Gefahr im Verzug der Staatsanwaltschaft und ihren Hilfsbeamten zu. Der Inhaber der zu durchsuchenden Räume oder Gegenstände darf der Durchsuchung beiwohnen. Eine Durchsicht der Papiere des von der Durchsuchung Betroffenen steht ohne Genehmigung des Inhabers nur dem Richter zu.

Die Verteidigung.

Eine Selbstverteidigung des Beschuldigten kommt eigentlich nur bei der Vernehmung in Frage. Der Beschuldigte kann sich in jeder Lage des Verfahrens des Beistandes eines Verteidigers bedienen, d. h. eines bei irgend einem deutschen Gerichte zugelassenen Rechtsanwaltes sowie Rechtslehrers an deutschen Hochschulen. Der als Verteidiger gewählte Rechtsanwalt kann mit Zustimmung des Angeklagten die Verteidigung einem Rechtskundigen übertragen, der die erste Prüfung für den Justizdienst bestanden hat und in demselben seit mindestens 2 Jahren beschäftigt ist.

Eine Verteidigung ist notwendig:

1. in erstinstanzlichen Reichsgerichtssachen;
2. in Schwurgerichtssachen;
3. in erstinstanzlichen Landesgerichtssachen unter bestimmten Voraussetzungen, namentlich wenn ein Verbrechen den Gegenstand der Untersuchung bildet und der Beschuldigte oder sein gesetzlicher Vertreter die Bestellung eines Verteidigers beantragt.

In andern Fällen kann das Gericht von Amts wegen einen Verteidiger bestellen.

Die Verteidigung mehrerer Beschuldigter kann durch einen gemeinschaftlichen Verteidiger erfolgen.

Der Verteidiger hat das Recht der Akteneinsicht, soweit der Untersuchungszweck nicht gefährdet ist, das Recht der Einsicht der Protokolle über die Vernehmung des Beschuldigten, der Gutachten der Sachverständigen und der Protokolle über bestimmte gerichtliche Handlungen. Er hat ferner das Recht des freien Verkehrs mit dem Beschuldigten, unbeschränkt aber nur nach Eröffnung des Hauptverfahrens. Der Verteidiger tritt gewöhnlich neben dem Angeklagten auf.

Der Ehemann einer Angeklagten ist in der Hauptverhandlung als Beistand zuzulassen und auf sein Verlangen zu hören; dasselbe gilt von den gesetzlichen Vertretern eines Angeklagten. In den Vorverfahren unterliegt die Zulassung solcher Beistände dem richterlichen Ermessen.

Verfahren in erster Instanz.

Grundzüge des Verfahrens.

1. Das vorbereitende Verfahren. Es dient zur Sammlung des tatsächlichen Anklagestoffs und wird vom Staatsanwalt geführt. Bei Vorhanden-

sein von genügendem Anklagematerial erhebt der Staatsanwalt die öffentliche Klage entweder durch Beantragung einer Voruntersuchung oder durch sofortiges Einreichen der Anklageschrift mit dem Antrag, das Hauptverfahren zu eröffnen.

2. Die gerichtliche Voruntersuchung. Sie wird auf Antrag des Staatsanwalts oder des Beschuldigten eröffnet, und zwar mittels Verfügung des Untersuchungsrichters. Unzulässig ist die Voruntersuchung in Schöffengerichtssachen.

3. Die Eröffnung des Hauptverfahrens. Diese geschieht im allgemeinen in einem kurzen Zwischenverfahren durch das zuständige Gericht durch bloßen Beschluß der Beschlußkammer in geheimer Sitzung.

4. Hauptverfahren. Dieses spielt sich hauptsächlich vor dem erkennenden Gericht in der Hauptverhandlung ab. Die Entscheidung des Gerichts beendigt das Verfahren für die betreffende Instanz.

Es ist also:

Vorverfahren = vorbereitendes Verfahren + Voruntersuchung.

Untersuchung = Voruntersuchung + Eröffnung + Hauptverfahren.

Den beschuldigten Verbrecher bezeichnet man im allgemeinen als „Beschuldigter“, nach Erhebung der öffentlichen Klage als „Angeschuldigter“, nach erfolgter Eröffnung des Hauptverfahrens als „Angeklagter“.

Die Anklageschrift muß die dem Angeschuldigten zur Last gelegte Tat unter Hervorhebung der gesetzlichen Merkmale und der anzugebenden Strafgesetze bezeichnen sowie die Beweismittel und das Gericht, vor dem die Hauptverhandlung stattfinden soll. Der Vorsitzende des Gerichts teilt die Anklageschrift dem Angeschuldigten mit und fordert ihn zugleich auf, sich innerhalb einer zu bestimmenden Frist bezüglich der Voruntersuchung, der Beweiserhebung oder der Einwendungen gegen die Eröffnung des Hauptverfahrens zu erklären. Kommt das Gericht zu dem Beschluß, das Hauptverfahren zu eröffnen, so kann dieser Beschluß vom Angeklagten nicht angefochten werden.

Der Termin zur Hauptverhandlung wird vom Vorsitzenden des Gerichts anberaumt. Die zur Hauptverhandlung erforderlichen Ladungen und die Herbeischaffung der Beweismittel bewirkt die Staatsanwaltschaft. Zwischen der Zustellung der Ladung und dem Tage der Hauptverhandlung muß eine Frist von mindestens einer Woche liegen. Neben dem Angeklagten ist der bestellte Verteidiger stets, der gewählte Verteidiger dann zu laden, wenn die erfolgte Wahl dem Gerichte angezeigt ist.

Lehnt der Vorsitzende den Antrag auf Ladung einer Person ab, so kann der Angeklagte sie unmittelbar laden lassen, auch ohne vorgängigen Antrag. Eine unmittelbar geladene Person ist nur dann zum Erscheinen verpflichtet, wenn ihr bei der Ladung die gesetzliche Entschädigung für Reisekosten und Versäumnis bar dargeboten oder deren Hinterlegung bei dem Gerichtsschreiber nachgewiesen wird. Ergibt sich in der Hauptverhandlung die Notwendigkeit der Vernehmung des Betreffenden, so hat das Gericht auf Antrag die Zahlung der gesetzlichen Entschädigung aus der Staatskasse anzuordnen.

In der Regel findet gegen einen ausgebliebenen Angeklagten eine Hauptverhandlung nicht statt. Das Gericht ist befugt, das persönliche Erscheinen des Angeklagten anzuordnen und es durch einen Vorführungsbefehl zu erzwingen. Insoweit die Hauptverhandlung ohne Anwesenheit des Angeklagten stattfinden kann, ist er befugt, sich durch einen mit schriftlicher Vollmacht versehenen Verteidiger vertreten zu lassen.

Die Leitung der Verhandlung, die Vernehmung des Angeklagten und die Beweisaufnahme erfolgt durch den Vorsitzenden. Wird seine Anordnung von einer der bei der Verhandlung beteiligten Personen als unzulässig beanstandet, so entscheidet das Gericht. Auf übereinstimmenden Antrag hat der Vorsitzende dem Staatsanwalt und dem Verteidiger das Kreuzverhör der Zeugen und Sachverständigen zu gestatten. Den beisitzenden Richtern, dem Staatsanwalt, dem Angeklagten und dem Verteidiger sowie den Geschworenen und den Schöffen muß er gestatten, Fragen an die Zeugen und Sachverständigen zu stellen.

Die Hauptverhandlung beginnt mit dem Aufrufe der Sache, der Zeugen und Sachverständigen. Es erfolgt die Vernehmung des Angeklagten über persönliche Verhältnisse und dann seine weitere Vernehmung sowie die Verlesung des Beschlusses. Nach der Vernehmung des Angeklagten folgt die Beweisaufnahme. Nach der Vernehmung eines jeden Zeugen, Sachverständigen oder Mitangeklagten sowie nach der Verlesung eines jeden Schriftstückes soll der Angeklagte gefragt werden, ob er etwas zu erklären habe. Nach Schluß der Beweisaufnahme erhalten die Staatsanwaltschaft und dann der Angeklagte zu ihren Ausführungen und Anträgen das Wort. Dem Angeklagten gebührt das letzte Wort. Der Staatsanwalt hat nur das Recht auf einmalige Erwiderung. Auch wenn der Verteidiger gesprochen hat, ist der Angeklagte zu befragen, ob er selbst noch etwas zu seiner Verteidigung anzuführen habe.

Das Urteil wird vom Gericht auf Grund der Beweisaufnahme nach freier Überzeugung gefällt. Das Urteil kann lauten: auf Freisprechung, auf Verurteilung und auf Einstellung des Verfahrens. Bei der Freisprechung müssen die Urteilsgründe ergeben, ob der Angeklagte für nicht überführt, oder aus welchen Gründen die für erwiesen angenommene Tat für nicht strafbar erachtet worden ist. Zur Verurteilung bedarf es bei einer jeden dem Angeklagten nachteiligen Entscheidung über die Schuldfrage einer Mehrheit von zwei Dritteilen der Stimmen. Im Falle der Verurteilung müssen die Urteilsgründe, die für erwiesen erachteten Tatsachen, das angewendete Strafgesetz, mildernde Umstände, Strafbemessungsgründe usw. angegeben werden.

Die abgeurteilte Tat ist sowohl im Falle der Freisprechung wie auch der Verurteilung erledigt nach dem Grundsatz: ne bis in idem (zu deutsch: Ein und dieselbe Sache darf nicht zweimal abgeurteilt werden). Nur beim Wiederaufnahmeverfahren wird dieser Grundsatz durchbrochen.

Die Verkündung des Urteils erfolgt durch Verlesung der Urteilsformeln und Eröffnung der Urteilsgründe am Schlusse der Verhandlung. Das Urteil ist von den Richtern zu unterschreiben. Über die Hauptverhandlung ist ein Protokoll aufzunehmen und von dem Vorsitzenden und dem Gerichtsschreiber zu unterschreiben. Die Beobachtung der für die Hauptverhandlung vorgeschriebenen Förmlichkeiten kann nur durch das Protokoll bewiesen werden.

Eine Hauptverhandlung gegen Abwesende, d. h. gegen Personen, deren Aufenthalt unbekannt ist oder die sich im Auslande aufhalten und nicht im Bereiche der inländischen Justizgewalt sind, ist nur zulässig, wenn die den

Gegenstand der Untersuchung bildende Tat nur mit Geldstrafe oder Einziehung bedroht ist. Zur Deckung der den Angeschuldigten möglicherweise treffenden Geldstrafe und der Kosten des Verfahrens können durch Gerichtsbeschluß sein ganzes Vermögen oder Teile desselben mit Beschlag belegt werden.

Rechtsmittel.

Wie im Zivilprozeß gibt es auch im Strafprozeß 3 Rechtsmittel: die Berufung, die Revision und die Beschwerde. Die Berufung ist zulässig gegen Urteile der Schöffengerichte. Die Revision ist gegeben gegen die Urteile der Strafkammer 1. und 2. Instanz und der Schwurgerichte. Die Beschwerde ist nicht gegen Urteile, sondern gegen sonstige Entscheidungen statthaft. Die Rechtsmittel haben die Wirkung, die Entscheidung der Sache an die höhere Instanz zu bringen.

Unanfechtbare Entscheidungen sind die des Reichsgerichts und der Oberlandesgerichte.

Die zulässigen Rechtsmittel stehen sowohl der Staatsanwaltschaft als dem Beschuldigten zu. Die von dem Angeklagten angefochtene Entscheidung kann nicht zu seinem Nachteil abgeändert werden. Der gesetzliche Vertreter sowie der Ehemann einer beschuldigten Person können selbständig von den Rechtsmitteln Gebrauch machen. Der in Haft genommene Beschuldigte kann die Rechtsmittelerklärung zu Protokoll des Gerichtsschreibers abgeben.

Die Beschwerde kann sich nur gegen Beschlüsse und Verfügungen im allgemeinen wenden. Man unterscheidet die einfache, an keine Frist gebundene Beschwerde und die sofortige Beschwerde in den vom Gesetz ausdrücklich bezeichneten Fällen, außerdem noch die weitere Beschwerde gegen Entscheidungen des Beschwerdegerichts. Sie ist stets zulässig; unzulässig ist sie nur gegen Entscheidungen der Oberlandesgerichte und des Reichsgerichts, gegen Entscheidungen der erkennenden Gerichte, welche der Urteilsfällung vorausgehen, und gegen die vom Gesetze ausdrücklich als unanfechtbar bezeichneten Entscheidungen. Über die Beschwerde entscheidet das nächsthöhere Gericht.

Die Berufung bezweckt eine Neuverhandlung des Rechtsstreits bei der höheren Instanz in tatsächlicher und rechtlicher Hinsicht, und zwar nur gegen die Urteile der Schöffengerichte. Sie muß beim Gerichte erster Instanz binnen einer Woche nach Verkündung des Urteils zu Protokoll des Gerichtsschreibers oder schriftlich eingelegt werden. Die Einlegung der Berufung ohne Einreichung des Gesuches um Wiedereinsetzung gilt als Verzicht auf diese. Ist die Berufung verspätet eingelegt, so wird sie vom Gericht I. Instanz als unzulässig verworfen. Der Prüfung des Berufungsgerichts unterliegt das Urteil nur insoweit, als es angefochten ist.

Das Urteil kann lauten: auf Aufhebung des ersten Urteils, falls die Berufung begründet ist. Gewöhnlich erkennt dann das Berufungsgericht in der Sache selbst. Jedoch kann es die Zurückverweisung an die vorige Instanz beim Vorliegen einer die Revision begründenden Verletzung der Vorschriften über das Verfahren anordnen;

oder auf Verwerfung der Berufung, falls sie nicht begründet ist.

Die Revision bezweckt nur die Nachprüfung des Vorderurteils in rechtlicher Hinsicht. Sie wirft also dem Urteil vor, daß es eine Rechtsverletzung enthalte. Eine Neuverhandlung des Rechtstreits in tatsächlicher Hinsicht und die Vernehmung von neuen Zeugen zur Sache selbst ist ausgeschlossen. Die Revision findet gegen die Urteile der Strafkammern 1. und 2. Instanz und der Schwurgerichte statt. Sie kann nur auf eine Gesetzesverletzung gestützt werden. Hier gilt das gleiche wie bei der ZPO. (vergl. S. 298).

Die Revision muß bei dem Gerichte, dessen Urteil angefochten wird, binnen einer Woche nach Verkündung des Urteils zu Protokoll des Gerichtsschreibers oder schriftlich niedergelegt werden. Bei verspäteter Einlegung der Revision oder bei fehlerhafter Rechtfertigung derselben hat dasjenige Gericht, dessen Urteil angefochten wird, das Rechtsmittel durch Beschluß als unzulässig zu verwerfen. Die Verwerfung findet ebenfalls statt, wenn das Revisionsgericht die Einlegung der Revision für formwidrig erachtet.

Das Urteil kann auf Aufhebung des ersten Urteils lauten, falls die Revision für begründet erachtet wird. Gewöhnlich verweist das Revisionsgericht die Sache an die Vorinstanz zur Neuverhandlung zurück; oder es kann auf Verwerfung der Revision lauten, falls sie unbegründet ist.

Wiederaufnahme eines durch rechtskräftiges Urteil abgeschlossenen Verfahrens.

Die Wiederaufnahme zugunsten des Verurteilten kommt vor:

1. wenn eine ihn belastende Urkunde gefälscht war;
2. wenn ein Belastungszeuge oder ein Sachverständiger einen Falscheid leistete;
3. wenn der Richter bei der Urteilsfällung eine vom Angeklagten nicht veranlaßte strafbare Handlung beging;
4. wenn ein präjudizielles Zivilurteil durch ein anderes rechtskräftig gewordenes Urteil aufgehoben ist;
5. wenn neue Tatsachen oder Beweismittel beigebracht sind, welche die Freisprechung des Angeklagten oder seine Bestrafung nach einem milderen Gesetz zu begründen geeignet sind.

In Schöffengerichtssachen können jedoch nur solche Beweismittel beigebracht werden, die der Verurteilte im früheren Verfahren einschließlich der Berufungsinstanz nicht gekannt hatte oder ohne Verschulden nicht geltend machen konnte.

Eine Wiederaufnahme zuungunsten des Angeklagten findet aus den unter 1. und 3. angegebenen Gründen statt, wenn durch sie eine Entlastung des Angeklagten herbeigeführt worden war; ferner wenn der völlig Freigesprochene gerichtlich oder außergerichtlich ein glaubhaftes Geständnis der strafbaren Handlung ablegt.

In dem Antrage wegen Wiederaufnahme müssen der gesetzliche Grund sowie die Beweismittel angegeben werden. Der Antrag muß von dem Verteidiger oder einem Rechtsanwalt unterzeichnet oder zu Protokoll des Gerichtsschreibers gegeben werden.

Eine Entschädigung unschuldig Verurteilter ist im Reichsgesetz vom 20. Mai 1898 geregelt. Für unschuldig erlittene Untersuchungshaft wird gemäß Reichsgesetz vom 14. Juli 1904 ebenfalls eine staatliche Entschädigung gewährt.

Die Beteiligung des Verletzten am Verfahren.

Die Privatklage. Sie kann während der ganzen Verjährungszeit des Vergehens oder Verbrechens angestrengt werden, vorausgesetzt, daß der erforderliche Strafantrag rechtzeitig gestellt worden ist.

Im Wege der Privatklage sind verfolgbar:

1. die nur auf Antrag zu verfolgenden Beleidigungen und Körperverletzungen;
2. gewisse Vergehen gegen das Gesetz über den unlauteren Wettbewerb.

Klageberechtigt ist der Verletzte, ferner derjenige, der nach den Strafgesetzen das Recht hat, selbständig auf Bestrafung anzutragen, und der gesetzliche Vertreter des Verletzten.

Übernimmt die Staatsanwaltschaft die Verfolgung, so wird der Verletzte dadurch zum Nebenkläger.

Wegen Beleidigung ist die Erhebung der Klage erst zulässig, wenn vor der Vergleichsbehörde ein erfolgloser Sühneversuch stattgefunden hat (in Preußen vor dem Schiedsmann nach der Schiedsmannsordnung vom 25. März 1879). Diese Bestimmung findet keine Anwendung, wenn die Parteien in verschiedenen Gemeindebezirken wohnen.

In dem Privatklageverfahren vertritt der Privatkläger im großen und ganzen die Stelle des Staatsanwalts. Bei wechselseitigen Beleidigungen oder Körperverletzungen hat der Beschuldigte bis zur Beendigung der Schlußvorträge das Recht der Widerklage. Die Privatklage kann bis zur Verkündung des Urteils 2. Instanz zurückgenommen werden.

Die Nebenklage. Zur Nebenklage sind folgende Personen berechtigt:

1. wer berechtigt ist, als Privatkläger aufzutreten, falls der Staatsanwalt von seiner Befugnis, die öffentliche Klage zu erheben, Gebrauch macht;
2. wer durch Antrag auf gerichtliche Entscheidung die Erhebung der öffentlichen Klage herbeigeführt hat, vorausgesetzt, daß die strafbare Handlung gegen sein Leben, seine Gesundheit, seine Freiheit, seinen Personenstand oder sein Vermögen gerichtet war;
3. wer berechtigt ist, die Zuerkennung einer Buße zu verlangen, nämlich der Verletzte,
   a) bei der Verleumdung und üblen Nachrede,
   b) bei Körperverletzung,
   c) bei Verletzungen des Urheber- und Patentrechts,
   d) bei unlauterem Wettbewerb;
4. die Verwaltungsbehörden bei Gefällsdelikten.

Die Anschlußerklärung erfolgt schriftlich zu den Gerichtsakten und ist in jeder Lage des Verfahrens zulässig, und zwar behufs Einlegung von Rechtsmitteln auch nach ergangenem Urteile. Das Gericht entscheidet nach Anhörung der Staatanwaltschaft über die Berechtigung des Nebenklägers zum Anschlusse. Durch den Anschluß erhält der Nebenkläger die Rechte des Privatklägers; er kann sich unabhängig von der Staatsanwaltschaft der Rechtsmittel bedienen. Der Antrag auf Zuerkennung einer Buße kann bis zur Verkündung des Urteils 1. Instanz gestellt werden.

Besondere Arten des Verfahrens.

Das Gesetz gibt vereinfachte Vorschriften:

1. bei amtsrichterlichen Strafbefehlen,
2. nach vorangegangener polizeilicher Strafverfügung,
3. bei Strafbescheiden wegen Zuwiderhandlungen gegen die Vorschriften über die Erhebung öffentlicher Abgaben und Gefälle,
4. gegen Abwesende, die sich der Wehrpflicht entzogen haben,
5. bei Einziehung und Vermögensbeschlagnahme.

1. Das Verfahren bei amtsrichterlichen Strafbefehlen.

Ein amtsrichterlicher Straf**befehl** ist zulässig:
Bei allen Übertretungen und denjenigen Vergehen, die nur mit Gefängnis von höchstens 3 Monaten oder Geldstrafe allein oder in Verbindung mit Einziehung bedroht sind.

Der Strafbefehl wird auf Antrag der Staatsanwaltschaft vom Amtsrichter erlassen und muß enthalten: die Festsetzung der Strafe, die strafbare Handlung und das angewendete Strafgesetz, die Beweismittel, schließlich den Hinweis auf die Möglichkeit des Einspruchs, welcher binnen einer Woche nach der Zustellung des Strafbefehls bei dem Amtsgerichte schriftlich oder zu Protokoll des Gerichtsschreibers erhoben werden muß. Wird Einspruch erhoben, so ist das Gericht bei der Urteilsfällung an den im Strafbefehl enthaltenen Ausspruch nicht gebunden; es kann sogar auf eine höhere Strafe erkennen.

2. Das Verfahren nach vorangegangener polizeilicher Strafverfügung.

Die Erlassung von Straf**verfügungen** setzt voraus, daß den Polizeibehörden durch die Landesgesetze eine solche Befugnis eingeräumt ist. Sie sind nur bei Übertretungen statthaft und dürfen keine andere Strafe als Haft bis zu 14 Tagen oder Geldstrafe nebst aushilflicher Haft sowie eine etwa verwirkte Einziehung verhängen. Gegen die Verfügung kann auf gerichtliche Entscheidung bei der Polizeibehörde oder beim Amtsgerichte schriftlich oder mündlich, bei letzterem auch zu Protokoll des Urkundsbeamten binnen einer Woche nach der Bekanntgabe angetragen werden. Dann entscheidet das Gericht. Die Strafverfügung wirkt in betreff der Unterbrechung der Verjährung wie eine richterliche Handlung.

3. Verfahren bei Zuwiderhandlungen gegen die Vorschriften über die Erhebung öffentlicher Abgaben und Gefälle.

Die Verwaltungsbehörden dürfen Straf**bescheide** erlassen; sie können hierbei nur Geldstrafen sowie eine etwa verwirkte Einziehung festsetzen. Antrag auf gerichtliche Entscheidung kann bei gleicher Behörde binnen einer Woche nach der Bekanntmachung gestellt werden. Hat die Verwaltungsbehörde einen Strafbescheid nicht erlassen, und lehnt die Staatsanwaltschaft einen an sie gerichteten Antrag auf Verfolgung ab, so ist die Verwaltungsbehörde befugt, selbst die Anklage zu erheben. Umgekehrt kann die Verwaltungsbehörde sich der Anklage der Staatsanwaltschaft als Nebenkläger anschließen. (Eingehend geregelt ist das Steuerstrafrecht in den §§ 355ff. Reichsabgabenordnung vom 13. Dezember 1919.)

4. Verfahren bei Einziehung und Vermögensbeschlagnahme.

Eine zeitweilige Vermögensbeschlagnahme kommt vor in folgenden Fällen:

a) bei Hoch- und Landesverrat nach Eröffnung der Voruntersuchung bis zu deren rechtskräftigen Beendung;

b) beim Verfahren gegen Abwesende behufs Herbeiführung ihrer Gestellung;

c) beim Verfahren gegen Abwesende zur Deckung der Geldstrafen und Kosten.

Strafvollstreckung und die Kosten des Verfahrens.

Die Strafvollstreckung.

Strafurteile sind erst vollstreckbar, wenn sie rechtskräftig geworden sind. Auf die zu vollstreckende Freiheitsstrafe ist die Untersuchungshaft unverkürzt anzurechnen, welche der Angeklagte erlitten hat. Die Strafvollstreckung erfolgt durch die Staatsanwaltschaft auf Grund einer vom Urkundsbeamten zu erteilenden beglaubigten Abschrift der Urteilsformel.

Die Vollstreckung einer Freiheitsstrafe ist aufzuschieben, wenn der Verurteilte in Geisteskrankheit oder in eine andere Krankheit verfallen ist, die infolge der Vollstreckung den Verurteilten in nahe Lebensgefahr bringen würde, oder wenn der körperliche Zustand der verurteilten Person mit der Einrichtung der Strafanstalt unverträglich ist. Außerdem kann die Vollstreckung auf Antrag des Verurteilten bis zu 4 Monaten aufgeschoben werden, wenn durch die sofortige Vollstreckung dem Verurteilten oder seiner Familie erhebliche, außerhalb des Strafzwecks liegende Nachteile erwachsen. Ferner darf eine Vollstreckung nicht erfolgen, wenn das „Gericht“ Bewährungsfrist angeordnet hat.

Staatsanwaltschaft oder Amtsrichter sind befugt, behufs Vollstreckung einer Freiheitsstrafe einen Vorführungs- oder Haftbefehl zu erlassen, wenn der Verurteilte trotz Ladung sich nicht stellt oder der Flucht verdächtig ist; erstere kann auch einen Steckbrief erlassen. Über die Art und Weise der Vollstreckung (die Landessache ist) vgl. die diesbezügl. Reichsratsgrundsätze. Reform ist im Gange (Abschaffung der Todesstrafe).

Die Kosten des Verfahrens.

Jedes Urteil, jeder Strafbefehl und jede eine Untersuchung einstellende Entscheidung muß darüber Bestimmung treffen, von wem die Kosten des Verfahrens zu tragen sind. Entsteht über die Höhe der Kosten Streit, so erfolgt hierüber besondere Entscheidung.

Der Angeklagte hat, wenn er zur Strafe verurteilt ist, die Kosten zu tragen mit Einschluß der durch die Vorbereitung der öffentlichen Klage und durch die Strafvollstreckung entstandenen. Mehrere Angeklagte haften für die Auslagen als Gesamtschuldner. Einem Freigesprochenen oder außer Verfolgung gesetzten Angeschuldigten sind nur solche Kosten aufzuerlegen, die er durch eine schuldbare Versäumnis verursacht hat. Nach dem Ermessen des Gerichts können die dem Angeschuldigten erwachsenen notwendigen Auslagen der Staatskasse auferlegt werden.

Ist ein Verfahren durch eine wider besseres Wissen oder grobfahrlässig gemachte Anzeige veranlaßt worden, so kann das Gericht die der Staatskasse und den Beschuldigten erwachsenen Kosten dem Anzeiger auferlegen. Erfolgt eine Einstellung des Verfahrens wegen Zurücknahme des Antrags, so hat der Antragsteller die Kosten zu tragen. Ist in einem Verfahren Privatklage erhoben, so hat der Verurteilte auch die dem Privatkläger erwachsenen notwendigen Auslagen zu erstatten. Wird der Beschuldigte freigesprochen oder wird das Verfahren eingestellt, so treffen die Kosten den Privatkläger. Die Kosten eines zurückgenommenen oder erfolglos eingelegten Rechtsmittels treffen denjenigen, der es eingelegt hat. Die Kosten der Wiedereinsetzung in den vorigen Stand fallen im allgemeinen dem Antragsteller zur Last. In Reichsgerichtssachen 1. Instanz sind die von der Staatskasse zu tragenden Kosten der Reichskasse aufzuerlegen.

Das Jugendgerichtsgesetz.

Das Jugendgerichtsgesetz vom 16. Februar 1923 hat das ganze materielle und formelle Strafrecht für die Jugendlichen geregelt.

Die Strafmündigkeit tritt mit Vollendung des 14. Lebensjahres ein; Jugendliche unter 14 Jahren sind vollständig straflos. Die volle strafrechtliche Verantwortlichkeit tritt mit Vollendung des 18. Lebensjahres ein. Unter Jugendlichen versteht das Gesetz Personen zwischen 14 und 18 Jahren. Ein Jugendlicher, der eine mit Strafe bedrohte Handlung begeht, ist nicht strafbar, wenn er z. Z. der Tat nach seiner geistigen oder sittlichen Entwicklung unfähig war, das Ungesetzliche der Tat einzusehen oder seinen Willen dieser Einsicht gemäß zu bestimmen.

Während das Strafgesetzbuch die Strafbarkeit der Teilnahme (Anstiftung und Beihilfe) von der Strafbarkeit des Täters abhängig macht, hat das Jugendgerichtsgesetz diesen Grundsatz durchbrochen, indem es in § 4 bestimmt, daß die Anstiftung und Beihilfe, wenn als Täter ein Jugendlicher in Betracht kommt, trotzdem bestraft wird, auch wenn der Jugendliche straflos ausgehen sollte; das gleiche gilt für Begünstigung und Hehlerei.

Bezüglich der Strafbemessung gilt folgendes:

Statt auf Todesstrafe oder auf lebenslanges Zuchthaus kann nur auf Gefängnis von einem bis zu zehn Jahren, statt auf lebenslange Festungshaft auf ein bis zu zehn Jahren Festungshaft erkannt werden.

Sind andere Strafen angedroht, so ist die Strafe zwischen dem gesetzlichen Mindestbetrage der anzuwendenden Strafart und der Hälfte des Höchstbetrages der angedrohten Strafe zu bestimmen. Ist Zuchthausstrafe angedroht, so tritt an ihre Stelle Gefängnisstrafe. In besonders leichten Fällen kann, wenn es sich um ein Vergehen oder eine Übertretung handelt, von Strafe abgesehen werden. Auf Ehrenstrafen sowie auf Zulässigkeit von Polizeiaufsicht darf nicht erkannt werden. Des weiteren gibt das Gesetz dem Gericht die Möglichkeit, die Vollstreckung einer Freiheitsstrafe im Urteil auszusetzen, damit der Verurteilte sich durch gute Führung während einer Probezeit Straferlaß verdienen kann. Die Probezeit ist mindestens auf 2 und höchstens auf 5 Jahre zu bemessen. Führt der Verurteilte sich während der Probezeit schlecht, so kann die Vollstreckung der Strafe angeordnet werden.

Die neuzeitliche Auffassung des Jugendgerichtsgesetzes wird dadurch in besonderem Maße gekennzeichnet, daß es statt Strafen in weitgehendem Maße Erziehungsmaßregeln zuläßt oder anordnet. Das Gericht hat nämlich zu prüfen, ob Erziehungsmaßregeln erforderlich sind; im bejahenden Falle hat das Gericht entweder selbst die Erziehungsmaßregeln anzuordnen oder auszusprechen, daß Erziehungsmaßregeln erforderlich sind, ihre Auswahl und Anordnung aber dem Vormundschaftsgericht überlassen bleibt. Das Vormundschaftsgericht muß alsdann eine Erziehungsmaßregel anordnen. Wird ein Jugendlicher freigesprochen, weil er das Ungesetzliche der Tat nicht einzusehen vermochte, so kann trotzdem auf Erziehungsmaßregeln erkannt werden. Hält das Gericht Erziehungsmaßregeln für ausreichend, so ist von Strafe ganz abzusehen. Als zulässige Erziehungsmaßregeln bezeichnet das Gesetz: Verwarnung, Überweisung in die Zucht der Erziehungsberechtigten oder der Schule, Auferlegung besonderer Verpflichtungen, Unterbringung, Schutzaufsicht und Fürsorgeerziehung.

Jugendstrafsachen kommen zur Aburteilung vor das Jugendgericht. Jugendgerichte sind die Schöffengerichte. Für Fälle, nach denen die Straftat nach den allgemeinen Vorschriften der Zuständigkeit des Reichsgerichts oder des Schwurgerichts unterliegt (S. 345), besteht das Jugendgericht aus zwei Richtern und drei Schöffen. Für Personen, die z. Z. der Tat jugendlich waren, z. Z. der Erhebung der Anklage aber nicht mehr jugendlich, jedoch noch jünger als 21 Jahre sind, steht es im Ermessen der Staatsanwaltschaft, ob sie die Sache beim Jugendgericht anhängig machen will.

Ist ein Amtsgericht mit mehreren Richtern besetzt, so sollen die Geschäfte des Jugendrichters und des Vormundschaftsrichters demselben Richter übertragen werden.

Besondere Rechtskunde.

Die Rechtsverhältnisse der technischen und kaufmännischen Angestellten.

Die Gewerbeordnung unterscheidet niedere und höhere technische Angestellte. Als höhere technische Angestellte werden bezeichnet: Maschinentechniker, Bautechniker, Chemiker, Zeichner, Betriebsbeamte und ähnliche Angestellte. Das Dienstverhältnis dieser von Gewerbeunternehmern gegen feste Bezüge beschäftigten Personen ist fest geregelt.

Als Handelsgewerbe gilt jeder Gewerbebetrieb von bestimmten im § 1 des HGB. bezeichneten Arten von Geschäften. Hierzu gehören u. a.:

1. die Anschaffung und Weiterveräußerung von beweglichen Sachen (Waren) ohne Unterschied, ob die Waren unverändert oder nach einer Bearbeitung oder Verarbeitung weiter veräußert werden;
2. die Übernahme der Bearbeitung oder Verarbeitung von Waren für andere, sofern der Betrieb über den Umfang des Handwerks hinausgeht.

Danach unterliegen diejenigen Gewerbebetriebe, in denen Ingenieure, Techniker und Kaufleute ihre Tätigkeit ausüben können, den obigen Bestimmungen des HGB. Ein gewerbliches Unternehmen, das nach Art und Umfang einen in kaufmännischer Weise eingerichteten Geschäftsbetrieb erfordert, gilt als Handelsgewerbe im Sinne des Gesetzes, wenn die Firma des Unternehmers in das Handelsregister eingetragen worden ist. Derjenige, welcher das Handelsgewerbe betreibt, ist im gesetzlichen Sinne Kaufmann (§§ 1—3 HGB.).

Der Dienstvertrag.

Das Anstellungsverhältnis wird regelmäßig durch einen Dienstvertrag geordnet. Dieser bedarf nicht der Schriftform.

Durch den Vertrag verpflichtet sich der Angestellte zur Leistung des versprochenen Dienstes, der Arbeitgeber zur Gewährung der vereinbarten Vergütung (§ 611 BGB.). Wird die Höhe der Vergütung nicht bestimmt, so gilt das übliche Gehalt als vereinbart (§ 612 BGB.).

Das Gehalt ist in Reichswährung zu zahlen. Der Unternehmer darf dem Angestellten keine Waren kreditieren, doch darf er Lebensmittel für den Betrag der Anschaffungskosten, Wohnung und Landnutzung gegen die ortsüblichen Miets- und Pachtpreise, Feuerung und Beleuchtung, regelmäßige Beköstigung, Arzneien und ärztliche Hilfe für den Betrag der durchschnittlichen Selbstkosten bei der Gehaltszahlung in Anrechnung bringen (§ 115 GO.). Alle entgegenstehenden Vereinbarungen sind nichtig.

Das Gehalt ist nach der Leistung der Dienste zu entrichten. Ist das Gehalt nach Zeitabschnitten bemessen, so ist dasselbe nach dem Ablauf der einzelnen Zeitabschnitte zu entrichten (§ 614 BGB.).

Hat der Angestellte rechtswidrig seinen Posten verlassen, so kann der Dienstherr als Entschädigung für den Tag des Vertragsbruches und jeden folgenden Tag der vertragsmäßigen oder gesetzmäßigen Arbeitszeit, höchstens aber für eine Woche, den Betrag des ortsüblichen Tagelohns fordern. Diese Forderung ist an den Nachweis eines Schadens nicht gebunden. Durch die Geltendmachung wird der Anspruch auf Erfüllung des Vertrages und auf weiteren Schadensersatz ausgeschlossen. Dasselbe Recht steht dem Angestellten gegen den Arbeitgeber zu, wenn er von diesem vor rechtmäßiger Beendigung des Arbeitsverhältnisses entlassen worden ist (§ 124 BGB.).

Verleitet ein Arbeitgeber einen Angestellten dazu, vor der rechtmäßigen Beendigung des Arbeitsverhältnisses die Arbeit zu verlassen, so ist er dem früheren Arbeitgeber für den entstehenden Schaden als Selbstschuldner mithaftbar. In gleicher Weise haftet der Arbeitgeber, welcher einen Angestellten annimmt, von dem er weiß, daß derselbe einem anderen Arbeitgeber zur Arbeit noch verpflichtet ist. Und ebenso haftet ein Arbeitgeber, der einen Angestellten in dieser Zeit in der Beschäftigung behält, sofern nicht seit der unrechtmäßigen Lösung des Arbeitsverhältnisses bereits 14 Tage verflossen sind (§ 124b GO.).

Das Dienstverhältnis kann, wenn nicht etwas anderes verabredet ist, von jedem Teile mit Ablauf jedes Kalendervierteljahres mit vorher erklärter sechswöchentlicher Kündigung aufgehoben werden (§ 133a GO.). Wird durch Vertrag eine kürzere oder längere Kündigungsfrist bedungen, so darf sie nicht weniger als einen Monat betragen und muß für beide Teile gleich sein. Dies gilt auch, wenn das Dienstverhältnis für bestimmte Zeit mit der Vereinbarung eingegangen ist, daß es in Ermangelung einer vor dem Ablaufe der Vertragszeit erfolgten Kündigung als verlängert gelten soll.

Die Kündigung kann nur für den Schluß eines Kalendermonats zugelassen werden (§ 133aa GO.). Jede Vereinbarung, die diesen Vorschriften zuwiderläuft, ist nichtig. Jedoch finden diese Vorschriften keine Anwendung bei Angestellten, welche ein Gehalt von Mk. 5000.— und darüber im Jahre beziehen.

Ist der Angestellte für eine außereuropäische Niederlassung angenommen und werden im Falle der Kündigung des Dienstverhältnisses die Kosten der Rückreise vom Arbeitgeber getragen, so finden diese Vorschriften ebenfalls keine Anwendung.

Werden Techniker nur zur vorübergehenden Aushilfe genommen, so finden diese Vorschriften keine Anwendung. Wird das Dienstverhältnis jedoch über drei Monate hinaus fortgesetzt, so gelten die Bestimmungen wie für fest angestellte Beamte. Die Kündigungsfrist muß auch in diesem Falle für beide Teile gleich sein (§ 133a e).

Die Festsetzung der Verhältnisse zwischen dem Dienstherrn und dem höheren technischen Angestellten ist im allgemeinen Gegenstand freier Übereinkunft (§ 105 GO.). Nur durch Reichsgesetz kann die Vertragsfreiheit beschränkt werden. Es können also Bestimmungen über die zu leistenden Dienste nach Art, Umfang und Zeit, über die Festsetzung des Entgeltes nach Höhe und Art und über die Dauer des Dienstverhältnisses getroffen werden. Auch sonst können persönliche Verhältnisse durch weitere Vereinbarungen geregelt werden. Hierzu gehören die Konkurrenzklausel (Wettbewerbsklausel), Vereinbarung von Konventionalstrafen (Vertragsstrafen), Vereinbarung über die Wohnung, Sparkasseneinlagen; auch die Verpflichtung, sich an gewissen Vereinen und Agitationen nicht zu beteiligen. All diese Vereinbarungen sind unverbindlich, wenn es sich herausstellt, daß sie gegen die guten Sitten verstoßen (§ 138 BGB.).

Ist das Dienstverhältnis auf eine bestimmte Zeit abgeschlossen, so endigt es mit dem Ablauf dieser Zeit, ohne daß es irgendwelcher Erklärungen der Vertragschließenden bedarf. Dabei ist es gleichgültig, ob die bestimmte Zeit in dem Dienstvertrage selbst angegeben ist, oder ob die Dauer des Dienstverhältnisses aus der Beschaffenheit oder dem Zweck der Dienste sich entnehmen läßt (§ 620 BGB.). Ist die Anstellung auf Lebenszeit oder für längere Zeit als 5 Jahre eingegangen, so ist hieran nur der Geschäftsherr gebunden. Der Angestellte ist berechtigt, den Vertrag nach Ablauf von 5 Jahren mit sechsmonatlicher Frist zu kündigen (§ 624 BGB.).

Ist das Dienstverhältnis auf bestimmte Dauer festgesetzt, wird es aber nach dem Ablaufe dieser Zeit von dem Angestellten mit Wissen des Geschäftsherrn fortgesetzt, so gilt es als auf unbestimmte Zeit verlängert, wenn nicht der andere Teil unverzüglich widerspricht (§ 625 BGB.). Für das neue Dienstverhältnis gilt dann die gesetzliche Kündigungsfrist.

Erlöschen des Dienstverhältnisses.

Das Dienstverhältnis erlischt:

1. mit dem Tode des Dienstverpflichteten.
2. mit dem Tode des Dienstherrn,
3. durch Kündigung zu dem vereinbarten Zeitpunkt,
4. durch Entlassung (frühere Kündigung).

Ist die Kündigung von dem einen oder dem anderen Teile erfolgt, so ist dem Angestellten auf Verlangen angemessene Zeit zum Aufsuchen eines anderen Dienstverhältnisses zu gewähren (§ 629 BGB.).

Sowohl Arbeitgeber wie Arbeitnehmer können vor Ablauf der vertragsmäßigen Zeit und ohne Innehaltung einer Kündigungsfrist die Aufhebung des Dienstverhältnisses verlangen, wenn ein wichtiger, nach den Umständen des Falles die Aufhebung rechtfertigender Grund vorliegt (vgl. S. 450ff.). Solche Gründe liegen vor für den Arbeitgeber:

1. wenn die Arbeitnehmer beim Abschlusse des Dienstvertrages den Arbeitgeber durch Vorbringung falscher oder verfälschter Zeugnisse hintergangen oder ihn über das Bestehen eines anderen, sie gleichzeitig verpflichtenden Dienstverhältnisses in einen Irrtum versetzt haben;
2. wenn sie im Dienste untreu sind oder das Vertrauen mißbrauchen;
3. wenn sie ihren Dienst unbefugt verlassen oder den nach dem Dienstvertrag ihnen obliegenden Verpflichtungen nachzukommen beharrlich verweigern;
4. wenn sie durch anhaltende Krankheit oder durch eine längere Freiheitsstrafe oder Abwesenheit an der Verrichtung ihrer Dienste verhindert werden;

5. wenn sie sich Tätlichkeiten oder Ehrverletzungen gegen den Arbeitgeber oder seinen Vertreter zuschulden kommen lassen,

6. wenn sie sich einem unsittlichen Lebenswandel ergeben.

In dem unter 4 genannten Falle bleibt der Anspruch auf die vertragsmäßigen Leistungen des Arbeitgebers für die Dauer von sechs Wochen in Kraft, wenn die Verrichtung der Dienste durch unverschuldetes Unglück verhindert worden ist. Jedoch mindern sich die Ansprüche auch in diesem Falle um denjenigen Betrag, der dem Berechtigten aus einer auf Grund gesetzlicher Verpflichtung bestehenden Krankenversicherung oder Unfallversicherung zukommt (§ 133c GO.).

Die Arbeitnehmer können die sofortige Auflösung des Dienstverhältnisses verlangen, wenn z. B.

1. der Arbeitgeber oder seine Vertreter sich Tätlichkeiten oder Ehrverletzungen gegen sie zuschulden kommen lassen;

2. der Arbeitgeber die vertragsmäßigen Leistungen nicht gewährt;

3. bei Fortsetzung des Dienstverhältnisses ihr Leben oder ihre Gesundheit einer erweislichen Gefahr ausgesetzt sein würde, die bei Eingehung des Dienstverhältnisses nicht zu erkennen war.

Unpfändbarkeit der Gehaltsforderung. Die Gehaltsforderungen der Angestellten dürfen nach § 850 ZPO., soweit sie 1500 RM. für das Jahr nicht übersteigen, regelmäßig nicht mit Beschlag belegt werden, d. h. sie sind unpfändbar. Alle entgegenstehenden Vereinbarungen haben keine rechtliche Wirkung. Wegen der Einzelheiten sei auf das Kapitel Lohn, Lohneinbehaltung und -Beschlagnahme auf Seite 442ff. und insbesondere am Schluß dieses Artikels über die Ausführungen bezüglich Lohnpfändung und Gehaltspfändung gemäß Gesetz vom 25. Juni 1919 und ff. und auf die dritte Pfändungstabelle — Gehaltspfändungstabelle — auf Seite 447ff. verwiesen. Jede Verfügung über die unpfändbare Gehaltsforderung durch Zession (Abtretung), Anweisung oder Verpfändung oder durch ein anderes Rechtsgeschäft ist rechtlich unwirksam. Lediglich im Steuerinteresse und im Interesse der Unterhaltsansprüche der Ehefrau und der Verwandten des Angestellten ist die Beschlagnahme ermöglicht.

Der Angestellte ist nicht berechtigt, für seine Arbeit einen Stellvertreter zu bestellen, da er die Dienste in Person zu leisten hat.

Auch die Ansprüche des Geschäftsherrn auf die Dienste des Angestellten sind nicht übertragbar (§ 618 BGB.).

Der Geschäftsherr kann daher einen Angestellten nicht einem anderen Dienstherrn überweisen, auch dann nicht, wenn er sein Geschäft veräußert, d. h. der Angestellte braucht nicht dem neuen Erwerber des Geschäftes dienen und kann bei vorzeitiger Entlassung Schadensersatz verlangen.

Zum Arbeiten an Sonn- und Festtagen können die Arbeitgeber die höheren technischen Angestellten nicht verpflichten, es sei denn, daß es sich um solche Arbeiten handelt, die nach den Bestimmungen der Gewerbeordnung auch an Sonn- und Festtagen vorgenommen werden dürfen (§ 105a GO.).

Auch die übrigen Vorschriften über die Sonntagsruhe, wie sie auf S. 432ff. über die Rechtsverhältnisse der Arbeiter aufgeführt sind, finden auf die höheren technischen Angestellten Anwendung.

Auch das, was dort auf S. 435 für Arbeiter über die Verpflichtungen des

Arbeitgebers zum Schutz von deren Leben und Gesundheit gesagt ist, gilt für technische und kaufmännische Angestellte. Danach hat der Arbeitgeber alle Vorkehrungen zu treffen, um Leben und Gesundheit seiner Angestellten so weit zu schützen, wie es die Natur des Betriebes gestattet. Er hat für genügendes Licht, ausreichenden Luftraum und Luftwechsel, Beseitigung des bei dem Betriebe entstehenden Staubes, der dabei entwickelten Dünste und Gase zu sorgen und hat alle Maschinen und Maschinenteile gegen gefährliche Berührungen mit Schutzvorrichtungen zu versehen.

Erfüllt der Arbeitgeber die ihm in Ansehung des Lebens und der Gesundheit des Angestellten obliegenden Verpflichtungen nicht, so haftet er für Schadensersatz wie für unerlaubte Handlungen (§ 618, Abs. 3, §§ 842—846 BGB.). Diese Verpflichtungen des Arbeitgebers können durch Vertrag weder aufgehoben noch beschränkt werden (§ 619 BGB.).

Der Angestellte hat Anspruch auf Ausstellung eines Zeugnisses, gleichviel ob die Kündigung vorzeitig erfolgt ist oder ob er vorzeitig entlassen ist oder ob ein Grund zur sofortigen Aufhebung des Dienstverhältnisses vorgelegen hat oder nicht. Das Zeugnis muß sich über Art und Dauer der Beschäftigung und auf Verlangen über die Führung und die Leistungen aussprechen. Die Tätigkeit und die Art der Stellung muß sich genau daraus ergeben. Das Zeugnis über Führung oder Leistungen hat sich lediglich auf die Zeit des Dienstverhältnisses zu beschränken. Dem Dienstherrn ist es untersagt, die Zeugnisse mit Merkmalen zu versehen, welche den Zweck haben, den Angestellten in einer aus dem Wortlaute des Zeugnisses nicht ersichtlichen Weise zu kennzeichnen. Der Entlassungsgrund kann angegeben werden, jedoch muß auf Verlangen des Angestellten der tatsächliche Vorgang mitgeteilt werden. Angegeben werden darf nur ein solcher Entlassungsgrund, der mit der Führung und den Leistungen etwas zu tun hat, also nicht z. B. „Entlassung wegen Krankheit“. Zulässig ist es, über den Erfolg der Leistungen ein Urteil abzugeben, wenn der Erfolg einen Maßstab für die Fähigkeiten abgibt.

Das Zeugnis über Ehrlichkeit kann stets verlangt werden. Einen Anspruch auf Bescheinigung, daß er auf eigenen Wunsch die Stellung verlassen habe, hat der Angestellte nicht. Dagegen ist der Arbeitgeber auch nicht berechtigt, im Zeugnis zu bemerken, daß dasselbe auf Wunsch des Angestellten ausgestellt worden ist, oder daß der Arbeitgeber zur Ausstellung verurteilt worden ist. Andererseits kann auch der Angestellte eine Bezugnahme auf das Urteil nicht verlangen.

Das Zeugnis kann auch noch nach Beendigung des Dienstverhältnisses verlangt werden. Der Anspruch erlischt erst mit 30jähriger Verjährungsfrist, jedoch muß der Angestellte, wenn er das Zeugnis später verlangt, sich gefallen lassen, daß der Arbeitgeber ihm nur noch dasjenige bescheinigt, was er ihm nach seinem Gedächtnis und seinen Büchern bescheinigen kann. Auf andere Ermittlungen und Beweise braucht sich der Arbeitgeber nicht einzulassen.

Der Angestellte kann, wenn der Arbeitgeber ihm die Ausstellung des Zeugnisses trotz Aufforderung verweigert, dieselbe einklagen.

Hat der Arbeitgeber die Ausstellung eines Zeugnisses schuldhafterweise verzögert oder ein unrichtiges Zeugnis ausgestellt, so ist er dem Angestellten schadensersatzpflichtig, insbesondere auch dafür, daß dieser keine oder keine geeignete Stellung finden konnte.

Auf Antrag des Angestellten hat die Ortspolizeibehörde das Zeugnis kosten- und stempelfrei zu beglaubigen (§ 114 GO.).

An allgemeinen Regeln und Vorschriften bezüglich der Rechtsverhältnisse sind noch die folgenden Bestimmungen zu beachten:

Für die Auslegung des Dienstvertrages kommen die §§ 157, 242 BGB. in Betracht. Sie lauten: „Verträge sind so auszulegen, wie Treu und Glauben mit Rücksicht auf die Verkehrssitte es erfordern“ und „der Schuldner ist verpflichtet, die Leistung so zu bewirken, wie Treu und Glauben mit Rücksicht auf die Verkehrssitte es erfordern“.

Die durch die Gewerbeordnung § 133b für Großbetriebe vorgeschriebene Arbeitsordnung gilt auch für die Techniker. Hierbei ist es gleichgültig, ob sie ihnen vor Vertragsabschluß, nachträglich oder durch Anhang in den Werkstätten bekannt geworden ist oder bekannt werden mußte.

Für die Beurteilung des Dienstverhältnisses ist das Recht des Erfüllungsortes maßgebend, falls nicht entgegengesetzte vertragliche Abmachungen getätigt sind.

Die Festsetzung der Arbeitszeit unterliegt mangels vertraglicher Vereinbarungen dem Ermessen des Arbeitgebers, der den Ortsgebrauch und billige Rücksichten hierbei walten zu lassen hat. Selbstverständlich hat er sich im Rahmen der gesetzlichen Vorschriften, die zum Schutze der Arbeiter und Angestellten ergangen sind, zu halten. (Vgl. hierzu insbesondere Meissinger, Das gesamte neue deutsche Arbeitszeitrecht, Stuttgart 1927.)

Ist die Arbeitsleistung des Angestellten eine mangelhafte, so berechtigt sie den Arbeitgeber im allgemeinen nicht, die Vergütung zu unterlassen, jedoch begründet sie für ihn eine Schadensersatzpflicht des betreffenden Angestellten.

Die Schadensersatzpflicht kann für den Angestellten auch dann in Betracht kommen, wenn Schäden aus Betriebsunfällen hervorgerufen werden.

Nach den §§ 898 und 899 der Reichsversicherungsordnung haftet der Angestellte jedoch nur dann, wenn strafgerichtlich festgestellt worden ist, daß er den Unfall vorsätzlich herbeigeführt hat. Die Haftung beschränkt sich auf denjenigen Betrag, um welchen der Schaden die Entschädigung aus der Unfallversicherung übersteigt.

Für den Angestellten besteht dem Geschäftsherrn gegenüber die Auskunfts- und Rechenschaftspflicht: „Der Beauftragte ist verpflichtet, dem Auftraggeber die erforderlichen Nachrichten zu geben, auf Verlangen über den Stand des Geschäftes Auskunft zu erteilen und nach der Ausführung des Auftrages Rechenschaft abzulegen“ (§ 666 BGB.).

Von besonderer Wichtigkeit sind für den Ingenieur, den Ingenieurkaufmann und Kaufleute, die Aufstellungsarbeiten namentlich an dritten Orten oder gar im Auslande zu leiten haben, eine Reihe von Vorschriften des BGB. in den §§ 663, 665—670, 672—674 und auch § 671. Die wichtigsten hiervon seien wörtlich oder im Auszug hier angeführt:

„Der Beauftragte darf im Zweifel die Ausführung des Auftrages einem Dritten nicht übertragen. Der Auftrag kann von dem Auftraggeber jederzeit widerrufen, von dem Beauftragten jederzeit gekündigt werden, jedoch darf der Beauftragte nur in der Art kündigen, daß der Auftraggeber für die Besorgung des Geschäfts anderweitig Fürsorge treffen kann, es sei denn, daß ein wichtiger Grund für die unzeitige Kündigung vorliegt. Kündigt er ohne solchen Grund zur Unzeit, so hat er dem Auftraggeber den daraus entstehenden Schaden zu ersetzen.

Der Beauftragte ist berechtigt, von den Weisungen des Auftraggebers abzuweichen, wenn er den Umständen nach annehmen darf, daß der Auftraggeber bei Kenntnis der Sachlage die Abweichung billigen würde; jedoch hat der Beauftragte vor der Abweichung dem Auftraggeber Anzeige zu machen und dessen Entschließung abzuwarten, wenn nicht mit dem Aufschube Gefahr verbunden ist.

Der Beauftragte ist verpflichtet, dem Auftraggeber alles herauszugeben, was er zur Ausführung des Auftrages erhält und was er aus der Geschäftsbesorgung erlangt. Für die zur Ausführung des Auftrages erforderlichen Aufwendungen hat der Auftraggeber dem Beauftragten auf Verlangen Vorschuß zu leisten.

Besteht die Vergütung für die Arbeitsleistung zum Teil in der Überlassung einer Dienstwohnung, so bedarf es seitens des Arbeitgebers keiner besonderen Kündigung beim Aufhören des Dienstvertrages; denn die freie Benutzung der Wohnung hört mit der Beendigung des Dienstvertrages auf.

Findet der Dienstvertrag aus wichtigem Grunde, z. B. durch Entlassung, vorzeitig sein Ende, so seht dem Angestellten der § 721 ZPO. bezüglich einer angemessenen Räumungsfrist der Dienstwohnung zur Seite, nach welchem das Gericht auf Antrag dem Schuldner eine den Umständen nach angemessene Frist zur Räumung gewähren kann.

Vielfach sind Ingenieure und Kaufleute, namentlich die Vertreter, an den Geschäften, die sie abschließen oder die in ihrem Gebiete getätigt werden, mit Provision beteiligt. Für die Berechnung und Auszahlung ist das HGB. mit seinen §§ 65 und 88 und das BGB. § 652 zugrunde zu legen. Provision ist jedoch nur für Geschäfte zu zahlen, die tatsächlich zur Ausführung gelangen, und zwar erst, nachdem die Zahlung eingegangen ist, in dem Verhältnis des eingegangenen Betrages, nicht etwa bereits dann, wenn das Geschäft zustande gekommen ist.

Vielfach beziehen Beamte neben ihrem Gehalt eine feste Tantieme, die durch Vertrag geregelt ist. Der Angestellte hat in diesem Falle ein Recht auf Vorlegung der Bilanz und, soweit zur Prüfung derselben erforderlich, auch ein Recht auf Einsicht in die Geschäftspapiere und Geschäftsbücher, jedoch nur für seine eigene Person. Weitergehende Rechte besitzt er nicht.

Ist eine Gratifikation (Sondervergütung) üblich, so hat der Angestellte nur dann Anspruch auf dieselbe, wenn sie vertraglich vereinbart ist, anderenfalls ist die Zahlung und die Höhe derselben in das Ermessen und Belieben des Arbeitgebers gestellt.

Über Spesen und Tagegelder werden gewöhnlich in den Anstellungsverträgen besondere Vereinbarungen getroffen. Der Ersatz von Auslagen, die zum persönlichen Aufwand im vertretbaren Rahmen im Interesse des Geschäfts gemacht sind, steht dem Angestellten auch ohne besondere Vereinbarung zu.

Ausgenommen hiervon ist nur, wenn das Gehalt gemäß Anstellungsvertrag nicht nur als Entgelt für die Dienstleistung, sondern auch als Entschädigung für solche Auslagen vereinbart ist. Sind feste Spesen vereinbart, so geht das Mehr zu Lasten des Angestellten, braucht er weniger, so darf er die Ersparnisse für sich behalten. Leidet jedoch das Interesse des Geschäftes durch eine derartige Sparsamkeit, so bedeutet dies eine Vertragsverletzung. Wünscht z. B. ein Arbeitgeber, daß seine Beamten im Ansehen des Geschäftes die zweite Klasse auf der Eisenbahn benutzen, und benutzt der Angestellte im Interesse persönlicher Ersparnisse die dritte Klasse, so bedeutet dies eine Vertragsverletzung. Sie dürfte dem Arbeitgeber im Wiederholungsfalle bestimmt das Recht auf Dienstentlassung geben.

Bezüglich der Gehaltszahlung bei Minderleistung sind folgende Fälle zu unterscheiden:

Wird die Unmöglichkeit der Leistung durch Fahrlässigkeit oder Vorsatz des Angestellten herbeigeführt, so hat er keinen Anspruch auf Bezüge für die betreffende Zeit und ist auch noch für den entstandenen Schaden verantwortlich. Das Gesetz schreibt vor: „Wird die aus einem gegenseitigen Vertrage dem einen Teile obliegende Leistung infolge eines Umstandes unmöglich, den er zu vertreten hat, so kann der andere Teil Schadensersatz wegen Nichterfüllung fordern.“

Wird jedoch die aus einem gegenseitigen Vertrage dem einen Teile obliegende Leistung infolge eines Umstandes, den der andere zu vertreten hat, unmöglich, so behält er den Anspruch auf die Gegenleistung (§ 324 BGB.), d. h. der Angestellte behält seinen Gehaltsanspruch, wenn der Arbeitgeber den Ausfall der Leistung zu vertreten hat. Jedoch darf der Arbeitgeber bei dem Angestellten dasjenige in Anrechnung bringen, was derselbe infolge der Befreiung von der Leistung erspart oder durch anderweitige Verwendung seiner Arbeitskraft erwirbt oder zu erwerben böswillig unterläßt.

Wird die aus einem gegenseitigen Vertrage dem einen Teile obliegende Leistung infolge eines Umstandes unmöglich, den weder er noch der andere Teil zu vertreten hat, so verliert er den Anspruch auf die Gegenleistung; bei teilweiser Unmöglichkeit mindert sich die Gegenleistung (§ 323 BGB.). Diese Bestimmung bezieht sich auf Behinderung durch höhere Gewalt, wie z. B. Abbrennen einer Fabrik.

Es kann auch der Fall vorkommen, daß der Angestellte zwar zur Leistung bereit ist, der Arbeitgeber aber die Leistung nicht annimmt. Das BGB. regelt diesen sogenannten „Annahmeverzug“ im § 615, wonach der Verpflichtete (Angestellte) für die infolge des Verzuges nicht geleisteten Dienste die vereinbarte Vergütung verlangen kann, ohne zur Nachleistung verpflichtet zu sein. Für die erzielten Ersparnisse oder anderweitigen Verdienste gilt auch hier das oben Gesagte; denn der Gläubiger kommt in Verzug, wenn er die ihm angebotene Leistung nicht annimmt (§ 293 BGB.). Für den Annahmeverzug ist es gleichgültig, ob die Nichtannahme der Leistung von dem Arbeitgeber verschuldet ist oder nicht. Ausschlaggebend ist allein die Leistungsmöglichkeit.

Auf Fehlen durch Krankheit, auf Urlaub im gesundheitlichen Interesse und auf andere Versäumnisse bezieht sich der § 616 BGB.: „Der zur Dienstleistung Verpflichtete wird des Anspruchs auf die Vergütung nicht dadurch verlustig, daß er für eine verhältnismäßig nicht erhebliche Zeit durch einen in seiner Person liegenden Grund ohne sein Verschulden an der Dienstleistung verhindert wird. Er muß sich jedoch den Betrag anrechnen lassen, der ihm für die Zeit der Verhinderung aus einer auf Grund gesetzlicher Verpflichtung bestehenden Kranken- und Unfallversicherung zukommt."

Zweckmäßig für beide Teile, Arbeitgeber und Arbeitnehmer, ist in allen Fällen eine vertragliche Regelung über Urlaubszeit u. dgl.

In Frage kommen dürfte noch der Konkurs des Arbeitgebers. Sowohl der Konkursverwalter als auch der Angestellte sind mangels anderweitiger vertraglicher Vereinbarung berechtigt, das Dienstverhältnis unter Einhaltung der gesetzlichen Kündigungsfrist zu kündigen: „Ein in dem Erwerbsgeschäft des Gemeinschuldners angetretenes Dienstverhältnis kann beim Konkurs von jedem Teile gekündigt werden." Die Kündigungsfrist ist die gesetzliche, falls nicht eine kürzere Frist bedungen war.

Kündigt der Konkursverwalter, so ist der Angestellte berechtigt, Ersatz des ihm durch die Aufhebung des Dienstverhältnisses entstehenden Schadens zu verlangen (§ 22 KO.); ferner hat der Angestellte den Anspruch auf Ersatz des ihm durch die Aufhebung des Dienstvertrages entstehenden Schadens als bevorrechtigte Forderung (§ 61 KO.).

Macht der Angestellte von dem Kündigungsrecht Gebrauch, dann erlischt sein Anspruch auf Zahlung des Gehalts mit Ablauf der Kündigungsfrist. Kündigen beide Teile, dann ist Schadensersatz nicht zu zahlen. Kündigt keiner von beiden, so setzt sich das Dienstverhältnis fort; die Forderungen des Angestellten gelten dann als Masseschuld (§ 59 KO.).

Einen entscheidenden Einfluß auf Kündigungen seitens des Arbeitgebers hat der Betriebsrat durch die Bestimmungen der §§ 86ff. des Betr.-Räte-Gesetzes erlangt. Die Betriebsvertretung soll nämlich, wenn sie eine ausgesprochene Kündigung für unberechtigt erachtet, eine Verständigung mit dem Arbeitgeber herbeizuführen versuchen. Gelingt diese Verständigung innerhalb einer Woche nicht, so steht der Betriebsvertretung neben dem von der Kündigung betroffenen Arbeitnehmer das Recht zu, das Arbeitsgericht anzurufen.

Gesetz über die Fristen für die Kündigung von Angestellten vom 9. Juli 1926 (Kündigungsschutzgesetz)

siehe Anhang S. 725.

Aufrechnung und Zurückbehaltung des Gehalts siehe S. 444f.

Über die Aufhebung der Gewerbegerichte und die Zuständigkeit der Arbeitsgerichte vgl. S. 489ff.

Rechte und Pflichten aus dem Gesetz gegen den unlauteren Wettbewerb. (RG. v. 7. Juni 1909.)

Eine der vornehmsten Pflichten der Angestellten ist die Diensttreue. Auf die Verletzung der Diensttreue, den Geheimnisverrat und die unlautere Verwertung fremder Geheimnisse sind schwere Strafen gelegt.

Mit Gefängnis bis zu einem Jahre und mit Geldstrafe bis zu RM. 5000 oder mit einer dieser Strafen wird bestraft, wer als Angestellter, Arbeiter oder Lehrling eines Geschäftsbetriebes Geschäfts- oder Betriebsgeheimnisse, die ihm vermöge des Dienstverhältnisses anvertraut oder sonst zugänglich geworden sind, während der Geltungsdauer des Dienstverhältnisses unbefugt an andere zu Zwecken des Wettbewerbes oder in der Absicht mitteilt, dem Inhaber des Geschäftsbetriebes Schaden zuzufügen.

Gleiche Strafe trifft denjenigen, der Geschäfts- oder Betriebsgeheimnisse, deren Kenntnis er durch eine der ebenbezeichneten Mitteilungen oder durch eine gegen das Gesetz oder die guten Sitten verstoßende eigene Handlung erlangt hat, zu Zwecken des Wettbewerbes unbefugt verwertet oder an andere mitteilt (§ 17 UWG.).

Hierbei ist es gleichgültig, ob das Vertragsverhältnis ein reiner Dienstvertrag oder ein Vertrag anderer Art ist. Der Begriff „Geschäftsbetrieb" ist im weitesten Sinne zu fassen.

Geheimnisse im obigen Sinne sind Tatsachen,

1. die in einem bestimmten Zusammenhange mit dem betreffenden Geschäftsbetrieb stehen;
2. die nicht offenkundig sind;
3. die der Betriebsinhaber geheim halten will;
4. an deren Geheimhaltung derselbe ein verständiges Interesse hat.

Offenkundig ist eine Tatsache, die der Kenntnis einer unbegrenzten Anzahl von Personen zugänglich oder der zufälligen Kenntnisnahme durch beliebige Dritte ausgesetzt ist (RGSt. 28, 160; 38, 110; 40, 407). Ist die geheime Tatsache auch in anderen Betrieben bekannt, so ist sie damit noch nicht offenkundig; es kommt hierfür darauf an, ob für die Mitbewerber Offenkundigkeit besteht (RG. in UW. 2, 90).

Geschäfts- oder Betriebsgeheimnisse, die durch die Tätigkeit von Angestellten geschaffen sind, insbesondere Erfindungen, Verbesserungen usw., deren Geheimhaltung für den Geschäftsbetrieb erforderlich ist, fallen ebenfalls darunter, wenn der Geschäftsinhaber ein Ausschlußrecht daran erworben hat (RGSt. 32, 216, 218, 136). Hierbei ist ein Ausschlußrecht des Geschäftsinhabers, abgesehen von einer dahingehenden vertraglichen Vereinbarung zwischen ihm und dem Angestellten anzunehmen, wenn die Erfindung in den Rahmen der von dem Angestellten vertraglich geleisteten Tätigkeit fällt (RG. in LZ. 1900, 857; JW. 1900, 738), insbesondere, wenn diese Tätigkeit sich vertraglich auf Versuche zu Verbesserungen zu erstrecken hat, sogenannte Etablissementserfindung (RGSt. 31, 52; 32, 216; OLGRspr. Hamburg 6, 2).

Über die Geltungsdauer des Dienstverhältnisses hinaus besteht für den Geschäftsinhaber kein strafrechtlicher, sondern nur ein zivilrechtlicher Schutz gegen Geheimnisverrat (RGSt. 33, 65; 39, 83).

Wenn der Angestellte eine ihm über den Dienstvertrag hinaus auferlegte vertragliche Schweigepflicht bricht, so ist der Geschäftsinhaber auch nur zivilrechtlich geschützt (RG. 65, 333; RG. in JW. 1907, 252).

Unbefugt ist eine Mitteilung, zu welcher der Mitteilende nach seinen Vertragspflichten gegenüber dem Geschäftsinhaber nicht berechtigt ist.

Gegen die guten Sitten verstößt es, wenn sich ein Angestellter vor dem Dienstaustritt unerlaubte Notizen über Kunden und Geschäftsvertreter macht und diese dann nach Lösung des Vertrages in einem Konkurrenzgeschäft verwertet (RGSt. 33, 62), oder wenn ein Angestellter durch Vertrauensbruch eines anderen Angestellten sich den Besitz eines als Geheimnis anzusehenden Modells oder einer Zeichnung verschafft und später anderweitig verwertet.

Mit Gefängnis bis zu einem Jahre und mit Geldstrafe bis zu 5000 RM. oder mit einer dieser Strafen wird bestraft, wer die ihm im geschäftlichen Verkehr anvertrauten Vorlagen oder Vorschriften technischer Art, insbesondere Zeichnungen, Modelle, Schablonen, Schnitte, Rezepte zu Zwecken des Wettbewerbes unbefugt verwertet oder an andere mitteilt (§ 18 UWG.).

Zuwiderhandlungen gegen die Vorschriften der §§ 17, 18 verpflichten außerdem zum Ersatze des entstandenen Schadens. Mehrere Verpflichtete haften als Gesamtschuldner (§ 19 UWG.).

Der Anspruch auf Schadensersatz ist dem Verletzten unabhängig von der strafrechtlichen Verfolgung gegeben.

Wer zu Zwecken des Wettbewerbs es unternimmt, einen anderen zu einer Zuwiderhandlung gegen die Vorschriften des § 17 Abs. 1 und § 18 zu bestimmen, wird mit Gefängnis bis zu 9 Monaten und mit Geldstrafe bis zu 2000 RM. oder mit einer dieser Strafen bestraft.

„Unternehmen" ist jedes Handeln, welches die Absicht zum Verrat oder zur unlauteren Verwertung zu bestimmen kundgibt.

Die Ansprüche auf Unterlassung oder Schadensersatz nach dem UWG. verjähren nach sechs Monaten von dem Zeitpunkt an, in welchem der Anspruchberechtigte von der Handlung und von der Person des Verpflichteten Kenntnis erlangt hat, ohne Rücksicht auf diese Kenntnis in drei Jahren von der Begehung der Handlung an (§ 21 UWG.). Hierbei wird die sechsmonatige Verjährungsfrist nach den §§ 187, 188 BGB. berechnet; des ferneren sind die §§ 194, 195, 218, 852, 222 und 225 BGB. heranzuziehen.

Neben einer nach Maßgabe des Gesetzes gegen den unlauteren Wettbewerb verhängten Strafe kann auf Verlangen des Verletzten auf eine an ihn zu erlegende Buße bis zum Betrage von 10000 RM. erkannt werden. Für diese Buße haften die dazu Verurteilten als Gesamtschuldner. Eine erkannte Buße schließt die Geltendmachung eines weiteren Entschädigungsanspruchs aus.

Bestechungsgelder. Der § 12 bestimmt, daß mit Gefängnis bis zu einem Jahre und mit Geldstrafe bis zu 5000 RM. oder mit einer dieser Strafen, soweit nicht nach anderen Bestimmungen eine schwerere Strafe verwirkt ist, derjenige Angestellte oder Beauftragte eines geschäftlichen Betriebes bestraft wird, der im geschäftlichen Verkehr Geschenke oder andere Vorteile fordert, sich versprechen läßt oder annimmt, damit er durch unlauteres Verhalten einem anderen bei dem Bezuge von Waren oder gewerblichen Leitungen im Wettbewerb eine Bevorzugung verschaffe. Hierbei verfällt das Empfangene oder sein Wert dem Staate.

Die gleichen Strafen treffen denjenigen, der derartige Geschenke oder andere Vorteile zu gleichem Zwecke anbietet, verspricht oder gewährt.

Die Rechtsverhältnisse der Angestellten aus dem Patentgesetz und Gebrauchsmusterschutzgesetz.

Über das Patentrecht selbst wird auf Seite 552ff. ausführlich gesprochen. Hier kommt es nur insoweit in Betracht, als aus den Erfindungen die Rechte der Angestellten oder das gegenseitige Rechtsverhältnis zwischen Arbeitgeber und Angestellten berührt werden. Heute ist noch das Patentgesetz vom 7. April 1891 und das Gebrauchsmustergesetz vom 1. Juni 1891 in Kraft.

Patente werden erteilt für neue Erfindungen, die eine gewerbliche Verwertung gestatten (§ 1 PG.), als Entgelt für die Preisgabe eines Geheimnisses an die Allgemeinheit.

Auf die Erteilung des Patents hat derjenige Anspruch, der die Erfindung zuerst nach Maßgabe des Gesetzes angemeldet hat (§ 3 PG.). Das Patentamt erteilt also das Patent demjenigen, der die Erfindung zuerst zum Zwecke der Patentierung offenbart, d. h. dem ersten Anmelder. Eine Prüfung, ob dieser der Erfinder ist, findet nicht statt.

Es sei hier auf die Bekanntmachung des Reichspatentamts vom 15. Februar 1922 betreffend die Nennung des Erfinders in der Patentschrift verwiesen. Gemäß dieser Bekanntmachung wird versuchsweise vom 1. März 1922 ab die Patentschrift dazu benutzt, den Erfinder, der nicht Anmelder der Erfindung ist, bekanntzumachen. Danach kann der Patentsucher den Erfinder nennen und beantragen, daß die Patentschrift mit einem Vermerk hierüber versehen ist. Der Vermerk lautet: „Von dem Patentsucher ist als Erfinder angegeben worden . . . .“

Diese Bekanntmachung bezieht sich also auf die Erfinderehre (vgl. S. 588) und gibt dem Angestellten, der die Erfindung gemacht hat, die Möglichkeit, in weiteren Kreisen bekannt zu werden. Im übrigen sei auf die Ausführungen des Vorsitzenden des Verbandes deutscher Patentanwälte, Patentanwalt Dr. Mestern, auf Seite 624 verwiesen.

Eine während des Laufens eines Dienstvertrages von den Dienstverpflichteten gemachte Erfindung fällt mangels ausdrücklicher anderer Vereinbarung dann dem Dienstberechtigten (Arbeitgeber) zu, wenn die Verpflichtung aus Erfindungen der fraglichen Art für den Dienstberechtigten gedacht zu sein, sich aus der Art der vertraglichen Dienstobliegenheiten von selbst ergab. Hierüber liegen eine Reihe von Reichsgerichtsentscheidungen und Entscheidungen des Patentamtes vor, von denen die wichtigsten sind RG. 17. IV. 07 (176); RG. 22. IV. 98 (142); 25. IV. 04 (298); PA. 2. XII. 97; 17. II. 04.

Eine Dienststellung ist anzunehmen, wenn der Angestellte eine technische Stellung einnimmt. Die Erfindung wird mit ihrer Entstehung ohne weiteres Bestandteil des Vermögens des Dienstherrn, weil sie das Ergebnis der ihm gehörenden Tätigkeit des Angestellten ist. Daher ist es gleichgültig, ob die Erfindung während der Dienststunden oder außerhalb dieser, in den Diensträumen oder in seiner Privatwohnung, unter Zuhilfenahme von Materialien, Einrichtungen, Arbeitskräften des Dienstherrn oder ohne diese gemacht ist (RG. 25. IV. 04 [294]; 25. IV. 04 [298]; PA. 17. II. 04 [187]).

Voraussetzung für das Eigentum des Dienstherrn ist, daß die Erfindung während des Laufens des Dienstvertrages vollendet ist. Hat der Angestellte im Dienst nur die Anregung zur Erfindung empfangen, sie selbst aber erst später zur Reife gebracht, so gehört sie ihm mangels anderer Vereinbarung (PA. 28. V. 85; RG. 10. VII. 86 [87,55]).

Erwirbt der Angestellte ohne Wissen des Dienstherrn das Recht an der Erfindung, so stehen dem Dienstherrn aus dem vertragswidrigen Verhalten des Angestellten Rechte nach Maßgabe des Bürgerlichen Gesetzbuches zu: RG. 2. II. 87 (98, 119); RG. 22. IV. 98 (140). Diese Rechtsgrundsätze gelten für Privatangestellte wie für öffentliche Beamte. Die Erfindungen der letzteren werden ohne weiteres Eigentum des Staates, der Gemeinde usw.

Der Angestellte, der eine von ihm gemachte Erfindung dem Geschäftsherrn verheimlicht, handelt wider die Pflichten seines Vertrages und gegen die Diensttreue. —

Bedient sich der Angestellte zur Anmeldung einer Erfindung eines Mittelmannes, indem er durch eine vorgeschobene Person die Erfindung zum Patent anmeldet, so macht sich diese zum Mitschuldigen und haftet mit ihm gemeinsam.

Verrät der Angestellte eine von ihm gemachte Erfindung einem andern, obwohl sie der Geschäftsherr noch nicht kennt, so verrät er dessen Geschäftsgeheimnisse. Macht der andere in Kenntnis dieses Umstandes von dem Geschäftsgeheimnisse zum Zwecke des Wettbewerbs Gebrauch, so macht er sich strafbar und schadensersatzpflichtig. Im allgemeinen wird es in der Praxis so gehalten, daß Erfindungen, die auf ganz anderen Gebieten liegen, dem Geschäftsherrn in erster Linie anzubieten sind. Gibt er den Angestellten frei, so steht der Entnahme und Ausübung des Patentes nichts im Wege.

Bis der neue Patentgesetzentwurf zum Gesetz erhoben wird, ist es für Arbeitgeber wie Angestellte zweckmäßig, bei Eingehen des Dienstvertrages eine schriftliche Regelung darüber vorzunehmen, in welcher Weise der Angestellte bei Erfindungen außerhalb des Fabrikationsrahmens oder Interessengebietes des Dienstherrn sich zu verhalten hat, und weiter, in welcher Weise ein Angestellter an den Erträgnissen einer Erfindung beteiligt wird, wenn diese für das Unternehmen von besonderer Bedeutung wird.

Hierbei sei ausdrücklich erwähnt, daß der Arbeitgeber zu einer solchen Vereinbarung nicht verpflichtet ist, sondern daß er sich vorbehalten kann, bei besonders wichtigen Erfindungen den Angestellten durch Gehaltserhöhung, besondere Zuwendungen in Form von Tantieme, Gratifikation oder sonstigen Vorteilen zu fördern.

Sämtliche obige Bestimmungen und Entscheidungen sind deshalb von besonderer Wichtigkeit, weil nach § 4 das Patent die Wirkung hat, daß der Patentinhaber ausschließlich befugt ist, gewerbsmäßig den Gegenstand der Erfindung herzustellen, in Verkehr zu bringen, feilzuhalten oder zu gebrauchen. Bei patentierten Verfahren erstreckt sich die Wirkung auch auf die durch das Verfahren unmittelbar hergestellten Erzeugnisse.

Der Geschäftsherr ist nicht nur berechtigt, die Abtretung der Rechte aus einer unrechtmäßig bewirkten Patentanmeldung oder aus einem unrechtmäßig erwirkten Patente zu verlangen, sondern er kann gegen das angemeldete Patent Einspruch erheben und das erteilte Patent wegen der Entwendung für nichtig erklären lassen. Er kann aber auch die Übertragung der Patentanmeldung oder des Patentes verlangen.

Für die Rechtsverhältnisse des Ingenieurs und Ingenieurkaufmanns kommt vom Geschmacks- und Gebrauchsmusterschutzgesetz vom 11. Januar 1876 (Gesetz betreffend das Urheberrecht an Mustern und Modellen) der § 2 in Betracht. Derselbe lautet: „Bei solchen Mustern und Modellen, welche von den in einer inländischen gewerblichen Anstalt beschäftigten Zeichnern, Malern, Bildhauern usw. im Auftrage oder für Rechnung des Eigentümers der gewerblichen Anstalt angefertigt werden, gilt der letztere, wenn durch Vertrag nichts anderes bestimmt ist, als der Urheber der Muster und Modelle."

Meldet der Zeichner das Muster entgegen dieser Bestimmung auf seinen Namen an, so kann der Anstaltseigentümer Umschreibung auf seinen Namen verlangen.

Wegen Verletzung eines Gebrauchsmusters gelten ähnliche Bestimmungen und Strafen wie beim Patent.

Bezüglich der Rechte und Pflichten aus dem Warenzeichenrecht (Gesetz zum Schutz der Warenbezeichnungen) vom 12. Mai 1894 sei auf das Kapitel „Warenzeichenrecht" S. 632ff. verwiesen.

Die Konkurrenzklausel (Wettbewerbsklausel).

Von großer Bedeutung für Dienstherrn wie Angestellten ist die Frage der Wettbewerbsklausel (Konkurrenzklausel). Für Angestellte ist zunächst der § 133f. der Gewerbeordnung maßgebend, der lautet: „Eine Vereinbarung zwischen dem Gewerbeunternehmer und einem Angestellten, durch die der Angestellte für die Zeit nach der Beendigung des Dienstverhältnisses in seiner gewerblichen Tätigkeit beschränkt wird, ist für den Angestellten nur insoweit verbindlich, als die Beschränkung nach Zeit, Ort und Gegenstand nicht die Grenzen überschreitet, durch welche eine unbillige Erschwerung seines Fortkommens ausgeschlossen wird.

Die Vereinbarung ist nichtig, wenn der Angestellte zur Zeit des Abschlusses minderjährig ist."

In vielen Verträgen finden sich heute auch noch ehrenwörtliche Erklärungen, zu denen der Angestellte verpflichtet wird. Ein solches Ehrenwort zu fordern, zu geben oder anzunehmen verstößt gegen die Grundsätze der guten Sitten. Die hiernach getroffenen Vereinbarungen sind nichtig.

Was gemäß der Bestimmung der Gewerbeordnung als billig und unbillig gilt, entscheidet im Streitfalle das Gericht.

Über das Wettbewerbsverbot ist am 10. Juni 1914 ein neues Gesetz erlassen, das in den §§ 74, 75, 76 und 82a die Bestimmungen der früheren gleichen Paragraphen des HGB. abändert.

Grundsätzlich gelten diese Paragraphen des HGB. nur für Handlungsgehilfen, also für Angestellte mit kaufmännischer Tätigkeit.

Da auch die Tätigkeit des Ingenieurs namentlich dann, wenn er in höhere Stellungen aufrückt, oft ebenso kaufmännischer wie technischer Natur ist, so dürften in vielen Fällen diese abgeänderten Paragraphen des HGB. an sich schon in Betracht kommen. Auch muß er sie als Leiter einer Fabrik wegen der ihm mitunterstellten kaufmännischen Beamten kennen.

In vielen anderen Fällen wird der Richter diese neuen Bestimmungen auch bei rein gewerblich tätigen Angestellten zur Richtschnur nehmen. Verschiedene in den letzten Jahren gefällte Entscheidungen bewegten sich auch für technische Angestellte in ähnlichen Grenzen.

Die Reichstagskommission zur Beratung der Gewerbenovelle vom Jahre 1909 machte bezüglich der gewerblichen Angestellten ähnliche Vorschläge, jedoch ist ein Beschluß des Reichstags über die Abänderung der Gewerbeordnung nach dieser Richtung noch nicht zustande gekommen.

Wichtig im Gegensatz zu dem Dienstvertrage des BGB., der auch mündlich erfolgen kann, ist für das Wettbewerbverbot die Anordnung der Schriftform und die gesetzlich geregelte Entschädigung, die seitens des Geschäftsherrn zu zahlen ist. Die §§ 74—76 und § 82a lauten wie folgt:

§ 74. Eine Vereinbarung zwischen dem Prinzipal und dem Handlungsgehilfen, die den Gehilfen für die Zeit nach Beendigung des Dienstverhältnisses in seiner gewerblichen Tätigkeit beschränkt (Wettbewerbverbot), bedarf der Schriftform und der Aushändigung einer vom Prinzipal unterzeichneten, die vereinbarten Bestimmungen enthaltenden Urkunde an den Gehilfen.

Das Wettbewerbverbot ist nur verbindlich, wenn sich der Prinzipal verpflichtet, für die Dauer des Verbots eine Entschädigung zu zahlen, die für jedes Jahr des Verbots mindestens die Hälfte der von dem Handlungsgehilfen zuletzt bezogenen vertragsmäßigen Leistungen erreicht.

§ 74a. Das Wettbewerbverbot ist insoweit unverbindlich, als es nicht zum Schutze eines berechtigten geschäftlichen Interesses des Prinzipals dient. Es ist ferner unverbindlich, soweit es unter Berücksichtigung der gewährten Entschädigung nach Ort, Zeit oder Gegenstand eine unbillige Erschwerung des Fortkommens des Gehilfen enthält. Das Verbot kann nicht auf einen Zeitraum von mehr als zwei Jahren von der Beendigung des Dienstverhältnisses an erstreckt werden.

Das Verbot ist nichtig, wenn die dem Gehilfen zustehenden jährlichen vertragsmäßigen Leistungen den Betrag von 1500 RM. nicht übersteigen. Das gleiche gilt, wenn der Gehilfe zur Zeit des Abschlusses minderjährig ist oder wenn sich der Prinzipal die Erfüllung auf Ehrenwort oder unter ähnlichen Versicherungen versprechen läßt. Nichtig ist auch die Vereinbarung, durch die ein Dritter an Stelle des Gehilfen die Verpflichtung übernimmt, daß sich der Gehilfe nach der Beendigung des Dienstverhältnisses in seiner gewerblichen Tätigkeit beschränken werde.

Unberührt bleiben die Vorschriften des § 138 des BGB. über die Nichtigkeit von Rechtsgeschäften, die gegen die guten Sitten verstoßen.

§ 74b. Die nach § 74 Abs. 2 dem Handlungsgehilfen zu gewährende Entschädigung ist am Schlusse jeden Monats zu zahlen.

Soweit die dem Gehilfen zustehenden vertragsmäßigen Leistungen in einer Provision oder in anderen wechselnden Bezügen bestehen, sind sie bei der Berechnung der Entschädigung nach dem Durchschnitt der letzten drei Jahre in Ansatz zu bringen. Hat die für die Bezüge bei der Beendigung des Dienstverhältnisses maßgebende Vertragsbestimmung noch nicht drei Jahre bestanden, so erfolgt der Ansatz nach dem Durchschnitt des Zeitraums, für den die Bestimmung in Kraft war.

Soweit Bezüge zum Ersatze besonderer Auslagen dienen sollen, die infolge der Dienstleistung entstehen, bleiben sie außer Ansatz.

§ 74c. Der Handlungsgehilfe muß sich auf die fällige Entschädigung anrechnen lassen, was er während des Zeitraumes, für den die Entschädigung gezahlt wird, durch anderweitige Verwertung seiner Arbeitskraft erwirbt oder zu erwerben böswillig unterläßt, soweit die Entschädigung unter Hinzurechnung dieses Betrages den Betrag der zuletzt von ihm bezogenen vertragsmäßigen Leistungen um mehr als ein Zehntel übersteigen würde.

Ist der Gehilfe durch das Wettbewerbverbot gezwungen worden, seinen Wohnsitz zu verlegen, so tritt an die Stelle des Betrags von einem Zehntel der Betrag von einem Viertel. Für die Dauer der Verbüßung einer Freiheitsstrafe kann der Gehilfe eine Entschädigung nicht verlangen.

Der Gehilfe ist verpflichtet, dem Prinzipal auf Erfordern über die Höhe seines Erwerbes Auskunft zu erteilen.

§ 75. Löst der Gehilfe das Dienstverhältnis gemäß den Vorschriften der §§ 70, 71 wegen vertragswidrigen Verhaltens des Prinzipals auf, so wird das Wettbewerbverbot unwirksam, wenn der Gehilfe vor Ablauf eines Monats nach der Kündigung schriftlich erklärt, daß er sich an die Vereinbarung nicht gebunden erachte.

In gleicher Weise wird das Wettbewerbverbot unwirksam, wenn der Prinzipal das Dienstverhältnis kündigt, es sei denn, daß für die Kündigung ein erheblicher Anlaß in der Person des Gehilfen vorliegt oder daß sich der Prinzipal bei der Kündigung bereit erklärt, während der Dauer der Beschränkung dem Gehilfen die vollen zuletzt von ihm bezogenen vertragsmäßigen Leistungen zu gewähren. Im letzteren Falle finden die Vorschriften des § 74b entsprechende Anwendung.

Löst der Prinzipal das Dienstverhältnis gemäß den Vorschriften der §§ 70, 72 wegen vertragswidrigen Verhaltens des Gehilfen auf, so hat der Gehilfe keinen Anspruch auf die Entschädigung.

§ 75a. Der Prinzipal kann vor der Beendigung des Dienstverhältnisses durch schriftliche Erklärung auf das Wettbewerbverbot mit der Wirkung verzichten, daß er mit dem Ablauf eines Jahres seit der Erklärung von der Verpflichtung zur Zahlung der Entschädigung frei wird.

§ 75b. Ist der Gehilfe für eine Tätigkeit außerhalb Europas angenommen, so ist die Verbindlichkeit des Wettbewerbverbots nicht davon abhängig, daß sich der Prinzipal zur Zahlung der im § 74 Abs. 2 vorgesehenen Entschädigung verpflichtet. Das gleiche gilt, wenn die dem Gehilfen zustehenden vertragsmäßigen Leistungen den Betrag von 8000 RM. für das Jahr übersteigen: auf die Berechnung des Betrages der Leistungen finden die Vorschriften des § 74 Abs. 2, 3 entsprechende Anwendung.

§ 75c. Hat der Handlungsgehilfe für den Fall, daß er die in der Vereinbarung übernommene Verpflichtung nicht erfüllt, eine Strafe versprochen, so kann der Prinzipal Ansprüche nur nach Maßgabe der Vorschriften des § 340 des BGB. geltend machen. Die Vorschriften des BGB. über die Herabsetzung einer unverhältnismäßig hohen Vertragsstrafe bleiben unberührt.

Ist die Verbindlichkeit der Vereinbarung nicht davon abhängig, daß sich der Prinzipal zur Zahlung einer Entschädigung an den Gehilfen verpflichtet, so kann der Prinzipal, wenn sich der Gehilfe einer Vertragsstrafe der im Abs. 1 bezeichneten Art unterworfen hat, nur die verwirkte Strafe verlangen; der Anspruch auf Erfüllung oder auf Ersatz eines weiteren Schadens ist ausgeschlossen.

§ 75d. Auf eine Vereinbarung, durch die von den Vorschriften der §§ 74—75e zum Nachteile des Handlungsgehilfen abgewichen wird, kann sich der Prinzipal nicht berufen. Das gilt auch von Vereinbarungen, die bezwecken, die gesetzlichen Vorschriften über das Mindestmaß der Entschädigung durch Verrechnungen oder auf sonstige Weise zu umgehen.

§ 75e. Die Entschädigung, die der Handlungsgehilfe auf Grund der Vorschriften der §§ 74—75d für die Zeit nach der Beendigung des Dienstverhältnisses beanspruchen kann, gehört zu den Dienstbezügen im Sinne des § 61 Nr. 1 der Konkursordnung.

Der Anspruch auf die Entschädigung kann zum Zwecke der Sicherstellung oder Befriedigung eines Gläubigers erst dann gepfändet werden, wenn der Tag, an dem sie zu entrichten war, abgelaufen ist, ohne daß der Gehilfe sie eingefordert hat. Die Pfändung ist jedoch zulässig, soweit die Entschädigung allein oder zusammen mit den in §§ 1, 3 des Gesetzes, betreffend die Beschlagnahme des Arbeits- oder Dienstlohnes, bezeichneten Bezügen die Summe von 1500 RM. für das Jahr übersteigt. Die Vorschriften des § 2, des § 4 Nr. 2, 3 und des § 4a des bezeichneten Gesetzes finden entsprechende Anwendung.

§ 75f. Auf eine Vereinbarung, durch die sich ein Prinzipal einem anderen Prinzipal gegenüber verpflichtet, einen Handlungsgehilfen, der bei diesem im Dienst ist oder gewesen ist, nicht oder nur unter bestimmten Voraussetzungen anzustellen, findet die Vorschrift des § 152 Abs. 2 der Gewerbeordnung Anwendung.

§ 76. Die Vorschriften der §§ 60—63, 75f gelten auch für Handlungslehrlinge. Vereinbarungen, durch die diese für die Zeit nach der Beendigung des Lehr- oder Dienstverhältnisses in ihrer gewerblichen Tätigkeit beschränkt werden, sind nichtig.

§ 82a. Auf Wettbewerbverbote gegenüber Personen, die, ohne als Lehrlinge angenommen zu sein, zum Zwecke ihrer Ausbildung unentgeltlich mit kaufmännischen Diensten beschäftigt werden (Volontäre), finden die für Handlungsgehilfen geltenden Vorschriften insoweit Anwendung, als sie nicht auf das dem Gehilfen zustehende Entgelt Bezug nehmen.

Noch einige Bestimmungen des Bürgerlichen Gesetzbuches sind bereits heute zu berücksichtigen.

Ist für den Übertretungsfall auch eine Konventionalstrafe (Vertragsstrafe) vereinbart, so kann der Geschäftsherr die verwirkte Strafe statt der Unterlassung verlangen (§ 340 BGB.). Erklärt der Geschäftsherr, daß er die Strafe verlange, so ist, falls der Vertrag nicht etwas anderes bestimmt, der Anspruch auf Unterlassung ausgeschlossen. Steht dem Geschäftsherrn (Gläubiger) ein Anspruch auf Schadensersatz wegen Nichterfüllung zu, so kann er die verwirkte Strafe als Mindestbetrag des Schadens verlangen. Die Geltendmachung eines weiteren Schadens ist aber nicht ausgeschlossen.

Ist eine verwirkte Strafe unverhältnismäßig hoch, so kann sie auf Antrag des Antragstellers (Schuldners) durch Urteil auf den angemessenen Betrag herabgesetzt werden. Bei der Beurteilung der Angemessenheit ist jedes berechtigte Interesse des Arbeitgebers (Gläubigers), nicht nur das Vermögensinteresse, in Betracht zu ziehen. Nach der Entrichtung der Strafe ist die Herabsetzung ausgeschlossen.

Das gleiche gilt, wenn für andere Unterlassungen oder Handlungen Vertragsstrafen im Anstellungsvertrage festgesetzt sind (vgl. § 343 BGB.).

Die Nichtigkeit des Wettbewerbverbotes zieht nicht die Nichtigkeit des ganzen Anstellungsvertrages nach sich (§ 139 BGB.).

Jede Zuwiderhandlung gegen den durch Auslegung festgestellten Inhalt des Wettbewerbverbotes ist als Vertragsverletzung anzusehen. Der Geschäftsherr hat einen Anspruch auf Erfüllung der Zusage für die Zukunft. Er kann ein Urteil hierauf erwirken und kann dasselbe durch Strafen erzwingen (§ 890 ZPO.), auch durch Haftstrafen. Er kann zur Sicherung seines Anspruches auch eine einstweilige Verfügung beantragen, die dem Angestellten die Fortsetzung der Konkurrenztätigkeit untersagt (§ 935 ZPO.). Erweist sie sich als unbegründet, so haftet der Geschäftsherr für vollen Schadensersatz (§ 49 ZPO.).

Das richterliche Recht, die übermäßige Vertragsstrafe nach § 343 BGB. herabzusetzen, bleibt auch jetzt in allen Fällen bestehen.

Das Gesetz über die Abänderung der §§ 74ff. HGB. für Handlungsgehilfen ist am 1. Januar 1915 in Kraft getreten, und zwar mit rückwirkender Kraft. Seine Vorschriften finden daher auch auf die vorher vereinbarten Wettbewerbsverbote Anwendung.

Die Erklärung des Geschäftsherrn kann auch durch einen Vertreter erfolgen. Geschäftsherr ist bei der G. m. b. H. der Geschäftsführer, bei der Aktiengesellschaft der Vorstand. Aber auch der Prokurist kann unterzeichnen und bedarf keiner Vollmacht. Jeder andere Vertreter bedarf der Vollmacht.

Die Rechtsverhältnisse der Angestellten aus dem Angestelltenversicherungsgesetz.

Vom 28. Mai 1924 und Nachträgen vom 28. Juli 1925 und 25. Juni 1926.

Die Rechtsverhältnisse der Angestellten aus dem Angestelltenversicherungsgesetz sind die gleichen wie die von Angestellten überhaupt, sofern ihr Jahresarbeitsverdienst zur Zeit 6000 RM. nicht übersteigt.

Im Nachstehenden sind daher in knapper Übersicht die Grundzüge des Angestelltenversicherungsgesetzes zusammengestellt und am Schluß derselben folgt der Text der wichtigsten Paragraphen des Gesetzes selber.

Das Angestelltenversicherungsgesetz.

Vom 28. Mai 1924, 28. Juli 1925, 25. Juni 1926.

Die Angestelltenversicherung ist eine Sonderversicherung, die den besonderen Verhältnissen des von ihr erfaßten Personenkreises Rechnung tragen soll, und die insofern einem berechtigten Bedürfnis entspricht. Durch Beseitigung der Doppelversicherung in der Angestellten- und Invalidenversicherung ist einem vielbeklagten Mißstande abgeholfen.

Der Versicherungspflicht unterliegen gegen Entgelt beschäftigte Angestellte, sofern ihr Jahresarbeitsverdienst die vom Reichsarbeitsminister festgesetzte Grenze, zur Zeit 6000 RM., nicht überschreitet, sie nicht berufsunfähig sind und beim Eintritt in die versicherungspflichtige Beschäftigung das Alter von 60 Jahren noch nicht vollendet haben.

Gegenstand der Versicherung sind Ruhegeld und Hinterbliebenenrenten. Voraussetzung für den Bezug des Ruhegeldes ist insbesondere der Nachweis der Berufsunfähigkeit oder des gesetzlichen Alters (65 Jahre). Berufsunfähigkeit ist die Unfähigkeit zur Ausübung des Berufs des Versicherten infolge seines körperlichen oder geistigen Zustandes; sie liegt vor, wenn die Arbeitsfähigkeit auf weniger als die Hälfte derjenigen eines gesunden Versicherten gleicher Art gesunken ist. Hinterbliebenenrenten sind Witwenrente, die ohne Rücksicht auf die Arbeitsfähigkeit der Witwe nach dem Tode des versicherten Mannes gezahlt wird, ferner ähnlich wie in der Invalidenversicherung Waisen- und Witwenrente. Zur Abwendung oder Behebung der Berufsunfähigkeit kann die Reichsversicherungsanstalt ein Heilverfahren einleiten; das Heilverfahren ist gerade in der Angestelltenversicherung zu besonderer Bedeutung gelangt. Das Ruhegeld besteht aus Grundbetrag und Steigerungsbetrag. Der Grundbetrag ist einheitlich 480 RM. Als Steigerungsbetrag werden 15% der Beiträge gewährt, die für die Zeit seit dem 1. Januar 1924 gültig entrichtet worden sind. Für Beiträge der früheren Gehaltsklassen F bis J aus der Zeit vom 1. Januar 1913 bis 31. Juli 1921 werden außerdem Steigerungsbeträge gewährt, und zwar für jeden Beitrag zu F 1 RM., zu G 2 RM., zu H 3 RM., zu J 4 RM. Bei Wanderversicherten, d. h. Personen, die Beiträge zur Angestelltenversicherung und zur Invalidenversicherung entrichtet haben, tritt zu den Leistungen der ersteren als Ergänzung der Steigerungsbetrag der Invalidenversicherung. Der Kinderzuschuß beträgt jährlich 90 RM. Die Witwenrente und die Witwerrente betragen sechs Zehntel, die Waisenrente für jede Waise fünf Zehntel des Ruhegeldes.

Die Auszahlung der Leistungen erfolgt durch die Post monatlich im voraus. Die Leistungen finden ihre Deckung in Beiträgen, die regelmäßig zu gleichen Teilen von den Arbeitgebern und den Versicherten aufgebracht werden. Für Versicherte, deren monatliches Entgelt 50 RM. nicht übersteigt, sowie für Lehrlinge entrichtet der Arbeitgeber die vollen Beiträge. Die Höhe bestimmt sich zur Zeit nach 6 Gehaltsklassen entsprechend der Höhe des monatlichen Arbeitsverdienstes und beträgt monatlich in den Klassen A (bis 50 RM. Monatsgehalt) 2 RM., B (mehr als 50—100 RM.) 4 RM., C (mehr als 100—200 RM.) 8 RM., D (mehr als 200—300 RM.) 12 RM., E (mehr als 300—400 RM.) 16 RM., F (mehr als 400 RM.) 20 RM. Für freiwillige Beitragsentrichtung bestehen die Gehaltsklassen G mit 25 RM. und H mit 30 RM. monatlichem Beitrag. Das Beitragsverfahren ist durch eine Beitragsordnung geregelt. Die Entrichtung der Beiträge erfolgt durch den Arbeitgeber mittels Einklebens von der Gehaltsklasse entsprechenden Monatsmarken, welche durch die Post verkauft werden, in die Versicherungskarte. Bei der freiwilligen Versicherung entrichtet der Versicherte die Beiträge in gleicher Weise.

Träger der Versicherung ist die Reichsversicherungsanstalt für Angestellte in Berlin. Die Vertrauensmänner bilden Ortsausschüsse. Die Spruchinstanzen der Angestelltenversicherung sind die Versicherungsämter und Oberversicherungsämter sowie das Reichsversicherungsamt.

Die Durchführung der Angestelltenversicherung ist durch Strafvorschriften geschützt. Die Reichsversicherungsanstalt hat die Befugnis zur Verhängung von Ordnungsstrafen.

Der amtliche Text der wichtigsten Paragraphen lautet:

Umfang der Versicherung.

I. Versicherungspflicht.

§ 1. Für den Fall der Berufsunfähigkeit (§ 30) und des Alters sowie zugunsten der Hinterbliebenen werden Angestellte nach den Vorschriften dieses Gesetzes versichert, insbesondere

1. Angestellte in leitender Stellung,
2. Betriebsbeamte, Werkmeister und andere Angestellte in einer ähnlich gehobenen oder höheren Stellung,
3. Büroangestellte, soweit sie nicht ausschließlich mit Botengängen, Reinigung, Aufräumung und ähnlichen Arbeiten beschäftigt werden, einschließlich der Bürolehrlinge und Werkstattschreiber,
4. Handlungsgehilfen und Handlungslehrlinge, andere Angestellte für kaufmännische Dienste, auch wenn der Gegenstand des Unternehmens kein Handelsgewerbe ist, Gehilfen und Lehrlinge in Apotheken,
5. Bühnenmitglieder und Musiker ohne Rücksicht auf den Kunstwert ihrer Leistungen,
6. Angestellte in Berufen der Erziehung, des Unterrichts, der Fürsorge, der Kranken- und Wohlfahrtspflege,
7. aus der Schiffsbesatzung deutscher Seefahrzeuge und aus der Besatzung von Fahrzeugen der Binnenschiffahrt Schiffsführer, Offiziere des Deck- und Maschinendienstes, Verwalter und Verwaltungsassistenten sowie die in einer ähnlich gehobenen oder höheren Stellung befindlichen Angestellten ohne Rücksicht auf ihre Vorbildung. Als deutsches Seefahrzeug gilt jedes Fahrzeug, das unter deutscher Flagge fährt und ausschließlich oder vorzugsweise zur Seefahrt benutzt wird.

Unter Abs. 1 Nr. 5, 6 fallen auch Lehrlinge, die sich in einer geregelten Ausbildung zu einem dieser Berufe befinden.

Voraussetzung der Versicherung ist für alle diese Personen, daß sie gegen Entgelt in einem Dienstverhältnis beschäftigt werden, daß ihr Jahresarbeitsverdienst die nach § 3 festgesetzte Grenze nicht übersteigt und daß sie beim Eintritt in die versicherungspflichtige Beschäftigung das Alter von sechzig Jahren noch nicht vollendet haben.

§ 2. Zum Entgelt im Sinne dieses Gesetzes gehören neben Gehalt oder Lohn auch Gewinnanteile, Sach- und andere Bezüge, die der Versicherte, wenn auch nur gewohnheitsmäßig, statt des Gehalts oder Lohnes oder neben ihm von dem Arbeitgeber oder einem Dritten erhält. Als Wert der Sachbezüge gelten die Sätze, die auf Grund des § 160 der Reichsversicherungsordnung festgesetzt sind.

§ 3. Der Reichsarbeitsminister setzt die Jahresarbeitsverdienstgrenze im Sinne des § 1 Abs. 3 dieses Gesetzes fest; die Festsetzung ist dem Reichsrat und dem Ausschuß des Reichstags für soziale Angelegenheiten alsbald mitzuteilen und auf ihr gemeinsames Verlangen zu ändern. Für die Jahresarbeitsverdienstgrenze werden Zuschläge, die mit Rücksicht auf den Familienstand gezahlt werden, nicht angerechnet.

Wer die für seine Versicherungspflicht maßgebende Verdienstgrenze überschreitet, scheidet erst mit dem ersten Tage des vierten Monats nach Überschreiten der Verdienstgrenze aus der Versicherungspflicht aus.

§ 5. Versichert sind auch Deutsche, die bei einer amtlichen Vertretung des Reichs oder eines deutschen Landes im Ausland oder bei deren Leitern oder Mitgliedern beschäftigt sind.

§ 11. Versicherungsfrei sind die in Betrieben oder im Dienste des Reichs, eines Landes, eines Gemeindeverbandes, einer Gemeinde oder eines Trägers der Reichsversicherung Beschäftigten, wenn ihnen Anwartschaft auf Ruhegeld und Hinterbliebenenrenten im Mindestbetrage der ihrem Diensteinkommen entsprechenden Höhe gewährleistet ist.

§ 12. Versicherungsfrei sind

1. Beamte des Reichs, der Länder, der Gemeindeverbände und der Gemeinden, Geistliche der als öffentlich-rechtliche Korporationen anerkannten Religionsgesellschaften, Lehrer und Erzieher an öffentlichen Schulen oder Anstalten, solange sie lediglich für ihren Beruf ausgebildet werden, sowie die im Reichs- oder Landesdienste vorläufig beschäftigten Beamten und vorläufig beschäftigten Geistlichen der als öffentlich-rechtliche Korporationen anerkannten Religionsgesellschaften,
2. Angestellte in Eisenbahn-, Post- und Telegraphenbetrieben des Reichs oder der Länder, die Aussicht auf Übernahme in das Beamtenverhältnis und Anwartschaft auf eine ausreichende Invaliden- und Hinterbliebenenfürsorge haben,
3. Personen, die zu ihrer wissenschaftlichen Ausbildung für den zukünftigen Beruf gegen Entgelt tätig sind.

Ob die Voraussetzungen der Nrn. 1, 2 vorliegen, entscheiden die nach § 11 Abs. 3 zuständigen Stellen.

§ 13. Versicherungsfrei ist, wer berufsunfähig ist, oder wer Ruhegeld oder Witwerrente nach den Vorschriften dieses Gesetzes oder eine Invalidenpension nach den Vorschriften des Reichsknappschaftsgesetzes oder eine Invaliden-, Witwer- oder Witwenrente aus der Invalidenversicherung bezieht.

§ 14. Auf seinen Antrag wird von der Versicherungspflicht befreit,

wem von dem Reiche, einem Lande, einem Gemeindeverbande, einer Gemeinde oder einem Träger der Reichsversicherung, oder

wem auf Grund früherer Beschäftigung als Lehrer oder Erzieher an öffentlichen Schulen oder Anstalten

Ruhegeld, Wartegeld oder ähnliche Bezüge im Mindestbetrage der seinem Diensteinkommen entsprechenden Höhe bewilligt sind und daneben Anwartschaft auf Hinterbliebenenfürsorge (§ 11) gewährleistet ist.

§ 18. Scheiden Personen, die gemäß § 11 Nr. 1—3, § 17 versicherungsfrei sind, aus der versicherungsfreien Beschäftigung aus, ohne daß gegen den Arbeitgeber ein Anspruch auf Ruhegeld oder Hinterbliebenenrente (§ 11 Abs. 1) entsteht oder im Falle des Vorhandenseins von Hinterbliebenen ein Anspruch auf Hinterbliebenenrente entstehen würde, so sind für die Zeit dieser Beschäftigung, frühestens jedoch von dem Zeitpunkt der Einführung der Versicherungspflicht für die in Frage kommende Berufsgruppe, Beitragsmarken der Gehaltsklasse zu verwenden, der die versicherungsfreien Personen im Falle ihrer Versicherungspflicht angehören würden. Für jeden Monat bis zum Schlusse des Jahres 1923 sind Beiträge der Gehaltsklasse A zu entrichten. Für Ersatzzeiten im Sinne des § 170 unterbleibt die Beitragsentrichtung. Die Beiträge gelten als Pflichtbeiträge. Der Eintritt des Versicherungsfalls steht der Nachentrichtung von Beiträgen bis zu diesem Zeitpunkt nicht entgegen.

Solange die Personen Anspruch auf Wartegeld haben oder ihnen Ruhegehalt nach Artikel 4 der Verordnung zur Herabminderung der Personalausgaben des Reichs (Personal-Abbau-Verordnung) vom 27. Oktober 1923 (RGBl. I, S. 999) oder Ruhegehalt nach einer entsprechenden landesrechtlichen Regelung zugesichert ist, unterbleibt die Beitragsentrichtung nach Abs. 1.

Ob ein Anspruch auf Ruhegeld, Ruhegehalt, Wartegeld oder Hinterbliebenenrente entsteht oder entstehen würde (Abs. 1, 2) entscheiden die nach § 11 Abs. 3 bestimmten Stellen.

Die Zeiten, in denen der Beschäftigte gemäß § 11, § 12 Nr. 1—3, § 17 oder auch ohne diese Vorschriften schon wegen der Höhe seines Jahresarbeitsverdienstes nicht versicherungspflichtig gewesen ist, werden als Ersatzzeiten nach § 170 angerechnet, sofern nicht die in § 20 bezeichnete Erklärung abgegeben wird. Beiträge, aus denen die Anwartschaft erloschen wäre, sind nicht nachzuentrichten.

§ 19. Treten Personen, die bisher versicherungspflichtig waren, in ein nach § 11, § 12 Nr. 1—3, § 17 versicherungsfreies Beschäftigungsverhältnis, so sind, wenn sie in den Ruhestand versetzt werden oder mit Hinterlassung von anspruchsberechtigten Hinterbliebenen sterben, von dem Versicherungsträger 80% der seit dem 1. Januar 1924 entrichteten Versicherungsbeiträge dem Versicherten oder seiner Witwe oder, falls eine solche nicht vorhanden ist, den hinterlassenen Kindern unter achtzehn Jahren auszuzahlen.

Ein weitergehender Anspruch gegen den Versicherungsträger ist ausgeschlossen.

§ 20. Die im § 19 Abs. 1 Satz 1 bezeichneten Personen können binnen zwei Monaten nach ihrem Eintritt in eine gemäß § 11, § 12 Nr. 1—3, § 17 versicherungsfreie Beschäftigung dem Arbeitgeber gegenüber erklären, daß sie auf das ihnen nach § 19 Abs. 1 zustehende Recht verzichten. Der Arbeitgeber hat unverzüglich eine Abschrift der Erklärung dem zuständigen Versicherungsträger zu übersenden.

Ist der Verzicht erklärt, so gelten die allgemeinen Vorschriften.

II. Freiwillige Versicherung.

§ 21. Wer aus einer versicherungspflichtigen Beschäftigung ausscheidet und mindestens vier Beitragsmonate auf Grund der Versicherungspflicht zurückgelegt hat, kann die Versicherung freiwillig fortsetzen (Weiterversicherung).

Unter der gleichen Voraussetzung kann die Versicherung auch während des Aufenthalts des Versicherten im Ausland freiwillig fortgesetzt werden.

§ 22. Zum freiwilligen Eintritt in die Versicherung (Selbstversicherung) sind, entsprechend ihrem Einkommen, bis zum vollendeten vierzigsten Lebensjahre berechtigt

1. Personen, die für eigene Rechnung eine ähnliche Tätigkeit wie die im § 1 genannten ausüben,
2. Personen, die nach §§ 9, 10, § 12 Nr. 4 versicherungsfrei sind.

Sie können, wenn die Voraussetzungen für ihre Selbstversicherung wegfallen und mindestens vier Beitragsmonate auf Grund der Selbstversicherung zurückgelegt sind, die Selbstversicherung fortsetzen.

Gegenstand der Versicherung.

I. Allgemeines.

§ 23. Gegenstand der Versicherung sind Ruhegeld und Hinterbliebenenrenten.

§ 24. Ruhegeld erhält, wer die Berufsunfähigkeit (§ 30) oder das gesetzliche Alter nachweist sowie die Wartezeit erfüllt und die Anwartschaft aufrechterhalten hat.

§ 25. Hinterbliebenenrenten werden gewährt, wenn der Verstorbene zur Zeit seines Todes die Wartezeit erfüllt und die Anwartschaft aufrechterhalten hat.

§ 26. Wer sich vorsätzlich berufsunfähig macht, verliert den Anspruch auf das Ruhegeld. Hat sich der Versicherte die Berufsunfähigkeit beim Begehen einer Handlung, die nach strafgerichtlichem Urteil ein Verbrechen oder vorsätzliches Vergehen ist, zugezogen, so kann das Ruhegeld ganz oder teilweise versagt werden.

§ 27. Hat ein Versicherter Beiträge zur Angestelltenversicherung und zur Invalidenversicherung entrichtet (Wanderversicherter) und ist die Wartezeit für das Ruhegeld der Angestelltenversicherung erfüllt und die Anwartschaft nicht erloschen, so werden ihm nur die Leistungen der Angestelltenversicherung zuzüglich des Steigerungsbetrags der Invalidenversicherung (§ 57) gewährt, auch wenn er die Voraussetzungen für die Gewährung der Invalidenrente erfüllt hat.

§ 28. Länger als auf ein Jahr rückwärts vom ersten Tage des Monats an gerechnet, in der der Antrag eingegangen ist (§ 214), werden Ruhegeld und sonstige Renten nicht gezahlt, sofern nicht der Berechtigte durch Verhältnisse, die außerhalb seines Willens liegen, verhindert worden ist, den Antrag rechtzeitig zu stellen. Der Antrag ist binnen drei Monaten nach Wegfall des Hindernisses zu stellen.

§ 29. Der Anspruch auf Leistungen der Reichsversicherungsanstalt verjährt in vier Jahren nach der Fälligkeit.

II. Ruhegeld.

§ 30. Ruhegeld erhält der Versicherte, der das Alter von fünfundsechzig Jahren vollendet hat oder durch körperliche Gebrechen oder wegen Schwäche seiner körperlichen und geistigen Kräfte zur Ausübung seines Berufs dauernd unfähig ist. Berufsunfähigkeit ist dann anzunehmen, wenn seine Arbeitsfähigkeit auf weniger als die Hälfte derjenigen eines körperlich und geistig gesunden Versicherten von ähnlicher Ausbildung und gleichwertigen Kenntnissen und Fähigkeiten herabgesunken ist.

Ruhegeld erhält auch der Versicherte, der nicht dauernd berufsunfähig ist, aber während sechsundzwanzig Wochen ununterbrochen berufsunfähig gewesen ist, für die weitere Dauer der Berufsunfähigkeit.

§ 31. Das Ruhegeld beginnt, unbeschadet des § 28 mit dem ersten Tage des Monats, in dem die Voraussetzungen des § 30 vorliegen. Läßt sich der Beginn der Berufsunfähigkeit nicht feststellen, so gilt als solcher der Tag, an dem der Antrag auf Ruhegeld eingegangen ist (§ 214).

III. Hinterbliebenenrenten.

§ 32. Witwenrente erhält die Witwe nach dem Tode ihres versicherten Mannes.

§ 33. Waisenrente erhalten nach dem Tode des versicherten Vaters seine ehelichen Kinder unter achtzehn Jahren und nach dem Tode einer Versicherten ihre vaterlosen Kinder unter achtzehn Jahren. Als vaterlos gelten auch uneheliche Kinder.

Den ehelichen Kindern werden gleichgestellt:

1. die für ehelich erklärten Kinder,
2. die an Kindes Statt angenommenen Kinder,
3. die Stiefkinder und die Enkel, die der Verstorbene unmittelbar vor seinem Tode mindestens ein Jahr lang unentgeltlich unterhalten oder für die er Kinderzuschuß bezogen hat,
4. die unehelichen Kinder, wenn die Vaterschaft des Verstorbenen festgestellt ist.

Treffen die Voraussetzungen für mehrere Waisenrenten zusammen, so wird die Waisenrente nur einmal gewährt, und zwar zum höheren Betrage.

§ 34. Nach dem Tode der versicherten Ehefrau eines erwerbsunfähigen Ehemannes, die den Lebensunterhalt ihrer Familie ganz oder überwiegend aus ihrem Arbeitsverdienste bestritten hat, steht den ehelichen Kindern unter achtzehn Jahren Waisenrente zu, ebenso dem Manne Witwerrente, solange er bedürftig ist. § 33 Abs. 2 gilt entsprechend.

Für die Waisenrente gilt dies auch, wenn zur Zeit des Todes der Versicherten die Ehe nicht mehr bestand.

§ 35. Nach dem Tode einer versicherten Ehefrau, deren Ehemann sich ohne gesetzlichen Grund von der häuslichen Gemeinschaft ferngehalten und seiner väterlichen Unterhaltungspflicht entzogen hat, steht den ehelichen Kindern unter achtzehn Jahren Waisenrente zu. § 33 Abs. 2 gilt entsprechend.

Dies gilt auch, wenn zur Zeit des Todes der Versicherten die Ehe nicht mehr bestand und der Ehemann sich seiner väterlichen Unterhaltungspflicht entzogen hat.

§ 36. Die Renten der Hinterbliebenen beginnen, unbeschadet des § 28, mit dem ersten Tage des Monats, in den der Todestag des Ernährers fällt, sofern dieser ein Ruhegeld nicht bezog, andernfalls mit dem ersten Tage des Monats, der auf den Todestag fällt. Bei nachgeborenen Waisen beginnt die Rente mit dem ersten Tage des Geburtsmonats.

§ 37. Die gesetzlichen Leistungen werden auch dann gewährt, wenn der Versicherte verschollen ist. Er gilt als verschollen, wenn während eines Jahres keine glaubhaften Nachrichten von ihm eingegangen sind und die Umstände seinen Tod wahrscheinlich machen.

Von den Hinterbliebenen kann die eidesstattliche Erklärung verlangt werden, daß sie von dem Leben des Vermißten keine anderen als die angezeigten Nachrichten erhalten haben.

§ 38. Den Todestag Verschollener stellt die Reichsversicherungsanstalt nach billigem Ermessen fest. Für die auf See Verschollenen gilt als Todestag der Tag des Untergangs des Schiffes. Ist das Schiff als verschollen anzusehen, so gilt als Todestag der Tag vor Beendigung des Dienstverhältnisses nach § 53 Abs. 1 der Seemannsordnung.

§ 39. Hinterbliebene haben keinen Anspruch auf die Versicherungsleistungen, falls sie den Tod des Versicherten vorsätzlich herbeigeführt haben.

§ 40. Die Hinterbliebenen haben keinen Anspruch auf Rente, wenn der verstorbene Ernährer erst nach dem Eintritt der Berufsunfähigkeit geheiratet hat und der Tod innerhalb der ersten drei Jahre der Ehe eingetreten ist. Die Reichsversicherungsanstalt kann unter besonderen Umständen auch dann Hinterbliebenenrente gewähren.

IV. Heilverfahren.

§ 41. Um die infolge einer Erkrankung drohende Berufsunfähigkeit eines Versicherten abzuwenden, kann die Reichsversicherungsanstalt ein Heilverfahren einleiten, soweit nicht bereits durch einen Träger der reichsgesetzlichen Arbeiterversicherung ein Heilverfahren eingeleitet ist.

Dasselbe gilt, wenn zu erwarten ist, daß ein Heilverfahren den Empfänger eines Ruhegeldes wieder berufsfähig macht.

Anträge auf Heilverfahren sind an die Reichsversicherungsanstalt zu richten.

§ 43. Die Reichsversicherungsanstalt kann den Erkrankten in einem Krankenhaus oder in einer Anstalt für Genesende unterbringen.

Ist er verheiratet und lebt er mit seiner Familie zusammen, oder hat er einen eigenen Haushalt, oder ist er Mitglied des Haushalts seiner Familie, so bedarf es seiner Zustimmung.

Bei einem Minderjährigen genügt seine Zustimmung.

§ 44. Angehörige des Erkrankten, deren Unterhalt er ganz oder überwiegend aus seinem Arbeitsverdienste bestritten hat, erhalten während des Heilverfahrens (§ 43) ein Hausgeld. Es beträgt täglich mindestens drei Zwanzigstel des zuletzt entrichteten Monatsbeitrags.

Das Hausgeld fällt weg, solange und soweit Gehalt oder Lohn auf Grund eines Rechtsanspruchs gezahlt wird.

Die Zahlung des Ruhegeldes kann für die Dauer des Heilverfahrens ganz oder teilweise eingestellt werden.

§ 45. Entzieht sich ein Erkrankter ohne gesetzlichen oder sonst triftigen Grund dem Heilverfahren (§ 41), und wäre die Berufsunfähigkeit durch das Heilverfahren voraussichtlich verhütet oder beseitigt worden, so kann das Ruhegeld auf Zeit ganz oder teilweise versagt werden, wenn der Erkrankte auf diese Folge hingewiesen worden ist.

§ 49. Als reichsgesetzliche Arbeiterversicherung gilt auch die Versicherung beim Reichsknappschaftsverein als Träger der Krankenversicherung und bei Ersatzkassen (§§ 4, 11ff. des Reichsknappschaftsgesetzes, §§ 503ff. der Reichsversicherungsordnung).

VI. Wartezeit.

§ 53. Die Wartezeit dauert

1. beim Ruhegehalt für männliche Versicherte einhundertundzwanzig Beitragsmonate, für weibliche Versicherte sechzig Beitragsmonate,
2. bei den Hinterbliebenenrenten einhundertundzwanzig Beitragsmonate.

Sind weniger als sechzig Beitragsmonate auf Grund der Versicherungspflicht nachgewiesen, so beträgt die Wartezeit beim Ruhegeld für weibliche Versicherte neunzig Beitragsmonate, im übrigen einhundertundfünfzig Beitragsmonate.

Die Wartezeit für Selbstversicherer beträgt in allen Fällen einhundertundachtzig Beitragsmonate.

VII. Erlöschen der Anwartschaft.

§ 54. Die Anwartschaft erlischt, wenn nach dem Kalenderjahr, in welchem der erste Beitragsmonat zurückgelegt worden ist, innerhalb der zunächst folgenden zehn Kalenderjahre weniger als acht und nach dieser Zeit weniger als vier Beitragsmonate während eines Kalenderjahrs zurückgelegt worden sind.

Die erworbenen Anwartschaften gelten als bis zum 31. Dezember 1923 aufrechterhalten.

§ 55. Die Anwartschaft lebt, unbeschadet der Nachzahlungsmöglichkeit nach § 187, wieder auf, wenn der Versicherte die zur Aufrechterhaltung der Anwartschaft noch erforderlichen freiwilligen Beiträge innerhalb der zwei Kalenderjahre nachentrichtet, die dem Kalenderjahre der Fälligkeit der Beiträge folgen.

Die Anwartschaft lebt auch dann wieder auf, wenn der Versicherte von neuem auf Grund einer versicherungspflichtigen Beschäftigung oder eines Selbstversicherungsverhältnisses Beiträge entrichtet hat, und zwar

falls vor dem Erlöschen der Anwartschaft die Wartezeit erfüllt war, für mindestens vierundzwanzig Beitragsmonate,

andernfalls für mindestens achtundvierzig Beitragsmonate.

Die Anwartschaft gilt nicht als erloschen, wenn die Zeit, die zwischen dem erstmaligen Eintritt in die Versicherung und dem Versicherungsfalle liegt, mindestens zu drei Vierteln mit Beiträgen oder Ersatzzeiten im Sinne des § 382 Abs. 1 belegt ist.

VIII. Berechnung der Leistungen.

§ 56. Das jährliche Ruhegeld besteht aus Grundbetrag und Steigerungsbetrag. Der Grundbetrag ist für alle Gehaltsklassen 360 Reichsmark. Als Steigerungsbetrag werden 10% der Beiträge gewährt, die für die Zeit seit dem 1. Januar 1924 gültig entrichtet worden sind.

§ 58. Hat der Ruhegeldempfänger eheliche Kinder unter achtzehn Jahren, so erhöht sich für jedes von ihnen das Ruhegeld um jährlich 36 RM. (Kinderzuschuß).

Bei Gewährung des Kinderzuschusses werden ehelichen Kindern gleichgestellt

1. die für ehelich erklärten Kinder,
2. die an Kindes Statt angenommenen Kinder, wenn sie vor Eintritt der Berufungsfähigkeit angenommen sind,
3. die Stiefkinder und die Enkel, wenn sie vor Eintritt der Berufsunfähigkeit von dem Ruhegeldempfänger unentgeltlich unterhalten worden sind,
4. die unehelichen Kinder, wenn die Vaterschaft des Ruhegeldempfängers festgestellt ist.

Für uneheliche Kinder, die das sechzehnte Lebensjahr vollendet haben, sowie für Stiefkinder und Enkel wird der Kinderzuschuß nur gewährt, solange sie von dem Ruhegeldempfänger unterhalten werden.

§ 59. Die Witwenrente und die Witwerrente betragen sechs Zehntel, Waisenrenten für jede Waise fünf Zehntel des nach §§ 56, 57 zu berechnenden Ruhegeldes.

§ 60. Ruhegeld und sonstige Renten werden, auf volle Reichspfennig aufgerundet, in Teilbeträgen monatlich im voraus mit den im Postverkehr üblichen Zahlungsmitteln gezahlt.

IX. Erstattung von Beiträgen.

§ 61. Stirbt eine Versicherte nach Ablauf der Wartezeit für das Ruhegeld vor Eintritt in den Genuß eines Ruhegeldes, und besteht kein Anspruch auf Hinterbliebenenrenten, so ist auf Verlangen die Hälfte der für die Zeit vom 1. Januar 1924 bis zum Tode der Versicherten entrichteten Beiträge zu erstatten.

Anspruchsberechtigt sind nacheinander der Ehegatte, die Kinder, der Vater, die Mutter, die Geschwister, wenn sie mit der Versicherten zur Zeit ihres Todes in häuslicher Gemeinschaft gelebt haben oder von der Versicherten wesentlich aus ihrem Arbeitsverdienst unterhalten worden sind. Der Anspruch verfällt, wenn er nicht innerhalb eines Jahres nach dem Tode der Versicherten geltend gemacht wird.

§ 62. Heiratet eine Versicherte nach Ablauf der Wartezeit für das Ruhegeld und scheidet sie binnen drei Jahren nach der Verheiratung aus der versicherungspflichtigen Beschäftigung aus, so steht ihr ein Anspruch auf Erstattung der Hälfte der für die Zeit vom 1. Januar 1924 bis zum Ausscheiden geleisteten Beiträge zu. Der Anspruch verfällt, wenn er nicht binnen drei Jahren nach der Verheiratung geltend gemacht wird. Die Erstattung schließt weitere Ansprüche an die Reichsversicherungsanstalt aus den erstatteten Beiträgen aus.

X. Wegfall der Leistungen.

§ 63. Die Witwen- und Witwerrenten fallen mit dem Ablauf des Monats weg, in dem der Berechtigte wieder heiratet. Die Witwe wird mit dem Betrag ihrer Jahresrente abgefunden. Der Anspruch verfällt, wenn er nicht innerhalb eines Jahres nach der Wiederverheiratung geltend gemacht wird.

Die Waisenrente fällt mit dem Ablauf des Monats weg, in dem die Waise das achtzehnte Lebensjahr vollendet oder heiratet.

§ 64. Für den Sterbemonat und den Monat, der das Ruhen der Rente bringt, werden die Beiträge voll gezahlt.

§ 65. Ist beim Tode des Empfängers die fällige Rente noch nicht abgehoben, so sind nacheinander bezugsberechtigt der Ehegatte, die Kinder, der Vater, die Mutter, die Geschwister, wenn sie mit dem Empfänger zur Zeit seines Todes in häuslicher Gemeinschaft gelebt haben oder von ihm wesentlich aus seinem Arbeitsverdienst unterhalten worden sind.

§ 66. Stirbt ein Versicherter oder ein zum Bezug einer Witwen- oder Witwerrente Berechtigter, nachdem er seinen Anspruch erhoben hatte, so sind zur Fortsetzung des Verfahrens und zum Bezuge der bis zum Todestage fälligen Beträge nacheinander berechtigt der Ehegatte, die Kinder, der Vater, die Mutter, die Geschwister, wenn sie mit dem Berechtigten zur Zeit seines Todes in häuslicher Gemeinschaft gelebt haben oder von ihm wesentlich aus seinem Arbeitsverdienst unterhalten worden sind.

XI. Entziehung der Leistungen.

§ 67. Ist der Empfänger eines Ruhegeldes nicht mehr berufsunfähig im Sinne des § 30, so entzieht ihm die Reichsversicherungsanstalt das Ruhegeld.

§ 68. Witwerrenten, die nach § 34 gewährt sind, entzieht die Reichsversicherungsanstalt, sobald die Bedürftigkeit des Empfängers wegfällt.

§ 69. Ein Bescheid, der das Ruhegeld oder die sonstige Rente entzieht, wird mit Ablauf des Monats wirksam, in dem er zugestellt worden ist.

§ 70. Wird Ruhegeld von neuem bewilligt, so wird die frühere Beitragsleistung dem Versicherten angerechnet.

§ 71. Wird nachgewiesen, daß ein Versicherter, der als verschollen galt, noch lebt, so wird die weitere Zahlung von Hinterbliebenenrente eingestellt. Die Reichsversicherungsanstalt braucht die zu Unrecht gezahlten Beträge nicht zurückzufordern.

XII. Ruhen der Rente.

§ 72. Die Rente ruht, solange der Berechtigte eine Freiheitsstrafe von mehr als einem Monat verbüßt oder in einem Arbeitshaus oder in einer Besserungsanstalt untergebracht ist.

§ 77. Deutsche Schutzgebiete gelten im Sinne der §§ 72—76 als Inland.

XIII. Verhältnis zu anderen Ansprüchen.

§ 79. Unberührt von diesem Gesetze bleiben die gesetzlichen Pflichten der Gemeinden und Fürsorgeverbände zur Unterstützung Hilfsbedürftiger und andere auf Gesetz, Satzung, Vertrag oder letztwilliger Verfügung beruhende Pflichten zur Fürsorge für die nach diesem Gesetze Versicherten und ihre Hinterbliebenen.

§ 86. Der Anspruch auf Ersatz ist ausgeschlossen, wenn er nicht spätestens sechs Monate nach Ablauf der Unterstützung geltend gemacht wird.

§ 87. Streit über Ersatzansprüche aus den §§ 80—86 werden im Verwaltungsstreitverfahren oder, wo ein solches nicht besteht, durch die dem Ersatzberechtigten vorgesetzte Aufsichtsbehörde entschieden. Die Entscheidung der letzteren kann binnen einem Monat nach Zustellung im Wege des Rekurses nach den §§ 20, 21 der Gewerbeordnung angefochten werden.

Das Verwaltungsstreitverfahren richtet sich nach Landesrecht. — Die angezogenen Paragraphen der GO. lauten:

§ 20 GO. Gegen den Bescheid ist Rekurs an die nächstvorgesetzte Behörde zulässig, welcher bei Verlust desselben binnen vierzehn Tagen, vom Tage der Eröffnung des Bescheids an gerechnet, gerechtfertigt werden muß.

Der Rekursbescheid ist den Parteien schriftlich zu eröffnen und muß mit Gründen versehen sein.

§ 21 GO. Die näheren Bestimmungen über die Behörden und das Verfahren, sowohl in der ersten als in der Rekursinstanz, bleiben den Landesgesetzen vorbehalten. Es sind edoch folgende Grundsätze einzuhalten:

1. In erster oder in zweiter Instanz muß die Entscheidung durch eine kollegiale Behörde erfolgen. Diese Behörde ist befugt, Untersuchungen an Ort und Stelle zu veranlassen, Zeugen und Sachverständige zu laden und eidlich zu vernehmen, überhaupt den angetretenen Beweis in vollem Umfange zu erheben.

2. Bildet die kollegiale Behörde die erste Instanz, so erteilt sie ihre Entscheidung in öffentlicher Sitzung, nach erfolgter Ladung.

Der Beschlußsenat besteht aus dem Präsidenten, einem Direktor (§ 160) oder einem Senatspräsidenten (§ 160) als Vorsitzendem, einem vom Reichsrat gewählten nichtständigen (§ 162), einem ständigen Mitglied (§ 160) und je einem Vertreter der Versicherten der Angestelltenversicherung und ihrer Arbeitgeber. An Stelle des vom Reichsrat gewählten kann ein ständiges Mitglied treten.

§ 167. Für die Kosten der Senate für Angestelltenversicherung beim Reichsversicherungsamte gelten die Vorschriften des § 145 entsprechend.

Deckung der Leistungen.

I. Aufbringung der Mittel.

1. Allgemeines.

§ 168. Die Arbeitgeber und Versicherten bringen die Mittel für die Versicherung auf. Sie entrichten für Zeiten versicherungspflichtiger Beschäftigung und für Krankheitszeiten, in denen die Versicherten das Gehalt fortbezogen haben, Beiträge zu gleichen Teilen.

§ 169. Beitragsmonate sind nur Kalendermonate, für die Beiträge entrichtet sind, soweit nicht im § 170 oder im § 382 Abs. 1 etwas anderes bestimmt ist.

§ 170. Als Beitragsmonate für die Erhaltung der Anwartschaft (§ 54) und als Vormonate für die freiwillige Versicherung (§ 21) (Ersatzzeiten) rechnen nach Entrichtung mindestens eines Beitrages auch ohne weitere Beitragsleistung die Kalendermonate, in denen der Versicherte

1. durch Krankheit zeitweise arbeitsunfähig und nachweislich in seiner Berufstätigkeit verhindert ist und kein Entgelt erhält,

2. zur beruflichen Fortbildung eine staatlich anerkannte Lehranstalt besucht; die oberste Verwaltungsbehörde bestimmt die staatlich anerkannten Lehranstalten im Sinne dieser Vorschrift.

3. in Mobilmachungs- oder Kriegszeiten militärische Dienstleistungen oder freiwillige Kriegskrankenpflege bei der deutschen Wehrmacht verrichtet hat.

Wie Krankheitszeit rechnet Genesungszeit und bis zu zwei Monaten eine Arbeitsunfähigkeit, die durch Schwangerschaft oder ein regelmäßig verlaufenes Wochenbett veranlaßt ist.

Nicht angerechnet wird eine Krankheit, die sich der Versicherte vorsätzlich oder bei Begehung eines durch Strafurteil festgestellten Verbrechens oder durch schuldhafte Beteiligung bei Schlägereien oder Raufhändeln zugezogen hat.

Als Beitragszeit in bezug auf das Erlöschen und das Wiederaulfeben der Anwartschaft (§§ 54, 55) gelten auch die Wochen, für die Beiträge in der Invalidenversicherung entrichtet sind. Dabei werden je vier Beitragswochen der Invalidenversicherung als ein Beitragsmonat der Angestelltenversicherung gerechnet. Dies gilt, abgesehen von §§ 55 Abs. 3, nicht für solche Beitragswochen der Invalidenversicherung, die mit den in der Angestelltenversicherung zurückgelegten Beitragsmonaten voll zusammenfallen.

Der Reichsarbeitsminister kann bestimmen, in welchen weiteren Fällen eine Anrechnung von Beitragsmonaten stattfindet, ohne daß Beiträge entrichtet zu werden brauchen. Er kann auch bestimmen, daß die Beitragsmonate bei der Rentenberechnung (§ 56) berücksichtigt werden.

2. Gehaltsklassen.

§ 171. Nach der Höhe des monatlichen Arbeitsverdienstes werden für die Versicherten folgende Gehaltsklassen gebildet:

Klasse A		bis zu 50 Reichsmark,
„ B	von mehr als 50	„ „ 100 „
„ C	„ „ „ 100	„ „ 200 „
„ D	„ „ „ 200	„ „ 300 „
„ E	„ „ „ 300 Reichsmark.	

Der Reichsarbeitsminister bestimmt das Nähere. Er kann insbesondere Gehaltsklassen an die bestehenden anfügen.

3. Höhe der Beiträge.

§ 172. Der Monatsbeitrag beträgt:

in Gehaltsklasse	A . .	1,50 Reichsmark,
„ „	B . .	3,00 „
„ „	C . .	6,00 „
„ „	D . .	9,00 „
„ „	E . .	12,00 „

Der Reichsarbeitsminister kann anordnen, daß Beiträge unter oder über einer bestimmten Gehaltsklasse nicht entrichtet werden dürfen. Er setzt im Falle des § 171 Abs. 2 Satz 2 die Beiträge für die neuen Gehaltsklassen fest.

4. Beitragsverfahren.

a) Marken

§ 175. Zur Beitragsleistung gibt die Reichsversicherungsanstalt Marken aus.

Ungültig gewordene Marken können binnen drei Monaten nach Ablauf der Gültigkeitsdauer bei den Verkaufsstellen umgetauscht werden.

b) Versicherungskarte.

§ 176. Die Beiträge werden durch Einkleben der Marken in die Versicherungskarte entrichtet; Ausnahmen kann der Reichsarbeitsminister nach Anhören der Reichsversicherungsanstalt regeln.

§ 177. Der Versicherte läßt sich die Versicherungskarte ausstellen und legt sie dem Arbeitgeber zum Einkleben der Marken rechtzeitig vor. Die Ortspolizeibehörde kann ihn dazu durch Zwangsstrafen in Geld anhalten.

Hat er keine Versicherungskarte oder verweigert er ihre Vorlage, so kann sie der Arbeitgeber beschaffen und die Kosten, nachdem sie ihm bekannt geworden sind, bei der nächsten Gehaltszahlung abziehen.

§ 179. Die Versicherungskarte soll binnen drei Jahren nach dem Ausstellungstage zum Austausch eingereicht werden. Der Versicherte, der dies versäumt, muß im Streitfall beweisen, daß die Anwartschaft erhalten ist

§ 180. Die Versicherungskarte darf nur die gesetzlich vorgeschriebenen Angaben enthalten und sonst keine Merkmale tragen; vor allem darf sich aus ihr nichts über Führung oder Leistungen des Inhabers ergeben.

Zulässig ist ein Vermerk des Wahlvorstandes, daß die Wahl ausgeübt ist.

§ 181. Niemand darf eine Versicherungskarte gegen den Willen des Inhabers zurückbehalten. Wer dagegen verstößt, ist dem Berechtigten schadensersatzpflichtig. Die Ortspolizeibehörde nimmt ihm die Karte ab und händigt sie dem Berechtigten aus.

Dies gilt nicht, wenn eine zuständige Stelle die Karte zum Umtausch oder zu anderen Amtshandlungen zurückbehält.

c) Beitragsentrichtung durch Arbeitgeber.

§ 182. Der Arbeitgeber, der den Versicherten den Kalendermonat hindurch beschäftigt, hat für sich und ihn den Beitrag zu entrichten.

§ 183. Der Versicherungspflichtige muß sich bei der Gehaltszahlung die Hälfte des Beitrags, und wer sich über die gesetzliche Gehaltsklasse hinaus versichert (§ 184 Abs. 2), ohne die höhere Gehaltsklasse mit dem Arbeitgeber vereinbart zu haben, auch den Mehrbetrag vom Gehalt abziehen lassen. Der Arbeitgeber darf nur auf diesem Wege den Beitragsteil der Versicherten wieder einziehen. Die Abzüge sind auf die Gehaltszeiten gleichmäßig zu verteilen. Teilbeträge sind auf volle zehn Reichspfennig aufzurunden, für den Angestellten abzurunden.

Unterbliebene Abzüge dürfen bei der nächsten Gehaltszahlung nachgeholt werden, weiter zurück nur, wenn der Arbeitgeber die Beiträge schuldlos nachentrichtet.

Arbeitgeber, gegen die eine Anordnung des Versicherungsamts nach § 398 der Reichsversicherungsordnung ergangen ist, dürfen Gehaltsabzüge nur für die Zeit machen, für die sie die Beiträge nachweislich bereits entrichtet haben.

Abschlagszahlungen gelten nicht als Gehaltszahlungen im Sinne dieser Vorschriften.

d) Beitragsentrichtung durch Versicherte.

§ 184. Versicherungspflichtige, die nur einen Teil des Kalendermonats bei einem Arbeitgeber oder die bei mehreren Arbeitgebern im Kalendermonate beschäftigt sind (Teilbeschäftigte), haben selbst die Pflichten der Arbeitgeber zu erfüllen. Sie können bei der Gehaltszahlung von jedem Arbeitgeber einen verhältnismäßigen Anteil der Arbeitgeberhälfte des Beitrags als dessen Beitragsanteil verlangen. Satz 1 gilt auch für Versicherungspflichtige im Sinne des § 4 Nr. 2 und § 6, der Satz 2 sinngemäß auch für Versicherungspflichtige im Sinne des § 4 Nr. 2.

Auch sonst kann der versicherungspflichtige Angestellte die vollen Beiträge selbst entrichten. Die Wahl einer höheren als der gesetzlichen Gehaltsklasse steht ihm frei; der Arbeitgeber hat ihm aber nur die Hälfte der gesetzlichen Beiträge zu erstatten, die Hälfte der höheren Beiträge nur, wenn die Versicherung in einer höheren Gehaltsklasse vereinbart ist.

Der Ersatzanspruch besteht nur, wenn die Marke vorschriftsmäßig entwertet ist, und bis zur zweitfolgenden Gehaltszahlung, später nur, wenn der Versicherte schuldlos Beiträge nachentrichtet.

§ 185. Eine freiwillige Versicherung ist nicht unter derjenigen Gehaltsklasse zulässig, die dem Durchschnitt der letzten sechs Pflichtbeiträge entspricht oder am nächsten kommt. Jedoch ist sie in einer niedrigeren Gehaltsklasse dann zulässig, wenn der Versicherte nachweist, daß die Gehaltsklasse seinem Einkommen entspricht.

Übergangs- und Schlußvorschriften.

§ 378. Als Arbeitsverdienstgrenze gilt vom 1. Dezember 1923 an 4000 RM.

Errichtung einer Fabrik, eines Speichers, Warenhauses
oder sonstiger technischen und kaufmännischen Unternehmungen dienender Anlagen und Gebäude.

Bei Gründung eines industriellen Unternehmens sind, soweit das Unternehmen nicht in gemieteten Räumen untergebracht wird, eine Reihe von grundlegenden Gesetzen bei der Anlage und dem Bau der Arbeitsstätten zu beachten. Allgemein ist, bevor die Sonderbestimmungen über die Errichtung gewerblicher Anlagen in Betracht kommen, das Baurecht als solches auf das Unternehmen anzuwenden; wie das Baurecht, das Baufluchtliniengesetz, die Gesetze für Grundstücke, das Nachbarrecht, das Wegerecht, das Wasserrecht usw.

Baurecht und Baufluchtliniengesetz.

Soweit das Baurecht für den Ingenieur oder Kaufmann in Frage kommt, bezieht es sich auf das Bauen auf Grundstücken, die sich im Eigentum befinden. Diejenigen Gesetze und Verordnungen, welche für das Bauen auf solchen Grundstücken erlassen sind, bilden das Baurecht. Hierbei ist dieses bürgerliche Baurecht von dem öffentlichen Baurecht getrennt; denn es handelt sich in ersterem Falle um die Regelung privatwirtschaftlicher Verhältnisse. Das öffentliche Baurecht kommt im Zusammenhange damit jedoch in Frage, um Schädigungen des Gemeinwohles zu hindern oder entstandene Schädigungen zu beseitigen. Auf Grund der Reichs- und Staatsgesetze haben nachgeordnete Behörden ein Verordnungsrecht für das ihrer Verwaltung unterstehende Gebiet. Neben dem Allgemeinen Landrecht ist das Gesetz betreffend die Anlegung und Veränderung von Straßen und Plätzen in Städten und ländlichen Ortschaften vom 2. Juli 1875 grundlegend. Es seien hier die für Preußen geltenden Bestimmungen allein in Betracht gezogen. Durch die Einführung des Bürgerlichen Gesetzbuches sind ferner eine Reihe von Bestimmungen in den Kapiteln über Sachenrecht, Recht der Schuldverhältnisse, über das Eigentum, über das Nachbarrecht und über Rechte an Grundstücken und Grunddienstbarkeiten getroffen, welche hierbei ebenfalls mitbestimmend sind.

Nach Art. 4 § 1 des Wohnungsgesetzes von 1918 kann ferner durch Bauordnung die Ausscheidung besonderer Ortsteile, Straßen und Plätze erfolgen, für welche die Errichtung von Anlagen nicht zugelassen ist, die beim Betriebe durch Verbreitung übler Gerüche, durch starken Rauch oder ungewöhnliches Geräusch Gefahren, Nachteile oder Belästigungen für die Nachbarschaft oder das Publikum überhaupt herbeizuführen geeignet sind. Darüber hinaus kann die Festlegung besonderer Ortsteile erfolgen, in denen nur die Errichtung von Wohngebäuden mit Nebenanlagen oder aber nur die Errichtung von gewerblichen Anlagen mit Nebengebäuden zulässig ist. Endlich können Bauklasseneinteilungen stattfinden, die eine Abstufung der baulichen Ausnutzbarkeit der Grundstücke enthalten. Ebenso kann vorgeschrieben werden, daß da, wo Fluchtlinien nicht festgestellt sind, nur offene Bauweise mit Gebäuden von nicht mehr als einem Geschoß über dem Erdgeschoß zulässig ist.

Ein allgemeines Städtebaugesetz, das Bestimmungen über Landesplanung, Flächenaufteilungs- und Bebauungspläne enthält, die Ausscheidung größerer

Geländestriche als Wohn- bzw. Industriegelände vorsieht und zahlreiche Fragen grundlegend regelt, ist in Vorbereitung. Einzelne Teile des Gesetzes sind freilich noch lebhaft umstritten.

Grundstücksrecht.

Wird ein Grundstück von einem Dritten erworben, so geschieht dies durch Eintragung in das Grundbuch und durch die Übertragung des Grundstückseigentums, die sog. Auflassung. Die Auflassung muß bei gleichzeitiger Anwesenheit beider Parteien oder ihrer Bevollmächtigen vor dem Grundbuchamte erklärt werden (§ 925 BGB.). Gerichtliche oder notarielle Beurkundung ist nach § 313 BGB. vorgeschrieben. Zugleich mit dem Eigentum am Grundstück, also mit der Eintragung, erlangt der Erwerber im Zweifel auch das Eigentum an dem zur Zeit des Erwerbes vorhandenen Zubehörstücken, soweit sie dem Veräußerer gehören (§ 926 BGB.). Maßgebend sind die preußischen Grundbuchgesetze vom 5. Mai 1872: die Grundbuchordnung und das Eigentumerwerbsgesetz. Das heutige Grundbuchrecht ist im Anschluß an diese beiden preußischen Gesetze durch Reichsgesetze geregelt, und zwar durch die Reichsgrundbuchordnung vom 24. März 1897, materiell vom BGB. Jedoch ist den landesgesetzlichen Vorschriften ein weiter Spielraum gelassen. Der Inhalt des Grundbuches genießt öffentlichen Glauben und gilt als richtig, es sei denn, daß die Unrichtigkeit dem Erwerber bekannt ist oder ein Widerspruch gegen die Richtigkeit eingetragen ist (§ 892 BGB.). Für etwaige Versehen der Grundbuchbeamten haftet der Staat.

Jedes Grundstück erhält im Grundbuch eine besondere Stelle, das sog. **Grundbuchblatt.** In Preußen zerfällt jedes Grundbuchblatt in 1. Aufschrift, 2. das Bestandsverzeichnis und 3. drei Abteilungen. In der Aufschrift sind das Amtsgericht, der Bezirk, der Kreis sowie die Nummern des Bandes und des Blattes anzugeben. Das Bestandsverzeichnis zerfällt in das Verzeichnis der Grundstücke und das Verzeichnis der mit dem Eigentum an ihnen verbundenen Rechte. Die erste Abteilung bezeichnet den Eigentümer, die zweite enthält die das Grundstück belastenden Rechte sowie die Beschränkung des Verfügungsrechts des Eigentümers. Aus der dritten Abteilung sind die Hypotheken-, Grund- und Rentenschulden zu erkennen.

Außer vom Grundbuchamte werden auch vom Katasteramt Bücher geführt. Dieselben weisen folgende Buchungen auf:

1. eine Gemarkungskarte, welche die Grenzen und die Lage der Grundstücke enthält:
2. das Flurbuch mit der Angabe der einzelnen Parzellen, ihres Ertrages, des sog. Grundsteuer-Reinertrages, und des Eigentümers;
3. die Grundsteuermutterrolle mit einzelnen Artikeln, deren jeder sämtliche einem Eigentümer gehörenden Parzellen enthält;
4. die Gebäudesteuerrolle über die Gebäude, Höfe und Gärten bis zu einem Morgen mit Angabe des Gebäudesteuernutzungswertes.

Das Grundbuch ist meistens auf das Kataster zurückgeführt, d. h. auf diesem begründet, indem zur Bezeichnung der Grundstücke der Inhalt der Steuerbücher benutzt wird.

Eigentums- und Nachbarrechte.

Die Eigentumsrechte und die Nachbarrechte sind in den §§ 903ff. des BGB. geregelt. Grundsätzlich heißt es, daß der Eigentümer einer Sache, soweit nicht das Gesetz oder Rechte Dritter entgegenstehen, mit der Sache nach Belieben verfahren und andere von jeder Einwirkung ausschließen kann. Jedoch kann der Eigentümer die Einwirkung auf eine Sache nicht verbieten, wenn die Einwirkung zur Abwendung einer gegenwärtigen Gefahr notwendig und der drohende Schaden gegenüber dem aus der Einwirkung dem Eigentümer entstehenden Schaden unverhältnismäßig groß ist. Der Eigentümer kann Ersatz des ihm entstehenden Schadens verlangen.

Das Recht des Eigentümers eines Grundstücks erstreckt sich auf den Raum über der Oberfläche und auf den Erdkörper unter der Oberfläche. Der Eigentümer kann jedoch Einwirkungen nicht verbieten, die in solcher Höhe und Tiefe vorgenommen werden, daß er an der Ausschließung kein Interesse hat (z. B. bei Anlage von Kanälen, Bergwerken, Telephonverbindungen usw.).

Der Nachbar eines Grundstückes kann verlangen, daß auf diesem nicht Anlagen hergestellt oder gehalten werden, von denen mit Sicherheit vorauszusehen ist, daß ihr Bestand oder ihre Benutzung eine unzulässige Einwirkung auf das Grundstück zur Folge hat.

Ein Grundstück darf nicht in der Weise vertieft werden, daß der Boden des Nachbargrundstückes die erforderliche Stütze verliert, es sei denn, daß für eine genügende anderweitige Befestigung gesorgt ist.

Gegen jede seinem Grundstück während des Baues oder auch späterhin drohende Gefahr, wie z. B. Einsturz von Häusern, kann der Nachbar die zur Ablenkung der Gefahr erforderlichen Vorkehrungen verlangen.

Der § 836 BGB. besagt: „Wird durch den Einsturz eines Gebäudes oder eines anderen mit einem Grundstück verbundenen Werkes oder durch die Ablösung von Teilen des Gebäudes oder des Werkes ein Mensch getötet oder die Gesundheit eines Menschen verletzt oder eine Sache beschädigt, so ist der Besitzer des Grundstücks, sofern der Einsturz oder die Ablösung die Folge fehlerhafter Errichtung oder mangelhafter Unterhaltung ist, verpflichtet, den Verletzten den daraus entstehenden Schaden zu ersetzen. Die Ersatzpflicht tritt nicht ein, wenn der Besitzer zum Zwecke der Abwendung der Gefahr die im Verkehr erforderliche Sorgfalt beobachtet hat.“

Das gleiche gilt natürlich, wenn jemand auf einem fremden Grundstück das Recht zur Errichtung von Gebäuden oder anderen Werken besitzt.

Hat der Eigentümer eines Grundstücks bei der Errichtung eines Gebäudes über die Grenze gebaut, ohne daß ihm Vorsatz oder grobe Fahrlässigkeit zur Last fällt, so hat der Nachbar den Überbau zu dulden, wenn er nicht vor oder sofort nach der Grenzüberschreitung Widerspruch erhoben hat. Der Nachbar ist dann durch eine Geldrente zu entschädigen.

Der Eigentümer eines Grundstücks kann vom Eigentümer eines Nachbargrundstücks verlangen, daß dieser zur Errichtung fester Grenzzeichen (Mauern, Zaun) und, wenn ein Grenzzeichen versetzt oder unkenntlich geworden ist, zur Wiederherstellung mitwirkt.

Alles, was mit dem Grund und Boden in fester, dauernder Verbindung steht, gehört mit zum Grundstück. Werden Sachen nur zu einem vorübergehenden Zweck mit dem Grund und Boden fest verbunden, so werden sie dadurch nicht zu Bestandteilen des Grundstückes, sondern bleiben Gegenstand ihrer besonderen Rechtsverhältnisse. Wenn jedoch der an einem fremden Grundstück Berechtigte in Ausübung seines Rechtes auf dem Grundstücke ein Gebäude oder ein anderes Werk errichtet, so werden diese hierdurch nicht Bestandteile des Grundstückes.

Die Bauordnung.

Durch Bauordnungen sind ganz bestimmte Regeln über das Verhältnis der bebauten Fläche zur Grundfläche gegeben, des ferneren Vorschriften über die Größe und Gestaltung der Höhe, das Verhältnis der Gebäudehöhe zur Abmessung der Höfe und Straßen, die Beschränkung der Zahl der bewohnten Geschosse, die Höhe der Einzelgeschosse und die Festsetzung rückwärtiger Baufluchtlinien.

In erster Linie ist der Grundstückseigentümer berechtigt und verpflichtet, die Baugenehmigung nachzusuchen, jedoch kann dies auch durch einen anderen Berechtigten oder Bevollmächtigten geschehen. Die Baugenehmigung wird nach Vorlegung und Prüfung von ausführlichen Zeichnungen, Beschreibungen, statischen Berechnungen, in Form eines Bauscheins von der Behörde erteilt. Der Bauschein gibt den Ausweis, daß dem beabsichtigten Bau zur Zeit keine Hindernisse entgegenstehen. Privatrechte Dritter bleiben dadurch unberührt. Wünscht die Polizeibehörde Abänderungen, so hat sie sie mit Angabe der Gründe mitzuteilen. Ergeben sich während der Bauausführung notwendige Abänderungen, so ist deren Genehmigung vor der Ausführung zu beantragen. Sie wird in einem Nachtrage zum Bauschein erteilt. Dem Antrag zum Bau sind die nötigen technischen Unterlagen, Erklärungen, Zeichnungen, statischen Berechnungen beizufügen.

In dringenden Fällen kann die Baubehörde von bestimmten Vorschriften Dispens erteilen.

Oft wird die Baugenehmigung von der Baupolizei nur unter bestimmten Bedingungen erteilt, an die sich der Bauherr bei der Ausführung des Baues zu halten hat. Diese Beschränkungen sind jedoch nur insoweit zulässig, als sie durch das öffentliche Baurecht gerechtfertigt werden.

Die Genehmigung zum Bau, d. h. der Bauschein erlischt dadurch, daß von ihm Gebrauch gemacht ist, zweitens durch Fristablauf, wenn von ihm innerhalb der festgesetzten Frist kein Gebrauch gemacht ist, drittens durch Widerruf.

In der Praxis findet sich vielfach der Vermerk, daß die Bauerlaubnis „auf jederzeitigen Widerruf" erteilt wird. Ein derartiger Vorbehalt ist rechtswidrig und unzulässig, denn es ist **strafbar, vor** der endgültigen Baugenehmigung mit dem Bau zu beginnen.

Die Versagung der Baugenehmigung darf nur auf polizeiliche Gründe hin erfolgen. Gegen die Versagung der Baugenehmigung können die Rechtsmittel nach § 127 des Landesverwaltungsgesetzes ergriffen werden, d. h. Beschwerde oder Klage im Verwaltungsstreitverfahren.

Die Polizei hat das Recht und die Pflicht, den Beginn und die Fortsetzung eines Baues, welcher noch nicht genehmigt ist oder nicht genehmigungsfähig ist, unter Anwendung ihrer gesetzlichen Zwangsmittel zu hindern. Dagegen ist sie nicht berechtigt, die Beseitigung nichtgenehmigter Bauanlagen zu fordern, wenn diese Bauanlagen dem öffentlichen Rechte entsprechen. Sie kann jedoch die dem öffentlichen Baurecht entsprechende Abänderung verlangen und erzwingen.

Die Polizeibehörde ist während des Baues zur dauernden Überwachung berechtigt. Der Bauschein muß mit allen Unterlagen und Plänen sich zu diesem Zwecke auf der Baustelle befinden und dem Polizeibeamten jederzeit zur Einsicht vorgelegt werden.

Von der Bauordnung werden für gewisse Bauabschnitte besondere Bauabnahmen vorgeschrieben, und zwar eine Fundamentabnahme nach Legung der ersten Balkenlage, die Rohbauabnahme und die Gebrauchsabnahme. Bevor diese Teilabnahmen stattgefunden haben, ist ein Weiterbau unzulässig. Das Wichtigste ist die Rohbauabnahme. Sie bezieht sich auf die baupolizeiliche Prüfung des in den Wänden, Decken und Balkenlagen vollendeten rohen Baues. Der Bauherr ist verpflichtet, der Polizeibehörde den Bau so weit vorzuweisen, daß die Prüfung entsprechend den bautechnischen und baupolizeilichen Vorschriften möglich ist. Finden Beanstandungen seitens der Baupolizei statt, so darf der Bau erst nach nachweislicher Beseitigung derselben fortgesetzt werden. Es gelten für die Abnahme des Rohbaues folgende Vorschriften:

Die Balkenlagen müssen gestakt, die Öffnungen sicher überdeckt, umfriedigt oder unzugänglich gemacht sein. Der Bau muß überall zugänglich, die Balkenverankerungen im Innern des Gebäudes überall sichtbar sein, was namentlich von Eisenkonstruktionen gilt. Die feuersicheren Treppen müssen fertig sein, der Dachstuhl aufgestellt und das Dach, wenn auch nur vorläufig, eingedeckt sein. Die Fenster sind durchsichtig zu halten. Zur Rohbauabnahme muß der Bauherr oder sein gesetzlicher Vertreter oder Bevollmächtigter persönlich erscheinen. Mängel, welche bei der Abnahme gerügt werden, sind zu beseitigen und erfordern eine Nachtragsabnahme.

Die Gebrauchsabnahme bezieht sich auf diejenigen Gebäude oder Räume, welche zum dauernden Aufenthalt von Menschen, namentlich für Wohnzwecke, bestimmt sind oder besonders feuergefährliche Betriebe betreffen. Durch die Gebrauchsabnahme wird festgestellt, ob aus gesundheitlichen oder feuerpolizeilichen Gründen das Beziehen des Neubaues gestattet ist. Über die Prüfung wird ein Gebrauchsabnahmeschein erteilt.

Die Bauordnungen schreiben eine bestimmte Frist vor, welche zwischen Rohbauabnahme und Gebrauchsabnahme liegen muß. Sie schwankt gewöhnlich zwischen 3 und 6 Monaten. Sind die Gebäude vor der Gebrauchsabnahme bezogen, so kann die Räumung polizeilich erzwungen werden.

Bauten sind oft nicht ohne entsprechende Kreditgewährung auszuführen. Man muß sich zu diesem Zwecke „Baugeld" verschaffen. Unter dem 1. Juli 1909 ist ein Gesetz über die Sicherung der Bauforderungen erlassen. Es zerfällt in zwei Abschnitte: allgemeine Sicherungsmaßregeln und dingliche Sicherung der Bauforderung. Dieselben bestimmen das Nachfolgende:

I. Allgemeine Sicherungsmaßregeln der Bauforderungen.

1. Der Empfänger von Baugeld hat es zur Befriedigung solcher Personen zu verwenden, die an der Herstellung des Baues auf Grund eines Dienst-, Werk- oder Lieferungsvertrages beteiligt sind (sog. Baugläubiger), es sei denn, daß er diese Personen mit andern Mitteln befriedigt hat.

Ist der Empfänger selbst an der Herstellung beteiligt, so darf er das Baugeld in Höhe der Hälfte des angemessenen Wertes der von ihm in den Bau verwendeten Leistung oder, wenn die Leistung von ihm noch nicht in den Bau verwendet worden ist, der von ihm geleisteten Arbeit und der von ihm gemachten Auslagen für sich behalten. Baugeld sind Geldbeträge behufs Deckung der Baukosten, falls zur Sicherung der Ansprüche des Geldgebers eine Hypothek oder Grundschuld an dem zu bebauenden Grundstück dient, oder falls die Übertragung des Eigentums am Grundstück erst nach gänzlicher oder teilweiser Herstellung des Baues erfolgen soll.

2. Ein Baubuch über seine Lieferanten und die Baugeldgeber muß führen, wer die Herstellung eines Neubaues unternimmt und entweder Baugewerbetreibender ist oder sich für den Neubau Baugeld gewähren läßt.

3. Die Verletzung obiger Vorschriften wird strafrechtlich geahndet, doch nur dann, falls der Zuwiderhandelnde in Konkurs gerät oder seine Zahlungen einstellt.

4. Bei Neubauten hat der Bauleiter an leicht sichtbarer Stelle den vollen Namen des Eigentümers und gegebenenfalls des Unternehmers bei Vermeidung von Strafe anzugeben.

II. Dingliche Sicherung der Bauforderungen.

Während die obigen Bestimmungen für das ganze Reich gelten, gelten die nachfolgenden nur für bestimmte, durch landesherrliche Verordnung festgesetzte Gemeinden.

1. Vor Baubeginn ist ein Bauvermerk mit den Wirkungen einer Vormerkung im Grundbuchblatt einzutragen. Damit erwerben die Baugläubiger den Anspruch auf Eintragung einer Hypothek für ihre Bauforderungen, sog. Bau- oder Sicherungshypothek. Jedoch unterbleibt die Eintragung eines Bauvermerks, wenn bis zu ⅓ der voraussichtlichen Baukosten Sicherheit geleistet ist. Ohne Bauvermerk oder Sicherheitsleistung wird in den bestimmten Gemeinden die Bauerlaubnis nicht erteilt. Die Eintragung des Bauvermerks erfolgt auf Ersuchen der Baupolizeibehörde.

Wird ein Unternehmen in landschaftlich hervorragenden Gegenden, z. B. in Badeorten, in Landhausvierteln, in der Nähe von Prachtstraßen usw. geplant, so ist das Gesetz vom 15. Juli 1907 zur Verhinderung der Verunstaltung von Ortschaften und landschaftlich hervorragenden Gegenden zu beachten. Das Gesetz bestimmt u. a., daß die baupolizeiliche Genehmigung zur Ausführung von Bauten und baulichen Änderungen versagt werden muß, wenn dadurch Straßen und Plätze der Ortschaft oder das Ortsbild gröblich verunstaltet werden würden.

Demgemäß kann die Genehmigung zur Anlegung von Bauwerken bereits versagt werden, wenn die Eigenart von Orten oder Landschaften oder der

Eindruck, den sie hervorrufen, durch die Bauausführung beeinträchtigt werden würde.

Bei der Anlage von Bauwerken ist zur richtigen Beurteilung noch das Fluchtliniengesetz vom 2. Juli 1875 mit seinen Abänderungen und Ausführungsvorschriften zu beachten, des ferneren das Wegerecht. Beide greifen so tief ineinander ein, daß eine strenge Scheidung nicht möglich ist.

Die für den Ingenieur und Kaufmann hierfür in Betracht kommenden Gesetze und Verordnungen seien unter dem Kapitel „Das Wegerecht" betrachtet.

Das Fluchtlinienrecht, Wegerecht und Enteignungsrecht.

Das preußische Fluchtlinienrecht ist Baurecht, Wegerecht und Enteignungsrecht.

Durch das Fluchtlinienrecht wird geregelt:

1. die Festsetzung der Fluchtlinie und das hierbei zu beobachtende Verfahren;
2. die Wirkung, welche die Festsetzung von Fluchtlinien hat;
3. die Entschädigungen, welche für Beschränkung der Baufreiheit oder Entziehung oder Beschränkung des Grundeigentums zu zahlen sind;
4. die orststatutarischen Bauverbote;
5. die ortsstatutarischen Anliegerbeiträge.

Für Privatstraßen findet dies keine Anwendung.

Die Organe, welche bei der Fluchtlinienfestsetzung zusammenwirken, sind: der Gemeindevorstand, die Gemeinde oder ihre Vertretung und die Ortspolizeibehörde.

Für die Anlegung oder Veränderung von öffentlichen Straßen und Plätzen in Städten und ländlichen Ortschaften werden die Straßen- und Baufluchtlinien vom Gemeindevorstand im Einverständnis mit der Gemeinde dem öffentlichen Bedürfnisse entsprechend, unter Zustimmung der Ortspolizeibehörde festgesetzt.

Zu einer Straße gehört im Sinne des Gesetzes der Straßendamm und der Bürgersteig.

Die Straßenfluchtlinien bilden regelmäßig zugleich die Baufluchtlinie, über die hinaus die Bebauung ausgeschlossen ist.

Für Bauten in der Umgebung von Festungen kommt das Reichsgesetz vom 21. Dezember 1871 (Festungsrayongesetz) in Betracht, in welchem die dauernden Beschränkungen festgesetzt sind.

Andere Beschränkungen der Baufreiheit ergeben sich für die betreffende Gegend noch aus dem Deichgesetze vom 28. Januar 1848 und dem Gesetz zur Verhütung der Hochwassergefahr vom 16. August 1905.

Sobald die Fluchtlinie festgesetzt und genehmigt ist, erfolgt die Bekanntmachung in der ortsüblichen Weise, damit etwaige Einwände rechtzeitig erhoben werden können. Handelt es sich hierbei nur um einzelne Grundstücke, so genügt eine Mitteilung an die beteiligten Grundeigentümer.

Werden bei der Regulierung der Straßen oder Festsetzung der Baufluchtlinien Teile des Grundstückes abgetreten, so kann eine Entschädigung nur in folgenden Fällen gefordert werden:

1. wenn die zu Straßen und Plätzen bestimmten Grundflächen auf Verlangen der Gemeinde für den öffentlichen Verkehr abgetreten werden;

2. wenn die Straßen- oder Baufluchtlinie vorhandene Gebäude trifft und das Grundstück bis zur neuen Fluchtlinie von Gebäuden freigelegt wird;

3. wenn die Straßenfluchtlinie einer neu anzulegenden Straße ein unbebautes, aber zur Bebauung geeignetes Grundstück trifft, welche zur Zeit der Feststellung dieser Fluchtlinie an einer bereits bestehenden und für den öffentlichen Verkehr und den Anbau fertig gestellten anderen Straße belegen ist und die Bebauung in der Fluchtlinie der neuen Straße erfolgt.

Die Entschädigung wird in allen Fällen wegen der zu Straßen und Plätzen bestimmten Grundfläche für Entziehung des Eigentums gewährt. Maßgebend für die Enteignung sind die §§ 24ff. des Gesetzes über Enteignung von Grundeigentum vom 11. Juni 1874.

Die Entschädigungen hat die Gemeinde aufzubringen, innerhalb deren Bezirk das betreffende Grundstück gelegen ist.

Wichtig bei der Errichtung oder Erweiterung von Fabriken, namentlich in ganz neuen Stadt- oder Ortsteilen, auch wegen der entstehenden Baukosten sind die Bestimmungen über die Anliegerbeiträge. Im Gesetz heißt es: „Durch Ortsstatut kann festgesetzt werden, daß bei der Anlegung einer neuen oder bei der Verlängerung einer schon bestehenden Straße, wenn solche zur Bebauung bestimmt ist, sowie bei dem Abbau an schon vorhandenen, bisher unbebauten Straßen und Straßenteilen von dem Unternehmer der neuen Anlage die Freilegung, erste Einrichtung, Entwässerung und Beleuchtungsvorrichtung der Straße in der dem Bedürfnisse entsprechenden Weise beschafft, sowie deren zeitweise, höchstens jedoch fünfjährige Unterhaltung bzw. ein verhältnismäßiger Beitrag oder der Ersatz der zu allen diesen Maßnahmen erforderlichen Kosten geleistet wird. Zu diesen Verpflichtungen können die angrenzenden Eigentümer nicht für mehr als die Hälfte der Straßenbreite herangezogen werden.

In den einzelnen Gebieten Deutschlands, wie z. B. Preußen, Bayern, Sachsen, Württemberg usw., bestehen bestimmte Gesetze über das Wegerecht.

Kommen Privatwege in Betracht, so wird meistens ein Nießbrauch erworben. Nießbrauch ist ein dingliches Recht an einer Sache oder einem Rechte, welches jemandem die Nutzung derselben gewährt (§ 1030 BGB.). Der Nießbrauch entsteht durch Einigung und Eintragung an Immobilien (§ 873 BGB.). Wird bei dem Erwerb eines Grundstücks gleichzeitig ein uneingeschränktes Nutzungsrecht an einem Privatwege erworben, so kann dieses Recht voll ausgeübt werden, jedoch muß der Weg seiner bisherigen wirtschaftlichen Bestimmung erhalten und darf nicht wesentlich umgestaltet oder wesentlich verändert werden. Der Nießbraucher hat die öffentlichen Lasten und diejenigen privatrechtlichen Lasten zu tragen, welche schon zur Zeit der Bestellung des Nießbrauchs auf dem Wege ruhten. Für verschuldete Veränderungen haftet er dem Eigentümer, wenn sie nicht durch ordnungsmäßige Ausübung herbeigeführt sind (§ 1047 bis 1050 BGB.).

1. Die Benutzung öffentlicher Straßen. Zur Errichtung von dauernden Anlagen nach dem Allgemeinen Landrecht §§ 2 und 3 darf sich ohne besondere Erlaubnis des Staates niemand eine Verfügung über solche Straßen anmaßen.

2. Als öffentliche Wege sind solche Wege zu bezeichnen, die dem gemeinen Verkehr nicht kraft Privatrechts entzogen werden können.

Die Genehmigung zu dauernden Anlagen auf öffentlichen Wegen muß von der Polizeibehörde eingeholt werden. Die Zustimmung des Eigentümers der Straße, sei es Gemeinde, sei es Provinz, ist hierzu erforderlich. Der Eigentümer kann die Erlaubnis unter bestimmten Bedingungen vertraglich gewähren, sie auch von der Vergütung einer Zahlung abhängig machen. Hierdurch werden zwischen dem Straßeneigentümer und dem Dritten Privatrechte begründet, über welche rechtliche Abmachungen stattzufinden haben.

Die Erstellung von Gas, Wasser, Telegraphen, Telephon und elektrischen Starkstromleitungen bedeutet eine außerhalb des gemeinen Gebrauches befindliche Inanspruchnahme der Wege.

Die Herstellung solcher im öffentlichen Interesse erstellten Anlagen ist vielfach großen Erleichterungen unterworfen. Während in den einzelnen Fällen privater Natur eine Verständigung den Parteien überlassen bleibt, kann, sofern es sich um ein dem öffentlichen Wohle dienendes Unternehmen handelt, die Enteignung gemäß § 1 des Enteignungsgesetzes erfolgen.

Werden von dem Unternehmer einer Anlage Rechte unentgeltlich erworben, so kommen dafür die §§ 603—605 BGB. in Betracht, welche lauten: „Der Entleiher darf von der geliehenen Sache keinen anderen als den vertragsmäßigen Gebrauch machen. Er ist ohne die Erlaubnis des Verleihers nicht berechtigt, den Gebrauch der Sache einem Dritten zu überlassen.

Der Entleiher ist verpflichtet, die geliehene Sache nach dem Ablauf der für die Leihe bestimmten Zeit zurückzugeben.

Ist eine Zeit nicht bestimmt, so ist die Sache zurückzugeben, nachdem der Entleiher den sich aus dem Zweck der Leihe ergebenden Gebrauch gemacht hat.

Ist die Dauer der Leihe weder bestimmt noch aus dem Zwecke zu entnehmen, so kann der Verleiher die Sache jederzeit zurückfordern.

Der Verleiher kann die Leihe kündigen, entweder, wenn er infolge eines nicht vorhergesehenen Vorfalls der verliehenen Sache bedarf oder wenn der Entleiher einen vertragswidrigen Gebrauch von der Sache macht, insbesondere unbefugt den Gebrauch einem Dritten überläßt, oder wenn der Entleiher stirbt.“

Das Wasserrecht[1].

Wassergesetz vom 7. April 1913.

Bei der Errichtung einer Fabrik oder eines gewerblichen Unternehmens kommt das Wassergesetz in zweifacher Richtung in Frage: 1. bezüglich aller Rechte und Pflichten, die aus der Lage des Grundstücks am Wasser, auch wegen der Abwässer, an sich entstehen; 2. durch Benutzung des Wassers als Triebkraft (Stauanlagen, Talsperren).

Zugrunde gelegt ist das preußische Wassergesetz vom 7. April 1913 und Nachträgen. Die Wasserläufe sind eingeteilt in Wasserläufe erster, zweiter und dritter Ordnung. In einer besonderen Anlage zum Gesetz sind die Wasserläufe erster Ordnung namentlich aufgeführt (§ 2). Das Verzeichnis der Wasser-

[1] Neuere Gesetze: 4. Juni 1920: Einleitung von Abwässern der Bergwerke in Wasserläufe (MBl. f. Landw. 1920. S. 231). — 26. Sept. 1921: Staatsvertrag betr. Übergang der Wasserstraßen von den Ländern auf das Reich.

läufe zweiter Ordnung stellt der Oberpräsident auf. Es umfaßt die nicht zur ersten Ordnung gehörenden Strecken natürlicher und künstlicher Wasserläufe, die für die Wasserwirtschaft von größerer Bedeutung sind. Alle anderen Strecken natürlicher und künstlicher Wasserläufe gehören zur dritten Ordnung. An den in der Anlage des Gesetzestextes bezeichneten Wasserläufen erster Ordnung steht vorbehaltlich gewisser Bestimmungen dem Staate das Eigentum zu. Ist jedoch ein selbständiges Hafenbecken vermittels eines Stichhafens an den Strom angeschlossen, so wird die ganze Anlage freies Eigentum des Unternehmers. Für die Rechtsverhältnisse ist die Konzessionsurkunde maßgebend.

Unter Ufergrundstück versteht das Gesetz ein Grundstück im Sinne des allgemeinen Rechts, d. h. ein im Grundbuch als ein Grundstück gebuchtes Stück Land, das an den Wasserlauf angrenzt. Die Eintragung eines Wasserlaufes im Grundbuch geschieht nur auf Antrag des Eigentümers oder eines Berechtigten.

Bei der Wahl und Errichtung eines Wassergrundstückes muß auch die Abwasserfrage geklärt werden. Derjenige, welcher Wasser oder andere flüssige Stoffe über den Gemeingebrauch hinaus in einen Wasserlauf einleiten will, muß dies vorher der Wasserpolizeibehörde anzeigen. Werden bestimmte Vorkehrungen von der Wasserpolizeibehörde verlangt, so ist vor Fertigstellung derselben die Einleitung nicht zulässig (§ 23). Für unerlaubte Verunreinigung eines Wasserlaufes, selbst wenn eine solche polizeilich nicht beanstandet war, haftet der Unternehmer der Anlage, von der die Verunreinigung herrührt. Die Haftung ist ausgeschlossen, wenn der Unternehmer zur Verhütung der Verunreinigung die im Verkehr erforderliche Sorgfalt beobachtet hat. Der Geschädigte hat hierbei nur den ursächlichen Zusammenhang der unerlaubten Verunreinigung mit der Anlage nachzuweisen. Es ist dann Sache des Unternehmers, nachzuweisen, daß er die erforderliche Sorgfalt beobachtet hat, und zwar dadurch, daß er nachweist, daß er bei der Herstellung und Unterhaltung der Anlage alle nach dem jeweiligen Stande der Technik bei pflichtmäßiger Sorgfalt zu fordernden Vorkehrungen getroffen hat, welche geeignet sind, jeden Schaden unmöglich zu machen, daß er ferner bei der Auswahl der Angestellten und bei ihrer Beaufsichtigung sowie bei der fortdauernden Überwachung des Betriebes die erforderliche Sorgfalt beobachtet hat. Jede einen anderen schädigende Verunreinigung der Wasserläufe, zu der nicht ein besonderes Recht besteht, ist unerlaubt. Meistens wird ein solches besonderes Recht durch Vertrag mit dem Geschädigten oder im Wege der bergrechtlichen oder sonstigen Enteignung erworben. Bei einem Mitverschulden des Geschädigten oder bei einem Verschulden mehrerer Personen geben die §§ 254, 840 und bezüglich der Verjährung § 852 BGB. Auskunft.

Die Einleitung der Abwässer aus Haushaltung und Wirtschaft mittels gemeinsamer Sammelkanäle ist ausdrücklich verboten.

Die Wasserläufe erster Ordnung können von jedermann für den öffentlichen Verkehr, namentlich für Schiffahrt benutzt werden, jedoch darf durch den Gemeingebrauch anderen nicht der Gemeingebrauch unmöglich gemacht oder erheblich erschwert werden. Die Benutzung des Wasserlaufes durch den Eigentümer unterliegt den in den §§ 41—45 des Wassergesetzes aufgeführten Beschränkungen, insbesondere gilt dies von den Rechten:

1. das Wasser zu gebrauchen und zu verbrauchen, namentlich es oberirdisch oder unterirdisch unmittelbar oder mittelbar abzuleiten;

2. Wasser oder andere flüssige Stoffe oberirdisch oder unterirdisch mittelbar oder unmittelbar einzuleiten;

3. den Wasserspiegel zu senken oder zu heben, namentlich durch Hemmung des Wasserablaufs eine dauernde Ansammlung von Wasser herbeizuführen.

Durch die Benutzung darf:

1. zum Nachteil anderer weder die „Vorflut" verändert, noch das Wasser verunreinigt werden;

2. der Wasserstand nicht derart verändert werden, daß andere in der Ausübung ihrer Rechte am Wasserlauf beeinträchtigt oder fremde Grundstücke geschädigt werden;

3. die einem anderen obliegende Unterhaltung von Wasserläufen oder ihrer Ufer nicht erschwert werden.

Unter Vorflut versteht das Gesetz die durch einen normalen Zustand von Bett und Ufer gegebene Möglichkeit des ungehinderten Wasserablaufens im Wasserlaufe.

Bestand bereits am Wasserlaufe zweiter oder dritter Ordnung ein Triebwerk rechtmäßig, so darf ihm durch die Benutzung nicht das Wasser zum Betriebe im damaligen oder gesetzlich verbürgten Umfange entzogen werden. Das Recht der Benutzung eines Wasserlaufes wird dem Antragsteller für ein Unternehmen durch einen behördlichen öffentlich-rechtlichen Akt der Verleihung gegeben. Durch diese Verleihung können folgende Rechte erworben werden:

1. den Wasserlauf in einer der im § 40, Abs. 2 bezeichneten Arten zu benutzen;

2. Häfen und Stichkanäle anzulegen, letztere, soweit sie nicht selbständige Wasserstraßen bilden;

3. Anlegestellen mit baulichen Vorrichtungen von größerer Bedeutung herzustellen.

Ist von der beabsichtigten Benutzung eine Verunreinigung des Wasserlaufes zu erwarten, so wird die Verleihung nur unter Vorbehalt erhöhter Anforderungen in bezug auf Reinigung der Abwässer erteilt. Die Verleihung wird nur für ein Unternehmen erteilt, dem ein bestimmter Plan zugrunde liegt, d. h. ein bestimmter Plan ist als Voraussetzung der Verleihung erforderlich, um der Behörde einen zuverlässigen Anhalt bei der Beurteilung des Unternehmens, seiner Bedeutung, seines Wasserbedarfs und seiner voraussichtlichen Einwirkung auf die Verhältnisse des Wasserlaufs zu geben, sowie ferner um eine sichere Grundlage für den Verleihungsbeschluß zu bieten.

Wichtig für die Erbauung großer Anlagen, z. B. Krahnanlagen, ist der § 58, Abs. 1 und 2. Danach ist durch entsprechende Bedingungen dafür zu sorgen, daß eine Verunstaltung landschaftlich hervorragender Gegenden vermieden wird, soweit dies mit dem Zwecke und der Wirtschaftlichkeit des Unternehmens vereinbar ist.

Dem Antrag auf Verleihung sind die erforderlichen Zeichnungen und Erläuterungen beizufügen. § 65 gibt Auskunft über das Verfahren, die Bekanntmachung und Zurückweisung. Die Verleihungsbehörde prüft von Amts wegen, ob die gesetzlichen Voraussetzungen für die Verleihung vorliegen, und ob die beabsichtigte Benutzung des Wasserlaufes den polizeilichen Vorschriften entspricht.

Außerordentlich wichtig sind die §§ 72 und 73, welche angeben, was „Der Verleihungsbeschluß“ zu enthalten hat, u. a.:

die genaue Bezeichnung der verliehenen Rechte, sowie der Unternehmungen, für die sie verliehen werden, und, wenn die Rechte mit dem Eigentum an Grundstücken verbunden werden sollen, auch die genaue Bezeichnung dieser Grundstücke, ferner

die Festsetzung der von dem Unternehmer zu leistenden Entschädigungen.

Wird dem Unternehmer ein **Staurecht** verliehen, so enthält der Beschluß nach § 73 noch Bestimmungen:

1. über die bauliche Einrichtung der Anlage, welche die abfließende Wassermenge oder die Vorflut beeinflußt;
2. über die innezuhaltenden Stauzeiten;
3. über die festgesetzten Stauhöhen, und zwar, wenn der Wasserstand auf einer bestimmten Mindesthöhe gehalten werden muß, auch über diese;
4. über die zu benutzende Wassermenge, wenn ihre Beschränkung erforderlich ist;
5. über die zum Schutze gegen nachteilige Wirkungen des Staues etwa erforderlichen Maßnahmen;
6. in geeigneten Fällen über die Länge der Zeit, für die sich der Unternehmer eine Betriebsstörung ohne Anspruch auf Entschädigung gefallen lassen muß;
7. in geeigneten Fällen und stets dann, wenn es sich um eine Talsperre handelt, darüber, ob und unter welchen Bedingungen die Stauanlage dauernd außer Betrieb gesetzt oder beseitigt werden darf.

Dem Unternehmer wird eine Verleihungsurkunde ausgefertigt, welche das verliehene Recht unter das Unternehmen, für welches es verliehen worden ist, bezeichnet. Soweit erforderlich, werden beglaubigte Erläuterungen und Zeichnungen beigefügt. Für die Verleihungsurkunde sind in § 80 bestimmte Stempelabgaben je nach dem Wert des verliehenen Rechts angegeben.

Werden durch die Ausübung rechtlich verliehener Stauanlagen nachteilige Wirkungen hervorgerufen, so kann er davon Betroffene verlangen, daß zur Beseitigung derselben entsprechende Einrichtungen vorgesehen werden, niemals kann aber die Unterlassung der Ausübung oder die Beseitigung der Anlage verlangt werden. Sind solche Einrichtungen mit dem Unternehmen nicht vereinbar oder nicht wirtschaftlich gerechtfertigt, so kann der Betroffene entsprechende Entschädigung verlangen. Ausgeschlossen ist diese Entschädigung, wenn der Betroffene die Einspruchsfrist bei Errichtung der Anlage durch seine Schuld versäumt hat.'

Wird durch die Hemmung des Wasserabflusses eine Hebung des Wasserspiegels oder eine Ansammlung von Wasser hervorgerufen (sog. Stauanlagen), so sind besondere Vorschriften wegen Anbringung einer Staumarke, über ihre Erhaltung, Sichtbarkeit und Zugänglichkeit getroffen.

Stauanlagen, welche mit einer Staumarke versehen sind, dürfen nur mit Genehmigung der Wasserpolizeibehörde dauernd außer Betrieb gesetzt werden.

Besonders wichtig für den Ingenieur sind die Bestimmungen über die Talsperren. Das Gesetz legt den Begriff der Talsperre dadurch fest, daß unter

Talsperre Stauanlagen verstanden werden, bei denen die Höhe des Stauwerkes von der Sohle des Wasserlaufes bis zur Krone mehr als 5 m beträgt, und das Sammelbecken, bis zur Krone des Stauwerkes gefüllt, mehr als 100000 cbm umfaßt.

Solche Talsperren dürfen nur auf Grund eines Planes errichtet werden, der genaue Angaben über die gesamte Anlage, deren Bau, Unterhaltung und Betrieb enthalten muß und auch alle Einrichtungen zu berücksichtigen hat, durch die Nachteile und Gefahren für andere verhütet werden können. Der Plan bedarf, sofern nicht für die Talsperre die Verleihung oder die gewerbepolizeiliche Genehmigung erforderlich ist, auch bei wesentlichen Veränderungen vorhandener Talsperren der Genehmigung und dauernden Überwachung des Regierungspräsidenten oder in bestimmten Fällen des Oberpräsidenten.

Die Unterhaltung bei natürlichen Wasserläufen dritter Ordnung und bei künstlichen Wasserläufen liegt dem Eigentümer und, wenn dieser sich nicht ermitteln läßt, dem Anlieger ob.

Soweit sich nicht aus dem Wassergesetz ein anderes ergibt oder Rechte Dritter entgegenstehen, kann der Eigentümer eines Grundstücks über das auf oder unter der Oberfläche befindliche Wasser verfügen; jedoch darf er das unterirdische Wasser zum Gebrauch oder Verbrauche nicht dauernd in weiterem Umfange als für die eigene Haushaltung und Wirtschaft zutage fördern, wenn dadurch

1. der Wassergewinnungsanlage oder der benutzen Quelle eines anderen das Wasser entzogen oder wesentlich geschmälert oder
2. die bisherige Benutzung des Grundstücks eines andern erheblich beeinträchtigt oder
3. der Wasserstand eines Wasserlaufs oder eines Sees derart verändert wird, daß andere in der Ausübung ihrer Rechte daran beeinträchtigt werden.

Es sei noch darauf hingewiesen, daß ein gewerbliches Unternehmen zum Beitritt zu einer Zwangsgenossenschaft u. a. gezwungen werden kann, z. B. zur Beseitigung von Hindernissen des Hochwasserabflusses, wenn dies zur Verhütung von Hochwassergefahr notwendig ist, und ferner zur Reinhaltung von Gewässern, wenn schwerwiegenden Mißständen auf andere Weise nicht abgeholfen werden kann.

Zugunsten eines Unternehmens kann behufs Entwässerung von Grundstücken, welche Beseitigung von Abwässern oder die bessere Ausnutzung einer Triebwerksanlage bezweckt, der Unternehmer von den Eigentümern der zur Durchführung des Unternehmens erforderlichen Grundstücke verlangen, daß sie die zur Herbeiführung eines besseren Wasserabflusses dienenden Veränderungen des Wasserlaufes (Vertiefungen, Verbreiterungen, Durchstiche, Verlegungen) gegen Entschädigung dulden, wenn das Unternehmen anders nicht zweckmäßig oder nur mit erheblichen Mehrkosten durchgeführt werden kann und der davon zu erwartende Nutzen den Schaden des Betroffenen erheblich übersteigt.

Ferner kann zugunsten eines Unternehmens, das die Entwässerung oder Bewässerung von Grundstücken, die Wasserbeschaffung zu häuslichen oder gewerblichen Zwecken oder die Beseitigung von Abwässern bezweckt, in diesem Falle der Unternehmer von den Eigentümern der dazu erforderlichen Grundstücke verlangen, daß sie die oberirdische oder unterirdische Durchleitung von Wasser und die Unterhaltung der Leitungen gegen Entschädigung dulden. Diese Bestimmung ist auch gegen den Eigentümer eines Wasserlaufs anzuwenden.

Als **Wasserpolizeibehörden** sind eingesetzt:

1. für Wasserläufe erster Ordnung der Regierungspräsident;
2. für Wasserläufe zweiter Ordnung und die nicht zu den Wasserläufen gehörenden Gewässer der Landrat, in Stadtkreisen die Ortspolizeibehörde;

Die Städte, deren Polizeiverwaltung der Aufsicht des Landrats nicht unterliegt, stehen den Stadtkreisen gleich.

3. Für Wasserläufe dritter Ordnung die Ortpolizeibehörde.

Bei Talsperren ist der Regierungspräsident, der die Aufsicht über die Talsperre führt, Wasserpolizeibehörde.

Auf die Nichtbeachtung der durch das preußische Wassergesetz gegebenen Vorschriften sind schwere Strafen gesetzt.

Mit Geldstrafe bis zu 300 RM. im Unvermögensfalle mit Haft wird bestraft, sofern nicht nach anderen strafgesetzlichen Bestimmungen eine höhere Strafe verwirkt ist, wer eine Erhöhung der Erdoberfläche oder einer Anlage, zu deren Herstellung, Erweiterung, Verlegung oder Beseitigung eine Genehmigung erforderlich ist, ohne diese Genehmigung herstellt, erweitert, verlegt oder beseitigt und wer die bei Erteilung der Genehmigung festgesetzten Bedingungen nicht innehält.

Mit Geldstrafe bis zu 3000 RM. oder mit Gefängnis bis zu einem Jahre wird bestraft, sofern nicht nach anderen strafgesetzlichen Bestimmungen eine höhere Strafe verwirkt ist, wer vorsätzlich den Vorschriften zuwider Wasser oder andere flüssige Stoffe, durch deren Einleitung das Wasser verunreinigt werden kann, in ein Gewässer einleitet oder den bestehenden Vorschriften oder den zur Reinhaltung der Gewässer getroffenen Bestimmungen zuwiderhandelt. Wird die Zuwiderhandlung aus Fahrlässigkeit begangen, so tritt Geldstrafe bis zu 150 RM. oder Haft ein.

Werden den Vorschriften zuwider Wasser oder andere flüssige Stoffe, durch deren Einleitung das Wasser verunreinigt werden kann, in ein Gewässer eingeleitet, so sind der Unternehmer und der Betriebsleiter als solche unabhängig von der Verfolgung der eigentlichen Täter mit Geldstrafe von 50 RM. bis 5000 RM. zu bestrafen.

Die Bestrafung des Unternehmers, des Betriebsleiters oder eines Stauberechtigten tritt nur ein, wenn die Zuwiderhandlung mit ihrem Vorwissen begangen ist oder wenn sie es bei der nach den Verhältnissen möglichen eigenen Beaufsichtigung des Betriebs oder bei der Auswahl oder der Beaufsichtigung der Aufsichtspersonen an der erforderlichen Sorgfalt haben fehlen lassen.

Die Polizeibehörden können unabhängig davon auf Grund des Landesverwaltungsgesetzes Geldstrafen zur Erzwingung einer Handlung oder Unterlassung androhen und festsetzen.

Gesetzliche Bestimmungen für den Eisenbahnanschluß.

Zugrunde zu legen ist das Gesetz über Kleinbahnen und Privatanschlußbahnen vom 28. Juli 1892 und das Gesetz über die Eisenbahnunternehmungen vom 3. November 1838. Bei großen Werken werden je nach dem Umfang derselben besondere Kleinbahnen im Betrieb sein und je nach der Art des Betriebes mit Dampflokomotiven, elektrischen Lokomotiven oder feuerlosen Lokomotiven betätigt werden.

Es kann sich aber auch nur, namentlich bei kleineren Werken, um Eisenbahnanschluß ohne Lokomotivbetrieb handeln, bei denen z. B. die einzelnen Bahnwagen durch Pferde oder maschinell durch Spills oder dgl. betrieben werden. Im Gesetz heißt es ausdrücklich: „Kleinbahnen sind der Regel nach solche Bahnen, welche hauptsächlich den örtlichen Verkehr innerhalb eines Gemeindebezirks oder benachbarter Gemeindebezirke vermitteln, sowie Bahnen, welche nicht mit Lokomotiven getrieben werden." Zur Herstellung und zum Betriebe einer Kleinbahn bedarf es der Genehmigung der zuständigen Behörde, ebenso für wesentliche Erweiterungen oder sonstige wesentliche Änderungen des Unternehmens, der Anlage oder des Betriebes.

Ist der Betrieb ganz oder teilweise mit Maschinenkraft beabsichtigt, so ist der Regierungspräsident zuständig, für Berlin der Polizeipräsident zugleich mit der vorgeschriebenen Eisenbahnbehörde.

Dem Antrag auf Erteilung der Genehmigung sind ein Bauplan sowie die erforderlichen Unterlagen zur Beurteilung des Unternehmens in technischer und finanzieller Hinsicht beizufügen. Die Genehmigung zum Betrieb wird erst auf Grund vorhergegangener polizeilicher Prüfung erteilt. Die Prüfung beschränkt sich auf:

1. die betriebssichere Beschaffenheit der Bahn und der Betriebsmittel;
2. den Schutz gegen schädliche Einwirkungen der Anlage und des Betriebes;
3. die technische Befähigung und Zuverlässigkeit der in dem äußeren Betriebsdienste anzustellenden Bediensteten;
4. die Wahrung der Interessen des öffentlichen Verkehrs.

Unter dem 13. August 1898 sind genaue Betriebsvorschriften für nebenbahnähnliche Kleinbahnen mit Maschinenbetrieb erlassen. Die wichtigsten seien hiervon hervorgehoben, soweit sie sich nicht auf die bauliche Durchbildung und den eigentlichen Betrieb beziehen.

Die Bahn ist fortwährend in einem solchen baulichen Zustand zu halten, daß jede Strecke, soweit sie sich nicht in Ausbesserung befindet, ohne Gefahr mit der für sie festgesetzten größten Geschwindigkeit befahren werden kann. Bahnstrecken, auf welchen zeitweise die für sie zulässige Fahrgeschwindigkeit ermäßigt werden muß, sind durch Signale zu kennzeichnen, und unbefahrbare Strecken, auch wenn kein Zug erwartet wird, durch Signale abzuschließen.

Es ist darauf zu achten, daß das in § 6 nebst Anlagen A und B vorgeschriebene Profil auf der ganzen Strecke eingehalten wird.

Die mit der Leitung der Bahnunterhaltung und des Betriebes betrauten Personen sind sowohl der eisenbahntechnischen Aufsichtsbehörde als dem zuständigen Regierungs-(Polizei-)Präsidenten namhaft zu machen, auch sind diesen Behörden alle hierbei eintretenden Änderungen anzuzeigen.

Den im äußeren Betriebsdienst angestellten Bediensteten sind über ihre Dienstverrichtungen und ihr gegenseitiges Dienstverhältnis schriftliche oder gedruckte, von der eisenbahntechnischen Aufsichtsbehörde zu genehmigende Anweisungen zu geben. Diese Behörde ist befugt, eine Prüfung der Bediensteten des äußeren Betriebsdienstes zu fordern und auf Entlassung nicht als technisch fähig und zuverlässig angesehener Beamte zu bestehen. Die Befugnisse der eisenbahntechnischen Aufsichtsbehörde sind in dem Dienstvertrag vorzusehen.

Soweit die Benutzung eines öffentlichen Weges in Frage kommt, hat der Unternehmer die Zustimmung der aus Gründen des öffentlichen Rechts zur Unterhaltung des Weges Verpflichteten beizubringen. Mangels anderweitiger Vereinbarungen ist er zur Unterhaltung und Wiederherstellung des benutzten Wegeteils verpflichtet und hat für diese Verpflichtung Sicherheit zu leisten. Die Unterhaltungspflichtigen können für die Benutzung des Weges ein angemessenes Entgelt beanspruchen, desgleichen sich den Erwerb der Bahn im ganzen nach Ablauf einer bestimmten Frist gegen angemessene Schadloshaltung des Unternehmers vorbehalten.

Vor Erteilung der Genehmigung ist die zuständige Wegepolizei-Behörde und, wenn die Eisenbahnanlage sich dem Bereich einer Festung nähert, die zuständige Festungsbehörde zu hören. In letzterem Falle wird die Genehmigung nur im Einverständnis mit der Festungsbehörde erteilt werden.

Bei der Genehmigung ist in allen Fällen die Art und Höhe der Sicherstellung für die Unterhaltung und Wiederherstellung öffentlicher Wege vorgeschrieben, soweit diese nicht bereits erfolgt ist.

Für die Ausführung der Bahnen und für die Eröffnung des Betriebes kann eine Frist festgesetzt und die Erlegung von Geldstrafen für den Fall der Nichteinhaltung derselben sowie Sicherheitsstellung hierfür gefordert werden.

Auch können Geldstrafen und Sicherheitsstellung zur Sicherung der Aufrechterhaltung des ordnungsmäßigen Betriebes während der Dauer der Genehmigung vorgesehen werden.

Die Betriebsmaschinen sind vor ihrer Einstellung in den Betrieb und nach Vornahme erheblicher Änderungen, außerdem aber zeitweilig, der Prüfung durch die zur eisenbahntechnischen Aufsicht über die Bahn zuständige Behörde zu unterwerfen.

Wird die Bahn oder der Anschluß nicht innerhalb der in der Genehmigung bestimmten Frist ausgeführt, oder erfolgt die Eröffnung des Betriebes nicht innerhalb derselben, so kann durch Beschluß der Aufsichtsbehörde die Genehmigung für erloschen erklärt werden. Wird der Bau oder Betrieb ohne genügenden Grund unterbrochen, oder verstößt der Unternehmer gegen die Bedingungen der Genehmigung oder die ihm gesetzlich obliegenden Verpflichtungen in wesentlicher Beziehung, so kann die Genehmigung zurückgenommen werden. Über die Zurücknahme entscheidet auf Klage der zur Erteilung der Genehmigung zuständigen Behörde das Oberverwaltungsgericht.

Unternehmer von Kleinbahnen können die Gestattung des Anschlusses ihrer Bahnen an Eisenbahnen verlangen, welche dem Gesetze über die Eisenbahnunternehmungen vom 3. November 1838 unterliegen, sofern der Minister der öffentlichen Arbeiten mit Rücksicht auf die Bauart und den Betrieb der letzteren den Anschluß für zulässig erachtet.

Der Baubeginn wird erst gestattet, wenn Genehmigung und Planfeststellung stattgefunden haben.

Diese Bestimmungen gelten gemäß § 43 auch für Bahnen, welche dem öffentlichen Verkehr nicht dienen.

Gesetzliche Bestimmungen über die Errichtung gewerblicher Anlagen.

Maßgebend ist die Gewerbeordnung für das Deutsche Reich vom 21. Juni 1869 (mit Abänderungen vom 1. April 1912).

Der Reichstag nahm am 7. Mai 1926 in bezug auf die Frage der Revision der Gewerbeordnung folgende Entschließung an:

„Eine Revision der Gewerbeordnung hält der Reichstag für notwendig. Diese Revision wird sich ergeben nach Abschluß des Handwerkergesetzes, des Berufsausbildungsgesetzes und nach Verabschiedung des Gesetzes, daß die Frage des Arbeiterschutzes in einem besonderen Gesetze regelt. Vor Erledigung dieser Gesetze hält der Reichstag die Revision der Gewerbeordnung nicht für gegeben."

Da diese Veraussetzungen bis heute noch nicht erfüllt sind und beispielsweise das Arbeitsvertragsgesetz erst im Entwurf vorliegt, ferner das Washingtoner Abkommen bisher von Deutschland noch nicht ratifiziert ist, so konnte an eine gesetzliche Neuordnung der GO. noch nicht herangegangen werden. Jedoch sind mit Rücksicht auf den innerhalb Deutschlands geregelten Achtstundentag die diesbezüglichen §§ 135—139a, 139c bis 139f insbesondere hinsichtlich der Beschäftigung Jugendlicher und der Frauen, des Kinderschutzes, der Arbeitszeit und der Sonntagsruhe eine Reihe von gesetzlichen Verordnungen erlassen worden, die im Nachstehenden berücksichtigt worden sind.

In diesem Zusammenhange sei auf die Verordnungen bezüglich der Verpflichtung zum Besuche der Berufsschule und der Fortbildungsschule verwiesen. Die Verordnung über die Erweiterung der Fortbildungsschulpflicht ist am 28. März 1919 erlassen und mit Reichsgesetzblatt Nr. 71 am 31. März 1919 verkündet. In Preußen ist ein Gesetz betr. die Erweiterung der Berufs- (Fortbildungs-) Schulpflicht am 31. März 1923 erlassen (Preußische Gesetzsammlung Jahrgang 1923, Nr. 45, ausgegeben am 9. August 1923).

Allgemeine Vorschriften.

Man unterscheidet stehenden Gewerbebetrieb und Gewerbebetrieb im Umherziehen. Für den Ingenieur und Kaufmann kommt nur der stehende Gewerbebetrieb in Betracht. Wer den selbständigen Betrieb eines stehenden Gewerbes anfängt, muß der zuständigen Behörde des betreffenden Ortes Anzeige davon machen (§ 14). Ist ein Gewerbe genehmigungspflichtig, so darf dasselbe ohne die Genehmigung nicht begonnen werden. Geschieht dies doch, so kann die Fortsetzung des Betriebes polizeilich verhindert werden.

Zur Errichtung von Anlagen, welche durch die örtliche Lage oder die Beschaffenheit der Betriebsstätte für die Besitzer oder Bewohner der benachbarten Wohnstätten oder für das Publikum überhaupt erhebliche Nachteile, Gefahren oder Belästigungen herbeiführen können, ist die Genehmigung der nach den Landesgesetzen zuständigen Behörde erforderlich. § 16, Abs. II führt die einzelnen, besonderer Genehmigung unterliegenden Anlagen auf. Es gehören dahin:

Schießpulverfabriken, Anlagen zur Feuerwerkerei und zur Bereitung von Zündstoffen aller Art, Gasbereitungs- und Gasbewahrungsanstalten, Anstalten zur Destillation von Erdöl, Anlagen zur Bereitung von Braunkohlenteer, Steinkohlenteer und Koks, sofern sie außerhalb der Gewinnungsorte des Materials errichtet werden, Glas- und Rußhütten, Kalk-, Ziegel- und Gipsöfen, Anlagen zur Gewinnung roher Metalle, Röstöfen, Metallgießereien, sofern sie nicht bloße Tiegelgießereien sind, Hammerwerke, chemische Fabriken aller Art, Schnellbleichen, Firnissiedereien, Stärkefabriken, mit Ausnahme der Fabriken zur Bereitung von Kartoffelstärke, Stärkesirupfabriken, Wachstuch-, Darmsaiten-, Dachpappen- und Dachfilzfabriken, Leim-, Tran- und Seifensiedereien, Knochenbrennereien, Knochendarren, Knochenkochereien und Knochenbleichen, Zubereitungsanstalten für Tierhaare, Talgschmelzen, Schlächtereien, Gerbereien, Abdeckereien, Poudretten- und Düngpulverfabriken, Stauanlagen für Wassertriebwerke, Hopfenschwefeldörren, Asphaltkochereien und Pechsiedereien, soweit sie außerhalb der Gewinnungsorte des Materials errichtet werden, Strohpapierstoffabriken, Darmzubereitungsanstalten, Fabriken, in welchen Dampfkessel oder andere Blechgefäße durch Vernieten hergestellt werden, Kalifabriken und Anstalten zum Imprägnieren von Holz mit erhitzten Teerölen, Kunstwollfabriken, Anlagen zur Herstellung von Zelluloid und Dégrasfabriken, die Fabriken, in welchen Röhren aus Blech durch Vernieten hergestellt werden, sowie die Anlagen zur Erbauung eiserner Schiffe, zur Herstellung eiserner Brücken oder sonstiger eiserner Baukonstruktionen, die Anlagen zur Destillation oder zur Verarbeitung von Teer oder von Teerwasser, die Anlagen, in welchen aus Holz oder ähnlichem Fasermaterial auf chemischem Wege Papierstoff hergestellt wird (Zellulosefabriken), die Anlagen, in welchen Albuminpapier hergestellt wird, die Anstalten zum Trocknen und Einsalzen ungegerbter Tierfelle, sowie die Verbleiungs-, Verzinnungs- und Verzinkungsanstalten, die Anlagen zur Herstellung von Gußstahlkugeln mittels Kugelschrotmühlen (Kugelfräsmaschinen), die Anlagen zur Herstellung von Zündschnüren und von elektrischen Zündern.

Das vorstehende Verzeichnis kann, je nach Eintritt oder Wegfall der im Eingange gedachten Voraussetzung durch Beschluß des Reichsrats, vorbehaltlich der Genehmigung des nächstfolgenden Reichstags, abgeändert werden.

Wird ein Antrag auf Genehmigung einer solchen Anlage gestellt, so sind die zur Erläuterung erforderlichen Zeichnungen und Beschreibungen beizufügen. Die Behörde bringt die Absicht, das Unternehmen zu errichten, durch das Amtsorgan zur öffentlichen Kenntnis mit der Aufforderung, etwaige Einwendungen gegen die neue Anlage binnen 14 Tagen anzumelden. Werden keine Einwendungen angebracht, so prüft die Behörde dennoch, ob die Anlage erhebliche Gefahren, Nachteile oder Belästigungen für die Öffentlichkeit herbeiführen kann. Die Prüfung erstreckt sich auch auf die bau-, feuer- und gesundheitspolizeilichen Vorschriften. Entweder wird die Genehmigung versagt oder die Erlaubnis unter Festsetzung der als nötig sich ergebenden Bedingungen erteilt. Hierzu gehören auch diejenigen Anordnungen, welche zum Schutze der Arbeiter gegen Gefahr für Gesundheit und Leben notwendig sind. Der Bescheid ist schriftlich auszufertigen und muß die festgesetzten Bedingungen enthalten. Er muß mit Gründen versehen sein, wenn die Genehmigung versagt oder nur unter Bedingungen erteilt wird. Erfolgen Einwendungen, so sind sie mit den Parteien vollständig zu erörtern; nach Prüfung hat die Entscheidung unter Bekanntgabe an beide Parteien zu erfolgen. Ist dem Unternehmer darum zu tun, den Erfolg der Erörterungen nicht abzuwarten, so kann er gegen eine Sicherheitsleistung unter Umständen mit der Errichtung sofort beginnen. Beiden Parteien ist es gestattet, Rekurs an die vorgesetzte Behörde innerhalb 14 Tagen unter Begründung einzureichen. Der Rekursbescheid ist den Parteien schriftlich mitzuteilen und muß ebenfalls mit Gründen versehen sein. Besondere Vorschriften sind für Anlage und Betrieb von Dampfkesseln gegeben. Dem Genehmigungsgesuch sind vorschriftsmäßige Zeichnungen und Erläuterungen beizufügen. Vor Inbetriebnahme des Kessels ist durch die Behörde zu untersuchen, ob die Ausführung den Bestimmungen der erteilten Genehmigung entspricht. Wer vor dem Empfang der hierüber auszufertigenden Bescheinigung den Betrieb beginnt, wird bis zu 300 RM. Geldstrafe und im Unvermögensfalle mit Haft bestraft. Selbstverständlich wird er außerdem für alle Folgen, wie z. B. Unglücksfälle, Verletzungen dritter Personen u. dgl., nach den dafür bestehenden strafrechtlichen und zivilrechtlichen Bestimmungen in Anspruch genommen werden. Diese Bestimmungen gelten auch für bewegliche Dampfkessel.

Findet eine Veränderung der Betriebsstätte statt, so ist eine erneute Genehmigung der zuständigen Behörde notwendig, ebenso wie bei wesentlichen Veränderungen in dem Betrieb einer der im § 16 der GO. genannten Anlagen. Ist einmal eine Anlage mit obrigkeitlicher Genehmigung errichtet und entstehen daraus für die Nachbarschaft nachteilige Einwirkungen, so kann niemals auf Einstellung des Gewerbebetriebes geklagt werden, sondern nur auf Herstellung von Einrichtungen, welche die benachteiligende Einwirkung ausschließen; oder wo solche Einrichtungen untunlich oder mit einem gehörigen Betriebe des Gewerbes unvereinbar sind, kann auf Schadloshaltung geklagt werden. So kann z. B. bei dem schnellen Wachstum von Städten der Fall eintreten, daß derartige Geräusche verursachende Fabriken, die ursprünglich außerhalb von Städten lagen, eines Tages von Wohnhäusern umgeben sind. Hier kann niemals die Verlegung der Fabrik verlangt werden, sondern nur die Herstellung von Einrichtungen zur Vermeidung störender Geräusche. Solche Betriebsstätten werden in der Nähe von Kirchen, Schulen, Krankenhäusern, öffentlichen Gebäuden nicht genehmigt, wenn durch ihre bestimmungsgemäße Benutzung eine erhebliche Störung hervorgerufen wird.

Ist die Befugnis zum selbständigen Betrieb eines stehenden Gewerbes erteilt, so schließt diese Befugnis das Recht in sich, in beliebiger Zahl Gesellen, Gehilfen, Arbeiter jeder Art und nach besonderen Vorschriften der Gewerbeordnung Lehrlinge anzunehmen. Wer zum selbständigen Betriebe eines stehenden Gewerbes befugt ist, darf dasselbe innerhalb und außerhalb des Gemeindebezirks seiner gewerblichen Niederlassung ausüben. Ist die Genehmigung einer Anlage erteilt, so muß sie in der von der Behörde angegebenen Frist begonnen und ausgeführt, und der Gewerbebetrieb angefangen werden. Ist ein solche Frist nicht bestimmt, so erlischt die erteilte Genehmigung, wenn der Inhaber nach Empfang derselben nicht innerhalb eines Jahres davon Gebrauch macht. Die Genehmigung erlischt ferner, wenn der Inhaber drei Jahre lang seinen Gewerbebetrieb nicht ausübt und während dieser Zeit eine Fristung nicht nachgesucht hat. § 49, Abs. IV gibt Aufklärung über diese Fälle, wenn Ungewißheit bei Erbfällen oder Konkurserklärung über das Eigentum einer Anlage herrscht oder wenn infolge höherer Gewalt der Betrieb entweder gar nicht oder mit erheblichem Nachteile für den Inhaber oder Eigentümer der Anlage stattfinden kann. Die Benutzung jeder gewerblichen Anlage kann durch die höhere Verwaltungsbehörde jederzeit wegen überwiegender Nachteile und Gefahren für das Gemeinwesen untersagt werden. In solchem Falle ist jedoch dem Besitzer Ersatz für den nachweislichen Schaden zu leisten. Gegen die untersagende Verfügung ist der Rekurs zulässig. Wegen der Entschädigung kann der Rechstweg beschritten werden. Überträgt der Eigentümer einer Anlage den Bau derselben einem Unternehmer, der nicht die von der Behörde zu verlangende Sachkenntnis, praktische Erfahrung oder tätige Verbildung besitzt, so kann dem Betreffenden die Ausführung der Leitung untersagt werden. Gegen die untersagte Benutzung einer gewerblichen Anlage oder die Untersagung eines Gewerbebetriebes gelten die in §§ 20, 21 der GO. aufgeführten Vorschriften.

Die Fortsetzung des Betriebes kann polizeilich verhindert werden, wenn nicht allen Bedingungen genügt ist. Zu diesem Zwecke ist jedoch nur die Anwendung unmittelbaren Zwanges, nicht die Androhung einer Geldstrafe zulässig. (Dies hat das preußische OVG. 5, 278 im Gegensatz zu einer älteren Entscheidung 2, 295 ausgeführt.)

Bei Errichtung einer Fabrik oder Erweiterung derselben ist der Gewerbeunternehmer verpflichtet, die Arbeitsräume und Betriebsvorrichtungen, Maschinen, Gerätschaften so einzurichten und zu unterhalten und den Betrieb so zu regeln, daß die Arbeiter gegen Gefahren für Leben und Gesundheit so weit geschützt sind, wie es die Natur des Betriebes gestattet. Ob man das Fabrikgebäude einstöckig oder mehrstöckig anlegt, wird von der Art des gewerblichen Betriebes und von den wirtschaftlichen Verhältnissen, z. B. den Grundstückspreisen, abhängen. Bei mehrstöckigen Gebäuden ist besonders auf die Feuersgefahr Rücksicht zu nehmen. Die wesentlichsten hierbei zu beachtenden Punkte sind folgende:

1. die Umfassungsmauern und Zwischenwände sind aus feuerbeständigem Material herzustellen;

2. die Zwischendecken sind feuersicher herzustellen, und bei Öffnungen in denselben sind Vorrichtungen vorzusehen, welche bei einem Brande den Übertritt des Feuers und Rauches verhindern;

3. lange, aus mehreren Stockwerken bestehende Fabrikgebäude sind durch massive Zwischenwände, sog. Brandmauern, in einzelne Abteilungen zu trennen;

4. die Treppen müssen in besonderen, vorgebauten Treppenhäusern liegen. Treppen wie Treppengeländer dürfen nur aus feuerbeständigem Material errichtet werden;

5. in drei- und mehrgeschossigen Gebäuden müssen mindestens zwei Treppenhäuser in genügendem Abstand angelegt werden, wenn die Zahl der in den hochgelegenen Geschossen beschäftigten Personen 40 übersteigt oder die Länge des Gebäudes 50 m überschreitet;

6. die Fenster in den oberen Geschossen müssen zum Öffnen eingerichtet sein, so daß eine erwachsene Person durch die Fenster ins Freie gelangen kann. Für gewerbliche Anlagen, in welchen mehr als 20 Arbeiter beschäftigt oder leicht brennbare Stoffe verarbeitet werden, gelten in vielen Bezirken besondere Vorschriften.

Als feuergefährlich gelten:

Anlagen, in denen mit leicht brennbaren Flüssigkeiten, z. B. Äther, Alkohol, Benzin, Benzol, Petroleum, Schwefelkohlenstoff, Ölen gearbeitet wird;

Anlagen, in denen Papier und andere leicht brennbare Stoffe, z. B. Kohle, Harze, Faserstoffe verarbeitet werden.

Sind in dem gleichen Gebäude andere, auch nicht feuergefährliche Betriebe vorhanden, so gelten auch für diese die gleichen Bestimmungen, falls sie durch den Betrieb gefährdet werden können, z. B. die darüber liegenden Geschosse. Bei feuergefährlichen Anlagen ist die sorgfältigste Beratung und Umsicht zu beobachten und jedenfalls ein schriftliches Gutachten des Gewerbeinspektors zweckmäßig.

Für genügend Licht, ausreichenden Luftraum und Luftwechsel, Beseitigung des bei dem Betrieb entstehenden Staubes, der dabei entwickelten Dünste und Gase, sowie der dabei entstehenden Abfälle ist Sorge zu tragen. Alle Arbeitsräume müssen durch Tageslicht oder durch künstliche Beleuchtung so gut erhellt sein, daß sämtliche Arbeiten, insbesondere die Bedienung der Maschinen und Apparate, mit Sicherheit und ohne Schädigung der Augen ausgeführt werden können. Die Arbeiter sind gegen die Wärmeausstrahlung der Beleuchtungskörper zu schützen. Das gleiche gilt für alle sonstigen Orte, wie Wasch-, Umkleide-, Speiseräume, Aborte, Flure, Treppen, Höfe usw.

Rauch, Staub oder Gase sind nach Möglichkeit an der Entstehungsstelle abzufangen und abzuleiten. Alle stauberregenden Betriebseinrichtungen müssen mit zweckentsprechender Umhüllung versehen sein und sind an eine Staubabsaugung anzuschließen, z. B. bei den Putzmaschinen in Gießereien, in Glashütten, in der Textilindustrie, bei Dünsten und Gasen in Metallgießereien, Lackfabriken, Teer-Dachpappenfabriken usw.

Die Temperatur in den Arbeitsräumen soll je nach der Bewegung der darin befindlichen Arbeiter zwischen 12 und 18 Grad Celsius betragen. Eine Belästigung der Arbeiter durch die strahlende Wärme der Heizkörper ist zu vermeiden. Sämtliche Arbeitsräume, die nicht bereits durch den Betrieb eine entsprechende Temperatur besitzen, sind für die kalte Jahreszeit heizbar einzurichten.

Ebenso sind diejenigen Vorrichtungen herzustellen, welche zum Schutze der Arbeiter gegen gefährliche Berührung mit Maschinen oder Maschinenteilen oder gegen andere in der Natur der Betriebsstätte oder des Betriebes liegende Gefahren erforderlich sind.

Bei der Errichtung einer Fabrik ist darauf zu achten, daß bei der Arbeit die Trennung der Geschlechter durchgeführt wird, sofern nicht die Aufrechterhaltung der guten Sitten und des Anstandes durch die Einrichtung des Betriebes ohnehin gesichert ist.

In Anlagen, deren Betrieb es mit sich bringt, daß die Arbeiter sich umkleiden und nach der Arbeit sich reinigen, müssen ausreichende, nach Geschlechtern getrennte, Ankleide- und Waschräume vorhanden sein.

Bezüglich der Unfallverhütung ist der Unternehmer verpflichtet, bereits beim Bau die von der Berufsgenossenschaft erlassenen Unfallverhütungsvorschriften genauestens zu befolgen; anderenfalls würde er sich schweren wirtschaftlichen Schädigungen, wie Geldstrafen, Einschätzen in eine höhere Gefahrenklasse, Ersatz der der Genossenschaft erwachsenden Unkosten u. a. m., aussetzen. Bei neuen Anlagen sind zur Einnahme von Mahlzeiten außerhalb der

Arbeitsräume angemessene, in der kalten Jahreszeit geheizte Räume, unentgeltlich zur Verfügung zu stellen. Bei Anlagen, die bei Erlaß des Gesetzes bestanden haben, kann diese Forderung nur gestellt werden, wenn sie zur Beseitigung irgendwelcher das Leben, die Gesundheit oder die Sittlichkeit der Arbeiter gefährdenden Mißstände erforderlich oder ohne unverhältnismäßige Aufwendungen ausführbar erscheint. Gegen die Verfügung der Polizeibehörde steht dem Gewerbeunternehmer binnen zwei Wochen die Beschwerde an die höhere Verwaltungsbehörde zu; gegen die Entscheidung der höheren Verwältungsbehörde ist binnen vier Wochen die Beschwerde an die Zentralbehörde zulässig. Diese entscheidet endgültig (§ 120b).

Kantine, Kasino.

Je größer ein gewerbliches Unternehmen ist, um so dringender macht sich das Bedürfnis geltend, für Arbeiter eine Kantine und für Beamte ein Kasino zu errichten. Nach § 33 der Gewerbeordnung, ergänzt durch Notgesetz vom 24. Februar 1923, muß derjenige, der eine Gastwirtschaft, Schankwirtschaft oder Kleinhandel mit Branntwein oder Spiritus betreiben will, die Erlaubnis dazu einholen. Beides — Kantine und Kasino — fällt unter den Begriff der Schankwirtschaft. Die Schankwirtschaft besteht in dem gewerbsmäßigen Ausschank geistiger oder anderer Getränke zum Genuß auf der Stelle, auch wenn nur eine bestimmte Art von Getränken gewerbsmäßig ausgeschenkt wird.

Die Konzessionspflicht beschränkt sich nach der herrschenden Rechtsanschauung nicht nur auf den Ausschank geistiger Getränke. Nach der Entscheidung des GH. vom 4. März 1903 ist ebenfalls der Ausschank von Kaffee und nichtmedizinischem Mineralwasser konzessionspflichtig.

Kantinenwirte, welche im Einverständnis mit Gewerbetreibenden den Arbeitern derselben Speisen und Getränke gewerbsmäßig und gegen Entgelt verabreichen, bedürfen einer Konzession (RGStrafs. vom 14. Juni 1888, Rechtspr. 10, 422). Wird bei dem Ausschank in Regie ein Gewinn erzielt, so tritt die Konzessionspflicht ein, auch wenn der Gewinn lediglich im Interesse der Arbeiter verwendet wird.

Ein Arbeitgeber, der in der Fabrikkantine nichtgeistige Getränke ohne Gewinnerzielung zum Selbstkostenpreise abgibt, bedarf dann keiner Konzession, wenn er dies nur im Interesse der Arbeiter tut und sich in den Grenzen des § 115 GO., Abs. 2 hält.

Ist die Absicht der Gewinnerzielung nicht vorhanden, sondern ausschließlich die Erzielung einer Ersparnis, so ist kein Gewerbebetrieb im Sinne der GO. vorhanden.

Werden bei großen Gesellschaften sog. Konsumvereine gebildet, so unterliegen sie mit ihrem Ausschank und Branntwein-Kleinhandel der Konzessionspflicht.

Das Gesetz unterscheidet Vereine, welche den gemeinschaftlichen Einkauf von Lebens- und Wirtschaftsbedürfnissen im großen und deren Absatz im kleinen zum ausschließlichen oder hauptsächlichen Zweck haben und im Gegensatz dazu „andere“ Vereine. Die letzteren sind meistens gesellige Vereine. Sie können jedoch durch Anordnung der Landesregierung in begrenzterem Umfange der Konzessionspflicht bezüglich ihres Ausschanks und Branntwein-Kleinhandels unterworfen werden.

Kantine und Kasino müssen bezüglich ihrer Beschaffenheit und Lage den polizeilichen Anforderungen genügen.

Ausschank von Branntwein an Jugendliche unter 18 Jahren ist verboten.

Die rechtliche Form eines gewerblichen Unternehmens.

Mit der Eintragung der Firma eines gewerblichen Unternehmens in das Handelsregister erwirbt der Unternehmer die gesetzlich verlangte Kaufmannseigenschaft (vgl. S. 221).

Das Unternehmen kann ins Leben gerufen werden als
offene Handelsgesellschaft,
Kommanditgesellschaft,
Kommanditgesellschaft auf Aktien,
Gesellschaft mit beschränkter Haftung,
Aktiengesellschaft und schließlich noch als
Erwerbs- und Wirtschaftsgenossenschaft,
Gewerkschaft.

Im nachstehenden seien die Begriffe, die Rechte und Pflichten der einzelnen Gesellschaftsformen festgelegt. Genaue Ausführungen darüber sind im HGB. zu finden.

Offene Handelsgesellschaft. (§§ 105—160 HGB.)

Eine offene Handelgesellschaft liegt vor, wenn folgende drei Erfordernisse erfüllt sind:

1. Es müssen mehrere Personen ein Handelsgewerbe betreiben, und zwar als Gesellschaft kraft eines besonderen Gesellschaftsvertrages.
2. Das Gewerbe muß unter einer gemeinschaftlichen Firma betrieben werden.
3. Die Haftung aller Gesellschafter nach außen hin muß unbeschränkt sein.

Die offene Handelsgesellschaft ist bei dem Gerichte, in dessen Bezirk sie ihren Sitz hat, von sämtlichen Gesellschaftern zur Eintragung in das Handelsregister anzumelden, doch wird sie meistens schon mit dem Geschäftsbeginn wirksam.

Das Rechtsverhältnis der Gesellschafter untereinander richtet sich nach dem Gesellschaftsvertrage; das HGB. gilt nur insoweit, als nicht durch den Gesellschaftsvertrag etwas anderes bestimmt ist. Im letzteren Falle gelten allgemein die Bestimmungen der §§ 110—159 HGB. und der §§ 706, 707, 709, 718, 719, 735, 739 BGB. und einige Paragraphen der KO.

Innenverhältnis.

1. Aufwendungen, die der einzelne Gesellschafter für die Gesellschaft macht, oder Verluste, welche er durch die Geschäftsführung unmittelbar erleidet, sind ihm zu ersetzen.
2. Nicht rechtzeitig gezahlte Einlagen oder unbefugt aus der Gesellschaftskasse entnommenes Geld hat der Gesellschafter zu verzinsen.
3. Er darf mit der Gesellschaft ohne Einwilligung der anderen Gesellschafter in ihrem Handelszweig nicht in Wettbewerb treten noch an einer

anderen gleichartigen Handelsgesellschaft als persönlich haftender Gesellschafter teilnehmen.

4. Zur Geschäftsführung sind alle Gesellschafter gleichmäßig berechtigt und verpflichtet. Zur Durchführung von Handlungen bedarf es der Stimmeneinhelligkeit. Zu außerordentlichen Maßnahmen bedarf es eines Beschlusses aller Gesellschafter, desgleichen zur Bestellung eines Prokuristen, es sei denn, daß Gefahr im Verzug ist; doch kann jeder die Prokura widerrufen.

Die Befugnis zur Geschäftsführung kann einem Gesellschafter auf Antrag der übrigen durch gerichtliche Entscheidung entzogen werden, wenn ein wichtiger Grund, insbesondere grobe Pfichtverletzung oder Unfähigkeit zur ordnungsmäßigen Geschäftsführung, vorliegt. Jedoch darf dieser so ausgeschlossene Gesellschafter sich von den Angelegenheiten der Gesellschaft persönlich unterrichten.

5. Das Gesellschaftsvermögen bildet eine Gemeinschaft zur gesamten Hand.

Der Beitrag eines Gesellschafters kann auch in der Leistung von Diensten bestehen.

6. Am Schlusse jedes Geschäftsjahres wird der einem Gesellschafter zukommende Gewinn oder Verlust seinem Kapitalanteile zu- oder abgeschrieben. Zur Ergänzung der durch Verlust geminderten Einlage ist der Gesellschafter nicht verpflichtet, nur bei der Auflösung hat er gegebenenfalls Nachschüsse zu machen. Von dem Jahresgewinne gehört jedem Gesellschafter zunächst ein Anteil in Höhe von 4% seines Kapitalanteils. Ist der Jahresgewinn ungenügend, so verringert sich der Satz entsprechend. Der Rest des Gewinns, sowie der Verlust werden unter die Gesellschafter nach Köpfen verteilt. Jeder Gesellschafter ist berechtigt, aus der Gesellschaftskasse Geld bis zum Betrage von 4% seines für das letzte Geschäftsjahr festgestellten Kapitalanteils ohne Rücksicht darauf, ob überhaupt ein Gewinn erzielt ist, zu seinen Lasten zu erheben und, soweit es nicht zum offenbaren Schaden der Gesellschaft gereicht, auch die Auszahlung seines den bezeichneten Betrag übersteigenden Anteils am Gewinne des nächsten Jahres zu verlangen. Er darf jedoch ohne Einwilligung der anderen Gesellschafter seinen Kapitalanteil nicht vermindern.

Das Verhältnis nach außen.

Im Verhältnisse zu Dritten wird die OHG. spätestens wirksam mit dem Zeitpunkte der Eintragung in das Handelsregister, vorher schon mit dem Zeitpunkte des Geschäftsbeginns. Die OHG. ist keine juristische Person, hat aber eine gewisse Selbständigkeit insofern, als sie unter ihrer Firma Rechte erwerben und Verbindlichkeiten eingehen, Eigentum und andere dingliche Rechte an Grundstücken erwerben, vor Gericht klagen und verklagt werden kann. Zur Zwangsvollstreckung in das Gesellschaftsvermögen ist ein gegen die Gesellschaft gerichteter vollstreckbarer Schuldtitel erforderlich und genügend.

Die Gesellschafter haften für die Verbindlichkeiten der Gesellschaft den Gläubigern als Gesamtschuldner persönlich.

Tritt jemand in eine bestehende Gesellschaft ein, so haftet er gleich den anderen Gesellschaftern auch für die vor seinem Eintritte begründeten Verbindlichkeiten der Gesellschaft ohne Unterschied, ob die Firma geändert wird oder nicht. Zur Vertretung ist nach außen, wenn im Gesellschaftsvertrage nichts anderes vereinbart ist, jeder Gesellschafter ermächtigt. Die Vertretungsmacht umfaßt uneingeschränkt und unbeschränkbar alle gerichtlichen und außergerichtlichen Geschäfte.

Für die Auflösung der Gesellschaft kommen als Auflösungsgründe in Betracht: Ablauf der vereinbarten Zeit, Beschluß der Gesellschafter, Eröffnung des Konkurses über das Vermögen der Gesellschaft oder eines Gesellschafters, der Tod eines Gesellschafters, falls im Gesellschaftsvertrage nichts anderes vereinbart ist. Zum Weiterbestehen einer OHG. sind mindestens zwei Mitglieder erforderlich.

Die Ansprüche gegen einen Gesellschafter aus Gesellschaftsverbindlichkeiten verjähren in spätestens fünf Jahren seit Eintragung der Auflösung in das Handelsregister.

Die Kommanditgesellschaft. (§§ 161—177 HGB.)

Eine Kommanditgesellschaft ist vorhanden, wenn der Zweck der Gesellschaft auf den Betrieb eines Handelsgewerbes unter gemeinschaftlicher Firma gerichtet ist und bei einem oder einigen von den Gesellschaftern die Haftung gegenüber den Gesellschaftsgläubigern auf den Betrag einer bestimmten Vermögenseinlage beschränkt ist (Kommanditisten), während bei dem anderen Teile der Gesellschafter eine Beschränkung der Haftung nicht stattfindet (persönlich haftende Gesellschafter, Komplementäre). Die §§ 161—177 HGB. enthalten genaue Bestimmungen. Mangels anderer Bestimmungen finden für die Kommanditgesellschaft die für die OHG. geltenden Vorschriften Anwendung.

Die Kommanditgesellschaft kommt erst zur Entstehung mit der Eintragung in das Handelsregister. Zur Geschäftsführung und Gesellschaftsvertretung sind nur die persönlich haftenden Gesellschafter befugt.

Die Kommanditgesellschaft auf Aktien. (§§ 320—334 HGB.)

Diese Gesellschaftsform ist eine Kombination der Kommandit- und Aktiengesellschaft. Sie ist eine Gesellschaft, bei der mindestens ein Gesellschafter den Gesellschaftsgläubigern unbeschränkt haftet — persönlich haftender Gesellschafter, Komplementär —, während die übrigen sich nur mit Einlagen auf das in Aktien zerlegte Grundkapital der Gesellschaft beteiligen. Genaue Bestimmungen sind in den §§ 320—334 HGB. enthalten. Soweit nicht die Vorschriften der Kommanditgesellschaft in Anwendung zu bringen sind, gelten im Zweifel die Vorschriften über Aktiengesellschaften mit folgenden Abweichungen:

a) die Kommanditgesellschaft auf Aktien hat keinen Vorstand; derselbe wird vielmehr durch die Komplementäre ersetzt;

b) die Generalversammlung hat bei ihr eine weit geringere Bedeutung, da die Komplementäre nur Zustimmungsrecht, aber kein Stimmrecht haben.

Durch Beschluß der Generalversammlung und aller persönlich haftenden Gesellschafter kann die Kommanditgesellschaft in eine Aktiengesellschaft umgewandelt werden.

Die stille Gesellschaft. (§ 335—342 HGB.)

Eine stille Gesellschaft liegt vor, wenn sich jemand (der stille Gesellschafter) an dem Handelsgewerbe eines anderen gegen Anteil an Gewinn und Verlust mit einer Vermögenseinlage beteiligt. Eine stille Handelsgesellschaft wird nicht in das Handelsregister eingetragen; sie kann immer nur mit einem, nicht mit mehreren stillen Gesellschaftern begründet werden. Der Inhaber des Handelsgeschäftes wird aus den im Betriebe geschlossenen Geschäften allein berechtigt und verpflichtet. Er allein vertritt die Gesellschaft nach außen; jedoch haftet auch der stille Gesellschafter dritten Personen im Konkurse über das Vermögen des Inhabers des Handelsgeschäftes mit seiner Einlage. Die Einlage des stillen Gesellschafters ist so zu leisten, daß sie in das Vermögen des Inhabers des Handelsgeschäftes übergeht; es fehlt daher hier an einem besonderen Gesellschaftsvermögen. Ist der Anteil des stillen Gesellschafters am Gewinn und Verlust nicht bestimmt, so gilt ein den Umständen nach angemessener Anteil als bedungen. Gewinn und Verlust werden am Schlusse jedes Geschäftsjahres berechnet. Der sodann auf den stillen Gesellschafter entfallende Gewinn wird ihm ausbezahlt. Ist durch Gesellschaftsvertrag nicht bestimmt, daß der stille Gesellschafter nicht am Verluste beteiligt werden soll, so nimmt er am Verluste nur bis zu dem Betrage seiner eingezahlten oder rückständigen Einlage teil. Der stille Gesellschafter ist berechtigt, die abschriftliche Mitteilung der jährlichen Bilanz zu verlangen und ihre Richtigkeit unter Einsicht der Bücher zu prüfen.

Die Aktiengesellschaft. (§§ 178—319 HGB.)

Im industriellen Leben nimmt in Deutschland die Aktiengesellschaft den bei weitem größten Umfang ein. Die Zahl der deutschen Aktiengesellschaften belief sich am 31. Dezember 1928 auf 11842, mit einem gesamten Aktienkapital von 22885000000 RM. Dazu im Saargebiet 175 Aktiengesellschaften mit 282000000 RM.

Die Aktiengesellschaft ist eine Gesellschaft, bei der sämtliche Gesellschafter mit Einlagen an dem in Aktien zerlegten Grundkapital der Gesellschaft beteiligt sind, ohne persönlich für deren Verbindlichkeiten zu haften.

Sie ist eine juristische Person und eine reine Kapitalgesellschaft, stellt gegenüber den Aktionären ein völlig selbständiges Rechtssubjekt dar und ist als solche stets Kaufmann.

Die Aktien sind die Teile des zerlegten Grundkapitals. Sie sind unteilbar und dürfen erst mit Eintragung der Gesellschaft ins Handelsregister ausgegeben werden. Unter dem Nennbetrag (unter pari) dürfen sie nicht ausgegeben werden. Die Aktien können mit einer im Wege der mechanischen Vervielfältigung hergestellten Namensunterschrift versehen sein.

Die Aktien müssen auf einen Mindestbetrag von 100 RM. lauten (Gold-Bilanz-Verordnung).

Man unterscheidet Namens- und Inhaberaktien. Die Namensaktien, welche die Regel bilden, sind mit genauer Bezeichnung des Inhabers nach Namen, Wohnort und Stand in das Aktienbuch der Gesellschaft einzutragen. Inhaberaktien dürfen nicht ausgegeben werden, bevor der volle Nennbetrag geleistet ist.

Der Gesellschaftsvertrag kann für einzelne Gattungen von Aktien verschiedene Rechte festsetzen, namentlich bezüglich des Gewinnanteils. Die bevorrechtigten Aktien pflegt man im Gegensatz zu den Stammaktien Vorzugsaktien zu nennen. Aktien, die von vornherein bevorrechtigt sind, nennt man Stamm-Prioritäts-Aktien.

Entstehung der Aktiengesellschaften.

Die Aktiengesellschaft entsteht durch Eintragung in das Handelsregister des Sitzes der Gesellschaft. Sie muß von sämtlichen Gründern, Vorstand und Aufsichtsratsmitgliedern zur Eintragung angemeldet werden. Der Richter hat vor Eintragung zu prüfen, ob die vorgeschriebenen Bestimmungen erfüllt sind, und zwar:

der gesetzliche Vertragsabschluß,
die gesetzliche Konstituierung,
die gesetzliche Prüfung,
die gesetzliche Einzahlung.

Der Vertragsabschluß.

Der Inhalt des Gesellschaftsvertrages muß von mindestens 5 Personen in gerichtlicher oder notarieller Verhandlung festgestellt werden. Der Gesellschaftsvertrag muß bestimmen:

Die Firma und den Sitz der Gesellschaft, den Gegenstand des Unternehmens, die Höhe des Grundkapitals und der einzelnen Aktien, die Art der Bestellung und Zusammensetzung des Vorstandes, die Form, in welcher die Berufung der Generalversammlung der Aktionäre stattfindet, und die Form, in welcher die von der Gesellschaft ausgehenden Bekanntmachungen erfolgen, wobei in erster Linie der Reichsanzeiger zu benutzen ist.

Besonders erschwert ist die sog. qualifizierte Gründung. Diese ist vorhanden bei Zusicherung bestimmter Vorteile an Einzelaktionäre, bei Sacheinlagen auf das Grundkapital, die nicht durch Barzahlung gemacht werden, bei Übernahme von vorhandenen oder herzustellenden Anlagen oder sonstigen Vermögensgegenständen, bei gegebenenfalls den Gründern zu gewährender Entschädigung oder Belohnung für die Gründung, sog. Gründerlohn.

Sind die genannten Merkmale der qualifizierten Gründung vorhanden, so muß ihre Ordnung im Gesellschaftsvertrage erfolgen, namentlich muß der Gründerlohn von allen sonstigen Festsetzungen getrennt aufgeführt werden. Eine Veröffentlichung hat stattzufinden.

Zum Vertragsabschluß gehört ferner, daß sämtliche Aktien übernommen werden. Übernehmen die Gründer alle Aktien (*Simultangründung*), so gilt die Gesellschaft mit der Übernahme der Aktien als errichtet. Mit der Errichtung oder in einem besonderen gerichtlichen oder notariellen Akt ist der *erste Aufsichtsrat und der Vorstand* der Gesellschaft zu bestellen.

Übernehmen die Gründer nicht alle Aktien, so hat der Errichtung der Gesellschaft die Zeichnung der übrigen Aktien vorherzugehen (*Sukzessiv-Gründung*). Die Aktien werden zur Zeichnung aufgelegt, die Zeichnung erfolgt durch Zeichenschein. Die Gründer haben dann die konstituierende Generalversammlung der Zeichner zur Wahl des Aufsichtsrats und des Vorstandes zu berufen. Auf Grund eines eingereichten Aktionärverzeichnisses und der Anmeldung beruft, wenn alle übrigen Erfordernisse erfüllt sind, der Registerrichter eine Generalversammlung, die sog. Gründungsversammlung, in welcher sich Vorstand und Aufsichtsrat über die Ergebnisse der ihnen obliegenden Prüfung zu erklären haben.

Für die Errichtung der Gesellschaft muß mindestens ein Viertel aller im Verzeichnis aufgeführten Aktionäre zugegen sein, welche mindestens ein Viertel des Grundkapitals besitzen; im übrigen entscheidet einfache Mehrheit. Die Entstehung erfolgt mit Eintragung in das Handelsregister.

Die Errichtung. Die Errichtung der Aktiengesellschaft ist mit der Wahl des Vorstandes und des Aufsichtsrates erfolgt. Sie ist dem Registerrichter durch Überreichung der Urkunden über diese Wahl nachzuweisen.

Die Prüfung. Mitglieder des Vorstandes und Aufsichtsrats haben den Hergang der Gründung zu prüfen. Gehört ein Mitglied des Vorstandes oder Aufsichtsrats zu den Gründern oder sind ihm besondere Vorteile oder ein Gründerlohn zugesichert, so hat außerdem eine Prüfung durch mindestens zwei besondere Revisoren stattzufinden. Sie werden durch die Handelskammer oder, wo solche nicht vorhanden, durch das Gericht bestellt, in dessen Bezirk die Gesellschaft ihren Sitz hat. Über die Prüfung ist in allen Fällen schriftlich Bericht zu erstatten. Die Prüfungsberichte sind dem Gerichte einzureichen.

Die gesetzliche Einzahlung. Mindestens ¼ des Nennbetrages der einzelnen Aktien und bei Ausgaben über pari mindestens auch ¼ des Mehrbetrages sind in bar einzuzahlen. Ohne den Nachweis, daß dieser Mindestbetrag bar eingezahlt ist, kann die gerichtliche Eintragung nicht erfolgen. Für die Richtigkeit der Angaben sowie für ihre Vollständigkeit haften die Gründer-Gesellschaft als Gesamtschuldner, ferner die Gründergenossen, falls solche vorhanden sind, des weiteren die Mitglieder des Vorstands und des Aufsichtsrates, welche bei der ihnen obliegenden Prüfung die Sorgfalt eines ordentlichen Geschäftsmannes außer acht gelassen haben.

Die Eintragung in das Handelsregister ist mit dem wesentlichen Inhalt des Gesellschaftsstatuts und den wichtigsten Einzelheiten des Unternehmens bekannt zu machen.

Vorzugsaktien.

Der § 185 HGB. bestimmt für Aktiengesellschaften: Im Gesellschaftsvertrage können für einzelne Gattungen von Aktien verschiedene Rechte, insbesondere in betreff der Verteilung des Gewinns oder des Gesellschaftsvermögens, festgesetzt werden. Dieser Paragraph bezieht sich also auf die Schaffung von Vorzugsaktien. Aus den Statuten muß die Verschiedenheit der Rechte klar ersichtlich sein. Es können aber auch Vorzugsaktien dadurch geschaffen werden, daß die Inhaber der bisherigen Aktien berechtigt werden, durch Zuzahlung eines bestimmten Betrages ihre Stammaktien in Vorzugsaktien umzuwandeln. Unzulässig ist eine Bevorzugung bei Vorzugsaktien hinsichtlich der Rechte, die das Gesetz aus Gründen des öffentlichen Rechts grundsätzlich allen Aktionären gleichmäßig gewährt. Zulässig sind Stimmrechtsbevorzugungen und eine Bevorzugung in den Sonderansprüchen auf vermögensrechtliche Leistungen der Gesellschaft in bezug auf Dividenden, auf Anteil am Ausschüttungsvermögen. Außerdem können die Vorzugsaktien dadurch bevorzugt sein, daß ihnen bei Auflösung der Gesellschaft ein Vorrecht in Höhe des Nennbetrages zusteht (RG. 68, 238).

Obligationen (Schuldverschreibungen).

Die Obligationen der Aktiengesellschaften sind kaufmännische Verpflichtungsscheine. Maßgebend für dieselben ist der § 363 HGB. Die Obligationsgläubiger sind reine Darlehnsgläubiger. Es kann ihnen ein Gewinnanteil zugesichert sein. Es gibt auch noch Vorzugsobligationen. Diese kommen häufig mit hypothekarischen Verpfändungen oder Grundschuldsverschreibungen vor. Die Bestellung von Hypotheken für Schuldverschreibungen auf den Inhaber oder auf Namen sind durch die §§ 1187—1189 BGB. erleichtert. Durch Gesetz vom 4. Dezember 1899 ist die gesetzliche Organisation der Inhaber von Schuldverschreibungen für gewisse Fälle durchgeführt.

Die Organe der Aktiengesellschaft.

Folgende Organe sind in der Aktiengesellschaft obligatorisch:

1. die Gründer, bestehend aus mindestens 5 Aktionären, und diejenigen, welche Sacheinlagen gemacht haben.

Ist die Gesellschaft durch Eintragung in das Handelsregister ins Leben gerufen, so sind diese für den weiteren Fortbestand der Gesellschaft nicht mehr erforderlich, und es verbleiben nur noch

2. der Vorstand,
3. der Aufsichtsrat,
4. die Generalversammlung.

Der Vorstand ist der gesetzliche Vertreter der Aktiengesellschaft. Er vertritt die Gesellschaft gerichtlich und außergerichtlich. Besteht er aus mehreren Personen, so können diese im Zweifel nur gemeinschaftlich handeln: sog. Kollektivvertreter.

Etwaige sonstige Beschränkungen der Vertretungsbefugnis des Vorstandes sind Dritten gegenüber unwirksam. Maßgebend ist im inneren Verhältnis der Dienstvertrag (§§ 611ff. BGB.). Für die Vorstandsmitglieder gilt das Wettbewerbverbot, d. h. sie dürfen ohne Einwilligung der Gesellschaft weder ein Handelsgewerbe betreiben, noch in dem Handelszweige der Gesellschaft für eigene oder fremde Rechnung Geschäfte machen, auch nicht an einer anderen Handelsgesellschaft als persönlich haftende Gesellschafter teilnehmen.

Der Vorstand hat in erster Linie für die Erhaltung des Vermögens der Aktiengesellschaft zu sorgen, hat darüber zu wachen, daß die erforderlichen Bücher der Gesellschaft geführt werden, bei Verlusten, welche die Hälfte des Grundkapitals erreichen, der Generalversammlung unverzüglich Mitteilung zu machen und bei eingetretener Zahlungsunfähigkeit oder bei Überschuldung die Eröffnung des Konkurses zu beantragen.

Die Mitglieder des Vorstandes haften hinsichtlich ihrer Geschäftsführung für die Sorgfalt eines ordentlichen Kaufmanns.

Der Aufsichtsrat. Die Anzahl der Aufsichtsratsmitglieder ist im Gesellschaftsvertrag festzusetzen; sie muß aber mindestens aus drei von der Generalversammlung gewählten Mitgliedern bestehen. Der Aufsichtsrat hat die Geschäftsführung der Gesellschaft in allen Zweigen der Verwaltung zu überwachen. In zwei Fällen wirkt er mit dem Vorstand gemeinsam: 1. bei der Ernennung von Prokuristen, 2. vertritt er zusammen mit dem Vorstand die Gesellschaft bei der

Anfechtungsklage gegen einen Beschluß der Generalversammlung und bei der Nichtigkeitsklage.

Der Aufsichtsrat ist befugt, die Gesellschaft bei der Vornahme von Rechtsgeschäften mit den Vorstandsmitgliedern zu vertreten und gegen diese die von der Generalversammlung beschlossenen Rechtsstreitigkeiten zu führen.

Auch der Aufsichtsrat hat der Gesellschaft für die Sorgfalt eines ordentlichen Kaufmanns einzustehen.

Die Generalversammlung. Das oberste Organ der Aktiengesellschaft ist die Generalversammlung. Sofern Gesetz oder Gesellschaftsvertrag nicht ein anderes vorschreiben, entscheidet einfache Mehrheit. Jede Aktie gewährt das Stimmrecht. Die Generalversammlung wird durch den Vorstand berufen, soweit nicht nach dem Gesetz oder dem Gesellschaftsvertrag auch andere Personen (z. B. Aufsichtsrat) dazu befugt sind.

Jeder Beschluß der Generalversammlung bedarf zu seiner Gültigkeit der Beurkundung durch ein über die Verhandlung gerichtlich oder notariell aufgenommenes Protokoll. Der Vorstand hat eine beglaubigte Abschrift desselben unverzüglich zum Handelsregister einzureichen.

Die Generalversammlung beschließt über die Genehmigung der Jahresbilanz und die Gewinnverteilung sowie über die Entlastung des Vorstandes und Aufsichtsrats. Sie hat die vom Vorstand aufzustellende und vom Aufsichtsrat geprüfte Bilanz zu genehmigen, gegebenenfalls zu ändern.

Eine Abänderung des Gesellschaftsvertrages kann nur durch die Generalversammlung mit einer Mehrheit von mindestens ¾ des bei der Beschlußfassung vertretenen Grundkapitals beschlossen werden, es sei denn, daß der Gesellschaftsvertrag etwas anderes bestimmt; die gleiche Mehrheit ist zur Auflösung der Aktiengesellschaft erforderlich.

Rechtsstellung des Aktionärs. Die Rechte und Pflichten des Aktionärs sind in den §§ 211—230 HGB. enthalten. Seine Mitgliederrechte übt der Aktionär in der Generalversammlung aus. Gewöhnlich gibt die Mehrheit der Aktionäre den Ausschlag. In einigen Fällen übt auch eine Minderheit von Aktionären einen wichtigen Einfluß aus (sog. Minderheitsrechte), und zwar u. a.:

1. $^1/_{20}$ des Grundkapitals kann die Berufung einer Generalversammlung mit bestimmter Tagesordnung durchsetzen;

2. $^1/_{10}$ kann die Bilanz bezüglich bestimmter Ansätze derselben bemängeln und die Vertagung der Verhandlung über dieselbe erzwingen;

3. $^1/_{10}$ des Kapitals kann die Ernennung von gerichtlichen Revisoren herbeiführen zur Prüfung eines Vorganges bei der Gründung oder eines nicht länger als zwei Jahre zurückliegenden Vorganges bei der Geschäftsführung.

Jeder Aktionär, der eine Aktie bei der Gesellschaft hinterlegt, kann verlangen, daß ihm die Berufung der Generalversammlung und die Gegenstände der Verhandlung sowie die gefaßten Beschlüsse durch eingeschriebenen Brief besonders mitgeteilt werden.

Auf Verstöße gegen das Aktienrecht sind in den §§ 312—319 schwere Strafbestimmungen für Aktionäre und die Organe der Aktiengesellschaft erlassen.

Für die Nichtbefolgung der im Gesetz gegebenen Vorschriften sind strenge Strafvorschriften erlassen. Die wichtigsten hiervon sind in dem § 312 enthalten. Hiervon seien u. a. erwähnt:

Mitglieder des Vorstandes oder des Aufsichtsrats oder Liquidatoren werden, wenn sie absichtlich zum Nachteile der Gesellschaft handeln, mit Gefängnis und zugleich mit Geldstrafe bis zu 20000 RM. bestraft.

Zugleich kann auf Verlust der bürgerlichen Ehrenrechte erkannt werden.

Sind mildernde Umstände vorhanden, so kann ausschließlich auf die Geldstrafe erkannt werden.

Mit Gefängnis und zugleich mit Geldstrafe bis zu 20000 RM. werden bestraft:

1. Gründer oder Mitglieder des Vorstandes oder des Aufsichtsrats, die zum Zwecke der Eintragung der Gesellschaft in das Handelsregister in Ansehung der Zeichnung oder Einzahlung des Grundkapitals, des Betrages, zu welchem die Aktien ausgegeben werden, oder der im § 186 vorgesehenen Festsetzungen wissentlich falsche Angaben machen;

2. diejenigen, welche in Ansehung der vorerwähnten Tatsachen wissentlich falsche Angaben in einer im § 203 bezeichneten Ankündigung von Aktien machen;

3. Mitglieder des Vorstandes oder des Aufsichtsrates, die zum Zwecke der Eintragung einer Erhöhung des Grundkapitals in das Handelsregister in Ansehung der Einzahlung des bisherigen oder der Zeichnung oder Einzahlung des erhöhten Kapitals oder in Ansehung des Betrages, zu welchem die Aktien ausgegeben werden, oder in Ansehung der im § 279 bezeichneten Festsetzungen wissentlich falsche Angaben machen.

Zugleich kann auf Verlust der bürgerlichen Ehrenrechte erkannt werden.

Sind mildernde Umstände vorhanden, so tritt ausschließlich die Geldstrafe ein.

Mitglieder des Vorstandes oder des Aufsichtsrates oder Liquidatoren werden mit Gefängnis bis zu einem Jahr und zugleich mit Geldstrafe bis zu 20000 RM. bestraft, wenn sie wissentlich

1. in ihren Darstellungen, in ihren Übersichten über den Vermögensstand der Gesellschaft oder in den in der Generalversammlung gehaltenen Vorträgen den Stand der Verhältnisse der Gesellschaft unwahr darstellen oder verschleiern;

2. auf Namen lautende Aktien, in denen die im § 179 Abs. 4 vorgeschriebene Angabe nicht erhalten ist, oder auf den Inhaber lautende Aktien ausgeben, bevor darauf der Nennbetrag oder, falls der Ausgabepreis höher ist, dieser Betrag voll geleistet ist;

3. Aktien oder Zwischenscheine ausgeben, bevor die Gesellschaft oder im Falle einer Erhöhung des Grundkapitals die erfolgte Erhöhung in das Handelsregister eingetragen ist.

Mit Gefängnis bis zu drei Monaten und zugleich mit Geldstrafe bis zu 5000 RM. werden bestraft:

1. die Mitglieder des Vorstandes oder die Liquidatoren sowie die Mitglieder des Aufsichtsrats, wenn länger als drei Monate die Gesellschaft ohne Aufsichtsrat geblieben ist oder in dem letzteren die zur Beschlußfähigkeit erforderliche Zahl von Mitgliedern gefehlt hat;

2. die Mitglieder des Vorstandes oder die Liquidatoren, wenn entgegen den Vorschriften des § 240 Abs. 2 und des § 298 Abs. 2 der Antrag auf Eröffnung des Konkursverfahrens unterblieben ist.

Sind mildernde Umstände vorhanden, so tritt ausschließlich die Geldstrafe ein.

Die Gesellschaft mit beschränkter Haftung.

Gesellschaften mit beschränkter Haftung sind zulässig seit dem Reichsgesetz vom 20. April 1892. Das Gesetz ist später abgeändert und ist heute gültig in seiner Fassung vom 20. Mai 1898. Diese Gesellschaftsform ist im industriellen Leben heute neben der Aktiengesellschaft die weitverbreiteste. Sie braucht nicht Sachfirma zu sein, sondern kann auch Personenfirma sein. Sie ist für jeden gesetzlich erlaubten Zweck gestattet. Der Gesellschaftsvertrag muß gerichtlich oder notariell getätigt und von sämtlichen Gesellschaftern unterzeichnet sein.

Der Gesellschaftsvertrag muß enthalten:

1. die Firma und den Sitz der Gesellschaft;
2. den Gegenstand des Unternehmens;
3. den Betrag des Stammkapitals;
4. den Betrag der von jedem Gesellschafter auf das Stammkapital zu leistenden Einlagen (Stammeinlagen).

Sonst ergänzende Bestimmungen oder Verpflichtungen müssen in den Gesellschaftsvertrag aufgenommen werden.

Die Firma der Gesellschaft muß entweder von dem Gegenstande des Unternehmens entlehnt sein oder die Namen der Gesellschafter oder den Namen wenigstens eines derselben mit einem das Vorhandensein eines Gesellschaftsverhältnisses andeutenden Zusatz enthalten. Die zusätzliche Bezeichnung „mit beschränkter Haftung“ ist Vorschrift.

Das Stammkapital der Gesellschaft muß nach der letzten Verordnung mindestens 20000 RM., die Stammeinlage eines jeden Gesellschafters mindestens 500 RM. betragen. Sie kann für die einzelnen Gesellschafter verschieden sein, doch muß sie sich stets durch 100 RM. teilen lassen.

Werden nicht geldliche Einlagen auf das Stammkapital gemacht und angerechnet, so ist die dafür zu gewährende Vergütung im Gesellschaftsvertrage festzusetzen.

Die Gesellschaft mit beschränkter Haftung entsteht mit der Eintragung in das Gesellschaftsregister nach Erfüllung der vorgeschriebenen Bestimmungen. Die hauptsächlichsten hiervon sind:

1. Es müssen mindestens zwei Gesellschafter vorhanden sein;
2. das Statut muß gerichtlich oder notariell abgeschlossen sein;
3. die Geschäftsführer müssen bestellt sein.

An **Organen** muß die G. m. b. H. haben:

1. den oder die Geschäftsführer;
2. die Gesellschafterversammlung. Doch kann auch diese wegfallen, falls alle Gesellschafter sich mit der schriftlichen Abstimmung schriftlich einverstanden erklärt haben.

Die Bestellung eines Aufsichtsrates ist gestattet, doch nicht vorgeschrieben.

Zu diesen Hauptbestimmungen sei im einzelnen noch folgendes ausgeführt:

Die Eintragung hat bei dem Gericht zu erfolgen, in dessen Bezirk die Gesellschaft ihren Sitz hat. Vorher muß ein Viertel des Stammkapitals eingezahlt sein.

Die Anmeldenden haften der Gesellschaft insgesamt für die Richtigkeit ihrer Angaben hinsichtlich dieser Leistungen.

Die G. m. b. H. kann Eigentum und andere dingliche Rechte an Grundstücken erwerben, vor Gericht klagen und verklagt werden.

Für die Verbindlichkeiten der Gesellschaft haftet den Gläubigern nur das Gesellschaftsvermögen.

Die Geschäftsanteile sind veräußerlich und vererblich; jedoch bedarf es zur Abtretung eines in gerichtlicher oder notarieller Form geschlossenen Vertrages. In dem Gesellschaftsvertrag kann aber bestimmt werden, daß für die Veräußerung von Teilen eines Geschäftsanteils an andere Gesellschafter eine Genehmigung der Gesellschaft nicht erforderlich ist.

Die Einzahlungen auf die Stammeinlagen sind nach dem Verhältnis derselben zu leisten; andernfalls sind Verzugszinsen zu zahlen. Unterbleiben diese Einzahlungen, so geht der betreffende Gesellschafter nach fruchtlosem Ablauf einer Nachfrist seines Geschäftsanteils und seiner Teilzahlungen zugunsten der Gesellschaft verlustig.

Die Gesellschafter haben Anspruch auf den nach der jährlichen Bilanz sich ergebenden Reingewinn, wenn im Gesellschaftsvertrage nichts anderes bestimmt ist, und zwar gewöhnlich im Verhältnis der Geschäftsanteile.

Die Gesellschaft wird durch die Geschäftsführer gerichtlich und außergerichtlich vertreten.

Alljährlich im Monat Januar haben die Geschäftsführer eine von ihnen unterschriebene Liste der Gesellschafter zum Handelsregister einzureichen, aus welcher Name, Vorname, Stand und Wohnort derselben sowie ihre Stammeinlagen zu entnehmen sind.

Alle Beschlußfassungen der Gesellschaft haben nach der Mehrheit der abgegebenen Stimmen in Versammlungen zu erfolgen. Jedoch ist auch schriftliche Abstimmung erlaubt.

Die Versammlung der Gesellschafter wird durch den Geschäftsführer berufen, wenn es im Interesse der Gesellschaft erforderlich erscheint, auf alle Fälle aber, wenn sich aus der Bilanz ergibt, daß die Hälfte des Stammkapitals verloren ist.

Ähnlich wie bei der Aktiengesellschaft können Gesellschafter, deren Geschäftsanteile zusammen mindestens den zehnten Teil des Stammkapitals ausmachen, die Berufung der Versammlung unter Angabe des Zwecks und der Gründe verlangen.

Ist nach dem Gesellschaftsvertrage ein Aufsichtsrat zu bestellen, so finden auf denselben, sofern nicht im Gesellschaftsvertrage etwas anderes bestimmt ist, die für den Aufsichtsrat einer Aktiengesellschaft nach dem HGB. geltenden Vorschriften Anwendung.

Eine Abänderung des Gesellschaftsvertrages kann nur durch Beschluß der Gesellschafter mit einer Mehrheit von ¾ der abgegebenen Stimmen erfolgen. Der Beschluß muß gerichtlich oder notariell beurkundet sein. Ähnliche Vorschriften gelten bei der Erhöhung des Stammkapitals. Letztere ist in das Handelsregister einzutragen. Eine Herabsetzung des Stammkapitals muß von den Geschäftführern zu drei verschiedenen Malen in den für die Bekanntmachungen der Gesellschaft bestimmten öffentlichen Blättern bekanntgegeben werden.

Die Auflösung der Gesellschaft kann erfolgen:

1. durch Ablauf der im Gesellschaftsvertrage bestimmten Zeit;
2. durch Beschluß der Gesellschafter im allgemeinen mit ⅓ Mehrheit der abgegebenen Stimmen;
3. durch gerichtliches Urteil;
4. durch die Eröffnung des Konkursverfahrens.

Die Umwandlung einer G. m. b. H. in eine Aktiengesellschaft ist sehr erleichtert.

Von den Strafbestimmungen sind die wichtigsten:

Mit Gefängnis bis zu einem Jahre und zugleich mit Geldstrafe werden bestraft:

1. Geschäftsführer und Mitglieder einer Gesellschaft mit beschränkter Haftung, welche behufs Eintragung der Gesellschaft in das Handelsregister, sowie Geschäftsführer, welche behufs Eintragung einer Erhöhung des Stammkapitals in das Handelsregister dem Gericht hinsichtlich der Einzahlungen auf die Stammeinlagen wissentlich falsche Angaben machen;
2. Geschäftsführer einer Gesellschaft mit beschränkter Haftung, welche, um die Eintragung einer Herabsetzung des Stammkapitals in das Handelsregister zu erwirken, dem Gericht hinsichtlich der Befriedigung oder Sicherstellung der Gläubiger wissentlich eine unwahre Versicherung abgeben;
3. Geschäftsführer, Liquidatoren sowie Mitglieder eines Aufsichtsrats oder ähnlichen Organs einer Gesellschaft mit beschränkter Haftung, welche in einer öffentlichen Mitteilung die Vermögenslage der Gesellschaft wissentlich unwahr darstellen oder verschleiern.

Zugleich kann auf Verlust der bürgerlichen Ehrenrechte erkannt werden.

Sind mildernde Umstände vorhanden, so tritt ausschließlich die Geldstrafe ein.

Als Anhang zum Gesetz sind Entwürfe von Gesellschaftsverträgen einer G. m. b. H. gegeben.

Des ferneren befinden sich daselbst die Angaben über die Stempelkosten und sonstigen Gebühren und Steuern für die Gründung einer G. m. b. H., und zwar getrennt nach den Verpflichtungen gegenüber dem Reich und den einzelnen Staaten, in welchen eine G. m. b. H. gegründet wird. So kommen in Betracht u. a.:

1. der Reichsstempel bei der Gründung der G. m. b. H. Die Errichtung einer G. m. b. H. unterliegt einem Stempel von 4% des Stammkapitals.

2. Bei Einbringen von nicht in Geld bestehendem Vermögen bei der Errichtung oder in eine bereits bestehende Gesellschaft beträgt der Stempel zwischen ⅓ und ⅔%.

Es treten dann hinzu die Stempel gemäß den für die einzelnen Gebiete des Reiches geltenden Landesvorschriften, z. B. in Preußen:

der Errichtungsstempel mit ¼ bis 1½% je nach der Höhe des Stammkapitals, für Sacheinlagen, Patentrechte oder sonstige Schutzrechte 1% des Gegenwerts, für bewegliche Sachen ⅓ %, für Forderungsrechte $^1/_{20}$%.

Die Gewerkschaft.

Die Gewerkschaft ist eine namentlich im Rheinland und Westfalen übliche Gesellschaftsform. Maßgebend für die Gründung, den Betrieb und die Auflassung der Gewerkschaft ist das Allgemeine Berggesetz für die Preußischen Staaten vom 24. Juni 1865, welches seitdem eine Reihe von Änderungen durch Novellen erfahren hat. Die meisten deutschen Bundesstaaten haben bald nach Erlaß des Preußischen Berggesetzes, zum Teil aber auch erst in neuerer Zeit das Preußische Bergrecht, wenn auch vielfach in gewissen Abänderungen und Einschränkungen, bei sich eingeführt. Hier sollen nur die für die Gewerkschaft erlassenen Bestimmungen des Preußischen Bergrechts betrachtet werden.

Für die Gewerkschaft kommen die §§ 94 u. ff. des allgemeinen Berggesetzes in Betracht.

Zwei oder mehrere Beteiligte eines Bergwerkes bilden eine Gewerkschaft. Die Gewerkschaft kann ihre besondere Verfassung durch ein notarielles oder gerichtlich zu errichtendes Statut regeln, welches der Zustimmung von wenigstens drei Vierteilen aller Anteile und der Bestätigung des Oberbergamtes bedarf. Die Voraussetzung für die Entstehung der Gewerkschaft ist das Vorhandensein eines Bergwerkes und die Mitbeteiligung mehrerer an einem Bergwerk. Die Gewerkschaft tritt in dem Augenblick ins Leben, in dem die obigen Voraussetzungen zusammentreffen. Sie führt den Namen des Bergwerkes, insofern sie nicht in dem Statut einen anderen Namen gewählt hat; sie kann unter ihrem Namen erwerben und Verbindlichkeiten eingehen, Eigentum und andere dingliche Rechte an Bergwerken und Grundstücken erwerben, vor Gericht klagen und verklagt werden.

Im allgemeinen wird das Bergwerk auf den Namen der Gewerkschaft in das Hypothekenbuch eingetragen und kann nur als Ganzes mit Hypotheken und dinglichen Lasten beschwert werden. Für die Verbindlichkeiten der Gewerkschaft haftet nur das Vermögen. Durch das Ausscheiden einzelner Mitglieder — Gewerken — wird die Gewerkschaft nicht aufgelöst; auch können einzelne Gewerken nicht auf Teilung klagen.

Die Gewerkschaft ist also ihrem Wesen nach eine juristische Person. Die Eintragung zum Handelsregister hat nach § 2 HGB. jetzt stets zu erfolgen, wenn die Gewerkschaft beabsichtigt, das Bergwerk selbst zu betreiben und dieser Betrieb einen in kaufmännischer Weise gearteten Geschäftsbetrieb erfordert. Die Anmeldung hat bei dem Gericht des Sitzes der Gewerkschaft zu erfolgen.

Die Auflösung der Gewerkschaft tritt ein

1. auf Beschluß der Mitglieder und muß mit ¾ Mehrheit sämtlicher Kuxe erfolgen; sie kann mit der Umwandlung der Gewerkschaft in eine andere Ge-

sellschaftsform verbunden sein. In diesem Falle ist Auflassung des Bergwerkes und der Grundstücke mit geringen Ausnahmen erforderlich,

2. durch Eröffnung des Konkurses,
3. durch zwangsweise Entziehung der Rechtsfähigkeit,
4. nach Ablauf der in der Satzung vorgesehenen Zeit oder Erlöschen des statutarischen oder gesetzlichen Zwanges,
5. bei Verlegung des Sitzes der Gewerkschaft außerhalb Preußens, also auch in einen anderen deutschen Bundesstaat,
6. bei Verkauf oder Entziehung des einzigen Bergwerkes der Gewerkschaft, Konsolidation, Feldesteilung oder Verzicht auf das einzige Bergwerk.

Die Vereinigung sämtlicher Kuxe in eine Hand bringt die Gewerkschaft noch nicht zur Auflösung; es bedarf vielmehr noch eines besonderen Auflösungsbeschlusses des letzten Alleingewerken. Die Liquidation der Gewerkschaft muß in allen Fällen gemäß den Vorschriften der §§ 47—53 BGB. stattfinden.

Die Zahl der gewerkschaftlichen Anteile — Kuxe — beträgt 100. Durch das Statut kann die Zahl auf 1000 bestimmt werden. Die Kuxe sind unteilbar und gehören zum beweglichen Vermögen. Die Gewerken nehmen nach dem Verhältnis ihrer Kuxe an dem Gewinn und Verlust teil. Sie sind verpflichtet, die Beträge, welche zur Erfüllung der Schuldverbindlichkeiten der Gewerkschaft und zum Betriebe erforderlich sind, im Verhältnis ihrer Kuxe zu zahlen. Über sämtliche Mitglieder der Gewerkschaft und ihre Kuxe wird von der Gewerkschaft ein Verzeichnis — das Gewerkenbuch — geführt. Auf Grund desselben wird einem jeden Gewerken, welcher es verlangt, ein Anteilschein — Kuxschein — ausgefertigt. Sie dürfen nur auf einen bestimmten Namen, niemals auf den Inhaber, lauten. Die Veräußerung eines Kuxscheines ist nur gegen Rückgabe oder nach erfolgter Tilgung desselben zulässig. Sie können ohne Einwilligung der Mitgewerken auf andere Personen übertragen werden. Ein gesetzliches Vorkaufsrecht steht dem Mitgewerken nicht zu. Zur Übertragung der Kuxe ist die schriftliche Form erforderlich. Wer im Gewerkenbuche als Eigentümer der Kuxe verzeichnet ist, wird der Gewerkschaft gegenüber bei Ausübung seiner Rechte als solcher angesehen. Die Verpfändung der Kuxe geschieht durch Übergabe des Kuxscheines auf Grund eines schriftlichen Vertrages.

Die Gewerken fassen ihre Beschlüsse in Gewerken-Versammlungen, bei denen das Stimmrecht nach Kuxen ausgeübt wird. Zur Gültigkeit eines Beschlusses ist erforderlich, daß alle Gewerken unter Angabe des zu verhandelnden Gegenstandes zu einer Versammlung eingeladen werden. Die Beschlüsse werden in der Gewerken-Versammlung mit einfacher Stimmenmehrheit gefaßt. Beschlußfähig ist die erste Versammlung, wenn die Mehrheit aller Kuxe vertreten ist; andernfalls sind sämtliche Gewerken zu einer zweiten Versammlung einzuladen, welche ohne Rücksicht auf die Zahl der vertretenen Kuxe beschlußfähig ist. Hierauf ist in der Einladung besonders hinzuweisen.

Zu Beschlüssen, durch welche über den Gegenstand der Versammlung ganz oder teilweise verfügt werden soll, ist eine Mehrheit von mindestens drei Vierteilen notwendig. Dies gilt insbesondere von Fällen des Verkaufs, des Tausches oder der sonstigen dinglichen Belastung des Bergwerkes, sowie der Überlassung gegen Entgelt (Verpachtung). Zu Verfügungen über das verliehene Bergwerkseigentum durch Verzicht oder Schenkung ist Einstimmigkeit erforderlich. Innerhalb 4 Wochen vom Ablauf des Tages eines solchen Gewerksbeschlusses ab kann jeder Gewerke auf Aufhebung des Beschlusses klagen.

Jede Gewerkschaft ist verpflichtet, einen im Inlande wohnenden Repräsentanten zu stellen und der Bergbehörde namhaft zu machen. Statt dessen kann die Gewerkschaft jedoch einen aus 2 oder mehreren Personen bestehenden Grubenvorstand bestellen. Diese brauchen nicht Gewerken zu sein.

Der Repräsentant oder Grubenvorstand vertritt die Gewerkschaft in allen ihren Angelegenheiten gerichtlich und außergerichtlich. Sie bedürfen jedoch eines besonderen Auftrages der Gewerken-Versammlung:

1. wenn es sich um Gegenstände handelt, welche nur von einer Mehrheit von wenigstens drei Vierteilen aller Kuxe oder nur mit Stimmenmehrheit beschlossen werden können,
2. wenn Beträge von den Gewerken erhoben werden sollen.

Der Repräsentant oder Grubenvorstand beruft die Gewerken-Versammlung, und zwar, wenn das Bergwerk im Betrieb ist, mindestens einmal jährlich. Er muß ihr eine vollständig belegte Verwaltungsrechnung vorlegen. Verlangen die Eigentümer von wenigstens einem Viertel aller Kuxe eine Gewerkschaftsversammlung, so ist er verpflichtet, eine solche einzuberufen. Unterläßt er dies, so kann durch Antrag die Bergbehörde dieselbe einberufen.

Die §§ 123—128 des allgemeinen Berggesetzes regeln die Rechte und Pflichten des Repräsentanten oder Grubenvorstandes.

Die Steuerfrage bei der Gründung von Gesellschaften
(Aktiengesellschaft, Gesellschaft m. b. H. usw.).

Die Frage, ob die Übernahme der Gesellschaftserrichtungs- oder Erhöhungskosten durch die Gründer oder Gesellschafter steuerpflichtig ist, ist unter Aufhebung der Urteile des Reichsgerichts vom Reichsfinanzhof entschieden worden. Danach gehen die Gründungskosten nicht zu Lasten der Aktiengesellschaft. Tragung des Gründungsaufwands ist Sache der Gründer. Die vertragsmäßige Übernahme der Gründungskosten durch die Gründer bringt daher nur eine sie ohnehin schon treffende Verpflichtung zum Ausdruck und können weder den Übernahmepreis der Aktien erhöhen noch einen Teil der Gegenleistung für die Übernahme derselben bilden. Ferner hat der Reichsfinanzhof entschieden, daß auch bei Erhöhung des Kapitals die Kosten dem steuerpflichtigen Betrag nicht hinzuzurechnen sind.

Zu dem gleichen Ergebnis ist der Reichsfinanzhof auch für die Kapitalverkehrssteuer gekommen gemäß Entscheidung vom 12. Januar 1924 (II A 247/22 Band XL, Seite 196), weil von der Steuer nur das getroffen werden soll, was als Kapitaleinlage anzusehen sei, d. h. was einer Gesellschaft als dauernder Betrag für ihre Betriebsmittel zufließe. Bemerkenswert ist noch, daß die Kosten auch dann nicht steuerpflichtig sind, wenn die Tragung der Kosten verdeckt im Aufgeld übernommen ist. Durch Entscheidung vom

31. Oktober 1924 hat der Reichsfinanzhof diese Bestimmung noch erweitert, und zwar hinsichtlich der Erlaubnis, die Kosten für den Verwertungserlös aus dem Verkauf der nicht von Aktionären abgenommenen Aktien, wenn dieser an die Gesellschaft überführt wird.

Unter den Gründungskosten sind nur solche Kosten zu verstehen, die aufgewendet werden müssen, um die Gesellschaft als solche zur Entstehung zu bringen, also namentlich die Kosten für die Beurkundung des Gesellschaftsvertrages, die Stempelkosten, die Kosten der Eintragung in das Handelsregister einschließlich der vorgeschriebenen Bekanntmachungen. Die Kosten der ersten Einrichtung der Gesellschaft, die erforderlich sind, um der Gesellschaft den Beginn ihrer Tätigkeit zu ermöglichen, fallen nicht darunter, insbesondere also auch nicht Anschaffung der Möbel, Bücher und sonstiger Bürobedarf. Auch die Kosten für die Einführung der Aktien an der Börse gehören nicht zu den Gründungskosten.

Wenn die Aktionäre einen bestimmten Prozentsatz des Kapitals, etwa 10 bis 15%, zur ersten Einrichtung der Gesellschaft sich zu zahlen verpflichten, so bleibt nur derjenige Teil steuerfrei, der auf wirkliche Gründungskosten entfällt. Ein bei der Gründung einer Aktiengesellschaft gebildeter Organisationsfonds ist nicht steuerpflichtig, wenn er nicht als Kapitaleinlage gewollt war. Die von dem ersten Erwerber junger Aktien übernommenen Zahlung von Stückzinsen unterliegt ebenfalls nicht der Gesellschaftssteuer. Betriebskosten, die der Betrieb der Gesellschaft erfordert, gehören nicht zu den Gründungskosten. Verpflichten sich in einem Gesellschaftsvertrage die Gesellschafter, alle der Gesellschaft erwachsenden persönlichen und sachlichen Unkosten nach dem Verhältnis ihrer Beteiligung zu tragen, so sind die daraufhin erfolgenden Zahlungen steuerpflichtig.

Bei Kommanditgesellschaften auf Aktien unterliegen außer den bei Aktiengesellschaften bezeichneten Zahlungen auch die nicht auf das Grundkapital zu bewirkenden Vermögenseinlagen der persönlich haftenden Gesellschafter der Steuer.

Die vorstehenden gesamten Ausführungen gelten entsprechend auch bei Gesellschaften mit beschränkter Haftung.

Bei Gewerkschaften sind die Bestimmungen etwas schwieriger. Es sei auf die betreffenden Paragraphen des StGB. verwiesen.

Die Eröffnung eines Kontokorrentverkehrs gilt als steuerpflichtige Leistung.

Im einzelnen weiter auf die außerordentlich schwierige Auslegung des § 6 des Kapitalverkehrssteuergesetzes hier einzugehen, ist unmöglich. Vgl. hierüber die einschlägige Literatur (Literaturverzeichnis).

Gründungskosten einer Aktiengesellschaft.

Als Beispiel für die Kosten, welche bei der Gründung einer Aktiengesellschaft entstehen, sei ein in der Praxis häufig vorliegender einfacher Fall vorgeführt, wie er in der „Zeitschrift für Handelswissenschaft und Handelspraxis“ von Fließbach aufgestellt und in „Technik und Wirtschaft“ 1911 von Zimmermann ergänzt ist.

Der Besitzer einer Maschinenfabrik will sein Unternehmen in eine Aktiengesellschaft umwandeln und hat zu diesem Zwecke mit vier anderen Gründern vereinbart, daß die Fabrik mit allen Aktiven und Passiven auf die mit 1 Million Reichsmark zu begründende Aktiengesellschaft übergehen soll.

Die von dem Fabrikbesitzer einzubringenden Vermögensbestandteile setzen sich zusammen aus:

a) Grundstück und Gebäude	287500,98 RM.
b) Maschinen, Geräte, Mobilien	106158,70 „
c) Vorräte an Fabrikaten und Materialien	240302,55 „
d) ausstehende Forderungen	443138,67 „
e) Wechsel	32988,20 „
f) bares Geld	11163,54 „
g) Patente und Lizenzen	50000,00 „
	1171252,64 RM.

Hiervon gehen ab

a) für Hypothekenschulden	61000,00 RM.	
b) für andere Schulden	200252,64 RM.	261252,64 RM.
		910000,00 RM.

Diesen Betrag soll der Fabrikant in Aktien der zu gründenden Gesellschaft erhalten. Die übrigen 90000 RM. werden von den vier anderen Gründern bar und voll eingezahlt. Die Gründer übernehmen also alle Aktien.

In die Aktiengesellschaft wird ein Patent eingebracht, das noch einen Rechtsschutz von 10 Jahren genießt, also noch einen Wert besitzt. Der Gesellschaftsvertrag hat daher eine Übertragung des Patentes vorgesehen.

Für die Berechnung einer Reihe von Gebühren kommen bestimmte Paragraphen des Preußischen Gerichtskostengesetzes und der Gebührenordnung für Notare in Frage.

Außerdem erheben aber noch das Reich, der Preußische Staat und Kreis- und Gemeindeverbände bei den obengenannten Gründungsvorgängen Abgaben, die sich nach den Bestimmungen des Gesetzes betr. Änderung im Finanzwesen, des Preußischen Stempelsteuergesetzes, des Kreis- und Provinzialabgaben- und des Kommunalabgabengesetzes regeln.

An Hand der angeführten Gesetze berechnen sich die Gründungskosten wie folgt:

I. Die Errichtung erfordert:

1. Gebühren für den Notar, der zu beurkunden hat

a) die Feststellung des Gesellschaftsvertrages	360,00 RM.	
b) die Bestellung des ersten Aufsichtsrates c) die Bestellung des ersten Vorstandes	64,00 „	
Hinzu kommt für a) und b) ein Pauschsatz für Schreibgebühren von	30,20 „	454,20 RM.
Übertrag		454,20 RM.

Übertrag			454,20 RM.
2. Gebühren an den Preußischen Staat			
a) für die Errichtung der Aktiengesellschaft 1% des Grundkapitals		10000,00 RM.	
b) für das Einbringen von nicht in Geld bestehendem Vermögen in eine Aktiengesellschaft, und zwar . .			
1% auf Grundbesitz		2875,50 „	
1% auf Patente		500,00 „	
1/3 % auf bewegliche Vermögensbestandteile:			
Maschinen	106158,70 RM.		
Vorräte an Fabrikaten	240302,55 „		
	346461,25 RM.	1155,00 „	
1/10 % auf ausstehende Forderungen	443138,67 RM.		
und Wechsel	32988,20 „		
	476126,87 RM.	238,50 „	14769,00 „
		zusammen	15223,20 RM.
II. Die Revision erfordert			1250,00 RM.
III. Die Eintragung in das Handelsregister erfordert			
1. Gebühren für den Notar		64,00 RM.	
2. Registergebühr		315,00 „	
3. Veröffentlichung der Eintragung in 2 Zeitungen . .		100,00 „	
4. preußischen Stempel		27,00 „	515,20 „
IV. Die Auflassung des Grundbesitzes erfordert Gerichtskosten, Stempel und Schreibgebühr			255,40 „
V. Die Patentübertragung kostet			23,40 „
VI. An Kommunalabgaben sind zu zahlen			4312,50 „
VII. Die Aktienausgabe erfordert			
a) für die Anfertigung der Aktien		440,00 RM.	
b) 6% Reichsstempel von 1000000 M., da die Aktien zum Nennwert ausgegeben werden		60000,00 „	
VIII. Wegegebühr für den Notar			10,00 „
			82019,80 RM.

Rund 8% des Aktienkapitals kostet die Gründung in ihrer einfachsten Form einschl. Körperschaftssteuer usw. Die Kosten können sich noch wesentlich erhöhen einmal dadurch, daß für die Übertragung des Grundbesitzes nicht nur von der Gemeinde, sondern auch vom Kreis eine Abgabe in Höhe von 1—2% des gemeinen Wertes erhoben wird; denn beide Verbände sind auf Grund des § 6 des Kreisabgaben- und des § 13 des Kommunalabgabengesetzes zur Erhebung derartiger Abgaben berechtigt. Die Steuer kann sogar von beiden in zweifacher Form, als Umsatz- und als Wertzuwachssteuer, erhoben werden. Sie darf daher nicht gering veranschlagt werden.

Es kann demnach der sehr ungünstige Fall eintreten, daß die unter VI berechnete Abgabe viermal erhoben wird. Ferner können sich die Gründungskosten dadurch erhöhen, daß die in die Aktiengesellschaft eingebrachten Maschinen nicht nach § 97, 1 BGB. als Zubehör, sondern als wesentliche Bestandteile des Fabrikgebäudes anzusehen sind. Sind die Maschinen Zubehör, so sind sie bewegliche Vermögensgegenstände, deren Einbringung in die Gesellschaft der Staat mit ⅓% des Wertes besteuert. Sind sie dagegen wesentliche Bestandteile des Gebäudes, so wird der Steuersatz auf unbewegliche Sachen (1%) erhoben. Die Mehrkosten würden für diesen Fall rund 700 RM. betragen.

Literaturverzeichnis.

Groh, W.: Deutsches Arbeitsrecht 1924.
Lotmar, Ph.: Der Arbeitsvertrag nach dem Privatrecht des Deutschen Reiches. 1902/1908.
Kaskel, W.: Arbeitsrecht. 3. Aufl. 1928. (Enzyklopädie der Rechts- und Staatswissenschaft Bd. 31.)
Kaskel, W. und Fr. Sitzler: Grundriß des sozialen Versicherungsrechts. 1912.
Schulz, H., Ch. Eckert und G. Riech: Grundzüge der deutschen Sozialversicherung. Im Auftrag des Reichsarbeitsministeriums bearbeitet. 1922.
Leitfaden der deutschen Sozialversicherung, bearbeitet von Mitgliedern des Reichsversicherungsamtes 1924.
Stier-Somlo, Fr.: Handausgabe der Reichsversicherungsordnung. 2. Aufl. 1922. Nachtrag 1923.

Ferner die Literatur zur Gewerbeordnung:
Allfeld, Ph.: Gewerblicher Rechtsschutz. 1924.
Damme, F. und R. Lutter: Das deutsche Patentrecht. 3. Aufl. 1925.
Elster, A.: Gewerblicher Rechtsschutz. 1921. (Grundrisse der Rechtswissenschaft Bd. VIII.)
Kisch, W.: Handbuch des deutschen Patentrechts. 1923.

Der Betrieb.

Die Gewerbeordnung für das Deutsche Reich.

Vom 21. Juni 1869, mit Nachträgen vom 1. April 1912.

In diesem Kapitel soll alles das zusammengefaßt werden, was sich auf die Rechte und Pflichten der Arbeitgeber und Arbeitnehmer an sich wie in ihrem gegenseitigen Verhältnis zueinander bezieht.

Der Betrieb eines Gewerbes ist jedermann gestattet, soweit nicht durch die GO. Ausnahmen oder Beschränkungen vorgeschrieben oder zugelassen sind. Das Geschlecht begründet in Beziehung auf die Befugnis zum selbständigen Betrieb keinen Unterschied.

Die Berechtigung zum Gewerbebetriebe kann, abgesehen von den in den Reichsgesetzen vorgesehenen Fällen, weder durch richterliche noch durch verwaltungsrechtliche Entscheidung entzogen werden (§ 143 GO.).

Der Begriff der Fabrik.

Die Gewerbeordnung enthält keine Erklärung für das Wort „Fabrik“.

Sie unterscheidet nur einmal Betriebe mit mindestens zehn Arbeitern. Die Anordnungen bezüglich der Verwendungen von Kindern, jugendlichen Arbeitern und Arbeiterinnen gelten nur für Betriebe mit mindestens zehn Arbeitern.

Hingegen kommen die Anordnungen über Lohnzahlungen, über Arbeitsordnung und die Begriffe über die Arbeitervertretungen, Betriebsräte usw. erst für Betriebe in Betracht, welche mindestens zwanzig Arbeiter beschäftigen.

Lediglich in dem § 538 der RVO. wird der Begriff des Wortes „Fabrik“ gegeben. Danach gelten als Fabrik diejenigen, welche

1. gewerbsmäßig Gegenstände bearbeiten oder verarbeiten und hierzu mindestens zehn Arbeiter regelmäßig beschäftigen;

2. gewerbsmäßig Sprengstoffe oder explodierende Gegenstände erzeugen oder verarbeiten oder elektrische Kraft erzeugen oder weitergeben;

3. nicht bloß vorübergehend Dampfkessel oder von elementarer oder tierischer Kraft bewegte Triebwerke verwenden;

4. vom Reichsversicherungsamte den Fabriken gleichgestellt werden.

Die Fabriken sind von den Zwangsinnungen ausgeschlossen.

Nach örtlichen Bezirken werden Berufsgenossenschaften gebildet. Sie umfassen alle Betriebe derjenigen Erwerbszweige, für die sie errichtet sind.

Mitglied der Berufsgenossenschaft ist jeder Unternehmer, dessen Betrieb zu den ihr zugewiesenen Erwerbszweigen gehört und in ihrem Bezirke seinen Sitz hat, wobei die Mitgliedschaft mit der Eröffnung des Betriebes oder seiner Versicherungspflicht beginnt.

Unternehmer eines Betriebes ist derjenige, für dessen Rechnung der Betrieb geht (§ 633 RVO.).

In jedem Betriebe hat nach § 651 RVO. der Unternehmer durch einen Aushang bekanntzumachen:

1. welcher Berufsgenossenschaft und Sektion der Betrieb angehört;
2. wo die Geschäftsstelle des Genossenschafts- und des Sektionsvorstandes ist.

Rechte und Pflichten von Unternehmern und Beschäftigten in gewerblichen Unternehmungen.

Arbeiten an Sonn- und Festtagen.

Zum Arbeiten an Sonn- und Festtagen können die Gewerbetreibenden die Arbeiter nicht verpflichten. Diese Bestimmung hat nur zivilrechtliche Bedeutung. Der Sonntag oder Feiertag läuft von Mitternacht bis Mitternacht; maßgebend ist die mitteleuropäische Zeit. Arbeiten, welche nach den Bestimmungen der Gewerbeordnung auch an Sonn- und Festtagen vorgenommen werden dürfen, fallen nicht unter die vorstehenden Bestimmungen. Welche Tage als Festtage gelten, bestimmen unter Berücksichtigung der örtlichen und konfessionellen Verhältnisse die Landesregierungen. Diese Bestimmung bezieht sich auf Fabriken, Werkstätten, Bauten, Bergwerke, Gruben, Hüttenwerke usw. Die den Arbeitern zu gewährende Ruhezeit beträgt an Sonn- und Festtagen 24, an zwei aufeinanderfolgenden Festtagen 36, für Weihnachten, Ostern und Pfingsten 48 Stunden. Dies gilt sowohl für die Betriebe, in denen in der Regel nur bei Tage gearbeitet wird, wie auch für Betriebe mit regelmäßig wechselnder Tag- und Nachtschicht. Die Ruhezeit ist von 12 Uhr nachts zu rechnen und muß bei zwei aufeinander folgenden Sonn- und Festtagen bis 6 Uhr abends des zweiten Tages dauern.

In Betrieben mit regelmäßiger Tag- und Nachtschicht kann die Ruhezeit frühestens um 6 Uhr abends des vorhergehenden Werktags, spätestens um 6 Uhr morgens des Sonn- und Festtags beginnen, wenn für die auf den Beginn der Ruhezeit folgenden 24 Stunden der Betrieb ruht. Hierunter sind solche Betriebe zu verstehen, in denen die Arbeiter gruppenweise oder schichtweise einander ablösen. Ob die Schichtdauer 12 oder 8 oder nur 6 Stunden beträgt, und auf welchen Gründen die ununterbrochene Fortdauer des Betriebes beruht, ist unerheblich.

Die Bestimmungen über die Sonntagsruhe und die Ruhezeit finden keine Anwendung:

1. auf Arbeiten, welche in Notfällen oder im öffentlichen Interesse unverzüglich vorgenommen werden müssen. Ob eine Arbeit an Sonn- und Festtagen vorgenommen werden darf, unterliegt in erster Linie dem sachverständigen Ermessen des Betriebsleiters. Derselbe untersteht hierbei der Kontrolle der Ortspolizeibehörde und des besonderen Aufsichtsbeamten. Die Arbeitsleistung an Sonn- und Festtagen ist hinsichtlich Arbeitszeit und Arbeiterzahl auf das erforderliche Mindestmaß zu beschränken. Zu den Arbeiten in Notfällen gehören solche Arbeiten, welche durch ein unglückliches, widriges oder unvorhergesehenes Ereignis entstehen, und welche unverzüglich vorgenommen werden müssen, um nicht dem Arbeitsherrn oder einem Dritten einen unverhältnismäßigen Nachteil zu bringen, und welche nicht wohl auf den nachfolgenden Werktag verschoben werden können. Die Erledigung eiliger Arbeiten kann schlechthin nicht hierher gerechnet werden. Unter Arbeiten im öffentlichen Interesse wird nicht nur das Interesse des Staats oder der Gemeinde, sondern auch das Interesse des Publikums verstanden. Voraussetzung für die Vornahme der Arbeiten ist, daß ihre nicht sofortige Vornahme dem öffentlichen Interesse erheblichen Schaden bringen wird. Insbesondere gehören hierher alle Arbeiten, welche zum Schutze der Arbeiter vor Gefahren für Leben und Gesundheit erforderlich sind, und die Arbeiten zum Schutze der Nachbarschaft.

2. Für einen Sonntag auch auf Arbeiten zur Durchführung einer gesetzlich vorgeschriebenen Inventur. Nach § 39 HGB. hat jeder Kaufmann jedes Jahr eine Inventur und eine Bilanz seines Vermögens aufzustellen. Da die Vornahme einer solchen Inventur an Werktagen schwierig ist, gestattet das Gesetz, einen Sonntag dazu zu wählen, jedoch nur einen einzigen Sonntag im Jahr.

3. Auf die Bewachung der Betriebsanlagen, auf Arbeiten zur Reinigung und Instandhaltung, durch welche der regelmäßige Fortgang des eigenen oder eines fremden Betriebes bedingt ist, sowie auf Arbeiten, von welchen die Wiederaufnahme des vollen werktäglichen Betriebes abhängig ist, sofern nicht diese Arbeiten an Werktagen vorgenommen werden können. Danach ist der Wächterdienst in den Betriebsanlagen an Sonn- und Festtagen ohne besondere Erlaubnis gestattet. Bei den Arbeiten zur Reinigung, Instandhaltung und Vorbereitung handelt es sich um Arbeiten, die bezwecken, die Betriebsstätten, die Maschinen und Apparate, die Feuerungsanlagen von Schmutz, Staub, Abfällen zu reinigen und in Stand zu halten. Ihre Unterlassung müßte zur Folge haben, daß der Betrieb am nächsten Werktage nicht in der regelmäßigen Art und dem regelmäßigen Umfang fortgeführt werden könnte, auch wenn es sich um den regelmäßigen Fortgang eines fremden Betriebes handelt. Alle Arbeiten dieser Art werden von den Behörden billigerweise nur in denjenigen Fällen an Sonn- und Festtagen gestattet, in welchen ihre Vornahme an Werktagen, z. B. nach Beendigung der Sonnabendabend-Arbeit oder vor Beginn der regelmäßigen Arbeitszeit am nächsten Werktage nicht wohl verlangt werden kann.

4. Auf Arbeiten, welche zur Verhütung des Verderbens von Rohstoffen oder des Mißlingens von Arbeitserzeugnissen erforder-

lich sind, sofern nicht diese Arbeiten an Werktagen vorgenommen werden können. Das gilt auch dann, wenn die Unterlassung der Arbeit eine Verschlechterung der Beschaffenheit des Rohstoffes oder des Fabrikats zur Folge haben würde. Diese Bestimmung ist von besonderer Tragweite für chemische Fabriken bei der Durchführung einer Reihe von chemischen Prozessen, welche eine Unterbrechung nicht gestatten.

5. Auf die Beaufsichtigung des Betriebes, soweit er nach Ziffer 1—4 an Sonn- und Festtagen stattfindet.

Gewerbetreibende, welche Arbeiter an Sonn- und Festtagen mit Arbeiten der im § 105c der GO. erwähnten Art beschäftigen, sind verpflichtet, ein Verzeichnis anzulegen, in welches für jeden einzelnen Sonn- und Festtag die Zahl der beschäftigten Arbeiter, die Dauer ihrer Beschäftigung sowie die Art der vorgenommenen Arbeiten einzutragen sind. Das Verzeichnis ist auf Erfordern der Ortspolizeibehörde sowie den neben den ordentlichen Polizeibehörden von den Landesregierungen ernannten Beamten (Gewerbeaufsichtsbeamten oder technischen Aufsichtsbeamten der Berufsgenossenschaften) vorzulegen.

Bei den Arbeiten, welche sich auf die Bewachung der Betriebsanlage, auf Reinigung und Instandhaltung und regelmäßigen Fortgang des eigenen oder fremden Betriebes, auf die Wiederaufnahme des vollen werktäglichen Betriebes und auf die Verhütung des Verderbens von Rohstoffen oder des Mißlingens von Arbeitserzeugnissen beziehen, ist der Arbeitgeber verpflichtet, sofern dieselben länger als 3 Stunden dauern oder die Arbeiter am Besuche des Gottesdienstes hindern, jeden Arbeiter entweder an jedem dritten Sonntage volle 36 Stunden oder an jedem zweiten Sonntage mindestens in der Zeit von 6 Uhr morgens bis 6 Uhr abends von der Arbeit freizulassen. Ausnahmen hiervon kann die untere Verwaltungsbehörde gestatten. Für bestimmte Gewerbe, insbesondere für Betriebe, in denen Arbeiten vorkommen, welche ihrer Natur nach eine Unterbrechung oder einen Aufschub nicht gestatten, sowie für Betriebe, welche ihrer Natur nach auf bestimmte Jahreszeiten beschränkt oder in gewissen Zeiten des Jahres zu einer außergewöhnlich verstärkten Tätigkeit genötigt sind, können durch Beschluß des Bundesrats bezüglich der Sonn- und Festtage und der Ruhezeit Ausnahmen zugelassen werden.

Für Betriebe, welche ausschließlich oder vorwiegend mit durch Wind oder unregelmäßige Wasserkraft bewegten Triebwerken arbeiten, können durch Verfügung der höheren Verwaltungsbehörde Ausnahmen bezüglich der Sonntagsruhe und der Ruhezeit getroffen werden. Auch durch die untere Verwaltungsbehörde können Ausnahmen zugelassen werden, wenn zur Verhütung eines unverhältnismäßigen Schadens ein nicht vorherzusehendes Bedürfnis der Beschäftigung von Arbeitern an Sonn- und Festtagen eintritt. Die Verfügung hat schriftlich zu erfolgen und ist dem Revisionsbeamten vom Unternehmer auf Verlangen an der Betriebsstelle zur Einsicht vorzulegen. Eine Abschrift der Verfügung ist innerhalb der Betriebsstätte an einer den Arbeitern leicht zugänglichen Stelle auszuhängen.

Ausführung von Schutzbestimmungen für Gesundheit und Leben der Arbeiter und Unfallverhütungsvorschriften.

Was in dem Kapitel „Rechtsverhältnisse der technischen und kaufmännischen Angestellten“ über die Pflichten des Gewerbeunternehmers zum Schutze seiner Angestellten hinsichtlich der Einrichtung und Unterhaltung von Arbeitsräumen, Betriebsmaschinen gesagt ist, gilt für den Betrieb namentlich im Hinblick auf die Arbeiter in vermehrtem Maße. In diesem Zusammenhang sei der § 120a der GO. wörtlich aufgeführt:

„Die Gewerbeunternehmer sind verpflichtet, die Arbeitsräume, Betriebsvorrichtungen, Maschinen und Gerätschaften so einzurichten und zu unterhalten und den Betrieb so zu regeln, daß die Arbeiter gegen Gefahren für Leben und Gesundheit soweit geschützt sind, wie es die Natur des Betriebes gestattet.

Insbesondere ist für genügendes Licht, ausreichenden Luftraum und Luftwechsel, Beseitigung des bei dem Betrieb entstehenden Staubes, der dabei entwickelten Dünste und Gase sowie der dabei entstehenden Abfälle Sorge zu tragen.

Ebenso sind diejenigen Vorrichtungen herzustellen, welche zum Schutze der Arbeiter gegen gefährliche Berührungen mit Maschinen oder Maschinenteilen oder gegen andere in der Natur der Betriebsstätte oder des Betriebs liegende Gefahren, namentlich auch gegen die Gefahren, welche aus Fabrikbränden erwachsen können, erforderlich sind.

Endlich sind diejenigen Vorschriften über die Ordnung des Betriebs und das Verhalten der Arbeiter zu erlassen, welche zur Sicherung eines gefahrlosen Betriebs erforderlich sind.“

Das gleiche kommt zum Ausdruck in § 618 BGB.: „Der Dienstberechtigte hat Räume, Vorrichtungen oder Gerätschaften, die er zur Verrichtung der Dienste zu beschaffen hat, so einzurichten und so zu unterhalten und Dienstleistungen, die unter seiner Anordnung oder seiner Leitung vorzunehmen sind, so zu regeln, daß der Verpflichtete gegen Gefahr für Leben und Gesundheit soweit geschützt ist, als die Natur der Dienstleistung es gestattet.“

Die durch die Schutzvorschriften begründeten Verpflichtungen können nicht im voraus durch Vertrag aufgehoben oder beschränkt werden (§ 619 BGB.).

Die Aufsicht über die Ausführung der Schutzbestimmungen ist ausschließlich oder neben den ordentlichen Polizeibehörden besonderen von den Landesregierungen zu ernennenden Beamten übertragen. Denselben stehen bei Ausübung dieser Aufsicht alle amtlichen Befugnisse der Ortspolizeibehörden, insbesondere das Recht zur jederzeitigen Prüfung der Anlagen zu. Meistens ist diese Aufsicht den Gewerbeaufsichtsbeamten (Gewerbeinspektoren), daneben den Aufsichtsbeamten der Berufsgenossenschaften übertragen. Es liegt im Interesse von Arbeitgebern und Arbeitern, den Gewerbeaufsichtsbeamten die gleiche Bereitwilligkeit zur Vertretung ihrer berechtigten Interessen entgegenzubringen und ihnen die Vertrauensstellung zu erleichtern, sie bereitwillig zu unterstützen und in denjenigen Einrichtungen zu fördern zu suchen, welche auf die Verbesserung der Lage der Arbeiter hinzielen. Den Arbeitgebern werden hierbei die großen Erfahrungen zugute kommen, welche die Gewerbeinspektoren durch die genaue Kenntnis der gesetzlichen Bestimmungen, ihre technischen Kenntnisse und amtlichen Erfahrungen besitzen. Die Praxis ergibt, daß in gegenseitiger Aussprache mit dem Gewerbeaufsichtsbeamten mancher Schaden verhütet und mancher Nutzen zum Segen des Schutzes von Arbeitern und Beamten geschaffen werden kann.

Die Verletzung der auf Schutz von Leben und Gesundheit abzielenden Vorschriften verpflichtet nach § 618 Abs. 3 BGB. zum Schadensersatz: „Erfüllt der Dienstberechtigte die ihm in Ansehung des Lebens und der Gesundheit des Verpflichteten obliegenden Verpflichtungen nicht, so finden auf seine Verpflichtung zum Schadensersatze die für unerlaubte Handlungen geltenden Vorschriften der §§ 842—846 BGB. entsprechende Anwendung.“ Nach diesen hat der Ersatzpflichtige auch den Hinterbliebenen, denen der Getötete zum Unterhalt verpflichtet war oder werden konnte, Entschädigung zu gewähren. Selbstverständlich ist hierbei in Betracht zu ziehen, ob ein konkurrierendes Verschulden des Verletzten in Frage kommt. Denn wenn bei der Entstehung des Schadens ein Verschulden des Geschädigten mitgewirkt hat, so hängt die Verpflichtung zum Ersatze sowie der Umfang des zu leistenden Ersatzes insbesondere davon ab, inwieweit der Schaden vorwiegend von dem einen oder dem anderen Teile verursacht worden ist. Dies gilt auch dann, wenn der Beschädigte es unterlassen hat, den Arbeitgeber auf die Gefahr eines ungewöhnlich hohen Schadens aufmerksam zu machen, die der Arbeitgeber weder kannte noch kennen mußte, oder wenn er es unterlassen hatte, den Schaden abzuwenden oder zu mildern (§ 254 BGB.).

Zwischen der Tötung, Verletzung oder Gesundheitsbeschädigung des Arbeiters einerseits und der Beschaffenheit der Betriebseinrichtung oder der Unterlassung der Schutzvorrichtung andererseits muß ein ursächlicher Zusammenhang: „Kausalzusammenhang“ bestehen, d. h. es muß erwiesen oder wenigstens im hohen Grade wahrscheinlich gemacht sein, daß der Nachteil oder Unfall nicht eingetreten wäre, wenn der Betrieb anders eingerichtet oder die Schutzvorrichtung vorhanden gewesen wäre. Die Entschädigungspflicht des Arbeitgebers ist also ausgeschlossen, wenn die Verletzung auf eine andere Ursache zurückzuführen ist, z. B. auf Verschulden eines Mitarbeiters. Voraussetzung ist ferner, daß ein wirkliches Verschulden des Arbeitgebers vorliegt, d. h. derselbe muß es absichtlich oder fahrlässigerweise unterlassen haben, die ihm obliegenden Verpflichtungen zu erfüllen (§ 276 BGB.). Er ist auf alle Fälle haftbar, wenn er es unterlassen hat, eine von der zuständigen Polizeibehörde oder von der Reichsregierung mit Zustimmung des Reichsrats oder eine durch die Unfallverhütungsvorschriften bei der Berufsgenossenschaft vorgeschriebene Einrichtung herzustellen. Eine schuldhafte Unterlassung des Arbeitgebers liegt auch dann vor, wenn er bei Anwendung der ihm obliegenden Sorgfalt erkennen konnte, daß die betreffende Einrichtung zum Schutze der Arbeiter gegen Gefahr für Leben und Gesundheit notwendig oder daß die von ihm gewählte Einrichtung nicht tauglich ist. Der Arbeitgeber hat dies selbständig zu prüfen (RG. Bd. I, 271, 275 vom 8. 2. 98, vom 9. 10. 99, vom 17. 10. 01). Er kann sich in der Regel nicht damit entschuldigen, daß auch in anderen Betrieben gleicher Art die Einrichtung nicht vorhanden ist, und daß er die Notwendigkeit der Einrichtung nicht gekannt hat (RG. vom 9. 7. 84), oder daß er eine Schutzvorrichtung für ausreichend gehalten habe (RG. vom 4. 7. 82), noch auch damit, daß der Gewerbeaufsichtsbeamte den Mangel nicht gerügt hat (RG. vom 1. 7. 84) und auch nicht damit, daß in der für die Fabrik ausgestellten Konzessionsurkunde die betreffenden Einrichtungen nicht vorgeschrieben sind (RG. vom 3. 7. 84), oder daß die Polizei die in den Unfallverhütungsvorschriften der betreffenden Berufsgenossenschaft vorgeschriebenen Schutzvorrichtungen an einer Maschine nicht gefordert hat (RG. vom 8. 12. 10). In vielen Fällen wird die regelmäßige Prüfung des Betriebes durch Aufsichtsbeamte dem Arbeitgeber genügenden Schutz gewähren. Vor allem hat er, wenn er selbst sich nicht genügend um die Einzelheiten kümmern kann, geeignete Betriebsleiter anzustellen.

Die Beweislast liegt dem Verletzten ob, d. h. er muß beweisen, daß diese oder jene Anordnung oder Einrichtung im einzelnen Falle erforderlich gewesen wäre (RG. vom 18. 9. 85).

Die zuständigen Polizeibehörden sind befugt, im Wege der Verfügung für einzelne Anlagen die Ausführung derjenigen Maßnahmen anzuordnen, welche nach dem Obigen erforderlich und nach der Beschaffenheit der Anlage ausführbar erscheinen. Gegen die Verfügung der Polizeibehörde steht dem Gewerbeunternehmer binnen zwei Wochen die Beschwerde an die höhere Verwaltungsbehörde zu. Gegen die Entscheidung der höheren Verwaltungsbehörde ist binnen vier Wochen die Beschwerde an die Zentralbehörde zulässig. Diese entscheidet endgültig.

Durch Beschluß der Reichsregierung mit Zustimmung des Reichsrats können Vorschriften darüber erlassen werden, welchen Anforderungen bei bestimmten Arten von Anlagen zu genügen ist. Solche Vorschriften, worin auch Anordnungen über das Verhalten der Arbeiter zum Schutze von Leben und Gesundheit getroffen sind, sind u. a. für Bleifarben- und Bleizuckerfabriken, Buchdruckereien und Schriftgießereien, Zinkhütten, Glashütten getroffen worden.

Die Herstellung der Vorrichtungen zum Schutze der Arbeiter bilden ein Kapitel für sich. Hand in Hand mit den Gewerbeinspektionen haben die Berufsgenossenschaften in dieser Beziehung ausgiebige Arbeit geleistet und leisten sie andauernd weiter. Dieselben sind verpflichtet, die erforderlichen Vorschriften zu erlassen über

1. die Einrichtungen und Anordnungen, welche die Mitglieder zur Verhütung von Unfällen in ihren Betrieben zu treffen haben;
2. das Verhalten, das die Versicherten zur Verhütung von Unfällen in den Betrieben zu beobachten haben.

Hierbei ist es den Berufsgenossenschaften unbenommen, für einzelne Bezirke, Gewerbszweige und Betriebsarten Unfallverhütungsvorschriften zu erlassen.

Wenn in einem Betriebe Arbeiter beschäftigt sind, welche des Deutschen nicht mächtig sind, so sind ihnen, wenn 25 gemeinsam eine andere Muttersprache sprechen, die Unfallverhütungsvorschriften und die diese ersetzenden werkpolizeilichen Verordnungen in ihrer Muttersprache bekanntzumachen (§ 848a RVO.).

Die Mitglieder der Berufsgenossenschaften haben Anspruch auf eine angemessene Frist, um diejenigen Einrichtungen treffen zu können, die zur Verhütung von Unfällen vorgeschrieben sind.

Zuwiderhandlungen der Mitglieder und der Versicherten gegen die Vorschriften können mit Geldstrafen, solche der Mitglieder mit Geldstrafen bis zu 10000 RM. bedroht werden (§ 851 RVO.).

Die Unternehmer sind verpflichtet, den technischen Aufsichtsbeamten ihrer Genossenschaft den Zutritt zu ihren Betriebsstätten während der Betriebszeit zu gestatten und den Rechnungsbeamten die Bücher und Listen über die Lohnnachweise an Ort und Stelle zur Einsicht vorzulegen. Die technischen Aufsichtsbeamten sind von der Berufsgenossenschaft angestellt, um die Befolgung der Unfallverhütungsvorschriften zu überwachen und von den Einrichtungen der Betriebe Kenntnis zu nehmen, soweit dies für die Zugehörigkeit der Genossenschaft oder für die Einschätzung in die Gefahrklasse von Bedeutung ist (§§ 875, 878 RVO.).

Der Unternehmer kann besondere Sachverständige statt des technischen Aufsichtsbeamten verlangen, wenn er von dessen Besichtigung die Verletzung eines Betriebsgeheimnisses oder Schaden für seine geschäftliche Tätigkeit befürchtet.

In diesem Falle hat der Unternehmer einige Personen zu bezeichnen, die geeignet und bereit sind, auf seine Kosten den Betrieb zu besichtigen und die für die Genossenschaft notwendige Auskunft zu geben (§§ 880, 881 RVO.).

Eine Reihe von Werken über Unfallverhütungsvorschriften, über zweckmäßige Anordnung von Schutzvorrichtungen sind in den letzten vierzig Jahren erschienen. Betriebsbeamte wie Fabrikleiter sollten es sich in ihrem eigensten Interesse angelegen sein lassen, derartige Werke zu studieren.

Abgesehen davon sei auch auf bestehende Vorschriften hingewiesen, wie sie von dem Verband deutscher Elektrotechniker für die Errichtung und den Betrieb elektrischer Kraftstromanlagen nebst Ausführungsregeln, Anleitung zur ersten Hilfeleistung bei Unfällen in elektrischen Betrieben, empfehlenswerten Maßnahmen bei Bränden, herausgegeben sind (Verlag von Julius Springer, Berlin 1924). Auch auf die Vorschriften für Gas- und Wasseranlagen sei ebenfalls hingewiesen (Verlag von R. Oldenbourg, München).

Die Arbeitsordnung.

Die Arbeitsordnung wird von Arbeitgeber und Betriebsrat gemeinsam erlassen (§ 104 Betriebsrätegesetz). Die Arbeitsordnung verfolgt den Zweck, die Bedingungen anzugeben, unter denen der Arbeitgeber seinen Arbeitern Beschäftigung anbietet und gewährt, und denen andererseits sich jeder Arbeiter unterwerfen muß. Sie dient zur Aufrechterhaltung der wirtschaftlichen und technischen Ordnung, für deren Nichtbefolgung Strafbestimmungen erlassen sind. Durch die Arbeitsordnung, durch klare und deutliche Bestimmung derselben wird mancher Streit zwischen Arbeitgeber und Arbeitnehmer verhindert werden. Die Arbeitsordnung ist für alle Fabriken vorgeschrieben, in denen mehr als 20 Arbeiter beschäftigt sind. Für jeden Betrieb ist innerhalb 4 Wochen nach Eröffnung desselben eine Arbeitsordnung zu erlassen. Für die einzelnen Abteilungen des Betriebes oder für die einzelnen Gruppen der Arbeiter können besondere Arbeitsordnungen erlassen werden. Der Erlaß erfolgt durch Aushang.

Die Arbeitsordnung muß den Zeitpunkt angeben, mit welchem sie in Wirksamkeit tritt, ist von dem Arbeitgeber zu unterzeichnen und mit Datum zu versehen. Die Arbeitsordnung und die Nachträge zu derselben treten frühestens zwei Wochen nach ihrem Erlaß in Geltung. Abänderungen ihres Inhalts können nur durch den Erlaß von Nachträgen oder durch Erlaß von neuen Arbeitsordnungen erfolgen (§ 134 GO.).

Die Bestimmungen eines Tarifvertrages gehen der Arbeitsordnung vor.

Die Arbeitsordnung muß Bestimmungen enthalten:

1. über Anfang und Ende der regelmäßigen täglichen Arbeitszeit und der Pausen für erwachsene Arbeiter;

2. über Zeit und Art der Abrechnung und Lohnzahlung;

3. sofern es nicht bei den gesetzlichen Bestimmungen bleiben soll, über die Frist der zulässigen Aufkündigung, sowie über die Gründe, aus welchen die Entlassung und der Austritt aus der Arbeit ohne Aufkündigung erfolgen darf;

4. sofern Strafen vorgesehen werden, über die Art und Höhe derselben, über die Art ihrer Festsetzung und, wenn sie in Geld bestehen, über deren Einziehung und über den Zweck, für welchen sie verwendet werden sollen;

5. sofern die Verwertung von Lohnbeträgen nach Maßgabe der Bestimmungen des § 134 GO. durch Arbeitsordnung oder Arbeitsvertrag ausbedungen wird, über die Verwendung der verwirkten Beträge.

Strafbestimmungen, welche das Ehrgefühl oder die guten Sitten verletzen, dürfen in die Arbeitsordnung nicht aufgenommen werden. Geldstrafen dürfen die Hälfte des durchschnittlichen Tagesarbeitsverdienstes nicht übersteigen; jedoch können Tätlichkeiten gegen Mitarbeiter, erhebliche Verstöße gegen die guten Sitten sowie gegen die zur Aufrechterhaltung der Ordnung des Betriebes, zur Sicherung eines gefahrlosen Betriebs oder zur Durchführung der Bestimmungen der Gewerbeordnung erlassenen Vorschriften mit Geldstrafen bis zum vollen Betrage des durchschnittlichen Tagesarbeitsverdienstes belegt werden. Alle Strafgelder müssen zum Besten der Arbeiter des Betriebs verwendet werden. Das Recht des Arbeitgebers, Schadensersatz zu fordern, wird durch diese Bestimmung nicht berührt. Streitigkeiten über Schadensersatzansprüche gehören vor die Arbeitsgerichte.

Dem Betriebsinhaber bleibt überlassen, neben den unter 1—5 bezeichneten Bestimmungen noch weitere die Ordnung des Betriebs und das Verhalten der Arbeiter im Betriebe betreffende Bestimmungen in die Arbeitsordnung aufzunehmen. Mit Zustimmung des Betriebsrates können in die Arbeitsordnung Vorschriften über das Verhalten der Arbeiter bei Benützung der zu ihrem Besten getroffenen, mit dem Betriebe verbundenen Einrichtungen sowie Vorschriften über das Verhalten der minderjährigen Arbeiter außerhalb des Betriebes aufgenommen werden.

Es ist nicht ausgeschlossen, mit einzelnen Arbeitern abweichend von der Arbeitsordnung eine längere oder kürzere Kündigungsfrist als die gesetzliche zu vereinbaren.

Die Arbeitsordnung ist innerhalb drei Tagen nach dem Erlaß unter Mitteilung der vom Betriebsrat schriftlich oder zu Protokoll geäußerten etwaigen Bedenken der Verwaltungsbehörde in zwei Ausfertigungen zur Prüfung einzureichen.

Der Inhalt der Arbeitsordnung ist, soweit er dem Gesetz nicht zuwiderläuft, für die Arbeitgeber und Arbeiter rechtsverbindlich, gleichgültig ob der Arbeiter sich ausdrücklich oder stillschweigend bei seinem Eintritt in die Beschäftigung mit derselben einverstanden erklärt.

Andere als die in der Arbeitsordnung vorgesehenen Gründe der Entlassung und des Austritts aus der Arbeit dürfen im Arbeitsvertrage nicht vereinbart werden. Daneben bleiben selbstverständlich diejenigen Möglichkeiten bestehen, welche gesetzlich für die Aufkündigung vor Ablauf der vertragsmäßigen Zeit erlassen sind. Andere als die in der Arbeitsordnung vorgesehenen Strafen dürfen über den Arbeiter nicht verhängt werden. Die Strafen müssen ohne Verzug festgesetzt und dem Arbeiter zur Kenntnis gebracht werden.

Die verhängten Geldstrafen sind in ein Verzeichnis einzutragen, welches den Namen des Bestraften, den Tag der Bestrafung sowie den Grund und die Höhe der Strafe ergibt, und dem Aufsichtsbeamten ist das Verzeichnis auf Erfordern jederzeit zur Einsicht vorzulegen (§ 134c GO.).

Die Arbeitsordnung ist an geeigneter, allen beteiligten Arbeitern zugänglicher Stelle auszuhängen. Der Aushang muß stets in lesbarem Zustand erhalten werden. Die Arbeitsordnung ist jedem Arbeiter bei seinem Eintritt in die Beschäftigung zu behändigen.

Trotzdem für jeden Arbeiter die Arbeitsordnung durch Aushang für das Dienstverhältnis rechtsverbindlich ist, werden die Arbeitgeber unter allen Umständen gut tun, sich die Unterwerfung unter den privatrechtlichen Inhalt der Arbeitsordnung von den Arbeitern bei der Annahme zur Beschäftigung in irgendeiner Weise schriftlich bestätigen zu lassen.

Wird die Arbeitsordnung nicht vorschriftsmäßig erlassen, oder läuft ihr Inhalt den gesetzlichen Bestimmungen entgegen, so hat die Verwaltungsbehörde das Recht und die Pflicht, sie durch eine gesetzmäßige Arbeitsordnung zu ersetzen. Hierbei ist dem Arbeitgeber die Möglichkeit gegeben, innerhalb zwei Wochen Beschwerde bei der höheren Verwaltungsbehörde einzulegen.

Statutarische Bestimmungen einer Gemeinde oder eines weiteren Kommunalverbandes können nach Anhörung beteiligter Gewerbetreibender und Arbeiter und nach Genehmigung seitens der höheren Verwaltungsbehörde mit rechtsverbindlicher Kraft getroffen werden (§ 142 GO.).

Die Arbeitsordnung erschöpft nicht den Inhalt des Arbeitsvertrages, sondern sie bildet nur die Grundlage des Arbeitsvertrages.

Arbeitsordnungen, welche in Gemäßheit des Gesetzes für einen Betrieb mit mindestens zwanzig Arbeitern erlassen sind, bleiben gültig, auch wenn die regelmäßige Arbeiterzahl unter zwanzig herabsinkt. Erst durch ausdrückliche Zurücknahme seitens des Arbeitgebers verlieren sie ihre Gültigkeit.

Zur Erleichterung des Erlasses von Arbeitsordnungen sind von Amts wegen und im Auftrage industrieller Vereinigungen Normal-Arbeitsordnungen veröffentlicht worden. Es sei insbesondere auf den „Wegweiser zur Aufstellung von Arbeitsordnungen nebst Normalarbeitsordnung“ von Rüdiger, Verlagsbuchhandlung C. Heymann, Berlin, hingewiesen.

Bezüglich der Arbeitsordnungen für Einzelabteilungen von Fabrikbetrieben oder für bestimmte Arbeitergruppen sei bemerkt, daß für den betreffenden Arbeiter die Bestimmungen immer derjenigen Arbeitsordnung sofort Rechtskraft erhalten, welche für die betreffende Abteilung besteht, namentlich dann, wenn er von der einen in die andere übertritt.

Als Strafen kommen in Betracht: Verwarnungen, Verweise, Geldstrafen, zeitweiliger Ausschluß von der Arbeit usw. Nicht als Strafandrohung ist die bei Akkordarbeit häufig vorkommende Bestimmung anzusehen, daß der Arbeiter den Anspruch auf den Akkordüberschuß verliert, wenn er vor Vollendung der Akkordarbeit austritt.

Es ist zu regeln, wer zur Verhängung der Strafe zuständig sein soll.

Die Einziehung der Strafe kann im Wege der freiwilligen Zahlung durch den Bestraften oder im Wege des Abzugs vom Lohne oder im Wege der vom Arbeiter hinterlegten Kaution geschehen.

Gewerbliche Arbeiter.

Die Festsetzung der Verhältnisse zwischen den selbständigen Gewerbetreibenden und den gewerblichen Arbeitern ist Gegenstand freier Übereinkunft, sofern nicht durch Reichsgesetz Beschränkungen auferlegt sind, wie z. B. für die minderjährigen und jugendlichen Arbeiter, Lehrlinge usw.

Als gewerbliche Arbeiter sind im allgemeinen diejenigen Personen anzusehen, welche in einem gewerblichen Unternehmen auf Grund eines Vertragsverhältnisses als Gesellen, Gehilfen, Lehrlinge, Betriebsbeamte, Werkmeister, Techniker, Fabrikarbeiter oder in ähnlichen Stellungen für Zwecke des Gewerbebetriebes beschäftigt werden.

Bei der Festsetzung der Verhältnisse handelt es sich hauptsächlich um die Art der zu leistenden Arbeiten, um Beginn und Ende des Arbeitsverhältnisses, die Kündigungsfrist, den Lohn des Arbeiters und die sonstigen Leistungen des Arbeitgebers, die Zahlungsarten, die Beschaffung der für die Arbeit erforderlichen Werkzeuge und Stoffe, das Verhalten des Arbeiters während der Arbeit und die Folgen von Zuwiderhandlungen gegen den Arbeitsvertrag; auch das Verhalten des Arbeiters außer dem Dienst und nach der Beendigung des Arbeitsverhältnisses kann in gewissen Beziehungen Gegenstand des Vertrages sein. In die Verhältnisse des Arbeitgebers läßt das Gesetz keine weitere Einmischung der öffentlichen Gewalt zu, insofern den gesetzlichen Anforderungen entsprochen wird. Ein Arbeitsvertrag ist jedoch nichtig, wenn durch denselben jemand unter Ausbeutung der Notlage, des Leichtsinns oder der Unerfahrenheit eines andern sich oder einem Dritten für eine Leistung Vermögensvorteile versprechen oder gewähren läßt, welche den Wert der Leistung dergestalt übersteigen, daß den Umständen nach die Vermögensvorteile in auffälligem Mißverhältnisse zu der Leistung stehen (§ 138 BGB.). Hierher gehören unter Umständen Arbeitsverträge mit zu niedrigen Löhnen. Als oberster Grundsatz gilt, daß Verträge so auszulegen sind, wie Treu und Glauben mit Rücksicht auf die Verkehrssitte es erfordern. Der Schuldner (Arbeitnehmer) ist verpflichtet, die Leistung so zu bewirken, wie Treu und Glauben es mit Rücksicht auf die Verkehrssitte erfordern. Der Schuldner haftet für Vorsatz und Fahrlässigkeit. Fahrlässig handelt, wer die im Verkehr erforderliche Sorgfalt außer acht läßt (BGB. §§ 157, 242, 276).

In zwei Jahren verjähren die Ansprüche der gewerblichen Arbeiter wegen Lohnes und anderer an Stelle oder als Teil des Lohnes vereinbarten Leistungen mit Einschluß der Auslagen sowie die Ansprüche der Arbeitgeber wegen der auf solche Ansprüche gewährten Vorschüsse (BGB. § 196).

Zufolge des Grundsatzes der Freiheit des Arbeitsvertrages sind die Verabredungen der Parteien maßgebend. Der Parteiwille kann entweder ausdrücklich oder stillschweigend erklärt werden. Oft ist der Ortsgebrauch als vereinbart anzusehen.

Der **Lohn** des gewerblichen Arbeiters kann Akkordlohn (Stücklohn, Gedinge) sein. Im allgemeinen unterscheidet man Stücklohn — das ist die Zahlung nach der Stückzahl, nach Maß oder Gewicht, mit oder ohne Festsetzung der Stückzahl — und Akkordlohn im engeren Sinne, d. h. Herstellung eines oder mehrerer Stücke, Erledigung eines bestimmten Auftrages gegen eine feste Summe. Der Akkordlohn ist in der Praxis der Großindustrie die herrschende Lohnform. Auch beim Akkordlohn sind im Zweifel auf den gewerblichen Arbeitsvertrag die Grundsätze des BGB. über den Dienstvertrag anzuwenden. Durch den Dienstvertrag wird derjenige, welcher die Dienste zusagt, zur Leistung der versprochenen Dienste, der andere Teil zur Gewährung der vereinbarten Vergütung verpflichtet.

Die Feststellung des Verhältnisses zwischen den selbständigen Gewerbetreibenden und ihren Arbeitern kann auch mittels einer Arbeitsordnung (vgl. S. 438) oder Fabrikordnung erfolgen. Die ausdrückliche oder durch Annahme der Arbeit nach Mitteilung der Fabrikordnung erfolgte Unterwerfung eines Fabrikarbeiters unter die bestehende Arbeitsordnung ist als ein Vertrag zu betrachten. Daher kommen in einem solchen Falle bezüglich der Kündigungsfrist usw. nicht die Vorschriften des Gesetzes, sondern diejenigen der Arbeitsordnung zur Anwendung. Auf Arbeitsordnungen in kleineren Betrieben, welche von den Unternehmern freiwillig erlassen werden, finden diese Vorschriften keine Anwendung. Die Festsetzung der Verhältnisse kann auch im Wege des kollektiven Arbeitsvertrages (Tarifvertrag, s. S. 477) erfolgen. Bei allen Beteiligten ist vom Zeitpunkt des Inkrafttretens des Tarifvertrages im Zweifel anzunehmen, daß sie den abgeschlossenen Arbeitsverträgen den Inhalt des Tarifvertrages zugrunde legen wollen. Eine strafrechtliche Verfolgung findet bei Verletzung des gewerblichen Arbeitsvertrages im allgemeinen nicht statt, d. h. die Bestrafung des Kontraktbruches gewerblicher Arbeiter gibt es nicht. Der durch Kontraktbruch des Arbeitgebers oder Arbeitnehmers Benachteiligte ist darauf angewiesen, Schadensersatz zu fordern.

Lohn, Lohneinbehaltung und -Beschlagnahme[1].

(GO. §§ 115—119a u. 134.)

Die Gewerbetreibenden sind verpflichtet, die Löhne ihrer Arbeiter in Reichswährung zu berechnen und auszuzahlen. Sie dürfen den Arbeitern keine Waren kreditieren, doch dürfen sie den Arbeitern Lebensmittel für den Betrag der Anschaffungskosten, Wohnung und Landnutzung gegen die ortsüblichen Mieten und Pachtpreise, Feuerung, Beleuchtung, regelmäßige Beköstigung, Arznei und ärztliche Hilfe, sowie Werkzeuge und Stoffe zu den ihnen übertragenen Arbeiten für den Betrag der durchschnittlichen Selbst-

[1] Vgl. auch S. 306: Unpfändbare Sachen.

kosten unter Anrechnung bei der Lohnzahlung verabfolgen. Bei Akkordarbeiten ist die Verabfolgung von Werkzeugen und Stoffen zu höherem Preise zulässig, wenn der Preis den ortsüblichen nicht übersteigt und vorher vereinbart ist (§ 115 GO.).

Niemand ist in normalen Zeiten verpflichtet, Reichssilbermünzen im Betrage von mehr als zwanzig Reichsmark und Nickel- und Kupfermünzen im Betrage von mehr als einer Reichsmark in Zahlung zu nehmen (Münzgesetz vom 9. 7. 1873). Auf Geld lautende Anweisungen an Dritte oder gezogene Wechsel dürfen nicht an Zahlungs Statt gegeben werden (RG. v. 10. 6. 94).

Nicht verboten und nicht strafbar sind Lohnabzüge im Wege der Aufrechnung wegen persönlicher Forderungen des Arbeitgebers (z. B. Darlehen, Wirtschaftsforderungen), ferner Lohnabzüge wegen Vertragsstrafen, die der Arbeiter nach dem Arbeitsvertrag oder der Arbeitsordnung verwirkt hat, und Lohneinbehaltungen zu Kautionszwecken.

Dagegen ist die Lohnauszahlung an Dritte bei Strafe verboten, wenn sie auf Grund von Rechtsgeschäften oder Urkunden der Rechtsgeschäfte erfolgt, die nach § 2 des Lohnbeschlagnahmegesetzes vom 21. 6. 1869 und 27. 2. 1928 rechtlich unwirksam sind. (Verfügung über den unpfändbaren Lohnanspruch durch Zession, Anweisung, Verpfändung oder irgendein anderes Rechtsgeschäft.)

Das BGB. bestimmt in § 394, daß, soweit eine Forderung der Pfändung nicht unterworfen ist, gegen sie die Aufrechnung nicht stattfindet, d. h. daß ein gesetzliches Recht gegenüber einer unpfändbaren Lohnforderung nicht besteht.

Der Pfändungsbeschluß, welcher dem Beschlagnahmeverbot zuwider ergangen ist, ist rechtsungültig. Die Entscheidung des Vollstreckungsgerichts gemäß § 768 ZPO. ist in solchem Falle erst herbeizuführen.

Nach § 850, Ziffer 1 ZPO. und § 1 des Lohnbeschlagnahmegesetzes vom 21. 6. 1869 und 27. 2. 1928 darf der Arbeits- oder Dienstlohn, sofern das zugrundeliegende Arbeits- oder Dienstverhältnis die Erwerbstätigkeit des Vergütungsberechtigten vollständig oder hauptsächlich in Anspruch nimmt, zum Zweck der Sicherstellung oder Befriedigung eines Gläubigers erst dann mit Beschlag belegt werden, nachdem die Leistung der Arbeiten oder Dienste erfolgt und nachdem der Tag abgelaufen ist, an welchem die Vergütung gesetzlich vertrags- oder gewohnheitsmäßig zu entrichten war, ohne daß der Vergütungsberechtigte dieselbe eingefordert hat. Nach § 2 des Lohnbeschlagnahmegesetzes können die Bestimmungen des § 1 mit rechtlicher Wirkung durch Vertrag weder ausgeschlossen noch beschränkt werden. Ausgenommen sind nach § 4 Dienstbezüge, soweit der Gesamtbetrag der Vergütung die Summe von 1500 RM. für das Jahr übersteigt. Es ist also die Aufrechnung gegen die Lohnforderung nur zulässig, wenn der Arbeiter den Zahltag oder die Einforderung des Lohnes hat verstreichen lassen. Unzulässig ist die Aufrechnung, wenn der Arbeiter am Zahltag seinen Lohn einfordert, und zwar selbst dann, wenn diese Einforderung mit einem vor dem Zahltag abgeschlossenen Aufrechnungsvertrag in Widerspruch steht. Fordert der Arbeiter am Zahltag seinen Lohn ein, so muß der Arbeitgeber ihm denselben auszahlen, auch wenn ihm eine ganz begründete Gegenforderung zusteht. Lohnabzüge wegen erhaltener Lohnvorschüsse sind indes statthaft, es sei denn, daß diese den Charakter von Darlehen haben. Vertragsstrafen (Ordnungsstrafen) können den Charakter von Lohnverwirkungen oder aber von persönlichen Forderungen des Arbeitgebers haben; in letzterem Falle können sie nicht aufgerechnet werden.

Hat der Arbeiter den Lohn eingefordert, und ist der Lohn wegen Geldmangel des Arbeitgebers oder aus sonstigem Grunde nicht gezahlt worden, so bleibt das Verbot der Beschlagnahme bestehen. Hierbei ist der nicht gezahlte, in den Händen des Schuldners befindliche Lohnbetrag in bestimmtem Umfange durch § 811 ZPO. vor Pfändung geschützt. Sind Nahrungs-, Feuerungs- und Beleuchtungsmittel nicht auf 2 Wochen gesichert, so bleibt der zur Beschaffung erforderliche Geldbetrag von der Pfändung frei.

In § 850 Nr. 8 ZPO. sind die Ausnahmen in der Anwendung des Gesetzes bezeichnet.

Bei der Beitreibung von persönlichen Staatssteuern und Kommunalabgaben, Kirchenabgaben, soweit sie nicht länger als 3 Monate fällig sind, ferner bei gesetzlichen Unterhaltsforderungen von Verwandten des jetzigen und früheren Ehegatten und der unehelichen Kinder erleidet das Beschlagnahmeverbot Ausnahmen.

Gibt der Arbeiter jemand Vollmacht, für ihn den Lohnbetrag zu erheben, so bedeutet dies keine Verfügung über die Lohnforderung im Sinne des Gesetzes.

Ist vom Arbeiter in einer diesem § 2 zuwiderlaufenden Weise verfügt, so wird der Arbeitgeber durch die Zahlung an den Dritten nicht befreit. Verlangt der Arbeiter jedoch seinen Lohn, so kann der Arbeitgeber das Gezahlte von dem Dritten zurückfordern (§ 812 BGB.).

Die Frage, wie die Ansprüche von Arbeitgeber und Arbeitnehmer sind, wenn sich gleichartige Leistungen aus demselben Schuldverhältnis gegenüberstehen, ist infolge der verschiedenartigen Auslegung des § 273 BGB. strittig, In den Motiven zum ersten Entwurfe des BGB. Bd. 11, S. 114, § 288, Entwurf 1, ist ausdrücklich ausgesprochen, daß das Verbot der Aufrechnung sich auch auf Gegenforderungen aus demselben Rechtsverhältnis bezieht. Wenn sich ein Fabrikunternehmer in den zulässigen Grenzen des § 134 GO., Abs. 1 im Falle der rechtswidrigen Auflösung des Arbeitsverhältnisses durch den Arbeiter die Verwirkung eines Teiles des rückständigen Lohnes ausbedingt, so ist dies nicht Aufrechnung, sondern vertragsmäßige Lohnverwirkung. § 394 BGB. verbietet übrigens nur die einseitige Aufrechnung gegenüber der unpfändbaren Forderung.

Dem Arbeitgeber ist verboten, dem Arbeiter Waren auf Borg (auf Kredit), d. i. unter Stundung der Bezahlung des Kaufpreises oder Mietpreises, zu verkaufen, zu vermieten oder sonst gegen Entgelt abzugeben.

Waren gegen bar an die Arbeiter zu verkaufen, ist den Arbeitgebern nicht verboten, und auch in der Bemessung des Preises unterliegen sie hierbei keinen Beschränkungen.

Lebensmittel dürfen nur zu einem die Anschaffungskosten nicht übersteigenden Preise verabfolgt werden. Unter den Anschaffungskosten sind die Aufwendungen des Arbeitgebers für die Anschaffung der Ware zu verstehen, also insbesondere der Kaufpreis, jedoch ohne Hinzurechnung von Zinsen und Generalunkosten. Dagegen dürfen die Förderkosten auf den Preis geschlagen werden; denn das Gesetz will nicht, daß der Arbeitgeber positiven Schaden habe. Der ortsübliche Preis ist derjenige, zu welchem jedermann die Ware am betreffenden Orte erhalten kann.

Lohn- und Abschlagszahlungen dürfen in Gast- und Schankwirtschaften oder Verkaufsstellen nicht ohne Genehmigung der unteren Verwaltungsbehörde erfolgen. Diese Bestimmung ist deshalb getroffen, damit die Arbeiter nicht verleitet werden sollen, alsbald nach Empfang einen Teil des Lohnes an Ort und Stelle auszugeben.

Arbeiter, deren Forderungen in einer den oben beschriebenen Vorschriften zuwiderlaufenden Weise berichtigt worden sind, können zu jeder Zeit Zahlung verlangen, ohne daß ihnen eine Einrede aus dem an Zahlungs Statt Gegebenen entgegengesetzt werden kann. Dem auf Barzahlung klagenden Arbeiter kann weder eine Zahlungs- noch eine Bereicherungs-, noch eine Ausgleichs-, noch eine Rückbehaltungs-, noch eine sonstige Einrede entgegen gehalten werden.

Verträge, welche dem § 115 GO. zuwiderlaufen, sind nichtig. Dasselbe gilt von Verabredungen zwischen den Gewerbetreibenden und den von ihnen beschäftigten Arbeitern über die Entnahme der letzteren aus gewissen Verkaufsstellen, sowie überhaupt über die Verwendung des Verdienstes derselben zu einem anderen Zwecke als zur Beteiligung an Einrichtungen zur Verbesserung der Lage der Arbeiter oder ihrer Familien. Der Ausdruck „Bedürfnisse" umfaßt alle Bedarfsgegenstände, also nicht nur Lebensmittel und dgl. (RG. vom 26. 4. 87). Der Ausdruck „Verkaufsstellen" zielt insbesondere auf die mit einzelnen Fabriken verbundenen Konsumvereine. Verabredungen der fraglichen Art werden zuweilen auch stillschweigend abgeschlossen: auch eine solche stillschweigende Unterwerfung unter einen Geschäftsgebrauch ist unwirksam (RG. vom 18. 12. 85). Gültig sind Verabredungen zwischen dem Arbeitgeber und dem Arbeiter über Verwendung des Arbeitsverdienstes „zur Beteiligung an Einrichtungen zur Verbesserung der Lage der Arbeiter oder ihrer Familien". Als solche Einrichtungen können hauptsächlich in Betracht kommen: die Gewährung von Naturalreichnissen durch den Arbeitgeber, Hilfskassen, welche den Zweck verfolgen, den Arbeitern oder ihren Familien in Krankheits- oder anderen Notfällen Unterstützungen zu sichern, Sparkassen, insbesondere für jugendliche Arbeiter, Einrichtungen zur Bildung und Unterhaltung der Arbeiter usw.

Forderungen für Waren, welche dem § 115 GO. zuwider kreditiert worden sind, können von dem Gläubiger weder eingeklagt noch durch Anrechnung oder sonst geltend gemacht werden, ohne Unterschied, ob sie zwischen den Beteiligten unmittelbar entstanden oder mittelbar erworben sind. Dagegen fallen dergleichen Forderungen derjenigen Hilfskasse zu, welcher der Arbeiter angehört, in Ermangelung einer solchen einer anderen zum Besten der Arbeiter an dem Orte bestehenden, von der Gemeindebehörde zu bestimmenden Kasse und in deren Ermangelung der Ortskrankenkasse (GO. § 118).

Lohneinbehaltungen, welche von Gewerbeunternehmern zur Sicherung des Ersatzes eines ihnen aus der widerrechtlichen Auflösung des Arbeitsverhältnisses erwachsenen Schadens oder einer für diesen Fall verabredeten Strafe ausbedungen werden, dürfen bei den einzelnen Lohnzahlungen ein Viertel des fälligen Lohnes, im Gesamtbetrage den Betrag eines durchschnittlichen Wochenlohnes nicht übersteigen.

Durch statutarische Bestimmung von Behörden kann zur Lohnsicherung festgesetzt werden:

1. daß Lohn- und Abschlagszahlungen in festen Fristen im Zeitraum einer Woche bis zu einem Monat erfolgen müssen;

2. daß der von minderjährigen Arbeitern verdiente Lohn an die Eltern oder Vormünder, an die Arbeiter selbst nur mit deren schriftlicher Zustimmung gezahlt wird;

3. daß die Gewerbetreibenden den Eltern oder Vormündern innerhalb gewisser Fristen Mitteilung von den an minderjährige Arbeiter gezahlten Lohnbeträgen zu machen haben (GO. § 119a).

Verabredungen zwischen Arbeitgeber und Arbeiter, auf Grund deren der Lohn oder regelmäßig ein Teil des Lohnes vorläufig nicht ausgezahlt wird, sind an sich zulässig. Solche Lohneinbehaltungen kommen vor, zum Vorteil des Arbeiters, z. B. als verzinsliches Sparguthaben, und zum Vorteil des Arbeitgebers, insbesondere zu Kautionszwecken.

Für den Fall der rechtswidrigen Auflösung des Arbeitsverhältnisses durch den Arbeiter ist es den Unternehmern untersagt, die Verwirkung des rückständigen Lohnes über den Betrag des durchschnittlichen Wochenlohnes hinaus auszubedingen. Den Arbeitern ist bei der regelmäßigen Lohnzahlung ein schriftlicher Beleg (Lohnzettel, Lohntüte, Lohnbuch usw.) über den Betrag des verdienten Lohnes und der einzelnen Arten der vorgenommenen Abzüge auszuhändigen (§ 134 GO.).

Im allgemeinen ist dem Unternehmer durch die GO. nicht untersagt, sich für den Fall des Kontraktbruches des Arbeiters einen bestimmten Schadensersatz oder eine Vertragsstrafe oder die Verwirkung des rückständigen Lohnes auszubedingen, sei es als Entschädigung oder als Buße. Ist Lohnverwirkung für den Fall des Kontraktbruches verabredet, so wird die Lohnforderung hinfällig oder gemindert.

Die Unternehmer und Arbeiter von Fabriken, welche über 20 Arbeiter beschäftigen, müssen ihren Schaden nachweisen oder die vereinbarte Konventionalstrafe geltend machen.

Wenn der Arbeitgeber Lohnbücher einrichtet, in denen für eine größere Anzahl von nacheinander folgenden Eintragungen Raum ist, so hat der Arbeiter dieses Lohnbuch bei jeder Lohnzahlung vorzulegen, damit darin die neue Eintragung erfolgen kann. Die Abzüge sind sämtlich anzugeben, unerheblich auf welchem Grunde sie beruhen (Kranken- und Invalidenversicherungsbeiträge, Lohnvorschüsse, Mietzinse, Lohneinbehaltungen zu Kautionszwecken oder für Wohlfahrtseinrichtungen usw.).

An den Sachen des Dienstverpflichteten, die bei Gelegenheit des Diensteintrittes in die Räume des Dienstherrn eingebracht sind, kann letzterer das Rückbehaltungsrecht des § 273 BGB., nicht ausüben. Denn diese Gegenstände sind Eigentum des Arbeiters, und die Gegenansprüche des Arbeitgebers rühren nicht aus demselben Rechtsverhältnisse.

Früher dem Arbeitgeber übergebene Zeugnisse des Arbeiters, Krankenkassenbücher, Quittungskarten für Alters- und Invaliditätsversicherung können ebenfalls nicht zurückbehalten werden.

Tabelle 1. **Tageslohn**-Pfändungstabelle[1].

1	2	3	4	5	6	7	8	9	10
Der Lohn beträgt pro Tag	Mehrbetrag über 7,50 RM. hinaus	Schuldner ist allein		Schuldner hat 1 Person Unterhalt zu gewähren			Schuldner hat 2 oder mehr Personen Unterhalt zu gewähren		
		Vom Mehrbetrag sind		Vom Mehrbetrag sind			Vom Mehrbetrag sind		
		unpfändb. ⅓	pfändbar ⅔	unpfändb. ⅙	unpfändb. in Sa. Sp. 3 u. 5	pfändbar	unpfändb. ein weit. ⅙	unpfändb. in Sa. Sp. 3, 5, 8	pfändbar
RM.	RM.	RM.	RM.	RM.	RM.	RM.	RM.	RM.	RM.
7,50[2]	—	—	—	—	—	—	—	—	—
7,60	0,10	0,03	0,07	0,02	0,05	0,05	0,02	0,07	0,03
7,70	0,20	0,07	0,13	0,03	0,10	0,10	0,03	0,13	0,07
7,75	0,25	0,08	0,17	0,04	0,12½	0,12½	0,04	0,17	0,08
7,80	0,30	0,10	0,20	0,05	0,15	0,15	0,05	0,20	0,10
7,90	0,40	0,13	0,27	0,07	0,20	0,20	0,07	0,27	0,13
8,—	0,50	0,17	0,33	0,08	0,25	0,25	0,08	0,33	0,17
8,25	0,75	0,25	0,50	0,12½	0,37½	0,37½	0,12½	0,50	0,25
8,50	1,—	0,33	0,67	0,17	0,50	0,50	0,17	0,67	0,33
8,75	1,25	0,42	0,83	0,21	0,63	0,63	0,21	0,83	0,42
9,—	1,50	0,50	1,—	0,25	0,75	0,75	0,25	1,—	0,50
9,50	2,—	0,67	1,33	0,33	1,—	1,—	0,33	1,33	0,67
10,—	2,50	0,83	1,67	0,42	1,25	1,25	0,42	1,67	0,83
10,50	3,—	1,—	2,—	0,50	1,50	1,50	0,50	2,—	1,—
11,—	3,50	1,17	2,33	0,58	1,75	1,75	0,58	2,33	1,17
11,50	4,—	1,33	2,67	0,67	2,—	2,—	0,67	2,67	1,33
12,—	4,50	1,50	3,—	0,75	2,25	2,25	0,75	3,—	1,50
12,50	5,—	1,67	3,33	0,83	2,50	2,50	0,83	3,33	1,67
13,—	5,50	1,83	3,67	0,92	2,75	2,75	0,92	3,67	1,83
14,—	6,50	2,17	4,33	1,08	3,25	3,25	1,08	4,33	2,17
15,—	7,50	2,50	5,—	1,25	3,75	3,75	1,25	5,—	2,50
16,—	8,50	2,83	5,67	1,42	4,25	4,25	1,42	5,67	2,83
17,—	9,50	3,17	6,33	1,58	4,75	4,75	1,58	6,33	3,17
18,—	10,50	3,50	7,—	1,75	5,25	5,25	1,75	7,—	3,50
19,—	11,50	3,83	7,67	1,92	5,75	5,75	1,92	7,67	3,83
20,—	12,50	4,17	8,33	2,08	6,25	6,25	2,08	8,33	4,17
21,—	13,50	4,50	9,—	2,25	6,75	6,75	2,25	9,—	4,50
22,—	14,50	4,83	9,67	2,42	7,25	7,25	2,42	9,67	4,83
23,—	15,50	5,17	10,33	2,58	7,75	7,72	2,58	10,33	5,17
24,—	16,50	5,50	11,—	2,75	8,25	8,25	2,75	11,—	5,50
25,—	17,50	5,83	11,67	2,92	8,75	8,75	2,92	11,67	5,83
30,—	22,50	7,50	15,—	2,92	10,42	12,08	2,92	13,34	9,16
35,—	27,50	9,17	18,33	2,92	12,09	15,41	2,92	15,01	12,49
40,—	32,50	10,83	21,67	2,92	13,75	18,75	2,92	16,67	15,83
45,—	37,50	12,50	25,—	2,92	15,42	22,08	2,92	18,34	19,16
50,—	42,50	14,17	28,33	2,92	17,09	25,41	2,92	20,01	22,49

[1] Aufgestellt von Max Hahn, Verlag Max Galle, Berlin W 8, Wilhelmstr. 47.

[2] 7,50 RM. sind der unpfändbare Grundbetrag. Zur Feststellung des dem Schuldner verbleibenden Gesamtbetrages ist zu den 7,50 RM. der aus der Tabelle ersichtliche vom Mehrbetrag unpfändbare Betrag (Spalten 3, 6, 9) hinzuzurechnen.

§ 1 Abs. 3 der Lohnpfändungsverordnung.

Übersteigt der Arbeits- oder Dienstlohn die Summe von 25 RM. für den Tag, so findet auf den Mehrbetrag die Vorschrift des Absatzes 2 keine Anwendung.

Die Auswirkung dieser Vorschrift ist in der Tabelle von der Lohnhöhe von 30 RM. an bis zu 50 RM. in den durch ┏ abgesperrten Spalten 5—10 zum Ausdruck gebracht.

Tabelle 2. **Wochenlohn-Pfändungstabelle.**

1	2	3	4	5	6	7	8	9	10
Der Lohn beträgt pro Woche	Mehrbetrag über 45 RM. hinaus	Schuldner ist allein		Schuldner hat 1 Person Unterhalt zu gewähren			Schuldner hat 2 oder mehr Personen Unterhalt zu gewähren		
		Vom Mehrbetrag sind		Vom Mehrbetrag sind			Vom Mehrbetrag sind		
		unpfändb. ⅓	pfändbar ⅔	unpfändb. ¼	unpfändb. in Sa. Sp. 3 u. 5	pfändbar	unpfändb. ein weit. ¼	unpfändb. in Sa. Sp. 3, 5, 8	pfändbar
RM.	RM.	RM.	RM.	RM.	RM.	RM.	RM.	RM.	RM.
45,—[1]	—	—	—	—	—	—	—	—	—
46,—	1,—	0,33	0,67	0,17	0,50	0,50	0,17	0,67	0,33
47,—	2,—	0,67	1,33	0,33	1,—	1,—	0,33	1,33	0,67
48,—	3,—	1,—	2,—	0,50	1,50	1,50	0,50	2,—	1,—
49,—	4,—	1,33	2,67	0,67	2,—	2,—	0,67	2,67	1,33
50,—	5,—	1,67	3,33	0,83	2,50	2,50	0,83	3,33	1,67
52,50	7,50	2,50	5,—	1,25	3,75	3,75	1,25	5,—	2,50
55,—	10,—	3,33	6,67	1,67	5,—	5,—	1,67	6,67	3,33
57,50	12,50	4,17	8,33	2,08	6,25	6,25	2,08	8,33	4,17
60,—	15,—	5,—	10,—	2,50	7,50	7,50	2,50	10,—	5,—
65,—	20,—	6,67	13,33	3,33	10,—	10,—	3,33	13,33	6,67
70,—	25,—	8,33	16,67	4,17	12,50	12,50	4,17	16,67	8,33
75,—	30,—	10,—	20,—	5,—	15,—	15,—	5,—	20,—	10,—
80,—	35,—	11,67	23,33	5,83	17,50	17,50	5,83	23,33	11,67
85,—	40,—	13,33	26,67	6,67	20,—	20,—	6,67	26,67	13,33
90,—	45,—	15,—	30,—	7,50	22,50	22,50	7,50	30,—	15,—
95,—	50,—	16,67	33,33	8,33	25,—	25,—	8,33	33,33	16,67
100,—	55,—	18,33	36,67	9,17	27,50	27,50	9,17	36,67	18,33
110,—	65,—	21,67	43,33	10,83	32,50	32,50	10,83	43,33	21,67
120,—	75,—	25,—	50,—	12,50	37,50	37,50	12,50	50,—	25,—
130,—	85,—	28,33	56,67	14,17	42,50	42,50	14,17	56,67	28,33
140,—	95,—	31,67	63,33	15,83	47,50	47,50	15,83	63,33	31,67
150,—	105,—	35,—	70,—	17,50	52,50	52,50	17,50	70,—	35,—
155,—	110,—	36,67	73,33	17,50	54,17	55,83	17,50	71,67	38,33
160,—	115,—	38,33	76,67	17,50	55,83	59,17	17,50	73,33	41,67
165,—	120,—	40,—	80,—	17,50	57,50	62,50	17,50	75,—	45,—
170,—	125,—	41,67	83,33	17,50	59,17	65,83	17,50	76,67	48,33
180,—	135,—	45,—	90,—	17,50	62,50	72,50	17,50	80,—	55,—
190,—	145,—	48,33	96,67	17,50	65,83	79,17	17,50	83,33	61,67
200,—	155,—	51,67	103,33	17,50	69,17	85,83	17,50	86,67	68,33
210,—	165,—	55,—	110,—	17,50	72,50	92,50	17,50	90,—	75,—
220,—	175,—	58,33	116,67	17,50	75,83	99,17	17,50	93,33	81,67
230,—	185,—	61,67	123,33	17,50	79,17	105,83	17,50	96,67	88,33
240,—	195,—	65,—	130,—	17,50	82,50	112,50	17,50	100,—	95,—
250,—	205,—	68,33	136,67	17,50	85,83	119,17	17,50	103,33	101,67

[1] 45 RM. sind der unpfändbare Grundbetrag. Zur Feststellung des dem Schuldner verbleibenden Gesamtbetrages ist zu den 45 RM. der aus der Tabelle ersichtliche, vom Mehrbetrag unpfändbare Betrag (Spalten 3, 6, 9) hinzuzurechnen.

§ 1 Abs. 3 der Lohnpfändungsverordnung.

Übersteigt der Arbeits- oder Dienstlohn die Summe von 150 RM. für die Woche, so findet auf den Mehrbetrag die Vorschrift des Abs. 2 keine Anwendung.

Die Auswirkung dieser Vorschrift ist in der Tabelle von der Lohnhöhe von 155 RM. an bis zu 250 RM. in den durch ┏ abgesperrten Spalten 5—10 zum Ausdruck gebracht.

Tabelle 3. **Gehalts**-Pfändungstabelle.

1	2	3	4	5	6	7	8	9	10
Das Gehalt betägt monatlich	Mehrbetrag über 195 RM. hinaus	Schuldner ist allein		Schuldner hat 1 Person Unterhalt zu gewähren			Schuldner hat 2 oder mehr Personen Unterhalt zu gewähren		
		Vom Mehrbetrag sind		Vom Mehrbetrag sind			Vom Mehrbetrag sind		
		unpfändb. ⅓	pfändbar ⅔	unpfändb. 1/6	unpfändb. in Sa. Sp. 3 u. 5	pfändbar	unpfändb. ein weit. 1/6	unpfändb. in Sa. Sp. 3. 5, 8	pfändbar
RM.	RM.	RM.	RM.	RM.	RM.	RM.	RM.	RM.	RM.
195,—[1]	—	—	—	—	—	—	—	—	—
200,—	5,—	1,67	3,33	0,83	2,50	2,50	0,83	3,33	1,67
210,—	15,—	5,—	10,—	2,50	7,50	7,50	2,50	10,—	5,—
225,—	30,—	10,—	20,—	5,—	15,—	15,—	5,—	20,—	10,—
250,—	55,—	18,33	36,67	9,17	27,50	27,50	9,17	36,67	18,33
275,—	80,—	26,67	53,33	13,34	40,—	40,—	13,34	53,33	26,67
300,—	105,—	35,—	70,—	17,50	52,50	52,50	17,50	70,—	35,—
325,—	130,—	43,33	86,67	21,67	65,—	65,—	21,67	86,67	43,33
350,—	155,—	51,67	103,33	25,83	77,50	77,50	25,83	103,33	51,67
375,—	180,—	60,—	120,—	30,—	90,—	90,—	30,—	120,—	60,—
400,—	205,—	68,33	136,67	34,17	102,50	102,50	34,17	136,67	68,33
425,—	230,—	76,67	153,33	38,33	115,—	115,—	38,33	153,33	76,67
450,—	255,—	85,—	170,—	42,50	127,50	127,50	42,50	170,—	85,—
475,—	280,—	93,33	186,67	46,66	140,—	140,—	46,66	186,67	93,33
500,—	305,—	101,67	203,33	50,83	152,50	152,50	50,83	203,33	101,67
525,—	330,—	110,—	220,—	55,—	165,—	165,—	55,—	220,—	110,—
550,—	355,—	118,33	236,67	59,17	177,50	177,50	59,17	236,67	118,33
575,—	380,—	126,67	253,33	63,33	190,—	190,—	66,33	253,33	126,67
600,—	405,—	135,—	270,—	67,50	202,50	202,50	67,50	270,—	135,—
625,—	430,—	143,33	286,67	71,66	215,—	215,—	71,66	286,67	143,33
650,—	455,—	151,67	303,33	75,83	227,50	227,50	75,83	303,33	151,67
675,—	480,—	160,—	320,—	75,83	235,83	244,17	75,83	311,66	168,34
700,—	505,—	168,33	336,67	75,83	244,16	260,84	75,83	319,99	185,01
750,—	555,—	185,—	370,—	75,83	260,83	294,17	75,83	336,66	218,35
800,—	605,—	201,67	403,33	75,83	277,50	327,50	75,83	353,33	251,67
850,—	655,—	218,33	436,67	75,83	294,16	360,84	75,83	369,99	285,01
900,—	705,—	235,—	470,—	75,83	310,83	394,17	75,83	386,66	318,34
950,—	755,—	251,67	503,33	75,83	327,50	427,50	75,83	403,33	351,67
1000,—	805,—	268,33	536,67	75,83	344,16	460,84	75,83	419,99	385,01
1100,—	905,—	301,67	603,33	75,83	377,50	527,50	75,83	453,33	451,67
1200,—	1005,—	335,—	670,—	75,83	410,83	594,17	75,83	486,66	518,34
1300,—	1105,—	368,33	736,67	75,83	444,16	660,84	75,83	519,99	585,01
1400,—	1205,—	401,67	803,33	75,83	477,50	727,50	75,83	553,33	651,67
1500,—	1305,—	435,—	870,—	75,83	510,83	794,17	75,83	586,66	718,34
1600,—	1405,—	468,33	936,67	75,83	544,16	860,84	75,83	619,99	785,01
1700,—	1505,—	501,67	1003,33	75,83	577,50	927,50	75,83	653,33	851,67
1800,—	1605,—	535,—	1070,—	75,83	610,83	994,17	75,83	686,66	918,34
1900,—	1705,—	568,33	1136,67	75,83	644,16	1060,84	75,83	719,93	985,01
2000,—	1805,—	601,67	1203,33	75,83	677,50	1127,50	75,83	753,33	1051,67

[1] 195 RM. sind der unpfändbare Grundbetrag. Zur Feststellung des dem Schuldner verbleibenden unpfändbaren Gesamtbetrages ist zu den 195 RM. der aus der Tabelle ersichtliche vom Mehrbetrag unpfändbare Betrag (Spalten 3, 6, 9) hinzuzurechnen. [Fortsetzung S. 450.]

Das Arbeitsbuch braucht nach § 107 GO. nur nach rechtmäßiger Lösung des Arbeitsverhältnisses wieder ausgehändigt zu werden. Nach billiger Gesetzesauslegung wird das Zurückbehaltungsrecht nur bis zum Ablauf der Vertragszeit zuzugestehen sein.

Über die Lohnpfändung und Gehaltspfändung sind in der Zeit vom 25. Juni 1919 bis 27. Februar 1928 eine Reihe von Verordnungen ergangen, je nachdem Tageslohn, Wochenlohn oder Gehalt bezahlt wird. Vorstehend sind **Tabellen** hierfür aufgeführt. Die schwere wirtschaftliche Lage des einzelnen bringt es heute vielfach mit sich, daß zur Vermeidung einer gegenseitigen Übervorteilung die genaue Kenntnis der Allgemeinheit zugänglich gemacht wird.

Der Arbeits- und Dienstlohn ist bei Auszahlung für Tage bis zur Summe von täglich 7,50 RM. und, soweit er diesen Betrag übersteigt, bis zu einem Drittel des Mehrbetrages der Pfändung nicht unterworfen; bei Auszahlung für Wochen gilt das gleiche bis zur Summe von 45 RM. wöchentlich, und soweit er diesen übersteigt, ist er bis zu einem Drittel der Pfändung nicht unterworfen. Bei Auszahlung für Monate oder Bruchteile von Monaten gilt das gleiche bis zur Summe von 195 RM. und, soweit er diesen Betrag übersteigt, bis zu einem Drittel des Mehrbetrages. Für alle drei gemeinsam ist die Bestimmung § 1 Abs. 2 lautend:

§ 1 Abs. 2 der Lohnpfändungsverordnung.

Hat der Schuldner seinem Ehegatten, früheren Ehegatten, Verwandten oder einem unehelichen Kind Unterhalt zu gewähren, so erhöht sich der unpfändbare Teil des Mehrbetrages für jede Person, der Unterhalt zu gewähren ist, um 1/6, höchstens jedoch auf 2/3 des Mehrbetrages.

Kündigung des Arbeitsverhältnisses.

Für die Lösung des Arbeitsverhältnisses zwischen den Gesellen oder Gehilfen und ihren Arbeitgebern ist mangels anderer Verabredungen eine jedem Teile freistehende, 14 Tage vorher erklärte Aufkündigung gestattet.

Vereinbart der Arbeitgeber mit dem Arbeiter durch Arbeitsordnung oder anderweitig andere Aufkündigungsfristen, so müssen sie für beide Teile gleich sein, andernfalls sind sie nichtig (GO. § 122).

Der Arbeitgeber kann die Arbeiter jedoch ohne Aufkündigung entlassen:

1. wenn sie bei Abschluß des Arbeitsvertrages den Arbeitgeber durch Vorzeigung falscher oder verfälschter Arbeitsbücher oder Zeugnisse hintergangen oder ihn über das Bestehen eines anderen, sie gleichzeitig verpflichtenden Arbeitsverhältnisses in einen Irrtum versetzt haben;
2. wenn sie eines Diebstahls, einer Entwendung, einer Unterschlagung, eines Betrugs oder eines liederlichen Lebenswandels sich schuldig machen;
3. wenn sie die Arbeit unbefugt verlassen haben oder sonst den nach dem

---

Fortsetzung von Tabelle 3.

§ 1 Abs. 3 der Lohnpfändungsverordnung.

Übersteigt der Arbeits- oder Dienstlohn die Summe von 650 RM. für den Monat, so findet auf den Mehrbetrag die Vorschrift des Abs. 2 keine Anwendung.

Die Auswirkung dieser Vorschrift ist in der Tabelle von der Gehaltshöhe von 675 RM. an bis zu 2000 RM. in den durch ┏ abgesperrten Spalten 5—10 zum Ausdruck gebracht.

Arbeitsvertrag ihnen obliegenden Verpflichtungen nachzukommen beharrlich verweigern;

4. wenn sie der Verwarnung ungeachtet mit Feuer und Licht unvorsichtig umgehen;

5. wenn sie sich Tätlichkeiten oder grobe Beleidigungen gegen den Arbeitgeber oder seine Vertreter oder gegen die Familienangehörigen des Arbeitgebers oder seiner Vertreter zuschulden kommen lassen;

6. wenn sie einer vorsätzlichen und rechtswidrigen Sachbeschädigung zum Nachteile des Arbeitgebers oder eines Mitarbeiters sich schuldig machen;

7. wenn sie zur Fortsetzung der Arbeit unfähig oder mit einer abschreckenden Krankheit behaftet sind.

In den unter Ziff. 1—6 gedachten Fällen ist die Entlassung nicht mehr zulässig, wenn die zugrunde liegenden Tatsachen dem Arbeitgeber länger als eine Woche bekannt sind.

Bei Betrieben, welche mehr als zwanzig Arbeiter beschäftigen, ist eine solche Erweiterung der Entlassungsgründe nur mittels Arbeitsordnung möglich. Es genügt jedoch das Bestehen eines der obigen Entlassungsgründe, auch wenn sie dem Arbeitgeber erst nachträglich bekannt werden.

Arbeitnehmer können aber im Fall der Kündigung seitens des Arbeitgebers binnen 5 Tagen Einspruch erheben, indem sie die Betriebsvertretung anrufen.

Gestützt werden kann der Einspruch gemäß § 84 Betr.-Räte-Gesetz auf unsachliche Kündigungsgründe, auf eine Kündigung ohne Angabe des Kündigungsgrundes, ferner auf die Tatsache, daß die Kündigung deshalb erfolgt ist, weil der Arbeitnehmer sich weigerte, dauernd andere Arbeit zu verrichten, als die bei Einstellung vereinbarte.

Schließlich kann der Einspruch damit begründet werden, daß die Kündigung sich als unbillige, nicht durch das Verhalten des Arbeitnehmers veranlaßte Maßnahme oder durch die Verhältnisse des Betriebes bedingte Härte darstellte. Über die Tätigkeit des Betriebsrates vgl. das Seite 469ff. Gesagte.

Die Entlassung hat für den Arbeiter zur Folge, daß er vom Augenblick der Entlassung aus der Beschäftigung auch den Anspruch auf die vereinbarten Gegenleistungen verliert. Seine Ansprüche auf Vergütung bereits geleisteter Dienste und seine Pflicht zur Zurückerstattung im voraus entrichteten Lohnes bemessen sich nach § 628 Abs. 1 BGB. Wenn der Arbeiter durch vertragswidriges Verhalten die Kündigung veranlaßt hat, so steht ihm ein Anspruch auf Vergütung gemäß § 628 Abs. 1 Satz 2 BGB. insoweit nicht zu, als seine bisherigen Leistungen infolge der Kündigung für den Arbeitgeber kein Interesse haben. Diese Bestimmung ist namentlich dann von Bedeutung, wenn der entlassene Arbeiter eine Akkordarbeit angefangen hat und der Arbeitgeber genötigt ist, dieselbe durch einen anderen Arbeiter fertigstellen zu lassen. Etwaige Ansprüche des Arbeiters können noch hinfällig werden, wenn eine Tatsache, die den Arbeitgeber nach obigem zur Entlassung berechtigt, erst nach erfolgter Entlassung eintritt, z. B. gröbliche Beleidigung des Arbeitgebers (RG. v. 4. 11. 96). Der Arbeiter ist dem Arbeitgeber zum Ersatze des durch die Aufhebung des Arbeitsverhältnisses entstehenden Schadens verpflichtet, wenn er durch vertragswidriges, schuldhaftes Verhalten die Kündigung veranlaßt hat. Für Streitigkeiten darüber, ob die Entlassung mit Recht oder Unrecht erfolgt ist, sowie über die Entschädigungsansprüche sind die Gewerbegerichte zuständig.

Die Weigerung, Überstunden zu machen, kann unter Umständen einen Entlassungsgrund bilden.

Arbeiter (Gesellen oder Gehilfen) können vor Ablauf der vertragsmäßigen Zeit und ohne Aufkündigung die Arbeit verlassen:

1. wenn sie zur Fortsetzung der Arbeit unfähig werden;

2. wenn der Arbeitgeber oder seine Vertreter sich Tätlichkeiten oder grobe Beleidigungen gegen die Arbeiter oder gegen ihre Familienangehörigen zuschulden kommen lassen;

3. wenn der Arbeitgeber den Arbeitern den schuldigen Lohn nicht in der bedungenen Weise auszahlt, bei Stücklohn nicht für ihre ausreichende Beschäftigung sorgt, oder wenn er sich widerrechtlicher Übervorteilungen gegen sie schuldig macht;

4. wenn bei der Fortsetzung der Arbeit das Leben oder die Gesundheit der Arbeiter einer erweislichen Gefahr ausgesetzt sein würde, welche bei Eingehung des Arbeitsvertrages nicht zu erkennen war.

In den unter 2 gedachten Fällen ist der Austritt aus der Arbeit nicht mehr zulässig, wenn die zugrunde liegenden Tatsachen dem Arbeiter länger als eine Woche bekannt sind.

Verläßt der Arbeiter aus einem der oben erwähnten Gründe die Arbeit, so ist im Augenblick seines Austritts das Dienstverhältnis gelöst, und damit erlöschen seine Rechte auf Lohn und seine Pflicht zur Arbeit. Seine Ansprüche auf Vergütung der bisherigen Leistungen bemessen sich nach § 628 Abs. 1 BGB. War seine Kündigung durch vertragswidriges Verhalten des Arbeitgebers veranlaßt, so ist dieser ihm zum Ersatz des durch die Aufhebung des Dienstverhältnisses entstehenden Schadens verpflichtet (§ 628 Abs. 2 BGB.).

Der Arbeiter, der sich für eine Beschäftigung verdungen hat, deren Gefährlichkeit er kannte oder kennen konnte, kann von der Vorschrift in Ziffer 4 keinen Gebrauch machen, wohl aber der Arbeiter, der nach dem Beginn der Arbeit einer ihm unbekannten und nicht zu erkennenden wirklichen Gefahr begegnet.

Außer den bezeichneten Fällen für die fristlose Aufkündigung der Arbeit kann jeder der beiden Teile aus wichtigen Gründen vor Ablauf der vertragsmäßigen Zeit und ohne Innehaltung einer Kündigungsfrist die Aufhebung des Arbeitsverhältnisses verlangen, wenn dasselbe wenigstens auf vier Wochen oder wenn eine längere als vierzehntägige Kündigungsfrist vereinbart ist. Welche Gründe als wichtige zu gelten haben, ist nach der Lage des Einzelfalles zu beurteilen. Hat ein Arbeiter rechtswidrig die Arbeit verlassen, so kann der Arbeitgeber als Entschädigung für den Tag des Vertragsbruches und jeden folgenden Tag der vertragsmäßigen Arbeitszeit, höchstens aber für eine Woche, den Betrag des ortsüblichen Tagelohns fordern. Diese Forderung ist an den Nachweis eines Schadens nicht gebunden. Durch ihre Geltendmachung wird der Anspruch auf Erfüllung des Vertrags und auf weiteren Schadensersatz ausgeschlossen. Dasselbe Recht steht dem Gesellen oder Gehilfen gegen den

Arbeitgeber zu, wenn er von diesen vor rechtmäßiger Beendigung des Arbeitsverhältnisses entlassen ist.

Ein Arbeitgeber, welcher einen Gesellen oder Gehilfen verleitet, vor rechtmäßiger Beendigung des Arbeitsverhältnisses die Arbeit zu verlassen, ist dem früheren Arbeitgeber für den entstandenen Schaden oder den nach § 124b an die Stelle des Schadensersatzes tretenden Betrag als Selbstschuldner mitverhaftet. In gleicher Weise haftet ein Arbeitgeber, welcher einen Gesellen oder Gehilfen annimmt, von dem er weiß, daß derselbe einem anderen Arbeitgeber zur Arbeit noch verpflichtet ist.

In dem im vorstehenden Absatze bezeichneten Umfang ist auch derjenige Arbeitgeber mitverhaftet, welcher einen Gesellen oder Gehilfen, von dem er weiß, daß derselbe einem anderen Arbeitgeber zur Arbeit noch verpflichtet ist, während der Dauer dieser Verpflichtung in der Beschäftigung behält, sofern nicht seit der unrechtmäßigen Lösung des Arbeitsverhältnisses bereits vierzehn Tage verflossen sind.

Wegen Unmöglichkeit der Leistungen von Arbeitgeber oder Arbeitnehmer oder beider Parteien vgl. S. 370.

Lohnbücher.

Für bestimmte Gewerbe können Lohnbücher oder Arbeitszettel vorgeschrieben und die zur Ausführung erforderlichen Bestimmungen erlassen werden. Diese Lohnbücher oder Arbeitszettel sind von den Arbeitsbüchern verschieden. In die Lohnbücher oder Arbeitszettel sind von dem Arbeitgeber oder einem dazu bevollmächtigten Betriebsbeamten einzutragen:

1. der Zeitpunkt der Übertragung von Arbeit, Art und Umfang der Arbeit, bei Akkordlohn die Stückzahl,
2. die Lohnsätze,
3. die Bedingungen für die Lieferung von Werkzeugen und Stoffen zu den Arbeiten,
4. der Zeitpunkt der Ablieferung sowie Art und Umfang der abgelieferten Arbeit,
5. der Lohnbetrag unter Angabe der etwa vorgenommenen Abzüge,
6. der Tag der Lohnzahlung.

(GO. § 114a.)

Das Lohnbuch oder der Arbeitszettel ist auf Kosten des Arbeitgebers zu beschaffen und sofort nach Vollziehung der vorgeschriebenen Eintragungen dem Arbeiter kostenfrei auszuhändigen. Die Eintragungen sind von dem Arbeitgeber oder einem dazu bevollmächtigten Betriebsbeamten zu unterzeichnen.

Diese Lohnbücher sind bisher nur für die Wäscherei- und Konfektions-Industrie angeordnet.

Lehrlinge.

(GO. § 126ff.)

Die Befugnis zum Halten oder zur Anleitung von Lehrlingen steht Personen nicht zu, welche sich nicht im Besitze der bürgerlichen Ehrenrechte befinden.

Die Befugnis zum Halten oder zur Anleitung von Lehrlingen kann ganz oder auf Zeit solchen Personen entzogen werden, welche sich wiederholt grober Pflichtverletzungen gegen die ihnen anvertrauten Lehrlinge schuldig gemacht haben oder welche in sittlicher Beziehung auf Grund vorliegender Tatsachen zum Halten oder zur Anleitung von Lehrlingen ungeeignet erscheinen.

Der Lehrvertrag ist binnen vier Wochen nach Beginn der Lehre schriftlich abzuschließen. Es ist also hier im Gegensatz zu dem Dienstvertrag Schriftlichkeit vorgeschrieben. Der Lehrvertrag muß enthalten:

1. die Bezeichnung des Gewerbes oder des Zweiges der gewerblichen Tätigkeit, in welchem die Ausbildung erfolgen soll;
2. die Angabe der Dauer der Lehrzeit;
3. die Angabe der gegenseitigen Leistungen;
4. die gesetzlichen und sonstigen Voraussetzungen, unter welchen die einseitige Auflösung des Vertrags zulässig ist.

Der Lehrvertrag ist von dem Gewerbetreibenden oder seinem Stellvertreter, dem Lehrling und dem gesetzlichen Vertreter des Lehrlings zu unterschreiben und in einem Exemplar dem gesetzlichen Vertreter des Lehrlings auszuhändigen. Vordrucke für die Lehrverträge sind von den Handwerkskammern vorbereitet worden, so das vom preußischen Handelsminister veröffentlichte Muster der Berliner HMBl. 1901, S. 54. Diese Vordrucke empfehlen sich auch für Verträge mit Fabriklehrlingen.

Auf Lehrlinge in staatlich anerkannten Lehrwerkstätten finden diese Bestimmungen keine Anwendung. Der Lehrvertrag ist kosten- und stempelfrei.

Der Lehrherr ist verpflichtet, den Lehrling bei den in seinem Betriebe vorkommenden Arbeiten des Gewerbes dem Zwecke der Ausbildung entsprechend selbst oder durch einen geeigneten, ausdrücklich dazu bestimmten Vertreter zu unterweisen, ihn zum Besuche der Fortbildungs- oder Fachschule anzuhalten und den Schulbesuch zu überwachen. Lehrherr ist derjenige Gewerbetreibende, welcher einen gewerblichen Arbeiter in die Lehre nimmt, um ihn in den Arbeiten seines Gewerbes zu unterweisen oder unterweisen zu lassen. Obige letztere Verpflichtung ist durch die Novelle von 1897 Gesetz geworden. DerArbeitgeber hat den Lehrling gegen dieMißhandlungen seitens der Arbeitsgenossen zu schützen und dafür zu sorgen, daß dem Lehrling nicht Arbeitsverrichtungen zugewiesen werden, welche seinen körperlichen Kräften nicht angemessen sind. Der Lehrherr hat also den Lehrling vor Überanstrengung zu schützen, er haftet aber auch für Beschädigungen des Lehrlings infolge lehrvertragswidriger Verwendung (Urt. des bayr. obersten LG. in Zivils. v. 2. 1. 01). Die zur Ausbildung des Lehrlings und zum Besuche des Gottesdienstes an Sonn- und Festtagen erforderliche Zeit und Gelegenheit darf der Arbeitgeber ihm nicht entziehen. Übermäßige und unanständige Züchtigungen, sowie jede die Gesundheit des Lehrlings gefährdende Behandlung sind verboten.

Der Lehrling ist der väterlichen Zucht des Lehrherrn unterworfen und dem Lehrherrn sowie demjenigen, welcher an Stelle des Lehrherrn die Ausbildung zu leiten hat, zu Folgsamkeit und Treue, zu Fleiß und anständigem Betragen verpflichtet.

Das Lehrverhältnis kann, wenn eine längere Frist nicht vereinbart ist, während der ersten vier Wochen nach Beginn der Lehrzeit durch einseitigen

Rücktritt aufgelöst werden. Eine Vereinbarung, wonach diese Probezeit mehr als drei Monate betragen soll, ist nichtig. Nach Ablauf der Probezeit kann der Lehrling vor Beendigung der verabredeten Lehrzeit aus den gleichen Gründen entlassen werden, aus denen eine fristlose Kündigung und Entlassung von Arbeitern dem Arbeitgeber gestattet ist. Das gleiche gilt, wenn er den ihm obliegenden Pflichten nicht nachkommt oder den Besuch der Fortbildungsschule oder Fachschule vernachlässigt.

Wird der Lehrling ohne Grund entlassen, so bemessen sich seine Ansprüche nach § 326 BGB. Der Lehrherr kann jedoch die Entlassung rückgängig machen. Ist der Lehrling jedoch schon zur Zeit der Eingehung des Vertrages vollkommen unfähig zur Erlernung des Gewerbes, so ist der Lehrvertrag ungültig (RG. vom 2. 12. 79).

Von seiten des Lehrlings kann das Lehrverhältnis aufgelöst werden, wenn diejenigen Gründe vorliegen, die auf S. 365/6 für Gesellen und Gehilfen in den Ziffern 1, 3—5 vorliegen, oder wenn der Lehrherr seine gesetzlichen Verpflichtungen gegen den Lehrling in einer die Gesundheit, die Sittlichkeit oder die Ausbildung des Lehrlings gefährdenden Weise vernachlässigt oder das Recht der väterlichen Zucht mißbraucht oder zur Erfüllung der ihm vertragsmäßig obliegenden Verpflichtungen unfähig wird, namentlich wenn ihm die bürgerlichen Ehrenrechte aberkannt werden.

Der Lehrvertrag wird durch den Tod des Lehrlings aufgehoben. Durch den Tod des Lehrherrn gilt der Lehrvertrag als aufgehoben, sofern die Aufhebung binnen vier Wochen geltend gemacht wird.

Die Beendigung des Lehrverhältnisses hat der Lehrherr dem Lehrling unter Angabe des Gewerbes, in welchem der Lehrling unterwiesen worden ist, über die Dauer der Lehrzeit und die während derselben erworbenen Kenntnisse und Fertigkeiten sowie über sein Betragen ein Zeugnis auszustellen, welches von der Gemeindebehörde kosten- und stempelfrei zu beglaubigen ist.

Streitigkeiten wegen Ausstellung des Lehrzeugnisses entscheiden die Arbeitsgerichte. Sofern der Lehrherr einer Innung angehört, ist diese nach der GO. zur Entscheidung von Streitigkeiten zwischen Lehrherr und Lehrling zuständig.

Neben der Verpflichtung zur Ausstellung des Lehrzeugnisses liegt dem Lehrherrn auch noch die Ausfüllung des Arbeitsbuches des minderjährigen Arbeiters gemäß § 111 GO., also auch für den Lehrling ob. Hingegen kommt ein Arbeitszeugnis für den Lehrling nicht in Betracht. Die Ausstellung des Zeugnisses hat der Lehrherr zu bewirken, gleichgültig ob es der Lehrling verlangt oder nicht, und zwar bei rechtmäßiger Beendigung des Lehrlingsverhältnisses, sei es durch einseitige Auflösung während der Probezeit oder bei den gesetzlich zulässigen Fällen, sei es bei Auflösung wegen fristloser Kündigung des Lehrlings durch den Arbeitgeber, oder durch beiderseitiges Einverständnis oder durch Ablauf der Lehrzeit. Das Zeugnis kann nicht durch den mit der Anleitung des Lehrlings beauftragten Gehilfen oder Werkmeister ausgestellt werden. Im Falle der Verweigerung oder unvollständigen oder wahrheitswidrigen Ausstellung des Zeugnisses wird der Lehrherr mit Geldstrafe bis zu 150 RM. und im Unvermögensfalle mit Haft bis zu vier Wochen bestraft. Im Falle des Verschuldens haftet der Lehrherr zivilrechtlich gemäß § 276 BGB. dem Lehrling für den ihm erwachsenen Schaden.

Verläßt der Lehrling in einem durch das Gesetz nicht vorgesehenen Falle ohne Zustimmung des Lehrherrn die Lehre, so kann der Lehrherr den Anspruch auf Rückkehr des Lehrlings nur geltend machen, wenn der Lehrvertrag schriftlich und ordnungsgemäß abgeschlossen ist. Ist ein schriftlicher Lehrvertrag nicht oder nicht ordnungsgemäß geschlossen, so hat der Lehrherr auch keinen Entschädigungsanspruch. Sein einziges Zwangsmittel gegenüber dem entlaufenen Lehrling ist die Zurückbehaltung des Arbeitsbuches (Urt. des pr. OVG. v. 2. 6. 02). Der Anspruch auf Entschädigung muß innerhalb vier Wochen nach Auflösung des Lehrverhältnisses im Wege der Klage oder Einrede geltend gemacht sein. Ein Brief genügt nicht. In bestimmten Fällen (in den Fällen des § 127b, Abs. 1 u. 4 der GO.) kann der Anspruch nur geltend gemacht werden, wenn dieses im Lehrvertrag unter Festsetzung der Art und Höhe der Entschädigung vereinbart ist.

Die Polizeibehörde kann in diesem Falle auf Antrag des Lehrherrn den Lehrling anhalten, so lange in der Lehre zu verbleiben, als durch gerichtliches Urteil das Lehrverhältnis nicht für aufgelöst erklärt ist, oder dem Lehrling durch einstweilige Verfügung eines Gerichtes gestattet ist, der Lehre fernzubleiben. Der Antrag ist nur zulässig, wenn er binnen einer Woche nach dem Austritte des Lehrlings gestellt ist. Diese Frist bezieht sich nur auf den bei der Polizeibehörde zu stellenden Antrag. Wird die Frist versäumt, so hat die Polizeibehörde den Antragsteller auf den Rechtsweg zu verweisen (Urt. d. pr. OVG. v. 9. 2. 11).

Im Falle unbegründeter Weigerung der Rückkehr hat die Polizeibehörde den Lehrling zwangsweise zurückführen zu lassen oder durch Androhung von Geldstrafe bis zu 50 RM. oder Haft bis zu 5 Tagen zur Rückkehr anzuhalten.

Gibt der Lehrling oder bei Minderjährigkeit der gesetzliche Stellvertreter dem Lehrherrn die schriftliche Erklärung ab, daß er zu einem anderen Gewerbe oder anderen Beruf übergehen wird, so gilt das Lehrverhältnis spätestens nach Ablauf von vier Wochen als aufgelöst. Den Grund der Auflösung hat der Lehrherr in dem Arbeitsbuche zu vermerken, sofern es sich um nicht volljährige Arbeiter handelt. Die Eintragung hat den Zweck, den neuen Arbeitgeber darauf aufmerksam zu machen, daß während neun Monaten die Beschäftigung des Lehrlings in demselben Gewerbe unzulässig ist und nach § 150 Ziff. 2 GO. und § 148 Ziff. 10 strafbar ist. Der Lehrling darf in demselben Gewerbe von einem anderen Arbeitgeber ohne Zustimmung des früheren Lehrherrn nicht beschäftigt werden.

Wenn der Lehrherr eine im Mißverhältnisse zu dem Umfang oder der Art seines Gewerbebetriebes stehende Zahl von Lehrlingen hält und dadurch die Ausbildung der Lehrlinge gefährdet erscheint, so kann dem Lehrherrn von der unteren Verwaltungsbehörde die Entlassung eines entsprechenden Teils der Lehrlinge auferlegt und die Annahme von Lehrlingen über eine bestimmte Zahl hinaus untersagt werden. Für einzelne Gewerbszweige kann der Reichsrat eine Höchstzahl von Lehrlingen vorschreiben, auch die Landeszentralbehörde ist hierzu befugt. Der Lehrherr wird durch das Entlassungsgebot in die Zwangslage versetzt, einen Teil seiner Lehrlinge einseitig zu entlassen. Die Entschädigungsansprüche der Lehrlinge sind in diesem Falle nach GO. § 127f. zu beurteilen. Der Landeszentralbehörde ist das Recht zum Erlaß solcher Vorschriften deshalb vorbehalten, um für den Fall Vorsorge zu treffen, daß der Erlaß allgemeiner Bestimmungen nicht für das ganze Reichsgebiet, sondern nur für einzelne Bezirke als erforderlich oder zweckmäßig anerkannt werden sollte. Diese Bestimmungen richten sich hauptsächlich gegen die sogenannte Lehrlingswirtschaft.

Die Lehrzeit soll in der Regel 3 Jahre dauern; sie darf den Zeitraum von 4 Jahren nicht übersteigen. Den Lehrlingen ist Gelegenheit zu geben, sich nach Ablauf der Lehrzeit der Gesellenprüfung zu unterziehen.

Den Meistertitel in Verbindung mit der Bezeichnung eines Handwerks dürfen nur Handwerker führen, welche für dieses Handwerk die Meisterprüfung bestanden und das 24. Jahr zurückgelegt haben. Das schließt für die Industrie nicht aus, diejenigen, welche den einzelnen Werkstätten oder Abteilungen vorstehen, als „Meister" zu bezeichnen. Den Meistertitel in Verbindung mit einem Handwerk dürfen Werkmeister in Fabriken ebensowenig wie nicht befugte Handwerker führen. Der Titel „Meister" schlechtweg oder in anderen Verbindungen als mit dem Namen eines Handwerks, z. B. Maschinenmeister, Werkmeister, darf in der Industrie wie auch von nicht geprüften Handwerkern geführt werden.

Minderjährige Arbeiter.

(GO. §§ 107—114.)

Minderjährige Personen dürfen, soweit reichsgesetzlich nicht ein anderes zugelassen ist, als Arbeiter nur beschäftigt werden, wenn sie mit einem Arbeitsbuche versehen sind. Die Volljährigkeit tritt gemäß § 2 BGB. mit der Vollendung des 21. Lebensjahres ein oder mit der Volljährigkeitserklärung durch Beschluß des Vormundschaftsgerichts. Die für minderjährige Arbeiter geltenden Bestimmungen beziehen sich also auf Arbeiter vom 16. bis zum 21. Lebensjahr. Verboten ist die Beschäftigung der minderjährigen Arbeiter ohne Arbeitsbuch, nicht der Abschluß des Dienstvertrages. Dieser kann unabhängig davon gültig sein. Ist der Arbeiter beim Eintritt in das Arbeitsverhältnis nicht imstande, das Arbeitsbuch beizubringen, so darf der Arbeitgeber seine Arbeitsleistung nicht annehmen. Andernfalls setzt er sich der Gefahr aus, mit Geldstrafe bis zu 20 RM. und im Unvermögensfalle mit Haft bis zu 3 Tagen für jeden Fall der Verletzung bestraft zu werden. Bei der Annahme solcher Arbeiter hat der Arbeitgeber das Arbeitsbuch einzufordern. Er darf dasselbe nicht in den Händen des Arbeiters oder seiner Angehörigen belassen. Der Arbeitgeber wird nicht straflos, wenn er nachweist, daß er das Arbeitsbuch „gefordert" hat. Er muß sich unbedingt in den Besitz desselben setzen. Unter Annahme ist der Eintritt in das Dienstverhältnis zu verstehen. Der Arbeitgeber ist verpflichtet, das Arbeitsbuch zu verwahren, auf amtliches Verlangen vorzulegen und nach rechtmäßiger Lösung des Arbeitsverhältnisses wieder auszuhändigen. Die Pflicht zur Wiederaushändigung des Arbeitsbuches tritt erst nach rechtmäßiger Lösung des Arbeitsverhältnisses ein. Verläßt der Arbeiter vertragswidrig gegen den Willen des Arbeitgebers den Dienst, so ist letzterer berechtigt, das Arbeitsbuch zurückzuhalten. Der Arbeiter ist dann gehindert, in ein anderes Arbeitsverhältnis einzutreten. Unter „Aushändigen" wird die Übergabe an den persönlich sich beim Arbeitgeber oder beim Stellvertreter meldenden Arbeiter oder dessen gesetzlichen Vertreter verstanden. Die Aushändigung hat an den gesetzlichen Vertreter auf dessen Verlangen zu erfolgen, in jedem Falle aber an ihn, wenn der Arbeiter das 16. Lebensjahr noch nicht vollendet hat, andernfalls an den Arbeiter selbst. Mit Genehmigung der Gemeindebehörde kann die Aushändigung des Arbeitsbuches auch an die zur gesetzlichen Vertretung nicht berechtigte Mutter oder einen sonstigen Angehörigen oder unmittelbar an den Arbeiter erfolgen.

Das Arbeitsbuch wird dem Arbeiter durch die Polizeibehörde desjenigen Ortes kostenfrei und stempelfrei ausgestellt, an dem er zuletzt seinen dauernden Aufenthalt gehabt hat, wenn aber ein solcher im Gebiete des Deutschen Reiches nicht stattgefunden hat, von der Polizeibehörde des von ihm zuerst erwählten deutschen Arbeitsortes. Die Ausstellung erfolgt auf Antrag oder mit Zustimmung des gesetzlichen Vertreters, im Notfall durch die Gemeindebehörde. Vor der Ausstellung muß der Arbeiter nachweisen, daß er zum Besuche der Volksschule nicht mehr verpflichtet ist, und er muß glaubhaft machen, daß ein Arbeitsbuch bisher für ihn noch nicht ausgestellt war.

Wenn das Arbeitsbuch vollständig ausgefüllt oder nicht mehr brauchbar oder wenn es verloren gegangen oder vernichtet ist, so wird an Stelle desselben ein neues Arbeitsbuch ausgestellt. Hierfür ist ein Antrag oder die Zustimmung des gesetzlichen Vertreters nicht erforderlich. Liegt Grund zur Annahme vor, daß der Arbeiter das Arbeitsbuch vorsätzlich unbrauchbar gemacht oder vernichtet hat, so tritt Geldstrafe bis zu 20 RM., gegebenenfalls Haft bis zu 3 Tagen ein. Das ausgefüllte oder nicht mehr brauchbare Arbeitsbuch ist durch einen amtlichen Vermerk zu schließen. Als „unbrauchbar geworden" ist auch ein verloren gegangenes und später nach Ausstellung eines neuen wiedergefundenes Arbeitsbuch anzusehen.

Das Arbeitsbuch muß den Namen des Arbeiters, Ort, Jahr und Tag seiner Geburt, Namen und letzten Wohnort seines gesetzlichen Vertreters und die Unterschrift des Arbeiters enthalten. Die Ausstellung erfolgt unter dem Siegel und der Unterschrift der Behörde.

Bei dem Eintritte des Arbeiters in das Arbeitsverhältnis hat der Arbeitgeber an der dafür bestimmten Stelle des Arbeitsbuches die Zeit des Eintritts und die Art der Beschäftigung, am Ende des Arbeitsverhältnisses die Zeit des Austritts, und wenn die Beschäftigung Änderungen erfahren hat, die Art der letzten Beschäftigung des Arbeiters einzutragen. Dies gilt auch für den bevollmächtigten Betriebsleiter. Die Unterlassung oder Verweigerung der Eintragungen, die Vornahme unrichtiger oder unzulässiger Eintragungen ist strafbar. Die Eintragungen sind mit Tinte zu bewirken und von dem Arbeitgeber oder dem bevollmächtigten Betriebsleiter zu unterzeichnen. Die Eintragungen dürfen nicht mit einem Merkmale versehen sein, welches den Inhaber des Arbeitsbuches günstig oder nachteilig zu kennzeichnen bezweckt. Die Eintragung eines Urteils über die Führung oder die Leistungen des Arbeiters und sonstige nicht vorgesehene Eintragungen oder Vermerke im Arbeitsbuche sind unzulässig.

Ist das Arbeitsbuch bei dem Arbeitgeber unbrauchbar geworden, verloren gegangen oder vernichtet, oder wird von dem Arbeitgeber die Aushändigung desselben ohne rechtmäßigen Grund verweigert, so kann der Arbeiter die Ausstellung eines neuen Arbeitsbuches auf Kosten des Arbeitgebers beanspruchen. Für die Unterlassung seiner Pflichten hinsichtlich des Arbeitsbuches ist der Arbeitgeber dem Arbeiter entschädigungspflichtig. So kann der Arbeiter z. B. Entschädigung dafür verlangen, daß er ohne den Besitz seines Arbeitsbuches bei keinem anderen Arbeitgeber Beschäftigung gefunden hat; jedoch muß er den Anspruch auf Entschädigung innerhalb vier Wochen nach seiner Entstehung durch Klage oder Einrede geltend machen.

Die Ausstellung und die Aushändigung des Zeugnisses, das den gewerblichen Arbeitern allgemein beim Abgang hinsichtlich der Art und Dauer ihrer Beschäftigung zusteht, kann beim minderjährigen Arbeiter vom gesetzlichen Vertreter gefordert werden; jedoch kann mit Genehmigung der Gemeindebehörde die Aushändigung unmittelbar auch gegen den Willen des gesetzlichen Vertreters an den Arbeiter erfolgen. Auf Antrag des Arbeiters hat die Ortspolizeibehörde die Eintragung in das Arbeitsbuch und das ihm etwa ausgestellte Zeugnis kosten- und stempelfrei zu beglaubigen.

Die Gewerbeunternehmer sind verpflichtet, ihren Arbeitern unter 18 Jahren, die eine von der Gemeindebehörde oder vom Staate als Fortbildungsschule anerkannte Unterrichtsanstalt besuchen, hierzu die erforderlichenfalls von der zuständigen Behörde festzusetzende Zeit zu gewähren. Diese Bestimmung bezieht sich sowohl auf männliche wie auf weibliche Arbeiter.

Werden Arbeiter unter 18 Jahren beschäftigt, so sind die Gewerbeunternehmer verpflichtet, bei der Einrichtung der Betriebsstätte und bei der Regelung des Betriebes diejenigen besonderen Rücksichten auf Gesundheit und Sittlichkeit zu nehmen, welche durch das Alter dieser Arbeiter geboten sind.

Jugendliche Arbeiter, Arbeiterinnen.

Kinder unter 13 Jahren dürfen nicht beschäftigt werden. Kinder über 13 Jahre dürfen nur beschäftigt werden, wenn sie nicht mehr zum Besuche der Volksschule verpflichtet sind.

Die Beschäftigung von Kindern unter 14 Jahren darf die Dauer von 6 Stunden täglich nicht überschreiten.

Junge Leute zwischen 14 und 16 Jahren dürfen nicht länger als 10 Stunden täglich beschäftigt werden.

Diese Bestimmungen gelten für die Betriebe, in denen in der Regel mindestens 10 Arbeiter beschäftigt werden. Jedoch gelten sie auch für Motorwerkstätten mit weniger als 10 Arbeitern.

Die Aufsicht über den Vollzug der obigen Bestimmungen ist neben den ordentlichen Polizeibehörden besonderen Gewerbeaufsichtsbeamten übertragen und bildet einen erheblichen Teil ihrer Tätigkeit.

Die Arbeitsstunden der jugendlichen Arbeiter (von 13—16 Jahren) dürfen nicht vor 6 Uhr morgens beginnen und nicht über 8 Uhr abends dauern. Hierdurch ist die Nachtarbeit jugendlicher Arbeiter in der Regel verboten.

Zwischen den Arbeitsstunden müssen an jedem Arbeitstage regelmäßige Pausen gewährt werden. Der Vorschrift des Gesetzes wird nicht genügt, wenn statt Gewährung der Pausen die Beschäftigungsdauer entsprechend gekürzt und der Beginn der Beschäftigung am Vormittag um eine halbe Stunde hinausgerückt wird oder die jugendlichen Arbeiter am Nachmittag früher aus der Arbeit entlassen werden (RG. vom 28. 10. 1890).

Für jugendliche Arbeiter, welche nur 6 Stunden täglich beschäftigt werden, muß die Pause mindestens ½ Stunde betragen. Fällt die 6stündige Beschäftigung der jugendlichen Arbeiter teils in die Vormittags-, teils in die Nachmittagszeit, so wird dem Gesetze durch eine ½stündige Mittagspause genügt. Es ist hingegen unstatthaft, die ½stündige Pause durch zwei ¼stündige oder mehrere noch kleinere Pausen zu ersetzen.

Den übrigen jugendlichen Arbeitern muß mindestens mittags eine 1stündige, sowie vormittags und nachmittags je eine ½stündige Pause gewährt werden; eine Vor- und Nachmittagspause braucht jedoch nicht gewährt zu werden, sofern die jugendlichen Arbeiter täglich nicht länger als 8 Stunden beschäftigt werden und die Dauer ihrer durch eine Pause nicht unterbrochenen Arbeitszeit am Vor- und Nachmittage je 4 Stunden nicht übersteigt. Die 1stündige Mittagspause und die ½stündigen Vor- und Nachmittagspausen müssen jede ununterbrochen gewährt werden. Die Pausen sind möglichst gleichmäßig auf die Arbeitszeit zu verteilen.

Während der Pausen darf den jugendlichen Arbeitern eine Beschäftigung in dem Betrieb überhaupt nicht und der Aufenthalt in den Arbeitsräumen nur dann gestattet werden, wenn in denselben diejenigen Teile des Betriebes, in welchen jugendliche Arbeiter beschäftigt sind, für die Zeit der Pausen völlig eingestellt werden oder wenn der Aufenthalt im Freien nicht tunlich und andere geeignete Aufenthaltsräume ohne unverhältnismäßige Schwierigkeiten nicht beschafft werden können. Aus dieser Bestimmung erwächst dem Arbeitgeber nicht nur die Pflicht, den jugendlichen Arbeitern keine Beschäftigung während der Pausen anzuweisen, sondern sie verpflichtet ihn außerdem, darüber zu wachen, daß die jugendlichen Arbeiter nicht etwa freiwillig während der Pausen fortarbeiten oder von älteren Arbeitern beschäftigt werden (RG. vom 27. März 1884). Als „Beschäftigung" gilt hier schon die bloße Bereitschaft, zufolge deren der Arbeiter sich bereithalten muß, um jeden Augenblick auf Verlangen eingreifen zu können.

Nach Beendigung der täglichen Arbeitszeit ist den jugendlichen Arbeitern eine ununterbrochene Ruhezeit von mindestens 11 Stunden zu gewähren.

An Sonn- und Festtagen sowie während der von dem ordentlichen Seelsorger für den Katechumenen- und Konfirmanden-, Beicht- und Kommunion-Unterricht bestimmten Stunden dürfen jugendliche Arbeiter nicht beschäftigt werden.

Arbeiterinnen dürfen nicht in der Nachtzeit von 8 Uhr abends bis 6 Uhr morgens, und am Sonnabend sowie an Vorabenden der Festtage nicht nach 5 Uhr nachmittags beschäftigt werden. Diese Bestimmung bezieht sich auf Betriebe mit regelmäßig mindestens 10 Arbeitern. Unter Arbeiterinnen sind alle Arten von Arbeiterinnen mit Ausnahme derjenigen zu verstehen, welche eine leitende oder Aufsichtsstellung einnehmen oder mit höheren technischen Dienstleistungen betraut sind.

Mit dem Verbot, Arbeiterinnen am Sonnabend sowie am Vorabend der Festtage nach 5 Uhr in den Fabriken zu beschäftigen, wird für die erwachsenen Arbeiterinnen die Förderung des Familienlebens und größere Freihaltung der Sonn- und Festtage von Arbeiten bezweckt, welche außerhalb der eigentlichen Betriebszeit vorzunehmen sind, für die jugendlichen Arbeiterinnen außerdem die Gewinnung freier Zeit für die Ausbildung in den weiblichen Hand- und Hausarbeiten.

Die Beschäftigung von Arbeiterinnen darf die Dauer von 10 Stunden täglich, an den Vorabenden der Sonn- und Festtage von 8 Stunden nicht überschreiten. Hierbei bedeutet das Wort „täglich" „an jedem einzelnen Tage", nicht etwa im Durchschnitt.

Zwischen Arbeitsstunden muß den Arbeiterinnen eine mindestens 1stündige Pause gewährt werden. Es ist nicht notwendig, daß sie allen Arbeiterinnen eines Betriebes zu gleicher Zeit gewährt wird (Urt. des Kammerger. vom 18. Oktober 1906). Sie muß in die Mittagszeit fallen, braucht aber nicht gerade um 12 Uhr zu beginnen. Sie muß ununterbrochen mindestens 1 Stunde dauern. Der Arbeitgeber hat dafür zu sorgen, daß während der Pause jegliche Fabrikarbeit weiblicher Arbeiterinnen unterbleibt (RG. vom 1. April 1895 und 8. April 1905). Bei erwachsenen Arbeiterinnen, die nur vormittags oder nur nachmittags beschäftigt werden, kann die Mittagspause fortfallen.

Nach Beendigung der täglichen Arbeitszeit ist den Arbeiterinnen eine ununterbrochene Ruhezeit von mindestens 11 Stunden zu gewähren.

Arbeiterinnen, welche ein Hauswesen zu besorgen haben, sind auf ihren Antrag ½ Stunde vor der Mittagspause zu entlassen, sofern diese nicht mindestens 1½ Stunde beträgt. Der Arbeitgeber, der einem solchen Antrage nicht stattgibt, wird gesetzlich bestraft. Verträge, durch die eine Arbeiterin von vornherein bei Eingehung des Arbeitsvertrages auf dieses Recht verzichtet, sind nichtig (§ 134 BGB.).

Arbeiterinnen dürfen vor und nach ihrer Niederkunft im ganzen während 8 Wochen nicht beschäftigt werden. Ihr Wiedereintritt ist an den Ausweis geknüpft, daß seit ihrer Niederkunft wenigstens 6 Wochen verflossen sind. Der Arbeitgeber kann die Arbeiterin einige Zeit vor der bevorstehenden Niederkunft beurlauben; in diesem Falle aber darf er sie keinesfalls vor Ablauf von 6 Wochen nach der Niederkunft wieder in Beschäftigung nehmen. Der Arbeitgeber darf sich nicht mit der alleinigen Angabe der Arbeiterin begnügen, sondern hat einen Ausweis über den Tag der Niederkunft sich vorlegen zu lassen.

Arbeiterinnen dürfen nicht in Kokereien und nicht zur Beförderung von Materialien bei Bauten aller Art verwendet werden. Kokereien sind Anstalten, in welchen die Herstellung von Koks als Haupterzeugnis erfolgt; Leuchtgasanstalten, in welchen Koks als Nebenprodukt erzeugt wird, fallen nicht darunter.

Die Aufsicht über den Vollzug dieser Bestimmungen liegt neben den ordentlichen Polizeibehörden den besonderen Gewerbeaufsichtsbeamten ob. Zuwiderhandlungen gegen diese Bestimmungen werden mit Geldstrafe bis zu 2000 RM. und im Unvermögensfalle mit Gefängnis bis zu 6 Monaten bestraft.

Arbeiterinnen und jugendlichen Arbeitern darf für die Tage, an welchen sie in dem Betriebe die gesetzlich zulässige Arbeitszeit hindurch beschäftigt werden, Arbeit zur Verrichtung außerhalb des Betriebes vom Arbeitgeber überhaupt nicht übertragen oder für Rechnung Dritter überwiesen werden.

Für die Tage, an welchen die Arbeiterinnen oder jugendlichen Arbeiter in dem Betriebe kürzere Zeit beschäftigt waren, ist diese Übertragung oder Überweisung nur in dem Umfange zulässig, in welchem Durchschnittsarbeiter ihrer Art die Arbeit voraussichtlich in dem Betriebe während des Restes der gesetzlich zulässigen Arbeitszeit würden herstellen können, und für Sonn- und Festtage überhaupt nicht.

Sollen Arbeiterinnen oder jugendliche Arbeiter beschäftigt werden, so hat der Arbeitgeber vor dem Beginn der Beschäftigung der Ortspolizeibehörde eine schriftliche Anzeige zu machen. Welche Behörde als Ortspolizeibehörde zu gelten hat, wird von der Landeszentralbehörde bekannt gemacht. In Preußen ist diejenige Behörde zuständig, welcher die Verwaltung der örtlichen Polizei obliegt, in Bayern die Bürgermeister und Magistrate und in München die Polizeidirektion; für Bergwerke, unterirdisch betriebene Brüche oder Gruben die zuständige Berginspektion, in Sachsen die Polizeidirektion, Bürgermeister, Gemeindevorstände und Gutsvorsteher, in Württemberg die Ortsvorsteher, in Baden die Ortspolizeibehörde, in Hessen die Bürgermeistereien.

In der Anzeige sind der Betrieb, die Wochentage, an welchen die Beschäftigung stattfinden soll, Beginn und Ende der Arbeitszeit und der Pausen sowie die Art der Beschäftigung anzugeben. Die Namen der einzelnen Kinder, jugendlichen Arbeiter und Arbeiterinnen brauchen in der Anzeige nicht angegeben zu werden. Eine Änderung hierin darf, abgesehen von Verschiebungen, welche durch Ersetzung behinderter Arbeiter für einzelne Arbeitsschichten notwendig werden, nicht vor der entsprechenden weiteren Anzeige an die Behörde erfolgen. Es darf also, wenn z. B. die Mittagspause für Arbeiterinnen von 12—1 Uhr festgesetzt ist, dieselbe nicht ohne vorherige Anzeige verlegt werden (RG. vom 6. Dezember 1924 und 21. November 1901).

In jedem Betriebe hat der Arbeitgeber dafür zu sorgen, daß in denjenigen Räumen, in welchen jugendliche Arbeiter beschäftigt werden, an einer in die Augen fallenden Stelle ein Verzeichnis der jugendlichen Arbeiter mit der Angabe ihrer Arbeitstage sowie des Beginns und Endes ihrer Arbeitszeit und der Pausen ausgehängt ist. Der Zweck dieser Verzeichnissen ist, den Aufsichtsbeamten die Prüfung darüber zu erleichtern, ob die gesetzlichen Bestimmungen über die Beschäftigung jugendlicher Arbeiter von dem Arbeitgeber eingehalten werden. Das Verzeichnis ist in jedem Arbeitsraum aufzuhängen, in welchem jugendliche Arbeiter beschäftigt werden. Das Aufhängen im Büro genügt also nicht (RG. 20. Juni 1884).

Ebenso hat der Arbeitgeber dafür zu sorgen, daß in den betreffenden Räumen eine Tafel aufgehängt ist, welche in der von der Zentralbehörde zu bestimmenden Fassung und in deutlicher Schrift einen Auszug aus den Bestimmungen über die Beschäftigung der Arbeiterinnen und jugendlichen Arbeiter enthält. In Preußen ist die Zentralbehörde der Minister für Handel und Gewerbe, in Bayern das Staatsministerium, in Sachsen und Württemberg, in Baden, Hessen das Ministerium des Innern.

Wegen außergewöhnlicher Häufung der Arbeit kann auf Antrag des Arbeitgebers die untere Verwaltungsbehörde (meistens der Gewerbeinspektor) auf die Dauer von zwei Wochen die Beschäftigung von Arbeiterinnen über 16 Jahre bis 9 Uhr abends, an den Wochentagen außer Sonnabend unter der Voraussetzung gestatten, daß die tägliche Arbeitszeit 12 Stunden nicht überschreitet und die ununterbrochene Ruhezeit nicht weniger als 10 Stunden beträgt. Diese

Erlaubnis darf im Jahre für eine Abteilung des Betriebes nicht über mehr als 40 Tage hinaus gegeben werden.

Diese Bestimmung bezieht sich auf die Überarbeit bei sogenannten „Saison“-Industrien oder Industrien mit „Campagne“-Zeiten. Die Überarbeit wird gestattet, wenn und soweit eine verstärkte Nachfrage vorliegt, für deren Befriedigung nicht in der stillen Zeit des Jahres vorausgearbeitet werden konnte.

Für alle Betriebe, die nicht zu den Saison-Industrien gehören, wird die Überarbeit nur gestattet, wenn die außergewöhnliche Arbeitshäufung nicht vorherzusehen war oder durch wichtige wirtschaftliche Gründe gerechtfertigt wird. Als solche Gründe gelten u. a.:

1. die Gefahr eines Verderbens oder einer Verschlechterung der zu verarbeitenden Stoffe;
2. die Rücksicht auf Beförderungsgelegenheiten, z. B. bei frühzeitigem Schluß der Schiffahrt wegen plötzlich eintretenden Frostes, oder bei unregelmäßiger Gestellung von Eisenbahnwagen;
3. die Rücksicht auf öffentliche Interessen, wenn z. B. für die Heeresverwaltung große Lieferungen von Munition und Ausrüstungsgegenständen ausgeführt werden müssen;
4. die Unmöglichkeit der Einhaltung von Lieferungsfristen wegen nicht vorherzusehender Hindernisse;
5. die Befriedigung unaufschiebbarer Bestellungen, wenn diese nicht von anderen erfolgen kann.

Die Übernahme zu großer Bestellungen, deren Nichtbewältigung innerhalb der vereinbarten Lieferungsfrist von dem Arbeitgeber vorausgesehen werden konnte, ist kein Grund zur Genehmigung der Überarbeit.

Für eine zwei Wochen übersteigende Dauer kann die gleiche Erlaubnis nur von der höheren Verwaltungsbehörde für die Zeit von 40—50 Tagen im Jahre und nur dann erteilt werden, wenn die Arbeitszeit für den Betrieb oder die betreffende Abteilung des Betriebes derart geregelt wird, daß die tägliche Dauer im Durchschnitt der Betriebstage des Jahres die regelmäßige gesetzliche Arbeitszeit nicht überschreitet.

Wenn Naturereignisse oder Unglücksfälle den regelmäßigen Betrieb einer Anlage unterbrochen haben, so können Ausnahmen auf die Dauer von 4 Wochen durch die höhere Verwaltungsbehörde, auf längere Zeit durch den Reichskanzler zugelassen werden. In dringenden Fällen solcher Art, sowie zur Verhütung von Unglücksfällen kann die untere Verwaltungsbehörde solche Ausnahmen bis zu 14 Tagen gestatten.

Einen Anspruch auf Bewilligung solcher Ausnahmen hat der Arbeitgeber in keinem Falle.

Nach § 139a der Gewerbeordnung ist die Reichsregierung mit Zustimmung des Reichsrates ermächtigt, die Verwendung von Arbeiterinnen sowie jugendlichen Arbeitern für gewisse Gewerbezweige, die mit besonderen Gefahren für die Gesundheit oder die Sittlichkeit verbunden sind, gänzlich zu untersagen oder von besonderen Bedingungen abhängig zu machen. Andererseits kann er bei vermehrtem Arbeitsbedürfnis für einzelne Gewerbezweige Ausnahmen der gesetzlichen Vorschriften zulassen.

Das Kinderschutzgesetz.

(Gesetz betreffend Kinderarbeit in gewerblichen Betrieben vom 30. März 1903.)

Zum Schutze der Gesundheit der Kinder sind für Betriebe die als gewerbliche im Sinne der Gewerbeordnung anzusehen sind neben den reichsrechtlichen Vorschriften eine Reihe von Bestimmungen getroffen worden.

Als Kinder im Sinne des Gesetzes gelten Knaben und Mädchen unter dreizehn Jahren, sowie solche Knaben und Mädchen über dreizehn Jahre, welche noch zum Besuche der Volksschule verpflichtet sind.

Bei Bauten aller Art, bei Ziegeleien, Brüchen und Gruben und einer Reihe von Werkstätten, die in besonderem Verzeichnis als Anlage zum Kinderschutzgesetz angeführt sind, dürfen Kinder nicht beschäftigt werden. Es handelt sich hierbei meistens um Betriebe, die nachteilig auf die Gesundheit der Kinder einwirken können. Handelt es sich um Betriebe, bei denen eine solche nachteilige Einwirkung nicht anzunehmen ist, so ist die Altersgrenze für die Beschäftigung von Kindern mit zwölf Jahren gezogen; jedoch dürfen Kinder über 12 Jahre nicht in der Zeit zwischen 8 Uhr abends und 8 Uhr morgens und nicht vor dem Vormittagsunterricht beschäftigt werden. Die Beschäftigung darf nicht länger als 3 Stunden und während der behördlich bestimmten Schulferien nicht länger als 4 Stunden täglich dauern. Um Mittag ist den Kindern eine mindestens zweistündige Pause zu gewähren. Am Nachmittag darf die Beschäftigung erst eine Stunde nach beendetem Unterricht beginnen.

An Sonn- und Festtagen dürfen Kinder in Werkstätten nicht beschäftigt werden.

Sollen Kinder beschäftigt werden, so hat der Arbeitgeber vor dem Beginn der Beschäftigung der Ortspolizeibehörde eine schriftliche Anzeige zu machen. In der Anzeige sind die Betriebsstelle des Arbeitgebers sowie die Art des Betriebes anzugeben. Auf eine gelegentliche Beschäftigung der Kinder mit Einzeldienstleistungen findet dies keine Anwendung. Jedoch ist die Beschäftigung erst dann gestattet, wenn dem Arbeitgeber von der Ortspolizeibehörde eine Arbeitskarte ausgehändigt ist. Die Arbeitskarten werden auf Antrag oder mit Zustimmung des gesetzlichen Vertreters durch die Ortspolizeibehörde desjenigen Ortes kosten- und stempelfrei ausgestellt, an welchem das Kind zuletzt seinen dauernden Aufenthaltsort gehabt hat. Die Karten haben den Namen, Tag und Jahr der Geburt des Kindes, sowie Namen und Stand und letzten Wohnort des gesetzlichen Vertreters zu enthalten.

Der Arbeitgeber hat die Arbeitskarte zu verwahren, auf amtliches Verlangen vorzulegen und nach rechtmäßiger Lösung des Arbeitsverhältnisses dem gesetzlichen Vertreter wieder auszuhändigen.

Bei Streitigkeiten über die Arbeitskarten sind die Arbeitsgerichte zuständig.

Die Verletzung der obigen Vorschriften wird mit Geldstrafen von 3 bis 10000 RM., im Falle gewohnheitsmäßiger Zuwiderhandlung mit Gefängnis bestraft (Nachtragsverordnung).

Strafbestimmungen.

Maßgebend für die bei Verstoß gegen die Gewerbeordnung erlassenen Strafvorschriften ist das Gerichtsverfassungsgesetz, namentlich bezüglich der

Zuständigkeit des Amtsrichters, des Schöffengerichtes und der Strafkammer (RGBl. 1924 I, S. 299). Die Höhe der Geldstrafen ist in der Verordnung über Vermögensstrafen und Bußen vom 6. Februar 1924 (RGBl. I S. 44) geregelt.

Bei Übertretung kann auch die Ortspolizeibehörde durch Verfügung die Strafe festsetzen. Höchstmaß ist Haft bis 14 Tagen oder Geldstrafe und Haft für die nicht beitreibbare Geldstrafe. StPO. (RGBl. 1924 I S. 322). §§ 413—418.

Grundsätzlich bestimmt der § 143 der GO.: Die Berechtigung zum Gewerbebetriebe kann, abgesehen von den in den Reichsgesetzen vorgesehenen Fällen ihrer Entziehung, weder durch richterliche noch verwaltungsrechtliche Entscheidung entzogen werden. Ausnahmen von diesem Grundsatze, welche durch die Steuergesetze begründet sind, bleiben solange aufrechterhalten, als diese Steuergesetze in Kraft bleiben.

Zuwiderhandlungen der Gewerbetreibenden gegen die Bestimmungen der Gewerbeordnung und des Kinderschutzgesetzes und des Haltens von Lehrlingen werden streng bestraft.

Mit Geldstrafe und im Unvermögensfalle mit Gefängnis bis zu 6 Monaten werden bestraft:

1. Gewerbetreibende, welche gegen die Bestimmungen über Berechnung und Auszahlung der Löhne in Reichswährung und bar verstoßen;

2. Gewerbetreibende, welche den Bestimmungen über die Beschäftigung von Kindern, Arbeiterinnen und jugendlichen Arbeitern zuwiderhandeln und gegen die Bestimmungen über Schutzvorrichtungen, Schutzmaßnahmen Arbeitszeit, Nachtruhe oder Pausen verstoßen;

3. Gewerbetreibende, welche die Arbeitsbücher mit geheimen Merkmalen versehen.

Im Wiederholungsfalle treten Strafverschärfungen ein (GO. § 146).

Mit Geldstrafe, im Unvermögensfalle mit Haft, wird bestraft, wer den Anordnungen zuwider Arbeiter an Sonn- und Festtagen beschäftigt (§ 146a).

Mit Geldstrafe und im Unvermögensfalle mit Haft wird bestraft:

1. wer den selbständigen Betrieb eines stehenden Gewerbes, zu dessen Beginn eine besondere polizeiliche Genehmigung (Konzession) erforderlich ist, ohne die vorschriftsmäßige Genehmigung unternimmt oder fortsetzt oder von den in der Genehmigung festgesetzten Bedingungen abweicht.

2. Wer eine gewerbliche Anlage, zu der mit Rücksicht auf die Lage oder Beschaffenheit der Betriebsstätte oder des Lokals eine besondere Genehmigung erforderlich ist, ohne diese Genehmigung errichtet oder die wesentlichen Bedingungen ändert, unter welchen die Genehmigung erteilt ist, oder eine wesentliche Veränderung der Betriebsstätte oder eine Verlegung des Lokals oder eine wesentliche Veränderung in dem Betriebe der Anlage vornimmt.

3. Wer den erlassenen Verfügungen über Speiseräume der Arbeiter, über Schutzmaßnahmen zur Beseitigung von Gefahren für das Leben oder die Gesundheit der Arbeiter nicht nachkommt.

4. Wer eine gewerbliche Anlage betreibt, ohne daß die dafür vorgeschriebene Arbeitsordnung erlassen ist, oder wer der endgültigen Anordnung der Behörde wegen Ersetzung oder Abänderung der Arbeitsordnung nicht nachkommt (§ 147 GO.).

Der § 148 der GO. gibt weiter an, welche Verstöße mit Geldstrafen bis zu 150 RM. und im Unvermögensfalle mit Haft bis zu 4 Wochen bestraft werden.

Kommt der Arbeitgeber den Bestimmungen der Polizeibehörde bezüglich dringend erforderlicher Aufenthalts- und Speiseräume für die Arbeiter oder bezüglich angeordneter Schutzmaßnahmen nicht nach, so setzt er sich der Gefahr aus, daß die Polizeibehörde den Betrieb ganz oder teilweise einstellt.

Die Gewerbeordnung enthält ferner in § 150 Angabe der Strafen bei ungesetzmäßiger Beschäftigung von Arbeitern, bei Nichtbefolgung der Vorschrift über Arbeitsbücher, Lehrlingsverträge, bei Verstößen gegen die Arbeitsordnung u. a. m.

Zum Schutze des Arbeitgebers bestimmt die Gewerbeordnung, daß, falls bei der Ausübung des Gewerbes polizeiliche Vorschriften von Personen übertreten werden, welche der Gewerbetreibende zur Leitung des Betriebes oder eines Teiles derselben oder zur Beaufsichtigung bestellt hatte, die Strafe diese letzteren trifft. Jedoch bleibt der Gewerbetreibende neben demselben strafbar, wenn die Übertretung mit seinem Vorwissen begangen ist, oder wenn er bei der nach den Verhältnissen möglichen eigenen Beaufsichtigung des Betriebes oder bei der Auswahl oder der Beaufsichtigung der Betriebsleiter oder Aufsichtspersonen es an der erforderlichen Sorgfalt hat fehlen lassen.

Ist an eine solche Übertretung der Verlust der Konzession geknüpft, so findet dieser nur statt, wenn die Übertretung mit Vorwissen des verfügungsfähigen Vertretenen begangen worden ist. Andernfalls ist der Gewerbetreibende nur verpflichtet, den Stellvertreter zu entlassen.

Der Ausdruck „polizeiliche Vorschriften" ist in der weitesten Bedeutung zu verstehen. Er umfaßt die Bestimmungen gewerbepolizeilicher Art, welche sich in der GO. selbst finden oder in den auf Grund der GO. erlassenen Vorschriften der Reichsverfassung, des Reichskanzlers, der zuständigen Minister oder der Landesbehörden oder in den von den zuständigen Behörden aufgestellten Konzessionsbedingungen über die Zulassung zum Gewerbebetrieb und über die Gewerbeausübung.

Das Arbeitsrecht.

Die Organisationen der Arbeitnehmer und Arbeitgeber.

Bei den Arbeitnehmern sind fünf Richtungen zu unterscheiden:

1. Die 1868 gegründeten freien (sozialistischen) Gewerkschaften, deren einzelne Zentralverbände im **Allgemeinen Deutschen Gewerkschaftsbund (ADGB)** für die Arbeiter und im **Allgemeinen freien Angestelltenbund (AfA)** für die Angestellten zusammengefaßt werden. Die freien Gewerkschaften sind dem internationalen Gewerkschaftsbund in Amsterdam angeschlossen. Beide Verbände haben ungefähr je 6 Millionen Mitglieder.

2. Die Mitte der neunziger Jahre begründeten christlichen Gewerkschaften, welche den Sozialismus ablehnen und auf christlich-nationalem Boden stehen. Spitzenverband ist der Deutsche Gewerkschaftsbund, der in den **Gesamtverband der christlichen Gewerkschaften für die Arbeiter** und den **Gesamtverband Deutscher Angestellten-Gewerkschaften (Gedag)** zerfällt. Die Mitgliederanzahl der christlichen Gewerkschaften beträgt ca. 800000, der Gedag 500000 Mit-

glieder. Dazu kommen 22 Beamtenverbände mit ca. 400000 Mitgliedern, zusammengeschlossen in den Gesamtverband Deutscher Beamtengewerkschaften.

3. Die Hirsch-Dunckerschen Gewerkvereine, nach englischem Vorbild 1869 gegründet. Sie lehnen ebenfalls den Sozialismus ab und bekennen sich zu demokratischen Grundsätzen. Die Arbeiter sind im **Verband der deutschen Gewerkvereine (Hirsch-Duncker)**, die Angestellten im **Gewerkschaftsbund der Angestellten (GdA)** vereinigt.

Diese Organisation umfaßt ca. 200000 Arbeiter, 300000 Angestellte und 126000 Beamte (meist Eisenbahner).

4. Im Gegensatz zu diesen drei Hauptrichtungen stehen die Gelben Gewerkschaften. Diese lehnen im Interesse des Wirtschaftsfriedens gewerkschaftliche Kampfmittel ab und befürworten ein Zusammengehen mit den Arbeitgebern, die sie vielfach finanziell unterstützen. Ihr Spitzenverband ist der **Nationalverband Deutscher Berufsverbände** (rund 130000 Mitglieder).

5. Die Arbeitervereine kommunistischer und syndikalistischer Richtung sind in der **Allgemeinen Arbeiterunion,** der Union der Hand- und Kopfarbeiter Deutschlands und der freien Arbeiterunion zusammengefaßt. Sie stehen völlig unter dem Einfluß der kommunistischen Partei (rund 100000 Mitglieder).

Die **Arbeitgeber** haben sich erst verhältnismäßig spät zusammengeschlossen, und zwar zu Arbeitgeberverbänden. Im Jahre 1913 entstand dann die Vereinigung der Deutschen Arbeitgeberverbände und im Jahre 1920 eine Spitzenorganisation derselben in dem **Zentralausschuß der Unternehmerverbände.** Ergänzt und erweitert sind diese durch den **Reichsverband der deutschen Industrie und den deutschen Industrie- und Handelstag.**

Das internationale Arbeitsamt in Genf.

Laut Versailler Friedensvertrag Teil XIII, Art. 387—426 (Organisation der Arbeit) und 427 ist ein ständig internationales Arbeitsamt in Genf gebildet worden mit dem Zweck, die Arbeit zu organisieren. Die Organisation der Arbeit besteht in einem ständigen internationalen Staatenverband, dessen Organe eine jährlich zusammentretende Hauptversammlung und das Arbeitsamt selbst bilden. Ein Verwaltungsrat von 32 Mitgliedern hat die Oberleitung über das Arbeitsamt. Es hat in den letzten Jahren Richtlinien und Bestimmungen u. a. über Arbeitsaufsicht, über Benutzung der Freizeit der Arbeiter, über Arbeiterschutzbestimmungen getroffen. Die wichtigste der bisher abgehaltenen internationalen Konferenzen war diejenige in Washington im Jahre 1919. Auf dieser wurde vor allem der Achtstundentag, der Frauen- und Jugendschutz und die Regelung des Arbeitsnachweises und der Arbeitslosenversicherung behandelt.

Das Arbeitszeitgesetz.

(Gesetzliche Bestimmungen über die Regelung der Arbeitszeit nach dem Gesetz vom 14. April 1927 — Arbeitszeitnotgesetz.)

Man muß bei dem Arbeitszeitgesetz ausgehen von der Arbeitszeitverordnung vom 21. Dezember 1923, welche auf der Vereinbarung beruht, die im Oktober 1923 zwischen den damaligen Regierungsparteien (Deutsche

Volkspartei bis Sozialdemokratische Partei) und der Reichsregierung getroffen wurde und nachstehenden Wortlaut hatte:

„Die schwere Not unseres Landes läßt eine Steigerung der Gütererzeugung dringend geboten erscheinen. Das wird nur unter restloser Ausnutzung der technischen Errungenschaften bei organisatorischer Verbesserung unserer Wirtschaft und emsiger Arbeit jedes Einzelnen zu erreichen sein. Neben der Steigerung der Produktion durch diese Mittel wird auch die Neuregelung der Arbeitszeitgesetze unter grundsätzlicher Festhaltung des Achtstundentages als Normalarbeitstag nicht zu umgehen sein. Dabei ist auch die Möglichkeit der tariflichen oder gesetzlichen Überschreitung der jetzigen Arbeitszeit im Interesse einer volkswirtschaftlich notwendigen Steigerung und Verbilligung der Produktion vorzusehen.

Für die öffentlichen Verwaltungen finden ähnliche Grundsätze Anwendung."

Nachdem die Arbeitszeitregelung auch durch das Washingtoner Übereinkommen in den Vordergrund internationaler Erörterungen gerückt war, machte sich eine Nachprüfung erforderlich, ob die deutsche Wirtschaftslage eine diesem Übereinkommen entsprechende gesetzliche Regelung gestatte.

Die ungünstigen Verhältnisse auf dem Arbeitsmarkte haben eine befriedigende gesetzliche Regelung bis heute trotz vieler berechtigten Klagen einzelner Industrien über zu lange Arbeitszeiten, namentlich bei der bestehenden Arbeitslosigkeit, nicht erzielen können. Mit Recht ist daher das Gesetz vom 14. April 1927 als Notgesetz bezeichnet worden. Im Vergleich zu dem alten Gesetz sind die §§ 6, 6a, 9 und 10 geändert worden. Diese Paragraphen seien hier wörtlich aufgeführt. Grundsätzlich sei jedoch noch vorher bemerkt, daß eine Erhöhung des Normalarbeitstages bis auf 10 Stunden zulässig ist durch behördliche Anordnung, durch Vereinbarung im Tarifvertrag und für 30 Mehrarbeitstage im Jahre und in Notfällen durch einseitige Bestimmung des Arbeitgebers. In dringenden Fällen des Gemeinwohls und bei Notstandsarbeiten kann sogar über 10 Stunden hinausgegangen werden. Eine Verkürzung der Arbeitszeit kann die Reichsregierung unter Zustimmung des Reichsrats für gesundheitsgefährliche Betriebe anordnen. Beginn und Ende der Arbeit sowie deren Unterbrechung wird durch die Arbeitsordnung festgelegt. Sonntagsarbeit ist in allen Betrieben verboten, jedoch bestehen für gewisse Gewerbe (Gastwirtschaften, Verkehrsgewerbe) und unter bestimmten Voraussetzungen Ausnahmen. (Vgl. S. 432.)

Besonders zu erwähnen sind die Verordnungen über die Arbeitszeit in Kokereien und Hochofenwerken vom 20. Januar 1925 (RGBl. I 5), über die Arbeitszeit in Gaswerken vom 9. Februar 1927 (RGBl. I 59), über die Arbeitszeit in Metallhütten vom 9. Februar 1927 ebendaselbst, in Stahlwerken vom 16. Juli 1927 (RGBl. I 221), in Glashütten und Glasschleifereien 9. Februar 1927 (RGBl. I 60), Verbot der Akkordarbeit und der Überschreitung des Achtstundentages in Sprengstoffabriken, Erlaß vom 25. Mai 1926. Die Arbeitszeit im Bergbau ist besonders geregelt.

Die Beaufsichtigung aller zum Schutz der Arbeitnehmer angeordneten Bestimmungen liegt den Gewerbeaufsichtsbeamten und den ordentlichen Polizeibehörden ob. Schließlich wirken bei der Durchführung des Arbeiterschutzes neben den Aufsichtsbeamten der Berufsgenossenschaften auch die

Betriebs-, Arbeiter- und Angestelltenräte mit. Mittel zur Durchsetzung des Arbeiterschutzes sind die polizeilichen Zwangsmittel und die Bestrafung des Arbeitgebers durch polizeiliche Strafverfügung.

Es folgt nunmehr, wie oben erwähnt, der Wortlaut der abgeänderten §§ 6, 6a, 9 und 10.

§ 6. 1. Soweit die Arbeitszeit nicht tariflich geregelt ist, kann auf Antrag des Unternehmers für einzelne Betriebe oder Betriebsabteilungen eine vom § 1 Satz 2 und 3 abweichende Regelung der Arbeitszeit durch den zuständigen Gewerbeaufsichtsbeamten oder Bergaufsichtsbeamten nach Anhörung der gesetzlichen Betriebsvertretung widerrechtlich zugelassen werden, sofern sie aus betriebstechnischen Gründen, insbesondere bei Betriebsunterbrechungen durch Naturereignisse, Unglücksfälle oder andere unvermeidliche Störungen, oder aus allgemein wirtschaftlichen Gründen geboten ist. Für den Bereich mehrerer Gewerbeaufsichtsämter oder Bergaufsichtsämter oder ganze Gewerbezweige oder Berufe steht die gleiche Befugnis nach Anhörung der beteiligten wirtschaftlichen Vereinigungen der Arbeitgeber und Arbeitnehmer der obersten Landesbehörde, für Fälle, die sich auf mehrere Länder erstrecken, dem Reichsarbeitsminister zu.

2. Gegen den Bescheid ist, soweit er nicht von einer obersten Reichs- oder Landesbehörde erlassen ist, jederzeit die Beschwerde an die vorgesetzte Behörde zulässig, die endgültig entscheidet. Die Beschwerde hat keine aufschiebende Wirkung.

3. War die Arbeitszeit tarifvertraglich geregelt, und ist der Tarifvertrag seit nicht mehr als drei Monaten abgelaufen, so dürfen die im Abs. 1 bezeichneten Behörden nicht längere Arbeitszeiten zulassen, als nach dem Tarifvertrag zulässig gewesen wäre.

4. Kommt nachträglich eine tarifliche Regelung zustande, so tritt diese ohne weiteres an die Stelle der behördlichen.

§ 6a 1. Wird auf Grund der §§ 3, 5, 6 oder 10 Mehrarbeit geleistet, so haben die Arbeitnehmer mit Ausnahme der Lehrlinge für die über die Grenzen des § 1 Satz 2 und 3 hinausgehende Arbeitszeit Anspruch auf eine angemessene Vergütung über den Lohn für die regelmäßige Arbeitszeit hinaus, und zwar auch dann, wenn in diesen Fällen gemäß § 9 länger als 10 Stunden gearbeitet wird. Dies gilt nicht, soweit die Mehrarbeit auch nach den §§ 2 oder 4 zulässig wäre oder lediglich infolge von Notfällen, Naturereignissen, Unglücksfällen oder anderen unvermeidlichen Störungen erforderlich ist.

2. Als angemessene Vergütung gilt, sofern die Beteiligten nicht nach dem Inkrafttreten dieses Gesetzes eine andere Regelung vereinbaren oder besondere Umstände eine solche rechtfertigen, ein Zuschlag von 25%.

3. Entsteht zwischen gesamtvertragsfähigen Parteien Streit über die Form, die Höhe oder die Art der Berechnung der Vergütung, und kommt in freien Verhandlungen oder im Schlichtungsverfahren keine Gesamtvereinbarung zustande, so trifft der Schlichter auf Antrag eine bindende Regelung. Unter den gleichen Voraussetzungen entscheidet er auch bindend darüber, inwieweit die Mehrarbeit wegen Arbeitsbereitschaft nach § 2 oder wegen Vorliegens der Voraussetzungen des § 4 keinen Anspruch auf Vergütung begründet. Zuständig ist der ständige Schlichter oder, wenn die Streitigkeit seinen Bezirk wesentlich überschreitet, einen vom Reichsarbeitsminister für den Einzelfall bestellter Schlichter.

4. War die Mehrarbeit schon am 1. April 1927 tarifvertraglich vereinbart oder behördlich zugelassen, so gelten die Vorschriften der Abs. 1 und 2 erst vom Ablauf des Tarifvertrages oder der Genehmigung, spätestens jedoch vom 1. Juli 1927 an.

5. Wird in Gewerben, die ihrer Art nach in gewissen Zeiten des Jahres regelmäßig zu erheblich verstärkter Tätigkeit benötigt sind, in diesen Zeiten über die Grenzen des § 1 Satz 2 und 3 hinaus bearbeitet, so kann der Reichsarbeitsminister nach Anhörung der wirtschaftlichen Vereinigungen der Arbeitgeber und Arbeitnehmer bestimmen, daß die Vorschriften der Abs. 1 und 2 keine Anwendung finden, soweit die Mehrarbeit durch Verkürzung der Arbeitszeit in den übrigen Zeiten des Jahres ausgeglichen wird.

§ 9. 1. Die Arbeitszeit darf bei Anwendung der in den §§ 3—7 bezeichneten Ausnahmen zehn Stunden täglich nicht überschreiten; eine Überschreitung dieser Grenze ist nur in Ausnahmefällen aus dringenden Gründen des Gemeinwohls mit befristeter Genehmigung der im § 6 Abs. 1 bezeichneten Behörden oder dann zulässig, wenn es sich um Vorbereitungs- und Ergänzungsarbeiten handelt, die nicht unter § 7 fallen, und bei denen eine Vertretung des Arbeitnehmers durch andere Arbeitnehmer des Betriebes nicht möglich ist und die Heranziehung betriebsfremder Arbeitnehmer dem Arbeitgeber nicht zugemutet werden kann. Der Reichsarbeitsminister erläßt nach Anhörung der wirtschaftlichen Vereinigungen der Arbeitgeber und der Arbeitnehmer Bestimmungen darüber, welche Arbeiten als Vorbereitungs- und Ergänzungsarbeiten anzusehen sind.

2. Die sonstigen gesetzlichen Vorschriften über den Schutz der Arbeitnehmer, insbesondere der weiblichen und jugendlichen Arbeitnehmer, bleiben unberührt.

3. Weibliche Arbeitnehmer sind auf ihren Wunsch während der Schwangerschaft und der Stillzeit von einer die Grenzen des § 1 Satz 2 überschreitenden Arbeit zu befreien.

§ 10. 1. Die nach dieser Verordnung sich ergebenden Beschränkungen der Arbeitszeit finden keine Anwendung auf vorübergehende Arbeiten in Notfällen und in außergewöhnlichen Fällen, die unabhängig vom Willen des Betroffenen eintreten und deren Folgen nicht auf andere Weise zu beseitigen sind, besonders wenn Rohstoffe oder Lebensmittel zu verderben oder Arbeitserzeugnisse zu mißlingen drohen.

2. Das gleiche gilt, wenn eine geringe Zahl von Arbeitnehmern über 16 Jahre an einzelnen Tagen mit Arbeiten beschäftigt wird, deren Nichterledigung das Ergebnis der Arbeit gefährden oder einen unverhältnismäßigen Schaden zur Folge haben würde, und wenn dem Arbeitgeber andere Vorkehrungen nicht zugemutet werden können.

Betriebsrätegesetz.

Gemäß der Reichsverfassung, Art. 157 und Art. 165, ist die Arbeitskraft unter den besonderen Schutz des Reiches gestellt, und Arbeiter und Angestellte sind dazu berufen, gleichberechtigt in Gemeinschaft mit den Unternehmern an der Regelung der Lohn- und Arbeitsbedingungen sowie an der gesamten wirtschaftlichen Entwicklung der produktiven Kräfte mitzuwirken. Die beiderseitigen Organisationen und ihre Vereinbarungen werden anerkannt. In Ausführung dieser Bestimmungen ist das Betriebsrätegesetz vom 4. Februar 1920 sowie das Gesetz über die Entsendung von Betriebsratsmitgliedern in den Aufsichtsrat vom 15. Februar 1922 und das Gesetz über die Betriebsbilanz und die Betriebsgewinn- und Verlustrechnung vom 5. Februar 1921 ergangen.

Durch diese Gesetze wird die Regelung einer Vertretung der Arbeitnehmer zur Äußerung von Wünschen und Beschwerden gegenüber dem Arbeitgeber und Anrufung der Schlichtungsstelle oder des Arbeitsgerichts vorgenommen, insbesondere aber eine beratende Mitwirkung der Vertretung der Arbeitnehmer bei der Leitung und Durchführung des Betriebes, auch der Vereinbarung von Arbeitsbedingungen bezweckt. Die Betriebsvertretungen erstrecken sich auf Kleinbetriebe mit mindestens 5 Arbeitnehmern, jedoch ist das Gesetz hauptsächlich auf größere Betriebe mit 20 Arbeitnehmern zugeschnitten.

Die wichtigsten Grundsätze sind folgende: In Betrieben mit 20 Arbeitnehmern sind Betriebsräte durch Wahl der Arbeitnehmer zu bestellen, in kleineren Betrieben mit weniger als 5 (in der Landwirtschaft 10) Arbeitnehmern ist ein Betriebsobmann zu wählen. Besondere Betriebsräte sind für Hausgewerbetreibende (Heimarbeiter) vorgesehen. Zur Wahrnehmung der besonderen wirtschaftlichen Interessen der Arbeiter oder Angestellten sind Arbeiter- und Angestelltenräte, sog. Gruppenräte zu bilden. An Stelle der Betriebsräte kann durch Tarifvertrag die Errichtung besonderer Vertretungen auch mit weitergehenden Befugnissen vereinbart werden. Als wichtigste Befugnis der Betriebsräte und Gruppenräte hat sich die Einlegung des

Einspruchs gegen Entlassungen herausgebildet, besonders in Fällen, in denen die Entlassung eine unbillige Härte für den Arbeiter darstellt.

Durch die Verordnung über das Schlichtungswesen vom 30. Oktober 1923 RGBl., S. 1043, sind an die Stelle der Schlichtungsausschüsse zwecks Entscheidung über die Einsprüche gegen Entlassungen und zugleich zur Entscheidung über einige andere sich aus dem Betriebsrätegesetz ergebende Streitfragen, z. B. Errichtung und Auflösung von Betriebsvertretungen, die Arbeitsgerichte getreten.

Dies vorausgeschickt, seien die wichtigsten gesetzlichen Bestimmungen zum Abdruck gebracht.

I. Allgemeine Bestimmungen.

§ 1. Zur Wahrnehmung der gemeinsamen wirtschaftlichen Interessen der Arbeitnehmer (Arbeiter und Angestellten) dem Arbeitgeber gegenüber und zur Unterstützung des Arbeitgebers in der Erfüllung der Betriebszwecke sind in allen Betrieben, die in der Regel mindestens zwanzig Arbeitnehmer beschäftigen, Betriebsräte zu errichten.

§ 2. In Betrieben, die in der Regel weniger als zwanzig, aber mindestens fünf wahlberechtigte Arbeitnehmer beschäftigen, von denen mindestens drei nach den §§ 20 und 21 wählbar sind, ist ein Betriebsobmann zu wählen.

Beschäftigen solche Betriebe mindestens fünf wahlberechtigte Arbeiter und fünf wahlberechtigte Angestellte, so kann ein gemeinsamer Betriebsobmann gewählt werden. Ist eine Einigung der Mehrheit beider Gruppen nicht zu erzielen, so wählen Arbeiter und Angestellte je einen Betriebsobmann.

§ 6. Zur Wahrnehmung der besonderen wirtschaftlichen Interessen der Arbeiter und Angestellten des Betriebs dem Arbeitgeber gegenüber sind in allen Betrieben, in deren Betriebsräten Arbeiter und Angestellte vertreten sind, Arbeiterräte und Angestelltenräte zu errichten.

§ 7. In Betrieben, in denen zwei Betriebsobleute gewählt sind, vertritt jeder von diesen die besonderen Interessen seiner Gruppe.

In Betrieben, in denen nur ein Betriebsobmann gewählt ist, vertritt dieser neben den gemeinsamen auch die besonderen Interessen jeder einzelnen Gruppe.

§ 8. Die Befugnis der wirtschaftlichen Vereinigungen von Arbeitern und Angestellten, die Interessen ihrer Mitglieder zu vertreten, wird durch die Vorschriften dieses Gesetzes nicht berührt.

§ 9. Als Betriebe im Sinne dieses Gesetzes gelten alle Betriebe, Geschäfte und Verwaltungen des öffentlichen und privaten Rechtes.

§ 10. Arbeitnehmer im Sinne des Gesetzes sind Arbeiter und Angestellte mit Ausnahme der Familienangehörigen des Arbeitgebers.

§ 11. Arbeiter im Sinne dieses Gesetzes sind die im Dienste anderer gegen Entgelt oder als Lehrlinge beschäftigten Personen mit Ausschluß der Angestellten.

Arbeiter im Sinne dieses Gesetzes sind ferner die in der Gemeinde des Betriebes oder in wirtschaftlich mit ihr zusammenhängenden, nahe bei ihr liegenden Gemeinden wohnenden Hausgewerbetreibenden (§ 3), welche in der Hauptsache für denselben Betrieb arbeiten und selbst keine Arbeitnehmer beschäftigen.

§ 12. Angestellte im Sinne dieses Gesetzes sind Personen, welche eine der im § 1 Abs. 1 des Versicherungsgesetzes für Angestellte angeführten Beschäftigungen gegen Entgelt ausüben, auch wenn sie nicht versicherungspflichtig sind. Außerdem gelten als Angestellte die in einer geregelten Ausbildung zu einer dieser Beschäftigungen befindlichen Lehrlinge und die mit niederen oder lediglich mechanischen Dienstleistungen beschäftigten Büroangestellten.

II. Aufbau der Betriebsvertretungen.

Betriebsrat (Arbeiterrat und Angestelltenrat).

1. Zusammensetzung und Wahl.

§ 15. Der Betriebsrat besteht:
in Betrieben von 20—40 Arbeitnehmern aus 3 Mitgliedern,
in Betrieben mit 50—99 Arbeitnehmern aus 5 Mitgliedern,
in Betrieben mit 100—199 Arbeitnehmern aus 6 Mitgliedern.
Die Zahl der Mitglieder erhöht sich je um eines
in Betrieben von
200—999 Arbeitnehmern für je weitere 200,
1000—5999 Arbeitnehmern für je weitere 500,
6000 und mehr Arbeitnehmern für je weitere 1000.
Die Höchstzahl der Mitglieder beträgt 30.

Der Arbeiterrat und der Angestelltenrat werden gebildet durch die Arbeitermitglieder und die Angestelltenmitglieder des Betriebsrates. Sind dies nur ein oder zwei Mitglieder, so haben auch sie die Rechte und Pflichten eines Arbeiterrats oder eines Angestelltenrats. Ist die Zahl der Arbeiter oder die der Angestellten so groß, daß die Arbeiter oder Angestellten bei Zugrundelegung der Berechnung nach Abs. 1—3 mehr Vertreter für den Gruppenrat beanspruchen können, als sie im Betriebsrat haben, so tritt eine entsprechende Zahl von Ergänzungsmitgliedern hinzu.

Hat ein Betrieb, für den ein Betriebsrat zu errichten ist, weniger wählbare Arbeitnehmer als die nach Abs. 1—3 erforderte Zahl der Betriebsratsmitglieder, so besteht der Betriebsrat aus drei Mitgliedern, hat er weniger als drei wählbare Arbeitnehmer, so sind Betriebsobleute zu wählen.

§ 16. Befinden sich unter den Arbeitnehmern sowohl Arbeiter wie Angestellte, so muß jede Gruppe, entsprechend ihrem Zahlenverhältnis bei Anberaumung der Wahl, im Betriebsrat vertreten sein.

Keine Gruppe darf weniger als einen Vertreter haben.

Die Minderheitsgruppe erhält wenigstens:

bei	50— 299	Gruppenangehörigen	2	Mitglieder,
bei	300— 599	„	3	„
bei	600— 999	„	4	„
bei	1000—2999	„	5	„
bei	3000—5999	„	6	„
bei	6000 und mehr	„	8	„ .

Die Feststellung des Zahlenverhältnisses erfolgt durch den Wahlvorstand nach den für die Verhältniswahl geltenden Grundsätzen des Wahlverfahrens (§ 25).

Eine Minderheitsgruppe erhält keine Vertretung, wenn ihr nicht mehr als fünf Personen angehören und diese nicht mehr als ein Zwanzigstel der Arbeitnehmer des Betriebs darstellen.

§ 18. Die Mitglieder des Betriebsrats und die Ergänzungsmitglieder (§ 15 Abs. 4), welche Arbeiter sind, werden von den Arbeitern, die Mitglieder und Ergänzungsmitglieder (§ 15 Abs. 4), welche Angestellte sind, von den Angestellten des Betriebs, sämtlich in einer Wahl aus ihrer Mitte in unmittelbarer und geheimer Wahl nach den Grundsätzen der Verhältniswahl auf die Dauer von einem Jahre gewählt. Wiederwahl ist zulässig.

Steigt die Zahl der Arbeitnehmer vorübergehend auf mehr als das Doppelte, aber mindestens um fünfzehn, darunter drei Wahlberechtigte, so wählt der nur vorübergehend beschäftigte Teil der Arbeitnehmer in geheimer Wahl einen Vertreter, welcher der etwa bestehenden Betriebsvertretung beitritt. Ist keine Betriebsvertretung vorhanden, so hat er die Stellung eines Betriebsobmannes.

Übersteigt die Zahl der vorübergehend Beschäftigten hundert, so kann auf Mehrheitsbeschluß sämtlicher wahlberechtigten Arbeitnehmer ein Betriebsrat neu errichtet werden. In land- und forstwirtschaftlichen Betrieben und deren Nebenbetrieben wählen unter der gleichen Voraussetzung die vorübergehend Beschäftigten in geheimer Wahl zwei Vertreter, welche der bestehenden Betriebsvertretung beitreten.

§ 20. Wahlberechtigt sind alle mindetens achtzehn Jahre alten männlichen und weiblichen Arbeitnehmer, die sich im Besitze der bürgerlichen Ehrenrechte befinden.

Wählbar sind die mindestens 24 Jahre alten reichsangehörigen Wahlberechtigten, die nicht mehr in Berufsausbildung sind und am Wahltag mindestens 6 Monate dem Betrieb oder dem Unternehmen sowie mindestens 3 Jahre dem Gewerbezweig oder dem Berufszweig angehören, in dem sie tätig sind.

Kein Arbeitnehmer ist in mehr als einem Betriebe wählbar.

Bei der Zusammensetzung des Betriebsrats sollen die verschiedenen Berufsgruppen der im Betriebe beschäftigten männlichen und weiblichen Arbeitnehmer nach Möglichkeit berücksichtigt werden.

§ 23. Der Betriebsrat hat spätestens 4 Wochen vor Ablauf seiner Wahlzeit mit einfacher Stimmenmehrheit einen aus drei Wahlberechtigten bestehenden Wahlvorstand und einen der Gewählten zum Vorsitzenden zu wählen.

§ 24. Versäumnis von Arbeitszeit infolge Ausübung des Wahlrechts oder Betätigung im Wahlvorstande darf eine Minderung der Entlohnung oder der Gehaltszahlung nicht zur Folge haben. Vertragsbestimmungen, die dieser Vorschrift zuwiderlaufen, sind nichtig.

2. Geschäftsführung.

§ 26. Hat der Betriebsrat weniger als neun Mitglieder, so wählt er aus seiner Mitte mit einfacher Stimmenmehrheit einen ersten und zweiten Vorsitzenden. Hat der Betriebsrat sowohl Arbeiter wie Angestellte als Mitglieder, so dürfen die beiden Vorsitzenden nicht der gleichen Gruppe angehören.

§ 27. Hat der Betriebsrat 9 oder mehr Mitglieder, so wählt er aus seiner Mitte nach den Grundsätzen der Verhältniswahl einen Betriebsausschuß von 5 Mitgliedern. Hat der Betriebsrat sowohl Arbeiter wie Angestellte als Mitglieder, so dürfen die Mitglieder des Betriebsausschusses nicht sämtlich der gleichen Gruppe angehören. Der Betriebsausschuß wählt aus seiner Mitte den ersten und zweiten Vorsitzenden unter entsprechender Anwendung des § 26.

§ 28. Der Vorsitzende oder sein Stellvertreter sind zur Vertretung des Betriebsrats gegenüber dem Arbeitgeber, den Schlichtungseinrichtungen und den Arbeitsgerichtsbehörden befugt.

§ 29. Der Arbeitgeber nimmt außer an den Sitzungen, zu denen er eingeladen ist, an denen teil, die auf seinen Antrag anberaumt sind. Ihm kann in diesen Sitzungen der Vorsitz übertragen werden.

Die Anrufung des Schlichtungsausschusses ist erst zulässig, wenn mit dem Arbeitgeber nach rechtzeitiger Einladung unter Mitteilung der Tagesordnung die strittige Angelegenheit verhandelt worden oder wenn der Arbeitgeber oder sein Vertreter trotz rechtzeitiger Einladung nicht erschienen ist.

§ 30. Die Sitzungen des Betriebsrats finden in der Regel und nach Möglichkeit außerhalb der Arbeitszeit statt. Sie sind nicht öffentlich.

Von Sitzungen, die während der Arbeitszeit stattfinden müssen, ist der Arbeitgeber rechtzeitig zu benachrichtigen.

§ 31. Auf Antrag von einem Viertel der Mitglieder des Betriebsrats ist je ein Beauftragter der im Betriebsrat vertretenen wirtschaftlichen Vereinigungen der Arbeitnehmer zu den Sitzungen mit beratender Stimme zuzuziehen.

Der Arbeitgeber kann verlangen, daß je ein Beauftragter der wirtschaftlichen Vereinigungen, denen er angehört, zu den Sitzungen, an denen er teilzunehmen berechtigt ist, mit beratender Stimme hinzugezogen werde.

§ 32. Ein gültiger Beschluß des Betriebsrats kann nur gefaßt werden, wenn alle Mitglieder unter Mitteilung der Beratungsgegenstände geladen sind und die Zahl der Erschienenen mindestens die Hälfte der Zahl der Betriebsratsmitglieder erreicht. Stellvertretung nach § 40 ist zulässig.

Die Beschlüsse werden durch Stimmenmehrheit der erschienenen Mitglieder und Stellvertreter gefaßt. Bei Stimmengleichheit gilt der Antrag als abgelehnt.

§ 33. Über jede Verhandlung des Betriebsrats ist eine Niederschrift aufzunehmen, die mindestens den Wortlaut der Beschlüsse und die Stimmenmehrheit, mit der sie gefaßt sind, enthält, und von dem Vorsitzenden und einem weiteren Mitglied zu unterzeichnen ist.

Hat der Arbeitgeber in der Verhandlung eine Erklärung abgegeben, so ist ihm die Niederschrift zur Unterzeichnung vorzulegen. Es ist ihm eine Abschrift der Niederschrift über die Verhandlungen zu übergeben, an denen er teilzunehmen berechtigt war.

Erachten die Arbeiter- und Angestelltenvertreter, welche die Minderheitsgruppe der Arbeitnehmer darstellen, einen in einer gemeinsamen Angelegenheit der Arbeiter und Angestellten gefaßten Beschluß des Betriebsrats als eine erhebliche Verletzung wichtiger Interessen der durch sie vertretenen Arbeitnehmer, so sind sie berechtigt, ihren Standpunkt in einem besonderen Beschlusse zum Ausdruck zu bringen und diesen dem Arbeitgeber gegenüber zu vertreten.

§ 35. Die Mitglieder der Betriebsräte und ihre Stellvertreter verwalten ihr Amt unentgeltlich als Ehrenamt. Notwendige Versäumnis der Arbeitszeit darf eine Minderung der Entlohnung oder Gehaltszahlung nicht zur Folge haben. Vertragsbestimmungen, die dieser Vorschrift zuwiderlaufen, sind nichtig.

3. Erlöschen der Mitgliedschaft.

§ 39. Die Mitgliedschaft im Betriebsrat erlischt durch Niederlegung, durch Beendigung des Arbeitsvertrags oder durch Verlust der Wählbarkeit.

Auf Antrag des Arbeitgebers oder von mindestens einem Viertel der wahlberechtigten Arbeitnehmer kann das Arbeitsgericht das Erlöschen der Mitgliedschaft eines Vertreters wegen gröblicher Verletzung seiner gesetzlichen Pflichten beschließen.

Das Erlöschen der Mitgliedschaft im Betriebsrat hat das Erlöschen der Mitgliedschaft im Arbeiter- und Angestelltenrate zur Folge.

§ 40. Scheidet ein Mitglied aus, so tritt ein Ersatzmitglied nach den Bestimmungen der Wahlordnung ein. Dies gilt auch für das Eintreten der Ersatzmitglieder als Stellvertreter für zeitweilig verhinderte Mitglieder.

Die Ersatzmitglieder werden der Reihe nach aus den nicht gewählten, aber noch wählbaren Personen derjenigen Wahlvorschlagslisten entnommen, denen die zu ersetzenden Mitglieder angehören.

§ 43. Ist eine Neuwahl des gesamten Betriebsrats notwendig, so bleiben die Mitglieder des alten Betriebsrats so lange im Amte, bis der neue gebildet ist.

4. Betriebsversammlung.

§ 45. Die Betriebsversammlung besteht aus den Arbeitnehmern des Betriebs.

Kann nach der Natur oder der Größe des Betriebs eine gleichzeitige Versammlung aller Arbeitnehmer nicht stattfinden, so hat die Abhaltung der Betriebsversammlung in Teilversammlungen zu erfolgen.

§ 46. Der Vorsitzende des Betriebsrats ist berechtigt und auf Verlangen des Arbeitgebers oder auf Verlangen von mindestens einem Viertel der wahlberechtigten Arbeitnehmer verpflichtet, eine Betriebsversammlung einzuberufen.

Von Versammlungen, die auf Verlangen des Arbeitgebers stattfinden, ist dieser zu benachrichtigen. Er hat das Recht, in diesen Versammlungen zu erscheinen oder sich vertreten zu lassen und sich selbst oder durch seine Vertreter an den Verhandlungen ohne Stimmrecht zu beteiligen.

Die Betriebsversammlung findet grundsätzlich außerhalb der Arbeitszeit statt; soll in dringenden Fällen hiervon abgewichen werden, so ist die Zustimmung des Arbeitgebers erforderlich.

§ 47. An den Betriebsversammlungen kann je ein Beauftragter der im Betriebe vertretenen wirtschaftlichen Vereinigungen der Arbeitnehmer mit beratender Stimme teilnehmen.

§ 50. Befinden sich innerhalb einer Gemeinde oder wirtschaftlich zusammenhängender, nahe beieinander liegender Gemeinden mehrere gleichartige oder nach dem Betriebszweck zusammengehörige Betriebe in der Hand eines Eigentümers, so kann durch übereinstimmende Beschlüsse der Einzelbetriebsräte die Errichtung eines Gesamtbetriebsrats neben den Einzelbetriebsräten erfolgen.

§ 56. Die Wahl des Gesamtbetriebsrats erfolgt auf die Dauer von einem Jahre.

Betriebsobmann.

§ 58. Der Betriebsobmann (§ 2) wird von den wahlberechtigten Arbeitnehmern des Betriebs aus ihrer Mitte in geheimer Wahl mit einfacher Stimmenmehrheit auf die Dauer von einem Jahre gewählt. Wiederwahl ist zulässig.

Sondervertretungen.

§ 61. Bei den Unternehmungen und Verwaltungen des Reichs, der Länder und der Gemeindeverbände, die sich über einen größeren Teil des Reichs- oder Landesgebiets oder über mehrere Gemeindebezirke erstrecken, wird die Bildung von Einzel- und Gesamtbetriebsräten sowie die Abgrenzung ihrer Befugnisse gegeneinander in Anlehnung an den Aufbau der Unternehmung oder Verwaltung im Verordnungswege geregelt.

Die Verordnung wird erlassen von der jeweils zuständigen Reichs- oder Landesregierung nach Verhandlung mit den beteiligten wirtschaftlichen Vereinigungen der Arbeitnehmer.

Aufgaben und Befugnisse der Betriebsvertretungen.

Betriebsrat.

§ 66. Der Betriebsrat hat die Aufgabe:

1. in Betrieben mit wirtschaftlichen Zwecken die Betriebsleitung durch Rat zu unterstützen, um dadurch mit ihr für einen möglichst hohen Stand und für möglichste Wirtschaftlichkeit der Betriebsleistungen zu sorgen;

2. in Betrieben mit wirtschaftlichen Zwecken an der Einführung neuer Arbeitsmethoden fördernd mitzuarbeiten;

3. den Betrieb vor Erschütterungen zu bewahren, insbesondere vorbehaltlich der Befugnisse der wirtschaftlichen Vereinigungen der Arbeiter und Angestellten (§ 8), bei Streitigkeiten des Betriebsrats, der Arbeitnehmerschaft, einer Gruppe oder eines ihrer Teile mit dem Arbeitgeber, wenn durch Verhandlungen keine Einigung zu erzielen ist, den Schlichtungsausschuß oder eine vereinbarte Einigungs- oder Schiedsstelle anzurufen;

4. darüber zu wachen, daß die in Angelegenheiten des gesamten Betriebs von den Beteiligten anerkannten Schiedssprüche eines Schlichtungsausschusses oder einer vereinbarten Einigungs- oder Schiedsstelle durchgeführt werden;

5. für die Arbeitnehmer gemeinsame Dienstvorschriften und Änderungen derselben im Rahmen der geltenden Tarifverträge nach Maßgabe des § 75 mit dem Arbeitgeber zu vereinbaren;

6. das Einvernehmen innerhalb der Arbeitnehmerschaft sowie zwischen ihr und dem Arbeitgeber zu fördern und für Wahrung der Vereinigungsfreiheit der Arbeitnehmerschaft einzutreten;

7. Beschwerden des Arbeiter- und Angestelltenrats entgegenzunehmen und auf ihre Abstellung in gemeinsamer Verhandlung mit dem Arbeitgeber hinzuwirken;

8. auf die Bekämpfung der Unfall- und Gesundheitsgefahren im Betriebe zu achten, die Gewerbeaufsichtsbeamten und die sonstigen in Betracht kommenden Stellen bei dieser Bekämpfung durch Anregungen, Beratung und Auskunft zu unterstützen sowie auf die Durchführung der gewerbepolizeilichen Bestimmungen und der Unfallverhütungsvorschriften hinzuwirken;

9. an der Verwaltung von Pensionskassen und Werkswohnungen sowie sonstiger Betriebswohlfahrtseinrichtungen mitzuwirken; bei letzteren jedoch nur, sofern nicht bestehende, für die Verwaltung maßgebende Satzungen oder bestehende Verfügungen von Todes wegen entgegenstehen oder eine anderweitige Vertretung der Arbeitnehmer vorsehen.

§ 67. Auf Betriebe, die politischen, gewerkschaftlichen, militärischen, konfessionellen, wissenschaftlichen, künstlerischen und ähnlichen Bestrebungen dienen, findet § 66 Ziffer 1 und 2 keine Anwendung, soweit die Eigenart dieser Bestrebungen es bedingt.

§ 68. Bei der Wahrnehmung seiner Aufgaben hat der Betriebsrat dahin zu wirken, daß von beiden Seiten Forderungen und Maßnahmen unterlassen werden, die das Gemeininteresse schädigen.

§ 69. Die Ausführung der gemeinsam mit der Betriebsleitung gefaßten Beschlüsse übernimmt die Betriebsleitung. Ein Eingriff in die Betriebsleitung durch selbständige Anordnungen steht dem Betriebsrat nicht zu.

Die §§ 70—72 enthalten Bestimmungen darüber, daß der Betriebsrat bei Unternehmungen, für die ein Aufsichtsrat besteht, ein oder zwei Betriebsratsmitglieder in den Aufsichtsrat zur Vertretung entsenden können. Sie sind verpflichtet, über die ihnen gemachten vertraulichen Angaben Stillschweigen zu bewahren, jedoch können sie, soweit nicht Geschäfts- oder Betriebsgeheimnisse gefährdet werden, die Vorlage von Handelsbüchern, Betriebsbilanz, Gewinn- und Verlustrechnung verlangen.

Arbeiterrat und Angestelltenrat.

§ 78. Der Arbeiterrat und der Angestelltenrat oder, wo ein solcher nicht besteht, der Betriebsrat hat die Aufgabe:

1. darüber zu wachen, daß in dem Betriebe die zugunsten der Arbeitnehmer gegebenen gesetzlichen Vorschriften und die maßgebenden Tarifverträge sowie die von den Beteiligten anerkannten Schiedssprüche eines Schlichtungsausschusses oder einer vereinbarten Einigungs- oder Schiedsstelle durchgeführt werden;

2. soweit eine tarifvertragliche Regelung nicht besteht, im Benehmen mit den beteiligten wirtschaftlichen Vereinigungen der Arbeitnehmer bei der Regelung der Löhne und sonstigen Arbeitsverhältnisse mitzuwirken, namentlich auch

bei der Festsetzung der Akkord- und Stücklohnsätze oder der für ihre Festsetzung maßgebenden Grundsätze,

bei der Einführung neuer Löhnungsmethoden,

bei der Festsetzung der Arbeitszeit, insbesondere bei Verlängerungen und Verkürzungen der regelmäßigen Arbeitszeit,

bei der Regelung des Urlaubs der Arbeitnehmer und

bei Erledigung von Beschwerden über die Ausbildung und Behandlung der Lehrlinge im Betriebe;

3. die Arbeitsordnung oder sonstige Dienstvorschriften für eine Gruppe der Arbeitnehmer im Rahmen der geltenden Tarifverträge nach Maßgabe des § 80 mit dem Arbeitgeber zu vereinbaren;

4. Beschwerden zu untersuchen und auf ihre Abstellung in gemeinsamer Verhandlung mit dem Arbeitgeber hinzuwirken;

5. in Streitfällen den Schlichtungsausschuß oder eine vereinbarte Einigungs- oder Schiedsstelle anzurufen, wenn der Betriebsrat die Anrufung ablehnt;

6. auf die Bekämpfung der Unfall- und Gesundheitsgefahren seiner Gruppe im Betriebe zu achten, die Gewerbeaufsichtsbeamten und die sonstigen in Betracht kommenden Stellen bei dieser Bekämpfung durch Anregungen, Beratung und Auskunft zu unterstützen sowie auf die Durchführung der gewerbepolizeilichen Bestimmungen und der Unfallverhütungsvorschriften hinzuwirken;

7. bei Kriegs- und Unfallbeschädigten für eine ihren Kräften und Fähigkeiten entsprechende Beschäftigung durch Rat, Anregung, Schutz und Vermittlung bei dem Arbeitgeber und den Mitarbeitnehmern tunlichst Sorge zu tragen;

8. soweit eine tarifvertragliche Regelung nicht besteht, nach Maßgabe der §§ 81—83 mit dem Arbeitgeber Richtlinien über die Einstellung von Arbeitnehmern der Gruppe in den Betrieb zu vereinbaren;

9. nach Maßgabe der §§ 84—90 bei Entlassungen von Arbeitnehmern der Gruppe mitzuwirken.

§ 81. Die gemäß § 78 Ziffer 8 vereinbarten Richtlinien müssen die Bestimmung enthalten, daß die Einstellung eines Arbeitnehmers nicht von seiner politischen, militärischen, konfessionellen oder gewerkschaftlichen Betätigung, von der Zugehörigkeit oder Nichtzugehörigkeit zu einem politischen, konfessionellen oder beruflichen Verein oder einem militärischen Verband abhängig gemacht werden darf. Sie dürfen nicht bestimmen, daß die Einstellung von der Zugehörigkeit zu einem bestimmten Geschlecht abhängig sein soll.

Im Rahmen der Richtlinien hat über die Einstellung des einzelnen Arbeitnehmers der Arbeitgeber allein ohne Mitwirkung oder Aufsicht des Arbeiterrats oder Angestelltenrats zu entscheiden.

§ 82. Wird gegen die vereinbarten Richtlinien verstoßen, so kann der Arbeiterrat oder Angestelltenrat binnen 5 Tagen nach Kenntnis von dem Verstoße, jedoch nicht später als 14 Tage nach dem Dienstantritt, Einspruch erheben.

Die Gründe für den Einspruch und die Beweisunterlagen sind vom Arbeiterrat oder Angestelltenrat bei den Verhandlungen mit dem Arbeitgeber vorzubringen.

Wird bei diesen Verhandlungen eine Einigung nicht erzielt, so kann der Arbeiterrat oder Angestelltenrat binnen 3 Tagen nach Beendigung der Verhandlungen das Arbeitsgericht anrufen.

Der Einspruch gegen die Einstellung und die Anrufung des Arbeitsgerichts hat keine aufschiebende oder auflösende Wirkung.

(Absatz 3 und 4. Fassung des Arbeitsgerichtsgesetzes.)

§ 83. Geht die Entscheidung des Arbeitsgerichts dahin, daß ein Verstoß gegen die vereinbarten Richtlinien vorliegt, so kann darin zugleich ausgesprochen werden, daß das Dienstverhältnis des Eingestellten als mit dem Eintritt der Rechtskraft der Entscheidung unter Einhaltung der gesetzlichen Kündigungsfrist gekündigt gilt.

§ 84. Arbeitnehmer können im Falle der Kündigung seitens des Arbeitgebers binnen 5 Tagen nach der Kündigung Einspruch erheben, indem sie den Arbeiter- oder Angestelltenrat anrufen. Voraussetzung sind hierfür die in diesem Paragraphen angegebenen Gründe.

Dieses Recht besteht nicht bei Entlassungen, die auf einer gesetzlichen oder tarifvertraglichen oder durch Beschluß des Arbeitsgerichts auferlegten Verpflichtung beruhen, oder bei Entlassungen, die durch gänzliche oder teilweise Stillegung des Betriebes erforderlich werden.

Die §§ 86ff. geben Verhaltungsmaßregeln für Arbeitgeber und Arbeitnehmer je nach dem Ausfall des Spruches des Arbeitsgerichts.

Zu erwähnen ist noch, daß der Betriebsobmann die Aufgaben und Befugnisse ähnlich wie dem Betriebsrat zustehen.

Die §§ 93 und 94 enthalten Angaben über die Fragen, welche der Zuständigkeit des Arbeitsgerichts unterliegen, und die §§ 95—100 Strafbestimmungen über Verstöße von Arbeitgebern und Angestelltenräten und Betriebsobmännern gegen die Bestimmungen des Betriebsrätegesetzes.

Der Tarifvertrag.

Verordnung vom 1. März 1928.

Vor dem Kriege gab es keine gesetzliche Regelung des Tarifvertrages. Erst die grundlegende Änderung der Verhältnisse durch Krieg und Revolution bereitete den Boden vor für eine rechtliche Regelung des Tarifvertrages. Am 15. November 1918 kam zwischen den großen Arbeitgeberverbänden und den Gewerkschaften eine Vereinbarung zustande, in der die Gewerkschaften als die berufene Vertretung der Arbeiterschaft anerkannt und die Verpflichtung zum Abschluß von Tarifverträgen ausgesprochen wurden. Der geschichtlichen Wichtigkeit halber und zum Verständnis der Entwicklung der Gesetze über die Tarifverträge sei sie hier zum Abdruck gebracht.

1. Die Gewerkschaften werden als berufene Vertretung der Arbeiterschaft anerkannt.

2. Eine Beschränkung der Koalitionsfreiheit der Arbeiter und Arbeiterinnen ist unzulässig.

3. Die Arbeitgeber und Arbeitgeberverbände werden die Werkvereine (die sog. wirtschaftsfriedlichen Vereine) fortab vollkommen sich selbst überlassen und sie weder mittelbar noch unmittelbar unterstützen.

4. Sämtliche aus dem Heeresdienste zurückkehrenden Arbeitnehmer haben Anspruch darauf, in die Arbeitsstelle sofort nach Meldung wieder einzutreten, die sie vor dem Kriege innehatten. Die beteiligten Arbeitgeber- und Arbeitnehmerverbände werden dahin wirken, daß durch Beschaffung von Rohstoffen und Arbeitsaufträgen diese Verpflichtung im vollen Umfange durchgeführt werden kann.

5. Gemeinsame Regelung und paritätische Verwaltung des Arbeitsnachweises.

6. Die Arbeitsbedingungen für alle Arbeiter und Arbeiterinnen sind entsprechend den Verhältnissen des betreffenden Gewerbes durch Kollektivvereinbarungen mit den Berufsvereinigungen der Arbeitnehmer festzusetzen. Die Verhandlungen hierüber sind ohne Verzug aufzunehmen und schleunigst zum Abschluß zu bringen.

7. Für jeden Betrieb mit einer Arbeiterschaft von mindestens 50 Beschäftigten ist ein Arbeiterausschuß einzusetzen, der diese zu vertreten und in Gemeinschaft mit dem Betriebsunternehmer darüber zu wachen hat, daß die Verhältnisse des Betriebs nach Maßgabe der Kollektivvereinbarungen geregelt werden.

8. In den Kollektivvereinbarungen sind Schlichtungsausschüsse resp. Einigungsämter vorzusehen, bestehend aus der gleichen Anzahl von Arbeitnehmer- und Arbeitgebervertretern.

9. Das Höchstmaß der täglichen regelmäßigen Arbeitszeit wird für alle Betriebe auf 8 Stunden festgesetzt. Verdienstschmälerungen aus Anlaß dieser Verkürzung der Arbeitszeit dürfen nicht stattfinden.

10. Zur Durchführung dieser Vereinbarungen sowie zur Regelung der zur Demobilisierung, zur Aufrechterhaltung des Wirtschaftslebens und zur Sicherung der Existenzmöglichkeit der Arbeitnehmerschaft, insbesondere der Schwerkriegsbeschädigten, zu treffenden weiteren Maßnahmen wird von den beteiligten Arbeitgeber- und Arbeitnehmerorganisationen ein Zentralausschuß auf paritätischer Grundlage mit beruflich gegliedertem Unterbau errichtet.

11. Dem Zentralausschuß obliegt ferner die Entscheidung grundsätzlicher Fragen, soweit sich solche namentlich bei der kollektiven Regelung der Lohn- und Arbeitsverhältnisse ergeben, sowie die Schlichtung von Streitigkeiten, die mehrere Berufsgruppen zugleich betreffen. Seine Entscheidungen haben für Arbeitgeber und Arbeitnehmer verbindliche Geltung, wenn sie nicht innerhalb von 1 Woche von einem der in Frage kommenden beiderseitigen Berufsverbände angefochten werden.

Diese Vereinbarungen treten am Tage der Unterzeichnung in Kraft und gelten vorbehaltlich anderweiter gesetzlicher Regelung bis auf weiteres mit einer gegenseitigen dreimonatigen Kündigung.

Diese Vereinbarung soll sinngemäß auch für das Verhältnis zwischen den Arbeitgeberverbänden und Angestelltenverbänden gelten.

Berlin, den 15. November 1918.

Im Anschluß hieran wurde am 23. Dezember 1918 **die Verordnung über Tarifverträge** getroffen, sie ist mit Gesetz vom 28. Februar 1928 abgeändert und in der neuen Fassung am 1. März 1928 in Kraft getreten.

§ 1. Sind die Bedingungen für den Abschluß von Arbeitsverträgen zwischen Vereinigungen von Arbeitnehmern und einzelnen Arbeitgebern oder Vereinigungen von Arbeitgebern durch schriftlichen Vertrag geregelt (Tarifvertrag), so sind die Arbeitsverträge zwischen den beteiligten Personen insoweit unwirksam, als sie von der tariflichen Regelung abweichen. Abweichende Vereinbarungen sind jedoch wirksam, soweit sie im Tarifvertrage grundsätzlich zugelassen sind, oder soweit sie eine Änderung der Arbeitsbedingungen zugunsten des Arbeitnehmers enthalten und im Tarifvertrage nicht ausdrücklich ausgeschlossen sind. An die Stelle wirksamer Vereinbarungen treten die entsprechenden Bestimmungen des Tarifvertrages.

Beteiligte Personen im Sinne des Abs. 1 sind Arbeitgeber und Arbeitnehmer, die Vertragsparteien des Tarifvertrages oder Mitglieder der vertragsschließenden Vereinigungen sind oder bei Abschluß des Arbeitsvertrages gewesen sind oder die den Arbeitsvertrag unter Berufung auf den Tarifvertrag abgeschlossen haben.

Ein Tarifvertrag muß eine freiwillige Vereinbarung zwischen zwei oder mehreren gleichberechtigten Vertragsparteien darstellen. Einseitige Regelungen der Arbeitsbedingungen sind keine Tarifverträge. Der Tarifvertrag unterliegt, soweit nicht die Verordnung besondere Vorschriften enthält, den Bestimmungen des bürgerlichen Rechts, insbesondere bezüglich des Vertragsschlusses der Nichtigkeit oder Anfechtbarkeit, der Zulässigkeit des Inhalts, der gegenseitigen Haftung und des Vertragsablaufs. Der Tarifvertrag muß die Bedingungen für den Abschluß von Arbeitsverträgen regeln. Als Arbeitsvertrag ist jeder Vertrag anzusehen, der die Leistung von Arbeit in wirtschaftlich unselbständiger Form zum Gegenstand hat. Verstößt der Inhalt gegen die gesetzlichen Vorschriften oder gegen die guten Sitten, so ist er unwirksam. Nichtig sind hiernach Tarifbestimmungen, die gegen Arbeitszeitgesetze oder sonstige soziale Schutzgesetze, oder gegen die gesetzlich geschützte Koalitionsfreiheit verstoßen.

Die gegenseitigen Verpflichtungen der Arbeitsvertragsparteien müssen genau bestimmt sein. Einen Lohntarif im eigentlichen Sinne braucht er nicht zu enthalten. Die Tarifvertragsparteien sind verpflichtet, auf die tatsächliche Einhaltung der vereinbarten Arbeitsbedingungen hinzuwirken, so daß Kampfmaßnahmen zum Zweck einer Änderung, insbesondere Streik und Aussperrung, vertragswidrig sind, und zum Schadensersatz verpflichten.

Als Tarifvertragsparteien können auf Arbeitgeberseite einzelne Arbeitgeber oder eine oder mehrere Vereinigungen von solchen auftreten; auf Arbeitnehmerseite müssen stets eine oder mehrere Vereinigungen beteiligt sein. Die finanziellen Mittel zur Durchführung der Verbandsaufgaben dürfen nur durch Beiträge der Mitglieder aufgebracht werden. Innungen und Zwangsinnungen müssen als befugt erachtet werden, Tarifverträge abschließen zu dürfen. Der Tarifvertrag muß schriftlich abgeschlossen und von den bevollmächtigten Vertretern der Parteien unterschrieben sein. Die tariflichen Arbeitsbedingungen sind „unabdingbar“, d. h. werden im Einzelarbeitsvertrag entgegen den Normen des Tarifvertrags Bestimmungen aufgenommen, die für den Arbeitnehmer ungünstig sind, so sind diese Bestimmungen nichtig. An ihre Stelle tritt automatisch die Regelung des Tarifvertrags.

Aus der unmittelbaren Einwirkung der Tarifvereinbarungen auf die einzelnen Arbeitsverträge ergibt sich, daß diese die einmal eingetretene tarifmäßige Gestaltung auch dann behalten, wenn der Tarifvertrag selbst durch Zeitablauf oder Kündigung weggefallen ist. Es treten nicht etwa ohne weiteres die ursprünglich vereinbarten Arbeitsvertragsbestimmungen wieder in Kraft, wohl aber besitzen nach Wegfall des Tarifvertrages die Arbeitsvertragsparteien wieder die regelmäßige Vertragsfreiheit, so daß sie die Nachwirkung des Tarifvertrages durch Änderung des Arbeitsvertrages beseitigen können.

§ 2. Der Reichsarbeitsminister kann Tarifverträge, die für die Gestaltung der Arbeitsbedingungen des Berufskreises in dem Tarifgebiet überwiegende Bedeutung erlangt haben, für allgemein verbindlich erklären. Sie sind dann innerhalb ihres räumlichen Geltungsbereichs für Arbeitsverträge, die nach der Art der Arbeit unter den Tarifvertrag fallen, auch dann verbindlich im Sinne des § 1, wenn der Arbeitgeber oder der Arbeitnehmer oder beide an dem Tarifvertrage nicht beteiligt sind.

Dieser Paragraph gibt dem Reichsarbeitsminister die Möglichkeit, Tarifverträge über den Kreis der Beteiligten hinaus für allgemein verbindlich zu erklären. Er bezweckt, den Arbeitsfrieden durch Schaffung einheitlicher Arbeitsbedingungen innerhalb bestimmter Berufskreise zu fördern und das Zustandekommen von Tarifverträgen auf Arbeitgeberseite dadurch zu erleichtern, daß eine Unterbietung der tariflichen Arbeitsbedingungen durch Außenseiter verhindert wird. Der Reichsarbeitsminister hat nur nach pflichtgemäßem Ermessen bezüglich der Verbindlicherklärung zu entscheiden, insbesondere auf Grund der genannten Verhältnisse und der wirtschaftlichen Notwendigkeit. Die rechtliche Natur der Verbindlicherklärung ist lebhaft umstritten.

Der allgemein verbindliche Tarifvertrag erfaßt alle Arbeitsverhältnisse, die nach der Art der Arbeit unter Tarifvertrag fallen. Die genaue Kennzeichnung derselben ist zunächst Sache des Tarifvertrages selbst. Die Wirkung der allgemeinen Verbindlichkeit ist nicht nur an den beruflichen, sondern auch an den räumlichen Geltungsbereich des Tarifvertrages gebunden. Bei Zusammentreffen mehrerer allgemein verbindlicher Tarifverträge geht derjenige vor, der für die größte Zahl von Arbeitsverträgen des Betriebs eine Regelung vorsieht. Die Befugnis, Tarifverträge als allgemein verbindlich zu erklären, schließt auch das Recht nicht aus, die allgemeine Verbindlichkeit wieder aufzuheben. Dies trifft namentlich dann zu, wenn sie den Zeitverhältnissen nicht mehr entsprechen. Die Beendigung des Tarifvertrages unter den Tarifparteien bestimmt sich nach den Vorschriften des Bürgerlichen Rechts. Hiernach ist für die zeitliche Geltungsdauer der Vertragswille der Tarifparteien maßgebend.

§ 3. Die Erklärung des Reichsarbeitsministers nach § 2 erfolgt nur auf Antrag. Antragsberechtigt sind jede Vertragspartei des Tarifvertrages sowie Vereinigungen von Arbeitgebern oder Arbeitnehmern, deren Mitglieder durch die Erklärung des Reichsarbeitsamts betroffen werden würden.

Die Vertragsparteien haben ihrem Antrag die Urschrift oder eine amtlich beglaubigte Abschrift des Tarifvertrags beizufügen. Wird der Antrag durch andere Vereinigungen gestellt, so hat das Reichsarbeitsamt diese Urkunden von den Vertragsparteien einzufordern; diese sind verpflichtet, seiner Aufforderung nachzukommen.

Der Antrag ist bei dem Reichsarbeitsministerium Berlin, Scharnhorststraße 35, zu stellen. Eine besondere Form ist nicht vorgeschrieben. In Bayern ist bei Stellung des Antrags gleichzeitig eine Abschrift an die Ministerien des Äußern und für die soziale Fürsorge zu leiten.

§ 4. Der Reichsarbeitsminister macht den Antrag bekannt. Dabei ist anzugeben, bis zu welchem Zeitpunkt Einwendungen erhoben werden können. Die an dem Tarifvertrag als Vertragsparteien beteiligten Vereinigungen sollen außerdem zur Äußerung aufgefordert werden.

Nach Ablauf der Frist entscheidet der Reichsarbeitsminister unter Berücksichtigung der erhobenen Einwendungen über den Antrag. Seine Entscheidung ist endgültig. Gibt er dem Antrag statt, so hat er zugleich zu bestimmen, mit welchem Zeitpunkt die allgemeine Verbindlichkeit des Tarifvertrags beginnt.

Die Veröffentlichung des Antrages erfolgt durch das Reichsarbeitsblatt. Die Einwendungsfrist beträgt bei Tarifverträgen begrenzten Umfanges regelmäßig 14 Tage, bei größeren etwa 4 Wochen von der Veröffentlichung im

Reichsarbeitsblatt an. Die Einwendungen sind an das Reichsarbeitsministerium zu richten. Dasselbe kann die maßgebenden Personen, Vereinigungen, Berufsvertretungen, Sachverständige nach Belieben zuziehen oder anhören. Die Entscheidung kann entweder die allgemeine Verbindlichkeit aussprechen oder den Antrag ablehnen. Die Entscheidung ist endgültig, ein Rechtsmittel also ausgeschlossen. Eine richterliche Nachprüfung ist lediglich insoweit zulässig, als die Einhaltung der zwingenden Verfahrensvorschriften und die Gesetzmäßigkeit des Vertragsinhalts in Frage stehen. Ein abgelehnter Antrag kann unter Beibringung neuer Unterlagen wiederholt werden. Den frühesten Zeitpunkt des Beginns der allgemeinen Verbindlichkeit bildet der Augenblick des Inkrafttretens des Tarifvertrages für die Tarifbeteiligten. Im übrigen kann für das Inkrafttreten ein Zeitpunkt festgesetzt werden. Unter Umständen kann sogar eine Rückwirkung des Tarifvertrages festgesetzt werden.

§ 5. Die allgemein verbindlichen Tarifverträge sind unter Bezeichnung ihres räumlichen Geltungsbereichs sowie des Beginns der allgemeinen Verbindlichkeit in das Tarifregister einzutragen. Dieses Register wird bei dem Reichsarbeitsministerium oder bei einer vom Reichsarbeitsminister bezeichneten Behörde nach näherer Bestimmung des Reichsarbeitsministers geführt. Die Urschriften oder beglaubigten Abschriften der Tarifverträge sind als Anlage zu dem Tarifregister zu verwahren.

Die Einsichtnahme in das Tarifregister und seine Anlagen ist während der regelmäßigen Dienststunden jedermann gestattet. Arbeitgeber oder Arbeitnehmer, für die ein Tarifvertrag infolge der Erklärung nach § 2 verbindlich werden würde oder verbindlich ist, können außerdem, sobald der Antrag auf Erklärung der allgemeinen Verbindlichkeit gestellt ist, von den Vertragsparteien einen Abdruck des Vertrages gegen Erstattung der Kosten verlangen (Gesetz vom 23. Januar 1923).

Die Eintragung ins Tarifregister bezweckt eine Klarstellung der allgemein verbindlichen Tarifverträge. Die Bekanntmachung der Eintragung in das Tarifregister erfolgt durch das Reichsarbeitsblatt.

§ 6. Ist ein Tarifvertrag für allgemein verbindlich erklärt, so gelten die Vorschriften der §§ 2—5 entsprechend auch bei Abänderung dieses Vertrages.

§ 7. Alle auf die allgemeine Verbindlichkeit von Tarifverträgen bezüglichen öffentlichen Bekanntmachungen erfolgen auf Kosten der Vertragsparteien im Reichsarbeitsblatt nach näherer Bestimmung des Reichsarbeitsministers.

§ 8. Die Parteien des Tarifvertrages sind verpflichtet, den vom Reichsarbeitsminister bestimmten Stellen nach Abschluß des Vertrages innerhalb eines Monats kostenfrei Abschriften oder Abdrucke des Tarifvertrages und seiner Abänderungen zu übersenden und das Außerkrafttreten des Tarifvertrages innerhalb eines Monats mitzuteilen. Durch Erfüllung der Verpflichtung seitens einer Vertragspartei werden die übrigen Vertragsparteien frei·

Kommt eine Vertragspartei einer Verpflichtung aus Abs. 1 nicht nach' so kann der Reichsarbeitsminister ihr eine Ordnungsstrafe in Geld unter Festsetzung einer Frist zur Nachholung androhen und bei ergebnislosem Ablauf der Frist festsetzen. Seine Entscheidung ist endgültig. Bei nachträglicher genügender Entschuldigung ist die Strafe aufzuheben oder zu ermäßigen.

Die Ordnungsstrafen werden durch die Gemeindebehörde oder die sonst nach Landesrecht zuständige Stelle wie Gemeindeabgaben beigetrieben. Sie fließen in die Reichskasse.

§ 9. Der Reichsarbeitsminister kann die ihm durch diese Verordnung zugewiesenen Aufgaben ganz oder teilweise anderen Behörden übertragen.

§ 10. Diese Verordnung hat Gesetzeskraft und tritt am 1. März 1928 in Kraft.

An Abschriften oder Abdrucken (gemäß § 8) sind zu übersenden:

2 Stück dem statistischen Reichsamt,

je 2 Stück den Landesämtern, auf deren Bezirk sich das Tarifgebiet erstreckt,

1 Stück der obersten Landesbehörde oder der von ihr bestimmten Stelle für jeden Gewerbeaufsichtsbeamten, in dessen Bezirk sich Betriebe befinden, für die der Tarifvertrag gilt. Gegebenenfalls sind auf Anordnung weitere Exemplare zu senden.

Die Innehaltung aller dieser Vorschriften ist für die Vertragsparteien wichtig.

Der Akkordvertrag.

Wird das Maß der Leistung, das Ergebnis der Arbeit der Vergütung zugrunde gelegt, so spricht man von Akkord und Akkordarbeit im Gegensatz zur Lohnarbeit, bei der die Leistung der Arbeit gegen eine nach der Arbeitszeit bemessene Vergütung gemeint ist. In der Gesetzgebung und der Literatur wird der Akkordvertrag teils dem Dienstvertrag, teils dem Werkvertrag untergeordnet. Jedoch haben in den letzten Jahren sowohl die ordentlichen Gerichte wie namentlich in überwiegender Zahl die Gewerbe- bzw. Arbeitsgerichte den Akkordvertrag als Dienstvertrag aufgefaßt. Ein Dienstvertrag liegt vor, wenn jemand die Leistung von Diensten gegen eine von dem anderen, dem Dienstberechtigten, zu gewährende Vergütung verspricht.

Durch den Akkordvertrag wird der Arbeiter verpflichtet, dem Arbeitgeber fortgesetzt Dienste vereinbarter Art zu leisten und die ihm vertragsmäßigerweise angetragenen Akkorde anzunehmen. Er ist verpflichtet, seine Dienste so aufzuwenden, daß dadurch der verabredete Erfolg erreicht wird; jedoch übernimmt er nicht die Verpflichtung, für den vereinbarten Erfolg einzustehen. Der Arbeitgeber hingegen verpflichtet sich, dem Arbeiter Akkordarbeiten zu Preisen zu übertragen, die nach dem Maß der Arbeit, aber nicht nach der Zeitdauer der Arbeit zu berechnen sind, und bei denen der Arbeiter den bei Abschluß des Dienstvertrages vereinbarten Verdienst bekommt.

Durch die Arbeitsordnung oder eine sonstige Vereinbarung kann festgesetzt werden, daß die Akkordabreden zur Vermeidung von Mißverständnissen und Streitigkeiten nur bei Beobachtung gewisser Formen gültig sein sollen. Insbesondere werden sogenannte Akkordzettel vereinbart. Das sind Zettel, auf denen Art und Bestellnummer der Arbeit, auch Zeit der Lieferung, die gelieferten Materialien und Werkzeuge, die Zahl und Art der dem Akkordarbeiter zu stellenden oder von ihm anzunehmenden Helfer und deren Vertragsverhältnis vermerkt zu werden pflegt. Diese Zettel werden meistens von dem Betriebsleiter unterschrieben und zum mindesten von dem Akkordleiter gegengezeichnet. Sind an dem Akkord eine Reihe von Arbeitern mitbeteiligt — Gruppenakkord —, so erfolgt zweckmäßig die Unterzeichnung von allen Beteiligten.

In der Praxis befindet sich auf den gedruckten Akkordzetteln meistens noch eine Reihe von verpflichtenden Abmachungen, wie z. B.: „Dieser Zettel ist ohne Angabe des Akkordpreises ungültig"; „dieser Zettel ist bei Fertigstellung der Arbeit zurückzugeben"; „bei freiwilligem Austritt aus der Arbeit, ohne daß der Akkord fertiggestellt ist, hat der Arbeiter keinen Anspruch auf die vereinbarte Akkordsumme"; „jeder Arbeiter, der eine übernommene Akkordarbeit nicht beendet oder freiwillig vor Fertigstellung niederlegt, hat für die verwendete Zeit höchstens Anspruch auf Stundenlohn für die wirklich geleistete Arbeitszeit"; „durch Annahme dieses Akkordzettels übernimmt der Arbeiter die Arbeit zu dem in dem Akkordzettel festgesetzten Akkordlohn, er begibt sich jedes Einwandes, da er vor der Übernahme sich über Material und zu leistende Arbeit unterrichtet hat." „Verrechnung und Zahlung des Akkordes kann der Arbeiter nur verlangen, wenn er bei Fertigstellung der betreffenden Arbeit diesen Zettel zurückliefert."

Als Rechtsquelle des Akkordvertrages kommen das BGB., die GO. und die bergrechtlichen Gesetze in Frage.

Das Bürgerliche Gesetzbuch enthält gar keinen Ausdruck für Akkordlohn. Es spricht beim Dienstvertrage nur einmal von dem Falle, daß die Vergütung nicht nach Zeitabschnitten bemessen ist (§ 623).

Beim Bergbau ist der Ausdruck „Gedinge" für Akkordarbeit seit alter Zeit üblich und gesetzlich im Gebrauch.

Vom Akkord des Einzelarbeiters ist zu unterscheiden der Gruppen- oder Kolonnenakkord (vgl. S. 541). Hierbei können die Arbeiter gleichgeordnet oder untergeordnet sein. Mitunter nähert sich die Stellung des Kolonnenführers der eines selbständigen Unternehmers, namentlich bei Arbeiten außerhalb geschlossener Betriebe, z. B. auf Aufstellungsplätzen.

Neben den am Akkordlohn beteiligten Arbeitern können andere im Zeitlohn dabei tätig sein.

Die Berechnung des Akkordlohns hat vor der Vereinbarung der Akkordarbeit stattzufinden. Auch ist möglichst vorher eine Akkordverteilung vorzunehmen.

Der Akkordvertrag bezweckt, dem Arbeiter entsprechend seinem Fleiße und seiner Intelligenz durch höhere Anspannung seiner Kräfte einen höheren Gewinn zu verschaffen.

Die Vergütung erhält der Arbeiter, wenn er die übernommene Arbeit in vereinbarter Beschaffenheit abliefert, gleichgültig, wieviel Zeit er für die Herstellung brauchte. Wichtig ist die Frage, ob ein Arbeiter eine Akkordarbeit aus Gründen der Akkordberechnung ablehnen kann. Ist die Berechnungsmethode des Arbeitgebers eine offensichtlich unzweckmäßige, so wird man zugunsten des Arbeiters die Berechtigung der Ablehnung annehmen müssen.

Der Arbeitgeber darf eine notwendige, aber nicht eine willkürliche Unterbrechung der Akkordarbeit anordnen (GG. Berlin, 22. Dez. 04 und 7. Jan. 05). Er muß aber dann dem Arbeiter, wenn irgend möglich, eine andere angemessene Akkordarbeit anbieten. Die Materialien müssen zu Beginn der Akkordarbeit geliefert werden.

Bei der Stücklohnarbeit ist der Umfang der Akkordarbeit ein unbestimmter. Hier werden fortlaufend gleiche Stücke hergestellt oder gleiche Arbeitsvorgänge ohne Beschränkung der Zahl vorgenommen. Bei längerer Unterbrechung, z. B. im Einverständnis beider Teile, oder bei Streiks braucht weder der Dienst- noch der Akkordvertrag aufgehoben zu werden.

Die Beseitigung unverschuldeter Mängel oder die Vornahme willkürlicher nachträglicher Änderungen gehört nicht zur vereinbarten Akkordarbeit. Sie stellt eine besondere Mehrleistung dar, falls nicht Abweichendes vereinbart ist. Die Beseitigung verschuldeter Mängel ist als eine in Erfüllung der Verpflichtung des Arbeiters geleistete Arbeit anzusehen, um den Arbeitgeber schadlos zu halten. Er kann hierfür keine besondere Vergütung verlangen. Jedoch hat der Arbeiter infolge eines solchen Verschuldens nur die Verpflichtung zum Schadensersatz und nicht zur Beseitigung der Mängel. Der Arbeitgeber hat hierbei das Recht, die Mängel stets auf Kosten des Arbeiters entfernen zu lassen (Urteil des GG. v. 3. 3. 04).

Die Vergütung besteht beim Akkord in einem festen Barbetrage entweder für die ganze Arbeitsleistung oder für gewisse Maßeinheiten. Erreicht der Akkordarbeiter den beabsichtigten Erfolg nicht oder nur teilweise, so kann er auch den vereinbarten Akkordlohn nicht oder nur teilweise verlangen, es sei denn, daß er nachweist, daß ihn kein Verschulden trifft. Kann er diesen Nachweis nicht führen, so ist der Arbeitgeber berechtigt, eine angemessene Minderung des vereinbarten Akkordpreises vorzunehmen.

Beim Akkordvertrag kommt auch die Bezahlung von Überstunden in Frage. Außer dem Akkordlohn wird dann meist für die Zahl der geleisteten Überstunden ein Aufschlag unter Zugrundelegung des Zeitlohnes gewährt.

Im Interesse der Lohnsicherung werden dem Arbeiter vor Beendigung der Akkordarbeit Abschlagszahlungen nach Maßgabe des Wertes der Teilleistungen oder der geleisteten Arbeitsstunden gemäß Vereinbarung gezahlt. Der Anspruch des Arbeiters darf selbstverständlich die vereinbarte Akkordsumme nicht übersteigen. Bei solchen Abschlagszahlungen, wie überhaupt bei Akkordarbeiten, wird gewöhnlich ein Mindestlohn und Mindestverdienst ausbedungen.

Der Akkordarbeiter hat vorzuleisten. Tritt Leistungsunmöglichkeit ein und liegt sie in seiner Person, so muß er die Gefahr tragen, wohingegen die Gefahr der Unternehmung wie die Gefahr eines schlechten Materials der Arbeitgeber zu tragen hat. Der Akkordarbeiter ist verpflichtet, eine Abrechnung über seine Arbeitsleistung aufzustellen.

Wird die Leistung nur zum Teil erfüllt, so ist festzustellen, ob der geleistete Teil der Arbeit überhaupt noch Interesse für den Arbeitgeber hat und ob es sich lohnt, die Arbeit durch einen anderen Arbeiter fertigstellen zu lassen (§ 628 BGB.). Auf alle Fälle braucht der Arbeitgeber dann nur einen Teil des Akkordpreises zu zahlen. Kann der Arbeiter einen Teil der Vergütung verlangen, so steht ihm dieser erst bei der Fertigstellung der Akkordarbeit zu, vorausgesetzt, daß die Fertigstellung nicht unmöglich ist oder vom Arbeitgeber willkürlich unterlassen wird. Wird die Arbeit infolge einer aus einem gesetzlich zulässigen Grunde erfolgten Entlassung nicht beendet, so regelt sich die Vergütung nach den §§ 123, 124 GO. Legt der Akkordarbeiter die

Arbeit aus einem gesetzlich oder vertragsmäßig zulässigen Grunde, den der Arbeitgeber zu vertreten hat, vor Fertigstellung des Akkordes nieder, so hat er Anspruch auf Schadensersatz. Bei der Berechnung des Schadens ist zu berücksichtigen, was er in der Zeit, welche voraussichtlich für die Fertigstellung des Akkordes nötig gewesen wäre, erspart oder durch anderweitige Verwendung seiner Arbeitskraft verdient oder böswillig zu verdienen unterlassen hat. Auch hier kommen für die Unmöglichkeit der Leistung die §§ 323—325 BGB. in Betracht.

In der Praxis finden sich vielfach Bestimmungen, welche Zweifel und Streitigkeit nach Möglichkeit ausschließen, z. B.: „Jeder Arbeiter, der eine übernommene Akkordarbeit ohne sein Verschulden nicht beenden kann, erhält für die geleistete Arbeit eine auf Grund seines durchschnittlichen Arbeitsverdienstes zu bemessende Entschädigung" und „Jeder Arbeiter, der eine übernommene Akkordarbeit durch eigenes Verschulden nicht beendet, wozu auch Verstöße gegen die Fabrikordnung gehören, hat für die verwendete Zeit nur Anspruch auf den durchschnittlichen Tageslohn".

Für gewerbliche Akkordverträge kommt bezüglich der Kündigung nur § 121 GO. in Frage. Wenn nichts anderes verabredet ist oder nicht Gründe für fristlose Kündigung vorliegen, kann das Arbeitsverhältnis nur mit vierzehntägiger Kündigung aufgelöst werden. Werden andere Fristen vereinbart, so müssen sie für beide Teile gleich sein.

Der Akkordarbeiter hat mangels anderer Vereinbarung die vom Arbeitgeber zu bestimmende tägliche Arbeitszeit ebenso wie der Zeitlohnarbeiter innezuhalten.

Sind an einer Akkordarbeit mehrere Arbeiter beteiligt — man nennt dies dann Gruppenakkord oder Kolonnenakkord —, so gelten hierfür besondere Rechtsverhältnisse. Der Gesamtakkordpreis wird nicht für den einzelnen ausgeworfen, sondern für die ganze Kolonne. Das Rechtsverhältnis der beteiligten Arbeiter untereinander ist ein gesellschaftsähnliches, für das der § 706, Abs. 2 BGB. maßgebend ist, nach welchem die Beiträge auch in der Leistung von Diensten bestehen können. Es kommt lediglich beim Gruppenakkord noch eine dritte Person, nämlich der Arbeitgeber, hinzu. Sämtliche Gesellschafter dieser Gruppe sind Dienstpflichtige eines und desselben Arbeitgebers. Die einzelnen Arbeiter der Kolonne dürfen grundsätzlich weder vor Beendigung der Akkordarbeit die Arbeit niederlegen noch vom Arbeitgeber entlassen werden, es sei denn, daß ein gesetzlicher Grund zur Lösung des Arbeitsverhältnisses vorliegt. Auch die vom Kolonnenführer angenommenen Kolonnenmitglieder haben Anspruch auf die gesetzliche Kündigung mangels anderer Vereinbarungen. Außerhalb eines geschlossenen Betriebes (auf Aufstellungsplätzen) kann mit der Beendigung der Kolonnen-Akkordarbeit in der Regel das Arbeitsverhältnis sofort ohne Innehaltung einer Frist gekündigt werden; denn dort gilt dasselbe als nur für die Dauer der Kolonnenarbeit abgeschlossen.

Eine besondere Stellung nehmen die Helfer und Hilfsarbeiter bei der Kolonne ein. Sind nicht diese lediglich im Zeitlohn angestellt, so gebührt ihnen ein Anteil am Akkordlohn.

Dem Arbeitgeber gegenüber endet das Kolonnenverhältnis regelmäßig mit der Bezahlung des letzten Lohnes für die übernommene Akkordarbeit, wenn nichts anderes vereinbart ist. Ein besonderes Rechtsverhältnis der Kolonne zu ihrem Führer liegt nicht vor, wenn der Kolonnenführer nur Vertreter des Arbeitgebers ist. Ein Rechtsverhältnis der Kolonne gegenüber den Helfern besteht nicht, wenn die Helfer vom Arbeitgeber gestellt und von ihm besonders bezahlt werden. Das Arbeitsverhältnis der Helfer zu dem Arbeitgeber der Kolonne endet, wenn sie nicht in einem Dauer-Dienstverhältnis stehen, mit der Beendigung der Kolonnenarbeit oder mit der Auflösung der Kolonne.

Für Klagen aus dem Kolonnenverhältnis gegen den Arbeitgeber und umgekehrt ist das Arbeitsgericht zuständig.

Es sei noch erwähnt, daß im allgemeinen bei Akkordarbeiten die Zahlungspflicht des Arbeitgebers bei verschuldeten Krankheiten, insbesondere auch dann ausgeschlossen ist, wenn der Arbeiter durch gesundheitswidriges Verhalten eine bestehende Krankheit verschlimmert hat.

Außer der Akkordarbeit gibt es in einzelnen Fabriken noch das sogenannte Prämiensystem auf Höchstleistung und auch in einzelnen Fabriken eine Beteiligung der Arbeiter am Gewinn. Da dies jedoch freiwillige Vereinbarungen sind und meist in das Ermessen des Arbeitgebers gestellt sind, so kommen sie für rechtliche Erörterungen weniger in Betracht.

Der Gedingsvertrag für den Bergbau.

(Pr. Berggesetz vom 24. Juni 1865 und 15. Juli 1905.)

Der Dienstvertrag der Bergleute wird nach den allgemeinen gesetzlichen Bestimmungen beurteilt, soweit nicht das Berggesetz etwas anderes bestimmt. Für alle Bergwerke sind Arbeitsordnungen vorgeschrieben. Diese müssen nach § 80b enthalten Bestimmungen:

über die zur Festsetzung des Schichtlohnes und die zum Abschlusse sowie zur Abnahme des Gedinges ermächtigten Personen; über den Zeitpunkt, bis zu welchem nach Übernahme der Arbeit gegen Gedingelohn das Gedinge abgeschlossen sein muß; über die Beurkundung des abgeschlossenen Gedinges und die Bekanntmachung an die Beteiligten; über die Voraussetzung, unter welcher der Bergwerksbesitzer oder der Arbeiter eine Veränderung oder Aufhebung des Gedinges zu verlangen berechtigt ist, sowie über die Art der Bemessung des Lohnes für den Fall, daß eine Vereinbarung über das Gedinge nicht zustande kommt;

über die Zeit und Art der Abrechnung und Lohnzahlung, über das Verfahren zur Feststellung des bei der Lohnberechnung zu berücksichtigenden Teils ungenügend oder vorschriftwidrig beladener Fördergefäße und über die Überwachung dieses Verfahrens durch Vertrauensmänner der Arbeiter, ferner über die Vertreter des Bergwerksbesitzers bei diesem Verfahren und über den gegen die Feststellung des Lohnanteils zulässigen Beschwerdeweg.

Ferner heißt es in § 80c: Ist im Falle der Fortsetzung der Arbeit an demselben Arbeitsort das Gedinge nicht bis zu dem nach § 80b, Nr. 2 in der A.-O. zu bestimmenden Zeitpunkt abgeschlossen, so ist der Arbeiter berechtigt, die Feststellung seines Lohnes nach Maßgabe des in der vorausgegangenen Lohnperiode für dieselbe Arbeitsstelle gültig gewesenen Gedinges zu verlangen.

Genügend und vorschriftsmäßig beladene Fördergefäße bei der Lohnberechnung in Abzug zu bringen, ist verboten. Ungenügend oder vorschriftswidrig beladene Fördergefäße müssen insoweit angerechnet werden, als ihr Inhalt vorschriftsmäßig ist. Der Bergwerksbesitzer ist verpflichtet, zu gestatten, daß die Arbeiter auf ihre Kosten durch einen aus ihrer Mitte von dem ständigen Arbeiterausschuß oder, wo ein solcher nicht besteht, von ihnen gewählten Vertrauensmann das Verfahren bei Feststellung der ungenügenden oder vorschriftswidrigen Beladung und des bei der Lohnberechnung anzurechnenden Teils der Beladung überwachen lassen. Durch die Überwachung darf eine Störung des Betriebes nicht herbeigeführt werden; bei Streitigkeiten trifft auf Beschwerde des Betriebsrats die Bergbehörde die entsprechenden Anordnungen;

ferner zu § 80d: die im Laufe eines Kalendermonats gegen einen Arbeiter wegen ungenügender oder vorschriftswidriger Beladung von Fördergefäßen verhängten Geldstrafen dürfen in ihrem Gesamtbetrage 5 RM. nicht übersteigen.

Alle Strafgelder müssen zum Besten der Arbeiter des Bergwerks verwendet werden.

Das Schlichtungswesen.

Verordnung über das Schlichtungswesen vom 30. Oktober 1923.

Der am 11. Mai 1923 vom Reichsarbeitsminister dem Reichstag vorgelegte Entwurf einer Schlichtungsordnung wurde nicht zum Gesetz erhoben. Auf Grund des Ermächtigungsgesetzes wurde dann zur vorläufigen Regelung die nachfolgende Verordnung über das Schlichtungswesen getroffen, welche wohl bei der Schwierigkeit der ganzen Frage noch lange in Geltung bleiben dürfte. Die vorliegende Verordnung gibt in wenigen Paragraphen die Grundgedanken der Schlichtungsordnung wieder. Ausgeschaltet ist jedoch der Einspruch. Neu ist die Einrichtung der Schlichter. Der unparteiische Vorsitzende oder der Schlichter werden von der Regierung bestellt und sitzen der Spruchkammer vor. Die Verordnung führt die Verbindlichkeitserklärungen sowohl für die Sprüche der Schlichtungsbehörden wie die der vertraglichen Schlichtungsausschüsse ein und gibt so den Behörden einen fast unbegrenzten Einfluß auf die Beziehungen zwischen Arbeitgebern und Arbeitnehmern. Die Vertretungsbefugnis ist in keiner Weise eingeschränkt. Daher können auch Rechtsanwälte vor den Schlichtungsbehörden auftreten.

Wie unendlich wichtig die Bestimmungen der Schlichtungsordnung namentlich hinsichtlich der Verbindlichkeitserklärung des Spruches des Schlichters sind, haben die Vorgänge ergeben, welche sich in dem schweren Lohnkampfe der Eisenindustrie Westfalens und des Ruhrgebiets im letzten Vierteljahr 1928 durch Tarifkündigung und Arbeiterentlassungen seitens der Arbeitgeber zum schweren Schaden der gesamten Industrie und der deutschen Wirtschaft abspielten.

Zur Beschleunigung von Entscheidungen kann die sogenannte Sprungrevision angeordnet werden.

Bei der Wichtigkeit, die das Schlichtungswesen gerade unter den heutigen Arbeitsverhältnissen in Deutschland angenommen hat, seien nachstehend die Gesetzesparagraphen aufgeführt:

§ 1. An Stelle der bisherigen Schlichtungsausschüsse werden von der obersten Landesbehörde im Einvernehmen mit dem Reichsarbeitsminister neue Schlichtungsausschüsse errichtet. Sitz und Bezirk sind unter möglichster Beachtung der wirtschaftlichen Zusammenhänge zu bestimmen. Die Bildung gemeinsamer Schlichtungsausschüsse für mehrere Länder oder Teile mehrerer Länder ist zulässig.

Die Schlichtungsausschüsse bestehen aus einem oder mehreren unparteiischen Vorsitzenden und aus Beisitzern der Arbeitgeber und der Arbeitnehmer in gleicher Zahl.

Die unparteiischen Vorsitzenden bestellt die oberste Landesbehörde nach Anhörung der wirtschaftlichen Vereinigungen der Arbeitgeber und der Arbeitnehmer des Bezirkes. Die Beisitzer beruft sie auf Vorschlag dieser Vereinigungen.

§ 2. Für größere Wirtschaftsbezirke bestellt der Reichsarbeitsminister nach Anhörung der beteiligten obersten Landesbehörden Schlichter. Er kann auch für den einzelnen Fall einen besonderen Schlichter bestellen.

Die Schlichter übernehmen die Schlichtung in Fällen, die für das Wirtschaftsleben von besonderer Wichtigkeit sind.

§ 3. Schlichtungsausschüsse und Schlichter haben zum Abschluß von Gesamtvereinbarungen (Tarifverträgen), Betriebsvereinbarungen Hilfe zu leisten, soweit eine vereinbarte Schlichtungsstelle nicht besteht oder den Abschluß einer Gesamtvereinbarung nicht herbeiführt.

§ 4. Zuständig ist, falls die Parteien nichts anderes vereinbaren oder nicht ein Schlichter eingreift, der Schlichtungsausschuß, in dessen Bezirk die beteiligten Arbeitnehmer beschäftigt sind. Sind hiernach mehrere Schlichtungsausschüsse zuständig, so verbleibt die Streitigkeit bei dem Schlichtungsausschusse, der sich zuerst mit ihr befaßt hat.

§ 5. Schlichtungsausschüsse und Schlichter werden auf Anruf einer Partei oder von Amts wegen tätig.

Der unparteiische Vorsitzende des Schlichtungsausschusses oder der Schlichter hat zunächst zu versuchen, den Abschluß einer Gesamtvereinbarung herbeizuführen.

Gelingt ihm das nicht, ist die Sache vor einer Schlichtungskammer zu verhandeln. Diese bildet der unparteiische Vorsitzende des Schlichtungsausschusses mit je zwei Beisitzern der Arbeitgeber und der Arbeitnehmer, der Schlichter mit Beisitzern der Arbeitgeber und der Arbeitnehmer in gleicher Zahl, die er zu diesem Zwecke beruft.

Kommt vor der Schlichtungskammer keine Einigung zustande, so macht die Kammer den Parteien einen Vorschlag für den Abschluß einer Gesamtvereinbarung (Schiedsspruch). Wird er von beiden Parteien angenommen, so hat er die Wirkung einer schriftlichen Gesamtvereinbarung. Das gleiche gilt, wenn der Spruch auf Grund gesetzlicher Vorschrift oder einer Vereinbarung bindend ist.

§ 6. Wird der Schiedsspruch nicht von beiden Parteien angenommen, so kann er für verbindlich erklärt werden, wenn die in ihm getroffene Regelung bei gerechter Abwägung der Interessen beider Teile der Billigkeit entspricht und ihre Durchführung aus wirtschaftlichen und sozialen Gründen erforderlich ist.

Für die Verbindlichkeitserklärung des Schiedsspruchs eines Schlichtungsausschusses ist der Schlichter zuständig, in dessen Bezirk der Geltungsbereich der vorgeschlagenen Gesamtvereinbarung liegt; dies gilt auch dann, wenn er sich nur unwesentlich über den Bezirk des Schlichters hinaus erstreckt. In den übrigen Fällen ist der Reichsarbeitsminister zuständig.

Die Verbindlichkeitserklärung ersetzt die Annahme des Schiedsspruchs.

Die Vorschriften des Abs. 1—3 finden auf die Verbindlichkeitserklärung von Schiedssprüchen vereinbarter Schlichtungsstellen entsprechende Anwendung.

§ 7. Der Reichsarbeitsminister kann für die Tätigkeit der Schlichtungsausschüsse und der Schlichter allgemeine Richtlinien erlassen. In ihrer Entschließung im Einzelfalle sind Schlichtungsausschüsse und Schlichter unabhängig und nicht an Weisungen gebunden.

§ 8. Der Reichsarbeitsminister kann mit Zustimmung der obersten Landesbehörde die Geschäftsführung der Schlichtungsausschüsse prüfen und die Vorlage der Akten verlangen. Er führt die Aufsicht über die Geschäftsführung der Schlichter.

Die Aufsicht über die Geschäftsführung der Schlichtungsausschüsse führt die oberste Landesbehörde.

Die Landesregierungen bestimmen, welche Behörde als oberste Landesbehörde im Sinne dieses Artikels gilt. Die oberste Landesbehörde kann die ihr zugewiesenen Aufgaben unterstellten Behörden übertragen.

§ 9. Das Reich trägt die Kosten der Schlichter und die der Schlichtungsausschüsse.

Das Arbeitsgerichtsgesetz.

Vom 23. Dezember 1926[1].

Nach diesem Gesetz sind als Arbeitsgerichtsbehörden Arbeitsgerichte, Landesarbeitsgerichte und das Reichsarbeitsgericht errichtet. Die Arbeitsgerichte sind als Sondergerichte der Landesjustizverwaltung unterstellt; bei ihrer Errichtung und Beaufsichtigung sind aber auch die obersten Landesbehörden für die Sozialverwaltung beteiligt. Sie werden meistens für mehrere Amtsgerichtsbezirke gebildet und haben in der Regel ordentliche Richter zu Vorsitzenden, die auf arbeitsrechtlichem Gebiet Kenntnisse und Erfahrungen besitzen. Beim Reichsarbeitsgericht, das beim Reichsgericht gebildet wird, sind in jedem arbeitsgerichtlichen Senat neben dem Vorsitzenden noch zwei richterliche Beisitzer tätig. Für alle drei Instanzen ist die Mitwirkung von Beisitzern aus den Kreisen der Arbeitgeber und Arbeitnehmer vorgesehen, die nach besonderen Vorschlagslisten berufen werden.

Bei jedem Arbeitsgericht ist die Bildung von besonderen Kammern für Streitigkeiten der Arbeiter und der Angestellten, außerdem die Bildung einer Kammer für Handwerksstreitigkeiten (Handwerksgerichte) vorgeschrieben. Außerdem können Fachkammern für einzelne Gewerbezweige gebildet werden.

Zuständig sind die Arbeitsgerichte für alle Ansprüche zwischen den Arbeitnehmern und Arbeitgebern, die aus dem Einzelarbeits- oder Lehrvertrag hervorgehen oder auf der Nachwirkung eines bereits beendigten Arbeitsverhältnisses beruhen; ferner die Ansprüche beider aus unerlaubten Handlungen, die mit dem Arbeitsverhältnis zusammenhängen, und schließlich für Streitigkeiten zwischen Tarifvertragsparteien aus dem Tarifvertrag selbst oder über die Frage des Bestehens oder Nichtbestehens des Tarifvertrages.

Nebenher werden in einer Art Verwaltungsgerichtsbarkeit eine Reihe von Fällen des Betriebsrätegesetzes im Beschlußverfahren von den Arbeitsgerichten entschieden. Die fakultative Zuständigkeit ist im § 3 geregelt.

Arbeitnehmer sind Arbeiter, Angestellte, Lehrlinge, aber auch Hausgewerbetreibende und Zwischenmeister. Die einzige Ausnahme besteht in der Aufrechterhaltung der Zuständigkeit der Innungen für die Entscheidung von Streitigkeiten aus dem Lehrverhältnis (§ 111 AGG.).

Die Grundlage für das Verfahren bildet die Zivilprozeßordnung mit wesentlichen Abweichungen. So sind parteifähig als Kläger auch wirtschaftliche Vereinigungen von Arbeitgebern und Arbeitnehmern, ohne daß sie juristische Personen zu sein brauchen. Vor den Arbeitsgerichten sind Rechtsanwälte ausgeschlossen. Dagegen besteht Vertretungszwang (auch Anwälte) vor dem Landesarbeitsgericht und Anwaltszwang beim Reichsarbeitsgericht. Obligatorisch ist das Güteverfahren, daß der Vorsitzende allein ohne Zuziehung

[1] Die Zuständigkeiten der früheren Gewerbegerichte und Kaufmannsgerichte sind auf das Arbeitsgericht übergegangen.

von Beisitzern abzuhalten hat. Bei Scheitern schließt sich die weitere Verhandlung unmittelbar an. Das Verfahren ist zu beschleunigen. Der Grundsatz der Unmittelbarkeit findet weitgehende Durchführung. Die Kosten des Verfahrens sind in § 12 geordnet. Die Berufungssumme beträgt 300 RM., jedoch kann das Arbeitsgericht wegen der grundsätzlichen Bedeutung eines Rechtsstreites im Einzelfall auch bei geringerem Streitwert die Berufung zulassen. Ist der Streitwert beim Berufungsgericht höher als 4000 RM., so ist die Revision zulässig. Auch kann in gewissen Fällen gegen eine Entscheidung des Reichsgerichts unter Übergehung des Landesarbeitsgerichts die Sprungrevision beim Reichsarbeitsgericht eingelegt werden. Die Fristen für die Einlegung des Rechtsmittels und seine Begründung sind je 2 Wochen. Neben diesem Streitverfahren werden eine Reihe von Fällen in einem vereinfachten Beschlußverfahren erledigt (§§ 80—90). Eingehend geregelt sind ferner verschiedene Schiedsinstanzen, so der Schiedsvertrag in Arbeitsstreitigkeiten, der Gütevertrag und der Schiedsgutachtenvertrag. Beim Gütevertrag können die Parteien vereinbaren, daß ein Einigungsverfahren vor einer vereinbarten Gütestelle vorausgehen soll. Beim Schiedsgutachtenvertrag haben die Parteien die Möglichkeit, über einzelne Tatfragen eines arbeitsrechtlichen Prozesses eine Schiedsstelle entscheiden zu lassen.

Der Schiedsvertrag des Arbeitsgerichtsgesetzes unterscheidet sich nur unwesentlich von dem der Zivilprozeßordnung (vgl. denselben Seite 312).

Arbeitsschutzgesetz.

(Entwurf.)

Das Arbeitsschutzgesetz liegt bisher nur im Entwurf vor. Es ist ausgegeben am 31. Januar 1929 vom Reichsarbeitsminister. Eine Neuregelung hat sich deshalb als dringend notwendig erwiesen, weil das Arbeitsschutzrecht in seiner jetzigen Gestalt das Ergebnis jahrzehntelanger wechselvoller Entwicklung gewesen ist. Die vielfachen Abänderungen und stückweisen Ergänzungen haben eine unübersichtliche und wenig einheitliche Regelung dieses wichtigen Rechtsgebiets zur Folge gehabt, namentlich soweit die Gewerbeordnung in Frage kommt. Eine systematische Neufassung und Ausgestaltung des gesamten Arbeitsschutzes ist, wie es in der Begründung des Entwurfs heißt, daher seit langem ein dringliches Bedürfnis.

Die Hauptveranlassung hierzu gab die Arbeitszeitverordnung vom 21. Dezember 1923, dies um so mehr als das Arbeitszeitnotgesetz vom 14. April 1927 nur einem vorübergehenden Notstand abhelfen sollte. Die endgültige, die Arbeitnehmerschaft in besonderem Maße berührende Frage sollte bis nach hinreichender Klärung der wirtschaftlichen Verhältnisse verschoben werden. Der Zeitpunkt hierfür ist nunmehr gekommen, trotzdem eine Reihe von Gewerbezweigen mit erheblichen wirtschaftlichen Schwierigkeiten zu kämpfen hat. Wird der Entwurf zum Gesetz, so dürften damit eine Reihe von Streitfragen auf dem Gebiete der Arbeitszeit beseitigt werden, welche sonst kaum ohne schwere Erschütterung des Wirtschaftslebens zwischen den Beteiligten ausgetragen werden müssen.

Nachdem die Arbeitszeitregelung immer mehr in den Vordergrund internationaler Eröffnungen gerückt ist, wird sich eine Nachprüfung erforderlich machen, ob die deutsche Wirtschaftslage eine dem Washingtoner Übereinkommen über die Arbeitszeit entsprechende gesetzliche Regelung gestattet.

Der Entwurf erstreckt sich auf folgende Gebiete: Schutz gegen Betriebsgefahren, Arbeitszeitschutz unter Einbeziehung des erhöhten Schutzes für Frauen und Jugendliche und des Nachtbackverbots, Sonntagsruhe, Ladenschluß, Arbeitsaufsicht.

Nicht einbezogen in den Entwurf ist der Arbeitsvertragsschutz, der Heimarbeitsschutz, die Urlaubsregelung für Jugendliche.

Hingegen enthält er Sonderbestimmungen, z. B. für das Verkehrsgewerbe, für die Eisenbahnen, das Gast- und Schankwirtschaftsgewerbe; er trägt ferner der Eigenart des Handelsgewerbes sowie der sonstigen Gewerbe Rechnung, die vornehmlich Angestellte beschäftigen.

Der Entwurf beschränkt sich darauf, die dem öffentlichen Rechte angehörigen Schutznormen aufzustellen und ihre Durchführung mit Mitteln des öffentlichen Rechts — Aufsicht, Zwang, Strafe — zu sichern.

In das Arbeitsvertragsverhältnis greift der Entwurf nicht ein. Die Durchführung des Gefahrenschutzes wird im Wege der Überwachung durch Arbeitsschutzbehörden vorgeschlagen. Die Größe des Betriebes spielt in dem Entwurf keine Rolle mehr. Auch Betriebe, welche weniger als 10 Arbeiter beschäftigen, sind eingeschlossen.

Eine wesentliche Neuerung bedeuten die Vorschriften des Entwurfes über den Maschinenschutz; insbesondere soll ein gesetzlicher Zwang auf die Hersteller der Maschinen von nötigen Mitlieferungen der Schutzvorrichtungen ausgeübt werden. Sehr scharf ist der Schutz gegen Giftstoffe durchgeführt.

Neu sind die Vorschläge über die Schaffung besonderer „Arbeitsschutzbehörden“.

Weiter auf den Entwurf hier einzugehen, dürfte verfrüht sein. Sobald der Entwurf mit anderen zur Beratung stehenden Gesetzesentwürfen, wie z. B. das Aktienrecht, das Strafrecht zum Gesetz erhoben wird, dürfte sich ein Nachtrag notwendig machen.

Koalitionsfreiheit (Verbandsfreiheit), Streik, Aussperrung. Boykott.

Vgl. Kartellverordnung vom 2. November 1923, S. 505ff.

Alle Verbote und Strafbestimmungen gegen Gewerbetreibende, gewerbliche Gehilfen, Gesellen oder Fabrikarbeiter wegen Vereinigung zum Behufe der Erlangung günstiger Lohn- und Arbeitsbedingungen, insbesondere mittels Einstellung der Arbeit — Streik[1] — oder Entlassung der Arbeiter sind gemäß Reichsverfassung durch § 152 der GO. aufgehoben. Es gilt also der Grundsatz der Koalitionsfreiheit für Arbeiter und Arbeitgeber. Nach § 1 des Reichsvereinsgesetzes vom 19. April 1908 haben alle Reichsangehörige das Recht, unter den in diesem Gesetz und anderen Reichsgesetzen enthaltenen Beschränkungen Vereine zu bilden und sich zu versammeln, insofern der Zweck derselben

---

[1] Streik, Aussperrung und Boykott nach geltendem Recht von Dr. E. Lion-Levy, Breslau, in: Neue Zeitschrift für Arbeitsrecht, Heft 11/12, Dez. 1921. Mannheim, Berlin, Leipzig: J. Bensheimer.

den Strafgesetzen nicht zuwiderläuft. Keine Anwendung findet der § 152 auf diejenigen Arbeiter und Arbeitgeber, welche in Gewerben beschäftigt sind, die überhaupt nicht unter die GO. fallen, z. B. die mit dem Betriebe von Eisenbahnen beschäftigten Unternehmer und Arbeiter. Hingegen gilt er für die Besitzer und Arbeiter von Bergwerken, Salinen, Aufbereitungsanstalten und unterirdisch betriebenen Brüchen und Gruben.

Eine Vereinigung von Arbeitern oder Arbeitgebern, die gebildet wird, um einen neuen günstigen Lohntarif oder die Beibehaltung des bisherigen Tarifs durchzusetzen, gehört hierunter.

Das Streikpostenstehen fällt als eine die Aufrechterhaltung einer Koalition bezweckende Maßregel hierunter und kann deshalb landesrechtlich im allgemeinen nicht unter Strafe gestellt werden (RG. vom 2. Februar 1901).

Zum Zwecke der Erzielung besserer Lohn- und Arbeitsbedingungen verhängen die Arbeiter oft die Verrufserklärung (Sperre, Boykott) über einen Arbeitgeber, d. h. sie vereinbaren, bei gewissen Arbeitgebern nicht in Arbeit zu treten oder von ihm keine Waren zu entnehmen. Das Mittel des Boykotts kann zulässig sein; es kann aber auch sich unter besonderen Umständen als eine strafbare Handlung (Nötigung, Erpressung, grober Unfug) darstellen. In zivilrechtlicher Hinsicht sind Boykott und Sperre im allgemeinen als zulässige Kampfmittel zu betrachten. Schadensersatzansprüche können von dem betroffenen Teil daraus nicht abgeleitet werden, wenn ihre Durchführung nicht in einer gegen die guten Sitten verstoßenden Weise erfolgt (§ 826 BGB.). Anders liegt die Sache, wenn die angewandten Mittel an sich unsittliche sind, wie wahrheitswidrige und aufreizende Darstellungen, oder wenn der dem Gegner zugefügte Nachteil so erheblich ist, daß dessen wirtschaftlicher Ruin herbeigeführt wird, oder wenn dieser Nachteil zu den erstrebten Vorteilen in keinem erträglichen Verhältnisse steht.

Ein zulässiges Mittel im Lohnkampf ist die in öffentlichen Blättern verbreitete Aufforderung, den Zuzug zu unterlassen (OLG. Hamburg vom 11. Februar 1898 und RG. vom 17. September 1908). Zulässig ist auch die Verabredung von Vertragsstrafen für den Fall der Nichteinhaltung gewisser Verabredungen und die Gründung einer Kasse zum Zwecke der Unterstützung feiernder Arbeiter.

Jedem Teilnehmer steht der Rücktritt von solchen Vereinigungen und Verabredungen frei; es findet aus letzteren weder Klage noch Einrede statt.

Wer andere durch Anwendung körperlichen Zwanges, durch Drohungen, durch Ehrverletzung oder durch Verrufserklärung bestimmt oder zu bestimmen versucht, an solchen Verabredungen teilzunehmen oder ihnen Folge zu leisten, oder andere durch gleiche Mittel hindert oder zu hindern versucht, von solchen Verabredungen zurückzutreten, wird nach den allgemeinen Strafgesetzen abgeurteilt. Hiernach ist den Arbeitswilligen der staatliche Schutz gewährleistet. Die Nötigung kann sich auf die Erzwingung der Teilnahme beziehen oder auf die Verhinderung des Rücktritts oder auf die Erzwingung der Befolgung der getroffenen Anordnungen.

Unter dem Begriff des körperlichen Zwanges sind nicht nur Mißhandlungen, sondern auch Freiheitsberaubungen, Entziehung der Nahrung, kurz jede gegen den Körper gerichtete Handlung zu verstehen.

Die Koalitionsfreiheit besteht also darin, daß zunächst die Bildung der Koalition unumschränkt erlaubt ist und daß ihr jedermann beitreten darf, und daß sie dem Gegner gegenüber alle Kampfmittel anwenden kann, die innerhalb des Zivil- und Strafrechtes erlaubt sind. Alle Abmachungen, welche die Leitung einer Koalitionsgruppe namens der Mitglieder Dritten gegenüber macht, berechtigen und verpflichten auch die einzelnen Mitglieder dem Dritten gegenüber. Dies ist von besonderer Wichtigkeit für die Innehaltung von Tarifverträgen (vgl. S. 477).

Der Streik ist die gleichzeitige Arbeitseinstellung mehrerer Arbeiter auf Grund vorheriger Verabredung. Man unterscheidet Angriffstreiks zur Erreichung günstiger Lohnbedingungen und Abwehrstreiks zur Abwehr ungünstiger Bedingungen. Der Streik ist nicht strafbar, selbst wenn er unter Kontraktbruch erfolgt. Jedoch berechtigt er den Arbeitgeber zur sofortigen Entlassung des Arbeiters. Nach der herrschenden Rechtsprechung ist im allgemeinen (vgl. Ausnahmen letzter Absatz dieses Kapitels) eine Gesamthaftung der streikenden Arbeiter oder Verbände ausgeschlossen; der Arbeitgeber kann sich nur an die einzelnen Arbeiter wegen Schadensersatz halten. Solange nicht eigennützige Gründe beim Vorgehen eines Arbeiterverbandes vorliegen, wird man einen Verstoß gegen die guten Sitten nicht annehmen können.

Wird bei Lieferungseinstellung oder Lieferungsverzögerung eine entsprechende Verlängerung der Lieferzeit seitens des Arbeitgebers in den Lieferungsbedingungen nicht vorgesehen, so wird nach der herrschenden Rechtsprechung Streik als höhere Gewalt dann nicht angesehen, wenn der Arbeitgeber durch Bewilligung der Forderungen der Streikenden in der Lage ist, eine Unterbrechung der Arbeiten zu verhüten. Inwieweit die Bewilligung der Forderung dem Arbeitgeber zugemutet werden kann, muß von Fall zu Fall entschieden werden. Sichern sich die Arbeitgeber durch eine entsprechende Streikklausel in ihren Lieferungsbedingungen, so ist diese mangels anderer Verabredung rechtsgültig.

Das entsprechende Kampfmittel der Arbeitgeber ist die **Aussperrung.** Sie ist namentlich dann am Platze, wenn durch Teilstreiks der Betrieb lahmgelegt werden soll. Man unterscheidet Aussperrungen unter Einhaltung der Kündigungsfrist und Aussperrungen unter Kontraktbruch. Die letztere macht den Arbeitgeber in vollem Umfange schadensersatzpflichtig und gibt dem Arbeiter das Recht zur sofortigen Kündigung. Bei der Aussperrung, welche mit Einhaltung der gesetzlichen Kündigungsfrist oder der in der Arbeitsordnung vorgesehenen Frist erfolgt, stehen dem Arbeitgeber die gleichen Kampfmittel zur Verfügung wie dem Arbeiter. Hierunter gehört auch die Bekanntgabe der Namen der streikenden Arbeiter durch Arbeitsnachweise der Arbeitgeber an andere Arbeitgeber, wodurch die Einstellung streikender Arbeiter in anderen Betrieben vermieden werden soll. Es muß jedoch als ein zwingendes Gebot der Gerechtigkeit erscheinen, daß der Arbeitgeberverband zur Aussperrung eines einzelnen Arbeiters auf längere Zeit oder zeitlich unbegrenzt höchstens dann schreitet, wenn es sich um sehr schwere Verfehlungen desselben handelt und diese durch sorgfältige Ermittelungen festgesetllt sind (RG. 54, 428). Eine Handlung, welche zum Zweck oder den Erfolg hat, die gewerbliche Existenz des Gegners zu untergraben, ihn dauernd erwerbs- und brotlos zu machen, ist anders zu beurteilen als eine Maßregel, die darauf abzielt, dem Gegner vorübergehend für die Dauer des Lohnkampfes die Erwerbsmöglichkeit in dem betreffenden Geschäftszweige abzuschneiden, ihn hierdurch zum Nachgeben und zur Unterwerfung unter die gestellten Bedingungen zu nötigen (RG. 51, 383; 56, 275; 57, 418). Die durch Streik oder Aussperrung getroffenen Maßregeln dürfen sich nicht als unbillig und gehässig darstellen, insbesondere dürfen sie nicht den Charakter eines Racheaktes haben (RG. in JW. 04, 293 und 09, 109). Das entscheidende Kriterium der Zulässigkeit aller Interessenkämpfe besteht darin, daß ein richtiges Verhältnis zwischen den mit dem Kampfe erstrebten Vorteilen und den angewendeten Druckmitteln oder zugefügten Nachteilen besteht. Lohnkämpfe sind grundsätzlich als zulässig anzusehen.

Die Verhängung der Sperre über eine Firma, die einen oder mehrere nichtorganisierte Arbeiter beschäftigt, um diese Arbeiter zu zwingen, der Organisation beizutreten oder fortzuziehen, verstößt gegen die guten Sitten (Urt. des hanseatischen OLG.).

Von besonderer Tragweite sind die Urteile des Reichsgerichts über den Boykott: Wer im wirtschaftlichen Kampfe die scharfe Waffe des Boykotts zur Hand nehmen will, der soll, bevor er dieses meist zu einer sehr empfindlichen Schädigung des Betroffenen führende Kampfmittel in Bewegung setzt, gewissenhaft prüfen, ob die tatsächliche Grundlage seines Vorgehens auf Wahrheit beruht. Dies gilt in gleicher Weise für Arbeitgeber, Arbeitgeberverbände wie auch für Arbeitnehmerverbände (RG. 59, 427 und RG. in JW. 1912, 750).

Ist der Boykott lediglich darauf gerichtet, dem Gegner Schaden zuzufügen, so liegt Unsittlichkeit vor. Auch Arbeitnehmerverbände können für Boykott ersatzpflichtig gemacht werden. (Urt. v. 22. Nov. 1928, 206/28 VI Hamburg; Jur. Wochenschau, Heft 9 v. 2. März 1929.)

Unternehmerverbände.

Unternehmer können sich zusammenschließen, wenn sie Anbieter oder wenn sie Abnehmer sind. Der Zweck der Verbände ist (nach Liefmann):

1. die Erlangung möglichst hoher Preise;
2. die Ermöglichung einer zweckmäßigen Angebotspolitik oder vom Standpunkt der Abnehmer einer zweckmäßigen Nachfragepolitik;
3. die Schaffung eines Monopols für jeden Beteiligten oder doch für jede Gruppe von Beteiligten.

Man unterscheidet 3 Grundformen von Verbänden:

1. die Verbände zum Zwecke gemeinsamer Preispolitik;
2. die Verbände zum Zwecke gemeinsamer Angebotspolitik oder Nachfragepolitik;
3. die Verbände zum Zwecke gemeinsamer Monopolisierungspolitik.

Je nach der Art der Verbände wird also ein „Kollektivmonopol“ oder ein „Einzelmonopol“ geschaffen.

Mit den Worten „Kartelle“ werden im allgemeinen nur die Verbände der Unternehmer als Anbieter verstanden. Die Kartelle können ihre Zwecke in der Weise erreichen, daß sie bei den Vereinbarungen von dem einzelnen Mitgliede ausgehen und dessen wirtschaftliche Handlungsfreiheit in irgend einem Punkte, z. B. in der Preisfestsetzung beschränken, selbstverständlich für alle in der gleichen Weise, oder dadurch, daß sie von der Gesamtheit der Kartellbeteiligten ausgehen, darüber Bestimmungen treffen, und dann das Verhältnis des einzelnen zur Gesamtheit festsetzen, z. B. die gesamte Absatzmenge feststellen, die Beteiligungsziffer regeln u. dgl. Bei den letzteren wird einheitlich das Gesamtangebot, die Gesamtnachfrage geregelt und der Gesamtgewinn unter die Mitglieder verteilt.

Die Einteilung, zu der Liefmann kommt, ist folgende:

I. Verbände der Unternehmer als Abnehmer.

1. Gegen die Arbeiter zum Zwecke gemeinsamer Preis- und Nachfragepolitik;
2. gegen die Rohstofferzeuger usw. zum Zwecke gemeinsamer Preis- und Nachfragepolitik.

II. Verbände der Unternehmer als Anbieter, Kartelle.

A. niederer Ordnung, beschränkende Kartelle:

1. zum Zweck gemeinsamer Angebotspolitik:
Angebots- oder Produktionskartelle;
2. zum Zweck gemeinsamer Monopolisierungspolitik:
Gebietskartelle;
3. zum Zweck gemeinsamer Preispolitik:
Preiskartelle.

B. Kartelle höherer Ordnung, verteilende Kartelle, Kontingentierungen:

1. zum Zweck gemeinsamer Angebotspolitik:
Angebotskontingentierungen;
2. zum Zweck gemeinsamer Monopolisierungspolitik:
Nachfragekontingentierungen;
3. zum Zweck gemeinsamer Preispolitik:
Gewinnkontingentierungen.

Die Verbände sind heute im Gegensatze zu früher immer mehr vorsorgend, nicht abwehrend, d. h. sie bezwecken die Verhütung schädlicher Wettbewerbskämpfe und die Vermeidung von Krisen. Die Verkaufspreise sollen durch die Kartelle auf eine gesunde Grundlage gestellt werden. Dieser Zweck tritt besonders in dem engen Zusammenschluß von Verkaufssyndikaten hervor. Auch das Steigen der Rohstoffpreise hat vielfach zur Bildung von Kartellen geführt.

Daß einzelne Gebiete auch maßgebend und bestimmend für die Bildung von Syndikaten werden können, hat das Kohlensyndikat bewiesen. Sie schalten damit auswärtigen Wettbewerb aus. Der Hauptwirkungskreis der Kartelle ist jedoch auf dem Gebiete der Rohstofferzeugung und des Transportwesens zu suchen. Die Entstehung der Kartelle ist durch die Schutzzölle außerordentlich begünstigt. Das beste Mittel für das Bestehen eines Unternehmerverbandes ist das allgemeine Bewußtsein von seiner Notwendigkeit, vor allem die Furcht vor einem nutzlosen Wettbewerbskampf, vor Preisschleuderei, Vergeudung unnützer Arbeitskraft usw.

Bei den Verbänden oder Kartellen können die Unternehmer übereinkommend sich verpflichten:

1. nicht mehr als einen gewissen Höchstpreis beim Einkauf zu bezahlen;
2. die benötigten Stoffe gemeinsam zu beziehen;
3. den Bezug überhaupt einzustellen;
4. die Rohstoffe gemeinsam selbst zu erzeugen.

Im 1. Falle handelt es sich um eine gemeinsame Preispolitik, im 2. und 3. um eine gemeinsame Nachfragepolitik, bei dem 4. kann man vom eigentlichen Zweck des Verbandes kaum mehr sprechen.

Die Verabredung gemeinsamer Höchstpreise soll bewirken, daß die erzeugenden Werke mit ihren Preisen heruntergehen, wenn sie bemerken, daß ihre Abnehmer nicht gewillt sind, die hohen Preise zu bezahlen. Der gemeinsame Bezug der benötigten Rohstoffe bezweckt, den Erzeugern der Rohstoffe gegenüber eine Erhöhung der Erzeugungskosten infolge Steigens der Rohstoffpreise zu verhindern. Die 3. Form, die Einstellung des Bezuges, gleicht einem Boykott. Zu dem letzten Mittel, der gemeinsamen eigenen Herstellung, wird nur gegriffen werden können, wenn tatsächlich dadurch eine Unabhängigkeit von den Erzeugungsstätten der Rohstoffe erreicht wird.

Die Kartelle können den einzelnen Mitgliedern die Verpflichtung auferlegen, von Vergrößerungen des Betriebes innerhalb bestimmter Zeit abzusehen. Sie können aber auch bestimmen, daß je nach der Marktlage ein Teil des Betriebes oder bei mehreren Werken in einer Hand ein ganzer Betrieb still gelegt wird, oder die Betriebseinstellung kann eine allgemeine werden. Auch kann festgestellt werden, daß jedes Werk seine Erzeugung in einem bestimmten, für alle gleichen Hundertsätze einzuschränken hat.

Während bei freiem Wettbewerb jeder Unternehmer sich seine Kunden, seine Abnehmer suchen kann, wo es ihm beliebt, werden Kartelle im Gegensatz dazu für den Absatz in bestimmten Gebieten geschaffen. Das bedeutet also einen Verzicht auf die freie Lieferung überallhin. Man kennt nationale und internationale Gebietskartelle. Die bekanntesten deutschen Gebietskartelle sind die Walzwerks-, Eisengießerei-, Feinblech-, Zement-Kartelle und andere mehr. Von den internationalen Gebietskartellen ist das bekannteste das zwischen Deutschland, England, Belgien und Österreich abgeschlossene Schienenkartell. In diesem gewährleisteten sich die Vertragsparteien die alleinige Versorgung des eigenen Landes und regelten den Absatz nach den meisten andern europäischen Staaten. Zu den größten aller internationalen Gebietskartelle gehören der Dynamittrust und der Stahlwerksverband.

Die häufigsten Kartelle sind die Preiskartelle. Sie bezwecken, einmal das Unterbieten zu verhindern und zweitens die Preise zu erhöhen. Fast alle Preiskartelle enthalten Festsetzungen gemeinsamer Verkaufspreise und Nebenbestimmungen über die Höhe des Rabatts, der Kreditgewährung u. dgl. Die Preisvereinbarungen gelten entweder für alle von den Mitgliedern verkauften Waren oder nur für diejenigen, welche innerhalb des Verbandsgebietes verkauft werden. Im letzteren Falle ist es den Verbandsmitgliedern im allgemeinen erlaubt, außerhalb des Verbandsgebietes billiger zu verkaufen. Auf diese Weise kommt zum erfolgreichen Wettbewerb im Welthandel die Ausfuhrprämie zustande.

Die Kartelle zum Zwecke gemeinsamer Monopolisierungspolitik sind am meisten bei öffentlichen Ausschreibungen (Submissionen) zur Geltung gekommen und finden sich in den Beteiligungsziffern ausgedrückt. Bei den Submissionen pflegen sich die Unternehmer am erbittertsten zu bekämpfen. Zur Vermeidung unnützer Preisschleuderei wird eine Einigung über den Anteil an den Aufträgen bei den Verbandswerken angestrebt. Entweder geben die Unternehmer ihre Angebote gemeinsam ab und verteilen sie nach Erhalt des Auftrages in einem bestimmten Verhältnis, nämlich dem Verhältnis der Beteiligungsziffer; oder die Unternehmer setzen bei jeder Ausschreibung fest, wer die Ausführung übernehmen soll; das geschieht dadurch, daß das betreffende Werk das niedrigste Gebot abgibt. Trotz des niedrigen Preises bleibt dem Abnehmer schließlich die Wahl, welches Angebot er annehmen will. Anders liegt es bei der sogenannten Auftragskontingentierung. Sie ist diejenige Kartellform, durch welche das Recht der Abnehmer am meisten beschränkt wird. Die Abnehmer müssen ihre Aufträge an ein vom Verband dazu bestimmtes Werk geben. Werden die Aufträge einem andern Verbandsmitgliede gegeben, so muß dieses den Auftrag dem vom Kartell bestimmten Werk überweisen. Die Ausführung dieser so gesammelten Aufträge wird dann unter die Mitglieder im Verhältnis ihrer Beteiligungsziffer am Absatz verteilt.

Das Organ, welches in den Verbänden die Sammlung und Verteilung der Aufträge übernimmt, heißt Verkaufsstelle oder Verkaufssyndikat. Syndikat bezeichnet also das Organ des Verbandes. So ist die Rheinisch-westfälische Kohlensyndikat Aktiengesellschaft dasjenige Organ, welches gemäß der Beteiligungsziffer die Verteilung im Kartell übernimmt.

Die Verteilung der Aufträge kann auch hier an alle Beteiligten gemäß der Beteiligungsziffer erfolgen, oder jeder Auftrag wird an ein oder wenige Mitglieder vergeben, und zwar an diejenigen, welche von der Erreichung der ihnen zugebilligten Absatzziffer noch am weitesten entfernt sind.

Maßgebend für die Zuweisung der Aufträge sind 4 Gründe:

1. der Abstand des einzelnen von der Endsumme seiner Beteiligungsziffer;
2. Rücksicht auf Frachtersparnis, d. h. dasjenige Werk kann den Auftrag unter Umständen erhalten, welches dem Wohnsitze des Auftraggebers am nächsten liegt;
3. Berücksichtigung der vorhandenen Bestände auf den einzelnen Werken;
4. Berücksichtigung besonderer Wünsche einzelner Mitglieder in besonderen Fällen;
5. das Arbeitsbedürfnis.

Ist die Überweisung von Aufträgen durch die Verkaufsstelle erfolgt, so ergeben sich folgende Rechtsfälle:

1. Die Verkaufsstelle ist nur Vermittler, und die Verpflichtung geht an den Unternehmer über, dem der Auftrag von der Verkaufsstelle überwiesen ist. Die Verkaufsstelle schließt das Geschäft dem Abnehmer gegenüber dann mit dem Vorbehalt ab, dasselbe einem Verbandsmitgliede zur Ausführung zu übertragen. Dieses stellt selbst die Rechnung aus und zieht den vereinbarten Betrag ein. Selbstverständlich gibt die Verkaufsstelle dem Abnehmer davon Kenntnis, welchem Werk der Auftrag übertragen ist. Da die Verkaufsstelle nicht die Zahlungsfähigkeit des betreffenden Abnehmers prüft, so haben Kartelle zu ihrem eigenen Schutze sehr scharfe Zahlungsbedingungen vorgesehen.

2. Die Verkaufsstelle ist Stellvertreter mit der Maßgabe, daß dadurch entweder der Verband verpflichtet wird, oder die Verkaufsstelle selbst. Dann trägt der Verband oder die Verkaufsstelle das Delkredere.

3. Die Verkaufsstelle ist Kommissionär und wird dadurch verpflichtet.

Aus der Überweisung eines Auftrages kann der Unternehmer entweder das Recht der eigenen Rechnungslegung behalten oder dasselbe an die Verkaufsstelle abtreten.

Die Organisation der Verkaufsstelle bestimmt sich durch die Verschiedenheit ihrer rechtlichen Stellung (siehe unten), ihrer Befugnisse bei der Zuweisung wie bei der Ausführung der Aufträge, durch die Ausdehnung des Verbandes, durch die Art der Verbandserzeugnisse u. a. m.

Die Organisation der Verkaufsstelle kann auf 4 Arten erfolgen:
1. ein Verbandsmitglied ist Verkaufsstelle;
2. ein Geschäfts- oder Bankhaus ist Verkaufsstelle;
3. ein Büro ist Verkaufsstelle;
4. die Verkaufsstelle ist Verbandsgesellschaft.

Je nach der Organisation der Verkaufsstelle sind die Rechtsverhältnisse zwischen Unternehmern und Kunden verschieden. Von besonderer Tragweite können diese Rechtsverhältnisse bei der Auflösung eines Verbandes werden.

Als Kartell höchster Ordnung sind die Kartelle mit Gewinn-Kontingentierungen anzusehen. Als Grundsatz hierfür gilt es, den Gewinn eines jeden Mitgliedes durch den Verband an dasselbe im Verhältnis seiner Beteiligungsziffer zu verteilen. Hierdurch sollen etwaige Unterschiede zwischen der zugebilligten Absatzmenge und der tatsächlichen Absatzmöglichkeit ausgeglichen werden. Diese Kontingentierungen nach dem Gewinn zerfallen in zwei Arten, je nachdem die Unternehmer den Selbstverkauf ihrer Erzeugnisse an die Abnehmer behalten oder das Syndikat ihnen ihre Erzeugnismenge abkauft und dieselbe dann weiter veräußert. Im ersten Fall haben die Mitglieder ihren Gewinn in eine gemeinsame Kasse einzuzahlen. An dieser ist jeder mit einem bestimmten Anteil beteiligt. Meistens wird ein Mindestpreis festgesetzt, unter welchem die Mitglieder nicht verkaufen dürfen. Für jede abgesetzte Menge hat jedes Mitglied einen bestimmten Betrag an die Syndikatskasse zu zahlen. Dieser Betrag besteht in dem Unterschied zwischen dem Mindestpreis und einem angenommenen Grundpreis. Da der Grundpreis niedriger sein muß als der Mindestverkaufspreis, so ergibt sich je nach der Höhe der Erzeugungskosten der Unternehmer ein kleinerer oder größerer Gewinn und eine kleinere oder größere Verteilungssumme aus dem Syndikat. Vielfach wird bestimmt, daß der Grundpreis möglichst den Herstellungskosten entsprechen soll und darüber hinaus weder Zinsen für das Anlagekapital noch einen nennenswerten Gewinn enthalten darf, so daß der ganze Gewinn aus dem Syndikat verteilt wird. Was der Unternehmer über den Mindestverkaufspreis an dem Gewinn erzielt, wird nicht an die Syndikatskasse ausgezahlt.

Oft wird auch noch die Bestimmung eingefügt, daß für jede Einheit, welche über die Beteiligungsziffer hinaus von einem Unternehmer erzielt wird, ein besonderer Betrag an die Syndikatskasse abgeführt wird, und daß jeder der Unternehmer, welcher unter seiner Beteiligungsziffer bleibt, für die Einheit den gleichen Betrag aus der Syndikatskasse erhält. Die Verteilung der Syndikatskasse geschieht meistens nach einem ganz bestimmten, vorher festgesetzten Verhältnis. Durch das Bewußtsein, daß trotz erhöhter Absatzziffern sein Gewinn doch nicht vergrößert wird, wird der einzelne Unternehmer von dem Wettbewerb zurückgehalten. Alle Antriebe, die übrigen Unternehmer in den Preisen zu unterbieten oder im Angebot zu überbieten, fallen fort. Die Politik dieser Kartelle sorgt viel eher für eine Einschränkung der Erzeugung.

Daneben besteht noch als besondere Kartellform die Gewinnkontingentierung mit Einzahlung. Es wird bestimmt, wieviel auf die Preise gleichmäßig aufgeschlagen werden soll. Jede Fabrik muß dann den bestimmten Preis fordern. Diejenige Fabrik, welche die Lieferung erhält, muß den Überpreis in eine gemeinschaftliche Kasse zahlen, die Beiträge werden im Verhältnis der durch besonderen Vertrag festgestellten Beteiligungsziffern unter sämtliche Fabriken verteilt. Der Vorzug dieser Kartellform ist, daß die Unternehmer mit ihren Abnehmern in unmittelbarem Verkehr bleiben und daß die Abnehmer volle Freiheit in der Wahl ihres Lieferers haben. Die Organisation des Verbandes ist wesentlich vereinfacht. Die Sammlung und Zuweisung der Aufträge, die Einziehung und Verrechnung der Beträge, welche einen großen Apparat erfordern, kommen in Fortfall. Die Verbände dieser Form treten nach außen kaum in Erscheinung.

Eine zweite Art der Gewinnkontingentierung besteht darin, daß das Syndikat den Unternehmern ihre Erzeugnisse abkauft. Sie nimmt den Unternehmern einen Teil ihrer Wirtschaftstätigkeit; lediglich in der Erzeugung selbst bleiben sie selbständig.

Aus obigem geht hervor, daß die Unternehmerverbände und die Kartelle eine mehr oder weniger sichere Grundlage bilden als die Interessengemeinschaften, Fusionen oder Trusts; denn bei den Kartellen hängt die Dauer oder die Wiedererneuerung oder die Verlängerung mehr oder weniger von dem Willen der einzelnen Mitglieder ab.

Was die zwingende und rechtliche Seite der verschiedenen Arten der Kartelle anbetrifft, so läßt sich dies wie folgt zusammenfassen: Das Wesen der Kartelle besteht in vertraglicher Unterwerfung unter einheitliche Zahlungs- oder Lieferungsbedingungen, in Vereinbarung über Rabattgewährung, Zuteilung von Umsatz- oder Absatzziffern, Festsetzung von Umsatzprämien u. dgl. Die Mitglieder des Kartells sind zur Einhaltung der Bedingungen meist gegen hohe Vertragsstrafen verpflichtet. Die Kartellbestrebungen müssen ausschließlich dazu dienen, der Entwertung bestimmter Erzeugnisse und ungerechtfertigter Preisunterbietung einzelner entgegenzutreten. Wird jedoch dadurch ein Monopol zum Zweck wucherischer Ausbeutung der Abnehmer geschaffen, oder wird die Erwerbsfreiheit des einzelnen völlig aufgehoben, so sind die Kartelle unzulässig, weil sie gegen die guten Sitten verstoßen. Werden die Grenzen eingehalten, so kann gegen die Kartelle nichts eingewendet werden.

Die Form des Kartells ist dem Belieben der Vertragsschließenden anheim gegeben. Das einzelne Mitglied hat den andern gegenüber einen vertraglichen Anspruch auf Erfüllung der Kartellbedingungen. Durch den Kartellzweck entsteht unter den Mitgliedern ein gesellschaftsähnliches Verhältnis; daher gelten die Grundsätze des Gesellschaftsrechts für Ein- und Austritt und Ausschluß eines Mitglieds, für die Auflösung des Kartells und für das Recht auf Einhaltung der Beteiligungsziffer.

Fördern die Mitglieder unter Preisgabe ihrer Erzeugungs- oder Absatzfreiheit den Kartellzweck mittels Einrichtung einer Organisation, so stellt das Kartell eine Gesellschaft bürgerlichen Rechts dar. Das Kartell muß in diesem Falle das gemeinschaftliche Ziel für Rechnung seiner Mitglieder verfolgen. Als Beitrag des einzelnen erscheint seine Verpflichtung, entweder die ganze Produktion an eine, den Absatz besorgende und den Gewinn verteilende Zentrale abzuliefern oder sich durch eine Zentrale ein Absatzgebiet überweisen zu lassen oder alle Aufträge an eine Zentrale zu überweisen. Diese Zentrale verfolgt gewöhnlich durch einen Geschäftsführer das gemeinschaftliche Ziel für Rechnung der Gesellschafter. Gewöhnlich wird die Zentrale mit der Überwachung der Mitglieder und mit der Geltendmachung der Ansprüche gegen die Gesellschafter auf Erfüllung der Kartellpflichten und auf Schadensersatz wegen Nichterfüllung beauftragt. Der Geschäftsführer klagt als Bevollmächtigter aller Gesellschafter in deren Namen. Der Eintritt neuer Mitglieder geschieht durch Vertrag mit allen Gesellschaftern. Ist die Gesellschaft auf unbestimmte Zeit eingegangen, so kann die Kündigung jederzeit, ist sie aber auf bestimmte Zeit eingegangen, oder ist für die Kündigung eine Frist bestimmt, so kann die Kündigung vorzeitig nur aus wichtigen Gründen erfolgen. Das Kündigungsrecht darf nicht durch Androhung von Nachteilen erschwert werden. Als wichtiger Grund ist u. a. grobfahrlässige Verletzung wesentlicher Kartellpflichten anzusehen.

Beruht die Vereinigung ihrem Wesen nach auf wechselndem Mitgliederstand, wird sie durch Mehrheitsbeschlüsse geleitet und nach außen durch einen Gesamtnamen vertreten, so stellt das Kartell einen nicht rechtsfähigen Verein dar.

Ausschreibungen (Submissionen).

Bei Ausschreibungen (Submissionen) ist nichts dagegen zu sagen, daß mehrere Bewerber sich über ihre Preisstellung verständigen oder unter sich vereinbaren, wie die Lieferungen unter ihnen verteilt werden sollen, wenn einem von ihnen auf seine Bewerbung der Zuschlag erteilt wird; sie machen dann ein Gebot auf gemeinschaftliche Rechnung.

Eine Vereinbarung ist nicht unsittlich, nach der der eine Bewerber seine Preise höher greift, um den andern den Zuschlag zu verschaffen, wenn damit unreelles Unterbieten und gegenüber den üblichen Ausschreibungen verhindert werden soll, daß das Mindestgebot den Zuschlag erhält. Jedoch ist die Vereinbarung unsittlich, wenn sie bezweckt, unter Ausschaltung des Wettbewerbs dem übermäßig hohen Meistgebot den Zuschlag zu verschaffen und den Gewinn zu teilen. Desgleichen ist es unsittlich, wenn eine Vereinbarung in der Weise getroffen wird, daß nicht ein Schutz gegen sachlich ungerechtfertigtes Unterbieten, sondern unangemessener Gewinn erzielt werden soll, oder wenn nur einer bietet, um dem Ausschreibenden gegenüber den irrigen Glauben zu erwecken, es sei kein Mitbewerb vorhanden und der gestellte Preis angemessen. Das Charakteristische ist hier die unreelle Erzielung ungebührlichen Gewinnes. In solchen Fällen findet § 270 PrStGB. Anwendung, wonach das Abhalten vom Bieten bei Ausschreibungen geahndet wird.

Von großer Wichtigkeit ist eine neue Reichsgerichtsentscheidung III 219. 15 für die Industrie vom 10. Dez. 1915. Nach diesem Urteil sind „Abmachungen nichtig, wenn sie darauf hinzielen, daß bei Ausschreibungen eine Reihe von Firmen sich derart verständigen, in ihr Preisangebot als Unkostenentschädigung eine bestimmte Summe oder einen bestimmten Prozentsatz für die ausfallenden Firmen einzurechnen, welche von der bei dem Wettbewerb obsiegenden Firma auszuzahlen ist. Im vorliegenden Fall waren Mindestgebote in dem Abkommen nicht vorgeschrieben. In dem Gebot war von den Anbietern in dem sachlich angemessenen Preise ein Aufschlag von 10% eingerechnet, der unter die bei der Bewerbung unterliegenden Vertragsteilnehmer als Entschädigung für die Unkosten ihrer Vorarbeiten ohne Rücksicht auf ihre Höhe gleichmäßig verteilt werden sollte. Dieses hatte also nicht den Rechtsschutz verdienenden Zweck, die Vertragsteilnehmer vor der Gefahr unsolider Unterbietung zu bewahren. Vielmehr sollte durch das Abkommen der Besteller gezwungen werden, eine erhebliche Summe an Personen zu zahlen, denen gegenüber er keine Rechtspflicht zu irgendwelcher Zahlung hatte. Es ist bedeutungslos, daß diese Zahlung angeblich für den Empfänger eine Entschädigung für aufgewandte Unkosten sein sollte. Solche Entschädigung ist ohne besondere Vereinbarung im Geschäftsverkehr beim Wettbewerb nicht üblich. Regelmäßig ist der Besteller nicht geneigt, eine derartige Entschädigung neben der Summe, die er dem im Wettbewerb Obsiegenden als Ersatz der Unkosten und Unternehmergewinn zu zahlen hat, zu entrichten. Das hatten sich die Parteien offenbar gesagt und daher kraft gemeinsambindender Vereinbarung das Mittel gewählt, ihr Abkommen vor dem Besteller geheim zu halten. Dadurch täuschten sie ihm vor, daß sie in ihren Geboten nichts weiter als die von ihnen für angemessen erachteten Preise forderten. Das Abkommen der Parteien verdient danach sowohl wegen seines Zwecks als auch wegen seines Inhalts und wegen des gewählten Mittels keinen Rechtsschutz. Es ist als gegen die guten Sitten verstoßend nichtig."

Als Folge hiervon ergibt sich, daß Aufträge oder Verträge anfechtbar, wenn nicht ungültig sind, welche auf Grund einer derartigen Vereinbarung an einen Unternehmer gegeben oder mit ihm getätigt sind. Denn dieser Vertrag ist nur unter Täuschung des Bestellers zustande gekommen. Der Besteller mußte annehmen, daß es sich bei den eingereichten Angeboten um wirkliche, im Wege der üblichen kaufmännischen Kostenberechnung zustande gekommenen Preisvorschläge handelte. Infolgedessen ist der abgegebene Preis als unrichtiges Ergebnis der Verdingung anzusehen.

Ein ähnlicher Fall ist vom OLG. Kiel behandelt und das Urteil am 24. März 1908 gefällt worden. „Die Kaiserliche Werft in Kiel hatte Baggerarbeiten zum Wettbewerb ausgeschrieben. Die beiden anbietenden Parteien vereinbarten die Abgabe von Angeboten zu 2 Mark für den Kubikmeter, und die obsiegende Firma sollte an die ausfallende 10 Pfg. für den Kubikmeter zahlen. Diese Vereinbarung bezweckte offenbar, durch eine höhere Preisforderung des Klägers der Beklagten zur Erlangung der ausgeschriebenen Arbeiten behilflich zu sein. Die Parteien konnten darüber nicht im Zweifel sein, und sie sind auch davon ausgegangen, daß die Werft das Angebot der Beklagten im Vergleich zu dem des Klägers für besonders günstig halten und darauf den Zuschlag erteilen sollte. Die Werftverwaltung war zwar in der Lage und auch verpflichtet, die abgegebenen Angebote auf ihre Angemessenheit hin nachzuprüfen, allein andererseits ist die Behörde sehr erheblich darauf angewiesen, diese Prüfung an Hand gemachter Angebote vorzunehmen, bezüglich derer sie anzunehmen hatte, daß sie auf Grund vorgenommener Berechnungen abgegeben und ernstlich gemeint seien.

Wenn aber von einem Teil der Bewerber auf Grund unter sich gepflogener Abmachungen Scheinangebote abgegeben werden, so ist es sehr leicht möglich, daß die Behörde bei der sachlichen Schätzung hierdurch beeinflußt wird. Daß die Parteien dies erkannten und mit ihrer Vereinbarung eine Täuschung der Verwaltung beabsichtigten, kann nicht zweifelhaft sein. Wenn ausgeführt wird, die getroffene Vereinbarung sei ein Akt der wirtschaftlichen Notwehr gegenüber dem wirtschaftlich Stärkeren, so fehlt es an dem Tatbestandsmerkmal der Rechtswidrigkeit des Vorgehens der die Ausschreibung vornehmenden Behörde. Es muß verneint werden, daß Vertragsabreden zur Herbeiführung einer solchen Täuschung noch innerhalb der guten Sitten liegen. Der Umstand, daß der Wettbewerb bei einer öffentlichen Ausschreibung die Abrede veranlaßte, kann dies nicht ändern. Zielt, wie anzunehmen ist, die ganze Abmachung der Parteien auf die Täuschung der Werftverwaltung hin, so widerspricht sie zweifellos der gesunden Volksanschauung."

Interessengemeinschaften.

Im neuzeitlichen Wirtschaftsleben kommt es bei einzelnen Fabriken und Unternehmungen häufig zur Interessengemeinschaft oder zur Fusion. Während die Fusion eine völlige Verschmelzung der persönlichen, wirtschaftlichen und geldlichen Interessen bedeutet, sind die Grundlagen der Interessengemeinschaften je nach dem Zweck verschieden. In dem vorzüglichen Werk von Dr. Marquardt (Verlag von Julius Springer, Berlin 1910), gibt derselbe eine Übersicht über die Interessengemeinschaften, wie sie in den ersten 10 Jahren des 20. Jahrhunderts entstanden sind und zum Teil sich wieder aufgelöst haben.

Marquardt gibt für die Interessengemeinschaft folgende Erklärung:

„Eine Interessengemeinschaft ist eine unter Wahrung der Selbständigkeit freiwillig eingegangene, durch Vertrag oder Aktienaustausch entstandene Vereinigung von gewöhnlich 2 bis 3 Unternehmungen, meistens Großunternehmungen, mit gleichen oder gleichartigen Interessen in der Art, daß zwecks Erreichung aller Vorteile, welche die monopolistischen Organisationsformen, jedoch nur unter Aufgabe der Selbständigkeit ihrer Mitglieder bieten, die Jahresgewinne zusammengeworfen und nach einem bestimmten Schlüssel untereinander in Verteilung gebracht werden. Der Zweck ist die Konsolidierung der wirtschaftlichen Lage, Vergrößerung der Leistungsfähigkeit und Erreichung des höchstmöglichen Gewinnes."

Die Gründe, aus denen heraus sich bedeutende Fabriken ein und desselben oder eines verwandten Fabrikationszweiges zu einer Interessengemeinschaft vereinigen, sind Vereinfachung der Betriebe, Herabminderung der Unkosten namentlich im Vertrieb, Austausch der gegenseitigen Erfahrungen und der besten Konstruktionen, Vermeidung unnötigen Wettbewerbs, Vermeidung unvorteilhaften Unterbietens, Vermeidung von Prozessen und dadurch als positives Ergebnis Erhöhung der Gewinne, Vereinfachung der Arbeit. Letztere machen sich hauptsächlich zu Zeiten der rückgängigen oder schlechten Marktlage und zu Zeiten einer Übererzeugung fühlbar. Haben die Fabriken große Ausfuhr nach einzelnen Ländern, so werden sie sich durch die Interessengemeinschaft in die Ausfuhr zweckmäßig teilen, Ersparnisse durch Verminderung auswärtiger Bureaus erzielen u. dgl.

Ähnlich sind die Gründe — Fabrikate, Konstruktionen sowie sonstige technische Gebilde ausgenommen — beim Zusammenschluß von Banken, Warenhäusern und sonstigen kaufmännischen Unternehmungen!

Zur Abgrenzung des Begriffes der Interessengemeinschaft sind zu unterscheiden:

1. die Corner oder Schwänze. Von diesen spricht man, wenn sich mehrere Unternehmer nur zwecks einmaliger Spekulation vereinigen, um durch Aufkauf aller Vorräte des Marktes eine künstliche Preissteigerung herbeizuführen.

2. Der Ring. Vereinigen sich mehrere Unternehmer nur auf kurze Zeit aus rein spekulativen Gründen ohne jede Absicht der Regelung der Erzeugnisse, nur um durch Monopolisierung von Erzeugnissen oder Waren besonders hohe Preise erzwingen zu können, so bezeichnet man dies als Ring.

3. Das Kartell entsteht, wenn sich viele Unternehmer unter obiger Voraussetzung, d. h. Wahrung möglichster Selbständigkeit verbinden.

4. Die Syndikate und Verkaufszentralen. Bei ihnen findet gegebenenfalls unter Aufgabe der Betriebsfreiheit ein gemeinschaftlicher Verkauf durch eine Zentralstelle statt, und die Menge der Erzeugnisse wird zwecks Beherrschung des gesamten Marktes und Beseitigung jeden Wettbewerbs genau bestimmt.

5. Die eigentliche Interessengemeinschaft, d. h. der Zusammenschluß von 2 bis 3 Unternehmungen mit unmittelbarer Gewinnverteilung unter ausdrücklicher Wahrung der Selbständigkeit.

6. Die ältere Trustform durch Zusammenlegung der Betriebe zu einer Betriebsgemeinschaft unter Wahrung einer gewissen rechtlichen Selbständigkeit.

7. Die neuere Trustform: Vereinigung sämtlicher Aktien in einer Hand.

8. Die Fusion, d. h. die rechtliche, wirtschaftliche und tatsächliche Zusammenlegung der einzelnen Unternehmungen zu einer juristischen Person.

9. Gründung von Tochtergesellschaften oder Errichtung von Fabrikationsstätten im Ausland.

Liefmann unterscheidet 3 Arten der Beteiligung:

1. die Beteiligung an Unternehmungen derselben Art;

2. die Beteiligung an rohstoffliefernden oder an weiter verarbeitenden Unternehmungen sowie an Handels- und Transportunternehmungen;

3. die Beteiligung von Banken an gewerblichen Unternehmungen.

Marquardt teilt die Interessengemeinschaften in eigentliche und uneigentliche.

Eigentliche Interessengemeinschaften sind solche, welche:

1. auf Vertrag beruhen und in der Vereinigung von Unternehmungen des Inlandes mit anderen inländischen, aber auch ausländischen Unternehmungen bestehen können;

2. durch Aktienaustausch zweier oder mehrerer Unternehmungen zwecks dauernden Erwerbs von mehr oder weniger Anteilen der anderen Unternehmung gebildet sind.

Uneigentliche Interessengemeinschaften ohne gegenseitige Gewinnverteilung sind solche, welche entstanden sind:

1. durch Aktienübernahme zwischen fremden Gesellschaften oder zwischen Muttergesellschaft und selbstgegründeter Tochterunternehmung;

2. durch „einfache Verabredung“ als Grundlage für ein befreundetes Verhältnis mit gegenseitiger Förderung der gemeinsamen Interessen.

Die Interessengemeinschaften werden durch gegenseitige Verträge eingegangen. Als Hauptmerkmal solcher Interessengemeinschaften sind zu nennen:

1. Wahrung voller Selbständigkeit;

2. die Ausschaltung jeglichen Wettbewerbs;

3. gemeinsame Geschäftspolitik unter eigener Verantwortlichkeit nach außen;

4. Teilung von Gewinn und Verlust nach einem bestimmten Schlüssel, welcher sich durch Zusammenlegung der Jahresgewinne ergibt. Hierbei wird die Bilanz der einzelnen Gesellschaften zunächst getrennt aufgestellt. Die Bilanz wird dann auf Grund der sich ergebenden Gewinnziffern berichtigt. Hierbei können bestimmte Vereinbarungen derart getroffen sein, daß nach bestimmten Grundsätzen Abschreibungen, Reservestellungen u. dgl. erfolgen;

5. Schaffung eines Delegationsrates zur Überwachung und gleichmäßigen Durchführung der vertraglichen Verpflichtungen.

Über die uneigentlichen Interessengemeinschaften ist an dieser Stelle nichts zu sagen.

Als Folge der Interessengemeinschaft ergibt sich oft eine Erhöhung des Aktienkapitals eines oder beider Unternehmungen oder die Umwandlung der kleineren Unternehmung in eine größere.

Die Interessengemeinschaft ist nicht als eine dauernde, sondern als eine zeitbegrenzte Einrichtung anzusprechen. Eine große Zahl der in Deutschland eingegangenen Interessengemeinschaften ist wieder aufgelöst worden, oder es ist zur Verschmelzung gekommen. Die Gründe hierzu lagen manchmal in der Persönlichkeit der Leiter, oder die Interessengemeinschaft erwies sich für die eine Gesellschaft als eine dauernde Last ohne jede Vorteile. Zweckmäßig werden daher bei Abschluß von Verträgen über Interessengemeinschaften Fristen vorgesehen, bei denen es der einen oder der anderen Gesellschaft möglich sein muß, den Vertrag vorzeitig zu lösen, wenn sich auch durch den Vertrag nur dauernde Nachteile für den einen Partner ergeben.

Grundlegend geändert worden ist diese Auffassung durch den Krieg, den Deutschland verloren hat, durch den Versailler Vertrag und die außerordentlich schwierige Wirtschaftslage Deutschlands, ferner durch den Verlust vieler Gebiete, in denen Stammwerke lagen oder in welchen anderweitig gelegene

Stammwerke Zweigniederlassungen oder Zweigfabriken unterhielten. Die dringende Forderung der Rationalisierung, wie sie z. B. auch beim Reichskaligesetz durch gesetzliche Möglichkeit der Stillegung unrentabler Werke gegeben ist, hat eine Reihe von Privatgesellschaften zwingend veranlaßt, sich zusammenzuschließen, Konstruktionen auszutauschen, zu normalisieren und typisieren, ganze Verwaltungen zusammenzulegen und zu vereinfachen und dgl. mehr.

Mit wenigen Ausnahmen hat hier jedoch eine vollkommene Verschmelzung mehrerer Gesellschaften oder ein Aufkauf kleinerer Firmen durch größere, ein Stillegen unrentabler Betriebe stattgefunden.

Abgesehen von großen Verbänden, wie sich z. B. solche in der Lokomotivindustrie, der Waggonindustrie gebildet haben, sind im Interesse der rationellen Wirtschaft innerhalb Deutschlands und der Wettbewerbsmöglichkeit gegenüber dem Ausland Verschmelzungen (Fusionen) und nicht Interessengemeinschaften durchgeführt worden.

Verordnung gegen den Mißbrauch wirtschaftlicher Machtstellung vom 20. November 1923 (Kartellverordnung).

Die in der Reichsverfassung geregelten Grundbeziehungen zwischen Staat und Wirtschaft stehen unter dem obersten Gesetz der Freiheit der wirtschaftlichen Betätigung des Einzelnen, die nur durch die Rücksicht auf das Gemeinwohl beschränkt wird. Gesetzlicher Zwang ist nur zulässig zur Verwirklichung bedrohter Rechte oder im Dienst überragender Forderungen des Gemeinwohls. Im Wirtschaftsverkehr gilt Vertragsfreiheit. Gemäß Art. 164 der Reichsverfassung ist der selbständige Mittelstand gegen Überlastung und Aufsaugung zu schützen.

Dieser Grundgedanke hat zur Verordnung gegen Mißbrauch wirtschaftlicher Machtstellungen geführt. Es darf aber nicht unerwähnt bleiben, daß sich Staat, Städte und Gemeinden bei einer ganzen Reihe von Betrieben solche wirtschaftlichen Machtstellungen verschafft haben. Während im Anschluß an die Revolution an eine Sozialisierung einer außerordentlichen Reihe von großen Betrieben gedacht wurde, so sind viele solcher Versuche aus praktischen Gründen wieder fallen gelassen worden. Immerhin gibt das Sozialisierungsgesetz vom 23. März 1919 dem Reiche die Handhabe, für die Vergesellschaftung geeignete private wirtschaftliche Unternehmungen in Gemeineigentum zu überführen, oder wirtschaftliche Unternehmungen oder Verbände auf der Grundlage der Selbstverwaltung zusammenzuschließen, und zwar im Sinne der Gemeinwirtschaft. Solche Versuche sind durchgeführt worden auf den Gebieten der Kohlen-, Kali, Eisen- und Elektrizitätswirtschaft und Gasfernversorgung.

Die Kohlenwirtschaft. Bei der Steinkohle, Braunkohle, Preßkohle, Koks umfassenden Kohlenwirtschaft sind die Kohlenerzeuger bezirksweise zu Kohlensyndikaten mit einer auch von Arbeitern mitgeführten Verwaltung zugelassen. Gesamtverband der 11 bestehenden Kohlensyndikate ist der Reichskohlenverband, in dessen Aufsichtsrat ebenfalls Arbeiter vertreten sind. Er hat die Durchführung der Richtlinien des Reichskohlenrats zu überwachen, den Absatz zu regeln, Grundsätze für den Selbstverbrauch der Mitglieder aufzustellen, die Lieferungsbedingungen zu genehmigen und die Verkaufspreise festzusetzen. Oberste Spitze der Organisation ist der Reichskohlenrat mit 60 Mitgliedern (Vertreter der Länder, Unternehmer, Arbeiter, Kohlenhändler, Verbraucher), der die Brennstoffwirtschaft unter der Oberaufsicht des Reichswirtschaftsministers nach gemeinwirtschaftlichen Grundsätzen leitet. Daneben besteht für die Entscheidung von Streitigkeiten ein Schiedsgericht für die Kohlenverteilung.

Kaliwirtschaft. Eine ähnliche reichsgesetzliche Regelung hat die Kaliwirtschaft bezüglich der als wichtiges Düngemittel in Deutschland vorkommenden Kalisalze mit Gesetz vom 24. April 1919 in der Fassung vom 19. Juli 1919 getroffen. Dadurch ist die deutsche Kaliindustrie auf eine gemeinwirtschaftliche Grundlage gestellt, und die Kalierzeuger sind zu einem Kalizwangssyndikat zusammengeschlossen worden, dem die Regelung von Förderung, Selbstverbrauch und Absatz unter Leitung und Aufsicht des Reichskalirats obliegt. Die Oberaufsicht führt der Reichswirtschaftsminister, der auch die Art der Feststellung der Preise regelt. Der Reichskalirat, der aus 30 Mitgliedern aus den beteiligten Kreisen besteht, bildet die Kaliprüfungsstelle zur Festsetzung der Beteiligungsziffer, die Kalilohnprüfungsstelle zur Durchführung der Durchschnittslohnbestimmungen und die landwirtschaftlich-technische Kalistelle.

Der Eisenwirtschaftsbund in Düsseldorf besteht als juristische Person aus den Vertretern von Erzeugern, Händlern, Verbrauchern und Arbeitnehmern. Er leitet durch seine Vollversammlung (70 Mitglieder) die gesamte Eisenwirtschaft unter Aufsicht des Reichswirtschaftsministers, der für die Ausfuhr eine Höchstmenge festsetzen kann. Der Eisenwirtschaftsbund regelt die Inlandspreise (Höchstpreise) und die Verkaufsbedingungen. In erster Linie ist der Inlandsbedarf sicherzustellen. Hierzu werden Lieferungsgemeinschaften von allen beteiligten Werken gebildet, die zur Erfüllung ihrer Pflichten durch Bußen und Zwangsenteignungen gemäß Verordnung vom 1. April 1920 und 15. Dezember 1921 angehalten werden können.

Elektrizitätswirtschaft. Gemäß Gesetz betreffend die Sozialisierung der Elektrizitätswirtschaft vom 31. Dezember 1919 mit nachfolgenden Verordnungen sind unter Führung des Reichs Verbände für solche Anlagen gebildet worden und werden noch gebildet, welche der Erzeugung und Fortleitung elektrischer Arbeit dienen. Außerdem hat das Reich das Recht, Anlagen, die zur Fortleitung von elektrischer Arbeit mit größerer Spannung bestimmt sind und zur Verbindung mehrerer Kraftwerke dienen, ebenso auch Elektrizitätswerke und Rechte zur Wasserkraftausnutzung für Erzeugung elektrischer Arbeit mit größerer Kilowattleistung gegen Entschädigung zum Eigentum oder zur Ausnutzung zu übernehmen.

Bei all diesen öffentlich-rechtlichen Vorgängen sei noch auf das Recht der Enteignung verwiesen. (Vgl. S. 397.)

Es gibt nun eine Reihe von Industrien, denen im Interesse des Blühens und Gedeihens ihre Selbständigkeit gelassen werden muß, schon aus dem Grunde, daß sie ihre Wettbewerbsfähigkeit auf dem Weltmarkte behalten. In den letzten Jahren haben sich eine Reihe von solchen Privatindustrien immer mehr zusammengeschlossen, in erster Hinsicht, um die geplante Rationalisierung im Interesse des deutschen Wirtschaftslebens und der deutschen Volkswirtschaft durchzuführen und um Unterbietungen zu vermeiden und somit lebensfähig zu bleiben. Es war nicht zu verhindern, daß diese Zusammenschlüsse (Kartelle), auch eine Reihe von Auswüchsen zeigten, die schon zur Verhütung weiterer Steigerungen des Index für die für das Volk notwendigsten Rohstoffe und Waren die Schaffung der Verordnung gegen den Mißbrauch wirtschaftlicher Machtstellungen notwendig machte. Im Anschluß an das erwähnte Gesetz wurde auch gleichzeitig ein Kartellgericht geschaffen. Ihm ist laut Gesetz vom 21. Mai 1920 ein Reichswirtschaftsgericht übergeordnet. Die einzelnen Bestimmungen dieser Gerichte (Kartellgericht und Reichsgericht) hier aufzuführen, würde zu weit führen. Es sei ausdrücklich auf die Verordnung über das Verfahren vor dem Kartellgericht vom 2. November 1923 und über das Reichswirtschaftsgericht vom 21. Mai 1920 verwiesen. Hingegen sollen in Nachstehendem die wichtigsten Gesetzesparagraphen der Verordnung gegen den Mißbrauch wirtschaftlicher Machtstellungen wörtlich zum Abdruck gebracht werden. Diese Paragraphen lauten:

§ 1. Verträge und Beschlüsse, welche Verpflichtungen über die Handhabung der Erzeugung oder des Absatzes, die Anwendung von Geschäftsbedingungen, die Art der Preisfestsetzung oder die Forderung von Preisen enthalten (Syndikate, Kartelle, Konventionen und ähnliche Abmachungen), bedürfen der schriftlichen Form.

§ 4. Gefährdet ein Vertrag oder Beschluß der in § 1 bezeichneten Art oder eine bestimmte Art seiner Durchführung die Gesamtwirtschaft oder das Gemeinwohl, so kann der Reichswirtschaftsminister

1. beim Kartellgericht beantragen, daß der Vertrag oder Beschluß für nichtig erklärt oder die bestimmte Art seiner Durchführung untersagt wird;
2. anordnen, daß jeder an dem Vertrag oder Beschluß Beteiligte jederzeit fristlos den Vertrag kündigen oder von dem Beschlusse zurücktreten kann;
3. anordnen, daß ihm Abschrift aller zur Durchführung des Vertrages oder Beschlusses getroffenen Vereinbarungen oder Verfügungen einzureichen ist und daß diese Maßnahmen erst nach Zugang der Abschrift in Kraft treten.

§ 7. Im Falle des § 4 Abs. 1 Ziffer 1 hat das Kartellgericht, wenn es die Gefährdung der Gesamtwirtschaft oder des Gemeinwohls für gegeben erachtet, den Vertrag oder Beschluß ganz oder zum Teil für nichtig zu erklären oder die bestimmte Art seiner Durchführung zu untersagen.

Erklärt das Kartellgericht einen Teil des Beschlusses oder Vertrages für nichtig, so hat es darüber zu entscheiden, ob und inwieweit die Nichtigkeit dieses Teiles die Nichtigkeit anderer Teile des Vertrages oder Beschlusses nach sich zieht.

§ 8. Verträge oder Beschlüsse der in § 1 bezeichneten Art kann jeder Beteiligte fristlos kündigen, wenn ein wichtiger Grund vorliegt.

Als wichtiger Grund ist es immer anzusehen, wenn die wirtschaftliche Bewegungsfreiheit des Kündigenden, insbesondere bei der Erzeugung, im Absatz oder der Preisgestaltung, unbillig eingeschränkt wird.

§ 10. Sind Geschäftsbedingungen oder Arten der Preisfestsetzung von Unternehmungen oder von Zusammenschlüssen solcher (Trusts, Interessengemeinschaften, Syndikaten, Kartellen, Konventionen und ähnlichen Verbindungen) geeignet, unter Ausnützung einer wirtschaftlichen Machtstellung die Gesamtwirtschaft oder das Gemeinwohl zu gefährden (§ 4 Abs. 2), so kann das Kartellgericht auf Antrag des Reichswirtschaftsministers allgemein aussprechen, daß die benachteiligten Vertragsteile von allen Verträgen, die unter den beanstandeten Voraussetzungen abgeschlossen sind, zurücktreten können. Ist anzunehmen, daß der Vertrag auch ohne die beanstandete Voraussetzung abgeschlossen worden wäre, so berechtigt die Entscheidung des Kartellgerichts nur zum Rücktritt von der beanstandeten

Geschäftsbedingung oder von der auf Grund der beanstandeten Art der Preisfestsetzung getroffenen Preisvereinbarung.

Die Entscheidung des Kartellgerichts ist nach seiner näheren Anordnung öffentlich bekanntzumachen.

§ 11. Das Kartellgericht wird beim Reichswirtschaftsgericht gebildet. Es entscheidet in der Besetzung von einem Vorsitzenden und vier Beisitzern.

Den Vorsitzenden und seine Stellvertreter bestellt der Reichspräsident. Sie müssen die Fähigkeit zum Richteramte haben.

Die Beisitzer bestimmt der Präsident des Reichswirtschaftsgerichts.

§ 12. Die Zuständigkeit des Kartellgerichts ist auschließlich.

Die Entscheidung des Kartellgerichts ist endgültig und für Gerichte und Schiedsgerichte bindend, auch soweit sie die Frage der Zuständigkeit des Kartellgerichts betrifft.

§ 13. Der Vorsitzende des Kartellgerichts kann in geeigneten Fällen ohne Hinzuziehung von Beisitzern entscheiden.

Gegen die Entscheidung des Vorsitzenden kann binnen 3 Tagen nach Zustellung die Entscheidung des Kartellgerichts angerufen werden.

§ 14. Der Reichswirtschaftsminister kann in ihm geeignet erscheinenden Fällen zunächst ein Verfahren vor bestimmten, bei den wirtschaftlichen Verbänden bestehenden Einigungsstellen einleiten.

§ 17. Wer sich über die auf dieser Verordnung beruhende Nichtigkeit eines Vertrags oder Beschlusses oder über die Bestimmungen bewußt hinwegsetzt, kann auf Antrag des Reichswirtschaftsministers vom Kartellgericht mit einer Ordnungsstrafe, deren Höchstmaß unbeschränkt ist, bestraft werden.

§ 18. Wer es unternimmt, einen anderen in seinem geschäftlichen oder wirtschaftlichen Fortkommen zu schädigen, weil dieser von seinem Rechte Gebrauch gemacht oder eine Anordnung oder die Einleitung eines Verfahrens angeregt hat oder in der Absicht, ihn von der Ausübung dieser Befugnisse abzuhalten, wird mit Gefängnis und Geldstrafe bestraft.

§ 19. Die Bestimmungen dieser Verordnung gelten nicht für Verbände, deren Bildung in Gesetzen oder Verordnungen angeordnet ist, auch nicht für Geschäftsbedingungen und Arten der Preisfestsetzung (§ 10), die von einer obersten Reichs- oder Landesbehörde im Rahmen ihrer Zuständigkeit angeordnet oder genehmigt sind oder deren Beanstandung unterliegen.

§ 20. Das Kartellgericht oder sein Vorsitzender haben sich über bestimmte, ihnen vom Reichswirtschaftsminister vorgelegte Fragen aus dem Anwendungsgebiete dieser Verordnung gutachtlich zu äußern und auf Ersuchen des Reichswirtschaftsministers Spitzenverbände vorher zu hören.

§ 21. Entbehrt ein Vertrag oder Beschluß der in § 1 bezeichneten Art, der vor Inkrafttreten der Verordnung zustande gekommen ist, der schriftlichen Form, so wird er nichtig, wenn und insoweit er nicht binnen 3 Wochen nach Inkrafttreten der Verordnung schriftlich bestätigt wird. Erfolgt die Bestätigung seitens eines Beteiligten nicht binnen 2 Wochen nach Inkrafttreten der Verordnung, so kann der Vorsitzende des Kartellgerichts sie auf Antrag eines anderen Beteiligten ersetzen. Der Antrag ist binnen einer Woche nach Ablauf der im Satz 2 bestimmten Frist zu stellen. Die Betätigung durch den Vorsitzenden des Kartellgerichts gilt hinsichtlich der Wahrung der im Satz 1 bestimmten Frist als im Zeitpunkt des an ihn gestellten Antrags erfolgt. Verträge und Beschlüsse der im § 1 bezeichneten Art, zu deren Bekräftigung das Ehrenwort oder eine ähnliche feierliche Versicherung vor Inkrafttreten der Verordnung verlangt und gegeben worden ist, werden nichtig, wenn und insoweit sie nicht binnen 2 Wochen nach Inkrafttreten der Verordnung ohne eine solche Bekräftigung von den Beteiligten bestätigt werden.

§ 22. Die Bestimmungen über das Verfahren vor dem Kartellgerichte sowie die sonstigen Ausführungsvorschriften erläßt der Reichswirtschaftsminister.

Die Kartellverordnung ist heute noch stark umstritten.

Sozialversicherung.

Die Sozialversicherung nahm ihren Ursprung von der Kaiserlichen Botschaft vom 17. November 1881, die den Plan einer sozialen Versicherung gegen Krankheit, Unfälle, Alter und Invalidität entwickelte. Eine Zusammenfassung der verschiedenen Versicherungszweige erfolgte in der Reichsversicherungsverordnung vom 19. Juli 1911 (Arbeiterversicherung) und durch Versicherungsgesetz für Angestellte vom 20. Dezember 1911 (vgl. Angestelltenversicherungsgesetz vom 28. Mai 1924, S. 380ff.). Für Arbeitnehmer im Bergbau ist eine einheitliche Regelung durch das Reichsknappschaftsgesetz vom 23. Juni 1923 erfolgt.

Nach der Reichsverfassung steht die Gesetzgebung über die Sozialversicherung dem Reiche zu. Durch den Friedensvertrag von Versailles sind einige vor dem Weltkriege mit auswärtigen Staaten abgeschlossene Verträge über Sozialversicherung wieder in Kraft gesetzt worden, so das deutsch-italienische Abkommen über Arbeiterversicherung vom 31. Juli 1912 und das deutsch-belgische Abkommen über Unfallversicherung vom 6. Juli 1912. Die Sozialversicherung hat für das soziale und wirtschaftliche Leben Deutschlands eine außerordentliche Bedeutung gewonnen.

Eine Ergänzung der Leistungen der Sozialversicherung, die bei den wirtschaftlichen Verhältnissen der Nachkriegszeit vielfach unzureichend waren, bilden die Fürsorgemaßnahmen für die Sozialrentner nach der Verordnung vom 13. Februar 1924.

Wohlfahrtspflege.

Die öffentliche Fürsorgepflicht. Die Verpflichtung zur öffentlichen Fürsorge Hilfsbedürftiger liegt den Bezirks- und Landesfürsorgen ob und umfaßt:

a) die soziale Fürsorge für Kriegsbeschädigte und Kriegshinterbliebene und die ihnen auf Grund der Versorgungsgesetze Gleichstehenden;

b) die Fürsorge für Rentenempfänger der Invaliden- und Angestelltenversicherung, soweit sie nicht den Reichsversicherungsträgern obliegt;

c) die Fürsorge für die Kleinrentner und die ihnen Gleichstehenden;

d) die Fürsorge für Schwerbeschädigte und Schwererwerbsbeschränkte durch Arbeitsbeschaffung;

e) die Fürsorge für hilfsbedürftige Minderjährige;

f) die Wochenfürsorge und schließlich

g) die allgemeine Armenpflege sowie etwaige weitere ihnen nach Landesrecht übertragene Fürsorgeaufgaben.

Wo der Bezirksfürsorgeverband zur Fürsorge endgültig nicht verpflichtet oder unvermögend ist, tritt der Landesfürsorgeverband ein. Die Stadtgemeinde Berlin bildet einen Landesfürsorgeverband.

Für die Hilfsbedürftigen ist ihr gewöhnlicher Aufenthalt maßgebend. Für uneheliche Kinder ist stets derjenige Bezirksfürsorgeverband zuständig, in dessen Bezirk die Mutter im zehnten Monat vor der Geburt ihren gewöhnlichen Aufenthalt gehabt oder mangels eines solchen der Landesfürsorgeverband, in dessen Bezirk sie sich in diesem Monat zuletzt aufgehalten hat. Pflicht zur öffentlichen Fürsorge gewährt den Hilfsbedürftigen keinen Rechtsanspruch.

Zu gewähren ist grundsätzlich der notwendige Lebensunterhalt, welcher umfaßt: Unterkunft, Nahrung, Kleidung, Pflege, Krankenhilfe, Hilfe zur Wiederherstellung der Arbeitsfähigkeit, Wochenfürsorge.

Der Anspruch auf Unterstützung kann nur im Verwaltungswege geltend gemacht werden. Anträge auf Fürsorge können sowohl bei dem Gemeindevorstand des Aufenthaltsortes als auch unmittelbar bei dem Bezirksfürsorgeverband gestellt werden. In der öffentlichen Fürsorgetätigkeit ist die Mitarbeit der Bürger im Ehrenamte seit langem nutzbar gemacht; die Mitarbeit der Frauen hat hier insbesondere auf den Gebieten der Kinder-, Kranken- und hauswirtschaftlichen Pflege besondere Bedeutung gewonnen.

Die Erwerbslosenfürsorge. Bei ihrer ersten Ausgestaltung im Jahre 1919 ist der Erwerbslosenfürsorge der Charakter der Armenpflege genommen worden. Seit dem 30. September 1927 hat sie einer regelrechten Versicherung gegen Arbeitslosigkeit Platz gemacht. Die Aufbringung der Mittel zur Bekämpfung der Arbeitlosigkeit und zur Unterstützung der Erwerbslosen erfolgt durch Beiträge von Arbeitgebern und Arbeitnehmern und durch Leistungen seitens der Errichtungsgemeinden der öffentlichen Arbeitsnachweise. Beitragspflichtig sind im allgemeinen alle Arbeitgeber und Arbeitnehmer je zur Hälfte, welche die Beiträge als Zuschläge zu den Krankenkassenbeiträgen entrichten; sie dürfen 3% des Grundlohns nicht übersteigen.

Produktive Erwerbslosenfürsorge. Die gesetzliche Grundlage der produktiven Erwerbslosenfürsorge bildet der § 32 der Erwerbslosenfürsorgeverordnung. Danach ist der Reichsarbeitsminister ermächtigt, Maßnahmen finanziell zu unterstützen, die geeignet sind, den Abbau der Erwerbslosenfürsorge zu fördern, insbesondere ist er ermächtigt, zur Beschaffung von Arbeitsmöglichkeiten Darlehen zu gewähren.

Der wichtigste Fall der produktiven Erwerbslosenfürsorge ist die Förderung öffentlicher Notstandsarbeiten (Bestimmung vom 30. April 1925 und ff.). Zu Notstandsarbeiten sollen in erster Linie schon längere Zeit erwerbslose Leute verwandt werden. Auf die Förderung (Darlehn oder verlorener Zuschuß) darf die Beschäftigung eines Notstandsarbeiters höchstens 3 Monate angerechnet werden. Der Erwerbslose selbst darf innerhalb eines Jahres nicht länger als 6 Monate als Notstandsarbeiter beschäftigt werden.

Die Krisenfürsorge. In Ergänzung der Erwerbslosenfürsorge ist eine besondere Krisenfürsorge eingerichtet worden. Diese sichert einmal den aus der Erwerbslosenfürsorge infolge Ablauf der Unterstützungsfrist ausgeschiedenen Erwerbslosen geldlich die gleichen Unterstützungssätze, und andererseits nimmt sie den Gemeinden ¾ der hierdurch entstehenden Lasten ab.

Der Krisenfürsorge unterfallen:

1. solche Erwerbslose, die nach dem Inkrafttreten des Krisenfürsorgegesetzes, also nach dem 21. Nov. 1926, 52 Wochen hindurch Erwerbslosenunterstützung bezogen haben und diese Unterstützung daher weiter nicht mehr erhalten können.

2. Solche Erwerbslose, die bereits in der Zeit vom 1. April 1926 bis zum Inkrafttreten des Krisenfürsorgegesetzes wegen Ablauf der gesetzlichen Unterstützungsdauer aus der Erwerbslosenfürsorge ausgeschieden waren und die sich seitdem in laufender Unterstützung aus der öffentlichen Fürsorge befanden.

3. Für solche Erwerbslose, die nach dem 1. April 1926 infolge Ablauf der Unterstützungsfristen aus der Erwerbslosenfürsorge ausgeschieden sind, jedoch seitdem nicht laufend in der öffentlichen Fürsorge unterstützt worden sind.

4. In besonderen Härtefällen für solche Erwerbslose, die infolge besonders langer Erwerbslosigkeit in ihrem Bezirk oder in ihrem Beruf bereits vor dem 1. April 1926 ausgesteuert sind.

Arbeitsvermittlung und Arbeitslosenversicherung.

(Ges. vom 16. Juli 1927.)

Die früheren Arbeitsnachweise sind in die Reichsanstalt für Arbeitsvermittlung eingegliedert. Arbeitsvermittlung und Arbeitslosenversicherung müssen zusammen behandelt werden.

Das Gesetz der Arbeitslosenvermittlung ist zur Zeit stark umstritten. Eine Novelle ist in Vorbereitung, um die Schäden auszumerzen zu versuchen, die sich bisher namentlich bezüglich einer ungerechtfertigten geldlichen Inanspruchnahme des Reiches gezeigt haben. Man glaubt, durch richtige Anwendung des Gesetzes jährlich 400 Mill. Reichsmark sparen zu können.

Arbeitsvermittlung. Träger der öffentlichen Arbeitsvermittlung und Arbeitslosenversicherung im Deutschen Reiche ist die Reichsanstalt für Arbeitsvermittlung und Arbeitslosenversicherung.

Der Reichsanstalt liegt auch die öffentliche Berufsberatung und Lehrstellenvermittlung ob. Die Reichsanstalt ist eine Körperschaft des öffentlichen Rechts. Sie gliedert sich in die Hauptstelle, die Landesarbeitsämter und die Arbeitsämter.

Organe der Reichsanstalt sind: die Verwaltungsausschüsse der Arbeitsämter, der Landesarbeitsämter, der Verwaltungsrat der Reichsanstalt, der Vorstand derselben. Die Verwaltungsausschüsse bestehen aus dem Vorsitzenden des Amts oder Stellvertreter und Vertretern der Arbeitgeber, Arbeitnehmer und öffentlichen Körperschaften als Beisitzern. Unter den Vertretern der Arbeitnehmer muß sich mindestens ein Angestellter befinden. Für jeden Beisitzer wird ein Stellvertreter bestellt. Die Vertreter der Arbeitgeber und Arbeitnehmer bestellt der Vorsitzende des Landesarbeitsamts an Hand von Vorschlagslisten beider Gruppen. Der Verwaltungsausschuß beider Ämter hat einen geschäftsführenden Ausschuß zu bilden, gegebenenfalls mehrere Unterausschüsse. Die Vertreter der Arbeitgeber, Arbeitnehmer und öffentlichen Körperschaften im Vorstand der Reichsanstalt bestellt der Reichsarbeitsminister an Hand von Vorschlagslisten. In allen Organen sollen Frauen vertreten sein. Die Amtsdauer der Organe beträgt 5 Jahre. Als Beisitzer der Organe können nur mindestens 24 Jahre alte unbescholtene Reichsangehörige berufen werden.

Bei jedem Arbeitsamte wird ein Spruchausschuß, bei jedem Landesarbeitsamt eine Spruchkammer gebildet.

Für die Arbeitslosenversicherung wird ein Spruchsenat bei dem Reichsversicherungsamt gebildet.

Gewerbsmäßige Stellenvermittlung ist vom 1. Januar 1931 verboten. Die Arbeitsvermittlung hat dahin zu wirken, daß freie Stellen durch möglichst geeignete Arbeitskräfte besetzt werden. Dabei sind einerseits die besonderen Verhältnisse der freien Arbeitsplätze, andererseits die berufliche und körperliche Eignung sowie die persönlichen und Familienverhältnisse und die Dauer der Arbeitslosigkeit des Bewerbers zu berücksichtigen, soweit die Lage des Arbeitsmarkts es gestattet. Ähnliches gilt bei der Berufsberatung, wobei auch noch die geistige Eignung zu berücksichtigen ist. Arbeitsvermittlung und Berufsberatung sind unparteiisch ohne Rücksicht auf die Zugehörigkeit zu einer Vereinigung auszuüben. Arbeits- und Berufsberatung für Frauen sind gewöhnlich durch Frauen auszuüben.

Die Arbeitgeber sind verpflichtet, die wirtschaftlichen Vereinigungen der Arbeitnehmer sind berechtigt, bei Ausbruch und Beendigung eines Ausstandes sowie bei Vornahme und Beendigung einer Aussperrung den Arbeitsämtern schriftliche Anzeige zu machen.

Die Arbeitslosenversicherung. Träger der Versicherung ist die Reichsanstalt für Arbeitsvermittlung und Arbeitslosenversicherung. Als Zweigstellen sind Landesarbeitsämter und Arbeitsämter eingerichtet.

Versicherungspflichtig sind alle der Krankenversicherungspflicht unterliegenden Arbeitnehmer, die Pflichtversicherten nach der Angestelltenversicherung sowie die Besatzung deutscher Seefahrzeuge. Die Höhe der Versicherungsleistungen ist nach 11 Lohnklassen gestaffelt. Die Dauer der Unterstützung ist auf 26 Wochen begrenzt. Eine besondere Kurzarbeiterunterstützung ist zugelassen. Die Aufbringung der Mittel erfolgt durch Beiträge der Arbeitgeber und Arbeitnehmer, die 3% des Arbeitslohnes nicht übersteigen dürfen.

In den Arbeitslosenfürsorge-Bestimmungen ist insofern eine Änderung eingetreten, als die Reichsanstalt eine Verordnung in den letzten Tagen des November 1928 erlassen hat, wonach die Dauer der versicherungsmäßigen Unterstützung während einer berufsüblichen Arbeitslosigkeit höchstens 6 Wochen beträgt.

Der großstädtische Saisonarbeiter ist anders gestellt. Für ihn soll eine Fürsorge, ähnlich wie die Krisenfürsorge, einsetzen. Im Falle der Bedürftigkeit soll diese Sonderfürsorge für etwa 6—10 Wochen gewährt werden.

In Ziffern ausgedrückt, bedeutet dies, daß die Gesamtkosten ungefähr 35 Millionen RM. betragen, wovon 28 Millionen RM. das Reich und 7 Millionen RM. die Reichsanstalt für Arbeitslosigkeit trägt. Jede Gelegenheit zur Füllarbeit soll ausgenützt werden.

Seit Erlaß des Gesetzes sind eine Reihe von Verordnungen erlassen, insbesondere im Jahre 1928 und 1929. Sie einzeln zu besprechen, würde zu weit führen. Sie sind in dem Werk: Bücherei des Arbeitsrechts, herausgegeben von Präsident Dr. Syrup und Ministerialdirektor Weigert, Band 6c, im Verlag von Reimar Hobbing, Berlin SW 61, eingehend aufgezählt und erläutert. Hier seien nur einige wichtige erwähnt:

Am 13. August 1928 wurde zwischen der deutschen und französischen Regierung eine Vereinbarung über die Zulassung von Arbeitnehmern geschlossen, die sich beruflich und sprachlich fortbilden wollen. (R.Arb.Bl. vom 12. Oktober 1928 S. I 245.) Die Zahl der Zulassungen verteilt sich wie folgt:

Hotel- und Gastwirtschaftspersonal	ca. 200	Zulassungen
Kaufmännische und technische Angestellte	„ 220	„
Facharbeiter	„ 80	„

Eine Verordnung über Kurzarbeiterunterstützung ist im R.Arb.Bl. S. I 259 erlassen. Am 28. September 1927, 16. April 1928, 27. September 1928, 6. Februar 1928 sind neue Verordnungen über die Krisenunterstützung für Arbeitslose erlassen, am 24. Dezember 1928 ein Gesetz über eine Sonderfürsorge bei berufsüblicher Arbeitslosigkeit.

Am 13. September 1928 ist ein Erlaß veröffentlicht über das Verfahren bei Anträgen auf Gewährung von Arbeitslosenunterstützung an durch Ausstand oder Aussperrung mittelbar betroffene Arbeitslose. Am 27. Dezember 1928 (R.Arb.Bl. S. I 63) sind Richtlinien aufgestellt für die Entschädigung an Gemeinden für die Heranziehung zu Aufgaben der Arbeitslosenversicherung.

Die von der Reichsanstalt für Arbeitsvermittlung und Arbeitslosenunterstützung benötigten Mittel fließen ihr aus zwei Quellen zu:

I. Aus Beiträgen der Arbeitnehmer- und Arbeitgeber (s. oben).

2. Aus öffentlichen Mitteln.

Die öffentlichen Mittel fließen ihr in 3 Formen zu:

1. Als Darlehen des Reichs, soweit der Bedarf der Reichsanstalt aus den Beiträgen der Arbeitgeber und Arbeitnehmer und aus dem Notstock nicht gedeckt werden kann.

2. Als Zuschüsse des Reichs und der Gemeinden, um den nötigsten Aufwand der Krisenfürsorge zu decken.

3. Als Fonds des Reichs und gegebenenfalls der Länder, um für besonders wertvolle Maßnahmen der wertschaffenden (produktiven) Arbeitslosenfürsorge auftragsweise Darlehen und Zinszuschüsse bewilligen zu können.

Reichsversicherungsordnung.

Im Jahre 1911 wurde die **Reichsversicherungsordnung** (RVO.) geschaffen und trat am 19. Juli 1911 in Kraft. Die Reichsversicherungsordnung faßt diese drei Gesetze in einem Gesetz zusammen und schafft eine gemeinsame örtliche Instanz in der Gestalt des Versicherungsamtes. Dasselbe ist für die Krankenversicherung die Aufsichtsinstanz und bildet im übrigen den gemeinsamen Unterbau.

Als mittlere Instanz ist das Oberversicherungsamt und als höchste Instanz das Reichsversicherungsamt oder das betreffende Landesversicherungsamt geschaffen.

Durch die RVO. ist der Kreis der durch die Krankenversicherung geschützten Personen erweitert; neu ist die Hinterbliebenenversicherung geregelt worden. Erwähnt sei, daß den Frauen das passive Wahlrecht für die Organe der Versicherungsanstalten gewährt worden ist.

Durch die Verordnung vom 9. Januar 1926 wurde ein amtlicher Neutext der Bücher der Reichsversicherung notwendig. Aber auch in den übrigen Büchern des Gesetzes sind an vielen Stellen wichtige Änderungen eingetreten. Diese Änderungen sind in der nachfolgenden Abhandlung berücksichtigt, wohingegen eine Reihe veralteter Gesetze ausgeschieden sind.

Die RVO. zerfällt in 6 Bücher:

1. gemeinsame Vorschriften;
2. Krankenversicherung;
3. Unfallversicherung (Gewerbe-, Landwirtschaftl.- und See-Unfallversicherung);
4. Invaliden-(Alters-) u. Hinterbliebenenversicherung;
5. Beziehungen der Versicherungsträger zueinander und zu anderen Verpflichteten;
6. Verfahren.

Die einzelnen Gesetze sind am 1. Januar 1912, 1913 und 1914 in Kraft getreten, sind also heute alle rechtswirksam.

Die Versicherung kommt selbst bei unterlassener Anmeldung den vom Gesetze bezeichneten Personen kraft Gesetzes mit dem Beginn der Beschäftigung zugute.

Versichert sind:

1. die Arbeiter und Gehilfen, Gesellen, Lehrlinge und diejenigen Betriebsbeamten, welche nicht über 3600 RM. Jahresverdienst haben, bei der Alters-, Invaliden- und Hinterbliebenenversicherung,
bis zu 2500 RM. bei der Krankenversicherung,
bis zu 5000 RM. bei der Unfallversicherung.

Es besteht also Versicherungszwang.

Daneben können sich bestimmte Personen freiwillig versichern, z. B. die Unternehmer selbst, jedoch nur in gewissen Grenzen, nämlich, wenn sie höchstens zwei versicherungspflichtige Personen beschäftigen, bei einer Einkommenshöchstgrenze von 3600 RM. bei der Krankenversicherung und einer Einkommenshöchstgrenze von 3000 RM. bei der Unfallversicherung.

Die Krankenversicherung.

Die Leistungen der Krankenkasse sind folgende:

1. die Krankenhilfe.

a) Krankenpflege vom Beginn der Krankheit an; sie umfaßt ärztliche Behandlung und Versorgung mit Arznei, sowie Brillen, Bruchbändern und anderen kleinen Heilmitteln und

b) Krankengeld in Höhe des halben Grundlohns für jeden Kalendertag, wenn die Krankheit den Versicherten arbeitsunfähig macht; es wird vom 4. Krankheitstag an, wenn aber die Arbeitsunfähigkeit erst später eintritt, vom Tage ihres Eintritts an gewährt.

c) von den Kosten für Arznei, Heil- und Stärkungsmittel haben die Versicherten in allen Fällen 10% selbst zu tragen.

Die Krankenhilfe endet spätestens mit Ablauf der 26. Woche nach Beginn der Krankheit, wird jedoch Krankengeld erst von einem späteren Tage an bezogen, nach diesem. Fällt in den Krankengeldbezug eine Zeit, in der nur Krankenpflege gewährt wird, so wird diese Zeit auf die Dauer des Krankengeldbezuges bis zu 13 Wochen nicht angerechnet. An Stelle der Krankenpflege und des Krankengeldes kann die Kasse Kur und Verpflegung in einem Krankenhause gewähren. Wichtig ist der § 187, lautend:

Die Satzung kann:

a) die Dauer der Krankenhilfe bis auf 1 Jahr erweitern;

b) Fürsorge für Genesende, namentlich durch Unterbringung in einem Genesungsheime bis zur Dauer eines Jahres nach Ablauf der Krankenhilfe gestatten;

c) Hilfsmittel gegen Verunstaltung und Verkrüppelung zubilligen, die nach beendigtem Heilverfahren nötig sind, um die Arbeitsfähigkeit herzustellen oder zu erhalten;

d) mit Zustimmung des Oberversicherungsamts Maßnahmen zur Verhütung von Erkrankungen der einzelnen Kassenmitglieder vorsehen.

Die Satzung kann das Krankengeld bis auf ¾ des Grundlohns erhöhen.

2. Wochenhilfe für Wöchnerinnen. Weibliche Versicherte, die in den letzten 2 Jahren vor der Niederkunft mindestens 10 Monate hierdurch, im letzten Jahre vor der Niederkunft aber mindestens 6 Monate hindurch oder bei dem Reichsknappschaftsvereine gegen Krankheit versichert gewesen sind, erhalten Beihilfen, Arzneimittel, Stillgelder usw. gemäß § 195a der RVO.

3. Sterbegeld. Als Sterbegeld wird beim Tode eines Versicherten das Zwanzigfache des Grundlohns gezahlt.

4. Familienhilfe. Wochenhilfe erhalten auch die Ehefrauen sowie solche Töchter, Stief- und Pflegetöchter der Versicherten, welche mit diesen in häuslicher Gemeinschaft leben, unter den in § 205a näher dargelegten Bedingungen.

a) Versicherungsträger sind die Krankenkassen:

1. die Orts- und die Landkrankenkassen für örtliche Bezirke;

2. die Betriebskrankenkassen für größere Betriebe eines Arbeitgebers, insbesondere eines Bauherrn;

3. die Innungskrankenkassen für die Betriebe der Mitglieder einer Innung.

Diese 4 Kassen haben juristische Persönlichkeit. Liegen die Fälle 2 und 3 nicht vor, so sind die Kassen zu 1 zuständig.

Sind Landkrankenkassen, wie z. B. in großen Städten, nicht vorhanden, so tritt die Ortskrankenkasse an ihre Stelle.

b) Die Beitragspflicht wird zu zwei Drittel vom Versicherten, zu einem Drittel vom Arbeitgeber getragen.

Ein Arbeitgeber, der nicht der Innungskrankenkasse angehört und mindestens 150 Versicherungspflichtige dauernd beschäftigt, kann mit Zustimmung des Betriebsrats eine eigene Betriebskrankenkasse errichten.

Die Mitgliedschaft Versicherungspflichtiger beginnt mit dem Tage des Eintritts in die versicherungspflichtige Beschäftigung.

Die Arbeitgeber haben jeden von ihnen Beschäftigten, der zur Mitgliedschaft bei einer Orts-, Land- oder Innungskrankenkasse verpflichtet ist, bei der durch die Satzung oder nach § 919 bestimmten Stelle binnen 3 Tagen nach Beginn und Ende der Beschäftigung zu melden. Änderungen des Beschäftigungsverhältnisses, welche die Versicherungspflicht berühren, haben sie gleichfalls binnen 3 Tagen zu melden.

Die Meldung kann unterbleiben, wenn die Arbeit für kürzere Zeit als 1 Woche unterbrochen wird und die Beiträge weiter gezahlt werden. Auf Verlangen haben die Arbeitgeber der Krankenkasse jede gewünschte Auskunft zu geben.

Die Arbeitgeber haben die Beiträge für ihre Versicherungspflichtigen an den Tagen einzuzahlen, welche die Satzung festsetzt. Die Zahltage dürfen höchstens 1 Monat auseinanderliegen. An denselben Tagen haben die Versicherungspflichtigen die Beiträge einzuzahlen.

Die Versicherungspflichtigen müssen sich bei der Lohnzahlung ihre Beitragsteile vom Barlohn abziehen lassen. Die Arbeitgeber dürfen die Beitragsteile nur auf diesem Wege wieder einziehen, wobei die Abzüge für Beitragsteile gleichmäßig auf die Lohnzeiten zu verteilen sind, auf die sie fallen.

Die Beiträge sind bis zur vorschriftsmäßigen Abmeldung fortzuzahlen.

In den §§ 526—536 der RVO. sind eine Reihe von Strafvorschriften bei Verstoß gegen das Gesetz enthalten. Die wichtigsten hiervon sind:

Ein Versicherter, der die Krankenordnung oder die Anordnung des behandelnden Arztes übertritt, oder die ihm obliegende Mitteilung unterläßt, kann vom Vorstand der Kasse mit Strafe bis zu dem dreifachen Betrage des täglichen Krankengeldes für jeden Übertretungsfall festsetzen. Für Unterlassung der Anmeldung sind Geldstrafen angeordnet, außerdem kann die Kasse die rückständigen Beiträge nachholen und dem Versicherungspflichtigen bis zum Fünffachen der rückständigen Beiträge Zahlung auferlegen.

Für eine Reihe von Fällen, z. B. wenn der Arbeitgeber höhere Beitragteile vom Entgelt abzieht als das Gesetz zuläßt, sind Geld- oder Haftstrafen vorgesehen.

Arbeitgeber werden mit Gefängnis bestraft, wenn sie Beitragteile, die sie den Beschäftigten einbehalten oder von ihnen erhalten haben, der berechtigten Kasse vorsätzlich vorenthalten. Daneben kann auf Geldstrafe und auf Verlust der bürgerlichen Ehrenrechte erkannt werden. Bei mildernden Umständen kann ausschließlich auf Geldstrafe erkannt werden.

Der Arbeitgeber darf die Pflichten, die ihm dieses Gesetz auferlegt, Betriebsleitern, Aufsichtspersonen oder anderen Angestellten seines Betriebes übertragen.

Handeln solche Stellvertreter den Vorschriften dieses Gesetzes zuwider, so trifft sie die Strafe, jedoch ist der Arbeitgeber neben diesen strafbar, wenn:

1. die Zuwiderhandlung mit seinem Wissen geschehen ist;

2. er bei Auswahl und Beaufsichtigung der Stellvertreter nicht die im Verkehr erforderliche Sorgfalt beobachtet hat; in diesem Falle darf gegen den Arbeitgeber auf keine andere Strafe als auf Geldstrafe erkannt werden.

Das Ein- bis Fünffache der rückständigen Beiträge kann auch dem Stellvertreter auferlegt und von ihm beigetrieben werden. Wird der Arbeitgeber auf Grund des Absatzes 2 bestraft, so haftet er neben ihm für diesen Betrag.

Die gleichen Strafvorschriften gelten:

1. für die Mitglieder des Vorstandes, wenn eine Aktiengesellschaft Arbeitgeber ist;

2. für die Geschäftsführer bei einer Gesellschaft mit beschränkter Haftung als Arbeitgeber;

3. für alle persönlich haftenden Gesellschafter, sofern sie nicht von der Vertretung ausgeschlossen sind, bei einer anderen Handelsgesellschaft.

Den Arbeitgebern und ihren Angestellten ist es untersagt, die Versicherten in der Übernahme oder Ausübung eines Ehrenamtes der Reichsversicherung zu beschränken oder sie wegen der Übernahme oder der Art der Ausübung eines solchen Ehrenamtes zu benachteiligen. Gegenteilige Abmachungen sind nichtig und werden mit Geldstrafen bis zu 300 RM. oder mit Haft bestraft, sofern nicht eine härtere Strafe verwirkt ist. Diese Vorschrift gilt auch für die Unfall-, Invaliden- und Hinterbliebenenversicherung.

Es bestehen noch genaue Vorschriften namentlich für die im Dienste des Reichs, der Länder, eines Gemeindeverbandes oder einer Gemeinde Beschäftigten darüber, welche Personen versicherungsfrei sind.

Die Unfallversicherung und Berufsfürsorge.

Die Unfallversicherung umfaßt die Gewerbeunfallversicherung, die landwirtschaftliche Unfallversicherung und die Seeunfallversicherung.

Die Berufsgenossenschaften als Träger dieser Versicherung umfassen die Unternehmer der versicherten Betriebe.

Das Reich ist Träger der Versicherung, wenn der Betrieb für seine Rechnung geht oder die Tätigkeit für seine Rechnung ausgeführt wird. Diese Bestimmung gilt entsprechend für die Länder. Die deutsche Reichsbahngesellschaft ist Träger der Versicherung, wenn der Betrieb für ihre Rechnung geht, oder die Tätigkeit für ihre Rechnung ausgeübt wird. Eine Gemeinde, ein Gemeindeverband oder eine andere öffentliche Körperschaft ist unter bestimmten Voraussetzungen ebenfalls Träger der Versicherung.

Die Versicherung erfolgt gegen alle Unfälle im Betriebe, sogenannte Betriebsunfälle, in Form von Körperverletzung oder von Tötung.

Der Versicherung unterliegen u. a. Bergwerke, Salinen, Aufbereitungsanstalten, Steinbrüche, Fabriken, Werften, Hüttenwerke, gewerbliche Brauereien und Gerbereibetriebe, Bauhöfe, Gewerbebetriebe, in denen Bau-, Schlosser-, Schmiede- oder Brunnenarbeiten ausgeführt werden, der gesamte Betrieb der Eisenbahnen, der Post- und Telegraphenverwaltung sowie die Betriebe der Marine- und Heeresverwaltung, die Binnenschiffahrt.

Ist der Unfall von dem Verletzten vorsätzlich herbeigeführt, so steht ihm und seinen Hinterbliebenen kein Anspruch zu (§ 556 RVO.).

Hat der Verletzte sich den Unfall beim Begehen einer Handlung zugezogen, die nach strafgerichtlichem Urteil ein Verbrechen oder vorsätzliches Vergehen ist, so kann der Schadensersatz ganz oder teilweise versagt werden (§ 557 RVO.).

Wer mit einem Betriebe Mitglied einer Berufsgenossenschaft wird, hat binnen einer Woche dem Versicherungsamt, in dessen Bezirk der Betrieb seinen Sitz hat, anzuzeigen:

1. den Gegenstand und die Art des Betriebes;
2. die Zahl der Versicherten;
3. die Genossenschaft, welcher der Betrieb angehört;
4. den Tag des Beginns der Versicherungspflicht.

Die Anzeige ist doppelt einzureichen. Der Empfang wird bescheinigt (§ 653 RVO.).

Das Versicherungsamt überweist jeden Betrieb seines Bezirkes, über den die Anzeige eingeht, binnen 1 Woche dem Vorstand der Berufsgenossenschaft. Der Genossenschaftsvorstand stellt dem Mitglied einen Mitgliedsschein aus.

Die Genossenschaftsversammlung stuft die der Genossenschaft zugehörigen Betriebe durch einen Gefahrtarif in Gefahrklassen nach dem Grade der Unfallgefahr ab. Die Höhe der Beiträge wird nach der Gefahrklasse bemessen.

Die Beitragspflicht trifft die Unternehmer im Gegensatz zur Krankenversicherung allein.

Für die Umlegung und Einziehung der Beiträge hat jeder Arbeitgeber als Mitglied, soweit nicht Pauschbeträge gelten oder einheitliche Beiträge zu entrichten sind, binnen 6 Wochen nach Ablauf des Geschäftsjahrs dem Genossenschaftsvorstand einen Lohnnachweis einzureichen. Dieser hat zu enthalten:

1. die während des abgelaufenen Geschäftsjahres im Betriebe beschäftigten Versicherten und den von ihnen verdienten Entgelt;
2. wenn nicht der wirklich verdiente Entgelt maßgebend ist, eine Berechnung des Entgelts, der bei der Umlegung der Beiträge anzurechnen ist;
3. die Gefahrklasse, in die der Betrieb eingeschätzt ist (§ 750 RVO.).

Die Mitglieder können gegen die Feststellung ihrer Beiträge binnen 2 Wochen Einspruch bei dem Vorstand erheben, bleiben aber zur vorläufigen Zahlung verpflichtet.

Die Höhe der Mitgliederbeiträge richtet sich nach den Aufwendungen, welche die Berufsgenossenschaften im abgelaufenen Geschäftsjahr gemacht haben.

Die Mitgliederbeiträge werden nach dem Entgelt, den die Versicherten in den Betrieben verdient haben, mindestens aber nach dem Ortslohn für Erwachsene über 21 Jahren sowie nach dem Gefahrtarife jährlich umgelegt. Übersteigt der Entgelt während der Beitragszeit den Jahresbetrag von 1800 RM., so wird vom Überschusse nur ein Drittel angerechnet.

Es ist den Berufsgenossenschaften erlaubt, durch Satzungen festzulegen, daß die Mitglieder Vorschüsse auf die Beiträge zu zahlen haben.

Tritt der **Versicherungsfall** ein, so werden folgende Leistungen gemacht:

1. bei Verletzungen vom Beginne der 14. Woche nach dem Unfall

a) **Krankenbehandlung,**

b) **Berufsfürsorge,**

c) **eine Rente für die Dauer der Erwerbsunfähigkeit.**

Die Rente beträgt, solange der Verletzte infolge des Unfalls

1. völlig erwerbsunfähig ist, zwei Drittel des Jahresarbeitsverdienstes (Vollrente);
2. teilweise erwerbsunfähig ist, den Teil der Vollrente, der dem Maße der Einbuße an Erwerbsfähigkeit entspricht (Teilrente).

Vom Beginn der 5. bis zum Ablauf der 13. Woche ist ferner das Krankengeld von 50% auf zwei Drittel des Lohnes zu erhöhen.

Je nachdem der Verletzte infolge des Unfalls völlig hilflos ist oder zur Zeit des Unfalls bereits völlig erwerbsunfähig war, oder wenn er infolge des Unfalls unverschuldet arbeitslos ist, geben die §§ 560ff. Vorschriften über die Erhöhung oder Erniedrigung der Renten und Krankengelder.

Bei Tötung wird ein Sterbegeld und den Hinterbliebenen eine Rente bis zu 60% des Arbeitsverdienstes gewährt.

Die Auszahlung der Entschädigung erfolgt durch die Post.

Neu aufgenommen in die RVO. ist die **Berufsfürsorge.** Krankenbehandlung und Berufsfürsorge sollen mit allen geeigneten Mitteln:

1. die durch den Unfall hervorgerufene Gesundheitsstörung oder Körperbeschädigung und die durch den Unfall verursachte Erwerbsunfähigkeit beseitigen und eine Verschlimmerung verhüten.

2. Den Verletzten zur Wiederaufnahme seines früheren Berufs oder, wenn das nicht möglich ist, zur Aufnahme eines neuen Berufs befähigen und ihm zur Erlangung einer Arbeitsstelle verhelfen.

Die Unfallversicherung ist neuerdings auch auf **Berufskrankheiten** ausgedehnt worden. Der Reichsrat hat dieser Verordnung zugestimmt, sie ist am 1. Januar 1929 in Kraft getreten. Durch diese neue Verordnung wird die Zahl der von der Unfallversicherung geschützten Berufskrankheiten verdoppelt.

Neu aufgenommen sind u. a.:
Schädigung durch bestimmte Giftgase,
chronische Hautleiden,
Staub-Lungenerkrankungen und
durch Lärm verursachte Taubheit.

Strafvorschriften der Kranken- und Unfallversicherung.

Der Genossenschaftsvorstand kann gegen Unternehmer und Bevollmächtigte Ordnungsstrafen in Geld verhängen, wenn

1. Nachweise über die Beitrags- oder Prämienberechnung oder für die Veranlagung der Gefahrklassen von ihnen eingereicht sind oder wenn sie Angaben enthalten, deren Unrichtigkeit sie kannten oder den Umständen nach kennen mußten.

2. Wenn sie eine Auskunft verweigern, die nach Gesetz ihrer Satzung von ihnen erfordert ist, oder eine solche falsch abgeben.

Der Genossenschaftsvorstand kann ferner gegen Unternehmer oder Bevollmächtigte Ordnungsstrafen in Geld verhängen, wenn sie ihren gesetzlichen oder satzungsmäßigen Pflichten nicht rechtzeitig nachkommen, und zwar:

1. Bevollmächtigte zu ernennen oder deren Namen oder Wechsel dem Genossenschaftsvorstande mitzuteilen;
2. Betriebe, Seefahrzeuge oder Betriebsänderungen anzumelden;
3. Nachweise einzureichen;
4. Auskunft zu erteilen;
5. die Bestimmungen der Satzung über Betriebseinstellungen zu erfüllen,

nicht rechtzeitig nachkommen.

Für Aktiengesellschaften, Gesellschaften mit beschränkter Haftung und andere Handelsgesellschaften gilt bezüglich der die Verantwortung tragenden Personen das bei der Krankenversicherung Gesagte.

Der Unternehmer darf die Pflichten, die ihm auf Grund dieses Gesetzes obliegen, Betriebsleitern, soweit es sich nicht um Einrichtungen auf Grund von Unfallverhütungsvorschriften handelt, auch Aufsichtspersonen oder anderen Angestellten seines Betriebes übertragen.

Handeln solche Stellvertreter den Vorschriften zuwider, die Unternehmer mit Strafe bedrohen, so trifft sie die Strafe. Neben ihnen ist der Unternehmer strafbar, wenn

1. die Zuwiderhandlung mit seinem Wissen geschehen ist;
2. er bei der Auswahl oder Beaufsichtigung der Stellvertreter nicht die im Verkehr erforderliche Sorgfalt beobachtet hat; in diesem Falle darf gegen den Unternehmer auf keine andere Strafe als auf Geldstrafe erkannt werden.

Ist die Geldstrafe, die ein Genossenschaftsvorstand festgesetzt hat, von dem Stellvertreter nicht beizutreiben, so haftet der Unternehmer für sie.

Haftung von Unternehmern und Angestellten. (§§ 898—913 RVO.)

Der Unternehmer ist Versicherten und deren Hinterbliebenen, auch wenn sie keinen Anspruch auf Rente haben, nach den bestehenden gesetzlichen Vorschriften zum Ersatz des Schadens aus Unfällen bei Betrieben oder der Unfallversicherung unterliegenden Tätigkeiten nur dann verpflichtet, wenn strafgerichtlich festgestellt worden ist, daß er den Unfall vorsätzlich herbeigeführt hat, und dann auch nur für den die Entschädigung aus der Unfallversicherung übersteigenden Betrag.

Das gleiche gilt für die Bevollmächtigten oder Vertreter des Unternehmers und Betriebs- und Arbeiteraufseher.

Bei den Ansprüchen ist das ordentliche Gericht an die Entscheidung gebunden, die in einem Verfahren nach dem Gesetze über die Unfallversicherung darüber ergeht:

1. ob ein entschädigungspflichtiger Unfall vorliegt;
2. in welchem Umfang und von welchem Versicherungsträger die Entschädigung zu gewähren ist.

Wird strafgerichtlich festgestellt, daß Unternehmer, ihre Bevollmächtigten, Vertreter, Betriebs- oder Arbeiteraufseher unter Außerachtlassung der ihnen obliegenden Sorgfalt den Unfall vorsätzlich oder fahrlässig herbeigeführt haben, so haften sie für alles, was Gemeinden, Armenverbände, Krankenkassen, Sterbe- und Unterstützungskassen usw. infolge des Unfalls nach Gesetz oder Satzung aufwenden müssen. Statt der Rente kann auch der Kapitalwert gefordert werden.

Als Unternehmer haften:

bei einer Aktiengesellschaft: der Vorstand;

bei einer Gesellschaft mit beschränkter Haftung: der Geschäftsführer;

bei einer anderen Handelsgesellschaft: der oder die zur Geschäftsführung berechtigten Gesellschafter.

Die Ansprüche verjähren in 18 Monaten nach dem Tage, an dem das strafgerichtliche Urteil rechtskräftig geworden ist; ist kein strafgerichtliches Urteil erforderlich, so verjähren sie in 1 Jahre nach der ersten rechtskräftigen Feststellung der Entschädigungspflicht der Genossenschaft, spätestens aber in 5 Jahren nach dem Unfall. Wird die Genossenschaftsversammlung einberufen, so unterbricht das die Verjährung.

Die Invaliden-, Alters- und Hinterbliebenenversicherung.

Für den Fall der Invalidität und des Alters sowie zugunsten der Hinterbliebenen werden versichert:

1. Arbeitergesellen, Hausgehilfen;
2. Hausgewerbetreibende;
3. die Schiffsbesatzung deutscher Seefahrzeuge und die Besatzung von Fahrzeugen der Binnenschiffahrt;
4. Gehilfen und Lehrlinge, soweit sie nicht nach dem Angestelltenversicherungsgesetze versicherungspflichtig oder versicherungsfrei sind.

§ 1234. Versicherungsfrei sind die in Betrieben oder im Dienste des Reichs, der deutschen Reichsbahngesellschaft, eines Landes, eines Gemeindeverbandes, einer Gemeinde oder eines Versicherungsträgers Beschäftigten, wenn ihnen Anwartschaft auf Ruhegeld der Invalidenrente nach den Sätzen der ersten Lohnklasse sowie auf Witwenrente der gleichen Lohnklasse und auf Waisenrente gewährleistet ist.

§ 1236. Versicherungsfrei ist, wer Invalide ist oder wer eine Invaliden-, Witwen- oder Witwerrente nach den Vorschriften des Gesetzes oder einer Witwerrente nach den Vorschriften des Angestelltenversicherungsgesetzes bezieht.

Die §§ 1237—1242a geben an, unter welchen Voraussetzungen Personen auf Antrag von der Versicherung befreit werden können.

Nach der Höhe des wöchentlichen Arbeitsverdienstes werden für die Versicherten folgende Lohnklassen gebildet:

Klasse	I	bis zu	6	Reichsmark,
„	II	von mehr als 6 bis zu	12	„
„	III	„ „ „ 12 „ „	18	„
„	IV	„ „ „ 18 „ „	24	„
„	V	„ „ „ 24 „ „	30	„
„	VI	„ „ „ 30 „ „	36	„
„	VII	„ „ „ 36		

Gegenstand der Versicherung sind Invalidenrenten sowie Renten für Hinterbliebene. Invalidenrente erhält, wer die Invalidität oder das gesetzliche Alter nachweist, sowie die Wartezeit erfüllt und die Anwartschaft aufrecht erhalten hat.

Hinterbliebenenfürsorge wird gewährt, wenn der Verstorbene zur Zeit seines Todes die Wartezeit für die Invalidenrente erfüllt hat und die Anwartschaft darauf nicht erloschen ist.

Länger als auf 1 Jahr rückwärts vom Tage des Eingangs des Antrags wird im allgemeinen keine Rente gezahlt.

Wer sich vorsätzlich invalide macht, verliert den Anspruch auf die Rente. Hat sich der Versicherte oder die Witwe die Invalidität beim Begehen einer Handlung zugezogen, die nach strafgerichtlichem Urteil ein Verbrechen oder vorsätzliches Vergehen ist, so kann die Rente ganz oder teilweise versagt werden.

Invalidenrente erhält der Versicherte, der das Alter von 65 Jahren vollendet hat oder infolge von Krankheit oder anderen Gebrechen dauernd Invalide ist. Über den Begriff der Invalidität sowie über eine Zwischeninvalidenrente gibt § 1255 Auskunft.

Witwenrente erhält nach dem Tode des versicherten Mannes die Witwe, die das Alter von 65 Jahren vollendet hat oder infolge von Krankheit oder anderen Gebrechen dauernd Invalide ist.

Waisenrente erhalten nach dem Tode des Versicherten seine Kinder bis zum vollendeten 15. Lebensjahr, und zwar sowohl eheliche, für ehelich erklärte, an Kindes Statt angenommene Kinder und unter besonderen Bedingungen Stiefkinder und Enkel.

Die Gesamtbezüge der Hinterbliebenen dürfen 80% eines normalen Jahresverdienstes eines Arbeiters derselben Berufsgruppe nicht übersteigen. Die Renten der Hinterbliebenen beginnen am 1. des den Todestag des Ernährers folgenden Monats. Dies gilt auch bei gesetzlicher Verschollenheit.

Zur Abwendung der Invalidität können Heilverfahren angeordnet werden. Statt Renten können auch unter Umständen Sachleistungen gewährt werden. Die Wartezeit dauert bei der Invalidenrente 200, gegebenenfalls 500 Beitragswochen. Die Anwartschaft erlischt, wenn während zweier Jahre nach dem auf der Quittungskarte verzeichneten Ausstellungstage weniger als 20 Wochenbeiträge entrichtet worden sind. Die Versicherungsleistungen bestehen aus einem festen Reichszuschuß von 72 RM. und 36 RM. für jede Waisenrente, und aus einem Anteil der Versicherungsanstalt, welcher in dem § 1287 nebst Steigerungsbeiträgen gemäß § 1289 festgelegt sind.

Die §§ 1311—1320 enthalten Bestimmungen über das Ruhen der Rente und Kapitalabfindung.

Träger der Versicherung sind die Versicherungsanstalten und bestimmte Sonderanstalten, erstere nach Bestimmung der Landesregierung für das Gebiet des Landes, für Gemeindeverbände oder andere Gebietsteile. Der Reichsarbeitsminister bestimmt auf Antrag der zuständigen Stelle, welche Anstalten als Sonderanstalten zugelassen werden und von welchem Zeitpunkt an.

Die Auszahlung der Gelder erfolgt durch die Post.

Das Reich, die Arbeitgeber und die Versicherten bringen die Mittel für die Versicherung auf, das Reich leistet Zuschüsse für die in jedem Jahre tatsächlich gezahlten Renten, die Arbeitgeber und die Versicherten entrichten für jede Woche der versicherungspflichtigen Beschäftigung (Beitragswoche) laufende Beiträge zu gleichen Teilen. Für Versicherte , deren regelmäßiger wöchentlicher Entgelt 6 RM. nicht übersteigt, entrichtet der Arbeitgeber die vollen Beiträge. Die Beitragswoche beginnt mit Montag.

Die Höhe der Beiträge gemäß § 1392:

Als Wochenbeitrag werden erhoben

in der Lohnklasse	I	II	III	IV	V	VI	VII
Reichspfennig	30	60	90	120	150	180	200

Beitragsverfahren. Zur Erhebung der Beiträge sind Marken mit der Bezeichnung der Lohnklasse und des Geldwertes zu verwenden; sie werden von den Postanstalten verkauft. Die Beiträge werden durch Einkleben von Marken in die Quittungskarte des Versicherten entrichtet. Der Versicherte hat sich die Quittungskarte ausstellen zu lassen und sie zum Einkleben und Entwerten der Marken rechtzeitig vorzulegen. Gegen Weigerungen sind Zwangsstrafen in Geld festgesetzt. Jede Karte bietet Raum für mindestens 52 Wochenmarken. Die Karten werden für jeden Versicherten fortlaufend beziffert. Der Versicherte kann auf seine Kosten stets eine neue Karte gegen Rückgabe verlangen, sie muß jedoch binnen 2 Jahren zum Umtausch eingereicht werden. Verlorene, unbrauchbar gewordene oder zerstörte Quittungskarten werden durch neue ersetzt. Niemand darf eine Quittungskarte wider den Willen des Inhabers zurückbehalten.

Der Arbeitgeber hat für sich und den Versicherten den Wochenbeitrag zu entrichten. Beschäftigen mehrere Arbeitgeber den Versicherten während der Woche, so hat der erste den ganzen Betrag zu zahlen. Der Arbeitgeber entrichtet die Beiträge, indem er bei der Lohnzahlung für die Dauer der Beschäftigung Marken nach der Lohnklasse in die Quittungskarte klebt. Die Marken müssen durch Eintragung des Datums entwertet werden. Die Versicherungspflichtigen sind gehalten, sich bei der Lohnzahlung die Hälfte der Beiträge abziehen zu lassen. Auch der Versicherte kann die vollen Beiträge entrichten.

Die Beiträge können auch durch bestimmte Behörden mit Zustimmung der Versicherungsanstalt eingezogen werden.

Strafvorschriften der Invaliden-, Alters- und Hinterbliebenenversicherung.

In den §§ 1487—1494 sind ähnliche Strafvorschriften bei Nichterfüllung der gesetzlichen Vorschriften für den Arbeitgeber enthalten wie bei der Kranken- und Unfallversicherung. Zusätzliche Ordnungsstrafen sind in dem § 1495, Ordnungsstrafen bei unzulässigen Eintragungen auf Quittungskarten vorgesehen oder bei falschem Ausfüllen der Vordrucke; schwere Strafen sind für alle Personen angegeben, welche Marken fälschlich anfertigen oder verfälschen, sich verschaffen, verwenden, feilhalten oder in Verkehr bringen. Ebenfalls ist das Anfertigen von Stempeln, Siegeln, Stichen, Platten und anderen Formen, die zur Herstellung von Versicherungsmarken dienen können, ohne schriftlichen Auftrag einer Versicherungsanstalt oder einer Behörde verboten und wird mit Geldstrafe bis zu 150 RM. oder mit Haft bestraft.

Das Reichsknappschaftsgesetz.

Das Knappschaftswesen ist in dem Reichsknappschaftsgesetz in der Neufassung vom 1. Juli 1926 bekannt gemacht. Der Versicherungspflicht unterliegen männliche und weibliche Arbeiter und Angestellte in knappschaftlichen Betrieben, d. h. solche, in denen Mineralien oder ähnliche Stoffe gewonnen werden, mit Ausnahme von Salinen und nicht überwiegend unterirdisch geführten Betrieben der Industrie der Steine und Erden. Die Versicherung nach dem Reichsknappschaftsgesetz umfaßt die Krankenversicherung, die Pensionsversicherung, die Invalidenversicherung und die Angestelltenversicherung. Gegenstand der Pensionsversicherung sind knappschaftliche Leistungen. Die Leistungen der Arbeiterpensionskasse sind Invalidenpension, Witwenpension, Waisengeld, freie ärztliche Behandlung, Arznei- und Bestattungsbeihilfen. Ähnlich sind die Leistungen der Angestelltenpensionskasse. Die Beiträge zur Pensionsversicherung werden zu zwei Fünftel von den Arbeitgebern, zu drei Fünftel von den Versicherten getragen.

Träger der Versicherung ist die **Reichsknappschaft** in Berlin. Die Durchführung des Reichsknappschaftsgesetzes ist durch Strafvorschriften gesichert.

Die Bilanz.

Die Bilanz im allgemeinen.

Für die Aufstellung einer Bilanz bei Eröffnung eines Handelsgewerbes (Eröffnungsbilanz) und für die jährlich aufzustellende Bilanz (Jahresbilanz) sind im allgemeinen die §§ 39—41 HGB. maßgebend.

Jeder Kaufmann hat bei dem Beginn seines Handelsgewerbes seine Grundstücke, seine Forderungen und Schulden, den Betrag seines baren Geldes und seine sonstigen Vermögensgegenstände genau zu verzeichnen, dabei den Wert der einzelnen Vermögensgegenstände anzugeben und eine das Verhältnis des Vermögens und der Schulden darstellende Abschrift zu machen.

Er hat demnächst für den Schluß eines jeden Geschäftsjahres ein solches Inventar und eine solche Bilanz aufzustellen; die Dauer des Geschäftsjahres darf zwölf Monate nicht überschreiten. Die Aufstellung des Inventars und der Bilanz ist innerhalb der einem ordnungsmäßigen Geschäftsgang entsprechenden Zeit zu bewirken. Je nachdem die Aktiva oder Passiva überwiegen, ist ein Überschuß oder eine Unterbilanz vorhanden (Gewinn- oder Verlustsaldo). Die Bilanz stellt den Stand des Vermögens für einen bestimmten Zeitpunkt dar und läßt damit auch zugleich das Ergebnis der Geschäftsführung während des abgelaufenen Zeitraumes erkennen.

Hat der Kaufmann ein Warenlager, bei dem nach der Beschaffenheit des Geschäfts die Aufnahme des Inventars nicht füglich in jedem Jahre geschehen kann, so genügt es, wenn sie alle 2 Jahre erfolgt. Die Verpflichtung zur jährlichen Aufstellung der Bilanz wird hierdurch nicht berührt. Die Bilanz ist in Reichswährung aufzustellen. Bei der Aufstellung des Inventars und der Bilanz sind sämtliche Vermögensgegenstände und Schulden nach dem Werte anzusetzen, welcher ihnen in dem Zeitpunkte beizulegen ist, für den die Aufstellung stattfindet. Zweifelhafte Forderungen sind nach ihrem wahrscheinlichen Werte anzusetzen, uneinbringliche Forderungen abzuschreiben. Das Inventar und die Bilanz sind von dem Kaufmann zu unterzeichnen. Beide können in ein dazu bestimmtes Buch eingeschrieben oder jedesmal gesondert aufgeschrieben werden. Im letzteren Falle sind sie zu sammeln und in zusammenhängender Reihenfolge geordnet aufzubewahren.

Die Bilanz bei der Gesellschaft m. b. H.

(Gesetz betreffend die Gesellschaften m. b. H. v. 20. 5. 98, §§ 41 u. 42.)

Die Geschäftsführer müssen in den ersten 3 Monaten des Geschäftsjahres die Bilanz für das verflossene Geschäftsjahr nebst einer Gewinn- und Verlustrechnung aufstellen. Durch den Gesellschaftsvertrag kann die Frist bis auf 6 Monate, bei Gesellschaften, deren Unternehmen den Betrieb von Geschäften in überseeischen Gebieten zum Gegenstande hat, bis auf 9 Monate erstreckt werden. Die Vorschriften des § 40 des HGB. kommen bei der G. m. b. H. mit folgenden Maßgaben zur Anwendung:

1. Anlagen und sonstige Vermögensgegenstände, die nicht zur Weiterveräußerung, sondern dauernd zum Betriebe des Unternehmens bestimmt sind, dürfen höchstens zu dem Anschaffungs- oder Herstellungspreise angesetzt werden; sie können ohne Rücksicht auf einen geringeren Wert zu diesem Preise angesetzt werden, sofern ein der Abnutzung gleichkommender Betrag in Abzug oder ein derselben entsprechender Erneuerungsfonds in Ansatz gebracht wird.

2. Die Kosten der Organisation und Verwaltung dürfen nicht als Aktiva in die Bilanz eingesetzt werden.

3. Das Recht der Gesellschaft zur Einziehung von Nachschüssen der Gesellschafter ist als Aktivum in die Bilanz nur insoweit einzustellen, als die Einziehung bereits beschlossen ist und den Gesellschaftern ein Recht nicht zusteht, durch Verweisung auf den Geschäftsanteil sich von der Zahlung der Nachschüsse zu befreien. Den in die Aktiva der Bilanz aufgenommenen Nachschußan-

sprüchen muß ein gleicher Kapitalbetrag in den Passiven gegenübergestellt werden.

4. Der Betrag des im Gesellschaftsvertrage bestimmten Stammkapitals ist unter die Passiva aufzunehmen. Das gleiche gilt von dem Betrage eines jeden Reserve- und Erneuerungsfonds sowie von dem Gesamtbetrage der eingezahlten Nachschüsse, soweit nicht die Verwendung eine Abschreibung der betreffenden Passivposten begründet;

5. Der aus der Vergleichung sämtlicher Aktiva und Passiva sich ergebende Gewinn oder Verlust muß am Schlusse der Bilanz besonders angegeben werden.

Die Bildung eines Reservefonds ist in das Ermessen der Gesellschaft gestellt. Im Gegensatz zur Aktiengesellschaft ist keine Veröffentlichung der Jahresbilanz vorgeschrieben.

Die Bilanz und der Reservefonds bei der Aktiengesellschaft.

(HGB. §§ 260—262.)

Der Vorstand einer Aktiengesellschaft hat in den 3 ersten Monaten des Geschäftsjahres für das verflossene Geschäftsjahr eine Bilanz, eine Gewinn- und Verlustrechnung sowie einen den Vermögensstand und die Verhältnisse der Gesellschaft entwickelnden Bericht dem Aufsichtsrat und mit dessen Bemerkungen der Generalversammlung vorzulegen. Im Gesellschaftsvertrage kann eine andere Frist, jedoch nicht über die Dauer von 6 Monaten hinaus, bestimmt werden. Die Generalversammlung beschließt über die Genehmigung der Jahresbilanz und die Gewinnverteilung sowie über die Entlastung des Vorstandes und Aufsichtsrats. Aufsichtsrat und Vorstand haben einen zivilrechtlichen Anspruch auf Entlastung bei ordnungsmäßiger Vorlegung der Bilanz und Gewinn- und Verlustrechnung und der sonstigen geforderten Aufklärung. Der Entlastungsbeschluß ist gültig, wenn er dem Gesetze gemäß zustande gekommen ist. In der Gewinn- und Verlustrechnung wird das Jahresergebnis der einzelnen Konten zusammengestellt, in der Bilanz die sämtlichen beim Jahresabschlusse vorhandenen Aktiva und die Passiva (Schulden, Aktienkapital und Reservefonds). Da die Gewinn- und Verlustrechnung nicht nur das Jahresergebnis der einzelnen Konten, sondern als ersten Gewinnposten den etwa unverteilt gebliebenen Gewinnbestand des Vorjahres enthält, als ersten Verlustposten den etwa ungedeckt gebliebenen Verlust des Vorjahres, so folgt hieraus, daß das Ergebnis der Gewinn- und Verlustrechnung sich mit dem Ergebnis der Bilanz des gleichen Jahres decken muß. Denn es ist dasselbe, ob man 1. bei der Gewinn- und Verlustrechnung das Jahresergebnis der einzelnen Konten zusammenstellt und diesen den übrig gebliebenen Wertüberschuß des Vorjahres hinzurechnet, oder davon die ungedeckt gebliebenen Bedürfnisse des Vorjahres abzieht, 2. oder ob man bei der Bilanz die sämtlichen vorhandenen Werte und Bedürfnisse zusammenstellt.

Für die **Aufstellung der Bilanz** kommen die allgemeinen Vorschriften des § 40 HGB. mit folgenden Maßgaben zur Anwendung:

1. Wertpapiere und Waren, welche einen Börsen- oder Marktpreis haben, dürfen höchstens zu dem Börsen- oder Marktpreise desjenigen Zeitpunktes, für welchen die Bilanz aufgestellt wird, sofern dieser Preis jedoch den Anschaffungs- oder Herstellungspreis übersteigt, höchstens zu dem letzteren

angesetzt werden. Die Rücksicht auf alle Interessenten, Gläubiger und Aktionäre gebietet, daß nicht Gewinne verteilt werden, welche lediglich durch Wertsteigerung der vorhandenen Wertgegenstände, durch Schätzung und Rechnung entstehen, sondern in der Regel nur solche, die durch „Realisierung“ erzielt sind (RG. in JW. 05, 235).

Ob unter dem Herstellungspreise nicht nur der Betrag der Materialien und Löhne zu verstehen ist, sondern auch der Teil der allgemeinen Verwaltungskosten, wie die Ausgaben zur Aufsicht der Arbeiter, die Gehälter für Meister, Techniker, Betriebsinspektoren, Versicherungsbeiträge, Unterhaltung der für die Herstellung der Waren erforderlichen Anlagen, Maschinen und Geräte oder Anteil an ihrer Abnutzung (Amortisation), ist rechtlich sehr bestritten. Die Praxis hat sich jedoch allgemein dafür entschieden.

2. Andere Vermögensgegenstände sind höchstens zu dem Anschaffungs- oder Herstellungspreis anzusetzen. Hierzu gehören auch die Halbfabrikate. Der wahre Geschäftswert ist hier maßgebend. Bleibt der Anschaffungs- oder Herstellungspreis hinter dem Geschäftswerte zurück, so ist nicht dieser, sondern der Anschaffungs- oder Herstellungspreis maßgebend.

3. Anlagen- und sonstige Gegenstände, welche nicht zur Weiterveräußerung, vielmehr dauernd zum Geschäftsbetriebe der Gesellschaft bestimmt sind, dürfen ohne Rücksicht auf einen geringeren Wert zu dem Anschaffungs- oder Herstellungspreis angesetzt werden, sofern ein der Abnutzung gleichkommender Betrag in Abzug gebracht oder ein ihr entsprechender Erneuerungsfonds in Ansatz gebracht wird. Unter diese Bestimmung fallen in erster Linie Grundstücke, Gebäude, Maschinen. Der Erneuerungsfonds wird in der Praxis meist als Erneuerungskonto oder Erneuerungsreservekonto bezeichnet.

4. Die Kosten der Errichtung und Verwaltung dürfen nicht als Aktiva in die Bilanz eingesetzt werden.

5. Der Betrag des Grundkapitals und der Betrag eines jeden Reserve- und Erneuerungsfonds sind unter die Passiva aufzunehmen. Die Passiva umfassen außer den Schulden der Gesellschaft auch die Erfordernisse der Gesellschaft. Ein gesetzliches Haupterfordernis der Aktiengesellschaft ist es, daß das Grundkapital möglichst in seinem vollen Bestand erhalten wird. Dieser Betrag ist durch Verbuchung unter den Passiven von der Verteilung ausgeschlossen.

6. Der aus der Vergleichung sämtlicher Aktiva und sämtlicher Passiva sich ergebende Gewinn oder Verlust muß am Schlusse der Bilanz besonders angegeben werden. Gewinn ist nur das, was sich aus der Vergleichung sämtlicher Aktiva und sämtlicher Passiva einschließlich des Grundkapitals und der Reservekonten ergibt.

Der Reservefonds. In diesen ist einzustellen:

1. Von dem jährlichen Reingewinn mindestens der 20. Teil (5%) so lange, als der Reservefonds den 10. oder den im Gesellschaftsvertrage bestimmten höheren Teil des Grundkapitals nicht überschreitet. Um den vom Gesetze beabsichtigten Zweck zu erreichen, genügt die Bildung eines Reservekontos.

Gegenstand dieser Bestimmung ist das gesetzliche Reservekonto. Der Zweck ist, einen aus der Bilanz sich ergebenden Verlust zu decken; diesem ist das Reservekonto ausschließlich und zwingend gewidmet. Es darf lediglich dann wieder gekürzt oder gestrichen werden, wenn dadurch eine Unterbilanz ausgeglichen werden soll, jedoch nur eine Unterbilanz, nicht ein Geschäftsverlust. Als Bilanz ist hier nur die Jahresbilanz zu verstehen. Aus Zwischenbilanzen darf der Reservefonds nicht zur Besserung herangezogen werden. Durch Satzung kann bestimmt werden, daß eine höhere Ziffer als 5% dem Reservekonto zugeführt wird. Unter dem jährlichen Reingewinn ist der am Schlusse der Bilanz sich ergebende Überschuß der Aktiva über die Passiva zu verstehen, d. h. dasjenige, was nach Dotierung der unechten Reservekonten (Erneuerungsfonds, Delkrederefonds) und der anderen gesetzlichen Reservekonten übrigbleibt. Schulden und Aktienkapital dagegen sind ohne Rücksicht auf die Dotierung der freiwilligen Reservekonten aufzuführen. Die Tantiemen der Gesellschaftsorgane sind vor der Dotierung der gesetzlichen Reservefonds nicht in Abzug zu bringen. Ist ein Reingewinn nicht erzielt, so unterbleibt die Dotierung des Reservekontos; es braucht im nächsten Jahre, wenn in ihm ein Gewinn erzielt ist, nicht etwa um soviel mehr eingestellt werden. Die Zuführung von 5% ist nicht nur gesetzlicher Mindestbetrag, sondern auch gesetzlicher Höchstbetrag. Unter den Mindestbetrag darf der Gesellschaftsbetrag nicht heruntergehen; durch Statut kann aber die Überschreitung des Höchstbetrages festgesetzt werden. Gegen eine durch Statutenänderung erfolgende Erhöhung des Reservefonds hat der einzelne Aktionär kein Widerspruchsrecht. Sobald die Grenze von 10% des Gesamtkapitals erreicht ist, hört die gesetzliche Zuführung zum Reservekonto auf. Höhere Zuführungen können durch Gesellschaftsvertrag angeordnet werden, sonst sind sie unter Umständen ungesetzlich und anfechtbar.

Unter Delkrederekonto ist dasjenige Konto zu verstehen, das zweifelhafte Forderungen umfaßt.

2. Der Betrag, welcher bei der Errichtung des Gesellschaft oder bei einer Erhöhung des Grundkapitals durch Ausgabe der Aktien für einen höheren als den Nennbetrag über diesen und über den Betrag der durch die Ausgabe der Aktien entstehenden Kosten hinaus erzielt wird. Diesen Betrag nennt man das Agio, die Kosten nennt man die Emissionskosten. Nebenbei sei bemerkt, daß das Agio nicht als versteuerbarer Gewinn anzusehen ist (RG. vom 21. Juni 1902). Dieser so erzielte Betrag fließt unbedingt in den gesetzlichen Reservefonds ohne Rücksicht auf die Höhe des Agios und ohne Rücksicht auf die Höhe des gesetzlichen Reservekontos, also auch dann, wenn sich dies bereits weit über die gesetzliche Höhe hinaus gefüllt hat. Lediglich die Kosten für die Emission dürfen abgezogen werden.

3. Der Betrag von Zuzahlungen, welche ohne Erhöhung des Grundkapitals von Aktionären gegen Gewährung von Vorzugsrechten für ihre Aktien geleistet werden, soweit nicht eine Verwendung dieser Zahlungen zu außerordentlichen Abschreibungen oder zur Deckung außerordentlicher Verluste beschlossen wird. Hierdurch wird bezweckt, daß der Betrag solcher Zuzahlungen nicht sofort wieder zur Verteilung gelangt, sondern zur Stärkung der wirtschaftlichen Grundlagen der Gesellschaft dient. Deshalb soll der Betrag für Abschreibungen oder zur Deckung von Verlusten verwendet werden können. Die Kosten der Transaktion (Stempel, Provision, Gerichts- und Notariatskosten, etwaige Einkommensteuer) sind von den dem Reservefonds zuzuführenden Beträgen abzuziehen.

Zu klären ist noch der Begriff und die Stellung von freiwilligen Reservekonten. Die sogenannten Passiva der Bilanz sind, soweit sie nicht wirkliche Schulden darstellen, durchweg Reservekonten. Sie enthalten die von der Verteilung auszuschließenden, für die Gesellschaft erforderlichen Wertbeträge. Man nennt sie Korrektivposten oder unechte Reservekonten. Hierzu gehört der Erneuerungsfonds, der Delkrederefonds als Gegenposten gegen voll angesetzte, in Wirklichkeit nicht unzweifelhafte Forderungen (ROHG. 25, 326; RG. 22, 162), ein Reservefonds wegen Unsicherheit der in Ansatz gebrachten Werte (RG. 4, 102). Diese uneigentlichen Reservekonten beruhen auf gesetzlicher Vorschrift, von der auch der Gesellschaftsvertrag keine Abweichung anordnen kann.

Von diesen unechten Reservekonten sind die echten zu unterscheiden, d. h. diejenigen Beträge, welche von den wirklich vorhandenen Werten von der Verteilung unter die Aktionäre auszuschließen und im Vermögensbestande der Gesellschaft zurückzuhalten sind. Sie sind nur durch Gesetz oder Statut zulässig, durch Gesetz die Einstellung der Grundkapitalsziffer und die Einstellung des gesetzlichen Reservefonds, durch Gesellschaftsvertrag alle übrigen. Der Gesellschaftsvertrag kann beliebige Reservekonten anordnen (RG. im JW. 05, 345): Sonderreserven für bestimmte Zwecke und für außerordentliche Verluste, Reserven für Arbeiterunterstützung, Dividenden-Ergänzungsfonds, Delkrederekonto und Erneuerungskonto über das wirkliche Bedürfnis hinaus. Auch stille Reserven, wie z. B. Grundstücke oder Maschinen auf einige Mark herunterzuschreiben, gehören hierher.

In einem Ausnahmefall hat die Generalversammlung das Recht zur Bildung des Gewinnvortrages. Es beruht auf dem Handelsgebrauch, die Dividende in Prozenten oder bequemen Bruchteilen von Prozenten festzusetzen und den bei dieser Abrundung überschießenden Betrag auf neue Rechnung vorzutragen.

Was die rechtliche Bedeutung der Bilanzvorschriften anbetrifft, so zieht die durch Nichtbeachtung derselben verursachte Übersichtslosigkeit bei hinzutretendem Vermögensverfall die strafrechtliche Verantwortlichkeit der Vorstandsmitglieder nach sich. Die Bilanzvorschriften haben aber auch insofern privatrechtliche Bedeutung, als die Bestimmungen teils zwingender, teils nachgiebiger Natur sind. Die für die Bewertung der Aktiva gegebenen Vorschriften sind Höchst- und Mindestvorschriften. Diese Höchstvorschriften sind zum Wohle aller Interessenten, sowohl der Aktionäre selbst als der Gläubiger erlassen. Andererseits will das Gesetz, daß mindestens die von ihm vorgesehenen Werte angesetzt werden, jedoch sind die Aktiengesellschaften berechtigt, durch Satzungen geringere Bewertungen festzulegen. Sind solche Statutenbestimmungen vorhanden, so können sie nur durch Statutenänderung wieder beseitigt werden (RG. 22, 114; 40, 35). Wenn der Gesellschaftsvertrag solche Minderbewertungen nicht bestimmt, so hat jeder Aktionär ein Recht auf Bewertung in gesetzlicher Höhe, insbesondere bei den stillen Reserven.

Die Bilanzvorschriften über die Passiva sind als Mindestvorschriften zwingender Natur und als Höchstvorschriften nachgiebiger Natur anzusehen.

Unter den Aktiven darf alles aufgeführt werden, was als Vermögenswert zu betrachten ist, auch materielle Güter wie Forderungen, Patente u. a. m.

Gesetzliche Bestimmungen über den Erneuerungsfonds bei Eisenbahnbetrieb oder Bahnanschluß.

Gehört zu dem Betriebe eine Eisenbahn, Kleinbahn oder ein Anschlußgleis, so schreibt das Gesetz bezüglich des Erneuerungsfonds folgendes vor:

I. Der Erneuerungsfonds dient zur Bestreitung der Kosten der regelmäßig wiederkehrenden Erneuerung des Oberbaues und der Betriebsmittel. Es sind jedoch hieraus von den Betriebsmitteln nur die Kosten ganzer Lokomotiven und Wagen, von den Oberbaumaterialien dagegen auch die Kosten einzelner Stücke zu bestreiten. Der Ersatz einzelner Teile von Betriebsmitteln (Siederohre usw.) muß auf Rechnung des Betriebsfonds erfolgen.

In den Erneuerungsfonds fließen:

1. der Erlös aus den entsprechenden abgängigen Materialien;
2. die Zinsen des Fonds selbst;
3. eine aus den Überschüssen der Betriebseinnahmen über die Betriebsausgaben zu entnehmende jährliche Rücklage.

Die Höhe dieser Jahresrücklagen ist unter Berücksichtigung der besonderen Verhältnisse und Bedürfnisse des einzelnen Unternehmens auf:

a) 1—2% von dem zusammengerechneten Beschaffungswerte der Schienen, der Weichen und des Kleineisenzeuges;
b) 2,5—5% vom Beschaffungswerte der Schwellen;
c) 1,25—2,5% von dem der Lokomotiven;
d) 0,5—1,5% von dem der Wagen zu bemessen.

Wird das Unternehmen nicht mit Dampfmaschinen, sondern in anderer Weise (z. B. elektrisch) betrieben, so haben die Genehmigungsbehörden den Rücklagesatz von Fall zu Fall selbst zu bestimmen.

Lassen die Betriebsergebnisse eines Jahres die Deckung der Rücklagen zum Erneuerungsfonds (Ziff. 3) nicht oder nicht vollständig zu, so ist das Fehlende aus den Überschüssen des oder der folgenden Betriebsjahre zu entnehmen. Abweichungen hiervon sind mit Genehmigung des Ministers der öffentlichen Arbeiten zulässig.

Die Genehmigungsbehörden sind ermächtigt, auf Antrag des Unternehmers von der Zuführung weiterer Rücklagen zum Erneuerungsfonds dann zeitweilig abzusehen, wenn derselbe eine nach ihrem Ermessen ausreichende Höhe erlangt hat.

II. Der Spezialreservefonds dient zur Bestreitung von Ausgaben, die durch außergewöhnliche Elementar-Ereignisse und größere Unfälle hervorgerufen werden.

Diesem Fonds sind zuzuführen:

1. der Betrag der verfallenen, nicht abgehobenen Dividenden und Zinsen;
2. die Zinsen des Fonds selbst;
3. eine aus dem Reinertrage zu entnehmende jährliche Rücklage.

Die Höhe der jährlichen Rücklagen zum Spezialreservefonds ist auf ½—3% des Reinertrages zu bemessen. Erreicht der Spezialreservefonds den Betrag von 5% des Anlagekapitals, so können für die Dauer dieses Bestandes weitere Rücklagen unterbleiben.

Die Genehmigungsbehörden sind ermächtigt, von der Pflicht zur Ansammlung eines Spezialreservefonds ganz zu befreien, wenn und solange die Erreichung seines Zwecks durch die Zugehörigkeit zu einem für zuverlässig erachteten Versicherungsunternehmens gewährleistet ist.

III. Die Anordnungen über die Höhe der Rücklagen zum Erneuerungs- und Spezialreservefonds (Nr. I und II) sind einem besonderen Regulative vorzubehalten, welches in Zeiträumen von 5 Jahren einer Nachprüfung hinsichtlich der Zweckmäßigkeit der bisherigen Sätze, beim Erneuerungsfonds auch hinsichtlich der Beschaffungswerte zu unterziehen ist. Hierbei kommen Beschaffungen, Änderungen der Betriebsweise usw., welche innerhalb einer 5jährigen Periode vorgenommen sind, erst für die nächstfolgende Periode in Betracht.

IV. Der Erneuerungsfonds und der Spezialreservefonds sind sowohl voneinander als auch von anderen Fonds des Unternehmens getrennt zu verwalten.

Die zu jenen Fonds zu vereinnahmenden Beträge sind, sofern sie nicht sofort zur Verwendung gelangen, in Wertpapieren, welche bei der Reichsbank beleihbar sind, zinstragend anzulegen. Ein Viertel des Bestandes des Erneuerungs- und des Spezialreservefonds muß aus Staatspapieren (preußische Staats- oder Reichsanleihen) bestehen.

Für schon genehmigte nebenbahnähnliche Kleinbahnen, die dieser Verpflichtung zur Anschaffung von Staatspapieren noch nicht unterliegen, ist bei der Genehmigung wesentlicher Änderungen oder Erweiterungen anzuordnen, daß je ein Drittel der jährlichen Rücklagen für den Erneuerungs- und den Spezialreservefonds in jenen Staatspapieren angelegt werden muß, und zwar so lange, bis ein Viertel der Fonds aus solchen Werten besteht.

V. Ist der Unternehmer durch das Gesellschaftsstatut oder sonst privatrechtlich (z. B. durch Verträge mit dem Staate, der Provinz oder dem Kreise über die Gewährung von Beihilfen oder die Gestellung von Grund und Boden) zur Ansammlung zweckdienlicher und ausreichender Rücklagefonds verpflichtet, so genügt es, durch die Genehmigungsurkunde die Aufrechterhaltung dieser Verpflichtung für die Dauer der Genehmigung sicherzustellen und ihre Befolgung zu überwachen.

Der Vertrieb.

Handelsgeschäfte.

Unter diesem Kennwort behandelt das Handelsgesetzbuch die allgemeinen Vorschriften, die für Handelsgeschäfte gelten, den Handelskauf, das Speditionsgeschäft, das Lagergeschäft, das Frachtgeschäft und die Beförderung von Gütern und Personen auf den Eisenbahnen. Die vier letzten werden in dem Kapitel „Vertrieb" in der Unterabteilung „Versand" besprochen. Den breitesten Raum nimmt der Abschnitt „Handelskauf" naturgemäß ein, jedoch sind vorher die allgemeinen Vorschriften des Handelsgeschäftes zu klären. Vielfach sind hierbei auch die Vorschriften des Bürgerlichen Gesetzbuches mit heranzuziehen. Die allgemeinen Vorschriften und der Handelskauf sind in den §§ 343 bis 382 des Handelsgesetzbuches aufgeführt (vgl. S. 310).

Für den Kauf und Verkauf von Waren eines Unternehmers, ob Ingenieur, ob Kaufmann, gelten die Vorschriften über den Handelskauf. Sie sind allen Lieferungen beim Vertrieb, beim Absatz der Ware, der Erzeugnisse nicht minder wie beim Einkauf der Rohmaterialen und des Bedarfes an Maschinen, Werkzeugen für den eigenen Bedarf zugrunde zu legen.

Handelsgeschäfte sind alle Geschäfte eines Kaufmanns, die zum Betriebe seines Handelsgewerbes gehören. Die von einem Kaufmanne vorgenommenen Rechtsgeschäfte gelten im Zweifel als zum Betriebe seines Handelsgewerbes gehörig. Die Vermutung gilt für und gegen jedermann, insbesondere nicht nur gegen den Kaufmann, sondern auch für ihn, wie für und gegen den Vertragsgegner. Auf die im Handelsverkehr geltenden Gewohnheiten und Gebräuche ist Rücksicht zu nehmen. Als oberste Grundsätze gelten die §§ 157 und 133 BGB., lautend: „Verträge sind so auszulegen, wie Treu und Glauben mit Rücksicht auf die Verkehrssitte es erfordern" und „Bei der Auslegung einer Willenserklärung ist der wirkliche Wille zu erforschen und nicht an dem buchstäblichen Sinne des Ausdrucks zu haften". Ergänzend kommen hier noch die §§ 241 und 242 BGB. in Betracht: „Kraft des Schuldverhältnisses ist der Gläubiger (Lieferer) berechtigt, von dem Schuldner (Besteller) eine Leistung zu fordern. Die Leistung kann auch in einem Unterlassen bestehen" und „Der Schuldner ist verpflichtet, die Leistung so zu bewirken, wie Treu und Glauben mit Rücksicht auf die Verkehrssitte es erfordern". Die Berücksichtigung der Verkehrssitte ist danach dem Richter zur Pflicht gemacht.

Der Begriff der guten Sitten ist dem herrschenden Volksbewußtsein, „dem Anstandsgefühl aller billig und gerecht Denkenden" zu entnehmen. Das unsittliche Rechtsgeschäft ist nichtig. Wer vorsätzlich einen anderen in einer gegen die guten Sitten verstoßenden Weise schädigt, wird schadensersatzpflichtig (§ 826 BGB.). Die Wirkungen eines Verstoßes hiergegen äußern sich nach den drei Richtungen: 1. des Schadensersatzes, 2. der ferneren Unterlassung und 3. der Nichtgeltendmachung des unsittlich erlangten Rechts.

Wer aus einem Geschäft, das auf seiner Seite ein Handelsgeschäft ist, einem andern zur Sorgfalt verpflichtet ist, hat für die Sorgfalt eines ordentlichen Kaufmannes einzustehen. § 276 BGB. bestimmt: „Der Schuldner hat, sofern nicht ein anderes bestimmt ist, Vorsatz und Fahrlässigkeit zu vertreten. Fahrlässig handelt, wer die im Verkehr erforderliche Sorgfalt außer acht läßt." Aber nicht nur für seine eigene Sorgfalt hat der Kaufmann einzustehen, sondern auch dafür, daß die Personen, deren er sich zur Erfüllung seiner Verbindlichkeiten bedient, die Sorgfalt eines ordentlichen Kaufmannes anwenden, auch wenn diese nicht Kaufleute sind; denn für ein Verschulden dieser Gehilfen haftet er wie für eigenes Verschulden: „Der Schuldner hat ein Verschulden seines gesetzlichen Vertreters und der Personen, deren er sich zur Erfüllung seiner Verbindlichkeiten bedient, in gleichem Umfange zu vertreten, wie eigenes Verschulden" (§ 278 BGB.). Vgl. S. 149.

Die Höhe der gesetzlichen Zinsen mit Einschluß der Verzugszinsen ist bei beiderseitigen Handelsgeschäften 5% für das Jahr (§ 352 HGB.). Rückständige Zinsen, auch Verzugszinsen, verjähren in vier Jahren (§ 197 BGB.). Kaufleute untereinander sind berechtigt, für ihre Forderungen aus beiderseitigen Handelsgeschäften vom Tage der Fälligkeit an Zinsen zu fordern. Zinsen von Zinsen können auf Grund dieser Vorschrift nicht gefordert werden. Wann die Fälligkeit eintritt, richtet sich nach allgemeinen Rechtsgrundsätzen. Die Zinspflicht fällt fort, wenn der Gläubiger in Verzug kommt oder der Schuldner berechtigt hinterlegt. Außer der festgesetzten gesetzlichen Zinspflicht greifen aus dem Gebiete des Handelsrechts die mannigfachen gesetzlichen Zinspflichten des Bürgerlichen Rechts Platz, z. B. Verzugszinsen, Prozeßzinsen, Zinsen für Aufwendungen. Ist der Kaufpreis nicht gestundet, so ist der Käufer verpflichtet, den Kaufpreis von dem Zeitpunkt an zu verzinsen, von welchem an die Nutzungen des gekauften Gegenstandes ihm gebühren (§ 452 BGB.). Mit der Übergabe der verkauften Sache geht die Gefahr des zufälligen Unterganges und einer zufälligen Verschlechterung auf den Käufer über. Von der Übergabe an gebühren dem Käufer die Nutzungen und trägt er die Lasten der Sache (§ 446 BGB.).

Vielfach bedient man sich zum Hereinholen oder Abschluß von Geschäften einer Mittelsperson, die nicht in einem festen Angestelltenverhältnis zum Auftraggeber steht. Eine solche Mittelsperson, welche in Ausübung ihres Handelsgewerbes einem andern (dem Auftraggeber) Geschäfte besorgt oder Dienste leistet, kann dafür auch ohne Verabredung Provision und, wenn es sich um Aufbewahrung handelt, Lagergeld nach den an dem Orte üblichen Sätzen fordern. Für Darlehen, Vorschüsse, Auslagen und andere Verwendungen kann er vom Tage der Leistung an Zinsen berechnen. Mit anderen Worten: Diese Mittelsperson, die auch Kaufmann ist, hat einen gesetzlichen Anspruch auf Entgelt für Mühewaltungen, Abnutzungen, Darlehen und Vorschüsse; sie stellt ihre Tätigkeit und ihre Vermögensgegenstände nicht umsonst in den Dienst anderer, sondern rechnet auf Vergütung. Es darf nicht ein Dienst sein, der schon in einer anderweitigen Vergütung (im Kaufpreise, im Frachtgelde) abgegolten ist oder unentgeltlich geleistet zu werden pflegt, wie die Anfertigung von Entwürfen, Zeichnungen und Voranschlägen, die mit dem Vertragsantrag überreicht werden (Hamburg OLGR. 22, 147). Der Anspruch fällt fort, wenn die Dienste nach der Verkehrssitte nicht vergütet zu werden pflegen. So wird z. B. für die Vorbereitung einer Geschäftsvermittlung, wenn das Geschäft sich zerschlägt, nichts vergütet (ROHG. 16, 134). Der Anspruch des Kaufmanns besteht also in einer Vergütung für den geleisteten Dienst, die auch ohne Verabredung geschuldet wird, weil das Gesetz diese Vergütung dem Kaufmann zubilligt. Die Vergütung wird bei Dienstleistungen „Provision", bei Aufbewahrungen insbesondere „Lagergeld", bei Darlehen und sonstigen Auslagen „Zinsen" genannt.

Durch Abrede kann selbstverständlich überall eine anderweite Vergütung vereinbart werden.

Steht jemand mit einem Kaufmanne derart in Geschäftsverbindung, daß die aus der Verbindung entspringenden beiderseitigen Ansprüche und Leistungen nebst Zinsen in Rechnung gestellt und in regelmäßigen Zeitabschnitten durch Verrechnung und Feststellung des für den einen oder anderen Teil sich ergebenden Überschusses ausgeglichen werden (Laufende Rechnung, Kontokorrent), so kann derjenige, welchem bei dem Rechnungsabschluß ein Überschuß gebührt, vom Tage des Abschlusses an Zinsen von dem Überschusse verlangen, auch soweit in der Rechnung Zinsen enthalten sind. Der Rechnungsabschluß geschieht jährlich einmal, sofern nicht ein anderes bestimmt ist. Die laufende Rechnung kann im Zweifel auch während der Dauer eines Rechnungsabschnittes jederzeit mit der Wirkung gekündigt werden, daß derjenige, welchem nach der Rechnung ein Überschuß gebührt, dessen Zahlung beanspruchen kann (§ 353 HGB.).

Das Wesen des Kontokorrentverhältnisses ist also ein Übereinkommen, die einzelnen Zahlungen nicht auf eine bestimmte Forderung zu leisten, die Einzelforderungen nicht mit bestimmten Gegenforderungen aufzurechnen, auch für sich allein nicht geltend zu machen, sondern am Schlusse der Rechnung in bestimmten Zeitabschnitten abzurechnen und festzustellen, wer von beiden Teilen Gläubiger ist, und wieviel er zu fordern hat. Durch die gegenseitige Feststellung des Saldos werden die Einzelforderungen getilgt; an ihre Stelle tritt das Guthaben aus dem festgestellten Saldo, bei dem die einzelnen Posten lediglich als Posten der Debet- und Kreditseite zu betrachten sind, so daß dem Saldo rechtliche Bedeutung zukommt (RG. 60, 292). Das Wort „Verrechnung" bedeutet die Tilgung und Beseitigung von Ansprüchen (RG. 35, 288). Zum Wesen des Kontokorrentvertrages gehört, daß auf beiden Seiten Geldforderungen bestehen und daß mindestens ein Teil Kaufmann ist. Die Eingehung des Kontokorrentvertrages erfolgt formlos. Gegenstand des Kontokorrentvertrages können alle Zahlungen und Geldforderungen aus einer Geschäftsverbindung sein. Die einzelnen Forderungen können nicht früher geltend gemacht werden als nach Schluß des Rechungsabschnittes (ROHG. 16, 309; RG. 22, 149). Sie gelten daher sämtlich als bis dahin gestundet. Ist der Saldo festgestellt und wird er mit Zustimmung beider Teile auf neue Rechnung vorgetragen, so liegt hierin eine Fortsetzung des Kontokorrentverkehrs; der Saldo ist hierdurch ein einzelner Posten des neuen Rechnungsabschnittes geworden und bis zum Abschluß des Rechnungsabschnittes gestundet, kann daher selbständig nicht mehr eingeklagt werden (ROHG. 16, 309; RG. 10, 59; 18, 248; 27, 140; 38, 232; 56, 23). Die Saldofeststellung erfolgt durch Aufstellung und Anerkennung des Rechnungsabschlusses. In der Übersendung des Abschlusses liegt die Anerkennung seiner Richtigkeit durch den Übersender (ROHG. 14, 141). Der Übersender gibt durch die Übersendung hinsichtlich seiner Debetkosten ein verpflichtendes Anerkenntnis ab, auf welches sich der andere Teil berufen kann, auch wenn er die Kreditkosten nicht anerkennt. Mit der Anerkennung durch den anderen Teil kommt dieser Vertrag zustande (ROHG. 2, 117). Die Anerkennung liegt in der Quittierung des Saldos und enthält gleichzeitig einen Verzicht auf fernere Ansprüche aus dem Kontokorrent (ROHG. 10, 358). Wenn die Einzelposten ganz oder zum Teil oder in irgendeiner beliebigen Höhe verzinslich sind, so können vom Saldo Zinsen verlangt werden und zwar 5% vom Tage des Ablaufs der Rechnungsperiode, auch wenn der Saldo erst später anerkannt wird. Die Dauer des Kontokorrentvertrages hängt von der Vereinbarung ab. Im Zweifel steht jedem Teil jederzeitige Kündigung frei; daher kann jeder Teil jederzeit Feststellung des Saldos verlangen (RG. 46, 676).

Bei Handelsgeschäften kann die Leistung nur während der gewöhnlichen Geschäftszeit bewirkt und gefordert werden, falls nicht etwas anderes vereinbart ist. Die außerhalb der Geschäftszeit bewirkte und angenommene Leistung ist selbstverständlich gültig. Die gewöhnliche Geschäftszeit richtet sich nach dem Ortsgebrauch und der Übung der betreffenden Geschäftszweige.

Ist eine Zeit für die Leistung weder bestimmt noch aus den Umständen zu entnehmen, so kann der Gläubiger die Leistung sofort verlangen, der Schuldner sie sofort bewirken (§ 271, Abs. 1 BGB.). „Auf Abruf“ bedeutet beim Kauf, daß der Käufer den Zeitpunkt der Lieferung zu bestimmen hat. Dem Lieferer ist auf alle Fälle so viel Zeit zu geben, wie er benötigt, um die zur Erfüllung erforderlichen Vorbereitungen zu treffen, namentlich dann, wenn der Schuldner erst eine Aufforderung zu erwarten hatte, um die Leistung zu bewirken (ROHG. 4, 353). Ist keine Zeit bestimmt, so ist im Zweifel anzunehmen, daß der Gläubiger die Leistung nicht zu dieser Zeit verlangen, der Schuldner sie aber vorher bewirken kann (§ 271, Abs. 2 BGB.).

Im Warenverkehr spielt der Begriff „Skonto“ eine große Rolle. Er bedeutet bald eine Vergütung für vorzeitige oder pünktliche Leistung, bald ist er nur eine Berechnungsart des Kaufpreises. Im ersten Falle heißt er Zahlungs- oder Kassenskonto, im zweiten Warenskonto (vgl. Abschnitt Handelsbräuche, S. 575ff.).

Bei Bestimmung der Fristen nach Tagen, Wochen oder Monaten sind die §§ 187—193 BGB. maßgebend. Ist für den Anfang einer Frist ein Ereignis oder ein in den Lauf eines Tages fallender Zeitpunkt maßgebend, so wird bei Berechnung der Frist der Tag nicht mitgerechnet, in welchen das Ereignis oder der Zeitpunkt fällt. Der Tag ist für den gesamten Rechtsverkehr die kleinste Zeiteinheit. Ist der Beginn eines Tages der für den Anfang einer Frist maßgebende Zeitpunkt, so wird dieser Tag bei der Berechnung der Frist mitgerechnet. Eine nach Tagen bestimmte Frist endigt mit dem Ablaufe des letzten Tages der Frist. Eine Frist, die nach Wochen, nach Monaten oder nach einem mehrere Monate umfassenden Zeitraume — Jahr, halbes Jahr, Vierteljahr — bestimmt ist, endigt mit dem Ablaufe desjenigen Tages der letzten Woche oder des letzten Monats, welcher durch seine Benennung oder seine Zahl dem Tage entspricht, in den das Ereignis oder der Zeitpunkt fällt. Ist der Beginn eines Tages für den Anfang einer Frist maßgebend, so endigt die Frist mit dem Ablaufe desjenigen Tages der letzten Woche oder des letzten Monats, welcher dem Tage vorhergeht, der durch seine Benennung oder seine Zahl dem Anfangstage der Frist entspricht. Fehlt bei einer nach Monaten bestimmten Frist in dem letzten Monate der für ihren Ablauf maßgebende Tag, so endigt die Frist mit dem Ablauf des letzten Tages dieses Monats.

Unter einem halben Jahre wird eine Frist von sechs Monaten, unter einem Vierteljahre eine Frist von drei Monaten, unter einem halben Monat eine Frist von fünfzehn Tagen verstanden. Ist eine Frist auf einen oder mehrere ganze Monate und einen halben Monat gestellt, so sind die fünfzehn Tage zuletzt zu zählen.

Ist an einem bestimmten Tage oder innerhalb einer Frist eine Willenserklärung abzugeben oder eine Leistung zu bewirken und fällt der bestimmte Tag oder der letzte Tag der Frist auf einen Sonntag oder einen am Erklärungs- oder Leistungsorte staatlich anerkannten allgemeinen Feiertag, so tritt an die Stelle des Sonntags oder des Feiertags der nächstfolgende Werktag. Die Vorschrift ist nur eine Auslegungsregel, so daß sie keine Anwendung findet, wo dies der Natur des Geschäftes oder dem Parteiwillen nicht entspricht.

Wird eine nur der Gattung nach bestimmte Ware geschuldet, so ist Handelsgut mittlerer Art und Güte zu leisten (§ 360 HBG.). Dieser Paragraph entspricht dem § 243 BGB. Derselbe lautet: „Wer eine nur der Gattung nach bestimmte Sache schuldet, hat eine Sache von mittlerer Art und Güte zu leisten. Hat der Schuldner das zur Leistung einer solchen Sache seinerseits Erforderliche getan, so beschränkt sich das Schuldverhältnis auf diese Sache.“ Die Vorschrift gilt nur dann, wenn nichts Abweichendes ausdrücklich oder stillschweigend bestimmt ist. Auch durch eine abweichende Verkehrssitte wird diese Bestimmung außer Kraft gesetzt.

Maß, Gewicht, Währung, Zeitrechnungen und Entfernungen, die an dem Orte gelten, wo der Vertrag erfüllt werden soll, sind im Zweifel als die vertragsmäßigen zu betrachten.

Ort und Zeit der Erfüllung.

Die allgemeine Vorschrift über den Erfüllungsort enthält der § 269 BGB. Er lautet: „Ist ein Ort für die Leistung weder bestimmt noch aus den Umständen, insbesondere aus der Natur des Schuldverhältnisses zu entnehmen, so hat die Leistung an dem Orte zu erfolgen, an welchem der Schuldner zur Zeit der Entstehung des Schuldverhältnisses seinen Wohnsitz hatte. Ist die Verbindlichkeit im Gewerbebetriebe des Schuldners entstanden, so tritt, wenn der Schuldner seine gewerbliche Niederlassung an einem anderen Orte hatte, der Ort der Niederlassung an die Stelle des Wohnsitzes. Aus dem Umstand allein, daß der Schuldner die Kosten der Versendung übernommen hat, ist nicht zu entnehmen, daß der Ort, nach welchem die Versendung zu erfolgen hat, der Leistungsort sein soll.“

Die Feststellung des Erfüllungsortes ist namentlich wegen des Verzuges, des Gefahrenüberganges und des Gerichtsstandes wichtig. Das Recht des Erfüllungsortes ist maßgebend. Die Parteien können sich jedoch über das zur Anwendung kommende Recht vertraglich einigen, dann ist diese Einigung maßgebend (RG. 74, 173; 68, 205; 44, 155 und 301; 24, 113). Die Einigung über das zur Anwendung zu bringende Recht kann ausdrücklich oder stillschweigend erfolgen (RG. 73, 388; 68, 205). Die Einigung kann bei und nach Vertragsabschluß erfolgen.

Das Recht des Erfüllungsortes ist also mangels anderer Vereinbarung für alle vertraglichen Verpflichtungen entscheidend. Bei gegenseitigen Leistungen kann der Erfüllungsort für beide Teile ein verschiedener sein, so daß sich die Erfüllungspflicht eines jeden Vertragschließenden nach seinem Erfüllungsort und nach dessen Recht beurteilt (RG. 65, 332). Der Erfüllungsort des Verkäufers ist der Ort seiner Handlungsniederlassung, der des Käufers der Ort der seinigen (RG. 51, 163; 46, 193). Mit anderen Worten: Erfüllungsort für die Lieferung der Ware ist der Ort der gewerblichen Niederlassung des Verkäufers. Erfüllungsort für die Zahlung des Kaufpreises ist der Ort der gewerblichen Niederlassung des Käufers. Der Erfüllungsort ist also für beide Teile regelmäßig ein verschiedener.

Mit dem Erfüllungsort ist nicht der Bestimmungsort oder der Vertragsort zu verwechseln. Hatte der Schuldner zur Zeit der Entstehung des Schuldverhältnisses keinen Wohnsitz, so tritt sein damaliger Aufenthalt an die Stelle. Hatte der Schuldner mehrere Wohnsitze, so hat er die Wahl. Späterer Wechsel des Wohnsitzes oder der gewerblichen Niederlassung ändert an dem einmal begründeten Erfüllungsorte nichts.

Der gesetzliche Erfüllungsort kann durch ausdrückliche oder stillschweigende Vereinbarung abgeändert werden. Jede Art der Vereinbarung genügt hierbei, auch Geschäftsgebrauch, bestimmte Handlungen usw.

Ein einheitlicher Erfüllungsort für beide Teile besteht mangels besonderer Vereinbarung gewöhnlich nur dann, wenn die Ware am Ort der gewerblichen Niederlassung des Verkäufers Zug um Zug gegen Zahlung des Kaufpreises abzunehmen ist. Dann ist dieser Ort auch zugleich Erfüllungsort für die Zahlung.

Oft versuchen die Lieferer durch Vermerke auf der Faktura den Erfüllungsort zu verschieben, indem sie ihren eigenen Wohnsitz zum Erfüllungsort machen, damit sie an dem Gerichte ihres Wohnsitzes klagen können, wenn der Käufer nicht erfüllt. Irgendeine rechtliche Wirkung hat die vorbehaltlose Annahme der Faktura jedoch nicht (RG. 65, 330; 52, 133; 5, 334). Das Stillschweigen schadet hier also nicht. Werden während einer dauernden Geschäftsverbindung fortgesetzt Fakturen mit solchen Vermerken übersandt und vorbehaltlos angenommen, so wird auch dadurch der Erfüllungsort nicht geändert. Auch die Annahme eines Bestellscheines mit besonderen Bedingungen hat keine rechtliche Wirksamkeit, solange der Besteller denselben nicht vollzogen an den Lieferer zurücksendet.

Vermerke in Katalogen und Preislisten sind nicht verbindlich bezüglich des Preises und Erfüllungsortes; denn sie haben nur den Zweck, über den Preis und die Ware aufzuklären. Das gleiche gilt von Kostenvoranschlägen (JW. 03, 431). Erfolgt die Bestellung ausdrücklich auf Grund der Preisliste oder Kataloge durch Bezugnahme auf diese, so liegt das Rechtsverhältnis natürlich anders.

Bestätigungsschreiben können als Beweismittel für einen mündlich abgeschlossenen Vertrag gelten. Sie sind zu unterscheiden von den Bestätigungsschreiben, welche einen annahmebedürftigen Vertragsantrag darstellen. Hier entscheidet erst die Antwort, und erst dadurch wird der Erfüllungsort festgelegt. Wer einen Erfüllungsort behauptet, der von dem gesetzlichen abweicht, hat dafür die Beweislast.

Ist mit dem Verkäufer vereinbart, daß er an einem anderen Orte als an dem seiner gewerblichen Niederlassung zu erfüllen habe, so hat der Verkäufer bis zu diesem Orte die Beförderungskosten und die Gefahr für Zufall während der Beförderung zu tragen. Liegt der vereinbarte Erfüllungsort im Ausland, so ist für die Erfüllung der Verpflichtung das ausländische Recht maßgebend. Es kommt jedoch nur das ausländische materielle Recht, nicht das ausländische Prozeßrecht zur Anwendung; denn der inländische Richter entscheidet unter allen Umständen nur nach seinem eigenen Prozeßrecht (RG. 77, 250 und 46, 199).

Die Klauseln „franko x.", „bahnfrei x.", „franko Bahnhof x." enthalten nach der Rechtsprechung in keinem Falle eine Vereinbarung des Erfüllungsortes für die Lieferung. Sie sind also für den Erfüllungsort bedeutungslos. Sie beziehen sich nur auf die Beförderungskosten (vgl. für die einzelnen Ausdrücke Abschnitt „Handelsbräuche", S. 575ff.). Die Ältesten der Kaufmannschaft von Berlin schlagen zur Vermeidung von Irrtümern vor, sich folgender Formeln zu bedienen: „Erfüllungsort für die Lieferung x." oder „Erfüllungsort für die Zahlung x."

Zeit der Erfüllung. Bezüglich der Zeit der Erfüllung gelten im allgemeinen die auf S. 534 angegebenen Bestimmungen über die Fristen, je nachdem dieselben nach Tagen, Wochen oder Monaten vereinbart sind. Ist vereinbart, daß der Kaufpreis bezahlt wird, bevor oder nachdem die Übergabe zu erfolgen hat, so bietet die Frage keine Schwierigkeit. Ist eine Frist nicht vereinbart, so muß sofort erfüllt werden. Vielfach hat der Käufer erst dann zu zahlen, wenn die Ware ankommt. Dies gilt hauptsächlich beim sogenannten Distanzkauf.

Die Zahlung. Das BGB. hat im § 270 die Übersendungspflicht bei Geldzahlungen gesetzlich geregelt: „Geld hat der Schuldner im Zweifel auf seine Gefahr und seine Kosten dem Gläubiger an dessen Wohnsitz zu übermitteln. Ist die Forderung im Gewerbebetriebe des Gläubigers entstanden, so tritt, wenn der Gläubiger seine gewerbliche Niederlassung an einem anderen Orte hat, der Ort der Niederlassung an die Stelle des Wohnsitzes. Erhöhen sich infolge einer nach der Entstehung des Schuldverhältnisses eintretenden Änderung des Wohnsitzes oder der gewerblichen Niederlassung des Gläubigers die Kosten oder die Gefahr der Übermittelung, so hat der Gläubiger im ersteren Falle die Mehrkosten, im letzteren Falle die Gefahr zu tragen. Die Vorschriften über den Leistungsort bleiben unberührt." Hierdurch ist für Geldschulden die Übersendungspflicht geregelt. Hat der Gläubiger mehrere Wohnsitze und kommt keine gewerbliche Niederlassung in Betracht, so hat der Schuldner die Wahl, an welchem Orte er das Geld zahlen will, solange der Gläubiger nicht eine andere Bestimmung getroffen hat. Weder der Verzug des Gläubigers noch des Schuldners ändern den Bestimmungsort. Da der Schuldner die Kosten trägt, so darf er das Porto für die Übersendung nicht abziehen, ein Mißbrauch, der in vielen Geschäftszweigen eingerissen ist. Bezüglich der rechtlichen Wirksamkeit von Vermerken auf Fakturen, Kommissionskopien, Bestellscheinen und Bestätigungsschreiben gilt das gleiche wie beim Erfüllungsort.

Nach Art. 92 des Einführungsgesetzes zum BGB. bleiben die landesgesetzlichen Vorschriften unberührt, nachdem Zahlungen aus öffentlichen Kassen an der Kasse in Empfang zu nehmen sind.

Über die Zahlung hat der Gläubiger Quittung zu erteilen, wenn der Schuldner es verlangt (§ 368 BGB.). Der Überbringer der Quittung hat Vollmacht zum Empfang der Zahlung, wenn die Quittung vom Empfangsberechtigten, und zwar vor der Leistung ausgestellt ist (§ 270 BGB.).

Der Handelskauf.

(§§ 373—282 HGB.)

Die Vorschriften der obigen Paragraphen über den Handelskauf beziehen sich nur auf den Kauf, dessen Gegenstand eine Ware oder ein Wertpapier ist

(RG. 26, 43). Sie sind also für den Ingenieur für den Vertrieb seiner Waren maßgebend. Kauft ein Kaufmann oder ein Ingenieur ein Patent, so ist dies kein Sachkauf, sondern Kauf eines Rechts, das dahin geht, den Gegenstand der patentierten Erfindung im Inland gewerbsmäßig herzustellen, in Verkehr zu bringen, freizuhalten oder zu gebrauchen.

Nach den Regeln des Kaufs wird der Lieferungsvertrag wie der Werklieferungsvertrag behandelt. Der Lieferungsvertrag ist ein Vertrag, durch den sich jemand verpflichtet, einem anderen eine Sache zu beschaffen, die er zu diesem Zwecke erst anschafft. Der Werklieferungsvertrag ist ein Vertrag, durch den sich jemand verpflichtet, eine Sache aus einem von ihm zu beschaffenden Stoffe herzustellen. Ist ein Vertrag auf Lieferung von Elektrizität, Gas, Dampf, Druckluft oder dergleichen getätigt, so handelt es sich um einen Werkvertrag, gleichgültig ob der Vertrag auf Grund eines Pauschbetrages oder nach Messung durch einen Zähler geschlossen ist.

Für den Abschluß des Handelskaufs ist keine bestimmte Form vorgeschrieben. Über das Zustandekommen von Verträgen müssen nur die beiden übereinstimmenden Willenserklärungen vorhanden sein. Zum Abschluß ist erforderlich, daß Preis und Ware bestimmt sind. In einzelnen Fällen genügen auch andere Grundlagen der Bestimmbarkeit. Ist zum Selbstkostenpreis verkauft, so besteht dieser beim Fabrikanten aus dem Herstellungspreis einschl. Generalunkosten, also ausschließlich Gewinn.

Kreditkauf bedeutet einen Kauf, bei dem der Kaufpreis gestundet, also erst nach der Leistung des Verkäufers fällig wird. Es handelt sich also beim Kreditkauf um eine sogenannte Vorleistung. Die Vorleistung setzt die fortdauernde Kreditwürdigkeit des Käufers voraus (ROHG. 23, 139; RG. 50, 258; 60, 56). § 321 BGB. bestimmt hierüber: „Wer aus einem gegenseitigen Vertrage vorzuleisten verpflichtet ist, kann, wenn nach dem Abschlusse des Vertrages in den Vermögensverhältnissen des anderen Teils eine wesentliche Verschlechterung eintritt, durch die der Anspruch auf die Gegenleistung gefährdet wird, die ihm obliegende Leistung verweigern, bis die Gegenleistung bewirkt oder Sicherheit für sie geleistet wird.“ Die Veränderung in der Vermögenslage gibt jedoch kein Rücktrittsrecht (RG. 50, 255). Ist die wesentliche Verschlechterung in den Vermögensverhältnissen vor Vertragsschluß bereits eingetreten, aber erst nachher bekannt geworden, so versagt § 321 BGB. Jedoch kann unter Umständen Anfechtung wegen Irrtums nach § 119, Abs. 2 BGB. stattfinden: „Als Irrtum über den Inhalt der Erklärung gilt auch der Irrtum über solche Eigenschaften der Person oder der Sache, die im Verkehr als wesentlich angesehen werden.“ Also Irrtum über die Kreditwürdigkeit beim Kreditkauf genügt zur Anfechtung.

Der Verkäufer hat die Verpflichtung, dem Käufer die Sache zu übergeben und ihm das Eigentum an der Sache zu verschaffen (§ 433, Abs. 1 BGB.). Zur Erfüllung dieser Verpflichtung ist erforderlich, daß er dem Käufer zur richtigen Zeit, am richtigen Ort und in gehöriger Art den unmittelbaren Besitz und die tatsächliche Gewalt über die Sache verschafft.

Der Käufer ist verpflichtet, dem Verkäufer den vereinbarten Kaufpreis zu zahlen. Ist Vorauszahlung vereinbart, so wird der Kaufpreis in dem Augenblick fällig, in dem die Zahlung zu leisten ist, obgleich der Käufer die

Ware noch nicht erhalten hat. Der Käufer hat die Verpflichtung, die Ware abzunehmen. Die Annahme besteht darin, daß er die Sache tatsächlich in seine Verfügungsgewalt übernimmt.

Ist keine besondere Zeit für die Abnahme vereinbart, so muß sofort abgenommen werden.

Die Einrede des nicht erfüllten oder nicht gehörig erfüllten Vertrages steht dem Leistungspflichtigen nur bei gegenseitigen Verträgen und bei diesen nur in der Beschränkung auf die sich unmittelbar gegenüberstehenden Leistungen zu (§ 320 BGB.). Der Leistungspflichtige erreicht durch das Vorschützen dieser Einrede das Recht, seine eigene Leistung bis zur Bewirkung der Gegenleistung zu verweigern, so daß er zur Leistung Zug um Zug zu verurteilen ist (§ 322 BGB.).

Der Vertrag.

Das Zustandekommen des Vertrages. Antrag und Annahme.

(§§ 145—155 BGB. Vgl. S. 112ff. und 126ff.)

Wer einem andern die Schließung eines Vertrages anträgt, ist an den Antrag gebunden, es sei denn, daß er die Gebundenheit ausgeschlossen hat. Ist die Erklärung dem anderen Teile mündlich abgegeben, so gilt der Antrag mit der Entgegennahme als abgegeben. Wird der Antrag schriftlich abgegeben, so gilt er erst als abgegeben, wenn er dem anderen Teile ausgehändigt oder zugegangen ist. Es handelt sich hier um eine sogenannte empfangsbedürftige Willenserklärung. Der Antrag muß, um annahmefähig zu sein, so beschaffen sein, daß der andere Teil sofort annehmen kann. Ist der Vertrag an eine Form geknüpft, so bedarf schon der Vertragsantrag dieser Form, z. B. der gerichtlichen oder notariellen Form.

Der Antrag erlischt, wenn er dem Antragenden gegenüber abgelehnt oder wenn er nicht diesem gegenüber nach dem § 147—149 BGB. rechtzeitig angenommen wird (§ 146 BGB.). Die Wirkung der rechtzeitigen und gehörigen Annahme ist der Abschluß des Vertrages.

Der einem Anwesenden gemachte Antrag kann nur sofort angenommen werden. Dies gilt auch von einem mittels Fernsprechers von Person zu Person gemachten Antrage. Der einem Abwesenden gemachte Antrag kann nur bis zu dem Zeitpunkt angenommen werden, in welchem der Antragende den Eingang der Antwort unter regelmäßigen Umständen erwarten darf (§ 147 BGB.). Die durch Ferndrucker übermittelte Willenserklärung steht einer Abwesenden gegenüber abgegebenen Willenserklärung gleich. Die Verhandlung muß zwischen den Personen stattfinden, die befugt sind, den Vertrag zu schließen. Hat der andere Teil innerhalb der obigen Zeit angenommen, so ist der Vertrag zustande gekommen. Der Antragende kann nicht in der Zwischenzeit bis zur Annahmeerklärung seinen Antrag zurücknehmen, sondern nur bis zum Eintreffen seines Antrages (RG. 45, 239). Hat der andere Teil aber innerhalb der gedachten Frist nicht angenommen, erklärt er z. B., er behalte sich die Entschließung vor, so erlischt der Antrag und kann nicht mehr angenommen werden (RG. 26, 10).

Hat der Antragende für die Annahme des Antrages eine Frist bestimmt, so kann die Annahme nur innerhalb der Frist erfolgen (§ 148 BGB.). Das bedeutet, daß der Antragende sich an sein Angebot nur eine bestimmte Frist gebunden hält. Die verspätete Annahme eines Antrags gilt als neuer Antrag. Eine Annahme unter Erweiterung, Einschränkung oder sonstigen Änderungen gilt als Ablehnung, verbunden mit einem neuen Antrage (§ 150 BGB.). Ob die Abänderung wesentliche Bestandteile des Vertrages betrifft oder nur nebensächliche, ist gleichgültig. Stimmt der Antragsempfänger nicht vorbehaltlos zu, so liegt eine Ablehnung vor. Ein bedingter Antrag muß mit der Bedingung angenommen werden. Wird die Bedingung abgelehnt, so ist der ganze Antrag abgelehnt (RG. 28, 320).

Der Vertrag kommt durch die Annahme des Antrages zustande, ohne daß die Annahme dem Antragenden gegenüber erklärt zu werden braucht, wenn eine solche Erklärung nach der Verkehrssitte nicht zu erwarten ist oder der Antragende auf sie verzichtet hat. Der Zeitpunkt, in welchem der Antrag erlischt, bestimmt sich nach dem aus dem Antrag oder den Umständen zu entnehmenden Willen des Antragenden (§ 151 BGB.). Manchmal kann auch die Annahme im Schweigen liegen. In den Fällen stillschweigender Annahme wird der Vertrag in dem Augenblick abgeschlossen, in welchem der Eingang einer ablehnenden Antwort unter regelmäßigen Umständen erwartet werden durfte (JW. 1911, 224).

Wird ein Vertrag gerichtlich oder notariell beurkundet, ohne daß beide Teile anwesend sind, so kommt der Vertrag mit der Beurkundung der Annahme durch ein Gericht oder einen Notar zustande, wenn nicht ein anderes bestimmt ist (§ 152 BGB.). Hierbei muß die Beurkundung der Annahme so zeitig erfolgen, wie dies dem Willen des Antragenden entspricht.

Solange nicht die Parteien sich über alle Punkte eines Vertrages geeinigt haben, über die nach der Erklärung auch nur einer Partei eine Vereinbarung getroffen werden soll, ist im Zweifel der Vertrag nicht geschlossen. Die Verständigung über einzelne Punkte ist auch dann nicht bindend, wenn eine Aufzeichnung stattgefunden hat. Ist eine Beurkundung des beabsichtigten Vertrages verabredet worden, so ist im Zweifel der Vertrag nicht geschlossen, bis die Beurkundung erfolgt ist (§ 154 BGB.). Durch diese Gesetzesvorschrift wird dem Irrtum vorgebeugt, als sei der Vertrag schon geschlossen, wenn man sich über die wesentlichen Punkte geeinigt hat. Der Vertrag ist nicht abgeschlossen, wenn man sich „im Prinzip“ geeinigt hat oder wenn irgendein Punkt, z. B. die Zahlungsbedingungen, noch offen ist (RG. 141, 330; Breslau OLGR. 13, 833). Der Vorvertrag hingegen, d. h. eine beiderseitige Willenseinigung, die auf Abschluß eines anderen Vertrages, des Hauptvertrages, gerichtet ist, besitzt volle Rechtswirksamkeit und verleiht den Anspruch auf Erfüllung.

Haben sich die Parteien bei einem Vertrage, den sie als geschlossen ansehen, über einen Punkt in Wirklichkeit nicht geeinigt, über den eine Vereinbarung getroffen werden sollte, so gilt das Vereinbarte, sofern anzunehmen ist, daß der Vertrag auch ohne eine Bestimmung über diesen Punkt geschlossen sein würde (§ 155 BGB.). Diese Bestimmung bedeutet eine Ausnahme der vorhergehenden Bestimmung, jedoch ist sie unendlich wichtig. Oft verständigen sich die Parteien nach schwierigsten Verhandlungen über die wichtigsten Punkte und behandeln den Vertrag als geschlossen in der Annahme, daß sie sich über die unwesentlichen Punkte schon einigen werden, oder es unterlaufen unwesentliche Fehler. Über den offen gelassenen Punkt gilt dann das, was sich aus dem Gesetze ergibt, wenn nicht die Umstände und die mutmaßliche Absicht der Parteien etwas anderes gebieten (RG. 60, 178).

Geht einem Kaufmann, dessen Gewerbebetrieb die Besorgung von Geschäften für andere mit sich bringt, ein Antrag über die Besorgung solcher Geschäfte von jemand zu, mit dem er in Geschäftsverbindung steht, so ist er verpflichtet, unverzüglich zu antworten. Sein Schweigen gilt als Annahme des Antrages. Das gleiche gilt, wenn einem Kaufmann ein Antrag über die Besorgung von Geschäften von jemand zugeht, dem gegenüber er sich zur Besorgung solcher Geschäfte erboten hat. Schweigen gilt als Annahme, und der erteilte Auftrag, der angetragene Dienst- oder Werkvertrag ist zustande gekommen. Aber auch der Antragende ist gebunden. Auch wenn der Kaufmann den Antrag ablehnt, hat er die mitgesandten Waren auf Kosten des Antragstellers, soweit er für diese Kosten gedeckt ist und soweit es ohne Nachteil für ihn geschehen kann, einstweilen vor Schaden zu bewahren (§ 362 HGB.). Der Kaufmann, dem der Antrag gemacht wird, hat zu beweisen, daß er unverzüglich geantwortet hat. Die Absendung der Antwort genügt; sie geht dann auf Gefahr des Antragenden. Ist die Ablehnung bestimmt erfolgt, so kann ein Schweigen auf einen wiederholten Antrag nicht als Annahme gelten (ROHG. 5, 170).

Der oberste Grundsatz bleibt:

Verträge sind so auszulegen, wie Treu und Glauben mit Rücksicht auf die Verkehrssitte es erfordern (§ 157 BGB.),

und

Der wirkliche Wille ist zu erforschen und nicht an dem buchstäblichen Sinne des Ausdrucks zu haften (§ 133 BGB.).

Die Vertragsstrafe.

Eine Vertragsstrafe, die von einem Kaufmann im Betriebe seines Handelsgewerbes versprochen ist, kann nicht auf Grund der Vorschriften des § 343 BGB. herabgesetzt werden (§ 348 HGB.). Der angezogene § 343 BGB. lautet: „Ist eine verwirkte Strafe unverhältnismäßig hoch, so kann sie auf Antrag des Schuldners durch Urteil auf den angemessenen Betrag herabgesetzt werden. Bei der Beurteilung der Angemessenheit ist jedes berechtigte Interesse des Gläubigers, nicht bloß das Vermögensinteresse, in Betracht zu ziehen. Nach der Entrichtung der Strafe ist die Herabsetzung ausgeschlossen.“ Das gleiche gilt auch außer den Fällen der §§ 339 und 342, wenn jemand eine Strafe für den Fall verspricht, daß er eine Handlung vornimmt oder unterläßt. Auf die angezogenen §§ 339, 342 und die ergänzenden §§ 340 und 341 des BGB. wird in dem Kapitel „Verzugsstrafen“ näher eingegangen werden.

Der § 348 HGB. gibt also eine verschärfende Bestimmung über die Vertragsstrafe, und er schränkt die Bestimmungen des § 343 BGB. für den Handelsverkehr ein. Eine Vertragsstrafe (Konventionalstrafe) liegt vor, wenn der Schuldner dem Gläubiger für den Fall der Nichterfüllung oder nicht gehörigen Erfüllung seiner Verbindlichkeit eine Geldsumme oder eine andere Leistung, z. B. Erlaß, Aufrechnung, Abzug am Preis für Verspätung der Lieferung (RG. 68, 42; JW. 81, 172) oder Erhöhung des Preises als Folge einer Vertragsverletzung als Strafe verspricht. Der § 348 gibt dem Kaufmann die strengste Mahnung, bei der Eingehung einer Vertragsstrafe die Möglichkeit der Erfüllung seiner Verpflichtungen auf das eingehendste zu prüfen und im eigensten Interesse die Höhe der Vertragsstrafe so zu bemessen, daß er im Unvermögensfalle nicht zu schwer geschädigt wird. Die meisten Firmen begrenzen daher durch ihre Lieferungsbedingungen, welche meistens einen ergänzenden Bestandteil des Abschlußvertrages bilden, die Höhe der Vertragsstrafe. Es ist vollkommen gleichgültig, ob der andere Teil Kaufmann ist. Selbst wenn er es nicht ist, aber der versprechende Teil Kaufmann ist, so greift der § 348 HGB. doch Platz. Ist der andere Teil Kaufmann und der versprechende nicht Kaufmann, so kommt § 348 nicht in Betracht. Die Vertragsstrafe muß im Betriebe des Handelsgewerbes des Kaufmanns versprochen sein. Treffen also die Voraussetzungen zu, daß 1. eine Vertragsstrafe versprochen ist, 2. daß sie von einem Kaufmann versprochen worden ist, und 3. daß sie im Betriebe seines Handelsgewerbes versprochen worden ist, so fällt das im § 343 BGB. festgesetzte richterliche Ermäßigungsrecht fort.

Bei der Erörterung der Vertragsstrafe ist noch zu beachten, daß unter Kaufleuten in Ansehung der Bedeutung und Wirkung von Handlungen und Unterlassungen auf die im Handelsverkehre geltenden Gewohnheiten und Gebräuche Rücksicht zu nehmen ist (§ 346 HGB.; vgl. Abschnitt Handelsbräuche, S. 575ff.). Ist ein Rechtsgeschäft unsittlich, so ist es nichtig. Die Folge davon ist, daß auch die Ansprüche, die einen gültigen Vertrag voraussetzen, dann nicht gegeben sind (RG. 71, 433). Jeder Dritte kann die Nichtigkeit geltend machen (RG. 58, 206). Die Nichtigkeit ergreift den ganzen Vertrag in allen seinen Teilen, wenn ein einziger einheitlicher Vertrag vorliegt (RG. 69, 134; 63, 351; 59, 169; 57, 165; 38, 202). Ist ein Rechtsgeschäft unsittlich, so ist der Geschädigte nicht auf die Geltendmachung der Nichtigkeit beschränkt, sondern er kann auch noch Schadensersatz fordern. Die Schadenshaftung besteht in der Wiederherstellung des früheren Zustandes.

Die Nichtigkeit von Verträgen.

Nichtig ist insbesondere ein Rechtsgeschäft, durch das jemand unter Ausbeutung der Notlage, des Leichtsinns oder der Unerfahrenheit eines anderen sich oder einem Dritten für eine Leistung Vermögensvorteile versprechen oder gewähren läßt, welche den Wert der Leistung dergestalt übersteigen, daß den Umständen nach die Vermögensvorteile in auffälligem Mißverhältnisse zu der Leistung stehen (§ 138, Abs. 2 BGB.). Hierbei kann der Vertragsgegner eine physische Person, eine Gesellschaft oder eine juristische Person sein. Das Mißverhältnis zwischen Leistung und Gegenleistung muß ein auffälliges sein; ein bloßes Mißverhältnis besagt an sich noch gar nichts (RG. 64, 182); es muß vielmehr der erlangte Vorteil ein unmäßiger sein. Es genügt nicht, daß der Gläubiger einen erheblichen Vorteil, der Schuldner einen erheblichen Nachteil gehabt hat (RGSt. 14, 421; 4, 392). Unter dem Wert der Leistung ist der Wert zur Zeit des Abschlusses, d. h. beim Kauf der Preis zu verstehen, auf den nach den Umständen des Falles überhaupt gerechnet werden konnte. Gewagte Geschäfte bedürfen besonderer Würdigung; denn einem Kaufmann, der ein großes Wagnis eingeht, muß dieses besondere Merkmal zugute kommen.

Zum Begriff der Notlage genügt schon eine geldliche Bedrängnis (JW. 1911, 576; 1908, 143). Leichtsinn ist Mangel an Überlegung und Sorgfalt, indem den Folgen der bei vollem Bewußtsein vorgenommenen eigenen Handlungen keine oder doch nicht die verdiente Bedeutung beigelegt wird (RG. 30, 40; 46, 121). Unerfahrenheit bedeutet Mangel an Einsicht, Geschäftskenntnis oder Lebenserfahrung, welche die Befähigung einschränkt, Zustände und Ereignisse richtig zu beurteilen (RGSt. 37, 206). Unkenntnis und nicht Unerfahrenheit ist es, wenn ein Kaufmann einen neuen Geschäftszweig, den er nicht beherrscht, einführt und deshalb zu billig verkauft oder zu teuer einkauft.

Die Gewährleistung.

Die Vertragsstrafe dient als Mittel, um diejenigen Ansprüche geltend machen zu können, welche sich dadurch ergeben, daß entweder nicht rechtzeitig geliefert wird, oder daß die Lieferung im nicht vereinbarten Sinne bzw. in der nicht vereinbarten Beschaffenheit der Ware erfolgt.

Wird nicht pünktlich geliefert, so treten die gesetzlichen Vorschriften über den Verzug beim Handelskauf in Kraft. Hierbei kann sich der Verzug auf die vertraglich zu erfüllenden Leistungen in der Lieferung der Ware oder in der Zahlung des Kaufpreises beziehen. Des ferneren ist noch der Verzug in der Abnahme der Lieferung zu beachten.

Die Verweigerung der Annahme der Lieferung kann in einer Reihe von Umständen begründet sein. Es können Mängel vorliegen, oder die späte Lieferung hat für die Käufer kein Interesse mehr oder dergleichen. Das Gesetz gibt dem Käufer bei Mängeln die Wahl der **Wandelung,** d. h. das Recht, den Kauf rückgängig zu machen, das Recht auf **Minderung,** d. h. den Preis herabzusetzen, zu mindern, das Recht auf **Schadensersatz** oder **Rücktritt.**

Um hierbei die rechtlichen Linien zwischen Käufer und Verkäufer abgrenzen zu können, müssen die gesetzlichen Vorschriften über Mängelrüge und Mängelanzeige im einzelnen nicht minder erläutert werden wie die Rechte auf Wandelung, Minderung, Schadensersatz und Rücktritt. Auch andere Fragen, wie z. B. die Pflichten der Übersendung, der Gefahrübergang, der Eigentumsvorbehalt, die Annahme müssen geklärt werden, um den Umfang der Pflichten und Rechte aus der Gewährleistung aufs genaueste beurteilen und feststellen zu können.

Der Verzug beim Handelskauf.

(§§ 373ff. HGB.)

Bei dem Verzug beim Handelskauf ist zu unterscheiden:

1. der Leistungsverzug.

a) beim Verkäufer: der Verzug mit der Lieferung der Ware;

b) beim Käufer: der Verzug in der Zahlung des Kaufpreises;

2. der Verzug in der Annahme der Ware durch den Käufer.

Die hierüber getroffenen gesetzlichen Bestimmungen gelten nur insoweit, als nicht abweichende Vereinbarungen getroffen sind, jedoch können sich auch aus den besonderen Umständen des betreffenden Falles oder nach geltenden Gewohnheiten und Gebräuchen Abweichungen ergeben. In den Lieferungsbedingungen der Handelsgesellschaften werden meistens genaue Bestimmungen über die Verzugsstrafe festgelegt, um Mißverständnisse zu vermeiden. Gewöhnlich werden Wagenmangel, verspäteter Eingang von Rohmaterialien und von Halbfabrikaten, Krieg, Aufruhr, Streik, Aussperrungen, Fehlguß usw. als Gründe angegeben, durch welche dem Verkäufer die Lieferfrist verlängert werden muß, so daß er beim Vorliegen derartiger Gründe während der Leistungsmöglichkeit nicht in Verzug gesetzt werden kann.

Es sei auf die vom „Verein Deutscher Maschinenfabriken herausgegebenen allgemeinen Lieferungsbedingungen" verwiesen.

Der Leistungsverzug.

Beim Leistungsverzug ist zu unterscheiden:

1. der Verzug in der Leistung beim Verkäufer, d. h. der Verzug des Verkäufers mit der Lieferung der Ware;

2. der Verzug in der Leistung beim Käufer, mit anderen Worten: der Verzug des Käufers mit der Zahlung des Kaufpreises.

Allgemein gelten für den Verzug die Vorschriften, „ehe ein Teil erfüllt hat". Maßgebend sind:

§ 286 BGB. Der Schuldner hat dem Gläubiger den durch den Verzug entstehenden Schaden zu ersetzen.

§ 326 BGB. Ist bei einem gegenseitigen Vertrage der eine Teil mit der ihm obliegenden Leistung im Verzuge, so kann ihm der andere Teil zur Bewirkung der Leistung eine angemessene Frist mit der Erklärung bestimmen, daß er die Annahme der Leistung nach dem Ablaufe der Frist ablehne. Nach dem Ablaufe der Frist ist er berechtigt, Schadensersatz wegen Nichterfüllung zu verlangen oder von dem Vertrage zurückzutreten, wenn nicht die Leistung rechtzeitig erfolgt ist; der Anspruch auf Erfüllung ist ausgeschlossen. Wird die Leistung bis zum Ablaufe der Frist teilweise nicht bewirkt, so findet die Vorschrift des § 325, Abs. 1, Satz 2 entsprechende Anwendung.

Hat die Erfüllung des Vertrages infolge des Verzugs für den anderen Teil keine Interesse, so stehen ihm die in Absatz 1 bezeichneten Rechte zu, ohne daß es der Bestimmung einer Frist bedarf.

§ 440 BGB. Erfüllt der Verkäufer die ihm obliegenden Verpflichtungen nicht, so bestimmen sich die Rechte des Käufers nach den Vorschriften der §§ 320—327.

Dem nicht säumigen Teil entsteht beim Verzug ein dreifaches Wahlrecht: 1. er kann nach wie vor auf Erfüllung bestehen, 2. er hat ein Recht auf Schadensersatz wegen Nichterfüllung, 3. er hat ein Recht, vom Vertrage zurückzutreten.

1. Der Verzug des Verkäufers mit der Lieferung der Ware.

Der Verkäufer hat die Pflicht, dem Käufer die verkaufte Sache zu übergeben und das Eigentum daran zu verschaffen (§ 433 BGB.).

Voraussetzung des Verzuges der Lieferung ist:

a) Fälligkeit der Lieferung;

b) Aufforderung zur Lieferung;

c) Schuldhafte Unterlassung der Lieferung.

a) Fälligkeit der Lieferung. Auch hier gilt bezüglich der Lieferungszeit der § 271 BGB., daß die Leistung sofort bewirkt bzw. verlangt werden kann, wenn nichts anderes vereinbart ist. Ist eine Zeit bestimmt, so kann der Käufer die Leistung nicht vor dieser Zeit verlangen, der Verkäufer kann sie aber vorher bewirken.

Ist die Ware auf Abruf verkauft, so muß dem Verkäufer eine angemessene Zeit zur Vorbereitung der Lieferung gegeben werden (ROHG. Bd. 9, S. 271). Ist die Frist für den Abruf abgelaufen, ohne daß der Abruf erfolgt ist, so besteht die Lieferungspflicht nach wie vor.

Meistens wird jedoch in dem Lieferungsvertrage eine genaue Zeit für die Lieferung wie für die Zahlung ausgemacht werden.

Dadurch, daß der Lieferer dem Besteller die Sache übergibt und ihm das Eigentum an der Sache verschafft, ist eine Hauptverpflichtung, die Gegenleistung für den Kaufpreis, erfüllt. Verschafft er ihm zwar den Besitz, aber nicht das Eigentum, so ist seine Hauptverpflichtung nicht erfüllt (RG. 50, 140).

b) Die Aufforderung zur Lieferung. Die Aufforderung zur Lieferung durch den Käufer kann erst nach Fälligkeit erfolgen, um den Verkäufer in Verzug zu setzen.

Bis zur Fälligkeit der Lieferung gibt es allgemein keinen Verzug.

Ohne daß der Käufer zur Lieferung aufzufordern braucht, tritt jedoch der Verzug des Lieferers ein:

1. wenn der Lieferer vorher unberechtigterweise erklärt hat, er werde zur Zeit der Fälligkeit nicht liefern, oder er hebe den Vertrag auf, oder der Vertrag sei nicht zustande gekommen. Erklärt er, er liefere nur unter gewissen Bedingungen, während er unbedingt liefern muß, so kommt er ebenfalls in Verzug.

Der Schuldner enthebt den Gläubiger durch ein solches Verhalten jeder weiteren Tätigkeit der Verzugssetzung nach den Grundsätzen von Treu und Glauben.

Die Mahnung wird auch überflüssig, wenn der Verkäufer nach dem klaren Parteiwillen ohne weiteres in Verzug sein soll, oder wenn er dem Verkäufer gegenüber anerkennt, daß er sich im Verzug befinde;

2. wenn der Lieferer an einem bestimmten Tage oder innerhalb einer bestimmten Frist nach Aufforderung zu liefern hat.

Die Lieferung ist nicht unterlassen, wenn der Lieferer nur unter Vorbehalt liefert. Liefert er, wenn auch mangelhaft, so kommt es darauf an, ob deshalb die Annahme verweigert worden ist. Teilleistungen braucht der Käufer nicht anzunehmen, wenn er nicht selbst solche verlangt hat (RG. 66, 266). Wird die Teilleistung zurückgewiesen, weil der Vertrag nur im ganzen erfüllt werden konnte, so ist dies gleichbedeutend mit Nichterfüllung.

c) Zur schuldhaften Unterlassung gehört, daß die Lieferung infolge von Umständen unterblieben ist, die der Lieferer vertreten muß (§ 285 OGB.). Der Lieferer hat Vorsatz und Fahrlässigkeit seiner selbst, seines gesetzlichen Vertreters und der Person zu vertreten, deren er sich zur Erfüllung bedient.

Handelt es sich um einen Gattungskauf, so hat der Lieferer sein Unvermögen zur Lieferung auch dann zu vertreten, wenn ihn kein Verschulden trifft, solange die Leistung aus der Gattung möglich ist oder ihm billigerweise zugemutet werden kann. Daß ihm die Beschaffung nur mit großen, unverhältnismäßigen Kosten möglich oder nach seinen Vermögensverhältnissen ganz unmöglich ist, bleibt sich hierbei gleich (RG. 74, 334). Auch wenn er infolge seines Verzugs die Ware in der vertragsmäßigen Beschaffenheit überhaupt nicht mehr liefern kann, ist für den Käufer gleichgültig. Beim Gattungskauf entschuldigen nicht Betriebsstörungen, Verschulden von Transportgesellschaften, Überhäufung mit Aufträgen, ungünstige Konjunktur, Verzögerung seitens des Unterlieferanten (RG. 41, 196), Streik, Feuersbrunst (RG. 28, 220), Wagenmangel, weil sich der Verkäufer die Gattungsware regelmäßig anderweit beschaffen kann und beschaffen muß (RG. 57, 403).

Beim Kauf einer bestimmten Sache hat der Verkäufer sein Unvermögen zur Lieferung dann nicht zu vertreten, wenn ihn und seine Beauftragten ein Verschulden nicht trifft, d. h. wenn ein Hindernis eingetreten ist, dessen Eintritt nicht voraussehbar und dessen Wirkung nicht abzuwenden war. Tritt Unmöglichkeit hierbei durch Streik, Wagenmangel und sonstige Hindernisse ein, so gelten sie hier als Entschuldigungsgründe, welche den Verzug ausschließen (RG. 28, 222). Diese Hindernisse begründen oft jedoch nur die Verzögerung, nicht die Unmöglichkeit der Erfüllung. Nach Beseitigung des Hindernisses muß die verzögerte Lieferung wieder aufgenommen und geleistet werden (ROHG. 9, 123; 10, 293; RG. 47, 307). Unterläßt der Lieferer die Anzeige der Ursachen der Nichtlieferung beim Besteller, so wird der Verzug dadurch noch nicht ein schuldhafter (JW. 85, 251), jedoch kann der Besteller den Lieferer schadensersatzpflichtig machen, wenn er nach Treu und Glauben zur Anzeige verpflichtet gewesen wäre.

Es ergeben sich also nach obigem beim Lieferungsverzug des Verkäufers für den Käufer folgende Rechte:

1. er kann auf Lieferung bestehen und Schadensersatz wegen verspäteter Lieferung verlangen;

2. er kann dem Verkäufer eine Frist zur Lieferung mit der Erklärung bestimmen, daß nach Ablauf der Frist die Lieferung nicht mehr angenommen werde.

Nach fruchtlosem Ablauf der gestellten Frist hat der Käufer das Recht,

Schadensersatz wegen Nichterfüllung zu verlangen oder vom Kaufe zurückzutreten.

Trotz Aufforderung zur Lieferung kommt der Verkäufer also nicht in Verzug, wenn die Beschaffung der Ware ihm unmöglich oder doch so schwierig ist, daß sie ihm billigerweise nicht zugemutet werden kann. Dies gilt namentlich, wenn die Erzeugnisse einer bestimmten Fabrik den Gegenstand des Lieferungsvertrages bilden, und die Fabrik niederbrennt, gänzlich unvorhergesehene Streiks, deren Wirkungen nicht abwendbar waren, oder sonstige wirklich außergewöhnliche Schwierigkeiten eintreten.

Wird die Lieferung nach eingetretenem Verzug unmöglich, so bleibt der Verkäufer trotzdem für die Lieferung ersatzpflichtig.

Kein Entschuldigungsgrund ist es, wenn der Verkäufer infolge der Aufgabe des Geschäfts oder infolge der Veräußerung seines Geschäfts oder der Betriebsstelle zur Lieferung außerstande ist (RG. 48, 315).

Schadensersatz wegen verspäteter Lieferung. Neben der Erfüllung des Vertrages, d. h. neben dem Recht auf Lieferung, steht dem Käufer das Recht auf Schadensersatz wegen verspäteter Lieferung zu. Voraussetzung ist, daß ein Schaden entstanden ist, der durch die verspätete Lieferung hervorgerufen ist. Der Anspruch des Käufers auf Schadensersatz wegen verspäteter Erfüllung beschränkt sich, wenn es sich um unverschuldete Versäumnis handelt, auf den Schaden, der infolge der Voraussetzung und während der Dauer dieses Verzuges eingetreten ist, bei schuldhafter Säumnis auf den insgesamt infolge dieses Verschuldens eingetretenen Schaden. Kann der Käufer den Schaden durch Deckungskauf vermeiden, so darf er die Deckungsgelegenheit nicht grundlos ablehnen, ist jedoch nicht verpflichtet, sich um den Deckungskauf zu bemühen (LG. Hamburg in ZHR. 40, 520).

Handelt es sich um einen außergewöhnlich hohen Schaden, den der Käufer infolge der Verspätung erleidet und den der Verkäufer weder kennt noch kennen muß, so muß der Käufer ihn rechtzeitig darauf aufmerksam machen (§ 254 BGB.), d. h. der Käufer darf den Verkäufer über die volle Tragweite seines Verzuges nicht im unklaren lassen; sonst liegt für ihn ein mitwirkendes Vergehen vor.

Nimmt der Käufer die verspätete Lieferung vorbehaltlos an, so liegt darin kein Verzicht auf den Anspruch auf Schadensersatz wegen Verspätung (RG. 1, 21; 43, 268). Wird jedoch der Kaufpreis vorbehaltlos gezahlt, so liegt darin ein Verzicht des Anspruchs auf Schadensersatz (ROHG. 3, 274).

Ist für die verspätete Lieferung eine Vertragsstrafe ausgemacht, so liegt in der vorbehaltlosen Annahme der verspäteten Lieferung der Verzicht auf die Strafe (§ 341, Abs. 3 BGB.), d. h. der Käufer muß unmittelbar bei der Annahme der Lieferung den Anspruch auf die Vertragsstrafe (Verzugsstrafe) sich vorbehalten, und zwar auch dann, wenn er sich vorher ausdrücklich mündlich oder schriftlich den Anspruch auf die Vertragsstrafe vorbehalten haben sollte. Der Käufer muß also auf jeden Fall **bei Annahme der Lieferung** im Falle des Verzuges **den Vorbehalt wiederholen.** Selbstverständlich können die Parteien andere Abmachungen treffen, d. h. sie können ausdrücklich den § 341, Abs. 3 BGB. für die Lieferung, die Gegenstand des Vertrages bildet, ausschließen.

Annahme der Leistung bedeutet ein derartiges Verhalten des Empfängers bei Entgegennahme der Leistung, daß der Empfänger die Leistung als eine in der Hauptsache dem Vertrag entsprechende Erfüllung, wenn auch nur stillschweigend, anerkennt; hierzu gehört regelmäßig z. B. die Übergabe des Schlüssels eines Neubaues, die Anzeige von der Fertigstellung einer Betriebsmaschine durch den Unternehmer oder, falls die Inbetriebsetzung damit verbunden ist, die Anzeige der Inbetriebsetzung und das Schweigen des Käufers. Schweigt also der Käufer, so geht ihm damit das Recht des Anspruches auf die noch nicht gezahlte oder noch nicht verrechnete Vertragsstrafe verloren, auch dann, wenn die Strafe bereits eingeklagt ist. Die Vorschrift, daß der Vorbehalt bei der Annahme erfolgen muß, ist wörtlich zu nehmen; denn jeder vor der An-

35*

nahme erklärte Vorbehalt wirkt nicht bis zur Annahme fort, selbst wenn er als aufrecht zu unterstellen ist (RG. 73, 147; 68, 41; 59, 102; 58, 261; 53, 358).

Nur die vorbehaltlose Annahme der ganzen Leistung zieht den Verlust der Strafe nach sich, nicht die Annahme der Teilleistung. Ist ein einheitliches Ganze in Teilleistungen zu erfüllen, so genügt ein Vorbehalt bei der ersten Lieferung (OLG. Marienwerder „Recht" 04, 445) oder bei Empfang der Hauptleistung (RG. 57, 341). Haben die Parteien vor Empfang der Hauptleistung eine besondere Vereinbarung über die bereits verfallene Strafe getroffen, so ist nicht einmal mehr ein Vorbehalt bei Empfang der Hauptleistung nötig (RG. 72, 170).

Bei sogenannten „Sukzessivlieferungen", d. h. wenn z. B. für eine Anzahl Maschinen Teillieferungen zu bestimmten Fristen verabredet sind, oder wenn ein großes Werk erstellt wird, das aus einer Reihe von Einzelwerken besteht, deren Fertigstellung zu bestimmten Fristen nach und nach zu erfolgen hat, ist der Vorbehalt bei jeder einzelnen Lieferung zu machen (JW. 08, 238).

In vorbehaltlicher Annahme einer ungehörigen Leistung oder einer Teilleistung liegt sogar ein Verzicht auf die Strafe, wenn die ungenügende Leistung erkennbar als gehörige Volleistung angeboten worden ist und die Umstände auf einen Verzichtwillen schließen lassen.

Die Beweislast für den Vorbehalt trifft den Käufer.

Schadensersatz wegen Nichterfüllung. Der Schaden besteht in dem Nachteil, der dem Käufer durch die Nichtlieferung zur Lieferungszeit erwächst, nicht in dem weiteren Nachteil, der ihm durch den Nichtbesitz der Ware seit dem Erfüllungstag entsteht. Denn auf diesen Besitz verzichtet er ja und wählt statt dessen den Schadensersatz (ORHG. 6, 194). Der Käufer kann neben dem Schadensersatz wegen Nichterfüllung nicht auch noch Schadensersatz wegen verspäteter Erfüllung verlangen (RG. 50, 262; 57, 106), insbesondere also auch nicht eine Vertragsstrafe wegen verzögerter Erfüllung (RG. 2, 29). Der Käufer kann den Schaden in jeder sachgemäßen Art geltend machen.

1. Er kann den Gewinn berechnen, der bei verständiger Würdigung der Lage mit Wahrscheinlichkeit zu erwarten war;

2. er kann aber auch den wirklich entgangenen Gewinn und den wirklich eingetretenen Schaden berechnen.

Er kann zwischen beiden Berechnungsarten nach Belieben wählen.

Als Geringstes steht dem Käufer der Anspruch auf Zahlung des Unterschiedes zwischen dem Vertragspreise und dem Marktpreise zur Zeit und am Orte der schuldigen Lieferung zu. Haben die Waren keinen Marktpreis, so berechnet sich der Schaden aus dem Unterschied zwischen Vertragspreis und Verkaufswert.

Die Geltendmachung des Rechts auf Schadensersatz wegen Nichterfüllung hat bei dem Gerichte des Ortes zu erfolgen, bei dem die Lieferung zu erfüllen ist.

Rücktritt wegen Nichterfüllung der Lieferung. Wählt der Käufer das Recht des Rücktritts, so kann er weder entgangenen Gewinn noch auch positiven Schaden in Rechnung stellen. Es gelten dann die Vorschriften des § 327 BGB. Mit der Erklärung des Rücktritts ist der Vertrag aufgehoben, und kein Teil braucht ihn mehr zu erfüllen (RG. 59, 97). Die beiderseits bereits empfangenen

Leistungen sind Zug um Zug zurückzugewähren. Für Ausübung des Rücktrittsrechtes kann der Verkäufer dem Käufer eine angemessene Frist setzen; nach fruchtlosem Ablauf dieser Frist erlischt das Rücktrittsrecht (§ 355 BGB.).

Ist es dem Käufer unmöglich, die strittige Ware zurückzugeben, so ist zu unterscheiden, ob die Ursache hierfür vor oder nach der Rücktrittserklärung gegeben ist. Im ersten Falle ist dann zu untersuchen, ob durch Verschulden des Käufers die Ware wesentlich verschlechtert, d. h. objektiv in ihrem Werte gemindert (RG. 64, 374) oder ganz oder zu einem erheblichen Teile untergegangen ist oder aus anderen Gründen nicht zurückgegeben werden kann. In diesen beiden Fällen ist ein Rücktritt ausgeschlossen. Hat der Käufer vor seiner Rücktrittserklärung hingegen nur eine unwesentliche Verschlechterung oder den Untergang eines unerheblichen Teils der Kaufsache verschuldet, so wird der erklärte Rücktritt nicht hinfällig.

Ist nach der Rücktrittserklärung durch sein Verschulden die Kaufsache wesentlich verschlechtert, ganz oder zu einem erheblichen Teile untergegangen, oder ist er aus einem anderen Grunde (Verarbeitung, Umbildung, Veräußerung) zur Rückgabe außerstande, so wird die Rücktrittserklärung nicht hinfällig. Steht die Verschlechterung oder der Untergang der Ware fest, so hat der Käufer, der zurücktreten will, zu beweisen, daß der Untergang oder die Verschlechterung nicht von ihm verschuldet ist (§ 282 BGB.; RG. 56, 261).

Fristbestimmung. Der Käufer kann nach Eintritt des Verzuges dem Käufer eine angemessene Frist zur Lieferung mit der Erklärung bestimmen, daß er die Annahme der Ware nach dem Ablauf der Frist ablehnen werde (§ 320 BGB.). Eine Form für diese Fristbestimmung ist nicht vorgeschrieben. Die Erklärung muß jedoch dem Verkäufer zugegangen sein, andernfalls ist sie unwirksam (RG. 53, 75). Sie ist einseitig nicht widerruflich (RG. 53, 167; 52, 92). Es genügt, wenn die Nachfrist so gesetzt ist, daß binnen einer bestimmten Frist mit der Lieferung begonnen und die Lieferung innerhalb einer angemessenen Frist zu Ende geführt sein müsse.

Die Frage der Angemessenheit richtet sich nach den Umständen des einzelnen Falles, derart, daß die Interessen beider Teile berücksichtigt werden.

Die Fristbestimmung und Androhung, daß die Lieferung nicht mehr angenommen werde, muß bestimmt sein. Es genügt nicht die Redewendung, daß man in Erwägung ziehen werde, ob man die Annahme der Erfüllung nicht ablehnen werde; auch nicht die Angabe, daß man nach Ablauf der Frist die gesetzlichen Folgen ziehen werde, auch nicht, daß man den Gegner für den Schaden verantwortlich machen werde. Wohl aber genügt die Erklärung, daß man nach fruchtlosem Ablauf der Frist Schadensersatz wegen Nichterfüllung wählen werde. Wird mit dieser Androhung das Verlangen auf Erfüllung verbunden, so ist, da Erfüllung und Schadensersatz wegen Nichterfüllung sich ausschließen, nur Schadensersatz wegen nicht rechtzeitiger Erfüllung als angedroht anzunehmen, d. h. es liegt eine verschärfte Mahnung vor. Die Erklärung, daß man zurücktrete und Schadensersatz beanspruche, genügt. Im übrigen kommt es bei allen diesen Erklärungen immer darauf an, wie sie nach den Umständen vom Gegner aufgefaßt werden mußten.

Ablehnung der Lieferung ohne Fristbestimmung und Androhung.

Die Annahme der Lieferung kann ohne Fristsetzung und Androhung der Ablehnung sofort abgelehnt werden:

1. wenn die Erfüllung des Vertrages (der Lieferung) infolge des Verzugs für den Käufer kein Interesse hat (§ 326 Abs. 2 BGB.), z. B. bei Lieferung von Maschinen oder Waren für sogenannte „Kampagne-Industrien" wie die Zuckerindustrie, oder bei Maschinen zur Herstellung von „Saisonwaren". Entscheidend ist hierbei, ob die Ware für den bestimmten Zweck oder zur Deckung des Bedarfs, wozu sie dienen soll, infolge des Verzugs nicht mehr verwendbar ist. Die Umstände des einzelnen Falles im Zeitpunkt des Zugehens der Erklärung des Verkäufers sind hierbei entscheidend (RG. 4, 56). Es ist gleichgültig, ob die Zweckbestimmung dem Verkäufer bekannt war oder nicht, d. h. daß z. B. die Maschine oder Ware für eine bestimmte Kampagnezeit oder Kampagne-Industrie dienen sollte.
2. Wenn der Verkäufer die Erfüllung der Lieferung bestimmt verweigert hat.

Mit dem Ablauf der Frist kann mangels einer gegenteiligen Vereinbarung weder der Käufer die Lieferung fordern noch der Verkäufer liefern; für beide Teile sind also die Wirkungen der Nachfrist bindend, wenn sich die Parteien nicht nachträglich anderweitig einigen.

Nach dem Ablauf der Nachfrist hat der Käufer bei Nichterfüllung das Recht, Schadensersatz zu verlangen oder von dem Kaufe zurückzutreten.

Bei sogenannten Sukzessivlieferungen kann in der Regel im Falle des Verzuges mit der zweiten, dritten oder folgenden Lieferung Schadensersatz wegen Nichterfüllung oder Rücktritt nicht wegen der bereits erfolgten Lieferung verlangt werden, jedoch ist zu folgern, daß der Verkäufer sich mit der gesamten Lieferung, soweit sie noch nicht erfolgt ist, im Verzug befindet. Es ergeben sich folgende drei Fälle:

1. der Käufer kann für die verschiedenen rückständigen, bereits verfallenen Teillieferungen seine Rechte verschieden ausüben, wegen der einen auf Lieferung bestehen, wegen der anderen zurücktreten, wegen der dritten Schadensersatz verlangen;
2. der Käufer kann wegen aller fälligen und noch nicht fälligen Teillieferungen im ganzen Schadensersatz verlangen und wegen derselben zurücktreten, so daß er in Zukunft Lieferungen nicht mehr anzunehmen braucht, auch wenn ein Teil der ausstehenden Lieferungen noch gar nicht verfallen ist;
3. der Käufer kann jedoch seine Rechte bezüglich der in Zukunft noch ausstehenden, noch nicht fälligen Teillieferungen nur einheitlich ausüben.

Auch bei den Sukzessivlieferungsverträgen ist zu untersuchen, ob die teilweise Erfüllung für den Käufer noch Interesse hat oder nicht.

2. Der Verzug des Käufers mit der Zahlung des Kaufpreises.

Um den Käufer bezüglich der Zahlung in Verzug setzen zu können, sind drei Voraussetzungen gewöhnlich erforderlich:

1. Fälligkeit des Kaufpreises;
2. Aufforderung zur Zahlung des Kaufpreises;
3. schuldhafte Unterlassung der Zahlung.

1. Fälligkeit des Kaufpreises. Gewöhnlich ist der Kaufpreis wegen Lieferung der Ware Zug um Zug zu zahlen. Da aber für die meisten Waren innerhalb bestimmter Frist nach Annahme die gesetzliche Rügepflicht besteht und nach Eintreffen der Ware meist dieselbe erst auf Fehler untersucht werden kann und der Käufer erst dann in der Lage ist, die Annahme der Ware wegen Mängel abzulehnen oder Wandlung zu verlangen, so hat sich im Handelsverkehr vorwiegend der Brauch eingebürgert, den Kaufpreis erst nach Eintreffen der Ware am Bestimmungsort zu zahlen. Durch unbegründete Annahmeverweigerung kann der Käufer seine Zahlungspflicht nicht hinausschieben.

Zahlt der Käufer, wenn auch unter Verwahrung oder Vorbehalt, so liegt kein Verzug vor.

Die Bezahlung nach Eintreffen der Ware oder Erfüllung der Leistung bedeutet eine Stundung des Kaufpreises.

2. Aufforderung zur Zahlung. Der Verzug des Käufers in der Zahlung des Kaufpreises ist nur vorhanden, wenn eine Aufforderung an den Käufer zur Zahlung erfolgt. Die Aufforderung ist nicht notwendig:

1. wenn für die Zahlung ein Tag nach dem Kalender bestimmt ist;
2. wenn der Käufer unberechtigterweise erklärt, er zahle nicht oder er zahle nur unter gewissen Bedingungen.

3. Schuldhafte Unterlassung der Zahlung. Schuldhafte Unterlassung der Zahlung liegt vor, wenn die Zahlung auf Grund von Umständen unterblieben ist, die der Käufer zu vertreten hat. Sein Zahlungsvermögen hat der Käufer aber auch dann zu vertreten, wenn ihm ein Verschulden nicht zur Last fällt (§ 279 BGB.). Der Einwand, daß er nicht zahlen kann oder daß seine Zahlungsunfähigkeit durch unverschuldete Unglücksfälle herbeigeführt worden ist, entschuldigt ihn nicht.

Irrtum in der Vertragsauslegung und sonstiger Rechtsirrtum entschuldigen hierbei im allgemeinen ebenfalls nicht; jedoch kommt es hier auf die Umstände des einzelnen Falles an.

Zur schuldhaften Unterlassung der Zahlung des Kaufpreises gehört regelmäßig eine Mahnung des Verkäufers (§ 284 BGB.). Die Mahnung ist formlos, jedoch muß sie bestimmt und unzweideutig sein. Die Zusendung einer Rechnung enthält noch keine Mahnung, jedoch die mehrfache Übersendung einer solchen. Die Übersendung einer quittierten Rechnung oder einer Rechnung mit der Bitte, das Weitere wegen Zahlung zu veranlassen (Pr. OVG. 43, 195) und Postauftrag (OLG. München, Seufferts Blätter 05, 332), sind dagegen deutliche Mahnungen. Die Mahnung muß nach der Fälligkeit geschehen.

Die Mahnung wird überflüssig, wenn der klare Wille der Parteien feststeht, daß der Käufer ohne weiteres in Verzug sein soll, wenn er bis zu einem gewissen Zeitpunkt nicht gezahlt hat, oder wenn er dem Verkäufer gegenüber anerkannt hat, daß er sich im Verzug befindet.

Die Beweislast trifft den Verkäufer insofern, als er die Verpflichtung des Käufers zur Zahlung des Kaufpreises und die Fälligkeit dartun muß, ebenso die Mahnung.

Der Zahlungsverzug des Käufers gibt dem Verkäufer der Recht, entweder:

1. auf Zahlung zu bestehen und Schadensersatz wegen der verspäteten Zahlung zu verlangen oder

2. dem Käufer eine Frist zur Leistung mit der gesetzlich geforderten Erklärung zu bestimmen, daß er dir Annahme der Leistung nach Ablauf der Frist ablehne.

Nach fruchtlosem Ablauf der gestellten Frist hat der Verkäufer das Recht:

Schadensersatz wegen Nichterfüllung zu verlangen oder vom Verkaufe zurückzutreten. Der Schaden kann in verschiedener Weise berechnet werden. Der Verkäufer kann den Unterschied zwischen dem Selbstkostenpreis und dem Verkaufspreise verlangen (RG. 60, 346). Er kann sich mit Recht auf den Standpunkt stellen, daß er diesen Unterschied verdient hätte, wenn der Käufer den Vertrag erfüllt hätte. Der Käufer kann nicht einwenden, daß der Verkäufer im Besitze der Ware geblieben sei, sie anderweitig ebenso günstig hätte verkaufen können oder verkauft habe (Hamburg OLGR. 23, 9.) Der Verkäufer kann auch den Preisunterschied zwischen dem vereinbarten Kaufpreise und dem niedrigeren Verkäuflichkeitspreis in Rechnung stellen (RG. 53, 14). Eine derartige Ermittlung bedeutet den abstrakten Schaden, den der Verkäufer erleidet. Er kann aber auch den konkreten Schaden in der Weise berechnen, daß er die Ware anderweitig verkauft und den dabei erlittenen Ausfall ermittelt. Er muß jedoch bei einem solchen Verkauf nach Treu und Glauben verfahren und hat hierbei für jede schuldhafte Handlung, nicht auch für grobe Fahrlässigkeit einzustehen (RG. 57, 107; 54, 411). Erzielt der Verkäufer bei einem solchen Selbsthilfeverkauf Gewinn, so verbleibt er ihm, weil dieser Selbsthilfeverkauf für seine Rechnung erfolgt; jedoch muß er diesen Gewinn auch dem sonstigen Schaden in Anrechnung bringen, den er wegen Nichterfüllung erlitten hat (RG. 53, 15).

Der Verkäufer kann jedoch seinen Schaden noch ganz anders berechnen, je nachdem er besondere Ausgaben für Beschaffung von Rohstoffen, Anstellung von Arbeitern, Bestellung fertiger Waren usw. hatte. Dies muß in jedem einzelnen Falle untersucht werden.

Die Geltendmachung der Klage auf Schadensersatz wegen Nichterfüllung erfolgt an dem Gerichte desjenigen Ortes, an dem die Hauptverpflichtung zu erfüllen ist.

Bezüglich der unter 2 erwähnten, gesetzlich geforderten Erklärung ist folgendes zu bemerken: Die Erklärung wird vom Gesetz verlangt. Sie ist dem kaufmännischen Verkehr durchaus nicht geläufig. Die Bedeutung liegt entgegen dem Wortlaut nicht darin, daß nun der Verkäufer den Kaufpreis für erfolgte Lieferung nicht mehr erhalten würde oder nicht mehr annehme, sondern in erster Linie darin, daß er von weiteren vertragsmäßigen Lieferungen, die er noch nicht gemacht hat, nach Ablauf der Frist befreit ist. Die Erklärung hat noch eine zweite praktische Bedeutung. Hat der Käufer die Abnahme der Ware grundlos verweigert oder die Ware ohne Grund beanstandet und zur Verfügung gestellt, so muß der Verkäufer, der dem Käufer überhaupt nicht mehr liefern und freie Verfügung über die verkaufte Ware haben will, die oben angeführte Erklärung abgeben. Der Verkäufer muß also seine Absicht, nicht zu liefern, in der Form erklären, daß er dem Käufer androht, nach Ablauf der Frist Zahlung nicht mehr annehmen zu wollen.

Tritt der Verkäufer vom Vertrage zurück, so kann er weder den entgangenen

Gewinn noch auch den ihm erwachsenen Schaden geltend machen (RG. 50, 266; 48, 273); denn Rücktritt und aus dem Vertrag entspringender Anspruch auf Schadensersatz schließen sich aus. Durch den Rücktritt erlischt das ganze Schuldverhältnis. Die beiderseitigen Leistungen sind Zug um Zug zurückzugewähren, und zwar an dem Orte, an dem die zurückzugewährenden Leistungen sich zur Zeit der Rücktrittserklärung vertragsmäßig befanden. Der Käufer hat also die Kaufsache, der Verkäufer den Kaufpreis oder die erhaltenen Anzahlungen mit Zinsen vom Tage des Empfangs ab zurückzuerstatten (§ 347 Satz 3 BGB.). Geleistete Sicherheiten sind zurückzugeben. Das Rücktrittsrecht erlischt, wenn der Rücktritt nicht innerhalb der Frist erklärt ist. Der erklärte Rücktritt wird nachträglich wieder unwirksam, wenn der andere Teil den Rücktrittsberechtigten wegen Rückgewähr des empfangenen Gegenstandes oder eines erheblichen Teiles des Gegenstandes in Verzug setzt und ihm alsdann vergeblich eine angemessene Frist unter der Androhung gesetzt hat, daß er die Annahme nach Ablauf dieser Frist ablehne.

Dem Verkäufer steht im Falle des Verzuges des Käufers in der Zahlung des Kaufpreises noch das Recht zu, die Ware zurückzuhalten, bis der Käufer den Preis gezahlt hat: das ist die Einrede des nichterfüllten Vertrages. Bei teilweiser Erfüllung darf der Verkäufer, der die Teilleistung angenommen hat, nur so viel zurückhalten, als dem Wert der ausgebliebenen Gegenleistung entspricht (RG. 4, 198), es wäre denn, daß die Vertragseinheit oder das Interesse des Verkäufers nach Treu und Glauben die Weigerung für seine ganze Leistung rechtfertigte (ROHG. 7, 229; 13, 335; RG. 57, 165; RG. 54, 165; 56, 152). Ist der ausgebliebene Teil der Leistung des Käufers verhältnismäßig geringfügig, so kann deswegen die Gegenleistung überhaupt nicht verweigert werden, wenn eine Zurückhaltung gegen Treu und Glauben mit Rücksicht auf die Verkehrssitte verstoßen würde. Auch bei böswilliger Nichtleistung eines Teiles kommt es auf die Umstände an, ob das Interesse des vertragstreuen Teiles so groß ist, daß er überhaupt einstweilen jede Erfüllung ablehnen darf.

Es entscheiden also die Schwere und Tragweite der Vertragsverletzung (RG. 68, 22).

Eine drohende Vertragsverletzung berechtigt den Verkäufer nicht zur Zurückhaltung mit seiner Leistung. Der Käufer muß erst den Vertrag verletzen. Die Einrede des nichterfüllten Vertrags hat nur aufschiebende Wirkung.

Neben dem Recht auf Zahlung des Kaufpreises und Abnahme der Ware kann der Verkäufer vom Fälligkeitstage 5% Zinsen des Kaufpreises verlangen.

3. Der Verzug in der Annahme der Ware durch den Käufer.

§ 373 HGB. bestimmt:

„Ist der Käufer mit der Annahme der Ware im Verzuge, so kann der Verkäufer die Ware auf Gefahr und Kosten des Käufers in einem öffentlichen Lagerhaus oder sonst in sicherer Weise hinterlegen.

Er ist ferner befugt, nach vorgängiger Androhung die Ware öffentlich versteigern zu lassen; er kann, wenn die Ware einen Börsen- oder Marktpreis hat, nach vorgängiger Androhung den Verkauf auch aus freier Hand durch einen zu solchen Verkäufen öffentlich ermächtigten Handelsmakler oder durch eine zur öffentlichen Versteigerung befugte Person zum laufenden Preise bewirken. Ist die Ware dem Verderb ausgesetzt und Gefahr im Verzuge, so bedarf es der vorgängigen Androhung nicht; dasselbe gilt, wenn die Androhung aus anderen Gründen untunlich ist.

Der Selbsthilfeverkauf erfolgt für Rechnung des säumigen Käufers. Der Verkäufer und der Käufer können bei der öffentlichen Versteigerung mitbieten.

Im Falle der öffentlichen Versteigerung hat der Verkäufer den Käufer von der Zeit und dem Orte der Versteigerung vorher zu benachrichtigen; von dem vollzogenen Verkaufe hat er bei jeder Art des Verkaufs dem Käufer unverzüglich Nachricht zu geben. Im Falle der Unterlassung ist er zum Schadensersatz verpflichtet. Die Benachrichtigungen dürfen unterbleiben, wenn sie untunlich sind."

Der Käufer ist hinsichtlich der Ware sowohl Gläubiger als Schuldner. Er hat sie zu fordern, er hat sie aber auch abzunehmen. Der obige Paragraph handelt von seiner Eigenschaft als Forderungsberechtigter.

Damit der Käufer in Annahmeverzug kommt, ist die Erfüllung von drei Bedingungen notwendig:

1. das Angebot der Ware;
2. die Lieferungsbereitschaft des Verkäufers (Lieferers);
3. die Annahmeverweigerung durch den Käufer (Besteller).

Hat der Besteller die Ware vom Lieferer abzuholen, so kommt er mit der Annahme der Ware in Verzug, wenn er dieser Abholungspflicht nicht rechtzeitig genügt. Hat der Lieferer dem Käufer die Ware zu übersenden, so kommt der Käufer in Annahmeverzug, wenn er die Ware, die ihm am Bestimmungsort zur Ablieferung angeboten ist, dem Verkäufer oder der Transportperson nicht abnimmt, wenn er z. B. die Abnahme von der Bahnverwaltung verweigert (ROHG. 9, 77). Hat der Käufer abzurufen oder zu „spezifizieren", so gerät er in Annahmeverzug, wenn der erfüllungsbereite Verkäufer erfolglos den Abruf oder die Spezifikation verlangt hat (§ 295 BGB.; RG. 43, 104; 10, 99).

Ein Annahmeverzug liegt nicht vor, wenn der Käufer beim Gattungskauf die Sache mit Recht als vertragswidrig zurückgewiesen hat. Hingegen liegt ein Annahmeverzug vor, wenn der Käufer spätere Annahme zusagt oder die Ware für Rechnung und Gefahr des Verkäufers bei sich lagert. Stellt jedoch der Käufer die Ware erst nachträglich nach erfolgter Untersuchung dem Verkäufer wegen nicht vertragsmäßiger Erfüllung zur Verfügung, so liegt kein Annahmeverzug vor. Annahmeverzug liegt endlich auch noch vor, wenn der Käufer zwar die Ware annehmen will, aber bei Leistung Zug um Zug nicht zugleich den vom Verkäufer geforderten fälligen Verkaufspreis anbietet (§ 298 BGB.).

Die Lieferungsbereitschaft muß der Verkäufer dadurch dartun, daß er tatsächlich anbietet. Eine allgemeine Bereitschaftserklärung genügt nicht (RG. 57, 404). Die bestimmte Erklärung, daß die Ware zur Verfügung steht, genügt, wenn der Käufer dem Verkäufer erklärt hat, daß er die Ware nicht annehmen wird oder wenn zur Bewirkung der dem Verkäufer obliegenden Erfüllungshandlungen eine Handlung, d. h. eine Mitwirkung des Käufers erforderlich ist, z. B. wenn der Käufer die Fertigstellung von Gebäuden, Fundamenten oder dergleichen übernommen hat. In solch einem Falle genügt auch die Aufforderung an den Käufer, die erforderliche Mitwirkung vorzunehmen (§ 295 BGB.).

Stellt der Verkäufer fest, daß der Käufer die ihm obliegende Mitwirkungshandlung nicht rechtzeitig vornimmt oder vorgenommen hat, obgleich für sie ein Kalendertag bestimmt ist, so bedarf es weder des tatsächlichen noch des wirklichen Angebots (§ 296 BGB.).

Erklärt der Käufer im voraus, daß er die Ware nicht annimmt, so braucht der Verkäufer dieselbe auch nicht mehr anzubieten. Dem steht gleich, wenn der Käufer erklärt, er werde zwar die Ware annehmen, aber den Kaufpreis nicht zahlen.

Die Ware muß selbstverständlich in vertragsmäßiger Beschaffenheit angeboten werden.

Ist hingegen der Verkäufer nicht imstande, die Ware zur Zeit des Angebots oder zu derjenigen Zeit zu liefern, in der der Käufer kalendermäßig bei der Erfüllungshandlung des Verkäufers mitzuwirken hätte, so kommt der Käufer nicht in Annahmeverzug.

Die Beweislast, daß der Käufer mit der Annahme der Ware im Verzug ist, hat im allgemeinen der Verkäufer.

Holt der säumige Käufer alles nach, was unter die gehörige Annahme fällt, und gibt er diese Tatsache dem Verkäufer bekannt, so ist der Annahmeverzug für die Zukunft geheilt, wenn der Käufer die bisher durch den Verzug entstandenen Kosten übernimmt (RG. 32, 63).

Die beiden Möglichkeiten der Hinterlegung der Ware oder der Versteigerung bzw. des Selbsthilfeverkaufs sind so lange gegeben, als der Annahmeverzug des Käufers dauert, jedoch muß dem Selbsthilfeverkauf eine Androhung vorangehen. Nur bei Waren, die dem Verderben ausgesetzt sind, oder wenn Gefahr im Verzuge ist, kann die Androhung unterbleiben. Die öffentliche Versteigerung muß nach den am Orte des Verkaufs bestehenden Rechtsgrundsätzen erfolgen, meist durch einen Gerichtsvollzieher oder durch einen zur Versteigerung befugten anderen Beamten. Im allgemeinen soll der Selbsthilfeverkauf dort stattfinden, wo sich die Ware zur Zeit der Annahmeverweigerung befindet. Der Selbsthilfeverkauf darf erst vorgenommen werden, nachdem der Abnahmetermin vorüber ist. Der Verkäufer hat zu beweisen, daß der Selbsthilfeverkauf ordnungsgemäß erfolgt ist, anderenfalls ist er schadensersatzpflichtig.

„Durch die Vorschrift des § 373 HGB. werden die Befugnisse nicht berührt, welche dem Verkäufer nach dem BGB. zustehen, wenn der Käufer im Verzuge der Annahme ist (§ 374 BGB.).“ Der Verkäufer kann also nach seiner Wahl sich der Rechte des § 373 HGB. oder der Rechte nach dem BGB. bedienen, je nachdem, welche Rechte ihm im einzelnen Falle günstiger erscheinen. Er kann auch die Rechte zu seinen Gunsten nebeneinander ausüben. Das BGB. gewährt dem Schuldner, dessen Gläubiger sich im Annahmeverzuge befindet, zwei Rechte:

1. der Verkäufer kann den Ersatz der Mehraufwendungen verlangen, die er für das erfolglose Angebot und für die Erhaltung des geschuldeten Gegenstandes machen mußte (§ 304 BGB.).

2. Der Verkäufer kann einen zur öffentlichen Hinterlegung nicht geeigneten Gegenstand öffentlich versteigern lassen und den Erlös hinterlegen (§ 383 BGB.).

Allgemein sei noch bemerkt, daß der Verkäufer von dem Augenblicke an, in dem der Käufer sich in Annahmeverzug befindet, in der Regel nur für Vorsatz und grobe Fahrlässigkeit haftet (§ 300, Abs. 1 BGB.). Bei der Versteigerung oder dem Selbsthilfeverkauf ist die Ware unter Berücksichtigung der Interessen beider Teile zum höchstmöglichen Preise zu verwerten. Für die Vornahme des Selbsthilfeverkaufs kann der Verkäufer Provision verlangen.

Die Lieferung der Ware.

Die Untersuchungs- und Rügepflicht.

Das Recht auf Wandelung, Minderung und Schadensersatz.

„Ist der Kauf für beide Teile ein Handelsgeschäft, so hat der Käufer die Ware unverzüglich nach der Ablieferung durch den Verkäufer, soweit dies nach ordnungsmäßigem Geschäftsgange tunlich ist, zu untersuchen und, wenn sich ein Mangel zeigt, dem Verkäufer unverzüglich Anzeige zu machen. Unterläßt der Käufer die Anzeige, so gilt die Ware als genehmigt, es sei denn, daß es sich um einen Mangel handelt, der bei der Untersuchung nicht erkennbar war. Zeigt sich später ein solcher Mangel, so muß die Anzeige unverzüglich nach der Entdeckung gemacht werden; andernfalls gilt die Ware auch in Ansehung dieses Mangels als genehmigt. Zur Erhaltung der Rechte des Käufers genügt die rechtzeitige Sendung der Anzeige der Mängel. Hat der Verkäufer den Mangel arglistig verschwiegen, so kann er sich auf diese Vorschriften nicht berufen (§ 377 HGB.)."

Der Inhalt dieses Paragraphen bedeutet, daß im Verkehr der Kaufleute untereinander der Käufer verpflichtet ist, eine sofortige Mängelanzeige zu machen, um sich seine Rechte aus der mangelhaften Beschaffenheit der Ware zu erhalten. Ist der Käufer nicht Kaufmann, so gilt der § 464 BGB., nach welchem der Anspruch auf Gewährleistung des Käufers nur ausgeschlossen ist, wenn er eine mangelhafte Sache angenommen hat, obwohl er den Mangel kannte.

Die Untersuchung der Ware beim Eintreffen ist dem Käufer zur Pflicht gemacht oder doch zum mindesten ihm in seinem eigenen Interesse geboten, wenn er die Mängelanzeige ausüben will. Zur sachgemäßen Untersuchung gehört unter Umständen die Zuziehung von Sachverständigen. Dies tut der Käufer oftmals schon im eigensten Interesse zur sogenannten Beweissicherung.

Das ist für den Maschinenfabrikanten dann von besonderer Wichtigkeit, wenn der Mangel oder Fehler durch teilweise Verarbeitung, teilweisen Verbrauch oder teilweise Umgestaltung später schwer oder gar nicht ermittelt werden kann. Sollen die einzelnen Stücke der Ware von gleicher Beschaffenheit sein, so genügt es, wenn der Käufer Stichproben macht. Kann er nachweisen, daß die Stichproben Mängel zeigten, so gilt die ganze Ware als mangelhaft, jedoch hat der Verkäufer das Recht, den Gegenbeweis für die untersuchten Waren anzutreten. Ihm darf der Beweis auch nicht versagt werden, daß der nichtuntersuchte Teil der Ware von vertragsmäßiger Beschaffenheit ist (ROHG. 12, 93).

Der Käufer braucht die Annahme erst zu erklären, wenn die Ware abgeliefert ist und wenn er sie untersuchen konnte; er kann nach der Untersuchung die Ware immer noch zur Verfügung stellen und den Eigentumserwerb ablehnen. Die Ablieferung ist regelmäßig mit Ausfolgung der Ware an den Spediteur oder Frachtführer des Käufers geschehen (ROHG. 3, 391); denn es ist Sache des Käufers, mit der Empfangnahme und der sich daran anknüpfenden Untersuchung dazu fähige Personen zu betrauen. Hat der Verkäufer die Aufstellung von Maschinen oder sonstigen Waren mit übernommen, so ist die

Ablieferung erst mit der betriebsfertigen Herstellung und Kundgabe an den Käufer geschehen, gleichgültig ob offene Mängel vorhanden sind, welche schon vor gebrauchsfertiger Herstellung wahrgenommen werden konnten.

Die Parteien können selbstverständlich bestimmen, was sie als Ablieferung angesehen haben wollen.

Der Ort der Untersuchung ist regelmäßig der Ablieferungsort. Ist die Ware erst ab Bestimmungsort zu untersuchen, so ist beim Gattungskauf für den Übergang der Gefahr der Erfüllungsort des Käufers maßgebend.

Die Vereinbarung, auf Grund deren die Untersuchung an einen andern Ort als den Ablieferungsort verlegt wird, bedeutet nicht eine Verlegung des Ablieferungsortes, sondern nur eine Verschiebung der Untersuchung.

Der Inhalt der Mängelanzeige muß die Mitteilung enthalten, daß der Käufer die Ware als gesetz- oder vertragswidrig gefunden hat. Hat der Verkäufer sich zur Ausbesserung verstanden, so braucht die Anzeige nicht wiederholt zu werden, sondern es genügt dann beim Nichterfolge die Erklärung, daß die Ausbesserung ihren Zweck nicht erfüllt habe. Die Mängelanzeige muß die Mängel angeben, damit der Verkäufer Art und Umfang der Mängel erkennt. Eine bloße Zurückweisung der Ware genügt nicht, auch nicht eine allgemeine Erklärung der Unzufriedenheit. Vielmehr müssen die Mängel, wenn auch nicht alle Einzelheiten, so bezeichnet sein, daß der Verkäufer ermessen kann, um welche Mängel es sich handelt (RG. 47, 12; ROHG. 5, 261; 14, 68). Sind mehrere Mängel vorhanden, so muß jeder einzelne gerügt werden, jedoch vergibt sich der Käufer durch die unterlassene Rüge eines Mangels nichts hinsichtlich eines anderen Mangels (RG. 38, 10; 18, 55). Die Pflicht der Einzelrüge bezieht sich insbesondere auf die Lieferung aus einem Sukzessivlieferungsgeschäft. Die Mängelanzeige muß auch den Willen erkennen lassen, daß sich der Käufer die Lieferung als vollständige Erfüllung nicht gefallen lassen will. Jedoch ist eine bestimmte Form für die Mängelanzeige nicht vorgeschrieben. Der Käufer kann mit der Anzeige warten, bis er den Mangel mit Sicherheit festgestellt hat.

Offene und verborgene Mängel erfordern eine verschiedene Behandlung.

Offene oder leicht wahrnehmbare Mängel müssen unverzüglich nach der Ablieferung angezeigt werden, verborgene Mängel unverzüglich nach der Entdeckung.

Ist die Mängelanzeige unterblieben oder in ungehöriger Weise erfolgt, so gilt die Ware als genehmigt. Der Käufer muß sie behalten und kann keinerlei Rechtsmittel auf Grund der fehlerhaften Lieferung geltend machen, selbst wenn eine bestimmte Eigenschaft zugesichert ist, auch nicht Preisminderung oder Schadensersatz verlangen, außer wenn arglistiges Verschweigen, arglistige Zusicherung und arglistiges Vorspiegeln vorliegt. Ist bei vertragswidriger Lieferung eine Vertragsstrafe ausbedungen, so kann nach Genehmigung der Ware die Vertragsstrafe nicht gefordert werden. Wird durch die Mängel die Brauchbarkeit der Kaufsache aufgehoben oder gemindert, so kommt es darauf an, ob nach dem Vertrag ein bestimmter Gebrauch vorausgesetzt ist. Eine stillschweigende Voraussetzung, daß die Verwendung der Kaufsache keiner polizeilichen Genehmigung bedürfe oder die erforderliche Genehmigung erhalten habe, begründet keine Gewährleistungsansprüche. Mängel, die den Wert oder die Tauglichkeit nur unerheblich mindern, kommen nicht in Betracht.

Ist die Zusicherung einer Eigenschaft für den Abschluß des Kaufvertrages bestimmend gewesen, so ist diese für die Gewährleistungsansprüche maßgebend. Der Zusicherung einer bestimmten Eigenschaft steht die Zusicherung gleich, daß die Kaufsache von bestimmten Fehlern frei ist. Die Zusicherung bestimmter Eigenschaften ist als stillschweigend gegeben zu betrachten, wenn der Käufer beim Abschluß bestimmte Eigenschaften ausdrücklich verlangt und der Verkäufer daraufhin ohne Widerspruch abschließt. Das gleiche gilt, wenn der Verwendungszweck in den Vertrag aufgenommen ist.

Beim **Sachmangel** stehen dem Käufer folgende Rechte zu:

1. zunächst hat der Käufer das Recht der Wandelung, d. h., das Recht, den Kauf rückgängig zu machen;
2. oder er kann das Recht auf Minderung geltend machen, d. h. das Recht auf Herabsetzung des Kaufpreises;
3. bei Mangel einer zugesicherten Eigenschaft oder bei arglistigem Verschweigen eines Fehlers kann von ihm statt Wandelung oder Minderung das Recht auf Schadensersatz wegen Nichterfüllung geltend gemacht werden;
4. bei einem Gattungskauf kann der Käufer statt Wandelung oder Minderung oder Schadensersatz wegen Nichterfüllung die Lieferung einer mangelfreien Sache verlangen;
5. bei schuldhaft-mangelhafter Lieferung steht dem Käufer allgemein auch noch das Recht auf Schadensersatz zu.

Ein Recht des Käufers auf Nachbesserung besteht nur im Falle besonderer Vereinbarung. Die maßgebenden Paragraphen des BGB. lauten:

§ 459. Der Verkäufer einer Sache haftet dem Käufer dafür, daß sie zu der Zeit, zu welcher die Gefahr auf den Käufer übergeht, nicht mit Fehlern behaftet ist, die den Wert oder die Tauglichkeit zu dem gewöhnlichen oder nach dem Vertrage vorausgesetzten Gebrauch aufheben oder mindern. Eine unerhebliche Minderung des Wertes oder der Tauglichkeit kommt nicht in Betracht. Der Verkäufer haftet auch dafür, daß die Sache zur Zeit des Überganges der Gefahr die zugesicherten Eigenschaften hat.

§ 460. Der Verkäufer hat einen Mangel der verkauften Sache nicht zu vertreten, wenn der Käufer den Mangel bei dem Abschlusse des Kaufes kennt. Ist dem Käufer ein Mangel der im § 459 Abs. 1 bezeichneten Art infolge grober Fahrlässigkeit unbekannt geblieben, so haftet der Verkäufer, sofern er nicht die Abwesenheit des Fehlers zugesichert hat, nur, wenn er den Fehler arglistig verschwiegen hat.

§ 461. Der Verkäufer hat einen Mangel der verkauften Sache nicht zu vertreten, wenn die Sache auf Grund eines Pfandrechts in öffentlicher Versteigerung unter der Bezeichnung als Pfand verkauft wird.

§ 462. Wegen eines Mangels, den der Verkäufer nach den Vorschriften der §§ 459, 460 zu vertreten hat, kann der Käufer Rückgängigmachung des Kaufes (Wandelung) oder Herabsetzung des Kaufpreises (Minderung) verlangen.

§ 463. Fehlt der verkauften Sache zur Zeit des Kaufes eine zugesicherte Eigenschaft, so kann der Käufer statt der zugesicherten Wandelung oder der Minderung Schadensersatz wegen Nichterfüllung verlangen. Das gleiche gilt, wenn der Verkäufer einen Fehler arglistig verschwiegen hat.

§ 464. Nimmt der Käufer eine mangelhafte Sache an, obschon er den Mangel kennt, so stehen ihm die in den §§ 462, 463 bestimmten Ansprüche nur zu, wenn er sich seine Rechte wegen des Mangels bei der Annahme vorbehält.

§ 465. Die Wandelung oder die Minderung ist vollzogen, wenn sich der Verkäufer auf Verlangen des Käufers mit ihr einverstanden erklärt.

§ 466. Behauptet der Käufer dem Verkäufer gegenüber einen Mangel der Sache, so kann der Verkäufer ihn unter dem Erbieten der Wandelung und unter Bestimmung einer angemessenen Frist zur Erklärung darüber auffordern, ob er Wandelung verlange. Die Wandelung kann in diesem Falle nur bis zum Ablaufe der Frist verlangt werden.

§ 467. Im Falle des § 352, nach welchem der Rücktritt ausgeschlossen ist, wenn der Berechtigte die empfangene Sache durch Verarbeitung oder Umbildung in eine Sache anderer Art umgestaltet hat, ist die Wandelung nicht ausgeschlossen, wenn der Mangel sich erst bei der Umgestaltung der Sache gezeigt hat. Der Verkäufer hat dem Käufer auch die Vertragskosten zu ersetzen.

Ist gemäß § 377 HGB. der **Kauf für beide Teile ein Handelsgeschäft,** so ergibt sich über die einzelnen Gewährleistungsansprüche das Nachfolgende:

1. **Das Recht auf Wandelung.** Vorausgesetzt ist, daß ein Mangel der Sache rechtzeitig und gehörig gerügt ist. Die Wandelung kann vollzogen werden entweder durch einen Vertrag zwischen den beiden Parteien, indem der Käufer die Wandelung verlangt und der Verkäufer sich mit derselben einverstanden erklärt, oder bei Weigerung des Verkäufers durch rechtskräftigen Richterspruch. Das Verlangen nach Wandelung ist zulässig und dadurch bedingt, daß die Kaufsache zur Zeit des Gefahrüberganges mit einem erheblichen Fehler behaftet war oder einer zugesicherten Eigenschaft entbehrte. Durch zufälligen Untergang der Sache wird die Wandelung nicht ausgeschlossen (§ 350 BGB.). Der Käufer hat dann nur das etwa für die Kaufsache Erlangte zurückzugeben (§ 281 BGB.). Jedoch dauert die Verantwortlichkeit des Käufers bis zur Vollziehung der Wandelung fort. „Zufällig" ist jeder Untergang, den der Käufer nicht verschuldet hat, insbesondere, wenn die Kaufsache durch den Mangel selbst untergegangen ist. Hatte der Käufer die Kaufsache gegen Feuer zu versichern und hat er die Versicherung unterlassen, so ist durch die Unterlassung der Versicherung der Untergang der verbrannten Sache doch nicht vom Käufer verschuldet, es sei denn, daß er den Brand selbst verschuldet hätte. Das Unterlassen der Versicherung macht den Käufer nur für den Schaden ersatzpflichtig. Ist die Wandelungserklärung des Käufers gerechtfertigt, so gerät der Verkäufer, wenn er die Ware nicht zurücknimmt, in Abnahmeverzug mit den Wirkungen des § 287 BGB. (RG. 56, 270) und in Annahmeverzug mit der Wirkung, daß der Käufer von da an nur für Vorsatz und grobe Fahrlässigkeit einstehen muß. Der Zufall trifft von da an den Verkäufer. Die Wandlung ist ausgeschlossen, wenn der Käufer vor Vollziehung der Wandelung eine unwesentliche Verschlechterung, den Untergang oder die anderweitige Unmöglichkeit der Herausgabe der Sache oder den Untergang eines erheblichen Teiles der Kaufsache verschuldet hat. Ist die Sache wesentlich verschlechtert und hat der Käufer dieselbe in vertragsmäßigem Zustande erhalten, oder ist sie sogar untergegangen, so hat der Käufer zu beweisen, daß dieser Zustand ganz oder überwiegend vom Verkäufer verschuldet ist (§ 282 BGB.; RG. 65, 13; 64, 256; 56, 270). Dem eigenen Verschulden des Käufers steht ein Verschulden seines Erfüllungsgehilfen gleich. Ferner ist die Wandelung ausgeschlossen, wenn der Käufer die Kaufsache durch Verarbeitung oder Um-

bildung in eine Sache anderer Art umgestaltet hat, es sei denn, daß der Mangel sich erst bei, d. h. infolge der Umgestaltung gezeigt hat.

Durch die Veräußerung der Sache wird dem Käufer sein Recht auf Wandelung nicht entzogen. Veräußert der Käufer vor Vollziehung der Wandelung die Kaufsache, so geht ihm das Wandelungsrecht nur verloren, wenn er sich durch die Veräußerung in die objektive Unmöglichkeit der Rückgewähr versetzt hat und ihn außerdem ein Verschulden an dieser Lage trifft (§§ 351 bis 354, 467 BGB.; RG. 50, 188; 54, 223; 59, 99). Die objektive Unmöglichkeit der Rückgewähr stellt der Verkäufer durch Fristsetzung unter der Androhung fest, daß nach Fristablauf die Rücknahme abgelehnt werde (§ 354 BGB.). Wenn der Wandelungsberechtigte erklärt hat, daß er seiner Rückgabepflicht nicht nachkommen könne oder wolle, so bedarf es dieses Verfahrens nicht (RG. 50, 189).

Der Verlust des Anspruches auf Wandelung tritt ferner ein, wenn der Käufer trotz Mängelrüge mit der Sache in einer Weise verfährt, die auf den Willen des Behaltens schließen läßt, z. B. wenn der Käufer die Ware mit Kenntnis des Mangels veräußert (RG. 43, 68; 17, 65; ROHG. 11, 201; 6, 331), oder wenn der Käufer den Weiterverkauf der zur Verfügung gestellten Ware auf eigene Rechnung unter Verheimlichung dieser Tatsache vor dem Verkäufer bewirkt (RG. 54, 80).

Die Wandelung wird regelmäßig ebenso ausgeschlossen, wenn der Käufer die Ware trotz Mängelrüge fortgesetzt gebraucht (RG. 43, 795), verbraucht oder verarbeitet, jedoch dann nicht, wenn der Verkäufer durch Zusicherung von Abänderung die Rückgabe der Sache hinausgezogen hat oder, wenn die Benutzung im wohlverstandenen Interesse des Verkäufers lag (RG. 22, 78), oder durch die Verhältnisse geboten oder durch besondere Umstände nach verständiger Beurteilung entschuldigt war (RG. 43, 69). Durch diesen Gebrauch darf die Ware nicht wesentlich verschlechtert werden (RG. 39, 170; ROHG. 12, 142).

Der Käufer, der in Kenntnis des Mangels Minderung wählt, geht des Wandelungsrechtes noch nicht verlustig.

Beide Teile können, wenn die Wandelung vollzogen ist, Rückgewähr des Geleisteten verlangen, als ob der Vertrag nicht geschlossen wäre. Der Käufer hat die Kaufsache hierbei in dem früheren Zustand zurückzugeben, der Verkäufer hat die Verpflichtung, die Kaufsache zurückzunehmen. Es ergibt sich eine Art gegenseitiger Abrechnung, wobei der Käufer die gemachten Aufwendungen als Ersatz beanspruchen darf. Beide Parteien haben wegen ihrer Ansprüche das Zurückbehaltungsrecht gemäß §§ 320, 322 BGB. bei verzögerter Rückgewähr. Die aus der Wandelung sich ergebenden Verpflichtungen sind Zug um Zug zu erfüllen, und zwar nach dem Rechte des Ortes, an dem der Käufer zu erfüllen hat.

2. Das Recht auf Minderung. Das Recht auf Minderung, d. h. das Recht auf Herabsetzung des Kaufpreises setzt beim Handelskauf ebenfalls voraus, daß der Mangel rechtzeitig und gehörig gemäß § 377 gerügt worden ist (außer im Falle arglistigen Verschweigens oder arglistiger Vorspiegelung), und daß der Mangel zur Zeit des Gefahrüberganges vorhanden war.

Die Minderung wird dadurch vollzogen, daß der Verkäufer sich mit ihr einverstanden erklärt, oder dadurch, daß auf die Klage oder Widerklage sie vom Richter rechtskräftig festgesetzt wird. Es ist hierbei dem Ermessen des Richters überlassen, die Höhe der Minderung festzusetzen.

Die Art, wie der Kaufpreis herabzusetzen ist, ist in den nachfolgenden Paragraphen bestimmt:

§ 472 BGB. Bei der Minderung ist der Kaufpreis in dem Verhältnisse herabzusetzen, in welchem zur Zeit des Verkaufs der Wert der Sache in mangelfreiem Zustande zu dem wirklichen Werte gestanden haben würde. Findet im Falle des Verkaufs mehrerer Sachen für einen Gesamtpreis die Minderung nur wegen einzelner Sachen statt, so ist bei der Herabsetzung des Preises der Gesamtwert aller Sachen zugrunde zu legen.

§ 473 BGB. Sind neben dem in Geld festgesetzten Kaufpreise Leistungen bedungen, die nichtvertretbare Sachen zum Gegenstande haben, so sind diese Leistungen in den Fällen der §§ 471, 472 nach dem Werte zur Zeit des Verkaufs in Geld zu veranschlagen. Die Herabsetzung der Gegenleistung des Käufers erfolgt an dem in Geld festgesetzten Preise; ist dieser geringer als der abzusetzende Betrag, so hat der Verkäufer den überschießenden Betrag dem Käufer zu vergüten.

Der Umstand, daß der Käufer die Sache inzwischen anderweit mit Gewinn verkauft hat, ist kein Einwand gegen den Minderungsanspruch. Durch Abgabe der Wandelungserklärung wird die Minderung nicht ausgeschlossen.

Durch den Weiterverkauf der Ware wird die Preisminderung nicht ausgeschlossen (RG. 17, 68; 43, 67), desgleichen nicht durch sonstige Verfügung über die Ware (RG. 66, 115; 25, 30), auch dann nicht, wenn der Käufer vorher die Ware zur Verfügung gestellt, also erklärt hatte, die Wandelung zu wählen (RG. 39, 174; 43, 37 und 67). Als Erfüllungsort gilt der Ort, an dem der Verkäufer überhaupt zu erfüllen hat.

3. Das Recht auf Schadensersatz wegen Nichterfüllung. Dem Käufer steht statt der Wandelung und Minderung das Recht zu, Schadensersatz wegen Nichterfüllung zu verlangen, wenn der Sache zur Zeit des Kaufes eine Eigenschaft fehlt, welche der Verkäufer zugesichert, oder wenn die Sache einen Fehler hat, den der Verkäufer arglistig verschwiegen, oder wenn er eine Sacheigenschaft arglistig vorgespiegelt hat. Die Arglist liegt in letzterem Falle in der fälschlichen Angabe, es sei eine bestimmte, die Gewährung begründende Eigenschaft vorhanden oder es seien bestimmte Mängel nicht vorhanden. Der Schadensersatzanspruch kann in jeder angemessenen Weise berechnet werden. Es ist dem freien Ermessen des Richters nach § 387 ZPO. überlassen, die Höhe festzusetzen. Bei Schadensschätzung kommt alles in Betracht, was verständigerweise von Einfluß sein konnte, auch der Schaden, den der Käufer seinem Abnehmer ersetzen mußte, wenn er diesem infolge der mangelhaften Lieferung auch nur mangelhaft oder verspätet liefern konnte und dieser deswegen Ansprüche erhebt (RG. 59, 238). Wird die Kaufsache zunächst zu Eigentum übergeben, der Kaufpreis aber gestundet, so muß der Verkäufer den Schadensersatz sofort leisten, weil er seinerseits durch Lieferung minderwertiger Ware noch nicht ganz erfüllt hat (RG. 66, 339).

Entbehrt nur ein Teil der Kaufsache der zugesicherten Eigenschaften, so kann vollständige Nichterfüllung nur angenommen werden, wenn die teilweise Erfüllung für den Käufer kein Interesse mehr hatte.

Der Gerichtsstand für die Klage auf Schadensersatz wegen Nichterfüllung und der Erfüllungsort ist derjenige Ort, an dem der Verkäufer die ihm vertraglich obliegende Verpflichtung zu erfüllen hat.

4. **Beim Gattungskauf** kann der Käufer auch Lieferung mangelfreier Waren statt Wandelung oder Minderung verlangen. Auf diesen Anspruch finden die für die Wandelung geltenden Vorschriften entsprechende Anwendung. Durch vorbehaltlose Annahme der mangelhaften Sache in Kenntnis des Mangels ist der Anspruch des Käufers ausgeschlossen, ebenso durch jedes nachträgliche Verhalten, aus dem hervorgeht, daß er die Sache behalten will. Die auf Lieferung gerichtete Wahl des Käufers ist vollzogen, wenn sich der Verkäufer mit der verlangten Nachlieferung einverstanden erklärt oder dazu rechtskräftig verurteilt ist. Erklärt sich der Verkäufer mit dem vom Käufer geltend gemachten Verlangen auf Lieferung einer mangelfreien Sache nicht einverstanden, so kommt der Verkäufer in Leistungsverzug, wenn er dem berechtigten Anspruch nicht genügt. Entbehrt nur ein Teil der Kaufsache der vertragsmäßigen Eigenschaften, so kann der Käufer Lieferung einer völlig neuen mangelfreien Sache begehren. Der Verkäufer kann, wenn der Käufer einen Mangel behauptet, sich darüber Gewißheit verschaffen, ob der Käufer Nachlieferung verlangt. Bezüglich des Anspruchs auf Nachlieferung gilt das gleiche wie bei der Wandelung.

5. **Das umgekehrte Recht des Verkäufers, dem Käufer eine mangelfreie Sache anzubieten, besteht nicht.**

6. **Der allgemeine Anspruch auf Schadensersatz bei schuldhaft mangelhafter Lieferung.** Die schuldhafte Verletzung der Vertragspflichten macht schadensersatzpflichtig (RG. 52, 19; 53, 200; 56, 169). Es handelt sich hierbei um den Schaden, der durch ein Verschulden bei der Erfüllung verursacht worden ist. Wann ein Verschulden des Verkäufers vorliegt, richtet sich nach allgemeinen Grundsätzen. Auch hier steht der Schadensersatzanspruch dem Käufer nur zu, wenn er die Mängel gehörig und rechtzeitig rügt, auch dann, wenn er Wandelung verlangt. Der Gerichtsstand ist derjenige Ort, an dem der Schuldner den Vertrag zu erfüllen hat.

Das Verhältnis der einzelnen Gewährleistungsrechte zueinander. Beim Gattungskauf hat der Käufer das Wahlrecht zwischen Wandelung, Preisminderung und dem Verlangen auf Lieferung einer mangelfreien Sache. Ist eine Eigenschaft zugesichert, ein Fehler arglistig verschwiegen oder eine nicht vorhandene Eigenschaft vorgespiegelt, so hat der Käufer auch noch die Wahl auf Schadensersatz wegen Nichterfüllung.

Beim Kauf einer bestimmten Sache hat der Käufer dieselben Rechte mit Ausnahme des Rechts auf Lieferung einer mangelfreien Sache. Jedoch steht ihm immer nur eines dieser Rechte nach Wahl zu. Er kann nicht wegen eines Mangels Wandelung, wegen eines anderen Preisminderung, wegen eines dritten Schadensersatz wegen Nichterfüllung fordern. Er braucht jedoch seine Wahl nicht sofort zu treffen, sondern muß nur zunächst den Mangel anzeigen.

Zögert der Käufer mit seiner Wahl, so kann der Verkäufer eine Entscheidung dadurch herbeiführen, daß er sich zur Wandelung oder zur Lieferung mangelfreier Ware erbietet und dem Käufer eine angemessene Frist zur Erfüllung setzt, ob er eins dieser Rechte ausüben wolle. Er kann aber auch auf Zahlung des Kaufpreises klagen.

Hat der Käufer eines der beiden Rechte, Wandelung oder Lieferung einer mangelfreien Sache gewählt, und kommt der Käufer dann mit der Rückgewähr der von ihm zurückzugebenden Sache in Verzug, so kann ihm der Verkäufer eine angemessene Frist zur Rückgewähr unter der Androhung bestimmen, daß er die Annahme der Sache ablehnen will. Läßt der Käufer diese Frist fruchtlos verlaufen, so begibt er sich aller seiner Rechte.

Durch die Geltendmachung des Rechts auf Wandelung wird der Käufer in der Ausübung seiner übrigen Rechte nicht gehindert, durch die Geltendmachung des Anspruchs auf Minderung trotz Kenntnis des Mangels wird das Recht der Wandelung wegen desselben Mangels noch nicht ausgeschlossen, durch die Geltendmachung des Anspruchs auf Schadensersatz wegen Nichterfüllung wird der Käufer in Ausübung seiner übrigen Rechte nicht gehindert.

Die Haftung der Mängel wird ausgeschlossen:

1. durch eine vor Erstattung der Mängelrüge erfolgte Genehmigung der Ware;
2. durch die nicht erfolgte Anzeige in der nach § 377 vorgeschriebenen Weise;
3. durch nachträglichen Verzicht auf die Wirkungen gehöriger Mängelanzeige, d. h. wenn die Anzeige ordnungsgemäß und fristgerecht erfolgt ist;
4. dadurch, daß der Käufer die Mängel der verkauften Sache bei Abschluß des Kaufes kennt;
5. durch die Annahme der Sache seitens des Käufers, obgleich er den Mangel kennt;
6. durch Vereinbarung des Ausschlusses oder der Einschränkung der Gewährleistung.

Die Beweislast.

Werden Ansprüche auf Grund von Mängeln oder auf Grund der gegebenen Gewährleistung gestellt, so ist zu untersuchen, wer den Beweis zu erbringen hat, der Käufer oder Verkäufer.

Zunächst hat der Verkäufer die Ablieferung zu beweisen. Steht diese fest, so muß der Käufer die rechtzeitige und gehörige Mängelanzeige als Vorbedingung zur Geltendmachung seiner Rechte beweisen. Der Käufer muß also im einzelnen durch Tatsachen nachweisen, wann die Ware abgeliefert und wann die Mängelanzeige abgesandt worden ist, bei verborgenen Mängeln auch, wann die Untersuchung vorgenommen worden ist. Die Zeit der Ablieferung, der Untersuchung und Absendung der Rüge müssen so genau dargelegt werden, daß ersichtlich ist, daß der Käufer den Vorschriften des § 377 in allen Teilen genügt hat (ROHG. 4, 46). Glaubte der Käufer aus besonderen Gründen nicht rügen zu brauchen, so trifft ihn die Beweislast. Bei verborgenen Mängeln muß er auch beweisen, daß der Mangel nicht sofort erkennbar war (ROHG. 7, 430). Hat er verspätet gerügt, so muß er nachweisen, daß ihn an der Verspätung keine Schuld trifft (RG. 49, 395). Ist der Mangel erst später hervorgetreten, und kann er den Zeitpunkt der Entdeckung nicht genau angeben, so muß er die näheren Umstände der Entdeckung so genau angeben, daß es dem Richter möglich ist, zu beurteilen, ob die Anzeige auch unverzüglich nach der Entdeckung gemacht worden ist. Einen gewissen Schutz gewährt es dem Käufer, daß der Richter verpflichtet ist, seinerseits durch Befragen die Umstände genau festzustellen (§ 139 ZPO.).

Beim Gattungskauf hat der Verkäufer zu beweisen, daß die Ware die vertragsmäßige Eigenschaft besitzt, und zwar auch dann, wenn der Käufer in Annahmeverzug geraten ist; beim Kauf einer bestimmten Sache hat der klagende Verkäufer die vertragsmäßige Beschaffenheit der Ware zu beweisen. Die Beweislast kehrt sich um, wenn der Käufer dem Verkäufer schuldhafterweise oder durch ein gegen Treu und Glauben verstoßendes Verhalten die Beweisführung unmöglich gemacht oder erschwert hat (RG. 5, 28; 20, 5; 60, 152), namentlich dann, wenn der Käufer mit der Kaufsache eine wesentliche Veränderung vornimmt (ROHG. 18, 333; 16, 323). Auch kraft gesetzlicher Vorschrift kehrt sich in bestimmten Fällen die Beweislast um. Dies trifft namentlich zu, wenn der Käufer, der gehörig gerügt hat, Ersatz fehlender Stücke verlangt (ROHG. 1, 167).

Macht der Verkäufer geltend, daß der Käufer die Sache in Kenntnis des Mangels abgenommen habe, so muß er dies beweisen. Den Beweis des Verschuldens bei der Schadenersatzklage wegen mangelhafter Erfüllung hat der Käufer zu führen.

Macht eine der beiden Vertragsparteien besondere Vereinbarungen über die Gewährleistung geltend, so obliegt ihr die Beweislast.

Verjährung der Gewährleistungsansprüche.

Gewöhnlich werden im industriellen Leben bei Lieferung von Waren bestimmte Fristen für die Lieferung und die Gewährleistung vereinbart, auf Grund deren dann alle Lieferungen erfolgen. Sind Vereinbarungen wegen der Gewährleistung nicht getroffen, so sind §§ 477ff. maßgebend:

§ 477 BGB. Der Anspruch auf Wandelung oder auf Minderung sowie der Anspruch auf Schadensersatz wegen Mangels einer zugesicherten Eigenschaft verjährt, sofern nicht der Verkäufer den Mangel arglistig verschwiegen hat, bei beweglichen Sachen in 6 Monaten von der Ablieferung, bei Grundstücken in einem Jahre von der Übergabe an. Beantragt der Käufer gerichtliche Beweisaufnahme zur Sicherung des Beweises, so wird die Verjährung unterbrochen, und zwar bis zur Beendigung des Verfahrens.

§ 478 BGB. Hat der Käufer den Mangel dem Verkäufer angezeigt oder die Anzeige an ihn abgesendet, bevor der Anspruch auf Wandelung oder auf Minderung verjährt war, so kann er auch nach der Vollendung der Verjährung die Zahlung des Kaufpreises insoweit verweigern, als er auf Grund der Wandelung oder Minderung dazu berechtigt sein würde. Das gleiche gilt, wenn der Käufer vor der Vollendung der Verjährung gerichtliche Beweisaufnahme zur Sicherung des Beweises beantragt oder in einem zwischen ihm und einem späteren Erwerber der Sache wegen des Mangels anhängigen Rechtsstreite dem Verkäufer den Streit verkündet hat. Hat der Verkäufer den Mangel arglistig verschwiegen, so bedarf es der Anzeige oder einer ihr nach Absatz 2 gleichstehenden Handlung nicht.

§ 479 BGB. Der Anspruch auf Schadensersatz kann nach der Vollendung der Verjährung nur aufgerechnet werden, wenn der Käufer vorher eine der im § 478 bezeichneten Handlungen vorgenommen hat. Diese Beschränkung tritt nicht ein, wenn der Verkäufer den Mangel arglistig verschwiegen hat.

Die sechsmonatliche Verjährungsfrist bezieht sich also auf sämtliche Gewährleistungsansprüche, die das BGB. gewährt, d. h. auf Wandelung, auf Minderung und auf Schadensersatz. Keine Anwendung findet die Verjährung auf Ansprüche aus der durch Vertrag vollzogenen Wandelung oder Änderung. Die Verjährung beginnt mit dem Augenblick der Ablieferung, wenn die Ablieferung nach Vertragsschluß erfolgt ist, wie es meistens der Fall sein wird. Hat die Ablieferung vor dem Vertragsabschluß stattgefunden, so beginnt die Verjährung mit dem Vertragsschluß. Diese letzte Bestimmung ist bei Lieferung an Behörden oft von ausschlaggebender Bedeutung, weil in der Praxis meistens mit der Lieferung längst vorher begonnen werden muß, auch manchmal der Vertrag erst abgeschlossen wird, nachdem die Lieferung längst ausgeführt ist. War der Vertrag rechtlich unwirksam, so beginnt die Verjährung mit dem Augenblick der Nachholung des zur Rechtswirksamkeit Erforderlichen (§ 184 BGB.; RG. 65, 245).

Die Verjährung wird unterbrochen:

1. durch Klageerhebung (§ 209 BGB.). Der Klageerhebung stehen gleich: die Zustellung eines Zahlungsbefehls, Anmeldung zum Konkurs, Aufrechnung im Prozeß, Streitverkündung und Vornahme einer Vollstreckungshandlung. Nicht unterbrechend wirkt eine Einrede und der Antrag auf Abweisung einer Klage oder Widerklage. Eine neue Verjährung beginnt erst, wenn der Grund zur Unterbrechung oder Aussetzung des Verfahrens weggefallen ist (RG. 72, 187). Klagezurücknahme hebt die erfolgte Unterbrechung mit der Wirkung auf, daß die Unterbrechung als nicht erfolgt gilt (§ 212 BGB.), selbst wenn die Zurücknahme erfolgt, weil ein Austrag durch Schiedsgericht in Aussicht genommen war.

2. Durch formloses Anerkenntnis des Anspruchs (§ 208 BGB.): „Die Verjährung wird unterbrochen, wenn der Verpflichtete dem Berechtigten gegenüber den Anspruch durch Anschlagzahlung, Zinszahlung, Sicherheitsleistung oder in anderer Weise anerkennt.“ Es genügt aber auch jedes dem Berechtigten vor Ablauf der Verjährung erkennbar gemachte Verhalten des Schuldners oder seines Vertreters, aus dem sich die Überzeugung oder auch nur das Bewußtsein des Verpflichteten von dem Bestehen des Anspruchs unzweideutig ergibt (RG. 78, 102; 73, 132; 63, 389; 54, 221).

3. Durch einen gehörig beschaffenen Antrag des Käufers auf Beweisaufnahme zur Sicherung des Beweises nach den §§ 485, 488 ZPO. Wird der Antrag zurückgewiesen, so gilt die Unterbrechung als nicht geschehen, es sei denn, daß die Zurückweisung nur aus formellen Gründen erfolgte (Hamburg OLGR. 3, 10), oder daß bereits Klage in der Hauptsache erhoben ist.

Die Unterbrechung oder Hemmung der Verjährung eines einzelnen Gewährleistungsanspruches unterbricht oder hemmt auch die Verjährung der andern. Die Teilklage muß vor Ablauf der Verjährung auf das Ganze erweitert werden, sonst greift die Einrede der Verjährung Platz (RG. 77, 215; 66, 366). Das gleiche gilt von den der Klageerhebung gleichstehenden Handlungen, insbesondere von der Aufrechnung. Die Aufrechnung wirkt daher nur bis zur Höhe des geltend gemachten Betrages unterbrechend; das gleiche gilt auch von der Feststellungsklage.

Ist die Verjährungsfrist abgelaufen, so können irgendwelche Ansprüche nicht mehr geltend gemacht werden.

Der Anspruch auf Schadensersatz wegen Nichterfüllung und der Anspruch auf Lieferung mangelfreier Ware sowie alle aus Nichterfüllung dieses Anspruches sich ergebenden Rechte können trotz Ablaufs der Verjährung zur Aufrechnung verwertet werden, wenn die Anzeige des Mangels oder eine gleichstehende Rechtshandlung (Antrag auf Beweissicherung, Streitverkündung) vor Ablauf der Verjährung erfolgt war; Voraussetzung ist jedoch, daß es sich um Forderungen aus ein und demselben Rechtsgeschäft handelt.

Der neben den Gewährleistungsansprüchen bestehende Schadensersatzanspruch wegen schuldhafter Lieferung einer mangelhaften Sache unterliegt denselben Verjährungsvorschriften wie diese. Es gilt aber auch hier wie beim Anspruch auf Schadensersatz wegen Nichterfüllung das oben Gesagte.

Es ergibt sich also hieraus, daß Fehler, die erst nach Ablauf von sechs Monaten nach der Ablieferung entdeckt werden, auch wenn sie schon früher vorhanden waren, kein Recht auf Gewährleistung geben. Jedoch greifen diese Vorschriften über die Verjährung nicht Platz, wenn der Verkäufer den Mangel arglistig verschwiegen oder Eigenschaften oder die Abwesenheit von Fehlern arglistig vorgespiegelt hat. Die Beweislast für die eingetretene Verjährung trifft den, der die Einrede vorschützt.

Arglistiges Verschweigen eines Mangels bedeutet ein auf Täuschung gerichtetes und zur Täuschung geeignetes Handeln, d. h. das Bewußtsein, daß der Mangel erheblich ist, und der Wille, den Mangel trotzdem nicht zu offenbaren, obgleich nach Treu und Glauben eine Offenbarungspflicht besteht. Die arglistige Vorspiegelung bedeutet die ausdrückliche oder stillschweigende Aufstellung einer unwahren Behauptung über die Beschaffenheit der Kaufsache, ohne daß die Behauptung zum Vertragsinhalt gemacht worden ist. Ist sie zum Vertragsinhalt gemacht, so liegt arglistige Zusicherung vor. Die Arglist kann bei Abschluß und bei Ausführung des Vertrags ausgeübt sein. Der Beweis der Kenntnis von dem Mangel und des arglistigen Verhaltens liegt dem Käufer ob.

Als **Rechtsfolgen des arglistigen Verschweigens** und arglistigen Vorspiegelns ergibt sich das Nachfolgende:

1. die Mängelanzeige ist nicht erforderlich. Fehler, die der Käufer infolge grober Fahrlässigkeit nicht gekannt hat, hat der Verkäufer bei arglistigem Verschweigen zu vertreten.

2. Der Käufer kann statt Wandelung oder Minderung Schadensersatz wählen.

3. Vereinbarungen, durch welche die Haftung für Fehler ausgeschlossen oder beschränkt wird, sind nichtig.

4. Die Verjährungsfrist von 6 Monaten für die Ansprüche aus der Gewährleistung fällt fort, desgleichen die Pflicht zur Anzeige innerhalb 6 Monaten zur Aufrechterhaltung der Einreden.

5. Die Arglist bei Erfüllung des Vertrages begründet die schuldhaft mangelhafte Lieferung.

6. Arglistiges Verschweigen eines Fehlers und arglistiges Vorspiegeln einer nicht vorhandenen Eigenschaft oder der Abwesenheit eines bestimmten Fehlers bei Abschluß des Vertrages begründet das Recht auf Anfechtung des Kaufvertrages wegen arglistiger Täuschung (§ 123 BGB.). Zur arglistigen Täuschung genügt das Bewußtsein des Verkäufers, daß der Käufer bei Kenntnis der wahren Sachlage den Vertrag überhaupt nicht oder doch nicht so, wie geschehen, abschließen werde.

Die Anfechtungserklärung muß dem Gegner innerhalb Jahresfrist von demjenigen Zeitpunkte gerechnet zugehen, von welchem er wirkliche Kenntnis von der Täuschung sowie der Person des Anfechtungsgegners erlangt. Die Wirkung gehöriger und rechtzeitiger Anfechtung ist die Nichtigkeit des Geschäfts, welche zur Folge hat, daß beide Teile das Empfangene nach den Grundsätzen über grundlose Bereicherung (§ 812ff. BGB.) einander zurückgewähren müssen. Als Schadensersatz kann neben der Anfechtung nur der Ersatz des „negativen Vertragsinteresses" verlangt werden, d. h. der Anfechtungsberechtigte muß in vermögensrechtlicher Beziehung so gestellt werden, wie er gestellt gewesen wäre, wenn er den Vertrag nicht geschlossen hätte; das bedeutet die Wiederherstellung des früheren Zustandes.

Arglistiges Verschweigen eines Fehlers bei Abschluß oder bei Erfüllung des Vertrages kann eine unerlaubte Handlung sein, die dann zum Schadensersatz verpflichtet. Für einen solchen Schaden kann der Käufer vom Verkäufer, wenn er erst nach drei Jahren Kenntnis davon erhält, **innerhalb dreißig Jahren Schadensersatz** verlangen. § 852 BGB. bestimmt: „Der Anspruch auf Ersatz des aus einer unerlaubten Handlung entstehenden Schadens verjährt in drei Jahren von dem Zeitpunkte an, in welchem der Verletzte von dem Schaden und der Person des Ersatzpflichtigen Kenntnis erlangt, ohne Rücksicht auf diese Kenntnis in dreißig Jahren von der Begehung der Handlung an."

Werden von den Parteien in den Lieferungsverträgen abweichende Änderungen getroffen, so können sich dieselben auf die Untersuchung und Anzeigepflicht, auf die Haftung der Mängel und auf die Verjährungsvorschriften beziehen. Ein völliger Verzicht auf die Verjährung ist unzulässig.

Die Vorschriften des § 377 HGB. finden auch dann Anwendung, wenn eine andere als die bedungene Ware oder eine andere als die bedungene Menge von Waren geliefert ist, sofern die gelieferte Ware nicht offensichtlich von der Bestellung so erheblich abweicht, daß der Verkäufer die Genehmigung des Käufers als ausgeschlossen betrachten mußte (§ 378 HGB.).

Ist der Kauf für beide Teile ein Handelsgeschäft, so ist der Käufer, wenn er die ihm von einem andern Orte übersendete Ware beanstandet, verpflichtet, für ihre einstweilige Aufbewahrung Sorge zu tragen. Er kann die Ware, wenn sie dem Verderb ausgesetzt und Gefahr im Verzug ist, unter Beobachtung der gesetzlichen Vorschriften (§ 373 HGB.) verkaufen lassen (§ 379 HGB.).

Ist der Kaufpreis nach dem Gewicht der Ware zu berechnen, so kommt das Gewicht der Verpackung (Taragewicht) in Abzug, wenn nicht aus dem Vertrag oder dem Handelsgebrauche des Ortes, an welchem der Verkäufer zu erfüllen hat, sich ein anderes ergibt (§ 380 HGB.).

Der Kauf nach Probe oder nach Muster; der Kauf zur Probe.

Beim Kauf nach Probe oder Muster muß die Ware mit der Probe oder dem Muster übereinstimmen. Wird nicht probegemäß geliefert, so entstehen die Rechtsfolgen, wie sonst, wenn die verabredete Eigenschaft nicht gewährt ist. Die maßgebenden Gesetzesvorschriften hierfür sind:

§ 495 BGB. Bei einem Kaufe auf Probe oder auf Besicht steht die Billigung des gekauften Gegenstandes im Belieben des Käufers. Der Kauf ist im Zweifel unter der aufschiebenden Bedingung der Billigung geschlossen. Der Verkäufer ist verpflichtet, dem Käufer die Untersuchung des Gegenstandes zu gestatten.

§ 496 BGB. Die Billigung eines auf Probe oder auf Besicht gekauften Gegenstandes kann nur innerhalb der vereinbarten Frist und in Ermangelung einer solchen nur bis zum Ablauf einer dem Käufer von dem Verkäufer bestimmten angemessenen Frist erklärt werden. War die Sache dem Käufer zum Zwecke der Probe oder der Besichtigung übergeben, so gilt sein Schweigen als Billigung.

Es liegt also ein Vertragsverhältnis vor, nicht nur ein Vertragsantrag. Das Merkmal, das diesem Kaufvertrage das unterscheidende Gepräge gibt, ist die in den Willen des Käufers gestellte Bedingung der Prüfung und Genehmigung. Ein Kauf auf Probe liegt nicht vor, wenn der Käufer nur für den Fall, daß die gelieferte Maschine oder Ware den bedungenen Anforderungen nicht entsprechen werde, berechtigt sein soll, die Annahme abzulehnen, oder wenn Zahlung nach Richtigbefund der Ware erfolgen soll; denn hier ist die Zahlung nur bis zu dem Augenblick hinausgeschoben, in dem die Vertragsmäßigkeit der Ware festgestellt werden kann.

Aus dem Kauf auf Probe oder auf Besicht, welcher einen bedingten Kaufvertrag darstellt, wird ein unbedingter, wenn der Käufer bis zum Ablauf der Frist oder auf die fristmäßige Aufforderung des Verkäufers die Ware genehmigt. Als Ablehnung mit Antrag auf Abschluß eines neuen Kaufes auf Probe ist es zu erachten, wenn der Käufer bedingt genehmigt oder um Fristverlängerung bittet. Die Genehmigung hat zur Folge, daß die durch Probe erkennbaren Mängel nicht mehr gerügt werden können.

Zu unterscheiden von dem Kauf „auf" ist der Kauf „zur" Probe. Der Kauf „zur" Probe bedeutet einen festen, unbedingten Kauf.

Die Übersendungspflicht der Ware.

Gesetzliche Bestimmung für die Versendungspflicht der gekauften Ware gibt es nicht. Mangels anderer Vereinbarung entscheidet oft der Handelsbrauch. Zunächst entscheidet hierüber die Bestimmung des Käufers. In Ermangelung einer Bestimmung des Käufers gilt der Verkäufer als beauftragt, statt seiner Bestimmung zu treffen. Die Interessen des Käufers sind hierbei nach Möglichkeit zu wahren. Eine Verpflichtung, die bei ihm lagernde Ware gegen Feuer zu versichern oder Transportversicherung zu nehmen, hat der Verkäufer nur, wenn sie üblich ist oder wenn er vom Käufer dazu Auftrag erhalten hat. Der Verkäufer hat beim Versand der Ware mit der Sorgfalt eines ordentlichen Kaufmanns zu verfahren. Verstößt er hiergegen, so ist er dem Käufer für den ihm erwachenden Schaden ersatzpflichtig.

Die Kosten der Versendung trägt der Käufer (§ 448 BGB.). Die Haftung für gehörige Verpackung trifft den Verkäufer. Die Kosten der Abrollung am Bestimmungsorte vom Bahnhof nach dem Geschäftslokale des Käufers und die Kosten bahnamtlicher Abfertigung und Verwiegung, ferner die Kosten der Abnahme und der Verpackung treffen ebenfalls den Käufer, während die Kosten der Übergabe der Verkäufer trägt; denn § 448 BGB. lautet:

die Kosten der Übergabe der verkauften Sache, insbesondere die Kosten des Messens und Wägens fallen dem Verkäufer, die Kosten der Abnahme und der Versendung der Sache nach einem andern Orte als dem Erfüllungsorte fallen dem Käufer zur Last.

Der Gefahrübergang bei Übersendung der Ware.

In dem Augenblick, in dem der Verkäufer die gekaufte Sache dem Spediteur, dem Frachtführer oder der sonst zur Ausführung der Versendung bestimmten Person oder Anstalt ausgeliefert hat, geht die Gefahr auf den Käufer über. Hat der Käufer eine besondere Anweisung über die Art der Versendung erteilt und weicht der Verkäufer ohne dringenden Grund von der Anweisung ab, so ist der Verkäufer dem Käufer für den daraus entstehenden Schaden verantwortlich (§ 447 BGB.).

In dem Falle des Verzuges in der Annahme geht die Gefahr mit dem Eintritt des Annahmeverzuges auf den Käufer über.

Sendet der Verkäufer zu früh ab, und durfte er nicht vor der vereinbarten Zeit leisten, so kann der Käufer die Annahme ablehnen.

Solange die Gefahr nicht auf den Käufer übergegangen ist, wird der Verkäufer durch den zufälligen Untergang der Kaufsache von der Verpflichtung zur Lieferung zwar frei, aber er verliert auch den Anspruch auf den Kaufpreis. Ist der Kaufpreis bereits gezahlt, so kann ihn der Käufer als grundlose Bereicherung zurückverlangen.

Sicherungsübereignung und Eigentumsvorbehalt.

Vgl. S. 715ff.

Zurückbehaltungsrecht.

Nach § 369 HGB. hat ein Kaufmann wegen der fälligen Forderungen, welche ihm gegen einen andern Kaufmann aus den zwischen ihnen geschlossenen beiderseitigen Handelsgeschäften zustehen, ein Zurückbehaltungsrecht an den beweglichen Sachen und Wertpapieren des Schuldners, welche mit dessen Willen auf Grund von Handelsgeschäften in seinen Besitz gelangt sind, sofern er sie noch in seinem Besitz hat, solange er insbesondere mittels Konossements, Ladescheins oder Lagerscheins darüber verfügen kann. Das Zurückbehaltungsrecht ist auch dann begründet, wenn das Eigentum an dem Gegenstande von dem Schuldner auf den Gläubiger übergegangen oder von einem Dritten für den Schuldner auf den Gläubiger übertragen, aber auf den Schuldner zurück zu übertragen ist. Einem Dritten gegenüber besteht das Zurückbehaltungsrecht insoweit, als dem Dritten die Einwendungen gegen den Anspruch des Schuldners auf Herausgabe des Gegenstandes entgegengesetzt werden können.

Das Zurückbehaltungsrecht ist ausgeschlossen, wenn die Zurückbehaltung des Gegenstandes der von dem Schuldner vor oder bei der Übergabe erteilten Anweisung oder der von dem Gläubiger übernommenen Verpflichtung, in einer bestimmten Weise mit dem Gegenstande zu verfahren, widerstreitet.

Der Schuldner kann die Ausübung des Zurückbehaltungsrechts durch Sicherheitsleistung abwenden. Die Sicherheitsleistung durch Bürgen ist ausgeschlossen.

Die Forderungen, die zur Zurückbehaltung nach obigem berechtigen, müssen einem Kaufmann gegen einen Kaufmann zustehen, müssen aus den zwischen ihnen geschlossenen beiderseitigen Handelsgeschäften herrühren und fällig sein. Hingegen ist nicht erforderlich, daß die Forderung, wegen welcher zurückbehalten wird, sich auf den zurückbehaltenen Gegenstand bezieht. Zurückbehalten werden können: bewegliche Sachen und Wertpapiere mit Ausnahme solcher, die unter einem gesetzlichen Veräußerungsgebot nach § 134 BGB. stehen.

Handelt es sich nicht um zwei Kaufleute und ein beiderseitiges Handelsgeschäft, so kommen die §§ 273, 274 BGB. in Anwendung. Dieselben lauten:

§ 273 BGB. Hat der Schuldner aus demselben rechtlichen Verhältnis, auf dem seine Verpflichtung beruht, einen fälligen Anspruch gegen den Gläubiger, so kann er, sofern nicht aus dem Schuldverhältnisse sich ein anderes ergibt, die geschuldete Leistung verweigern, bis die ihm gebührende Leistung gewährt wird. (Zurückbehaltungsrecht.) Wer zur Herausgabe eines Gegenstandes verpflichtet ist, hat das gleiche Recht, wenn ihm ein fälliger Anspruch wegen Verwendungen auf den Gegenstand oder wegen eines ihm durch diesen verursachten Schadens zusteht, es sei denn, daß er den Gegenstand durch eine vorsätzlich begangene unerlaubte Handlung erlangt hat. Der Gläubiger kann die Ausübung des Zurückbehaltungsrechts durch Sicherheitsleistung abwenden; die Sicherheitsleistung durch Bürgen ist ausgeschlossen.

§ 274 BGB. Gegenüber der Klage des Gläubigers hat die Geltendmachung des Zurückbehaltungsrechts nur die Wirkung, daß der Schuldner zur Leistung gegen Empfang der ihm gebührenden Leistung (Erfüllung Zug um Zug) zu verurteilen ist.

Voraussetzung dieses Zurückbehaltungsrechts nach dem BGB. ist ein fälliger Gegenanspruch des Schuldners und dessen Entstehung aus demselben rechtlichen Verhältnis wie der Anspruch.

Hierbei genügt ein natürlicher wirtschaftlicher Zusammenhang zwischen Anspruch und Gegenanspruch.

Die Wirkung gehöriger Geltendmachung des Zurückbehaltungsrechts äußert sich wie folgt:

1. Ein Verzug des Schuldners wird trotz Fälligkeit und Mahnung der Schuld ausgeschlossen, weil der zurückbehaltungsberechtigte Schuldner nicht zu leisten braucht.

2. Es entsteht die Verpflichtung der Leistung Zug um Zug.

3. Der Zurückbehaltende hat die Sorgfaltspflicht in der Behandlung der zurückbehaltenen Sachen.

Das Zurückbehaltungsrecht kann auch wegen nicht fälliger Forderungen zwischen Kaufleuten im beiderseitigen Handelsgeschäft geltend gemacht werden:

1. wenn über das Vermögen des Schuldners der Konkurs eröffnet ist oder der Schuldner seine Zahlungen eingestellt hat.

2. Wenn eine Zwangsvollstreckung in das Vermögen des Schuldners ohne Erfolg vorgenommen ist (§ 370 HGB.).

Der Gläubiger ist kraft des Zurückbehaltungsrechts befugt, sich aus dem zurückbehaltenen Gegenstand für seine Forderung zu befriedigen. Steht einem Dritten ein Recht an dem Gegenstande zu, gegen welches das Zurückbehaltungsrecht nach § 369, Abs. 2 HGB. geltend gemacht werden kann, so hat der Gläubiger in Ansehung der Befriedigung aus dem Gegenstande den Vorrang.

Die Befriedigung erfolgt nach den für das Pfandrecht geltenden Vorschriften des BGB., mit Frist von einer Woche. Der Gläubiger muß jedoch, sofern die Befriedigung nicht im Wege der Zwangsvollstreckung stattfindet, sich vorher einen vollstreckbaren Titel für sein Recht auf Befriedigung gegen den Eigentümer oder, wenn der Gegenstand ihm selbst gehört, gegen den Schuldner verschaffen.

Der Versand.

(§ 407—663 HGB.)

Für den Versand von Gütern nach dem In- und Ausland ist eine Reihe wichtiger Gesetze und Vorschriften beachtenswert, welche für den Güterverkehr auf dem Lande, für das Speditionsgeschäft, das Lagergeschäft, das Frachtgeschäft und die Güterbeförderung auf den Eisenbahnen erlassen sind, und für die Verschickung von Gütern zur See oder auf sonstigen Gewässern muß er sich die notwendigsten Kenntnisse über Rechte und Pflichten aneignen.

Das Speditionsgeschäft.

Spediteur ist, wer es gewerbsmäßig übernimmt, Güterversendungen durch Frachtführer oder durch Verfrachter von Seeschiffen für Rechnung eines andern (des Versenders) im eigenen Namen zu besorgen. Der Spediteur übernimmt also nur die Besorgung der Beförderung, nicht die Beförderung selbst. Der Spediteur hat das Interesse des Versenders wahrzunehmen und dessen Weisungen zu befolgen und darf ihm keine höhere als die mit dem Frachtführer oder dem Verfrachter bedungene Fracht berechnen. Seine Abmachungen und Handlungen hat er mit der Sorgfalt eines ordentlichen Kaufmanns auszuführen.

Als Gegenleistung hat der Spediteur einen Anspruch auf Vergütung. Er kann sie fordern, sobald das Gut dem Frachtführer oder Verfrachter zur Beförderung übergeben ist. Er hat wegen Fracht, Vergütung und sonstiger Auslagen ein Pfandrecht an dem Gute, jedoch nur so lange, als er es noch im Besitz hat, insbesondere mittels Konnossements oder Ladescheins.

Führt der Spediteur die Beförderung des Gutes selbst aus, so hat er zugleich die Rechte und Pflichten eines Frachtführers.

Wenn der Spediteur sich mit dem Versender über einen bestimmten Pauschalsatz der Beförderungskosten geeinigt hat, so hat er ausschließlich die Rechte und Pflichten eines Frachtführers.

Die Ansprüche gegen den Spediteur wegen Verlustes, Minderung, Beschädigung oder verspäteter Ablieferung des Gutes verjähren mangels anderer Abmachungen innerhalb eines Jahres, und zwar bei Beschädigung oder Minderung mit dem Ablaufe des Tages, an welchem die Ablieferung stattgefunden hat, im Falle des Verlustes oder der verspäteten Ablieferung mit dem Ablaufe des Tages, an welchem die Ablieferung hätte bewirkt sein müssen. Eine entsprechende Anzeige an den Spediteur hat in beiden Fällen rechtzeitig zu erfolgen. Mit der Anzeige an den Spediteur ist es gleichbedeutend, wenn gerichtliche Beweisaufnahme zur Sicherung des Beweises beantragt oder wenn dem Spediteur in einem zwischen dem Versender und dem Empfänger entstandenen Rechtsstreit der Streit verkündet wird. Ist der Verlust, die Minderung, die Beschädigung oder die verspätete Ablieferung des Gutes vorsätzlich herbeigeführt, so finden diese Vorschriften keine Anwendung.

Das Lagergeschäft.

Werden Güter gelagert, d. h. zur Aufbewahrung übergeben, so kommen die Bestimmungen über das Lagergeschäft in Betracht.

Lagerhalter ist, wer gewerbsmäßig Lagerung und Aufbewahrung von Gütern übernimmt. Für Rechte und Pflichten des Lagerhalters sind die in den §§ 383 bis 406 HGB. für den Kommissionär gegebenen Vorschriften maßgebend. Treten Veränderungen an dem Gute ein, die dessen Entwertung befürchten lassen, so hat der Lagerhalter den Einlagerer hiervon unverzüglich zu benachrichtigen. Anderenfalls hat er den durch Unterlassung entstehenden Schaden zu ersetzen. Er muß dem Einlagerer die Besichtigung des Gutes jederzeit gestatten. Er ist jedoch zur Erhaltung des Gutes nicht verpflichtet. Der Lagerhalter hat Anspruch auf das ausbedungene oder ortsübliche Lagergeld. Die baren Auslagen sind ihm sofort zu erstatten, die Lagerkosten bei Rückgabe des Gutes, spätestens aber innerhalb 3 Monaten. Der Lagerhalter hat wegen der Lagerkosten ein Pfandrecht an dem Gute, solange er es im Besitz hat, solange er insbesondere mittels Konnossements, Ladescheins oder Lagerscheins darüber verfügen kann.

Der Einlagerer kann das Gut jederzeit zurücknehmen, der Lagerhalter kann die sofortige Rücknahme nur bei wichtigem Grunde verlangen, anderenfalls muß er das Gut die vereinbarte Zeit über oder 3 Monate behalten. Nach Ablauf dieser 3 Monate sowie zum Ende der vereinbarten Frist kann er die Verwahrung mit einem Monat Frist kündigen.

Ist von dem Lagerhalter ein an Order lautender Lagerschein ausgestellt (sog. Warrant), so hat die Übergabe des Lagerscheins an denjenigen zu erfolgen, der durch den Schein zur Empfangnahme des Gutes legitimiert wird.

Für die Verjährung gelten die gleichen Vorschriften wie beim Spediteur.

Das Frachtgeschäft.

Frachtführer ist, wer es gewerbsmäßig übernimmt, die Beförderung von Gütern zu Lande oder auf Flüssen oder sonstigen Binnengewässern auszuführen.

Der Frachtvertrag ist ein Werkvertrag.

Der Frachtbrief und der Ladeschein bilden die Frachturkunden. Der Frachtbrief wird vom Absender im Interesse des Frachtführers ausgestellt. Der Absender ist für die Richtigkeit und Vollständigkeit der in dem Frachtbrief gemachten Angaben dem Frachtführer verantwortlich. Der Ladeschein kommt seltener vor; er wird vom Frachtführer ausgestellt und regelt seine Verpflichtung zur Auslieferung des Gutes. Er ist entscheidend für das Rechtsverhältnis zwischen dem Frachtführer und dem Empfänger des Gutes.

Zum Empfang des Gutes ist derjenige berechtigt, an den das Gut nach dem Ladeschein abgeliefert werden soll.

Wichtig sind die Bestimmungen darüber, wer die Verfügung über das Gut „unterwegs" hat:

Ist ein Ladeschein ausgestellt, so hat der zum Empfang Legitimierte schon vor der Ankunft des Gutes am Ablieferungsorte diejenigen Rechte, welche dem Absender zustehen, wenn ein Ladeschein nicht ausgestellt ist.

Der Frachtführer darf einer Anweisung des Absenders, das Gut anzuhalten, zurückzugeben oder an einen anderen als den durch den Ladeschein legitimierten Empfänger auszuliefern, nur Folge leisten, wenn ihm der Ladeschein zurückgegeben wird. Verstößt er hiergegen, so ist er dem rechtmäßigen Besitzer des Ladescheins für das Gut haftpflichtig. Er ist zur Ablieferung des Gutes nur gegen Rückgabe des Ladescheins, auf welchem die Ablieferung des Gutes bescheinigt ist, verpflichtet.

Ist kein Ladeschein ausgestellt, so hat der Absender ausschließlich über das Frachtgut zu verfügen. Er kann durch den Frachtführer das Gut anhalten, zurückgeben oder an einen anderen als den im Frachtbrief bezeichneten Empfänger ausliefern lassen.

Außer dem Frachtbrief und Ladeschein kommen noch die Begleitpapiere in Betracht, welche zur Erfüllung der Zoll-, Steuer- oder Polizeivorschriften vor der Ablieferung an den Empfänger erforderlich sind. Der Absender haftet dem Frachtführer, sofern diesem nicht ein Verschulden zur Last fällt, für alle Folgen, die aus dem Mangel, der Unzulänglichkeit oder der Unrichtigkeit der Papiere entstehen.

Die Beförderung des Gutes hat binnen einer den Umständen nach angemessenen Frist mangels anderer Vereinbarungen zu erfolgen.

Wird der Antritt oder die Fortsetzung der Reise ohne Verschulden des Absenders zeitweilig und ohne Verschulden des Frachtführers verhindert, so kann der Absender vom Vertrage zurücktreten, muß jedoch den Frachtführer für die Vorbereitung der Reise, die Wiederausladung und den zurückgelegten Teil der Reise entschädigen.

Der Frachtführer haftet für den Schaden, der durch Verlust oder Beschädigung des Gutes in der Zeit von der Annahme bis zur Ablieferung oder durch Versäumung der Lieferzeit entsteht, falls sie nicht auf Umständen beruhen, die durch die Sorgfalt eines ordentlichen Frachtführers nicht abgewendet werden konnten.

Ist der Schaden durch Vorsatz oder grobe Fahrlässigkeit des Frachtführers herbeigeführt, so kann der Ersatz des vollen Schadens gefordert werden.

Der Frachtführer hat ein Verschulden seiner Leute oder der von ihm Beauftragten im gleichen Umfange wie sein eigenes Verschulden zu vertreten.

Ist die Fracht nebst den sonst an dem Gute haftenden Forderungen bezahlt und das Gut angenommen, so sind alle Ansprüche gegen den Frachtführer aus dem Frachtvertrage erloschen, es sei denn, daß die Beschädigung oder Minderung des Gutes vor dessen Annahme durch amtlich bestellte Sachverständige festgestellt ist.

War die Beschädigung oder Minderung des Gutes bei der Annahme äußerlich nicht erkennbar, so kann der Frachtführer auch später noch in Anspruch genommen werden, wenn der Mangel in der Zeit zwischen der Übernahme des Gutes durch den Frachtführer und der Ablieferung entstanden ist und die Feststellung des Mangels durch amtlich bestellte Sachverständige unverzüglich nach der Entdeckung und spätestens binnen 1 Woche nach der Annahme beantragt wird.

Der Frachtführer kann sich auf diese Vorschriften nicht berufen, wenn er den Schaden durch Vorsatz oder grobe Fahrlässigkeit herbeigeführt hat.

Durch Annahme des Gutes und des Frachtbriefes wird der Empfänger neben dem ohne weiteres haftenden Absender verpflichtet, dem Frachtführer nach Maßgabe der Bestimmungen Zahlung zu leisten. Der Frachtführer hat wegen aller durch den Frachtvertrag begründeten Forderungen ein Pfandrecht an dem Gute. Das Pfandrecht dauert auch nach der Ablieferung noch fort, wenn es der Frachtführer binnen 3 Tagen nach der Ablieferung gerichtlich geltend macht und das Gut noch im Besitze des Empfängers ist.

Für die Verjährung gelten die für den Spediteur gegebenen Vorschriften.

Beförderung von Gütern auf Eisenbahnen.

Auf das Frachtgeschäft der dem öffentlichen Güterverkehr dienenden Eisenbahnen finden die gleichen Vorschriften Anwendung, insofern nicht im HGB. oder der Eisenbahnverkehrsordnung vom 23. Dezember 1908 ein anderes bestimmt ist.

Eine dem öffentlichen Güterverkehr dienende Eisenbahn unterliegt dem Transportzwang, d. h. sie darf die Übernahme von Gütern zur Beförderung nach einer für den Güterverkehr eingerichteten Station des Deutschen Reiches bei Einhaltung der geltenden Beförderungsbedingungen seitens des Absenders nicht verweigern.

Die Beförderung der Güter hat seitens der Eisenbahn in der Reihenfolge stattzufinden, in welcher sie zur Beförderung angenommen worden sind, falls nicht zwingende Gründe des Eisenbahnbetriebes oder das öffentliche Interesse eine Ausnahme rechtfertigen. Eine Zuwiderhandlung gegen diese Vorschriften begründet den Anspruch auf Ersatz des daraus entstehenden Schadens.

Im Gegensatz zum Frachtgeschäft kommt hier der Frachtvertrag erst zustande, wenn das Gut mit dem Frachtbrief von der Eisenbahn zur Beförderung angenommen ist. Die Eisenbahn ist verpflichtet, auf Verlangen des Absenders die Annahme des Gutes unter Angabe des Tages, an welchem es zur Beförderung angenommen ist, auf einem Doppel des Frachtbriefes oder auf einem Aufnahmeschein bei nicht ganzen Wagenladungen zu bescheinigen. Das Doppel ist von dem Absender mit dem Frachtbriefe vorzulegen.

Haftet die Eisenbahn aus dem Frachtvertrage für Beschädigung oder Verlust des Gutes, so ist der gemeine Handelswert, gegebenenfalls der gemeine Wert zu ersetzen, der volle Schaden nur bei Vorsatz oder grober Fahrlässigkeit der Bahn. Der Absender kann das Interesse an der Lieferung im Frachtbriefe angeben, so daß der ganze Schaden bis zur Höhe des angegebenen Interesses zu ersetzen ist.

Die Eisenbahn haftet für den Schaden, der durch Verlust oder Beschädigung des Gutes in der Zeit von der Annahme zur Beförderung bis zur Ablieferung entsteht. Sie haftet auch für ihre Leute und diejenigen Personen, deren sie sich bei der Ausführung der Beförderung bedient.

Die Eisenbahn haftet nicht, wenn der Schaden verursacht ist:

1. durch ein Verschulden des Verfügungsberechtigten;
2. durch höhere Gewalt;
3. durch äußerlich nicht erkennbare Mängel der Verpackung;
4. durch die natürliche Beschaffenheit des Gutes.

Die Eisenbahn haftet jedoch ferner für den Schaden, welcher durch Versäumung der Lieferungsfrist entsteht, es sei denn, daß die Verspätung von einem Ereignis herrührt, welches sie weder herbeigeführt hat noch abzuwenden vermochte. Der Schaden wird nur insoweit ersetzt, als er den in dem Frachtbrief oder dem Gepäckschein als Interesse an der Lieferung nach Maßgabe der Eisenbahnverkehrsordnung angegebenen Betrag und in Ermangelung einer solchen Angabe den Betrag der Fracht nicht übersteigt.

Der Ersatz des vollen Schadens kann gefordert werden, wenn die Versäumung der Lieferfrist durch Vorsatz oder grobe Fahrlässigkeit der Eisenbahn herbeigeführt worden ist.

Ist die Fracht nebst den Nebenforderungen bezahlt und das Gut abgenommen, so sind alle Ansprüche gegen die Eisenbahn aus dem Frachtvertrage erloschen; ausgenommen hiervon sind:

1. die Fälle des Vorsatzes und der groben Fahrlässigkeit der Bahnen;
2. die Ansprüche wegen Versäumung der Lieferfrist bei Anmeldung in spätestens 14 Tagen;
3. bei Abnahme des Gutes von der Eisenbahn festgestellte oder infolge ihrer Schuld nicht festgestellte Schäden;
4. Ansprüche wegen Mängel, welche bei der Abnahme nicht erkennbar waren, falls der Berechtigte unverzüglich nach Entdeckung und spätestens 1 Woche nach Abnahme schriftlich bei der Bahn oder bei Gericht die Feststellung beantragt und beweist, daß der Mangel zwischen Abnahme und Ablieferung entstanden ist;
5. Ansprüche wegen zu Unrecht erhobener Frachten und Gebühren.

Die Ansprüche gegen die Eisenbahn verjähren in einem Jahre seit der Ablieferung, bei Verlust oder verspäteter Lieferung seit Ablauf der Lieferfrist. Hierbei hemmt die schriftliche Anmeldung des Anspruchs die Verjährung so lange, bis die Bahn ihren Bescheid mit Beweisstücken des Gläubigers diesem in schriftlicher Form zustellt; jedoch gelten die Verjährungsschriften nicht bei Vorliegen von Vorsatz auf seiten der Bahn.

Werden Gegenstände, die von der Beförderung ausgeschlossen oder zur Beförderung nur bedingungsweise zugelassen sind, unter unrichtiger Bezeichnung aufgegeben oder werden die für diese Gegenstände vorgesehenen Sicherheitsmaßregeln von den Absendern unterlassen, so ist die Haftpflicht der Eisenbahnen auf Grund des Frachtvertrages ausgeschlossen.

Für den Fall, daß auf dem Frachtbriefe als Ort der Ablieferung ein nicht an der Eisenbahn liegender Ort bezeichnet wird, haftet die Eisenbahn als Frachtführer nur für die Beförderung bis zur letzten Eisenbahnstation; bezüglich der Weiterbeförderung hat sie lediglich die Verpflichtungen des Spediteurs.

Kleinbahnen dürfen die Übernahme von Gütern zur Beförderung auf ihrer Bahnstrecke nicht verweigern, sie unterliegen also auch dem Beförderungszwang.

Nach dem Reichshaftpflichtgesetz vom 7. Juni 1871 (vgl. S. 239) haften die Eisenbahnen für alle Körperverletzungen und Tötungen, die in ihrem Betriebe entstanden sind, bis zur „höheren Gewalt"; desgleichen haften sie nach dem preußischen Gesetz vom 3. November 1838 für Sachbeschädigungen. Dies ist aber eine besondere außervertragliche Haftung, die mit der Frachtvertraghaftung nichts zu tun hat.

Handelsbräuche.

(Nach Dove-Meyerstein und Heilfron.)

Eine Reihe von Handelsbräuchen — auch Klauseln im Handelsverkehr bezeichnet — sind wissenswert. Die wichtigsten sind im Nachstehenden besprochen.

1. **„Ab Berlin."** Verkäufer hat die Ware in Berlin dem Käufer bereitzustellen, nicht aber am Bahnhof Berlin. Rollgeld zur Bahn trägt daher Käufer, ebenso natürlich die Kosten der Verladung und Weiterversendung. Für den Erfüllungsort bedeutungslos.

2. **„Ab Fabrik."** Käufer trägt sämtliche Kosten der Versendung von der Fabrik des Verkäufers aus. Für den Erfüllungsort bedeutungslos.

3. **„Ab Grube"** (im Kohlenhandel). Wie bei Nr. 2 trägt Käufer die Kosten der Versendung von der Grube aus. Hier ergibt sich aber aus der Natur des Schuldverhältnisses (BGB. 269, S. 92), daß die Grube regelmäßig auch Erfüllungsort des Verkäufers ist, da die Versendung von der Förderungsstelle aus erfolgt (RGZ. 10, 93). Für den Erfüllungsort des Käufers ist die Klausel bedeutungslos.

4. **„Ab Lager."** Käufer hat am Lager des Verkäufers seine Abnahmeverpflichtung zu erfüllen. Hier hat er also die Ware gemäß § 377 HGB. zu untersuchen, so daß spätere Bemängelungen ausgeschlossen sind. Im übrigen wie Nr. 2.

5. **„Abnahme bis Ende des Jahres" („im Laufe des Jahres", „bis Ultimo Januar").** Verkäufer hat die Ware mangels anderer Vereinbarungen auf Abruf bis zum Ablauf des Jahres (Monats) zu liefern. Am Ende der Frist ist Käufer zur Abnahme des noch nicht abgerufenen Restes auf einmal und zur Zahlung des Restkaufpreises verpflichtet.

6. **„Ab Station X."** Verkäufer trägt Gefahr und Kosten bis X. einschließlich der Kosten der Verladung, Käufer Gefahr und Kosten der Weiterbeförderung. Durch örtliche Gewohnheit kann ferner die Pflicht zur Untersuchung und Rüge an der betreffenden Station begründet sein (vgl. Nr. 4).

7. **„Ab Waggon."** a) Als Lieferungsbedingung: Verkäufer trägt die Beförderungskosten bis zur Einladung in die Bahnwagen einschl., Käufer die weiteren (insbesondere die Bahnfracht).

b) Ist Übernahme „ab Waggon" vereinbart, so hat Käufer die Ware im Waggon, also vor der Ausladung, zu übernehmen.

8. **„Abzuladen nach Eröffnung der Schiffahrt."** Der Ablader (Verkäufer oder sein Spediteur) muß die Abladung innerhalb 4 Wochen nach Eröffnung der Schiffahrt bewirkt haben. Der Zeitpunkt der Eröffnung wird durch Anschlag an der Börse bekanntgegeben; sonst ist es der Zeitpunkt, in dem das Wasser eisfrei ist.

9. **„Auf Abruf."** Es liegt feste Bestellung, nicht Kauf auf Probe (§ 495 BGB.) vor; Käufer ist also zur Annahme verpflichtet, kann jedoch die Lieferungszeit bestimmen (die Ware „abrufen"). Bei vereinbarter Frist für den Abruf hat Käufer spätestens bis zu deren Ablauf abzufordern, widrigenfalls das zu Nr. 5 Gesagte gilt. Doch darf nach Treu und Glauben der Abruf nicht ungebührlich verzögert werden; sonst kann Verkäufer nach Setzung einer angemessenen Nachfrist die aus dem Annahme- und Abnahmeverzug des Käufers folgenden Rechte geltend machen.

10. **„Auf Abruf nach Bedarf des Käufers."** Käufer darf bis zur vollständigen Abnahme der bestellten Menge seinen Bedarf in gleichen Waren nicht anderweitig als beim Verkäufer decken und muß, wenn er einen Teil verbraucht hat, anschließend eine weitere Teillieferung abrufen. Im übrigen wie Nr. 9.

11. „Auf Lieferung September/Oktober.“ Das Recht, die Lieferzeit innerhalb der bezeichneten Frist zu bestimmen, hat der Verkäufer, der Käufer nur bei einem Zusatz wie „auf Abruf“, „nach Käufers Wahl“.

12. „Bahnamtliches Gewicht.“ Der Berechnung des Kaufpreises ist das bei der bahnamtlichen Verwiegung ermittelte Gewicht zugrunde zu legen; Käufer muß dieses gegen sich gelten lassen.

13. „Bahnfrei X.“ Verkäufer hat die Kosten der Beförderung bis zur Bahnstation X. zu tragen. Für den Erfüllungsort bedeutungslos.

14. „Bare Kasse.“ Verkäufer hat (bei Entfernungskäufen) nicht das Recht, die Zahlung schon Zug um Zug gegen Übergabe der Ware an den Spediteur oder Frachtführer an seinem Erfüllungsort oder gegen Vorlegung der Verladungspapiere zu verlangen, sondern erst nachdem der Käufer nach Ankunft der Ware am Bestimmungsort in die Lage versetzt worden ist, sie auf ihre Beschaffenheit zu untersuchen.

15. „Bare Zahlung.“ Die Klausel betont nur das ohnehin bestehende Recht des Verkäufers, Zahlung in bar zu fordern und Wechsel, Schecks u. dgl. als Zahlungsmittel abzulehnen.

16. „Bei Barzahlung 2% Skonto.“ Käufer hat auch ohne ausdrückliche Einräumung Anspruch auf das in dem betreffenden Handelszweig übliche Zahlungsziel. Bei Zahlung Zug um Zug gegen Empfang der Ware darf er 2% Kassenskonto vom Fakturenbetrag kürzen.

17. „Bei Kasse nach Empfang 2% Skonto, sonst 3 Monate Akzept.“ Käufer hat Anspruch auf 3 Monate Ziel unter der Bedingung, daß er sein Dreimonatsakzept über den Fakturenbetrag dem Verkäufer übersendet. Bei Zahlung Zug um Zug darf er 2% Kassenskonto abziehen. Zahlt er weder, noch gibt er sein Akzept, so gerät er in Verzug, und Verkäufer kann Barzahlung in voller Höhe verlangen.

18. „Cash down“ (engl.) = netto Kasse.

19. „cf“ (cost, freight = Kosten, Fracht), z. B. cf. Hamburg. Verkäufer trägt die Kosten der Beförderung bis Hamburg, insbesondere die Fracht. Für den Erfüllungsort bedeutungslos.

20. „cif“ (cost, insurance, freight = Kosten, Versicherung, Fracht), z. B. cif. Hamburg. Verkäufer trägt die Fracht und die übrigen Unkosten, nicht auch die Gefahr der Beförderung bis Hamburg, einschließlich der Beförderungsversicherung (nicht auch den Zoll bei Einfuhrware). Hamburg gilt als Ablieferungsort. Für den Erfüllungsort bedeutungslos. Cif ohne Zusatz einer Ortsbezeichnung: im Zweifel der Hafenplatz, an dem der Käufer seine Handelsniederlassung hat.

21. „Die Ware falle, wie sie falle.“ Die Haftung des Verkäufers für Mängel der Ware ist ausgeschlossen, selbst wenn schlechteste Ware geliefert wird, sofern sie nur immer noch Handelsgut ist (RG. 19, 31). Bei arglistigem Verschweigen eines Mangels ist die Klausel jedoch wirkungslos (§ 476 BGB.).

22. „3/3 Monat“ („3/3 Monatsziel“, „3/3 Ziel“, „3/3 Monatsakzept“). Käufer hat ein Ziel von 6 Monaten, auf 3 Monate unbedingt, auf die weiteren 3 nur unter der Bedingung, daß er nach Ablauf der ersten 3 Monate dem Verkäufer Wechsel (bei „3/3 Monatsakzept“ sein Akzept, sonst auch Kundenrimessen) über den Fakturenbetrag einsendet, die nach 3 Monaten fällig sind (vgl. Nr. 17).

23. „Dreimonatsakzept gegen Verladungspapiere.“ Wie Nr. 44, nur daß Käufer, statt Barzahlung zu leisten, sein nach 3 Monaten fälliges Akzept über den Rechnungsbetrag geben darf, also ein Ziel von 3 Monaten unter der Bedingung der Hingabe von Wechseln erhält. Das Ziel rechnet vom Tage der Ausstellung der Verladungspapiere (vgl. Nr. 63). Ist aber der Zusatz „ab X. (Hamburg)“ beigefügt, dann beginnt das Ziel mit der Ausstellung der Verladungspapiere in X. (Hamburg).

24. „30 Tage Kasse mit 2% Skonto.“ Der Rechnungsbetrag wird spätestens 30 Tage nach dem Datum der Faktura fällig; bei Zahlung bis zu diesem Tage können 2% Kassenkonto abgezogen werden; bei späterer Zahlung Verzugszinsen vom Ablauf des Ziels an und kein Skonto (LZ. 11, 926).

25. „30 Tage oder Kasse mit 2%.“ Käufer hat ein Ziel von 30 Tagen. Zahlt er sofort nach Empfang der Ware, so steht ihm ein Kassenkonto von 2% zu.

26. „Effektiv“ bei einer in ausländischer Währung ausgedrückten Schuld bedeutet, daß die Zahlung in der ausländischen Währung erfolgen soll (vgl. § 244 BGB.).

27. „Erfüllungsort Berlin“ auf Preislisten, Fakturen, Bestätigungsschreiben usw. s. S. 583ff.

28. „Fob“ (free on board = frei an Bord), z. B. „fob Bremen“. Verkäufer trägt die Kosten der Beförderung bis an Bord des Seeschiffes, mit dem die Weiterbeförderung zu bewirken ist, also auch die Kosten der Einladung. Eine Vereinbarung über die Tragung der Gefahr oder den Erfüllungsort enthält die Klausel nicht (OLG. 3, 92).

29. „Frachtfrei hier (Berlin).“ Hier hat der Verkäufer nur frei bis zu dem bezeichneten Orte, d. h. bis zum Bahnhof zu liefern, so daß der Empfänger das Rollgeld zu zahlen hat. Für den Erfüllungsort und daher für die Gefahrtragung bedeutungslos.

30. „Frachtfrei Ufer (Berlin).“ Verkäufer trägt die Kosten bis zur Anlegung des Kahns, also nur die Kahnfahrt. Liegegelder und Unkosten der Löschung hat Käufer zu zahlen, ebenso die Kosten der Beförderung zu seinem Lager.

31. „Franko.“ a) Lieferungsbedingung: Verkäufer hat sämtliche Kosten der Beförderung zu tragen. „Fco“ (= franko) dient im Kontokorrent zur Bezeichnung solcher Posten, die beim Abschlusse abgabefrei bleiben.

32. „Franko Bahn X.“, „franko Bahnhof X.“. Verkäufer trägt die Kosten der Beförderung bis zum Bahnhof X., Käufer die Kosten des Einladens (wenn X. Abgangsstation ist), bzw. des Ausladens (wenn X. Ablieferungsort ist), ferner in allen Fällen die bahnamtliche Abfertigungsgebühr, die etwaigen Zollspesen und die weiteren Beförderungskosten (Rollgeld, auch zu einem anderen Bahnhof). Für den Erfüllungsort bedeutungslos.

Hat Käufer das Recht, die Ware nach einem andern Ort als X. zu bestimmen (was vielfach Handelsbrauch ist), so hat Verkäufer einen Kostenbetrag zu übernehmen, welcher der Fracht bis X. entspricht. Ist die Sendung unfrankiert geschickt worden, so daß Käufer die volle Fracht verauslagen mußte, so darf er die vom Verkäufer zu tragende Fracht vom Rechnungsbetrag in Abzug bringen.

33. „Franko Fracht und Emballage“, „franko franko“. Verkäufer hat die Beförderungskosten einschließlich aller Nebenspesen (Rollgeld, Spediteurprovision usw.) bis zum Bestimmungsort und die Kosten der Verpackung zu tragen.

34. **„Franko ohne Nebenspesen."** Wie vorstehend mit der Abweichung, daß die Kosten der Verpackung dem Verkäufer nicht zur Last fallen.

35. **„Franko Wagen (Waggon) X."** Verkäufer trägt nicht nur die Kosten der Beförderung bis zum Bahnhof X., sondern auch die der Einladung in die Waggons. Ist X. Ablieferungsort, so gilt das gleiche wie zu Nr. 32.

36. **„Frei"** Empfangsstation (z. B. „Frei Berlin"). Verkäufer hat außer den Kosten auch die Gefahr bis zur Empfangsstation, z. B. Berlin, zu tragen (vgl. Nr. 31).

37. **„Freibleibend."** Angebot unter Ausschluß der sonst nach § 145 BGB. eintretenden Gebundenheit.

38. **„Frei von Kriegsgefahr."** Befreit lediglich von der eigentlichen Kriegsgefahr (wie Nr. 53).

39. **„Gegen Dreimonatsakzept."** Es ist ein Ziel von 3 Monaten gewährt unter der Bedingung, daß Käufer sein nach 3 Monaten fälliges Akzept über den Fakturenbetrag einsendet.

40. **„Genau nach Muster"** bedeutet einen einfachen Kauf nach Probe (§ 494 BGB.).

41. **„Irrtum vorbehalten."** Die Kaufleute pflegen Kontokorrent- (wie überhaupt Konto-)auszüge mit dem Vermerk „Irrtum vorbehalten", „S. e. e. o." (Salvis erroribus et omissionibus) zu versehen. Der Vermerk ist bedeutungslos. Auch ohne diesen Vorbehalt ist die Anfechtung wegen Irrtums unter den Voraussetzungen der §§ 119, 121 BGB. zulässig; durch den Vermerk wird die Anfechtbarkeit weder erweitert noch erleichtert.

42. **„Kasse bei Empfang der Faktura."** Käufer ist verpflichtet, Zug um Zug gegen Empfang der Rechnung zu zahlen, auch wenn er die Ware noch nicht besitzt. Verkäufer hat das Recht, mit Absendung der Ware bis nach Eingang des Kaufpreises zu warten.

„Kasse" ohne Zusatz einer Frist bedeutet allgemein: sofortige Zahlung. Darüber, ob ein Skonto abgezogen werden darf, enthält die Klausel nichts (vgl. Nr. 61). In manchen Handelszweigen (z. B. mit Zement) oder an manchen Orten kann trotz der Klausel „Kasse" ein kurzes Zahlungsziel in Anspruch genommen werden.

43. **„Kasse gegen Auslieferung des Konnossements"**, „Kasse gegen Doppel des Frachtbriefs" (bei einem Binnentransport, über den ein Ladeschein nicht ausgestellt ist), „Kasse gegen Konnossement (und Police)". Entsprechend Nr. 44.

44. **„Kasse gegen Verladungsdokumente."** Käufer muß, ohne wie sonst zur Prüfung der Ware vor Annahme in der Lage zu sein, den Kaufpreis zahlen (sei es in bar, sei es — „Akzeptleistung oder Kasse gegen Verladungsdokumente" — in Akzepten oder Wechseln) gegen Aushändigung ordnungsmäßiger Verladungsdokumente (Konnossement, Ladeschein). Allerdings besteht die Zahlungspflicht nicht schlechthin; nur trifft den die Zahlung weigernden Schuldner die Beweislast für die Berechtigung der Weigerung (RGZ. 61, 350; S. 236).

45. **„Kasse mit 2% Skonto."** Der Kaufpreis ist sofort nach Übergabe der Ware zu entrichten, unter Abzug von 2% Skonto. Anspruch auf ein Ziel hat Käufer auch bei Verzicht auf den Skonto nicht.

46. „Lieferung per Dezember 1914.“ Die Wahl des Zeitpunktes der Lieferung innerhalb des Monats Dezember steht dem Verkäufer, nicht dem Käufer zu.

47. „Netto.“ Gewichtsbestimmung: Das Gewicht ist ohne die Verpackung zu berechnen und die Preisbestimmung gilt für das so ermittelte Gewicht.

48. „Netto ab hier.“ Der Preis versteht sich ohne jeden Abzug (Skonto, Portospesen für die Übersendung des Geldes nach der Niederlassung des Verkäufers).

49. „Netto Kasse gegen Faktura.“ Käufer hat gegen Empfang der Rechnung zu zahlen, und zwar ohne jeden Abzug.

50. „Netto Kasse gegen Konnossement.“ Käufer hat Zahlung ohne jeden Abzug gegen Übergabe des ordnungsmäßigen Konnossements zu leisten.

51. „Netto Kasse laut Konnossement.“ Käufer hat Zug um Zug gegen Auslieferung der nach Beschaffenheit und Menge dem Konnossement entsprechenden Ware zu zahlen, und zwar ohne Abzug.

52. „Netto Tara.“ Der Preis versteht sich ohne Abzug für das Gewicht der Ware einschließlich der Verpackung (der Tara). Die Tara geht in das Eigentum des Empfängers über.

53. „Nur für Seegefahr“ bei der Seeversicherung schließt die Haftung des Versicherers lediglich für die Kriegsgefahr, d. h. für Ereignisse aus, die in einem Kriege ihre Ursache haben. Der Versicherer haftet aber für alle nicht als Kriegsgefahr sich darstellenden Ereignisse, auch wenn es Verfügungen von hoher Hand (z. B. Quarantänemaßregeln) sind (RG. 47, 179; 67, 251).

54. „Nur zur Verrechnung“ schließt die Barzahlung eines Schecks aus.

55. „Reklamationen erbitte binnen 10 Tagen“, „Reklamationen werden nur binnen 3 Tagen angenommen“. Sind die Klauseln vereinbart, so enthalten sie eine Bestimmung der Frist für die Mängelrüge nach § 377 HGB. Die einseitige Bestimmung (z. B. auf der Rechnung) ist dem Käufer gegenüber bedeutungslos. Der Verkäufer jedoch wird regelmäßig den Vermerk sich entgegensetzen und eine innerhalb der gesetzten Frist eingehende Rüge als rechtzeitig gelten lassen müssen.

56. „Tel quel.“ gleichbedeutend mit Nr. 21.

57. „Wir bitten um Gutschrift des vorstehenden Betrages.“ Der Vermerk bedeutet nur, daß der Gläubiger eine Anerkennung der Richtigkeit des berechneten Betrags wünscht, nicht aber, daß er ein Zahlungsziel bewilligen will. Die Ausdrucksweise ist also ungenau, wenn nicht aus Vereinbarungen oder Handelsgebrauch ein Anspruch auf ein Zahlungsziel folgt.

58. „Zahlbar durch Reichsbankgirokonto.“ Form für die Zahlbarmachung von Wechseln bei der Reichsbank.

59. „Zahlbar in X. bei A.“ Wohnsitzvermerk auf dem Wechsel.

60. „Zahlbar nach Empfang der Faktura.“ Wie Nr. 42.

61. „Zahlung Kasse“ („Zahlung per Kasse“, „Zahlungsziel Kasse“). Käufer hat Zug um Zug gegen Empfang der Ware zu zahlen. Eine Vorleistungspflicht ist für ihn nicht begründet. Daher ist Verkäufer nicht berechtigt, die Ware unter Nachnahme zu senden. In manchen Handelszweigen finden sich Gebräuche, wonach trotz der Klausel ein kurzes Ziel in Anspruch genommen werden darf.

62. „Ziel 3 Monate." Käufer hat ein Zahlungsziel von 3 Monaten. Das Ziel beginnt, wenn nichts Abweichendes vereinbart ist, bei Platzgeschäften mit der Übergabe der Ware, bei Fernsendungen mit der Absendung der Ware oder, falls die Ausstellung der Rechnung später erfolgt, mit dem Datum der Rechnung.

63. „Ziel 3 Monate netto gegen unsere Tratte oder Kasse innerhalb 30 Tagen mit 2% Skonto." Käufer genießt ein Zahlungsziel von drei Monaten unter der Bedingung, daß er eine vom Verkäufer auf ihn gezogene, nach 3 Monaten fällige, über den Rechnungsbetrag lautende Tratte annimmt. Will er sich hierauf nicht einlassen (verpflichtet ist er dazu nicht), so hat er nur Anspruch auf ein Ziel von 30 Tagen und muß bar zahlen, darf jedoch in diesem Falle 2% Kassenskonto vom Rechnungsbetrag abziehen. Bleibt er mit der Barzahlung innerhalb 30 Tagen säumig, so kann nunmehr der Verkäufer auf den Käufer per 3 Monate nach Beginn des Zieles ziehen, und der Käufer darf alsdann die Annahme der Tratte nicht mehr ablehnen.

64. „Zum Ausgleich." Eine Quittung „zum Ausgleich" (Ausgleichsquittung) enthält das Bekenntnis des Quittierenden, daß er keinen Anspruch mehr gegen den Empfänger der Quittung habe, ebensowenig wie dieser gegen ihn, daß also die beiderseitigen Forderungen ausgeglichen sind.

65. „Zum Inkasso" auf zur Einkassierung übergebenen Wechsel.

66. „Zur Auswahl." Bei einer unverlangten Auswahlsendung gelten die allgemeinen Grundsätze über die Zusendung nicht bestellter Ware. Geschieht die Auswahlsendung auf Verlangen, so hat der Empfänger sie, falls er sie nicht behalten will, porto- oder frachtfrei zurückzusenden. In manchen Handelszweigen haben sich Fristen herausgebildet, innerhalb deren die Sendung zurückgeschickt werden muß, widrigenfalls sie als gekauft gilt.

Der gewerbliche Rechtsschutz[1].

Eines der in der Industrie heiß umstrittensten Kapitel ist der gewerbliche Rechtsschutz. Die aus demselben erwachsenen Rechte bilden oft die Grundlage für die Gründung, das Bestehen, Blühen und Gedeihen industrieller Unternehmungen. Die richtige Handhabung desselben ist auch für die Organisation wie für den Vertrieb eines Unternehmens ausschlaggebend.

Der gewerbliche Rechtsschutz zerfällt in

1. **Patentrecht;**
2. **Gebrauchsmuster-Schutzrecht;**
3. **Warenzeichenrecht;**
4. **Urheberrecht an Mustern und Modellen (Geschmacksmuster-Schutzrecht);**
5. **Recht aus dem Gesetz gegen den unlauteren Wettbewerb.**

Das Patentrecht.

Die Erschütterungen des Weltkrieges haben schwer in den Bereich des gewerblichen Rechtsschutzes, insbesondere in das Patentwesen eingegriffen. Sie haben Altes umgestürzt und Neues aufgerichtet. Vielfach genügten vorübergehende Maßnahmen, um einem durch die besonderen Verhältnisse des Kriegszustandes hervorgerufenen Bedürfnis abzuhelfen, insbesondere bei Versäum-

[1] Vgl. auch: Bestimmungen des Versailler Vertrages bezüglich des gewerblichen Rechtsschutzes S. 690.

nissen durch Kriegsabwesenheit, bei Zahlungsschwierigkeiten, ferner durch das verminderte Personal beim Reichspatentamt, durch die Anpassung der Gebührensätze an den gesunkenen Geldwert, die Darbietung eines Ausgleiches gegen die Unmöglichkeit der Verwertung einer Erfindung während des Krieges, insbesondere im feindlichen Ausland. Erwähnt seien die Verordnungen vom 10. September 1914, vom 31. März 1915 und 13. April 1916, welche eine weitgehende Stundung der Jahresgebühren und die „Wiedereinsetzung in den vorigen Stand" den Beteiligten gewährten, die Verordnung über Vereinfachungen im Patentamt vom 9. März 1917, mit welchem die nur mit einem einzelnen Mitgliede des Reichspatentamts besetzte Prüfungsstelle eingeführt wurde, die Personenanzahl des Kollegiums in der Beschwerdeabteilung verringerte, und vor allem das Gesetz vom 27. April 1920, mit welchem für Patente, Gebrauchsmuster usw. eine verlängerte Schutzdauer gewährt wurde, ferner die Verordnung über die Dauer der Patente, insbesondere das Gesetz vom 4. Juni 1920 und 9. Juli 1923.

Die Vereinfachungen gemäß Verordnung vom 9. März 1917, ebenso wie die Wiedereinsetzung in den vorigen Stand sind bestehen geblieben und zum dauernden Bestande des gemeinen Rechts geworden. Eine Reihe der Nachkriegsregelungen haben das Patentgesetz abgeändert.

Diese Einzelregelungen, die zum großen Teil einschneidender Natur waren, haben ihre endgültige Regelung gefunden durch die Bekanntmachung über die Fassung des Patentgesetzes usw. vom 7. Dezember 1923. Am 1. Februar 1926 erschien ein Gesetz über Änderungen im patentamtlichen Verfahren, das die Zuständigkeit der Prüfungsstellen beschränkte und vor allem zur Sicherung der Einheitlichkeit der Rechtsprechung einen großen Senat schuf, ferner das Gesetz über die patentamtlichen Gebühren vom 26. März 1926.

Zu erwähnen ist noch die Bekanntmachung des Reichspatentamts vom 15. Februar 1922 betreffend die Nennung des Erfinders in der Patentschrift, gemäß welcher versuchsweise vom 1. März 1922 ab die Patentschrift dazu benutzt werden soll, den Erfinder, der nicht Anmelder der Erfindung ist, bekannt zu machen. Danach kann der Patentsucher dem Patentamte den Erfinder nennen und beantragen, daß die Patentschrift mit einem Vermerk hierüber versehen wird. Der Vermerk lautet: „Von dem Patentsucher ist als Erfinder angegeben worden . . . . ."

Die Pariser Übereinkunft über den internationalen gesetzlichen Schutz vom 20. März 1883 mit ihren Änderungen in Brüssel im Jahre 1900 und Washington im Jahre 1911 hat eine neue Revision am 6. November 1925 im Haag gefunden. (Unionsvertrag. Vgl. S. 651.)

Es sei vorweg an dieser Stelle auf die Ausführungen von Isay[1] verwiesen. Er zeigt in der Vorrede zu seinem Buche, wie sich die Rechtsprechung des Ersten Zivilsenats des Reichsgerichts geändert und eine große Unsicherheit bezüglich des Erfinderschutzes erzeugt hat. Er sagt:

„Die Richtungsänderung des Ersten Zivilsenats hat in der kurzen Zeit ihrer Auswirkung nicht zu übersehende Folgen gezeitigt. Die Zuversicht der Patentinhaber, daß

[1] Patentgesetz und Gesetz betreffend den Schutz von Gebrauchsmustern. Berlin: Verlag Franz Vahlen 1926.

ihre Erfindung ihrer wirklichen Bedeutung entsprechend vor dem Reichsgericht Schutz finden werde, ist stark erschüttert worden, die Zuversicht der wegen Patentverletzung Beklagten auf eine ihnen günstige Entscheidung gestiegen, wie jeder Anwalt in seiner Praxis feststellen kann."

Die jetzige Richtung ist einem starken Patentschutz ungünstig. Von den im Jahre 1925 gefällten Urteilen des Reichsgerichts sind fast drei Viertel zugunsten des Beklagten und nur etwas über ein Viertel zugunsten des Patentinhabers ergangen.

Diese neue Rechtsprechung bezieht sich auf die Auslegung eines Patents bezüglich des Umfanges des Patentschutzes unter Heranziehung der Erteilungsakten. Das Patentamt hat im Patentblatt, Jahrgang 1925, S. 219ff., die alte Entscheidung des Reichsgerichts vom 21. März 1917 und die neue Entscheidung vom 8. Juli 1925 nebeneinander veröffentlicht, um den Unterschied zwischen der heutigen Behandlung der Erteilungsakten durch das Reichsgericht und seiner früheren vor Augen zu führen.

Das Patentgesetz vom 7. Dezember 1923.

Das Patentgesetz ist Reichsgesetz. Das Patentrecht bedeutet den Inbegriff der Normen über Entstehung, Inhalt, Dauer und Endigung des Patents.

§ 1. „Patente werden erteilt für neue Erfindungen, welche eine gewerbliche Verwertung gestatten. Ausgenommen sind:

1. Erfindungen, deren Verwertung den Gesetzen oder guten Sitten zuwiderlaufen würde;
2. Erfindungen von Nahrungs-, Genuß- und Arzneimitteln sowie von Stoffen, welche auf chemischem Wege hergestellt werden, soweit die Erfindungen nicht ein bestimmtes Verfahren zur Herstellung der Gegenstände betreffen."

Patente sind subjektive Rechte, welche einer Person oder Gesellschaft durch das Reich erteilt werden. Den Begriff der Erfindung erläutert das Gesetz nicht. Für das Patent ist es unerheblich, wenn der Erfinder eine falsche wissenschaftliche Erklärung gibt, wenn nur der behauptete Erfolg eintritt und wiederholt werden kann (RG. 12, 190; 14, 155) oder wenn der Erfinder die von ihm erreichte Wirkung zu Unrecht einem Bestandteile seiner Erfindung zuschreibt, welcher in Wirklichkeit nebensächlich ist. Andererseits ist, wenn der Anmelder bei der Anmeldung das Wesen seiner Erfindung bestimmt hat, diese Angabe für die Beurteilung maßgebend, ob eine Erfindung vorliegt. Der Anmelder muß jedoch tatsächlich für den erkannten Gedanken den Patentschutz nachgesucht und erhalten haben (RG. 5, 128).

Eine Erfindung besteht einmal aus der Entdeckung, welche den Zusammenhang aus Ursache und Wirkung feststellt, und aus der menschlichen Tätigkeit, das Ergebnis für das Gewerbe zu verwerten. Wenn sich der Erfinder bekannt gewesener Mittel bedient, um eine Ausführung vorzunehmen, trotzdem die Lösung der Aufgabe vorher theoretisch erkannt war, so liegt selbst dann noch eine Erfindung vor (RG. 4, 169). Bisweilen kann die Erfindung auch schon in der Stellung der Aufgabe liegen, indem hierdurch ein wirtschaftliches Bedürfnis erkannt wird. Der Erfindungscharakter wird dadurch nicht beeinträchtigt, daß die gestellte Aufgabe durch Anwendung bekannter Hilfsmittel von jedem Fachmann gelöst werden konnte. Jedoch muß der Erfinder stets die genauen Mittel zur Lösung der Aufgabe hierbei angeben. War die Aufgabe bereits bekannt, so muß das Patentfähige in der Urspünglichkeit der zu ihrer

Lösung benutzten Mittel liegen (RG. 12, 249). Ist der Eintritt des beabsichtigten Erfolges nach den Naturgesetzen unmöglich, so liegt keine Erfindung vor.

Die Erfindung kann entweder ein Verfahren oder ein körperliches Erzeugnis zum Gegenstande haben. Durch das Patent auf das Verfahren sind die durch das Verfahren unmittelbar hergestellten Erzeugnisse mitgeschützt. Andererseits schließt der Schutz des Erzeugnisses sämtliche Herstellungsarten ein, so daß derjenige, welchem das Erzeugnis patentiert ist, alle anderen an der Herstellung desselben, auch nach einem neuen Verfahren hindern kann. Läßt man sich außer dem Erzeugnis auch noch das Verfahren selbst schützen, so kann man die Anwendung dieses Verfahrens auch für andere Erzeugnisse verbieten.

Ein allgemeines Patent kann nicht mehr gewährt werden, wenn der allgemeine Lösungsgedanke oder eine auf ihm beruhende Ausführungsform bereits bekannt war. Bei chemischen Erfindungen ist ein allgemeines Patent nur zulässig, wenn vom Anmelder die behaupteten Eigenschaften in dem ganzen verlangten Umfange nachgewiesen oder doch glaubhaft gemacht sind.

Die Erfindung muß gegenüber dem bisherigen Zustand einen wesentlichen (sprunghaften) Fortschritt darstellen. Die Erkenntnis eines physikalischen Gesetzes kann nahe liegen, die Verwertung desselben in einer bestimmten Form und auf einem bestimmten technischen Gebiete jedoch eine Leistung von besonderer Bedeutung sein (RG. im Bl. 4, 169; PA. 25. I. 26).

Vorteile der Erfindung, die der Erfinder nicht erkannt hat, können ihm nicht angerechnet werden und haben bei der patentrechtlichen Bedeutung auszuscheiden. Vorteile, die jeder Fachmann erkennen konnte, brauchen vom Anmelder nicht besonders erwähnt zu werden (RG. 20, 40). (RG. im Bl. 12, 136; 12, 159; 17, 274).

Man kann vom Anmelder den Nachweis des Fortschritts verlangen; es genügt jedoch, wenn die Erreichung der von ihm angestrebten technischen Wirkung nicht ausgeschlossen erscheint. Die Erfindung braucht nicht das Erzeugnis einer außergewöhnlichen geistigen Arbeit zu sein. Bedient man sich zu Darstellung des der Erfindung zugrunde liegenden Gedankens lediglich anderer Stoffe, so liegt keine Erfindung vor; wird aber durch die Anwendung des neuen Stoffs eine weitgehende technische Wirkung erzielt, so kann sie patentfähig sein. Unter Umständen kann eine Erfindung schon dadurch begründet werden, daß eine bekannte Arbeitsweise auf andere Gegenstände übertragen wird, insbesondere dann, wenn diese Übertragung wegen der Verschiedenheit beider Herstellungsgebiete dem Fachmann nicht nahe lag. Die Übertragung ist niemals patenthindernd, wenn das neue Erzeugnis ganz andere technische Eigenschaften besitzt. Eine Steigerung der Ausbeute durch das neue Verfahren begründet nur dann die Patentfähigkeit, wenn sie so erheblich ist, daß man von einer neuen Wirkung sprechen kann, wenn z. B. das Verfahren als erstes eine Ausbeute in gewerblich verwertbarem Maße ermöglichte. (Isay in M. u. W. 8, 183.) Wird bei einer Kombination ein Element durch ein anderes ersetzt und führt das Einsetzen desselben, welches dem ersetzten vielleicht technisch sonst sehr nahe steht, eine über die Wirkung der früheren Kombination hinausgehende Wirkung herbei, so liegt eine Erfindung vor (RG. in JW. 00, 554). Hingegen liegt keine Erfindung vor, wenn durch die Verbindung oder Vermehrung von Elementen eine nach den Grundsätzen der Anhäufung selbstverständliche Verstärkung der Wirkung erzeugt wird, es sei denn, daß durch eine eigenartige Verbindung Wirkungen erzielt werden, welche stärker als die Summe der Einzelwirkungen, oder neu und eigenartig sind.

Ein Kombinationspatent liegt nicht vor, wenn mehrere Neuerungen zusammengefaßt sind, sondern erst, wenn diese Neuerungen sich gegenseitig zu einer erhöhten Gesamtleistung unterstützen (RG. im Bl. 2, 112). Durch das Kombinationspatent sind an sich nicht die einzelnen Elemente geschützt, sondern nur ihre Verbindung miteinander. Die Elemente der Kombination müssen in einer bestimmten Weise ineinander greifen, um die Wirkung hervorzubringen. In der Patentschrift muß der Nachdruck auf die Kombination gelegt werden; in der Beschreibung ist zum Ausdruck zu bringen, daß die Einzelheiten weder neu noch schutzfähig zu sein brauchen. Sind die Einzelheiten des Kombinationspatentes einem andern patentiert, so ist das Kombinationspatent von dem Patent der betreffenden Einzelheit abhängig.

Unter einer **gewerblichen Verwertung** ist diejenige Tätigkeit zu verstehen, welche auf die Gewinnung, Bearbeitung oder Verarbeitung von Rohstoffen einschließlich der Halbfabrikate und Zwischenerzeugnisse gerichtet ist.

Der Begriff, welchen das Strafgesetzbuch mit den Worten „Nahrungs- und Genußmittel" verbindet, ist auch für die Auslegung des Patentgesetzes maßgebend. Nahrungsmittel sind Gegenstände, welche der Ernährung des Körpers dienen, Genußmittel solche, welche genossen werden. Arzneimittel sind Mittel, welche zum Zwecke der Heilung innerlich oder äußerlich angewendet und durch Anwendung verbraucht werden. Die Erfindungen, welche ein bestimmtes Verfahren zur Herstellung von Nahrungs-, Genuß- und Arzneimitteln zum Gegenstande haben, sind patentfähig. Mechanische Verfahren können Stoffschutz genießen. Eine Metallegierung, deren integrierende Bestandteile unverbunden bleiben, ist patentfähig (RG. 22. XII. 23 [24, 107]; Ztschr. f. angew. Chemie 1924, S. 422, 1926, S. 1055).

Unter einem **„Verfahren"** ist die Anwendung einer oder mehrerer miteinander verbundenen chemischen Einwirkungen auf einen bestimmten Fall zur Erreichung eines bestimmten gewerblichen Zweckes mit bestimmten Mitteln oder deren Ersatzmitteln zu verstehen.

§ 2. „Eine Erfindung gilt nicht als neu, wenn sie zur Zeit der auf Grund dieses Gesetzes erfolgten Anmeldung in öffentlichen Druckschriften aus den letzten hundert Jahren bereits derart beschrieben oder im Inland bereits so offenkundig benutzt ist, daß danach die Benutzung durch andere Sachverständige möglich erscheint.

Die im Auslande amtlich herausgegebenen Patentbeschreibungen stehen den öffentlichen Druckschriften erst nach Ablauf von drei Monaten seit dem Tage der Herausgabe gleich, sofern das Patent von demjenigen, welcher die Erfindung im Auslande angemeldet hat, oder von seinem Rechtsnachfolger nachgesucht wird. Diese Begünstigung erstreckt sich jedoch nur auf die amtlichen Patentbeschreibungen derjenigen Staaten, in welchen nach einer im Reichs-Gesetzblatt enthaltenden Bekanntmachung die Gegenseitigkeit verbürgt ist."

Eine Erfindung, die im Auslande offenkundig benutzt oder im Inlande durch öffentliche Vorträge zur Kenntnis größerer Kreise gebracht worden ist, beseitigt die Neuheit der Erfindung nicht. Bezüglich des Zeitpunktes, zu welchem eine

Anmeldung als erfolgt anzusehen ist, bestimmt § 27 der Verordnung vom 11. Juli 1891:

„Sämtliche eingehende Geschäftssachen werden ohne Rücksicht auf ihren verschiedenen Inhalt nach der Zeit ihres Einganges mit einer laufenden Nummer als Geschäftsnummer und mit dem Datum bezeichnet. Geschäftssachen, welche während der Dienststunden eingehen, sind alsbald, andere Geschäftssachen bei dem Wiederbeginn der Dienststunden von dem dazu bestimmten Beamten hiernach zu bezeichnen. Wenn die Reihe des Einganges nicht feststeht, sind sie nach der Reihe, in welcher sie von den Beamten übernommen werden, mit der Bezeichnung zu versehen. Von zwei an demselben Tage an das Patentamt gelangten Geschäftssachen gilt diejenige als später eingegangen, welche die höhere Geschäftsnummer trägt."

Eingaben, welche an Sonn- und Festtagen oder an Wochentagen nach Schluß der Geschäftsstunden eingehen, sind so zu beurteilen, als ob sie zu Beginn der Geschäftsstunden am nächsten Werktage eingegangen wären. Trotzdem gelten sämtliche Anmeldungen, welche mit derselben Briefbestellung beim Patentamt eingehen, als gleichzeitig eingegangen. Bei gleichzeitiger Anmeldung ein und derselben Erfindung erhält jeder Patentsucher ein selbständiges Patent.

Nach dem Anmeldedatum bestimmt sich der Beginn der Patentdauer und der Fälligkeitstermin der Jahresgebühr.

Druckschriften sind alle Erzeugnisse der Buchdruckerpresse sowie alle anderen durch mechanische oder chemische Mittel bewirkten Vervielfältigungen von Schriften oder bildlichen Darstellungen (§ 2 des Reichsgesetzes über die Presse vom 7. Mai 1874). Photographien und Zeichnungen fallen demnach auch unter den Begriff der Druckschriften (PA. im PBl. 80 S. 167; 83 S. 41).

Ein mündlicher Vortrag steht einer Druckschrift nicht gleich (RG. im Bl. 9, 227).

Öffentlichkeit der Druckschrift bedeutet, daß sie dem gesamten Publikum zugänglich gemacht ist. Es kommt allein hierbei darauf an, ob die Druckschrift tatsächlich nur auf einen engen Kreis von bestimmten Personen beschränkt geblieben ist, oder ob sie der Kenntnisnahme der Öffentlichkeit im allgemeinen oder doch seitens größerer Kreise offen gestanden hat. Letzteres ist anzunehmen, wenn sie in einer öffentlichen Bibliothek oder Lesehalle auslag oder für jedermann käuflich im Buchhandel erschienen war; aber auch durch unentgeltliche Verbreitung innerhalb eines größeren Kreises wird die Druckschrift zu einer öffentlichen. Die amerikanischen Patentschriften vor dem 11. Januar 1871 sind nicht ohne weiteres als öffentliche Druckschriften anzusehen.

Die Veröffentlichung der Bezeichnung eines Gebrauchsmusters im Reichsanzeiger kann die Erteilung eines Patentes auf denselben Gegenstand ausschließen, wenn sich aus dieser Veröffentlichung das Wesen der Erfindung deutlich erkennen läßt (RG. in JW. 98, 673).

Auch die häusliche und die zu Lehrzwecken erfolgende Benutzung ist patenthindernd, sofern sie offenkundig ist. Offenkundigkeit liegt regelmäßig dann vor, wenn die Benutzung der Erfindung über den Kreis der Beteiligten hinaus in die Außenwelt gedrungen ist. Die zu der Anfertigung der Zeichnung und Modelle, der Herstellung oder der Bedienung einer Maschine verwendeten Beamten, Handwerker und Arbeiter sind ebenso Beteiligte wie der Patentanwalt und Patentagent. Läßt der Erfinder den Apparat in einer fremden Fabrik herstellen und wußte der Inhaber derselben, daß auf denselben ein Patent nachgesucht werden soll, so gilt für die Patenterteilung die Fabrik als Fabrik des Erfinders (RG. 56, 54, Bl. 10, 171).

Der Benutzer muß alles tun, um zu verhindern, daß durch diese Personen die Erfindung weiteren Kreisen bekannt wird. Dazu gehört, daß ihnen die Geheimhaltung der Erfindung unter Umständen unter Androhung einer Vertragsstrafe zur Pflicht gemacht wird. Die ausdrückliche Auferlegung erübrigt sich, wenn dieselbe sich aus den begleitenden Umständen, insbesondere aus dem Dienstverhältnis der Beteiligten von selbst ergibt.

Das Bekanntsein der Erfindung tritt ein, wenn eine verhältnismäßig erhebliche Zahl von Personen Kenntnis von der Erfindung erlangt. Zur Offenkundigkeit genügt die vor der Anmeldung erfolgte Benutzung nur einer einzigen der erfundenen Maschinen, wenn diese Benutzung in einer Fabrik ohne jede Absperrungs- oder Vorsichtsmaßregel während einer längeren Zeit erfolgte (RG. PBl. 90 S. 563, G. 8, 258; RG. im Bl. 4, 252).

Ob das Hinaustreten in die Außenwelt mit oder wider Willen des Urhebers oder Benutzers der Erfindung erfolgte, ist unerheblich. Die bloße Aufschrift an der Tür „Unbefugten ist der Eintritt verboten" genügt nicht (RG. im PBl. 90 S. 563). Es ist gleichgültig, ob die Zeit der offenkundigen Benutzung sehr lange zurückliegt.

Die **Vorbenutzung** ist nur dann neuheitsschädlich, wenn sie **offenkundig** erfolgt. Darunter ist eine solche Benutzung zu verstehen, die die Kenntnis der Erfindung der Allgemeinheit preisgibt (RG. 7. XI 17 [18, 51]).

Eine Ausnahme hiervon bildet das Bekanntwerden von Erfindungen durch Ausstellungen. Unter dem 18. März 1904 ist ein Gesetz betreffend den Schutz von Erfindungen, Mustern und Warenzeichen auf Ausstellungen ergangen, worin es heißt:

„Erfindungen, Gebrauchsmustern, Mustern und Modellen, die auf einer inländischen oder ausländischen Ausstellung zur Schau gestellt werden, sowie Warenzeichen, die auf einer daselbst zur Schau gestellten Ware angebracht sind, wird ein zeitweitiger Schutz in Gemäßheit der nachfolgenden Bestimmungen gewährt:

1. Durch eine Bekanntmachung des Reichskanzlers im Reichsgesetzblatte wird im einzelnen Falle die Ausstellung bestimmt, auf die der zeitweilige Schutz Anwendung findet.

2. Der zeitweilige Schutz hat die Wirkung, daß die Schaustellung oder eine anderweitige spätere Benutzung oder eine spätere Veröffentlichung der Erfindung, des Musters oder des Warenzeichens der Erlangung des gesetzlichen Patent-, Muster- oder Zeichenschutzes nicht entgegenstehen, sofern die Anmeldung zur Erlangung dieses Schutzes von dem Aussteller oder dessen Rechtsnachfolger binnen einer Frist von 6 Monaten nach der Eröffnung der Ausstellung bewirkt wird. Die Anmeldung geht anderen Anmeldungen vor, die nach dem Tage des Beginns der Schaustellung eingereicht worden sind."

Der Reichskanzler hat bisher alljährlich für verschiedene Ausstellungen Bekanntmachungen auf Grund des Gesetzes erlassen.

§ 3. „Auf die Erteilung des Patents hat derjenige Anspruch, welcher die Erfindung zuerst nach Maßgabe dieses Gesetzes angemeldet hat. Eine spätere Anmeldung kann den Anspruch auf ein Patent nicht begründen, wenn die Erfindung Gegenstand des Patents des früheren Anmelders ist. Trifft diese Voraussetzung teilweise zu, so hat der spätere Anmelder nur Anspruch auf Erteilung eines Patents in entsprechender Beschränkung. Ein Anspruch des Patentsuchers auf Erteilung des Patents findet nicht statt, wenn der wesentliche Inhalt seiner Anmeldung den Beschreibungen, Zeichnungen, Modellen, Gerätschaften oder Einrichtungen eines anderen oder einem von diesem angewandeten Verfahren ohne Einwilligung desselben entnommen und von dem letzteren aus diesem Grunde

Einspruch erhoben ist. Hat der Einspruch die Zurücknahme oder Zurückweisung der Anmeldung zur Folge, so kann der Einsprechende, falls er innerhalb eines Monats seit Mitteilung des hierauf bezüglichen Bescheides des Patentamtes die Erfindung seinerseits anmeldet, verlangen, daß als Tag seiner Anmeldung der Tag vor Bekanntmachung der früheren Anmeldung festgesetzt werde."

Dem Patentgesetz ist es gleichgültig, ob der erste Anmelder auch tatsächlich der Erfinder ist. Nach dem Patentgesetz hat der Berechtigte aus der Erfindung folgende Rechte:

1. das Recht des Einspruchs; dringt er mit demselben durch, so wird er bevorzugt, falls er selbst die Erfindung anmeldet;
2. das Recht der Nichtigkeitsklage, falls ein Patent auf die ihm widerrechtlich entnommene Erfindung erteilt worden ist;
3. bei vorsätzlicher oder fahrlässiger Verletzung seines Patentrechts kann er nach den Grundsätzen des bürgerlichen Rechts Schadloshaltung verlangen (§ 823 BGB.), auch den entgangenen Gewinn einklagen. Hat ein Dritter widerrechtlich auf die Erfindung ein Patent genommen, so muß letzterer das Patent auf den Erfinder übertragen. Die Klage auf Übertragung ist bei den ordentlichen Gerichten anzustellen. Auch Herausgabe der von dem widerrechtlichen Entnehmer im Auslande angemeldeten Patente kann der Berechtigte verlangen.

Das Erfinderrecht erlischt, wenn die Erteilung des Patents durch einen Tatbestand des § 2 unmöglich gemacht ist, oder wenn der Berechtigte oder im Fall einer Doppelerfindung der andere Erfinder oder einer, der die Erfindung auf diesen zurückführt, ein Patent erhält (RG. 56, 283, Bl. 10, 362).

Der Erfinder hat ein Recht darauf, als solcher zu gelten (RG. im Bl. 11, 162). Zum Schutze seiner Erfinderehre kann er gegen jeden klagend vorgehen, der in dieses Eigenrecht eingreift.

Bezüglich der Namensnennung des Erfinders in der Patentschrift (Erfinderehre) vgl. S. 374.

Unter Umständen kommen bereits hier die §§ 17, 18 und 20 des Reichsgesetzes gegen den unlauteren Wettbewerb vom 7. Juni 1909 in Betracht. Dieselben lauten:

§ 17. Mit Gefängnis bis zu einem Jahre und mit Geldstrafe oder mit einer dieser Strafen wird bestraft, wer als Angestellter, Arbeiter oder Lehrling eines Geschäftsbetriebes Geschäfts- oder Betriebsgeheimnisse, die ihm vermöge des Dienstverhältnisses anvertraut oder sonst zugänglich geworden sind, während der Geltungsdauer des Dienstverhältnisses unbefugt an andere zu Zwecken des Wettbewerbes oder in der Absicht, dem Inhaber des Geschäftsbetriebes Schaden zuzufügen, mitteilt.

Gleiche Strafe trifft denjenigen, welcher Geschäfts- oder Betriebsgeheimnisse, deren Kenntnis er durch eine der im Abs. 1 bezeichneten Mitteilungen oder durch eine gegen das Gesetz oder die guten Sitten verstoßende eigene Handlung erlangt hat, zu Zwecken des Wettbewerbes unbefugt verwertet oder an andere mitteilt.

§ 18. Mit Gefängnis bis zu einem Jahre und mit Geldstrafe oder mit einer dieser Strafen wird bestraft, wer die im geschäftlichen Verkehr anvertrauten Vorlagen oder Vorschriften technischer Art, insbesondere Zeichnungen, Modelle, Schablonen, Schnitte, Rezepte zu Zwecken des Wettbewerbes unbefugt verwertet oder an andere mitteilt.

§ 20. Wer zu Zwecken des Wettbewerbes es unternimmt, einen anderen zu einer Zuwiderhandlung gegen die Vorschriften des § 17 Abs. 1 und § 18 zu bestimmen, wird mit Gefängnis bis zu 9 Monaten und mit Geldstrafe oder mit einer dieser Strafen bestraft.

Die Anmeldung einer Erfindung ist die Grundlage des Erteilungsverfahrens und für die Frage der Neuheit und Priorität von ausschlaggebender Bedeutung.

Wer nicht im Inlande wohnt, kann, gleichviel ob er In- oder Ausländer ist, den Anspruch auf Erteilung eines Patentes nur geltend machen, wenn er einen Vertreter bestellt hat (vgl. § 12). Nicht nur physische, sondern auch juristische Personen und solche Gesellschaften, denen das Gesetz Rechtsfähigkeit gemäß §§ 21ff. BGB. beilegt, können durch ihre gesetzlichen Vertreter Erfindungen zum Patent anmelden.

Mehrere Personen können eine Erfindung gemeinsam anmelden; das Patent wird jedoch nur allen zusammen verliehen. Zieht einer der Anmelder die Anmeldung zurück, so kann das Patent nicht erteilt werden. Die übrigbleibenden Erfinder können die Erfindung nur nochmals zum Patent anmelden, setzen sich aber unter Umständen dem Einspruch des ursprünglichen Mitanmelders aus. Die Rechtsverhältnisse mehrerer Anmelder oder mehrerer Inhaber eines Patents regeln sich nach den §§ 741ff. BGB. Danach ist u. a. im Zweifel anzunehmen, daß den Teilhabern gleiche Rechte zustehen. Jeder Teilhaber kann über seinen Anteil verfügen; über den gemeinschaftlichen Gegenstand im ganzen können die Teilhaber nur im ganzen verfügen. Die Lasten und Kosten der Erhaltung, der Verwaltung und der gemeinschaftlichen Genüsse sind nach dem Verhältnisse des Anteils von jedem zu tragen. Ist ein gemeinschaftliches Patent in erster Instanz vernichtet, so hat die von einem Patentinhaber eingelegte Berufung auch Wirkung für die Mitinhaber; haben alle Berufung eingelegt, so werden durch die Zurücknahme der Berufung seitens eines Mitinhabers die andern an der Weiterverfolgung nicht gehindert (RG. 76, 298, Bl. 17, 248). Jeder Teilhaber kann die Verletzung seines Patentrechts zivil- und strafrechtlich verfolgen.

Ist eine frühere Anmeldung zurückgenommen oder endgültig zurückgewiesen worden, so steht sie einer späteren Anmeldung nicht entgegen (PA. im Bl. 2, 279; RG. im Bl. 6, 148). Eine spätere Anmeldung hat nur in dem Falle das Vorrecht vor einer früheren, wenn der spätere Anmelder auf Grund einer Anmeldung in einem Unionsstaate (vgl. den Unionsvertrag S. 651) ein Prioritätsrecht genießt.

Greift eine Erfindung in eine früher angemeldete derart ein, daß sie nicht ohne Beeinträchtigung der Rechte des früheren Anmelders benutzt werden kann, so spricht man von einer **Abhängigkeit des Patents.** Die abhängige Erfindung muß ebenfalls eine patentfähige Erfindung sein. Ohne Erlaubnis des früheren Anmelders oder Patentbesitzers darf die spätere Erfindung nicht ausgeübt werden, andernfalls liegt eine Patentverletzung vor. Eine Abhängigkeit liegt auch vor, wenn ein Patent oder eine Erfindung nicht ausgeübt werden kann, ohne gegen ein bestehendes Gebrauchsmuster zu verstoßen. Fällt das ältere Patent aus irgendeinem Grunde weg oder erlischt das Gebrauchsmuster, so wird das jüngere Patent voll wirksam. Zur Entscheidung der Frage der Abhängigkeit eines jüngeren Patentes von einem andern oder eines Gebrauchsmusters sind die ordentlichen Gerichte berufen (§ 13 GVG.). Das Patentamt ist nicht berechtigt, im Nichtigkeitsverfahren sich über die Abhängigkeit auszusprechen.

Die Abhängigkeitsklage bezweckt die Feststellung des Rechtsverhältnisses zwischen zwei Patenten. Hat der Kläger ein rechtliches Interesse daran, daß das Rechtsverhältnis alsbald festgestellt werde, so kann er die Klage gemäß § 256 ZPO. erheben. Daß ein solches Interesse ohne weiteres bei dem Inhaber des älteren Patents vorliegt, ist klar. Jedoch ist auch der Inhaber des jüngeren Patents hierzu berechtigt. Die Klage ist bereits zulässig, wenn die Bekanntmachung der Patentanmeldung erfolgt ist und dadurch ein einstweiliger Patentschutz begründet ist. Das rechtliche Interesse liegt auch vor, wenn die Abhängigkeit bestritten wird. Der Antrag der Klage geht auf Feststellung, daß das Patent Nr. . . . nicht ohne Erlaubnis des Inhabers des Patentes Nr. . . . ausgeübt werden darf. Umgekehrt kann auch der Inhaber des neueren Patents gegen den des älteren die Klage auf Unabhängigkeit seines Patents anstellen.

Viel umstritten ist die Frage, wem der Anspruch auf die Erteilung eines Patents für die Erfindung eines Beauftragten, Angestellten oder Beamten zusteht. Hat jemand von einem andern den Auftrag erhalten, für ihn eine bestimmte Erfindung zu machen, und macht er in Ausführung dieses Auftrages die Erfindung, so gehört sie dem Auftraggeber.

Ist durch Vertrag bestimmt, daß Erfindungen ohne weiteres Eigentum der andern Vertragspartei werden sollen, so hat letztere den Anspruch auf die Erteilung des Patents. Ausschlaggebend ist, ob der Angestellte zufolge seines Dienstvertrages verpflichtet war, auf Erfindungen bestimmter Art für den Dienstherrn bedacht zu sein. Dies trifft regelmäßig zu, es sei denn, daß der Angestellte nicht in der Erzeugungsstätte beschäftigt ist, und wenn es sich ferner um Erfindungen handelt, welche nicht in den Herstellungsbereich seines Dienstherrn fallen, oder wenn sie nicht im Rahmen seiner Tätigkeit liegen.

Bei der heutigen Art der industriellen Betriebe, namentlich in der Großindustrie, kann die Erfindung oft nicht auf einen bestimmten Erfinder zurückgeführt werden. Sie ist auch meistens das Ergebnis langjähriger Arbeiten und Verbesserungen von Erzeugnissen, an denen eine ganze Reihe von Beamten gearbeitet hat, wobei sich oft der ursprüngliche Erfindungsgedanke verändert, eingeengt oder erweitert hat. Man spricht dann von einer sogenannten Etablissementserfindung. Eine solche Etablissementserfindung gehört regelmäßig dem Dienstherrn. Überhaupt ist anzunehmen, daß die Erfindungen, welche Ingenieure in Ausübung ihrer Tätigkeit im Konstruktionsbureau, und Chemiker im Versuchslaboratorium, Betriebsbeamte in den Werkstätten an den Erzeugnissen der Fabrik machen, dem Dienstherrn gehören. Hierbei ist es nicht ausschlaggebend, ob die Erfindung innerhalb oder außerhalb der Dienststunden oder innerhalb oder außerhalb des Unternehmens gemacht ist, wenn sie nur während des Dienstverhältnisses gemacht ist. Auch ist es unerheblich, wann der Erfinder sie bekannt gibt oder wann er sie zum Patent anmeldet. Entscheidend ist, wann die Lösung der Aufgabe erfolgt ist.

Meldet ein Angestellter behufs Verschleierung des Rechtsverhältnisses die Erfindung durch einen Strohmann an, so wird dem Dienstherrn das Recht nicht verkümmert, wenn er nachweisen kann, daß der Anmelder eine vorgeschobene Person ist. Hat ein Strohmann wissentlich mitgewirkt, so hat er damit dem Berechtigten vorsätzlich Schaden zugefügt und ist ihm zum Ersatz des Schadens verpflichtet.

Die Klage auf Übertragung eines Patentes und Einwilligung in die Umschreibung desselben in der Patentrolle ist vor den ordentlichen Gerichten anzustellen. Der Kläger kann Herausgabe aller Gewinne und Nutzungen verlangen. Mit oder vor der Erhebung der Klage wird der Verletzte zweckmäßig eine einstweilige Verfügung beantragen (vgl. S. 690).

§ 4. „Das Patent hat die Wirkung, daß der Patentinhaber ausschließlich befugt ist, gewerbsmäßig den Gegenstand der Erfindung herzustellen, in Verkehr zu bringen, feilzuhalten oder zu gebrauchen. Ist das Patent für ein Verfahren erteilt, so erstreckt sich die Wirkung auch auf die durch das Verfahren unmittelbar hergestellten Erzeugnisse.“

Danach ist die „gewerbsmäßige“ Benutzung durch Nichtberechtigte untersagt. Die Benutzung der geschützten Erfindung zu Studienzwecken oder für den persönlichen oder häuslichen Bedarf des einzelnen ist frei. Gewerbsmäßig bedeutet also hier: jede nicht rein private Benutzung (RG. 66, 164, Bl. 13, 217; RG. in JW. 11, 250, Industrierecht 11, 64). Infolgedessen gilt jede Benutzung eines Patentes seitens eines Staates, einer Stadtgemeinde, einer Kirchengemeinde oder einer andern öffentlichen Körperschaft als nicht rein private Benutzung, d. h. trotzdem sie nicht gewerbsmäßig in sonst üblichem Sinne ist, ist sie ohne Erlaubnis des Patentinhabers oder Patentbesitzers verboten. Bekannt geworden ist das Urteil des Reichsgerichts 66, 164, nach dem eine Kirchengemeinde eine patentierte Läutemaschine nicht zum Antrieb ihrer Glocken ohne Verständigung mit den Patentberechtigten benutzen durfte.

Werden Reparaturen an einem geschützten Gegenstande durch einen anderen vorgenommen, so muß Klarheit über den Umfang der Reparatur geschaffen werden. Ist die Reparatur gleichbedeutend mit der Neuherstellung des Gegenstandes der Erfindung, so darf sie nur vom Patentinhaber oder mit seiner Erlaubnis vorgenommen werden (RG. im Bl. 92 S. 43).

Inverkehrbringen bedeutet jede Handlung, durch welche der geschützte Gegenstand in den Verkehr gebracht wird, also nicht nur den Verkauf, sondern auch die Vermietung, ja sogar die Vorlegung und Erläuterung in einer Versammlung von Gewerbsgenossen, die Schaustellung auf Ausstellungen, die Auslegung in Laden oder Schaufenstern. Ist ein Patent auf ein Erzeugnis gerichtet, so bedeutet bereits die Ankündigung in Zeitschriften oder Zeitungen, die Versendung von Rundschreiben, die Abgabe von Kaufangeboten ein Inverkehrbringen. Verkörpert sich die Erfindung in Mustern oder Proben, so fällt auch ihre Verteilung hierunter. Gibt jemand das Rezept des durch eine Patentschrift bekannt gewordenen Verfahrens an Interessenten weiter, so gilt das gleiche.

Unendlich wichtig für die Praxis sind die Entscheidungen des Reichsgerichts bezüglich der **Verfahrenspatente.** Werden die zur Ausübung des Verfahrens dienenden Baustoffe oder Apparate in den Verkehr gebracht, so wird das Verfahrenspatent nicht verletzt, es sei denn, daß der Betreffende wissen mußte, der Empfänger wolle sie ohne Erlaubnis des Patentinhabers in Benutzung nehmen. Es ist also bei einem Verfahrenspatent nicht Sache des Herstellers, sich zu vergewissern, ob seine Abnehmer eine Lizenz des Patentinhabers zur Benutzung der Maschine haben (RG. 33, 152; 65, 157; EL. 13, 151; JW. 06, 146; Bl. 13, 130).

Geschützte Waren, welche im Auslande hergestellt sind, dürfen im Inland nicht in den Verkehr gebracht werden.

Feilhalten ist das äußerlich erkennbare Bereitstellen eines Gegenstandes behufs Überlassung gegen Entgelt. In dem Vorführen eines Gegenstandes auf einer Ausstellung oder einer Versammlung von Interessenten liegt ein Feilhalten, sobald die Absicht der Überlassung gegen Entgelt erkennbar hervortritt. Auch in dem Anbieten durch Ankündigungen, Rundschreiben, Briefe, Kataloge usw. liegt ein Feilhalten.

Der Ankauf oder anderweite Erwerb der patentierten Gegenstände ist gestattet; daher ist der Kaufvertrag, selbst wenn der Verkäufer durch ihn wissentlich das Patent verletzt, trotz § 134 BGB., nicht nichtig (RG. 60, 273). Der Käufer kann auf Grund der §§ 434 und 440ff. BGB. Ansprüche geltend machen, es sei denn, daß er beim Abschlusse des Kaufes wußte, daß der Verkäufer zum Verkaufe wegen des bestehenden Patentes nicht berechtigt war (§ 439 Abs. 1 BGB.).

Die Herstellung des geschützten Gegenstandes im Auslande ist zulässig. Infolgedessen wird ein deutsches Patent auch nicht dadurch verletzt, daß jemand sich in Deutschland erbietet, bei der Herstellung im Auslande behilflich zu sein und zu diesem Zwecke von hier aus dorthin reist (RG. 75, 128). Jedoch wird ein geschütztes Verfahren im Inland dadurch feilgehalten, daß jemand vom Inlande aus nach dem Auslande oder umgekehrt das Rezept desselben gegen Entgelt mitteilt (RG. im Bl. 6, 197).

Bei Zivil- und Strafprozessen, welche ein Patent betreffen, steht die Frage nach dem Umfange des Schutzbereiches im Vordergrunde. Zunächst bildet der Patentanspruch die Grundlage für die Beantwortung.

Für die Auslegung desselben ist im Zweifel nach der Rechtsprechung des Reichsgerichts der Stand der Technik zur Zeit der Anmeldung des Patentes maßgebend (vgl. RG. vom 9. Februar 1910 im JW. 10, 299, Bl. 16, 157). Das Reichsgericht betont in der Auslegung des Patentanspruches, daß der Anmelder nur im „Zweifel" den Schutz beanspruchen könne, der ihm nach dem Stande der Technik zur Zeit der Anmeldung gebührt, so daß Verzichte und Einschränkungen ihm entgegen ständen. Mit Urteil vom 28. Juni 1911 (JW. 11, 822, Bl. 17, 274) hat das RG. gerügt, daß man seiner Rechtsprechung in und seit dem Urteile vom 9. Februar 1910 vielfach eine zu weitgehende Bedeutung beigelegt habe; nur im Zweifel entscheidet der Stand der Technik zur Zeit der Anmeldung, einerlei, ob er der Patent erteilenden Behörde bekannt war oder nicht; die Wirksamkeit nachweisbarer Einschränkungen und Verzichte sei von ihm ausdrücklich anerkannt worden; die Gerichte seien weder zur Erteilung eines Patents oder eines erweiterten Patentschutzes, noch für eine Verbesserung des PA. befugt. Es heißt darin, daß die ordentlichen Gerichte nicht dazu berufen sind, die Ansichten der patenterteilenden Behörden über das Vorliegen einer schutzwürdigen Erfindung nachzuprüfen und zu berichtigen; sie haben das Patent so hinzunehmen, wie es erteilt worden ist, und nur mit seiner Auslegung unter Abgrenzung seines Schutzumfanges zu tun.

Die Beschwerdeabteilung II hat am 16. Dezember 1912 eine Entscheidung getroffen, die klarer den Schutzumfang eines Patentes und den Einfluß der ordentlichen Gerichte auf die Auslegung des Schutzumfanges darlegt. Diese Entscheidung lautet:

„Im allgemeinen besteht darüber Einverständnis, daß zunächst und grundsätzlich zu entscheiden ist zwischen dem Patente selbst und der Wirkung des Patentes. Die Erfindung ist ein immaterielles Gut auf technischer Grundlage. Ihre Feststellung im Sinne des PG. liegt ausschließlich dem Patentamt ob. Das Patentamt hat aber nicht nur zu entscheiden, **ob** ein Patent erteilt werden, sondern auch **was** patentiert werden soll. Mit dieser Feststellung ist die Tätigkeit des Patentamts im Erteilungsverfahren abgeschlossen. Die Beurteilung der Wirkung des Patentes liegt außerhalb seiner Zuständigkeit. Handelt es sich um die Ermittlung und Abgrenzung des Schutzbereiches gemäß §§ 4, 35 und 36 des PG., so sind zur Entscheidung darüber im einzelnen Fall ausschließlich die ordentlichen Gerichte zuständig.

Hat hiernach zwar das Patentamt sich auf die Feststellung der geschützten Erfindung zu beschränken, so haben andererseits die Gerichte diese Erfindung so hinzunehmen, wie sie patentiert ist. Sie dürfen daher nicht einen andern Gegenstand als patentiert ansehen oder den Gegenstand überhaupt nicht als geschützt behandeln, selbst wenn das eine oder andere nach dem Stande der Technik zur Zeit der Anmeldung berechtigt gewesen wäre. Die Erweiterung des Patentes könnte nur im Wege einer neuen Anmeldung, die ganze oder teilweise Vernichtung nur im Nichtigkeitsverfahren herbeigeführt werden.

Eine grundsätzlich andere Frage ist es, daß den Gerichten die Auslegung des Patentes, sowie es erteilt ist, zusteht. Die Sachlage kann hier nicht anders sein als bei der Auslegung von Gesetzen, Verträgen oder sonstigen Rechtsgeschäften. Jedenfalls sind die Gerichte (wenn man etwa von der Bestimmung in § 4 Abs. 2 des Patentgesetzes absieht) bei Patenten an besondere Auslegungsregeln nicht gebunden. Es kommen deshalb auch hier die üblichen Grundsätze in Betracht. Aus diesem Grunde wird, falls in einem gegebenen Falle der Patentanspruch mit der dazu gehörigen Beschreibung Zweifel über die Tragweite des erteilten Patentschutzes übrig läßt, auch der Stand der Technik zur Zeit der Anmeldung ein wertvolles Auslegungsmittel für den Inhalt des Patentes sein können."

Die Grundlage des Schutzbereiches eines Patentes bildet also der Patentanspruch. Für seine Auslegung sind im übrigen die in der Rechtswissenschaft anerkannten allgemeinen Grundsätze über Auslegung von Willenserklärungen und Urkunden maßgebend. Das wichtigste Hilfsmittel für die Auslegung des Patentes ist der Stand der Technik. Die technischen Ausdrücke sind in dem Sinne aufzufassen, welchen sie zur Zeit der Anmeldung des Patentes hatten.

Zur Auslegung des Patentes sind auch die andern Teile, d. h. Titel, Beschreibung und Zeichnung heranzuziehen. Das RG. sagt: nur in und aus diesem Zusammenhange läßt sich die Tragweite dessen voll erkennen, was der Anmeldende nach der Fassung des Anspruchs unter den Patentschutz hat stellen wollen. Eine Auslegung, welche nur den Anspruch berücksichtigt und an dessen Wortlaut haftet, steht mit dem Grundgedanken des Patentrechts nicht im Einklang, daß sich die Erfindung nicht in ihre einzelnen äußeren Darstellungen erschöpft (RG. in JW. 0, 1, 334). Bei einem nicht ganz klar gehaltenen Patentanspruch müssen die Erteilungsakten des PA. zur Erläuterung herangezogen werden. Aus ihnen wird sich zuweilen ergeben, daß das PA. den Schutz nicht in einem so weiten Umfange hat erteilen wollen, wie ihn der Patentinhaber auf

Grund eines weitgehenden Wortlautes des Anspruchs bei Verletzungsprozessen seinem Patent beilegen möchte. Manchmal zeigt sich auch, daß der Umfang des vom Patentinhaber von vornherein erkannten und betonten Erfindungsgedankens über den Wortlaut des Patentanspruches hinausgeht, ohne daß ersichtlich wird, weshalb schließlich die enge Fassung des Patentanspruchs gewählt wurde. Hier wird das Gericht gegebenenfalls durch einschränkende oder ausdehnende Auslegung helfen. Deshalb fordern die Gerichte heute meistens vor der Entscheidung die Erteilungsakten vom PA. ein und machen sie mit zum Gegenstand der Verhandlung. (Von neueren Entscheidungen sind zu erwähnen: RG. 4. XI. 25, MuW. 25/26, 117; JW. 26, 558; 29. IV. 26; GRUR. 26, 392; 8. I. 27; MuW. 26/27, 191; JW. 27, 1101; RG. 18. IX. 26, MuW. 26/27, 152; RG. 23. II. 27, MuW. 26/27, 386.)

Verzichtet der Anmelder auf weitgehende Auslegung seines Anspruchs oder beschränkt das Patentamt dieselbe, so ist dies auch für spätere Auslegungen bindend. Es ist hierbei gleichgültig, ob der Anmelder einen weitergehenden Schutz verlangt hat; von rechtlicher Bedeutung ist lediglich, was endgültig vom PA. bewilligt worden ist. Werden durch Nichtigkeitsurteile die Patente in ihrem Umfang eingeschränkt, so ist das für die Auslegung in Zukunft von außerordentlicher Bedeutung. Hat sich das Patentamt bei Erteilung des Patentes oder bei seinen Urteilen bei späterer Auslegung in irgendeiner Hinsicht geirrt und das Patent erteilt, so muß das Gericht dem Patent Schutz gewähren. Nimmt in solchem Falle z. B. eine frühere Druckschrift dem Patent jeglichen Erfindungsgedanken fort, so darf das Gericht sie nicht berücksichtigen.

Der Patentinhaber kann gemäß § 256 der ZPO. auf Feststellung des Bestehens des Patentrechtes oder des Umfanges desselben klagen, wenn er ein rechtliches Interesse an der alsbaldigen Feststellung dartut (RG. im Industrierecht 07, 247). Dieses Interesse ist vorhanden, wenn der Patentinhaber aus § 35 des PG. eine Entschädigungsklage dadurch vorbereiten will, daß er durch die vorherige rechtskräftige Feststellung sich den Nachweis der Wissentlichkeit oder groben Fahrlässigkeit der Verletzung im Entschädigungsprozeß sichern will, oder wenn er den Schadensersatz, den er auf Grund des § 35 verlangen will, noch nicht ziffernmäßig berechnen kann (RG. im Bl. 3, 148, JW. 97, 247). Bei dem Nachweis des rechtlichen Interesses darf nicht außer acht gelassen werden, daß die wirtschaftlichen Interessen mit den Rechtsbeziehungen auf das engste verknüpft sind (RG. 35, 392). Mit Recht wird darauf hingewiesen, daß der Patentinhaber oft große Summen ausgegeben hat, so daß er ein berechtigtes Interesse an der Feststellung der bestrittenen Gültigkeit oder Tragweite des Patentes hat, auch soll damit in vielen Fällen zukünftigen Verletzungen seitens Dritter vorgebeugt werden. Handelt es sich um ein zeitlich begrenztes, ausschließliches Recht, so kann ein solches mittelbares Interesse den Anspruch auf Rechtsschutz in ausreichender Weise begründen (RG. im Bl. 3, 148).

Hat jemand ein Patent verletzt, so kann der Patentberechtigte stets auf Feststellung klagen, dahingehend, daß der Verletzer zu seiner Handlung nicht berechtigt ist; er braucht damit den Antrag auf Untersagung nicht zu verbinden (RG. im Bl. 3, 148).

Gegen das Reich oder einen Bundesstaat kann nur die Feststellungsklage, niemals die Untersagungsklage angestrengt werden. Will ein Beklagter die gänzliche oder teilweise Nichtigkeit des Patents geltend machen, so muß er beim PA. darauf klagen. Er kann die Aussetzung des Feststellungsprozesses bis zur Entscheidung über die Nichtigkeit beantragen. Das Urteil in dem Feststellungsprozeß stellt nur zwischen den Parteien die Gültigkeit und Tragweite fest, Dritten gegenüber ist es ohne Wirkung.

Die Feststellungsklage ist bei dem Gericht zu erheben, bei welchem der Beklagte seinen allgemeinen Gerichtsstand hat oder bei welchem der Gerichtsstand der Niederlassung ist. Die Revision geht an das Reichsgericht.

Häufig hat der Patentinhaber ein Interesse daran, vor Verletzung seines Patentes zu warnen; einmal, um Dritte von zukünftigen Patentverletzungen abzuhalten, und zweitens, um durch die Warnung vielfach Wissentlichkeit oder grobe Fahrlässigkeit bei späterer Verletzung nachzuweisen.. Die Warnung kann durch eingeschriebenen Brief, Rundschreiben, Ankündigungen und dergleichen geschehen.

Glaubt ein Interessent, daß die Warnung unberechtigt ist, so kann er die negative Feststellungsklage erheben, oder den Patentinhaber auf Unterlassung solcher Behauptungen, und falls er Vorsatz oder Fahrlässigkeit des Patentinhabers nachweist, gemäß § 823 Abs. 1 BGB. auf Schadensersatz verklagen (RG. in JW. 04, 292; RG. 25. X. 22, MuW. 23/24, 49). § 823 bestimmt: Wer das Eigentum oder ein sonstiges Recht eines andern widerrechtlich verletzt, ist dem andern zum Ersatze des daraus entstehenden Schadens verpflichtet. Der Anspruch auf Ersatz verjährt in 3 Jahren von dem Zeitpunkt ab, in welchem der Verletzte von dem Schaden und der Person des Ersatzpflichtigen Kenntnis erlangt, ohne Rücksicht auf diese Kenntnis in 30 Jahren von der Begehung der Handlung an.

Der Beweis der Patentverletzung liegt dem Patentinhaber ob; ebenfalls liegt ihm der Beweis der Abhängigkeit eines jüngeren Patentes eines andern von seinem älteren ob.

Dem Gewerbetreibenden entstehen gewöhnlich durch die weitere Verbreitung von Warnungen während der Dauer des Rechtsstreites wesentliche Nachteile. Deshalb ist es für ihn vorteilhaft, mit Erhebung der Klage oder vor derselben die Erlassung einer einstweiligen Verfügung zu beantragen, durch welche dem Patentinhaber die Verbreitung derartiger Warnungen untersagt wird. Zu diesem Zwecke muß er glaubhaft machen, daß ihm keine Patentverletzung zur Last fällt (RG. im Bl. 10, 293; 2, 179; 2, 340).

Häufig wird die Feststellung schwierig sein, ob eine Patentverletzung vorliegt. Ist die Warnung unzweifelhaft nicht begründet, so kann gegen den Patentinhaber wegen unlauteren Wettbewerbs vorgegangen werden (OLG. Hamburg in M. u. W. 7, 199). Der Anspruch auf Schadensersatz verjährt in letzterem Falle in 6 Monaten von dem Zeitpunkte an, in welchem der Anspruchberechtigte von der Handlung und der Person des Verpflichteten Kenntnis erlangt, ohne Rücksicht auf diese Kenntnis in 3 Jahren von der Begehung der Handlung an.

Wenn ein unbefugter Dritter den Gegenstand der geschützten Erfindung gewerblich herstellt, in Verkehr bringt, feilhält oder gebraucht, so ist damit ein Eingriff in das Patentrecht erfolgt und die Voraussetzung zu einer Klage gegeben. Die Benutzung der Erfindung muß hierbei ohne oder wider den Willen des Patentinhabers erfolgt sein. Eine Einwilligung ist nicht darin zu finden, daß der Berechtigte zur Feststellung von Patentverletzungen durch Mittelspersonen bei jemanden patentierte Gegenstände bestellen oder kaufen läßt (RGSt. 23, 363).

Eine negatorische Klage kann der Berechtigte auch zur Abwehr künftiger rechtswidriger Eingriffe in das Patentrecht anstrengen, wenn Tatsachen vorliegen, welche die Annahme rechtfertigen, daß solche Angriffe beabsichtigt sind oder vorbereitet werden.

Der Inhaber eines Patentes kann nicht nur gegen den Patentverletzer, sondern auch gegen diejenigen klagen, die bei der Verletzung Hilfe leisten, sie befördern oder sie durch Anstiftung und dgl. herbeizuführen suchen.

Zur Klage ist der Inhaber des Patents, auch der einzelne Mitinhaber, sowie der beschränkte Erwerber des Patents aktiv berechtigt. Die Klage kann nicht nur gegen die vertretene physische oder juristische Person, sondern auch gegen den Täter selbst gerichtet werden.

Gegen das Reich oder einen Bundesstaat kann, wie erwähnt, wegen Patentverletzung nicht auf Untersagung geklagt werden, wenn der patentverletzende Akt sich als Ausübung eines Hoheitsrechtes darstellt. Das RG. hat die Klage eines Patentinhabers gegen den Militärfiskus auf Unterlassung der Herstellung und des Gebrauchs eines Säbelträgers abgewiesen, weil in einem solchen Verbot ein Eingriff in das Militärhoheitsrecht liegt (GK. im Bl. 17, 315). In den Betrieb der Werkstätten der Schiffswerft der Reichsmarine darf das Gericht weder durch gänzliche noch teilweise Untersagung noch durch Anordnung von Beschränkung eingreifen (RG. 44, 225). Kommt das Reich oder der Staat in privatrechtliche Beziehung zu andern, so unterstehen seine Handlungen den Vorschriften des Bürgerlichen Rechts (RG. 55, 171). Verletzt der Fiskus in Ausübung seines Hoheitsrechtes ein Patent, so kann der Patentinhaber auf Entschädigung klagen; auch kann er die Feststellungsklage anstrengen.

Alle Klageanträge müssen eine fest umschriebene Gestaltung haben. Eine Strafandrohung für den Fall des Zuwiderhandelns gegen die Untersagung kann in der Klage verlangt und im Urteil ausgesprochen werden; ist dies unterblieben, so erfolgt die Strafandrohung gemäß § 890 der ZPO. im Zwangsvollstreckungsverfahren; wegen jeder Zuwiderhandlung kann eine Geldstrafe bis zu 1500 RM. oder eine Haftstrafe bis zu 6 Monaten angedroht werden.

§ 890 ZPO. lautet:

„Handelt der Schuldner der Verpflichtung zuwider, eine Handlung zu unterlassen oder die Vornahme einer Handlung zu dulden, so ist er wegen einer jeden Zuwiderhandlung auf Antrag des Gläubigers von dem Prozeßgericht erster Instanz zu einer Geldstrafe bis zu 1500 RM. oder zur Strafe der Haft bis zu 6 Monaten zu verurteilen. Das Maß der Gesamtstrafe darf 2 Jahre Haft nicht übersteigen. Der Verurteilung muß eine Strafandrohung vorausgehen, welche, wenn sie in dem die Verpflichtung aussprechenden Urteile nicht enthalten ist, auf Antrag von dem Prozeßgericht erster Instanz erlassen wird. Auch kann der Schuldner auf Antrag des Gläubigers zur Stellung einer Sicherheit für den durch fernere Zuwiderhandlung entstehenden Schaden auf bestimmte Zeit verurteilt werden." (Vgl. auch RG. 16. XII. 22 [23, 36].)

Nach § 891 ZPO. können die Entscheidungen ohne vorgängige mündliche Verhandlung erfolgen, jedoch ist der Schuldner vor der Entscheidung zu hören.

Das Gericht, in dessen Bezirk die das Patent verletzenden Handlungen begangen sind, ist nicht zuständig. Bei Fabriken, Handelsgesellschaften usw. kommt als Gerichtsstand das Gericht der Niederlassung, bei Klagen gegen eine Person, welche im Deutschen Reich keinen Wohnsitz hat, wegen vermögensrechtlicher Ansprüche das Gericht in Betracht, in dessen Bezirk sich das Vermögen derselben oder der mit der Klage in Anspruch genommene Gegenstand befindet (§ 21 und 23 ZPO.).

Wird mit der Störungsklage die Entschädigungsklage verbunden, so ist nach der Entscheidung des RG. dasjenige Gericht für beide Ansprüche zuständig, in dessen Bezirk die subjektiv schuldhafte Handlung vorgenommen ist.

Legt der Patentinhaber Wert darauf, gegen einen an einem anderen Orte wohnenden Verletzer z. B. in Berlin zu klagen, so braucht er nur einen Dritten, der in Berlin wohnt, zu veranlassen, sich dorthin vom Verletzer die patentverletzende Ware kommen zu lassen. Er kann dann in Berlin auf Unterlassung, Rechnungslegung und Schadensersatz klagen, indem er grobe Fahrlässigkeit oder Wissentlichkeit auf seiten des Beklagten behauptet.

Will der Kläger die Erteilungsakten für die Erläuterung des Schutzbereiches seines Patentes verwerten, so empfiehlt es sich, daß er vor der mündlichen Verhandlung sich eine beglaubigte Abschrift derselben vom Patentamt verschafft.

Beschließt das Gericht den Beweis über die Patentverletzung, indem es Gutachten von Sachverständigen einholt, so muß es den Beweisbeschluß genau umgrenzen, und diejenigen technischen Punkte herausschälen, deren Beantwortung durch den Sachverständigen es für nötig erachtet, um selbst zu einem Urteile über die Verletzung zu gelangen (Kohler, Handbuch S. 864). Der Sachverständige muß auf dem Sondergebiet der Technik fachkundig sein, er kann gemäß § 406 ZPO. abgelehnt werden, wenn er über den Gegenstand des Beweisbeschlusses einer Partei gegen Entgelt ein Privatgutachten erstattet hat (RG. in JW. 97, 345). Eine Ablehnung sachverständiger Zeugen ist ausgeschlossen (RG. 59, 169).

Die Kosten des Rechtsstreits treffen den Beklagten, wenn er durch objektive Verletzung des Patentrechts Veranlassung zur Klage gegeben hat, es sei denn, daß er den rechtsverletzenden Zustand vor der Klageerhebung beseitigt und dem Kläger die begründete Besorgnis vor Wiederholung der Handlung genommen hat. Bei der Kostenerstattung müssen die für Einholung von Privatgutachten, für technische Aufklärung der Prozeßbevollmächtigten usw. durch Patentanwälte verausgabten Beträge gemäß § 91 ZPO. berücksichtigt werden, wenn nach Lage des Falles diese Kosten zur zweckentsprechenden Rechtsverfolgung oder Rechtsverteidigung notwendig waren (RG. in JW. 97, 303). Dies wird meistens der Fall sein, wenn es sich um nicht einfache technische Fragen handelt und wenn durch Privatgutachten zur Klärung dieser Fragen beigetragen wurde.

Legt ein Patentinhaber seinem Patent eine ihm nicht zukommende Tragweite bei, so kann der Bedrohte eine negative Feststellungsklage des Inhalts anstrengen, daß sein Verhalten das Patent nicht verletzt (RG. 22, 96; 45, 61).

Der einstweiligen Verfügung kommt in den Patentprozessen eine besondere Bedeutung zu. (Vgl. einstweilige Verfügung S. 690.) § 940 ZPO. bestimmt:

„Einstweilige Verfügungen sind auch zum Zwecke der Regelung eines einstweiligen Zustandes in bezug auf ein streitiges Rechtsverhältnis zulässig, sofern diese Regelung insbesondere bei dauernden Rechtsverhältnissen zur Abwendung wesentlicher Nachteile oder zur Verhinderung drohender Gewalt oder aus anderen Gründen notwendig erscheint."

Diese Voraussetzung trifft oft zu, wenn bei Patentprozessen umfassende Beweise erhoben werden oder schwierige Gutachten oder Obergutachten eingeholt werden müssen. Strengt der Beklagte gar die Nichtigkeitsklage an und erwirkt er bis zur Entscheidung über sie eine Aussetzung des Verfahrens, so können Jahre vergehen, bis letzteres rechtskräftig ist; in der Zwischenzeit erzeugt und verkauft der Verletzer ruhig fort; sein Wagnis ist nicht groß; denn er ist nur zur Entschädigung gemäß § 35 PG. verpflichtet, wenn ihm Vorsatz oder grobe Fahrlässigkeit nachgewiesen wird. Demgegenüber steht der Umstand, daß die einstweilige Verfügung in das Erwerbsleben des Beklagten oft tief einschneidet und in wirtschaftlicher Hinsicht die Entscheidung des Rechtsstreits oft vorweg nimmt.

Bezüglich der einstweiligen Verfügung bestimmt § 945 ZPO.:

„Erweist sich die Anordnung einer einstweiligen Verfügung als von Anfang an ungerechtfertigt oder wird die angeordnete Maßregel aus dem Grunde aufgehoben, daß die Klage innerhalb der vorgeschriebenen Frist nicht anhängig gemacht wird, so ist die Partei, welche die Anordnung erwirkt, verpflichtet, dem Gegner den Schaden zu ersetzen, der ihm aus der Vollziehung der angeordneten Maßregel oder dadurch entsteht, daß er Sicherheit leistet, um die Vollziehung abzuwenden oder die Aufhebung der Maßregel zu erwirken."

Die Schadensersatzpflicht tritt nicht ein, wenn der Beklagte in der Hauptsache unterliegt (RG. 65, 66). Wird z. B. das Patent später für nichtig erklärt, so begründet dies regelmäßig nicht die Schadensersatzpflicht.

Um eine einstweilige Verfügung wegen Verletzung von Patenten zu erwirken, muß der Patentinhaber sein Patentrecht glaubhaft machen, z. B. durch Vorlegung der Patenturkunde, außerdem eine eidesstattliche Versicherung oder Gutachten beibringen, aus denen die Verletzung des Patentes hervorgeht; ferner wird er besonders begründen müssen, warum in vorliegendem Falle die Erlassung der einstweiligen Verfügung gerechtfertigt erscheint. Das Gericht wird regelmäßig vor Erlaß eine mündliche Verhandlung anordnen, da die einstweilige Verfügung oft tief in die Existenz desjenigen eingreift, gegen den sie ergeht (Rathenau im M. u. W. 6, 175). Hatte das Gericht die einstweilige Verfügung ohne mündliche Verhandlung erlassen, so verschafft sich der Beklagte in seinem Interesse alsbald Material zur Erschöpfung der Angaben des Antragstellers insbesondere durch Gegengutachten und erhebt dann beim Gericht gemäß § 924 ZPO. Widerspruch.

Die einstweilige Verfügung wird dem Beklagten unter Androhung der in § 890 ZPO. angegebenen Strafen untersagen, bis zur rechtskräftigen Entscheidung des Prozesses alle Handlungen gemäß der Klage zu unterlassen.

Steht die Zahlungsfähigkeit der Partei, welche die einstweilige Verfügung beantragt, nicht außer Zweifel, so macht das Gericht die Erlassung der Verfügung von der Leistung einer Sicherheit abhängig.

Wenn der Beklagte glaubhaft nachweist, daß gegen das Patent die Nichtigkeitsklage erhoben ist und daß diese wahrscheinlich Erfolg haben wird, so wird das Gericht die einstweilige Verfügung nicht erlassen (KG. in DJZ. 04, 700, OLG. Darmstadt in Industrie-Recht LL. 89). Überreicht eine Partei in der mündlichen Verhandlung oder kurz vor derselben ein neues Gutachten, so gibt dies dem Gegner kein Recht auf Vertagung (RG. in JW. 99, 338).

Unter Umständen kann die Verfügung erlassen werden, bevor ein Hauptprozeß anhängig ist (RG. 4, 399).

§ 5. „Die Wirkung des Patents tritt gegen denjenigen nicht ein, welcher zur Zeit der Anmeldung bereits im Inlande die Erfindung in Benutzung genommen oder die zur Benutzung erforderlichen Veranstaltungen getroffen hatte. Derselbe ist befugt, die Erfindung für die Bedürfnisse seines eigenen Betriebes in eigenen oder fremden Werkstätten auszunutzen. Diese Befugnis kann nur zusammen mit dem Betriebe vererbt oder veräußert werden.

Die Wirkung des Patents tritt ferner insoweit nicht ein, als die Erfindung nach Bestimmung der Reichsregierung für das Heer oder für die Flotte oder sonst im Interesse der öffentlichen Wohlfahrt benutzt werden soll. Doch hat der Patentinhaber in diesem Falle gegenüber dem Reiche oder dem Staate, welcher in seinem besonderen Interesse die Beschränkung des Patents beantragt hat, Anspruch auf angemessene Vergütung, welche, in Ermangelung einer Verständigung, im Rechtswege festgesetzt wird.

Auf Einrichtungen an Fahrzeugen, welche nur vorübergehend in das Inland gelangen, erstreckt sich die Wirkung des Patents nicht."

Dieser Paragraph bezieht sich auf die Vorbenutzung.

Das Gesetz verlangt also, daß die Erfindung auch in Benutzung genommen oder doch wenigstens die dazu erforderlichen Veranstaltungen getroffen werden müssen, damit die Wirkungen des Patentes nicht in Kraft treten. Es genügt nicht, daß jemand vor der Anmeldung Kenntnis von der Erfindung hatte oder die Beschreibung, Zeichnung und so weiter besaß. Es genügt auch nicht, daß bei vorheriger Benutzung der benutzte Gegenstand oder das früher angewendete Verfahren sich mit dem Gegenstande der geschützten Erfindung deckt; sondern der Vorbenutzer mußte den Erfindungsgedanken erfaßt haben. Für die Vorbenutzung ist es gleichgültig, ob die Benutzung eine gewerbsmäßige war oder ob sie nur zu Privatzwecken erfolgt, ob sie offenkundig war oder nicht. Nach der Praxis des RG. sind diejenigen Veranstaltungen erforderlich und ausreichend, welche die Erfindung im wesentlichen auszuführen bestimmt sind und den ernstlichen Willen kundgeben, die Erfindung sofort zu benutzen (RG. 30, 63; 45, 116; RG. in JW. 96, 110 in PBl. 6, 172). Die Herstellung von Zeichnungen oder von Modellen genügt zum Nachweise (RG. in PBl. 14, 188), ebenso die Einreichung von Zeichnungen und Beschreibungen bei einem Wettbewerb (RG. in PBl. 17, 313), die Beschaffung von Materialien, der Beginn des Baues von Fabrikräumlichkeiten und die Bestellung der später patentierten Maschine im Inland.

Für die Feststellung der Absicht, die Erfindung sofort zu benutzen, wird das gesamte Verhalten vor und nach der Anmeldung der Erfindung in Betracht gezogen.

Der Vorbenutzer kann das ihm zustehende Recht nicht nur durch Einrede, sondern auch durch Klage geltend machen; insbesondere wird er gegen den Patentinhaber auf Feststellung der Wirkungslosigkeit des Patentes klagen können (RG. in JW. 90, 258).

Wird die Erfindung nach Bestimmung des Reichskanzlers für das Heer und die Flotte oder im Interesse der öffentlichen Wohlfahrt benutzt, so bestimmt der Reichskanzler auch, wie weit die Wirkungslosigkeit des Patentes gilt.

Die Wirkung des Patentes erstreckt sich nach dem letzten Absatz des § 5 nicht auf Einrichtungen an Fahrzeugen, welche nur vorübergehend in das

Inland gelangen, z. B. Lokomotiven, Eisenbahnwagen, Schiffe, Kraftwagen, Fahrräder usw.

Diese Bestimmung ist getroffen, um den internationalen Verkehr gegen etwaige, mit seinen Bedürfnissen unverträgliche Belästigungen zu schützen. Auf Schiffe, welche ihre Heimat in Deutschland haben und von einem deutschen Hafen regelmäßige Fahrten nach ausländischen Häfen und zurück unternehmen, bezieht sich diese Bestimmung nicht (RG. in PBl. 87, S. 371). Ob die Fahrzeuge hierbei einem Deutschen oder Ausländer gehören, ist unerheblich.

§ 6. „Der Anspruch auf Erteilung des Patents und das Recht aus dem Patent gehen auf die Erben über. Der Anspruch und das Recht können beschränkt oder unbeschränkt, durch Vertrag oder Verfügung von Todes wegen auf andere übertragen werden."

Das zugrunde liegende Rechtsgeschäft kann entweder Kauf, Tausch, Schenkung oder ein anderes Veräußerungsgeschäft sein. Wird der Anspruch oder das Recht verkauft, so haftet der Verkäufer nach § 437 Abs. 1 BGB. für den rechtlichen Bestand. Anspruch und Recht können aber auch beschränkt in Form eines ausschließlichen Ausübungsrechtes oder beschränkten Ausübungsrechtes abgegeben werden; dann spricht man von einer Lizenzerteilung. Die Lizenzerteilung wird gewöhnlich durch einen Lizenzvertrag geregelt. (Vgl. den Abschnitt: Lizenzvertrag S. 659.)

§ 7. Die Dauer des Patents ist 18 Jahre; der Lauf dieser Zeit beginnt mit dem auf die Anmeldung der Erfindung folgenden Tage. Bezweckt eine Erfindung die Verbesserung oder sonstige weitere Ausbildung einer anderen, zugunsten des Patentsuchers durch ein Patent geschützten Erfindung, so kann dieser die Erteilung eines Zusatzpatents nachsuchen, welches mit dem Patente für die ältere Erfindung sein Ende erreicht.

Fällt das Hauptpatent durch Erklärung der Nichtigkeit, durch Zurücknahme oder durch Verzicht fort, so wird das Zusatzpatent zu einem selbständigen Patente; seine Dauer bestimmt sich nach dem Anfangstage des Hauptpatents.

Die Schutzdauer-Verlängerung des Hauptpatents auf Grund des Gesetzes vom 27. April 1920 ergreift nicht das Zusatzpatent.

Das **Zusatzpatent** kann jederzeit angemeldet werden, aber erst erteilt werden, wenn das Hauptpatent rechtskräftig erteilt ist. Die durch Zusatzpatent zu schützende Erfindung muß patentfähig sein und die Verbesserung oder weitere Ausbildung der bereits geschützten Erfindung bezwecken. Sie muß vom Inhaber des Hauptpatents oder, falls dasselbe noch nicht erteilt ist, vom Anmelder des Hauptpatents angemeldet werden; ob der Erfinder derselbe ist, ist unerheblich. Sind mehrere Inhaber des Hauptpatents vorhanden, so kann nur auf die gemeinschaftliche Anmeldung aller ein Zusatzpatent erteilt werden. Ist das Hauptpatent in andere Hände übergegangen, so darf nach der herrschenden Rechtsanschauung das nachgesuchte Patent als Zusatzpatent nicht erteilt werden.

Der Inhaber bzw. der Anmelder des Hauptpatents, welcher ein Zusatzpatent für seine Erfindung nachsucht, muß dies ausdrücklich erklären; denn er hat die Wahl, ob er ein Zusatzpatent oder ein selbständiges Patent nehmen will. Es können zu einer Haupterfindung mehrere Zusatzpatente genommen werden, zu einem Zusatzpatent ein weiteres Zusatzpatent, insofern ein Zusatzverhältnis zu der Erfindung des älteren Zusatzpatentes besteht.

Das Zusatzpatent erreicht gleichzeitig mit dem Hauptpatent sein Ende. Das gleiche gilt, wenn das Hauptpatent wegen Nichtzahlung der Gebühren erlischt. Ein Verzicht auf das Zusatzpatent oder die Zurücknahme desselben berührt nie das Hauptpatent. Bleibt das Zusatzpatent jedoch bei Zurücknahme des Hauptpatents oder bei Verzicht auf dasselbe bestehen, so sind dieselben Gebühren zu entrichten, wie wenn das Hauptpatent noch bestände. Die Nichtigkeitserklärung des Zusatzpatentes hat keinen Einfluß auf das Bestehen des Hauptpatentes. Wird das Hauptpatent teilweise nichtig erklärt, so bleibt das Zusatzpatent als solches bestehen. Ein anderer als der Inhaber des Hauptpatents kann kein Zusatzpatent nehmen.

§ 8. Für jedes Patent ist vor der Erteilung die erste Jahresgebühr (§ 24 Abs. 1), mit Beginn des zweiten und jeden folgenden Jahres der Dauer des Patents eine weitere Jahresgebühr nach Maßgabe des Tarifs zu entrichten.

Bei Zusatzpatenten (§ 7) beträgt die Gebühr die Hälfte der im Tarife vorgeschriebenen Sätze, wobei sich die Fälligkeit nach dem Anfangstage des Hauptpatents bestimmt; als erstes Patentjahr gilt die Zeit vom Tage der Anmeldung des Zusatzpatents bis zu dem nächstfolgenden Jahrestage des Anfangs des Hauptpatents. In den Fällen des § 7 Abs. 2 ist, sobald die Gebührenzahlung für das Hauptpatent fortfällt, für das selbständig gewordene Zusatzpatent der volle Tarifsatz zu zahlen, wobei sich der Jahresbetrag nach dem Anfangstage des bisherigen Hauptpatents bestimmt.

Die für das zweite und die folgenden Jahre zu zahlende Gebühr ist innerhalb zweier Monate nach der Fälligkeit zu entrichten. Nach dem Ablauf der Frist kann die Gebühr nur unter Zahlung des tarifmäßigen Zuschlags entrichtet werden. Das Patentamt gibt dem Patentinhaber Nachricht, daß das Patent erlischt, sofern nicht bis zum Ablauf eines Monats nach Zustellung die Gebühr nebst Zuschlag gezahlt wird (§ 9).

Einem Patentinhaber, welcher seine Bedürftigkeit nachweist, können die Gebühren für das erste und zweite Jahr der Dauer des Patents bis zum dritten Jahre gestundet und, wenn das Patent im dritten Jahre erlischt, erlassen werden.

Die Zahlung der Gebühren kann vor Eintritt der Fälligkeit erfolgen. Wird auf das Patent verzichtet oder dasselbe für nichtig erklärt oder zurückgenommen, so erfolgt die Rückzahlung der nicht fällig gewordenen Gebühren.

§ 9. Das Patent erlischt, wenn der Patentinhaber auf dasselbe verzichtet, oder wenn die Gebühren nicht rechtzeitig nach Zustellung der amtlichen Nachricht bei der Kasse des Patentamts oder zur Überweisung an dieselbe bei einer Postanstalt im Gebiete des Deutschen Reichs eingezahlt sind.

Über die Form der Zahlung der Kosten und Gebühren hat das PA. unter dem 11. Juli 1877 nachstehende Bekanntmachung erlassen:

„Die Kosten und Gebührenbeträge, welche nach Bestimmung des Patentgesetzes vom 26. März 1926 an unsere Kasse zu entrichten sind, werden zweckmäßig nicht mit dem Anschreiben, sondern mittels Postanweisung unter der Adresse „Kasse des Deutschen Reichs-Patentamtes" eingesendet. Die Postanweisung muß jedoch, wenn es sich um die Erteilung eines Patents handelt, den Namen des Patentsuchers und den Gegenstand der Anmeldung, in Beschwerdefällen den Namen des Beschwerdeführers und die Beschwerdesache, in andern Fällen den Namen des Patentinhabers, den Gegenstand des Patentes und die Nummer, welche dasselbe in der Patentrolle führt, ergeben. Empfangsbescheinigungen erteilt die Kasse nur auf ausdrücklichen Wunsch; die Portokosten hat in diesem Falle der Empfänger der Bescheinigung zu tragen."

Das PA. besitzt das Postscheckkonto „Berlin Nr. 2". Als Einzahlungstag im Sinne des § 9 gilt bei Einzahlungen mittels Zahlkarte der Tag, an dem die Aufgabe des Geldes bei der Post erfolgt ist, bei Einzahlungen mittels Postschecks oder Überweisungen der Tag, an dem der Postscheck oder die Überweisung dem Postscheckamt zugeht, bei dem der Einzahler sein Konto hat.

1. Der Kasse des Reichs-Patentamts ist bei der Reichsbank in Berlin ein Girokonto eröffnet, für das die allgemeinen Bestimmungen über den Reichsbank-Giroverkehr in Anwendung kommen.

2. Außer den sonstigen Zahlungen können diesem Girokonto auch die in die Patentamtskasse fließenden gesetzlichen Gebühren zur Gutschrift gebracht werden.

Insbesondere ist zu beachten, daß befristete Gebühren innerhalb der Frist dem Girokonto zur Gutschrift gebracht sein müssen.

Trotz wiederholter Warnungen werden dem Patentamt auch jetzt noch häufig Schecks und ähnliche Anweisungen zum Zwecke der Gebührenzahlung eingesandt. Dies ist mit der Gefahr verbunden, daß das betreffende Schutzrecht wegen nicht rechtzeitiger Zahlung der Gebühr verfällt, da die Zahlung nicht schon mit der Anweisung beim Patentamt, sondern erst mit ihrer Einlösung sich vollzieht. Für Postschecks, Bankschecks und sonstige Anweisungen ist eine Einlösungsfrist von einem Monat vorgesehen. (Bestimmung des PA. v. 29. X. 23 [131].) Zahlung mit Wechseln ist nicht zulässig.

Außer den Sonntagen sind nur die in Preußen anerkannten Feiertage vom PA. zu berücksichtigen. Es sind dies der Neujahrstag, der Karfreitag, der Ostermontag, der Pfingstmontag, die beiden Weihnachtstage, der Buß- und Bettag (der Mittwoch vor dem letzten Trinitatistage) und der Himmelfahrtstag.

Werden die Kosten des Anmeldeverfahrens (§ 20 Abs. 3) nicht zur Zeit entrichtet, so erfolgt, wenn die Aufforderung ohne Erfolg verblieb, die Zurückweisung der Anmeldung (§§ 21, 22).

Gebührentarif.

Es beträgt die Gebühr:

I. Bei Patenten:

1.	für die Anmeldung (§ 20 Abs. 3 des Patentgesetzes)	25 RM.
2.	a) für das 1. Patentjahr (§ 24 Abs. 1)	30 „
	b) „ „ 2. „ (§ 8 Abs. 1)	30 „
	c) „ „ 3. „ desgl.	30 „
	d) „ „ 4. „ „	30 „
	e) „ „ 5. „ „	50 „
	f) „ „ 6. „ „	75 „
	g) „ „ 7. „ „	100 „
	h) „ „ 8. „ „	150 „
	i) „ „ 9. „ „	200 „
	k) „ „ 10. „ „	300 „
	l) „ „ 11. „ „	400 „
	m) „ „ 12. „ „	500 „
	n) „ „ 13. „ „	600 „
	o) „ „ 14. „ „	700 „
	p) „ „ 15. „ „	800 „
	q) „ „ 16. „ „	900 „
	r) „ „ 17. „ „	1000 „
	s) „ „ 18. „ „	1200 „
3.	für die Einlegung der Beschwerde (§ 26 Abs. 1)	20 „
4.	für den Antrag auf Erklärung der Nichtigkeit oder auf Zurücknahme oder auf Einteilung einer Zwangslizenz (§ 28 Abs. 4, § 11)	50 „
5.	für die Anmeldung der Berufung (§ 33 Abs. 1)	150 „

II. Bei Gebrauchsmustern:

1.	für die Anmeldung (§ 2 Abs. 5 des Gesetzes betreffend den Schutz von Gebrauchsmustern)	15 RM.
2.	für die Verlängerung der Schutzfrist (§ 8 Abs. 1)	60 „

III. Bei Warenzeichen:

1. für die Anmeldung — Anmeldegebühr — (§ 2 Abs. 3 des Gesetzes zum Schutze der Warenbezeichnungen)	15 RM.
2. für die Anmeldung — Klassengebühr — (§ 2 Abs. 3)	5 „
3. für die Eintragung (§ 6a)	15 „
4. für die Erneuerung — Erneuerungsgebühr (§ 2 Abs. 5)	50 „
5. für die Erneuerung — Klassengebühr — (§ 2 Abs. 5)	5 „
6. für die Anmeldung eines Verbandszeichens — Anmeldegebühr (§ 24a Abs. 3, § 2 Abs. 3)	100 „
7. für die Anmeldung eines Verbandszeichens — Klassengebühr — (§ 24a Abs. 3, § 2 Abs. 3)	15 „
8. für die Eintragung eines Verbandszeichens (§ 24a Abs. 3, § 6a)	100 „
9. für die Erneuerung eines Verbandszeichens — Erneuerungsgebühr — (§ 24a Abs. 3, § 2 Abs. 5)	500 „
10. für die Erneuerung eines Verbandszeichens Klassengebühr — (§ 24a Abs. 3, § 2 Abs. 5)	15 „
11. für die Einlegung der Beschwerde (§ 10 Abs. 2)	20 „
12. für den Antrag auf Löschung (§ 8 Abs. 2 Nr. 2)	50 „

Zusatzpatente sind von den Gebühren für das zweite und jedes folgende Jahr der Dauer des Patents ausgenommen. Sie sind erst zahlbar, wenn das Hauptpatent versagt wird.

IV. Sonstige Gebühren:

1. Zuschlagsgebühr für die Nachholung: a) der Zahlung einer Patentjahresgebühr (I Nr. 2a bis s des Tarifs; § 24 Abs 1 Satz 2, § 8 Abs. 3 Satz 2 des Patentgesetzes), b) der Zahlung der Gebühr für die Verlängerung eines Gebrauchsmusters (II Nr. 2 des Tarifs; § 8 Abs. 1 Satz 4 des Gesetzes, betreffend den Schutz von Gebrauchsmustern), c) der Erneuerung eines Warenzeichens (III Nr. 4 und 9 des Tarifs; § 8 Abs. 4, § 24a Abs. 3 des Gesetzes zum Schutze der Warenbezeichnungen),	1% der nachzuzahlenden Gebühr, jedoch mindestens 5 RM.

2. Reichsgebühr für den Antrag auf internationale Markenregistrierung (§ 2 Abs. 2 des Gesetzes über den Beitritt des Reichs zu dem Madrider Abkommen über die internationale Registrierung von Fabrik- oder Handelsmarken, vom 12. Juli 1922 — Reichsgesetzbl. II S. 669, 779 —) 50 RM.

Ist eine Patentgebühr nicht innerhalb 6 Wochen nach der Fälligkeit entrichtet, so benachrichtigt das Patentamt hiervon den Patentinhaber. Eine Nachzahlung (Nachholungsgebühr gemäß IV. 1a) von 5 RM. usw. kann innerhalb 1 Monats erfolgen. Eine Stundung oder ein Erlaß ist nur bei der ersten und der zweiten Jahresgebühr zulässig; sie erfolgt nur auf Antrag des in der Patentrolle eingetragenen Patentinhabers. Wird dem Antrag stattgegeben, so treten die Wirkungen der Nichtzahlung nicht ein. Die gestundeten Gebühren sind zusammen mit der dritten Jahresgebühr fällig; werden sie nicht gezahlt, so erlischt das Patent. Die Stundung enthält noch nicht den Erlaß, sondern es bedarf dazu eines neuen Antrags des Patentinhabers.

§ 10. „Das Patent wird für nichtig erklärt, wenn sich ergibt:

1. daß der Gegenstand nach §§ 1 und 2 nicht patentfähig war;
2. daß die Erfindung Gegenstand des Patents eines früheren Anmelders ist;
3. daß der wesentliche Inhalt der Anmeldung den Beschreibungen, Zeichnungen, Modellen, Gerätschaften oder Einrichtungen eines andern oder einem von diesem angewendeten Verfahren ohne Einwilligung desselben entnommen war.“

Trifft eine dieser Voraussetzungen (1 bis 3) nur teilweise zu, so erfolgt die Erklärung der Nichtigkeit durch entsprechende Beschränkung des Patents.

Die Erklärung der Nichtigkeit erfolgt durch das Patentamt und in der Berufungsinstanz durch das Reichsgericht. Die ordentlichen Gerichte sind berechtigt, aber nicht verpflichtet, ein Verfahren wegen einer schwebenden Nichtigkeitsklage auszusetzen. Beim ordentlichen Gericht darf jedoch der Revisionsrichter einen Aussetzungsantrag nicht berücksichtigen, welcher sich auf eine nach Erlassung des angegriffenen Urteils eingereichte Nichtigkeitsklage stützt (RG. im Bl. 11, 123).

Solange das Patent nicht für nichtig erklärt ist, kann sein Inhaber sowohl zivilrechtlich wie strafrechtlich wegen Patentverletzung vorgehen.

Wird die Aussetzung eines vor einem ordentlichen Gerichte schwebenden Verfahrens wegen eingeleiteter Nichtigkeitsklage beantragt, so ist in jedem Falle erforderlich, die Glaubhaftmachung oder die Wahrscheinlichkeit nachzuweisen, daß die Nichtigkeitsklage Erfolg haben wird. Wer den Antrag auf Aussetzung stellt, muß außer dem Nachweis der Tatsache, daß eine Nichtigkeitsklage schwebt, dem Gericht die Klageschrift und die Beweismittel zur Prüfung vorlegen. Hatte das PA. die Nichtigkeit des Patents ausgesprochen, so ist die Aussetzung gerechtfertigt, wenn der Patentinhaber Berufung beim Reichsgericht eingelegt hat. Beantragt der Patentinhaber wegen einer gegen ihn schwebenden Nichtigkeitsklage Aussetzung, so wird diesem Antrage regelmäßig nicht stattgegeben (Beschluß des RG. vom 4. April 1900 I 30/1900). Hat das Gericht bis zur rechtskräftigen Entscheidung des Nichtigkeitsprozesses die Verhandlung ausgesetzt und ist darauf die Nichtigkeitsklage in erster Instanz abgewiesen, so kann der Patentinhaber unter Vorlegung der patentamtlichen Entscheidung beim Gericht die Wiederaufhebung der Aussetzung beantragen.

Der Nichtigkeitsrichter hat bei der Prüfung, ob eine patentfähige Erfindung vorliegt, nur das in Betracht zu ziehen, was der Erfinder zur Veröffentlichung in der Patentschrift niedergelegt hat (PA. im PBl. 80 Seite 58; RG. im PBl. 89 Seite 491; RG. im Bl. 10, 216). Sollte der Nichtigkeitsrichter auch erkennen, daß die angemeldete Erfindung eine größere als die angemeldete Tragweite hatte, so darf er diesen Umstand doch nicht berücksichtigen (RG. 20, 40).

Anstatt oder neben der Nichtigkeitsklage kann der Verletzte auch auf Abtretung des Patentes klagen.

Wird ein Patent nur zum Teil nichtig erklärt, so hat der Richter für den bestehen bleibenden Teil der Erfindung den Anspruch neu abzufassen, indem er den früheren Anspruch entsprechend beschränkt. Liegt eine Kombination vor, und waren einzelne Elemente geschützt, so kann der Richter entweder die Kombination oder Elemente derselben aufrechterhalten; dagegen darf er nicht, wenn nur Elemente geschützt waren, den Schutz auf die Kombination übertragen.

§ 11. „Verweigert der Patentinhaber einem andern die Erlaubnis zur Benutzung der Erfindung, auch bei Angebot einer angemessenen Vergütung und Sicherheitsleistung, so kann, wenn die Erteilung der Erlaubnis im öffentlichen Interesse geboten ist, dem anderen die Berechtigung zur Benutzung der Erfindung zugesprochen werden (Zwangslizenz). Die Berechtigung kann eingeschränkt erteilt und von Bedingungen abhängig gemacht werden.

Das Patent kann, soweit nicht Staatsverträge entgegenstehen, zurückgenommen werden, wenn die Erfindung ausschließlich oder hauptsächlich außerhalb des Deutschen Reichs oder der Schutzgebiete ausgeführt wird. Die Übertragung des Patents auf einen anderen ist insofern wirkungslos, als sie nur den Zweck hat, der Zurücknahme zu entgehen.

Vor Ablauf von 3 Jahren seit der Bekanntmachung der Erteilung des Patents kann eine Entscheidung nach Absatz 1, 2 gegen den Patentinhaber nicht getroffen werden."

Im öffentlichen Interesse wird häufig die Lizenzgewährung zugunsten anderer Patente, insbesondere zugunsten von Abhängigkeitspatenten liegen, nämlich dann, wenn das Patent des die Lizenz Nachsuchenden Mängel des andern Patents beseitigt, also eine Verbesserung desselben enthält und einen erheblichen gewerblichen Fortschritt darstellt (RG. 54, 4 im Bl. 9, 279; RG. im Bl. 11, 5). Außerdem kann ein öffentliches Interesse insbesondere dann vorliegen, wenn der Patentinhaber das Patent im Inlande nicht ausführt, oder wenn er die Benutzung der Erfindung an unverhältnismäßige lästige Bedingungen knüpft. Der Nichtausführung steht gleich, wenn der Patentinhaber die Erfindung nur in ganz ungenügendem Maße ausführt. Die Erteilung einer Zwangslizenz ist gerechtfertigt, wenn der Bedarf an dem Erfindungsgegenstand durch den Patentinhaber nicht ausreichend befriedigt wird, wohl aber der Kläger dazu bereit und imstande ist (RG. 27. V. 18). Das PA. verurteilt nicht den Patentinhaber zur Gewährung einer Lizenz, sondern es erteilt diese unmittelbar. Das PA. darf nur eine einfache und keine ausschließliche Lizenz erteilen. Die Erteilung der Zwangslizenz ist unabänderlich.

Bezüglich des Verfalls eines Patents wegen Nichtausübung sei bereits hier auf den Unionsvertrag vom 6. November 1925 hingewiesen, worin es heißt:

„Der Verfall eines Patents wegen Nichtausübung soll in jedem Lande nicht vor Ablauf von 3 Jahren seit der Hinterlegung des Gesuchs in dem Lande, um das es sich handelt, und nur dann ausgesprochen werden können, wenn der Patentinhaber Gründe für seine Untätigkeit nicht dartut."

Als zureichende Gründe gelten: Krankheit, Mittellosigkeit des Patentinhabers, vergebliche Lizenzangebote und andere von dem Willen des Patentinhabers unabhängige Umstände.

Es ist kein Entschuldigungsgrund für den Patentinhaber, daß die Herstellung der Erzeugnisse im Inlande sofort größere Geldmittel erfordert hätte, während ein lohnender Absatz erst nach Jahren zu erhoffen war. Der Patentinhaber darf die Opfer der ersten Jahre nicht scheuen und darf nicht warten, bis die Herstellung lohnend wird (RG. im PBl. 91, Seite 341; JW. 91, 356; RG. im Bl. 4, 19). Weist der Patentinhaber nach, daß die inländische Industrie, ohne deren Mitwirkung sich die Erfindung nicht ausführen läßt, sich ablehnend gegen die Erfindung verhält, und weist er nach, daß er seinerzeit alles getan hat, was zur Bekanntmachung und Einführung der Erfindung sowie zur Aufklärung der Interessenten und Behörden dienen konnte, so gilt dies als Entschuldigungsgrund (RG. im PBl. 91 Seite 345; 2, 152; JW. 91; 356; 96, 208). Der Patentinhaber genügt seiner Pflicht nicht, wenn er nachweist, daß er ernstlich versucht hat, Lizenzverträge mit Inländern abzuschließen, daß aber die Verhandlungen erfolglos geblieben sind; vielmehr muß er noch dartun, warum er nicht selbst zur Ausführung im Inlande geschritten ist (PA. im PBl. 83 Seite 73; RG. in JW. 99, 397).

Schwebende Nichtigkeitsprozesse können als Entschuldigung dienen; denn es kann kein größerer Aufwand vom Patentinhaber verlangt werden, solange die Gültigkeit seines Patents bestritten wird.

Durch Artikel 5 der Verträge mit Italien und der Schweiz ist vereinbart, daß die Ausführung in diesen Ländern der Ausführung in Deutschland gleichsteht. Daraus ergibt sich, daß ein Patent nicht zurückgenommen werden darf, wenn es ausschließlich oder hauptsächlich in einem dieser Länder ausgeübt wird. Hierbei hat das RG. entschieden, daß vorausgesetzt werden muß, daß die Erfindung auch in dem andern Vertragsstaate patentiert ist.

Mit den Vereinigten Staaten von Amerika ist unter dem 23. Februar 1909 (wiederholt 8. Dezember 1923) noch folgendes Sonderabkommen getroffen worden:

Die in den geltenden oder den künftigen Gesetzen des einen des vertragsschließenden Teiles enthaltenen Vorschriften, wonach im Falle der Nichtausführung eines Patents, Gebrauchsmusters, Musters oder Modells die Zurücknahme oder eine sonstige Beschränkung des Rechtes vorgesehen ist, sollen auf die den Angehörigen des andern vertragsschließenden Teiles gewährten Patente, Gebrauchsmuster, Muster oder Modelle nur in dem Umfange der von diesem Teile seinen eigenen Angehörigen auferlegten Beschränkungen Anwendung finden. Die Ausführung des Patents, Gebrauchsmusters, Musters oder Modells in dem Gebiete des einen vertragsschließenden Teiles wird der Ausführung in dem Gebiete des andern Teiles gleichgestellt.

§ 12. „Wer nicht im Inlande wohnt, kann den Anspruch auf die Erteilung eines Patents und die Rechte aus dem Patent nur geltend machen, wenn er im Inlande einen Vertreter bestellt hat. Der letztere ist zur Vertretung in dem nach Maßgabe dieses Gesetzes stattfindenden Verfahren sowie in den das Patent betreffenden bürgerlichen Rechtsstreitigkeiten und zur Stellung von Strafanträgen befugt."

Vertreter in Patentangelegenheiten und in Angelegenheiten des Gebrauchsmusterschutzes haben dem Patentamt gegenüber ihre Bevollmächtigung durch Vollmacht nachzuweisen. In die Patentrolle wird nur der vom Patentinhaber bestellte Vertreter eingetragen, und zwar Name und Wohnort des Vertreters sowie das Erlöschen der Vollmacht. Die Bestellung eines Vertreters hindert den Vollmachtgeber, weder die Akte, zu denen jener befugt ist, selbst vorzunehmen, noch zu deren Vornahme besondere Bevollmächtigte zu bestellen. Nebenbei sei bemerkt, daß der Patentanwalt, solange sein Auftrag bzw. Nachsuchung eines Patentes nicht erledigt ist, seine Partei an die Zahlung der Jahresgebühr zu erinnen hat.

§ 13. „Die Erteilung, die Erklärung der Nichtigkeit und die Zurücknahme der Patente erfolgt durch das Patentamt. Das Patentamt hat seinen Sitz in Berlin."

Es besteht aus einem Präsidenten, aus Mitgliedern, welche die Befähigung zum Richteramt oder zum höheren Verwaltungsdienste besitzen (rechtskundige Mitglieder), und aus Mitgliedern, welche in einem Zweige der Technik sachverständig sind (technische Mitglieder). Die Mitglieder werden, und zwar der Präsident auf Vorschlag des Reichsrats, vom Reichspräsidenten ernannt. Die Berufung der rechtskundigen Mitglieder erfolgt, wenn sie im Reichs- oder Staatsdienst ein Amt bekleiden, auf die Dauer dieses Amts, anderenfalls auf Lebenszeit. Die Berufung der technischen Mitglieder erfolgt entweder auf Lebenszeit oder auf 5 Jahre.

Aus § 14 ist zu bemerken, daß in dem Patentamt folgende Abteilungen gebildet sind:

1. Abteilungen für die Patentanmeldung, Anmeldeabteilungen;
2. eine Abteilung für die Anträge auf Erklärung der Nichtigkeit oder auf Zurücknahme von Patenten, Nichtigkeitsabteilung;
3. Abteilungen für die Beschwerden, Beschwerdeabteilungen.

Die Anmelde- (Prüfungs-) Abteilung besteht aus einem Mitgliede. Zu den Beratungen können Sachverständige, welche nicht Mitglieder sind, zugezogen werden; dieselben dürfen an den Abstimmungen nicht teilnehmen.

Aus den §§ 15—19 sei das Nachfolgende erwähnt:

Die Beschlüsse und die Entscheidungen der Abteilungen erfolgen im Namen des Patentamts. Sie müssen mit Gründen versehen sein, schriftlich ausgefertigt und allen Beteiligten von Amts wegen zugestellt werden.

Gegen die Beschlüsse der Anmeldeabteilung und der Nichtigkeitsabteilung kann Beschwerde eingelegt werden. An der Beschlußfassung über die Beschwerde darf kein Mitglied teilnehmen, welches bei dem angefochtenen Beschlusse mitgewirkt hat. Die Entscheidungen der Beschwerdeabteilung sind endgültige, die der Nichtigkeitsabteilung sind durch Berufung an das Reichsgericht anfechtbar.

Die Beschwerde, welche an keine bestimmte Form gebunden ist, ist zulässig:

1. gegen diejenigen Beschlüsse der Anmeldeabteilung, durch welche die Anmeldung zurückgewiesen, der Antrag auf Aussetzung oder Unterlassung der Bekanntmachung abgelehnt (§§ 22, 23) und über die Erteilung des Patents entschieden wird (§ 24);

2. gegen denjenigen Beschluß der Nichtigkeitsabteilung, durch welchen die Einleitung des Verfahrens abgelehnt wird.

Eine Frist zur Einlegung der Beschwerde ist regelmäßig nicht bestimmt; nur muß die Beschwerde gegen den Beschluß, durch welchen eine Patentanmeldung zurückgewiesen oder über die Erteilung des Patents beschlossen wird, innerhalb eines Monats eingelegt werden. Die Beschwerde kann sich auf neue Tatsachen und Beweismittel stützen. Sie wird zweckmäßig nicht an die Beschwerdeabteilung, sondern an diejenige Abteilung gerichtet, deren Beschluß angefochten wird.

Das Patentamt ist verpflichtet, auf Ersuchen der Gerichte über Fragen, welche Patente betreffen, Gutachten abzugeben, sofern in dem gerichtlichen Verfahren voneinander abweichende Gutachten mehrerer Sachverständiger vorliegen.

Bei dem Patentamt wird eine **Patentrolle** geführt, welche den Gegenstand und die Dauer der erteilten Patente sowie den Namen und Wohnort der Patentinhaber und ihrer bei der Anmeldung der Erfindung etwa bestellten Vertreter angibt. Der Anfang, der Ablauf, das Erlöschen, die Erklärung der Nichtigkeit und die Zurücknahme der Patente werden, unter gleichzeitiger Bekanntmachung durch den Reichsanzeiger in der Rolle vermerkt. Wird bei Veränderungen in der Person des Patentinhabers oder seines Vertreters dem Patentamt in beweisender Form hiervon Kenntnis gegeben, so wird diese Veränderung ebenfalls in der Rolle vermerkt und durch den Reichsanzeiger veröffentlicht.

Die Einsicht der Rolle, der Beschreibungen, Zeichnungen, Modelle und Probestücke, auf Grund deren die Erteilung der Patente erfolgt ist, steht jedermann frei, soweit es sich nicht um ein im Namen der Reichsverwaltung für die Zwecke des Heeres oder der Flotte genommenes Patent handelt.

Das Patentamt veröffentlicht die Beschreibung und Zeichnung, soweit deren Einsicht jedermann freisteht, in ihren wesentlichen Teilen durch ein amtliches Blatt. Der Grund für die Veröffentlichung vor der Patenterteilung liegt darin, weiten Kreisen die Möglichkeit zu Einsprüchen zu gewähren.

Das Patentamt kann auf Antrag, ohne daß es des Nachweises eines besonderen Interesses bedarf, nach seinem Ermessen von den bei ihm ruhenden Eingaben und Verhandlungen, soweit die Einsicht in dieselben gesetzlich nicht beschränkt ist, an jedermann Abschriften und Auszüge gegen Einzahlung der Kosten erteilen. Hieraus ergibt sich auch das Recht auf Kenntnis der Erteilungsakten, über welchen Antrag die zuständige Anmeldeabteilung zu entscheiden hat. Sie teilt den Antrag dem Patentinhaber mit, worauf dann über die Erklärung des Patentinhabers Beschluß gefaßt wird. Hatte der Patentinhaber der Erteilung der Abschrift widersprochen, so wird sein Widerspruch bzgl. derjenigen Teile, welche nicht zur Patenterteilung geführt haben und nicht anderweit bekannt sind, berücksichtigt.

Sobald die Bekanntmachung einer Patentanmeldung erfolgt ist, hat jedermann ein Recht auf Mitteilung der Abschrift sämtlicher Schriftstücke, die zur Bekanntmachung beigetragen haben; nur diejenigen Aktenteile, welche ausgeschieden worden sind und bezüglich deren der Patentinhaber ein Interesse an der Geheimhaltung hat, werden nicht mitgeteilt. Wird das Patent endgültig versagt, so werden Mitteilungen aus den Akten nur gemacht, wenn der Antragsteller die Einwilligung des Anmelders beibringt oder, falls es sich nicht um Schriftstücke handelt, deren Geheimhaltung letzterer verlangen kann, wenn der Dritte ein besonderes rechtliches Interesse nachweist.

Das amtliche Blatt ist das Patentblatt (PBl.) in Verbindung mit den Patentschriften. Das Patentblatt enthält alle Bekanntmachungen auf Grund des Patentgesetzes und des Gebrauchsmusterschutzgesetzes. Werden Patentschriften bestellt, so sind die Beträge gleichzeitig mit der Bestellung zu entrichten. (Der Preis der Patentschriften beträgt bei der Bestellung von weniger als 20 Stück von einer Nummer 1 RM., von mindestens 20 Stück einer einzelnen Nummer 0,50 RM.)

Das Erteilungsverfahren zerfällt in folgende Abschnitte:

1. Anmeldung;
2. Vorprüfung,
   a) durch den Vorprüfer,
   b) durch die Abteilung;
3. Aufgebot;
4. Beschlußverfahren;
5. gegebenenfalls Beschwerdeverfahren;
6. Veröffentlichung.

§ 20. „Die Anmeldung einer Erfindung behufs Erteilung eines Patents geschieht schriftlich beim Patentamt. Für jede Erfindung ist eine besondere Anmeldung erforderlich. Die Anmeldung muß den Antrag auf Erteilung des Patents enthalten und in dem Antrage den Gegenstand, welcher durch das Patent geschützt werden soll, genau bezeichnen. In einer Anlage ist die Erfindung dergestalt zu beschreiben, daß danach die Benutzung derselben durch andere Sachverständige möglich erscheint. Am Schlusse der Beschreibung ist dasjenige anzugeben, was als patentfähig unter Schutz gestellt werden soll (Patentanspruch). Auch sind die erforderlichen Zeichnungen, bildlichen Darstellungen, Modelle und Probestücke beizufügen.

Das Patentamt erläßt Bestimmungen über die sonstigen Erfordernisse der Anmeldung.

Bis zu dem Beschlusse über die Bekanntmachung der Anmeldung sind Abänderungen der darin enthaltenen Angaben zulässig. Gleichzeitig mit der Anmeldung ist für die Kosten des Verfahrens eine Gebühr nach Maßgabe des Tarifs zu entrichten.

Auf Grund des Patentgesetzes vom 7. April 1891 wurden u. a. die nachfolgenden Bestimmungen über die Erfordernisse einer Patentanmeldung erlassen.

§ 2. „Das Gesuch muß enthalten:

a) die Angabe des Namens und des Wohnortes oder der Hauptniederlassung des Anmelders;

b) eine für die Veröffentlichung (§ 23 Abs. 2 des Patentgesetzes) geeignete Benennung der Erfindung;

c) die Erklärung, daß für die Erfindung ein Patent nachgesucht werde. Bei Zusatzanmeldungen ist die Angabe des Hauptpatents nach Gegenstand und Nummer oder der Hauptanmeldung nach Gegenstand und Aktenzeichen erforderlich;

d) die Erklärungen, daß die gesetzliche Gebühr von 25 RM. an die Kasse des Patentamts gezahlt worden sei oder gleichzeitig mit der Anmeldung gezahlt werde;

e) die Aufführung der Anlagen unter Angabe ihrer Nummern und ihres Inhalts;

f) falls der Anmelder einen Vertreter bestellt hat, die Angabe der Person, der Berufsstellung und des Wohnorts des Vertreters; als Anlage ist eine Vollmacht beizufügen (§ 28 der Kaiserlichen Verordnungen von 11. Juli 1891);

g) die Unterschrift des Anmelders oder seines Vertreters.“

§ 3. „Die Beschreibung ist in zwei Ausfertigungen einzureichen. Dasselbe gilt für alle Nachträge. Die Schriftstücke, welche die Beschreibung bilden, müssen sowohl am Rande als auch zwischen den Zeilen ausreichenden Raum für Zusätze und Änderungen frei lassen.

Maße, Gewichte, sowie elektrische Einheiten müssen nach den gesetzlichen Vorschriften, Temperaturen nach Celsius angegeben werden. Bei chemischen Formeln sind die in Deutschland üblichen Atomgewichtszeichen und Molekularformeln anzuwenden.

Die Einführung von Figuren in die Beschreibung ist nicht zulässig.“

§ 4. „Die für die Veranschaulichung der Erfindung bestimmten Zeichnungen sind auf das zur Klarstellung der Erfindung Erforderliche zu beschränken. Sie sind in zwei Ausfertigungen einzureichen.“

§ 5. „Für die Hauptzeichnung ist weißes, starkes und glattes Zeichenpapier, für die Nebenzeichnung Zeichenleinwand zu verwenden. Das Blatt der Hauptzeichnung soll 33 cm hoch und 21 cm breit sein. Die Figuren und Schriftzeichen sind in tiefschwarzen, kräftigen scharfbegrenzten Linien auszuführen. In der rechten unteren Ecke jedes Blattes ist der Name des Anmelders anzugeben. Die Hauptzeichnungen dürfen weder gefaltet noch gerollt werden.

Modelle und Probestücke, die leicht beschädigt werden können, sind in festen Hüllen einzureichen, Proben chemischer Stoffe sind in Glasflaschen einzureichen, mit Siegel zu verschließen und mit Inhaltsangabe zu versehen.“

§ 6. „Die Anlagen des Gesuchs müssen Hinweise ihrer Zugehörigkeit zur Anmeldung besitzen. Auf den später eingereichten Anmeldestücken ist der Name des Anmelders und das Aktenzeichen anzugeben.

Fremdwörter sind zu vermeiden, mehrseitige Schriftsätze sind mit Zahlen zu versehen. Die Sendungen an das Patentamt müssen kostenfrei einschließlich Bestellgebühr eingehen.“

Hat der Erfinder ein Interesse, die Bekanntmachung auszusetzen, so ist dies in einem besonderen Schriftstück zu beantragen. Für die Aussetzung der Bekanntmachung auf länger als 3 Monate bedarf es einer Begründung. Die Begründung wird zweckmäßig erst gegen Ende der Frist beigebracht.

Jede Anmeldung darf nur eine einzige Erfindung enthalten.

Die Benennung der Erfindung ist allgemeiner als der Anspruch zu halten; sie soll nur den Gattungsbegriff des Anmeldegegenstandes angeben. Die Benennung wird nachher zugleich mit dem Namen des Patentsuchers vom PA. durch den Reichsanzeiger veröffentlicht.

Jeder Anmeldung muß eine Beschreibung beiliegen. Sie muß enthalten:

1. die Benennung des Gegenstandes der Erfindung;
2. die eigentliche Beschreibung;
3. den Patentanspruch.

Die Beschreibung hat sich aller nicht streng zur Sache gehöriger Ausführungen zu enthalten. Bezieht sich die Erfindung auf eine Kombination sonst bekannter Elemente, so ist dies ausdrücklich zum Ausdruck zu bringen. Das Wesen der Erfindung muß klar zum Ausdruck gebracht sein; es ist genau anzugeben, ob die Erfindung sich auf ein Verfahren, eine Einrichtung oder ein Erzeugnis bezieht.

Sollte eine bekannte Maschine in einer noch nicht bekannten Art und Weise, also zu einem neuen Verfahren angewendet werden, so kann nur das Verfahren geschützt werden. Die Maschine darf dann nur von dem Patentberechtigten für das neue Verfahren benutzt werden; für jedes andere Verfahren ist sie frei (RG. im Bl. 6, 302).

Es kann gleichzeitig Schutz für Verfahren, Apparat und Erzeugnis nachgesucht werden. Meldet jemand Verfahren und Erzeugnis zu gleicher Zeit in besonderen Ansprüchen an, so darf während der Schutzfrist niemand dasselbe Verfahren zur Erzielung desselben oder eines andern Erzeugnisses benutzen, noch auch mittels des geschützten oder eines andern Verfahrens das geschützte Erzeugnis herstellen. Ist ein Verfahren und ein Apparat zur Ausführung des Verfahrens geschützt, so darf niemand anders das Verfahren, auch nicht den Apparat, weder zu diesem noch zu einem andern Verfahren gebrauchen (RG. in JW. 97, 636).

Das Patentamt pflegt den Patentanspruch durch die Worte „Dadurch gekennzeichnet, daß" in zwei Teile zu zerlegen; vor diese Worte stellt es den bekannten Oberbegriff, hinter dieselben die neuen bezeichnenden Merkmale.

Bei einem Kombinationspatent muß aus dem Anspruche hervorgehen, daß nicht oder nicht nur die einzelnen Teile, sondern die Gesamtanordnung geschützt werden soll. Dies ist insbesondere dann wichtig, wenn einzelne Elemente der Kombination früher schon bekannt waren und wenn diese Elemente als Glieder der Kombination im Patentanspruch aufgenommen werden (RG. in JW. 95, 541; 96, 110; 97, 611).

Gewährt eine technische einheitliche Erfindung mehrere Erfinderrechte, so sind sie in Hauptanspruch und Nebenansprüche zu trennen.

Zeichnungen müssen Anmeldungen beigefügt werden, wenn sie zum Verständnis der Erfindung notwendig sind.

Abänderungen der in der Anmeldung enthaltenen Angaben sind nur bis zu dem Beschlusse über die Bekanntmachung gestattet. Nach dem Beschlusse sind nur unwesentliche Abänderungen gestattet. Die ausgelegten Ansprüche können dann nur formell umgeändert oder inhaltlich beschränkt werden (RG.

im Bl. 9, 222), aber nicht erweitert oder durch ganz andere ersetzt werden (PA. im Bl. 7, 167).

§ 21. „Die Anmeldung unterliegt einer Vorprüfung durch ein Mitglied der Anmeldeabteilung. Erscheint hierbei die Anmeldung als den vorgeschriebenen Anforderungen nicht genügend, so wird durch Vorbescheid der Patentsucher aufgefordert, die Mängel innerhalb einer bestimmten Frist zu beseitigen.

Insoweit die Vorprüfung ergibt, daß eine nach §§ 1, 2, 3 Abs. 1 patentfähige Erfindung nicht vorliegt, wird der Patentsucher hiervon unter Angabe der Gründe mit der Aufforderung benachrichtigt, sich binnen einer bestimmten Frist zu äußern.

Erklärt sich der Patentsucher auf den Vorbescheid nicht rechtzeitig, so gilt die Anmeldung als zurückgenommen, erklärt er sich innerhalb der Frist, so faßt die Anmeldeabteilung Beschluß.“

Findet der Vorprüfer weder formelle noch materielle Mängel, dann gibt er ohne Vorbescheid die Anmeldung zur Beschlußfassung an die Anmeldeabteilung ab. Der Vorprüfer muß also bezgl. des Fehlens materieller Mängel der festen Überzeugung sein, daß eine Erfindung vorliegt.

Findet er Mängel, so erfolgt:

1. bei formellen Mängeln: Vorbescheid auf Beseitigung derselben binnen bestimmter Frist;
2. bei materiellen Mängeln: Vorbescheid auf Äußerung binnen bestimmter Frist;
3. bei formellen und materiellen Mängeln: Vorbescheid auf Beseitigung und Äußerung binnen bestimmter Frist.

Erklärt sich der Anmelder rechtzeitig, so erfolgt Beschlußfassung durch die Anmeldeabteilung; erklärt er sich nicht rechtzeitig, so gilt die Anmeldung als zurückgenommen.

Die Beschlußfassung steht einzig und allein der Abteilung zu, jedoch ist der Vorprüfer berechtigt, die Ladung und Anhörung der Beteiligten, die Vernehmung von Zeugen und Sachverständigen, sowie die Vornahme sonstiger zur Aufklärung der Sache erforderlichen Ermittelungen anzuordnen. Der Vorprüfer soll dem Anmelder beratend zur Seite stehen und ihm helfen, den patentfähigen Kern der Erfindung aus der Anmeldung herauszuschälen. Zu diesem Zwecke soll er auf Wunsch und Antrag dem Anmelder in bezug auf mündliche Rücksprache und Vorführung an Ort und Stelle möglichst entgegenkommen.

Der Vorprüfer darf nur dann einen Vorbescheid erlassen, wenn er nach Prüfung des gesamten Materials zu dem abschließenden Urteil gelangt, daß die Anmeldung zurückzuweisen sei (PA. im Bl. 59). Anfragen, Vorhaltungen, Hinweisungen auf ältere Literatur usw. darf er nur durch Zwischenverfügungen erlassen.

Bezüglich der Länge der Fristen zur Rückäußerung auf den Vorbescheid ist die Bekanntmachung des PA. vom 19. September 1893 maßgebend. Darin heißt es:

Das Patentamt wird bei der Gewährung von Fristen zur Erledigung der ersten eine Patentanmeldung sachlich beanstandenden Vorprüfungsverfügung in der Regel nach folgenden Grundsätzen verfahren:

Wenn der Anmelder im Inlande oder europäischen Auslande wohnt, 2 Monate, in schwierigen Fällen 3 Monate. Wenn der Anmelder in den Vereinigten Staaten von Amerika wohnt, 3 Monate, in schwierigen Fällen 4 Monate. Wenn er im übrigen Auslande wohnt, 4—5 Monate, in schwierigen Fällen 5—7 Monate.

Die Zustellung erfolgt im Inlande mittels eingeschriebenen Briefes, im Auslande durch Aufgabe zur Post. Ist dagegen verstoßen, so ist der Vorbescheid nichtig. (PA. im Bl. 8, 176; 9, 163; 16,932.)

Die materielle Prüfung des Vorprüfers erstreckt sich darauf, ob

1. eine gewerblich verwertbare Erfindung vorliegt und einer der Ausnahmefälle des § 1 vorhanden ist;
2. die angemeldete Erfindung neu ist;
3. die angemeldete Erfindung ganz oder teilweise Gegenstand eines früher zur Anmeldung gelangten Patents ist.

Die materielle Beweislast trifft das Patentamt, d. h. im Zweifel ist die Anmeldung bekanntzumachen und das Patent zu erteilen.

Jede rechtzeitige Erklärung des Patentsuchers genügt, um die Annahme der Zurücknahme zu beseitigen. Sie bewirkt in jedem Fall, daß die Anmeldung an die Abteilung zur Beschlußfassung abzugeben ist. Es genügt sogar, daß der Anmelder vor Zustellung des Vorbescheides eine neue Eingabe eingereicht hat, auf welche eine Entscheidung des Vorprüfers noch nicht ergangen war (Bl. 7, 275). Die Abteilung ist nicht befugt, vor Ablauf der gestellten Frist die Anmeldung zurückzuweisen, es sei denn, daß der Anmelder sich auf den Vorbescheid erklärt hatte.

Geht die Erklärung nicht rechtzeitig ein, so gilt die Anmeldung als zurückgenommen, wobei es unerheblich ist, aus welchen Gründen die Erklärung unterblieben ist. Eine Wiedereinsetzung in den vorigen Stand oder einen sonstigen Rechtsbehelf gegen die Fristversäumnis gibt es nicht; dem Patentsucher bleibt dann nichts weiter übrig, als seine Erfindung noch einmal anzumelden. Der Tag der neuen Anmeldung ist für die Neuheit und die Priorität maßgebend.

§ 22. „Ist durch die Anmeldung den vorgeschriebenen Anforderungen nicht genügt, oder ergibt sich, daß eine patentfähige Erfindung nicht vorliegt, so wird die Anmeldung von der Abteilung zurückgewiesen. An der Beschlußfassung darf das Mitglied nicht teilnehmen, welches den Vorbescheid erlassen hat.

Soll die Zurückweisung auf Grund von Umständen erfolgen, welche nicht bereits durch den Vorbescheid dem Patentsucher mitgeteilt waren, so ist demselben vorher Gelegenheit zu geben, sich über diese Umstände binnen einer bestimmten Frist zu äußern."

Diese Prüfung erfolgt unabhängig von der vorher durch den Vorprüfer vorgenommenen. Ist die Sache noch nicht beschlußreif, so werden Zwischenverfügungen an den Anmelder erlassen, oder es kann auch die Zurückweisung an den Vorprüfer beschlossen werden.

§ 23. „Erachtet das Patentamt die Anmeldung für gehörig erfolgt und die Erteilung eines Patents nicht für ausgeschlossen, so beschließt es die Bekanntmachung der Anmeldung. Mit der Bekanntmachung treten für den Gegenstand der Anmeldung zugunsten des Patentsuchers einstweilen die gesetzlichen Wirkungen des Patents ein.

Die Bekanntmachung geschieht in der Weise, daß der Name des Patentsuchers und der wesentliche Inhalt des in seiner Anmeldung enthaltenen Antrags durch den Reichsanzeiger einmal veröffentlicht wird. Mit der Veröffentlichung ist die Anzeige zu verbinden, daß der Gegenstand der Anmeldung einstweilen gegen unbefugte Benutzung geschützt sei.

Gleichzeitig ist die Anmeldung mit sämtlichen Beilagen bei dem Patentamt zur Einsicht für jedermann auszulegen. Auf dem durch § 17 des Gesetzes bestimmten Wege kann angeordnet werden, daß die Auslegung auch außerhalb Berlins zu erfolgen hat.

Die Bekanntmachung kann auf Antrag des Patentsuchers auf die Dauer von höchstens 6 Monaten vom Tage des Beschlusses über die Bekanntmachung an gerechnet ausgesetzt werden. Bis zur Dauer von 3 Monaten darf die Aussetzung nicht versagt werden.

Handelt es sich um ein im Namen der Reichsverwaltung, für die Zwecke des Heeres oder der Flotte nachgesuchtes Patent, so erfolgt auf Antrag die Patenterteilung ohne jede Bekanntmachung. In diesem Falle unterbleibt auch die Eintragung in die Patentrolle."

Die Anmeldeabteilung benachrichtigt den Patentsucher, daß die Bekanntmachung beschlossen ist, und gibt ihm auch später von dem Tage der tatsächlich erfolgten Veröffentlichung Kenntnis. Hatte das Patentamt den Beschluß auf Bekanntmachung erlassen, so darf es auch ohne Zustimmung des Anmelders denselben wieder aufheben, wenn es nachträglich Umstände erfährt, welche eine Patentierung ausschließen.

Mit der Bekanntmachung, nicht schon mit der Anmeldung, tritt für den Gegenstand der Anmeldung die Wirkung des Patentschutzes ein. Wird das Patent rechtskräftig versagt oder die Anmeldung zurückgenommen, so gilt die Wirkung des Patentschutzes als nicht eingetreten. Der Schutz ist demnach nur unter der Bedingung erteilt, daß das Patent nicht versagt oder der Antrag nicht zurückgenommen wird.

Der durch die Bekanntmachung der Patentanmeldung vorläufig Berechtigte kann gegen Dritte, welche das Bestehen oder den Umfang seines Rechts bestreiten, mit Klagen auf Feststellung oder Unterlassung und mit einstweiligen Verfügungen vorgehen (RG. im Bl. 10, 73).

In dem Reichsanzeiger werden außer dem Namen und dem Wohnort des Patentsuchers der wesentliche Inhalt des in seiner Anmeldung enthaltenen Antrages, d. h. die Bezeichnung des Gegenstandes der Erfindung, Patentklasse, Aktenzeichen und Datum der Anmeldung veröffentlicht, bei Anmeldern, welche nicht im Inlande wohnen, auch Name und Wohnort des Vertreters.

Wenn die Einsichtnahme in die Patentanmeldung nicht ausreichen sollte, um sich genügend zu unterrichten, so können beim PA. Abschriften der Beschreibungen und Kopien der Zeichnungen auf Kosten des Antragstellers beantragt werden. Einem solchen Antrage wird ohne weiteres stattgegeben.

§ 24. Innerhalb der Frist von 2 Monaten nach der Veröffentlichung (§ 23) ist die erste Jahresgebühr (§ 8 Abs. 1) einzuzahlen. Nach dem Ablauf der Frist kann die Gebühr nur unter Zahlung des tarifmäßigen Zuschlags entrichtet werden. Das Patentamt gibt dem Patentsucher Nachricht, daß die Anmeldung als zurückgenommen gelten wird, sofern nicht bis zum Ablauf eines Monats nach der Zustellung die Gebühr nebst Zuschlag bezahlt wird. Erfolgt die Einzahlung nicht binnen dieser Frist, so gilt die Anmeldung als zurückgenommen.

Innerhalb der Frist von 2 Monaten nach der Veröffentlichung kann gegen die Erteilung des Patents Einspruch erhoben werden. Der Einspruch muß schriftlich erfolgen und mit Gründen versehen sein. Er kann nur auf die Behauptung gestützt werden, daß der Gegenstand nach §§ 1 und 2 nicht patentfähig sei oder daß dem Patentsucher ein Anspruch auf das Patent nach § 3 nicht zustehe. Im Falle des § 3 Abs. 2 ist nur der Verletzte zum Einspruch berechtigt.

Nach Ablauf der Frist hat das Patentamt über die Erteilung des Patents Beschluß zu fassen. An der Beschlußfassung darf das Mitglied, welches den Vorbescheid (§ 21) erlassen hat, nicht teilnehmen.

Nach Ablauf der Frist kann die Gebühr weder gezahlt, noch gestundet werden. Eine Wiedereinsetzung in den vorigen Stand bei Versäumung der Frist ist unzulässig.

Die Frist beginnt mit dem auf die Veröffentlichung folgenden Tage. Die Veröffentlichung ist an dem Tage erfolgt, an welchem die betreffende Nummer des Reichsanzeigers in Berlin zur Ausgabe gelangt ist; sie endigt mit dem Ablaufe desjenigen Tages des letzten Monats, welcher durch seine Zahl dem Tage der Veröffentlichung entspricht; fehlt dieser Tag im betreffenden Monate, so endigt die Frist mit dem Ablaufe des letzten Tages dieses Monats, fällt der letzte Tag der Frist auf einen Sonntag oder einen in Preußen anerkannten allgemeinen Feiertag, so endigt sie erst am nächstfolgenden Werktag.

Der Einspruch muß in doppelter Ausfertigung behufs Mitteilung an den Patentsucher erfolgen. Das gleiche gilt von der Gegenerklärung auf Einsprüche und allen sich daran anschließenden Verhandlungen, bei allen Eingaben und Gegenerklärungen in der Beschwerdeinstanz, bei Einreichung von Anträgen auf Nichtigkeitserklärungen oder Zurücknahme eines Patents und bei allen Erwiderungen und weiteren Erklärungen in dem Verfahren.

Erhebt jemand für einen andern Einspruch, so muß er sich durch Vollmacht ausweisen. Bei Mangel derselben stellt ihm das Patentamt eine Frist zur Nachreichung. Der Einspruch muß diejenigen Tatsachen enthalten, die der Einsprechende als der Patentierung hinderlich ansieht (PA. im Bl. 8, 129; 8, 153; 10, 189; 16, 6).

Die Partei, welche Einspruch frist- und formgerecht eingelegt hat, kann während der Frist noch aus einem anderen Rechtsgrunde Einspruch erheben. Hat jemand wegen mangelnder Neuheit Einspruch eingelegt, so kann er nach Ablauf der Frist nicht widerrechtliche Entnahme behaupten und umgekehrt. Zur Erhebung des Einspruchs ist jedermann berechtigt, ohne daß er besonderes Interesse nachzuweisen hätte. Im Falle des Todes geht der Einspruch auf die Erben des Einsprechenden über. Der Konkurs des Einsprechenden ist ohne Einfluß. Einsprüche, welche verspätet eingehen, sind nicht als solche zu behandeln, jedoch kann das Patentamt den Inhalt derselben als Informationsmaterial benutzen. Eine Wiedereinsetzung in den vorigen Stand gegen den Ablauf der Einspruchsfrist ist unzulässig. Unbegründete Einsprüche kann das Patentamt unmittelbar beantworten. Meistens wird es jedoch die Einsprüche dem Patentsucher zur Erklärung binnen einer bestimmten Frist übermitteln.

§ 25. „Bei der Vorprüfung und in dem Verfahren vor der Anmeldeabteilung kann jederzeit die Ladung und Anhörung der Beteiligten, die Vernehmung von Zeugen und Sachverständigen sowie die Vornahme sonstiger zur Aufklärung der Sache erforderlicher Ermittelungen angeordnet werden.“

Es ist vollständig in das Ermessen des Vorprüfers und der Anmeldeabteilung gestellt, ob sie Ermittelungen anordnen wollen und bejahenden Falles welche, und ob sie die Beteiligten hören wollen. Allerdings haben sie von Amts wegen alles zu veranlassen, was zur Herbeiführung eines materiell richtigen Beschlusses ihnen zweckdienlich erscheint. Hierzu gehört es auch, wenn das Patentamt in der Fabrik oder an anderen Orten die angemeldete Erfindung besichtigt.

Ist eine schriftliche Zeugenerklärung abgegeben, so muß vor der Entscheidung den Beteiligten Gelegenheit zur Äußerung darüber gegeben werden (PA. 14. XII. 26 [260]). Dagegen haben die Beteiligten kein Recht, den Versuchen beizuwohnen, die der Sachverständige zu seiner Information und zur Vorbereitung seines Gutachtens vornimmt; die Erlaubnis dazu steht im freien Ermessen des Patentamts (RG. 26. III. 26; Mitteil. 1926, 156).

§ 26. „Gegen den Beschluß, durch welchen die Anmeldung zurückgewiesen wird, kann der Patentsucher, und gegen den Beschluß, durch welchen über die Erteilung des Patents entschieden wird, der Patentsucher oder der Einsprechende innerhalb eines Monats nach der Zustellung Beschwerde einlegen. Mit der Einlegung sind für die Kosten des Beschwerdeverfahrens 20 RM. zu zahlen; erfolgt die Zahlung nicht, so gilt die Beschwerde als nicht erhoben.

Ist die Beschwerde an sich nicht statthaft oder ist dieselbe verspätet eingelegt, so wird sie als unzulässig verworfen.

Wird die Beschwerde für zulässig befunden, so richtet sich das weitere Verfahren nach § 25. Die Ladung und Anhörung der Beteiligten muß auf Antrag eines derselben erfolgen. Dieser Antrag kann nur abgelehnt werden, wenn die Ladung des Antragstellers in dem Verfahren vor der Anmeldeabteilung bereits erfolgt war.

Soll die Entscheidung über die Beschwerde auf Grund anderer als der in dem angegriffenen Beschlusse berücksichtigten Umstände erfolgen, so ist dem Beteiligten zuvor Gelegenheit zu geben, sich hierüber zu äußern.

Das Patentamt kann nach freiem Ermessen bestimmen, inwieweit einem Beteiligten im Falle des Unterliegens die Kosten des Beschwerdeverfahrens zur Last fallen sowie anordnen, daß dem Beteiligten, dessen Beschwerde für gerechtfertigt befunden worden ist, die Gebühr zurückgezahlt wird."

Das gleiche gilt, wenn die Beschwerde, die Anmeldung oder der Einspruch ganz oder teilweise zurückgenommen wird.

Der Patentsucher kann, anstatt Beschwerde einzulegen, eine neue Anmeldung einreichen; er verwirkt aber dann die ursprüngliche Priorität. Der Patentsucher kann Beschwerde einlegen:

1. wenn seine Anmeldung zurückgewiesen oder das Patent versagt ist;

2. wenn ihm zwar ein Patent erteilt ist, aber nicht in der von ihm gewünschten Ausdehnung oder Form, insbesondere in beschränkterer Fassung.

Ein Einsprechender ist stets zur Einlegung der Beschwerde berechtigt.

Wiedereinsetzung in den vorigen Stand ist gegen Versäumung der Beschwerdefrist unzulässig. Die Beschwerde muß schriftlich eingelegt werden, die Beschwerdegebühr muß rechtzeitig eingesandt werden; jedoch ist eine bestimmte Form für die Beschwerde nicht vorgeschrieben. Die Beschwerdeschrift braucht keine Begründung zu enthalten, es genügt, wenn aus ihr hervorgeht, daß der Einleger den Beschluß der Anmeldeabteilung anficht.

Ist die Prüfung auf Statthaftigkeit und Rechtzeitigkeit der Beschwerde zugunsten des Beschwerdeführers ausgefallen, so tritt die Abteilung in eine Prüfung des angegebenen Beschlusses ein, wobei sie in keiner Weise an die vom Beschwerdeführer gerügten Punkte gebunden ist (PA. im Bl. 13, 2; 15, 32).

Sie ist auch dabei an den Beschluß der Vorinstanz in keiner Weise gebunden, kann neues Material und neue Rechtsgründe berücksichtigen. Es ist daher nicht ausgeschlossen, daß der Anmelder durch Anrufen der Beschwerdeabteilung weniger erhält, als ihm die Anmeldeabteilung gewähren wollte.

Wird die Beschwerde zurückgenommen, so wird der Beschluß der Anmeldeabteilung unanfechtbar.

Die Beteiligten haben ein Recht auf mündliche Anhörung; es gehört hierzu ein diesbezüglicher Antrag.

Bezüglich der Kosten des Beschwerdeverfahrens ist die Bestimmung dem PA. überlassen, ob dieselben von einem Beteiligten ganz getragen, oder in welchem Verhältnis unter den Beteiligten geteilt werden, oder ob sie gegeneinander aufgehoben werden. Ist die Beschwerde gerechtfertigt, so kann das PA.

auch ohne Antrag bestimmen, daß die Gebühr dem Beschwerdeführer zurückgezahlt wird.

§ 27. „Ist die Erteilung des Patents endgültig beschlossen, so erläßt das Patentamt darüber durch das Patentblatt eine Bekanntmachung und fertigt demnächst für den Patentinhaber eine Urkunde aus.

Wird die Anmeldung nach der Veröffentlichung zurückgenommen oder wird das Patent versagt, so ist dies ebenfalls bekanntzumachen. Die eingezahlte Jahresgebühr wird in diesen Fällen erstattet. Mit der Versagung des Patents gelten die Wirkungen des einstweiligen Schutzes als nicht eingetreten."

Ein endgültiger Beschluß auf Erteilung des Patents liegt, wenn gegen denselben Beschwerde zulässig war, erst mit Ablauf der Beschwerdefrist oder der Entscheidung der Beschwerdeabteilung vor. War das Patent in Übereinstimmung mit der Anmeldung ohne Einspruch erteilt worden, so ist das Patent bereits mit Zustellung des Beschlusses endgültig erteilt.

Die Rechtskraft tritt nach § 705 ZPO. nicht ein vor Ablauf der für die Einlegung des zulässigen Rechtsmittels oder des zulässigen Einspruchs bestimmten Frist.

Die Rechtswirkung des Erteilungsbeschlusses tritt nicht vor der Zustellung ein.

Eine Patentanmeldung kann, solange das Erteilungsverfahren schwebt, zu jeder Zeit zurückgenommen werden.

§ 28. „Die Einleitung des Verfahrens wegen Erklärung der Nichtigkeit oder wegen Zurücknahme des Patents erfolgt nur auf Antrag.

Im Falle des § 10 Nr. 3 ist nur der Verletzte zu dem Antrage berechtigt.

Im Falle des § 10 Nr. 1 ist nach Ablauf von 5 Jahren, von dem Tage der über die Erteilung des Patents erfolgten Bekanntmachung (§ 27 Abs. 1) gerechnet, der Antrag unstatthaft.

Der Antrag ist schriftlich an das Patentamt zu richten und hat die Tatsachen anzugeben, auf welche er gestützt wird. Mit dem Antrage ist eine Gebühr nach Maßgabe des Tarifs zu zahlen. Erfolgt die Zahlung nicht, so gilt der Antrag als nicht gestellt.

Wohnt der Antragsteller im Auslande, so hat er dem Gegner auf dessen Verlangen Sicherheit wegen der Kosten des Verfahrens zu leisten. Die Höhe der Sicherheit wird von dem Patentamt nach freiem Ermessen festgesetzt. Dem Antragsteller wird bei Anordnung der Sicherheitsleistung eine Frist bestimmt, binnen welcher die Sicherheit zu leisten ist. Erfolgt die Sicherheitsleistung nicht vor Ablauf der Frist, so gilt der Antrag als zurückgenommen."

Die Nichtigkeitserklärung, die Zurücknahme eines Patents und die Erteilung einer Zwangslizenz erfolgen nie von Amts wegen, sondern auf schriftlichen Antrag. Als Kläger kann bei der Nichtigkeitsklage jeder ohne Nachweis eines besonderen Interesses auftreten. Bei der Nichtigkeitsklage aus § 10 Nr. 1 gibt es vier Klagegründe:

1. Mangel einer Erfindung oder Mangel der Neuheit;
2. Mangel der gewerblichen Verwertbarkeit;
3. wenn es sich um eine Erfindung handelt, deren Verwertung den Gesetzen oder guten Sitten zuwiderlaufen würde;
4. falls es sich um Erfindungen von Nahrungs-, Genuß- und Arzneimitteln sowie Stoffen handelt, welche auf chemischem Wege hergestellt werden, soweit die Erfindungen nicht ein bestimmtes Verfahren zur Herstellung der Gegenstände betreffen.

Da ein Urteil regelmäßig nur zwischen den Parteien und ihren Rechtsnachfolgern wirksam ist, so hindert die rechtskräftige Abweisung einen Dritten nicht, aus demselben Rechtsgrunde von neuem eine Klage zu erheben (RG. in JW. 03, 296; Bl. 9, 306).

§ 29. „Nachdem die Einleitung des Verfahrens verfügt ist, fordert das Patentamt den Patentinhaber unter Mitteilung des Antrages auf sich über denselben innerhalb eines Monats zu erklären.

Erklärt der Patentinhaber binnen der Frist sich nicht, so kann ohne Ladung und Anhörung der Beteiligten sofort nach dem Antrage entschieden und bei dieser Entscheidung jede von dem Antragsteller behauptete Tatsache für erwiesen angenommen werden."

Nach Zustellung der Klage können Dritte, welche ein rechtliches Interesse am Obsiegen einer der Parteien haben, dieser zum Zwecke ihrer Unterstützung als Nebenintervenienten beitreten (vgl. S. 695). Der Nebenintervenient muß sein rechtliches Interesse näher darlegen und glaubhaft machen (§§ 70, 71 ZPO.). Der Beitritt eines Dritten kann auch durch Streitverkündung (vgl. S. 698) einer Partei veranlaßt sein. Eine solche ist zulässig, wenn eine Partei für den Fall des ihr ungünstigen Ausgangs des Rechtsstreits einen Anspruch auf Gewährleistung oder Schadloshaltung gegen einen Dritten erheben zu können glaubt oder den Anspruch eines Dritten besorgt (273 ZPO.).

Die Erklärung des Patentinhabers auf die Nichtigkeitsklage muß schriftlich bei dem Patentamt mit einer Abschrift für den Antragsteller eingereicht werden.

§ 30. „Widerspricht der Patentinhaber rechtzeitig, oder wird im Falle des § 29 Abs. 2 nicht sofort nach dem Antrage entschieden, so trifft das Patentamt, und zwar in ersterem Falle unter Mitteilung des Widerspruchs an den Antragsteller, die zur Aufklärung der Sache erforderlichen Verfügungen. Es kann die Vernehmung von Zeugen und Sachverständigen anordnen. Auf dieselben finden die Vorschriften der Zivilprozeßordnung entsprechende Anwendung. Die Beweisverhandlungen sind unter Zuziehung eines beeidigten Protokollführers aufzunehmen.

Die Entscheidung erfolgt nach Ladung und Anhörung der Beteiligten."

Hat der Beklagte rechtzeitig widersprochen, so kann er beim Patentamt eine Fristverlängerung für die Widerlegung der klägerischen Ausführungen nachsuchen. Die Abschrift des Widerspruchs oder der späteren Erklärung des Beklagten ist vom Patentamt dem Kläger mitzuteilen.

Ist der Schriftwechsel beendigt, so beraumt der Vorsitzende einen Termin zur mündlichen Verhandlung an, zu welchem die Beteiligten (Parteien, Nebenintervenienten) oder ihre Vertreter geladen werden. Anträgen auf Verlegung des Termins wird regelmäßig nur stattgegeben, wenn sie von beiden Parteien gestellt und sachlich begründet werden. Wird ein besonderes Beweisaufnahmeverfahren vor der Entscheidung für notwendig erachtet, so erläßt das Patentamt einen dasselbe anordnenden Beweisbeschluß.

Für die den Klageantrag begründenden Tatsachen liegt die Beweislast dem Kläger ob.

§ 31. „In der Entscheidung über die Nichtigkeit eines Patents hat das Patentamt nach freiem Ermessen zu bestimmen, zu welchem Anteile die Kosten des Verfahrens den Beteiligten zur Last fallen."

§ 33. Gegen die Entscheidung des Patentamts (§§ 29, 30) ist die Berufung zulässig. Die Berufung geht an das Reichsgericht. Sie ist binnen 6 Wochen nach der Zustellung bei dem Patentamt schriftlich anzumelden und zu begründen. Mit der Anmeldung der Berufung ist eine Gebühr nach Maßgabe des Tarifs zu zahlen; erfolgt die Zahlung nicht, so gilt die Berufung als nicht angemeldet.

In dem Verfahren vor dem Reichsgericht werden Gebühren und Auslagen nach den Vorschriften des Gerichtskostengesetzes erhoben. Die Gebühren werden nach den für das Verfahren in der Revisionsinstanz geltenden Sätzen berechnet. Ein Gebührenvorschuß ist nicht zu zahlen. Die für die Anmeldung der Berufung gezahlte Gebühr wird auf die reichsgerichtlichen Gebühren angerechnet; sie wird nicht zurückgezahlt.

Durch das Urteil des Gerichtshofs ist nach Maßgabe des § 31 auch über die Kosten des Verfahrens zu bestimmen.

Im übrigen wird das Verfahren vor dem Gerichtshof durch ein Regulativ bestimmt, welches von dem Gerichtshof zu entwerfen ist und durch Verordnung des Reichspräsidenten unter Zustimmung des Reichsrats festgestellt wird.

Für die Berufung an das Reichsgericht ist die Verordnung betreffend das Berufungsverfahren beim Reichsgericht in Patentsachen vom 6. Dezember 1891 maßgebend. Sie lautet:

§ 1. Die in Gemäßheit des § 33 Abs. 1 des Patentgesetzes vom 7. April 1891 bei dem Patentamt einzureichende Berufungsschrift muß die Berufungsanträge sowie die Angabe der neuen Tatsachen und Beweismittel enthalten, welche der Berufungskläger geltend machen will.

§ 2. Ist die Berufungsschrift nicht rechtzeitig eingegangen oder nicht in deutscher Sprache abgefaßt oder enthält sie nicht die Berufungsanträge, so hat das Patentamt die Berufung als unzulässig zu verwerfen.

Der Berufungskläger kann binnen einer Woche nach Zustellung dieses Beschlusses auf die Entscheidung des Reichsgerichts antragen.

§ 3. Ist die Berufung zulässig, so wird die Berufungsschrift von dem Patentamt dem Berufungsbeklagten mit der Aufgabe mitgeteilt, seine schriftliche Erklärung innerhalb eines Monats bei dem Patentamt einzureichen.

Die Erklärung muß die Gegenanträge sowie die Angabe der neuen Tatsachen und Beweismittel enthalten, welche der Berufungsbeklagte geltend machen will.

§ 4. Das Patentamt legt die Verhandlungen nebst den Akten erster Instanz dem Reichsgericht vor und benachrichtigt hiervon die Parteien unter Mitteilung der Gegenerklärung an den Berufungskläger.

§ 5. Das Reichsgericht trifft nach freiem Ermessen die zur Aufklärung der Sache erforderlichen Verfügungen.

Beweiserhebungen können durch Vermittlung des Patentamts erfolgen.

§ 6. Das Urteil des Reichsgerichts ergeht nach Ladung und Anhörung der Parteien. Die Ladungsfrist beträgt mindestens 2 Wochen.

§ 7. Die Geltendmachung neuer Tatsachen und Beweismittel im Termin ist nur insoweit zulässig, als sie durch das Vorbringen des Berufungsbeklagten in der Erklärungsschrift veranlaßt wird.

Das Gericht kann auch Tatsachen und Beweise berücksichtigen, mit welchen die Parteien ausgeschlossen sind.

Auf eine noch erforderliche Beweisaufnahme findet die Bestimmung des § 5 Anwendung.

Soll das Urteil auf Umstände gegründet werden, welche von den Parteien nicht berührt sind, so sind diese zu veranlassen, sich hierüber zu äußern.

§ 8. Von einer Partei behauptete Tatsachen, über welche die Gegenpartei sich nicht erklärt hat, können für erwiesen angenommen werden.

Erscheint in dem ersten Termin keine der Parteien, so ergeht das Urteil auf Grund der Akten.

§ 9. Das Reichsgericht kann zur Beratung Sachverständige zuziehen; dieselben dürfen an der Abstimmung nicht teilnehmen.

§ 10. Zu den Kosten des Verfahrens, über welche das Reichsgericht nach § 33 Abs. 2 des Patentgesetzes zu bestimmen hat, gehören außer den aus der Kasse des Patentamts zu bestreitenden Auslagen diejenigen den Parteien erwachsenen Auslagen, welche nach freiem Ermessen des Gerichtshofes zur zweckentsprechenden Wahrung der Ansprüche und Rechte notwendig waren.

§ 11. In dem Termin ist ein Protokoll aufzunehmen, welches den Gang der Verhandlung im allgemeinen angibt. Das Protokoll ist von dem Vorsitzenden und dem Gerichtsschreiber zu unterschreiben.

§ 12. Die Verkündung des Urteils erfolgt in dem Termin, in welchem die Verhandlung geschlossen ist oder in einem sofort anzuberaumenden Termin. Wird die Verkündung der Entscheidungsgründe für angemessen erachtet, so erfolgt sie durch Verlesung der Gründe oder durch mündliche Mitteilung des wesentlichen Inhalts. Die Ausfertigungen des mit Gründen zu versehenden Urteils werden durch Vermittelung des Patentamts zugestellt.

§ 13. Die zur Praxis bei dem Reichsgericht zugelassenen Rechtsanwälte sind befugt, in Berufungsverfahren in Patentsachen die Vertretung zu übernehmen. Den Parteien und dem Vertreter ist es gestattet, mit einem technischen Beistande zu erscheinen.

§ 14. Im übrigen ist für das Berufungsverfahren in Patentsachen das den Geschäftsgang beim Reichsgericht normierende Regulativ maßgebend.“

Berufung ist nur gegen die in den Fällen der §§ 29, 30 vom Patentamt erlassenen Entscheidungen zulässig.

Die Berufung kann gültig nach Verkündung der Entscheidung eingelegt werden, auch wenn letztere noch nicht zugestellt ist. Die Zurücknahme der Berufung ist jederzeit zulässig; sie erfolgt durch eine an das RG. gerichtete Eingabe oder durch mündliche Erklärung im Termin.

Die Berufungsschrift muß innerhalb der Berufungsfrist bei dem Patentamt eingehen, nicht bei dem Reichsgericht.

Die Parteien brauchen sich in den Berufungsverfahren nicht vertreten zu lassen, sie können, auch in den Terminen, ihre Rechte selbst wahrnehmen. Wollen sie aber einen Vertreter bestellen, so können sie zur Anmeldung und Begründung der Berufung auch andere als Reichsgerichtsanwälte bevollmächtigen (RG. 1, 431). Die Vertreter der ersten Instanz sind ohne weiteres dazu befugt. In der mündlichen Verhandlung sind jedoch nur die bei dem Reichsgericht zugelassenen Rechtsanwälte zur Vertretung berechtigt.

In den §§ 35—38 sind die zivilrechtlichen Folgen der Patentverletzung geregelt; die Bestimmungen des BGB. können daher nicht zu dem Zwecke herangezogen werden, um eine weitergehende Haftung des Patentverletzers zu begründen.

§ 35. „Wer wissentlich oder aus grober Fahrlässigkeit den Bestimmungen der §§ 4 und 5 zuwider eine Erfindung in Benutzung nimmt, ist dem Verletzten zur Entschädigung verpflichtet.

Handelt es sich um eine Erfindung, welche ein Verfahren zur Herstellung eines neuen Stoffes zum Gegenstand hat, so gilt, bis zum Beweise des Gegenteils, jeder Stoff von gleicher Beschaffenheit als nach dem patentierten Verfahren hergestellt.“

Voraussetzung ist, daß das Patent zur Zeit der Patentverletzung zu Recht bestanden hat, d. h. zum mindesten durch Bekanntmachung Rechtsschutz genoß. Wenn es später, sei es vor dem Prozesse oder im Laufe desselben, durch Zeitablauf, Verzicht, Nichtzahlung der Gebühr oder Zurücknahme aufgehört hat, vermag dies den durch die Verletzung einmal entstandenen Entschädigungsanspruch nicht mehr zu beseitigen (LG. Breslau im PBl. 81 S. 123, RGSt. 7, 146 im PBl. 82 S. 97). Wird dagegen das Patent für nichtig erklärt, so folgt aus der rückwirkenden Kraft der Nichtigkeitserklärung, daß die vor derselben verübten Patentverletzungen keine Entschädigungspflicht begründen (RGSt. 7, 146 im PBl. 82 S. 97; RGSt. 14, 261; 30, 187; RG. in JW. 00, 160; 00, 189; RG. im Bl. 11, 27). Ist der Verletzer bereits vor der Nichtigkeitserklärung rechtskräftig zur Entschädigung verurteilt worden, so kann das Entschädigungsurteil nicht aufgehoben werden.

Der in Anspruch Genommene muß die Erfindung den Bestimmungen der §§ 4 und 5 zuwider in Benutzung genommen haben. „Inbenutzungnehmen der Erfindung“ ist gleichbedeutend mit „Herstellen, Inverkehrbringen, Feilhalten oder Gebrauchen des Gegenstandes der Erfindung“ (RGSt. 37, 110; Bl. 10, 266). Eine Patentverletzung liegt schon dann vor, wenn der Erfindungsgegenstand zwar nicht vollständig, aber doch in wesentlichen Teilen, auf welche sich der Patentschutz erstreckt, nachgebildet ist.

Wissentlichkeit liegt zunächst dann vor, wenn jemand sowohl die Kenntnis vom Bestehen und Umfang des Patentschutzes, als auch das Bewußtsein besitzt, daß er mit der Herstellung usw. des betreffenden Gegenstandes in das fremde Patentrecht eingreift (RG. im PBl. 82 S. 89). Es genügt aber auch, daß der Verletzer den rechtsverletzenden Erfolg seiner Handlung sich als möglich vorstellt und trotzdem, ohne das Nichteintreten dieses Erfolges die Handlung ausführt und so den rechtsverletzenden Erfolg schafft (RGSt. 6, 272; 14, 415; 15, 34, im PBl. 86 S. 427). Bei diesem zweiten Fall der Wissentlichkeit, der im Gegensatz zum ersten in der Strafrechtswissenschaft der dolus eventualis genannt wird, sagt das RG. zutreffend: „der Verletzer braucht nicht das volle sichere Wissen zu haben, es reicht aus, wenn er sich der Möglichkeit, daß ein Patent besteht und daß seine Handlung demselben zuwiderläuft, wohl bewußt ist, und daß er diese Möglichkeit dergestalt mit in seinen Willen aufgenommen hat, daß er entschlossen war, die Handlung vorzunehmen, selbst wenn sie eine Patentverletzung einschließen sollte (RGSt. 6, 272; PBl. 86 S. 429; RG. im Bl. 11, 293)“. Hatte der Täter nicht das Bewußtsein, daß seine Konstruktion das Patent verletzen könne, so kann niemals ein dolus eventualis vorliegen, sondern höchstens Fahrlässigkeit. Für den Begriff der Fahrlässigkeit ist auch hier § 276 Satz 2 BGB. maßgebend: „Fahrlässig handelt, wer die im Verkehr erforderliche Sorgfalt außer acht läßt.“

Die schwere Verständlichkeit einer Patentschrift kann zur Vermeidung von Wissentlichkeit und grober Fahrlässigkeit führen (RG. 10. VI. 25; MuW. 1925/26, 40).

Grobe Fahrlässigkeit liegt vor, wenn diese Sorgfalt in besonders schwerer Weise vernachlässigt wird.

Bei leichter Fahrlässigkeit oder wenn Fahrlässigkeit überhaupt nicht vorhanden ist, besteht nach herrschender Rechtsanschauung keine Entschädigungspflicht.

Zur Entschädigungsklage ist der Verletzte berechtigt, d. h. derjenige, welcher zur Zeit der Vornahme der verletzenden Handlung das Nutzungsrecht hatte, also der Patentinhaber, der Nießbraucher, der beschränkte Erwerber des Patents, der Lizenzträger. Von mehreren Berechtigten kann jeder ohne Rücksicht auf die andern den ihm erwachsenen Schaden geltend machen.

Verletzt das Reich oder der Staat ein Patent wissentlich oder grobfahrlässig durch Handlungen, welche nicht in Ausübung eines Hoheitsrechts vorgenommen werden, so sind sie schadensersatzpflichtig.

Vor Anstrengung der Klage auf Schadensersatz kann der Berechtigte Klage auf Feststellung der Schadensersatzpflicht erheben, wenn der Kläger ein rechtliches Interesse daran hat, daß das Rechtsverhältnis durch richterliche Entscheidung alsbald festgestellt wird.

Berufungsinstanz ist ausschließlich das Reichsgericht.

§ 36. „Wer wissentlich den Bestimmungen der §§ 4 und 5 zuwider eine Erfindung in Benutzung nimmt, wird mit Geldstrafe oder mit Gefängnis bis zu einem Jahre bestraft.

Die Strafverfolgung tritt nur auf Antrag ein. Die Zurücknahme des Antrages ist zulässig. Wird auf Strafe erkannt, so ist zugleich dem Verletzten die Befugnis zuzusprechen, die Verurteilung auf Kosten des Verurteilten öffentlich bekannt zu machen. Die Art der Bekanntmachung sowie die Frist zu derselben ist im Urteil zu bestimmen."

Die Strafverfolgung verjährt nach § 67 StGB. in 5 Jahren. Häufig wird ein fortgesetztes Vergehen vorliegen, d. h. eine Reihe von Handlungen, von welchen jede einzelne den vollen Tatbestand des Vergehens enthält, die aber, weil einem und demselben Vorsatze entflossen, als strafrechtliche Einheit angesehen werden. Bei einem fortgesetzten Vergehen läuft die Verjährungsfrist von der Kenntnis der letzten der Einzelhandlungen (RGStr. 15, 370; RG. in JW. 00, 526). Der Strafantrag kann nur bis zur Verkündung eines auf Strafe lautenden Urteils zurückgenommen werden (§ 64 StrGB.).

§ 37. „Statt jeder aus diesem Gesetz entspringenden Entschädigung kann auf Verlangen des Geschädigten neben der Strafe auf eine an ihn zu erlegende Buße erkannt werden. Für diese Buße haften die zu derselben Verurteilten als Gesamtschuldner.

Eine erkannte Buße schließt die Geltendmachung eines weiteren Entschädigungsanspruches aus."

Die Buße ist keine Strafe, sondern eine Entschädigung. Sie beschränkt sich nicht nur auf Ersatz des vermögensrechtlichen Schadens, sondern sie umfaßt auch die Entschädigung für den Verdruß und die Mühewaltung, welche dem Patentinhaber die Verletzung des Patents und deren Folgen verursachte, insbesondere auch für die häufig herbeigeführte Beeinträchtigung des kaufmännischen Rufes.

Im Falle der Verurteilung hängt es von dem Ermessen des Strafrichters ab, ob er auf Buße erkennen will. Sind Anhaltspunkte dafür vorhanden, daß ein Schaden entstanden ist, so muß er jedoch die Buße feststellen. Ist Schaden entstanden, so darf der Richter den Antrag auf Buße nicht deshalb ablehnen, weil es an einer zuverlässigen Grundlage für die ziffernmäßige Feststellung der Höhe des Schadens fehle (RG. im GewRschutz 96, 255; RG. in JW. 00, 210). Mittäter haften für die Buße als Gesamtschuldner. Hat die Strafkammer dem Antrag des Verletzten auf Buße nicht entsprochen, so kann derselbe seine Entschädigung im Zivilwege einklagen.

§ 38. „In bürgerlichen Rechtsstreitigkeiten, in welchen durch Klage oder Widerklage ein Anspruch auf Grund der Bestimmungen dieses Gesetzes geltend gemacht ist, wird die Verhandlung und Entscheidung letzter Instanz dem Reichsgericht zugewiesen."

Obige Vorschrift bezieht sich auf diejenigen Rechtsstreitigkeiten, in welchen ein Anspruch auf Grund des Patentgesetzes geltend gemacht wird.

§ 39. „Die Klagen wegen Verletzung des Patentrechts verjähren rücksichtlich jeder einzelnen dieselbe begründenden Handlung in 3 Jahren.“

Die Verjährung beginnt mit dem Tage, an welchem das widerrechtliche Herstellen, Inverkehrbringen, Feilhalten oder Gebrauchen des Gegenstandes der Erfindung stattgefunden hat. Der Antrag auf Buße unterbricht nicht die Verjährung.

§ 40. „Mit Geldstrafe wird bestraft:

1. wer Gegenstände oder deren Verpackung mit einer Bezeichnung versieht, welche geeignet ist, den Irrtum zu erregen, daß die Gegenstände durch ein Patent nach Maßgabe dieses Gesetzes geschützt seien;

2. wer in öffentlichen Anzeigen, auf Aushängeschildern, auf Empfehlungskarten oder in ähnlichen Kundgebungen eine Bezeichnung anwendet, welche geeignet ist, den Irrtum zu erregen, daß die darin erwähnten Gegenstände durch ein Patent nach Maßgabe dieses Gesetzes geschützt seien.“

Jeder, der ein Interesse daran hat, einer unrichtigen Patentberühmung entgegenzutreten, hat auch einen privatrechtlichen Anspruch darauf, daß dies unterlassen wird (RG. in JW. 96, 709; 01, 13). Die Patentberühmung braucht nicht vorsätzlich oder fahrlässig, sondern nur objektiv unrichtig zu sein (RG. in JW. 01, 13). Die Klage kann auch gegen jeden gerichtet werden, welcher Waren in den Verkehr bringt, die zu Unrecht als patentiert bezeichnet sind, gleichviel, von wem die Bezeichnung herrührt; ebenso gegen den, welcher auf einem geschützten Gegenstande außer der zutreffenden Patentnummer noch andere Nummern selbst von erloschenen Patenten anbringt oder so bezeichnete Gegenstände verbreitet.

Werden die objektiven Voraussetzungen des § 40 glaubhaft gemacht, so kann auf Grund des § 940 ZPO. die Erlassung einer einstweiligen Verfügung beantragt werden (OLG. Hamburg im Bl. 12, 327), beim Vorhandensein von Vorsatz oder Fahrlässigkeit auch auf Schadensersatz geklagt werden (RGStr. 65, 25; Bl. 8, 6).

Ist nur ein Teil eines Gegenstandes patentiert, so ist es zulässig, den ganzen Gegenstand als patentiert zu bezeichnen, insofern der geschützte Teil einen so wesentlichen Bestandteil des Gegenstandes bildet, daß er dem ganzen Gegenstande ein eigentümliches Gepräge verleiht (RGStr. 38, 244; Bl. 12, 45). Ist ein Verfahren geschützt, so darf man den durch dasselbe erzeugten Gegenstand als patentiert bezeichnen, wenn er durch das Verfahren unmittelbar hergestellt ist (RG. im Bl. 4, 11; RGStr. 42, 357; Bl. 16, 8).

Ist der Gegenstand nur im Auslande patentiert, so darf er in Deutschland nicht etwa nur mit dem Worte „patentiert“ bezeichnet werden; Gegenstände, welche nur Zeichen- oder Gebrauchsmusterschutz genießen, dürfen nicht als „patentamtlich geschützt“ bezeichnet werden. Die Bezeichnung von Gegenständen, welche zum Patent angemeldet sind, dürfen nicht mit „D. R. P. a.“ bezeichnet werden, sondern das Wort **„angemeldet“** muß ausgeschrieben werden.

Weder der Gegenstand noch die Verpackung dürfen mit der täuschenden Bezeichnung versehen sein.

Die Strafverfolgung verjährt in 3 Jahren.

Der Tatbestand des § 40 wird sich häufig mit den Bestimmungen des Gesetzes gegen den unlauteren Wettbewerb vom 7. Juni 1909, namentlich mit seinen Paragraphen 1 und 3 decken (vgl. UWG. S. 670 und 675).

Auslegestellen für Patentschriften in Deutschland.

Innerhalb des Deutschen Reiches sind an Orten, die als Mittelpunkt größerer gewerblicher Betriebe anzusehen sind oder den Sitz eines allgemeinen gewerblichen oder wissenschaftlichen Lebens bilden, Auslegestellen für Patentschriften eingerichtet worden, denen vom Deutschen Reichs-Patentamt die Patentschriften entweder sämtlicher Klassen oder aus denjenigen Klassen fortlaufend überwiesen werden, die für die örtlichen Bedürfnisse hauptsächlich in Betracht kommen.

In der Auslegehalle des Deutschen Reichs-Patentamts in Berlin ist eine nach 8000 Gruppen sachlich geordnete Sammlung der deutschen Patentschriften zur öffentlichen Einsichtnahme bereitgestellt. Diese Sammlung wird durch die neuerscheinenden Patentschriften laufend ergänzt. Das PA. hat eine Nummernliste der deutschen Patentschriften nach 8000 Gruppen sachlich geordnet herausgegeben.

In den einzelnen Städten sind die Auslegestellen der Patentschriften je nach dem Vorhandensein entsprechender Institute ausgelegt in Technischen Hochschulen, Stadtbibliotheken, Gewerbe-Akademien, Universitäten, Bezirksvereinen Deutscher Ingenieure, Handelskammern, Gewerbekammern, Berg-Akademien, Industrievereinen, Fachschulen, Techniken, Industrieschulen, Webschulen usw.

Gesetz über Änderungen im patentamtlichen Verfahren.

Vom 1. Februar 1926.

Der Reichstag hat das folgende Gesetz beschlossen, das mit Zustimmung des Reichsrats hiermit verkündet wird:

Art. I. Wird gegen die Erteilung des Patents Einspruch erhoben (§ 24 Abs. 2 des Patentgesetzes), so geht das weitere Verfahren, insbesondere die Beschlußfassung über die Erteilung des Patents, von der Prüfungsstelle (§ 1 Abs. 1 der Bundesratsverordnung über Vereinfachungen im Patentamt vom 9. März 1917 — Reichsgesetzbl. S. 221) auf die Anmeldeabteilung über.

Die Reichsregierung wird ermächtigt, mit Zustimmung des Reichsrats Vorschriften über den Geschäftsgang der Anmeldeabteilung im Einspruchsverfahren zu erlassen.

Art. II. In dem Patentamt wird ein Großer Senat gebildet, der aus dem Präsidenten oder seinem Vertreter, drei rechtskundigen und drei technischen Mitgliedern besteht. Für Fragen, die lediglich das Warenzeichenwesen betreffen, kann der Große Senat ausschließlich aus rechtskundlichen Mitgliedern bestehen.

Will in einer grundsätzlichen Frage eine Beschwerdeabteilung von der Entscheidung einer andern Beschwerdeabteilung oder des Großen Senats abweichen, so ist die Entscheidung des Großen Senats einzuholen. Sie ist bindend in der Sache, die zu entscheiden ist.

Die Reichsregierung wird ermächtigt, mit Zustimmung des Reichsrats weitere Vorschriften über die Bildung, das Verfahren und den Geschäftsgang des Großen Senats zu erlassen.

Art. III. Erachtet die Prüfungsstelle oder die Abteilung, deren Beschluß angefochten wird, die Beschwerde für begründet, so hat sie ihr abzuhelfen. Andernfalls ist die Beschwerde vor Ablauf von 2 Wochen ohne sachliche Stellungnahme der Beschwerdeabteilung vorzulegen.

Steht dem Beschwerdeführer ein anderer am Verfahren Beteiligter gegenüber, so findet die Vorschrift im Abs. 1 keine Anwendung.

Art. IV. Dieses Gesetz tritt am 1. April 1926 in Kraft. Patentanmeldungen, deren Veröffentlichung (§ 23 des Patentgesetzes) vor dem 1. April 1926 erfolgt ist, werden im Einspruchsverfahren nach den bisher geltenden Vorschriften durch die Prüfungsstelle weiterbehandelt.

Verordnung, betr. das Einspruchsverfahren und den Großen Senat beim Reichspatentamt.

Vom 1. Februar 1926.

Auf Grund des Artikel I Abs. 2 und des Artikel II Abs. 3 des Gesetzes über Änderungen im patentamtlichen Verfahren vom 1. Februar 1926 (Reichsgesetzbl. II 1926 Nr. 5 S. 127/128) verordnet die Reichsregierung mit Zustimmung des Reichsrats:

§ 1. Im Einspruchsverfahren übernimmt regelmäßig der Prüfer die Berichterstattung in der Anmeldeabteilung.

Bietet die Entscheidung besondere rechtliche Schwierigkeiten, so soll bei der Beschlußfassung ein der Anmeldeabteilung angehöriges rechtskundiges Mitglied mitwirken.

§ 2. Die Geschäftsleitung im Großen Senat steht dem Präsidenten zu. Über die Vertretung des Präsidenten trifft die Reichsregierung Bestimmung.

Die Auswahl der Beisitzer und ihrer Stellvertreter erfolgt für je ein Kalenderjahr im voraus durch die Reichsregierung. Im Falle der Behinderung von Beisitzern treten die Stellvertreter in der Reihenfolge ihrer Bezeichnung ein.

Die Beschwerdeabteilung hat die Entscheidung, von der sie abweichen will, zu bezeichnen und ihre eigene Rechtsauffassung zu begründen. Die Beschwerdeabteilung ist befugt, eines ihrer Mitglieder zur Vertretung ihrer Rechtsauffassung zu den Beratungen des Großen Senats zu entsenden.

§ 3. Diese Verordnung tritt am 1. April 1926 in Kraft.

Anläßlich des 50jährigen Bestehens des Verbandes deutscher Patentanwälte hat der Vorsitzende Herr Patentanwalt Dr. Messtern einen kurzen Überblick darüber gegeben, was teils durch Verordnungen, teils durch Abänderung des Gesetzestextes und teils durch Reichsgerichtsentscheidungen und Entscheidungen anderer Gerichte aus dem Entwurfe des Patentgesetzes vom 11. Juli 1913 bereits heute übernommen worden ist. Zur Übersicht wird nachstehend mit Erlaubnis des Herrn Patentanwalts Messtern ein Abdruck seines Vortrages gegeben. Der Entwurf des erwähnten Patentgesetzes vom Jahre 1913 wird nicht mehr zum Abdruck gebracht, da in Aussicht genommen ist, in der neuen Reichstagssession im Jahre 1929 einen neuen Patentgesetzentwurf einzubringen, so daß also voraussichtlich in diesem Jahre das langersehnte neue Patentgesetz geschaffen werden wird.

Wenn der Vortrag des Herrn Dr. Messtern auch zum Teil wiederholt, was im Rahmen des Patentgesetzes bereits hier dargelegt ist, so gibt er doch in kurz gedrängter Übersicht die Erfolge wieder, die bisher erzielt worden sind. Der Artikel selbst lautet wie folgt:

„Am 11. Juli 1913 wurde vom Reichsamt des Innern im „Reichsanzeiger" der Entwurf für ein neues Patentgesetz veröffentlicht, welcher der inzwischen erfolgten Entwicklung der Verhältnisse in sozialer und rechtlicher Beziehung Rechnung tragen sollte. Die folgenden wichtigen Änderungsvorschläge des Entwurfs verdienen herausgehoben zu werden.

a) Während im § 3 des Gesetzes vom 25. Mai 1877 und auch des vom 7. April 1891 grundsätzlich dem ersten Anmelder der Anspruch auf Erteilung eines Patentes zuerkannt wird, sollte nach dem Entwurf grundsätzlich der Erfinder auf die Erteilung des Patents Anspruch haben. Der Erfinder sollte von demjenigen, der, ohne Erfinder zu sein, die Erfindung angemeldet hat, verlangen können, daß er die Anmeldung überträgt oder sie zurücknimmt. Es sollte ferner festgelegt werden, daß der Erfinder in jedem Fall bei Erteilung eines Patentes ein Recht darauf hat, in Veröffentlichungen des Patentamtes auch als Erfinder genannt zu werden.

b) Nach § 10 des Gesetzentwurfes sollen Erfindungen von angestellten Erfindern dem Unternehmen gehören, sofern es sich um Erfindungen handelt, die einer Tätigkeit entspringen, die zur Obliegenheit des Erfinders gehört. Der Angestellte kann vom Unternehmer eine Vergütung verlangen. Auf Angestellte in Reichs-, Staats- oder Gemeindebetrieben soll die Bestimmung keine Anwendung finden.

c) Mit Bezug auf die Organisation des Patentamtes wurde vorgeschlagen (§§ 20, 21 und 22 des Entwurfes), daß Prüfungsstellen eingerichtet werden sollen. Außerdem sollen Patentabteilungen, ein Senat für Nichtigkeits- und Zurücknahme- und Zwangslizenzklagen und Senate für die Beschwerdeverfahren eingerichtet werden. Ferner sollte ein großer Senat gebildet werden, dessen Entscheidungen einzuholen sind, wenn in einer grundsätzlichen Frage ein Beschwerdesenat von der Entscheidung eines anderen Senats abweichen will.

d) Eine wichtige Änderung des Entwurfes enthielt der § 43, der die Wiedereinsetzung in den früheren Stand vorsieht.

Der Entwurf hat s. Z. großes Aufsehen erregt. Insbesondere wurde die ausdrückliche Feststellung, daß das Recht auf Erteilung des Patentes dem Erfinder, nicht wie bisher dem Anmelder, zusteht, als Systemwechsel bezeichnet. Der Verband deutscher Patentanwälte hat übrigens grundsätzlich diesem Systemwechsel zugestimmt. Er hat in seiner Denkschrift über den Entwurf für das neue Patentgesetz ausgeführt, daß er die ausdrückliche Erwähnung des Erfinderrechts im Patentgesetz billigt, allerdings unter Ablehnung der besonderen durch die §§ 4 und 5 des Gesetzentwurfes vorgesehenen Ausgestaltung.

Infolge des Krieges mußte bekanntlich der Entwurf zurückgestellt werden. Die meisten seiner Vorschläge sind jedoch in der einen oder anderen Form zur Durchführung gelangt.

Mit der Regelung der Rechte des angestellten Erfinders befaßt sich das Arbeitsgerichtsgesetz vom 23. Februar 1926.

Der Wunsch auf Wahrung der Erfinderehre durch Nennung des Namens des Erfinders hat das Patentamt von sich aus Rechnung getragen durch die vom Präsidenten des Reichs-Patentamtes am 15. Februar 1922 erlassene „Bekanntmachung betreffend Nennung des Erfinders in der Patentschrift".

Die Einführung des Einzelprüfers hat die Not des Krieges erzwungen. Die Bundesratsverordnung über Vereinfachungen im Patentamt vom 9. März 1917 bestimmt, daß die Geschäfte des Vorprüfers und der Anmeldeabteilungen einer Prüfungsstelle übertragen werden, deren Obliegenheiten von einem technischen Mitglied der Anmeldeabteilung, dem Prüfer, wahrgenommen werden.

Der Große Senat ist durch das Gesetz über die Änderungen im patentamtlichen Verfahren und die Verordnung betr. das Einspruchsverfahren und den Großen Senat beim Reichs-Patentamt vom 1. Februar 1926 eingeführt.

Die Wiedereinsetzung in den früheren Stand schließlich ist zunächst unter dem Drucke der Kriegsereignisse durch die Bundesratsverordnung vom 10. September 1914 für Verhinderungen infolge des Kriegszustandes vorgesehen und durch Art. 2 des Gesetzes vom 27. April 1920 allgemein eingeführt worden.

Einer früher schon mehrfach von verschiedenen Seiten aufgestellten Forderung (z. B. von seiten des Verbandes deutscher Patentanwälte) auf Verlängerung der Dauer des Patentschutzes, hat der Art. 2 des Gesetzes über die patentamtlichen Gebühren vom 9. Juli 1923 Rechnung getragen, der die Verlängerung der Patentdauer von 15 auf 18 Jahre bestimmt."

Gesetz betreffend den Schutz von Gebrauchsmustern[1].

In der Fassung der Bekanntmachung vom 7. Dezember 1923.

Das Gesetz ist ein Reichsgesetz. Die Vorschriften des Gesetzes lehnen sich an die Bestimmungen des Patentgesetzes an. Man wird vielfach die einschlägigen Vorschriften des Patentgesetzes heranziehen müssen.

§ 1. „Modelle von Arbeitsgerätschaften oder Gebrauchsgegenständen oder von Teilen derselben werden, insoweit sie dem Arbeits- oder Gebrauchszweck durch eine neue Gestaltung, Anordnung oder Vorrichtung dienen sollen, als Gebrauchsmuster nach Maßgabe dieses Gesetzes geschützt.

Modelle gelten insoweit nicht als neu, als sie zur Zeit der auf Grund dieses Gesetzes erfolgten Anmeldung bereits in öffentlichen Druckschriften beschrieben oder im Inlande offenkundig benutzt sind."

Geschmacks- und Gebrauchsmuster unterscheiden sich dadurch, daß die ersteren durch ihre neue Gestaltung eine Einwirkung lediglich auf den Schönheitssinn bezwecken, während bei den letzteren die neue Gestaltung den Gebrauchszweck zu fördern bestimmt ist.

Die durch das vorliegende Gesetz geschützten Gebrauchsmuster sind auf ein technisches Erzeugnis gerichtet, welches dem Gebrauchszweck zu dienen bestimmt ist.

Ein und derselbe Gegenstand kann gleichzeitig Patent- und Musterschutz erhalten. Entscheidet sich der Anmelder für die Nachsuchung des Musterschutzes, so kann er kein Patent darauf erhalten.

Es war früher zulässig, die Erfindung gleichzeitig zum Patent und als Gebrauchsmuster anzumelden. Jetzt werden jedoch diese sog. Eventualanmeldungen nur noch als unbedingte Anmeldungen, verbunden mit dem Antrage auf Aussetzung der Eintragung und auf Gebührenstundung behandelt. Der Anmelder kann also zu jeder Zeit durch Zahlung der Gebühr und Antrag auf Eintragung den Gebrauchsmusterschutz mit der ursprünglichen Priorität in Kraft setzen, jedoch muß dies binnen 3 Jahren nach der Anmeldung geschehen. Dies erfolgt durch Einzahlung von 75 RM. und durch Beantragung der Eintragung; der Schutz läuft dann auf 6 Jahre. Es kann unter Umständen Wert haben, beide Schutzrechte nebeneinander zu besitzen.

Voraussetzung für den Gebrauchsmusterschutz ist das Vorhandensein eines Modells von bestimmter Gestaltung. Das Neue muß in der Gestaltung, Anordnung, Vorrichtung liegen, welche in die äußere Erscheinung tritt.

Das Modell darf den Gesetzen oder guten Sitten nicht zuwiderlaufen.

---

[1] Wegen des Gebührentarifs vgl. S. 603.

§ 2. Modelle, für welche der Schutz als Gebrauchsmuster verlangt wird, sind bei dem Patentamt schriftlich anzumelden.

Die Anmeldung muß angeben, unter welcher Bezeichnung das Modell eingetragen werden und welche neue Gestaltung oder Vorrichtung dem Arbeits- oder Gebrauchszweck dienen soll.

Jeder Anmeldung ist eine Nach- oder Abbildung des Modells beizufügen.

Über die sonstigen Erfordernisse der Anmeldung trifft das Patentamt Bestimmung.

Gleichzeitig mit der Anmeldung ist für jedes angemeldete Modell eine Gebühr nach Maßgabe des Tarifs einzuzahlen. Führt die Anmeldung nicht zur Eintragung, so wird die Hälfte der Gebühr erstattet.

Wenn der Anmelder für das Modell ein Patent nachgesucht hat oder nachsuchen will, so kann er beantragen, daß das Modell in die Gebrauchsmusterrolle nicht eingetragen wird, bevor die Patentanmeldung erledigt ist (Eventual-Anmeldung). In diesem Falle ist bei der Anmeldung nur die Hälfte der Anmeldegebühr zu zahlen; die andere Hälfte ist vor der Eintragung zu entrichten.

Unter dem 22. November 1898 sind Bestimmungen über die Anmeldung von Gebrauchsmustern getroffen, von denen die wichtigsten nachstehend aufgeführt sind:

Dem schriftlichen Gesuch sind die erforderlichen Stücke als Anlage beizufügen; für jedes Modell ist eine besondere Anmeldung erforderlich.

Das Gesuch muß enthalten:

1. Name, Wohnort oder Hauptniederlassung des Anmelders;
2. eine für die Eintragung und Veröffentlichung geeignete Bezeichnung;
3. die Angabe, welche neue Gestaltung oder Vorrichtung dem Arbeits- oder dem Gebrauchszweck dienen soll;
4. den Antrag, daß das Modell in die Rolle für Gebrauchsmuster eingetragen werde;
5. die Erklärung, daß die gesetzliche Gebühr von 15 RM. an die Kasse des PA. gezahlt ist;
6. die Aufführung der Anlagen unter Angabe ihrer Nummern und ihres Inhalts;
7. falls der Anmelder einen Vertreter bestellt hat, die Angabe der Person, der Berufsstellung und des Wohnorts des Vertreters (Vollmacht ist beizufügen);
8. die Unterschrift des Anmelders oder seines Vertreters."

Erachtet der Anmelder eine Beschreibung des Modells für erforderlich, so ist sie entweder in das Gesuch aufzunehmen oder als Anlage beizufügen. Dem Gesuch ist eine Abbildung oder eine Nachbildung des Modells in zwei Ausfertigungen beizufügen. Für die Ausführung der Abbildung gelten die gleichen Vorschriften wie bei der Patentzeichnung.

Die die Anmeldung bildenden Schriftsätze müssen in doppelter Ausfertigung eingereicht werden. Auf den nachträglich eingereichten Anmeldestücken ist der Name des Anmelders und das Aktenzeichen anzugeben.

Bezüglich des Antrags auf Aussetzung der Bekanntmachung oder Eintragung gelten die gleichen Vorschriften wie bei dem Patentgesetz. Soll die Aussetzung der Eintragung mit Rücksicht auf eine gleichzeitig eingereichte Patentanmeldung erfolgen, so hat der Anmelder anzugeben, ob die Eintragung bis zum Zeitpunkt der Bekanntmachung oder endgültigen Zurückweisung der Patentanmeldung vertagt werden soll.

Falls der Anmelder die Rechte aus einer früheren Anmeldung in einem Staate geltend machen will, mit dem das Deutsche Reich einen entsprechenden Vertrag geschlossen hat, soll dieser Anspruch gleichfalls in das Gesuch aufgenommen werden.

Es ist genau anzugeben, ob das Gebrauchsmuster von Einzelpersonen oder von einer Gesellschaft, ob von einem Manne oder Frau nachgesucht wird. Falls mehrere Personen ohne Bestellung eines gemeinsamen Vertreters anmelden, muß diejenige Person namhaft gemacht werden, der die amtlichen Verfügungen zugesandt werden sollen.

Solange die Eintragung nicht gelöscht ist, kann die Nachbildung nicht zurückgegeben werden.

Für die Neuerung, für die das Gebrauchsmuster genommen wird, wird Einheitlichkeit verlangt.

§ 3. „Entspricht die Anmeldung den Anforderungen des § 2, so verfügt das Patentamt die Eintragung in die Rolle für Gebrauchsmuster. Die Eintragung muß den Namen und Wohnsitz des Anmelders, sowie die Zeit der Anmeldung angeben. Die Eintragungen sind durch den Reichsanzeiger in bestimmten Fristen bekanntzumachen. Änderungen in der Person des Eingetragenen werden auf Antrag in der Rolle vermerkt. Die Einsicht der Rolle sowie der Anmeldungen, auf Grund deren die Eintragungen erfolgt sind, steht jedermann frei."

Die Aufgabe des Patentamts erschöpft sich bei den Gebrauchsmustern in der Feststellung, ob die in § 2 niedergelegten äußeren Erfordernisse bei der Anmeldung vorliegen. Die Prüfung des Antrags liegt der Anmeldestelle für Gebrauchsmuster ob. Die Verfügungen der Anmeldestelle erhalten die Unterschrift: „Deutsches Reichs-Patentamt. Anmeldestelle für Gebrauchsmuster." Die Anmeldestelle prüft hauptsächlich, ob ein Modell im Sinne des allgemeinen Sprachgebrauchs vorliegt, und welche neue Gestaltung des Modells dem Arbeits- oder Gebrauchszweck dienen soll. Durch eine ordnungsgemäße Anmeldung erlangt der Anmelder ein Recht auf Eintragung. Das Patentamt ist verpflichtet, wenn die Anmeldung ordnungsmäßig ist, die Eintragung ohne weitere Prüfung zu verfügen. Ergibt die Prüfung einen Mangel in der Anmeldung, so fordert die Anmeldestelle den Anmelder zur Beseitigung des Mangels auf. Geht die Erklärung rechtzeitig ein, so bleibt die ursprüngliche Priorität bestehen.

Gegen eine zurückweisende Verfügung der Anmeldestelle steht dem Anmelder als Rechtsmittel eine Vorstellung an den Präsidenten zu.

Die Anmeldestelle verfügt, wenn die Prüfung keinen Anstand ergibt, die Eintragung in die Rolle für Gebrauchsmuster und erteilt nach geschehener Eintragung dem Eingetragenen unentgeltlich eine Ausfertigung des Eintragungsvermerks. Die Eintragung des Modells in die Rolle ist die Voraussetzung für die Entstehung des Musterschutzes. Erst durch Löschung des Modells in der Rolle hört die Wirkung des Musterschutzes auf. Hieraus ist ersichtlich, daß die Gebrauchsmusterrolle eine erheblich größere und wichtigere Bedeutung besitzt als die Patentrolle.

In die Musterrolle wird eingetragen:

1. Bezeichnung des Modells, Name und Wohnsitz des Anmelders, sowie Zeit der Anmeldung;
2. Änderungen in der Person des Eingetragenen;
3. Verlängerung der Schutzfrist;
4. Name und Wohnsitz des Vertreters;
5. Löschung von Eintragungen.

Die Rolle ist folgendermaßen eingeteilt:

Lfd. Nummer	Bezeichnung des angemeldeten Gebrauchsmusters	Name und Wohnsitz des Anmelders	Name und Wohnsitz des Vertreters des ausländischen Anmelders	Zeit der Anmeldung	Gelöscht infolge Verzichts am	Gelöscht infolge rechtskräftigen Urteils am	Schutzfrist verlängert. Einzahlung erfolgte am	Bemerkungen

Als Zeit der Anmeldung, welche in die Rolle eingetragen wird und für den Lauf der Schutzfrist und die Fälligkeit der Verlängerungsgebühr maßgebend ist, gilt der Tag, an welchem das Modell mit dem Antrage auf Eintragung in die Gebrauchsmusterrolle dergestalt zur Kenntnis des Patentamtes gebracht wird, daß seine Identität festgestellt werden kann. Die Erfüllung der weiteren Vorschriften ist Voraussetzung für die Eintragung, nicht aber Grundlage für die Priorität.

Die Priorität einer Gebrauchsmusteranmeldung wird nicht durch den Zeitpunkt einer denselben Gegenstand betreffenden älteren Patentanmeldung, sondern durch den Zeitpunkt des Antrags auf Eintragung in die Gebrauchsmusterrolle bestimmt (PA. im Bl. 8, 50).

§ 4. „Die Eintragung eines Gebrauchsmusters im Sinne des § 1 hat die Wirkung, daß dem Eingetragenen ausschließlich das Recht zusteht, gewerbsmäßig das Muster nachzubilden, die durch Nachbildung hervorgebrachten Gerätschaften und Gegenstände in Verkehr zu bringen, feilzuhalten oder zu gebrauchen.

Das durch eine spätere Anmeldung begründete Recht darf, soweit es in das Recht des auf Grund früherer Anmeldung Eingetragenen eingreift, ohne Erlaubnis des Letzteren nicht ausgeübt werden.

Wenn der wesentliche Inhalt der Eintragung den Beschreibungen, Zeichnungen, Modellen oder Einrichtungen eines andern ohne Einwilligung desselben entnommen ist, so tritt dem Verletzten gegenüber der Schutz des Gesetzes ein."

Bestreitet jemand die Nichtneuheit des Modells, so liegt ihm und nicht dem Eingetragenen die Beweislast ob. Klagt jemand auf Löschung des Gebrauchsmusters wegen Nichtvorliegens der Erfordernisse des § 1, so hat der Eingetragene zu beweisen, daß das Modell durch seine Gestaltung, Anordnung oder Vorrichtung dem Gebrauchszwecke dienen soll.

Der Schutz eines Gebrauchsmusters beschränkt sich nicht auf den in der Anmeldung angegebenen Gebrauchszweck (RGSt. 35, 348; Bl. 9, 43).

Stellt sich das eingetragene Modell als die Grundform einer Gattung von Gegenständen dar, so ist nicht nur die Grundform, sondern es sind auch die innerhalb des Gattungsbegriffes liegenden Abänderungen geschützt (RG. 40, 7; im Bl. 3, 257).

Das Vorbenutzungsrecht hat das Reichsgericht (in JW. 08, 247; Bl. 14, 188) anerkannt für den Fall, daß das Gebrauchsmuster auch noch durch ein Patent geschützt ist.

Als Rechtschutz kommen die Löschungsklage, die Entschädigungsklage, die Feststellungsklage und die negatorische Störungsklage des Eingetragenen, sowie die Feststellungsklage Dritter gegen ihn in Betracht. Zuständig für diese Klagen sind bei den Landgerichten die Kammern für Handelssachen.

Für den Geschäftsgang gilt das gleiche wie bei Patentanmeldungen.

Bezüglich der Abhängigkeit eines jüngeren Gebrauchsmusters von einem älteren gilt das beim Patent Gesagte.

§ 5. „Soweit ein nach § 4 begründetes Recht in ein Patent eingreift, dessen Anmeldung vor der Anmeldung des Modells erfolgt ist, darf der Eingetragene das Recht ohne Erlaubnis des Patentinhabers nicht ausüben.

Ingleichen darf, soweit in ein nach § 4 begründetes Recht durch ein später angemeldetes Patent eingegriffen wird, das Recht aus diesem Patent ohne Erlaubnis des Eingetragenen nicht ausgeübt werden."

Will der Musterschutzberechtigte wegen des Eingreifens eines Patents in sein Recht die Abhängigkeit des Patents ausgesprochen wissen, so kann er dies im ordentlichen Rechtswege, gewöhnlich mit der Feststellungsklage herbeiführen. War das Modell vor Anmeldung des Patents bereits gemäß § 2 Abs. 1 veröffentlicht, so kann der Musterschutzberechtigte wie jeder Dritte vor dem PA. die Nichtigkeitsklage anstrengen. Führt die letztere zum Ziel, so erledigt sich damit die Abhängigkeitsklage. Das Gericht kann, wenn die Nichtigkeitsklage schwebt, das andere Verfahren aussetzen.

§ 6. „Liegen die Erfordernisse des § 1 nicht vor, so hat jedermann gegen den Eingetragenen Anspruch auf Löschung des Gebrauchsmusters. Im Falle des § 4 Abs. 3 steht dem Verletzten ein Anspruch auf Löschung zu."

Wird das Gebrauchsmuster gelöscht, so hat das Urteil rückwirkende Kraft, indem es feststellt, daß von vornherein kein rechtgültiges Muster vorlag (RG. 71, 195). Verstöße gegen ein solches Muster ziehen daher weder Strafe noch Entschädigungen nach sich.

Die sachliche Zuständigkeit der Gerichte hängt davon ab, ob der Wert des Strafgegenstandes 600 RM. überschreitet.

Für die Bemessung des Wertes ist ausschließlich das Interesse maßgebend, welches der Kläger daran hat, daß ihm durch das Muster sein Geschäftsbetrieb oder der Vertrieb eigener Erzeugnisse nicht gestört oder beeinträchtigt wird. Nach § 546 ZPO. ist die Revision nur zulässig, wenn der Wert des Beschwerdegegenstandes 4000 RM. übersteigt; das RG. prüft daher, ob das Interesse zur Zeit der Einlegung der Revision so hoch zu bewerten ist.

Wird die Klage bei dem Landgericht angestrengt, so gehört die Angelegenheit vor die Kammer für Handelssachen. Örtlich zuständig ist regelmäßig dasjenige Gericht, bei welchem der Eingetragene seinen allgemeinen Gerichtsstand hat.

Erkennt der Beklagte den Anspruch sofort an, so fallen dem Kläger gemäß § 93 ZPO. die Prozeßkosten dann zur Last, wenn er den Beklagten vorher zur Löschung aufgefordert hatte.

§ 7. „Das durch die Eintragung begründete Recht geht auf die Erben über und kann beschränkt oder unbeschränkt durch Vertrag oder Verfügung von Todes wegen auf andere übertragen werden." (Vgl. Lizenzvertrag S. 659.)

§ 8. Die Dauer des Schutzes ist 3 Jahre; der Lauf dieser Zeit beginnt mit dem auf die Anmeldung folgenden Tage. Bei Zahlung einer weiteren Gebühr nach Maßgabe des Tarifs tritt eine Verlängerung der Schutzfrist um drei Jahre ein. Die Verlängerung wird in der Rolle vermerkt. Nach Ablauf der ursprünglichen Schutzfrist kann die Verlängerungsgebühr nur unter Zahlung des tarifmäßigen Zuschlags entrichtet werden. Das Patentamt gibt dem Eingetragenen Nachricht, daß eine Verlängerung der Schutzfrist nur eintritt, sofern bis zum Ablauf eines Monates nach der Zustellung die Verlängerungsgebühr nebst Zuschlag gezahlt wird.

Wenn der Eingetragene während der Dauer der Frist auf den Schutz Verzicht leistet, so wird die Eintragung gelöscht.

Die nicht infolge von Ablauf der Frist stattfindenden Löschungen von Eintragungen sind durch das Patentblatt in bestimmten Fristen bekanntzumachen.

§ 9. Wer wissentlich oder aus grober Fahrlässigkeit den Bestimmungen der §§ 4 und 5 zuwider ein Gebrauchsmuster in Benutzung nimmt, ist dem Verletzten zur Entschädigung verpflichtet.

Die Klagen wegen Verletzung des Schutzrechts verjähren rücksichtlich jeder einzelnen dieselbe begründenden Handlung in 3 Jahren.

§ 10. Wer wissentlich den Bestimmungen der §§ 4 und 5 zuwider ein Gebrauchsmuster in Benutzung nimmt, wird mit Geldstrafe oder mit Gefängnis bis zu einem Jahre bestraft.

Die Strafverfolgung tritt nur auf Antrag ein. Die Zurücknahme des Antrags ist zulässig.

Wird auf Strafe erkannt, so ist zugleich dem Verletzten die Befugnis zuzusprechen, die Verurteilung auf Kosten des Verurteilten öffentlich bekanntzumachen. Die Art der Bekanntmachung sowie die Frist zu derselben ist im Urteil zu bestimmen.

§ 11. Statt jeder aus diesem Gesetz entspringenden Entschädigung kann auf Verlangen des Beschädigten neben der Strafe auf eine an ihn zu erlegende Buße erkannt werden. Für diese Buße haften die zu derselben Verurteilten als Gesamtschuldner.

Eine erkannte Buße schließt die Geltendmachung eines weiteren Entschädigungsanspruchs aus.

§ 12. In bürgerlichen Rechtsstreitigkeiten, in welchen durch Klage oder Widerklage ein Anspruch auf Grund der Bestimmungen dieses Gesetzes geltend gemacht ist, wird die Verhandlung und Entscheidung letzter Instanz im Sinne des § 8 des Einführungsgesetzes zum Gerichtsverfassungsgesetze dem Reichsgerichte zugewiesen.

§ 13. Wer im Inland einen Wohnsitz oder eine Niederlassung nicht hat, kann nur dann den Anspruch auf den Schutz dieses Gesetzes geltend machen, wenn in dem Staate, in welchem sein Wohnsitz oder seine Niederlassung sich befindet, nach einer im Reichsgesetzblatt enthaltenen Bekanntmachung deutsche Gebrauchsmuster einen Schutz genießen.

Wer auf Grund dieser Bestimmung eine Anmeldung bewirkt, muß gleichzeitig einen im Inland wohnhaften Vertreter bestellen. Name und Wohnsitz des Vertreters werden in die Rolle eingetragen. Der eingetragene Vertreter ist zur Vertretung des Schutzberechtigten in den das Gebrauchsmuster betreffenden Rechtsstreitigkeiten und zur Stellung von Strafanträgen befugt. Der Ort, wo der Vertreter seinen Wohnsitz hat, und in Ermangelung eines solchen der Ort, wo das Patentamt seinen Sitz hat, gilt im Sinne des § 23 der Zivilprozeßordnung als der Ort, wo der Vermögensgegenstand sich befindet.

Ausländer haben nur Anspruch auf den Gebrauch des Musterschutzes, wenn von ihrem Heimatsstaat Gegenseitigkeit geübt wird.

Gesetz zum Schutz der Warenbezeichnungen[1].

In der Fassung der Bekanntmachung vom 7. Dezember 1923.

Hat der Gewerbetreibende für seine Waren ein Absatzgebiet erobert, so ist ihm daran gelegen, daß der Abnehmer dieselben von gleichartigen Waren seiner Mitbewerber unterscheiden kann. Oder der Gewerbetreibende, an dessen Erzeugungsstätte ein bestimmter Ruf geknüpft ist, will diese Ware in neuen Gebieten einführen und auf Grund des guten Rufs, den seine Erzeugungsstätte

---

[1] Gebührentarif vgl. S. 603.

genießt, derselben von vornherein lohnenden Absatz verschaffen. Zu diesem Zwecke zeichnet der Fabrikant seine Waren mit einer Marke. Man unterscheidet Fabrik- und Handelsmarken. Nicht nur der Fabrikant, sondern auch seine Abnehmer und vor allem das Publikum haben eine Interesse an dem Schutz dieser Marken.

Der Marken- und Zeichenschutz ist ein Vermögensrecht. Das Zeichenrecht ist nicht nur privatrechtlicher Natur, es hat auch einen öffentlichrechtlichen Charakter.

Das Gesetz unterscheidet zwischen „Ausstattungs- und Warenzeichen". Unter der Ausstattung versteht es die besondere Art, in welcher ein Gewerbetreibender seine Waren oder deren Umhüllung ausstattet, damit der Abnehmer die Quelle erkennt, aus welcher die Ware stammt. Wird ein besonderes Kennzeichen gewählt, so nennt das Gesetz es Warenzeichen.

Zum Eintragen eines Warenzeichens ist jeder Gewerbetreibende berechtigt. Das Gesetz gewährt den Zeichenschutz nur eingetragenen Zeichen. Das angemeldete Zeichen muß sich von dem für dieselben oder für gleichartige Waren früher angemeldeten deutlich unterscheiden. Das Zeichenrecht entsteht erst mit der Eintragung. Wird dasselbe nicht verlängert, so erlischt das Zeichen von Amts wegen nach Ablauf von 10 Jahren.

Die Verletzung des Zeichenrechts wird, wenn sie wissentlich geschieht, strafrechtlich geahndet und zieht bei Vorsatz oder grober Fahrlässigkeit die Entschädigungspflicht oder Buße nach sich.

Auch das Zeichenrecht ist im internationalen Verkehr durch den Unionsvertrag geschützt und geregelt.

Im Nachstehenden seien die wichtigsten Bestimmungen des Warenzeichengesetzes (WZG.) besprochen.

§ 1. „Wer in seinem Geschäftsbetriebe zur Unterscheidung seiner Waren von den Waren anderer eines Warenzeichens sich bedienen will, kann dieses Zeichen zur Eintragung in die Zeichenrolle anmelden."

Im Gegensatz zum Namen und zur Firma kann der Anmelder das Zeichen willkürlich wählen und gestalten. Es muß jedoch imstande sein, einen individuellen Eindruck hervorzurufen und sich dem Gedächtnis einzuprägen (RG. 18, 85; 22, 93). Den eigenen Namen oder die eigene Firma kann jeder als Zeichen eintragen lassen, jedoch soll das Zeichen nicht in Rechte Dritter eingreifen. Es steht jedem frei, mehrere Warenzeichen gleichzeitig oder nacheinander anzumelden. Von der Anmeldung mehrerer selbständiger Einzelzeichen ist die Anmeldung eines Kollektivzeichens zu unterscheiden. Ein Kollektivzeichen entsteht, wenn jemand mehrere Zeichen nur in ihrer Zusammenfassung und bei gleichzeitiger Verwendung in einer bei der Anmeldung gekennzeichneten Stellung zueinander, also als ein einheitliches Zeichen geschützt wissen will.

Die Anmeldung zur Zeichenrolle ist die Erklärung des Anmelders, daß er für ein Zeichen den gesetzlichen Schutz verlangt. Außer der Anmeldung müssen die materiellen Erfordernisse des § 1 vorhanden sein und die Hindernisse der §§ 4 und 5 fehlen. Unter mehreren Anmeldern desselben Zeichens gibt die Priorität der Anmeldung den Ausschlag.

§ 2. Die Zeichenrolle wird bei dem Patentamt geführt. Die Anmeldung eines Warenzeichens hat schriftlich bei dem Patentamt zu erfolgen. Jeder Anmeldung muß die Bezeichnung des Geschäftsbetriebs, in welchem das Zeichen verwendet werden soll, ein Verzeichnis der Waren, für welche es bestimmt ist, sowie eine deutliche Darstellung und, soweit erforderlich, eine Beschreibung des Zeichens beigefügt sein.

Das Patentamt erläßt Bestimmungen über die sonstigen Erfordernisse der Anmeldung.

Bei der Anmeldung jedes Zeichens ist eine Anmeldegebühr und für jede Klasse oder Unterklasse der in der Anlage beigefügten Warenklasseneinteilung, für die der Schutz begehrt wird, eine Klassengebühr nach Maßgabe des Tarifs zu entrichten. Werden in einer Anmeldung mehr als 20 Klassen oder Unterklassen in Anspruch genommen, so ist für die über 20 hinausgehende Zahl von Klassen oder Unterklassen eine Gebühr nicht zu zahlen.

Führt die Anmeldung aus einem Grunde nicht zur Eintragung, der für alle angemeldeten Waren ohne Unterschied der in Anspruch genommenen Klassen oder Unterklassen zutrifft, so wird die für mehr als eine Klasse oder Unterklasse gezahlte Gebühr erstattet. Diese Vorschrift findet keine Anwendung, wenn die Eintragung wegen Übereinstimmung des angemeldeten Zeichens mit einem für dieselben oder gleichartige Waren früher angemeldeten Zeichen versagt wird.

Bei jeder Erneuerung der Anmeldung ist eine Erneuerungsgebühr und für jede Klasse oder Unterklasse, für welche die Erneuerung begehrt wird, eine Klassengebühr nach Maßgabe des Tarifs zu entrichten. Satz 2 des Abs. 3 gilt entsprechend.

Die amtliche Festsetzung der Anzahl der durch eine Anmeldung betroffenen Klassen und Unterklassen ist unanfechtbar.

Die Reichsregierung kann mit Zustimmung des Reichsrats die Warenklasseneinteilung ändern.

Für ganz Deutschland besteht eine einheitliche Zeichenrolle. Im Patentamt bestehen hierfür zwei besondere Abteilungen: Die Abteilung für Warenzeichen I und II.

Von den Bestimmungen über die Anmeldung von Warenzeichen lauten die wichtigsten:

§ 1. „Die Anmeldung eines Warenzeichens geschieht in der Form eines schriftlichen Gesuchs, dem die sonst erforderlichen Stücke als Anlagen beizufügen sind. Für jedes Zeichen ist eine besondere Anmeldung erforderlich."

§ 2. „Das Gesuch ist in einer Ausfertigung einzureichen und muß enthalten:

1. Name, Wohnort und Hauptniederlassung des Anmelders;
2. Angabe des Geschäftsbetriebes, in dem das Zeichen verwendet werden soll;
3. den Antrag, daß das Warenzeichen in die Zeichenrolle eingetragen werde, und die Erklärung, daß die gesetzliche Gebühr von 30 RM. an die Kasse des PA. gezahlt ist oder gleichzeitig mit der Anmeldung gezahlt wird;
4. die Aufführung der Anlagen unter Angabe der Nummer und ihres Inhalts;
5. gegebenenfalls den Vertreter des Anmelders, dessen Namen, Wohnort und die Vollmacht;
6. die Unterschrift des Anmelders oder seines Vertreters."

§ 3. „Dem Gesuch ist eine Darstellung des Zeichens in 12 Ausführungen beizufügen."

§ 4. „Dem Gesuch ist ein Verzeichnis der Waren, für die das Zeichen bestimmt ist, in zwei Ausfertigungen beizufügen."

§ 6. „Die obigen Bestimmungen gelten auch für Modelle."

§ 7. „Zugleich mit der Anmeldung ist ein für die Vervielfältigung des Zeichens bestimmter Druckstock einzureichen."

§ 8. „Die Anlagen des Gesuchs, insbesondere auch Modelle, Probestücke, Druckstock usw. müssen mit einer ihre Zugehörigkeit zur Anmeldung kennzeichnenden Aufschrift versehen sein."

Falls der Anmelder Rechte aus einer früheren Anmeldung in einem andern Lande auf Grund des Unionsvertrages (vgl. S. 651) geltend machen will, ist dieser Anspruch gleichfalls im Gesuch aufzunehmen. Bei der Einreichung von

Modellen und Probestücken ist zu erklären, ob sie im Falle der Entbehrlichkeit zurückgegeben werden sollen oder vernichtet werden können. Haben Modelle oder Probestücke einen besonderen Wert, so ist in dem Anschreiben hierauf hinzuweisen.

Der Anmelder hat seinen Vor- und Zunamen anzugeben; an Stelle des Namens tritt bei Firmen führenden Gesellschaften die Firma derselben.

Durch den Eingang der Anmeldung beim PA. wird die Priorität für das Zeichen begründet. Der Zeitpunkt des Eingangs wird in die Zeichenrolle eingetragen. Im Laufe des Prüfungsverfahrens können nur unwesentliche Abänderungen zugelassen werden (Bl. 5, 220; 8, 197). Unzulässig ist es daher, wenn die Person des Anmelders nachträglich geändert werden soll, wenn an Stelle der Waren oder des Geschäftsbetriebes, für welche das Zeichen bestimmt ist, andere Waren oder ein anderer Geschäftsbetrieb gesetzt werden soll, es sei denn, daß die später angemeldeten Waren oder der später angegebene Geschäftsbetrieb in der früheren Anmeldung mitenthalten waren. Unzulässig ist es ferner, wenn dem Gesuch später ein anderer rechtlicher Inhalt gegeben wird. Außerdem darf eine Änderung der Darstellung des Zeichens nur in unerheblichen Einzelheiten stattfinden (PA. im Bl. 1, 234; 5, 228).

Die Anmeldung kann ganz oder teilweise zurückgenommen werden. Bei gänzlicher Rücknahme werden 20 RM. von der Gebühr erstattet.

Bei Wortmarken, deren Ruflaut geschützt wird, ist eine Darstellung überflüssig.

Reicht die Darstellung des Zeichens nicht aus, um die charakteristischen Merkmale mit Sicherheit erkennen zu lassen, so kann eine Beschreibung des Zeichens der Anmeldung beigefügt werden, welche als Ergänzung desselben gilt. Wird ein Kollektivzeichen angemeldet, so verlangt das PA. eine Beschreibung. Die Beschreibung wird vom PA. nicht geprüft. Der Druckstock ist erst dann einzureichen, wenn der Anmelder vom PA. benachrichtigt worden ist, daß die Eintragung des Zeichens in die Rolle erfolgen kann.

§ 3. Die Zeichenrolle soll enthalten:

1. den Zeitpunkt des Eingangs der Anmeldung;
2. die nach § 2 Abs. 1 der Anmeldung beizufügenden Angaben;
3. Namen und Wohnort des Zeicheninhabers und seines etwaigen Vertreters sowie Änderungen in der Person, im Namen oder im Wohnort des Inhabers oder des Vertreters;
4. den Zeitpunkt einer Erneuerung der Anmeldung;
5. den Zeitpunkt der Löschung des Zeichens.

Die Einsicht der Zeichenrolle steht jedermann frei.

Jede Eintragung, soweit sie nicht nur die im Abs. 1 Nr. 3 bezeichneten Änderungen betrifft, und jede Löschung wird vom Patentamt in regelmäßig erscheinenden Übersichten veröffentlicht (Warenzeichenblatt).

In die Zeichenrolle werden alle Warenzeichen unter einer fortlaufenden Nummer eingetragen. Da die Rolle öffentlich ist, kann jeder sie und ihre Anlagen in den Dienststunden einsehen, ohne irgendein Interesse nachweisen zu brauchen.

§ 4. „Die Eintragung in die Rolle ist zu versagen für Freizeichen sowie für Warenzeichen:

1. welche ausschließlich in Zahlen, Buchstaben oder solchen Wörtern bestehen, die Angaben über Art, Zeit und Ort der Herstellung, über die Beschaffenheit, über die Bestimmung, über Preis-, Mengen- oder Gewichtsverhältnisse der Ware enthalten;

2. welche in- oder ausländische Staatswappen oder Wappen eines inländischen Ortes eines inländischen Gemeinde- oder weiteren Kommunalverbandes enthalten;

3. welche Ärgernis erregende Darstellungen oder solche Angaben enthalten, die ersichtlich den tatsächlichen Verhältnissen nicht entsprechen und die Gefahr einer Täuschung begründen.

Die Vorschrift der Nr. 2 findet keine Anwendung, wenn der Anmelder befugt ist, das Wappen oder Hoheitszeichen in dem Warenzeichen zu führen.

Zeichen, welche gelöscht sind, dürfen für die Waren, für welche sie eingetragen waren, oder für gleichartige Waren zugunsten eines anderen als des letzten Inhabers erst nach Ablauf von 2 Jahren seit dem Tage der Löschung von neuem eingetragen werden.

Unter Freizeichen sind Zeichen zu verstehen, die infolge allgemeinen Gebrauchs im Verkehr nicht als individuelle Warenzeichen gelten. Ein eingetragenes Zeichen kann sich nicht in ein Freizeichen umwandeln. Die Feststellung, ob ein Freizeichen vorliegt, hat ausschließlich das Patentamt zu treffen. Die Entscheidung des PA. ist für die Gerichte bindend. Hat das PA. ein Warenzeichen eingetragen, so haben die Gerichte diesem den gesetzlichen Schutz angedeihen zu lassen, ohne in eine Erörterung darüber eintreten zu dürfen, ob jene Eintragung zu Recht erfolgt ist (RG. 38, 77 und 104; RGSt. 28, 277). Die Feststellung des Patentamts kann nur in bezug auf bestimmte Warengattungen ergehen; absolute Freizeichen gibt es nicht. Infolgedessen kann das Freizeichen unter Umständen für eine andere Warengattung als Warenzeichen eingetragen werden.

§ 5. „Erachtet das Patentamt, daß ein zur Anmeldung gebrachtes Warenzeichen mit einem andern, für dieselben oder für gleichartige Waren auf Grund des Gesetzes über Markenschutz vom 30. November 1874 (Reichsgesetzbl. S. 143) oder auf Grund des gegenwärtigen Gesetzes früher angemeldeten Zeichen übereinstimmt, so macht es dem Inhaber dieses Zeichens hiervon Mitteilung. Erhebt derselbe nicht innerhalb 1 Monats nach der Zustellung Widerspruch gegen die Eintragung des neu angemeldeten Zeichens, so ist das Zeichen einzutragen. Im anderen Falle entscheidet das Patentamt durch Beschluß, ob die Zeichen übereinstimmen. Hinsichtlich der durch eine Anhörung oder eine Beweisaufnahme verursachten Kosten gilt § 25 Abs. 2 des Patentgesetzes entsprechend.

Aus dem Unterbleiben der im ersten Absatz vorgesehenen Mitteilung erwächst ein Ersatzanspruch nicht."

Die Prüfung auf Übereinstimmung hat das PA. also von Amts wegen zu übernehmen. Eine Mitwirkung der Allgemeinheit oder der Inhaber des älteren Zeichens findet nicht statt. Nur wenn das Patentamt den letzteren benachrichtigt, kann er der Eintragung widersprechen. Gegen eine ablehnende Entscheidung gibt es keine Beschwerde; jedoch kann der Inhaber des älteren Zeichens nach der Eintragung vor den ordentlichen Gerichten auf Löschung des Zeichens klagen (vgl. § 9).

Die Prüfung erstreckt sich auf folgende Punkte:

1. Stimmt das angemeldete Zeichen mit einem andern früher angemeldeten überein?

2. Sind die Zeichen für dieselben oder für gleichwertige Waren angemeldet oder eingetragen?

Hierbei werden nur diejenigen Zeichen zur Prüfung herangezogen, welche zur Zeit der Anmeldung des neuen Zeichens bereits angemeldet waren oder zur Zeit der Prüfung noch eingetragen stehen.

Bezüglich der Prioritätsfrist sei auf den Unionsvertrag und auf das Reichsgesetz vom 18. März 1904 betreffend den Schutz von Erfindungen, Mustern uud Warenzeichen auf Ausstellungen verwiesen (vgl. S. 587).

§ 6. Wird durch den Beschluß (§ 5 Abs. 1) die Übereinstimmung der Zeichen verneint, so ist das neuangemeldete Zeichen einzutragen.

Wird durch den Beschluß die Übereinstimmung der Zeichen festgestellt, so ist die Eintragung zu versagen. Sofern der Anmelder geltend machen will, daß ihm, ungeachtet der durch die Entscheidung des Patentamts festgestellten Übereinstimmung, ein Anspruch auf die Eintragung zustehe, hat er diesen Anspruch im Wege der Klage gegenüber dem Widersprechenden zur Anerkennung zu bringen. Die Eintragung auf Grund einer zu seinen Gunsten ergehenden Entscheidung wird unter dem Zeitpunkt der ursprünglichen Anmeldung bewirkt.

§ 6a. Für jedes Zeichen ist vor der Eintragung eine Eintragungsgebühr nach Maßgabe des Tarifs und zur Deckung der durch die vorgeschriebenen Veröffentlichungen (§ 3 Abs. 3) entstehenden Kosten ein Druckkostenbeitrag zu entrichten. Die Höhe des Beitrags wird nach Stufen berechnet, die das Patentamt nach dem Umfang der Veröffentlichungen allgemein festsetzt. Die Berechnung ist unanfechtbar.

§ 7. Das durch die Anmeldung oder Eintragung eines Warenzeichens begründete Recht geht auf die Erben über und kann durch Vertrag oder durch Verfügung von Todes wegen auf andere übertragen werden. Das Recht kann jedoch nur mit dem Geschäftsbetriebe, zu welchem das Warenzeichen gehört, auf einen anderen übergehen. Der Übergang wird auf Antrag des Rechtsnachfolgers in der Zeichenrolle vermerkt, sofern die Einwilligung des Berechtigten in beweisender Form beigebracht wird. Ist der Berechtigte verstorben, so ist der Nachweis der Rechtsnachfolge zu führen.

Solange der Übergang in der Zeichenrolle nicht vermerkt ist, kann der Rechtsnachfolger sein Recht aus der Eintragung des Warenzeichens nicht geltend machen.

§ 8. Auf Antrag des Inhabers wird das Zeichen jederzeit in der Rolle gelöscht.

Von Amts wegen erfolgt die **Löschung:**

1. wenn seit der Anmeldung des Zeichens oder seit ihrer Erneuerung zehn Jahre verflossen sind;

2. wenn die Eintragung des Zeichens hätte versagt werden müssen. Wird von einem Dritten aus diesem Grunde die Löschung beantragt, so ist gleichzeitig eine Gebühr nach Maßgabe des Tarifs zu entrichten; sie kann, falls der Antrag für berechtigt befunden wird, erstattet werden.

Soll die Löschung ohne Antrag des Inhabers erfolgen, so gibt das Patentamt diesem zuvor Nachricht. Widerspricht er innerhalb eines Monats nach der Zustellung nicht, so erfolgt die Löschung. Widerspricht er, so faßt das Patentamt Beschluß. Ist die Löschung von einem Dritten beantragt, so gilt hinsichtlich der durch eine Anhörung oder eine Beweisaufnahme verursachten Kosten § 25 Abs. 2 des Patentgesetzes entsprechend.

Soll infolge Ablaufs der zehnjährigen Frist die Löschung erfolgen, so ist von ihr abzusehen, wenn der Inhaber des Zeichens bis zum Ablauf eines Monats nach der Zustellung unter Zahlung der tarifmäßigen Nachholungsgebühr neben der Erneuerungs- und Klassengebühr (§ 2 Abs. 5) die Erneuerung der Anmeldung nachholt; die Erneuerung gilt dann als an dem Tage des Ablaufs der früheren Frist geschehen.

Eine bestimmte Form ist für die Erneuerung nicht vorgeschrieben. Es genügt, wenn der eingetragene Zeicheninhaber oder sein bevollmächtigter Vertreter dem PA. schreibt: „Ich erneuere die Anmeldung des Warenzeichens Nr.   “ und die Erneuerungsgebühr einsendet. Im Falle der Erneuerung beginnt die neue Frist nicht erst mit dem Ablauf der alten Frist, sondern bereits mit dem Tage, an dem die Erneuerung nebst Gebühr bei dem PA. eingeht.

§ 9. Ein Dritter kann die Löschung eines Warenzeichens beantragen:

1. wenn das Zeichen für ihn auf Grund einer früheren Anmeldung für die selben oder für gleichartige Waren in der Zeichenrolle oder in den nach Maßgabe des Gesetzes über den Markenschutz vom 30. November 1874 geführten Zeichenregistern eingetragen steht;

2. wenn der Geschäftsbetrieb, zu welchem das Warenzeichen gehört, von dem eingetragenen Inhaber nicht mehr fortgesetzt wird;

3. wenn Umstände vorliegen, aus denen sich ergibt, daß der Inhalt des Warenzeichens den tatsächlichen Verhältnissen nicht entspricht und die Gefahr einer Täuschung begründet.

Soll der Antrag beachtet werden, so muß er mit der nötigen Begründung unter Angabe der vorhandenen Beweismittel in zwei Ausfertigungen eingereicht werden (PA. im Bl. 1, 122). Gibt das PA. der Anregung keine Folge, so teilt es dies dem Anzeiger mit.

In den Fällen des Abs. 1 Nr. 2 kann der Antrag auf Löschung zunächst bei dem Patentamt angebracht werden. Das Patentamt gibt dem als Inhaber des Warenzeichens Eingetragenen davon Nachricht. Widerspricht derselbe innerhalb eines Monats nach der Zustellung nicht, so erfolgt die Löschung. Widerspricht er, so wird dem Antragsteller anheimgegeben, den Anspruch auf Löschung im Wege der Klage zu verfolgen.

Nur der eingetragene Inhaber eines Zeichens ist zur Klage befugt. Das Gericht entscheidet vollkommen selbständig über die Übereinstimmung von Waren und Zeichen. Das zweite Zeichen ist nicht etwa unwirksam, weil ein entgegenstehendes Zeichen auf Grund früherer Anmeldung eingetragen ist; es unterliegt nur der Löschung, wenn es angegriffen wird. Erlischt das frühere Zeichen, so bleibt das spätere mit voller Wirkung bestehen und kann sogar gegen den Inhaber des erloschenen früheren Zeichens geltend gemacht werden (RG. 53, 431). Die Löschungsklage verjährt nicht, da die Rechtsverletzung fortdauert, solange das entgegenstehende Zeichen eingetragen ist (RG. im Bl. 5, 150). Der Anspruch auf Löschung kann auch im Wege der Widerklage geltend gemacht werden. Dies wird insbesondere dann der Fall sein, wenn der Eingetragene die Feststellungs-, die Untersagungs- oder die Entschädigungsklage angestrengt hatte.

§ 10. Anmeldungen von Warenzeichen, Anträge auf Übertragung und Widersprüche gegen die Löschung derselben werden in dem für Patentangelegenheiten maßgebenden Verfahren durch Vorbescheid und Beschluß erledigt. In den Fällen des § 5 Abs. 1 wird ein Vorbescheid nicht erlassen.

Gegen den Beschluß, durch welchen ein Antrag zurückgewiesen wird, kann der Antragsteller, und gegen den Beschluß, durch welchen ungeachtet des Widerspruchs die Löschung angeordnet wird, der Inhaber des Zeichens innerhalb eines Monats nach der Zustellung bei dem Patentamt Beschwerde einlegen.

Zustellungen welche die Eintragung, die Übertragung oder die Löschung eines Warenzeichens betreffen, erfolgen mittels eingeschriebenen Briefes. Kann eine Zustellung im Inland nicht erfolgen, so wird sie durch Aufgabe zur Post nach Maßgabe der §§ 175, 213 der Zivilprozeßordnung bewirkt.

§ 11. Das Patentamt ist verpflichtet, auf Ersuchen der Gerichte über Fragen, welche eingetragene Warenzeichen betreffen, Gutachten abzugeben, sofern in dem gerichtlichen Verfahren voneinander abweichende Gutachten mehrerer Sachverständigen vorliegen.

§ 12. Die Eintragung eines Warenzeichens hat die Wirkung, daß dem Eingetragenen ausschließlich das Recht zusteht, Waren der angemeldeten Art oder deren Verpackung oder Umhüllung mit dem Warenzeichen zu versehen, die so bezeichneten Waren in Verkehr zu setzen, sowie auf Ankündigungen, Preislisten, Geschäftsbriefen, Empfehlungen, Rechnungen oder dergleichen das Zeichen anzubringen.

Im Falle der Löschung können für die Zeit, in welcher ein Rechtsgrund für die Löschung früher bereits vorgelegen hat, Rechte aus der Eintragung nicht mehr geltend gemacht werden.

Zur Klage aktiv berechtigt ist der eingetragene Zeicheninhaber, passiv berechtigt ist der Störende. Der Kläger muß sein Recht und die dasselbe verletzende Handlung nachweisen. Die sachliche Zuständigkeit des Gerichts bestimmt sich nach dem Streitwert. Übersteigt derselbe nicht 300 RM., so ist das Amtsgericht, sonst das Landgericht zuständig. In letzterem Falle gehört die Klage vor die Kammer für Handelssachen, die Revision geht an das Reichsgericht.

Von den besonderen Gerichtsstellen der ZPO. kommen die Niederlassung oder das Vermögen in Betracht. Der Konkurs des Beklagten unterbricht den Rechtsstreit nicht.

Der Zeicheninhaber kann bei Verletzung, wenn es sein Interesse erheischt, in bekannter Weise eine einstweilige Verfügung erwirken. Er kann aber auch gemäß § 231 ZPO. auf Feststellung des Bestehens oder des Umfangs des Zeichenrechts klagen, wenn er ein rechtliches Interesse an der alsbaldigen Feststellung dartut. Oft genügt jedoch auch der Nachweis eines wirtschaftlichen Interesses (RG. 35, 392).

Beansprucht jemand für sein Zeichenrecht eine ihm nicht zukommende Tragweite, so steht den in ihrer gewerblichen Ehre oder Freiheit Bedrohten die negative Feststellungsklage darauf zu, daß ihr Verhalten das Zeichenrecht nicht verletze. Die Klage kann sich jedoch nur gegen den Umfang, nicht aber gegen die Rechtsgültigkeit des eingetragenen Zeichens richten.

Der § 13 besagt, daß durch die Eintragung eines Warenzeichens niemand gehindert wird, seinen Namen, seine Firma, seine Wohnung, sowie Angaben über Art, Zeit und Ort der Herstellung, über die Beschaffenheit, über Preis, Mengen, Gewichtsverhältnisse von Waren auf deren Verpackung oder Umhüllung anzubringen und derartige Angaben im Geschäftsverkehr zu gebrauchen.

Die §§ 14, 15 und 16 enthalten die Strafbestimmungen bei Verstößen gegen das WZG.

§ 14. Wer wissentlich oder aus grober Fahrlässigkeit Waren oder deren Verpackung oder Umhüllung, oder Ankündigungen, Preislisten, Geschäftsbriefe, Empfehlungen, Rechnungen oder dergleichen mit dem Namen oder der Firma eines andern oder mit einem nach Maßgabe dieses Gesetzes geschützten Warenzeichens widerrechtlich versieht oder dergleichen widerrechtlich gekennzeichnete Waren in Verkehr bringt oder feilhält, ist dem Verletzten zur Entschädigung verpflichtet.

Hat er die Handlung wissentlich begangen, so wird er außerdem mit Geldstrafe oder mit Gefängnis bis zu 6 Monaten bestraft.

Der § 14 handelt von der Entschädigungsklage und von der Strafverfolgung. Gegenstände des Schutzes sind: das Zeichenrecht, das Namensrecht und das Firmenrecht. Der Schutz des Namens und der Firma ist hier ausschließlich auf den Fall beschränkt, wenn sie mißbräuchlich zur Bezeichnung von Waren verwendet werden. Daneben können die reichsrechtlichen Vorschriften des BGB. u. HGB. über den Schutz von Namen und Firma noch in Betracht kommen.

§ 12 BGB. Wird das Recht zum Gebrauch eines Namens dem Berechtigten von einem anderen bestritten oder wird das Interesse des Berechtigten dadurch verletzt, daß ein anderer unbefugt den gleichen Namen gebraucht, so kann der Berechtigte von dem andern Beseitigung der Beeinträchtigung verlangen. Sind weitere Beeinträchtigungen zu besorgen, so kann er auf Unterlassung klagen.

§ 37. Abs. 2 HGB. Wer in seinen Rechten dadurch verletzt wird, daß ein anderer eine Firma unbefugt gebraucht, kann von diesem die Unterlassung des Gebrauchs der Firma verlangen. Ein nach sonstigen Vorschriften begründeter Anspruch auf Schadenersatz bleibt unberührt.

Bezüglich der Begriffe „grobe Fahrlässigkeit, leichte Fahrlässigkeit und Irrtum“ sei auf das im Patentrecht Gesagte verwiesen.

Außer auf den Schaden kann der Kläger noch auf Beseitigung der widerrechtlichen Kennzeichnung klagen oder, wenn die Beseitigung in anderer Weise nicht möglich ist, die Vernichtung der damit versehenen Gegenstände beantragen. Die Klage kann stets im allgemeinen Gerichtsstande des Beklagten angestrengt werden. Als Revisionsinstanz ist ausschließlich das Reichsgericht zuständig.

Dem Kläger liegt die Beweislast ob:

1. daß der Beklagte sein Recht verletzt hat;
2. daß dies wissentlich oder aus grober Fahrlässigkeit geschehen ist;
3. daß ihm dadurch ein Schaden in bestimmter Höhe entstanden ist.

Ist unter den Parteien streitig, ob ein Schaden entstanden ist und wie hoch sich der Schaden beläuft, so ist § 287 der ZPO. heranzuziehen (vgl. Unlauterer Wettbewerb S. 670). Die Strafverfolgung verjährt nach § 67 StrGB. in 5 Jahren. Wegen des Begriffes „fortgesetzte Handlung“ vgl. das im Patentrecht und Unlauteren Wettbewerb Gesagte.

§ 15. Wer zum Zweck der Täuschung in Handel und Verkehr Waren oder deren Verpackung oder Umhüllung, oder Ankündigungen, Preislisten, Geschäftsbriefe, Empfehlungen, Rechnungen oder dergleichen mit einer Ausstattung, welche innerhalb beteiligter Verkehrskreise als Kennzeichen gleichartiger Waren eines andern gilt, ohne dessen Genehmigung versieht, oder wer zu dem gleichen Zwecke derartig gekennzeichnete Waren in Verkehr bringt oder feilhält, ist dem Verletzten zur Entschädigung verpflichtet und wird mit Geldstrafe oder mit Gefängnis bis zu 3 Monaten bestraft.

Die Ausstattung hat nicht nur den Zweck, die Ware von gleichartigen zu unterscheiden, sondern sie auch zu schützen. Die Ausstattung ist ein Kennzeichen äußerer Art (RG. 40, 65). Das Recht der Ausstattung ist ein dem Zeichenrecht gleichbedeutendes Recht.

Über das Verhältnis von „Ausstattung“ und „Warenzeichen“ sagt Seligsohn in seinem Kommentar über das WZG. folgendes:

a) Das Zeichen dient nur zur Unterscheidung der Ware und wird willkürlich gewählt. Die Ausstattung dagegen kann noch andere Zwecke haben, insbesondere die Ware zu schützen und zu schmücken; infolgedessen sind für ihre Gestaltung nicht allein die Willkür, sondern vor allem die Art und die Verpackung der Ware maßgebend.

b) Da infolgedessen häufig mehrere Gewerbetreibende aus Zweckmäßigkeitsgründen auf dieselbe Art der Ausstattung verfallen können, so erachtet das Gesetz es für unbillig, jede Form der Aufmachung, Verpackung oder Verzierung, welche ein Gewerbetreibender für die von ihm in den Verkehr gebrachten Waren benutzt, ihm sofort zu monopolisieren. Vielmehr erschien ein Rechtsschutz erst dann angebracht, wenn sich bei dem kaufenden Publikum mit der Länge der Zeit die Ansicht herausgebildet hat, daß diese Form ein Kennzeichen der Waren eines bestimmten Gewerbetreibenden sei. Aus diesem Grunde hat das Gesetz den Schutz der Ausstattung im Gegensatz zum Zeichen weder von einer amtlichen Eintragung abhängig gemacht noch durch eine solche entstehen lassen. Der längere Besitzstand und die durch ihn hervorgerufene Anschauung des Verkehrs sind das Ersatzmittel der Eintragung.

c) Der Schutz des Zeichens ist durchgreifender.

d) Das Geltungsgebiet des Zeichenschutzes erstreckt sich über ganz Deutschland und noch über dessen Grenzen hinaus, das der Ausstattung kann territorial beschränkt sein.

e) Wer ein Zeichen für sich eintragen läßt, verhindert dadurch alle andern, sich desselben ferner zu bedienen, entzieht also das Recht auch dem, welcher jahrelang ausschließlich dieses Zeichen, sei es allein, sei es zusammen mit andern Merkmalen (RG. 44, 13) benutzt hatte, ohne es eintragen zu lassen.

Jemand, der eine fremde Ausstattung nachahmt, kann sich nicht darauf berufen, daß er bei seiner Ausstattung ein für ihn eingetragenes Zeichen verwendet (RG. Strafs. 29, 159, im Bl. 2, 370).

Über die Begriffe „Inverkehrbringen" und „Feilhalten" sei auf das beim Patentrecht S. 591 Gesagte verwiesen.

§ 16. Wer Waren oder deren Verpackung oder Umhüllung oder Ankündigungen, Preislisten, Geschäftsbriefe, Empfehlungen, Rechnungen oder dergleichen fälschlich mit einem Staatswappen oder mit dem Namen oder Wappen eines Ortes, eines Gemeinde- oder weiteren Kommunalverbandes zu dem Zwecke versieht, über Beschaffenheit und Wert der Waren einen Irrtum zu erregen, oder wer zu dem gleichen Zwecke derartige bezeichnete Waren in Verkehr bringt oder feilhält, wird mit Geldstrafe oder mit Gefängnis bis zu 6 Monaten bestraft.

Die Verwendung von Namen, welche nach Handelsgebrauch zur Benennung gewisser Waren dienen, ohne deren Herkunft bezeichnen zu sollen, fällt nicht unter diese Bestimmung.

§ 17. Ausländische Waren, welche mit einer deutschen Firma und Ortsbezeichnung oder mit einem in die Zeichenrolle eingetragenen Warenzeichen widerrechtlich versehen sind, unterliegen bei ihrem Eingang nach Deutschland zur Einfuhr oder Durchfuhr auf Antrag des Verletzten und gegen Sicherheitsleistung der Beschlagnahme und Einziehung. Die Beschlagnahme erfolgt durch die Zoll- und Steuerbehörden, die Festsetzung der Einziehung durch Strafbescheid der Verwaltungsbehörden (§ 459 der Strafprozeßordnung).

Ausländische Waren sind solche, welche vom Auslande eingeführt werden; ob sie einem Deutschen oder Nichtdeutschen gehören, ob sie aus Vertragsländern herrühren oder nicht, ist gleichgültig.

Eine Firma oder ein Name ist deutsch, wenn deren Träger in Deutschland wohnt oder eine Niederlassung hat, selbst wenn er auch einer anderen Nationalität angehört.

Der Antrag ist kein Strafantrag im Sinne der §§ 61ff. des StGB. Eine bestimmte Form oder Frist ist nicht zu beobachten. Die Sicherheitsleistung ist obligatorisch. Die Zoll- und Steuerbehörde bestimmt nach freiem Ermessen die Sicherheitsleistung. Die Beschlagnahme besteht in der ausdrücklichen Anordnung, daß die Ware in amtliche Verwahrung zu nehmen oder in anderer Weise sicherzustellen ist. Die Beschlagnahme ist nur Mittel zum Zweck. Die Einziehung gemäß § 17 ist keine Strafe, sondern eine polizeiliche Maßregel. Sie richtet sich nicht gegen die Person, sondern nur gegen die Ware. Der Strafbescheid wirkt bezüglich der Unterbrechung der Verjährung wie eine richterliche Handlung.

§ 18. Statt jeder aus diesem Gesetze entspringenden Entschädigung kann auf Verlangen des Beschädigten neben der Strafe auf eine an ihm zu erlegende Buße bis zum Betrage erkannt werden. Für diese Buße haften die zu derselben Verurteilten als Gesamtschuldner.

Eine erkannte Buße schließt die Geltendmachung eines weiteren Entschädigungsanspruchs aus.

Die Buße ist keine Strafe, sondern eine Entschädigung. Der Antrag auf Buße unterbricht nicht die Verjährung des Entschädigungsanspruches.

§ 19. Erfolgt eine Verurteilung auf Grund der §§ 14—16, 18, so ist bezüglich der im Besitz des Verurteilten befindlichen Gegenstände auf Beseitigung der widerrechtlichen Kennzeichnung oder, wenn die Beseitigung in anderer Weise nicht ermöglicht ist, auf Vernichtung der damit versehenen Gegenstände zu erkennen.

Erfolgt die Verurteilung im Strafverfahren, so ist in den Fällen der §§ 14 und 15 dem Verletzten die Befugnis zuzusprechen, die Verurteilung auf Kosten des Verurteilten öffentlich bekanntzumachen. Die Art der Bekanntmachung sowie die Frist zu derselben ist in dem Urteil zu bestimmen.

Der Richter muß sich schlüssig machen, ob Beseitigung der widerrechtlichen Kennzeichnung oder Vernichtung der Gegenstände stattfinden soll. Regelmäßig hat er die Beseitigung der Kennzeichnung auszusprechen und nur in dem Falle der Unmöglichkeit auf Vernichtung der Gegenstände zu erkennen. Die Vollstreckung erstreckt sich auf alle Gegenstände, welche im Besitz des Verurteilten vorgefunden werden. Hierbei ist es unerheblich, ob sie ihm oder Dritten gehören.

§ 20. Die Anwendung der Bestimmungen dieses Gesetzes wird durch Abweichungen nicht ausgeschlossen, mit denen fremde Namen, Firmen, Zeichen, Wappen und sonstige Kennzeichnungen von Waren wiedergegeben werden, sofern ungeachtet dieser Abweichungen die Gefahr einer Verwechselung im Verkehr vorliegt.

§ 21 bestimmt, daß für Ansprüche auf Grund des WZG. die Entscheidung letzter Instanz beim Reichsgericht liegt.

§ 22. Wenn deutsche Waren im Ausland bei der Einfuhr oder Durchfuhr der Verpflichtung unterliegen, eine Bezeichnung zu tragen, welche ihre deutsche Herkunft erkennen läßt, oder wenn dieselben bei der Zollabfertigung in Beziehung auf die Warenbezeichnungen ungünstiger als die Waren anderer Länder behandelt werden, so ist der Reichsrat ermächtigt, den fremden Waren bei ihrem Eingang nach Deutschland zur Einfuhr oder Durchfuhr eine entsprechende Auflage zu machen, und anzuordnen, daß für den Fall der Zuwiderhandlung die Beschlagnahme und Einziehung der Waren erfolge. Die Beschlagnahme erfolgt durch die Zoll- und Steuerbehörden, die Festsetzung der Einziehung durch Strafbescheid der Verwaltungsbehörden (§ 459 der Strafprozeßordnung).

§ 23. Wer im Inlande eine Niederlassung nicht besitzt, hat auf den Schutz dieses Gesetzes nur Anspruch, wenn in dem Staate, in welchem seine Niederlassung sich befindet, nach einer im Reichsgesetzblatt enthaltenen Bekanntmachung deutsche Warenbezeichnungen im gleichen Umfange wie inländische Warenbezeichnungen zum gesetzlichen Schutz zugelassen werden.

Die §§ 24a bis 24h behandeln die Warenzeichen von rechtsfähigen Verbänden. Rechtsfähige Verbände, die gewerbliche Zwecke verfolgen, können, auch wenn sie einen auf Herstellung oder Vertrieb von Waren gerichteten Geschäftsbetrieb nicht besitzen, Warenzeichen anmelden, die in den Geschäftsbetrieben ihrer Mitglieder zur Kennzeichnung der Waren dienen sollen (Verbandszeichen). Soweit die §§ 24a bis 24h nichts anderes bestimmen, finden die Vorschriften über Warenzeichen auf Verbandszeichen Anwendung.

Der Anmeldung des Verbandszeichens muß eine Zeichensatzung beigefügt sein, die über Namen, Sitz, Zweck und Vertretung des Verbandes, über den Kreis der zur Benutzung des Zeichens Berechtigten, die Bedingungen der Benutzung und die Rechte und Pflichten der Beteiligten im Falle der Verletzung Auskunft gibt. Spätere Änderungen sind dem Patentamt mitzuteilen. Die Einsicht der Satzung steht jedermann frei.

Der Anspruch auf Schutz eines Warenzeichens und das durch die Eintragung begründete Recht können nur durch einen im Inlande bestellten Vertreter geltend gemacht werden. Der letztere ist zur Vertretung in dem nach Maßgabe dieses Gesetzes vor dem Patentamt stattfindenden Verfahren, sowie in den das Zeichen betreffenden bürgerlichen Rechtsstreitigkeiten und zur Stellung von Strafanträgen befugt. Für die das Zeichen betreffenden Klagen gegen den eingetragenen Inhaber ist das Gericht zuständig, in dessen Bezirk der Vertreter seinen Wohnsitz hat, in dessen Ermangelung das Gericht, in dessen Bezirk das Patentamt seinen Sitz hat.

Wer ein ausländisches Warenzeichen zur Anmeldung bringt, hat damit den Nachweis zu verbinden, daß er in dem Staate, in welchem seine Niederlassung sich befindet, für dieses Zeichen den Markenschutz nachgesucht und erhalten hat. Die Eintragung ist, soweit nicht Staatsverträge ein anderes bestimmen, nur dann zulässig, wenn das Zeichen den Anforderungen dieses Gesetzes entspricht.

Nach dem Vorbilde des Patentgesetzes und des Gesetzes betreffend den Schutz der Gebrauchsmuster ist für ausländische Zeicheninhaber der Vertreterzwang eingeführt worden, um sowohl den beteiligten Kreisen als auch dem PA. den geschäftlichen Verkehr mit dem im Auslande wohnhaften Berechtigten zu erleichtern. Unter Ausland sind hier auch die Schutzgebiete und Konsularbezirke zu verstehen.

Bezüglich des internationalen Verkehrs und der namentlich für den Schutz von Warenzeichen und Handelmarken getroffenen Bestimmungen ist das im Unionsvertrag S. 656ff. Gesagte in den Artikeln 6, 7, 8, 9 und 10 desselben zu erwähnen; ferner sei auf das Madrider Abkommen S. 644 verwiesen.

Bezüglich Italien sei bemerkt, daß auf jeder Marke der Herkunftsort der Waren oder die Firma oder die Etablissementsbezeichnung angegeben sein muß.

In Rußland muß grundsätzlich jede Marke in russischer Sprache den Namen und Vornamen der Firma sowie die Adresse des Inhabers tragen. Für gewisse Waren kann das Finanzministerium Ausnahmen zulassen.

Am 11. Juli 1913 wurde ein Entwurf zu einem Warenzeichengesetz veröffentlicht, der ebenfalls wie auch der Patentgesetzentwurf durch den Krieg bis heute nicht zur Durchführung gelangte. Jedoch sind eine ganze Reihe dieser Bestimmungen in diesem Kapitel in der Fassung gemäß Bekanntmachung vom 7. Dezember 1923 berücksichtigt.

Hingegen sind die internationalen Regelungen der Warenbezeichnungen, die Unterdrückung falscher Herkunftsangaben und die internationale Registrierung von Fabrik- und Handelsmarken von großer Bedeutung geworden. Die Bestimmungen — das sogenannte Madrider Abkommen — hierüber müssen der Wichtigkeit halber bei dem großen internationalen Warenverkehr wörtlich wiedergegeben werden:

I. Madrider Abkommen vom 14. April 1891, betr. die Unterdrückung falscher Herkunftsangaben auf Waren, revidiert in Washington am 2. Juni 1911 und im Haag am 6. November 1925 (RGBl. 1929 II, 193).

Verbandsstaaten sind (nach dem Stande vom 1. Januar 1929):

Brasilien	3. 10. 1896
Cuba	1. 1. 1905
Danzig, Freie Stadt	20. 3. 1923
Deutschland [1]	12. 6. 1925
Frankreich mit Algerien und Kolonien	15. 7. 1892
Großbritannien [1]	15. 7. 1892
nebst Neu-Seeland	20. 6. 1913
Irland	4. 12. 1925
Marokko (mit Ausnahme der spanischen Zone)	30. 7. 1917
Polen	10. 12. 1928
Portugal mit Azoren und Madeira	31. 10. 1893
Schweiz [1]	15. 7. 1892
Spanien [1]	15. 7. 1892
Spanische Zone von Marokko	5. 11. 1928
Syrien und Republik Libanon	1. 9. 1924
Tschechoslowakei	30. 9. 1921
Tunis	15. 7. 1892

[1] Hat den Haager Text ratifiziert.

Art. 1. Jedes eine falsche Herkunftsangabe tragende Erzeugnis wird, wenn in ihr eines der vertragschließenden Länder oder ein darin belegener Ort unmittelbar oder mittelbar als Land oder als Ort des Ursprungs angegeben ist, bei der Einfuhr in ein jedes der genannten Länder beschlagnahmt.

Die Beschlagnahme erfolgt ebenso in dem Lande, wo die falsche Herkunftsangabe angebracht, oder in dem, wohin das mit der falschen Angabe versehene Erzeugnis eingeführt worden ist.

Läßt die Gesetzgebung eines Landes die Beschlagnahme bei der Einfuhr nicht zu, so tritt an die Stelle dieser Beschlagnahme das Verbot der Einfuhr.

Läßt die Gesetzgebung eines Landes die Beschlagnahme im Innern nicht zu, so treten an die Stelle dieser Beschlagnahme die Klagen und Rechtsbehelfe, die das Gesetz dieses Landes im gleichen Falle den Staatsangehörigen sichert.

Mangels besonderer, die Unterdrückung falscher Herkunftsangaben sichernder Zwangsvorschriften sind die entsprechenden Zwangsvorschriften der Gesetze über die Marken oder die Handelsnamen anwendbar.

Art. 2. Die Beschlagnahme erfolgt auf Betreiben der Zollbehörde, die den Beteiligten, sei er eine natürliche oder eine juristische Person, sofort benachrichtigt, damit er, wenn er will, der nur fürsorglich bewirkten Beschlagnahme Rechtsbeständigkeit verschaffen kann. Die Staatsanwaltschaft oder jede andere zuständige Behörde kann jedoch auf Antrag des Verletzten oder von Amts wegen um die Beschlagnahme ersuchen; das Verfahren nimmt dann seinen gewöhnlichen Lauf.

Im Falle der Durchfuhr sind die Behörden nicht verpflichtet, die Beschlagnahme zu bewirken.

Art. 3. Die gegenwärtigen Bestimmungen hindern den Verkäufer nicht, seinen Namen oder seine Anschrift auf den Erzeugnissen anzugeben, die aus einem anderen Lande als dem des Verkaufs herkommen; in diesem Falle muß jedoch in Verbindung mit der Anschrift oder dem Namen das Land oder der Ort der Herstellung oder der Erzeugung genau und in deutlichen Buchstaben angegeben oder eine andere Angabe beigefügt werden, die ausreicht, um jeden Irrtum über den wirklichen Ursprung der Waren zu verhüten.

Art. 4. Die Gerichte eines jeden Landes haben zu entscheiden, welche Bezeichnungen gattungsgemäß sind und deswegen nicht unter die Bestimmungen des gegenwärtigen Abkommens fallen; die geographischen Herkunftsbezeichnungen für die Erzeugnisse des Weinbaues sind jedoch in dem Vorbehalte dieses Artikels nicht einbegriffen.

Art. 5. Die dem Verbande zum Schutze des gewerblichen Eigentums angehörenden Staaten, die an dem gegenwärtigen Abkommen nicht teilgenommen haben, sollen auf ihren Antrag zum Beitritt in der durch Artikel 16 der Hauptübereinkunft vorgeschriebenen Form zugelassen werden.

Die Abmachungen des Artikel 16bis der Verbandsübereinkunft finden auf das gegenwärtige Abkommen Anwendung.

Art. 6. Die gegenwärtige Akte soll ratifiziert und die Ratifikationsurkunden sollen im Haag spätestens am 1. Mai 1928 hinterlegt werden.

Sie tritt unter den Ländern, die sie ratifiziert haben, einen Monat nach diesem Zeitpunkt in Kraft und hat die gleiche Geltung und Dauer wie die Hauptübereinkunft. Sollte sie jedoch schon früher von mindestens sechs Ländern ratifiziert sein, so soll sie unter diesen Ländern einen Monat, nachdem ihnen die Hinterlegung der sechsten Ratifikation von der Regierung der Schweizerischen Eidgenossenschaft angezeigt worden ist, in Kraft treten und für die Länder, die sie in der Folgezeit ratifizieren, jeweils einen Monat nach der Anzeige einer jeden Ratifikation.

Die gegenwärtige Akte tritt in den Beziehungen zwischen den Ländern, die sie ratifiziert haben, an die Stelle des am 14. April 1891 in Madrid geschlossenen, am 2. Juni 1911 in Washington revidierten Abkommens. Dieses bleibt in den Beziehungen zu denjenigen Ländern in Kraft, die die gegenwärtige Akte nicht ratifiziert haben.

II. Gesetz über den Beitritt des Reichs zu dem Madrider Abkommen, betr. die Unterdrückung falscher Herkunftsangaben auf Waren vom 21. März 1925 (RGBl. 1925 II, S. 115).

§ 1. Dem Beitritt des Reichs zu dem Madrider Abkommen vom 14. April 1891, betreffend die Unterdrückung falscher Herkunftsangaben auf Waren, revidiert in Washington am 2. Juni 1911, wird zugestimmt.

Das Abkommen wird nachstehend veröffentlicht.

§ 2. Waren, die an sich selbst oder auf ihrer Aufmachung oder ihrer äußeren Verpackung irgendwelche Warenzeichen (Marken), Namen, Aufschriften oder sonstige Zeichen tragen, die unmittelbar oder mittelbar falsche Angaben über Ursprung, Gattung, Art oder charakteristische Eigenschaften dieser Waren darstellen, unterliegen bei ihrer Einfuhr oder Ausfuhr der Beschlagnahme zum Zwecke der Beseitigung der unrichtigen Angaben.

Die Beschlagnahme erfolgt durch die Zollbehörde; diese ordnet auch die zur Beseitigung der falschen Angaben erforderlichen Maßnahmen an. Wird den Anordnungen der Zollbehörde nicht entsprochen oder ist die Beseitigung untunlich, so setzt die Zollbehörde durch Strafbescheid (§ 419 der Strafprozeßordnung) die Einziehung der Waren fest.

III. Madrider Abkommen vom 14. April 1891, betr. die internationale Registrierung von Fabrik- oder Handelsmarken, revidiert in Brüssel am 14. Dezember 1900, in Washington am 2. Juni 1911 und im Haag am 6. November 1925 (RGBl. 1928 II, 196).

Verbandsstaaten sind (nach dem Stande vom 1. Januar 1929):

Belgien	15. 7. 1892
Brasilien	3. 10. 1896
Cuba	1. 1. 1905
Danzig, Freie Stadt	20. 3. 1923
Deutschland[1]	1. 12. 1922
Frankreich mit Algerien und Kolonien	15. 7. 1892
Italien[1]	15. 10. 1894
Luxemburg	1. 9. 1924
Marokko (mit Ausnahme der spanischen Zone)	30. 7. 1917
Mexiko	26. 7. 1909
Niederlande mit Niederländisch Indien, Surinam und Curacao[1]	1. 3. 1893
Österreich[1]	1. 1. 1909
Portugal mit Azoren und Madeira	31. 10. 1893
Rumänien	6. 10. 1920
Schweiz[1]	15. 7. 1892
Serbien-Kroatien-Slowenien[1]	26. 2. 1921
Spanien[1]	15. 7. 1892
Spanische Zone von Marokko	5. 11. 1928
Tschechoslowakei	15. 10. 1919
Tunis	15. 7. 1892
Türkei	10. 10. 1925
Ungarn	1. 1. 1909

Art. 1. Die Angehörigen eines jeden der vertragschließenden Länder können sich den Schutz ihrer im Ursprungsland eingetragenen Fabrik- oder Handelsmarken in allen übrigen vertragschließenden Ländern dadurch sichern, daß sie die Marken durch Vermittlung der Behörde des Ursprungslandes bei dem Internationalen Büro in Bern hinterlegen.

Maßgebend für den Begriff des Ursprungslandes ist die diesbezügliche Bestimmung des Artikels 6 der Hauptverbandsübereinkunft zum Schutze des gewerblichen Eigentums.

Art. 2. Den Angehörigen der vertragschließenden Länder werden gleichgestellt die Untertanen oder Bürger der dem gegenwärtigen Abkommen nicht beigetretenen Länder, die in dem Gebiete des durch dieses Abkommen begründeten engeren Verbandes den durch Artikel 3 der Hauptübereinkunft festgesetzten Anforderungen genügen.

Art. 3. Jedes Gesuch um internationale Registrierung muß auf dem von der Ausführungsordnung vorgeschriebenen Vordruck eingereicht werden, und die Behörde des Ursprungslandes der Marke bescheinigt, daß die Angaben in diesen Gesuchen denen des nationalen Registers entsprechen.

Wenn der Hinterleger die Farbe als unterscheidendes Merkmal seiner Marke in Anspruch nimmt, so ist er verpflichtet:

1. es ausdrücklich erklären und seiner Anmeldung einen Vermerk beizufügen, der die in Anspruch genommene Farbe oder Farbenzusammenstellung angibt;
2. seinem Antrag farbige Darstellungen der Marke beizulegen, die den Anzeigen des Internationalen Büros beigefügt werden. Die Zahl dieser Darstellungen wird durch die Ausführungsordnung festgestellt.

Das Internationale Büro trägt die gemäß Artikel 1 hinterlegten Marken ohne weiteres in ein Register ein. Es zeigt diese Registrierung unverzüglich den verschiedenen Behörden an. Die registrierten Marken werden in einem regelmäßig erscheinenden, von dem Inter-

[1] Hat den Haager Text ratifiziert.

nationalen Büro herausgegebenen Blatte unter Verwendung der in dem Registrierungsgesuch enthaltenen Angaben und eines vom Hinterleger gelieferten Druckstocks veröffentlicht.

Um die registrierten Marken in den vertragschließenden Ländern zur allgemeinen Kenntnis zu bringen, erhält jede Behörde von dem Internationalen Büro unentgeltlich die von ihr gewünschte Anzahl von Stücken der oben erwähnten Veröffentlichung. Diese Bekanntgabe hat in allen vertragschließenden Ländern als in jeder Hinsicht ausreichend zu gelten; vom Hinterleger darf keine weitere gefordert werden.

Art. 4. Von dem Zeitpunkt der hiernach im Internationalen Büro vollzogenen Registrierung an ist die Marke in jedem der vertragschließenden Länder ebenso geschützt, wie wenn sie dort unmittelbar hinterlegt worden wäre.

Jede Marke, die Gegenstand einer internationalen Registrierung gewesen ist, genießt das durch Artikel 4 der Hauptübereinkunft festgesetzte Prioritätsrecht, ohne daß es nötig ist, die unter dem Buchstaben d jenes Artikels vorgesehenen Förmlichkeiten zu erfüllen.

Art. 4bis. Wenn eine in einem oder mehreren der vertragschließenden Länder bereits hinterlegte Marke später von dem Internationalen Büro zugunsten desselben Inhabers oder seines Rechtsnachfolgers registriert worden ist, so ist die internationale Registrierung als an die Stelle der früheren nationalen Registrierungen getreten anzusehen, unbeschadet der durch letztere erworbenen Rechte.

Art. 5. Die Behörden, denen das Internationale Büro die Registrierung einer Marke anzeigt, sind in den Ländern, deren Gesetze sie hierzu ermächtigen, zu der Erklärung befugt, daß dieser Marke der Schutz in ihrem Gebiete nicht gewährt werden kann. Eine solche Zurückweisung ist jedoch nur unter denjenigen Voraussetzungen zulässig, die auf Grund der Hauptübereinkunft bei einer zur nationalen Registrierung hinterlegten Marke Anwendung finden würden.

Die Behörden, die von dieser Befugnis Gebrauch machen wollen, müssen ihre Zurückweisungen unter Angabe der Gründe dem Internationalen Büro innerhalb der von ihrem Heimatsgesetze vorgesehenen Frist, spätestens aber vor Ablauf eines Jahres nach der internationalen Registrierung der Marke anzeigen.

Das internationale Büro übermittelt unverzüglich der Behörde des Ursprungslandes und dem Eigentümer der Marke oder seinem Vertreter, falls dieser dem Büro von jener Behörde angegeben worden ist, eines der Stücke der in dieser Weise angezeigten Zurückweisungserklärung. Der Beteiligte hat dieselben Rechtsmittel, wie wenn die Marke von ihm unmittelbar in dem Lande hinterlegt worden wäre, in dem der Schutz versagt ist.

Es wird angenommen, daß die Behörden, die innerhalb der obengenannten Längstfrist von einem Jahre keine Mitteilung an das Internationale Büro gerichtet haben, die Marke genehmigt haben.

Art. 5bis. Die Belege für die Rechtmäßigkeit des Gebrauchs gewisser Markenbestandteile — wie Wappen, Wappenschilder, Bildnisse, Auszeichnungen, Titel, Handels- oder Personennamen, die anders lauten als der des Hinterlegers, oder andere Inschriften ähnlicher Art —, die von den Behörden der vertragschließenden Länder etwa eingefordert werden, sind von jeder anderen Beglaubigung oder Legalisation als derjenigen der Behörde des Ursprungslandes befreit.

Art. 5ter. Das Internationale Büro erteilt auf Antrag jedem gegen eine Gebühr, die durch die Ausführungsordnung festgesetzt wird, eine Abschrift der mit Bezug auf eine bestimmte Marke in das Register eingetragenen Angaben.

Es kann auch Nachforschungen in den internationalen Marken nach älteren Registrierungen gegen Entgelt übernehmen.

Art. 6. Der durch die Registrierung bei dem Internationalen Büro erlangte Schutz dauert zwanzig Jahre von dem Zeitpunkt dieser Registrierung an (vorbehaltlich dessen, was im Artikel 8 für den Fall vorgesehen ist, daß der Hinterleger nur einen Teil der internationalen Abgabe entrichtet hat); der Schutz kann jedoch nicht für eine Marke in Anspruch genommen werden, die in dem Ursprungslande keinen gesetzlichen Schutz mehr genießt.

Art. 7. Die Registrierung kann nach Maßgabe der Vorschriften der Artikel 1 und 3 jederzeit erneuert werden, und zwar für einen weiteren Zeitabschnitt von zwanzig Jahren, gerechnet vom Zeitpunkt der Erneuerung an.

Sechs Monate vor Ablauf der Schutzzeit erinnert das Internationale Büro den Eigentümer der Marke durch Zusendung eines Hinweises an den genauen Zeitpunkt dieses Ablaufs.

Hat die zur Erneuerung der vorangehenden Hinterlegung eingereichte Marke eine Formveränderung erfahren, so können die Behörden die Eintragung unter dem Gesichtspunkt der Erneuerung ablehnen; das gleiche Recht steht ihnen zu im Falle einer Änderung des Warenverzeichnisses, sofern nicht der Beteiligte, nachdem er von der Beanstandung durch das Internationale Büro verständigt worden ist, auf den Schutz für andere als die mit denselben Ausdrücken bei der vorigen Registrierung bezeichneten Waren verzichtet.

Wenn die Marke nicht unter dem Gesichtspunkt der Erneuerung zugelassen wird, so kann den durch die Tatsache der vorigen Registrierung erworbenen Vorrangs- und sonstigen Rechten gleichwohl Rechnung getragen werden.

Art. 8. Die Behörde des Ursprungslandes kann nach ihrem Ermessen eine nationale Gebühr festsetzen und zu ihren Gunsten von dem Eigentümer der Marke, deren internationale Registrierung beantragt wird, erheben.

Zu dieser Gebühr tritt eine internationale Abgabe (in Schweizer Franken) von einhundertfünfzig Franken für die erste Marke und von je einhundert Franken für alle weiteren gleichzeitig beim Internationalen Büro im Namen desselben Eigentümers hinterlegten Marken.

Der Hinterleger ist befugt, bei der internationalen Hinterlegung nur eine Abgabe von einhundert Franken für die erste Marke und von je fünfundsiebzig Franken für alle gleichzeitig mit der ersten hinterlegten Marken zu entrichten.

Macht der Hinterleger von dieser Befugnis Gebrauch, so muß er vor Ablauf einer Frist von zehn Jahren seit der internationalen Registrierung bei dem Internationalen Büro eine Ergänzungsabgabe von fünfundsiebzig Franken für die erste Marke und von je fünfzig Franken für alle weiteren gleichzeitig mit der ersten hinterlegten Marken einzahlen; hat er dies bei Ablauf der Frist nicht getan, so geht er des Vorteils seiner Registrierung verlustig. Sechs Monate vor dem Fristablauf erinnert das Internationale Büro den Hinterleger durch Zusendung eines Hinweises für alle Fälle an den genauen Zeitpunkt dieses Ablaufs. Ist die Ergänzungsabgabe nicht vor Ablauf der Frist bei dem Internationalen Büro eingezahlt, so löscht dieses die Marke, zeigt die Löschung den Behörden an und veröffentlicht sie in seinem Blatte.

Enthält das Warenverzeichnis mehr als einhundert Wörter, so wird die Registrierung der Marke erst nach Zahlung eines durch die Ausführungsordnung festzusetzenden Zuschlags vorgenommen.

Das Jahreserträgnis der verschiedenen Einnahmen aus der internationalen Registrierung wird nach Abzug der durch die Ausführung des gegenwärtigen Abkommens verursachten gemeinsamen Kosten zu gleichen Teilen durch das Internationale Büro unter die vertragschließenden Länder verteilt.

Hat ein Land das gegenwärtige revidierte Abkommen zur Zeit seines Inkrafttretens noch nicht ratifiziert, so hat es bis zum Zeitpunkt seines späteren Beitritts nur Anspruch auf eine Verteilung des auf der Grundlage der alten Gebühren errechneten Einnahmeüberschusses.

Art. 8bis. Der Eigentümer einer internationalen Marke kann jederzeit durch eine an die Behörde des Ursprungslandes gerichtete Erklärung auf den Schutz in einem oder in mehreren der vertragschließenden Länder verzichten; die Erklärung wird dem Internationalen Büro mitgeteilt und von diesem den durch den Verzicht betroffenen Ländern bekanntgegeben.

Art. 9. Die Behörde des Ursprungslandes teilt dem Internationalen Büro die der Eintragung der Marke hinzugeschriebenen Nichtigkeitserklärungen, Löschungen, Verzichtleistungen, Übertragungen und anderen Veränderungen mit.

Das Büro trägt diese Veränderungen in das internationale Register ein, zeigt sie seinerseits den Behörden der vertragschließenden Länder an und veröffentlicht sie in seinem Blatte.

Ebenso wird verfahren, wenn der Eigentümer der Marke den Antrag stellt, das Warenverzeichnis zu verkleinern.

Diese Amtshandlungen können mit einer Gebühr belegt werden, die durch die Ausführungsordnung festgesetzt wird.

Die nachträgliche Hinzufügung einer neuen Ware zu dem Verzeichnis kann nur durch eine neue, gemäß den Vorschriften des Artikels 3 bewirkte Hinterlegung erlangt werden.

Der Hinzufügung steht der Ersatz einer Ware durch eine andere gleich.

Art. 9bis. Wenn eine im internationalen Register eingetragene Marke auf eine Person übertragen wird, die in einem anderen vertragschließenden Lande als dem Ursprungslande der Marke ansässig ist, so ist die Übertragung durch die Behörde dieses Ursprungslandes dem Internationalen Büro anzuzeigen. Das Internationale Büro trägt, sobald die Zustimmung der für den neuen Markeninhaber zuständigen Behörde eingegangen ist, die Übertragung in das Register ein, zeigt sie den anderen Behörden an und veröffentlicht sie in seinem Blatte. Dabei wird, wenn möglich, der Zeitpunkt und die Nummer der Eintragung der Marke in ihrem neuen Ursprungsland angegeben.

Die Übertragung einer im internationalen Register eingetragenen Marke auf eine Person, die zur Hinterlegung einer internationalen Marke nicht zugelassen ist, wird in das Register nicht eingetragen.

Art. 9ter. Die Bestimmungen der Artikel 9 und 9bis über die Übertragungen berühren in keiner Weise die in den vertragschließenden Ländern geltenden Gesetze, durch welche die Übertragung einer Marke ohne gleichzeitige Übertragung des Gewerbe- oder Handelsunternehmens, dessen Waren durch die Marke gekennzeichnet werden, verboten ist.

Art. 10. Die Behörden werden die Einzelheiten wegen der Ausführung des gegenwärtigen Abkommens im gemeinschaftlichen Einverständnis ordnen.

Art. 11. Die dem Verbande zum Schutze des gewerblichen Eigentums angehörenden Länder, die an dem gegenwärtigen Abkommen nicht teilgenommen haben, werden auf ihren Antrag und in der durch die Hauptübereinkunft vorgeschriebenen Form zum Beitritt zugelassen.

Sobald das Internationale Büro von dem Beitritt eines Landes oder einer seiner Kolonien zu dem gegenwärtigen Abkommen in Kenntnis gesetzt worden ist, sendet es der Behörde dieses Landes gemäß Artikel 3 eine Sammelanzeige über diejenigen Marken, die zu diesem Zeitpunkt den internationalen Schutz genießen.

Diese Anzeige sichert von selbst den bezeichneten Marken die Vorteile der vorangehenden Bestimmungen in dem Gebiete des beitretenden Landes und setzt die Jahresfrist in Lauf, während welcher die beteiligte Behörde die im Artikel 5 vorgesehene Erklärung abgeben kann.

Indessen kann jedes Land bei seinem Beitritt zu dem gegenwärtigen Abkommen erklären, daß, soweit nicht internationale Marken in Betracht kommen, die schon vorher in diesem Lande Gegenstand einer gleichen, noch gültigen nationalen Registrierung gewesen sind und die auf Antrag der Beteiligten ohne weiteres anerkannt werden, die Anwendung dieser Akte sich beschränkt auf diejenigen Marken, welche an oder nach dem Tage registriert werden, wo dieser Beitritt wirksam wird.

Diese Erklärung entbindet das Internationale Büro von der oben angegebenen Sammelanzeige. Es beschränkt sich auf die Anzeige der Marken, wegen deren ihm der Antrag auf die Vergünstigung der in dem vorhergehenden Absatz vorgesehenen Ausnahme nebst den erforderlichen näheren Angaben innerhalb eines Jahres nach dem Beitritt des neuen Landes zugeht.

Art. 12. Das gegenwärtige Abkommen soll ratifiziert und die Ratifikationsurkunden sollen im Haag spätestens am 1. Mai 1928 hinterlegt werden.

Es tritt einen Monat nach diesem Zeitpunkt in Kraft und soll dieselbe Geltung und Dauer haben wie die Hauptübereinkunft.

Diese Akte tritt in den Beziehungen zwischen den Ländern, die sie ratifiziert haben, an die Stelle des am 2. Juni 1911 in Washington revidierten Madrider Abkommens von 1891. Das letztere bleibt jedoch in den Beziehungen zu den Ländern in Kraft, die die gegenwärtige Akte nicht ratifiziert haben.

IV. Verordnung über die internationale Registrierung von Fabrik- oder Handelsmarken vom 9. November 1922 (RGBl. 1922 II, 778).

Auf Grund des § 4 des Gesetzes über den Beitritt des Reichs zu dem Madrider Abkommen über die internationale Registrierung von Fabrik- oder Handelsmarken vom 12. Juli 1922 (RGBl. II S. 669) wird hierdurch bestimmt:

§ 1. Die Vorschriften über den Geschäftsgang und das Verfahren in Warenzeichensachen sind in Angelegenheiten der internationalen Markenregistrierung sinngemäß anzuwenden, soweit in dieser Verordnung nichts anderes bestimmt ist.

§ 2. Für die Anträge auf internationale Registrierung von Warenzeichen wird in dem Reichspatentamt eine besondere Stelle errichtet, welche die Bezeichnung „Markenstelle" führt. Die Leitung dieser Stelle liegt einem von dem Präsidenten bezeichneten Mitglied ob.

Die Markenstelle bearbeitet auch die sonstigen auf die internationale Markenregistrierung bezüglichen Angelegenheiten, soweit nicht die Zuständigkeit anderer Stellen gesetzlich begründet ist.

Rechtsmittel gegen Bescheide der Markenstelle finden nicht statt. Über Beschwerden befindet der Präsident.

§ 3. Wer bei dem Reichspatentamt die internationale Registrierung seines Zeichens beantragt, hat glaubhaft zu machen, daß die internationale Abgabe (Artikel 8 des Abkommens) an das Internationale Büro in Bern abgeführt ist. Die Zahlung dieser Abgabe an die Kasse des Reichspatentamts ist unwirksam.

Die Reichsgebühr (§ 2 Abs. 2 des Gesetzes) ist mit dem Antrag zu entrichten. Ist jedoch das Warenzeichen bei Einreichung des Antrags noch nicht in die Rolle eingetragen, so wird die Gebühr erst mit der Eintragung fällig.

§ 4. Tag und Nummer der internationalen Registrierung sind in der Zeichenrolle zu vermerken. Der Vermerk wird nicht veröffentlicht.

§ 5. Wird die Erneuerung der internationalen Registrierung bei dem Reichspatent beantragt, so ist die Reichsgebühr erneut zu zahlen. Die erneute Entrichtung der internationalen Abgabe ist glaubhaft zu machen.

§ 6. Der Verzicht des Berechtigten auf den internationalen Schutz in einem oder in mehreren der Verbandsländer wird in die Zeichenrolle nicht eingetragen.

§ 7. Die internationale Registrierung einer ausländischen Marke hat die gleiche Wirkung, wie wenn die Marke für die dabei angegebenen Waren zur Eintragung in die Zeichenrolle angemeldet und eingetragen worden wäre. Die Wirkung tritt für die vor dem 1. Dezember 1922 international registrierten Marken mit dem Tage der Sammelanzeige (Artikel 11 des Abkommens), frühestens aber mit dem genannten Kalendertage, für die später registrierten Marken mit dem Tage der Registrierung ein. Die Wirkung entfällt und gilt als niemals eingetreten, wenn und soweit der Marke der Warenzeichenschutz versagt wird.

In die Zeichenrolle werden die Marken nicht eingetragen.

§ 8. Der durch die Vermittlung des Internationalen Büros erworbene Warenzeichenschutz kann weiterhin nur durch einen im Inland bestellten Vertreter geltend gemacht werden. Es kann jedoch, wenn ein Vertreter nicht bestellt ist, bei der Prüfung der Marke (§ 3 des Gesetzes) eine Erklärung, durch die das gegen die Gewährung des Zeichenschutzes erhobene Bedenken entkräftet wird, zugelassen werden.

Die Gewährung des Schutzes soll nicht deswegen beanstandet werden, weil die Bezeichnung des Geschäftsbetriebs fehlt.

§ 9. Die im Artikel 9b Absatz 1 des Abkommens vorgesehene Zustimmung wird dem Internationalen Büro nur erklärt, wenn und soweit die Marke von dem neuen Inhaber bei dem Reichspatentamt angemeldet und in die Zeichenrolle eingetragen worden ist.

§ 10. Werden die Vorschriften im § 8 Abs. 2 Nr. 2, Abs. 3 (Artikel IV Nr. 4 des Gesetzes vom 27. Juni 1922, RGBl. II S. 619) und im § 9 Abs. 1, 3, 4, 5 des Gesetzes zum Schutze der Warenbezeichnungen vom 12. Mai 1894 (RGBl. S. 441) gegen eine international registrierte ausländische Marke in Anwendung gebracht, so tritt an die Stelle der Löschung die Entziehung des Schutzes.

Gesetz betreffend das Urheberrecht an Mustern und Modellen.

(Vom 11. Januar 1876.)

Bis zum Jahre 1891 gab es kein eigenes Gebrauchsmustergesetz. Das Gesetz wurde erst vorbereitet, nachdem das Reichsoberhandelsgericht entschieden hatte, daß das Gesetz betreffend das Urheberrecht an Mustern und Modellen sich nur auf Muster beziehe, welche einem ästhetischen Zwecke dienten, also nur auf eigentliche Geschmacksmuster sich erstrecken.

Genanntes Gesetz — in Nachstehendem Geschmacksmustergesetz genannt — ist in einigen Industriezweigen, wie z. B. in der Textilindustrie, Spitzenindustrie usw., von Wichtigkeit. Es muß daher zur Vollständigkeit des gewerblichen Rechtsschutzes in seinen wesentlichsten Bestimmungen besprochen werden.

§ 1. Das Recht, ein gewerbliches Muster oder Modell ganz oder teilweise nachzubilden, steht dem Urheber desselben ausschließlich zu.

Als Muster und Modelle im Sinne des Gesetzes werden nur neue und eigentümliche Erzeugnisse angesehen.

Das Muster muß auf individueller Geistestätigkeit beruhen, ein Geschmacksmuster sein, also auf das ästhetische Gefühl einzuwirken imstande sein.

§ 2. Bei solchen Mustern und Modellen, welche von den in einer inländischen gewerblichen Anstalt beschäftigten Zeichnern, Malern, Bildhauern usw. im Auftrage oder für Rechnung des Eigentümers der gewerblichen Anstalt angefertigt werden, gilt der letztere, wenn durch Vertrag nichts anderes bestimmt ist, als der Urheber der Muster und Modelle.

Das Recht des Urhebers geht nach § 3 auf dessen Erben über. Nach § 4 ist die freie Benutzung einzelner Motive eines Musters oder Modells zur Herstellung eines neuen Musters oder Modells als Nachbildung nicht anzusehen.

Jede Nachbildung eines Musters oder Modells, welche in der Absicht, dieselbe zu verbreiten, ohne Genehmigung des Berechtigten hergestellt werden, ist verboten (§ 5). Der Urheber eines Musters oder Modells genießt den Schutz gegen Nachbildung nur dann, wenn er dasselbe zur Eintragung in das Musterregister angemeldet und ein Exemplar oder eine Abbildung usw. bei der mit Führung des Musterregisters beauftragten Behörde niedergelegt hat. Die Anmeldung und Niederlegung muß erfolgen, bevor ein nach dem Muster oder Modelle gefertigtes Erzeugnis verbreitet wird (§ 7). Der Schutz des Geschmacksmustergesetzes gegen Nachbildung wird dem Urheber des Musters oder Modells nach seiner Wahl 1—3 Jahre lang, vom Tage der Anmeldung ab, gewährt. Die Schutzfrist kann gegen Zahlung (vgl. § 12) bis zu 15 Jahren verlängert werden. Die Verlängerung der Schutzfrist wird in das Musterregister eingetragen (§ 8). Das Musterregister wird von den Amtsgerichten geführt, welche für die Hauptniederlassung des Urhebers zuständig sind; handelt es sich nicht um eine eingetragene Firma, so ist das Amtsgericht seines Wohnsitzes zuständig. Urheber, welche im Inlande weder eine Niederlassung noch einen Wohnsitz haben, müssen die Anmeldung und Niederlegung bei dem Handelsgericht in Leipzig bewirken. Die Muster oder Modelle können offen oder versiegelt bis zur Höchstzahl von 50 und zum Höchstgewicht von 10 kg einzeln oder in Paketen niedergelegt werden. Die Eintragung und die Verlängerung der Schutzfrist wird monatlich im Deutschen Reichsanzeiger bekannt gemacht. Die Kosten der Bekanntmachung hat der Anmeldende zu tragen (§ 9). Die Eintragungen in das Musterregister erfolgen ohne Prüfung (§ 10). Die Einsichtnahme in das Musterregister ist jedermann gestattet (§ 11).

Für jede Eintragung und Niederlegung eines Musters wird bis zu einer Schutzfrist von 3 Jahren eine Gebühr von 1 RM. für jedes Jahr erhoben, für jedes weitere Jahr bis zum 10. Jahre einschließlich eine Gebühr von 2 RM., von 11—15 Jahren eine Gebühr von 3 RM. für jedes einzelne Muster oder Modell (§ 12). Derjenige, welcher das Muster oder Modell zur Eintragung in das Musterregister angemeldet und niedergelegt hat, gilt bis zum Gegenbeweise als Urheber. Die Bestimmungen der §§ 36—53 des Gesetzes betreffend das Urheberrecht an Werken der Literatur und der Tonkunst vom 22. Mai 1910 (vgl. den betreffenden Abschnitt S. 266) finden auch auf das Urheberrecht an Mustern und Modellen entsprechende Anwendung.

Im Zusammenhange mit dem Urheberrecht an Mustern und Modellen seien noch drei von Amtsgerichtsrat Dr. Paul Schulin aus dem 120. Bande des Reichsgerichts enthaltene Entscheidungen über den Ausstattungsschutz von Warenzeichen und auf den Schutz der Hersteller sog. Markenartikel zum Abdruck gebracht. Diese Entscheidungen sind von Dr. Schulin auszugsweise wiedergegeben.

1. Über Ausstattungsschutz und Warenzeichen liegen drei wesentliche Reichsgerichts-Entscheidungen vor:

a) Das Urteil S. 94 begründet in klassischer Weise, von hoher Warte aus den „anerkannten Grundsatz“, daß eine schrankenlose Ausnutzung fremder Gedanken und Arbeit auch außerhalb des Gebietes der gewerblichen Schutzrechte nicht schlechtweg zulässig sei; neben ihnen stehen ergänzend das BGB. und das UnlWG., außer wenn etwa, wie im Patent- und Gebrauchsmusterrecht, diese Vorschriften mit Rücksicht auf das allgemeine Wohl unanwendbar sind. Geschmacksmuster (und Warenzeichen) aber haben nichts mit dem öffentlichen Interesse zu tun; deshalb kann ihr Schutz unbeschränkt sein. — Hier werden große Zusammenhänge geschaut; die Rechtsprechung des Reichsgerichts auf diesem Gebiet ist ein Musterbeispiel von Rechtsfindung; wer dieser Entwicklung nachgeht und sie in sich aufnimmt, wird auf jedem Gebiet ein besserer Jurist, als der, welcher hunderte von Gesetzesparagraphen studiert.

b) Gleiches gilt von der Rechtsprechung des Reichsgerichts für das Gebiet des **Ausstattungsschutzes.** Auch hier hat sich die Rechtsprechung in einem Menschenalter durchaus gewandelt (vgl. RGE. 44, S. 15). In der „Sonnengold“-Entscheidung S. 325 faßt das RG. zusammen und baut aus: Ein tatsächlicher Zustand, geschaffen durch die Entwicklung des Verkehrs, hat Anspruch auf Schutz auch vor dem formalen Zeichenrecht; ein Zeichen, welches erst später auf unlautere Weise, d. h. in Kenntnis der Verkehrsgeltung der Bezeichnung des anderen, erworben ist, ist zu löschen. Aber auch wenn das Zeichen gutgläubig erworben ist, darf es nicht weiter benutzt werden, wenn nachträglich der Zeicheninhaber davon erfährt, daß dieselbe Bezeichnung, ohne eingetragen zu sein, Verkehrsgeltung für einen anderen erlangt hat. Mag hierdurch auch eine gewisse Rechtsunsicherheit eintreten, so muß diese in Kauf genommen werden, um die Lauterkeit des Wettbewerbes zu erhalten.

c) Die „Bärenstiefel“-Entscheidung S. 402 befaßte sich mit dem Erlöschen des Ausstattungsschutzes: Das RG. läßt ihn erlöschen mit der Aufgabe des Geschäfts, für den er begründet ist, außer wenn etwa derselbe Geschäftsinhaber alsbald einen neuen Betrieb mit ähnlichen Waren eröffnet. Mit der Übertragung des Geschäfts geht der Ausstattungsschutz über. Im vorliegenden Fall war der Kläger dadurch in finanzielle Schwierigkeiten geraten, daß der Beklagte ihm die Benutzung seines langjährigen Ausstattungsschutzes streitig machte und ihn selbst benutzte; während des Rechtsstreites hat daher der Kläger sein Ladengeschäft aufgeben müssen und hat ein „Agentur- und Kommissionsgeschäft“ zum Vertrieb der „Bärenstiefel“ begründet. Hierin sieht das RG. eine völlige

Geschäftsaufgabe, mit der der Ausstattungsschutz für den Kläger endgültig erloschen sei. Dies könne von jedermann geltend gemacht werden (s. § 9 I[2] WZG.); daher könne der Kläger dem Beklagten nicht Arglist entgegensetzen. Denn jeder andere könne die gleiche Klage erheben, ohne daß ihm dieser Einwand entgegengehalten werden könnte. Hier habe der Kläger nur einen Schadenersatzanspruch auf Geld wegen unlauteren Wettbewerbs oder unerlaubter Handlung. Ob das wirklich richtig ist, ist doch recht zweifelhaft; die Begründung ist, im Gegensatz zu den eben besprochenen Urteilen allzu juristisch-logisch und daher anfechtbar.

2. In dem lang dauernden Kampf der Fabrikanten sog. **„Markenartikel“** auf Einhaltung der festgesetzten Preise hat das Reichsgericht zugunsten der Fabrikanten entschieden; ihr Verlangen nach Einhaltung ihrer Preisbestimmungen (zu der sich die Wiederverkäufer verpflichten müssen und die mit Liefersperre seitens aller Mitglieder des Markenschutzverbandes durchgesetzt wird) sei weder gegenüber den Wiederverkäufern noch auch vom Standpunkt des Allgemeinwohls aus ungerechtfertigt; vielmehr sei Preisschleuderei der Wiederverkäufer zwecks Wettbewerbs sittenwidrig, der Verband könne daher mit der im Verpflichtungsschein angedrohten Liefersperre antworten. Im Interesse der Reinhaltung des Geschäftslebens ist die Entscheidung begrüßenswert; gegen willkürliche Preisfestsetzung der Fabrikanten (die bei der heutigen Wirtschaftslage kaum zu befürchten ist) hilft die Einschränkung, daß die festgesetzten Preise nicht künstlich und unbillig zuungunsten des Verbrauchers hochgehalten werden dürfen.

Der Unionsvertrag zum Schutze des gewerblichen Eigentums (Pariser Verbandsübereinkunft).

(Vom 6. November 1925.)

Zwischen einer Reihe von Staaten wurde am 20. März 1883 ein Vertrag zum Schutze des gewerblichen Eigentums geschlossen und durch Zusatzakte in Brüssel am 14. Dezember 1900 ergänzt. Der Vertrag hat den Namen „Unionsvertrag“ erhalten, und der durch den Unionsvertrag begründete Staatenverband wird als „Internationale Union“ bezeichnet.

Im Jahre 1911 wurde derselbe in Washington abgeändert. Nach dem Weltkriege wurde der Vertrag am **6. November 1925** im Haag revidiert — sog. Pariser Verbandsübereinkunft. Der Reichstag hat durch Gesetz vom 31. März 1928 dieser Verbandsübereinkunft zugestimmt.

Mit Rücksicht auf die schweren Schädigungen, die Handel und Industrie durch widerrechtliche Beschlagnahme von Patenten im Weltkrieg erlitten, muß notwendigerweise der Text dieser Verbandsübereinkunft um so mehr hier wörtlich aufgeführt werden, als auf Grund der Erfahrungen im Weltkriege eine Unmenge von Änderungen getroffen worden sind.

Nach dem Stande vom 1. April 1928 gehören u. a. folgende Staaten dem Verbande an:

Australien, Belgien, Brasilien, Bulgarien, Dänemark, Danzig, Deutsches Reich, Estland, Finnland, Frankreich und Kolonien, Groß-Britannien, Irland, Italien, Japan, Kanada, Kuba, Lettland, Luxemburg, Marokko mit Ausnahme der spanischen Zone, Mexiko, Niederlande nebst Niederländisch-Indien, Norwegen, Österreich, Polen, Portugal, Rumänien, Schweden, Schweiz, Serbien-Kroatien, Slowenien, Spanien, Syrien, Tschechoslowakei, Tunis, Türkei, Ungarn, Vereinigte Staaten von Amerika.

Außerdem sind noch besonders Übereinkommen zwischen dem Deutschen Reich mit Österreich am 17. November 1908, mit Rußland (Union der sozialistischen Sowjetrepubliken) am 5. Oktober 1925 und 4. März 1926, mit den Vereinigten Staaten von Amerika am 23. Februar 1909 getroffen worden. In diesem Zusammenhang ist auch der Handels- und Schiffahrtsvertrag zwischen dem Deutschen Reich und dem Vereinigten Königreich von Groß-Britannien und Irland vom 2. Dezember 1924 zu erwähnen, wobei hier nur der Artikel 29 interessiert. Er lautet:

„Die Staatsangehörigen eines jeden der beiden vertragschließenden Teile sollen in den Gebieten des andern Teils in bezug auf Patente für Erfindungen, Handelsmarken und Muster, falls sie die gesetzlich vorgeschriebenen Formalitäten erfüllen, die gleichen Rechte wie die Staatsangehörigen des andern Teiles haben.“ (Vgl. S. 659.)

Der wichtigste Artikel des Unionvertrages ist Art. 4, welcher die Prioritätsrechte auf Grund der Anmeldung in einem der Unionstaaten für die übrigen Unionstaaten regelt.

Ist die Anmeldung in einem der Unionstaaten vorschriftsmäßig erfolgt, so erhält man in den übrigen Staaten das Prioritätsrecht, selbst wenn die Anmeldung im ersten Staate nicht zur Erteilung des Patents oder Gebrauchsmusters geführt hat. Es steht nichts im Wege, eine Erfindung, für welche im Auslande Musterschutz nachgesucht ist, in Deutschland zum Patent anzumelden und umgekehrt.

Bezüglich der ersten und zweiten Anmeldung muß Identität bestehen und zwar muß:

1. ein und dieselbe Person anmelden;
2. dieselbe Erfindung (Muster) angemeldet werden.

Selbstverständlich kann der erste Anmelder das mit dieser Anmeldung für alle Unionsstaaten erwachsene Prioritätsrecht für die einzelnen Länder abtreten. Die Abtretung kann formlos erfolgen; jedoch ist es zweckmäßig, wenn der Abtretende zwischen der ausländischen Erstanmeldung und der deutschen Anmeldung eine öffentlich beglaubigte Abtretungserklärung ausstellt (PA. im Bl. 12, 127).

Die objektive Identität gemäß Ziffer 2 ist vorhanden, wenn die zweite Anmeldung im wesentlichen mit der ersten übereinstimmt. Unterschiede im Ausdrucke, Berichtigungen, Hinzufügung von gleichwertigen Ausführungsformen u. dgl. kommen nicht in Betracht. Sind in der zweiten Anmeldung materielle Verbesserungen oder Zusätze hinzugefügt, so muß die Patentbehörde die angemeldete Erfindung in der ihr vorgelegten Form zwar auf Patentfähigkeit prüfen, auf die Priorität kann sich der Anmelder dabei aber nur bezüglich desjenigen Teiles berufen, welcher sich bereits in der ersten Anmeldung vorfand. Selbstverständlich ist eine Einschränkung der Anmeldung ohne Einfluß auf die Priorität gestattet. Da in einzelnen Staaten Schutzansprüche wie in den deutschen Patentanmeldungen nicht verlangt werden, so ist es unerheblich, ob die Schutzansprüche übereinstimmen.

Es ist auch zulässig, die Gegenstände mehrerer Auslandspatente oder Auslandsmuster in einer einzigen Anmeldung wiederzugeben, gleichgültig, ob jene Patente selbständig oder Zusatzpatente sind. Nur muß das Erfordernis der Einheitlichkeit der Anmeldung gewahrt sein. Die Frist von 12 oder 4 Monaten beginnt mit der ältesten der ausländischen Anmeldungen. Das Deutsche Patentamt gestattet, daß in einer Anmeldung Teile, für welche eine Priorität beansprucht wird, mit solchen vereinigt werden, für welche dies nicht der

Fall ist; auch wird die Vereinigung beliebig vieler Anmeldungen zugelassen, denen verschiedene Prioritäten zustehen (PA. im Bl. 15, 125; 16, 112). Unerheblich ist es, ob für die vereinigten Teile nur ein einzelner Patentanspruch oder mehrere aufgestellt werden.

War für die Erfindung im ersten Staate Patentschutz, im zweiten Musterschutz beansprucht oder umgekehrt, so ist der Charakter des im ersten Staate nachgesuchten Schutzrechts dafür entscheidend, ob die 12 oder 4monatige Frist zur Anwendung kommt. Erfolgte die erste Anmeldung in der Weise, daß gleichzeitig Patent und Gebrauchsmuster angemeldet wurden, so greift die zwölfmonatige Prioritätsfrist Platz. Die Konferenz in Washington hat die Frist auch für Gebrauchsmuster auf 12 Monate erhöht; wird jedoch der Gegenstand des Gebrauchsmusters im Auslande als gewerbliches Muster oder Modell hinterlegt, beträgt so die Prioritätsfrist nur 4 Monate.

Der Beginn und das Ende der Prioritätsfrist werden nach den Gesetzen desjenigen Staates berechnet, in welchen man die Priorität geltend macht (PA. im Bl. 13, 29). Es kommt jedoch nur der Zeitpunkt der tatsächlichen Anmeldung in Betracht.

Ist die erste Anmeldung in **England** erfolgt, woselbst man zwischen einer provisorischen Beschreibung (provisional specification) und einer vollständigen Beschreibung (complete specification) unterscheidet, so ist die provisorische Beschreibung maßgebend (PA. im Bl. 13, 172).

Die auf Grund der Prioritätsfrist in einem Verbandstaat der Union getätigte Anmeldung geht allen Anmeldungen vor, welche nach dem Zeitpunkt der ersten Anmeldung eingereicht worden sind. Es folgt daraus: Wenn ein Patent einem Anmelder A erteilt ist und meldet B später dieselbe Erfindung unter Nachweis einer Auslandspriorität an, welche der Anmeldung des A vorgeht, so bekommt B sein Patent. Sowohl B wie jeder Dritte kann dann gegen das Patent des A Nichtigkeitsklage erheben.

Der Prioritätsberechtigte muß seine Priorität geltend machen, von Amts wegen wird sie nicht berücksichtigt.

Die zuständigen Stellen im Patentamt fordern vorbehaltlich der freien Beweiswürdigung von einem Beteiligten, der das Prioritätsrecht auf Grund des Unionsvertrages geltend macht, eine Abschrift der früheren Anmeldung mit einer Bescheinigung, aus welcher die Übereinstimmung der Abschrift mit der Urkunde der Anmeldung, sowie der Zeitpunkt erhellt, in welchem diese Anmeldung erfolgt ist.

Falls die zuständige Abteilung des Patentamtes ein Prioritätsrecht anerkannt hat, wird den vorgeschriebenen amtlichen Bekanntmachungen die Bemerkung der Priorität angefügt.

Wird die Priorität auf Grund einer Anmeldung in Großbritannien oder Frankreich nachgesucht und liegt die britische oder französische Patentschrift vor, so verzichtet das Patentamt auf die Beibringung der beglaubigten Abschrift der früheren Anmeldung.

Diese obigen Ausführungen über den Unionsvertrag vorausgeschickt folgt nunmehr der Text der **ersten 11 Artikel der Pariser Verbandsübereinkunft:**

Art. 1. Die vertragschließenden Länder bilden einen Verband zum Schutze des gewerblichen Eigentums.

Der Schutz des gewerblichen Eigentums hat zum Gegenstande die Erfindungspatente, die Gebrauchsmuster, die gewerblichen Muster oder Modelle, die Fabrik- oder Handelsmarken, den Handelsnamen und die Herkunftsangaben oder Ursprungsbezeichnungen sowie die Unterdrückung des unlauteren Wettbewerbs.

Das gewerbliche Eigentum wird in der weitesten Bedeutung verstanden und nicht allein auf Gewerbe und Handel im eigentlichen Sinne des Wortes bezogen, sondern ebenso auf das Gebiet der Landwirtschaft (Wein, Getreide, Rohtabak, Früchte, Vieh usw.) und der Gewinnung der Bodenschätze (Mineralien, Mineralwässer usw.).

Zu den Erfindungspatenten zählen die von den Gesetzgebungen der vertragschließenden Länder zugelassenen verschiedenen Arten gewerblicher Patente, wie Einführungspatente, Verbesserungspatente, Zusatzpatente, Zusatzbescheinigungen usw.

Art. 2. Die Angehörigen eines jeden der vertragschließenden Länder sollen in allen übrigen Ländern des Verbandes in bezug auf den Schutz des gewerblichen Eigentums die Vorteile genießen, welche die betreffenden Gesetze den Staatsangehörigen gegenwärtig gewähren oder in Zukunft gewähren werden, und zwar unbeschadet der durch die gegenwärtige Übereinkunft besonders vorgesehenen Rechte. Demgemäß sollen sie denselben Schutz wie diese und dieselbe Rechtshilfe gegen jeden Eingriff in ihre Rechte haben, vorbehaltlich der Erfüllung der Förmlichkeiten und Bedingungen, welche den Staatsangehörigen durch die innere Gesetzgebung auferlegt werden.

Jedoch darf in keiner Weise der Genuß irgendeines Rechtes des gewerblichen Eigentums für die Verbandsangehörigen von der Bedingung abhängig gemacht werden, daß sie einen Wohnsitz oder eine Niederlassung in dem Lande haben, wo der Schutz begehrt wird.

Ausdrücklich bleiben vorbehalten die Vorschriften der Gesetzgebung eines jeden der vertragschließenden Länder über das gerichtliche und das Verwaltungsverfahren und die Zuständigkeit sowie über die Wahl des Wohnsitzes oder die Bestellung eines Vertreters, die etwa nach den Gesetzen über das gewerbliche Eigentum erforderlich sind.

Art. 3. Den Angehörigen der vertragschließenden Länder werden gleichgestellt die Angehörigen der dem Verbande nicht beigetretenen Länder, welche im Gebiet eines der Verbandsländer ihren Wohnsitz oder tatsächliche und wirkliche gewerbliche oder Handelsniederlassungen haben.

Art. 4. a) Derjenige, welcher in einem der vertragschließenden Länder ein Gesuch um ein Erfindungspatent, ein Gebrauchsmuster, ein gewerbliches Muster oder Modell, eine Fabrik- oder Handelsmarke vorschriftsmäßig hinterlegt, oder sein Rechtsnachfolger soll zum Zwecke der Hinterlegung in den anderen Ländern während der unten bestimmten Fristen und vorbehaltlich der Rechte Dritter ein Prioritätsrecht genießen.

b) Demgemäß soll die hiernächst in einem der übrigen Verbandsländer vor Ablauf dieser Fristen bewirkte Hinterlegung durch inzwischen eingetretene Tatsachen, wie namentlich durch eine andere Hinterlegung, durch die Veröffentlichung der Erfindung oder deren Ausübung, durch das Feilbieten von Exemplaren des Musters oder Modells, durch die Anwendung der Marke nicht unwirksam gemacht werden können.

c) Die oben erwähnten Prioritätsfristen sollen zwölf Monate für Erfindungspatente und Gebrauchsmuster und 6 Monate für gewerbliche Muster oder Modelle und für Fabrik- oder Handelsmarken betragen.

Diese Fristen laufen von dem Zeitpunkt an, zu dem das erste Gesuch in einem Verbandslande hinterlegt wird; der Tag der Hinterlegung wird nicht in die Frist eingerechnet.

Ist der letzte Tag der Frist in dem Lande, wo der Schutz begehrt wird, ein gesetzlicher Feiertag, so erstreckt sich die Frist auf den nächstfolgenden Werktag.

d) Wer die Priorität einer vorhergehenden Hinterlegung in Anspruch nehmen will, hat eine Erklärung über die Zeit und das Land dieser Hinterlegung abzugeben. Jedes Land bestimmt, bis wann die Erklärung spätestens abgegeben werden muß.

Die Angaben sind in die von der zuständigen Behörde ausgehenden Veröffentlichungen, insbesondere in die Patenturkunden und in die zugehörigen Beschreibungen aufzunehmen.

Die vertragschließenden Länder können von demjenigen, welcher eine Prioritätserklärung abgibt, fordern, daß er die frühere Anmeldung (Beschreibung, Zeichnungen usw.) in Abschrift vorlegt. Die Abschrift mit Richtigkeitsbescheinigung der Behörde, die diese Anmeldung empfangen hat, ist von jeder Legalisation befreit und kann auf alle Fälle zu beliebiger Zeit innerhalb einer Frist von 3 Monaten nach der späteren Anmeldung eingereicht werden. Es kann gefordert werden, daß ihr eine von dieser Behörde ausgestellte Bescheinigung über die Zeit der Hinterlegung und eine Übersetzung beigefügt wird.

Andere Förmlichkeiten für die Prioritätserklärung dürfen bei der Hinterlegung des Gesuchs nicht gefordert werden. Jedes vertragschließende Land wird die Folgen der Außerachtlassung der durch den gegenwärtigen Artikel vorgesehenen Förmlichkeiten bestimmen, jedoch dürfen diese Folgen über den Verlust des Prioritätsrechts nicht hinausgehen.

Später dürfen andere Nachweisungen gefordert werden.

e) Wenn in einem Lande ein gewerbliches Muster oder Modell unter Inanspruchnahme eines auf die Anmeldung eines Gebrauchsmusters gegründeten Prioritätsrechts hinterlegt wird, so ist die Prioritätsfrist nur die für gewerbliche Muster oder Modelle bestimmte.

Im übrigen ist es zulässig, in einem Lande ein Gebrauchsmuster unter Inanspruchnahme eines auf die Hinterlegung eines Patentgesuchs gegründeten Prioritätsrechts zu hinterlegen und umgekehrt.

f) Enthält ein Patentgesuch die Inanspruchnahme mehrerer Prioritäten oder ergibt die Prüfung, daß ein Gesuch nicht einheitlich ist, so muß die Behörde dem Anmelder mindestens gestatten, das Gesuch nach Maßgabe der Vorschriften der inneren Gesetzgebung zu teilen, wobei ihm für jedes Teilgesuch als Eingangszeit die Zeit des Einganges des ursprünglichen Gesuchs und gegebenenfalls das Prioritätsvorrecht erhalten bleibt.

Art. 4bis. Die Patente, deren Erteilung in den verschiedenen vertragschließenden Länder von den Verbandsangehörigen beantragt ist, sollen von den für dieselbe Erfindung in anderen zum Verbande gehörenden oder nicht gehörenden Ländern erteilten Patenten unabhängig sein.

Diese Bestimmung ist ohne jede Einschränkung zu verstehen, insbesondere in dem Sinne, daß die während der Prioritätsfrist angemeldeten Patente sowohl hinsichtlich der Gründe der Nichtigkeit und des Verfalls als auch hinsichtlich der gesetzmäßigen Dauer unabhängig sind.

Sie findet auf alle zur Zeit ihres Inkrafttretens bestehenden Patente Anwendung.

Für den Fall des Beitritts neuer Länder soll es mit den im Zeitpunkt des Beitritts auf beiden Seiten bestehenden Patenten ebenso gehalten werden.

Art. 5. Die durch den Patentinhaber bewirkte Einfuhr von Gegenständen, welche in einem oder dem anderen Verbandsland hergestellt sind, in das Land, in welchem das Patent erteilt worden ist, soll den Verfall des letzteren nicht zur Folge haben.

Indessen steht es jedem der vertragschließenden Länder frei, soweit erforderlich, gesetzliche Maßnahmen zu treffen, um Mißbräuche zu verhüten, die sich aus der Ausübung des ausschließlichen Rechtes, wie es durch das Patent verliehen ist, ergeben könnten, zum Beispiel infolge unterlassener Ausführung.

Diese Maßnahmen dürfen den Verfall des Patents nur dann vorsehen, wenn die Gewährung von Zwangslizenzen zur Verhütung dieser Mißbräuche nicht ausreichen würde.

Solchen Maßnahmen darf das Patent erst nach Ablauf von mindestens 3 Jahren seit seiner Erteilung und nur dann unterworfen werden, wenn der Inhaber als berechtigt anzuerkennende Entschuldigungsgründe nicht dartut.

Der Schutz gewerblicher Muster und Modelle darf wegen der Einfuhr von Gegenständen, die mit den geschützten übereinstimmen, in keiner Weise vom Verfalle betroffen werden.

Daß auf dem Erzeugnis ein Zeichen oder ein Vermerk als Hinweis auf die Eintragung angebracht ist, soll kein Erfordernis für die Anerkennung des Rechtes sein.

Ist in einem Lande der Gebrauch der eingetragenen Marke vorgeschrieben, so darf die Eintragung erst nach Ablauf einer angemessenen Frist und nur dann für ungültig erklärt werden, wenn der Beteiligte keine Gründe für seine Untätigkeit dartut.

Art. 5bis. Für die Zahlung der Gebühren, die für die Aufrechterhaltung der gewerblichen Schutzrechte vorgesehen sind, soll ein Nachfrist von mindestens 3 Monaten gewährt werden, und zwar unter Auferlegung eines Zuschlags, falls die nationale Gesetzgebung einen solchen vorschreibt.

Für die Erfindungspatente verpflichten sich die vertragschließenden Länder außerdem, entweder die Nachfrist auf mindestens 6 Monate zu erstrecken oder die Wiederherstellung des infolge Nichtzahlung von Gebühren verfallenen Patents vorzusehen; die Bedingungen dieser Maßnahmen zu regeln, bleibt der inneren Gesetzgebung vorbehalten.

Art. 5ter. In keinem der vertragschließenden Länder soll als Eingriff in die Rechte des Patentinhabers angesehen werden:

1. der an Bord von Schiffen der anderen Verbandsländer stattfindende Gebrauch patentierter Einrichtungen im Schiffskörper, in den Maschinen, dem Takelwerk, den Ge-

räten und sonstigem Zubehör, wenn die Schiffe zeitweilig oder unbeabsichtigt in die Gewässer des Landes gelangen, vorausgesetzt, daß diese Einrichtungen dort lediglich für die Bedürfnisse des Schiffes verwendet werden;

2. der Gebrauch patentierter Einrichtungen im Bau oder in der Arbeitsweise der Luft- oder Landfahrzeuge der anderen Verbandsländer oder des Zubehörs solcher Fahrzeuge, wenn diese zeitweilig oder unbeabsichtigt in dieses Land gelangen.

Art. 6. Jede im Ursprungslande vorschriftsmäßig eingetragene Fabrik- oder Handelsmarke soll so, wie sie ist, in den anderen Verbandsländern zur Hinterlegung zugelassen und geschützt werden.

Es können jedoch zurückgewiesen oder für ungültig erklärt werden:

1. Marken, die geeignet sind, Rechte zu verletzen, die von Dritten in dem Lande, wo der Schutz beansprucht wird, erworben sind.

2. Marken, die jeder Unterscheidungskunst entbehren oder ausschließlich aus Zeichen oder Angaben zusammengesetzt sind, die im Verkehr zur Bezeichnung der Art, der Beschaffenheit, der Menge, der Bestimmung, des Wertes, des Ursprungsortes der Waren oder der Zeit der Erzeugung dienen können, oder die in der üblichen Sprache oder in den redlichen und ständigen Verkehrsgepflogenheiten des Landes, wo der Schutz beansprucht wird, gebräuchlich geworden sind.

Bei der Würdigung der Unterscheidungskraft einer Marke sind alle Tatumstände zu berücksichtigen, insbesondere die Dauer des Gebrauchs der Marke.

3. Marken, die gegen die guten Sitten oder die öffentliche Ordnung verstoßen.

Es besteht Einverständnis, daß eine Marke nicht schon deshalb als gegen die öffentliche Ordnung verstoßend angesehen werden kann, weil sie einer Vorschrift des Markenrechts nicht entspricht, es sei denn, daß die Bestimmung selbst die öffentliche Ordnung betrifft.

Als Ursprungsland soll gelten:

Das Verbandsland, in dem der Hinterlegende eine tatsächliche und wirkliche gewerbliche oder Handelsniederlassung hat, und, wenn er eine solche Niederlasung nicht hat, das Verbandsland, wo er seinen Wohnsitz hat, und, falls er keinen Wohnsitz innerhalb des Verbandes hat, das Land seiner Staatsangehörigkeit, sofern er Angehöriger eines Verbandslandes ist.

In keinem Falle soll die Erneuerung der Eintragung einer Marke im Ursprungslande die Verpflichtung mit sich bringen, die Eintragung auch in den anderen Verbandsländern zu erneueren, in denen die Marke eingetragen worden ist.

Das Vorrecht der Priorität bleibt den während der Frist des Art. 4 bewirkten Markenhinterlegungen auch dann erhalten, wenn die Eintragung im Ursprungslande erst nach dem Ablauf dieser Frist erfolgt.

Die Bestimmuug des Abs. 1 schließt nicht die Befugnis aus, von dem Hinterlegenden eine von der zuständigen Behörde des Ursprungslandes ausgestellte Bescheinigung über die ordnungsmäßige Eintragung zu verlangen; es ist jedoch keine Legalisation dieser Bescheinigung erforderlich.

Art. 6bis. Die vertragschließenden Länder verpflichten sich, die Eintragung einer Fabrik- oder Handelsmarke abzulehnen oder für ungültig zu erklären, die das Ebenbild oder die verwechselbare Nachahmung einer anderen Marke ist, sofern es nach Ansicht der zuständigen Behörde des Eintragungslandes dort notorisch feststeht, daß diese Marke bereits dem Angehörigen eines anderen vertragschließenden Landes gehört und für gleiche oder gleichartige Waren benutzt wird. Die Ablehnung oder Ungültigkeitserklärung hat endweder von Amts wegen zu geschehen, wenn die Gesetzgebung des Landes dies zuläßt, oder auf Antrag des Beteiligten.

Für den Anspruch auf Löschung solcher Marken muß eine Frist von mindestens 3 Jahren gewährt werden. Die Frist läuft vom Zeitpunkt der Eintragung der Marke an.

Gegenüber bösgläubig erwirkten Eintragungen ist der Löschungsanspruch an keine Frist gebunden.

Art. 6ter. Die vertragschließenden Länder vereinbaren, sofern es an der Ermächtigung der zuständigen Stellen fehlt, die Wappen, Fahnen und anderen staatlichen Hoheitszeichen der vertragschließenden Länder, die in ihnen eingeführten amtlichen Prüf- und Gewährzeichen und -stempel sowie alles, was vom heraldischen Gesichtspunkt Nachahmung davon ist, von der Eintragung als Fabrik- oder Handelsmarken oder als Bestandteile davon auszuschließen oder solche Eintragungen für ungültig zu erklären, ferner den Gebrauch dieser Zeichen zu gleichem Zwecke mittels geeigneter Maßnahmen zu verbieten.

Das Verbot der amtlichen Prüf- und Gewährzeichen und -stempel soll nur dann Anwendung finden, wenn die Marken mit diesen Zeichen für gleiche oder gleichartige Waren bestimmt sind.

Zur Ausführung dieser Bestimmungen vereinbaren die vertragschließenden Länder, daß eine Liste derjenigen staatlichen Hoheitszeichen und amtlichen Prüf- und Gewährzeichen und -stempel, die sie jetzt oder in Zukunft unumschränkt oder in gewissen Grenzen unter den Schutz des gegenwärtigen Artikels zu stellen wünschen, unter Vermittelung des Berner Internationalen Büros ausgetauscht wird, und daß ebenso alle späteren Abänderungen dieser Liste ausgetauscht werden. Jedes vertragschließende Land wird die ihm mitgeteilten Listen zu rechter Zeit öffentlich zugänglich machen.

Jedes vertragschließende Land kann innerhalb einer Frist von 12 Monaten nach dem Empfang der Mitteilung seine etwaigen Einwendungen durch das Berner Internationale Büro dem betreffenden Lande übermitteln.

Hinsichtlich der notorisch bekannten staatlichen Hoheitszeichen sollen die im Abs. 1 vorgesehenen Maßnahmen nur auf Marken Anwendung finden, die nach der Unterzeichnung der gegenwärtigen Akte eingetragen sind.

Hinsichtlich der staatlichen Hoheitszeichen, die nicht notorisch bekannt sind, und der amtlichen Kennzeichen und Stempel sind diese Bestimmungen nur auf Marken anwendbar, die später als 2 Monate nach dem Empfang der im Abs. 3 vorgesehenen Mitteilung eingetragen sind.

Im Falle bösen Glaubens steht es den Ländern frei, auch solche Marken zur Löschung zu bringen, die vor der Unterzeichnung der gegenwärtigen Akte eingetragen sind und staatliche Hoheitszeichen, Kennzeichen und Stempel aufweisen.

Die Angehörigen eines jeden Landes, die zum Gebrauche der staatlichen Hoheitszeichen, Kennzeichen und Stempel ihres Landes ermächtigt sind, dürfen sie auch dann benutzen, wenn sie denen eines anderen Landes ähnlich sein sollten.

Die vertragschließenden Länder verpflichten sich, den unbefugten Gebrauch der Staatswappen der anderen vertragschließenden Länder im Handel zu verbieten, wenn dieser Gebrauch zur Irreführung über den Ursprung der Waren geeignet ist.

Die vorstehenden Bestimmungen hindern die Länder nicht an der Ausübung der Befugnis, gemäß Art. 6 Abs. 2 Nr. 3 Marken abzulehnen oder für ungültig zu erklären, die ohne Ermächtigung Wappen, Fahnen, Ehrenzeichen und andere staatliche Hoheitszeichen oder in einem Verbandslande eingeführte amtliche Kennzeichen und Stempel enthalten.

Art. 7. Die Natur des Erzeugnisses, auf welchem die Fabrik- oder Handelsmarke angebracht werden soll, darf in keinem Falle die Eintragung der Marke hindern.

Art. 7bis. Die vertragschließenden Länder verpflichten sich, Marken, die Verbänden gehören, deren Bestehen dem Gesetze des Ursprungslandes nicht zuwiderläuft, auch dann zur Hinterlegung zuzulassen und zu schützen, wenn diese Verbände eine gewerbliche oder Handelsniederlassung nicht besitzen.

Es steht jedoch jedem Lande zu, frei darüber zu bestimmen, unter welchen besonderen Bedingungen ein Verband zum Schutze seiner Marken zugelassen werden kann.

Art. 8. Der Handelsname soll in allen Verbandsländern, ohne Verpflichtung zur Hinterlegung oder Eintragung, geschützt werden, gleichviel, ob er den Teil einer Fabrik- oder Handelsmarke bildet oder nicht.

Art. 9. Jedes widerrechtlich mit einer Fabrik- oder Handelsmarke oder mit einem Handelsnamen versehene Erzeugnis ist bei der Einfuhr in diejenigen Verbandsländer, in welchen diese Marke oder dieser Handelsname Recht auf gesetzlichen Schutz hat, zu beschlagnahmen.

Die Beschlagnahme ist auch in dem Lande vorzunehmen, wo die widerrechtliche Anbringung stattgefunden hat, oder in dem Lande, wohin das Erzeugnis eingeführt worden ist.

Die Beschlagnahme erfolgt gemäß der inneren Gesetzgebung jedes Landes auf Antrag entweder der Staatsanwaltschaft oder einer anderen zuständigen Behörde oder einer beteiligten Partei, sei diese eine natürliche oder eine juristische Person.

Die Behörden sollen nicht gehalten sein, die Beschlagnahme im Falle der Durchfuhr zu bewirken.

Läßt die Gesetzgebung eines Landes die Beschlagnahme bei der Einfuhr nicht zu, so ist die Beschlagnahme durch das Verbot der Einfuhr oder die Beschlagnahme im Inland zu ersetzen.

Läßt die Gesetzgebung eines Landes weder die Beschlagnahme bei der Einfuhr, noch das Einfuhrverbot, noch die Beschlagnahme im Inland zu, so sind diese Maßnahmen bis zu einer entsprechenden Änderung der Gesetzgebung durch diejenigen Klagen und Rechtsbehelfe zu ersetzen, die das Gesetz dieses Landes im gleichen Falle den Staatsangehörigen sichert.

Art. 10. Die Bestimmungen des vorigen Artikels sollen auf jedes Erzeugnis anwendbar sein, welches als Bezeichnung der Herkunft fälschlich den Namen eines bestimmten Ortes oder Landes trägt, wenn diese Bezeichnung einem erfundenen oder einem zum Zwecke der Täuschung entlehnten Handelsnamen beigefügt wird.

Als Beteiligter, mag er eine natürliche oder eine juristische Person sein, ist in jedem Falle jeder Produzent, Fabrikant oder Kaufmann anzuerkennen, welcher die Produktion oder die Fabrikation des Erzeugnisses oder den Handel mit demselben betreibt und in dem fälschlich als Herkunftsort bezeichneten Orte oder in der Gegend, in der dieser Ort liegt, oder in dem fälschlich bezeichneten Lande seine Niederlassung hat.

Art. 10bis. Die vertragschließenden Länder sind gehalten, den Angehörigen des Verbandes einen wirksamen Schutz gegen unlauteren Wettbewerb zu sichern.

Den Tatbestand unlauteren Wettbewerbs erfüllt jede Wettbewerbshandlung, die den anständigen Gebräuchen auf dem Gebiete des Gewerbes oder des Handels zuwiderläuft.

Insbesondere sind zu untersagen:

1. jegliches Tun, das geeignet ist, auf welchem Wege es auch sei, eine Verwechslung mit den Waren eines Wettbewerbers hervorzurufen;

2. die falschen Angaben im Handelsbetrieb, die den Ruf der Waren eines Wettbewerbers gefährden.

Art. 10ter. Die vertragschließenden Länder verpflichten sich, den Angehörigen der anderen Verbandsländer geeignete Rechtsbehelfe zu gewähren, um die in den Art. 9, 10 und 10bis bezeichneten Handlungen wirksam zu unterdrücken.

Sie verpflichten sich weiter, Maßnahmen zu treffen, die es den Verbänden und Vereinigungen, welche die beteiligten Gewerbe- und Handelskreise vertreten und deren Bestehen den Gesetzen ihres Landes nicht zuwiderläuft, gestatten, die Unterdrückung der in den Art. 9, 10 und 10bis bezeichneten Handlungen vor den Gerichten oder Verwaltungsbehörden in dem Maße zu betreiben, wie es das Gesetz des Landes, in dem der Schutz beansprucht wird, den Verbänden und Vereinigungen dieses Landes gestattet.

Art. 11. Die vertragschließenden Länder werden den patentfähigen Erfindungen, den Gebrauchsmustern, den gewerblichen Mustern oder Modellen sowie den Fabrik- oder Handelsmarken für Erzeugnisse, welche auf den im Gebiet eines von ihnen veranstalteten amtlichen oder amtlich anerkannten internationalen Ausstellungen zur Schau gestellt werden, in Gemäßheit der Gesetzgebung jedes Landes einen zeitweiligen Schutz gewähren.

Dieser zeitweilige Schutz verlängert die Fristen des Art. 4 nicht. Wenn später das Prioritätsrecht beansprucht wird, so kann die Regierung eines jeden Landes die Frist mit dem Zeitpunkt beginnen lassen, zu dem das Erzeugnis in die Ausstellung eingeführt worden ist.

Jedes Land kann zum Nachweis der Übereinstimmung des ausgestellten Gegenstandes und der Zeit der Einführung die ihm notwendig erscheinenden Belege fordern.

Sonderübereinkommen zwischen dem Deutschen Reich und Österreich, betreffend den gegenseitigen gewerblichen Rechtsschutz.

(Vom 17. November 1908.)

Art. 2. Die Einfuhr einer in den Gebieten eines der vertragschließenden Teile hergestellten Ware in die Gebiete des anderen Teiles soll in den letzteren den Verlust des für diese Ware erworbenen Schutzrechtes, auch soweit es ein Muster oder Modell betrifft, nicht zur Folge haben.

Art. 4. Muster und Modelle sowie Warenzeichen, für welche deutsche Angehörige in Österreich einen Schutz erlangen wollen, sind bei der Handels- und Gewerbekammer in Wien, oder bei der künftig an deren Stelle tretenden Registrierungsbehörde anzumelden.

Art. 7. Für die im Deutschen Reich als Gebrauchsmuster, in Österreich hingegen als Erfindungen angemeldeten Gegenstände, wird die Prioritätsfrist auf 4 Monate, und wenn die Anmeldung zuerst in Österreich erfolgt ist, auf 12 Monate bemessen.

Das gleiche Übereinkommen ist zwischen dem Deutschen Reich und Ungarn getroffen worden.

Vertrag zwischen dem Deutschen Reich und der Union der Sozialistischen Sowjet-Republiken.

(Vom 12. Oktober 1925.)

Die Staatsangehörigen jedes der beiden vertragschließenden Teile genießen in dem Gebiete des anderen Teiles hinsichtlich der Erfindungen, der Gebrauchsmuster, der Warenzeichen, der gewerblichen Muster und Modelle sowie hinsichtlich der Bekämpfung des unlauteren Wettbewerbs die gleichen Rechte, die die Gesetze des anderen Staates den eigenen Angehörigen gegenwärtig gewähren oder in Zukunft gewähren werden.

Als Staatsangehörige im Sinne des Abkommens gelten auch die im Niederlassungsabkommen ihnen gleichgestellten Handelsgesellschaften und juristischen Personen.

Die von deutschen Unternehmungen seit dem 10. November 1922 vor dem Inkrafttreten dieses Abkommens eingereichten Warenzeichenanmeldungen werden als von Anfang an rechtswirksam angesehen.

Vertrag zwischen dem Deutschen Reich und dem Vereinigten Königreich von Großbritannien und Irland.

Der Art. 29 des obigen Vertrages (des sogenannten Handels- und Schifffahrtsvertrages) lautet:

Die Staatsangehörigen eines jeden der beiden vertragschließenden Teile sollen in den Gebieten des anderen Teiles in bezug auf

Patente für Erfindungen, Handelsmarken und Muster,

falls sie die gesetzlich vorgeschriebenen Formalitäten erfüllen, die gleichen Rechte wie die Staatsangehörigen des anderen Teiles haben.

Berner Abkommen.

Der Vollständigkeit halber sei noch das

Berner Abkommen über die Erhaltung oder Wiederherstellung der durch den Weltkrieg betroffenen gewerblichen Eigentumsrechte erwähnt (RGBl. S. 1558, Ges. v. 3. August 1920).

Der Lizenzvertrag.

Der Inhaber eines Patentes oder eines Gebrauchsmusters muß die Erfindung in die Praxis übersetzen. Kann oder will er dies nicht selbst, so bietet sich ihm der Weg der Lizenz (Nutzerlaubnis). Die Gründe hierzu können mannigfacher Natur sein. Oft hat der Inhaber des Patentes oder des Gebrauchsmusters nicht genügende Geldmittel, um die Erfindung auszunutzen, oder er hat keinen eigenen Gewerbebetrieb oder die Erfindung wird von Gelehrten gemacht. Für alle diese liegt die Form der Erteilung einer Lizenz nahe. Der Inhaber eines Patents oder Gebrauchsmusters verleiht durch Lizenz sein Recht und gibt es nicht auf.

Je nach dem privatwirtschaftlichen oder öffentlichen Zweck können die Lizenzverträge den verschiedensten Inhalt haben. Der Lizenzvertrag kann in den verschiedensten Vertragsformen erfolgen; der Inhalt des Vertrages bezieht sich jedoch bei allen auf die Ausnutzung des Patentes oder Gebrauchsmusters.

Anspruch und Recht können beschränkt oder unbeschränkt übertragen werden. Man unterscheidet demnach eine beschränkte oder eine ausschließliche Lizenz. Die Beschränkung kann sich auf den Ort oder die Zeit beziehen, den Ort insofern, als die Nutzerlaubnis nur für bestimmte Provinzen oder Kreise erteilt wird, die Zeit insofern, als die Nutzerlaubnis auf eine bestimmte Anzahl von Jahren beschränkt wird; die Lizenz kann auch mehreren Personen erteilt sein.

Die Übertragung der ausschließlichen Lizenz durch den Patentinhaber gegen Entgelt ist als Kauf zu behandeln (RG. in JW. 00, 136, Bl. 13, 130).

In der Reichsgerichtsentscheidung vom 17. Dezember 1886 (RG. 17, 53) heißt es, ,,bei Lizenzverträgen ist vor allem der rechtliche Charakter festzustellen". Dieser besteht nicht in der Übertragung einer Art dinglichen Rechts an der patentierten Erfindung. Dessen Inhalt bilden der Verzicht des Patentinhabers auf den Einspruch gegen die Benutzung der Erfindung durch den Lizenzträger und sodann die Teilnahme des letzteren an der Ausschließung Dritter, soweit der Patentinhaber sich zum Schutze gegen die Benutzung des Patents durch andere verpflichtet hat. Zwischen dem Patentinhaber und dem Lizenznehmer besteht ein obligatorisches Verhältnis. ,,Gegenstand des Lizenzrechts bildet allein die dem Lizenzträger gewährte Erlaubnis zur Benutzung der patentierten Erfindung; der Patentinhaber will von seinem Verbietungsrecht keinen Gebrauch machen" (RG. 33, 103). ,,Es kann vereinbart sein, daß der Patentinhaber gegenüber keinen Gebrauch machen will, in diesem Falle erschöpft sich der Vertrag in diesem negativen Inhalt" (RG. 57, 38).

In zwei weiteren Entscheidungen kommt das Reichsgericht zu einer schärferen Auffassung des Lizenzvertrages, wie sich überhaupt allmählich der rechtliche Unterschied der ausschließlichen und der beschränkten Lizenz durch die Rechtsprechung des Reichsgerichts im Lauf der folgenden Jahre herausschält. ,,Es ist zu bemerken, daß der sich Lizenzvertrag nennende Vertrag ein Lizenzvertrag im eigentlichen Sinne des Wortes nicht ist; denn eingeräumt wird durch ihn für einen bestimmten Bezirk nicht lediglich das Recht der Benutzung, sondern das ausschließliche Benutzungsrecht, also das Recht, allen anderen die Benutzung zu verbieten, und damit wurde mehr gewährt als eine bloße Lizenz" (RG. in JW. 1901 Seite 956). An einer anderen Stelle (Bolze 6, Nr. 600) heißt es: ,,Es liegen keine bloßen Lizenzverträge vor, denn den Erwerbern ist ein ausschließliches Ausnutzungsrecht übertragen, und eine Ausnutzung durch die Übertragenden ist für die betreffenden Gegenden durch die Verträge untersagt." Folgerichtig wird daselbst den auf Übertraguug einer ausschließlichen Lizenz gerichteten Verträgen der Charakter von Kaufverträgen zugeschrieben.

Zweierlei ist an diesen Entscheidungen bemerkenswert. Einmal wird dadurch der positive Charakter der Lizenz als eines auf Gebrauchsgewährung gerichteten Vertrages anerkannt. Dann aber wird hervorgehoben, daß in der ausschließlichen Lizenz etwas liegt, was über die eigentliche Lizenz hinausreicht. Es wird der ausschließlichen Lizenz wegen des Merkmals der Ausschließlichkeit der Charakter eines dinglichen, eines absoluten Rechts zugesprochen. Es wäre mithin die einfache Lizenz eine auf bloße Benutzungsgewähr gerichtete Verpflichtung, die ausschließliche Lizenz eine durch Einigung und Übertragung erfolgte Patentbelastung.

Trotz dieser Entscheidung kann die Frage nach der Natur der Lizenz nur nach wirtschaftlichen Gesichtspunkten gelöst werden, und nur allein die sinngemäße Auslegung des Parteiwillens führt zum Ziel.

Aus der Literatur der letzten Jahrzehnte ergibt sich, daß der Lizenzgeber bei der gewöhnlichen, also nicht ausschließlichen Lizenz dem Lizenznehmer lediglich die Nutzung der Erfindung in gewissem Umfange gewährt; hierbei bleibt die Lizenz auch gegenüber dem Nachfolger des Lizenzgebers wirksam. Während bei der ausschließlichen Lizenz dem Lizenznehmer bei Verletzung der Patentrechte das Klagerecht zusteht, ist dies bei der gewöhnlichen Lizenz nicht der Fall.

Das Reichsgericht (RG. 57, 38) führt aus: „Durch die Übertragung der Benutzung des Patentrechts wird dem Lizenznehmer jedenfalls bei der sog. ausschließlichen Lizenz ein positives Recht verliehen, die Erfindung für sich auszubeuten. Diese Ausbeutung ist aber in der Regel nur dann möglich, wenn der Lizenznehmer in der Lage ist, andere, durch deren Wettbewerb die Benutzung der durch das Patent geschützten Erfindung beeinträchtigt wird, auszuschließen. Diese Befugnis leitet er aus dem Inhalt der Übertragung ab. Sie ist in seiner Hand ein selbständiges Recht. Er hat nicht nötig, die Rechte des Patentinhabers wegen der Patentverletzung Dritter sich abtreten zu lassen. Die Ansicht, welche der Übertragung der Benutzung des Patentrechts diese quasidingliche Wirkung beilegt und dem Lizenznehmer wenigstens dann, wenn die Lizenz eine ausschließliche ist, eine selbständige Befugnis zur Geltendmachung seines Benutzungsrechts gegen jedermann zur Verfügung stellt, ist fast allgemein zur Anerkennung gelangt."

Die weitere Literatur und Rechtsprechung ergibt folgenden wesentlichen Unterschied:

1. Der ausschließliche Lizenzvertrag ist ein Kaufvertrag.
2. Der gewöhnliche Lizenzvertrag, d. h. der Vertrag über eine nicht ausschließliche oder eine beschränkte Lizenz ist ein Pacht- oder Mietvertrag.

In neuerer Zeit nimmt das Reichsgericht bei „Lizenzgewährung gegen Entgelt" grundsätzlich Pacht an (RG. 4. II. 27 [134]).

Im ersteren Falle sind also die Vorschriften des BGB., unter Umständen des HGB., über den Kauf, im letzteren Falle die Vorschriften des BGB. über Kauf oder Miete maßgebend. Das HGB. kommt im Falle der ausschließlichen Lizenz in Betracht, wenn es sich um Kaufleute handelt und ein beiderseitiges Handelsgeschäft betrifft.

Bei dem Lizenzvertrage wird in der Praxis von der Vertragsfreiheit der ausgiebigste Gebrauch gemacht. Je nach dem Wert, dem Umfang und der Dauer des Patentes oder Gebrauchsmusters, je nach der Stellung und der Vertrauenswürdigkeit der betreffenden Person oder nach dem Umfange des Gewerbebetriebes werden die jeweiligen Abmachungen getroffen werden.

Die ausschließliche Lizenz.

Hat jemand eine ausschließliche Lizenz, so muß der Verkäufer dem Käufer die Möglichkeit der Patentverwertung verschaffen und auf Erfordern zur Eintragung in die Patentrolle mitwirken (RG. 29, 50), weil Dritten gegenüber der zufolge der Bekanntmachung Eingetragene der Alleinberechtigte ist. Werden Maschinen verkauft, die zur Herstellung eines patentierten Verfahrens geeignet sind, so bedarf es nicht der Genehmigung des Patentinhabers, da es Pflicht des Käufers ist, die Genehmigung zur Benutzung des Patentes einzuholen. Der Verkäufer haftet für den Rechtsbestand des verkauften Patents oder Gebrauchsmusters (437 BGB.), also auch dafür, daß dem freiem Vertrieb der patentierten Erzeugnisse kein anderes Patent entgegensteht (RG. 20, 94) und ferner dafür, daß vor der Anmeldung eine offenkundige Vorbenutzung nicht stattgefunden hat (JW. 96, 362), und daß keine nicht mitgeteilten Lizenzen bestehen.

Wird das verkaufte Patent oder Gebrauchsmuster nachträglich für nichtig erklärt oder gelöscht, so war wegen der rückwirkenden Kraft der Nichtigkeitserklärung von Anfang an Unmöglichkeit der Erfüllung vorhanden. Wird eine Ware als patentiert verkauft, und steht ihrer Verwendbarkeit das Patent eines andern entgegen, so liegt ein Rechtsmangel vor; denn eine verkaufte Sache muß frei von Rechten sein, auf Grund deren der Gebrauch untersagt werden kann (§ 903 BGB.).

Innerhalb des Umfanges seiner ausschließlichen Lizenz hat der Berechtigte die Befugnis, einfache oder ausschließliche Lizenzen zu erteilen, auf Feststellung des Bestehens und der Tragweite des Patents sowie auf Unterlassung der Patentverletzung zu klagen, Entschädigungen wegen Eingriffs in sein Recht zu fordern, Strafantrag zu stellen (RG. 57, 38; Bl. 10, 220). Er kann auch zivil- und strafrechtlich gegen den Patentinhaber und denjenigen vorgehen, welchem dieser nachträglich Lizenzen erteilt hat.

Der Leistung des Lizenznehmers auf Erfüllung des Vertrages steht die Verpflichtung des Patentinhabers gegenüber, jenen in der Ausübung des Patentes nicht zu stören. Das Reichsgericht hat dem Lizenzvertrag im Falle der ausschließlichen Lizenz eine „quasidingliche" Wirkung beigelegt (RG. in Bl. 10, 223). Diese Entscheidung hat, wie erwähnt, die wichtige Folge, daß der Lizenznehmer selbständig sich gegen die Verletzung wehren kann, ohne auf den guten Willen des Patentinhabers angewiesen zu sein. Wird hingegen dem Lizenznehmer bei nicht ausschließlichen Lizenzen kein selbständiges Recht zugestanden, sich gegen Patentverletzungen zu wehren, so ist es Sache des Patentinhabers und Pflicht aus dem Vertrage, den Lizenznehmer zu schützen (RG. in Bl. 10, 11).

Es ist zweckmäßig, wenn der Lizenznehmer sich eine öffentlich beglaubigte Urkunde über die Erteilung der Lizenz geben läßt.

Die ausschließliche Lizenz ist ein Vermögensrecht, das sowohl unter Lebenden wie von Todes wegen auf andere übergehen kann.

Zur Lizenzerteilung ist nicht nur der Patentinhaber, sondern mangels anderer Vereinbarungen der Nießbraucher sowie derjenige befugt, welchem eine ausschließliche Lizenz zusteht. Sie können beliebig viele Lizenzen erteilen. Haben sie sich einem Lizenzträger gegenüber verpflichtet, nicht unter andern Bedingungen oder überhaupt nicht weitere Lizenzen zu erteilen, und verstoßen sie gegen diese Verpflichtung, so machen sie sich zwar schadenersatzpflichtig, aber die von ihnen zu Unrecht erteilten Lizenzen bestehen zu Recht.

Ob der Lizenznehmer zur Herstellung und zum Vertriebe des geschützten Gegenstandes verpflichtet ist, muß nach der Absicht der Vertragschließenden beim Vertragsschluß entschieden werden. Regelmäßig wird dies jedoch Voraussetzung des Lizenzvertrages sein. Hatte sich der Lizenznehmer zur Zahlung eines jeweiligen Mindestbetrages verpflichtet, so wird dies nicht immer der Fall zu sein brauchen.

Der Lizenzträger, welcher eine Abgabe nach der Stückzahl zu entrichten hat, ist gemäß § 259 BGB. verpflichtet, dem Patentinhaber Rechnung zu legen und die Belege mitzuteilen.

Falls keine andere Abrede getroffen ist, hat der Lizenzträger keinen Anspruch auf die Benutzung von Neuerungen, Verbesserungen und Zusatzerfindungen, welche dem Patentinhaber gehören.

Besteht neben dem Patent auch noch ein Fabrikgeheimnis über die Herstellung des Gegenstandes, so hat mangels anderer Abrede der Lizenznehmer kein Recht auf dasselbe.

Die beschränkte Lizenz.

Auch bei der Erteilung einer beschränkten Lizenz muß der Patentinhaber dafür aufkommen, daß der Lizenznehmer in der Benutzung der patentierten Erfindung nicht durch die Rechte eines Dritten beeinträchtigt wird, insbesondere, daß die Erfindung nicht von einem älteren Patent oder Gebrauchsmuster abhängig ist.

Stellt sich ein solches Hindernis heraus, so muß sich der Lizenznehmer in angemessener Frist entscheiden, ob er vom Vertrage zurücktreten oder ob er an dem Vertrage festhalten und die Beseitigung des Hindernisses verlangen will (RG. im BL. 7, 109, 69).

Der Patentinhaber haftet nicht dafür, daß er weitere Lizenzen nicht bestellt hat oder noch bestellen wird, ebensowenig dafür, daß kein Vorbenutzungsrecht für einen Dritten besteht. Hatte er aber dem Lizenznehmer die gegenteilige Versicherung bei Vertragsabschluß zu Unrecht gegeben, oder hatte er trotz gegenteiliger Vereinbarung Lizenzen an Dritte vergeben, so kommen die §§ 537 und 538 BGB. zur sinngemäßen Anwendung. Dieselben lauten:

§ 537. Ist die vermietete Sache zur Zeit der Überlassung an den Mieter mit einem Fehler behaftet, der ihre Tauglichkeit zu dem vertragsmäßigen Gebrauch aufhebt oder mindert, oder entsteht im Laufe der Miete ein solcher Fehler, so ist der Mieter für die Zeit, während deren die Tauglichkeit aufgehoben ist, von der Entrichtung des Mietzinses befreit, für die Zeit, während deren die Tauglichkeit gemindert ist, nur zur Entrichtung eines nach den §§ 472, 473 zu bemessenden Teiles des Mietzinses verpflichtet. Das gleiche gilt, wenn eine zugesicherte Eigenschaft fehlt oder später wegfällt.

§ 538. Ist ein Mangel der im § 537 bezeichneten Art bei dem Abschlusse des Vertrages vorhanden oder entsteht ein solcher Mangel später infolge eines Umstandes, den der Vermieter zu vertreten hat, oder kommt der Vermieter mit der Beseitigung eines Mangels in Verzug, so kann der Mieter, statt die im § 537 bestimmten Rechte geltend zu machen, Schadensersatz wegen Nichterfüllung verlangen. Im Falle des Verzugs des Vermieters kann der Mieter den Mangel selbst beseitigen und Ersatz der erforderlichen Aufwendungen verlangen.

Die Vernichtung des Patents wegen Nichtneuheit der Erfindung, oder weil auf diese bereits ein Patent mit früherem Anmeldetag erteilt war, ist nicht geeignet, den Lizenzvertrag in seinem ganzen Umfange anfechtbar zu machen, obgleich durch die Nichtigkeitserklärung eine Sachelage begründet wird, als habe das Patent nie bestanden. Die Tatsache, daß der Patentschutz bis zur Nichtigkeitserklärung bestanden hat, läßt sich nicht aus der Welt schaffen. Der Patentinhaber hat dem Lizenzträger bis dahin alles gewährt, wozu er verpflichtet war (Bl. 5, 36; Bl. 12, 8). Der Lizenzträger hat daher auch die Gegenleistung entsprechend zu machen, darf jedoch dasjenige abziehen, was ihm etwa nunmehr durch kraftlose Nachahmung in Störung seines Rechts entzogen ist (RG. im Bl. 11, 27). Hat er die für die Zukunft vereinbarte Lizenzsumme im voraus gezahlt, so kann er diese wegen ungerechtfertigter Bereicherung zurückfordern (§ 812 BGB.). Was er für die Vergangenheit schuldig geblieben ist, muß er nachzahlen.

Nur wenn die durch das Patent geschützte Erfindung überhaupt gewerblich nicht ausführbar war und aus diesem Grunde die Nichtigkeit ausgesprochen wurde, kann der Lizenznehmer das Gezahlte zurückfordern, weil der Patentinhaber ihm überhaupt nichts gewährt hatte (RG. in JW. 05, 111).

Da die Nichtigkeit aber erst endgültig ist, wenn das Urteil rechtskräftig geworden ist, so ist bei eingelegter Berufung das Entgelt auch für die Zeit bis zur Bestätigung des Urteils durch das RG. zu zahlen (RG. in PBl. 90, Seite 117 und 92, Seite 333).

Ist bei Vertragsabschluß vereinbart, eine bestimmte Summe à fonds perdu zu zahlen, so ist dieselbe nicht zurückzuvergüten.

Bei teilweiser Vernichtung des Patents sind die Grundsätze des § 542 BGB. sinngemäß anzuwenden. Derselbe lautet:

§ 542 BGB. Wird dem Mieter der vertragsmäßige Gebrauch der gemieteten Sache ganz oder zum Teil nicht rechtzeitig gewährt oder wieder entzogen, so kann der Mieter ohne Einhaltung einer Kündigungsfrist das Mietsverhältnis kündigen. Die Kündigung ist erst zulässig, wenn der Vermieter eine ihm von dem Mieter bestimmte angemessene Frist hat verstreichen lassen, ohne Abhilfe zu schaffen. Der Bestimmung einer Frist bedarf es nicht, wenn die Erfüllung des Vertrags infolge des die Kündigung rechtfertigenden Umstandes für den Mieter kein Interesse hat.

Bestreitet der Vermieter die Zulässigkeit der erfolgten Kündigung, weil er den Gebrauch der Sache rechtzeitig gewährt oder vor dem Ablaufe der Frist die Abhilfe bewirkt habe, so trifft ihn die Beweislast.

Besteht der Lizenznehmer trotzdem auf Erfüllung des Vertrages, so ist die Lizenz für die Zukunft in entsprechendem Maße herabzusetzen.

Wird ein Lizenzvertrag über eine zum Patent erst angemeldete Erfindung abgeschlossen, das Patent aber nach der Bekanntmachung versagt, so hat der Lizenznehmer ebenfalls bis zur Versagung das vertragsmäßige Entgelt zu entrichten (KG. im Bl. 11, 287).

Anspruch und Recht des Patents und Gebrauchsmusters unterliegen der Zwangsvollstreckung; sie gehören daher, falls sie dem Gemeinschuldner zur Zeit der Eröffnung des Konkursverfahrens zustanden, ebenso wie seine ausländischen Patente und Konkursmasse.

Veräußert der Patentinhaber nach Eingehung des Lizenzvertrages sein Patentrecht, so wirkt diese Veräußerung nicht auf den Bestand des Lizenzvertrages.

Gemeinsame Bestimmungen für die ausschließliche und beschränkte Lizenz.

Wer von den Vertragsparteien die Gebühren für die Aufrechterhaltung des Patents zu zahlen hat, muß vertraglich geregelt werden. Der Patentinhaber wie der Lizenznehmer müssen hierbei die gleiche Vorsicht üben. Der Patentinhaber verliert durch Unterlassung der Zahlung sein Patentrecht, der Lizenznehmer den Gegenstand des Vertrages, zudem kann die andere Vertragspartei Schadenersatz wegen aller Aufwendungen oder entgangenen Gewinn für die Zukunft beanspruchen.

Der Lizenznehmer des Hauptpatents hat kein Recht auf Benutzung der Zusatzpatente, wenn dies nicht von den Parteien vereinbart ist.

Mit dem Erlöschen des Patents erlischt die Lizenz.

Hatte jemand ein Patent oder Gebrauchsmuster gegen eine Pauschsumme verkauft und sich verpflichtet, dafür Sorge zu tragen, daß das Patent während der gesetzlichen Dauer nicht verfällt, und hat er trotzdem das Patent durch Nichtzahlung der Jahresgebühr verfallen lassen, so kann der Käufer von ihm nicht ohne weiteres einen entsprechenden Teil der Kaufsumme für diejenige Zeit zurückverlangen, für welche das Patent noch zu laufen hatte, sondern nur den ihm durch das vorzeitige Erlöschen des Patents verursachten Schaden beanspruchen (OLG. Stuttgart, in Gewerbl. Rschutz 99, 249).

Die Lizenzgebühren verjähren, sofern sie in regelmäßig wiederkehrenden Leistungen bestehen, in 4 Jahren. Die Verjährung beginnt mit dem Schlusse des Jahres, in welchem die Gebühr zu zahlen war.

Ein praktisches Beispiel über einen Patentnutzungsvertrag[1] ist in Technik und Wirtschaft, Jahrgang 1909, Seite 52ff. veröffentlicht und auf den Seiten 220ff. ergänzt worden und wird in nachstehendem mit Erlaubnis der Redaktion von Technik und Wirtschaft abgedruckt:

Patentnutzungsvertrag.

Zwischen Herren A. B. in C. und der Gesellschaft D. in E. ist folgender Vertrag verabredet und geschlossen worden:

Satz 1. Herr A. B. ist Besitzer eines deutschen Reichspatentes Nr. .... auf eine Neuerung an (Benennung des Gegenstandes) mit Gültigkeitsdauer vom .... 19 ab.

Oder: Herr A. B. hat ein deutsches Reichspatent auf eine Neuerung an (Benennung des Gegenstandes) am .... 19 angemeldet. Unter der Voraussetzung, daß dieses Patent erteilt werden wird, treten die nachfolgenden Verabredungen in Kraft.

Satz 2. Herr A. B. erteilt der Gesellschaft D. die ausschließliche Berechtigung, den patentierten Gegenstand für den Geltungsbereich des Patentes herzustellen und zu vertreiben.

Oder: „für ein genau zu begrenzendes Gebiet innerhalb des Deutschen Reiches" herzustellen und zu vertreiben. (Hierbei ist ein Mindestverkaufspreis zu vereinbaren, der auch denjenigen Fabrikanten verpflichtend vorzuschreiben ist, welche die Berechtigung für die übrigen Gebiete innerhalb des Deutschen Reiches haben.)

Satz 3. Die Gesellschaft D. wird die Herstellung des patentierten Gegenstandes in sachgemäßer Weise bewirken und diejenigen Einrichtungen zur Herstellung treffen, welche erforderlich sind, um der Nachfrage zu genügen. Sie wird auch in der bei ihr üblichen Weise für Bekanntwerden des Gegenstandes Sorge tragen und sich die Förderung des Absatzes angelegen sein lassen.

---

[1] Vom Vater des Verfassers Geh. Baurat Dr.-Ing. e. h. Emil Blum.

Sie verpflichtet sich ferner, während der Dauer dieses Vertrages Ausführungen, welche mit dem Gegenstand des Patentes in Wettbewerb treten, nicht auszuführen und sich nicht an Unternehmen, die einen solchen Wettbewerb betreiben, zu beteiligen noch diese in irgendwelcher Art zu fördern und zu stützen.

Satz 4. Die Gesellschaft D zahlt an Herrn A. B. als Entgelt für die Überlassung der Patentrechte eine Abgabe für jeden nach dem Patent hergestellten Gegenstand. Die Höhe dieser Abgabe wird auf .... % von dem ab Fabrik erzielten Verkaufspreis festgestellt. Die Zahlung dieser Abgabe hat halbjährlich, spätestens am 15. Januar bzw. 15. Juli, für das vorausgegangene Halbjahr in bar zu erfolgen.

Satz 5. Über die Verkäufe hat die Gesellschaft D. Patentbücher zu führen, in welche Herrn A. B. oder dessen Bevollmächtigten die Einsicht während der üblichen Geschäftsstunden freisteht.

Die Bücher müssen enthalten:

1. Laufende Nummer. Diese Nummer muß übereinstimmen mit der Nummer auf dem Patentschild, welches an dem patentierten Gegenstand anzubringen ist. Außerdem muß dieses Patentschild auch die Bezeichnung D.R.P. und die Nummer des Patentes enthalten;
2. Namen und Wohnort des Bestellers;
3. Größe und Leistung des bestimmten Gegenstandes oder der bestellten Einrichtung;
4. erzielten Verkaufspreis ab Fabrik;
5. Tag der Bestellung;
6. Tag der Ablieferung.

Satz 6. Die in Satz 4 festgelegte Abgabe muß seitens des Herrn A. B. herabgesetzt werden, wenn die Gesellschaft infolge Auftretens von leistungsfähigem Wettbewerb gezwungen ist, zur Aufrechterhaltung des Absatzes ihre Preise zu ermäßigen. Die Ermäßigung soll aber keinesfalls mehr als ... % betragen.

Satz 7. Falls die Gesellschaft D. bis zum Ablauf des dritten Jahres, also bis zum .... 19 nicht mindestens eine Gesamtabgabe von .... gezahlt haben wird, steht Herrn A. B. das Recht zu, auch andere leistungsfähige Fabriken mit der Herstellung und dem Vertrieb des patentierten Gegenstandes unter gleichen Bedingungen zu betrauen, wie diese der Gesellschaft D. in diesem Vertrage zugestanden sind. Es steht jedoch der Gesellschaft D. frei, dieses Recht des Herrn A. B. durch Zahlung desjenigen Betrages zu begleichen, welcher zur Zeit der Abrechnung noch an dem Betrage der festgesetzten Gesamtabgabe fehlt.

Die gleiche Berechtigung für Herren A. B. tritt ein, wenn nach je weiteren 3 Jahren nicht mindestens weitere .... RM. Abgabe gezahlt sein werden. Auch dann liegt die Berechtigung für die Gesellschaft D. vor, durch Zuzahlung des fehlenden Betrages dieses Recht zu beseitigen. Sollte der im Satz 6 vorgesehene Fall der Ermäßigung der Patentabgabe eintreten, so ermäßigt sich die vorstehend festgesetzte Mindestabgabe um den sich ergebenden anteiligen Betrag.

Falls andere Fabriken mit der Herstellung des patentierten Gegenstandes auf Grund vorstehender Vereinbarungen betraut werden, wird Herr A. B. mit diesen und der Gesellschaft D. eine Verständigung über Einhaltung von Mindestverkaufspreisen herbeiführen.

Satz 8. Alle Verbesserungen, welche seitens des Herrn A. B. oder seitens der Gesellschaft D. an dem patentierten Gegenstand gemacht werden, fallen ohne weiteres unter diesen Vertrag. Dieses Verbesserungen sind gegenseitig mitzuteilen und zur Benutzung auf Grund dieses Vertrages freizustellen, ohne daß eine andere Entschädigung als die in Satz 4 vorgesehene Abgabe verlangt oder gezahlt werden soll.

Satz 9. Die Zahlung der zur Aufrechterhaltung des Patentes zu entrichtenden Jahrestaxen erfolgt seitens .....

Behufs Wahrung der pünktlichen Einhaltung der Zahlungszeit wird die Aufsicht über das Patent Herrn Patentanwalt .... in .... übertragen. Dieser erinnert den Zahlungspflichtigen 4 Wochen vor Fälligkeit mittels eingeschriebenen Briefes an die Zahlung. Der Betrag ist ihm sofort zuzustellen und von ihm an die Kasse des Patentamtes einzuzahlen.

Satz 10. Falls die zu leistende Zahlung für Jahrestaxen im Mißverhältnis zu den aus dem Vertrieb des Gegenstandes erzielten Einnahmen bzw. zu der erzielten Patentabgabe steht, soll es Herrn A. B. bzw. der Gesellschaft D. zum erstenmal nach Ablauf von.... Jahren und von da ab alle Jahre freistehen, die Zahlung der Verlängerungstaxen abzulehnen. Macht die Gesellschaft D. von diesem Recht Gebrauch, so muß sie Herrn A. B. von ihrem Entschluß so rechtzeitig Mitteilung machen, daß dieser durch Zahlung des Betrages sich die weitere Erhaltung des Patentes sichern kann. In diesem Falle gehen alle Rechte aus diesem Vertrage wieder an ihn über. Falls Herrn A. B. die Zahlung der Taxe obliegt, und dieser die Zahlung aus obigem Grunde nicht leisten will, steht der Gesellschaft D. das Recht zu, diese Zahlung ihrerseits zu leisten und diese auf die Abgabe nach Satz 4 in Anrechnung zu bringen.

Satz 11. Herr A. B. gewährleistet nicht die Rechtsgültigkeit des Patentes. Er ist demgemäß auch nicht verpflichtet, im Falle der Nichtigkeitserklärung des Patentes die bis dahin gezahlten Abgaben zurückzuerstatten. Er ist aber verpflichtet, das Patent gegen Angriffe unter Zuziehung der Gesellschaft D. zu verteidigen und gegen Patentverletzungen auf Antrag der Gesellschaft D. in geeigneter Weise vorzugehen. Die Kosten eines derartigen Rechtstreites trägt jeder der Vertragsschließenden zur Hälfte.

Satz 12. Wird das Patent teilweise für nichtig erklärt, so kann die Gesellschaft D. entweder verlangen, daß die Patentabgabe entsprechend dem veränderten Geschäftswert des Patentes herabgesetzt wird, keinesfalls aber unter .... % des Verkaufspreises, oder es steht der Gesellschaft D. frei, von dem Vertrag innerhalb eines festzusetzenden Zeitraumes zurückzutreten.

Satz 13. Wird das Patent nicht erteilt, so soll trotzdem die Gesellschaft D. verpflichtet sein, die Hälfte der im Satz 4 festgesetzten Abgabe auf die Dauer von 5 Jahren vom Abschluß des Vertrages ab gerechnet an Herrn A. B. als Gegenleistung für die Mitteilung seiner Erfahrungen zu zahlen.

Satz 14. Als Entschädigung für die bis zum Abschluß des Vertrages seitens des Herrn A. B. aufgewendeten Kosten und Mühen zahlt die Gesellschaft D. bei Abschluß dieses Vertrages an Herrn A. B. eine Anzahlung von .... RM. Die zu leistenden Abgaben werden so lange auf diese Anzahlung verrechnet, bis diese durch die zu zahlenden Abgaben getilgt ist.

Satz 14a[1]. Der Nutzungsnehmer ist berechtigt, zu einem Betrage von RM. .... die Nutzungsabgabe abzulösen.

Satz 14b[1]. Herr A. B. verpflichtet sich, den Nutzungsnehmern in dem Gebiete .... die Verpflichtung aufzuerlegen, sich gegenseitig die aus den fremden Gebieten einlaufenden Anfragen zuzuweisen.

Satz 14c[1]. Die Gesellschaft D. ist nur im Einvernehmen mit dem Erfinder berechtigt, ein weiteres Nutzungsrecht rückwärts zu vergeben.

Satz 15. Dieser Vertrag wird auf die Dauer des Patentes (oder bei Vorhandensein mehrerer Patente auf die Dauer des längst laufenden Patentes) geschlossen[2].

Satz 16. Die Stempelkosten tragen die Vertragsschließenden je zur Hälfte.

Reichsgesetz gegen den unlauteren Wettbewerb (UWG.).

(Vom 7. Juni 1909.)

Kraft der allgemeinen Gewerbefreiheit ist derjenige Wettbewerb erlaubt, welcher die Förderung gewerblicher Ziele bezweckt, mag er für den Mitbewerber noch so unbequem oder verhängnisvoll sein oder werden.

Unerlaubt hingegen ist der Wettbewerb, welcher einen unlauteren Eingriff oder Angriff auf die Gewerbetätigkeit des Mitbewerbers darstellt. Ob die Grenze erlaubter Konkurrenz überschritten erscheint, ist hierbei auf Grund der gesamten Tatumstände zu prüfen.

Das Gebiet des unlauteren Wettbewerbes umfaßt die gesamte Gewerbetätigkeit, und zwar nicht nur den Absatz der Ware, sondern insbesondere auch den Einkauf und die Herstellung derselben (RG. in MuW. Bd. 11, 484). Soweit staatliche Betriebe (Eisenbahnen, Bergwerke, Porzellanfabriken und dgl.) als Gewerbebetriebe anzusehen sind, wird für Angestellte und Beauftragte nach den allgemeinen Regeln des BGB. gehaftet.

---

[1] Eingefügt gemäß Anregung von Klanner-Wien (Technik und Wirtschaft 09).

[2] Hier wäre zweckmäßig einzufügen: höchstens aber .... Jahre (z. B. 30 Jahre).

Bei der Betrachtung des UWG. sind zum Verständnis die §§ 15 und 16 des WZG. (vgl. S. 639 u. 640) wie einzelne Paragraphen des BGB. und ZPO. heranzuziehen. Denn in ein und derselben Handlung kann oft ein Verstoß nicht nur gegen das UWG., sondern auch gegen andere Gesetze liegen. Das Reichsgericht hat entschieden, daß eine einschränkende Auslegung der bürgerlichrechtlichen allgemeinen Bestimmungen über unerlaubte Handlungen bezüglich ihrer Anwendung auf das Gebiet des gewerblichen Rechtsschutzes nicht denkbar sei (RG. in MuW. 9, 90). Die Bestimmungen des BGB. und der ZPO. sind vielfach für Fälle heranzuziehen, welche sich auf der Grenzlinie zwischen unlauterem Wettbewerb und demjenigen Wettbewerbskampfe befinden, der weniger unter dem Gesichtspunkte der guten Sitten als vielmehr der wirtschaftlichen Macht zu betrachten ist.

Die wichtigsten Paragraphen des BGB. sind den Betrachtungen über das UWG. zum Verständnis voranzusetzen.

§ 826 BGB. Wer in einer gegen die guten Sitten verstoßenden Weise einem anderen vorsätzlich Schaden zufügt, ist dem anderen zum Ersatze des Schadens verpflichtet.

§ 823 BGB. Wer vorsätzlich oder fahrlässig das Leben, den Körper, die Gesundheit, die Freiheit, das Eigentum oder ein sonstiges Recht eines andern widerrechtlich verletzt, ist dem andern zum Ersatze des daraus entstehenden Schadens verpflichtet.

Die gleiche Verpflichtung trifft denjenigen, welcher gegen ein den Schutz eines andern bezweckendes Gesetz verstößt. Ist nach dem Inhalte des Gesetzes ein Verstoß gegen dieses auch ohne Verschulden möglich, so tritt die Ersatzpflicht nur im Falle des Verschuldens ein.

§ 1004 BGB. Wird das Eigentum in anderer Weise als durch Entziehung oder Vorenthaltung des Besitzes beeinträchtigt, so kann der Eigentümer von dem Störer die Beseitigung der Beeinträchtigung verlangen. Sind weitere Beeinträchtigungen zu besorgen, so kann der Eigentümer auf Unterlassung klagen.

Der Anspruch ist ausgeschlossen, wenn der Eigentümer zur Duldung verpflichtet ist.

§ 824 BGB. Wer der Wahrheit zuwider eine Tatsache behauptet oder verbreitet, die geeignet ist, den Kredit eines andern zu gefährden oder sonstige Nachteile für dessen Erwerb oder Fortkommen herbeizuführen, hat dem andern daraus den entstehenden Schaden auch dann zu ersetzen, wenn er die Unwahrheit zwar nicht kennt, aber kennen muß.

Durch eine Mitteilung, deren Unwahrheit dem Mitteilenden unbekannt ist, wird dieser nicht zum Schadensersatze verpflichtet, wenn er oder der Empfänger der Mitteilung an ihr ein berechtigtes Interesse hat.

§ 226 BGB. Die Ausübung eines Rechts ist unzulässig, wenn sie nur den Zweck haben kann, einem andern Schaden zuzufügen.

Auch die allgemeinen Bestimmungen über Klagen wegen Unterlassung, auf Beseitigung, auf Schadensersatz müssen herangezogen werden.

Eine Klage auf Unterlassung ist insbesondere in allen Fällen gegeben, in denen das Gesetz einen Schadensersatzanspruch wegen eines Verstoßes gewährt, wenn durch die unerlaubte Handlung ein Zustand geschaffen worden ist, der einen Zwang zur Unterlassung weiterer Störungen rechtfertigt. Der Unterlassungsanspruch ist aber auch in den Fällen gegeben, in denen eine Strafvorschrift zum Schutze privater Interessen besteht. Der Unterlassungsanspruch bezieht sich dann auf den Schutz dieser Interessen.

Voraussetzung der Unterlassungsklage ist die Besorgnis weiterer Beeinträchtigung. Gewöhnlich gilt die Tatsache, daß eine Rechtsverletzung einmalig begangen worden ist, als ausreichender Grund für die Annahme der Wiederholungsgefahr. Die Beweislast für die Wiederholungsgefahr trifft den

Kläger. Der Klageantrag hat sich darauf zu beschränken, daß die verübte Störung des Rechts auf ungehinderte gewerbliche Betätigung fortan unterbleibe (RG. in UW. 1, 02; 1, 181; 2, 13).

Verstößt der Verurteilte gegen das Urteil, so kommen die §§ 890, 891 ZPO. in Betracht:

§ 890 ZPO. Handelt der Schuldner der Verpflichtung zuwider, eine Handlung zu unterlassen oder die Vornahme einer Handlung zu dulden, so ist er wegen einer jeden Zuwiderhandlung auf Antrag des Gläubigers von dem Prozeßgericht erster Instanz zu einer Geldstrafe bis zu 1500 RM. oder zur Strafe der Haft bis zu 6 Monaten zu verurteilen. Das Maß der Gesamtstrafe darf 2 Jahre Haft nicht übersteigen.

Der Verurteilung muß eine Strafandrohung vorausgehen, welche, wenn sie in dem die Verpflichtung aussprechenden Urteile nicht enthalten ist, auf Antrag von dem Prozeßgericht erster Instanz erlassen wird.

Auch kann der Schuldner auf Antrag des Gläubigers zur Bestellung einer Sicherheit für den durch fernere Zuwiderhandlung entstehenden Schaden auf bestimmte Zeit verurteilt werden.

§ 891 ZPO. Die in Gemäßheit der §§ 887—890 zu erlassenden Entscheidungen können ohne vorgängige mündliche Verhandlung erfolgen. Vor der Entscheidung ist der Schuldner zu hören.

Die vorläufige Vollstreckbarkeit des Unterlassungsurteils kann gemäß § 709 Ziffer 4 ZPO. erfolgen (RG. 40, 413), d. h., wenn bei vermögensrechtlichen Ansprüchen der Gegenstand der Verurteilung an Geld oder Geldeswert die Summe von 300 RM. nicht übersteigt. Der Wert des Streitgegenstandes ist gemäß § 3 ZPO. nach freiem Ermessen des Gerichts zu bestimmen.

Mit der Klage auf Beseitigung können Störungen schuldhafter oder nur objektiv widerrechtlicher Rechtsverletzungen verfolgt werden.

Bezüglich des Schadensersatzes sind die §§ 249, 250—254 BGB. heranzuziehen.

§ 249 BGB. Wer zum Schadensersatze verpflichtet ist, hat den Zustand herzustellen, der bestehen würde, wenn der zum Ersatze verpflichtende Umstand nicht eingetreten wäre. Ist wegen Verletzung einer Person oder wegen Beschädigung einer Sache Schadensersatz zu leisten, so kann der Gläubiger statt der Herstellung den dazu erforderlichen Geldbetrag verlangen.

§ 251 BGB. Soweit die Herstellung nicht möglich oder zur Entschädigung des Gläubigers nicht genügend ist, hat der Ersatzpflichtige den Gläubiger in Geld zu entschädigen.

Der Ersatzpflichtige kann den Gläubiger in Geld entschädigen, wenn die Herstellung nur mit unverhältnismäßigen Aufwendungen möglich ist.

§ 252 BGB. Der zu ersetzende Schaden umfaßt auch den entgangenen Gewinn. Als entgangen gilt der Gewinn, welcher nach dem gewöhnlichen Laufe der Dinge oder nach den besonderen Umständen, insbesondere nach den getroffenen Anstalten und Vorkehrungen mit Wahrscheinlichkeit erwartet werden konnte.

§ 253 BGB. Wegen eines Schadens, der nicht Vermögensschaden ist, kann Entschädigung in Geld nur in den durch das Gesetz bestimmten Fällen gefordert werden.

§ 254 BGB. Hat bei der Entstehung des Schadens ein Verschulden des Beteiligten mitgewirkt, so hängt die Verpflichtung zum Ersatze sowie der Umfang des zu leistenden Ersatzes von den Umständen, insbesondere davon ab, inwieweit der Schaden vorwiegend von dem einen oder anderen Teile verursacht worden ist.

Dies gilt auch dann, wenn sich das Verschulden des Beschädigten darauf beschränkt, daß er unterlassen hat, den Schuldner auf die Gefahr eines ungewöhnlich hohen Schadens aufmerksam zu machen, die der Schuldner weder kannte noch kennen mußte, oder daß er unterlassen hat, den Schaden abzuwenden oder zu mindern. Die Vorschrift des § 278 findet entsprechende Anwendung.

Aus diesen Bestimmungen ist ersichtlich, daß der Ersatz von Vermögensschaden in Geld verlangt werden kann, daß aber auch für entgangenen Gewinn Ersatz beansprucht werden kann.

Das Verschulden des Beklagten kann auf Vorsatz oder auf Fahrlässigkeit bestehen; es muß jedoch mit dem Entstehen des Schadens in ursächlichem Zusammenhang sein. Leichte Fahrlässigkeit genügt.

Ist die Tatsache des Schadens und die Höhe des Schadens strittig, so bestimmt § 287 ZPO.:

Ist unter den Parteien streitig, ob ein Schaden entstanden sei, und wie hoch sich der Schaden oder ein zu ersetzendes Interesse belaufe, so entscheidet hierüber das Gericht unter Würdigung aller Umstände nach freier Überzeugung. Ob und inwieweit eine beantragte Beweisaufnahme oder von Amts wegen die Begutachtung durch Sachverständige anzuordnen sei, bleibt dem Ermessen des Gerichts überlassen. Das Gericht kann anordnen, daß der Beweisführer den Schaden oder das Interesse eidlich schätze. In diesem Falle hat das Gericht zugleich den Betrag zu bestimmen, welchen die eidliche Schätzung nicht übersteigen darf.

Der Gerichtsstand für die Schadensersatzklage ist neben den übrigen Gerichtsständen auch derjenige der unerlaubten Handlung (§ 232 ZPO.).

Statt des Schadensersatzanspruches aus unerlaubter Handlung, insbesondere unlauterem Wettbewerbe, kann unter Umständen der Anspruch auf Herausgabe des Erwerbs aus § 687 Abs. 2 BGB. erhoben werden.

Dies vorausgeschickt, sei nun im einzelnen zu den Bestimmungen des UWG. übergegangen.

§ 1. Wer im geschäftlichen Verkehre zu Zwecken des Wettbewerbes Handlungen vornimmt, die gegen die guten Sitten verstoßen, kann auf Unterlassung und Schadensersatz in Anspruch genommen werden.

Dieser § 1 gibt dem UWG. das Gepräge. Beim Verstoß gegen die guten Sitten ist das Bewußtsein des Handelnden von der Sittenwidrigkeit seines Tuns nicht gefordert.

Unter „Handlungen" ist ein Tun irgendwelcher Art zu verstehen, wobei es gleichgültig ist, ob dasselbe öffentlich vorgenommen ist oder überhaupt nach außen hervortritt. Verhindert jemand gegen die ihm obliegenden Pflichten das rechtsverletzende Tun eines andern nicht, so liegt keine Unterlassung, sondern eine Handlung bei ihm vor (RG. in JW. 99, 545; Nr. 47; 03, 128; Nr. 16). (Geflissentliche pflicht- und sittenwidrige Untätigkeit RG. 76, 48; RG. 62, 149; 69, 13; 77, 314). Das trifft zu für Abteilungsleiter von Betrieben, Geschäftsführer derselben und insbesondere Inhaber als berufene Überwacher der Tätigkeit ihrer Untergebenen. Der Geschäftsinhaber hat Einrichtungen zu treffen, um die Handlungen seiner Untergebenen beaufsichtigen zu können. Er muß dafür Sorge tragen, daß der Angestellte die ihm erteilte Befugnis nicht mißbraucht (RG. in JW. 03, 128).

Macht der Geschäftsinhaber die rechtswidrige Handlung des Angestellten sich zu eigen oder nutzt er die durch das rechtsverletzende Verhalten des Angestellten hervorgerufene Beeinträchtigung des fremden Betriebes für seine Zwecke aus, so liegt schon hierin ein eigenes Verhalten (RG. in UW. 1, 94). Des weiteren haftet der Inhaber des Betriebes, wenn er für das Tun des Angestellten oder Beauftragten als Mittäter, Anstifter oder Gehilfe in Betracht kommt, insbesondere wenn mit Wissen und Willen des Chefs gehandelt wird (Kohler in UW. 1, 2).

Als Beklagte kommen alle in Betracht, von denen die Handlung ausgeht, mögen sie interessiert sein oder nicht (RGSt. 35, 417).

Neben dem Inhaber des Betriebes haften auch seine Angestellten, Reisenden, Gehilfen, Beauftragten usw. Wenn ein Vertreter mit Wissen und Willen des Vertretenen die zur Unterlassung verpflichtende Handlung vorgenommen hat, so haftet auch der Vertretene auf Unterlassung (RG. in MuW. 11, 426).

Angestellte und Beauftragte sind diejenigen Personen, deren sich der Geschäftsinhaber auf Grund eines Vertragsverhältnisses zur Ausübung seines Gewerbebetriebes bedient. Es reicht aus, wenn die Handlung allgemein in den Rahmen der zu verrichtenden Tätigkeit fällt, mag auch die Anweisung des Geschäftsinhabers überschritten sein (RG. in OLGRspr. 1912, 360). Auch gelegentliche Auftragserteilung genügt (KG. in OLGRspr. 1912, 360). Daher kommen auch Personen in Betracht, die nicht im Betriebe des Geschäftsinhabers tätig sind, sofern im Einzelfalle ein Auftrag oder Werkvertrag vorliegt.

Der Konkurs des Beklagten ist für die Klagen auf Unterlassung und Beseitigung gewöhnlich ohne Einwirkung, da die Konkursmasse nicht berührt wird.

Klageberechtigt auf Grund des § 1 ist der unmittelbar Verletzte, und zwar für die Unterlassungsklage auch der Mitbewerber sowie Verbände zur Förderung gewerblicher Interessen, soweit sie als solche in bürgerlichen Rechtsstreitigkeiten klagen können (vgl. § 13 Abs. 1). Jede einzelne Verletzung erzeugt einen selbständigen Abwehranspruch, sofern ein neuer Entschluß zur Störungshandlung vorlag.

Der Verstoß gegen § 1 erzeugt in jedem Falle den Anspruch auf Unterlassung. Ferner kommen auch die Ansprüche auf Bereicherung, Herausgabe des Erlangten und auf Rechnungslegung in Frage. Die Ansprüche auf Schadensersatz, Unterlassung und Beseitigung bestehen selbständig nebeneinander, sie können einzeln erhoben, aber auch in eine einzige Klage zusammengezogen werden. Ist nur eine dieser Klagen erhoben, so steht der Erhebung der anderen nicht die Einrede der Rechtshängigkeit, ist eine dieser Klagen entschieden, so nicht die Einrede der Rechtskraft entgegen (RG. im Bl. 0, 259). Hingegen sind die Ansprüche auf Bereicherung, Herausgabe des Erlangten und Rechnungslegung nur wahlweise zu verfolgen. Die Erhebung eines dieser Ansprüche schließt den andern aus.

Die Ansprüche auf Unterlassung und Beseitigung können außer im Wege der Klage auch durch den Antrag auf Erlaß einer einstweiligen Verfügung geltend gemacht werden (vgl. § 25).

Ein besonderes Vermögensinteresse braucht der auf Unterlassung Klagende nicht nachzuweisen, sondern nur ein vernünftiges Interesse an der Rechtsverfolgung. Die Rechtsverfolgung darf nicht schikanös sein. Wahrung berechtigter Interessen schützt den Beklagten nicht.

„Zu Zwecken des Wettbewerbs“ muß gemäß § 1 der Verstoß erfolgen, sei es für eigene geschäftliche Ziele, sei es für diejenigen anderer RGSt. 32, 27; RG. in GewRschutz 1911, 241; RG. 60, 189; RG. in MuW. 27/28, 55). Es ist gleichgültig, ob der Handelnde selbst im Wettbewerb steht oder überhaupt Gewerbetreibender ist (RG. 79, 323).

Vielmehr genügt es, daß er in den Wettbewerb zweier Wettbewerber fördernd oder hindernd eingreift. Die Absicht des Wettbewerbes genügt, ob tatsächlich Wettbewerb gemacht wird, ist belanglos (RG. in JW. 08, 477; RG. in UW. 1, 164). Auch das Streben, den Verlust eigener Kunden zu verhüten, gehört zum Wettbewerb (RG. 59, 2; 60, 190; JW. 04, 563).

Auch wenn durch Verletzung von Vertragspflichten beeinträchtigend in die geschäftlichen Verhältnisse eines andern eingegriffen und dieser an der freien Betätigung seiner Wettbewerbsinteressen gehindert wird, ist der Begriff „zu Zwecken des Wettbewerbes" erfüllt. So kann die Ermittelung syndikatwidrigen Verhaltens einzelner Mitglieder eines die Erhaltung eines gewissen Preisstandes bezweckenden Syndikats als Wettbewerbszweck in Betracht kommen (RGSt. 45, 254). Auch Verbände zur Förderung gewerblicher Interessen können zu Zwecken des Wettbewerbes handeln (RG. 79, 323). Interessenkämpfe, die dem ganzen Gewerbe dienen, gehören jedoch nicht hierher (RG. 56, 277; RG. in UW. 3, 70).

Aus allgemeinen Rechtsgrundsätzen unzulässig ist ein Wettbewerb, durch den einem bestimmten Mitbewerber dessen Gewerbeausübung unmöglich gemacht oder allzusehr erschwert wird, ihm seine Lebensführung völlig oder doch nahezu völlig abgeschnitten (RG. 51, 385; RG. in JW. 04, 293), oder gegen ihn eine willkürliche Unterdrückung und Ausbeutung (RG. 48, 114), eine unbillige Gehässigkeit (RG. in JW. 04, 293), oder ein Racheakt (RG. in JW. 09, 109) vollführt wird.

Eine Maßregel, die nur die Erschwerung des fremden Betriebes herbeiführt, kann als über das im wirtschaftlichen Kampfe erlaubte Maß hinausgehend nicht angesehen werden (RG. 56, 279; 57, 427; 60, 104; 64, 158).

Ob die Grenze erlaubten Wettbewerbes überschritten erscheint, ist auf Grund der gesamten Tatumstände zu prüfen (RG. in JW. 05, 409; RG. 51, 373; 56, 371; 58, 24).

Das Reichsgericht hat folgende allerdings nicht vollkommen umfassende Auslegung über den unlauteren Wettbewerb gegeben: „Das Begriffsmerkmal ist nur da erfüllt, wo der Handelnde in einen wirtschaftlichen Kampf mit andern eintreten will, der darauf abzielt, in einer gegen Treu und Glauben, die geschäftliche Wohlanständigkeit und Redlichkeit verstoßenden Weise den wirtschaftlichen Geschäftsbetrieb dieser andern durch Schmälerung ihres Absatzes, durch Entziehung von Kunden oder sonstige geeignete Mittel zu beeinträchtigen und unproduktiver zu machen, gerade hierdurch aber dem eigenen Geschäftsbetriebe im wirtschaftlichen Verkehrsleben eine größere Ausdehnung und gesteigerte Einträglichkeit zu verschaffen und auf diesem Wege die den andern Geschäftsinhabern entzogenen geschäftlichen Vorteile sich zuzuwenden" (RGSt. 32, 28). Vgl. auch RGSt. 58, 430; RG. in Leipziger Zeitschrift für deutsches Recht 1927, 910; RG. 60, 190; 118, 136; 118, 137. Letztere lautet: Das Merkmal des Wettbewerbszweckes ist nur da erfüllt, wo „der Schädiger in der Lage sei oder beabsichtige, entweder selbst in Förderung seiner eigenen Interessen dem Verletzten Wettbewerb zu bereiten oder den Wettbewerb eines Dritten mit dem Verletzten zum Nachteil des letzteren zu begünstigen". Siehe auch JW. 1928, 354; in MuW. 27/28, 55.

Auch Abwehrhandlungen können sich als unlauterer Wettbewerb darstellen.

Als erlaubt sind alle sachlichen Aufklärungen über das geschäftliche Verhalten von Mitbewerbern anzusehen (RG. in UW. 3, 15; 70, 115). So ist es gestattet, zur Abwehr der Folgen unlauteren Wettbewerbs die strafgerichtliche Verurteilung des Gegners wahrheitsgetreu in denjenigen Kreisen zu verbreiten, auf welche dessen unredliches Geschäftsverfahren berechnet war (Recht 03, 507).

Bei Feststellung der Sittenwidrigkeit hat der Richter den Maßstab aus dem herrschenden Volksbewußtsein zu entnehmen, dem Anstandsgefühl aller billig und gerecht Denkenden (RG. 48, 114).

Auch wer von einem ihm formell zustehenden Rechte Gebrauch macht, kann gegen § 1 UWG. verstoßen, wenn die Ausübung dieses Rechts in einer sittenwidrigen Weise vorsätzlich darauf gerichtet ist, einem andern Schaden zuzufügen (RG. 48, 119; 58, 216; 62, 137; 66, 238).

Nimmt jemand gegen Mitbewerber gerichtete illoyale Handlungen vor, welche lediglich unter dem Gesichtspunkte des Wettbewerbes verständlich, seinem Gewerbebetriebe aber gar nicht unmittelbar dienlich sind, so liegt schon darin eine Sittenwidrigkeit, z. B. durch Fortengagieren eines Angestellten, welcher dem andern schwer entbehrlich, dem betreffenden Geschäftsinhaber aber gar nicht nützlich ist.

Das Bewußtsein der Schädigung der Konkurrenz durch erfolgreiche Betätigung des eigenen Interesses ist an sich nicht sittenwidrig (RG. 71, 173), jedoch sind als nach Inhalt oder Form sittenwidrige Kundgebungen alle täuschenden oder stark gehässigen Angaben gegen die Konkurrenz anzusehen (RG. in MuW. 10, 249). Hierher gehören insbesondere solche Kundgebungen, in denen gegen Mitbewerber zwecks Schmälerung ihres Absatzes Ausdrücke angewendet werden, die sachlich unberechtigt und geeignet und darauf berechnet sind, sie in den Augen des Publikums herabzuwürdigen (RG. in MuW. 8, 248). Z. B. die zu Unrecht erfolgende Herabsetzung der Leistung von Mitbewerbern, um diesen Kundschaft zu entziehen (RG. in MuW. 4, 23), überhaupt jede Verdrängung des Mitbewerbers unter Täuschung des Publikums (RG. in MuW. 11, 196), ferner auch die öffentliche abfällige Kritik der gewerblichen Leistung eines Mitbewerbers zu Wettbewerbszwecken (RG. in JW. 05, 20; RG. 92, 111).

Als nach Inhalt oder Form nicht sittenwidrige Kundgebungen sind die Androhung der Veröffentlichung wahrer Tatsachen anzusehen, selbst wenn der Androhende bezweckt, dem Mitbewerber Kunden zu entziehen (RG. in JW. 08, 272).

Legt jemand bei einem Angebot oder Verkauf von Waren diesen wider besseres Wissen Eigenschaften bei, die sie wertvoller erscheinen lassen, so verstößt dieses Verhalten gegen die guten Sitten (HansOLG. in UW. 4, 1).

Das Abspenstigmachen der Kunden des Mitbewerbers ist ein an sich erlaubtes Ziel, jedoch müssen die angewandten Mittel einwandfrei sein.

Die Erlangung eines gewerblichen Vorteils auf Kosten des Mitbewerbers durch Täuschung der Abnehmer verstößt gegen die guten Sitten.

Unter den § 1 fallen alle diejenigen Eingriffe in die Freiheit des fremden Gewerbebetriebes, die sich als illoyal und sittenwidrig darstellen. So fällt hierunter jegliche unlautere Ausbeutung des Warenzeichenrechts. Auch die Eintragung von Defensivzeichen bildet unter Umständen eine unlautere Beschränkung fremder Gewerbebetriebe, indem das ganze Gebiet den Mitbewerbern abgesperrt wird. Zu den Defensivzeichen ist jedes Zeichen zu rechnen, das für eine Ware eingetragen wird, mit der es gar nicht in den Verkehr gebracht werden soll. Werden in einer Gesellschaft auf Täuschung berechnete Bezeichnungen aufgenommen, so ist der Anspruch auf Unterlassung aus § 1 gegeben (RG. 48, 241). Sittenwidrig ist schon die Wahl einer zu Verwechselungen mit einer bekannten Wettbewerbsfirma geeigneten Firma in der Absicht, Verwechselungen hervorzurufen (RG. in MuW. 11, 127).

Eine Irreführung wird als beabsichtigt angesehen, wenn auf dem Gebiete des gewerblichen Rechtsschutzes ein objektiv zur Irreführung des Publikums geeignetes Mittel angewendet wird (HansOLG. HGZ. 1912, 187). Insbesondere liegt in dem Bewußtsein der Nachahmung jedenfalls stets dann der unmittelbare Vorsatz der Täuschung, wenn die Nachbildung zu Zwecken des Wettbewerbes erfolgt ist und dazu bestimmt war, dem kaufenden Publikum vorgelegt zu werden (RG. in JW. 1912, 153).

Jede illoyale Ausnutzung fremder Arbeitsergebnisse verstößt gegen § 1. Das Reichsgericht hat es als sittenwidrig bezeichnet (RG. 73, 294), daß jemand die von einem anderen aufgewendete Arbeit wider dessen Willen zu Wettbewerbszwecken ausnutzt, daß also die Konkurrenz mit ihren eigenen Waffen bekämpft wird, indem der andere die von ihr unter großen Kosten hergestellte Arbeitsleistung für sich verwertet.

Auch die mißbräuchliche Benutzung anvertrauter Vorlagen, Zeichnungen, Modelle, Kataloge fällt unter § 1 UWG. oder § 826 BGB. (RG. im Recht 07, 1403), des ferneren die illoyale Anmeldung von Patenten, insbesondere die vertragswidrige Anmeldung sowie die Umgehung solcher Vertragspflicht durch Scheinanmeldung eines Dritten.

Jegliche täuschende Reklame, die zum Zweck des Wettbewerbes im geschäftlichen Verkehr unternommen wird, ist als sittenwidrig anzusehen (vgl. § 4).

Auch gewerbliche Interessenkämpfe können gegen den § 1 des UWG. verstoßen. Bezüglich der Kartelle, Ringbildungen, Monopole sei auf Seite 494 bis 508 verwiesen. Im allgemeinen kommt es bei der Frage, ob der Interessenkampf erlaubt oder unerlaubt und rechtswidrig ist, auf den damit verfolgten Zweck und auf die damit angewendeten Kampfmittel an. Ist nicht der Interessenkampf als solcher rechtswidrig, so ist nur für denjenigen Teil des Schadens einzustehen, der durch den Gebrauch verwerflicher Mittel verursacht ist (RG. 76, 47). Monopole sind an sich zulässig, soweit sie nicht dazu führen, illoyale Beschränkungen des freien Verkehrs in Fällen einzuführen, in denen das Publikum die ihm aufgedrungenen Bedingungen annehmen muß, ihm also eine anderweitige Wahrung seiner Interessen nicht ermöglicht ist, d. h., wenn der einzelne ein ihm tatsächlich zustehendes Monopol oder den Ausschluß einer Wettbewerbsmöglichkeit dazu mißbraucht, dem allgemeinen Verkehr unbillige, unverhältnismäßige Bedingungen vorzuschreiben (RG. 62, 266; RG. in UW. 3, 70; RG. in MuW. 27/28, 55).

Sittenwidrig ist jede Maßregel, die geeignet ist, dem Betroffenen seine Lebensexistenz völlig oder doch nahezu völlig abzuschneiden (RG. 51, 385), oder die eine willkürliche Unterdrückung oder Ausbeutung erstrebt (RG. 48, 114). Auch darf die Maßregel sich nicht als unbillig und gehässig darstellen (RG. in JW. 04, 293), insbesondere darf sie nicht den Charakter eines Racheaktes haben (RG. in JW. 09, 109; RG. in MuW. 26, 218; RG. 117, 21; RG. in JW. 1926, 1983; in MuW. 13, 490).

Vor allem — und das ist das entscheidende Kriterium der Zulässigkeit aller dieser Interessenkämpfe — muß ein richtiges Verhältnis bestehen zwischen dem mit dem Kampfe erstrebten Vorteil und dem angewendeten Druckmittel bzw. zugefügten Nachteile (RG. 66, 379; 76, 35; RG. in JW. 08, 39; 09, 109; RG. in JW. 1928, 2648).

Bezüglich des Boykotts, des Streiks und der Aussperrung sei auf S. 493 verwiesen.

§ 2. Unter Waren im Sinne dieses Gesetzes sind auch landwirtschaftliche Erzeugnisse, unter gewerblichen Leistungen und Interessen auch landwirtschaftliche zu verstehen.

§ 3. Wer in öffentlichen Bekanntmachungen oder Mitteilungen, die für einen größeren Kreis von Personen bestimmt sind, über geschäftliche Verhältnisse, insbesondere über die Beschaffenheit, den Ursprung, die Herstellungsart oder die Preisbemessung von Waren oder gewerblichen Leistungen, über die Art des Bezugs oder die Bezugsquelle von Waren, über den Besitz von Auszeichnungen, über den Anlaß oder den Zweck des Verkaufs oder über die Menge der Vorräte unrichtige Angaben macht, die geeignet sind, den Anschein eines besonders günstigen Angebots hervorzurufen, kann auf Unterlassung der unrichtigen Angaben in Anspruch genommen werden.

An sich ist, wie jeder Wettbewerb, auch jede Reklame zulässig, mag sie noch so marktschreierisch und für den Mitbewerber schädlich sein. Für die Feststellung der Unrichtigkeit der Reklame ist die Auffassung desjenigen Publikums maßgebend, an das sie sich wendet.

Wenn Angestellte oder Beauftragte die unrichtige Reklame veranlaßt haben, so ist der Unterlassungsanspruch auch gegen den Inhaber des Betriebes begründet, mag dieser auch keine Kenntnis davon gehabt haben (vgl. § 13). An Mitteilungen kommen in Betracht: Prospekte, Rundschreiben, Preislisten, Empfehlungen, Fakturen, Briefbogen, überhaupt alle geschäftlichen Mitteilungen, die einem größeren Personenkreise zugängig gemacht werden.

Objektive Unrichtigkeit der Angaben genügt für eine Abwehrklage. Für die Feststellung der Unrichtigkeit der Angaben ist die Beurteilung der Wirkung maßgebend, welche die Ankündigung auf denjenigen Käuferkreis ausübt, an den sie sich wendet.

Die Verbreitung eines Prospektes, welcher Abbildungen von Maschinen enthält, ohne daß die die Liste herausgebende Firma solche Maschinen schon selbst hergestellt hat, ist als unrichtige Angabe anzusehen, wenn nicht in der Liste ausdrücklich gesagt wird, derartige Maschinen seien bisher noch nicht angefertigt worden. Die Verkehrsauffassung geht dahin, daß der als Lieferer bezeichnete Unternehmer Gegenstände der in seiner Liste abgebildeten Art schon hergestellt habe. In einer solchen unrichtigen Angabe liegt auch der Anschein eines besonders günstigen Angebots; denn sie berechtigt das Publikum zu der Annahme, daß die Lieferantin durch die von ihr mittelbar behauptete Herstellung von Maschinen der abgebildeten Art Erfahrung in deren sachgemäßer Einrichtung gesammelt habe; hierdurch stellt sich das in der Liste zum Abdruck kommende

Angebot günstiger dar, als es infolge der noch nicht erfolgten Herstellung und des daher vorliegenden Mangels an Erfahrung in Wirklichkeit ist (OLG. Dresden in GewRschutz 1912, 73 unter Bezugnahme auf RG. 66, 176; RG. in JW. 1927, 1577).

§ 4. Wer in der Absicht, den Anschein eines besonders günstigen Angebots hervorzurufen, in öffentlichen Bekanntmachungen oder in Mitteilungen, die für einen größeren Kreis von Personen bestimmt sind, über geschäftliche Verhältnisse, insbesondere über die Beschaffenheit, den Ursprung, die Herstellungsart oder die Preisbemessung von Waren oder gewerblichen Leistungen, über die Art des Bezugs oder die Bezugsquelle von Waren, über den Besitz von Auszeichnungen, über den Anlaß oder den Zweck des Verkaufs oder über die Menge der Vorräte wissentlich unwahre und zur Irreführung geeignete Angaben macht, wird mit Gefängnis bis zu einem Jahre und mit Geldstrafe bis zu 5000 RM. oder mit einer dieser Strafen bestraft.

Werden die im Abs. 1 bezeichneten unrichtigen Angaben in einem geschäftlichen Betriebe von einem Angestellten oder Beauftragten gemacht, so ist der Inhaber oder Leiter des Betriebes neben dem Angestellten oder Beauftragten strafbar, wenn die Handlung mit seinem Wissen geschah.

Während der § 3 sich auf unrichtige Reklame bezog, handelt der § 4 von der täuschenden Reklame. Voraussetzung für die strafrechtliche Verfolgung bei täuschender, d. h. unwahrer oder unlauterer Reklame ist:

1. daß es sich um wissentlich unwahre Angaben handelt;
2. daß die Angaben nicht nur objektiv geeignet sind, eine Irreführung herbeizuführen, sondern auch, daß sie wissentlich so aufgestellt worden sind;
3. daß die Absicht des Täters darauf gerichtet war, den Anschein eines besonders günstigen Angebots hervorzurufen.

Zum Tatbestande des § 4 gehört es nicht, daß der Erfolg eingetreten sein muß. Erforderlich ist, daß die Angaben objektiv unrichtig sind; subjektiv wird das Bewußtsein der Unrichtigkeit verlangt (RGSt. 33, 299). Auch der täuschende Gebrauch von Bezeichnungen fällt unter § 4.

§ 5. Die Verwendung von Namen, die im geschäftlichen Verkehre zur Benennung gewisser Waren oder gewerblicher Leistungen dienen, ohne deren Herkunft bezeichnen zu sollen, fällt nicht unter die Vorschriften der §§ 3 und 4.

Im Sinne der Vorschriften der §§ 3 und 4 sind den dort bezeichneten Angaben bildliche Darstellungen und sonstige Veranstaltungen gleichzuachten, die darauf berechnet und geeignet sind, solche Angaben zu ersetzen.

Die §§ 6—11 beziehen sich auf: Konkurswarenankündigung, Ankündigung eines Ausverkaufs, Vor- und Nachschieben von Waren hierbei, Begriff des Ausverkaufs, Saison- und Inventurausverkaufs-Strafbestimmungen und auf Warenmengen- und Herkunftsverschleierung. Interessenten seien auf das Werk von Callmann[1] verwiesen.

§ 12. Mit **Gefängnis** bis zu einem Jahre und mit **Geldstrafe** oder mit einer dieser Strafen wird, soweit nicht nach anderen Bestimmungen eine schwerere Strafe verwirkt wird, bestraft, wer im geschäftlichen Verkehr zu **Zwecken des Wettbewerbes** dem Angestellten oder Beauftragten eines geschäftlichen Betriebs **Geschenke oder andere Vorteile anbietet, verspricht oder gewährt,** um durch unlauteres Verhalten des Angestellten oder Beauftragten bei dem Bezuge von Waren oder gewerblichen Leistungen eine Bevorzugung für sich oder einen Dritten zu erlangen.

---

[1] Der unlautere Wettbewerb, Kommentar, 1929. Mannheim, Berlin, Leipzig: Verlag J. Bensheimer.

Die gleiche Strafe trifft den Angestellten oder Beauftragten eines geschäftlichen Betriebs, der im geschäftlichen Verkehre Geschenke oder andere Vorteile fordert, sich versprechen läßt oder annimmt, damit er durch unlauteres Verhalten einem anderen bei dem Bezuge von Waren oder gewerblichen Leistungen im Wettbewerb eine Bevorzugung verschaffe.

Im Urteil ist zu erklären, daß das Empfangene oder sein Wert dem Staate verfallen sei.

Die Strafbestimmungen dieses § 12 finden nur Anwendung, soweit nicht nach anderen Bestimmungen eine schwerere Strafe verwirkt wird. In Frage kommen namentlich die §§ 263 und 266 des StGB. über Betrug und Untreue.

Unter „Anbieten" ist jede dem zu Bestechenden erkennbar gemachte Willensgeneigtheit zu verstehen, Geschenke oder andere Vorteile zu gewähren (RGSt. 39, 171). Die Form des Anbietens ist bedeutungslos. Der angebotene Gegenstand braucht nicht genau bezeichnet zu werden (RG. 23, 141). Ein strafbares Anbieten liegt erst vor, wenn es mit Willen des Täters zur Kenntnis des Angestellten gelangt ist. Ob der Angestellte die Kenntnis richtig versteht, ist belanglos.

Auch beim „Versprechen" und beim „Gewähren" kommt es nicht auf die Form an. Jede formlose Zusage ist: „Versprechen" (RGSt. 10, 3; 32, 268). Ob das Versprechen eingelöst wird oder werden sollte, ist ohne Belang (RGSt. 15, 359).

Unter „andern Vorteilen" sind alle Zuwendungen zu verstehen, welche den Charakter eines Entgelts für die Vornahme der vom Geber gewünschten Handlung tragen (RGSt. 19, 19). In einem Vermögensvorteil brauchen sie nicht zu bestehen (RGSt. 9, 166; 23, 141). Es ist auch gleichgültig, ob die Vorteile von dem in Aussicht genommenen Empfänger als solche erkannt werden (RGSt. 23, 141). Eine Leistung, für die eine Verpflichtung besteht, kann sich als Vorteil darstellen, wenn sie in einer Art oder zu einer Zeit angeboten wird, wie oder zu der sie nicht zu verlangen ist. Die Geschenke oder Vorteile brauchen dem Bestochenen nicht unmittelbar zugute zu kommen, sondern z. B. Verwandten, Freunden oder dgl. Werden die Geschenke oder Zuwendungen von Bestechenden solchen Dritten zugewendet, so muß dies zur Strafbarkeit mit Kenntnis des Dritten geschehen (RGSt. 1, 104; 13, 396).

Besticht jemand den Angestellten eines Mitbewerbers, damit er veranlasse, daß Kunden seines Geschäfts fortan vom Bestechenden beziehen, so verstößt dies ebenfalls gegen § 12.

Der Bezug beschränkt sich nicht nur auf die Bestellung, sondern umfaßt auch die Lieferung, Prüfung, Abnahme, Bezahlung des Gelieferten (RG. in JW. 1921, 338). Hierher gehört auch die Benachrichtigung über Angebote der Mitbewerber zwecks möglicher Unterbietung derselben (MuW. 944).

Bevorzugung ist jede Begünstigung, sei es bei Aufgabe der Bestellung, sei es bei Lieferung, Entgegennahme, Prüfung, Beanstandung, Bezahlung u. dgl. Hierbei ist es gleichgültig, ob der Täter die Bevorzugung für sich selbst erstrebt oder für einen Dritten, in dessen Interesse er handelt. Bei Bevorzugungen für einen Dritten braucht dieser keine Kenntnis zu haben (RG. i. MuW. 11, 151; RGSt. 42, 382; 48, 296; LG. III Berlin in JW. 1918, 2107).

Voraussetzung für den Verstoß gegen den § 12 ist die Absicht des Täters, durch unlauteres Verhalten des Angestellten oder Beauftragten bei dem Bezuge von Waren oder gewerblichen Leistungen eine Bevorzugung für sich oder einen Dritten zu erlangen. Der Täter muß sich bewußt sein, daß das von ihm erstrebte Verhalten des Angestellten unlauter ist, und daß es sich um einen geschäftlichen Betrieb handelt, für den der Angestellte tätig ist (RGSt. 23, 374 zu § 333 StGB.; RGSt. 58, 429; RG. in JW. 1925, 487).

Unlauter ist das Verhalten eines Angestellten oder Beauftragten stets dann, wenn er durch die Bestechungsmittel beeinflußt und nicht aus rein sachlichen Gründen die Waren oder gewerblichen Leistungen des Täters gegenüber denjenigen des Mitbewerbers bevorzugt.

Bei dem „Annehmen" kommt es auf die Art der Annahme nicht an. Auch ein völlig passives Verhalten, ein Nicht-Zurückweisen der gewährten Schmiergelder ist ausreichend.

Die Strafe ist für den Bestochenen die gleiche, wie für den Bestechenden.

Ein Anspruch auf Herausgabe der empfangenen Schmiergelder hat der Geschäftsinhaber gegen den Angestellten nicht.

§ 13. In den Fällen der §§ 1, 3 kann der Anspruch auf Unterlassung von jedem Gewerbetreibenden, der Waren oder Leistungen gleicher oder verwandter Art herstellt, oder in den geschäftlichen Verkehr bringt, oder von Verbänden zur Förderung gewerblicher Interessen geltend gemacht werden, soweit die Verbände als solche in bürgerlichen Rechtsstreitigkeiten klagen können. Auch können diese Gewerbetreibenden und Verbände denjenigen, welcher den §§ 6, 8, 10, 11, 12 zuwiderhandelt, auf Unterlassung in Anspruch nehmen.

Zum Ersatze des durch die Zuwiderhandlung entstehenden Schadens ist verpflichtet:

1. wer im Falle des § 3 die Unrichtigkeit der von ihm gemachten Angaben kannte oder kennen mußte. Gegen Redakteure, Verleger, Drucker oder Verbreiter von periodischen Druckschriften kann der Anspruch auf Schadensersatz nur geltend gemacht werden, wenn sie die Unrichtigkeit der Angaben kannten;
2. wer gegen die §§ 6, 8, 10, 11, 12 vorsätzlich oder fahrlässig verstößt.

Werden in einem geschäftlichen Betrieb Handlungen, die nach §§ 1, 3, 6, 8, 10, 11, 12 unzulässig sind, von einem Angestellten oder Beauftragten vorgenommen, so ist der Unterlassungsanspruch auch gegen den Inhaber des Betriebs begründet.

Unter Verbänden zur Förderung gewerblicher Interessen, welche in bürgerlichen Rechtsstreitigkeiten als solche klagen können, sind gemäß § 50 ZPO. diejenigen Verbände zu verstehen, die aktive Parteifähigkeit besitzen, also rechtsfähig sind. Die Rechtsfähigkeit wird erlangt gemäß §§ 21, 22 BGB. Diese lauten:

§ 21 BGB. Ein Verein, dessen Zweck nicht auf einen wirtschaftlichen Geschäftsbetrieb gerichtet ist, erlangt Rechtsfähigkeit durch Eintragung in das Vereinsregister des zuständigen Amtsgerichts.

§ 22 BGB. Ein Verein, dessen Zweck auf einen wirtschaftlichen Geschäftsbetrieb gerichtet ist, erlangt in Ermangelung besonderer reichsgesetzlicher Vorschriften Rechtsfähigkeit durch staatliche Verleihung. Die Verleihung steht dem Bundesrate zu, in dessen Gebiete der Verein seinen Sitz hat.

Gegen alle den § 1 verletzenden Handlungen ist die Klageberechtigung der Verbände gegeben. Wenn Verbände im Sinne des § 13 gegeneinander oder gegen Dritte unlauteren Wettbewerb treiben, so können sie nach den allgemeinen Regeln belangt werden (RG. 79, 321). Klageberechtigt sind die Verbände insoweit, als sie die Sicherung und Förderung derjenigen Zwecke erstreben, deren Erreichung sie sich zur verfassungsmäßigen Aufgabe gesetzt haben.

Für die Schadensersatzverpflichtung aus § 3 genügt es, gemäß § 13, daß der Handelnde die Unrichtigkeit der von ihm gemachten Angaben kannte oder kennen mußte. Die Sorgfalt, die hätte angewendet werden müssen, ist im Einzelfalle festzustellen. Leichte Fahrlässigkeit genügt. Nach zugestellter Unterlassungsklage wird der Beklagte, wenn er die unrichtigen Angaben weiter behauptet oder verbreitet, stets fahrlässig handeln, soweit der Wortlaut der Klage ihn aufzuklären geeignet ist.

Eine Reihe industrieller Unternehmungen geben regelmäßig Zeitungen, Druckschriften, Mitteilungen über ihre Erzeugnisse an ihre Kundschaft. Auch für diese Zeitschriften trifft das bezüglich der unrichtigen und falschen Reklame Gesagte in vollem Umfange zu. Des weiteren kommt aber auch noch das Reichs-Preßgesetz in Frage. Der § 11 des Preßgesetzes regelt die Verantwortlichkeit bei periodisch erscheinenden Druckschriften.

Als periodische Druckschriften gelten gemäß § 7 des Preßgesetzes Zeitungen und Zeitschriften, die in monatlichen oder kürzeren, wenn auch unregelmäßigen Fristen, erscheinen. Liegt eine periodische Druckschrift hiernach nicht vor, wie z. B. bei Katalogen, dann tritt die Haftung nach allgemeinen Grundsätzen ein.

Als der Redakteur der periodischen Zeitschrift gilt derjenige, der über das Zustandekommen des Inhalts der Druckschrift zu verfügen hat, also insoweit verantwortlich ist. Verleger ist derjenige, dem die Herstellung der Druckschrift vertragsmäßig überlassen worden ist. Drucker ist derjenige, welcher im Einzelfalle den Druck der Veröffentlichung besorgt. Regelmäßig kommt der Inhaber der Druckerei in Betracht. Verbreiter ist derjenige, welcher die Druckschrift einem größeren Kreise von Personen zugängig macht. Die Berichtigung der Angaben kann gemäß § 11 des Preßgesetzes vom verantwortlichen Redakteur verlangt werden. Auf jeder periodischen Druckschrift ist der verantwortliche Redakteur anzugeben.

Der § 11 lautet:

§ 11. Der verantwortliche Redakteur einer periodischen Druckschrift ist verpflichtet, eine Berichtigung der in letzterer mitgeteilten Tatsachen auf Verlangen einer beteiligten öffentlichen Behörde oder Privatperson ohne Einschaltungen oder Weglassungen aufzunehmen, sofern die Berichtigung von dem Einsender unterzeichnet ist, keinen strafbaren Inhalt hat und sich auf tatsächliche Angaben beschränkt.

Der Abdruck muß in der nach Empfang der Einsendung nächstfolgenden, für den Druck nicht bereits abgeschlossenen Nummer, und zwar in demselben Teile der Druckschrift und mit derselben Schrift geschehen, wie der Abdruck des zu berichtigenden Artikels.

Die Aufnahme erfolgt kostenfrei, soweit nicht die Entgegnung den Raum der zu berichtigenden Mitteilung überschreitet; für die über dieses Maß hinausgehenden Zeilen sind die üblichen Einrückungsgebühren zu entrichten.

Die Berichtigung kann auch bezüglich solcher Angaben verlangt werden, die im Inseratenteil einer Zeitung gestanden haben.

Der § 19 des Preßgesetzes gibt dann noch an, daß bestimmte Verstöße gegen das Preßgesetz bis zu 150 RM. oder mit Haft bestraft werden. (Vgl. S. 379.)

Aus dem § 13 UWG. geht hervor, daß die Unterlassungsklage gegen den Inhaber des Betriebes erfolgen kann, wenn von einem Angestellten oder Beauftragten Verstöße gegen das UWG. vorgenommen worden sind.

Wiederholungsgefahr muß auch hier bestehen.

Die Kosten hat in solchem Falle trotz der zweifellos vorhandenen Härte der Inhaber des Betriebes zu tragen auch dann, wenn er nach allgemeinen Grundsätzen nicht haftbar für das Tun seiner Angestellten sein würde, und wenn er den Klageanspruch unter Behinderung der Möglichkeit weiterer Verstöße anerkennt.

§ 14. Wer zu Zwecken des Wettbewerbs über das Erwerbsgeschäft eines andern, über die Person des Inhabers oder Leiters des Geschäfts, über die Waren oder gewerblichen Leistungen eines andern Tatsachen behauptet oder verbreitet, die geeignet sind, den Betrieb des Geschäfts oder den Kredit des Inhabers zu schädigen, ist, sofern die Tatsachen nicht erweislich wahr sind, dem Verletzten zum Ersatze des entstandenen Schadens verpflichtet. Der Verletzte kann auch den Anspruch geltend machen, daß die Behauptung oder Verbreitung der Tatsachen unterbleibe.

Handelt es sich um vertrauliche Mitteilungen und hat der Mitteilende oder der Empfänger der Mitteilung an ihr ein berechtigtes Interesse, so ist der Anspruch auf Unterlassung nur zulässig, wenn die Tatsachen der Wahrheit zuwider behauptet oder verbreitet sind. Der Anspruch auf Schadensersatz kann nur geltend gemacht werden, wenn der Mitteilende die Unrichtigkeit der Tatsachen kannte oder kennen mußte.

Die Vorschrift des § 13 Abs. 3 findet entsprechende Anwendung.

Der vorliegende Paragraph bezieht sich auch auf Handlungen, denen keinerlei Verschulden zugrunde liegt, und die sich nicht einmal aus irgendwie unlauterer Gesinnung herleiten. Er geht also über den eigentlichen Rahmen des Wettbewerbgesetzes weit hinaus. Mag derjenige, der die betriebstörende Tatsache behauptet hat, noch so gutgläubig gewesen sein, mag er mit gutem Grunde die Wahrheit der Behauptung als feststehend angesehen haben (RG. im Recht 03, 557), mag er noch so sehr das bloße gerüchtweise Lautwerden der von ihm verbreiteten Tatsache betont haben (RG. in UW. 1, 31; 1, 46), mag selbst eine Verwechselung der Person des durch die Äußerung getroffenen Gewerbetreibenden vorliegen (RGSt. 9, 150; 29, 45), so berührt dies alles die unbeschränkte Haftung in keiner Weise (RG. in JW. 01, 809). Selbst Wahrung berechtigter Interessen schützt nicht, es sei denn, daß die behauptete Tatsache sich als eine vertrauliche Mitteilung im Sinne des obigen Absatzes 2 darstellt.

Auch in einer vertraulichen Mitteilung an einen Einzelnen kann eine Verbreitung liegen (OLG. Rspr. 14, 422; HGZ. 09, Nr. 69). Es ist hierbei gleichgültig, ob dem Empfänger der Mitteilung die Tatsache bereits bekannt war (RG. im Recht 06, Nr. 31. 74). Weder die Form noch die Art der Aufstellung oder Weitergabe der Tatsache ist von Bedeutung.

Die Behauptung einer Patent-, Warenzeichen-, Gebrauchsmusterverletzung wird als die Behauptung einer Tatsache angesehen. Voraussetzung ist nur, daß eine objektive Nachprüfung möglich ist (RG. 58, 209; JW. 01, 658; RG. in UW. 1, 30; J. W. 1921, 1531).

Die Beweislast für die Wahrheit der Tatsache liegt dem Beklagten ob, während der Kläger die Behauptung oder Verbreitung der Tatsache und die Gefährdung seines Geschäftsbetriebes sowie die Unwahrheit der Tatsache beweisen muß (RG. in UW. 1, 60; RG. 61, 366; 65, 310; RG. in MuW. 27/28, 536).

Die Schädigung des Kredits des Inhabers steht der Schädigung des Geschäftsbetriebes gleich. Kredit ist das öffentliche Vertrauen in die Zahlungsfähigkeit einer Person oder Gesellschaft (RG. i. MuW. 15, 85).

Für die Feststellung eines berechtigten Interesses ist die verständige Betrachtung des Einzelfalles in allen seinen Beziehungen zugrunde zu legen. Maßgebend ist die aus den Umständen des Falles sich ergebende Billigkeit (RGSt.

26, 76). Unter Umständen genügt es, daß die Interessen des Beklagten nur mittelbar berührt werden (RGSt. 30, 41). Auch bei Wahrnehmung fremder Interessen kommt die berechtigte Interessenwahrung in Betracht. Für wissentlich falsche Angaben kann kein berechtigtes Interesse geltend gemacht werden (RG. 50, 109; RG. in JW. 01, 438; RG. in JW. 1926, 564). Für die Schadensersatzklage genügt der Einwand des berechtigten Interesses und der vertraulichen Mitteilung nicht, wenn der Mitteilende die Unrichtigkeit der Tatsachen kannte oder kennen mußte.

§ 15. Wer wider besseres Wissen über das Erwerbsgeschäft eines andern, über die Person des Inhabers oder Leiters des Geschäfts, über die Waren oder gewerblichen Leistungen eines andern Tatsachen der Wahrheit zuwider behauptet oder verbreitet, die geeignet sind, den Betrieb des Geschäfts zu schädigen, wird mit Gefängnis bis zu einem Jahre und mit Geldstrafe bis zu 5000 RM. oder mit einer dieser Strafen bestraft.

Werden die im Abs. 1 bezeichneten Tatsachen in einem geschäftlichen Betriebe von einem Angestellten oder Beauftragten behauptet oder verbreitet, so ist der Inhaber des Betriebs neben dem Angestellten oder Beauftragten strafbar, wenn die Handlung mit seinem Wissen geschah.

Der Täter muß, um wider besseres Wissen zu handeln, von der Unwahrheit seiner Behauptung überzeugt sein. Wider besseres Wissen handelt schon derjenige, welcher etwas als bestimmt behauptet im Bewußtsein, daß er nur unbestimmte Kenntnis davon hat (RG. im Recht 05, 44). Der Vorsatz der wider besseres Wissen vorgenommenen Behauptung oder Verbreitung muß dem Angeklagten zugleich mit der Unwahrheit der Behauptung nachgewiesen werden. Täter ist nur derjenige, der selbst die betriebsgefährdende Behauptung aufstellt. Geschieht dies in Gegenwart und im Interesse eines andern,, ohne daß der Interessierte sofort widerruft, dann macht er sich der Beihilfe schuldig. Der Täter muß sich bewußt sein, daß seine Behauptungen geeignet sind, den Geschäftsbetrieb des Betroffenen zu gefährden. Die Behauptung braucht nicht zu Zwecken des Wettbewerbs erfolgt zu sein, auch der Grund der Behauptung ist ohne Bedeutung (RGSt. 31, 87). Die Behauptung oder Verbreitung braucht auch nicht im geschäftlichen Verkehr geschehen zu sein (RGSt. 31, 65). Daß eine Schädigung der wirtschaftlichen Existenz des Betroffenen eingetreten oder beabsichtigt ist, bildet keine Voraussetzung der Strafbarkeit (RGSt. 31, 64; 44, 160; GewRschutz 98, 157). Der Eintritt des Schadens wird jedoch auf das Strafmaß von Einfluß sein. Der § 15 des UWG. ergänzt den § 187 StGB., in welchem die Kreditgefährdung behandelt wird. Fällt eine Tat unter beide Gesetzesbestimmungen, so kann auf Geld- und Freiheitsstrafe erkannt werden. Der § 187 StGB. lautet:

Wer wieder besseres Wissen in Beziehung auf einen anderen eine unwahre Tatsache behauptet oder verbreitet, welche denselben verächtlich zu machen oder in der öffentlichen Meinung herabzuwürdigen oder dessen Kredit zu gefährden geeignet ist, wird wegen verleumderischer Beleidigung mit Gefängnis bis zu 2 Jahren und, wenn die Verleumdung öffentlich oder durch Verbreitung von Schriften, Abbildungen oder Darstellungen begangen ist, mit Gefängnis nicht unter 1 Monat bestraft.

Sind mildernde Umstände vorhanden, so kann die Strafe bis auf 1 Tag Gefängnis ermäßigt oder auf Geldstrafe bis zu 900 RM. erkannt werden.

Der Geschäftsinhaber wird neben dem Angestellten oder Beauftragten wie ein Mittäter bestraft, wenn die strafbare Handlung in seinem geschäftlichen Betriebe mit seinem Wissen begangen worden ist. Hat der Geschäftsinhaber zwar von der strafbaren Handlung seiner Angestellten oder Beauftragten gewußt, war es ihm aber unmöglich, sie zu verhindern, so entfällt jede strafrechtliche Verantwortlichkeit. Dagegen genügt es, wenn der Geschäftsinhaber, der von der Straftat seines Angestellten Kenntnis hat, dieselbe nur aus Fahrlässigkeit nicht verhindert. Der Inhaber ist also bereits bei Fahrlässigkeit strafbar, während die Strafbarkeit der Angestellten oder Beauftragten Vorsatz zur Voraussetzung hat. Die Strafverfolgung tritt nur auf Strafantrag ein.

Als zivilrechtliche Folgen ergeben sich: Schadenersatz-, Unterlassungs- und Beseitigungsanspruch.

§ 16. Wer im geschäftlichen Verkehr einen Namen, eine Firma oder die besondere Bezeichnung eines Erwerbsgeschäftes, eines gewerblichen Unternehmens oder einer Druckschrift in einer Weise benutzt, welche geeignet ist, Verwechselungen mit dem Namen, der Firma oder der besonderen Bezeichnung hervorzurufen, deren sich ein anderer befugter Weise bedient, kann von diesem auf Unterlassung der Benutzung in Anspruch genommen werden.

Der Benutzende ist dem Verletzten zum Ersatze des Schadens verpflichtet, wenn er wußte oder wissen mußte, daß die mißbräuchliche Art der Benutzung geeignet war, Verwechselungen hervorzurufen.

Der besonderen Bezeichnung eines Erwerbsgeschäftes stehen solche Geschäftsabzeichen und sonstige zur Unterscheidung des Geschäfts von andern Geschäften bestimmten Einrichtungen gleich, welche innerhalb beteiligter Verkehrskreise als Kennzeichen des Erwerbsgeschäfts gelten. Auf den Schutz von Warenzeichen und Ausstattungen (§§ 1, 15 des Gesetzes zum Schutze der Warenbezeichnungen vom 12. Mai 1894, RGBl. S. 441) finden diese Vorschriften keine Anwendung.

Die Vorschrift des § 13 Abs. 3 findet entsprechende Anwendung.

Für die Schadensersatzklage genügt Vorsatz oder Fahrlässigkeit. Die Voraussetzung für obigen Paragraphen ist, daß beim Zusammenstoß mehrerer Unterscheidungszeichen derjenige Gewerbetreibende, dessen Interessen später auftreten, verpflichtet ist, seine Unterscheidungszeichen von denen des andern in einer die Verwechselungsgefahr ausschließenden Weise abzugrenzen (RG. 77, 29). Die Frage der Verwechslungsfähigkeit der Schutzgegenstände ist für die Anwendung des § 16 entscheidend. Unter Umständen ist ein Mindestmaß der Unterscheidung als ausreichend anzusehen, insbesondere bei der befugten Benutzung des eigenen Namens. Die Feststellung der Verwechselungsfähigkeit muß dahin erfolgen, daß die im Einzelfalle vorliegende Art der Benutzung geeignet ist, Verwechselungen hervorzurufen. Hierbei ist es belanglos, ob bereits Verwechselungen vorgekommen sind. Die Verwechselungsgefahr ist regelmäßig von dem Standpunkt der Abnehmer zu beurteilen (RG. in JW. 98, 250 Nr. 7). Die räumliche Nähe der beiden Geschäftsbetriebe und die Gleichartigkeit der geführten Waren ist zu berücksichtigen (RG. in MuW. 8, 295). Trotz hinreichender Unterscheidungsmerkmale kann sich je nach Sachlage die Verwechselungsfähigkeit aus der besonderen Art der Benutzung ergeben (RG. in MuW. 9, 162; RG. in JW. 98, 83 Nr. 53).

Der § 16 soll besondere Erscheinungsformen des unlauteren Wettbewerbs treffen; er berührt die Bestimmungen der übrigen Gesetze zum Schutze des Namens, der Firma, der Warenbezeichnungen und Warenausstattungen nicht.

Als Benutzung im Sinne des § 16 gilt jede Art des Gebrauchs, sei es im eigenen, sei es in fremdem Interesse (RG. 55, 123). Benutzung ist insbesondere die Führung von Bezeichnungen in Warenzeichen (RG. 48, 241), die Aufschrift auf Empfehlungskarten und Preislisten (RG. 29, 61; 36, 14), die Benutzung als Telegrammadresse (RG. in JW. 99, 311 Nr. 27).

Die Ansprüche auf Unterlassung, Beseitigung und Schadensersatz bestehen selbständig nebeneinander, sie können einzeln erhoben und auch in derselben Klage verbunden werden; ist eine dieser Klagen erhoben, so steht der Erhebung der andern nicht die Einrede der Rechtshängigkeit, ist eine dieser Klagen entschieden, so nicht die Einrede der Rechtskraft entgegen (RG. in Bl. 01, 259). Die Ansprüche auf Bereicherung, Herausgabe des Erlangten und Rechnungslegung können nur wahlweise verfolgt werden.

Den Namenschutz gewährt bereits § 12 BGB. Derselbe lautet:

Wird das Recht zum Gebrauche eines Namens dem Berechtigten von einem andern bestritten, oder wird das Interesse des Berechtigten dadurch verletzt, daß ein anderer unbefugt den gleichen Namen gebraucht, so kann der Berechtigte von dem anderen Beseitigung der Beeinträchtigung verlangen. Sind weitere Beeinträchtigungen zu besorgen, so kann er auf Unterlassung klagen.

Das UWG. bringt im § 16 eine Erweiterung des Schutzes des Namens, indem er auch eine an sich befugte Benutzung des Namens oder der Firma trifft, wenn sie geeignet ist, Verwechselungen mit andern Bezeichnungsmitteln hervorzurufen, deren sich ein anderer befugter Weise bedient. Die mit juristischer Persönlichkeit ausgestatteten Handelsgesellschaften, die Aktiengesellschaften, die Gesellschaften mit beschränkter Haftung, die Kommanditgesellschaften auf Aktien, die Erwerbs- und Wirtschaftgenossenschaften genießen nicht den Schutz des § 12 BGB., sondern unterstehen dem Firmenrecht.

Maßgebend, ob eine freie Bezeichnung angenommen werden kann, ist die Auffassung des Publikums (RG. in JW. 08, 737. Vgl. auch: RG. 117, 215 und RG. in JW. 1927, 653).

Von der Firma ist zu unterscheiden der Etablissementsname. Dieser genießt keinen Firmenschutz, sondern wird als besondere Bezeichnung eines Erwerbsgeschäftes nach § 16 UWG. geschützt. Die Geschäftsbezeichnung ist an dasjenige Geschäft gebunden, dem sie als Kennzeichen dient.

Für die Bezeichnung einer Firma und den Schutz einer solchen Bezeichnung kommt noch § 37 HGB. in Betracht.

Wer eine nach den Vorschriften über die „Handelsfirma" ihm nicht zustehende Firma gebraucht, ist von dem Registergericht zur Unterlassung des Gebrauchs der Firma durch Ordnungsstrafen anzuhalten. Die Höhe der Strafen bestimmt sich nach § 14 Satz 2.

Wer in seinen Rechten dadurch verletzt wird, daß ein anderer eine Firma unbefugt gebraucht, kann von diesem die Unterlassung des Gebrauchs der Firma verlangen. Ein nach sonstigen Vorschriften begründeter Anspruch auf Schadensersatz bleibt unberührt.

Auch § 18 Abs. 2 HGB. ist noch heranzuziehen:

Der Firma darf kein Zusatz beigefügt werden, der ein Gesellschaftsverhältnis andeutet oder sonst geeignet ist, eine Täuschung über die Art oder den Umfang des Geschäfts oder die Verhältnisse des Geschäftsinhabers herbeizuführen. Zusätze, die zur Unterscheidung der Person oder des Geschäfts dienen, sind gestattet.

Mit der Klage aus § 37 Abs. 2 HGB. kann erwirkt werden:

1. die Unterlassung des ferneren Gebrauchs der Firma;
2. die Löschung der Firma.

Auch aus dem WZG. ist noch der Firmenschutz herzuleiten. Es sei hier auf die §§ 14 und 20 sowie auf den § 13 des WZG. verwiesen. Dadurch, daß jemand Bestandteile seiner Firma zur Bildung eines Warenzeichens benutzt, hören sie nicht auf, Firma zu sein. Deshalb enthält der Gebrauch des Warenzeichens insoweit zugleich den der Firma (RG. 48, 233; RG. in MuW. Band 11, 84). Auch beim Gebrauch einer Firma in abgekürzter Gestalt, etwa durch Verwendung eines Schlagwortes, genügt die Heranziehung des § 16, wenn darin ein Kennzeichen der Firma im Verkehr gefunden wird. (RG. in MuW. 8, 297 und RG. im GewRschutz 1911, 176; RG. in JW. 1926, 566).

Das Verhältnis des § 37 HGB. zu § 16 UWG. ist folgendes: Der Mißbrauchende kann nach dem Firmenrecht zum Gebrauch einer Firma befugt sein, weil sie den Vorschriften des HBG. entsprechend für ihn eingetragen ist; und doch kann der Gebrauch, weil die weitergehenden Voraussetzungen des § 16 UWG. vorliegen, gegen die Rechte eines anderen Gewerbetreibenden verstoßen.

§ 17. Mit Gefängnis bis zu 1 Jahre und mit Geldstrafe oder mit einer dieser Strafen wird bestraft, wer als Angestellter, Arbeiter oder Lehrling eines Geschäftsbetriebes Geschäfts- oder Betriebsgeheimnisse, die ihm vermöge des Dienstverhältnisses anvertraut oder sonst zugänglich geworden sind, während der Geltungsdauer des Dienstverhältnisses unbefugt an andere zu Zwecken des Wettbewerbes oder in der Absicht, dem Inhaber des Geschäftsbetriebes Schaden zuzufügen, mitteilt.

Gleiche Strafe trifft denjenigen, welcher Geschäfts- oder Betriebsgeheimnisse, deren Kenntnis er durch eine der im Abs. 1 bezeichneten Mitteilungen oder durch eine gegen das Gesetz oder die guten Sitten verstoßende eigene Handlung erlangt hat, zu Zwecken des Wettbewerbs unbefugt verwertet oder an andere mitteilt.

Den Geheimnisverrat durch Angestellte eines Gewerbebetriebes betrachtet das Gesetz vornehmlich unter dem Gesichtspunkte des Vertrauensbruchs und des unlauteren Eigennutzes. Der Schutz gilt der Persönlichkeit des Geheimhaltenden in seinem Willen auf Wahrung des Geheimnisses.

Als Täter kommen Angestellte, Arbeiter und Lehrlinge eines Geschäftsbetriebes in Betracht. Zu den Angestellten gehören u. a.: Handlungs- und Gewerbegehilfen (RGSt. 37, 7; RG. 45, 123); Reisende (UW. 2, 57, 16); Chemiker einer Fabrik (RGSt. 32, 136); Redakteure einer Zeitung, Direktoren, Prokuristen und Handlungsbevollmächtigte einer Aktiengesellschaft, Werkmeister (RG. 39, 76; UW. 2, 15); Geschäftsführer einer G. m. b. H., auch Volontäre.

Ob das Vertragsverhältnis ein reiner Dienstvertrag oder ein Vertrag anderer Art ist, kommt nicht in Betracht.

Geheimnisse im Sinne des § 17 sind Tatsachen:

1. die in einem bestimmten Zusammenhange mit einem Geschäftsbetriebe stehen;
2. die nicht offenkundig sind;
3. die der Betriebsinhaber geheimhalten will;
4. an deren Geheimhaltung er ein verständiges Interesse hat.

Angebote, Preisberechnungen, Vorverhandlungen zu einem einzelnen Geschäftsabschluß können sich als Geschäfts- oder Betriebsgeheimnisse darstellen (RG. in MuW. 10, 313).

Offenkundig ist eine Tatsache, die der Kenntnis einer unbegrenzten Anzahl zugängig oder der zufälligen Kenntnisnahme durch beliebige Dritte ausgesetzt ist. (RGSt. 28, 160; 38, 110; 40, 407). Durch Besprechung in der Fachpresse wird in der Regel Offenkundigkeit der betreffenden Tatsache bewirkt (RGSt. 38, 108), desgleichen durch die Patenterteilung. Ist die geheime Tatsache auch in anderen Betrieben bekannt, so ist sie damit an sich noch nicht offenkundig; es kommt hier darauf an, ob für die Mitbewerber Offenkundigkeit besteht (RG. in UW. 2, 90). Nur wenn das Erlangen der Kenntnis auf normalem Wege möglich, und wenn die Kenntnis anderer eine sichere und dauernde ist, kann die Kenntnis als allgemein zugänglich angesehen werden (RGSt. 33, 66). Es bedarf des Nachweises des Willens der Geheimhaltung nicht, wenn dieser infolge der Wichtigkeit der Geheimhaltung sich von selbst versteht (RG. in UW. 2, 30; RGSt. 25, 48; 26, 6; 29, 430). Auch eine Erfindung, die der Angestellte in Erfüllung eines Dienstvertrages gemacht hat, ist als anvertraut zu betrachten (RGSt. 32, 217).

Ein Anschlußrecht des Geschäftsinhabers ist abgesehen von einer dahingehenden vertraglichen Vereinbarung zwischen ihm und dem Angestellten (RGSt. 32, 137) anzunehmen, wenn die Erfindung in den Rahmen der von dem Angestellten vertraglich zu leistenden Tätigkeit fällt (RG. LZ. 0, 8, 857; JW. 1900, 738), insbesondere, wenn diese Tätigkeit sich vertraglich auf Versuche zu Verbesserungen zu erstrecken hatte (RGSt. 31, 52; 32, 216; OLG.Rspr. 6, 2 Hamburg). In solchem Falle ist die Erfindung des Angestellten ein Teil von dessen vertragsmäßiger Dienstleistung, mithin Erfüllungsleistung (RGSt. 32, 258; Bl. 5, 337).

Die Schweigepflicht erreicht ihr Ende mit der rechtmäßigen Beendigung des Vertragsverhältnisses. Ob die Verwertung des Geheimnisses durch einen andern, dem es mitgeteilt wurde, erst nach Beendigung des Dienstverhältnisses erfolgt ist, bleibt außer Betracht. Rechtmäßige Beendigung des Dienstverhältnisses liegt vor, wenn es durch vertrags- oder gesetzmäßige Kündigung oder auf Grund gesetzlicher Bestimmung ohne Einhaltung der Kündigungsfrist oder infolge gegenseitigen Übereinkommens gelöst worden ist. Hat dagegen der Angestellte zu Unrecht gekündigt oder vertragswidriger Weise den Dienst verlassen, oder hat der Geschäftsinhaber grundlos gekündigt, oder weigert er die Annahme der Dienste des Angestellten, dann besteht trotzdem die Schweigepflicht desselben fort (RG. in UW. 2, 40). Will der Angestellte im Falle der vertragswidrigen Entlassung Befreiung von der Schweigepflicht erlangen, dann muß er die Entlassung annehmen.

Es geht hieraus hervor, daß in der Zeit zwischen der Kündigung und dem Vertragsablauf ein Geheimnisverrat strafbar ist. Über die Geltungsdauer des Dienstverhältnisses hinaus besteht kein strafrechtlicher Schutz gegen Geheimnisverrat (RGSt. 33, 65; 39, 83). Der Geschäftsinhaber ist lediglich zivilrechtlich geschützt, wenn der Angestellte eine ihm über den Dienstvertrag hinaus auferlegte Schweigepflicht bricht (RG. 65, 333; RG. in JW. 07, 252).

Unbefugt ist eine Mitteilung, zu der der Mitteilende — nach seinen Vertragspflichten gegenüber dem Geschäftsinhaber — nicht berechtigt ist.

Zur Vollendung des Vergehens ist nicht erforderlich, daß der Zweck der Mitteilung erreicht wird. Das Vergehen ist in dem Zeitpunkt vollendet, in welchem der Mitteilungsempfänger von dem verratenen Geheimnis Kenntnis erhält. Erreicht die Mitteilung des Täters den von ihm bestimmten Empfänger nicht, gelangt sie aber zufällig an einen andern, dann ist der Täter in gleicher Weise strafbar.

Verwertung ist jede auf vermögensrechtlichen Gewinn abzielende Benutzung eines Geheimnisses, wobei nicht erforderlich ist, daß ein Gewinn tatsächlich erreicht wird (RG. in MuW. Band 10, 96; RGSt. 39, 85; 40, 408).

Die Vollendung des Vergehens liegt vor, wenn die Mitteilung oder Verwertung erfolgt ist. Die Verjährung der Strafverfolgung und Strafvollstreckung richtet sich nach den §§ 66ff. StGB. Die Strafverfolgung erfolgt auf Antrag des Verletzten. Antragsberechtigt ist derjenige, welcher zur Zeit des Geheimnisverrats, der unbefugten Verwertung oder Mitteilung das Persönlichkeitsrecht über das Geheimnis ausübte.

§ 18. Mit Gefängnis bis zu 1 Jahre und mit Geldstrafe oder mit einer dieser Strafen wird bestraft, wer die ihm im geschäftlichen Verkehr anvertrauten Vorlagen oder Vorschriften technischer Art, insbesondere Zeichnungen, Modelle, Schablonen, Schnitte, Rezepte zu Zwecken des Wettbewerbs unbefugt verwertet oder an andere mitteilt.

§ 19. Zuwiderhandungen gegen die Vorschriften der §§ 17 und 18 verpflichten außerdem zum Ersatze des entstandenen Schadens. Mehrere Verpflichtete haften als Gesamtschuldner.

Der Anspruch auf Schadenersatz ist dem Verletzten unabhängig von der strafrechtlichen Verfolgung gegeben.

§ 20. Wer zu Zwecken des Wettbewerbs es unternimmt, einen andern zu einer Zuwiderhandlung gegen die Vorschriften des § 17 Abs. 1 und § 18 zu bestimmen, wird mit Gefängnis bis zu 9 Monaten und mit Geldstrafe oder mit einer dieser Strafen bestraft.

Unternehmen ist jedes Handeln, das die Absicht kundgibt, jemanden zum Verrat oder zur unlauteren Verwertung im Sinne der §§ 17 und 18 zu bestimmen. Der Begriff umfaßt auch die in Erscheinung tretenden Vorbereitungshandlungen, und zwar sowohl diejenigen, die das Vorhaben unmittelbar zur Ausführung bringen, als auch diejenigen, durch die die Ausführung nur mittelbar gefördert wird (RGSt. 39, 321; RG. in JW. 07, 416). Durch den Rücktritt des Täters vom Unternehmen wird die Strafbarkeit seiner Tat nicht wieder aufgehoben.

§ 21. Die in diesem Gesetz bezeichneten Ansprüche auf Unterlassung oder Schadensersatz verjähren in 6 Monaten von dem Zeitpunkt an, in welchem der Anspruchsberechtigte von der Handlung und von der Person des Verpflichteten Kenntnis erlangt, ohne Rücksicht auf diese Kenntnis in 3 Jahren von der Begehung der Handlung an.

Für die Ansprüche auf Schadensersatz beginnt der Lauf der Verjährung nicht vor dem Zeitpunkt, in welchem ein Schaden entstanden ist.

Liegt eine Einheitshandlung vor, so kommt es allein auf deren Vollendung an. Bei der fortgesetzten Handlung liegt Vollendung erst mit Abschluß des gesamten Tuns vor. Mit jeder Einzelhandlung entsteht der Unterlassungsanspruch neu, und damit beginnt auch eine neue Verjährung. Ob eine fortgesetzte Handlung anzunehmen ist, hängt von den Tatumständen des Einzelfalles ab.

Die Verjährungsfrist beträgt nach obigem 6 Monate. Die sechsmonatige Frist berechnet sich auf Grund der Vorschriften der §§ 186—188 BGB. Ergänzend sind die Verjährungsbestimmungen des BGB. heranzuziehen, und zwar die §§ 194/195, 218 u. 852 BGB.

Die Wirkung der Verjährung ist in den §§ 222—225 BGB. behandelt.

§ 22. Die Strafverfolgung tritt mit Ausnahme der in den §§ 6, 10, 11 bezeichneten Fälle nur auf Antrag ein. In den Fällen der §§ 4, 8, 12 hat das Recht, den Strafantrag zu stellen, jeder der im § 13 Abs. 1 bezeichneten Gewerbetreibenden und Verbände.

Die Zurücknahme des Antrags ist zulässig.

Wegen der nach § 4 strafbaren Handlungen ist ebenso wie bei den nur auf Antrag verfolgbaren Handlungen (§§ 8, 12) neben dem Verletzten jeder der in § 13 Abs. 1 bezeichneten Gewerbetreibenden und Verbände zur Privatklage berechtigt.

Ergänzend sind hierzu die §§ 61 und 64 StGB. heranzuziehen:

§ 61 StGB. Eine Handlung, deren Verfolgung nur auf Antrag eintritt, ist nicht zu verfolgen, wenn der zum Antrage Berechtigte es unterläßt, den Antrag binnen 3 Monaten zu stellen. Diese Frist beginnt mit dem Tage, seit welchem der zum Antrage Berechtigte von der Handlung und von der Person des Täters Kenntnis gehabt hat.

§ 64 StGB. Die Zurücknahme des Antrags ist nur in den gesetzlich besonders vorgesehenen Fällen und nur bis zur Verkündung eines auf Strafe lautenden Urteils zulässig.

Auch noch im Laufe des schwebenden Verfahrens kann der Strafantrag gestellt werden. Antragsberechtigt ist der Verletzte, d. h. der Träger des verletzten Rechtsgutes, nicht etwa derjenige, der im zivilrechtlichen Sinne Schaden erlitten hat.

Beantragt der Berechtigte bei der Staatsanwaltschaft die Erhebung der öffentlichen Klage und gibt die Staatsanwaltschaft diesem Antrage nicht statt, dann hat der Berechtigte das Recht der Beschwerde.

§ 23. Wird in den Fällen der §§ 4, 6, 8, 12 auf Strafe anerkannt, so kann angeordnet werden, daß die Verurteilung auf Kosten des Schuldigen öffentlich bekanntzumachen sei.

Wird in den Fällen des § 15 auf Strafe anerkannt, so ist zugleich dem Verletzten die Befugnis zuzusprechen, die Verurteilung innerhalb bestimmter Frist auf Kosten des Verurteilten öffentlich bekannt zu machen.

Auf Antrag des freigesprochenen Angeschuldigten kann das Gericht die öffentliche Bekanntmachung der Freisprechung anordnen: die Staatskasse trägt die Kosten, insofern sie nicht dem Anzeigenden oder dem Privatkläger auferlegt worden sind.

Ist auf Grund einer der Vorschriften dieses Gesetzes auf Unterlassung Klage erhoben, so kann in dem Urteile der obsiegenden Partei die Befugnis zugesprochen werden, den verfügenden Teil des Urteils innerhalb bestimmter Frist auf Kosten der unterliegenden Partei öffentlich bekannt zu machen.

Die Art der Bekanntmachung ist im Urteil zu bestimmen.

§ 24. Für Klagen auf Grund dieses Gesetzes ist ausschließlich zuständig das Gericht, in dessen Bezirk der Beklagte seine gewerbliche Niederlassung, oder in Ermangelung einer solchen, seinen Wohnsitz hat. Für Personen, die im Inlande weder eine gewerbliche Niederlassung noch einen Wohnsitz haben, ist ausschließlich zuständig das Gericht des inländischen Aufenthaltsorts, oder wenn ein solcher nicht bekannt ist, das Gericht, in dessen Bezirk die Handlung begangen ist.

§ 25. Zur Sicherung der in diesem Gesetze bezeichneten Ansprüche auf Unterlassung können einstweilige Verfügungen erlassen werden, auch wenn die in den §§ 935, 940 der Zivilprozeßordnung bezeichneten Voraussetzungen nicht zutreffen. Zuständig ist auch das Amtsgericht, in dessen Bezirk die den Anspruch begründende Handlung begangen ist; im übrigen finden die Vorschriften des § 249 der Zivilprozeßordnung Anwendung.

Ähnlich wie bei dem Patentgesetz ist bei Verstößen gegen das UWG. die einstweilige Verfügung von größter Bedeutung; denn oft wird nur durch ein schnelles Eingreifen die Entstehung von Nachteilen verhindert.

Die angezogenen §§ 935 und 940 ZPO. lauten:

§ 935 ZPO. Einstweilige Verfügungen in Beziehung auf den Streitgegenstand sind zulässig, wenn zu besorgen ist, daß durch eine Veränderung des bestehenden Zustandes die

Verwirklichung des Rechts einer Partei vereitelt oder wesentlich erschwert werden könnte.

§ 940 ZPO. Einstweilige Verfügungen sind auch zum Zwecke der Regelung eines einstweiligen Zustandes in bezug auf ein streitiges Rechtsverhältnis zulässig, sofern diese Regelung insbesondere bei dauernden Rechtsverhältnissen zur Abwendung wesentlicher Nachteile oder zur Verhinderung drohender Gewalt oder aus anderen Gründen nötig erscheint.

Ist also gemäß der weiteren Bestimmung der ZPO. ein Anspruch auf Erlaß einer einstweiligen Verfügung gegeben und ausreichend glaubhaft gemacht, so genügt es, daß die beantragte einstweilige Verfügung sich nach Sachlage als ein angemessenes Sicherungsmittel darstellt (RG. in JW. 98, 606, Nr. 31; RG. im Recht 06, 127).

Auch in nicht dringlichen Fällen ist nach Absatz 2 die Anrufung des Amtsgerichts im Gegensatz zu § 942 ZPO. gestattet. Genannter Paragraph sieht sonst nur die Anrufung in dringenden Fällen vor. Er lautet:

In dringenden Fällen kann das Amtsgericht, in dessen Bezirk sich der Streitgegenstand befindet, eine einstweilige Verfügung erlassen unter Bestimmung einer Frist, innerhalb welcher der Gegner zur mündlichen Verhandlung über die Rechtmäßigkeit der einstweiligen Verfügung vor das Gericht der Hauptsache zu laden ist.

Nach fruchtlosem Ablaufe der Frist hat das Amtsgericht auf Antrag die erlassene Verfügung aufzuheben.

Die in diesem Paragraph erwähnten Entscheidungen des Amtsgerichts können ohne vorgängige mündliche Verhandlung erfolgen.

§ 26. Neben einer nach Maßgabe dieses Gesetzes verhängten Strafe kann auf Verlangen des Verletzten auf eine an ihn zu erlegende Buße bis zum Betrage von 10000 RM. erkannt werden. Für diese Buße haften die dazu Verurteilten als Gesamtschuldner. Eine erkannte Buße schließt die Geltendmachung eines weiteren Entschädigungsanspruches aus.

Nur im Strafverfahren kann der Anspruch auf Buße geltend gemacht werden. Ist öffentliche Klage erhoben, dann muß der zum Bußeverlangen Berechtigte, um den Antrag zu stellen, sich dem Verfahren als Nebenkläger anschließen. Ist der Antrag auf Buße abgelehnt oder übergangen, dann steht dem Bußeberechtigten die Möglichkeit offen, durch Einlegung von Rechtsmitteln eine ihm günstige Entscheidung herbeizuführen, und zwar kann er sich der Rechtsmittel auch bedienen, um lediglich seinen Anspruch auf Buße zu verfolgen (RGSt. 8, 384; 44, 295). Die Höhe der Buße wird vom Gericht nach freiem Ermessen bestimmt (§ 260 StPO.). Einen genauen Nachweis der Höhe seines Schadens braucht der Bußeberechtigte nicht zu erbringen (RGSt. 07, 190; 30, 367; 44, 299). Vielmehr gelten die Grundsätze des § 287 ZPO.: hat das Gericht die Überzeugung gewonnen, daß dem Verletzten ein Schaden erwachsen ist, dann muß es dem Verlangen stattgeben. Demnach fallen Beweisanträge, bei denen es sich lediglich um die Frage handelt, ob und in welcher Höhe ein Schaden entstanden ist, nicht unter die Vorschrift des § 243 StPO. (RGSt. 44, 299). Das Gericht hat nach freiem Ermessen über den Betrag des Schadens zu erkennen (RG. in MuW. 7, 209). Der entgangene Gewinn ist zu berücksichtigen. Zu ersetzen ist auch noch der Kostenaufwand, den der Verletzte zur Vorbereitung und Durchführung der Strafverfolgung etwa gehabt hat, soweit diese Handlung die Bestrafung bewirkt oder mitbewirkt hat (RGSt. 42, 166; RG. in DJZ. 09, 1500).

Ein zivilrechtlicher Vergleich über die Entschädigung oder ein Verzicht beseitigen das Recht, Buße zu verlangen (RGSt. 31, 335).

Das Verfahren bestimmt sich nach den §§ 443—446 StPO. Dieselben lauten:

§ 443 StPO. Die Befugnis, sich einer öffentlichen Klage nach den Bestimmungen der §§ 435—442 als Nebenkläger anzuschließen, steht auch demjenigen zu, welcher berechtigt ist, die Zuerkennung einer Buße zu verlangen.

Wer die Zuerkennung einer Buße in einem auf der erhobenen öffentlichen Klage anhängigen Verfahren beantragen will, muß sich zu diesem Zwecke der Klage als Nebenkläger anschließen.

§ 444 StPO. Der Antrag auf Zuerkennung einer Buße kann bis zur Verkündung des Urteils erster Instanz gestellt werden.

Der Antrag kann bis zur Verkündung des Urteils zurückgenommen, ein zurückgenommener Antrag nicht erneuert werden.

Wird der Angeklagte freigesprochen oder das Verfahren eingestellt, oder die Sache ohne Urteil erledigt, so gilt auch der Antrag ohne weitere Entscheidung für erledigt.

Der Anspruch auf Buße kann von den Erben des Verletzten nicht erhoben oder fortgesetzt werden.

§ 445 StPO. Der Nebenkläger hat den Betrag, welchen er als Buße verlangt, anzugeben.

Auf einen höheren Betrag der Buße als den beantragten darf nicht erkannt werden.

§ 446 StPO. Die Bestimmungen der §§ 444, 445 finden auf den Fall entsprechende Anwendung, daß von dem die Buße Beanspruchenden die Privatklage erhoben wird.

Die Zuerkennung der Buße muß im verfügenden Teile des Urteils erfolgen. Ein nachträglicher Beschluß, wonach Buße noch zuerkannt wird, ist unzulässig (RGSt. 42, 341). Mehrere Verurteilte haften als Gesamtschuldner. Voraussetzung der Verurteilung zu einer Gesamtbuße ist, daß die Angeklagten wegen ein und desselben Vergehens verurteilt sind (RGSt. 33, 14).

Eine im Zivilverfahren oder sonst von irgendeiner Seite erlangte Entschädigung ist bei der Zumessung der Buße zu verrechnen (RGSt. 9, 226; 31, 364).

Die Vollstreckung der rechtskräftig zuerkannten Buße richtet sich nach den Regeln der Zwangsvollstreckung im Zivilverfahren (§ 495 StPO.; §§ 724, 753 ZPO.). Ist die Buße von dem Verurteilten nicht beizutreiben, dann ist eine Freiheitsstrafe ausgeschlossen. Der Berechtigte hat lediglich die Zwangsmittel der Zivilprozeßordnung zur Verfügung, d. h. den Offenbarungseid und bei dessen Verweigerung Haft. Da die Buße keine Strafe darstellt, so ist eine Begnadigung des Verurteilten ohne Einfluß auf die rechtskräftig zuerkannte Buße. Die Verjährung der Vollstreckung erfolgt gemäß § 218 BGB. innerhalb 30 Jahren:

„Ein rechtskräftig festgestellter Anspruch verjährt in 30 Jahren, auch wenn er an sich einer kürzeren Verjährung unterliegt.“ Die Verjährung des Anspruchs auf Buße folgt der Verjährung der Strafverfolgung (§§ 66ff. StGB.) und ist von der Verjährung des zivilrechtlichen Anspruches auf Schadensersatz unabhängig (RG. in MuW. 10, 350; RGSt. 44, 296).

Die Kosten des Nebenklägers, soweit sie nach seinem Beitritt entstanden sind, trägt, auch wenn der Anspruch auf Buße abgewiesen worden ist, der verurteilte Angeklagte (RGSt. 6, 237). Den Nebenkläger treffen auch bei Freispruch des Angeklagten keine Kosten, doch können die §§ 501 und 504 StPO. bezüglich der Kosten in Betracht kommen, wenn die Anzeige wider besseres Wissen oder durch grobe Fahrlässigkeit veranlaßt ist (RGSt. 15, 190).

Bei der Privatklage hat der Privatkläger die Kosten des Verfahrens zu tragen, wenn der Angeklagte freigesprochen wird, gemäß § 503 StPO.

§ 27. Bürgerliche Rechtsstreitigkeiten, in welchen durch die Klage ein Anspruch auf Grund dieses Gesetzes geltend gemacht wird, gehören, sofern in erster Instanz die Landgerichte zuständig sind, vor die Kammer für Handelssachen.

Als letzte Instanz gilt nach § 27 Abs. 2 das Reichsgericht.

§ 28. Wer im Inlande eine Hauptniederlassung nicht besitzt, hat auf den Schutz dieses Gesetzes nur insoweit Anspruch, als in dem Staate, in welchem seine Hauptniederlassung sich befindet, nach einer im Reichsgesetzblatt enthaltenen Bekanntmachung deutsche Gewerbetreibende einen entsprechenden Schutz genießen.

Das Deutsche Reich ist der Internationalen Union zum Schutze des gewerblichen Eigentums vom 20. März 1883 mit Zusatzakte vom 14. Dezember 1900, 1911 (Washington) und 6. November 1928 Haag (Pariser Verbandsübereinkunft) beigetreten (vgl. Abschnitt Unionsvertrag). Durch diesen Unionsvertrag ist die Bekanntmachung des § 28 vollkommen ersetzt (RG. 60, 217; RG. in JW. 05, 237; RG. in UW. 4, 27; Bl. 11, 223).

Es sind noch im Zusammenhang mit dem gewerblichen Rechtsschutz, dem unlautern Wettbewerb, dem Schutz des gewerblichen und geistigen Eigentums die Art. 274, 275, 286, 306—311 des **Versailler Vertrages** zu erwähnen. Sie regeln die Behandlung des unlautern Wettbewerbs, des gewerblichen und geistigen Eigentums im Verhältnis der Siegerstaaten zu Deutschland. Die Artikel sind im RGBl. 1919, 687ff. veröffentlicht.

Verschiedenes.

Die einstweilige Verfügung.

Bei der Wichtigkeit, welche die einstweilige Verfügung für den Industriellen und Kaufmann bei Angriffen und Verteidigung hat, welche sich auf den gewerblichen Rechtsschutz beziehen, ist die Besprechung der gesetzlichen Vorschriften derselben notwendig. Eine einstweilige Verfügung greift unter Umständen so tief in das Erwerbsleben ein, daß jeder, welcher sie erlassen will, oder welcher sich gegen sie zu wehren hat, sich auf das eingehendste mit den gesetzlichen Bestimmungen vertraut machen sollte. Die Gesetzesparagraphen nehmen zum Teil auf die Gesetzesvorschriften Bezug, welche über die Anordnungen von Arresten und über das Arrestverfahren erlassen sind. Aus diesem Grunde sind auch diese Paragraphen mit heranzuziehen. Die ZPO. behandelt in den §§ 916—934 den Arrest und in den §§ 935—945 die einstweilige Verfügung.

§ 935 ZPO. bestimmt: Einstweilige Verfügungen in Beziehung auf den Streitgegenstand sind zulässig, wenn zu besorgen ist, daß durch eine Veränderung des bestehenden Zustands die Verwirklichung des Rechts einer Partei vereitelt oder wesentlich erschwert werden könnte.

Es muß also stets ein bestimmter Streitgegenstand vorhanden sein, an dem sich die einstweilige Verfügung betätigen kann, und es muß begründete Gefahr vorliegen, daß durch eine bereits erfolgte oder drohende Veränderung des bestehenden Zustandes die Verwirklichung des Anspruchs vereitelt oder erschwert werden könnte.

§ 936 ZPO. Auf die Anordnung einstweiliger Verfügungen und das weitere Verfahren finden die Vorschriften über die Anordnungen von Arresten und über das Arrestverfahren entsprechende Anwendung, soweit nicht die nachfolgenden Paragraphen abweichende Vorschriften enthalten.

Das Gesuch muß das Verlangen nach der einstweiligen Verfügung klar aussprechen (RG. 18, 10, 97).

§ 937 ZPO. Für die Erlassung der einstweiligen Verfügung ist das Gericht der Hauptsache zuständig. Die Entscheidung kann in dringenden Fällen ohne vorgängige mündliche Verhandlung erfolgen.

§ 938 ZPO. Das Gericht bestimmt nach freiem Ermessen, welche Anordnungen zur Erreichung des Zwecks erforderlich sind.
Die einstweilige Verfügung kann auch in einer Sequestration sowie darin bestehen, daß dem Gegner eine Handlung geboten oder verboten, insbesondere die Veräußerung, Belastung oder Verpfändung eines Grundstücks untersagt wird.

§ 939 ZPO. Nur unter besonderen Umständen kann die Aufhebung einer einstweiligen Verfügung gegen Sicherheitsleistung gestattet werden.

Soweit gelten die allgemeinen Bestimmungen. Viel wichtiger für den Ingenieur und Kaufmann sind die Sonderbestimmungen in bezug auf ein streitiges Rechtsverhältnis. Hierfür ist § 940 maßgebend, lautend:

§ 940 ZPO. Einstweilige Verfügungen sind auch zum Zwecke der Regelung eines einstweiligen Zustandes in bezug auf ein streitiges Rechtsverhältnis zulässig, sofern diese Regelung, insbesondere bei dauernden Rechtsverhältnissen zur Abwendung wesentlicher Nachteile oder zur Verhinderung drohender Gewalt oder aus anderen Gründen nötig erscheint.

Im § 942 wird bestimmt, daß das Amtsgericht, in dessen Bezirk sich der Streitgegenstand befindet, eine einstweilige Verfügung erlassen kann unter Bestimmung einer Frist, innerhalb welcher der Gegner zur mündlichen Verhandlung über die Rechtmäßigkeit der einstweiligen Verfügung vor das Gericht der Hauptsache zu laden ist.

Das Amtsgericht hat hierbei über die Dringlichkeit nach freiem Ermessen zu entscheiden. Über das Gesuch kann das Amtsgericht ohne mündliche Verhandlung entscheiden. Wird das Gesuch zurückgewiesen, so findet einfache Beschwerde statt.

Hier greifen die Bestimmungen des Arrestes ein, welche entsprechend für die einstweilige Verfügung gelten. Danach heißt es, daß gegen den Beschluß, durch welchen ein Arrest angeordnet wird, Widerspruch stattfinden kann. Die widersprechende Partei hat den Gegner unter Mitteilung der Gründe, welche sie für die Aufhebung des Arrestes geltend machen will, zur mündlichen Verhandlung zu laden. Der Widerspruch ist unter Angabe der Gründe, welche für die Aufhebung des Arrestes geltend gemacht werden sollen, schriftlich oder zu Protokoll des Gerichtsschreibers beim Amtsgericht zu erheben; dasselbe hat Termin zur mündlichen Verhandlung von Amts wegen zu bestimmen. Durch Erhebung des Widerspruchs wird die Vollziehung des Arrestes nicht gehemmt.

Wird Widerspruch erhoben, so ist über die Rechtmäßigkeit des Arrestes durch Endurteil zu entscheiden. Das Gericht kann den Arrest ganz oder teilweise bestätigen, abändern oder aufheben, auch die Bestätigung, Abänderung oder Aufhebung von einer nach freiem Ermessen zu bestimmenden Sicherheitsleistung abhängig machen. Ist die Hauptsache nicht anhängig, so hat das Arrestgericht auf Antrag ohne vorgängige mündliche Verhandlung anzuordnen, daß die Partei, welche den Arrestbefehl erwirkt hat, binnen einer zu bestimmenden Frist Klage zu erheben habe. Wird dieser Anordnung nicht Folge geleistet, so ist auf Antrag die Aufhebung des Arrestes durch Endurteil auszusprechen.

Grundbedingung für den Erlaß eines Arrestes oder einer einstweiligen Verfügung ist, daß der Anspruch und der Grund glaubhaft gemacht werden. Das Gesuch kann vor dem Gerichtsschreiber zu Protokoll erklärt werden.

Bezüglich der Glaubhaftmachung bestimmt § 294 ZPO.

Wer eine tatsächliche Behauptung glaubhaft zu machen hat, kann sich aller Beweismittel, mit Ausnahme der Eideszuschiebung bedienen, auch zur Versicherung an Eidesstatt zugelassen werden. Eine Beweisaufnahme, welche nicht sofort erfolgen kann, ist unstatthaft.

Der Richter soll sich zwar nicht mit jedem vorgebrachten Beweisgrunde begnügen oder nur nach subjektivem Ermessen entscheiden, sondern objektive Gründe verlangen, aus denen er den Glauben an die Wahrscheinlichkeit der Behauptung gewinnen kann. Der endgültigen, auf Prüfung aller Gründe für und wider beruhenden Überzeugung des Gerichts bedarf es nicht. Die Angabe von Gründen ist hier nicht vorgeschrieben. Die Glaubhaftmachung kann durch Vorlegung schriftlicher Aussagen oder Protokolle geschehen, über deren Echtheit das Gericht frei entscheidet. In beiden Fällen kann die Beeidigung unterbleiben und durch die eidesstattliche Versicherung der Zeugen oder Sachverständigen ersetzt werden (RG. 50, 360). Wie hoch der Beweiswert der Aussage ist, hat der Richter frei zu beurteilen. Die Glaubhaftmachung durch Urkunden erfordert sofort vorzulegende, nicht erst herbeizuschaffende Urkunden.

Bei der einstweiligen Verfügung gilt als Gericht der Hauptsache das Gericht erster Instanz; wenn die Hauptsache in der Berufungsinstanz anhängig ist, das Berufungsgericht.

Für die gemäß § 939 ZPO. zwecks Aufhebung der einstweiligen Verfügung erlaubte Sicherheitsleistung ist der § 109 der ZPO. heranzuziehen. Derselbe lautet:

Ist die Veranlassung für eine Sicherheitsleistung weggefallen, so hat auf Antrag das Gericht, welches die Bestellung der Sicherheit angeordnet oder zugelassen hat, eine Frist zu bestimmen, binnen welcher ihm die Partei, zu deren Gunsten die Sicherheit geleistet ist, die Einwilligung in die Rückgabe der Sicherheit zu erklären, oder die Erhebung der Klage wegen ihrer Ansprüche nachzuweisen hat. Nach Ablauf der Frist hat das Gericht auf Antrag die Rückgabe der Sicherheit anzuordnen, wenn nicht inzwischen die Erhebung der Klage nachgewiesen ist. Die Anträge und die Einwilligung in die Rückgabe der Sicherheit können vor dem Gerichtsschreiber zu Protokoll erklärt werden. Die Entscheidungen können ohne vorgängige mündliche Verhandlung erfolgen.

Gegen den Beschluß, durch welchen der Antrag abgelehnt wird, steht dem Antragsteller, gegen die Entscheidung steht beiden Teilen die sofortige Beschwerde zu.

Bei der einstweiligen Verfügung für diese Bestimmungen ist für die nach § 109 ZPO. zu treffenden Anordnungen das Gericht der Hauptsache ausschließlich zuständig, wenn die Hauptsache anhängig ist oder anhängig gewesen ist. In dringenden Fällen kann der Vorsitzende über die auf die einstweilige Verfügung sich beziehenden Gesuche anstatt des Gerichts entscheiden, sofern deren Erledigung eine vorgängige mündliche Verhandlung nicht erfordert.

Damit die einstweilige Verfügung nicht leichtsinnig angewendet wird, sind im § 945 ZPO. diejenigen Bestimmungen angegeben, welche den Antragsteller bei ungerechtfertigter Veranlassung treffen. Derselbe lautet:

Erweist sich die Anordnung eines Arrestes oder einer einstweiligen Verfügung als von Anfang an ungerechtfertigt oder wird die angeordnete Maßregel deshalb aufgehoben, weil die Partei, welche die einstweilige Verfügung erwirkt hat, binnen der vom Gericht bestimmten Frist die Klage nicht erhebt, so ist sie verpflichtet, dem Gegner den Schaden zu ersetzen, der ihm aus der Vollziehung der angeordneten Maßregel oder dadurch entsteht, daß er Sicherheit leistet, um die Vollziehung abzuwenden oder die Aufhebung der Maßregel zu erwirken.

Die Schadensersatzpflicht tritt zunächst ein, wenn die Anordnung eines Arrestes oder einer einstweiligen Verfügung von Anfang an ganz oder zum Teil ungerechtfertigt war (RG. 13. 5. 09), d. h. wenn ihre Voraussetzungen zur Zeit ihres Erlasses objektiv nicht vorlagen, also bei der einstweiligen Verfügung der Anspruch oder das Rechtsverhältnis nicht bestand oder die Gefahr zu unrecht angenommen wurde. Es ist für die Schadensersatzpflicht gleichgültig, ob die einstweilige Verfügung durch Beschluß oder Endurteil erlassen ist, ob gegen oder ohne Sicherheitsleistung, ob sie rechtskräftig bestätigt oder wieder aufgehoben ist, ob die Wiederaufhebung auf Widerspruch oder auf Rechtsmittel oder im Rechtfertigungsverfahren oder wegen veränderter Umstände erfolgt ist oder ob es infolge Verzichts überhaupt nicht zu seiner solchen gekommen ist.

Wird die einstweilige Verfügung auf Berufung oder Widerspruch bestätigt, so gelten dieselben Grundsätze, aber mit der Einschränkung, daß die Entscheidung nur hinsichtlich der Anordnung der einstweiligen Verfügung als solcher bindet, dagegen über den materiellen Anspruch nicht entscheidet (RG. 58, 242).

Unabhängig von der materiellen Berechtigung der einstweiligen Verfügung entsteht der Anspruch auf Schadensersatz auch dann, wenn dieselbe wegen Nichterhebung der Klage in der Hauptsache oder wegen Versäumung der Ladungsfrist aufgehoben wird.

Die Streitgenossenschaft, die Haupt- und Nebenintervention und die Streitverkündung.

Im industriellen und kaufmännischen Leben ist bei dem großen Umfang, den die Lieferungsverträge haben, oft ein großer Kreis von Personen oder Firmen durch Mitlieferung oder Unterlieferung beteiligt. Eine Firma, welche einen großen Auftrag übernommen hat, vergibt Teile desselben rückwärts an andere Firmen, haftet jedoch meistens einzig und allein dem Besteller für das Gelingen des Ganzen. Man wird sich rückwärts in solchen Fällen durch Unterverträge sichern und seine Unterlieferanten verpflichten, die gleichen Bedingungen anzuerkennen, die der Besteller dem Hauptlieferer gegeben hat. Oft ist dies jedoch nicht möglich, oft treten aber auch andererseits neben den vereinbarten Bedingungen die gesetzlichen Vorschriften in Kraft. So kann sich ein Unfall ereignen, nachdem die Gewährleistungszeit abgelaufen ist, der Hauptlieferer wird verklagt, obgleich er schuldlos ist, und muß in solchem Falle sich rückwärts an seine Unterlieferer halten. Er muß ihnen, wie man dies juristisch ausdrückt, in solch einem Falle „den Streit verkünden".

Vielfach hat der Industrielle auch eine Interesse an dem Ausgang eines Prozesses, z. B. bei Patentstreitigkeiten, wenn der Ausgang des Prozesses gegen einen Dritten auch den Vertrieb seiner Erzeugnisse beeinflussen könnte; dann kann er einem solchen Prozesse als „Nebenintervenient" beitreten.

Zur Klarstellung dieser und ähnlicher für Handel und Industrie so wichtigen Fragen seien im nachstehenden die Vorschriften aus der ZPO. über die Streitgenossenschaft und die Beteiligung Dritter am Rechtsstreite besprochen: Die Streitgenossenschaft, die Hauptintervention, die Nebenintervention und die Streitverkündung.

Streitgenossenschaft.

Man spricht von einer Streitgenossenschaft, wenn mehrere Kläger gegen einen Beklagten oder ein Kläger gegen mehrere Beklagte oder mehrere Kläger gegen mehrere Beklagte Klage erheben. Die Streitgenossenschaft kann auch dadurch entstehen, daß im Laufe des Prozesses eine zweite Person im Wege der Klageänderung neben die Partei als Kläger oder Beklagter tritt.

Die Vorschriften über die Streitgenossenschaft sind in der ZPO. in den §§ 59—63 enthalten.

§ 59. Mehrere Personen können als Streitgenossen gemeinschaftlich klagen oder verklagt werden, wenn sie in Ansehung des Streitgegenstandes in Rechtsgemeinschaft stehen, oder wenn sie aus demselben tatsächlichen oder rechtlichen Grund berechtigt oder verpflichtet sind.

Rechtsgemeinschaft in Ansehung des Streitgegenstandes heißt: Gemeinschaft des Rechtes bei ungeteiltem Gegenstand. Hierher gehört das ungeteilte Miteigentum, das Miterbrecht und ferner Rechte, welche mehreren Miteigentümern an einer anderen Sache zustehen, oder welche gegen mehrere Miteigentümer verfolgt werden;

§ 60. Mehrere Personen können auch dann als Streitgenossen gemeinschaftlich klagen oder verklagt werden, wenn gleichartige und auf einem im wesentlichen gleichartigen tatsächlichen und rechtlichen Grunde beruhende Ansprüche und Verpflichtungen den Gegenstand des Rechtsstreites bilden.

Die Streitgenossenschaft setzt voraus, daß die Ansprüche oder Verpflichtungen ihrer Natur nach gleichartige sind, und daß sie auf einem im wesentlichen gleichartigen tatsächlichen oder rechtlichen Grunde beruhen.

§ 61. Streitgenossen stehen, soweit nicht aus den Vorschriften des bürgerlichen Rechts oder dieses Gesetzes sich ein anderes ergibt, dem Gegner dergestalt als Einzelne gegenüber, daß die Handlungen des einen Streitgenossen dem anderen weder zum Vorteile noch zum Nachteile gereichen.

Es geht daraus hervor, daß die Handlungen und Unterlassungen des einen Streitgenossen den andern nicht berühren. Die Streitgenossen haben keine Pflicht zur Bestellung eines gemeinsamen Vertreters. Jeder Streitgenosse kann Angriffs- und Verteidigungsmittel geltend machen, selbst wenn sie denen des andern in tatsächlicher oder rechtlicher Beziehung widersprechen. Er kann über seinen Prozeß durch Klageänderung oder Klagezurücknahme und über den Gegenstand des Prozesses durch Anerkenntnis, Verzicht oder Vergleich vollkommen unabhängig von den Streitgenossen verfügen. Demgemäß können auch gegen die Streitgenossen widersprechende Urteile ergehen.

Die Fristen laufen für jeden Streitgenossen besonders.

Für die rechtlichen Beziehungen der Streitgenossen zueinander ist die Streitgenossenschaft ohne Bedeutung.

§ 62. Kann das streitige Rechtsverhältnis allen Streitgenossen gegenüber nur einheitlich festgestellt werden, oder ist die Streitgenossenschaft aus einem sonstigen Grunde eine notwendige, so werden, wenn ein Termin oder eine Frist nur von einzelnen Streitgenossen versäumt wird, die säumigen Streitgenossen als durch die nicht säumigen vertreten angesehen.

Die säumigen Streitgenossen sind auch in dem späteren Verfahren zuzuziehen.

§ 63. Das Recht zur Betreibung des Prozesses steht jedem Streitgenossen zu; er muß, wenn er den Gegner zu einem Termin ladet, auch die übrigen Streitgenossen laden.

Die Pflicht zur Ladung der anderen Streitgenossen besteht auch dann, wenn diese früher säumig waren, nicht aber, wenn sie durch Teilurteil aus der Instanz ausgeschieden sind oder das Verfahren ihnen gegenüber unterbrochen oder ausgesetzt ist. Erfolgt die Ladung des Gegners von Amts wegen, so hat der Gerichtsschreiber die übrigen Streitgenossen zu laden, wenn der Termin auf Antrag eines Streitgenossen oder infolge einer von ihm ausgehenden Prozeßhandlung angesetzt ist.

Die Hauptintervention.

§ 64 ZPO. bestimmt: Wer die Sache oder das Recht, worüber zwischen anderen Personen ein Rechtsstreit anhängig geworden ist, ganz oder teilweise für sich in Anspruch nimmt, ist bis zur rechtskräftigen Entscheidung dieses Rechtsstreits berechtigt, seinen Anspruch durch eine gegen beide Parteien gerichtete Klage bei demjenigen Gerichte geltend zu machen, vor welchem der Rechtsstreit in erster Instanz anhängig wurde."

Durch diese Bestimmung wird für die Klage ein selbständiger Gerichtsstand geschaffen und die Frage der Zulässigkeit der Streitgenossenschaft ausgeschaltet. Widersprechende Urteile können hierdurch vermieden und für den gleichen Gegenstand kann ein einheitliches Urteil erzielt werden. Der Rechtsstreit darf jedoch noch nicht rechtskräftig durch unbedingtes Endurteil entschieden sein. Die Hauptintervention ist auch zulässig, wenn der Hauptprozeß in der höheren Instanz sich befindet.

§ 65. Der Hauptprozeß kann auf Antrag einer Partei bis zur rechtskräftigen Entscheidung über die Hauptintervention ausgesetzt werden.

Das Gericht kann, um widersprechende Entscheidungen tunlichst zu vermeiden, den Hauptprozeß, solange das Urteil noch nicht rechtskräftig ist, auf den Antrag einer der Parteien im Hauptprozesse oder des Hauptintervenienten aussetzen. Das Gericht entscheidet über den Antrag nach freiem Ermessen unter Berücksichtigung der Interessen aller Beteiligten.

Die Nebenintervention.

§ 66. Wer ein rechtliches Interesse daran hat, daß in einem zwischen anderen Personen anhängigen Rechtsstreite die eine Partei obsiege, kann dieser Partei zum Zwecke ihrer Unterstützung beitreten.

Die Nebenintervention kann in jeder Lage des Rechtsstreits bis zur rechtskräftigen Entscheidung desselben, auch in Verbindung mit der Einlegung eines Rechtsmittels erfolgen.

Nebenintervention ist die Teilnahme eines Dritten an einem anhängigen Prozeß behufs Unterstützung derjenigen Partei, an deren Siege der Dritte ein rechtliches Interesse hat. Im Gegensatze zum Hauptintervenienten macht sonach der Nebenintervenient keinen Anspruch und keinen Rechtsschutzanspruch für sich geltend; er handelt nur zuungunsten des fremden Sieges (RG. 10, 398; 20, 393). Die Nebenintervention ist das Recht des Dritten. Sie steht ihm unter Umständen wahlweise neben anderen Wegen zur Geltendmachung seines Interesses zu.

Tritt der Dritte als Nebenintervenient bei, sei es auf Grund einer Streitverkündung (vgl. Streitverkündung § 72 ZPO. S. 283), sei es ohne solche, so hat das unter den Parteien ergehende Urteil für und gegen ihn die Rechtskraftwirkung gemäß § 68 ZPO.

Voraussetzung für die Nebenintervention ist:

1. der Rechtsstreit muß bereits anhängig sein;
2. der Rechtsstreit muß unter anderen Personen anhängig sein.

Innerhalb der Anhängigkeit kann der Nebenintervenient den Zeitpunkt seines Beitritts frei wählen.

Hört der Nebenintervenient auf, „Dritter" zu sein, so wird dadurch die Zulässigkeit der Nebenintervention beendet.

Der Nebenintervenient muß ein Interesse an dem Obsiegen einer Partei haben, d. h. der Ausgang des Prozesses muß für die Rechte oder die Rechtslage des Nebenintervenienten in dem Sinne von Bedeutung sein, daß das Obsiegen der von ihm unterstützten Partei eine Gefahr für ihn abwendet, die ihm aus ihrem Unterliegen erwachsen würde (RG. 23, 243; 14, 436; 36, 367). Ob ein solches Interesse vorhanden ist, entscheidet das Prozeßgericht.

Das Interventions-Interesse liegt stets vor, wenn das Urteil über die Parteien hinaus auch für oder gegen den Dritten Rechtskraft haben würde, wenn also über sein Recht oder seine Pflicht eine bindende Feststellung im Urteile erfolgt, oder wenn das Urteil auch ohne Rechtskraft gegen das Vermögen des Dritten Vollstreckbarkeit erlangen wird.

Die praktisch wichtigsten und zahlreichsten Fälle sind diejenigen, bei denen das Urteil nicht die Rechtsverhältnisse des Dritten selbst zum Gegenstande hat, sondern die unter den Parteien zu entscheidende Rechtsfolge einen Teil des Tatbestandes bildet, durch den das Recht oder die Pflicht des Dritten begründet wird.

§ 67. Der Nebenintervenient muß den Rechtsstreit in der Lage annehmen, in welcher sich dieser zur Zeit seines Beitritts befindet; er ist berechtigt, Angriffs- und Verteidigungsmittel geltend zu machen und alle Prozeßhandlungen wirksam vorzunehmen, insoweit nicht seine Erklärungen und Handlungen mit Erklärungen und Handlungen der Hauptpartei in Widerspruch stehen.

Der Nebenintervenient wird durch seinen Beitritt nicht Partei. Er hat nur das Recht, zur Wahrung seines eigenen Interesses am Ausgange des Rechtsstreites die Partei zu unterstützen; Handlungen zum Nachteile der Partei sind ihm verschlossen. Er ist Gehilfe der Partei kraft eigenen Rechts. Er darf weder die Klage noch ein von der Partei eingelegtes Rechtsmittel zurücknehmen noch auf ein Rechtsmittel verzichten. Er darf nur solche Handlungen vornehmen, welche die unterstützte Partei vornehmen könnte. Er darf sich auch nicht durch seine Handlungen in Widerspruch mit der Partei setzen. Jedoch ist die Untätigkeit der Partei kein Hindernis für die Tätigkeit des Nebenintervenienten.

§ 68. Der Nebenintervenient wird im Verhältnisse zu der Hauptpartei mit der Behauptung nicht gehört, daß der Rechtsstreit, wie derselbe dem Richter vorgelegen habe, unrichtig entschieden sei; er wird mit der Behauptung, daß die Hauptpartei den Rechtsstreit mangelhaft geführt habe, nur insoweit gehört, als er durch die Lage des Rechtsstreits zur Zeit seines Beitritts oder durch Erklärungen und Handlungen der Hauptpartei verhindert worden ist, Angriffs- oder Verteidigungsmittel geltend zu machen oder als Angriffs- oder Verteidigungsmittel, welche ihm unbekannt waren, von der Hauptpartei absichtlich oder durch grobes Verschulden nicht geltend gemacht worden sind.

Der Intervenient kann die mangelhafte Prozeßführung in der Zeit vor seinem Beitritt, bei Streitverkündung vor seinem möglichen Beitritt geltend machen, soweit Prozeßhandlungen später nicht mehr vorgenommen werden konnten. Soweit er dagegen imstande war, die Unterlassungen der Hauptpartei durch eigene Handlungen unschädlich zu machen, steht ihm die Berufung darauf nicht zu.

§ 69. Insofern nach den Vorschriften des bürgerlichen Rechts die Rechtskraft der in dem Hauptprozesse erlassenen Entscheidung auf das Rechtsverhältnis des Nebenintervenienten zu dem Gegner von Wirksamkeit ist, gilt den Nebenintervenient im Sinne des § 61 als Streitgenosse der Hauptpartei.

Der selbständige Nebenintervenient „ist“ nicht Streitgenosse, sondern „gilt“ nur als Streitgenosse, d. h. er hat sein Recht zur Prozeßführung in dem fremden Prozeß zur Unterstützung der Hauptpartei nicht als abgeleitetes, sondern als ein von der Partei unabhängiges selbständiges Recht. Seine Prozeßhandlungen sind von denen der Partei unabhängig und daher auch beim Widerspruche der Partei wirksam. Alle Entscheidungen, auch die Urteile, müssen ihm zugestellt werden.

§ 70. Der Beitritt des Nebenintervenienten erfolgt durch Zustellung eines Schriftsatzes. Derselbe muß enthalten:
1. die Bezeichnung der Parteien und des Rechtsstreits;
2. die bestimmte Angabe des Interesses, welches der Nebenintervenient hat;
3. die Erklärung des Beitritts.

Außerdem finden die allgemeinen Bestimmungen über die vorbereitenden Schriftsätze Anwendung.

Im amtsgerichtlichen Verfahren kann die Nebenintervention zu Protokoll des Gerichtsschreibers erklärt werden. In jedem Fall ist der Schriftsatz oder das Protokoll beiden Parteien zuzustellen. Die Angabe des Interesses bedeutet die Angabe der Tatsachen, aus denen das Interesse abgeleitet wird.

Über den Beitritt findet eine Verhandlung und Entscheidung nur dann statt, wenn eine der beiden Parteien den Antrag auf Zurückweisung stellt. Die Erklärung des Beitritts kann zurückgenommen werden.

§ 71. Über den Antrag auf Zurückweisung einer Nebenintervention wird nach vorgängiger mündlicher Verhandlung unter den Parteien und dem Nebenintervenienten entschieden. Der Nebenintervenient ist zugelassen, wenn er sein Interesse glaubhaft macht.

Gegen das Zwischenurteil findet sofortige Beschwerde statt.

Solange nicht die Unzulässigkeit der Intervention rechtskräftig ausgesprochen ist, wird der Intervenient im Hauptverfahren zugezogen.

Widerspricht keine Partei dem Beitritt des Intervenienten, so erhält dieser die Stellung des Nebenintervenienten. Das Gericht ist nicht berechtigt oder verpflichtet, in diesem Falle eine Prüfung der Voraussetzungen der Intervention vorzunehmen.

Beide Parteien haben das Recht des Widerspruchs (RG. 42, 401). Der Antrag auf Zurückweisung der Nebenintervention ist mündlich zu stellen. Die Entscheidung erfolgt durch ein Zwischenurteil. Dasselbe lautet auf Zulassung oder Zurückweisung der Nebenintervention. Gegen das Zwischenurteil findet nur die sofortige Beschwerde statt (RG. 15, 413). Sie steht im Falle der Abweisung der Intervention nur dem Intervenienten, im Falle der Zulassung dagegen beiden Hauptparteien zu.

Die Streitverkündung.

Streitverkündung ist die von einer Partei ausgehende Benachrichtigung eines Dritten von dem Schweben eines Prozesses zu dem Zwecke, dem Dritten die Möglichkeit einer Beteiligung an dem Prozesse zu eröffnen. Es bleibt dem Dritten überlassen, ob er sich beteiligen will oder nicht. Die Streitverkündung dient einer Partei dazu, ihre Stellung zu dem Dritten zu verbessern. ZPO. bestimmt in § 72:

Eine Partei, welche für den Fall des ihr ungünstigen Ausganges des Rechtsstreits einen Anspruch auf Gewährleistung oder Schadloshaltung gegen einen Dritten erheben zu können glaubt oder den Anspruch eines Dritten besorgt, kann bis zur rechtskräftigen Entscheidung des Rechtsstreits dem Dritten gerichtlich den Streit verkünden.

Voraussetzung der Streitverkündung ist:

1. Es muß ein Rechtsstreit anhängig geworden und noch nicht endgültig erledigt sein (die Streitverkündung kann daher frühestens gleichzeitig mit der Erhebung der Klage erfolgen);

2. Die Partei muß im Falle ihres Unterliegens einen Anspruch auf Gewährleistung oder Schadloshaltung gegen den Dritten erheben können, oder es muß ihr der Anspruch des Dritten für diesen Fall drohen.

a) Die Ansprüche auf Gewährleistung setzen voraus, daß der Dritte kraft Gesetzes oder Vertrages der Partei für Mängel eines ihr verschafften Rechtes oder einer ihr verschafften Sache haftet.

Ein Anspruch auf Schadloshaltung ist vor allem der Regreßanspruch, vermöge dessen der Dritte denjenigen Schaden zu ersetzen hat, der der Partei daraus erwächst, daß sie den im Prozesse befangenen Anspruch erfüllen muß oder seine Erfüllung nicht erreichen kann.

b) Den Anspruch eines Dritten hat die Partei zu besorgen, wenn sie ihm für den Ausgang des Prozesses haftbar ist. Das sind Fälle, in denen die Partei den Prozeß über fremdes Recht führt, sei es für eigene Rechnung, sei es für Rechnung eines Dritten, z. B. als Frachtführer, Spediteur, Lagerhalter usw.

Dem Dritten, welchem der Streit verkündet ist, steht das Recht zur weiteren Streitverkündung zu, auch wenn er selbst dem Prozeß nicht beigetreten ist.

§ 73. Die Streitverkündung erfolgt durch Zustellung eines Schriftsatzes, in welchem der Grund der Streitverkündung und die Lage des Rechtsstreits anzugeben ist. Abschrift des Schriftsatzes ist dem Gegner mitzuteilen.

Der Schriftsatz hat zu enthalten:

1. die Erklärung, daß der Streit verkündet wird;

2. die Angabe des Grundes der Streitverkündung, d. h. des Rechtsver-

hältnisses, aus welchem der Regreßanspruch gegen den Dritten oder der Anspruch des Dritten gegen den Streitverkünder hervorgehen soll;

3. die Mitteilung über die Lage des Rechtsstreites, d. h. die Bezeichnung des Rechtsstreites nach Parteien und Streitgegenstand und die Angabe, in welchem Stadium sich der Prozeß befindet, z. B., daß Termin auf einen bestimmten Tag angesetzt ist, daß ein Beweisbeschluß erlassen ist, daß ein Urteil zugestellt ist usw.

Die Kosten der Streitverkündung, welche der Partei erwachsen sind, hat der Streitverkündende zu tragen. Er kann sie jedoch in dem späteren Prozesse gegen den Dritten als Nebenforderung geltend machen.

§ 74. Wenn der Dritte dem Streitverkünder beitritt, so bestimmt sich sein Verhältnis zu den Parteien nach den Grundsätzen über die Nebenintervention.

Lehnt der Dritte den Beitritt ab, oder erklärt er sich nicht, so wird der Rechtsstreit ohne Rücksicht auf ihn fortgesetzt.

§ 75. Wird von dem verklagten Schuldner einem Dritten, welcher die geltend gemachte Forderung für sich in Anspruch nimmt, der Streit verkündet, und tritt der Dritte in den Streit ein, so ist der Beklagte, wenn er den Betrag der Forderung zugunsten der streitenden Gläubiger unter Verzicht auf das Recht zur Rücknahme hinterlegt, auf seinen Antrag aus dem Rechtsstreit unter Verurteilung in die durch seinen unbegründeten Widerspruch veranlaßten Kosten zu entlassen und der Rechtsstreit über die Berechtigung an der Forderung zwischen den streitigen Gläubigern allein fortzusetzen. Dem Obsiegenden ist der hinterlegte Betrag zuzusprechen und der Unterliegende auch zur Erstattung der dem Beklagten entstandenen, nicht durch dessen unbegründeten Widerspruch veranlaßten Kosten, einschließlich der Kosten der Hinterlegung, zu verurteilen.

Voraussetzung ist:

es muß ein Schuldner wegen einer Forderung verklagt sein, welche die Leistung solcher Sachen zum Gegenstand hat, die hinterlegt werden können.

Die Forderung muß durch Klage oder Widerklage auf Verurteilung geltend gemacht sein.

Ein Dritter muß die Forderung „für sich in Anspruch nehmen“.

Der Beklagte muß dem Dritten den Streit verkünden.

Der Dritte muß auf die Streitverkündung hin in den Prozeß eintreten.

Der Beklagte muß den Betrag seiner Schuld samt allen Nebenleistungen zugunsten der streitenden Gläubiger bei der zuständigen Stelle hinterlegen.

Sind alle diese Voraussetzungen gegeben, so ist der Schuldner auf seinen Antrag aus dem Rechtsstreit zu entlassen. Der Beklagte ist bei der Entlassung zu verurteilen, dem Kläger diejenigen Kosten zu erstatten, die durch seinen unbegründeten Widerspruch verursacht sind.

An die Entlassung knüpfen sich folgende Wirkungen:

Der Rechtsstreit wird zwischen den streitenden Gläubigern allein fortgesetzt.

In dem Endurteil ist dem Obsiegenden der hinterlegte Betrag zuzusprechen.

In dem Endurteil ist über sämtliche Kosten des bisherigen Verfahrens zu entscheiden.

Die §§ 76 und 77 der ZPO., welche auch über die Streitverkündung handeln, können von unseren Betrachtungen ausgeschlossen werden.

Die Schiedsgerichte.

§§ 1025—1045 ZPO.

Das Schiedsgerichtsverfahren bedeutet in gewissen Grenzen eine Durchbrechung des staatlichen Monopols des Privatrechtschutzes. Es beruht auf einer außerstaatlichen Gerichtsbarkeit auf Grund des Willens der Beteiligten. Jedoch müssen, wenn das „Schiedsgerichtliche Verfahren" rechtskräftig sein soll, die gesetzlichen Bestimmungen über dasselbe voll und ganz beobachtet werden.

Aus juristischen Kreisen wird dem im industriellen Leben immer mehr um sich greifenden schiedsgerichtlichen Verfahren vorgeworfen, daß es die Einheitlichkeit in der Rechtsprechung vermissen läßt. Während bei den Gerichten durch rechtskundige Richter nach den Grundsätzen der Rechtsprechung, nach den Entscheidungen der Oberlandesgerichte oder des Reichsgerichtes im allgemeinen eine einheitliche Rechtsprechung erfolgt und gegen erstinstanzliche Entscheidungen bei Rechtsirrtümern eine Berufungsinstanz diesen Rechtsirrtum beseitigen oder die Rechtsauffassung abändern kann, wird durch das schiedsrichterliche Verfahren der Rechtsstreit endgültig erledigt. Oft werden Schiedsrichter zugezogen, welche die Sachlage mit Recht mehr nach dem sachlichen als nach dem juristischen Standpunkte beurteilen. Handel und Industrie verlangen es, daß bei schiedsgerichtlichen Verfahren mindestens die sachlichen und technischen Vorgänge ihrem Urteile ebenso zugrunde gelegt werden wie die Innehaltung der Rechtsvorschriften. Das Urteil wird von Fall zu Fall, je nach Lage der Umstände, gefällt werden müssen; es ist daher richtig, daß das schiedsrichterliche Verfahren nicht einheitlich gehandhabt werden kann. Wenn dies als Nachteil aus juristischen Kreisen bezeichnet wird, so steht dem gegenüber, daß die starre Anwendung der Gesetze oft dem Volksempfinden ins Gesicht schlägt. Vor allem kann das Gesetz nicht vermittelnd eingreifen; es kann nur entscheiden, wer recht, wer unrecht hat. Ein Zwischending gibt es da nicht. Aber im praktischen Leben liegen die Fälle oft so, daß ein Teil Recht und ein Teil Unrecht auf beiden Seiten liegt. Dann kann im Gegensatz zum Gesetz das Urteil vermittelnd sein; der Schiedsrichter kann einer Partei z. B. $^2/_5$, der anderen $^3/_5$ des entstandenen Schadens auferlegen; das verbietet das Gesetz dem Richter. So ziehen es Handel und Industrie in einer Überzahl von Fällen vor, unter Ausschaltung des ordentlichen Rechtsweges bei entstehenden Steitigkeiten ein Schiedsgericht vorzusehen. Die meisten Verträge der Industrien sehen Schiedsgerichtsverfahren vor. Ingenieur und Kaufmann werden als Schiedsrichter namentlich bei schwierigen kaufmännischen und technischen Fällen vielfach zugezogen werden. Es ist daher Pflicht, sich mit den Vorschriften des schiedsrichterlichen Verfahrens genau vertraut zu machen, um sich die rechtliche Geltung zu verschaffen.

Als weiterer Vorzug des schiedsrichterlichen Verfahrens sei noch der im allgemeinen raschere Gang bei der Erledigung gewerblicher Rechtsstreitigkeiten erwähnt. Der Richter muß sich namentlich bei schwierigen Fragen meist auf das Urteil der Sachverständigen verlassen, während beim schiedsgerichtlichen Verfahren der Rechtsstreit auf Grund eigener Sachkenntnis und eigener kaufmännischer und technischer Erfahrung entschieden werden kann. Bei den

Schiedsgerichten besteht keinerlei Anwaltszwang. Die Parteien können ihre Sache selbst führen und sich dadurch die oft nicht unerheblichen Kosten der Prozeßführung durch Rechtsanwälte ersparen.

Für das schiedsrichterliche Verfahren ist der § 220 BGB. von besonderer Bedeutung. Derselbe lautet:

Ist der Anspruch vor einem Schiedsgericht oder einem besonderen Gerichte geltend zu machen, so finden die Vorschriften der §§ 209—213, 215, 216, 218, 219 entsprechende Anwendung. Sind in dem Schiedsvertrage die Schiedsrichter nicht ernannt oder ist die Ernennung eines Schiedsrichters aus einem anderen Grunde erforderlich oder kann das Schiedsgericht erst nach Erfüllung einer einer sonstigen Voraussetzung angerufen werden, so wird die Verjährung schon dadurch unterbrochen, daß der Berechtigte das zur Erledigung der Sache seinerseits Erforderliche vornimmt.

Auch gerichtliche Schritte zur Einleitung des schiedsrichterlichen Verfahrens unterbrechen die Verjährung.

Das schiedsrichterliche Verfahren ist eine auf einem Rechtsgeschäft beruhende Anordnung der schiedsrichterlichen Entscheidungen. Es muß sich auf eine bürgerliche Rechtsstreitigkeit beziehen, d. h. auf ein Rechtsverhältnis, für das der Rechtsweg vor den ordentlichen Gerichten zulässig ist, und muß auf die Entscheidung einer Rechtstreitigkeit gerichtet sein. Die Entscheidung muß durch Dritte erfolgen. Das Verfahren muß an die Stelle desjenigen der ordentlichen Gerichte treten.

§ 1025. Die Vereinbarung, daß die Entscheidung einer Rechtsstreitigkeit durch einen oder mehrere Schiedsrichter erfolgen solle, hat insoweit rechtliche Wirkung, als die Parteien berechtigt sind, über den Gegenstand des Streites einen Vergleich zu schließen.

Der Gegenstand muß also ein solcher sein, daß die Parteien berechtigt sind, darüber durch Vergleiche zu verfügen. Beide Teile haben die Pflicht, alles zu tun, was nötig ist, um den Schiedsspruch herbeizuführen. Der Schiedsvertrag bindet die Parteien, welche ihn abgeschlossen haben, und diejenigen, gegen welche ihr Vergleich wirken würde. Die Frage der Gültigkeit und des Bestandes des Schiedsverfahrens kann ausschließlich von den staatlichen Gerichten entschieden werden.

Ist in dem Schiedsvertrag eine Bestimmung über die Ernennung der Schiedsrichter nicht enthalten, so wird von jeder Partei ein Schiedsrichter ernannt. Steht beiden Parteien die Ernennung von Schiedsrichtern zu, so hat die betreibende Partei dem Gegner den Schiedsrichter schriftlich mit der Aufforderung zu bezeichnen, binnen einer einwöchigen Frist seinerseits ein gleiches zu tun. Nach fruchtlosem Ablaufe der Frist wird auf Antrag der betreibenden Partei der Schiedsrichter von dem zuständigen Gericht ernannt. Die Parteien können die Zahl und die Art der Ernennung der Schiedsrichter im Vertrage selbst oder nachträglich vereinbaren oder einem Dritten überlassen. Sie können auch die Ernennung von Schiedsrichtern den ständigen Schiedsgerichten, z. B. bei kaufmännischen Korporationen überlassen. Meistens wird vereinbart werden, daß die beiden Schiedsrichter einen Dritten als Obmann wählen. Einigen sie sich auf den Obmann nicht, so kann vorgesehen werden, daß Dritte einen solchen ernennen. Ist eine Einigung über den Obmann trotz ernstlich gemeinter Vorschläge nicht zu erreichen, so tritt § 1045 ZPO. (s. unten) in Kraft.

Eine Partei ist an die durch sie erfolgte Ernennung eines Schiedsrichters dem Gegner gegenüber gebunden, sobald derselbe die Anzeige von der Ernennung erhalten hat. Der Widerruf ist nur wirksam, wenn er vor oder gleichzeitig mit der Anzeige bei dem Gegner eintrifft.

Stirbt ein nicht in dem Schiedsvertrag ernannter Schiedsrichter oder fällt er aus einem andern Grunde fort oder verweigert er die Übernahme des Schiedsrichteramts, so hat die Partei, welche ihn ernannt hat, auf Aufforderung des Gegners binnen einer einwöchigen Frist einen andern Schiedsrichter zu bestellen. Nach fruchtlosem Ablaufe der Frist wird auf Antrag der betreibenden Partei der Schiedsrichter von dem zuständigen Gericht ernannt.

Ein Schiedsrichter kann aus denselben Gründen und unter denselben Voraussetzungen abgelehnt werden, welche zur Ablehnung eines Richters berechtigen (vgl. S. 281). Die Ablehnung kann außerdem erfolgen, wenn ein nicht in dem Schiedsvertrag ernannter Schiedsrichter die Erfüllung seiner Pflichten ungebührlich verzögert. Frauen, Minderjährige und Personen, welchen die bürgerlichen Ehrenrechte aberkannt sind, können abgelehnt werden. Sowohl die Parteien als das Gericht haben im allgemeinen volle Freiheit in der Auswahl der Personen. Die Ablehnung kann schon vor Beginn des Verfahrens ohne besondere Form dem Gegner oder dem Schiedsrichter gegenüber erklärt werden.

Der Schiedsvertrag tritt außer Kraft, sofern nicht für den betreffenden Fall durch eine Vereinbarung der Parteien Vorsorge getroffen ist:

1. Wenn bestimmte Personen in dem Vertrage zu Schiedsrichtern ernannt sind und ein Schiedsrichter stirbt oder aus einem andern Grunde fortfällt oder die Übernahme des Schiedsrichteramts verweigert oder von dem mit ihm geschlossenen Vertrage zurücktritt oder die Erfüllung seiner Pflichten ungebührlich verzögert.

2. Wenn die Schiedsrichter den Parteien anzeigen, daß unter ihnen Stimmengleichheit sich ergeben habe.

Außerordentlich wichtig sind die Bestimmungen des § 1043; derselbe lautet:

§ 1043. Die Schiedsrichter haben vor Erlassung des Schiedsspruchs die Parteien zu hören und das dem Streite zugrunde liegende Sachverhältnis zu ermitteln, soweit sie die Ermittelung für erforderlich erachten.

In Ermangelung einer Vereinbarung der Parteien über das Verfahren wird dasselbe von den Schiedsrichtern nach freiem Ermessen bestimmt.

Die Schiedsrichter sind also in Beziehung auf das Verfahren wie auf die Entscheidung grundsätzlich weder an die Normen des materiellen Rechts noch an die Vorschriften des Prozeßrechts gebunden (RG. 10, VI. 97). Sie können auch über die Anträge der Parteien hinaus nach Billigkeit und freier Überzeugung entscheiden und das Verfahren nach ihrem Ermessen regeln, ohne daß sie vorher den Parteien Mitteilung über das beabsichtigte Verfahren oder über dessen einzelne Schritte zu machen brauchen (RG. 47, 424). Dies gilt insbesondere von der Errichtung des Schiedsgerichtes, der Wahl des Obmanns, sofern diese im Schiedsvertrag vorgesehen war, der Erlassung von Teilurteilen oder von Vorabentscheidungen oder für Abweichungen von dem anfangs eingeschlagenen Verfahren (RG. 29, 387; RG. 68, 56; RG. 35, 422).

Selbstverständlich sind die Parteien befugt, im Wege der Vereinbarung den Schiedsrichtern bindende Vorschriften über das anzuwendende materielle Recht und über das Verfahren zu geben. Unterwerfen sich die Parteien einem bestehenden ständigen Schiedsgericht, so gilt die Verfahrensordnung dieses

Gerichtes kraft der Unterwerfung als vereinbart. Durch Vereinbarung kann namentlich festgesetzt werden, daß den Parteien ein Rechtsmittel an eine höhere schiedsrichterliche Instanz zustehen solle, wie und in welcher Frist die Rechtsmittel einzulegen sind.

Ein Schiedsspruch kann niemals durch die Rechtsmittel der ZPO. oder durch Wiederaufnahmeklage vor den staatlichen Gerichten angefochten werden (RG. 13, 430; RG. 17, 434).

Es ist den Schiedsrichtern überlassen, ob sie Rechtanwälte als Vertreter zulassen wollen. Es genügt, daß der Richter jeder Partei schriftlich oder mündlich, einzeln oder gleichzeitig Gelegenheit gegeben hat, ihre Behauptungen oder Bestreitungen vorzutragen; Zuziehung zur Beweisaufnahme ist nicht erforderlich. Beschafft der Schiedsrichter ohne Vorwissen der Parteien neues Material, z. B. durch Einziehung von Gutachten, so müssen die Parteien auch darüber gehört werden (RG. 23, 435). Dagegen ist nach der Anhörung des Gegners oder nach der Aufnahme von Beweisen ein wiederholtes Gehör nicht erforderlich.

Das Schiedsgericht kann die Ermittelungen einem der Schiedsrichter übertragen und nach der Art der Beweissicherung Ermittelungen vor Beginn des Verfahrens vornehmen, sobald es angerufen wird. Es ist dabei unerheblich, ob die zu entscheidenden Fragen in das Gebiet der besonderen Sachkunde der Schiedsrichter fallen. Mit Ausnahme des Parteieides und der eidlichen Vernehmung stehen ihnen alle Beweismittel zu Gebote. Verletzung des Verfahrens bei den Ermittelungen und selbst die gänzliche Unterlassung solcher Ermittelungen begründet nicht die Aufhebung des Schiedsspruches.

Durch Anrufung des Schiedsgerichtes wird die Verjährung unterbrochen.

Die Schiedsrichter können Zeugen und Sachverständige vernehmen, welche freiwillig vor ihnen erscheinen. Die Ansprüche auf Entschädigung der Zeugen und auf Honorare für die Gutachten bestimmen sich nach dem BGB. und richten sich gegen die Parteien als Gesamtschuldner (RG. 74, 324).

Bei Parteieiden hat das Schiedsgericht die Person und die Norm zu bestimmen, im übrigen aber die Erledigung dem zuständigen Gerichte auf Antrag einer Partei zu überlassen. Auch über die Vernehmung eines Zeugen oder Sachverständigen bestimmt § 1036 folgendes:

§ 1036. Eine von den Schiedsrichtern für erforderlich erachtete richterliche Handlung, zu deren Vornahme dieselben nicht befugt sind, ist auf Antrag einer Partei, sofern der Antrag für zulässig erachtet wird, von dem zuständigen Gerichte vorzunehmen.

Dem Gerichte, welches die Vernehmung oder die Beeidigung eines Zeugen oder eines Sachverständigen angeordnet hat, stehen auch die Entscheidungen zu, welche im Falle der Verweigerung des Zeugnisses oder des Gutachtens erforderlich wären.

Die Handlung muß eine richterliche sein, d. h. nach der ZPO. vom Richter vorzunehmen sein und außerhalb der Befugnisse der Schiedsrichter liegen. Das Gericht prüft, ob die Voraussetzungen vorliegen und ob die richterliche Handlung als solche zulässig ist. Erachtet das Gericht den Antrag für zulässig, so ordnet es die Ladung der Auskunftspersonen oder die Leistung des Parteieides unter Verkündung des Termins oder Zustellung des Beschlusses an. Die Parteien sind berechtigt, der Beweisaufnahme beizuwohnen, und sind deshalb zu benachrichtigen. Die Protokolle verbleiben beim Gericht. Die Parteien können sich Abschriften erteilen lassen und dem Schiedsrichter vorlegen.

§ 1037. Die Schiedsrichter können das Verfahren fortsetzen und den Schiedsspruch erlassen, auch wenn die Unzulässigkeit des schiedsrichterlichen Verfahrens behauptet, insbesondere, wenn geltend gemacht wird, daß ein rechtsgültiger Schiedsvertrag nicht bestehe, daß der Schiedsvertrag sich auf den zu entscheidenden Streit nicht beziehe, oder daß ein Schiedsrichter zu den schiedsrichterlichen Verrichtungen nicht befugt sei.

Es ist also dem Schiedsgericht überlassen, ob es sein Verfahren aussetzen oder trotz des Streites beginnen oder fortsetzen und den Schiedsspruch erlassen will.

§ 1038 bestimmt:

Ist der Schiedsspruch von mehreren Schiedsrichtern zu erlassen, so ist die absolute Mehrheit der Stimmen entscheidend, sofern der Schiedsvertrag nicht ein anderes bestimmt.

Die Art und Weise der Beratung und Abstimmung bei einer Mehrheit von Schiedsrichtern bestimmen diese selbst. Mängel der Abstimmung als solche begründen die Aufhebung eines sonst formgerechten Spruches nicht.

Der Schiedsspruch ist laut § 1039 unter Angabe des Tages der Abfassung von den Schiedsrichtern zu unterschreiben, den Parteien in einer von den Schiedsrichtern unterschriebenen Ausfertigung zuzustellen und unter Beifügung der Beurkundung der Zustellung auf der Gerichtsschreiberei des zuständigen Gerichts niederzulegen. Ein gültiger Schiedsspruch liegt erst vor, wenn diesen sämtlichen Erfordernissen, deren jedes einzelne wesentlich ist, genügt worden ist. Diese Erfordernisse werden von Amts wegen geprüft und können nicht durch Schiedsvertrag beseitigt oder geändert werden (RG. 5, 401; 37, 412; 49, 409; 51, 406). Dies gilt auch von der Zuständigkeit für die Niederlegung. Ihre Einhaltung bildet die Voraussetzung für die Erledigung des Schiedsvertrages, für die Einrede der Rechtskraft bei inländischen Schiedssprüchen, für die Erlassung des Vollstreckungsurteils und für die Klage auf Aufhebung des Schiedsspruchs.

Solange nicht alle Erfordernisse des § 1039 erfüllt sind, ist das Schiedsverfahren nicht zu Ende. Die Verhandlung kann bis dahin wieder eröffnet und der noch nicht endgültige Schiedsspruch geändert werden (RG. 38, 393; 77, 315).

Eine mündliche Verkündung des Schiedsspruchs kann die schriftliche Abfassung und Unterzeichnung nicht ersetzen, sie kann lediglich zur Erläuterung des Schiedsspruchs benutzt werden. Der Tod eines Schiedsrichters oder dessen Unfähigkeit oder Weigerung zur Unterzeichnung und Niederlegung hindert das Zustandekommen des Schiedsspruchs.

Bezüglich der Ausfertigung sei bemerkt, daß eine zweite Urschrift genügt; eine beglaubigte Abschrift ist nicht nötig (RG. 5, 397; 13, 431; 51, 406).

Es genügt, wenn die Niederlegung auf der Gerichtsschreiberei durch einen der Schiedsrichter mit ausdrücklicher oder stillschweigender Zustimmung der andern oder im Aufrtage aller Schiedsrichter durch einen Dritten erfolgt. Unter mehreren zuständigen Gerichten steht den Schiedsrichtern die Wahl zu.

§ 1040. Der Schiedsspruch hat unter den Parteien die Wirkungen eines rechtskräftigen gerichtlichen Urteils.

Gegen den Schiedsspruch sind Rechtsmittel bei dem staatlichen Gerichte nicht gegeben, und solche innerhalb des schiedsgerichtlichen Verfahrens nur bei Vereinbarung. Hat das Schiedsgericht einen Anspruch übergangen, so können die Parteien einen Wiederzusammentritt des Schiedsgerichtes zum Zwecke der Ergänzung des Schiedsspruches herbeiführen.

§ 1041. Die Aufhebung des Schiedsspruches kann beantragt werden:
1. wenn das Verfahren unzulässig war;
2. wenn der Schiedsspruch eine Partei zu einer Handlung verurteilt, deren Vornahme verboten ist;
3. wenn die Partei in dem Verfahren nicht nach Vorschrift der Gesetze vertreten war, sofern sie nicht die Prozeßführung ausdrücklich oder stillschweigend genehmigt hat;
4. wenn der Partei in dem Verfahren das rechtliche Gehör nicht gewährt war;
5. wenn der Schiedsspruch nicht mit Gründen versehen ist;
6. wenn die Voraussetzungen vorliegen, unter welchen in den Fällen 1—6 des § 580 die Klage auf Wiederaufnahme des Verfahrens stattfindet (vgl. S. 300).

Die Aufhebung des Schiedsspruches findet aus den unter 4 und 5 erwähnten Gründen nicht statt, wenn die Parteien ein anderes vereinbart haben.

Die Aufhebungsklage hat rückwirkende Kraft. Der aufgehobene Schiedsspruch gilt von Anfang an als unwirksam. Zur Begründung der Klage sind die Tatsachen anzugeben, aus denen sich einer der Aufhebungsgründe ergeben soll. Die Klage kann jedoch nur zur Aufhebung, nicht zur Abänderung des Schiedsspruchs führen. Wird jedoch von dem Aufhebungsgrunde nur ein Teil des Spruches getroffen, welcher sich zur Erlassung eines Teilurteils eignet, so kann auch eine teilweise Aufhebung erfolgen; andernfalls ist der ganze Spruch aufzuheben. Mit der Klage auf Aufhebung kann mangels anderer ausdrücklicher Vereinbarung die Klage in der Sache selbst bei dem ordentlichen Gerichte verbunden werden.

Eine Unzulässigkeit des schiedsrichterlichen Verfahrens liegt nur vor (insofern sie nicht durch Einlassung geheilt werden kann):
1. wenn der Schiedsvertrag ungültig war;
2. wenn er durch Vereinbarung oder aus anderen Gründen außer Kraft getreten war;
3. wenn der Schiedsvertrag sich auf den durch den Schiedsspruch entschiedenen Streit nicht bezieht, oder wenn der Schiedsspruch sich auf Streitpunkte erstreckt, welche dem Schiedsgerichte nicht zur Entscheidung unterstellt worden sind;
4. wenn die gesetzlichen oder vereinbarten Vorschriften über die Besetzung des Schiedsgerichtes nicht beachtet sind.

1042. Aus dem Schiedsvertrag findet die Zwangsvollstreckung nur statt, wenn ihre Zulässigkeit durch ein Vollstreckungsurteil ausgesprochen ist. Das Vollstreckungsurteil ist nicht zu erlassen, wenn ein Grund vorliegt, aus welchem die Aufhebung des Schiedsspruchs beantragt werden kann.

Der Anspruch auf die Zwangsvollstreckung erwächst nur aus staatlichen Rechtssprüchen. Der Schiedsspruch bedarf zu diesem Zwecke der Verleihung der Vollstreckbarkeit durch das Vollstreckungsurteil eines staatlichen Gerichts.

Über die Kosten des schiedsrichterlichen Verfahrens entscheidet in erster Linie der Schiedsvertrag. Enthält er keine Bestimmung, so darf man als die Parteiabsicht unterstellen, daß die Schiedsrichter darüber befinden.

Hat das Schiedsgericht die Kosten ihrem Betrage nach zu bemessen, so kann auch zu diesem Teile des Schiedsspruchs das Vollstreckungsurteil erlassen werden, und die Kosten können auf Grund des Vollstreckungsurteils beigetrieben werden.

Nach Erlassung des Vollstreckungsurteils kann die Aufhebung des Schiedsspruchs nur aus den im § 1041 Nr. 6 bezeichneten Gründen und nur dann beantragt werden, wenn glaubhaft gemacht wird, daß die Partei ohne ihr Verschulden außerstande gewesen sei, den Aufhebungsgrund in dem früheren Verfahren geltend zu machen.

Durch das Vollstreckungsurteil gehen die Aufhebungsgründe des § 1041 für den Beklagten verloren, soweit sie nicht in dem Verfahren des § 1042 rechtzeitig, d. h. spätestens bis zum Schlusse der mündlichen Verhandlung der Berufsinstanz vorgebracht sind.

Gemäß § 1044 ist die Klage auf Aufhebung des Schiedsspruchs im Falle des vorstehenden Paragraphen binnen der Notfrist eines Monats zu erheben.

Die Frist beginnt mit dem Tage, an welchem die Partei Kenntnis von dem Aufhebungsgrunde erhalten hat, jedoch nicht vor eingetretener Rechtskraft des Vollstreckungsurteils. Nach Ablauf von 10 Jahren, von dem Tage der Rechtskraft des Urteils an gerechnet, ist die Klage unstatthaft.

Wird der Schiedsspruch aufgehoben, so ist zugleich die Aufhebung des Vollstreckungsurteils auszusprechen.

§ 1045. Für die gerichtlichen Entscheidungen über die Ernennung oder die Ablehnung eines Schiedsrichters oder über das Erlöschen eines Schiedsvertrags oder über die Anordnung der von den Schiedsrichtern für erforderlich erachteten richterlichen Handlungen ist das Amtsgericht oder das Landgericht zuständig, welches in einem schriftlichen Schiedsvertrag als solches bezeichnet ist und in Ermangelung einer derartigen Bezeichnung das Amtsgericht oder das Landgericht, welches für die gerichtliche Geltendmachung des Anspruchs zuständig sein würde.

Die Enstcheidung kann ohne vorgängige mündliche Verhandlung erfolgen. Vor der Entscheidung ist der Gegner zu hören.

Gegen die Entscheidung findet sofortige Beschwerde statt.

Die Zuständigkeit, und zwar sowohl die örtliche als die sachliche, bestimmt sich in erster Linie nach der Festsetzung im Schiedsvertrage. In Ermangelung einer Festsetzung ist dasjenige Gericht zuständig, das für die gerichtliche Geltendmachung des Anspruchs nach den allgemeinen Regeln des GVG. und der ZPO. zuständig sein würde.

Das im § 1045 Abs. 1 bezeichnete Gericht ist auch für die Klagen zuständig, welche die Unzulässigkeit des schiedsrichterlichen Verfahrens, die Aufhebung eines Schiedsspruchs oder die Erlassung des Vollstreckungsurteils zum Gegenstande haben.

Unter mehreren zuständigen Gerichten ist und bleibt dasjenige Gericht zuständig, an welches sich zuerst eine Partei oder das Schiedsgericht gewendet hat.

§ 1048. Auf Schiedsgerichte, welche in gesetzlich statthafter Weise durch letztwillige oder andere nicht auf Vereinbarung beruhende Verfügungen angeordnet werden, finden die Bestimmungen entsprechende Anwendung.

In dem Werke: „Die Schiedsgerichte in Industrie, Gewerbe und Handel“ (Professor Dr. phil. et jur. Julius Kollmann von der technischen Hochschule Darmstadt; Verlag von R. Oldenbourg, München-Berlin) ist das schiedsgerichtliche Verfahren ausführlich und im Zusammenhang behandelt. Eine Reihe praktischer Schiedsgerichtsverträge, sowie der Entwurf von Professor Kollmann über eine Schiedsgerichtsordnung nebst Gebührenordnung, machen das Buch für den Ingenieur und Kaufmann besonders wertvoll.

Der Sachverständige.

Die Gerichte sind vielfach genötigt, namentlich in schwierigen Prozessen, bei denen es einer besonderen Sachkunde auf bestimmten Gebieten bedarf, Sachverständige heranzuziehen. Von dem Urteile und dem Gutachten der Sachverständigen hängt in vielen Fällen der Ausgang der Prozesses ab. Pflichten und Rechte des Sachverständigen sind in den §§ 402—414 der ZPO. geregelt. Bei der Wichtigkeit der Frage für den Ingenieur und Kaufmann, welche häufig in die Lage kommen, ein Sachverständigengutachten abzugeben, bedarf es einer genauen Kenntnis der für den Sachverständigen erlassenen gesetzlichen Vorschriften.

Sachverständige sind Personen, die auf Grund ihrer besonderen Sachkunde dem Richter die ihm fehlende Kenntnis vermitteln sollen. Sie stehen vermöge ihrer Aufgabe, ein unparteiisches Gutachten abzugeben, außerhalb der Parteien, ihrer gesetzlichen und sonstigen Vertreter. Die Zuziehung der Sachverständigen steht durchaus im Ermessen des Richters. Es ist dem Gericht überlassen, Sachverständige von Amts wegen heranzuziehen; es ist aber auch berechtigt, die Anträge der Parteien auf Zuziehung von Sachverständigen dann abzulehnen, wenn es sich nach pflichtgemäßem Ermessen eine als Überzeugung genügende eigene Sachkunde beimißt.

Die Sachverständigenpflicht ist wie die Zeugnispflicht eine öffentlichrechtliche. Sie umfaßt außer dem Erscheinen, dem Gutachten und dem Eide auch die Pflicht der sachgemäßen Vorbereitung des Gutachtens.

Die einzelnen Paragraphen bestimmen nun folgendes:

§ 402 ZPO. Auf den Beweis durch Sachverständige finden die Vorschriften über den Beweis durch Zeugen entsprechende Anwendung, insoweit nicht in den nachfolgenden Paragraphen abweichende Bestimmungen enthalten sind.

§ 403 ZPO. Die Antretung des Beweises erfolgt durch die Bezeichnung der zu begutachtenden Punkte.

Der Parteiantrag stellt in Wirklichkeit nichts anderes als eine Anregung für die richterliche Amtspflicht dar. Das Gericht kann über die von den Parteien angegebenen, zu begutachtenden Punkte hinaus auch andere Punkte in dem Beweisbeschluß aufnehmen.

§ 404 ZPO. Die Auswahl der zuzuziehenden Sachverständigen und die Bestimmung ihrer Anzahl erfolgt durch das Prozeßgericht. Dasselbe kann sich auf die Ernennung eines einzigen Sachverständigen beschränken. Es kann an Stelle der zuerst ernannten Sachverständigen andere ernennen.

Sind für gewisse Arten von Gutachten Sachverständige öffentlich bestellt, so sollen andere Personen nur dann gewählt werden, wenn besondere Umstände es erfordern.

Das Gericht kann die Parteien auffordern, Personen zu bezeichnen, welche geeignet sind, als Sachverständige vernommen zu werden.

Einigen sich die Parteien über bestimmte Personen als Sachverständige, so hat das Gericht dieser Einigung Folge zu geben; das Gericht kann jedoch die Wahl der Parteien auf eine bestimmte Anzahl beschränken.

Die Ernennung der Sachverständigen erfolgt im Beweisbeschluß. Der Richter ist in erster Linie an die öffentlich bestellten Sachverständigen verwiesen, um dadurch den Sachverständigenzwang zu erleichtern; Abweichungen davon sind nach freiem Ermessen gestattet. Die Aufforderung zur Bezeichnung geeigneter Personen ist in das Belieben des Gerichts gestellt. Die Vorschläge der Partei, zu denen eine Pflicht nicht besteht, sind nicht bindend.

Einigen sich die Parteien über Personen und Zahl der Sachverständigen, so bindet diese Vereinbarung das Prozeßgericht, sofern dies ihm vor dem Beweisbeschluß in der mündlichen Verhandlung angezeigt wird. Das Gericht kann die Wahl der Parteien im voraus oder nachträglich auf eine bestimmte Anzahl beschränken; wird dem nicht Folge geleistet, so tritt das freie Wahlrecht des Gerichtes wieder ein.

Dagegen darf das Gericht weder die Zahl der zu wählenden Sachverständigen erhöhen noch gleichzeitig von sich aus weitere Sachverständige ernennen.

§ 405 ZPO. Das Prozeßgericht kann den mit der Beweisaufnahme betrauten Richter zur Ernennung der Sachverständigen ermächtigen. Derselbe hat in diesem Falle die in dem vorstehenden Paragraphen dem Prozeßgericht beigelegten Befugnisse auszuüben.

§ 406 ZPO. Ein Sachverständiger kann aus denselben Gründen, welche zur Ablehnung eines Richters berechtigten, abgelehnt werden. Ein Ablehnungsgrund kann jedoch nicht daraus entnommen werden, daß der Sachverständige als Zeuge vernommen worden ist.

Das Ablehnungsgesuch ist bei demjenigen Gericht oder Richter, von welchem die Ernennung der Sachverständigen erfolgt ist, vor der Vernehmung desselben, bei schriftlicher Begutachtung vor erfolgter Einreichung des Gutachtens anzubringen. Nach diesem Zeitpunkt ist die Ablehnung nur zulässig, wenn glaubhaft gemacht wird, daß der Ablehnungsgrund vorher nicht geltend gemacht werden konnte. Das Ablehnungsgesuch kann vor dem Gerichtsschreiber zu Protokoll erklärt werden.

Der Ablehnungsgrund ist glaubhaft zu machen; zur Versicherung an Eidesstatt darf die Partei nicht zugelassen werden.

Die Entscheidung erfolgt von dem im zweiten Absatze bezeichneten Gericht oder Richter; eine vorgängige mündliche Verhandlung der Beteiligten ist nicht erforderlich.

Gegen den Beschluß, durch welchen die Ablehnung für begründet erklärt wird, findet kein Rechtsmittel, gegen den Beschluß, durch welchen dieselbe für unbegründet erklärt wird, findet sofortige Beschwerde statt.

Die Ablehnungsgründe können Ausschließungsgründe gemäß § 41 der ZPO. sein, sie können aber auch auf der Besorgnis der Befangenheit gemäß § 42 ZPO. beruhen (vgl. S. 281). Ausgenommen ist im Gegensatz hierzu lediglich der Ablehnungsgrund, welcher sonst dadurch gegeben ist, daß der Sachverständige als Zeuge vernommen worden ist. Im übrigen entscheidet das richterliche Ermessen über Ablehnung oder Nichtablehnung. Die Ablehnung kann erst nach der Ernennung des Sachverständigen stattfinden; die Parteien können aber auch schon vorher Einwände gegen die etwa vorgeschlagenen Sachverständigen erheben. Die Ablehnung muß gemäß obiger Bestimmung vor Beginn der Vernehmung oder vor Einreichung des schriftlichen Gutachtens angebracht werden. Die Beeidigung oder Berufung auf den geleisteten Eid gehört noch nicht zur Vernehmung.

Anschließend an die Bestimmung über die nachträgliche Ablehnung der Sachverständigen sei erwähnt, daß die Sachverständigen, welche auf Grund einer Einigung der Parteien ernannt worden sind, nur abgelehnt werden können, wenn der Ablehnungsgrund erst nach der Einigung entstanden oder der Partei bekannt geworden ist (RG. 26. 9. 03).

Das Ablehnungsgesuch ist beim Prozeßgericht vorzubringen; nur bei der Ernennung der Sachverständigen durch den beauftragten oder ersuchten Richter geht es an diesen. Es kann in der mündlichen Verhandlung oder schriftlich oder zu Protokoll des Gerichtsschreibers erklärt werden. Der Ablehnungsgrund ist glaubhaft zu machen.

Das Verfahren folgt, wenn das Gesuch nicht in der mündlichen Verhandlung angebracht oder erledigt wird, der im Zivilprozeß üblichen mündlichen Verhandlung. Das Gericht hat das Recht, aber nicht die Pflicht, den Gegner und den Sachverständigen zu hören.

Die Entscheidung hat in jedem Fall durch einen besonderen Beschluß des Prozeßgerichtes oder im Falle des § 405 durch besonderen Beschluß des beauftragten oder ersuchten Richters zu erfolgen.

Der obige § 406 bestimmt, daß gegen den Beschluß, der die Ablehnung für begründet erklärt, kein Rechtsmittel, gegen den Beschluß, der die Ablehnung für unbegründet erklärt, die sofortige Beschwerde stattfindet. Sie steht aber nur der ablehnenden Partei, nicht dem Sachverständigen zu. Wird auf die Beschwerde die Ablehnung für begründet erklärt, so findet dagegen eine weitere Beschwerde des Gegners nicht statt.

§ 407 ZPO. Der zum Sachverständigen Ernannte hat der Ernennung Folge zu leisten, wenn er zur Erstattung von Gutachten der erforderten Art öffentlich bestellt ist, oder wenn er die Wissenschaft, die Kunst oder das Gewerbe, deren Kenntnis Voraussetzung der Begutachtung ist, öffentlich zum Erwerbe ausübt, oder wenn er zur Ausübung derselben öffentlich bestellt oder ermächtigt ist.

Zur Erstattung des Gutachtens ist auch derjenige verpflichtet, welcher sich zu derselben vor Gericht bereit erklärt hat.

Die öffentliche Bestellung zur Erstattung von Gutachten muß durch eine landesgesetzlich hierzu ermächtigte Behörde erfolgt sein. Öffentlich ausgeübt wird eine Wissenschaft, eine Kunst oder ein Gewerbe, wenn die Ausübung dem Publikum gegenüber erfolgt (RG. 50, 391), und zwar muß dies zum Erwerbe geschehen. Hierbei ist es gleichgültig, ob die Ausübung für eigene Rechnung oder gegen Entgelt in fremdem Geschäftsbetriebe erfolgt. Zur Ausübung einer Wissenschaft, einer Kunst oder eines Gewerbes öffentlich bestellt oder ermächtigt sind z. B. angestellte Lehrer, Privatdozenten, Professoren usw.

Andere Personen haben die Sachverständigenpflicht nur dann, wenn sie sich dazu vor Gericht bereit erklärt haben, sei es allgemein zur Abgabe von Gutachten einer gewissen Art oder im einzelnen Falle. Es genügt hierbei, daß der Sachverständige auf die Ladung hin erscheint und ohne Widerspruch die Angaben entgegennimmt. Unter Gericht wird hier auch der beauftragte oder ersuchte Richter verstanden.

§ 408 ZPO. Dieselben Gründe, welche einen Zeugen berechtigen, das Zeugnis zu verweigern, berechtigen einen Sachverständigen zur Verweigerung des Gutachtens. Das Gericht kann auch aus anderen Gründen einen Sachverständigen von der Verpflichtung zur Erstattung des Gutachtens entbinden.

Die Vernehmung eines öffentlichen Beamten findet nicht statt, wenn die vorgesetzte Behörde des Beamten erklärt, daß die Vernehmung den dienstlichen Interessen Nachteile bereiten würde.

Wer bei einer richterlichen Entscheidung mitgewirkt hat, soll über Fragen, die den Gegenstand der Entscheidung gebildet haben, nicht als Sachverständiger vernommen werden.

Bezüglich der Gründe, welche einen Zeugen und daher auch einen Sachverständigen berechtigen, das Zeugnis zu verweigern, vgl. S. 290. Das Gericht kann den Sachverständigen auch aus anderen Gründen von der Verpflichtung entbinden, um Härten des Sachverständigenzwanges oder Konflikten mit Berufspflichten abzuhelfen, aber auch um den Zwang zu beseitigen, wenn dem Sachverständigen die erforderlichen Fachkenntnisse fehlen oder er die Abgabe des schriftlichen Gutachtens verzögert, oder wenn er nicht vereidigt werden konnte.

§ 409 ZPO. Im Falle des Nichterscheinens oder der Weigerung eines zur Erstattung des Gutachtens verpflichteten Sachverständigen wird dieser zum Ersatze der Kosten und zu einer Geldstrafe bis zu 300 RM. verurteilt. Im Falle wiederholten Ungehorsams kann noch einmal auf eine Geldstrafe bis zu 600 RM. erkannt werden.

Gegen den Beschluß findet Beschwerde statt.

Die Festsetzung und die Vollstreckung der Strafe gegen eine der Reichswehr oder der Marine angehörende Militärperson erfolgt auf Ersuchen durch das Militärgericht.

Aus diesen Bestimmungen geht hervor, daß im Falle des Unvermögens, d. h. wenn der Sachverständige die Geldstrafe nicht zahlen kann, keine Haft eintritt. Mit der zweiten Strafe von 600 RM. ist das Verfahren gegen den Sachverständigen im Falle des Ausbleibens wie in dem Falle der Weigerung beendet. Die Bestrafung wegen Weigerung tritt ein, wenn der Sachverständige ohne Angabe eines Weigerungsgrundes oder nach rechtskräftiger Verwerfung des angegebenen Weigerungsgrundes die Abgabe des Gutachtens unterläßt. Verschleppt der Sachverständige die Abgabe eines schriftlichen Gutachtens, so hat das Gericht nach den Umständen des Falles zu entscheiden, ob eine Verweigerung vorliegt oder nicht. Die Verurteilung kann auch der mit der Beweisaufnahme betraute Richter aussprechen.

Wiederholter Ungehorsam bedeutet das wiederholte Nichterscheinen und die wiederholte Weigerung, aber auch die Weigerung nach Nichterscheinen und umgekehrt. Sie setzt voraus, daß der Beschluß über die erste Bestrafung durch Verkündung oder Zustellung erlassen ist, ohne daß derselbe bereits vollzogen sein muß.

§ 410 ZPO. Die Beeidigung des Sachverständigen erfolgt vor oder nach Erstattung des Gutachtens. Die Eidesnorm geht dahin, daß der Sachverständige das von ihm erforderte Gutachten unparteiisch und nach bestem Wissen und Gewissen erstatten werde oder erstattet habe.

Ist der Sachverständige für die Erstattung von Gutachten der betreffenden Art im allgemeinen beeidigt, so genügt die Berufung auf den geleisteten Eid.

Was die allgemeine Beeidigung anbetrifft, so muß sie durch die hierzu landesgesetzlich berufene Behörde erfolgt sein. Das Landesrecht bestimmt auch, ob die Beeidigung nur für einen bestimmten Bezirk oder für den ganzen Bundesstaat wirkt, und für welche Zeitdauer sie erfolgt. Für Preußen wird die Beschränkung auf den Gerichtsbezirk angenommen (RGSt. 37, 364). Die Berufung auf den geleisteten Eid muß ebenso wie die Eidesleistung mündlich vor dem Prozeßgericht oder dem beauftragten oder ersuchten Richter erklärt werden. Das gleiche gilt im Falle nochmaliger Vernehmung.

Verstöße gegen die Vorschriften über die Beeidigung begründen die Berufung und Revision.

§ 411 ZPO. Wird schriftliche Begutachtung angeordnet, so hat der Sachverständige das von ihm unterschriebene Gutachten auf der Gerichtsschreiberei niederzulegen. Das Gericht kann das Erscheinen des Sachverständigen anordnen, damit er das schriftliche Gutachten erläutere.

Die Parteien können schriftliche Gutachten überreichen, und das Gericht kann vorhandene schriftliche Gutachten benutzen. Das Gericht darf die schriftliche Begutachtung durch den Sachverständigen ohne Vernehmung nicht anordnen; jedoch steht es im freien Ermessen des Gerichts, vor oder nach der Vernehmung und Beeidigung anzuordnen, daß der Sachverständige sein Gutachten schriftlich statt mündlich im Termine erstattet.

Haben die Parteien ein Interesse daran, dem Sachverständigen eine Reihe von Fragen vorzulegen, die ihnen durch die schriftliche Begutachtung abgeschnitten sind, so müssen die Parteien das Erscheinen des Sachverständigen beantragen.

§ 412 ZPO. Das Gericht kann eine neue Begutachtung durch dieselben oder durch andere Sachverständige anordnen, wenn es das Gutachten für ungenügend erachtet.

Das Gericht kann die Begutachtung durch einen anderen Sachverständigen anordnen, wenn ein Sachverständiger nach Erstattung des Gutachtens mit Erfolg abgelehnt ist."

Das Gutachten der Sachverständigen unterliegt der freien Würdigung des Gerichts, auch wenn die Sachverständigen durch Vereinbarung der Parteien bestellt sind. Das Gericht ist auch an ein übereinstimmendes Gutachten einer Mehrheit von Sachverständigen nicht gebunden; es kann bei einem Widerstreit der Meinungen die Ansicht der Minderheit seinem Urteil zugrunde legen und ein Gutachten auch dann berücksichtigen, wenn es keine Gründe enthält (RG. 4, 7, 96). Dies gilt auch bei Schätzungen.

Hält das Gericht das Gutachten für ungenügend, oder besteht Widerspruch unter den Sachverständigen oder wird der Sachverständige nachträglich mit Erfolg abgelehnt, so kann das Gericht eine neue Begutachtung durch dieselben oder andere Sachverständige anordnen.

§ 413 ZPO. Der Sachverständige hat nach Maßgabe der Gebührenordnung auf Entschädigung für Zeitversäumnis, auf Erstattung der ihm verursachten Kosten und außerdem auf angemessene Vergütung seiner Mühewaltung Anspruch.

Der Sachverständige kann auch für die durch Vorbereitung des Gutachtens verursachten Kosten Ersatz (RG. 3. 3. 87) und daneben eine angemessene Vergütung für seine Mühewaltung, d. h. für seine geistige Arbeit beanspruchen.

§ 414 ZPO. Insoweit zum Beweise vergangener Tatsachen oder Zustände, zu deren Wahrnehmung eine besondere Sachkunde erforderlich war, sachkundige Personen zu vernehmen sind, kommen die Vorschriften über den Zeugenbeweis zur Anwendung.

Bezüglich des Zeugenbeweises vgl. S. 291.

Da es oft schwierig ist, die Aufwendung an geistiger Arbeit, wie es § 413 verlangt, nachzuweisen, und da oft für die Erstattung eines Gutachtens in schwieriger Angelegenheit besondere Vorkenntnisse notwendig sind, so daß man vielfach nur Männer in hervorragender Stellung von Handel und Industrie für solche Gutachten heranziehen kann, so geben die Bestimmungen des § 413 nicht den genügenden Anhalt für die Bewertung und Geltendmachung der aufgewendeten Mühen und der erforderlichen Kenntnisse. Die Praxis lehrt, daß in den meisten Fällen die verlangten Gebühren beanstandet werden. Wie ein Operateur von Ruf und Namen eine Operation sich anders bewerten läßt, als wenn diese in einem öffentlichen Krankenhause oder von sonst ebenfalls tüchtigen Ärzten ausgeführt wird, welche jedoch nicht die Erfahrungen wie der Erstgenannte besitzen, so sind Gutachten von hervorragenden Männern von Handel und Industrie auch anders zu bewerten als von landläufigen Gutachtern. Hierbei darf nicht der Zeitaufwand maßgebend sein, sondern die Vorbildung und die langjährige Sachkenntnis.

Es empfiehlt sich daher, vor Abgabe der Gutachten und sogar bereits vor der Einwilligung zur Abgabe der Gutachten bei schwierigen Fällen ein bestimmtes Honorar zu verlangen und die Parteien unter Angabe der verlangten Summe durch das Gericht befragen zu lassen, ob sie bereit sind, die Kosten des Gutachtens anteilig zu tragen. Vielfach wird man gut tun, wenn die Vermögenslage oder die Zahlungsfähigkeit der einen oder andern Partei nicht vollkommen bekannt oder geklärt ist, zu verlangen, daß der Betrag bei Gericht hinterlegt wird, und auszubedingen, daß derselbe mit der Abgabe des Gutachtens fällig ist.

Durch Selbsteinschätzung seines Könnens in dieser Weise werden Ingenieur und Kaufmann im Einzelfalle bei den Behörden und den Parteien zur Hebung ihres Standes das ihrige beitragen.

Werkvertrag und Werklieferungsvertrag.

Vgl. S. 556—569.

Für die Lieferung von Maschinen und industriellen Anlagen kommt der Werkvertrag und der Werklieferungsvertrag in Anwendung. Beide sind in dem Abschnitt: „Bürgerliches Gesetzbuch", S. 170 und S. 171 grundsätzlich besprochen. Danach ist der **Werkvertrag** ein gegenseitiger Vertrag, nach welchem der Unternehmer zur Herstellung des versprochenen Werkes und der Besteller zur Entrichtung der vereinbarten Vergütung verpflichtet ist. Ein **Werklieferungsvertrag** liegt hingegen vor, wenn sich der Unternehmer verpflichtet, das Werk aus einem von ihm zu beschaffenden Stoffe herzustellen. Bei der Lieferung von Maschinen handelt es sich um nicht vertretbare Sachen, welche im Verkehr nicht nach Stückzahl, Maß oder Gewicht bezeichnet werden. Für die nach den Angaben des Bestellers hergestellten Maschinen gelten die gesetzlichen Bestimmungen über den Werkvertrag. Wird eine Maschine aus dem Lager eines Händlers gekauft, so kommen nicht die Bestimmungen über den Werkvertrag, sondern die Bestimmungen des HGB. in Betracht. Gibt der Besteller die Erklärung, daß er die Maschine übernommen und der Vereinbarung entsprechend gefunden habe, so ist die Abnahme der Maschine damit erfolgt; es ist ihm jedoch überlassen, hinzuzufügen, daß er sich seine Rechte für etwaige Mängel an der Maschine innerhalb der Zeit der Gewährleistung vorbehalte. Mangels anderer Vereinbarung ist die Vergütung bei der Abnahme des Werks zu entrichten. Bis zur Abnahme der Maschine hat der Lieferer nachzuweisen, daß behauptete Mängel nicht vorhanden sind, nach der Abnahme der Maschine liegt diese Beweispflicht dem Besteller ob. Gewöhnlich werden zwischen Besteller und Lieferer hierüber genaue Verträge geschlossen. Über die Folgen für Mängel, welche auf Vorsatz und Fahrlässigkeit beruhen, über Schadensersatz, über die Stellung einer angemessenen Frist zur Beseitigung der Mängel, über Wandelung und Minderung usw. sei auf S. 559ff. verwiesen.

Im Zusammenhang mit dem Werkvertrag und Werklieferungsvertrag ist es wichtig, den Begriff des Bauwerks zu klären.

Bernhard gibt in seinem Aufsatz: „Was ist ein Bauwerk?“ in Technik und Wirtschaft, 1911, folgende Erklärung: „Ein Bauwerk ist ein in Verbindung mit dem Erdboden errichtetes Gebilde widerstandsfähiger Körper, welches in seinen einzelnen Teilen sowohl als auch im ganzen den Angriffen der Gebrauchs- und Naturkräfte gewachsen ist und als Ganzes nicht beweglich ist. Ein Bauwerk dient als Aufenthalt und Weg für ruhende und bewegliche Lasten.“ Der dritte Zivilsenat des Reichsgerichts hat in seinem Urteil vom 19. November 1912 folgendes ausgeführt: Der Begriff des Bauwerks ist sowohl auf Hoch- als auf Tiefbauten auszudehnen. Grundbedingung ist, daß das Bauwerk mit einem Grundstück fest verbunden ist und mit ihm ein einheitliches Ganzes bildet.

Nach § 638 BGB. verjährt der Anspruch des Bestellers auf Beseitigung von Mängeln und der Anspruch auf Wandelung, Minderung oder Schadenersatz bei Bauwerken in 5 Jahren, bei einem gewöhnlichen Werke dagegen mangels anderer Vereinbarungen in 6 Monaten. Infolgedessen ist es für den Industriellen von größter Wichtigkeit, den Begriff des Bauwerks genau festzustellen. Zur Klärung dieser Frage erscheint es zweckmäßig, das erwähnte Urteil des 3. Zivilsenats des RG. und den vorliegenden Tatbestand wörtlich anzuführen:

„Die Beklagte hatte im Jahre 1906 für die Klägerin eine Kohlenverladeanlage mit einer fahrbaren Brücke, vollständiger Laufkatze, Greifer und selbsttätiger Waage für den Preis von 57000 RM. errichtet. Die Gleisanlage, auf der sich die Brücke bewegt, war nicht von der Beklagten, sondern von der Klägerin selbst hergestellt. Die Klägerin behauptet, daß die Eisenkonstruktionen der Brücke zu schwach und mangelhaft seien, und daß infolgedessen Brüche bei ihr eingetreten seien. Eine Frist, die sie der Beklagten zur Beseitigung dieser Mängel gesetzt habe, habe diese verstreichen lassen. Sie, die Klägerin, habe darauf die Brücke durch eine andere Firma in ordnungsmäßigen Zustand versetzen lassen, wodurch ihr Kosten in Höhe von rund 17000 RM. entstanden seien. Ihre auf Erstattung dieser Kosten gerichtete Klage wurde vom Landgericht wegen Verjährung des Klageanspruchs gemäß § 638 des BGB. abgewiesen; die Berufung wurde vom Oberlandesgericht zurückgewiesen. Die Klägerin hat dann beim Reichsgericht die Revision eingelegt mit dem Antrage, unter Aufhebung des Berufungsurteils nach ihrem in der Berufungsinstanz gestellten Antrage zu erkennen. Die Beklagte hat die Zurückweisung der Revision beantragt. Das Reichsgericht hat die Revision zurückgewiesen.“

In den Entscheidungsgründen wird ausgeführt:

„Das Berufungsgericht hat in Übereinstimmung mit dem Landgericht angenommen, daß der Klageanspruch, der als ein Schadenersatzanspruch von der Klägerin bezeichnet und als solcher auch von den Gerichten behandelt worden ist, der sechsmonatigen Verjährung des § 638 des BGB. unterliege, da der Vertrag die Herstellung einer nicht vertretbaren, beweglichen Sache aus dem vom Unternehmer zu beschaffenden Stoffe zum Gegenstand habe, nicht, wie die Klägerin behauptet, die Herstellung eines Bauwerkes.

Mit Recht hat das Berufungsgericht die Anwendbarkeit der sechsmonatigen Verjährung auf den Klageanspruch angenommen. Seine Annahme, daß das von der Klägerin bestellte Werk als eine bewegliche Sache, nicht als ein Bauwerk im Sinne des § 638 des BGB. zu erachten sei, beruht auf der in den

Entscheidungen des Reichsgerichts Bd. 56, S. 41 u. f. ausgesprochenen und in ständiger Rechtssprechung festgehaltenen Auffassung, daß als Bauwerk im Sinne der angeführten Bestimmung nur eine unbewegliche, durch Verwendung von Arbeit und Material in Verbindung mit dem Erdboden hergestellte Sache zu verstehen sei. An dieser Auffassung ist auch gegenüber den Ausführungen des Gutachtens von Bernhard und seines Aufsatzes in der „Deutschen Juristenzeitung, 1911, Sp. 795“ festzuhalten. Hier ist die Verbindung des Bauwerks mit dem Baugrundstück begrifflich und ausdrücklich vorausgesetzt, so daß es völlig ausgeschlossen ist, beispielsweise auch ein fest verankertes Schiff zu den Bauwerken im Sinne des Gesetzes zu rechnen, wie Bernhard dies will. Vom Standpunkt dieser Auffassung aber ist es nicht zu beanstanden, daß das Berufungsgericht die auf Schienen bewegliche, an verschiedenen Stellen benutzbare Verladebrücke nicht als ein Bauwerk angesehen hat. Daß die Schienenanlage in fester Verbindung mit dem Erdboden steht, würde hieran auch dann nichts ändern, wenn die Beklagte sie hergestellt hätte, denn die Behauptung der Revision, daß die Verladebrücke von den Schienen nicht trennbar wäre, geht offenbar fehl.“

Von Interesse ist in diesem Zusammenhange noch die Erklärung, die Professor Oertermann, Erlangen, am Schluß eines längeren Gutachtens über „Bauwerk und Bauwerkvertrag“ gibt.

Er bestimmt den Begriff dahin:

„Bauwerk ist ein Werk, das mit einem Grundstück oder Gebäude verbunden und nach einer typischen Zweckbestimmung unbeweglich ist, das ferner nicht in einer bloßen Umgestaltung des Bodens selbst bestehen darf.

Ein Bauwerksvertrag ist ein Werkvertrag, der die Herstellung eines Bauwerkes oder Bauwerkteiles zum wesentlichen Vertragsinhalt hat.“

Eine namentlich für Zivilingenieure und beratende Ingenieure wichtige Entscheidung hat das Reichsgericht im November 1915 (JW. 1915, S. 239) getroffen. Danach hat es entschieden, daß der Vertrag zwischen dem Bauherrn und dem Architekten kein Werkvertrag, sondern ein Dienstvertrag ist. Dies ist für etwaige Schadenersatzansprüche seitens des Auftraggebers von besonderer Bedeutung.

Der Tatbestand war folgender:

„Der Architekt hatte einen Umbau entworfen, die baupolizeiliche Genehmigung erwirkt und die Bauleitung geführt. Dafür war ihm eine Entschädigung in Prozenten der Bausumme versprochen. Er sah sich genötigt, das Honorar einzuklagen. Der Bauherr ist in erster und zweiter Instanz verurteilt worden, weil die Vorrichter der Ansicht waren, daß es sich um einen Werkvertrag handelte. Das Reichsgericht hingegen hat das Urteil, soweit die Verjährungseinrede des Bauherrn reichte, aufgehoben, weil es sich um einen Dienstvertrag handelte.“

Nach dieser Entscheidung ist die Leitung eines Ingenieurs, welcher lediglich für einen Teil des Bauvorhabens einen Sonderentwurf für eine in sich abgeschlossene Aufgabe liefert, die Ausführung aber einem andern überläßt, als eine Leistung anzusehen, welche unter die Wirkung des Werkvertrages fällt, während nur die Bauleitung im Auftrage des Bauherrn als Dienstvertrag anzusehen ist. (Vgl. Bernhard, Werkvertrag und Dienstvertrag in Technik und Wirtschaft, Januar 1916.)

Sicherungsübereignung.

Da das geltende deutsche Recht ein Pfandrecht an Mobilien nur in Gestalt des Faust-(Besitz)pfandes kennt, ist es ein wirtschaftliches Bedürfnis, den Vermögenswert der beweglichen Sache dem Kredit durch anderweitige juristische rechtliche Mittel dienstbar zu machen.

Hierfür besteht nur die Möglichkeit der Übereignung. Allerdings erhält der Sicherungsnehmer hierdurch eine weitgehendere Rechtsstellung als der wirtschaftliche Zweck es erfordert. Er erlangt nämlich infolge seiner Stellung als Eigentümer die Rechtsmacht, über die ihm zur Sicherung gegebenen Stücke zu verfügen. Der Sicherungsgeber ist deshalb lediglich auf die Vertragstreue seines Vertragspartners angewiesen. In dem Sicherungsübereignungsvertrag wird vereinbart, daß der Sicherungsnehmer zur Verwertung durch Verkauf vor Fälligkeit seiner Forderung nicht treten darf.

Die rechtliche Natur der Sicherungsübereignung der Schuldner (Sicherungsgeber) überträgt die in Frage stehenden Vermögensstücke durch Übereignungsvertrag dem Gläubiger (Sicherungsnehmer) zum Zwecke der Sicherstellung des ersteren. Da aber der Schuldner die Vermögensstücke in seinem Besitz behalten will, wird die Übergabe ersetzt durch Besitzvereinbarung, d. h. Schuldner und Gläubiger vereinbaren ein Rechtsverhältnis, wonach ersterer für den Gläubiger die Gegenstände der Übereignung zu verwahren hat. **Nicht genügend ist die Erklärung, daß der Schuldner für den Gläubiger besitzen will.**

In den Sicherungsübereignungsvertrag wird zweckmäßigerweise die Bedingung aufgenommen, daß bei Befriedigung des Gläubigers durch den Schuldner das Eigentum an den übereigneten Waren wieder an den Sicherungsgeber zurückfallen soll. Andernfalls ist der Sicherungsgeber auf einen Anspruch zur Rückübertragung des Eigentums angewiesen. Kommt der Gläubiger mit der Annahme der ihm vom Schuldner angebotenen Zahlung in Annahmeverzug, so ist es erforderlich, daß der Schuldner das Geld bei einer öffentlichen Hinterlegungsstelle hinterlegt; denn dadurch erst erlangt er das Eigentum bzw. den Anspruch auf Rückübertragung des Eigentums wieder.

Die Übereignung eines Warenlagers.

In den obenstehenden Ausführungen handelte es sich um Übereignung von beweglichen Vermögensstücken, die sich schon im Besitz des Sicherungsgebers befanden. Damit aber der Gläubiger auch das Eigentum an den neu hinzukommenden Waren erwerbe (da er ja das Eigentum an den abgehenden Stücken verliert), ist es erforderlich, daß sich die Einigung über den Eigentumsübergang auch auf die zukünftig in dem Besitz des Schuldners gelangenden Waren sich erstrecke. Weiterhin bedarf es der genauen Registrierung der jeweils dem Gläubiger gehörenden Stücke. Mit Eingang der Waren wird dann der Gläubiger zwangläufig Eigentümer der neu angekommenen Ware.

Bei Konkurs des Sicherungsgebers hätte der Sicherungsnehmer infolge seines Eigentums an den Waren ein Aussonderungsrecht. Da aber wirtschaftlicher Zweck des Übereignungsvertrages lediglich eine pfandähnliche Sicherung des Gläubigers war, hat die Rechtsprechung und der überwiegende Teil der Wissenschaft dem Sicherungsnehmer nur ein Absonderungsrecht gegeben, d. h.

der Gläubiger ist berechtigt, in Höhe seiner Forderung aus den ihn übereigneten Sachen Befriedigung zu suchen; ein etwaiger Mehrerlös fällt in die Konkursmasse.

Im Konkurs des Sicherungsnehmers hat der Sicherungsgeber ein Aussonderungsrecht.

Eigentumsvorbehalt.

Der Verkäufer von Waren behält sich (insbesondere bei fraglicher Kreditwürdigkeit des Käufers) das Eigentum an den verkauften Waren bis zur vollständigen Bezahlung des Kaufpreises vor. Es handelt sich also um eine aufschiebend bedingte Eigentumsübertragung, aufschiebend bedingt durch die vollständige Bezahlung des vereinbarten Kaufpreises. Dieser Eigentumsvorbehalt ist jedoch nur bei Mobilien (beweglichen Sachen) statthaft, nicht aber bei Grundstücken, da die Übereignung derselben bedingungsfeindlich ist. Hier kann sich der Verkäufer nur durch Vereinbarung (und Eintragung ins Grundbuch) einer Vormerkung auf Rückauflassung des Grundstücks sichern.

Kommt der Käufer mit der Zahlung in Verzug, so ist der Verkäufer nach der vermutlichen Absicht der Vertragspartner im Zweifel zum Rücktritt vom Vertrag berechtigt (§ 455 BGB.). Bei der Frage, ob ein Eigentumsvorbehalt gültig ist oder nicht, kommt es hauptsächlich darauf an, wie sich das fernere Schicksal der gelieferten Sache gestaltet. Wird die unter Eigentumsvorbehalt stehende Sache mit einer anderen zu einer Einheit verbunden, so daß sie nicht voneinander getrennt werden können, ohne daß die eine oder die andere zerstört oder in ihrem Wesen verändert wird (wesentliche Bestandteile), so geht das vorbehaltene Eigentum unter. An wesentlichen Bestandteilen gibt es keine Sonderrechte, folglich auch kein Eigentum. Die Frage wird vor allem praktisch bei der Lieferung von Maschinen. Werden dieselben mit dem Grund und Boden der Fabrik fest verbunden, so erstreckt sich das Eigentum an der Fabrik auch auf die Maschinen. Das Reichsgericht hat zu dieser Frage mehrfach Stellung genommen. Nach seiner jetzigen Ansicht ist eine Maschine dann wesentlicher Bestandteil des Fabrikgebäudes, wenn entweder ihre Wegnahme nicht möglich ist, ohne daß sie selbst oder das Gebäude zerstört oder sehr erheblich beschädigt wird, oder wenn die Maschine derartig nach dem Gebäude oder das Gebäude so für die Maschine gebaut ist, daß Maschine oder Haus durch die Trennung ihre bestimmungsmäßige Verwendbarkeit verlieren würden.

Zum Verständnis des oben Gesagten, namentlich hinsichtlich des Eigentumsvorbehaltes an Maschinen seien die einschlägigen §§ des BGB. nachstehend zum Abdruck gebracht:

§ 455 BGB. Hat sich der Verkäufer einer beweglichen Sache das Eigentum bis zur Zahlung des Kaufpreises vorbehalten, so ist im Zweifel anzunehmen, daß die Übertragung des Eigentums unter der aufschiebenden Bedingung vollständiger Zahlung des Kaufpreises erfolgt und daß der Verkäufer zum Rücktritt berechtigt ist, wenn der Käufer mit der Zahlung in Verzug kommt.

§ 93 BGB. Bestandteile einer Sache, die voneinander nicht getrennt werden können, ohne daß der eine oder der andere zerstört oder in seinem Wesen verändert wird (wesentliche Bestandteile), können nicht Gegenstand besonderer Rechte sein.

§ 94 BGB. Zu den wesentlichen Bestandteilen eines Grundstücks gehören die mit dem Grund und Boden fest verbundenen Sachen, insbesondere Gebäude, sowie die Erzeugnisse des Grundstücks, solange sie mit dem Boden zusammenhängen. Samen wird mit dem Aussäen, eine Pflanze wird dem Einpflanzen wesentlicher Bestandteil des Grundstücks. Zu den wesentlichen Bestandteilen eines Gebäudes gehören die zur Herstellung des Gebäudes eingefügten Sachen.

§ 95 BGB. Zu den Bestandteilen eines Grundstücks gehören solche Sachen nicht, die nur zu einem vorübergehenden Zweck mit dem Grund und Boden verbunden sind. Das gleiche gilt von einem Gebäude oder anderen Werke, das in Ausübung eines Rechtes an einem fremden Grundstücke von dem Berechtigten mit dem Grundstück verbunden ist.

Sachen, die nur zu einem vorübergehenden Zwecke in ein Gebäude eingefügt sind, gehören nicht zu den Bestandteilen des Gebäudes.

§ 97 BGB. Zubehör sind bewegliche Sachen, die, ohne Bestandteile der Sache zu sein, dem wirtschaftlichen Zwecke der Hauptsache zu dienen bestimmt sind und zu ihr in einem dieser Bestimmung entsprechenden räumlichen Verhältnisse stehen. Eine Sache ist nicht Zubehör, wenn sie im Verkehr nicht als Zubehör angesehen wird.

Die vorübergehende Benutzung einer Sache für den wirtschaftlichen Zweck einer anderen begründet nicht die Zubehöreigenschaft. Die vorübergehende Trennung eines Zubehörstücks von der Hauptsache hebt die Zubehöreigenschaft nicht auf.

§ 98 BGB. Dem wirtschaftlichen Zwecke der Hauptsache sind zu dienen bestimmt:

1. bei einem Gebäude, das für einen gewerblichen Betrieb dauernd eingerichtet ist, insbesondere bei einer Mühle, einer Schmiede, einem Brauhaus, einer Fabrik: die zu dem Betriebe bestimmten Maschinen und sonstigen Gerätschaften;
2. bei einem Landgute das zum Wirtschaftsbetriebe bestimmte Gerät und Vieh, die landwirtschaftlichen Erzeugnisse, soweit sie zur Fortführung der Wirtschaft bis zu der Zeit erforderlich sind, zu welcher gleiche oder ähnliche Erzeugnisse voraussichtlich gewonnen werden, sowie der vorhandene, auf dem Gute gewonnene Dünger.

§ 946 BGB. Wird eine bewegliche Sache mit einem Grundstück dergestalt verbunden, daß sie wesentlicher Bestandteil des Grundstücks wird, so erstreckt sich das Eigentum an dem Grundstück auf diese Sache.

§ 1120 BGB. Die Hypothek erstreckt sich auf die von dem Grundstücke getrennten Erzeugnisse und sonstigen Bestandteile, soweit sie nicht mit der Trennung nach den §§ 954 bis 957 in das Eigentum eines anderen als des Eigentümers oder des Eigenbesitzers des Grundstücks gelangt sind, sowie auf das Zubehör des Grundstücks mit Ausnahme der Zubehörstücke, welche nicht in das Eigentum des Eigentümers des Grundstücks gelangt sind.

Pflichten als Schöffe und Geschworener.

Gerichtsverfassungsgesetz vom 1. April 1924.

I. Schöffen.

Das Amt eines Schöffen ist ein Ehrenamt. Dasselbe kann nur von Deutschen versehen werden, auch von Frauen (Ges. v. 5. April 1922).

Unfähig zu dem Amte eines Schöffen sind:

1. Personen, welche die Befähigung infolge strafgerichtlicher Urteile verloren haben;
2. Personen, gegen welche das Hauptverfahren wegen eines Verbrechens oder Vergehens eröffnet ist, das die Aberkennung der bürgerlichen Ehrenrechte oder der Fähigkeit zur Bekleidung öffentlicher Ämter zur Folge haben kann;
3. Personen, die infolge gerichtlicher Anordnung in der Verfügung über ihr Vermögen beschränkt sind.

Zu dem Amte eines Schöffen sollen **nicht berufen** werden:

1. Personen, die zur Zeit der Aufstellung der Urliste das dreißigste Lebensjahr noch nicht vollendet haben;
2. Personen, die zur Zeit der Aufstellung der Urliste den Wohnsitz in der Gemeinde noch nicht zwei volle Jahre haben;
3. Personen, die für sich oder ihre Familie Armenunterstützung aus öffentlichen Mitteln empfangen oder in den letzten drei Jahren, von Aufstellung der Urliste zurückgerechnet, empfangen haben;
4. Personen, die wegen geistiger oder körperlicher Gebrechen zu dem Amte nicht geeignet sind;
5. Dienstboten.

Zu dem Amte eines Schöffen sollen ferner **nicht berufen** werden:

1. Der Reichspräsident und der Präsident eines deutschen Landes.
2. Mitglieder der Reichsregierung oder einer Landesregierung (Staatsministerium, Senat).
3. Reichsbeamte, welche jederzeit einstweilig in den Ruhestand versetzt werden können;
4. Staatsbeamte, welche auf Grund des Landesgesetze jederzeit einstweilig in den Ruhestand versetzt werden können;
5. Richterliche Beamte und Beamte der Staatsanwaltschaft;
6. Gerichtliche und polizeiliche Vollstreckungsbeamte;
7. Religionsdiener.

Die Landesgesetze können außer den vorbezeichneten Beamten höhere Verwaltungsbeamte bezeichnen, die zu dem Amte eines Schöffen nicht berufen werden sollen.

Die Berufung zum Amte eines Schöffen dürfen **ablehnen:**

1. Mitglieder des Reichstages, der Reichsrats, des Reichswirtschaftsrats, eines Landtags oder eines Staatsrats;
2. Personen, die im letzten Geschäftsjahre die Verpflichtung eines Geschworenen oder an wenigstens 5 Sitzungstagen die Verpflichtung eines Schöffen erfüllt haben;
3. Ärzte, Krankenpfleger und Hebammen;
4. Apotheker, die keine Gehilfen haben;
4. Personen, welche das fünfundsechzigste Lebensjahr zur Zeit der Aufstellung der Urliste vollendet haben oder dasselbe bis zum Ablaufe des Geschäftsjahres vollenden würden;
6. Frauen, welche glaubhaft machen, daß ihnen die Fürsorge für ihre Familie die Ausübung des Amtes in besonderem Maße erschwert.

Der Vorsteher einer jeden Gemeinde oder eines landesgesetzlich der Gemeinde gleichstehenden Verbandes hat alljährlich ein Verzeichnis der in der Gemeinde wohnhaften Personen, die zu dem Schöffenamte berufen werden können, aufzustellen (Urliste).

Die Urliste ist in der Gemeinde eine Woche lang zu jedermanns Ansicht auszulegen. Der Zeitpunkt der Auslegung ist vorher öffentlich bekanntzumachen. Gegen die Richtigkeit oder Vollständigkeit der Urliste kann innerhalb der einwöchigen Frist schriftlich oder zu Protokoll Einspruch erhoben werden.

Der Gemeindevorsteher sendet die Urliste nebst den erhobenen Einsprachen und den ihm erforderlich erscheinenden Bemerkungen an den Amtsrichter des Bezirks. Wird nach Absendung der Urliste die Berichtigung derselben erforderlich, so hat der Gemeindevorsteher hiervon dem Amtsrichter Anzeige zu machen. Der Amtsrichter stellt die Urlisten des Bezirks zusammen und bereitet den Beschluß über die Einsprachen gegen dieselben vor. Er hat die Beachtung der Vorschriften des § 36 Abs. 2 zu prüfen und die Abstellung etwaiger Mängel zu veranlassen.

Bei dem Amtsgericht tritt alljährlich ein Ausschuß zusammen. Der Ausschuß besteht aus dem Amtsrichter als Vorsitzenden und einem von der Landesregierung zu bestimmenden Staatsverwaltungsbeamten sowie sieben Vertrauenspersonen als Beisitzern. Die Vertrauenspersonen werden aus den Einwohnern des Amtsgerichtsbezirks gewählt. Die Wahl erfolgt nach näherer Bestimmung der Landesgesetze durch Vertretungen der Kreise, Ämter, Gemeinden oder dergleichen Verbände; wenn solche Vertretungen nicht vorhanden sind, durch den Amtsrichter. Letzterer hat die Vertrauensmänner vornehmlich aus den Vorstehern der vorbezeichneten Verbände zu wählen. Zur Beschlußfähigkeit des Ausschusses genügt die Anwesenheit des Vorsitzenden, des Staatsverwaltungsbeamten und dreier Vertrauenspersonen. Der Ausschuß faßt seine Beschlüsse nach der absoluten Mehrheit der Stimmen. Bei Stimmengleichheit entscheidet die Stimme des Vorsitzenden. Der Ausschuß entscheidet über die gegen die Urliste erhobenen Einsprachen. Die Entscheidungen sind zu Protokoll zu vermerken. Beschwerde findet nicht statt.

Aus der berichtigten Urliste wählt der Ausschuß für das nächste Geschäftsjahr:

1. Die erforderliche Zahl von Schöffen;

2. die erforderliche Zahl derjenigen Personen, die in der von dem Ausschusse festzusetzenden Reihenfolge an die Stelle wegfallender Schöffen treten (Hilfsschöffen). Die Wahl ist auf Personen zu richten, die am Sitze des Amtsgerichts oder in dessen nächster Umgebung wohnen.

Die für jedes Amtsgericht erforderliche Zahl von Hauptschöffen und Hilfsschöffen wird durch die Landesjustizverwaltung bestimmt. Die Bestimmung der Zahl der Hauptschöffen erfolgt in der Art, daß voraussichtlich jeder höchstens zu 5 ordentlichen Sitzungstagen im Jahre herangezogen wird. Die Namen der erwählten Hauptschöffen und Hilfsschöffen werden bei jedem Amtsgerichte in gesonderte Verzeichnisse aufgenommen (Jahreslisten). Die Tage der ordentlichen Sitzungen des Schöffengerichts werden für das ganze Jahr im voraus festgestellt. Die Reihenfolge, in welcher die Hauptschöffen an den ordentlichen Sitzungen des Jahres teilnehmen, wird durch Auslosung in öffentlicher Sitzung des Amtsgerichts bestimmt. Das Los zieht der Amtsrichter. Ist für eine Sitzung eine Frau ausgelost worden, so sind weitere auf eine Frau lautende Auslosungen für diese Sitzung unwirksam. Über die Auslosung wird von dem Gerichtsschreiber ein Protokoll aufgenommen. Der Amtsrichter setzt die Schöffen von ihrer Auslosung und von den Sitzungstagen, an denen sie in Tätigkeit zu treten haben, unter Hinweis auf die gesetzlichen Folgen des Ausbleibens in Kenntnis. In gleicher Weise werden die im Laufe des Geschäftsjahres einzuberufenden Schöffen benachrichtigt.

Eine Änderung in der bestimmten Reihenfolge kann auf übereinstimmenden Antrag der beteiligten Schöffen von dem Amtsrichter bewilligt werden, sofern die in den betreffenden Sitzungen zu verhandelnden Sachen noch nicht bestimmt sind. Der Antrag und die Bewilligung sind aktenkundig zu machen. Wenn die Geschäfte die Anberaumung außerordentlicher Sitzungen erforderlich machen, so werden die einzuberufenden Schöffen vor dem Sitzungstage ausgelost. Erscheint dies wegen Dringlichkeit untunlich, so erfolgt die Auslosung durch den Amtsrichter lediglich aus der Zahl der am Sitze des Gerichts wohnenden Hilfsschöffen. Die Umstände, welche dem Amtsrichter hierzu veranlaßt haben, sind aktenkundig zu machen. Wird zu den einzelnen Sitzungen die Zuziehung anderer als der zunächst berufenen Schöffen erforderlich, so erfolgt sie aus der Zahl der Hilfsschöffen nach der Reihenfolge der Jahresliste. Würde durch die Berufung der letzteren eine Vertagung der Verhandlung eine erhebliche Verzögerung ihres Beginnes notwendig, so sind die nicht am Sitze des Gerichts wohnenden Hilfsschöffen zu übergehen.

Erstreckt sich die Dauer einer Sitzung über die Zeit hinaus, für die der Schöffe zunächst einberufen ist, so hat er bis zur Beendigung der Sitzung seine Amtstätigkeit fortzusetzen. Die Beeidigung der Schöffen erfolgt bei ihrer ersten Dienstleistung in öffentlicher Sitzung. Sie gilt für die Dauer des Geschäftsjahres.

Ablehnungsgründe sind nur zu berücksichtigen, wenn sie innerhalb einer Woche von demselben geltend gemacht werden, nachdem der beteiligte Schöffe von seiner Einberufung in Kenntnis gesetzt worden ist. Fällt ihre Entstehung oder Bekanntwerdung in eine spätere Zeit, so ist die Frist erst von diesem Zeitpunkte an zu berechnen. Der Amtsrichter entscheidet über das Gesuch nach Anhörung der Staatsanwaltschaft. Beschwerde findet nicht statt. Der Amtsrichter kann einen Schöffen auf dessen Antrag wegen eingetretener Hinderungsgründe von der Dienstleistung an bestimmten Sitzungstagen entbinden. Die Entbindung des Schöffen von der Dienstleistung kann davon abhängig gemacht werden, daß ein anderer für das Dienstjahr bestimmter Schöffe für ihn eintritt. Der Antrag und die Bewilligung sind aktenkundig zu machen. Die Schöffen und die Vertrauensmänner des Ausschusses erhalten eine angemessene Entschädigung für Verdienstausfall, Aufwand und Ersatz der Fahrkosten (§ 55). Schöffen und Vertrauensmänner des Ausschusses, die ohne genügende Entschuldigung zu den Sitzungen nicht rechtzeitig sich einfinden oder ihren Obliegenheiten in anderer Weise sich entziehen, sind zu einer Ordnungsstrafe in Geld sowie in die verursachten Kosten zu verurteilen. Die Verurteilung wird durch den Amtsrichter nach Anhörung der Staatsanwaltschaft ausgesprochen. Erfolgt nachträglich genügende Entschuldigung, so kann die Verurteilung ganz oder teilweise zurückgenommen werden. Gegen die Entscheidung findet Beschwerde von seiten des Verurteilten nach den Vorschriften der Straßprozeßordnung statt.

Bis zu welchem Tage die Urlisten aufzustellen und dem Amtsrichter einzureichen sind, der Ausschuß zu berufen und die Auslosung der Schöffen zu bewirken ist, wird durch die Landesjustizverwaltung bestimmt.

II. Geschworene.

Das Amt des Geschworenen ist ein Ehrenamt. Dasselbe kann nur von Deutschen, Männern und Frauen, versehen werden. Die Urliste für die Auswahl der Schöffen dient zugleich als Urliste für die Auswahl der Geschworenen. Die Vorschriften über die Berufung zum Schöffenamte finden auch auf das Geschworenenamt Anwendung. Die Zahl der für jedes Schwurgericht erforderlichen Geschworenen und die Verteilung dieser Zahl auf die einzelnen Amtsgerichtsbezirke wird durch die Landesjustizverwaltung bestimmt.

Der alljährlich bei dem Amtsgerichte für die Wahl der Schöffen zusammentretende Ausschuß hat gleichzeitig diejenigen Personen aus der Urliste auszuwählen, welche er zu Geschworenen für das nächste Geschäftsjahr vorschlägt.

Für die Geschworenen, deren Eignung usw. gelten die gleichen Vorschriften wie für die Schöffen. Mindestens die Hälfte der zu einer Tagung heranzuziehenden Geschworenen müssen Männer sein.

Die Zahl der Hauptgeschworenen ist so zu bestimmen, daß voraussichtlich jeder Hauptgeschworene nur zu einer Tagung des Schwurgerichts im Geschäftsjahr herangezogen wird. Die Reihenfolge, in der die Geschworenen an den Tagungen des Schwurgerichts teilnehmen, wird für das ganze Geschäftsjahr im voraus durch Auslosung bestimmt. Der Präsident des Landgerichts setzt die Geschworenen von der Auslosung mit dem Hinzufügen in Kenntnis, daß ihnen darüber, ob und zu welchem Tage sie einberufen werden, eine weitere Nachricht zugehen werde. Der Präsident bestimmt, wenn das Schwurgericht zusammentritt, und ordnet die Einberufung der Hauptgeschworenen für die einzelne Tagung nach der Reihenfolge ihrer Auslosung an. Zwischen der Zustellung der Ladung und dem Beginne der Tagung soll eine Frist von zwei Wochen liegen. Über etwaige Ablehnungsgründe entscheidet der Präsident.

Erstreckt sich eine Tagung des Schwurgerichts über den Endtermin des Geschäftsjahres hinaus, so bleiben die Geschworenen, welche dazu einberufen sind, bis zum Schlusse der Tagung zur Mitwirkung verpflichtet.

Niemand soll für dasselbe Geschäftsjahr als Geschworener und als Schöffe bestimmt werden, gegebenenfalls gilt die erste Einberufung.

Die Vergütung für die Geschworenen ist die gleiche wie bei den Schöffen.

Anhang.

Die Verfassung der Freien und Hansestadt Hamburg.

Als Beispiel für die Verfassung der freien Städte: Hamburg, Bremen, Lübeck sei die Verfassung von Hamburg besprochen:

Staat und Volk.

Der Hamburgische Staat ist eine Republik und bildet unter dem Namen „Freie und Hansestadt Hamburg“ ein Land des Deutschen Reiches.

Die Staatsgewalt geht vom Volke aus. Sie wird nach Maßgabe der Verfassung und Gesetze ausgeübt.

Die Bürgerschaft.

Die Bürgerschaft besteht aus 160 Abgeordneten, die in allgemeiner, gleicher, unmittelbarer und geheimer Wahl nach den Grundsätzen der Verhältniswahl gewählt werden. Der Wahltag muß ein Sonntag oder öffentlicher Ruhetag sein.

Wahlberechtigt sind alle über 20 Jahre alten Reichsangehörigen, die im Hamburgischen Staatsgebiet ihren Wohnsitz haben.

Wählbar ist, wer am Wahltage mindestens 25 Jahre alt und seit einem Jahre Reichsangehöriger ist, im Hamburgischen Staatsgebiet seinen Wohnsitz hat und vom Wahlrecht nicht ausgeschlossen ist.

Der Bürgerausschuß.

Der Bürgerausschuß besteht aus dem Präsidenten der Bürgerschaft als Vorsitzendem und zwanzig von der Bürgerschaft aus ihrer Mitte zu wählenden Mitgliedern. Gewählt wird nach den Grundsätzen der Verhältniswahl mit streng gebundenen Listen. Der Bürgerausschuß ist verpflichtet, über die Einhaltung der Verfassung und der Gesetze des öffentlichen Rechts zu wachen.

Der Senat.

Der Senat ist die Landesregierung. Die Anzahl seiner Mitglieder wird durch Gesetz bestimmt. Wählbar zum Senat ist jeder Deutsche, der seit mindestens einem Jahre die Reichsangehörigkeit besitzt und das dreißigste Lebensjahr vollendet hat, sofern nicht die Voraussetzungen für die Ausschließung vom Wahlrecht bei ihm vorliegen.

Die Mitglieder des Senats müssen ihren Wohnsitz im Hamburgischen Staatsgebiet haben. Sie sind einzeln und in ihrer Gesamtheit vom Vertrauen der Bürgerschaft abhängig. Sie leiten nach einer vom Senate zu beschließenden Geschäftsverteilung die einzelnen Verwaltungszweige.

Der Senat wählt aus seiner Mitte in geheimer Abstimmung seinen ersten Präsidenten (ersten Bürgermeister) und einen Stellvertreter (zweiten Bürgermeister). Der Senat übt die Aufsicht über sämtliche Zweige der Verwaltung aus. Er hat die gesetzliche Ordnung aufrechtzuerhalten und die Sicherheit des Staates zu wahren. Er vertritt Hamburg gegenüber dem Reiche, den deutschen Ländern und dem Ausland. Ihm liegt nach erfolgter Beschlußfassung der Bürgerschaft die Vollziehung (Ratifikation) der Staatsverträge ob.

Die Gesetzgebung.

Die Gesetzesvorlagen werden von dem Senat oder aus der Mitte der Bürgerschaft eingebracht und von der Bürgerschaft beschlossen. Gesetzesvorlagen des Senats müssen, bevor sie als angenommen gelten, einer zweimaligen Beratung und Abstimmung unterzogen werden, falls nicht schon Zweidrittel sich bei der ersten Abstimmung für Annahme erklärt haben. Der Senat hat das Recht, gegen die von der Bürgerschaft beschlossenen Gesetze innerhalb eines Monates unter Darlegung der Gründe Einspruch zu erheben.

Auch hier gibt es, ähnlich der Reichsverfassung, Volksentscheid und Volksbegehren.

Die Verwaltung.

Das Volk ist zur Mitwirkung an der Staatsverwaltung berufen. Sie geschieht durch ehrenamtlich tätige Mitglieder der Verwaltungsbehörden. Zu Verwaltungsbehörden kann gewählt werden, wer zur Bürgerschaft wählbar ist. Der vom Senat vorzulegende Haushaltsplan, Nachforderungen sowie sonstige Einnahmen und Ausgaben unterliegen der Genehmigung der Bürgerschaft.

Die wirtschaftlichen und beruflichen Vertretungskörperschaften.

Zur Ausführung der reichsrechtlichen Vorschriften werden ein Arbeiterrat und ein Wirtschaftsrat berufen.

Die Gemeinden.

Die Stadt Hamburg ist eine besondere Gemeinde. Senat und Bürgerschaft sind mit wenigen Ausnahmen die Organe ihrer Gemeindeangelegenheiten.

Alle Beamten sind auf die Verfassung zu vereidigen.

Die Verfassung der Freien und Hansestadt Danzig.

Vom 14. Juni 1924.

Aufbau des Staates.

Die Stadt Danzig und das mit ihr verbundene Gebiet bilden unter der Benennung „Freie Stadt Danzig" einen Freistaat.

Das Staatswappen zeigt im roten Schilde zwei übereinanderstehende silberne Kreuze, über denen eine goldene Krone schwebt.

Die Staatsflagge und die Handelsflagge zeigt auf rotem Tuch im ersten Drittel zwei weiße Kreuze übereinander und darüber eine gelbe Krone.

Die Staatsgewalt geht vom Volke aus, die Amtssprache ist Deutsch.

Dem Polnisch sprechenden Volksteil wird durch die Gesetzgebung und Verwaltung seine freie volkstümliche Entwicklung, besonders der Gebrauch seiner Muttersprache beim Unterricht, sowie der inneren Verwaltung und der Rechtspflege gewährleistet.

Ohne vorherige Zustimmung des Völkerbundes in jedem einzelnen Falle darf die Freistadt nicht:

1. als Militär- und Marinebasis dienen,
2. Festungswerke errichten,
3. die Herstellung von Munition und Kriegsmaterial auf ihrem Gebiete gestatten.

Der Volkstag.

Der Volkstag besteht aus 120 Abgeordneten. Die Abgeordneten werden in allgemeiner, gleicher, unmittelbarer und geheimer Wahl von den über 20 Jahre alten männlichen und weiblichen Staatsangehörigen nach den Grundsätzen der Verhältniswahl gewählt. Wählbar ist jeder Wahlberechtigte über 25 Jahre. Die Wahl des Volkstages erfolgt auf 4 Jahre. Wahltag: ein Sonntag des November. Die Amtsdauer läuft vom folgenden 1. Januar.

Der Volkstag wählt seinen Präsidenten, Stellvertreter und Schriftführer. Er tritt auf Berufung des Präsidenten zusammen. Er muß berufen werden, wenn der Senat es verlangt oder wenigstens ein Sechstel seiner Mitglieder schriftlich. Zu einem Beschluß ist einfache Stimmenmehrheit notwendig. Er ist berechtigt, vom Senat Auskunft über alle Staatsangelegenheiten zu begehren.

Der Senat.

Der Senat besteht aus dem Präsidenten als Vorsitzenden, dem stellvertretenden Präsidenten als stellvertretenden Vorsitzenden und 20 Senatoren. Der Präsident und 7 Senatoren werden auf 4 Jahre gewählt, der stellvertretende Präsident und 13 Senatoren auf unbestimmte Zeit. Wählbar zum Senatsmitglied ist, wer das 25. Lebensjahr vollendet hat. Die Sitzungen des Senats sind nicht öffentlich. Der Senat bestimmt die Richtlinien der Politik und trägt dafür gegenüber dem Volkstage die Verantwortung. Er ist die oberste Landesbehörde. Er hat für die Sicherheit des Gemeinwohles und des Staates zu sorgen. Er hat das Begnadigungsrecht usw. Er vertritt die Freie Stadt Danzig insoweit, als dies nicht den Bestimmungen widerspricht, welche in Übereinstimmung mit Art. 104, Ziffer 6 des Friedensvertrages von Versailles die Leitung der auswärtigen Angelegenheiten der Freien Stadt Danzig durch die polnische Regierung sichern. Er hat dem Völkerbund jederzeit auf Verlangen Auskunft über die öffentlichen Angelegenheiten zu geben.

Die Gesetzgebung.

Ein Gesetz kommt durch übereinstimmenden Beschluß von Volkstag und Senat zustande. Gesetzesvorlagen werden von dem Senat oder aus der Mitte des Volkstages oder von der durch Gesetz zu schaffenden Berufsvertretung eingebracht. Bezüglich Volksbegehren und Volksentscheid sind genaue Bestimmungen erlassen. Die Verfassung kann nur mit Zweidrittel Mehrheit geändert werden.

Die Verwaltung.

Es sind Bestimmungen über den Haushaltsplan, Kredite, Steuern, Anleihen usw. getroffen, ein besonderer Finanzrat ist gebildet. Zur dauernden Verwaltung besonderer Geschäftszweige werden Ämter gebildet.

Soweit auf Grund völkerrechtlicher Vereinbarung zur Verwaltung von Anlagen und Einrichtungen und zur Erledigung dauernder oder vorübergehender Aufgaben internationale Ausschüsse zu bilden sind, werden die von der Freien Stadt zu bestellenden Vertreter von dem Volkstag gewählt.

Die Rechtspflege.

Die Richter der ordentlichen Gerichtsbarkeit werden auf Lebenszeit durch einen besonderen Ausschuß gewählt, der gebildet wird aus dem Präsidenten und einem Mitgliede des Senats, den drei Präsidenten des Volkstages, dem Gerichtspräsidenten, drei Richtern, die von sämtlichen Richtern, und zwei Rechtsanwälten, die von sämtlichen Rechtsanwälten der Freien Stadt Danzig gewählt werden. Die nähere Regelung erfolgt durch Gesetz. Auf Handelsrichter, Schöffen und Geschworene finden diese Bestimmungen keine Anwendung.

Die Kommunalverbände.

Das Staatsgebiet zerfällt in Stadt- und Landkreise. Sie haben Selbstverwaltung unter Aufsicht des Senats. Die Stadt Danzig ist eine selbständige Gemeinde des Staates mit eigenem Vermögen. Zur Beschlußfassung über Gemeindeangelegenheiten der Stadt Danzig wird vom Volkstag aus seiner Mitte und aus anderen Angehörigen der Stadt Danzig eine Stadtbürgerschaft gewählt. Die Zusammensetzung und Zuständigkeit regelt ein besonderes Gesetz.

Die Beamten.

Es sind besondere Gesetze über Beamtenbesoldung und Beamtenrecht erlassen.

In Verfolg der allgemeinen Bestimmungen über Kündigung von Angestellten ist für Ingenieur und Kaufmann das nachstehend angeführte sogenannte **„Kündigungsschutzgesetz"** von Wichtigkeit.

Gesetz über die Fristen für die Kündigung von Angestellten vom 9. Juli 1926 (RGBl. I S. 399)[1].

Kündigungsschutzgesetz.

§ 1. Die Vorschriften dieses Gesetzes finden Anwendung auf Angestellte, die nach § 1 des Versicherungsgesetzes für Angestellte versicherungspflichtig sind oder sein würden, wenn ihr Jahresarbeitsverdienst die Gehaltsgrenze nach § 3 des Versicherungsgesetzes für Angestellte nicht überstiege.

§ 2. Ein Arbeitgeber, der in der Regel mehr als zwei Angestellte, ausschließlich der Lehrlinge, beschäftigt, darf einem Angestellten, den er oder, im Falle einer Rechtsnach-

---

[1] Es sei noch erwähnt: Betriebsstillegungsgesetz vom 8. November 1920 (RGBl. S. 190) und Arbeitsstreckungsgesetz vom 15. Oktober 1923 (RGBl. S. 983).

folge, er und seine Rechtsvorgänger mindestens fünf Jahre beschäftigt haben, nur mit mindestens drei Monaten Frist für den Schluß eines Kalendervierteljahres kündigen. Die Kündigungsfrist erhöht sich nach einer Beschäftigungsdauer von acht Jahren auf vier Monate, nach einer Beschäftigungsdauer von zehn Jahren auf fünf Monate und nach einer Beschäftigungsdauer von zwölf Jahren auf sechs Monate. Bei der Berechnung der Beschäftigungsdauer werden Dienstjahre, die vor Vollendung des fünfundzwanzigsten Lebensjahres liegen, nicht berücksichtigt.

Die nach Abs. 1 eintretende Verlängerung der Kündigungsfrist des Arbeitgebers gegenüber dem Angestellten berührt eine vertraglich bedungene Kündigungsfrist des Angestellten gegenüber dem Arbeitgeber nicht.

Unberührt bleiben die Bestimmungen über fristlose Kündigung.

Anschließend daran seien die wichtigsten seither ergangenen

Entscheidungen des Reichsarbeitsgerichts

aufgeführt.

1. § 2 Abs. 1 des Kündigungsschutzgesetzes ist zwingendes Recht.

2. Rechtsnachfolge im Sinne des KSchG. ist nicht nur der abgeleitete Erwerb von Rechten. (Urteil des RAG. v. 26. 10. 27.)

Wiederaufnahme der Beschäftigung bei demselben Arbeitgeber nach Kriegsende ist gleichbedeutend mit der Fortsetzung des früheren Dienstverhältnisses. — Die Beschäftigungszeit im Sinne des KSchG. braucht keine ununterbrochene zu sein. (Reichsarbeitsgericht v. 17. 11. 1927. RAG. 3. 27.)

Bei Berechnung der Beschäftigungsdauer wird die Beschäftigung als Arbeiter mit eingerechnet (Reichsarbeitsgericht v. 7. 12. 1927. RAG. 10. 27.)

Bei der Berechnung der Beschäftigungsdauer im Sinne des Kündigungsschutzgesetzes sind verschiedene Arbeitsperioden zusammenzurechnen, wenn zwischen ihnen ein enger innerer Zusammenhang besteht. (Reichsarbeitsgericht v. 21. 12. 1927. RAG. 19. 27.)

Die maßgebende Beschäftigungsdauer im Sinne des Kündigungsschutzgesetzes muß bereits im Zeitpunkt der Kündigung zurückgelegt sein. Der Arbeitgeber verstößt nicht wider die guten Sitten, wenn er dem Angestellten noch kurz vor diesem Zeitpunkt kündigt, um die Wirksamkeit des Gesetzes auszuschließen. (Reichsarbeitsgericht v. 2. 5. 1928. RAG. 92. 27.)

Eine Kündigung, die zum Zwecke der Abänderung der Arbeitsbedingungen erfolgt, unterliegt dem Kündigungsschutzgesetz und den Kündigungsvorschriften für Betriebsratsmitglieder. (Reichsarbeitsgericht v. 19. 5. 1928. RAG. 23. 28.)

Ein auf bestimmte Zeit abgeschlossener Arbeitsvertrag unterliegt nicht dem KSchG. Nur unter besonderen Umständen kann hier eine Gesetzesumgehung gefunden werden. (Reichsarbeitsgericht v. 19. 5. 1928. RAG. 90. 28.)

Eine Zusammenrechnung zeitlich auseinanderliegender Tätigkeitsabschnitte für die Berechnung der Beschäftigungsdauer im Sinne des Kündigungsschutzgesetzes für Angestellte ist dann zulässig, wenn ein enger innerer Zusammenhang zwischen den einzelnen Arbeitsperioden vorhanden ist. (Reichsarbeitsgericht v. 2. 7. 28. RAG. 224. 28.)

Den Schutz des Kündigungsschutzgesetzes genießt auch ein Angestellter, der das 65. Lebensjahr vollendet hat und Ruhegeld bezieht. (Reichsarbeitsgericht v. 27. 10. 28. RAG. 138. 28.)

Die Haager Konferenz vom August 1929.

In dem **Young-Plan** war vorgesehen worden, daß die Regierungen der beteiligten Länder vor dem 1. September 1929, dem Tage des Inkrafttretens der Zahlungen nach demselben, in einer sogenannten „politischen Konferenz“ die offengelassenen politischen Fragen bereinigten. Hierzu gehörten die Räumung des Rheinlandes, die vorzeitige Räumung der Saar, die Regelung der Besatzungskosten. Bezüglich der letzteren war den Regierungen empfohlen worden, Deutschland ab 1. September davon zu entlasten, falls die Räumung bis dahin nicht stattgefunden hätte.

Es ist hier nicht der Ort, auf die politischen Vorgänge einzugehen. Die Konferenz hat nach langem Hin und Her im Haag stattgefunden. England fühlte sich durch den Young-Plan benachteiligt und forderte eine höhere Quote. Sie wurde ihm von den vier großen Gläubigermächten: Frankreich, Italien, Belgien, Japan zugebilligt, allerdings auf Kosten Deutschlands.

Die Bestimmungen des Young-Planes sind in den nachstehenden Punkten geändert worden:

Es sollte in der Politischen Konferenz über den Überschuß von 300 Millionen RM. Beschluß gefaßt werden, welcher durch den Übergang vom Dawes-Plan zum Young-Plan entsteht. Es war in Aussicht genommen, daß Deutschland in hervorragendem Maße an diesen 300 Millionen beteiligt werden sollte, namentlich sollten alle Besatzungskosten und Schäden Deutschlands dadurch ausgeglichen werden. Deutschland hat zugunsten Englands auf jeden Anteil an diesen 300 Millionen verzichten müssen.

Dazu hat Deutschland noch 30 Millionen RM. Besatzungskosten übernehmen müssen.

Deutschland mußte auf den Ersatz aller Schäden verzichten, die ihm aus der Besatzung entstanden sind. Allerdings sind auch die von den Alliierten zugunsten Deutschlands verauslagten Besatzungskosten gestrichen worden. Trotzdem bleibt eine Summe von 10—20 Millionen RM. zu Lasten Deutschlands bei dieser Verrechnung.

Der ungeschützte Teil der deutschen Zahlungen im ersten Jahre — also in demjenigen Jahre, in welchem jede Erleichterung für Deutschland von größter Bedeutung ist, ist von 660 Millionen auf 700,5 Millionen RM. erhöht worden. Er sinkt nach 20 Jahren allmählich auf 676 Millionen, nach weiteren 17 Jahren auf 612 Millionen RM.

Bezüglich der Sachlieferungen ist vereinbart: Die von den Regierungen getroffenen oder zu treffenden Vereinbarungen über das sogenannte Wallenbergabkommen sind für die Bank für Internationalen Zahlungsausgleich bindend. Der Wiederexport in jeder Form, also auch in der Form einer Übertragung der Quoten von einem Lande auf das andere ist verboten.

Während eines Moratoriums finden zuungunsten von Deutschland keine Sachlieferungen statt. Ein Ausschuß der Bank entscheidet während eines Moratoriums über Sondervereinbarungen.

Der italienische Anteil an den Sachlieferungen, insbesondere Kohle, ist nicht mehr abgestuft von 75 Millionen jährlich auf 30 Millionen im 10. Jahre, sondern es ist als gleichmäßige Quote jährlich $52^1/_2$ Millionen angenommen.

Diese Bestimmung der Sachlieferungen ist von Deutschland nur „zur Kenntnis genommen“. Sie ist von ihm nicht anerkannt worden.

Die Frage wegen baldiger Räumung der Saar soll in den nächsten Monaten unmittelbar zwischen Frankreich und Deutschland behandelt werden.

Die Räumung des Rheinlandes, auf dessen Räumung Deutschland längst ein Recht zu haben glaubt, ist wie folgt festgesetzt worden:

Alle englischen, belgischen und französischen Truppen werden aus der zweiten Zone sofort zurückgezogen. Die Durchführung muß bis zum 1. Dezember dieses Jahres beendet sein.

Die Räumung der dritten und letzten Zone soll ebenfalls sofort beginnen mit der Maßgabe, daß kein fremder Soldat nach dem 30. Juni 1930 sich mehr dort befindet, vorausgesetzt, daß inzwischen der Young-Plan von Deutschland und Frankreich ratifiziert ist.

Durch die Aufgabe des Dawes-Planes und die Einführung des Young-Planes machen sich eine Reihe von Änderungen gesetzgeberischer Art notwendig, so z. B. das Reichsbahn- und Reichsbankgesetz und das Gesetz bezüglich der verpfändeten Einnahmen.

Folgende Komitees sind im Haag errichtet worden, die ihre Vorarbeiten sofort aufnehmen sollen und möglichst dieselben im Oktober des Jahres beenden sollen:

1. Das Organisationskomitee für die „Bank für den internationalen Zahlungsausgleich (Internationale Bank).
2. Die drei Unterkomitees des zweiten Organisationskomitees für Reichsbahn, Reichsbank und verpfändete Einnahmen.
3. Das Sachlieferungskomitee.
4. Das Komitee zur Überleitung und Liquidation der Vergangenheit.
5. Das orientalische Komitee. Dieses Komitee wird in Lausanne tagen und die Auseinandersetzung mit den kleinen Mächten und den Nachfolgestaaten regeln.

Wenn diese 5 Komitees ihre Arbeiten beendet haben, werden die endgültigen Regelungen durch ein Juristisches Komitee in Brüssel, voraussichtlich im Oktober dieses Jahres, stattfinden.

Für die Übergangszeit ist zwischen Deutschland und den Gläubigermächten eine Übergangsregelung vereinbart worden, welche am 1. September 1929 in Kraft tritt. Sie umfaßt 3 Punkte:

1. Die Gläubiger erklären sich bereit, nach dem 1. September 1929 nur noch die Auszahlungen der Young-Annuitäten (Jahreszahlungen) zu verlangen. Sie verzichten also auf die Transferierung der Überschüsse der Dawes-Zahlungen über die Young-Zahlungen. Der Rest der deutschen Zahlungen bleibt in Deutschland, was eine Erleichterung der Lage des Geld- und Devisenmarktes bedeutet.
2. Deutschland zahlt nach wie vor an den Reparationsagenten die Dawes-Annuitäten. Der Reparationsagent wird aber von den Gläubigern angewiesen, alle Maßregeln zu ergreifen, welche geeignet sind, die deutsche Finanzlage zu erleichtern. Danach können überschüssige Beträge auf dem Kreditwege Deutschland zur Verfügung gestellt werden. Die Kassenlage des Reichs erfährt dadurch eine Erleichterung. Diese Bestimmung gilt bis zum Ende des Jahres oder bis zum Inkrafttreten des Young-Planes, falls dies früher geschieht.
3. Falls der Young-Plan scheitern sollte, wird dieses Abkommen hinfällig. Die rückständigen Beträge sind von Deutschland dann innerhalb von 4 Monaten nachzuzahlen und zu überweisen.

Die Gläubigerstaaten haben diese Regelung von der Regelung der Bezahlung der Kosten der verschiedenen Kommissionen abhängig gemacht. Deutschland hat sich bereit erklärt, einer Regelung zuzustimmen, wonach Deutschland zu den Kosten dieser Kommissionen einen Höchstbetrag von 6 Millionen RM. beisteuert. Sind die Kosten geringer, so erhält Deutschland den Rest zurück.

England hat auf einen Teil seiner bedingungslosen Annuität verzichtet und sich bereit erklärt, sich mit 55 Millionen statt mit 60 Millionen zu begnügen.

Stichwortverzeichnis.

Berichtigung.

Seite 23: Zeile 11 von oben kommt in Fortfall.
„ 123: Der Text unter Ziffer 4a fällt fort, da das Republik-Schutzgesetz zur Zeit aufgehoben ist.
„ 391, Zeile 6 von oben lies: anzuwenden, wie das Baurecht- und Baufluchtliniengesetz usw.
„ 507, Zeile 10 von oben lies: Reichswirtschaftsgericht statt Reichsgericht.
„ 727, Zeile 12 von unten lies: 75 Millionen Tonnen statt 75 Millionen.
„ III, Vorwort, Zeile 16 von unten lies: ‚und es verstanden, trotz . . .‘ statt ‚und verstanden es trotz‘.
„ III, Vorwort, Zeile 6 von unten lies: ‚stecken‘ statt ‚steckt‘.
„ X, Inhaltsverzeichnis, Zeile 2 von oben lies: Gründungskosten statt Gründungskonten.

Blum, Rechtskunde, 3. Aufl. Verlag von Julius Springer, Berlin.

GPSR Compliance

The European Union's (EU) General Product Safety Regulation (GPSR) is a set of rules that requires consumer products to be safe and our obligations to ensure this.

If you have any concerns about our products, you can contact us on ProductSafety@springernature.com

In case Publisher is established outside the EU, the EU authorized representative is:

Springer Nature Customer Service Center GmbH
Europaplatz 3
69115 Heidelberg, Germany

Batch number: 10844647

Printed by Printforce, the Netherlands